学以致用系列丛书

Access 2010 数据库应用
(第 3 版)

杨章静　主　编

业巧林　黄　璞
倪　震　刘海松　副主编

清华大学出版社
北　京

内 容 简 介

本书的内容是在仔细分析和认真总结初、中级用户学用 Access 的需求和困惑的基础上确定的，基于“快速掌握、即查即用、学以致用”的原则，根据日常工作中的需要取材谋篇，以应用为目的，用任务来驱动，并配以大量实例。学习本书，读者可以轻松快速地掌握 Access 的实际应用技能、得心应手地使用 Access 软件。

本书共分 17 章，详尽地介绍了初识数据库与 Access 2010、创建与管理数据库、创建与使用表、查询、窗体、报表、宏、VBA 编程语言、SharePoint 网站、导入与导出数据、数据库的管理与安全、数据库网络开发技术、Access 在网络开发中的应用、Access 在人事管理中的应用、Access 在进销存管理中的应用、Access 在客户管理中的应用、基于 Excel+Access+Weka 的数据挖掘分析等内容。除此之外，还有窗体及控件常用属性、Access 2010 中的常用函数两个附录，方便读者即时查询和使用。

本书及配套的视频资料面向初、中级计算机用户，适用于希望能够快速掌握利用 Access 2010 进行高效办公、数据库开发和应用的各类办公人员，也可以作为大中专院校师生学习的辅导和培训用书。

图书在版编目(CIP)数据

Access 2010 数据库应用/杨章静主编. —3 版. —北京：清华大学出版社，2020.8
(学以致用系列丛书)
ISBN 978-7-302-56272-6

Ⅰ. ①A… Ⅱ. ①杨… Ⅲ. ①关系数据库系统 Ⅳ. ①TP311.132.3

中国版本图书馆 CIP 数据核字(2020)第 152944 号

责任编辑：章忆文
装帧设计：李 坤
责任校对：周剑云
责任印制：杨 艳
出版发行：清华大学出版社
网 址：http://www.tup.com.cn, http://www.wqbook.com
地 址：北京清华大学学研大厦 A 座 **邮 编：**100084
社 总 机：010-62770175 **邮 购：**010-62786544
投稿与读者服务：010-62776969, c-service@tup.tsinghua.edu.cn
质量反馈：010-62772015, zhiliang@tup.tsinghua.edu.cn
课件下载：http://www.tup.com.cn, 010-62791865
印 刷 者：北京富博印刷有限公司
装 订 者：北京市密云县京文制本装订厂
经 销：全国新华书店
开 本：210mm×285mm **印 张：**25 **字 数：**877 千字
版 次：2008 年 1 月第 1 版 2020 年 10 月第 3 版 **印 次：**2020 年 10 月第 1 次印刷
定 价：68.00 元

产品编号：087371-01

出版者的话

第3版言 ★

首先，感谢您阅读本书！正因为有了您的支持和鼓励，“学以致用系列丛书”第3版问世了。

臧克家曾经说过：读过一本好书，就像交了一个益友。对于初学者而言，选择一本好书尤为重要。“学以致用系列丛书”是一套专门为计算机爱好者量身打造的系列丛书。翻看它，您将不虚此“行”，因为它会带给您真正“色、香、味”俱全、营养丰富的有关计算机知识的“豪华盛宴”！

关于本书 ★

Access是由微软公司出品的关联式数据库管理系统。由于Access具有普通用户不必编写代码就可以完成大部分数据库开发和应用的特点，目前它已逐渐成为最受欢迎的数据库语言之一。

为了让大家能够在较短的时间内掌握Access 2010数据库应用技能，我们编写了本书。本书共分17章，内容新颖、针对性强，第1～12章详尽地介绍Access的基础知识，第13～16章以丰富的实例讲解Access在网络开发、人事管理、进销存管理和客户管理中的应用，第17章抛砖引玉，介绍基于Excel+Access+Weka的数据挖掘分析，为读者将来在数据挖掘方面的学习和研究打下基础。此外，本书还有窗体及控件常用属性、Access 2010中的常用函数两个附录，方便读者即时查询和使用。

本书素材文件下载网址：www.tup.tsinghua.edu.cn。

本书特点 ★

本书基于“快速掌握、即查即用、学以致用”的原则组织编写，具有以下特点。

一、内容上注重“实用为先”

本书在内容上注重“实用为先”，精选最需要的知识、介绍最实用的操作技巧和最典型的应用案例。真正将Access使用者总结的技巧和心得完整地传授给读者，教会读者在学习和工作中真正能用到的东西。

二、方法上注重“活学活用”

本书在方法上注重“活学活用”，用任务来驱动，根据用户实际使用的需要取材谋篇，以应用为目的，将Access数据库应用技能尽可能完全挖掘出来，教会读者更多、更好的应用方法，解决读者遇到的实际问题。同时，也提醒读者学无止境，除了学习书中的知识外，还应该善于自己发现和学习。

三、讲解上注重“丰富有趣”

本书在讲解上注重“丰富有趣”，风趣幽默的语言搭配生动有趣的实例，采用全程图解的方式，细致地进行分步讲解，并采用彩色的喷云图在图上标注重点，使读者翻看时兴趣盎然，回味无穷。

本书在讲解时还提供了大量的“提示”“注意”“技巧”等栏目，对初、中级用户在学用Access过程中随时进行贴心的技术指导，迅速将“新手”打造成为“高手”。

四、信息上注重“见多识广”

本书在信息上注重“见多识广”，每页底部都有知识丰富的“长见识”栏目，使读者增广见闻，扩充计算机知识。

五、布局上注重“科学分类”

本书在布局上注重“科学分类”，采用分类式的组织形式、交互式的表述方式，可以翻到哪儿学到哪儿，既适合系统学习，又方便即查即用。同时采用由易到难、由基础到应用技巧的科学方式来讲解，逐步提高读者的应用水平。

本书 1～12 章最后的“思考与练习”小节，能够让读者温故而知新，真正做到举一反三。

作者团队★

本书的作者和编委会成员均是有着丰富计算机教学和使用经验的 IT 精英。他们长期从事计算机的研究和教学工作，本书是他们多年的感悟和经验之谈。

本书在编写和创作过程中，得到了清华大学出版社的大力支持和帮助，在此深表感谢！本书由杨章静任主编，业巧林、黄璞、倪震、刘海松任副主编，刘菁组织策划并确定整本书的框架结构。此外，陈长伟、丁永平、钱建军、万鸣华、詹天明、张凡龙、张义萍、朱俊(按姓名拼音排序)等人在资料收集、整理及部分章节的文字校对工作中付出了辛勤劳动，在此表示感谢。

本书中用到的部分数据来自南京航空航天大学机电学院，在此对这些数据的统计和输入人员表示由衷的感谢。

互动交流★

由于计算机科学技术发展迅速，计算机学科知识更新很快，书中难免有不足和疏漏之处，恳请广大读者批评指正，不吝赐教。

目　录

学以致用系列丛书

第1章 初识数据库与Access 2010

本章微课

Access 2010是Access的常用版本。作为一种新型的关系型数据库，它能够帮助用户处理各种海量的信息，不仅能存储数据，更重要的是能够对数据进行分析和处理，使用户将精力集中于各种有用的数据。

学习要点

- ❖ 数据库简介
- ❖ Access 2010 简介
- ❖ Access 2010 的界面
- ❖ Access 2010 的新增功能
- ❖ Access 2010 的功能区
- ❖ Access 的六大数据对象

学习目标

通过对本章内容的学习，读者应该对数据库的概念有较清楚的了解，对Access 2010数据库的功能有直观的认识。Access 2010 采用了全新的用户界面，这对于用户的学习也是一个挑战。通过本章的学习，读者应该熟悉 Access 2010 界面，了解功能区的组成及命令选取方法等。通过本章的学习，读者还应该建立起数据库对象的概念，了解 Access 的七大数据库对象及其主要功能。

1.1 数据库基础知识

现代社会已经进入信息时代，我们每天的工作和生活都离不开各种信息。面对这些海量的数据，如何对其进行有效的管理成为困扰人们的一个难题。

要解决这个难题，首先要解决数据的存储问题。其实，数据库就是为解决数据的存储问题而诞生的。运用数据库，用户可以对各种数据进行合理的归类、整理，并使其转化为高效的有用数据。

对数据进行管理的最好方法就是使用数据库。数据库发展到今天，已经成为存储和处理各种海量数据最便捷的方法之一。

1.1.1 数据库简介

简单来说，数据库就是存放各种数据的仓库。它利用数据库中的各种对象，记录和分析各种数据。

一个数据库可以包含多个表。例如，使用 3 个表的客户管理系统并不是 3 个数据库，而是一个包含 3 个表的数据库。Access 数据库会将自身的表与其他对象(如窗体、报表、宏和模块)一起存储在单个数据库文件中。

以 Access 2010 格式创建的数据库的文件扩展名为.accdb，以早期 Access(如 Access 2003)格式创建的数据库的文件扩展名为.mdb。

1.1.2 数据库的基本功能

一个通用数据库具有以下几项基本功能。

- ❖ 支持向数据库中添加新的数据记录，如增加业务订单记录。
- ❖ 支持编辑数据库中的现有数据，如更改某条订单记录的信息。
- ❖ 支持删除信息记录，如果某产品已售出或被丢弃，用户可以删除关于此产品的信息。
- ❖ 支持以不同的方式组织和查看数据。
- ❖ 支持通过报表、电子邮件、Intranet 或 Internet 与他人共享数据。

1.1.3 数据库系统的组成

数据库系统由数据库(Database，DB)、数据库管理系统(Database Management System，DBMS)、支持数据库运行的软硬件环境、数据库应用程序和数据库管理员(Database Administrator，DBA)等组成。

- ❖ 数据库(DB)：由一组相互联系的数据文件组成，其中最基本的是包含用户数据的数据文件。数据文件之间的逻辑关系也要存放到数据库文件中。
- ❖ 数据库管理系统(DBMS)：专门用于数据库管理的系统软件，提供了应用程序与数据库的接口，允许用户访问数据库中的逻辑数据，负责逻辑数据与物理地址之间的映射，是控制和管理数据库运行的工具。DBMS 可提供的数据处理功能包括数据库定义、数据操纵、数据控制、数据维护等。
- ❖ 支持数据库运行的软硬件环境：每种数据库管理系统都有自己所要求的软硬件环境。一般对硬件要说明所需的基本配置，对软件则要说明其适用于哪些底层软件，与哪些软件兼容等。
- ❖ 数据库应用程序：一个允许用户插入、修改、删除并报告数据库中数据的计算机程序，是由程序员用某种程序设计语言编写的。
- ❖ 数据库管理员(DBA)：管理、维护数据库系统的人员。

1.2 认识 Access 2010

Access 2010 是 Microsoft 公司推出的 Access 版本，是微软办公软件包 Office 2010 中的一部分。

Access 2010 是一个面向对象的、采用事件驱动的新型关系型数据库。这样说可能有些抽象，但是相信读者经过后面的学习，就会对什么是面向对象、什么是事件驱动有更深刻的理解。

Access 2010 提供了表生成器、查询生成器、宏生成器、报表设计器等许多可视化的操作工具，以及数据库向导、表向导、查询向导、窗体向导、报表向导等多种向导，可以使用户很方便地构建一个功能完善的数据库系统。Access 还为开发者提供了 Visual Basic for Application(VBA)编程功能，使高级用户可以开发功能更

长见识 在通过【开始】菜单启动 Access 2010 后，系统首先会显示【可用模板】面板，这是 Access 界面上的第一个变化。

加完善的数据库系统。

Access 2010 还可以通过 ODBC 与 Oracle、Sybase、FoxPro 等数据库相连，实现数据的交换和共享。同时作为 Office 办公软件包中的一员，Access 还可以与 Word、Outlook、Excel 等软件进行数据的交互和共享。

此外，Access 2010 还提供了丰富的内置函数，以帮助数据库开发人员开发出功能更加完善、操作更加简便的数据库系统。

1.2.1　Access 2010 的启动

启动 Access 2010 的方法和启动其他软件的方法一样。

操作步骤

❶ 在计算机桌面上选择【开始】|【所有程序】| Microsoft Office | Microsoft Access 2010 命令，启动 Access 2010 程序，如下图所示。

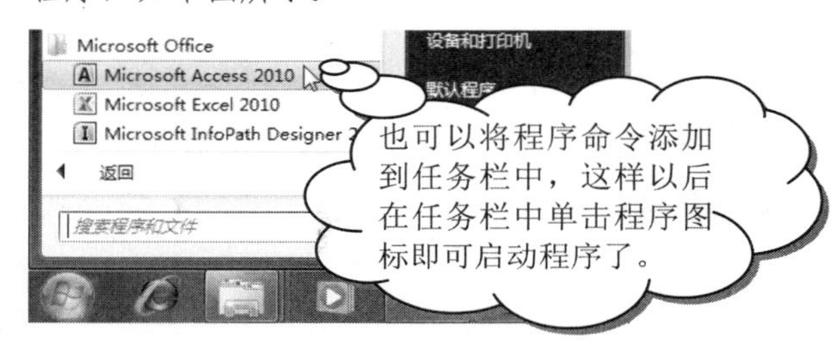

❷ 这时即可看到 Access 2010 的启动界面，如下图所示，选择 Access 模板，创建数据库文件。

1.2.2　Access 2010 的界面

Access 2010 是 Microsoft 公司力推的运行于 Windows 系统上的数据库。可以看出，Access 2010 相对于旧版本 Access 2003，界面发生了相当大的变化，但是与 Access 2007 却非常类似。

Access 2010 采用了一种全新的用户界面，这种用户界面是 Microsoft 公司重新设计的，可以帮助用户提高工作效率。

全新的 Access 2010 界面如下图所示。

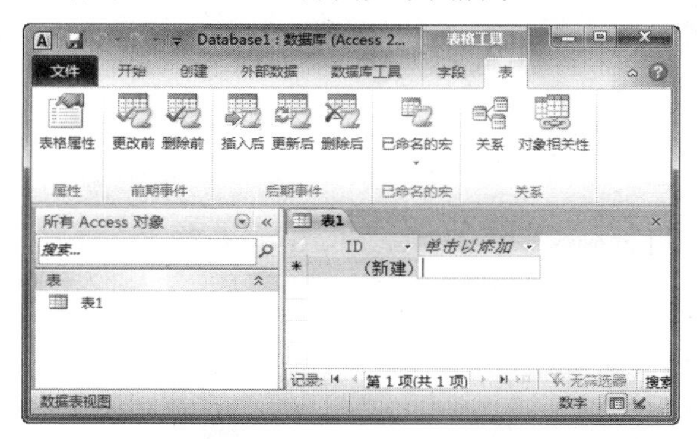

新界面使用称为“功能区”的标准区域来替代 Access 早期版本中的多层菜单和工具栏，如下图所示。

功能区以选项卡的形式，将各种相关的功能组合在一起。使用 Access 2010 的功能区，可以更快地查找相关命令组。例如，如果要创建一个新的窗体，可以在【创建】选项卡下找到各种创建窗体的方式。

同时，使用这种选项卡式的功能区，可以使各种功能按钮不再深深嵌入菜单中，从而大大方便了用户的使用。

总结一下，Access 2010 中主要的新界面元素包括以下几个。

1. 【可用模板】界面

如果用户从 Windows 的【开始】菜单或通过桌面快捷方式启动 Access 2010，那么启动后的界面如下图所示。

从图中可以看到，在启动界面中显示了【可用模板】

新版本的 Access 2010 采用和 Access 2007 相同的数据库格式，扩展名为.accdb。而以前的 Access 版本都是采用扩展名为.mdb 的数据库格式。

列表框，这就是用户打开 Access 2010 以后所看到的第一个变化。

在 Backstage 视图的中间窗格中是各种数据库模板。选择【样本模板】选项，可以显示当前 Access 2010 系统中所有的样本模板，如下图所示。

Access 2010 提供的每个模板都是一个完整的应用程序，具有预先建立好的表、窗体、报表、查询、宏和表关系等。如果模板设计满足需要，则通过模板建立数据库以后，便可以立即利用数据库开始工作了；否则，可以使用模板作为基础，对所建立的数据库进行修改，创建符合特定需求的数据库。

用户也可以通过主界面上的【空数据库】选项，创建一个空数据库，如下图所示。

2. 功能区

功能区最大的优势就是将通常需要使用的菜单、工具栏、任务窗格和其他 UI(User Interface，用户界面) 组件，集中在特定的位置。这样一来，用户只需根据需要在一个特定的位置查找命令按钮，而不用再四处寻找了。

功能区位于程序窗口顶部的区域，用户可以在功能区中选择命令。由于在数据库的使用过程中，功能区是用户使用最多的区域，因此将在下一节详细介绍功能区。

3. 导航窗格

导航窗格位于窗口的左侧，用以显示当前数据库中的各种数据库对象。导航窗格取代了 Access 早期版本中的数据库窗格，如左下图所示。

单击导航窗格右上方的小箭头，即可弹出【浏览类别】菜单，可以在该菜单中选择查看对象的方式，如右下图所示。

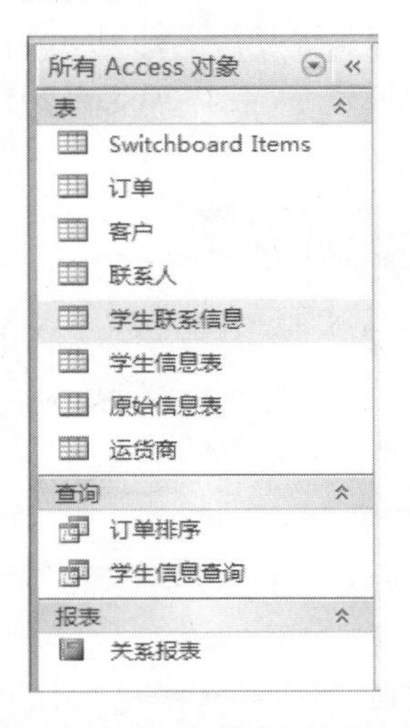

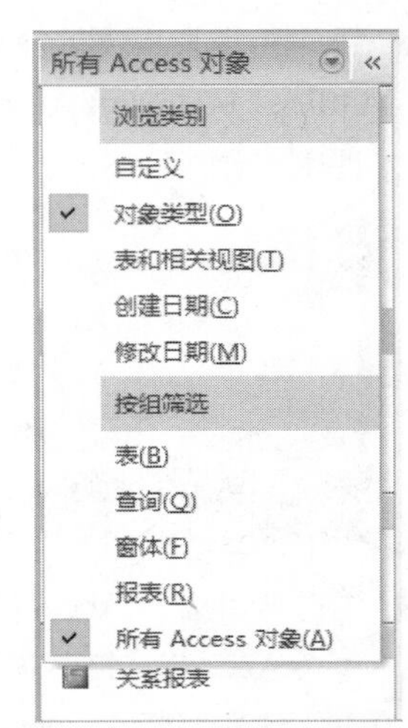

例如，当选择【表和相关视图】命令进行查看时，各种数据库对象就会根据各自的数据源表进行分类，如下图所示。

4. 选项卡式文档

在 Access 2010 中，默认将表、查询、窗体、报表和宏等数据库对象都显示为选项卡式文档，如下图所示。

Access 2010 的功能区中，用【文件】选项卡替换了 Access 2007 中的微软徽标按钮。

订单ID	客户	订购日期	到货日期	发货日期	运货商	运货费
10566	东南实业	1997-06-12	1997-07-10	1997-06-18	联邦货运	¥88.40
11087	好阳贸易	2007-01-08	2007-01-03	2007-01-15	统一包裹	¥86.15
11086	三川实业	2007-01-16	2007-01-18	2007-01-23	联邦货运	¥45.12
10567	云大贸易	1997-06-12	1997-07-10	1997-06-17	急速快递	¥33.97
11085	三川实业	2007-01-10	2007-01-27	2007-01-17	急速快递	¥25.56
11079	国皓商贸	2007-01-11	2007-01-12	2007-01-12	统一包裹	¥25.45
11088	国皓商贸	2007-01-18	2007-01-10	2007-01-18	统一包裹	¥12.12
(新建)						¥0.00

当然，也可以更改这种设置，将各种数据库对象显示为重叠式窗口，具体操作步骤如下。

操作步骤

❶ 启动 Access 2010，打开需要进行设置的数据库。

❷ 单击屏幕左上角的【文件】标签，在打开的 Backstage 视图中选择【选项】命令，如下图所示。

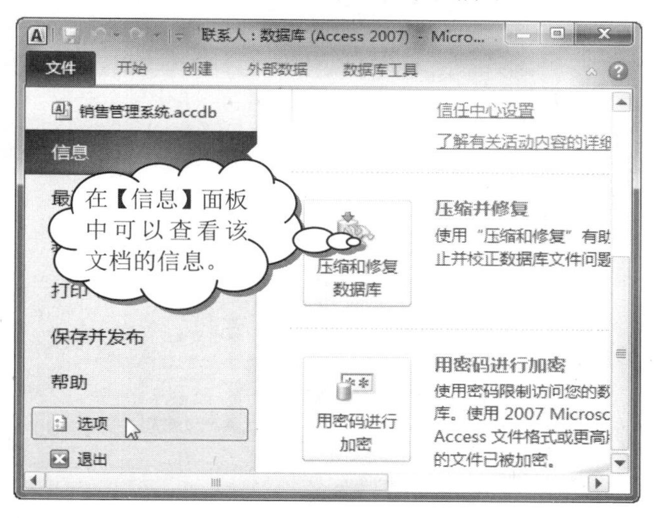

❸ 弹出【Access 选项】对话框，在左侧导航栏中选择【当前数据库】选项，在右边的【应用程序选项】区域中选中【重叠窗口】单选按钮，再单击【确定】按钮，如下图所示。

❹ 这样就为当前数据库设置了重叠式窗口显示，重新启动数据库以后，打开几个数据表，就可以看到原来的选项卡式文档变为重叠窗口式文档了，如下图所示。

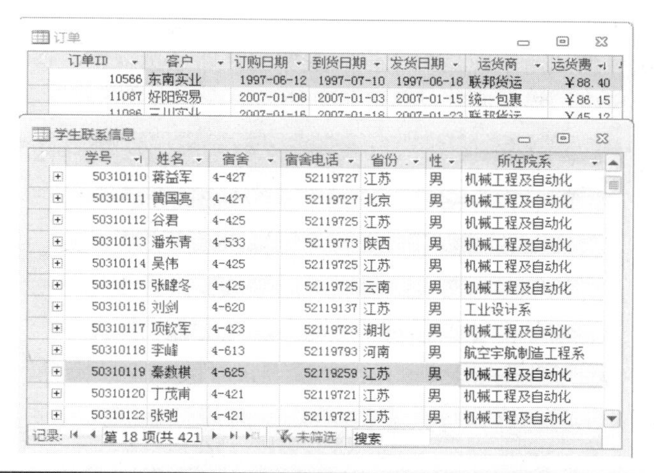

学号	姓名	宿舍	宿舍电话	省份	性	所在院系
50310110	蒋益军	4-427	52119727	江苏	男	机械工程及自动化
50310111	黄国亮	4-427	52119727	北京	男	机械工程及自动化
50310112	谷君	4-425	52119725	江苏	男	机械工程及自动化
50310113	潘东青	4-533	52119773	陕西	男	机械工程及自动化
50310114	吴伟	4-425	52119725	江苏	男	机械工程及自动化
50310115	张睫冬	4-425	52119725	云南	男	机械工程及自动化
50310116	刘剑	4-620	52119137	江苏	男	工业设计系
50310117	项钦军	4-423	52119723	湖北	男	机械工程及自动化
50310118	李峰	4-613	52119793	河南	男	航空宇航制造工程系
50310119	秦数棋	4-625	52119259	江苏	男	机械工程及自动化
50310120	丁茂甫	4-421	52119721	江苏	男	机械工程及自动化
50310122	张弛	4-421	52119721	江苏	男	机械工程及自动化

5. 状态栏

状态栏位于窗口底部，用于显示状态信息。状态栏中还包含用于切换视图的按钮。

下图是一个表的设计视图中的状态栏。

6. 微型工具栏

在 Office Professional 2010 程序中，一项经常被执行的操作就是设置文本格式。在早期的 Access 版本中，设置文本格式通常需要使用菜单或显示格式工具栏。而在 Access 2010 中，可以使用微型工具栏更加轻松地设置文本格式。

用户选择要设置格式的文本后，微型工具栏会自动出现在所选文本的上方。如果将鼠标指针靠近微型工具栏，则微型工具栏会渐渐淡入。用户可以用它来为文本应用加粗、倾斜，选择字号、颜色等。如果将指针移开微型工具栏，则该工具栏会慢慢淡出。如果不想使用微型工具栏设置格式，只需将鼠标指针移开一段距离，微型工具栏即会自动消失。

微型工具栏如下图所示。

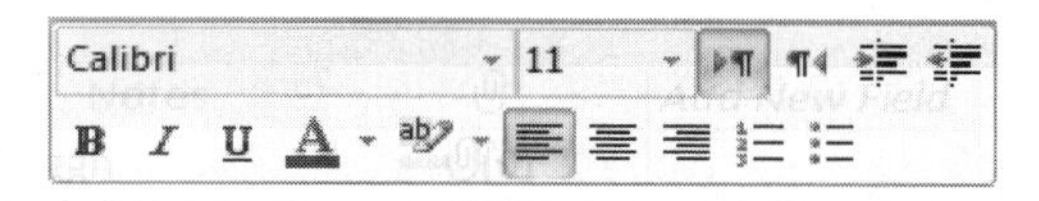

7. 样式库

样式库控件专为使用功能区而设计，并将侧重点放在获取所需的结果上。样式库控件不仅可显示命令，还可显示使用这些命令的结果。其目的是为用户提供一种

导航窗格是显示文档标题大纲，方便快速跳转目标段落的窗口或导航栏。

可视方式，以便浏览和查看 Access 2010 执行的操作，从而将焦点放在命令的执行结果上，而不仅仅是命令本身上。

例如，下图是一个报表对象的打印预览视图，在该视图中，样式库提供了多种页边距的设置方式。

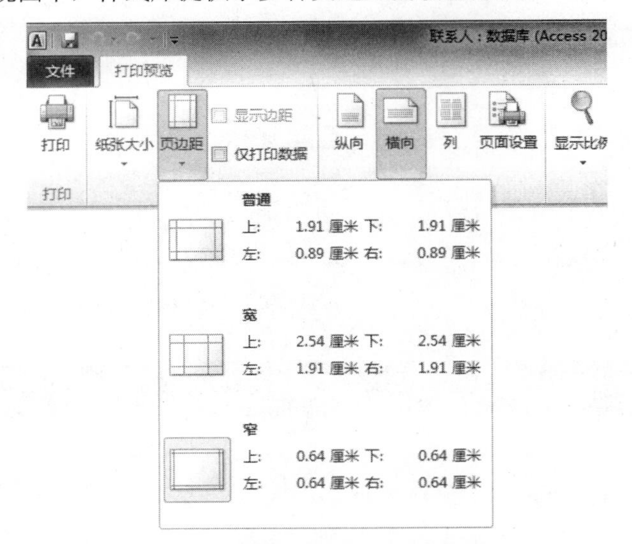

1.2.3 Access 2010 中修改与废止的功能

Microsoft Access 2010 废止和修改了 Microsoft Access 2007 提供的一些功能，并为用户提供了相应的替代方法。

1. 修改的功能

【添加字段】任务窗格功能已被【数据类型】下拉列表框取代，如下图所示。

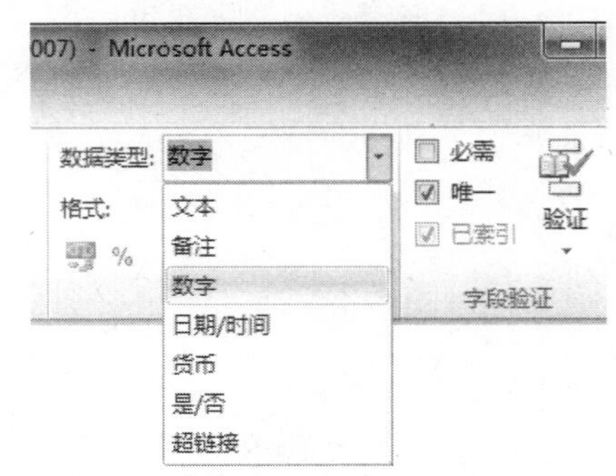

- ❖ 用户可以使用【数据类型】下拉列表框选择各种预定义的数据类型，并保存和重用自己的数据类型，而不必在“数据表”视图中使用功能区上的添加字段选项。使用【数据类型】下拉列表框可以更好地共享数据类型和功能。
- ❖ 【添加字段】任务窗格仅允许捕获单字段模板，而【数据类型】下拉列表框允许捕获多字段模板。将忽略对字段列表所做的任何更改，并且无法对【添加字段】任务窗格执行宏调用。

【自动套用格式】组已被【主题】选项组取代，如下图所示。

- ❖ “窗体布局”视图和“报表布局”视图的功能区中已不再提供【自动套用格式】组。【自动套用格式】已被【主题】取代。

- ❖ 【主题】为窗体或报表提供了更好的格式设置选项，这是因为不仅可以自定义、扩展和下载主题，还可以通过 Office Online 或电子邮件与他人共享主题。此外，还可将主题发布到服务器。【自动套用格式】只能用于 Access；【主题】则可用于其他 Office 应用程序。

2. 废止的功能

Access 2010 废止了 Access 2007 提供的一些功能。

- ❖ 日历控件(mscal.ocx)不再受支持。
- ❖ 数据访问页(DAP)不再可用。
- ❖ 从 Lotus 1-2-3 文件导出、导入和链接数据的功能不再可用。
- ❖ 从 Paradox 3/4/5/6/7 导出、导入和链接数据的功能不再可用。
- ❖ Red 2 ISAM 或 Jet 2 将不再受支持。
- ❖ 复制冲突查看器不再可用。
- ❖ 快照格式不受支持。

长见识：在 Microsoft Access 2010 中，用户可在自定义功能区添加【自动套用格式】命令。

1.3 Access的功能区

功能区位于程序窗口顶部的区域，可以在该区域中选择命令。功能区可以分为多个部分，下面将对各个部分进行相应的介绍。

1.3.1 命令选项卡

在Access 2010的功能区中有4个选项卡，分别为【开始】、【创建】、【外部数据】和【数据库工具】，称为Access 2010的命令选项卡。

在每个选项卡下，都有不同的操作工具。例如，在【开始】选项卡下，有【视图】组、【字体】组等，用户可以通过这些组中的工具，对数据库中的对象进行设置。下面分别对其进行介绍。

1. 【开始】选项卡

下图是【开始】选项卡下的工具组。

利用【开始】选项卡下的工具，可以完成的功能主要有以下几个方面。

- ❖ 选择不同的视图。
- ❖ 从剪贴板复制和粘贴。
- ❖ 设置当前的字体格式。
- ❖ 设置当前的字体对齐方式。
- ❖ 对备注字段应用 RTF 格式。
- ❖ 操作数据记录(刷新、新建、保存、删除、汇总、拼写检查等)。
- ❖ 对记录进行排序和筛选。
- ❖ 查找记录。

2. 【创建】选项卡

下图是【创建】选项卡下的工具组。用户可以利用该选项卡下的工具，创建数据表、窗体和查询等各种数据库对象。

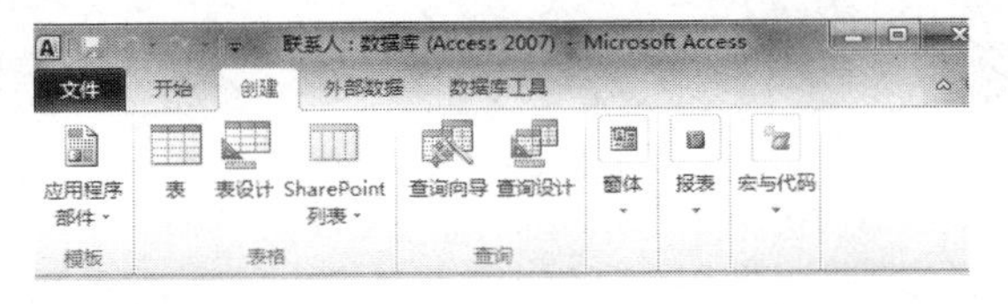

利用【创建】选项卡下的工具，可以完成的功能主要有以下几个方面。

- ❖ 插入新的空白表。
- ❖ 使用表模板创建新表。
- ❖ 在 SharePoint 网站上创建列表，在链接至新创建的列表的当前数据库中创建表。
- ❖ 在设计视图中创建新的空白表。
- ❖ 基于活动表或查询创建新窗体。
- ❖ 创建新的数据透视表或图表。
- ❖ 基于活动表或查询创建新报表。
- ❖ 创建新的查询、宏、模块或类模块。

3. 【外部数据】选项卡

在【外部数据】选项卡下，有如下图所示的工具组，用户可以利用该工具组中的数据库工具，导入和导出各种数据。

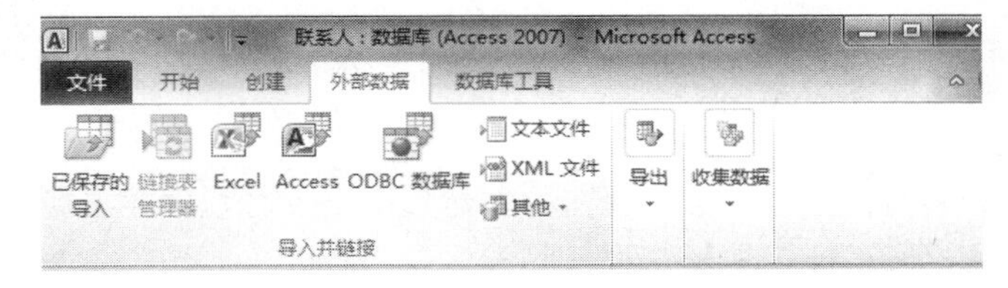

利用【外部数据】选项卡下的工具，可以完成的功能主要有以下几个方面。

- ❖ 导入或链接到外部数据。
- ❖ 导出数据。
- ❖ 通过电子邮件收集和更新数据。
- ❖ 使用联机 SharePoint 列表。
- ❖ 将部分或全部数据库移至 SharePoint 网站。

4. 【数据库工具】选项卡

在【数据库工具】选项卡下，有如下图所示的各种工具组。用户可以利用该选项卡下的各种工具进行数据库 VBA、表关系的设置等。

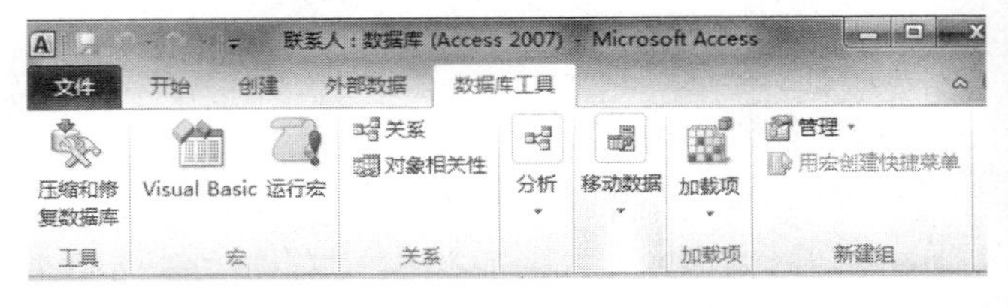

利用【数据库工具】选项卡下的工具，可以完成的功能主要有以下几个方面。

- ❖ 启动 Visual Basic 编辑器或运行宏。
- ❖ 创建和查看表关系。
- ❖ 显示/隐藏对象相关性或属性工作表。

Access导航窗格主要用于显示Access文档的标题大纲，选中或取消导航窗格复选框可以显示或隐藏导航窗格。

- ❖ 运行数据库文档或分析性能。
- ❖ 将数据移至 Microsoft SQL Server 或 Access (仅限于表)数据库。
- ❖ 运行链接表管理器。
- ❖ 管理 Access 加载项。
- ❖ 创建或编辑 VBA 模块。

1.3.2 上下文命令选项卡

上下文命令选项卡就是根据用户正在使用的对象或正在执行的任务而显示的命令选项卡。例如，当用户在设计视图中设计一个数据表时，会出现【表格工具】下的【设计】选项卡，如下图所示。

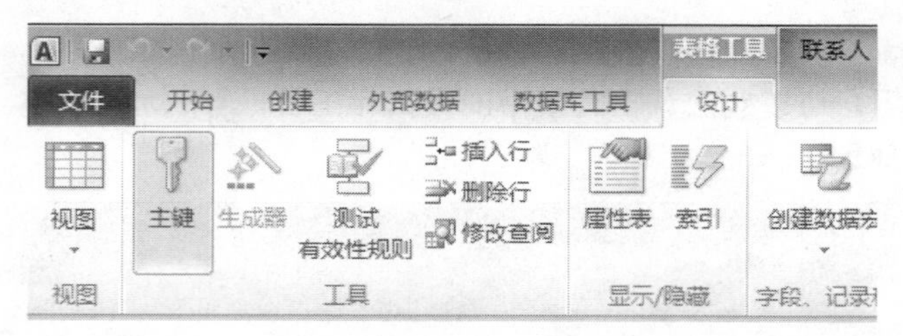

而在报表的设计视图中创建一个报表时，则会出现【报表设计工具】下的四个选项卡，如下图所示。

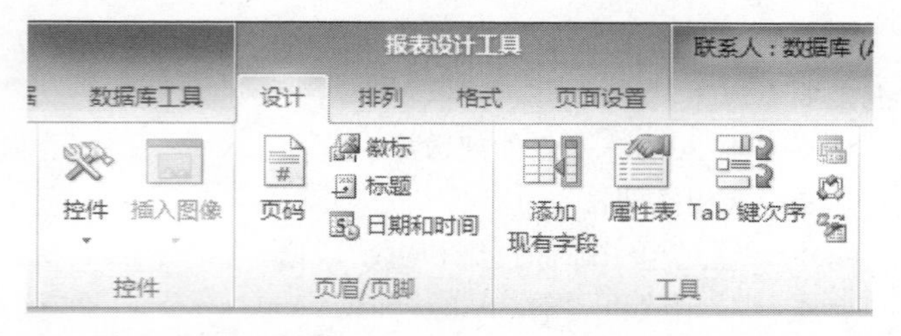

1.3.3 快速访问工具栏

快速访问工具栏就是在 Office 徽标右边显示的一个标准工具栏。它提供了对最常用命令(如【保存】和【撤销】)的即时、单击访问，如下图所示。

单击快速访问工具栏右边的向下三角箭头，可以弹出【自定义快速访问工具栏】菜单，用户可以在该菜单中设置要在该工具栏中显示的图标，如下图所示。

刚开始使用各种命令选项卡时，用户可能有些不习惯，但是如果熟悉了这些操作，很快就会发现这种选项卡式设计的优点。

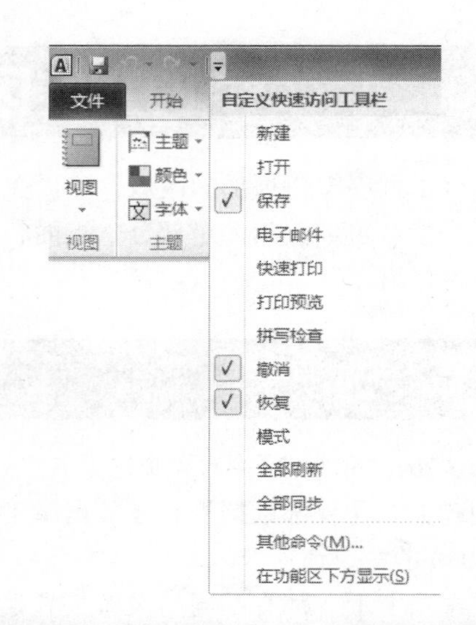

1.3.4 库

库是显示样式或选项的预览的新控件，以使用户能在做出选择前查看效果。

库控件的设计目的是让用户将注意力集中在获取所要的结果上。样式库控件不仅显示命令，还显示使用这些命令的结果。其意图是提供一种可视方式，便于用户浏览和查看 Access 2010 可以执行的操作，并关注操作结果，而不只是关注命令本身，如下图所示。

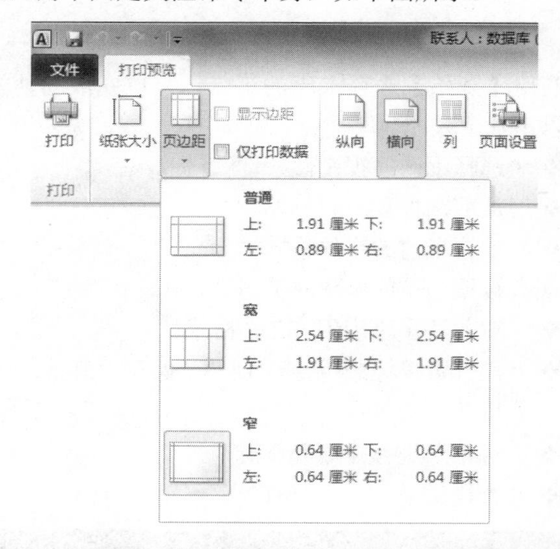

库有各种不同的形状和大小。它包括一个网格布局、一个类似菜单的下拉列表形式，甚至还有一个功能区布局，该布局将样式库自身的内容放在功能区中。

1.4 Access 的新增功能

Access 2010 在用户界面上较之前的 Access 2007 版

Access 2010 不仅在界面上进行了很大的改进，而且在功能上也进行了改进和提高。熟练操作 Access 2010 后，用户会发现工作效率得到了大幅提升。

本变化不大，但还是新增了许多实用的功能。Access 2010 提供了一组功能强大的数据库工具，使得用户可以更加方便地跟踪、报告和共享数据信息。同时，利用 Access 2010 新的交互式设计功能和能够处理来自多种数据源数据的能力，用户可以快速创建具有企业级功能的应用程序，而不需要具有高深的数据库知识。

1.4.1 新的宏生成器

Access 2010 包含一个新的宏生成器，使用宏生成器不仅可以更轻松地创建、编辑和自动化数据库逻辑，还可以更高效地工作、减少编码错误，并轻松地整合更复杂的逻辑以创建功能强大的应用程序，如下图所示。

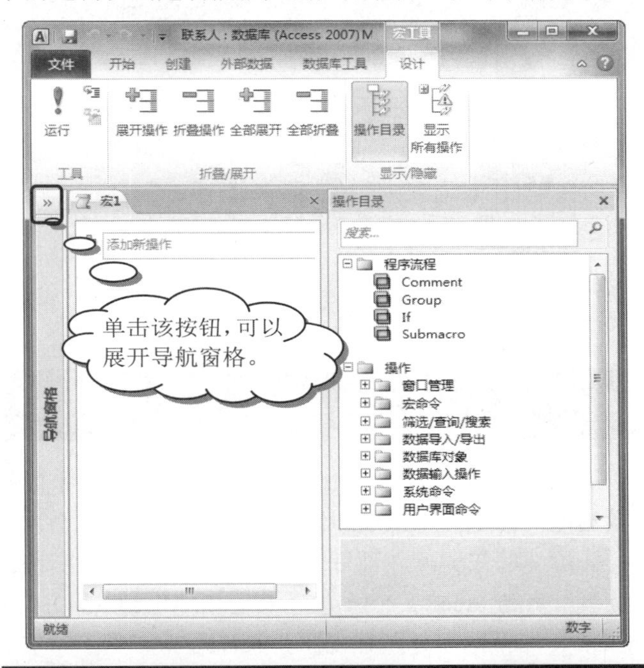

1. 数据宏：根据事件更改数据

数据宏不但支持 Web 数据库中的聚合，并且还提供了一种在任何 Access 2010 数据库中实现触发器的方法。

例如，假设有一个“已完成百分比”字段和一个“状态”字段。用户可以使用数据宏进行以下设置：当“状态”设置为“已完成”时，将“已完成百分比”设置为 100；当“状态”设置为“未开始”时，将“已完成百分比”设置为 0，如下图所示。

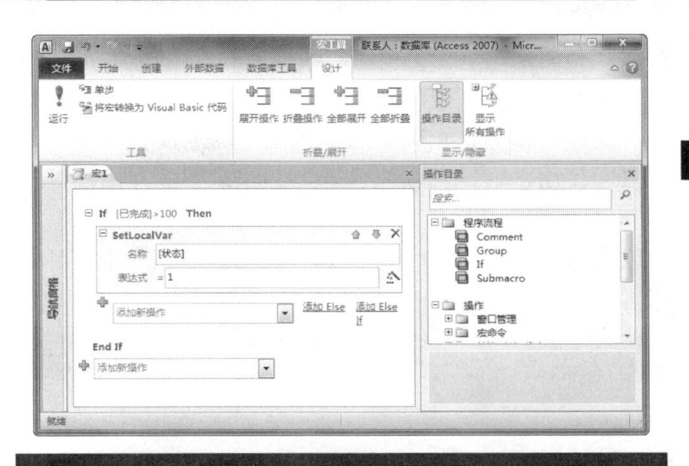

2. 增强的表达式生成器

表达式生成器现在已具有智能感知功能，因此用户可以在输入时看到需要的选项。在【表达式生成器】对话框中可以显示有关当前选择的表达式值的帮助，如下图所示。

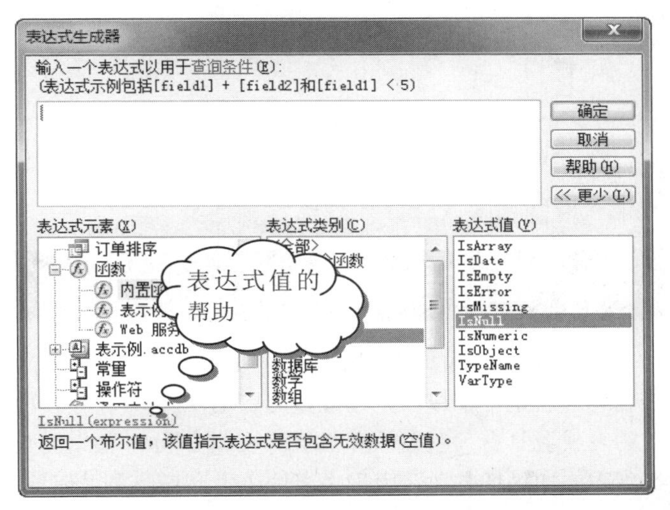

使用 Access 2010 表达式生成器的注意事项如下。

- ❖ 可以创建显示计算结果的字段。计算必须引用同一表中的其他字段。可以使用表达式生成器来创建计算。
- ❖ 如果更改的记录要验证指定的规则，可以创建阻止数据输入的规则。与字段有效性规则不同，表有效性规则可以检查多个字段的值。可以使用表达式生成器来创建有效性规则。

1.4.2 专业的数据库模板

Access 2010 包括一套经过专业化设计的数据库模板，可用来跟踪联系人、任务、事件、学生和资产及其他类型的数据。用户可以立即使用它们，也可以对其进

Access 2010 中的宏生成器不仅有智能感知功能，还有细心的帮助提示，在易用性和实用性上有很大提高，甚至还加入了高级数据库软件才有的“触发器”功能。

长见识

行增强和调整，以完全按照所需的方式跟踪信息。

模板是一个完整的跟踪应用程序，其中包含预定义表、窗体、报表、查询、宏和关系。这些模板被设计为可立即使用，这样可以快速开始工作。下面介绍模板使用窗口。打开 Access 2010，就可以看到【样本模板】，可以看到 Access 2010 已经内置了很多款模板，用户可根据需要选择合适的模板使用，如下图所示。

除 Access 2010 中包括的模板外，用户还可以到 Office.com 网站下载更多的模板。

1.4.3 应用程序部件

应用程序部件(如下图所示)是 Access 2010 中的新增功能，它是一个模板，构成数据库的一部分(如预设格式的表或者具有关联窗体和报表的表)。例如，如果向数据库中添加“任务”应用程序部件，用户将获得“任务”表、“任务”窗体以及用于将“任务”表与数据库中的其他表相关联的选项。

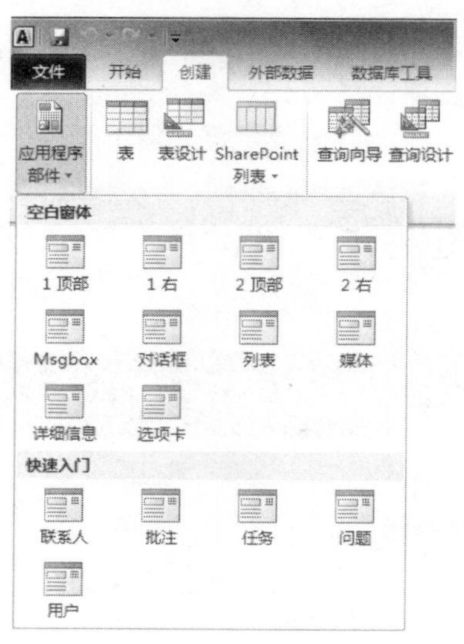

1.4.4 改进的数据表视图

在 Access 2010 中用户无须提前定义字段即可创建表及开始使用表，用户只需单击【创建】选项卡上的【表】按钮，然后在出现的新数据表中输入数据即可。Access 2010 会自动确定适合每个字段的最佳数据类型，这样，用户便能立刻开始工作。【单击已添加】列显示添加新字段的位置。如果需要更改新字段或现有字段的数据类型或显示格式，可以通过使用功能区上【字段】选项卡中的命令进行更改(如下图所示)。还可以将 Microsoft Excel 表中的数据粘贴到新的数据表中，Access 2010 会自动创建所有字段并识别数据类型。

1.4.5 Backstage 视图

Access 2010 中新增的 Backstage 视图包含应用于整个数据库的命令，如压缩和修复或打开新数据库。命令排列在屏幕的左侧，并且每个命令都包含一组相关命令或链接。启动 Access 2010 时，将看到 Microsoft Office Backstage 视图，可以从该视图获取有关当前数据库的信息、创建新数据库、打开现有数据库或者查看来自 Office.com 的特色内容，如下图所示。

长见识：用户可以使用 Office.com 上提供的全新预建数据库模板（这些模板专为常见任务设计）或者从社区提交的模板中选择，然后根据特定需求对其进行自定义。

Backstage 视图还包含许多其他命令，可以使用这些命令来调整、维护或共享数据库。Backstage 视图中的命令通常适用于整个数据库，而不是数据库中的对象。

1.4.6　新增的计算字段

Access 2010 中新增的计算字段允许存储计算结果。

可以创建一个字段，以显示根据同一表中的其他数据计算而来的值。可以使用表达式生成器来创建计算，以便利用智能感知功能轻松访问有关表达式值的帮助。

其他表中的数据不能用作计算数据的源。计算字段不支持某些表达式。

1.4.7　合并与分割单元格

Access 2010 中引入的布局是可作为一个单元移动和调整大小的控件组。在 Access 2010 中，对布局进行了增强，允许更加灵活地在窗体和报表上放置控件，可以水平或垂直拆分或合并单元格，从而能够轻松地重排字段、列或行，如下图所示。

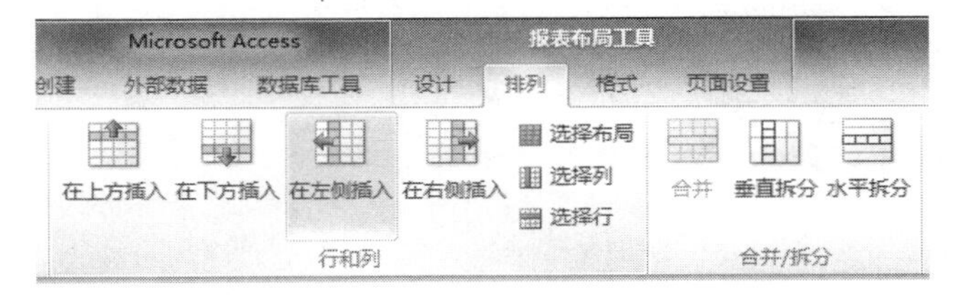

1.4.8　条件格式功能

Access 2010 新增了设置条件格式功能，能够实现一些与 Excel 提供的相同的格式样式。例如，可以添加数据条以使数字列看起来更清楚，如下图所示。

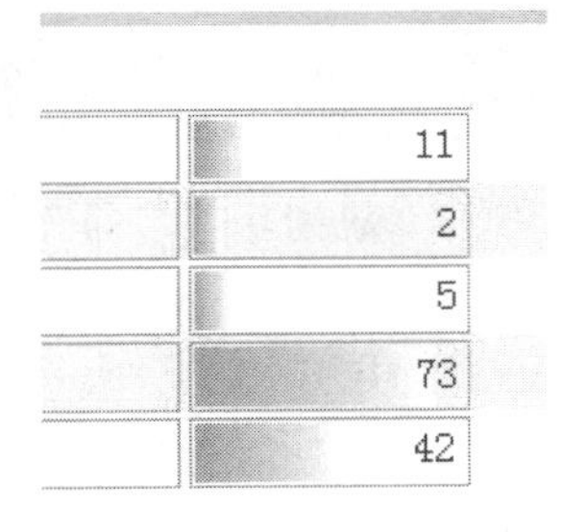

1.4.9　增强的安全性

Access 2010 利用增强的安全功能及与 Windows SharePoint Services 的高度集成，可以更有效地管理数据，并能使信息跟踪应用程序比以往更加安全。通过将跟踪应用程序数据存储在 Windows SharePoint Services 上的列表中，可以审核修订历史记录、恢复已删除的信息及配置数据访问权限。

Office Access 2007 引入了一个新的安全模型，Access 2010 继承了此安全模型并对其进行了改进。统一的信任决定与 Microsoft Office 信任中心相集成。通过受信任位置，可以很方便地信任安全文件夹中的所有数据库。可以加载禁用了代码或宏的 Office Access 2010 应用程序，以提供更安全的“沙盒”(不安全的命令不得运行)体验。受信任的宏以沙盒模式运行。

1.5　Access 的七大数据对象

我们经常说数据库对象，那么数据库对象到底是什么呢？一些用户一直认为 Access 只是一个能够简单存储数据的容器，而前面提到 Access 数据库能完成的功能有很多，那么这些功能是依靠数据库中的什么结构来实现的呢？

本节将介绍 Access 数据库的六大数据对象。可以说，Access 的主要功能就是通过这六大数据对象来完成的。

1.5.1　表

表是数据库中最基本的组成单位。建立和规划数据库，首先要做的就是建立各种数据表。数据表是数据库中存储数据的唯一单位，可以将各种信息分门别类地存放在各种数据表中。

表在我们的生活和工作中也是相当重要的，它最大的特点就是能够按照主题分类，使各种信息一目了然，如以下两图所示的都是常用的表。

学生联系信息表：

学生联系信息

学号	姓名	宿舍	宿舍电话	省份	性	所在院系	字段1
50310228	詹伟强	4-403	52119703	福建	男	机械工程及自动化	
50320113	张丙仁	4-606	52119786	天津	男	工业设计系	
50310122	张弛	4-421	52119721	江苏	男	机械工程及自动化	
50310609	张聪	4-527	52119767	陕西	男	机械工程及自动化	
50310132	张冬	4-417	52119717	江苏	男	机械工程及自动化	
50310205	张峰	9-404-1	52116436	江苏	男	机械工程及自动化	
50330311	张冠	9-404-4	52116439	浙江	男	航空宇航制造工程系	
50310224	张国庆	4-405	52119705	黑龙江	男	机械工程及自动化	
50330222	张贺	4-627	52119378	江苏	男	航空宇航制造工程系	
50330112	张红余	4-634	52119139	江苏	男	航空宇航制造工程系	
50310317	张佳	4-508	52119748	北京	男	机械工程及自动化	
50310107	张剑剑	4-429	52119729	浙江	男	机械工程及自动化	
50310726	张军锋	4-503	52119743	江苏	男	机械工程及自动化	
50330228	张坤	4-623	52119539	陕西	男	航空宇航制造工程系	
50310717	张朗	4-507	52119747	北京	男	机械工程及自动化	

记录：第 1 项(共 421 项)　无筛选器　搜索

学生就业表：

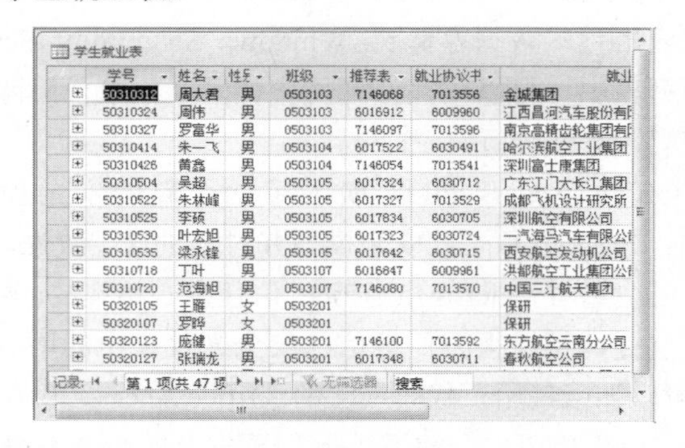

虽然这些表存储的内容各不相同，但是它们都有共同的表结构。表的第一行为标题行，标题行的每个标题称为字段。下面每一行的数据称为一条记录。

该表在外观上与 Excel 电子表格相似，因为二者都是以行和列存储数据的，这样，就可以很容易地将 Excel 电子表格导入数据库表中。

表中的每一行数据称为一条记录。每一条记录包含一个或多个字段。字段对应表中的列。例如，可能有一个名为“雇员”的表，其中每一条记录(行)都包含不同雇员的信息，每一字段(列)都包含不同类型的信息(如名字、姓氏和地址等)。

1.5.2 查询

查询是数据库中应用最多的对象之一，可执行很多不同的功能。最常用的功能是从表中检索特定的数据。

要查看的数据通常分布在多个表中，通过查询可以将多个不同表中的数据检索出来，并在一个数据表中显示这些数据。而且，由于用户通常不需要一次看到所有的记录，而只是查看某些符合条件的特定记录，因此用户可以在查询中添加查询条件，以筛选出有用的数据。

数据库中查询的设计通常是在查询设计器中完成的。查询设计器如下图所示。

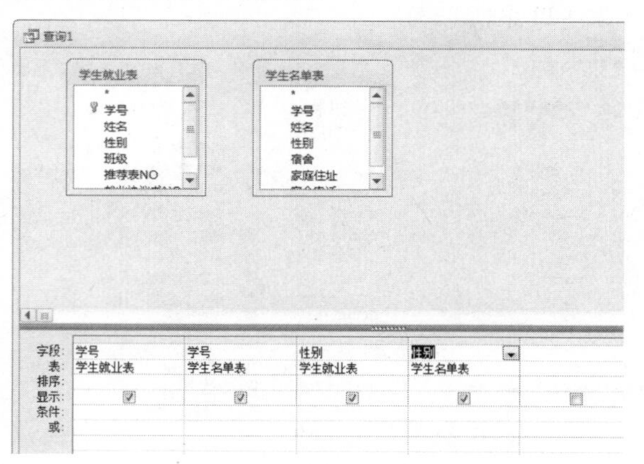

查询有两种基本类型：选择查询和操作查询。

选择查询仅仅检索数据以供查看。用户可以在屏幕中查看查询结果、将结果打印出来或者将其复制到剪贴板中或是将查询结果用作窗体或报表的记录源。

下图所示就是一个典型的选择查询的运行结果。

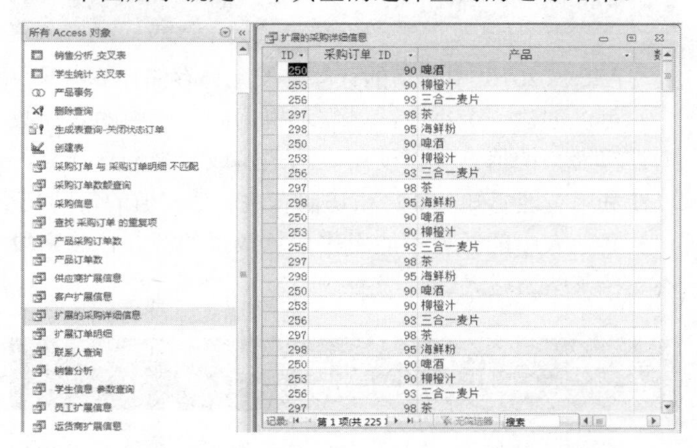

操作查询可以对数据执行一项任务，如该查询可用来创建新表，在现有表中添加、更新或删除数据。

在 Access 2010 中有多种不同的查询，如更新查询、删除查询等，各种查询都是在查询设计器中的【查询类型】组(如下图所示)中选择和创建的。

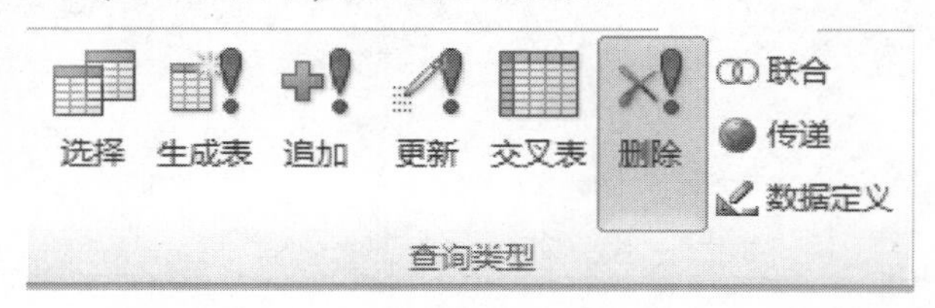

从上图可以看到各种查询的创建按钮。其实，查询和数据表最大的区别在于，查询中的所有数据都不是真正独立存在的。查询实际上是一个固定化的筛选，它将数据表中的数据筛选出来，并以数据表的形式返回筛选结果。

1.5.3 窗体

窗体有时被称为“数据输入屏幕”。窗体是用来处理数据的界面，通常包含一些可执行各种命令的按钮。

窗体提供了一种简单易用的处理数据的格式，而且还可以在窗体中添加一些功能元素，如命令按钮等。用户可以对按钮进行编程来确定在窗体中显示哪些数据、打开其他窗体或报表或者执行其他各种任务。

例如，可以在下图所示的客户资料窗体中输入新的客户资料。

长见识：在 Access 2010 中，不仅对功能区进行了多处更改，而且还新引入了第三个用户界面组件 Microsoft Office Backstage 视图。

使用窗体还可以控制其他用户与数据库之间的交互方式。例如，创建一个只显示特定字段且只允许查询却不能编辑数据的窗体，这有助于保护数据并确保输入数据的正确性。

用户还可以创建各种透视窗体。例如，可以创建一个数据透视图窗体，用图形的方式来显示数据的统计结果。下图所示就是一个典型的数据透视图窗体。

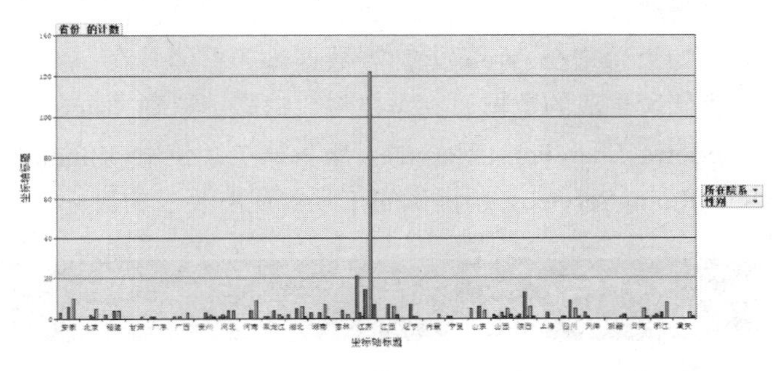

利用窗体，还可以创建用于程序导航的【主切换面板】。该面板中有各种不同的功能模块，单击某一按钮，即可启动相应的功能模块，如下图所示。

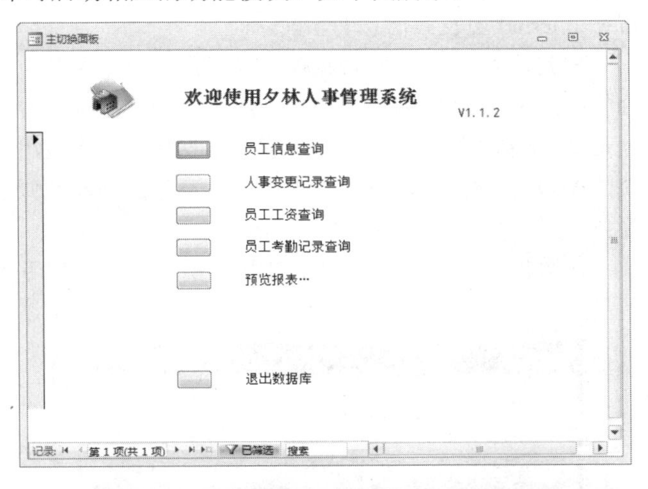

1.5.4 报表

如果要对数据库中的数据进行打印，使用报表是最简单且有效的方法。

报表主要用来打印或者显示，因此一个报表通常可以回答一个特定问题，如“今年每个客户的订单情况怎样？”或者“我们的客户分布在哪些城市？”。

在设计报表的过程中，可以根据报表要回答的问题，设置其分组显示，从而以最容易阅读的方式来显示信息。

下图所示就是一个典型的报表。

学生信息表

2010年12月16日 17:17:05

学号	姓名	宿舍	宿舍电话	省份	性别	所在院系
50310101	邓丽蓉	10-403-01	52116554	四川	女	机械工程及自动化
50310102	王飞彪	10-403-01	52116554	江苏	男	机械工程及自动化
50310103	陈柳芸	10-403-01	52116554	江苏	女	机械工程及自动化
50310104	王文华	4-429	52119729	江苏	男	机械工程及自动化
50310106	张巍	4-429	52119729	江苏	男	机械工程及自动化
50310107	张剑剑	4-429	52119729	浙江	男	机械工程及自动化
50310108	胡涛	4-427	52119727	江苏	男	机械工程及自动化
50310109	方达	4-427	52119727	广西	男	机械工程及自动化
50310110	蒋益军	4-427	52119727	江苏	男	机械工程及自动化
50310111	黄国亮	4-427	52119727	北京	男	机械工程及自动化
50310112	谷君	4-425	52119725	江苏	男	机械工程及自动化
50310113	潘东青	4-533	52119773	陕西	男	机械工程及自动化
50310114	吴伟	4-425	52119725	江苏	男	机械工程及自动化
50310115	张睦冬	4-425	52119725	云南	男	机械工程及自动化
50310116	刘剑	4-620	52119137	江苏	男	工业设计系
50310117	项钦军	4-423	52119723	湖北	男	机械工程及自动化

运用报表，还可以创建标签。将标签报表打印出来以后，就可以将报表裁成一个个小的标签，贴在货物或者物品上，用于对该物品进行标识。下图所示就是一个典型的标签报表。

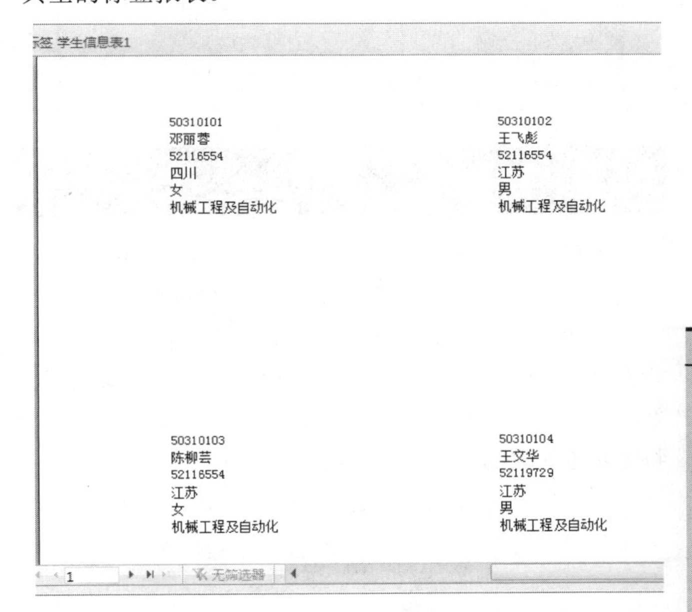

1.5.5 宏

可以将宏看作是一种简化的编程语言。利用宏，用户不必编写任何代码，就可以实现一定的交互功能。例如弹出对话框、单击按钮打开窗体等。

下图所示就是一个宏。

窗体是一个数据库对象，可用于为数据库应用程序创建用户界面。“绑定”窗体是直接连接到数据源（如表或查询）的窗体，并可用于输入、编辑或显示来自该数据源的数据。

通过宏，可以实现的功能有以下几项。

❖ 打开/关闭数据表、窗体，打印报表和执行查询。
❖ 弹出提示信息框，显示警告。
❖ 实现数据的输入和输出。
❖ 在数据库启动时执行操作等。
❖ 筛选查找数据记录。

宏的设计一般都是在【宏生成器】中完成的。单击【创建】选项卡下的【宏】按钮，即可新建一个宏，并进入【宏生成器】，如下图所示。

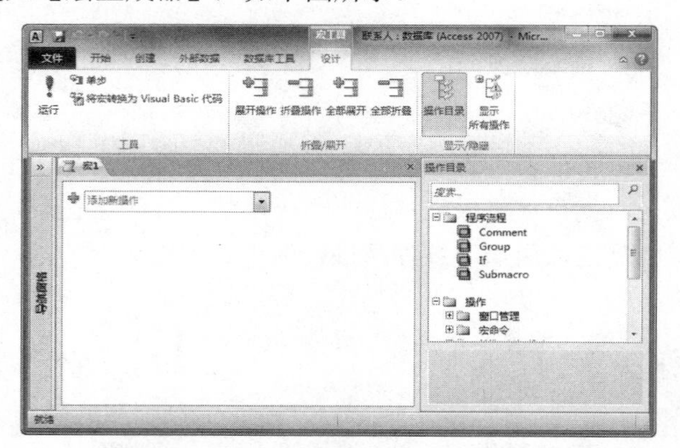

1.5.6 模块

不仅可以在宏操作列表中以选择的方式在 Access 中创建宏，而且还可以用 VBA 编程语言编写过程模块。

模块是声明、语句和过程的集合，它们作为一个单元存储在一起。模块可以分为类模块和标准模块两类。类模块中包含各种事件过程，标准模块包含与任何其他特定对象无关的常规过程，如下图所示。

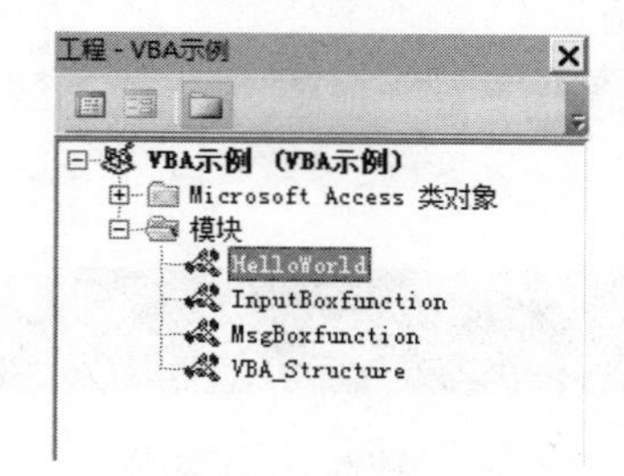

在上面的【工程-VBA 示例】管理器中，可以看到有多个标准模块和一个窗体模块。在数据库的导航窗格中的【模块】对象下列出了标准模块，但没有列出类模块，如下图所示。

模块是由各种过程构成的，过程就是能够完成一定功能的 VBA 语句块。如下图所示，这是一个能够计算出圆面积的 Sub 过程。

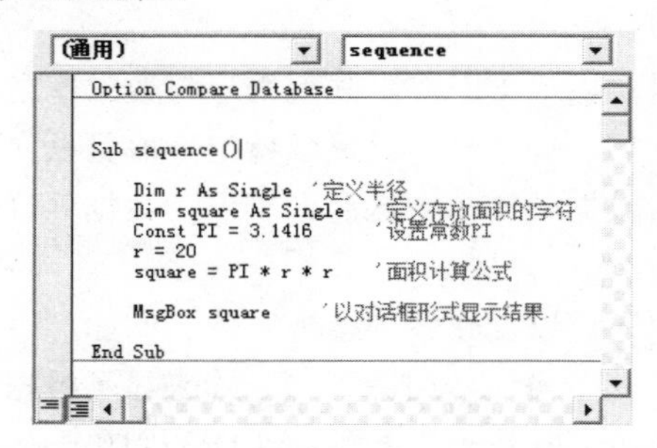

需要说明的是，Access 2010 不再支持数据访问页对象。如果希望在 Web 上部署数据输入窗体并在 Access 中存储所生成的数据，则需要将数据库部署到 Microsoft Windows SharePoint Services 服务器上，使用 Windows SharePoint Services 所提供的工具实现所要求的目标。

1.5.7 页

页又称数据访问页。用户可以利用页设计器建立 Web 页，将数据库的数据作为文件存放在 Web 发布程序所指定的文件夹中，或者复制到 Web 服务器上，从而实现在 Internet 上发布信息的功能。

与其他 6 个 Access 数据库对象不同，页对象是一个独立的.htm 文件（网页文件），用于在浏览器中查看和处理 Access 数据库中的数据，它可以支持数据库应用系统的 Web 访问方式。从功能上讲，页对象的功能类似于窗体。

在数据库对象窗口中双击打开“学生”页，如下图所示。

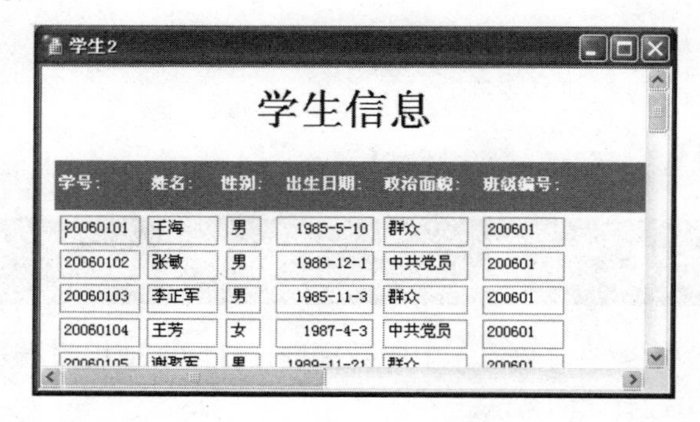

Office 2010 提供了新的加密技术，此加密技术比 Office 2007 提供的加密技术更加强大，并且在 Access 2010 中，用户可以根据自己的意愿使用第三方加密技术。

1.6 思考与练习

选择题

1. 在数据库的六大对象中，用于存储数据的数据库对象是________，用于和用户进行交互的数据库对象是________。

A. 表　　B. 查询
C. 窗体　　D. 报表

2. 在Access 2010中，随着打开数据库对象的不同而不同的操作区域称为________。

A. 命令选项卡　　B. 上下文命令选项卡
C. 导航窗格　　D. 工具栏

3. Access 2010停止了对数据访问页的支持，大大增强的协同工作是通过_____来实现的。

A. 数据选项卡　　B. SharePoint网站
C. Microsoft在线帮助　　D. Outlook新闻组

4. Access 2010的默认数据库格式是_____。

A. MDB　　B. ACCDB
C. ACCDE　　D. MDE

操作题

1. 安装并启动Office 2010，观察Access 2010的界面新特征。

2. 了解Access 2010相对于其他版本Access的新的界面特征和功能特性，以及Access数据库相对于其他数据库的优缺点。

3. 对Access 2010的六大数据库对象要了然于心，熟悉各个对象的功能与区别。

启动Access 2010以后，按下功能键F1，即可启动Access帮助系统。Access 2010帮助文件提供了动态追踪功能，如果将光标定位在一个数据库对象中，即可启动关于该数据库对象的帮助文件。

长见识

第2章 创建与管理数据库

数据库是数据对象的容器，数据库技术是计算机学科的一个重要分支，已经成为信息基础设施的核心技术和重要基础。数据库技术作为数据管理最有效的手段，极大地促进了计算机应用的发展。

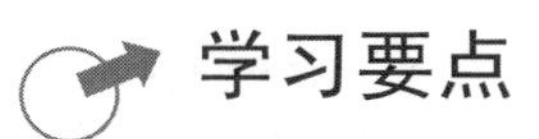

学习要点

- ❖ 建立数据库
- ❖ 数据库的基本操作
- ❖ 备份数据库
- ❖ 修复数据库
- ❖ 查看数据库属性

学习目标

通过本章学习，用户应该学会创建和管理数据库，掌握建立数据库的各种方法，并能熟练使用数据库的基本操作。

用户还应学会如何管理数据库，以及对数据库进行备份等操作，以保证数据库的运行速度及其安全性。

2.1 建立新的数据库

首先应该明确数据库对象之间的关系。第 1 章已经介绍了数据库的 7 个对象，分别为“表”“查询”“窗体”“报表”“宏”“模块”和“页”，这 7 个对象构成了数据库系统。

而数据库，就是存放各个对象的容器，执行数据仓库的功能。因此在创建数据库系统之前，应最先做的就是创建一个数据库。

在 Access 2010 中，可以用多种方法建立数据库，既可以使用数据库建立向导，也可以直接建立一个空数据库。建立数据库以后，就可以在里面添加表、查询、窗体等数据库对象了。

下面分别介绍创建数据库的几种方法。

2.1.1 创建一个空白数据库

先建立一个空数据库，以后根据需要向空数据库中添加表、查询、窗体、宏等对象，这样能够灵活地创建更加符合实际需要的数据库系统。

建立一个空数据库的操作步骤如下。

操作步骤

❶ 启动 Access 2010 程序，并进入 Backstage 视图，然后选择【新建】命令，接着在中间窗格中单击【空数据库】选项，如下图所示。

❷ 在右侧窗格中的【文件名】文本框中输入新建文件的名称，再单击【创建】图标按钮，如下图所示。

提示

若要改变新建数据库文件的位置，可以在上图中单击【文件名】文本框右侧的文件夹图标，弹出【文件新建数据库】对话框，选择文件的存放位置，接着在【文件名】下拉列表框中输入文件名称，再单击【确定】按钮即可，如下图所示。

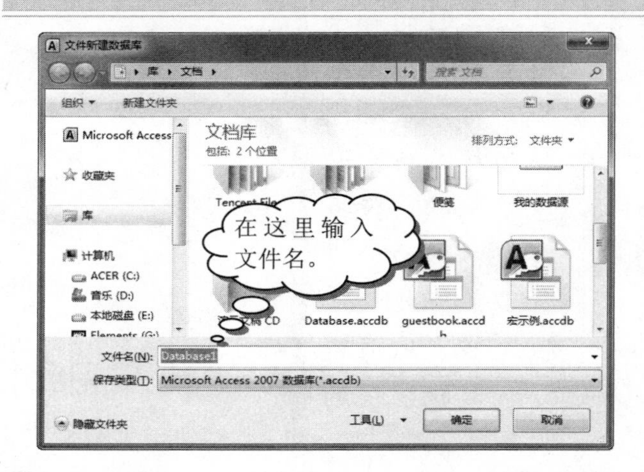

❸ 这时将新建一个空白数据库，并在数据库中自动创建一个数据表，如下图所示。

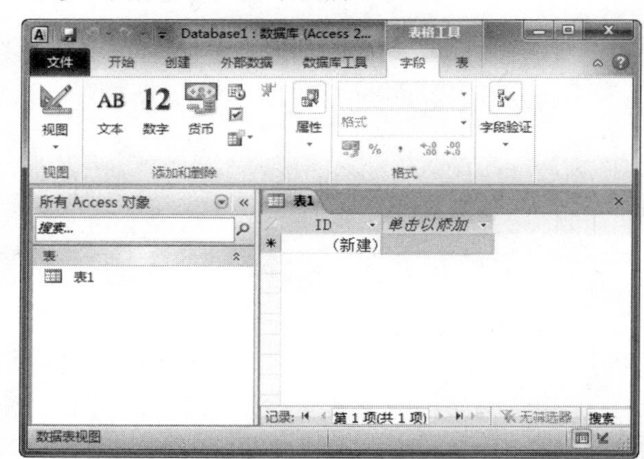

提示

运用(空数据库)方法建立的数据库，可以更有针对性地设计自己所需要的数据库系统，相对于被动地用模板而言，增强了用户的主动性。

 长见识 Access 2010 数据库有 7 个数据库对象，这 7 个数据库对象相互联系，构成一个完整的数据库系统。

2.1.2 利用模板创建数据库

Access 2010 提供了 12 个数据库模板。使用数据库模板，用户只需要进行一些简单操作，就可以创建一个包含表、查询等数据库对象的数据库系统。

下面利用 Access 2010 中的模板，创建一个“联系人”数据库，具体操作步骤如下。

操作步骤

❶ 启动 Access 2010，单击【样本模板】选项，从列出的 12 个模板中选择需要的模板，这里选中【联系人 Web 数据库】选项，如下图所示。

❷ 在界面右下方弹出的【数据库名称】中输入想要采用的数据库文件名，然后单击【创建】按钮，完成数据库的创建。创建的数据库如下图所示。

❸ 这样就利用模板创建了“联系人”数据库。单击【通讯簿】选项卡下的【新增】按钮，弹出如下图所示的对话框，即可输入新的联系人资料了。

可见，通过数据库模板可以创建专业的数据库系统，但是这些系统有时不太符合要求，因此最简便的方法就是先利用模板生成一个数据库，然后再进行修改，使其符合要求。

2.2 数据库的基本操作

数据库的打开、关闭与保存是数据库最基本的操作，对于学习数据库是必不可少的。

2.2.1 打开数据库

创建数据库后，以后会经常需要打开，这是数据库操作中最基本、最简单的操作。下面就以实例介绍如何打开数据库。

操作步骤

❶ 启动 Access 2010，单击界面左上角的【文件】标签，在打开的 Backstage 视图中选择【打开】命令，如下图所示。

长见识：Access 2010 附带 5 个常用模板：“联系人”“资产”“项目”“事件”和“慈善捐赠”。在用户发布任何模板之前或之后，都可以对其进行修改。

❷ 在弹出的【打开】对话框中选择要打开的文件，单击【打开】按钮，即可打开选中的数据库，如下图所示。

提示

Access 会自动记忆最近打开过的数据库。对于最近使用过的文件，只需要单击【文件】标签，并在打开的 Backstage 视图中选择【最近所用文件】命令，接着在右侧窗格中直接单击要打开的数据库名称即可，如下图所示。

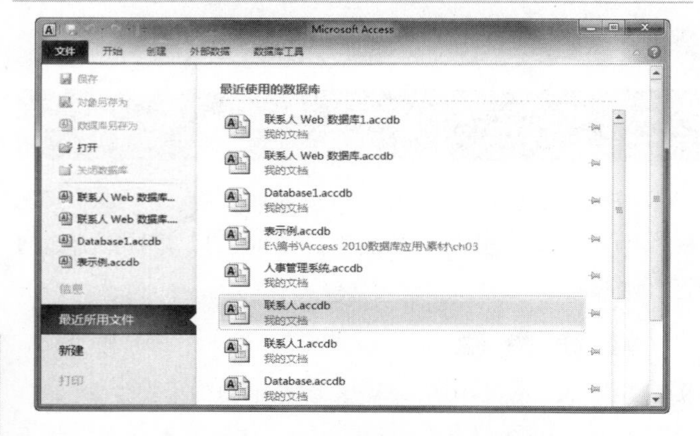

创建数据库以后，就可以为数据库添加表、查询等数据库对象了。一般而言，表作为数据库中各种数据的唯一载体，往往是应该最先创建的。

至于如何在数据库中创建数据表，以及如何设计数据表的结构等内容，将在后面章节中进行介绍。

技巧

还可以通过使用快捷键来新建和打开数据库，方法如下：

❖ 按下 Ctrl+N 组合键，新建一个空数据库。
❖ 按下 Ctrl+O 组合键，打开一个数据库。

2.2.2 保存数据库

创建数据库，并为数据库添加了表等数据库对象后，就需要将数据库保存，以保存添加的项目。另外，用户在处理数据库时，应记得随时保存，以免出现错误导致大量数据丢失。

操作步骤

❶ 单击界面左上角的【文件】标签，在打开的 Backstage 视图中选择【保存】命令，即可保存输入的信息，如下图所示。

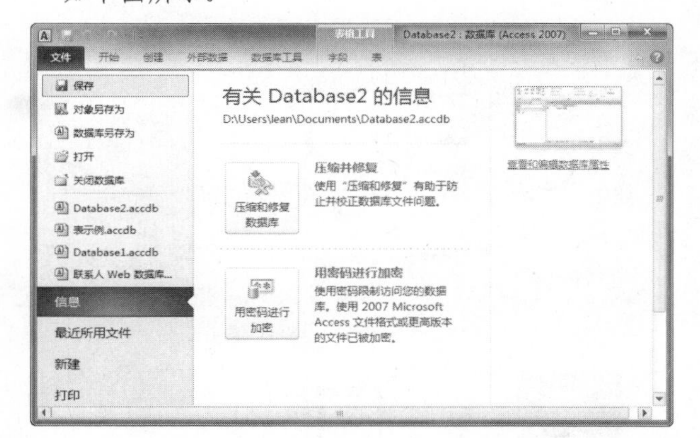

❷ 或者选择【数据库另存为】命令，可更改数据库的保存位置和文件名，如下图所示。

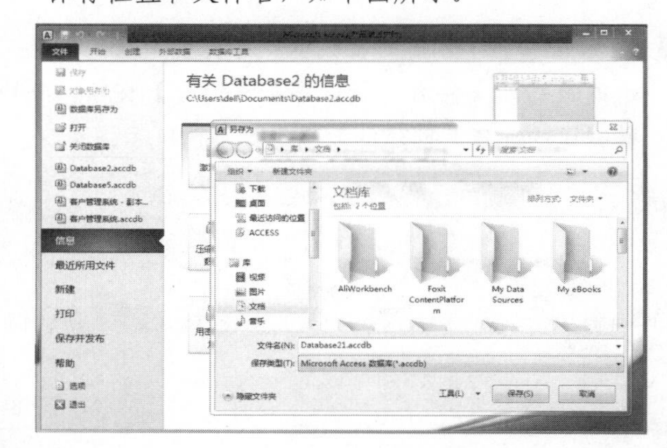

❸ 弹出 Microsoft Access 对话框，提示保存数据库前必须关闭所有打开的对象，单击【是】按钮即可，如下图所示。

❹ 弹出【另存为】对话框，选择文件的存放位置，然后在【文件名】下拉列表框中输入新文件名，再单击【保存】按钮，如下图所示。

长见识

数据库就是各种数据库对象的容器，存储着各种数据库对象。各种有着不同功能的数据库对象相互联系，构成了一个完整的数据库系统。

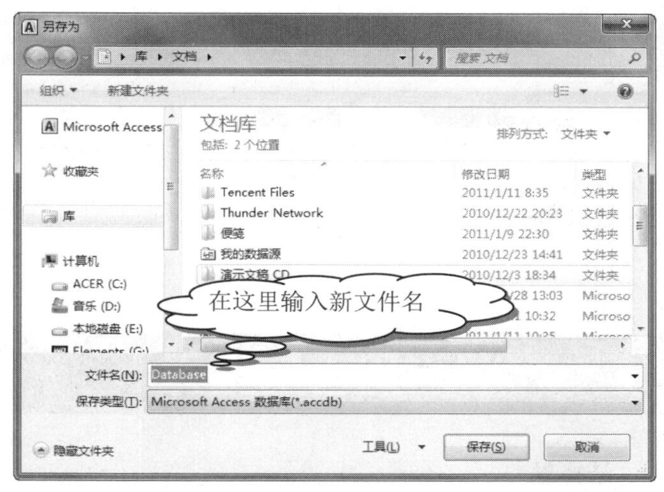

技巧

还可以通过单击快速访问工具栏中的【保存】按钮或者按Ctrl+S组合键来保存编辑后的文件。

2.2.3　关闭数据库

完成数据库的保存后，当不再需要使用数据库时，就可以关闭数据库了。

操作步骤

1. 单击界面右上角的【关闭】按钮，即可关闭数据库，如下图所示。

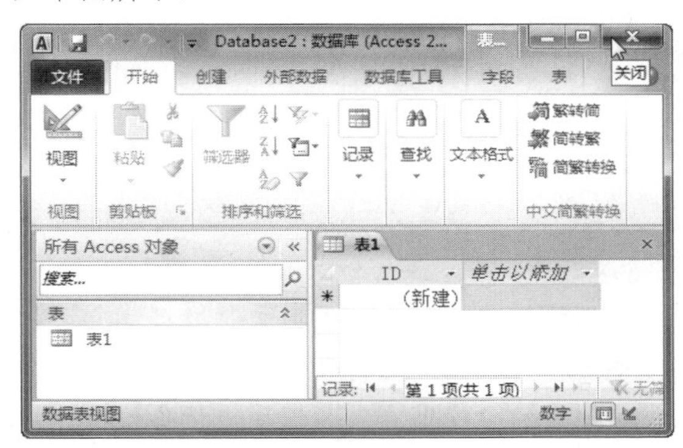

2. 或者单击左上角的【文件】标签，在打开的Backstage视图中选择【关闭数据库】命令，也可关闭数据库，如下图所示。

2.3　管理数据库

在数据库的使用过程中，随着使用次数越来越多，难免会产生大量的垃圾数据，使数据库变得异常庞大，如何去除这些无效数据呢？为了数据的安全，备份数据库是最简单的方法，在Access中数据库又是如何备份的呢？还有打开一个数据库以后，如何查看这个数据库的各种信息呢？

所有的问题都可以在数据库的管理菜单下解决，下面就介绍基本的数据库管理方法。

2.3.1　备份数据库

对数据库进行备份，是最常用的安全措施。下面以备份“罗斯文.accdb”数据库文件为例，介绍如何在Access 2010中备份数据库。

操作步骤

1. 在Access 2010程序中打开压缩过的“罗斯文.accdb”数据库，然后单击【文件】标签，并在打开的Backstage视图中选择【保存并发布】命令，选择【数据库另存为】|【备份数据库】命令，如下图所示。

2. 系统将弹出【另存为】对话框，默认的备份文件名为“数据库名+备份日期”，如下图所示。
3. 单击【保存】按钮，即可完成数据库的备份。

提示

数据库的备份功能类似于文件的“另存为”功能，其实利用Windows的“复制”功能或者Access的“另存为”功能都可以完成数据库的备份工作。

经常备份数据库，可以有效地保护数据库的安全性，避免在计算机软硬件出现重大错误时数据全部丢失。

长见识

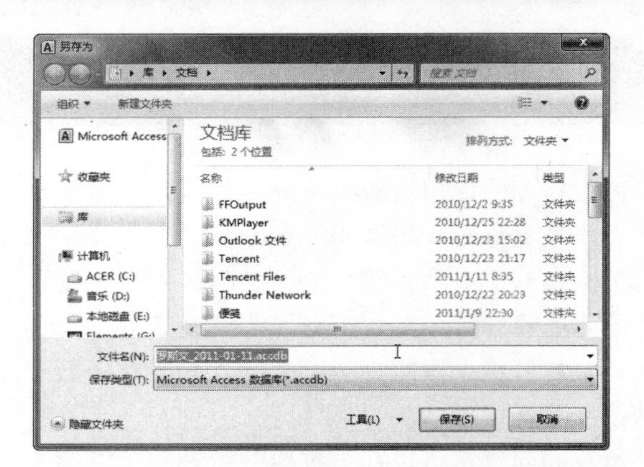

2.3.2 查看数据库属性

对于一个新打开的数据库，可以通过查看数据库属性，来了解数据库的相关信息。下面以查看“罗斯文”数据库文件的属性为例进行介绍，具体操作步骤如下。

操作步骤

1. 启动 Access 2010，打开一个数据库文件。
2. 单击界面左上角的【文件】标签，并在打开的 Backstage 视图中单击【管理】按钮，再选择【数据库属性】命令，如下图所示。

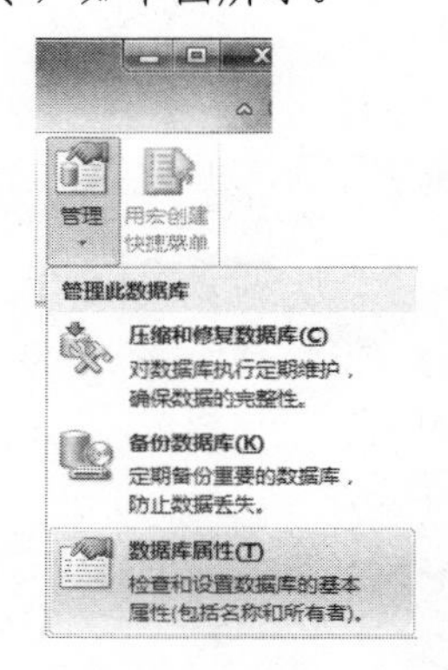

3. 在弹出的数据库属性对话框中的【常规】选项卡中显示了文件类型、存储位置与大小等信息，如下图所示。

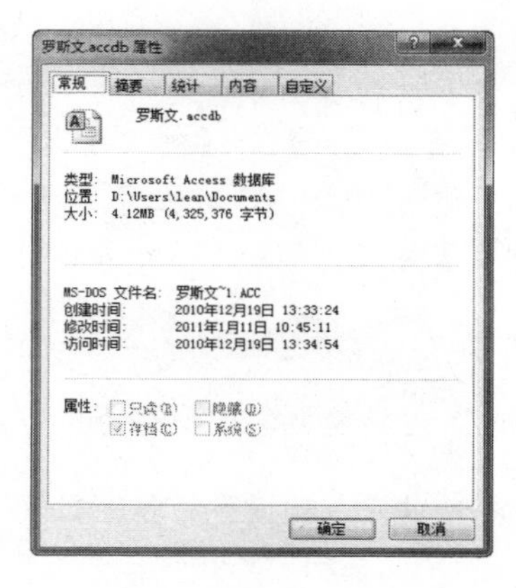

提示

用户可切换各个选项卡查看数据库的相关内容。需要注意的是：为了便于以后的管理，建议尽可能地填写【摘要】选项卡的信息。这样即使是下一个人进行数据库维护，也能清楚数据库的内容。

2.4 思考与练习

选择题

1. 如果用户要新建一个商务联系人数据库系统，那么最快的建立方法是________。
   A. 通过数据库模板建立
   B. 通过数据库字段模板建立
   C. 新建空白数据库
   D. 所有建立方法都一样
2. 新建一个空数据库的组合键是________。
   A. Ctrl+S　　B. Ctrl+O
   C. Ctrl+N　　D. Ctrl+A
3. ________不是压缩和修复数据库的作用。
   A. 减小数据库占用空间
   B. 提高数据库打开速度
   C. 美化数据库
   D. 提高运行效率

操作题

1. 新建一个“联系人”数据库，并对其进行个性化的设置修改。
2. 利用模板建立一个“罗斯文”数据库。
3. 练习操作数据库的打开、保存和关闭。
4. 对建立的“罗斯文”数据库进行备份操作。

长见识

在使用过程中，数据库的体积会越来越大。通过修复和压缩数据库，可以移除数据库中的临时对象，大大减小数据库的体积，从而提高系统的打开和运行速度。

第 3 章

创建与使用表

本章微课

表是整个数据库的基本单位，同时也是所有查询、窗体和报表的基础。表作为七大数据库对象之一，是数据库中存储数据的唯一对象。设计良好的表结构，对整个数据库系统的高效运行至关重要。

学习要点

- ❖ 建立表
- ❖ 利用表设计器创建表
- ❖ 字段属性
- ❖ 数据的有效性规则
- ❖ 建立表关系
- ❖ 表关系的高级设置
- ❖ 修改数据表结构和记录
- ❖ 筛选与排序

学习目标

通过本章学习，用户应该了解数据库和表之间的关系，掌握建立表的各种方法，理解表作为数据库对象的重要性，以及学会如何利用多种方法创建表。表关系是关系型数据库中至关重要的一部分内容，用户务必要深刻理解建立表关系的原理、实质及建立方法等。在进行数据记录操作时，使用各种筛选和排序命令能够大大提高工作效率，用户对这一部分内容也要重视。

3.1　建立新表

表是整个数据库的基本单位，同时它也是所有查询、窗体和报表的基础。那么什么是表呢？

简单来说，表就是特定主题的数据集合，它将具有相同性质的数据存储在一起，以行和列的形式来记录数据。

作为数据库中其他对象的数据源，表结构设计得好坏会直接影响数据库的性能，也直接影响整个系统设计的复杂程度。因此设计一个结构、关系良好的数据表在系统开发中是相当重要的。

那么怎样才是一个好的数据库表的结构设计呢？

首先，重复信息(也称为冗余数据)非常糟糕。因为重复信息会浪费空间，并会增加出错和不一致的可能性。其次，信息的正确性和完整性非常重要。如果数据库中包含不正确的信息，那么任何从数据库中提取信息的报表也将包含不正确的信息。因此，基于这些报表提供的错误信息所做出的任何决策都可能是错误的。

良好的数据库表设计应该具有以下特点。

❖　将信息划分到基于主题的表中，以减少冗余数据。
❖　向数据库提供根据需要连接表中信息时所需的信息。
❖　可支持和确保信息的准确性和完整性。
❖　可满足数据处理和报表需求。

数据表的主要功能就是存储数据，存储的数据主要应用于以下几个方面。

❖　作为窗体和报表的数据源。
❖　作为网页的数据源，将数据动态地显示在网页中。
❖　建立功能强大的查询，完成 Excel 表格不能完成的任务。

选择【创建】选项卡，界面会显示用户可以用来创建数据表的方法，如下图所示。

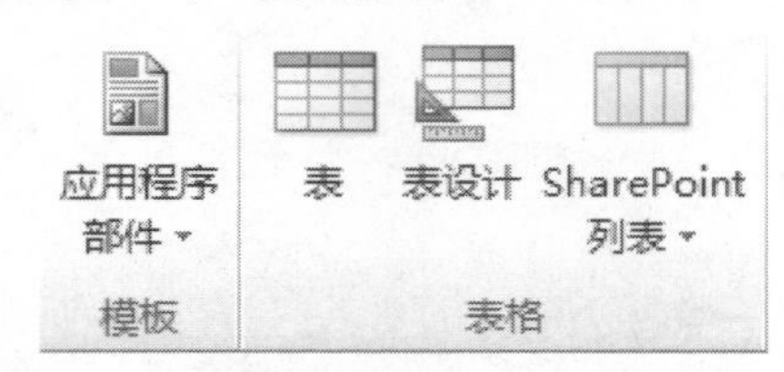

建立数据表时输入数据的方式有 6 种，分别介绍如下。

❖　通过【表】，运用 Access 内置的表模板来建立数据库。
❖　通过字段模板建立设计表。
❖　通过表设计建立数据库。在表的【设计视图】中设计表，用户需要设置每个字段的各种属性。
❖　通过从外部数据导入建立表。将在后面的章节中详细介绍如何导入数据。
❖　和 Excel 表一样，直接在数据表中输入数据。Access 2010 会自动识别存储在该数据表中的数据类型，并据此设置表的字段属性。
❖　通过 SharePoint 列表，在 SharePoint 网站建立一个列表，再在本地建立一个新表，并将其连接到 SharePoint 中的列表。

下面将一一介绍这几种方法的操作步骤。

3.1.1　使用表模板创建数据表

对于一些常用的信息，如联系人、资产等，运用表模板比手动建立更方便快捷。下面以运用表模板创建一个“联系人”表为例，来说明其具体操作。

操作步骤

❶ 启动 Access 2010，新建一个空数据库，命名为“表示例”。

❷ 切换到【创建】选项卡，单击【应用程序部件】按钮，在弹出的列表中选择【联系人】选项，如下图所示。

❸ 这样就创建了一个“联系人”表。此时单击左侧导航栏中的“联系人”表，即可建立一个数据表，如下图所示，接着可以在表的【数据表视图】中完成数据记录的创建、删除等操作。

数据表是 Access 各个版本数据库中存储数据的唯一对象，里面分类存储着各种数据信息。它存储的数据一般要经过各种数据库对象的处理后，才能成为对人们有用的信息。

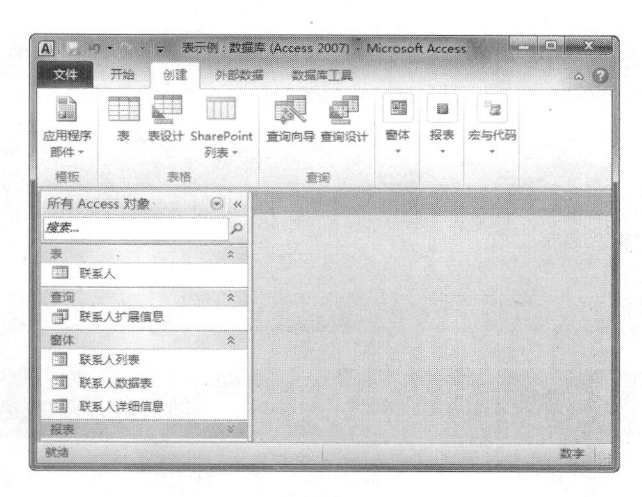

提示

当创建或打开一个特定的数据库对象时，Access 2010界面中都会出现相应的选项卡，并出现黄色的提示，这就是上下文命令选项卡。

3.1.2　使用字段模板创建数据表

Access 2010提供了一种新的创建数据表的方法，即通过Access自带的字段模板创建数据表。模板中已经设计好了各种字段属性，可以直接使用该字段模板中的字段。下面以在新建的空数据库中，运用字段模板，建立一个“学生信息表”为例进行介绍。

操作步骤

1. 启动Access 2010，打开新建的“表示例”数据库。
2. 切换到【创建】选项卡，单击【表格】组中的【表】选项，新建一个空白表，并进入该表的【数据表视图】，如下图所示。

3. 单击【表格工具】选项卡下的【字段】标签，在【添加和删除】组中，单击【其他字段】右侧的下拉按钮，弹出要建立的字段类型，如下图所示。

4. 单击要选择的字段类型，接着在表中输入字段名即可，如下图所示。

3.1.3　使用表设计创建数据表

可以看到，表模板中提供的模板类型是非常有限的，而且运用模板创建的数据表也不一定完全符合要求，必须进行适当的修改，在更多的情况下，必须自己创建一个新表。这都需要用到“表设计器”。用户需要在表的设计视图中完成表的创建和修改。

使用表的设计视图创建表主要是设置表的各种字段的属性。它创建的仅仅是表的结构，各种数据记录还需要在【数据表视图】中输入。通常都使用设计视图来创建表。下面以创建一个“学生信息表”为例，说明使用表的设计视图创建数据表的操作步骤。

操作步骤

1. 启动Access 2010，打开数据库“表示例”。
2. 切换到【创建】选项卡，单击【表格】组中的【表设计】按钮，进入表的设计视图，如下图所示。

设计表，实际上就是设计表的各个字段，包括字段的数据类型、字段属性等。如果用字段模板，则各种字段和字段属性都已经设置好，用户选择相应的字段组合成一个表即可。

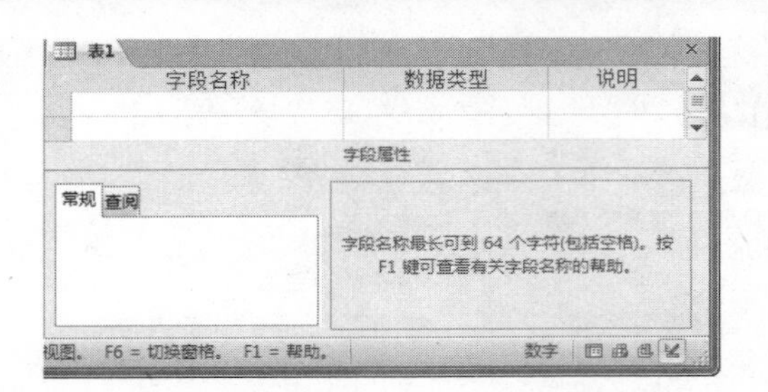

❸ 在【字段名称】栏中输入字段的名称“学号”；在【数据类型】下拉列表框中选择字段的数据类型，这里选择“数字”选项；【说明】栏中的输入为选择性的，可以输入也可以不输入，如下图所示。

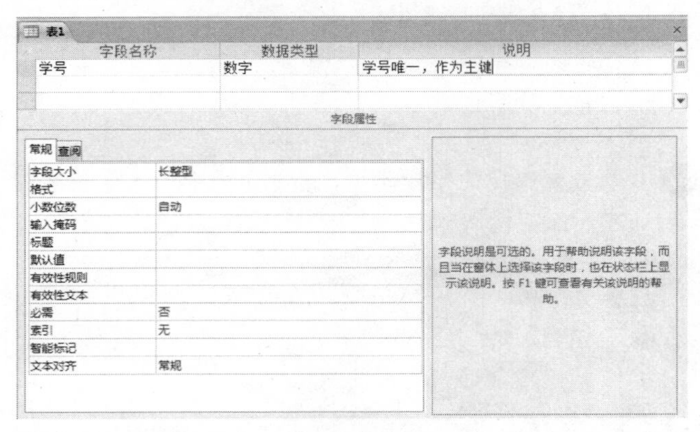

❹ 用同样的方法，输入其他字段名称，并设置相应的数据类型，结果如下图所示。

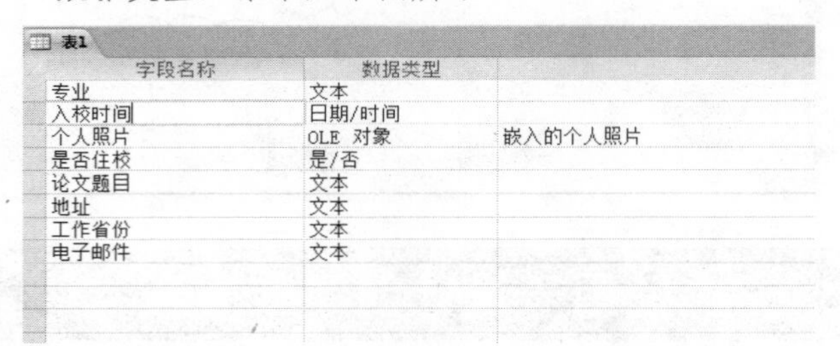

❺ 单击【保存】按钮，弹出【另存为】对话框，然后在【表名称】文本框中输入“学生信息表”，再单击【确定】按钮，如下图所示。

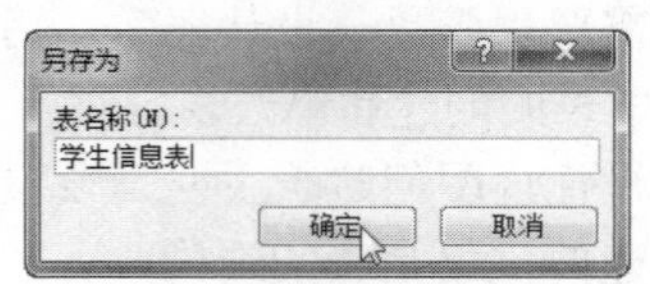

❻ 这时将弹出如下图所示的对话框，提示尚未定义主键，单击【否】按钮，暂时不设定主键。

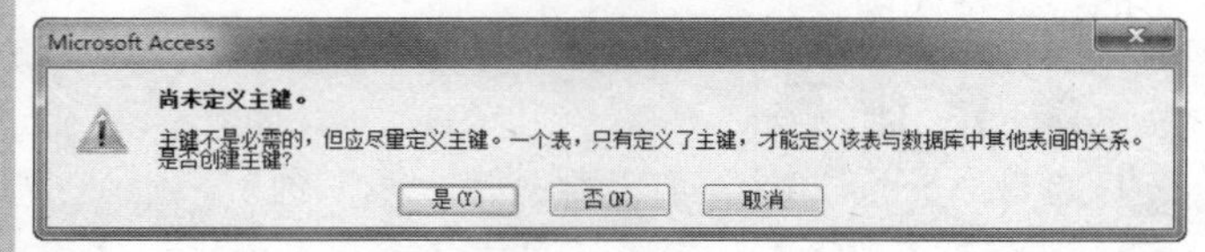

❼ 单击屏幕左上方的【视图】按钮，切换到【数据表视图】中，这样就完成了利用表的设计视图创建表的操作。完成的数据表如下图所示。

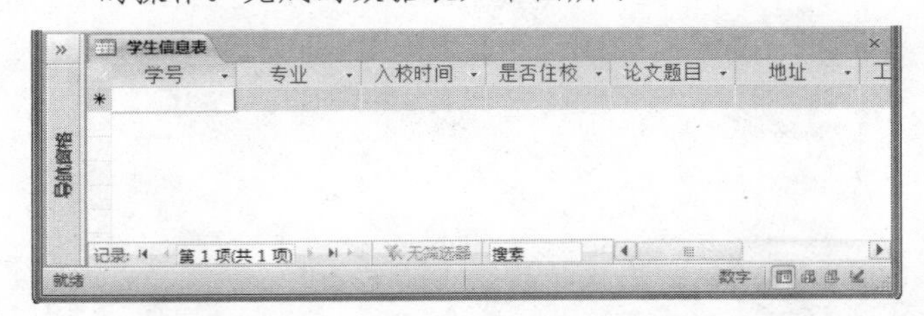

3.1.4 在新数据库中创建新表

刚开始着手设计数据库时，需要在新的数据库中建立新表。下面介绍如何在新数据库中创建新表，具体操作步骤如下。

操作步骤

❶ 启动 Access 2010，单击【空数据库】选项，在右下角的【文件名】文本框中为新数据库输入名称，如下图所示。

❷ 单击【创建】图标按钮，新数据库将打开，并且将创建名为“表1”的新表，如下图所示。

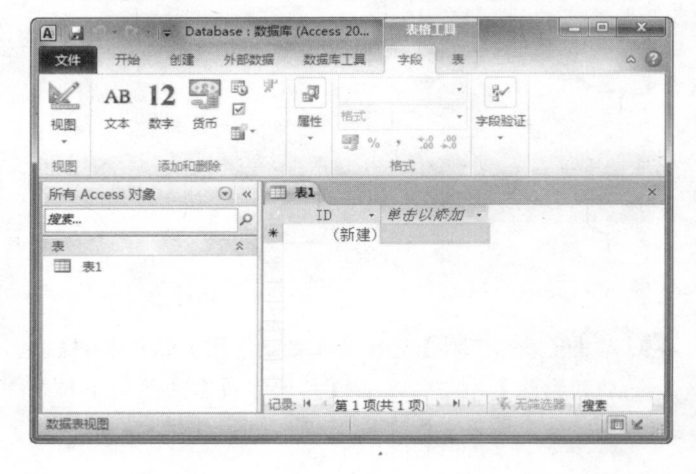

长见识 表是数据库中不可以缺少的最基本对象，所有收集和需要处理的数据都存储在表中。

3.1.5 在现有数据库中创建新表

在使用数据库时，经常要在现有的数据库中建立新表，那如何在现有的数据库中创建新表呢？下面将以在“表示例”数据库中建立一个表为例进行介绍。

操作步骤

❶ 启动 Access 2010，打开建立的“表示例”数据库。

❷ 在【创建】选项卡上的【表格】组中，单击【表】按钮，将在数据库中插入一个表名为“表1”的新表，并且将在数据表视图中打开该表，如下图所示。

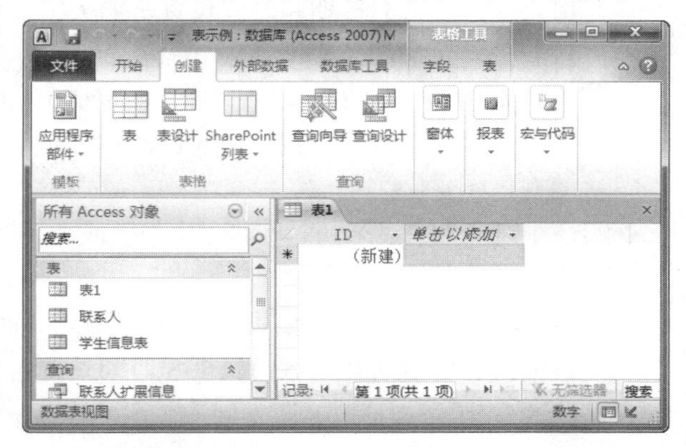

3.1.6 使用 SharePoint 列表创建表

在数据库中可以创建从 SharePoint 列表导入的或链接到 SharePoint 列表的表，还可以使用预定义模板创建新的 SharePoint 列表。Access 2010 中的预定义模板包括“联系人”“任务”“问题”和“事件”。下面以创建一个“联系人”表为例进行介绍。

操作步骤

❶ 启动 Access 2010，打开建立的“表示例”数据库。

❷ 在【创建】选项卡上的【表格】组中，单击【SharePoint 列表】，接着从弹出的下拉列表中选择“联系人”选项，如下图所示。

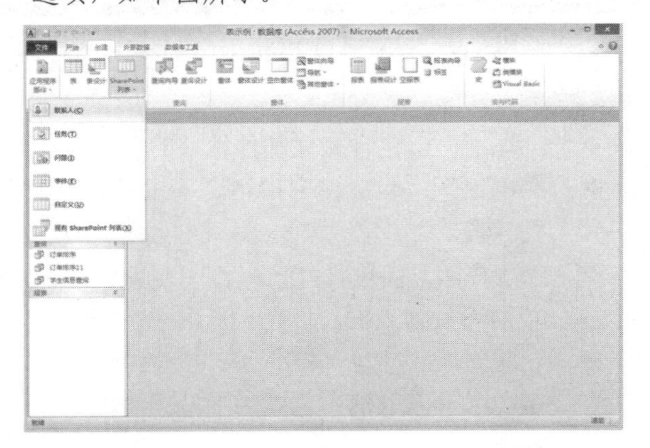

❸ 弹出【创建新列表】对话框，输入要在其中创建列表的 SharePoint 网站的 URL，并在【指定新列表的名称】和【说明】文本框中输入新列表的名称和说明，如下图所示，最后单击【确定】按钮，即可打开创建的表了。

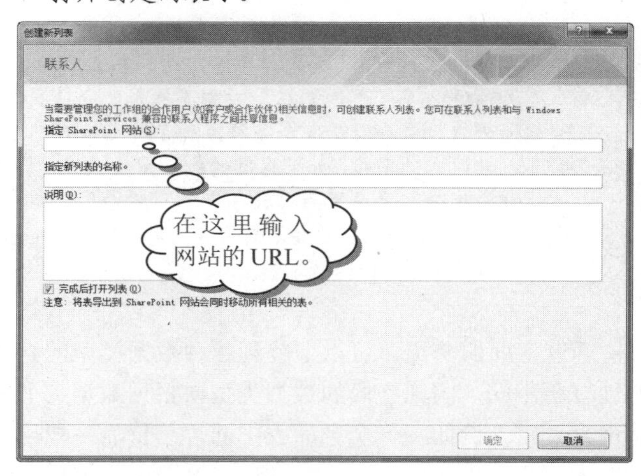

3.2 数据类型

Access 2010 中提供的数据类型包括“基本类型”“数字”“日期和时间”“是/否”以及“快速入门”。每个类型都有特定的用途，下面将分别进行详细介绍。

3.2.1 基本类型

Access 2010 中的基本数据类型有以下几种。

- “格式文本”：用于文字或文字和数字的组合，如住址；或是不需要计算的数字，如电话号码。该类型最多可以存储 255 个字符。
- “附件”：任何受支持的文件类型，Access 2010 创建的 accdb 格式的文件是一种新的类型，它可以将图像、电子表格文件、文档、图表等各种文件附加到数据库记录中。
- “超链接”：用于超链接，可以是 UNC 路径或 URL 网址。
- “备忘录”：用于任何一种能够帮助记忆，简单说明主题与相关事件的图片、文字或语音资料。
- “查阅和关系”：显示从表或查询中检索到的一组值，或显示创建字段时指定的一组值。查看 Access 中已有表间关系，查阅字段的数据类型是“文本”或“数字”，具体取决于在查询向导中所做的选择。

创建表有多种方法，用户可以根据自己的习惯和工作的难易程度选择合适的创建方法。直接输入、使用表模板和表的设计视图是最常用的创建表的方法。

技巧

字段该选择哪种数据类型，可由下面几点来确定。

- ❖ 在表格中的数据内容。比如设置为“数字”类型，则无法输入文本。
- ❖ 存储内容的大小。如果要存储的是一篇文章的正文，那么设置成“文本”类型显然是不合适的，因为它只能存储 255 个字符，约 120 个汉字。
- ❖ 存储内容的用途。如果存储的数据需要被统计计算，则必然要设置为“数字”或“货币”。
- ❖ 其他。比如要存储图像、图表等，则要用到“OLE 对象”或“附件”。

通过上面的介绍，可以了解到各种数据类型的存储特性有所不同，因此字段的数据类型要根据数据类型的特性来设定。例如，一个产品表中的“单价”字段应该设置为“货币”类型；“销售数量”字段应设置成“数字”类型；而“产品名”则最好设置为“文本”类型；“产品说明”最好设置为“备注”类型等。

3.2.2 数字类型

Access 2010 中数据的数字类型有以下几种。

- ❖ “常规”：存储时没有明确设置为其他格式的数字。
- ❖ “货币”：应用指定的货币符号和格式。
- ❖ “欧元”：对数值数据应用欧元符号 (€)，但对其他数据使用指定的货币格式。
- ❖ “固定”：显示数字，使用两个小数位，但不使用千位数分隔符。如果字段中的值包含两个以上的小数位，则 Access 会对该数字进行四舍五入。
- ❖ “标准”：显示数字，使用千位数分隔符和两个小数位。如果字段中的值包含两个以上的小数位，则 Access 会将该数字四舍五入为两个小数位。
- ❖ “百分比”：以百分比的形式显示数字，使用两个小数位和一个尾随百分号。如果基础值包含四个以上的小数位，则 Access 会对该值进行四舍五入。
- ❖ “科学计数”：使用科学(指数)记数法来显示数字。

3.2.3 日期和时间类型

Access 2010 中提供了以下几种日期和时间类型的数据。

- ❖ “短日期”：显示短格式的日期。具体取决于用户所在区域的日期和时间设置，如美国的短日期格式为 3/14/2001。
- ❖ “中日期”：显示中等格式的日期，如美国的中日期格式为 3-Apr-09。
- ❖ “长日期”：显示长格式的日期。具体取决于用户所在区域的日期和时间设置，如美国的长日期格式为 Wednesday, March 14, 2001。
- ❖ “时间(上午/下午)”：仅使用 12 小时制显示时间，该格式会随着所在区域的日期和时间设置的变化而变化。
- ❖ “中时间”：显示的时间带“上午”或“下午”字样。
- ❖ “时间(24 小时)”：仅使用 24 小时制显示时间，该格式会随着所在区域的日期和时间设置的变化而变化。

3.2.4 是/否类型

Access 2010 中提供了以下几种是/否类型的数据。

- ❖ “复选框”：显示一个复选框。
- ❖ “是/否”：(默认格式)用于将 0 显示为“否”，并将任何非零值显示为“是”。
- ❖ “真/假”：用于将 0 显示为“假”，并将任何非零值显示为“真”。
- ❖ “开/关”：(默认格式)用于将 0 显示为“关”，并将任何非零值显示为“开”。

3.2.5 快速入门类型

Access 2010 中提供了以下几种快速入门类型的数据。

- ❖ “地址”：包含完整邮件地址的字段。
- ❖ “电话”：包含住宅电话、手机号和办公电话的字段。
- ❖ “优先级”：包含“低”“中”“高”优先级选项的下拉列表框。
- ❖ “状态”：包含“未开始”“正在进行”“已完成”和“已取消”选项的下拉列表框。

使用数据库时，将数据存储在表中，表是基于主题的列表，包含以记录形式排列的数据。

❖ “OLE 对象”：用于存储来自于 Office 或各种应用程序的图像、文档、图形和其他对象。

3.3 字段属性

在 Access 2010 中，表的各个字段提供了“类型属性”“常规属性”和“查询属性”三种属性设置。

打开一张设计好的表，可以看到窗口的上半部分可设置【字段名称】、【数据类型】等类别，下半部分可设置字段的各种特性的【字段属性】列表，如下图所示。

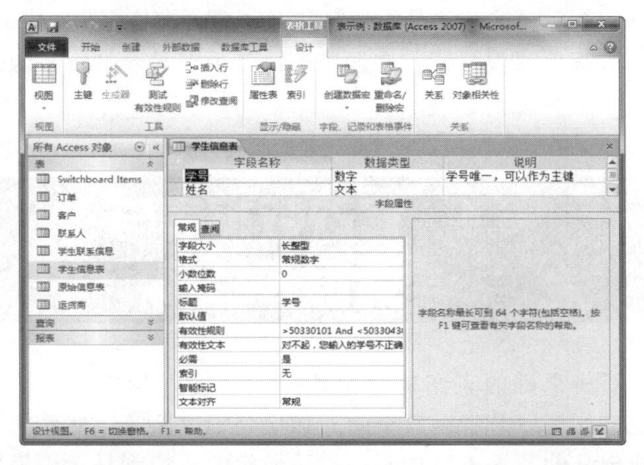

3.3.1 类型属性

字段的数据类型决定了可以设置哪些字段属性，如只能为具有“超链接”数据类型或“备注”数据类型的字段设置“仅追加”属性。

如下图所示，左边是“文本”数据类型的【字段属性】窗口，右边是“数字”数据类型的【字段属性】窗口。“数字”数据类型中有【小数位数】设置属性，而在“文本”数据类型中则没有。

3.3.2 常规属性

常规属性也是根据字段的数据类型不同而不同。下面就为“学生信息表”中的各个字段设置字段属性。

【学号】为“数字”型，设置字段属性如下图所示。

❖ 【字段大小】设置为“长整型”。在这里，【学号】字段中的数据是不用计算的，但是由于【学号】字段中的值都是数字字符，为了防止用户输入其他类型的字符，所以设置其为“数字”型。“学号”必然为整型的，在这里学号要大于 50330101，因此要设置为“长整型”。

提示

设置“整型”将产生数字溢出，因为“整型”数据为 2 个存储字节，即 16 位，则存储的最大二进制数为 1111111111111111，转换为十进制数为 32767。当存储的数据大于 32767 时，就不能使用“整型”了。

❖ 【小数位数】设置为“0”。

❖ 【标题】就是在数据表视图中要显示的列名，默认的列名就是字段名。

❖ 【有效性规则】和【有效性文本】是设置检查输入值的选项，在这里设置检查规则为“>50330101 And <50330430”，即输入的学号要大于 50330101，小于 50330430，如果不在这个范围之内，如输入 50330430，则出现“对不起，您输入的学号不正确！”提示框，如下图所示。

❖ 【必需】字段选择“是”，这样设置的结果就是当用户没有输入【学号】字段中的值就输入其他记录时，将弹出提示对话框。如下面的例子，用户没有输入【学号】字段的值，就输入下一条记录，就会弹出如下图所示的提示对

表和其他数据库对象一样，有不同的视图，用户可以在表的【数据表视图】中查看和输入数据记录，在表的【设计视图】中设计字段属性等。

话框。

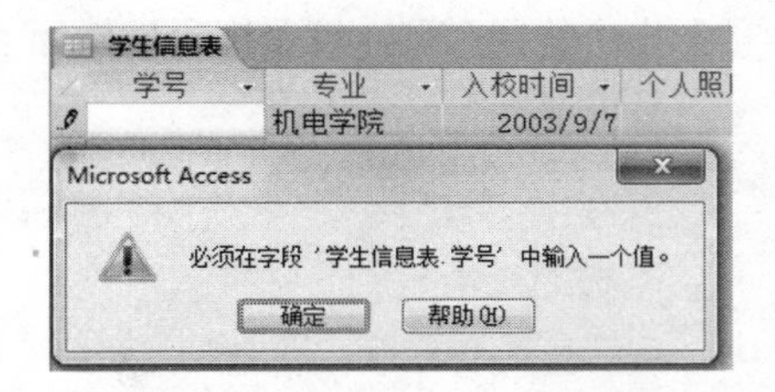

上面介绍了【学号】字段属性的各个设置，第二个字段为【专业】，数据类型为“文本”，设置的字段属性如下图所示。

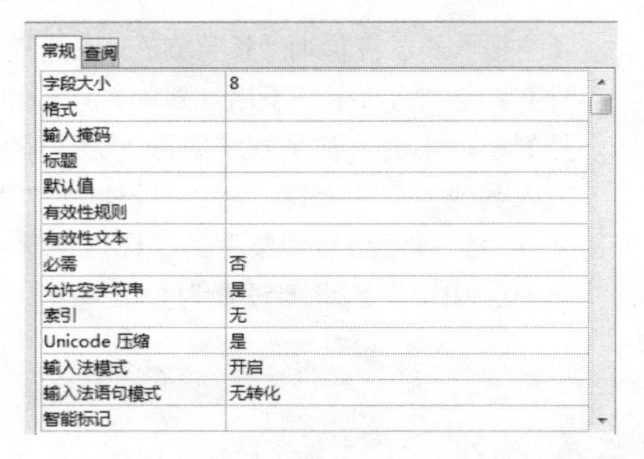

❖ 【字段大小】设置为8，即该字段中可以输入8个英文字母或汉字，这对于【学院】名称的显示应该是足够用了。

❖ 【默认值】用来设置用户在输入数据时该字段的默认值，在这里输入“机电学院”作为默认值。

这里仅介绍了“数字”型字段和“文本”型字段的属性设置情况，其余各字段的数据类型不再一一详述，请用户参照上面的例子自行设置。

3.3.3 查询属性

查询属性也是字段属性之一，可以查询【行来源】、【行来源类型】、【列数】及【列宽】等内容，如下图所示。

❖ 【显示控件】：窗体上用来显示字段的控件类型。

❖ 【行来源类型】：控件源的数据类型。

❖ 【行来源】：控件源的数据。

❖ 【列数】：待显示的列数。

❖ 【列标题】：是否用字段名、标题或数据的首行作为列标题或图标标签。

❖ 【列表行数】：在组合框列表中显示行的最大数目。

❖ 【限于列表】：是否只在与所列的选择之一相符时才接受文本。

❖ 【允许多值】：一次查阅是否允许多值。

❖ 【仅显示行来源值】：是否仅显示与行来源匹配的数值。

3.4 修改数据表与数据表结构

一个好的表结构会给数据库的管理带来很大的方便，如可以节省硬盘空间、加快处理速度等。然而第一次定义的数据表结构不一定是最优的，特别是运用模板自动创建的表，有时与要求还有一定差距，因此进行适当的修改是必需的。

在表的使用中，可能会出现很多意料之外的问题，因此可以修改表的结构和定义，排除系统错误，让数据库系统更加强大和稳定，更符合实际要求。

3.4.1 利用设计视图更改表的结构

运用设计视图对自动创建的数据表进行修改，这几乎是必需的操作。如前面自动创建的“联系人”表，很多字段可能是无用的，也有可能自己需要的字段还没有创建，这都可以在表的设计视图中进行修改。

运用设计视图更改表的结构和用设计视图创建表的原理是一样的，两者的不同之处在于，在运用设计视图更改表的结构之前，系统已经创建了字段，仅需要对字段进行添加或删除操作。

在【开始】选项卡中单击【视图】按钮，进入表的设计视图，可以在此实现对字段的添加、删除和修改等操作，也可以对【字段属性】进行设置。操作界面如下图所示。

长见识：如果用户直接输入数据记录，则系统自动识别数据的属性，从而可以自动设置字段的数据类型等。

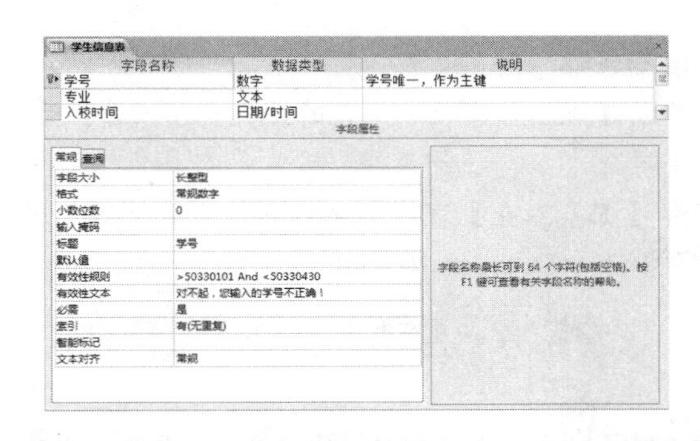

3.4.2 利用数据表视图更改表的结构

在 Access 的【数据表视图】中，也可以修改数据表的结构。下面就对表的【数据表视图】中的各个操作项进行介绍。

双击屏幕左边导航窗格中需要进行修改的表，此时在主页面上出现有黄色提示的【表格工具】选项卡，进入该选项卡下的【字段】选项，可以看到各种修改工具按钮。

表的【数据表】选项卡下面的工具栏可以分为 5 个组，分别如下。

❖ 【视图】组：单击小三角按钮，可以弹出数据表的各种视图选择菜单，用户可以选择“数据表视图”“数据透视表视图”“数据透视图视图”和“设计视图”等，如下图所示。

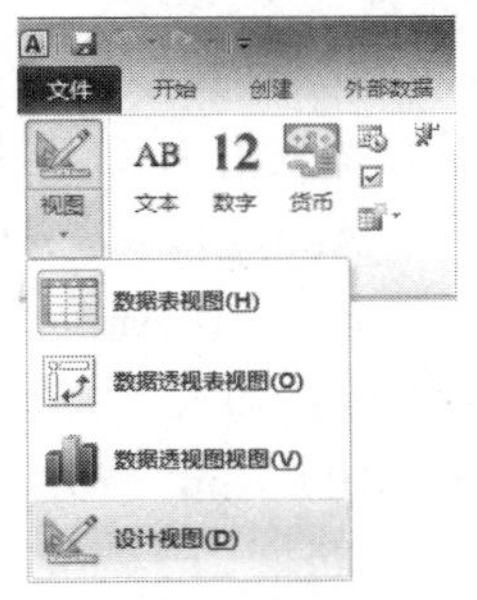

提示

常见的几种视图介绍如下。

❖ “数据表视图”：在此视图中输入数据或进行简单设置。

❖ “数据透视表视图”：用来创建一种统计表，表中以行、列、交叉点的内容反映表的统计属性。

❖ “数据透视图视图”：用图形的方式显示数据的统计属性，如常见的平面直方图、数据饼图等。

❖ “设计视图”：主要用来对表的各个字段进行设置。

❖ 【添加和删除】组：该组中有各种关于字段操作的按钮，可以单击这些按钮，实现表中字段的新建、添加、查阅和删除等操作。

❖ 【属性】组：该组中有各种关于字段属性的操作按钮，如下图所示。

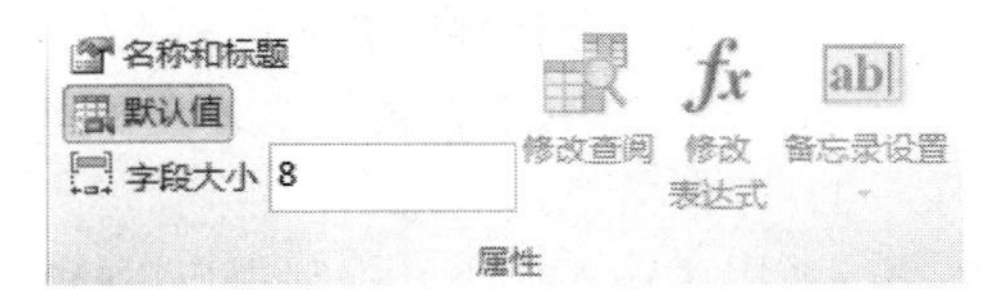

❖ 【格式】组：在该组中可以对某一数据类型的字段的格式进行设置，如下图所示。

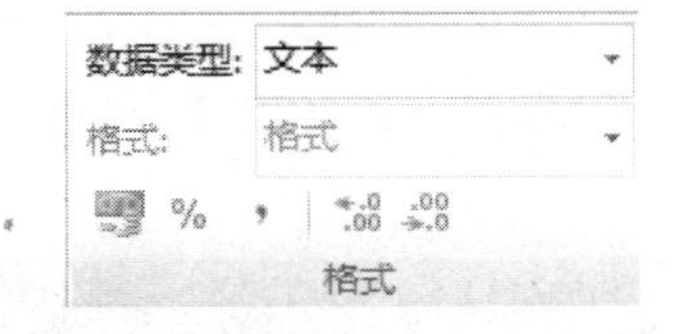

❖ 【字段验证】组：用户可以直接设置字段的【必需】、【唯一】属性等，如下图所示。

3.4.3 数据的有效性

在 3.3.2 节建立“学生信息表”时，曾对“学号”字段添加了一个称为“有效性规则”的表达式，并对这个表达式做了简单的介绍，下面就对数据的有效性做详细的阐述。

用户在输入数据时难免会出现错误，比如在产品【价格】字段中录入了一个负数，或者在“数字”型的字段中输入了字符串等。为了避免这类错误发生，可以利用 Access 提供的有效性验证来保证输入记录的数据类型符合要求。

Access 提供了 3 层有效性验证的方法，分列如下。

❖ 数据类型。数据类型提供了第一层验证。在设计数据表时，会为表中的每个字段定义一个数据类型，该数据类型限制了用户可以输入哪些内容。例如：“日期/时间”数据类型的字段只接受日期和时间，“数字”数据类型字段只接受数字等。

❖ 字段大小。字段大小提供了第二层验证。例如：在上面例子中设置【学院】字段最多接受 8 个字符，这样可以防止用户在字段中粘贴大量的

如果字段中需要存储的字符很多(比如文章的正文、产品的介绍等)，用户可以将该字段的数据类型设置为“备注”，然后设置该字段可以占用的空间。

无用文本。

❖ 表属性。表属性提供了第三层验证方法。表属性提供了非常具体的几类验证。

① 可以将【必需】字段属性设置为“是”，从而强制用户在字段中输入值。

② 使用【有效性规则】属性要求输入特定的值，并使用【有效性文本】属性提醒用户存在错误。

③ 使用【输入掩码】强制用户以特定格式来输入记录。例如：用输入掩码强制用户以欧洲格式输入日期，形式如 2010.04.14。

第一层和第二层的数据验证方法在前面已经做了简单介绍，下面只介绍第三层中的【有效性规则】验证和掩码验证。

1. 设置数据的有效性规则

系统数据的【有效性规则】对输入的数据进行检查，如果录入了无效的数据，系统将立即给予提示，提醒用户更正，以减少系统的错误。例如：在【有效性规则】属性中输入“>100 And<1000”会强制用户输入 100~1000 之间的值。

【有效性规则】往往与【有效性文本】配合使用，当输入的数据违反了【有效性规则】时，则给出【有效性文本】规定的提示文字。如上面曾经用过的【学号】字段的有效性设置，如下图所示。

常规 查阅

字段大小	长整型
格式	常规数字
小数位数	0
输入掩码	
标题	学号
默认值	
有效性规则	>50330101 And <50330430
有效性文本	对不起，您输入的学号不正确！
必需	否
索引	有(无重复)
智能标记	
文本对齐	常规

【有效性规则】是一个逻辑表达式，可用该逻辑表达式对记录数据进行检查；【有效性文本】往往是完整的提示句子，当数据记录不符合【有效性规则】时便弹出提示窗口。

下面给“学生信息表”中的“年龄”字段设置有效性规则，使系统只能接收年龄在 10~60 岁之间的数据，具体操作步骤如下。

操作步骤

❶ 打开“表示例”数据库，从导航窗格中打开“学生信息表”。

❷ 单击【视图】按钮进入表的设计视图，选择【年龄】字段。

❸ 在【院系专业】字段的字段属性中设置【有效性规则】为“Between 10 And 60”，如下图所示。

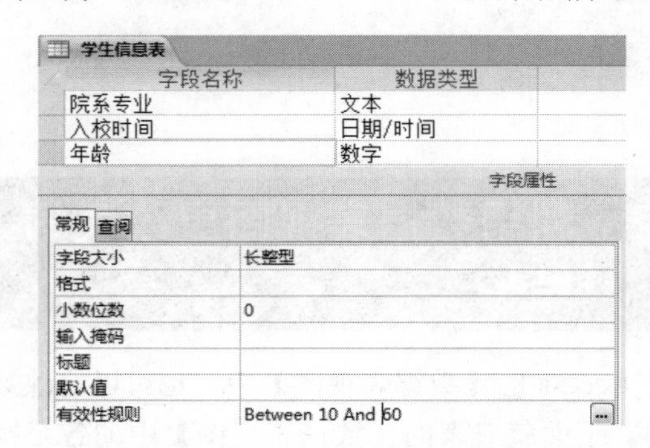

❹ 这样就完成了对“年龄”字段的有效性设置，当用户输入的数据不是 10~60 之间的数字时，系统会弹出提示框，如下图所示。

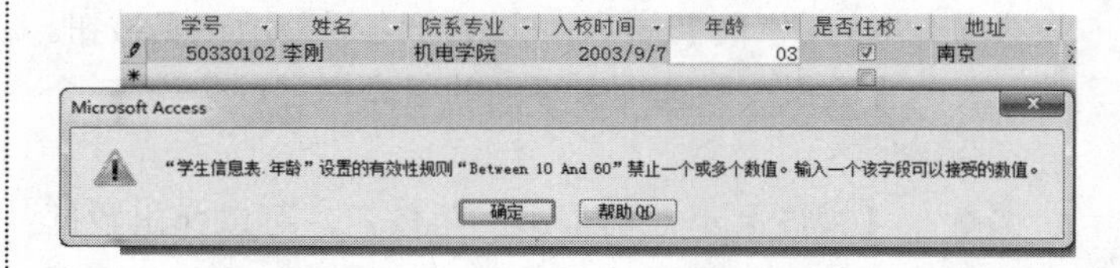

可见设置有效性规则的方法是很简单的，关键是要熟悉规则的各种表达式，常用的规则表达式如下。

❖ <>0：输入值非零。

❖ >=0：输入值不得小于零。

❖ 50 or 100：输入值为 50 或者 100 中的一个。

❖ Between 50 And 100：输入值必须介于 50~100 之间，它等于“>50 And <100”。

❖ <#01/01/2010#：输入 2010 年之前的日期。

❖ >=#01/01/2010# And <#01/01/2011#：必须输入 2010 年的日期。

❖ Like"[A-Z]*@[A-Z].com"Or"[A-Z]*@[A-Z].net" Or"[A-Z]*@[A-Z].edu.cn"：输入的电子邮箱必须为有效的.com、.net 或.edu.cn 地址。

虽然有效性规则中的表达式不使用任何特殊语法，但是在创建表达式时，还是请牢记下列规则。

❖ 将表字段的名称用方括号括起来，如：[要求日期]<=[订购日期]+30。

❖ 将日期用“#”号括起来，如：<#01/01/2010#。

❖ 将字符串用双引号括起来，如："张三"或"李四"。

❖ 用逗号分隔项目，并将列表放在圆括号内，如 IN ("东京"，"巴黎"，"莫斯科")。

Access 提供了“自动编号”数据类型，以创建在输入记录以后自动生成编号的字段。生成编号以后，编号就不可更改了，除非删除或更改记录。

2. 输入掩码

输入掩码即以特定的方式向数据库中输入记录。如：输入掩码可以要求用户输入遵循特定国家/地区惯例的日期，如下面的例子所示：

YYYY/MM/DD

当在含有输入掩码的字段中输入数据时，就会发现可以用输入的值替换占位符，但无法更改或删除输入掩码中的分隔符。即可以填写日期，修改“YYYY”“MM”和“DD”，但无法更改分隔日期各部分的连字符。

下面以为“学生信息表”中的“入学时间”字段添加输入掩码为例，介绍如何将输入掩码添加到表字段的【输入掩码】属性中。

操作步骤

1. 打开“表示例”数据库，从导航窗格中打开“学生信息表”。
2. 单击【视图】按钮进入表的设计视图，选择“入学时间”字段。
3. 在“入学时间”字段的属性中，单击【输入掩码】行右侧的省略号按钮，弹出【输入掩码向导】对话框，如下图所示。

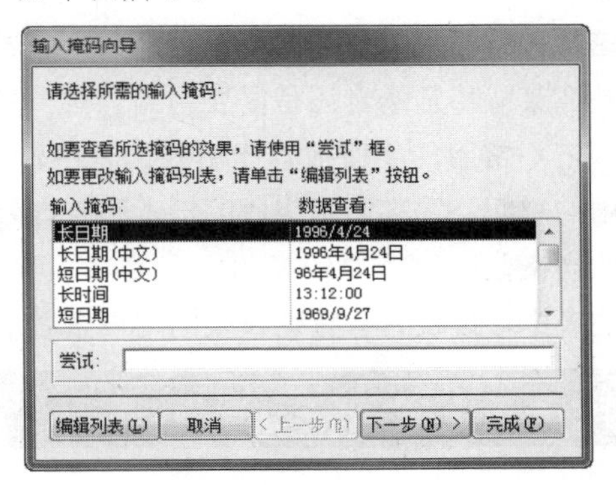

4. 选择“短日期”选项，单击【下一步】按钮，弹出如下图所示的对话框。

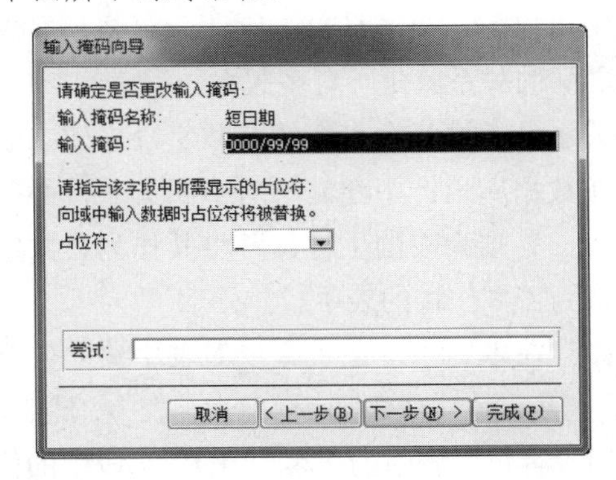

5. 单击【下一步】按钮，即可完成输入掩码的创建，切换到【数据表视图】，当输入数据时，该视图如下图所示。

学生信息表

学号	姓名	院系专业	入校时间	年龄	是否住校
50330102	李刚	机电学院	2003/9 /1	18	☑
50330105	王立	机电学院	2003/09/_	19	☐
					☐

可见，在用户输入数据时，记录是按照一定格式输入的。查看字段属性【输入掩码】行中的字符，显示为“0000/00/00”。

提示

在 Access 中可以为“文本”“日期/时间”“数字”和“货币”数据类型的字段设置输入掩码。

3.4.4 主键的设置、更改与删除

主键是表中的一个字段或字段集，它为 Access 2010 中的每一条记录提供了一个唯一的标识符。它是为提高 Access 在查询、窗体和报表中的快速查找能力而设计的。

设定主键的目的，就是保证表中的记录能够唯一地被识别。例如：在一个规模很大的公司中，公司为了更好地管理员工，为每一位员工分配了一个“员工 ID”，该 ID 是唯一的，它标识了每一位员工在公司中的身份，这个“员工 ID”就是主键。同样，“学号”可以作为“学生信息表”的主键，“身份证号”可以作为“用户列表”的主键等。

下面以前面建立的“学生信息表”为例，介绍如何在 Access 中定义主键，具体操作步骤如下。

操作步骤

1. 启动 Access 2010，打开建立的“表示例”数据库。
2. 在导航窗格中双击已经建立的“学生信息表”，然后单击【视图】按钮，或者单击【视图】按钮下的小箭头，在弹出的菜单中选择【设计视图】命令，进入表的设计视图，如下图所示。

在 Access 数据库中，表属性是影响整个表的外观或行为的表的特性。在设计视图中，在表的属性表中设置表属性。用户可以通过设置表的“默认视图”属性来指定默认情况下如何显示表。

❸ 在设计视图中选择要作为主键的一个字段，或者多个字段。要选择一个字段，可单击该字段的行选择器。要选择多个字段，可按住 Ctrl 键，然后选择每个字段的行选择器。

本例中选择“学号”字段，如下图所示。

学生信息表

字段名称	数据类型	
学号	数字	学号唯一，作为主键
专业	文本	
入校时间	日期/时间	
个人照片	OLE 对象	嵌入的个人照片
是否住校	是/否	
论文题目	文本	
地址	文本	
工作省份	文本	
电子邮件	文本	

❹ 在【设计】选项卡的【工具】组中，单击【主键】按钮，或者单击鼠标右键，在弹出的快捷菜单中选择【主键】命令，为数据表定义主键，如下图所示。

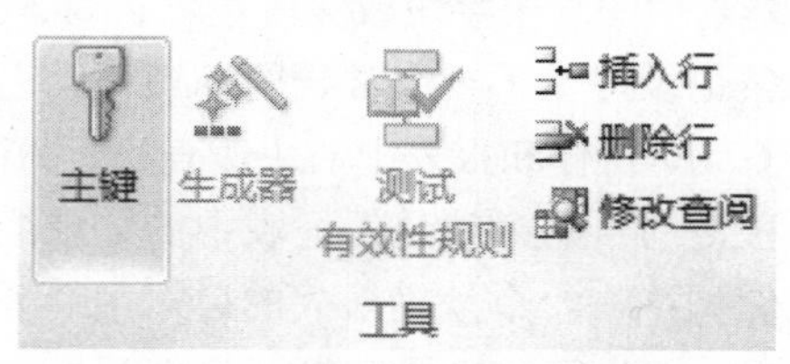

字段名称	数据类型	说明
学号	数字	学号唯一，作为主键
专业	文本	
入校时间	日期/时间	

主键(K)
剪切(T)
复制(C)
粘贴(P)
插入行(I)
删除行(D)
属性(P)

这样就完成了为“学生信息表”定义主键的操作。如果数据表的字段中没有适合做主键的字段，可以使用 Access 自动创建的主键，并且为它指定“自动编号”的数据类型。

如果要更改设置的主键，可以删除现有的主键，再重新指定新的主键。删除主键的操作步骤和创建主键的步骤相同，在设计视图中选择作为主键的字段，然后单击【主键】按钮，即可删除主键。

删除的主键不能参与任何“表关系”，如果要删除的主键和某个表建立了表关系，Access 会警告必须先删除该关系。

3.5 建立表之间的关系

表关系是数据库中非常重要的一部分，甚至可以说，表关系就是 Access 作为关系型数据库的根本。

表是数据库中其他对象的数据源，它的主要功能就是存储数据，因此表结构设计得好坏直接影响数据库的性能。一个良好的数据库设计的目标之一就是消除数据冗余(重复数据)。在 Access 等关系型数据库中要实现该目标，可将数据拆分为多个主题的表，尽量使每种记录只出现一次，然后再将各个表中按主题分类的信息组合到一起，成为用户所关注的数据，这其实就是关系型数据库的运行原理。“关系型”数据库的核心就在于此。

这其实也就是关系型数据库的最大优势所在，它将各种记录信息按照不同的主题安排在不同的数据表中，通过在建立了关系的表中设置公共字段，实现各个数据表中数据的引用。

要正确执行上述过程，必须首先了解表关系的概念，并在 Access 2010 数据库中建立表关系。

在 Access 中，有 3 种类型的表关系。

1. 一对一关系

在一对一关系中，第一个表中的每条记录在第二个表中只有一个匹配记录，而第二个表中的每条记录在第一个表中也只有一个匹配记录。这种关系并不常见，因为多数这种关系相关的信息都可以存储在一个表中。

但是在某些特定场合还是需要用到一对一关系。

(1) 把不常用的字段放置于单独的表中，以减小数据表占用的空间，提高常用字段的检索和查询效率。

(2) 当某些字段需要较高的安全性时，可以将其放在单独的表中，授权具有特殊权限的用户查看。

2. 一对多关系

假设有一个客户管理数据库，其中包含一个“客户”表和一个“订单”表。客户可以签署任意数量的订单。“订单”表中可以显示很多订单。因此，“客户”表和“订单”表之间的关系就是一对多关系。

表关系是通过两个表中的公共字段来建立的，因此如果要在数据库设计中建立一对多的关系，必须设置表关系中“一”端为表的主键，并将其作为公共字段添加到表关系为“多”端的表中。

例如：在本例中，在“客户”表中建立一个“客户 ID”字段，并将该字段添加到“订单”表中，然后，Access 可以利用“客户”表中的“客户 ID”字段中的值来查找每个客户的多个订单。

用户应当为具有明确意义的字段选择相应的数据类型。比如，用于存储时间的字段应当设置为“日期/时间”型，用于表示产品价格的字段应该设置为“货币”型。

3. 多对多关系

客户管理数据库中还包含一个“产品”表。这样一个订单中可以包含多个产品。另外，一个产品可能出现在多个订单中。因此，对于“订单”表中的每条记录，都可能与“产品”表中的多条记录相对应。同时，对于“产品”表中的每条记录，都可能与“订单”表中的多条记录相对应。这种关系称为多对多关系。

要建立多对多的表关系，在 Access 中必须创建第三个表，该表通常称为连接表，它将多对多关系划分为两个一对多关系，将这两个表的主键都插入第三个表中，通过第三个表的连接建立起多对多的关系。例如：“订单”表和“产品”表有一种多对多的关系，这种关系是通过与“订单明细”表建立两个一对多关系来定义的。一个订单可以有多个产品，每个产品可以出现在多个订单中。

3.5.1 表的索引

索引就如同书的目录一样，通过它可以快速地查找到自己所需要的章节。在数据库中，为了提高搜索数据的速度和效率，也可以设置表的索引。

提示

可以根据一个字段或多个字段来创建索引。可考虑为以下字段创建索引：经常搜索的字段、进行排序的字段及在查询中连接到其他表中的字段。索引可帮助加快搜索和选择查询的速度，但在添加或更新数据时，索引会降低性能。

如果在包含一个或更多个索引字段的表中输入数据，则每次添加或更改记录时，Access 都必须更新索引。如果目标表包含索引，则通过使用追加查询或追加导入的方式记录来添加记录也可能会比平时慢。

1. 通过字段属性创建索引

通过字段属性创建索引的操作步骤如下。

操作步骤

1. 打开“表示例”数据库，在导航窗格中打开“学生信息表”。
2. 单击【视图】按钮进入表的设计视图，选择“学号”字段，设置字段属性的【索引】行为【有(无重复)】，如下图所示。

3. 用同样的方法，设置“姓名”字段的【索引】属性为【有(有重复)】。

2. 通过【索引设计器】对话框创建索引

字段索引除了可以在设计视图中通过字段属性设置以外，还可以通过专门的【索引设计器】对话框来设置。下面以在“学生信息表”中给“移动电话”字段建立索引为例来介绍这种方法。

操作步骤

1. 打开“表示例”数据库，在导航窗格中双击打开“学生信息表”。
2. 单击【视图】按钮进入表的设计视图，在【设计】选项卡下单击【索引】按钮，如下图所示。

3. 系统将弹出【索引设计器】对话框，用户可以看到如下图所示的索引设计视图。

索引: 学生信息表

索引名称	字段名称	排序次序
PrimaryKey	学号	升序

索引属性

主索引	是
唯一索引	是
忽略空值	否

该索引的名称。每个索引最多可用 10 个字段。

4. 在【索引名称】栏中输入设置的索引名称，在【字段名称】中选择“移动电话”字段，【排序次序】为升序，如下图所示。

学以致用系列丛书

设置有效性规则的同时，用户可以设置有效性文本，用于提示用户如何纠正输入的错误数据。有效性规则和有效性文本综合使用，可以保证输入数据的正确性。

长见识

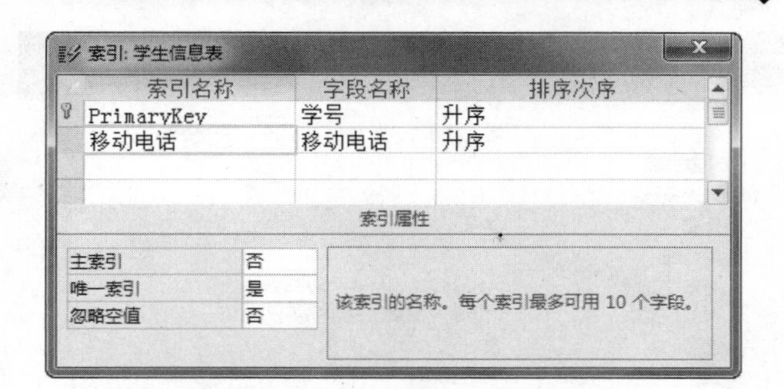

索引：学生信息表

索引名称	字段名称	排序次序
PrimaryKey	学号	升序
移动电话	移动电话	升序

索引属性

主索引	否
唯一索引	是
忽略空值	否

该索引的名称。每个索引最多可用 10 个字段。

这样就完成了用索引设计视图创建索引的过程。还可以设置更多的【索引属性】，如上图所示的【主索引】【唯一索引】【忽略空值】等，但应该注意的是，“备注”数据类型的字段不能创建索引。

- ❖ 【主索引】：选择“是”，则该字段将被设置为主键。
- ❖ 【唯一索引】：选择“是”，则该字段中的值是唯一的。
- ❖ 【忽略空值】：选择“是”，则该索引将排除值为空的记录。

3.5.2　创建表关系

关系表征了事物之间的内在联系。例如：关系可以表征产品表和订单表、学生信息表和成绩表之间的自然关系，这种关系是客观存在的，所以在建立关系的时候要充分考虑到这种自然性。

前面已经介绍过，在 Access 中有 3 种不同的表关系，与此相对应，建立表关系也分为 3 种，即建立一对一表关系、建立一对多表关系和建立多对多表关系。

1. 建立一对一表关系

一对一关系在实际中应用得较少，但是在上面介绍的特殊用途中，仍然是非常有用的。可通过数据表的“主键”字段建立一对一表关系。下面以“表示例”数据库为例，为数据库中的“学生信息表”和“原始信息表”建立一对一的关系。

操作步骤

1. 打开“表示例”数据库，在导航窗格中分别打开“学生信息表”和“原始信息表”。
2. 单击【视图】按钮，进入设计视图模式，可以看到两个表的字段分别如下图所示。在两个表中记录的都是与某一个学生相关的信息，而且学生名单是完全一致的，因此可以建立一对一的关系，也可以将这两个表合二为一。

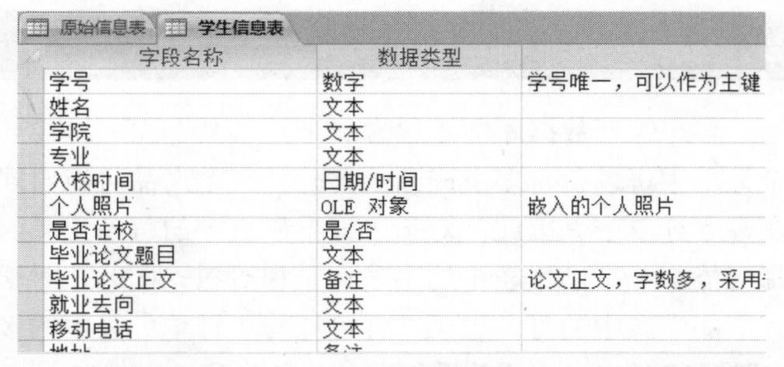

字段名称	数据类型	
学号	数字	学号唯一，可以作为主键
姓名	文本	
学院	文本	
专业	文本	
入校时间	日期/时间	
个人照片	OLE 对象	嵌入的个人照片
是否住校	是/否	
毕业论文题目	文本	
毕业论文正文	备注	论文正文，字数多，采用
就业去向	文本	
移动电话	文本	

字段名称	数据类型	
学号	数字	作为该表的主键
姓名	文本	
家庭住址	文本	
中学名称	文本	
录取方式	文本	

3. 单击【数据库工具】选项卡下的【关系】按钮，如下图所示。

4. 系统打开“关系管理器”，用户可以在“关系设计器”中创建、查看、删除表关系，如下图所示。

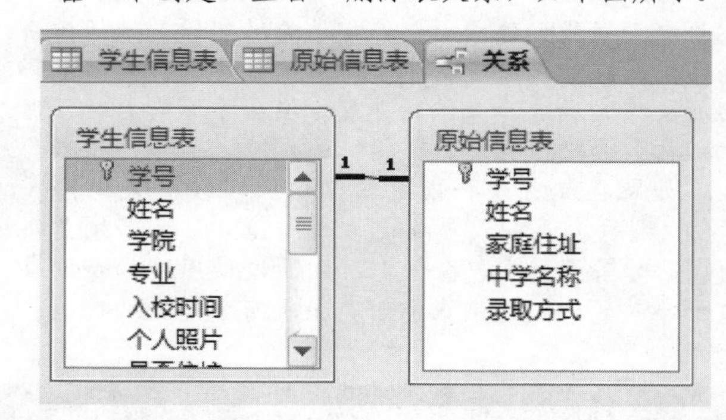

5. 单击【设计】选项卡下的【显示表】按钮，或者单击右键，在弹出的快捷菜单中选择【显示表】命令，如下图所示。

6. 系统弹出【显示表】对话框，如下图所示。

长见识　设计表，实际上就是设计表的各个字段，包括字段的数据类型、字段属性等。如果用表的设计视图，则各字段名称、数据类型和字段属性都要由用户自己来设置。

❼ 选择“学生信息表”，然后单击【添加】按钮，将“学生信息表”添加到“关系管理器”中，用同样的方法将“原始信息表”添加到“关系管理器”中，如下图所示。

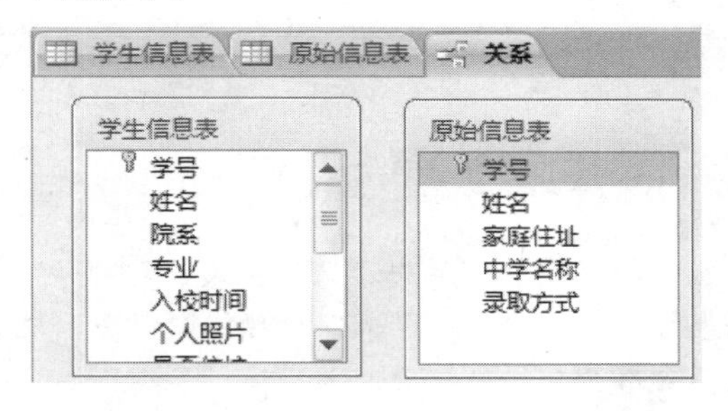

❽ 将“学生信息表”中的“学号”字段用鼠标拖动到“原始信息表”中的“学号”字段处，松开鼠标后，弹出【编辑关系】对话框，如下图所示。在该对话框的下方显示两个表的【关系类型】为“一对一”。

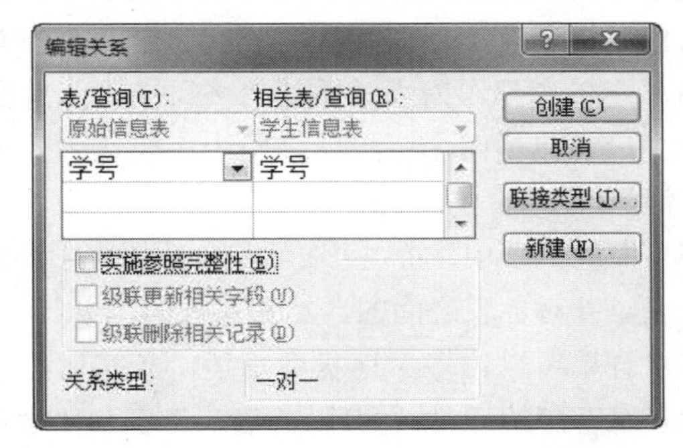

❾ 单击【创建】按钮，返回到“关系管理器”，可以看到，在【关系】界面中两个表的【学号】字段之间出现了一条关系连接线，如下图所示。

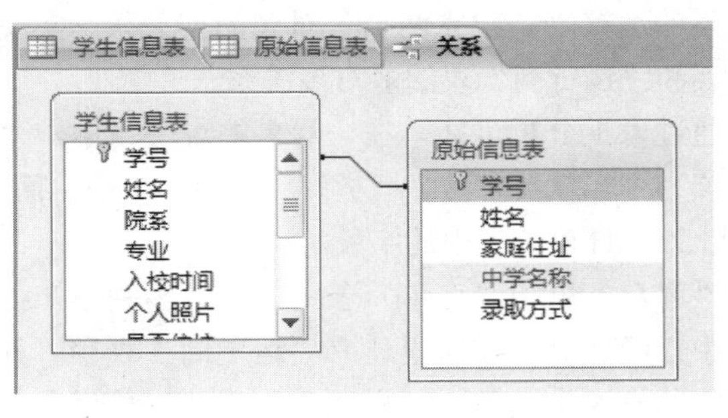

2. 建立一对多表关系

一对多的表关系是数据库中最常见的一种关系，它是指一个表中的一条记录可以对应另一个表的多条记录。在一对多关系表中，表的“一”端通常为表关系的“主键”字段，并且该表称为主表；表的“多”端为另一个表的一个字段，该字段称为表关系的“外键”。

通过简单分析可以知道，一个客户可以有多个订单，因此，在表关系的一对多中，“一”端应该为“客户”表中的字段，而“多”端应该为“订单”表中的字段。

下面以在“表示例”数据库中对“客户”表和“订单”表建立一对多的表关系为例，介绍如何建立一对多表关系，操作步骤如下。

操作步骤

❶ 打开“表示例”数据库，在导航窗格中分别打开“订单”表和“客户”表。

❷ 单击【数据库工具】或者【表设计】选项卡下面的【关系】按钮，进入【关系】界面，用户可以看到“1. 建立一对一关系”中建立的一对一关系，如下图所示。

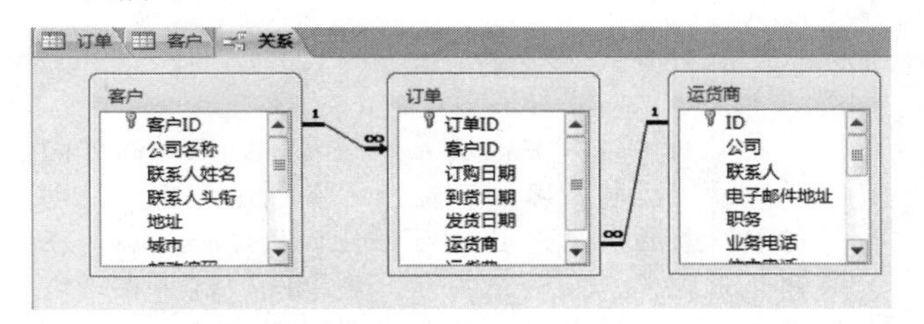

❸ 选择“联系人”表，单击【关系】组中的【隐藏表】按钮，隐藏该表。用同样的方法隐藏“学生信息表”和“原始信息表”。

❹ 单击【设计】选项卡下的【显示表】按钮，或者可以单击右键，在弹出的快捷菜单中选择【显示表】命令，弹出【显示表】对话框，如下图所示。

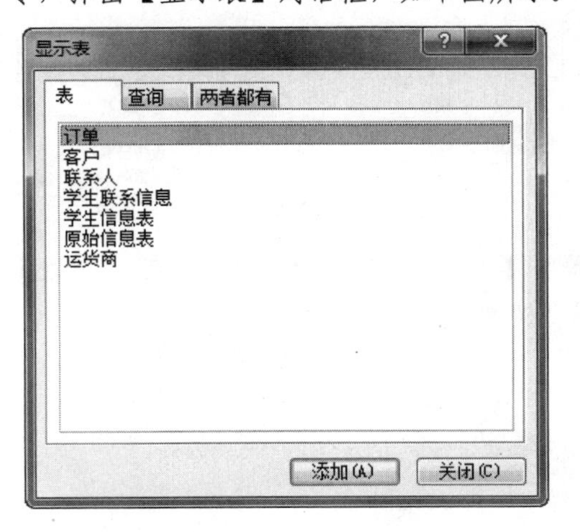

长见识：在 Access 数据库中，“备注”“超链接”和“OLE 对象”数据类型的字段不能进行排序和创建索引操作。

❺ 将“订单”“客户”两个表添加到【关系】界面中，如下图所示。

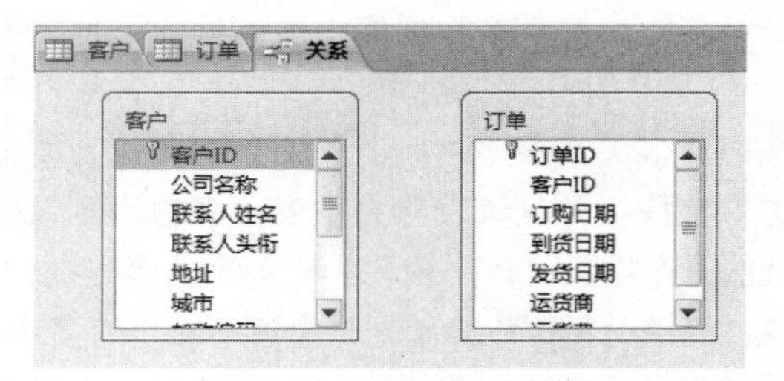

❻ 用鼠标拖动“客户”表的“客户ID”字段到“订单”表的“客户ID”字段处，松开鼠标后，弹出【编辑关系】对话框，并在该对话框的下方显示两个表的【关系类型】为“一对多”，如下图所示。

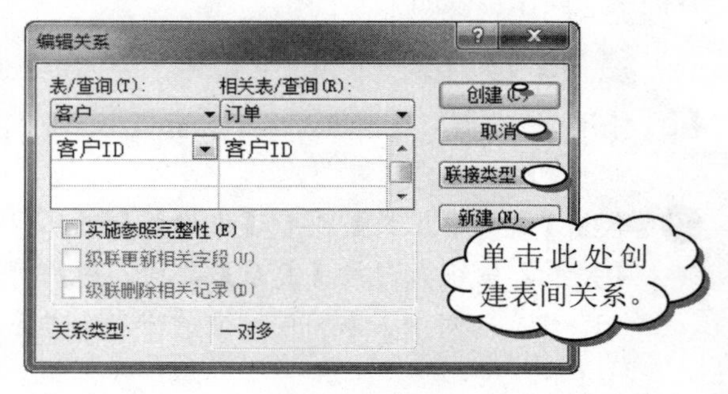

注意

在用此种方法建立表关系的过程中，拖动的方向是至关重要的。将“客户”表的“客户ID”字段拖动到“订单”表的“客户ID”字段上，则“一”端是在“客户”表上；若反过来拖动，则“一”端将在“订单”表中，显然这样就不能达到设计目标。

❼ 单击【创建】按钮，返回“关系管理器”，可以看到，在【关系】界面中两个表字段之间出现了一条关系连接线，如下图所示。

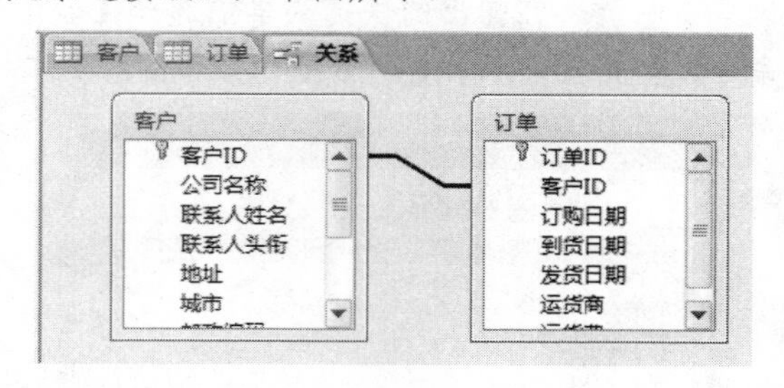

❽ 单击【关系】组中的【关闭】按钮，关闭【关系】视图，如下图所示。

❾ 弹出如下图所示的对话框，单击【是】按钮，保存创建的一对多关系。

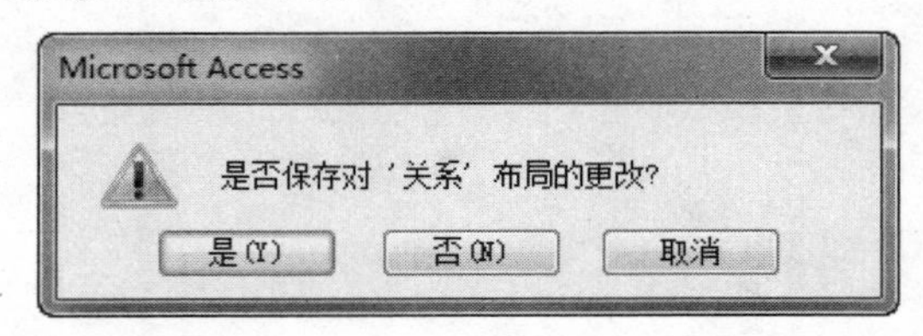

❿ 切换到“客户”表的【数据表视图】，可以看到，在数据表的左侧出现了“+”标记。单击该标记，即可以“子表”的形式显示每一个客户的订单信息，如下图所示。

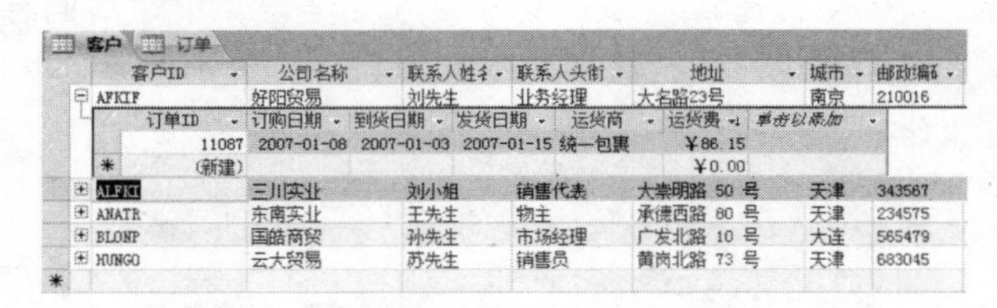

提示

在一对多的表关系中，只有主表，即“一”端的数据表才会出现含有“子表”的结果，“多”端的数据表不会有变化。

3. 创建多对多的表关系

多对多的表关系可以看作是两个表之间的一对多关系，它们之间通过连接表连接在一起。这两个一对多的表关系，连接表都作为表关系的“多”端。因此在连接表中至少应该包括两个字段，这两个字段作为表关系中的“外键”。

在下面的例子中，将在“表示例”数据库中添加“运货商”表，并对各表之间的自然关系做简单分析。

客户订单可以由多家运货商承运，一家运货商也可以承运多家客户的订单，因此“客户”表和“运货商”表是多对多的关系。

另外，一个客户可以有多个订单，而一个运货商也可以承运多个订单，因此可以将“订单”表作为该多对多关系的连接表。建立两个一对多的表关系，实现“客户”表和“运货商”表的多对多关系。

通过以上分析可知，在一对多的表关系中，“一”端应该为“客户”表和“运货商”表中的字段，而“多”端应该为“订单”表中的字段。

“客户”表和“订单”表中的一对多关系在上面的操作中已经建立，在这里建立“运货商”表和“订单”表之间的一对多关系。这样即可利用“订单”表作为连

长见识 在Access中，用户可以设置3种主关键字：自动编号主关键字、单字段主关键字和多字段主关键字。

接表，建立“客户”表和“运货商”表之间的多对多关系。

建立“客户”表和“运货商”表之间的多对多关系的操作步骤如下。

操作步骤

1. 打开“表示例”数据库，在导航窗格中分别打开“订单”表、“客户”表和“运货商”表。
2. 单击【数据库工具】或者【表设计】选项卡下面的【关系】按钮，进入【关系】界面，用户可以看到建立的一对多关系，如下图所示。

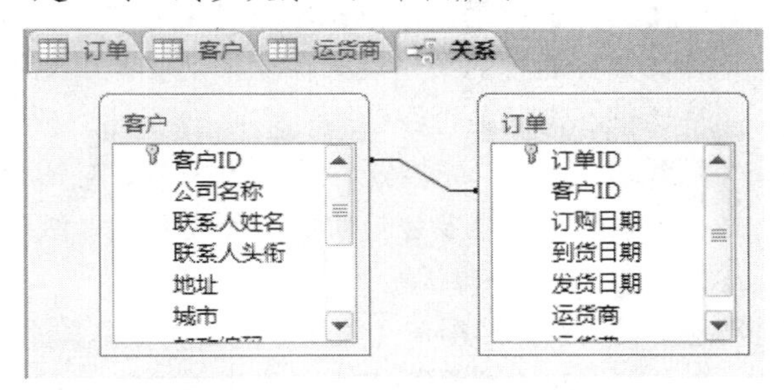

3. 单击【设计】选项卡下的【显示表】按钮，或者单击右键，在弹出的快捷菜单中选择【显示表】命令，弹出【显示表】对话框，如下图所示。

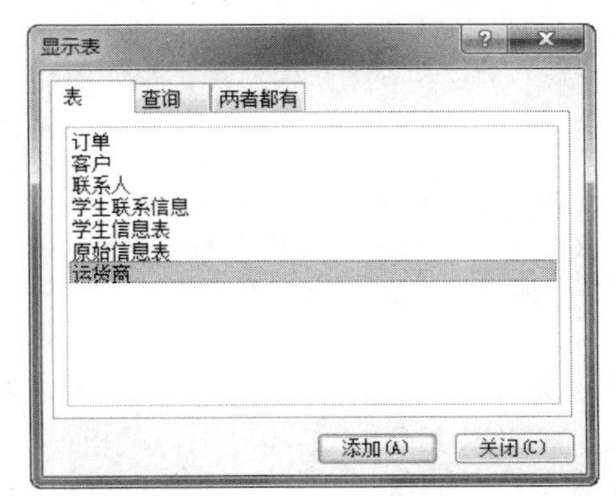

4. 选择“运货商”表，单击【添加】按钮，将“运货商”表添加到【关系】界面中，如下图所示。

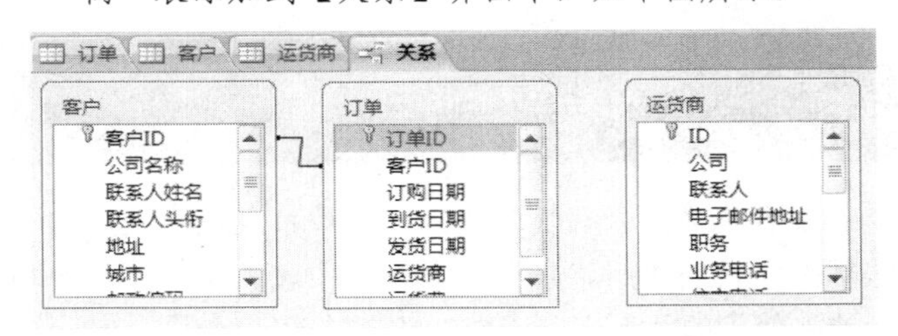

5. 用鼠标拖动“运货商”表的ID字段到“订单”表的“运货商”字段处，在弹出的【编辑关系】对话框中单击【创建】按钮，创建两个表之间的一对多关系，创建后的视图如下图所示。

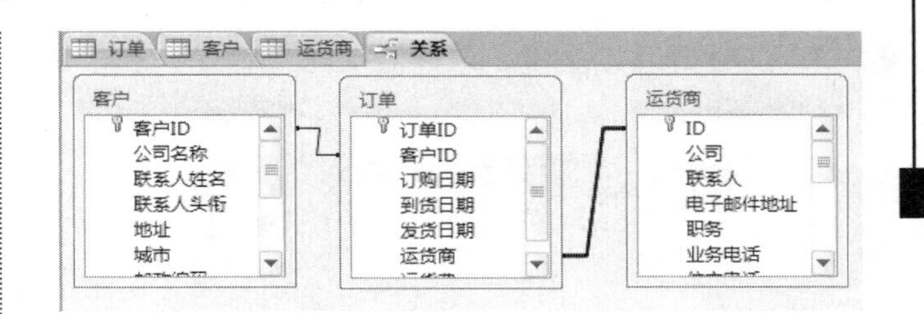

6. 单击【关系】组中的【关闭】按钮，关闭【关系】界面，在弹出的“是否保存”对话框中单击【是】按钮，完成一对多关系的创建。
7. 切换到“客户”表的数据表视图，可以看到在数据表的左侧出现了“+”标记，单击该标记，即可以“子表”的形式显示每一个客户的订单信息，如下图所示。

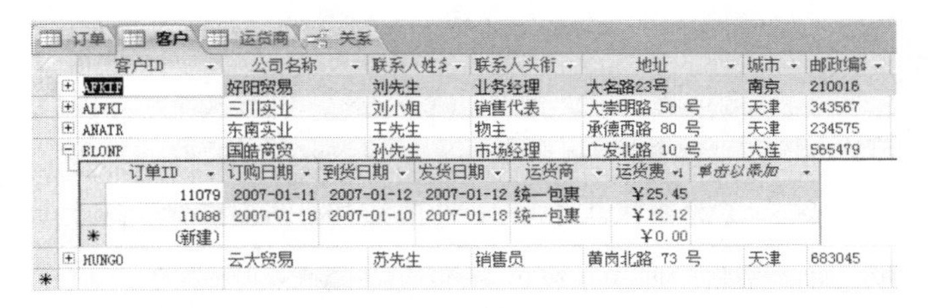

8. 切换到“运货商”表的数据表视图，也可以看到同样的“+”标记，单击“+”标记，则显示每一个运货商承运的订单信息，如下图所示，这样就完成了多对多表关系的创建。

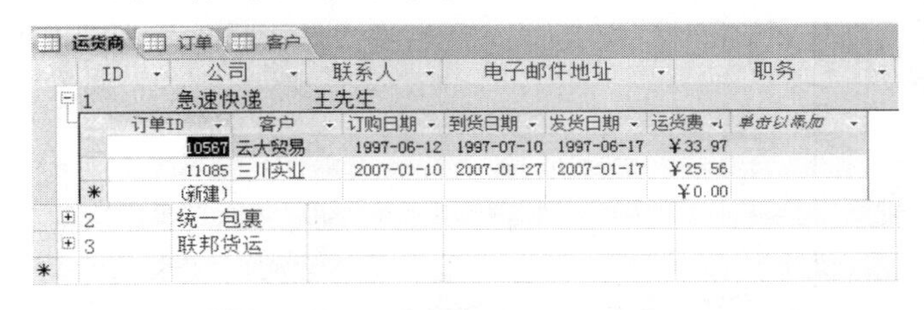

3.5.3 查看与编辑表关系

有时要对创建的关系进行查看、修改、隐藏、打印等操作，有时还必须维护表数据的完整性，这就要涉及表关系的修改等。

对表关系的一系列操作都可以通过【设计】选项卡下的【工具】和【关系】组中的功能按钮来实现，如下图所示。

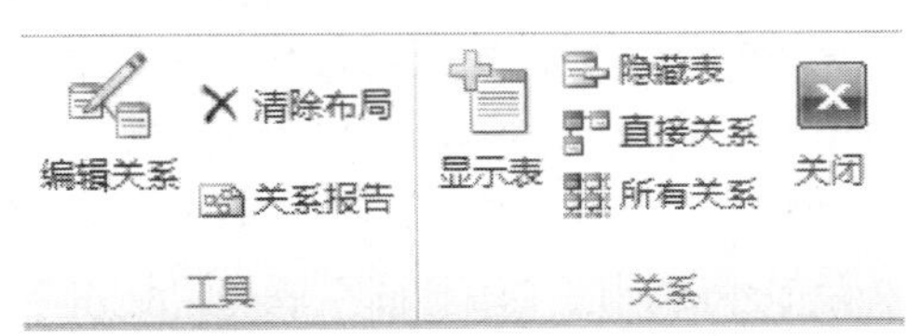

❖ 【编辑关系】：单击该按钮，弹出【编辑关系】对话框，在该对话框中，可以设置参照完整性、

在数据表中，应当包含一个或者一组字段，该字段是数据表中一条数据记录的唯一标识。这个字段就是数据表的关键字字段。

设置联接类型、新建表关系等操作，如下图所示。

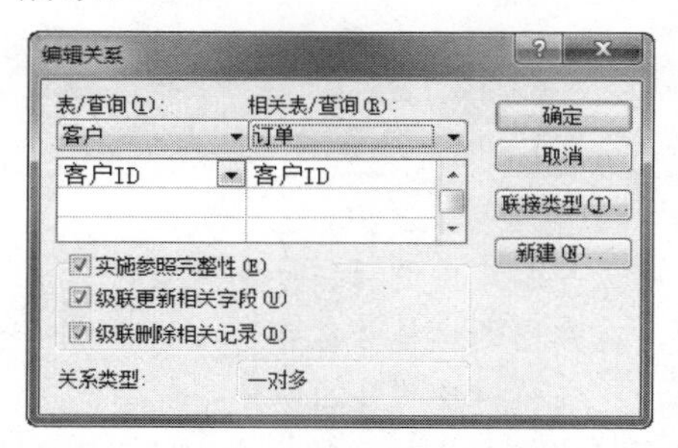

❖ 【清除布局】：单击该按钮，弹出清除确认对话框，如下图所示。单击【是】按钮，系统将清除窗口中的布局。

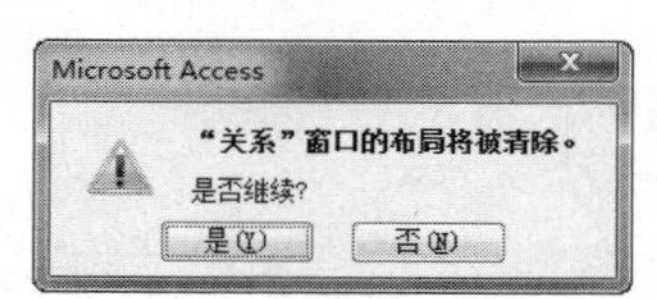

❖ 【关系报告】：单击该按钮，Access 将自动生成各种表关系的报表，并进入打印预览视图，在这里可以进行关系打印、页面布局等操作，如下图所示。

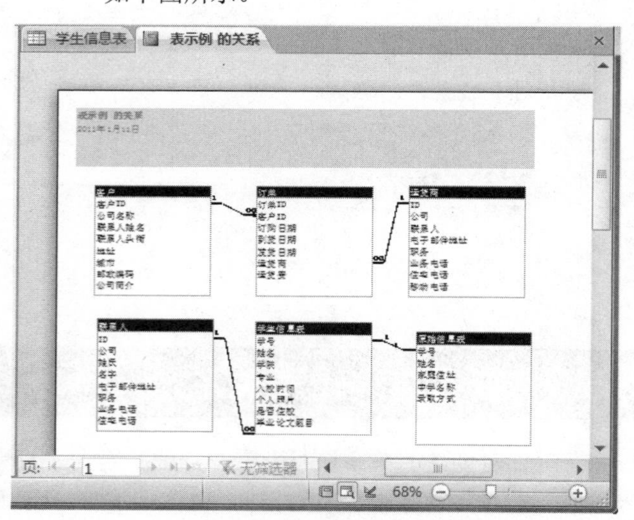

❖ 【显示表】：单击该按钮，将显示【显示表】对话框，具体用法在上面已经介绍过。

❖ 【隐藏表】：选中一个表，然后单击该按钮，则在【关系】界面中隐藏该表。

❖ 【直接关系】：单击该按钮，可以显示与界面中的表有直接关系的表。例如：假设在界面中只显示了“客户”表，那么当单击该按钮以后，会显示隐藏的“运货商”表和“订单”表。

❖ 【所有关系】：单击该按钮，显示该数据库中的所有表关系，如下图所示。

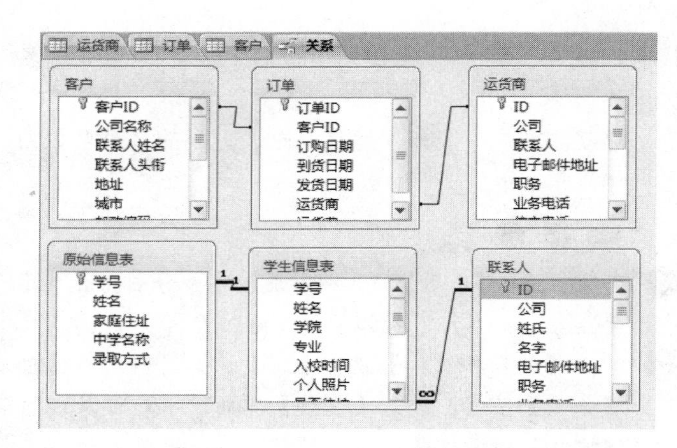

❖ 【关闭】：单击该按钮，退出【关系】界面，如果界面中的布局没有保存，则会弹出提示对话框，询问是否保存。

对关系进行编辑，主要是在【编辑关系】对话框中进行的。关系的设置主要包括实施参照完整性、级联选项等方面。

要删除表关系，必须在【关系】界面中删除关系线。先选中两个表之间的关系线(关系线显示得较粗)，然后按 Delete 键，即可删除表关系。

注意

删除表关系时，如果选中【实施参照完整性】复选框，则同时会删除对该表的参照完整性设置，Access 将不再自动禁止在原来表关系的“多”端建立孤立记录。

如果表关系中涉及的任何一个表处于打开状态，或正在被其他程序使用，用户将无法删除该关系。必须先将这些打开或正在使用的表关闭，才能删除关系。

修改表关系是在【编辑关系】对话框中完成的。选中两个表之间的关系线(关系线显示得较粗)，然后单击【设计】选项卡下的【编辑关系】按钮，或者直接双击连接线，将弹出【编辑关系】对话框，在该对话框中进行相应的修改即可。

3.5.4 实施参照完整性

参照完整性，就是在数据库中规范表之间关系的一些规则，它的作用就是保证数据库中表关系的完整性和拒绝能使表的关系变得无效的数据修改。

下面以在“表示例”数据库中对表关系实施参照完整性为例进行介绍，具体操作步骤如下。

操作步骤

❶ 打开“表示例”数据库，单击【数据库工具】选项

长见识 主键包含唯一标识表中存储的每条记录的一个或多个字段。通常，有一个唯一的标识号(如 ID 号、序列号或代码)充当主键。

卡下面的【关系】按钮，进入表的【关系】界面。

2. 可以看到前面各节中已经创建的表关系。单击“客户”表和“订单”表之间的关系连接线，再单击【编辑关系】按钮；或者直接右击关系连接线，在弹出的快捷菜单中选择【编辑关系】命令，如下图所示。

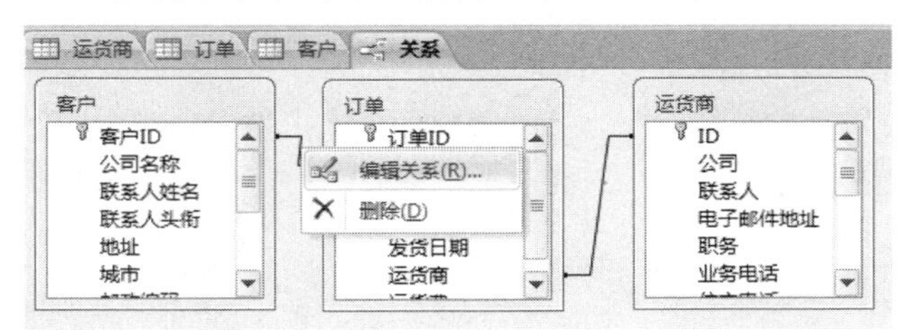

3. 弹出【编辑关系】对话框，如下图所示。选中【实施参照完整性】复选框，即可看到【级联更新相关字段】和【级联删除相关记录】两个复选框变为可选状态，选中它们后单击【确定】按钮，完成设置。

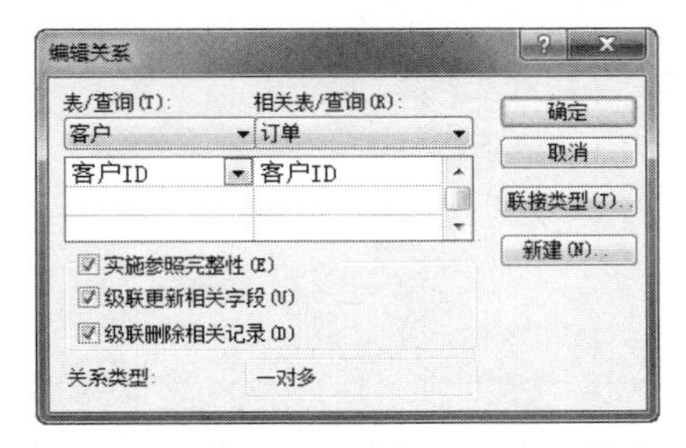

4. 在【关系】界面中可以看到，关系连接线中会显示“一对多”的关系符号，如下图所示。

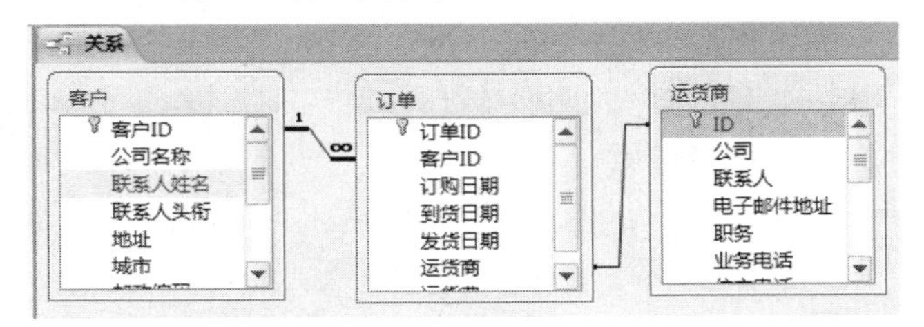

为数据表设置实施参照完整性以后，在数据库中编辑数据记录时就会受到以下限制。

- 不可以在“多”端的表中输入主表中没有的记录。
- 当“多”端的表中含有和主表相匹配的数据记录时，不可以从主表中删除这个记录。
- 当“多”端的表中含有和主表相匹配的数据记录时，不可以在主表中编辑这个记录。

提示

对数据库设置了参照完整性以后，就会对中间表的数据输入和主表的数据修改进行非常严格的限制，所以可以利用这个特点进行设置，以保证数据的参照完整性。

3.5.5 设置级联选项

有时需要更改关系一端的值。在这种情况下，就需要在 Access 的一次操作中自动更新所有受影响的行。这样，便可进行完整更新，以使数据库不会处于不一致的状态(即更新某些行，而不更新其他行)。

在 Access 中，可以通过选中【级联更新相关字段】复选框来避免这一问题。如果实施了参照完整性并选中【级联更新相关字段】复选框，当更新主键时，Access 将自动更新参照主键的所有字段。

有时也可能需要删除某一行及其相关字段，为此，Access 也支持设置【级联删除相关记录】复选框。如果实施了参照完整性并选中【级联删除相关记录】复选框，则当删除包含主键的记录时，Access 会自动删除参照该主键的所有记录。

下面以在“表示例”数据库中对所有表关系实施参照完整性和设置级联选项为例进行介绍，操作步骤如下。

操作步骤

1. 打开“表示例”数据库，单击【数据库工具】选项卡下面的【关系】按钮，进入表的【关系】界面。
2. 单击【所有关系】按钮，则在【关系】界面中显示该数据库中的所有关系，如下图所示。可以看到，只有“客户”表和“订单”表之间的关系实施了参照完整性。

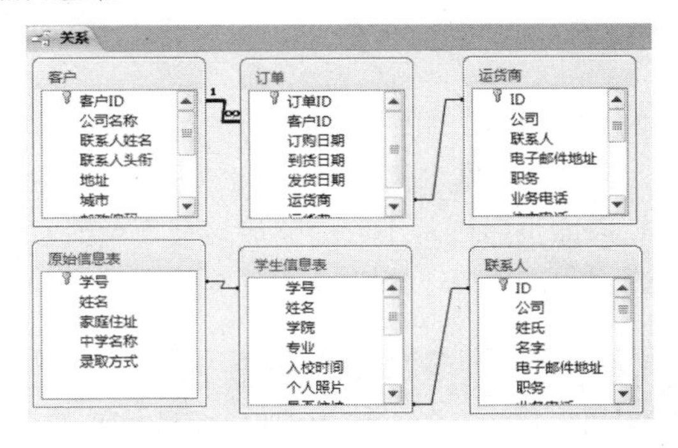

3. 单击“客户”表和“订单”表之间的关系连接线(选中状态的连接线变粗)，然后再单击【编辑关系】按钮，或者直接双击连接线，弹出【编辑关系】对话框，如下图所示。

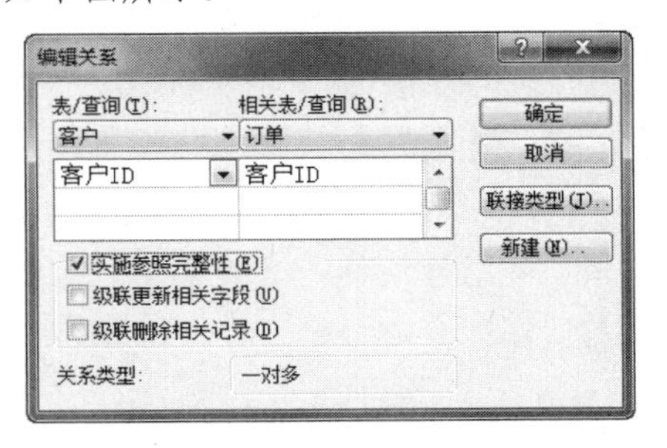

设置表关系的目的就是在关系型数据库中实现对各个表的引用，避免重复记录。表关系的【联接类型】按钮，就是用来设置 Access 在查询结果中包括哪些记录的。

长见识

4 选中【实施参照完整性】、【级联更新相关字段】和【级联删除相关记录】复选框，设置级联选项。单击【确定】按钮，完成设置。

5 用同样的方法对其余各表设置参照完整性，并设置级联选项。

注意

如果主键是“自动编号”字段，则选中【级联更新相关字段】复选框没有意义，因为用户无法更改“自动编号”字段中的值。

6 这样就对数据库中的各个表设置了参照完整性选项和级联选项，设置完成后的视图如下图所示。

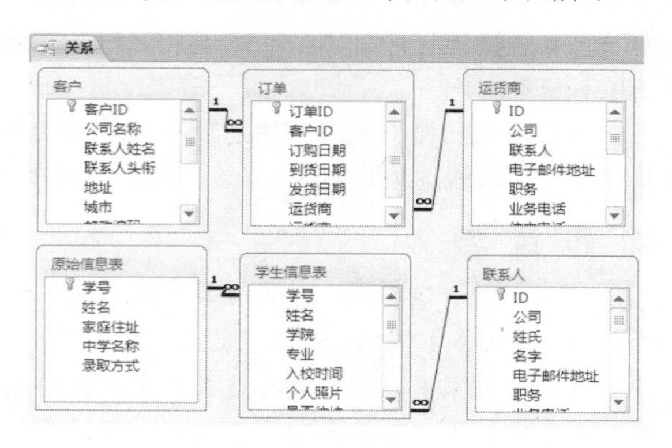

3.6 编辑数据表

数据表存储着大量的数据信息，使用数据库进行数据管理，在很大程度上就是对数据表中的数据进行管理，因此数据表的重要性是不言而喻的。在下面的章节中，将着重介绍数据表的一些操作方法。

3.6.1 在表中添加与修改记录

表是数据库中存储数据的唯一对象，为数据库添加数据，就是要向表中添加记录。使用数据库时，向数据库输入数据和修改数据，是操作数据库必不可少的操作。下面就以在“联系人”表中添加和修改记录为例进行介绍，具体操作步骤如下。

操作步骤

1 打开“表示例”数据库，然后在导航窗格中打开“联系人”表，接着在右侧的【联系人】窗格中单击空白单元格，输入要添加的记录，如下图所示。

2 如要修改已添加的记录，则单击要修改的单元格，然后在单元格中修改记录即可，如将“LG液晶”改为“LG液晶显示器”，如下图所示。

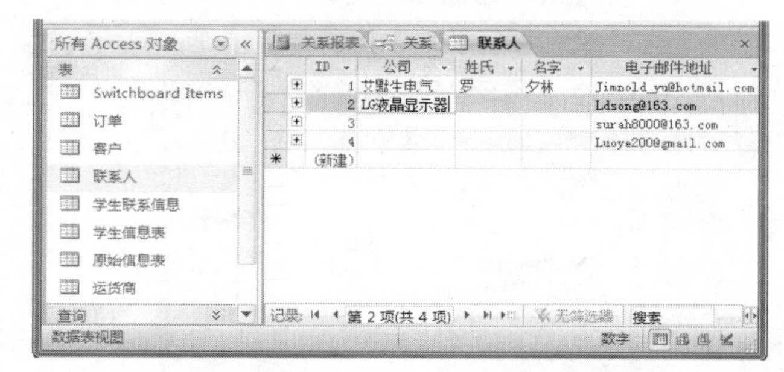

3.6.2 选定与删除记录

操作数据库时，选定与删除表中的记录是必不可少的操作。下面就介绍如何选定与删除记录。

操作步骤

1 打开“表示例”数据库，在导航窗格中打开“联系人”表。

2 单击“联系人”表左侧的灰色区域，即可选定该记录，此时光标变成向右的黑色箭头，如下图所示。

长见识

数据库可以包含许多表，每个表用于存储有关不同主题的信息。每个表可以包含许多不同数据类型（如文本、数字、日期和超链接）的字段。

❸ 如要删除该记录，单击右键，在弹出的快捷菜单中选择【删除记录】命令即可，如下图所示。

❹ 在弹出的提示“您正准备删除 1 条记录”的对话框中单击【是】按钮，即可删除该条记录，如下图所示。

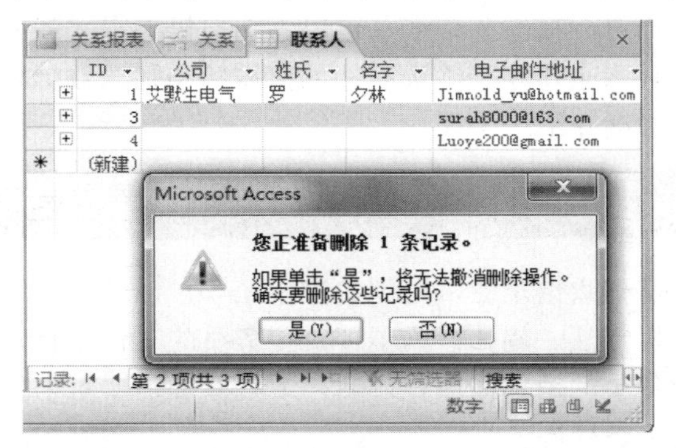

3.6.3 更改数据表的显示方式

Access 2010 提供了查看数据表的多种视图方式，主要有【数据表视图】、【设计视图】、【数据透视表视图】和【数据透视图视图】。每一个视图显示不同的数据表内容，主要总结和对比如下。

❖ 【数据表视图】：打开数据表时的默认视图，在此视图中可以查看所有的数据记录，用户也可以在电子表格中输入数据。【数据表视图】的界面如下图所示。

学生信息表

学号	姓名	学院名称	专业	入校时间
50330302	冯先生	机电学院	机械制造自动化系	2002/9/14
50330105	刘小姐	机电学院	工业设计系	2003/9/1
50330303	罗夕林	机电学院	航空宇航制造工程系	2003/9/10
		机电学院		

提示

Access 的【数据表视图】和 Excel 电子表格的界面相似。在这个视图中，可以很方便地查看、修改、添加数据记录，以及对数据记录进行排序等操作。

❖ 【设计视图】：单击界面左上方的【设计视图】按钮，进入表的【设计视图】。在此视图中，可以设置数据字段的名称和数据类型，也可以输入描述性的说明，还可以设置各个字段的属性。字段的属性包括数据大小、格式、默认值、有效性规则和有效性文本等，如下图所示。

学生信息表

字段名称	数据类型	
学号	数字	学号唯一
姓名	文本	
学院	文本	

字段属性

常规 查阅

字段大小	长整型
格式	常规数字
小数位数	0
输入掩码	
标题	学号
默认值	
有效性规则	>50330101 And <50330430
有效性文本	对不起，您输入的学号不正确!
必需	是

【数据透视表视图】和【数据透视图视图】：这两个视图是为了对数据表中的数据进行统计计算而设立的，在第 5 章将详细介绍。

3.6.4 数据的查找与替换

和其他 Office 软件一样，Access 也提供了灵活的“查找和替换”功能，用以对指定的数据进行查看和修改。虽然也可以手工逐一搜索和修改记录，但是当数据量非常庞大时，使用这种方法几乎令人绝望。为了查找海量数据中的特定数据，就必须使用“查找”和“替换”功能。

数据的查找和替换是利用【查找和替换】对话框进行的，如下图所示。

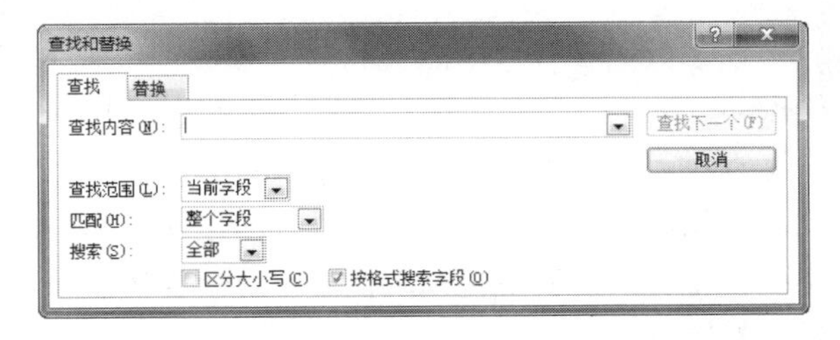

在 Access 中，用户可以通过以下两种方法打开【查找和替换】对话框。

❖ 单击【开始】选项卡中的【查找】按钮。

❖ 按 Ctrl+F 组合键。

启动【查找和替换】对话框后，即可设定查找和替换的查找范围、匹配字段和搜索方向等条件。

在 Access 2010 以前版本中曾经提供了表向导的功能。用户借助向导，回答向导提出的各种问题，即可创建一个表。在 Access 2010 中，取消了这种创建表的方法。

长见识

❖ 【查找内容】：接受用户输入的查找内容。用户需要在该下拉列表框中输入要查询的内容，【查找和替换】对话框自动记录以前曾经搜索过的内容，用户可以在该下拉列表框中查看以前的搜索记录。

❖ 【查找范围】：在该下拉列表框中设置查找的范围，是整个数据表，还是仅仅一个字段列中的值。默认值是当前光标所在的字段列。

❖ 【匹配】：设置输入内容的匹配方式，可以选择【字段任何部分】、【整个字段】、【字段开头】3个选项，如下图所示。

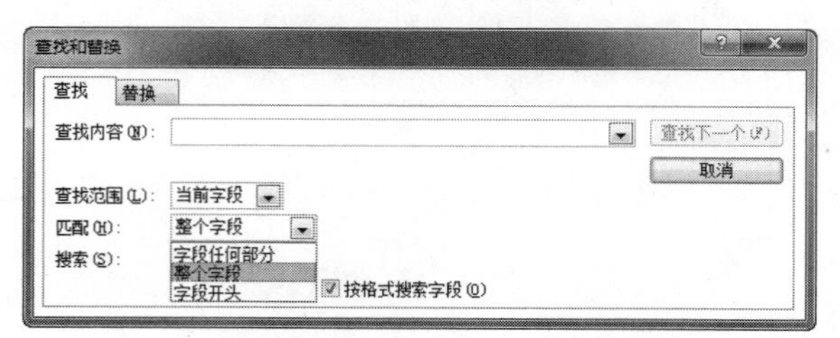

❖ 【搜索】：控制搜索方向，是指从光标当前位置"向上""向下"还是"全部"搜索。

❖ 【区分大小写】：选中该复选框，则对输入的查找内容区分大小写。在搜索时，小写字母和大写字母是按不同的内容进行查找的。

在输入查找内容以后，单击【查找下一个】按钮，系统将对数据表进行搜索，查找【查找内容】下拉列表框中的内容。

切换到【替换】选项卡，【替换】选项卡和【查找】选项卡有一些区别，如下图所示。

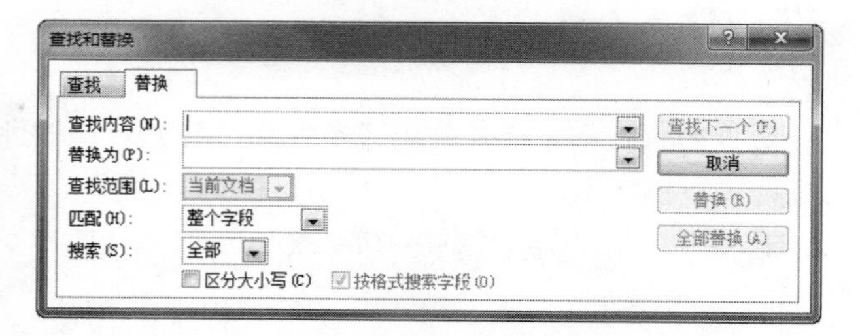

【查找内容】下拉列表框和【查找】选项卡中的一样，具有相同的作用。用户可以看到，在【替换】选项卡中多了【替换为】下拉列表框、【替换】按钮和【全部替换】按钮。

当对数据信息进行替换时，首先在【查找内容】下拉列表框中输入要查找的内容，然后在【替换为】下拉列表框中输入想要替换的内容。

与查找不同的是，用户可以手动替换数据操作，先单击【查找下一个】按钮，进行搜索，用户决定该搜索结果处的字符是否要替换。如果要替换，则单击【替换】按钮；否则，单击【查找下一个】按钮，检索下一个字符串。

用户也可以单击【全部替换】按钮，自动完成所有匹配数据的替换，不会询问任何问题。如果没有相匹配的字符，则 Access 会弹出如下图所示的提示框。

3.6.5 数据的排序与筛选

排序和筛选是两种比较常用的数据处理方法，通过对数据进行排序和筛选，可以为用户提供很大的方便。那么什么是排序和筛选呢？如何排序和筛选数据呢？本节将详细介绍。

1. 排列数据

排列数据是经常用到的操作之一，也是最简单的数据分析方法。例如：为了评价业务员的工作业绩，需要对业务员的销售额进行排名，或者教师需要对学生的考试成绩进行排名等，这些都需要对数据进行排序操作。

在 Access 中对数据进行排序操作，和在 Excel 中的排序操作类似。Access 提供了强大的排序功能，用户可以按照文本、数值或日期值进行数据的排序。对数据库的排序主要有两种方法：一种是利用工具栏的简单排序；另一种就是利用窗口的高级排序。各种排序和筛选操作命令都在【开始】选项卡下的【排序和筛选】组中，如下图所示。

下面以"订单"表中的"运货费"字段为依据，进行由高到低排序，具体操作步骤如下。

操作步骤

1. 打开"表示例"数据库，然后打开"订单"表。
2. 将光标定位到"运货费"列中，单击【降序】按钮，对数据记录进行排序，如下图所示。

长见识：用户可以为数据表添加子数据表。子数据表显示了插入的数据表中与当前记录相对应的记录。用户可以在数据表的【属性】窗格中进行添加子数据表的操作。

订单ID	客户	订购日期	到货日期	发货日期	运货商	运货费
10566	东南实业	1997-06-12	1997-07-10	1997-06-18	联邦货运	￥88.40
11087	好阳贸易	2007-01-08	2007-01-03	2007-01-15	统一包裹	￥86.15
11086	三川实业	2007-01-16	2007-01-18	2007-01-23	联邦货运	￥45.12
10567	云大贸易	1997-06-12	1997-07-10	1997-06-17	急速快递	￥33.97
11085	三川实业	2007-01-10	2007-01-27	2007-01-17	急速快递	￥25.56
11079	国皓商贸	2007-01-11	2007-01-12	2007-01-12	统一包裹	￥25.45
11088	国皓商贸	2007-01-18	2007-01-10	2007-01-18	统一包裹	￥12.12
11089						￥0.00
(新建)						￥0.00

技巧

用户也可以在“运货费”列中右击，从弹出的快捷菜单中选择【降序】命令，如下图所示。

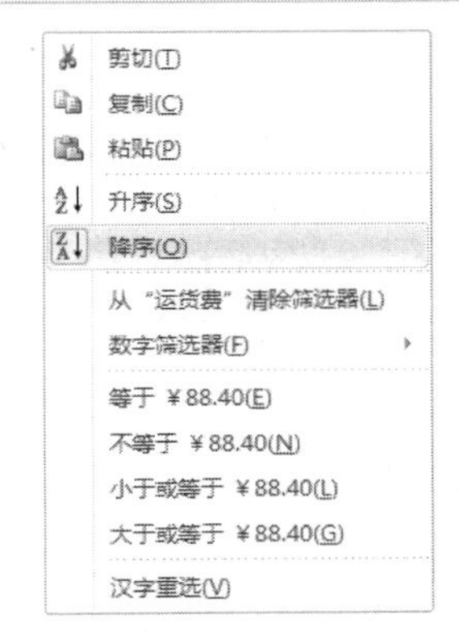

这样就完成了一个非常简单的排序工作。也可按照相同的方法对其他字段进行排序。但是简单排序存在两个问题，即当记录中有大量的重复记录或者需要同时对多个列进行排序时，简单排序就无法满足需要了。

对数据进行高级排序可以很简单地解决上面的问题，它可以将多列数据按指定的优先级进行排序。也就是说，数据先按第一个排序准则进行排序，当有相同的数据出现时，再按第二个排序准则排序，依次类推。

下面以“表示例”数据库的“订单”表中的“客户”字段为依据进行高级排序操作。要求：当有重复数据时，按“订购日期”排序。

操作步骤

1. 打开“表示例”数据库，然后打开“订单”表。
2. 单击【排序和筛选】组中的【高级】按钮，如下图所示。

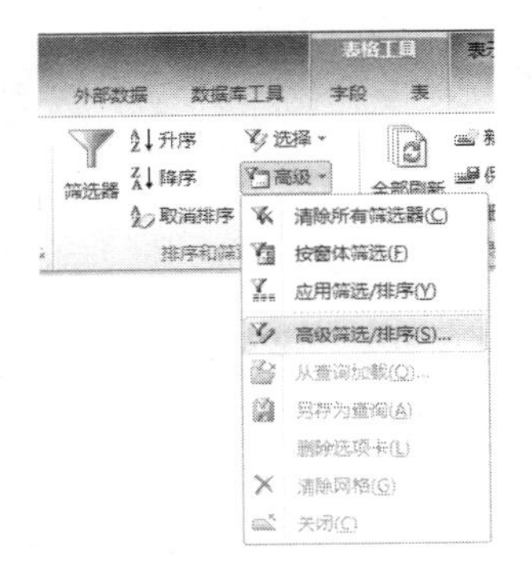

3. 在弹出的菜单中选择【高级筛选/排序】命令，系统将进入排序筛选界面，如下图所示，可以看到上面建立的简单查询在该界面中的设置。

4. 在下方查询设计网格的【字段】行中，选择“客户ID”字段，在【排序】行中选择“降序”；在另一列中选择“订购日期”字段和“降序”排序方式，如下图所示。

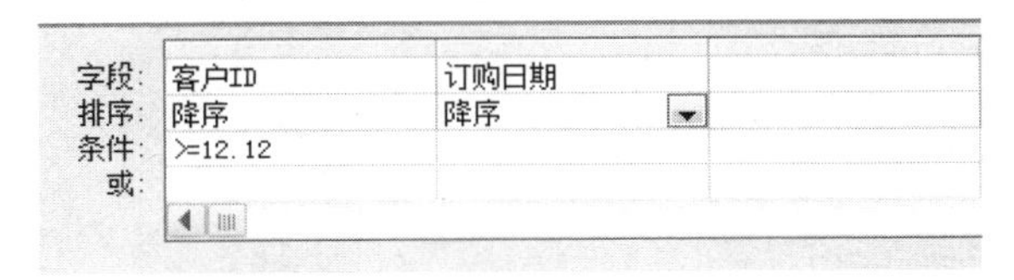

字段:	客户ID	订购日期
排序:	降序	降序
条件:	>=12.12	
或:		

5. 这样就完成了一个高级排序的创建。保存该排序查询为“订单排序”，关闭查询的设计视图。双击打开左边导航窗格查询中的“订单排序”，即可实现对数据表的排序，如下图所示。

订单ID	客户	订购日期	到货日期	发货日期	运货商	运货费
10567	云大贸易	1997-06-12	1997-07-10	1997-06-17	急速快递	￥33.97
11088	国皓商贸	2007-01-18	2007-01-10	2007-01-18	统一包裹	￥12.12
11079	国皓商贸	2007-01-11	2007-01-12	2007-01-12	统一包裹	￥25.45
10566	东南实业	1997-06-12	1997-07-10	1997-06-18	联邦货运	￥88.40
11086	三川实业	2007-01-16	2007-01-18	2007-01-23	联邦货运	￥45.12
11085	三川实业	2007-01-10	2007-01-27	2007-01-17	急速快递	￥25.56
11087	好阳贸易	2007-01-08	2007-01-03	2007-01-15	统一包裹	￥86.15
(新建)						￥0.00

提示

在这里使用的“高级筛选/排序”操作，其实就是一个典型的选择查询。“高级筛选/排序”就是利用创建的查询来实现排序的。

2. 筛选数据

大多数时候，用户并不是对数据表中的所有数据都感兴趣，经常要在有几百条记录的数据表中查找几个感兴趣的记录，如果用手工的方式一个一个地查找，那几

乎是令人崩溃的。

在 Access 中，可以利用数据的筛选功能，过滤掉数据表中不关心的信息，而返回想看的数据记录，从而提高工作效率。

建立筛选的方法有多种，下面就以“学生联系信息”表为例，介绍两种筛选方法。

(1) 通过鼠标右键建立筛选。

在表的数据表视图中，用户可以单击鼠标右键，在弹出的快捷菜单中选择相应的命令，建立简单的筛选。下面以在“学生联系信息”表中查找“宿舍”为“4-621”的学生信息为例进行介绍，具体操作步骤如下。

操作步骤

❶ 打开“表示例”数据库，打开“学生联系信息”表，进入该表的数据表视图，如下图所示。

学生联系信息

学号	姓名	宿舍	宿舍电话	省份	性	所在院系	字段1
50310228	詹伟强	4-403	52119703	福建	男	机械工程及自动化	
50320113	张丙仁	4-606	52119786	天津	男	工业设计系	
50310122	张弛	4-421	52119721	江苏	男	机械工程及自动化	
50310609	张聪	4-527	52119767	陕西	男	机械工程及自动化	
50310132	张冬	4-417	52119717	江苏	男	机械工程及自动化	
50310205	张峰	9-404-1	52116436	江苏	男	机械工程及自动化	
50330311	张冠	9-404-4	52116439	浙江	男	航空宇航制造工程系	
50310224	张国庆	4-405	52119705	黑龙江	男	机械工程及自动化	
50330222	张贺	4-627	52119378	江苏	男	航空宇航制造工程系	
50330112	张红余	4-634	52119139	江苏	男	航空宇航制造工程系	
50310317	张佳	4-508	52119748	北京	男	机械工程及自动化	
50310107	张剑剑	4-429	52119729	浙江	男	机械工程及自动化	
50310726	张军锋	4-503	52119743	江苏	男	机械工程及自动化	
50330228	张坤	4-623	52119539	陕西	男	航空宇航制造工程系	
50310717	张朗	4-507	52119747	北京	男	机械工程及自动化	
50310218	张立	4-409	52119709	浙江	男	机械工程及自动化	
50330419	张利峰	4-605	52119785	山西	男	航空宇航制造工程系	

❷ 在“宿舍”列中的任意位置右击，在弹出的快捷菜单中选择【文本筛选器】命令，弹出筛选级联菜单，如下图所示。

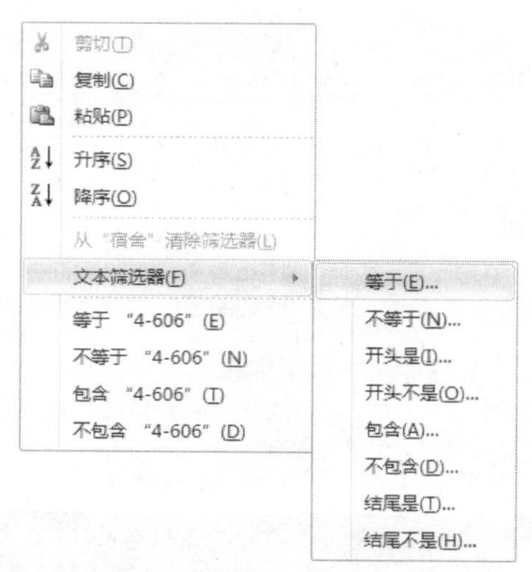

❸ 在级联菜单中选择【等于】命令，弹出【自定义筛选】对话框，在文本框中输入“4-621”，如下图所示。

❹ 单击【确定】按钮，则 Access 将按照“宿舍='4-621'”的条件进行筛选，运行筛选后的数据表视图如下图所示。

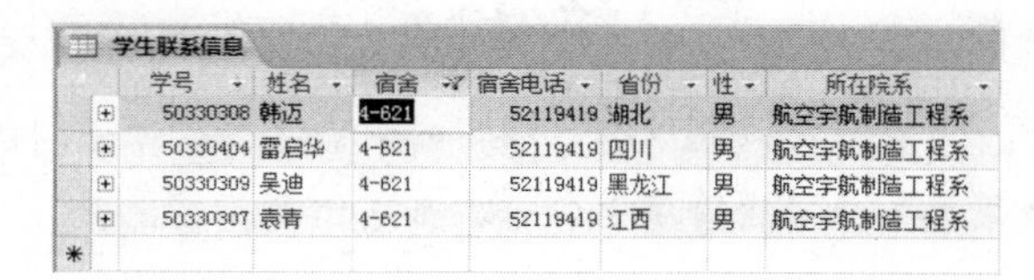

学生联系信息

学号	姓名	宿舍	宿舍电话	省份	性	所在院系
50330308	韩迈	4-621	52119419	湖北	男	航空宇航制造工程系
50330404	雷启华	4-621	52119419	四川	男	航空宇航制造工程系
50330309	吴迪	4-621	52119419	黑龙江	男	航空宇航制造工程系
50330307	袁青	4-621	52119419	江西	男	航空宇航制造工程系

❺ 这样就完成了宿舍为 4-621 的学生的查询。单击【排序和筛选】组中的【切换筛选】按钮，即可在源数据表和筛选表之间实现切换。

也可以在数据表下方的【记录】栏中，单击【未筛选】按钮进行筛选，如下图所示。

这样就完成了通过等于一个字符串的方法建立筛选，在上面的建立过程中，可以看到还有许多筛选方法，如下图所示。

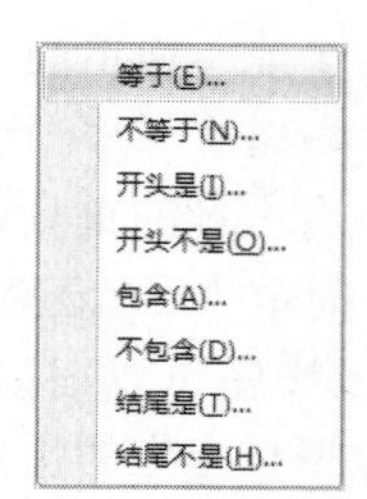

❖ 【等于】：完全匹配输入的数值，如仅输入“621”字符串是不能查询到结果的。

❖ 【不等于】：排除查询，使结果中不包含输入的字符数据。

❖ 【开头是】：查询开头是某个字符串的记录，如输入“9”，则筛选所有开头为“9”的记录，筛选结果如下图所示。

学生联系信息

学号	姓名	宿舍	宿舍电话	省份	性	所在院系
50310205	张峰	9-404-1	52116436	江苏	男	机械工程及自动化
50330311	张冠	9-404-4	52116439	浙江	男	航空宇航制造工程系
50310617	郑衍通	9-404-2	52116437	安徽	男	机械工程及自动化
50330106	鲍敏	9-404-3	52116438	浙江	男	航空宇航制造工程系
50330302	冯新星	9-404-4	52116439	安徽	男	航空宇航制造工程系
50330113	关滨	9-404-3	52116438	河南	男	航空宇航制造工程系
50330203	洪文鹏	9-404-3	52116438	河南	男	航空宇航制造工程系
50310129	江李锋	9-403-4	52116434	福建	男	机械工程及自动化
50320214	刘光胜	9-404-1	52116436	四川	男	机械工程及自动化
50310402	卢婷婷	9-404-2	52116437	湖北	女	机械工程及自动化
50330119	毛现峰	9-404-2	52116437	吉林	男	航空宇航制造工程系
50330327	苏恒	9-404-4	52116439	福建	男	航空宇航制造工程系
50330402	唐峰	9-504-4	52116459	安徽	男	航空宇航制造工程系
50330415	唐世果	9-504-4	52116459	安徽	男	航空宇航制造工程系
50310604	王冠超	9-404-2	52116437	陕西	男	机械工程及自动化
50330427	王杨根	9-404-4	52116439	福建	男	航空宇航制造工程系
50310420	肖鸿芸	9-404-1	52116436	四川	男	机械工程及自动化
50310127	徐鸿鹄	9-403-4	52116434	吉林	男	机械工程及自动化

表是用于存储有关特定主题的数据的数据库对象。表由记录和字段组成。

❖ 【开头不是】：与【开头是】相反，筛选开头不是某个字符串的记录。

❖ 【包含】：查询记录中包含某个字符串的记录。如输入“404”，则将筛选所有记录中“宿舍”字段包含“404”的记录，如下图所示。

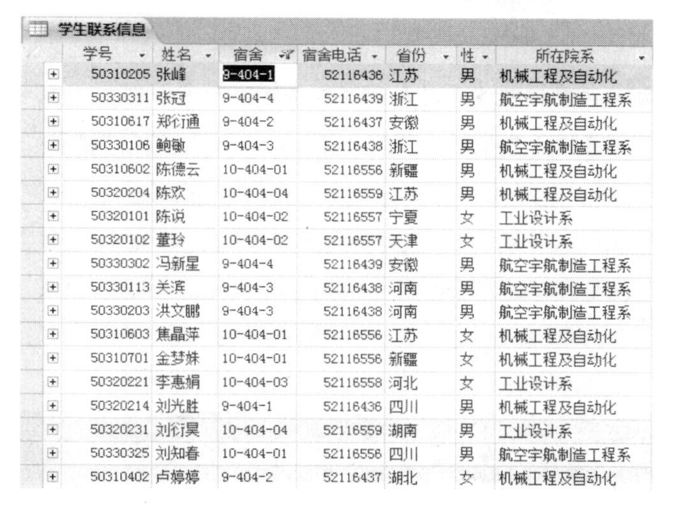

学生联系信息

学号	姓名	宿舍	宿舍电话	省份	性	所在院系
50310205	张峰	9-404-1	52116436	江苏	男	机械工程及自动化
50330311	张冠	9-404-4	52116439	浙江	男	航空宇航制造工程系
50310617	郑衍通	9-404-2	52116437	安徽	男	机械工程及自动化
50330106	鲍敏	9-404-3	52116438	浙江	男	航空宇航制造工程系
50310602	陈德云	10-404-01	52116556	新疆	男	机械工程及自动化
50320204	陈欢	10-404-04	52116559	江苏	男	机械工程及自动化
50320101	陈说	10-404-02	52116557	宁夏	女	工业设计系
50320102	董玲	10-404-02	52116557	天津	女	工业设计系
50330302	冯新星	9-404-4	52116439	安徽	男	航空宇航制造工程系
50330113	关滨	9-404-3	52116438	河南	男	航空宇航制造工程系
50330203	洪文鹏	9-404-3	52116438	河南	男	航空宇航制造工程系
50310603	焦晶萍	10-404-01	52116556	江苏	女	机械工程及自动化
50310701	金梦姝	10-404-01	52116556	新疆	女	机械工程及自动化
50320221	李惠娟	10-404-03	52116558	河北	女	工业设计系
50320214	刘光胜	9-404-1	52116436	四川	男	机械工程及自动化
50320231	刘衍昊	10-404-04	52116559	湖南	男	工业设计系
50330325	刘知春	10-404-01	52116556	四川	男	航空宇航制造工程系
50310402	卢婷婷	9-404-2	52116437	湖北	女	机械工程及自动化

❖ 【不包含】：与【包含】相反，筛选不包含一个字符串的记录。

❖ 【结尾是】：筛选记录结尾处为特定字符串的记录。如输入“9”，则将筛选出该列中所有记录结尾为“9”的记录，如下图所示。

学生联系信息

学号	姓名	宿舍	宿舍电话	省份	性	所在院系
50310107	张剑剑	4-429	52119729	浙江	男	机械工程及自动化
50310218	张立	4-409	52119709	浙江	男	机械工程及自动化
50330217	张松山	4-629	52119179	湖北	男	航空宇航制造工程系
50310106	张巍	4-429	52119729	江苏	男	机械工程及自动化
50310126	张秀贺	4-419	52119719	江苏	男	机械工程及自动化
50330215	郑晓盼	4-629	52119179	福建	男	航空宇航制造工程系
50310128	周道喜	4-419	52119719	江苏	男	机械工程及自动化
50310534	朱益利	4-529	52119769	江苏	男	机械工程及自动化
50330410	陈尚宇	4-609	52119789	江苏	男	航空宇航制造工程系
50310216	丁尚勇	4-409	52119709	贵州	男	机械工程及自动化
50310124	董智鼎	4-419	52119719	江苏	男	机械工程及自动化
50330218	高斌	4-629	52119179	河北	男	航空宇航制造工程系
50310125	高金丰	4-419	52119719	河北	男	机械工程及自动化
50330313	康欢举	4-619	52119799	陕西	男	航空宇航制造工程系
50320121	雷坚壮	4-519	52119759	福建	男	工业设计系
50310404	李骆	4-429	52119729	河南	男	机械工程及自动化
50330318	李庆	4-409	52119709	江苏	男	机械工程及自动化

❖ 【结尾不是】：与【结尾是】相反，筛选结尾不是某个字符串的记录。

上面的各个命令都是在【文本筛选器】子菜单中，另外在鼠标右键菜单中，有4个快捷筛选命令，即【等于】、【不等于】、【包含】和【不包含】，它们的使用方法和上面类似，如下图所示。

另外，单击【排序和筛选】组中的【选择】按钮，弹出的菜单就是鼠标右键快捷菜单中的一部分，用法和上面的一致，如下图所示。

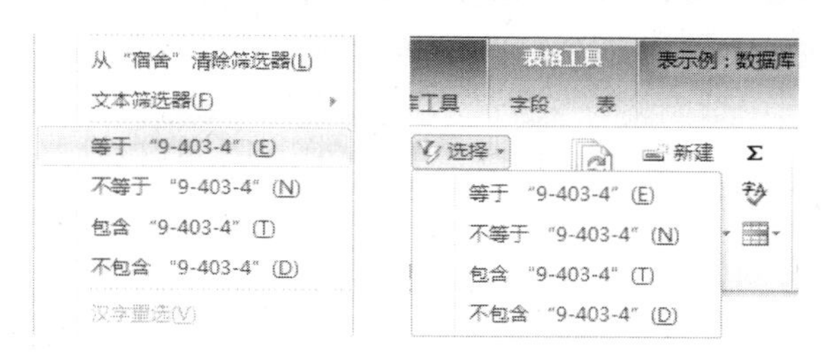

(2) 通过字段列下拉菜单建立筛选。

用户也可以在数据表视图中，通过单击字段旁的小箭头，在弹出的下拉菜单中选择相应的筛选操作，具体操作步骤如下。

操作步骤

❶ 打开“表示例”数据库，然后打开“学生联系信息”表，进入该表的数据表视图。

❷ 单击【宿舍】字段列中的小箭头，弹出筛选操作菜单，如下图所示。

❸ 在菜单中也可以看到【文本筛选器】命令，它里面的二级菜单和上面介绍的一样，可以通过这些命令，建立各种筛选。

❹ 在下面显示了该列中不同的字符串，字符串前面有复选框，通过选中不同的复选框，可以设定不同的筛选条件。在本例中选中4-621复选框，如下图所示。

❺ 单击【确定】按钮，即可建立筛选，筛选结果如下图所示。

Access使用参照完整性来确保相关的表中关系的有效性，即确保用户不能随意地更改或删除相关的数据记录。

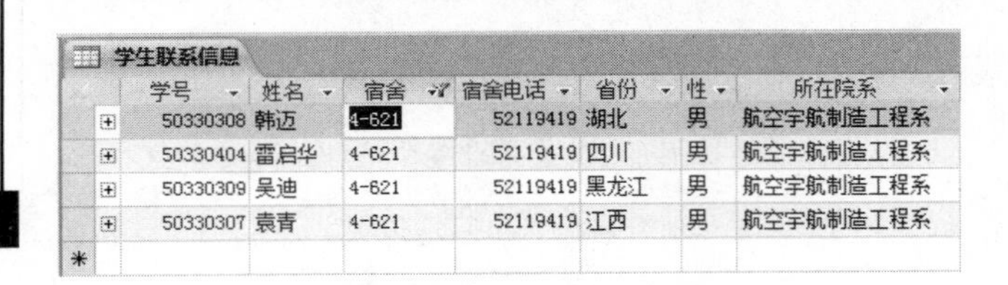

单击【排序和筛选】组中的【筛选器】按钮，也可以弹出字段列的下拉菜单，该菜单和单击字段旁小箭头出现的菜单是一样的。

3.7 设置数据表格式

在数据库中，对表的格式进行设置，如调整行宽、列高及设置字体的格式，是必须掌握的操作。本节将详细介绍如何设置数据表的格式。

3.7.1 设置表的行高和列宽

下面以“联系人”表为例，介绍如何设置行高和列宽。

操作步骤

1. 打开“表示例”数据库，然后打开“联系人”表，进入该表的数据表视图。
2. 右击表左侧的行选项区域，在弹出的快捷菜单中选择【行高】命令，如下图所示。

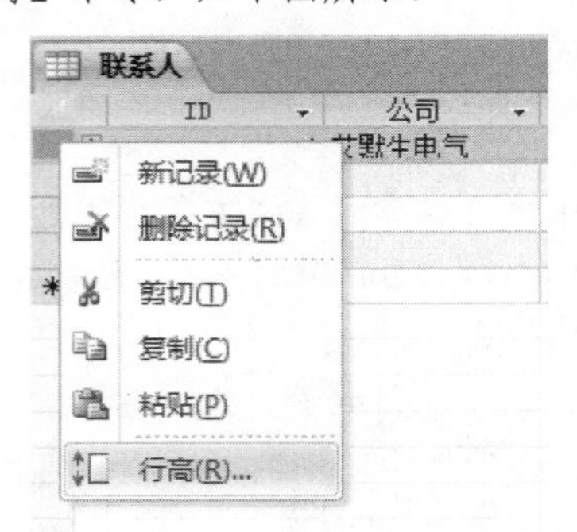

3. 弹出【行高】对话框，在文本框中输入要设置的行高数值，这里输入“15.25”，再单击【确定】按钮，如下图所示。

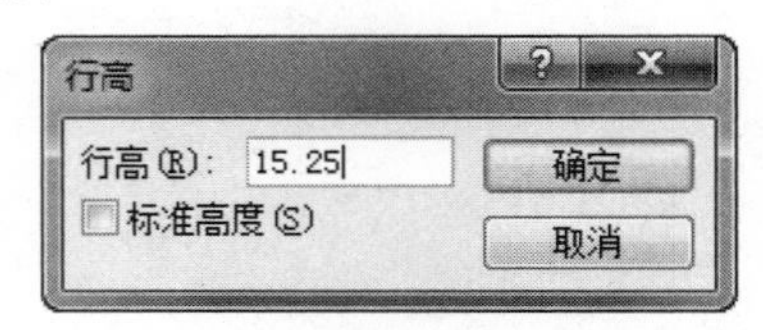

4. 在【公司】字段名上单击右键，在弹出的快捷菜单中选择【字段宽度】命令，如下图所示。

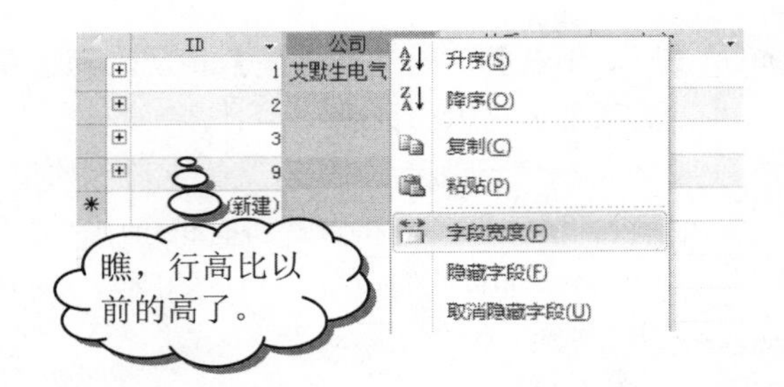

5. 在弹出的【列宽】对话框中输入需要的列宽，单击【确定】按钮，本例中输入“20”，结果如下图所示，“公司”这一列的宽度变宽了。

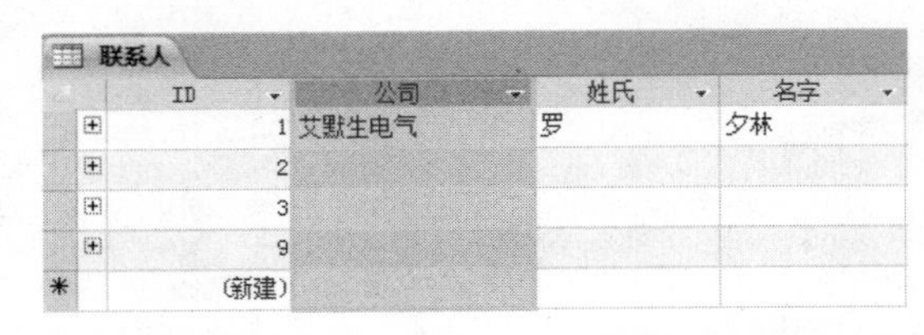

3.7.2 设置字体格式

Access 2010 提供了数据表字体的文本格式设置功能，可使用户选择自己想要的字体格式。

在数据库的【开始】选项卡下的【文本格式】组中，有字体的格式、大小、颜色及对齐方式等功能按钮，如下图所示。

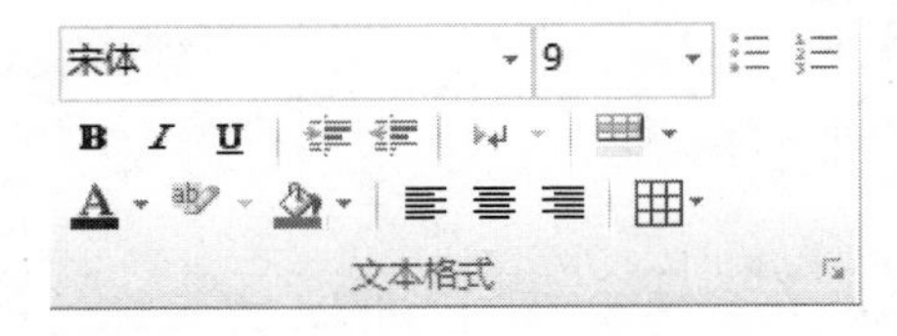

下面以“表示例”数据库的“联系人”表为例，介绍如何设置字体格式。

操作步骤

1. 打开“表示例”数据库，然后打开“联系人”表。
2. 选定任一单元格，然后单击字体旁的下拉按钮，在下拉列表中选择需要的字体，即可改变表的字体，如下图所示。

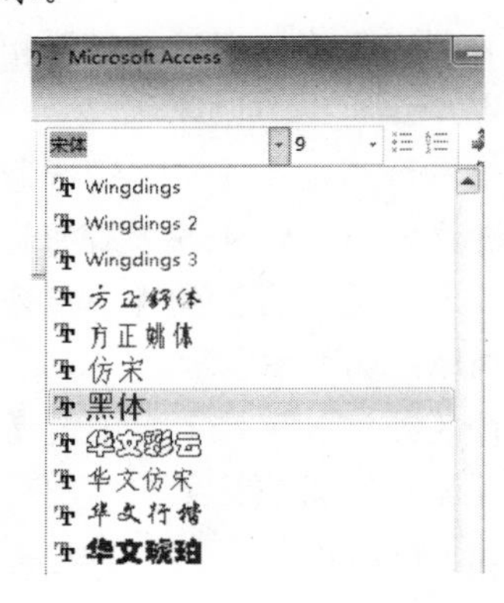

长见识：字段还具有定义数据外观或行为的属性，如“格式”属性用于定义数据在包含该字段的数据表或窗体中的显示方式。

❸ 还可以对表中的字进行加粗和变色等设置，操作和上面类似，结果如下图所示。

联系人

	ID	公司	姓氏	名字
⊞	1	艾默生电气	罗	夕林
⊞	2			
⊞	3			
⊞	9			
*	(新建)			

3.7.3　隐藏和显示字段

Access 2010 提供了字段的隐藏和显示功能，本节就介绍如何隐藏和显示字段。

下面以“表示例”数据库中的“联系人”表为例，介绍如何隐藏和显示“公司”字段。

操作步骤

❶ 打开“表示例”数据库，然后打开“联系人”表。

❷ 在“公司”字段名上单击右键，在弹出的快捷菜单中选择【隐藏字段】命令，如下图所示。

❸ “公司”字段即被隐藏，结果如下图所示。

联系人

	ID	姓氏	名字	电子邮件地址
⊞	1	罗	夕林	Jimnold_yu@hotmail.com
⊞	2			Ldsong@163.com
⊞	3			surah8000@163.com
⊞	9			
*	(新建)			

❹ 选定 ID 字段，将鼠标指针放在 ID 与“姓氏”字段之间的分隔线上，当鼠标指针变成双向箭头时，单击右键，在弹出的快捷菜单中选择【取消隐藏字段】命令，如下图所示。

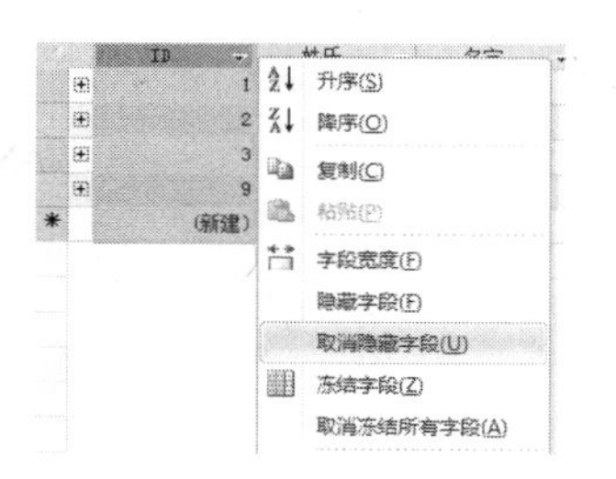

❺ 弹出【取消隐藏列】对话框，取消【公司】复选框的勾选，单击【关闭】按钮，如下图所示。

❻ 被隐藏的“公司”字段又恢复了，如下图所示。

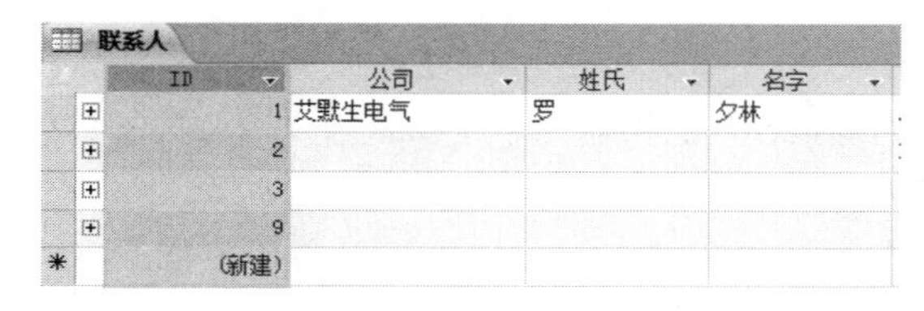

联系人

	ID	公司	姓氏	名字
⊞	1	艾默生电气	罗	夕林
⊞	2			
⊞	3			
⊞	9			
*	(新建)			

3.7.4　冻结和取消冻结

Access 2010 提供了字段的冻结功能，本节就介绍如何冻结和取消冻结字段。

下面以“表示例”数据库中的“联系人”表为例，介绍如何冻结和取消冻结字段。

操作步骤

❶ 打开“表示例”数据库，然后打开“联系人”表。

❷ 在“公司”字段名上单击右键，在弹出的快捷菜单中选择【冻结字段】命令，如下图所示。

❸ “公司”字段即被冻结，不能被拖动了，结果如下图所示。

Access 中的“查找”和“替换”功能和其他 Office 软件中的“查找”和“替换”功能类似，用户只要熟悉 Word 中的该操作就可以很快掌握 Access 中的“查找”和“替换”功能。

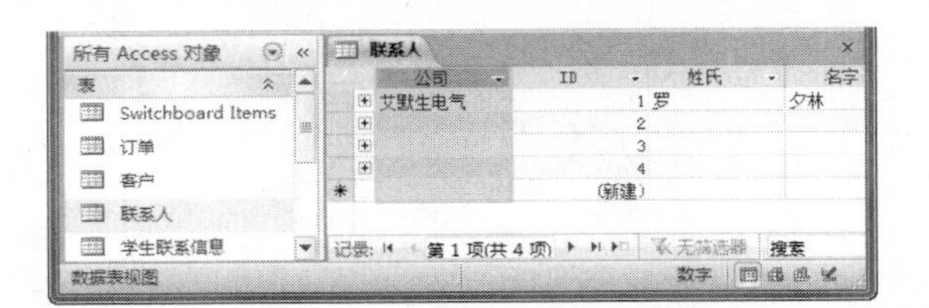

❹ 在“公司”字段名上单击右键，在弹出的快捷菜单中选择【取消冻结所有字段】命令，如下图所示，字段取消冻结后即可被拖动。

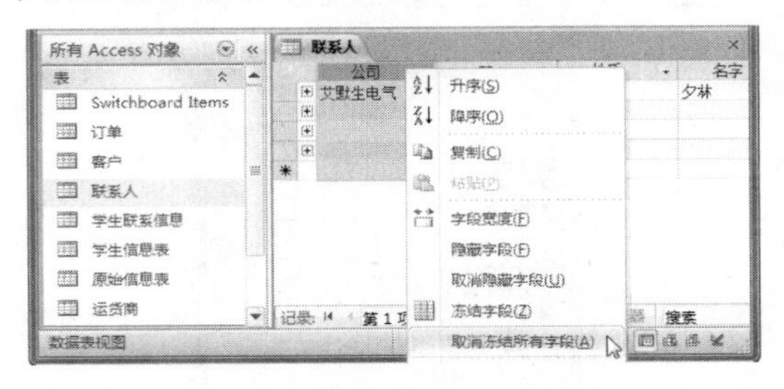

3.8 使用子数据表

子数据表和下面要介绍的子窗体一样，都是和另外一个对象(表或窗体)建立了主次链接关系。与子数据表相对应的就是主数据表。

在数据表中建立子数据表，只要在主数据表中进行简单的设置就可以建立。下面以为“表示例”数据库中的“学生联系信息”表建立子数据表“学生信息表”为例，说明子数据表的建立方法。

操作步骤

❶ 打开“表示例”数据库，然后在左边的导航窗格中单击“学生联系信息”表。

❷ 单击左上角的【视图】按钮，选择【设计视图】命令，进入表的设计视图，如下图所示。

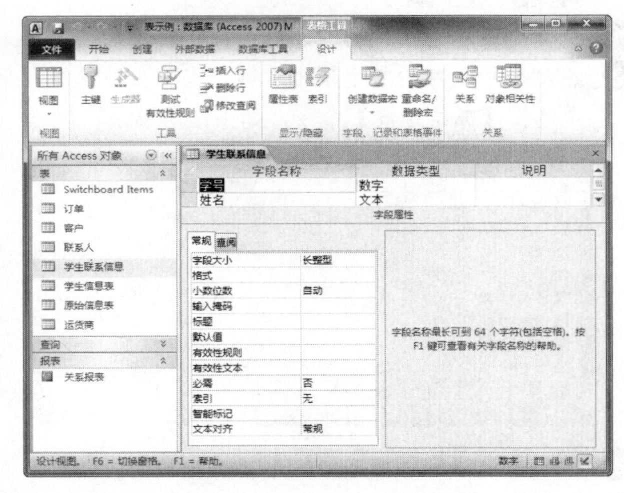

❸ 单击【设计】选项卡下的【显示/隐藏】组中的【属性表】按钮，如下图所示。

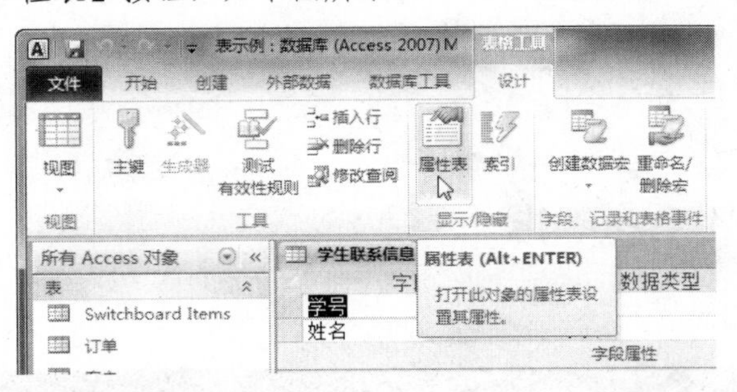

❹ 系统弹出表的【属性表】窗格，用户可以在里面对数据表进行各种设置。单击【子数据表名称】右侧的下拉箭头，在弹出的下拉列表中选择【表.学生信息表】选项，如下图所示。

❺ 保存该设置，单击左上角的【视图】按钮，在弹出的菜单中选择【数据表视图】命令进入数据表视图，可以看到每一条记录前都有了一个“+”标记，表示已经建立了子数据表。

❻ 单击任意一个“+”标记，则会弹出全部子数据表的记录，如下图所示。这种情况往往不是所希望的，一般希望每一条记录返回不同的子数据表记录。

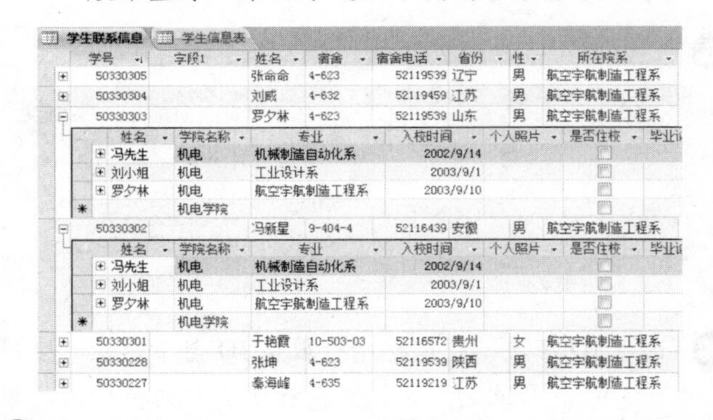

❼ 重新进入设计视图，在【属性表】窗格中设置【链接子字段】和【链接主字段】值为“学号”。即设置利用“学号”主键进行链接筛选，如下图所示。

长见识

索引是Access中用来在数据表中加快搜索和排序的功能。表的主关键字能够以字段创建索引，不能创建索引的字段数据类型为“备注”“超链接”和“OLE对象”。

❽ 这样进入数据表视图，单击“+”标记就会返回一致的记录了，如下图所示。

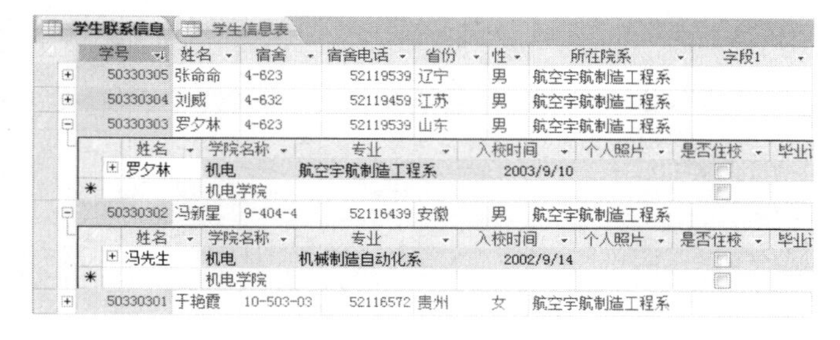

这样就利用表的【属性表】窗格建立了一个子数据表。还可以看到在【属性表】窗格中可进行多种设置，各种设置的作用分别如下。

❖ 【子数据表高度】：指定在打开表时是展开以显示所有可用的子数据表行(默认设置)，还是显示子数据表窗口的高度。

❖ 【子数据表展开】：设置在打开表时是否展开所有的子数据表。

❖ 【方向】：设置阅读方向是从左到右还是从右到左。

❖ 【说明】：提供表的说明。

❖ 【默认视图】：设置在打开表时是将数据表、数据透视表还是数据透视图作为默认视图。

❖ 【有效性规则】：和字段的【有效性规则】一样，提供在添加记录或更改记录时必须为“真”的表达式。

❖ 【有效性文本】：当输入记录与有效性规则表达式冲突时显示的文本。

❖ 【筛选】：定义筛选条件以在数据表视图中仅显示匹配行。通过各种方式建立的筛选都会在此显示，下图正是在上面建立的筛选。

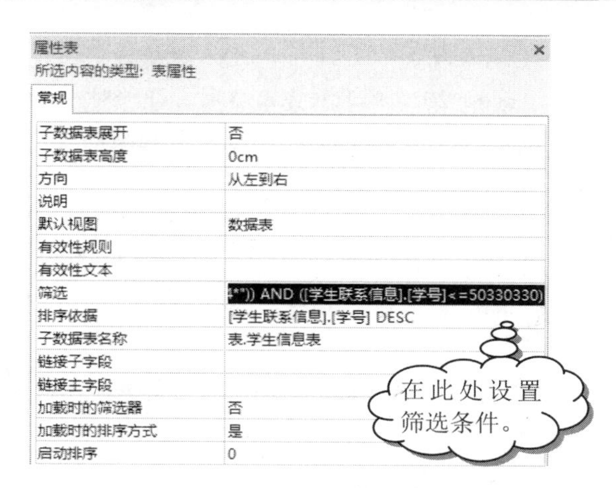

❖ 【排序依据】：选择一个或多个字段，以指定数据表视图中的行的默认排序顺序。

❖ 【子数据表名称】：指定子数据表是否应显示在数据表视图中，如果显示则还要指定哪个表或查询并提供子数据表中的行。

❖ 【链接子字段】：子数据表的表或查询中与此表的主键字段匹配的字段。

❖ 【链接主字段】：列出对应此表中与子数据表的子字段匹配的主键字段。

❖ 【加载时的筛选器】：设置在数据表视图中打开表时，是否自动应用“筛选”属性中的筛选条件。

❖ 【加载时的排序方式】：设置在数据表视图中打开表时，是否自动应用“排序依据”属性中的排序条件。

3.9 思考与练习

选择题

1. 数据表最明显的特性，也是关系型数据库数据存储的特征是________。

A. 数据按主题分类存储

B. 数据按行列存储

C. 数据存储在表中

D. 数据只能是文字信息

2. ________不是使用关系的好处。

A. 一致性　　B. 提高效率

C. 易于理解　　D. 美化数据库

3. 对数据表进行修改，主要是在数据表的________视图中进行的。

A. 数据表　　B. 数据透视表

对实施参照完整性的关系，用户可以指定是否运行 Access 自动级联更新相关字段或者级联删除相关记录。如果设置这两项，通常会允许由参照完整性禁止的删除和更新操作。

长见识

C. 设计　　　　　　D. 数据透视图

4. Access 2010 的表关系有 3 种，即一对一、一对多和多对多，其中需要中间表作为关系桥梁的是________关系。

A. 一对一　　　　　B. 一对多
C. 多对多　　　　　D. 各种关系都有

操作题

1. 分别通过空白表、字段模板、表模板 3 种方法建立一个数据表。

2. 对已经创建好的数据表进行删除、添加等编辑操作。

3. 在数据表中，什么是“冻结列”？什么是“隐藏列”？两者各有什么样的作用？请用户通过对“联系人”表的实际操作，体会这两者的不同作用。

4. 对建立的“联系人”表实施筛选，将符合条件的记录从数据表中筛选出来。

长见识　云数据库是指被优化或部署到一个虚拟计算环境中的数据库，可以实现按需付费、按需扩展、高可用性以及存储整合等优势。

第 4 章 查 询

本章微课

查询是 Access 数据库的第二大对象。运用查询，用户可以从按主题划分的数据表中检索出需要的数据，并以数据表的形式显示出来。表和查询的这种关系，构成了关系型数据库的工作方式。

学习要点

- 查询的功能
- 创建选择查询的各种方法
- 查询【设计视图】的用法
- 查询向导的用法
- 条件查询的建立
- 参数查询、交叉表查询的创建
- 操作查询的创建
- SQL 查询的创建
- 解除 Access 对查询的阻止

学习目标

通过学习本章，用户应该对什么是查询有直观的认识，明白表与查询工作方式上的区别与联系。同时，作为数据库的第二大对象，查询有哪些分类？各种查询又有哪些创建方法？这些问题都应该弄清楚。

关于选择查询和操作查询的区别，各种操作查询之间的区别，SQL 查询和一般查询的关系等，用户可以通过本章的学习找到这些问题的答案。

4.1 查询简介

在第 3 章介绍“高级筛选和排序”功能时，曾经提到过数据库的查询对象。那么查询到底是一种什么样的数据库对象呢？查询又具备哪些功能呢？本章将着重回答这两个问题。

4.1.1 查询的功能

查询就是以数据库表中的数据为数据源，根据给定的条件从指定的表或查询中检索出用户要求的数据，形成一个新的数据集合。查询的结果可以随着数据表中数据的变化而变化。

本质上查询也是一种筛选，只是这种筛选比较固定。因此可以说，查询就是固定化的筛选任务。只要设计好一次筛选任务，以后就可以直接调用，不需要重复设计。

查询除了可以用来查看、分析数据外，还具备以下几项功能。

- ❖ 作为创建窗体报表的数据源。
- ❖ 用来生成新的数据表。
- ❖ 筛选和排序只能对一个数据表进行操作，而利用查询可以对几个数据表同时操作。
- ❖ 批量地向数据表中添加、删除或修改数据。

从某种意义上说，能够进行查询，是使用数据库管理系统来管理大量数据区别于用电子表格 Excel 管理数据最显著的特点。

4.1.2 查询的类型

打开或新建一个数据库，单击【创建】选项卡下的【查询设计】按钮，在弹出的【显示表】对话框中选择要显示的表以后，就进入了查询的【设计视图】(即查询设计器)。在【查询类型】组中可以清楚地看到查询的 6 个类型，如下图所示。

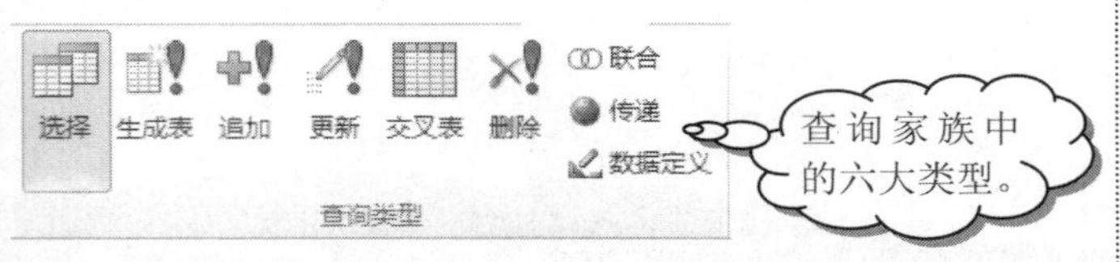

查询的 6 个类型为：

- ❖ 选择查询；
- ❖ 生成表查询；
- ❖ 追加查询；
- ❖ 更新查询；
- ❖ 交叉表查询；
- ❖ 删除查询。

其中，选择查询和交叉表查询仅仅是对数据表中的数据进行某种筛选，而其余的几种查询将直接操作数据表中的数据，因此又被称为操作查询。

在下面的几节中，将介绍如何创建各种查询及各种查询的主要应用。

4.2 创建查询

建立了数据库，创建了数据表并在数据表中存储数据之后，就可以创建查询了。一般可以用 Access 提供的【查询向导】创建查询。

运用【查询向导】建立查询，操作比较简单，只要操作鼠标，选择要查询和显示的表、字段就可以建立查询。Access 的【查询向导】提供了以下 4 种类型的查询方法。

(1) 简单选择查询。

选择查询是 Access 中最常见的查询，可以从数据库的一个或多个表中检索所需要的数据，并以数据表的形式显示查询结果。

(2) 交叉表查询。

交叉表查询用来显示表中某个字段的统计值，如总和、平均值等，并将一组数据列在数据表的左侧，一组数据列在数据表的上部，如下图所示。

销售分析_交叉表

员工	April	January	June	March	总计 销售
金 士鹏	3,690.00		¥96.50		¥3,786.50
刘 英玫				¥680.00	¥680.00
孙 林	¥5,592.00	¥276.00	¥510.00		¥6,378.00
王 伟	¥127.50		¥2,490.00		¥2,617.50
张 雪眉	¥1,575.25	¥1,505.00	¥2,910.00	¥13,800.00	¥19,974.25
张 颖	¥2,620.50		¥1,790.00		¥4,410.50
郑 建杰	¥1,850.00	¥1,190.00	¥510.00	¥598.00	¥4,348.00

(3) 重复项查询。

重复项查询用来确定表中是否有重复记录。

(4) 不匹配项查询。

利用不匹配项查询，可以确定表中是否存在与另外一个表没有对应记录的行，维护数据库的参照完整性。

例如，一个订单表和一个客户表建立了表关系，并进行了完整性参照，那么就不允许在“订单”表中出现“客户”表中不存在的公司。

但是【查询向导】也有自己的缺点，即对于有条件的查询无法实现。因此 Access 还提供了另外一种创建查

如果一个公司拥有自己的 SharePoint 服务器，那么公司员工就可体验 Office 2010 增强的数据共享的新功能。数据表、查询等数据库对象都可以通过该服务器进行共享和协同开发。

询的方法，即运用查询的设计视图建立查询。查询的设计视图有时也被称为“查询设计器”，利用它可以随时定义各种查询条件、定义统计的方式等。

在下面各小节中，将对各种查询及其建立方法进行介绍。

4.2.1　简单选择查询

利用查询向导可以很方便地建立选择查询，利用选择查询，可以实现以下功能。

- ❖ 对一个或多个数据表进行检索查询。
- ❖ 生成新的查询字段并保存结果。
- ❖ 对记录进行总计、平均值及其他类型的数据计算。

下面以“查询示例”数据库中的“采购订单”表和“采购订单明细”表作为数据源，建立“采购信息”查询为例，具体讲述如何创建选择查询。

操作步骤

❶ 首先在 Access 2010 程序中打开“查询示例”文件，然后在【创建】选项卡的【查询】组中单击【查询向导】图标按钮，如下图所示。

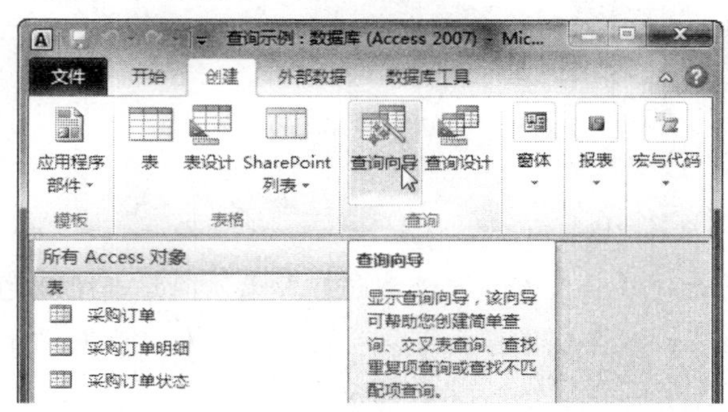

❷ 弹出【新建查询】对话框，选择【简单查询向导】选项，再单击【确定】按钮，如下图所示。

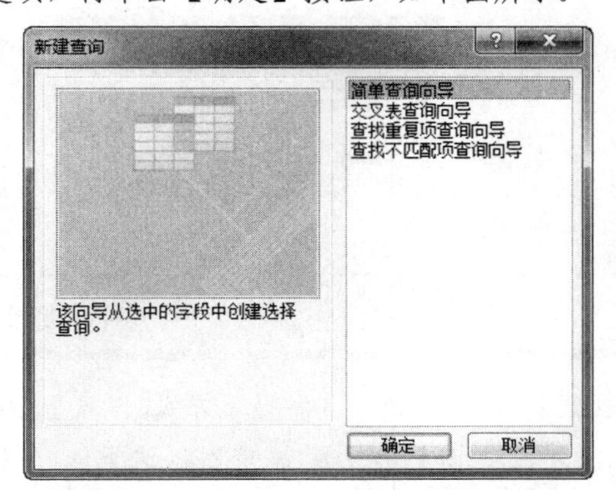

❸ 弹出【简单查询向导】对话框，如下图所示。选中【表/查询】下拉列表框中要建立查询的数据源，在本例中选择“采购订单”表，然后在【可用字段】列表框中分别选择“采购订单 ID”“供应商 ID”、“付款额”和“运费”字段，单击【添加】按钮[>]，将选中的字段添加到右边的【选定字段】列表框中。

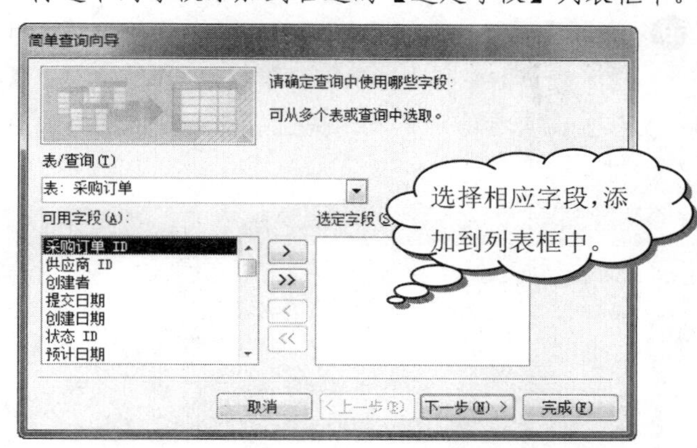

❹ 在【表/查询】下拉列表框中重新选择“采购订单明细”表，然后分别选择添加“产品 ID”“数量”和“单位成本”字段到【选定字段】列表框中，如下图所示。

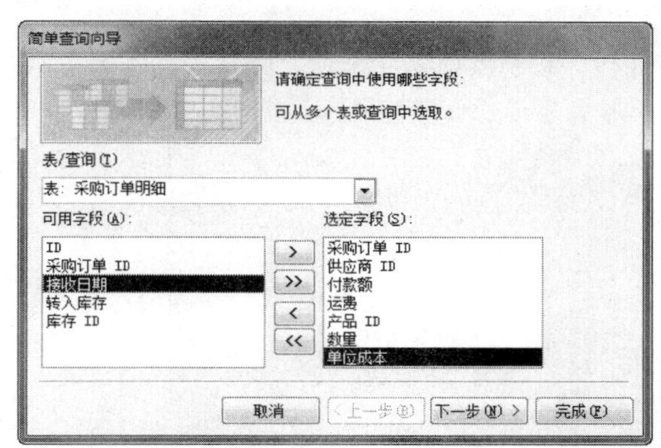

❺ 单击【下一步】按钮，弹出如下图所示的对话框。在对话框中选择是采用【明细】查询还是建立【汇总】查询。本例中选择采用明细查询，如下图所示。

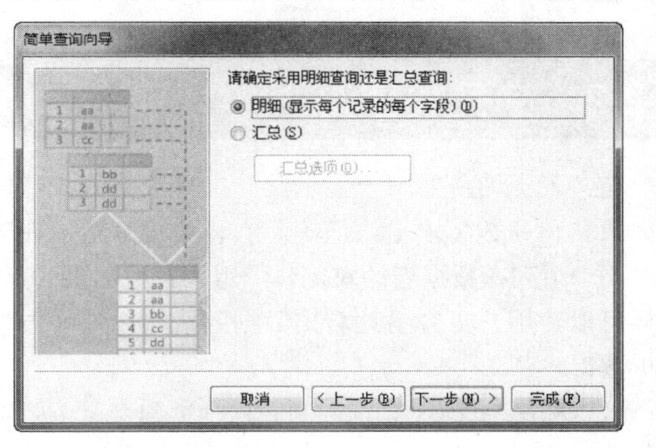

在 Access 中利用查询数据库对象，用户可以查看、更改分析数据库中的数据，也可以将查询作为窗体或者报表的数据源。

长见识

提示

【明细】查询可以查看所选字段的详细信息，【汇总】查询则可以对数值型字段的值进行各种统计，对文本等类型的字段进行计数等。

❻ 单击【下一步】按钮，弹出为查询命名的对话框，输入查询的名称为“采购订单数额查询”，选中【打开查询查看信息】单选按钮，最后单击【完成】按钮，如下图所示。

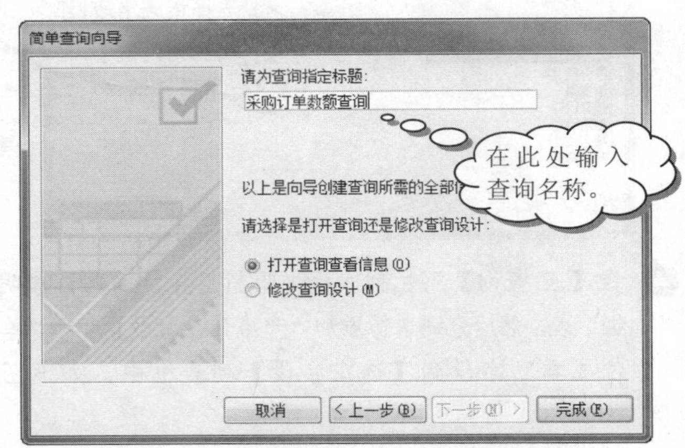

❼ 这样，系统就建立了查询，并将查询结果以数据表的形式显示，如下图所示。

采购订单数额查询

采购订单 I	供应商	运费	付款额	产品	数量	单位成本
90	佳佳乐	￥0.00	￥0.00	啤酒	60	￥10.00
90	佳佳乐	￥0.00	￥0.00	柳橙汁	100	￥34.00
91	妙生	￥0.00	￥0.00			
93	日正	￥0.00	￥0.00	三合一麦片	100	￥5.00
94	德昌	￥0.00	￥0.00			
95	为全	￥0.00	￥0.00	海鲜粉	320	￥12.00
96	佳佳乐	￥0.00	￥0.00			
97	康富食品	￥0.00	￥0.00			
98	康富食品	￥0.00	￥0.00	茶	100	￥20.00
99	佳佳乐	￥0.00	￥0.00			
100	康富食品	￥0.00	￥0.00			
101	佳佳乐	￥0.00	￥0.00			
102	佳佳乐	￥0.00	￥0.00			
103	康富食品	￥0.00	￥0.00			
（新建）						

上面的例子实际上是建立了一个基于多表的查询。按照同样的方法，也可以建立基于单表的查询、基于查询的查询等，用户可以自己练习。

4.2.2 交叉表查询

交叉表查询主要用于显示某一字段数据的统计值，比如求和、计数、求平均值等。它将数据分组放在查询表中，一组列在数据表的左侧，一组列在数据表的上部。这样可以让用户更容易地看出数据的规律，更加方便地分析数据。

可以利用 Access 查询向导轻松地创建交叉表查询。在创建过程中用户只需选择表，指定行标题、列标题及设置交叉点的计算方法即可。

由于交叉表是属于较高级的一类查询应用，因此关于交叉表的各种操作步骤，将在 4.5 节详细介绍。

4.2.3 查找重复项查询

利用查询向导，也可以创建查找重复项查询。查找重复项查询主要用于当用户需要查找内容相同的记录时，比如在查找各个供货商各自供应什么样的产品时，就可以用查找重复项查询，来查询相应的数据表。

下面以在“采购订单”表中查找各个供货商的供货信息为例，介绍建立查找重复项查询的方法。

操作步骤

❶ 打开“查询示例”数据库，单击【创建】选项卡下【查询】组中的【查询向导】按钮，弹出【新建查询】对话框，如下图所示。

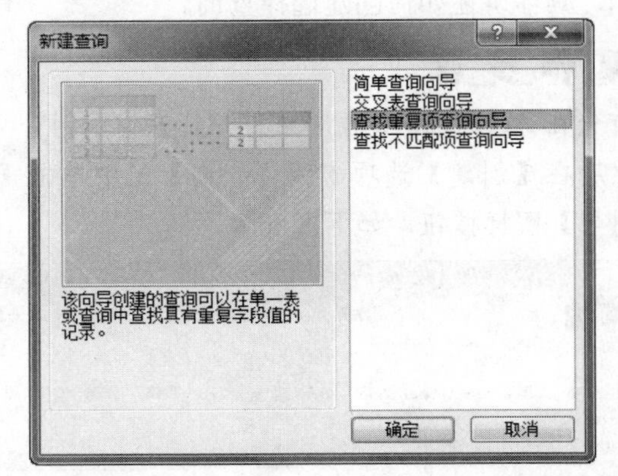

❷ 选择【查找重复项查询向导】选项，单击【确定】按钮，弹出【查找重复项查询向导】对话框，如下图所示。

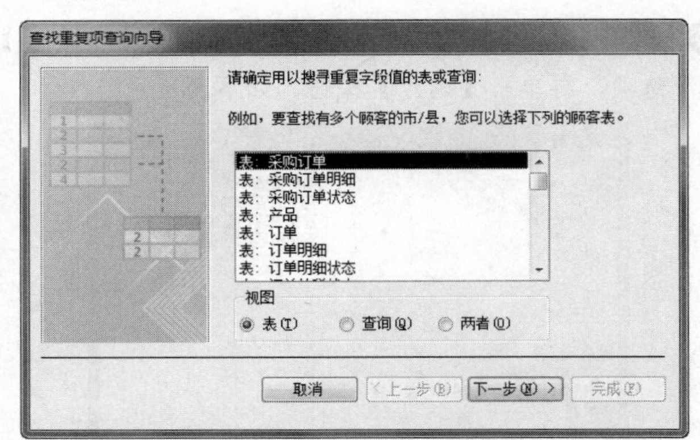

❸【视图】区域中提供了 3 种显示方式，即只显示【表】、只显示【查询】和两者都显示。这里选择【表】视图，在列表框中选择“采购订单”表作为查询对

Access 2010 最常见的查询就是选择查询，其他类型的查询还有操作查询、交叉表查询、SQL 查询、参数查询等。

象，单击【下一步】按钮，弹出提示用户选择查找目标字段的对话框，如下图所示。

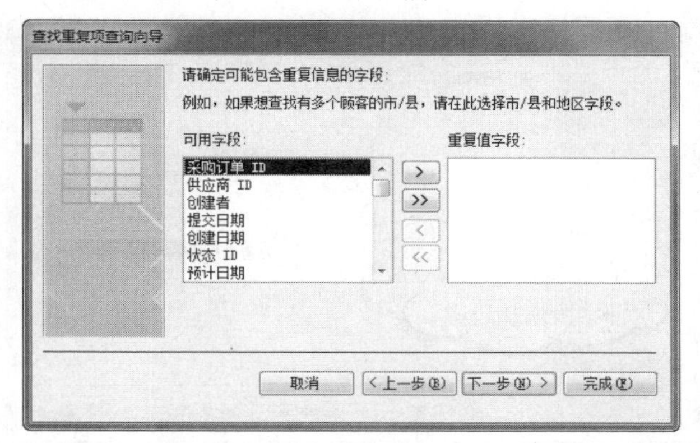

❹ 在【可用字段】列表框中选择“供应商 ID”作为要进行查找重复项查询的字段。单击【下一步】按钮，弹出提示用户选择其他显示字段的对话框，如下图所示。

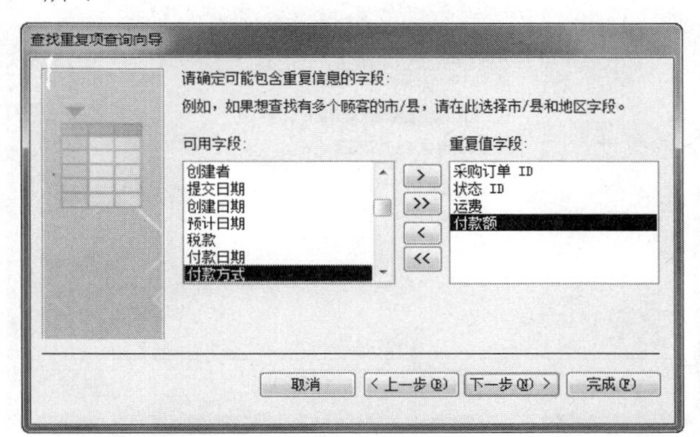

❺ 选择“采购订单 ID”“状态 ID”“运费”和“付款额”4 个字段作为要显示的其他字段，单击【下一步】按钮，弹出提示用户输入查询名称的对话框，输入查询的名称为“查找 采购订单 的重复项”，如下图所示。

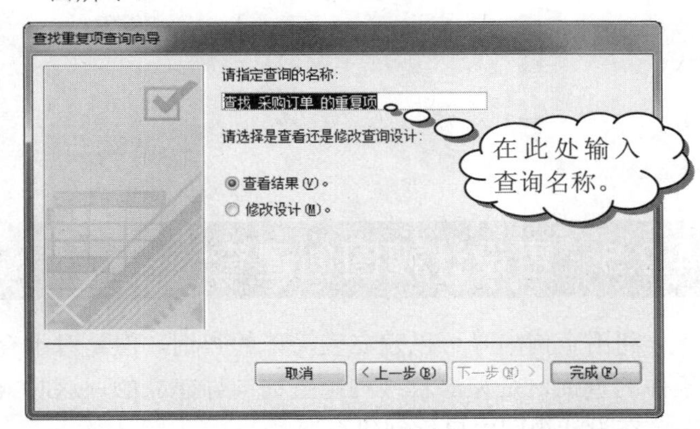

❻ 单击【完成】按钮，就建立了一个查找重复项的查询，如下图所示。用户可以很直观地查看某一个供货商如“佳佳乐”的所有采购订单、付款额和运费等信息。

查找 采购订单 的重复项

供应商 ID	采购订单 ID	状态 ID	运费	付款额
佳佳乐	102	已批准	￥0.00	￥0.00
佳佳乐	101	已批准	￥0.00	￥0.00
佳佳乐	99	已批准	￥0.00	￥0.00
佳佳乐	96	已批准	￥0.00	￥0.00
佳佳乐	90	已批准	￥0.00	￥0.00
康富食品	103	已批准	￥0.00	￥0.00
康富食品	100	已批准	￥0.00	￥0.00
康富食品	98	已批准	￥0.00	￥0.00
康富食品	97	已批准	￥0.00	￥0.00
*	(新建)	新增	￥0.00	￥0.00

4.2.4 查找不匹配项查询

与查找重复项查询相反，查找不匹配项查询主要用于查找两个数据表中某字段的内容不相同的记录。也可以利用查询向导建立查找不匹配项查询。

下面以“采购订单”表和“采购订单明细”表中的“采购订单 ID”字段为查询条件，介绍建立查找不匹配项查询的方法。

提示

由于示例数据库中的所有记录都是相符合的，为了演示的方便，先打开“采购订单明细”表，删除该表中的任意一些记录，以使两个表中的数据记录不完全匹配。

注意不要删除“采购订单”表中的数据，否则由于两者建立了表关系且设置了实施参照完整性，删除“采购订单”表中记录的同时也会删除“采购订单明细”表中相关的记录。

操作步骤

❶ 打开“查询示例”数据库，单击【创建】选项卡下【查询】组中的【查询向导】按钮，弹出【新建查询】对话框，如下图所示。

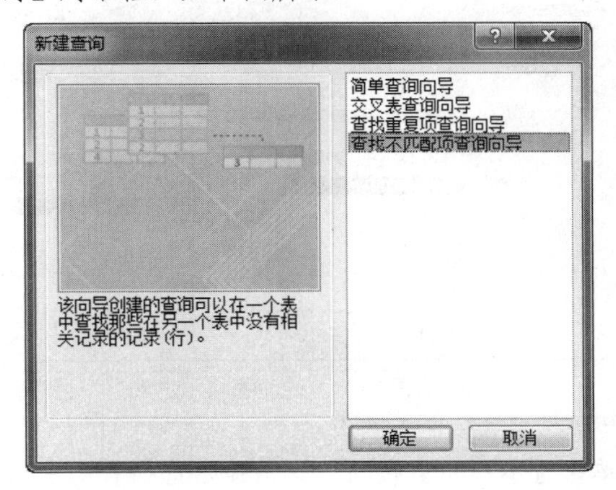

❷ 选择【查找不匹配项查询向导】选项，单击【确定】按钮，弹出【查找不匹配项查询向导】对话框。本例中选择“采购订单”表作为查询的数据源，如下图所示。

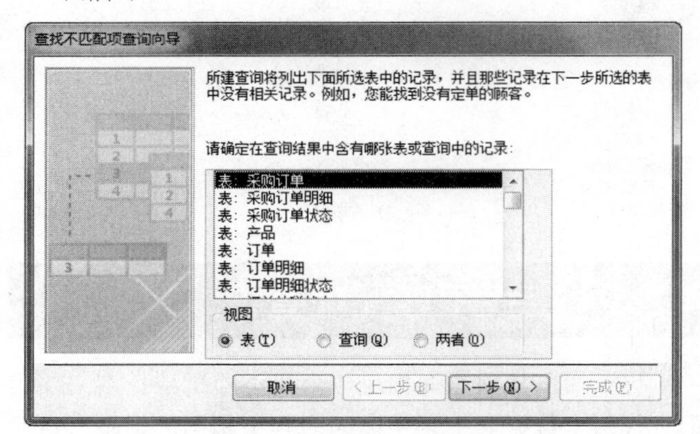

❸ 单击【下一步】按钮，弹出选择要进行比较的表的对话框，选择“采购订单明细”表，如下图所示。

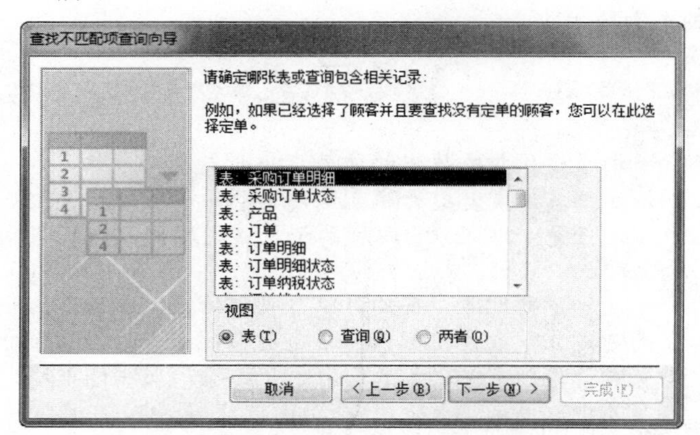

❹ 单击【下一步】按钮，弹出选择对比字段的对话框。这里的两张对比表就是上两步选择的两张表。这里选择两张表的“采购订单 ID”作为要进行对比的字段，并单击【对比】按钮 <=> ，如下图所示。

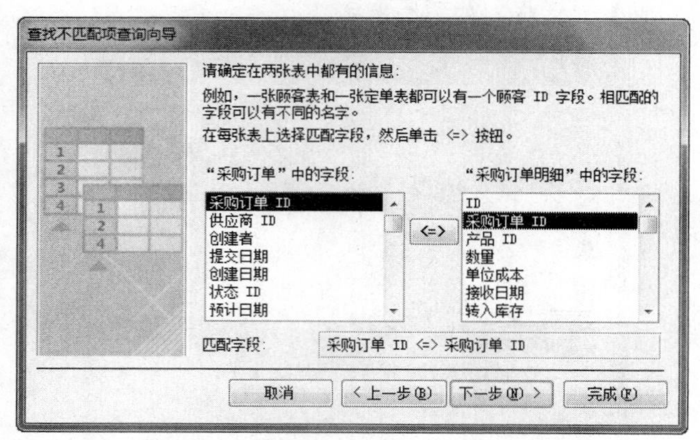

❺ 单击【下一步】按钮，弹出提示选择查询结果中要显示的相关字段的对话框，单击【全部选择】按钮 >> ，选择所有字段，如下图所示。

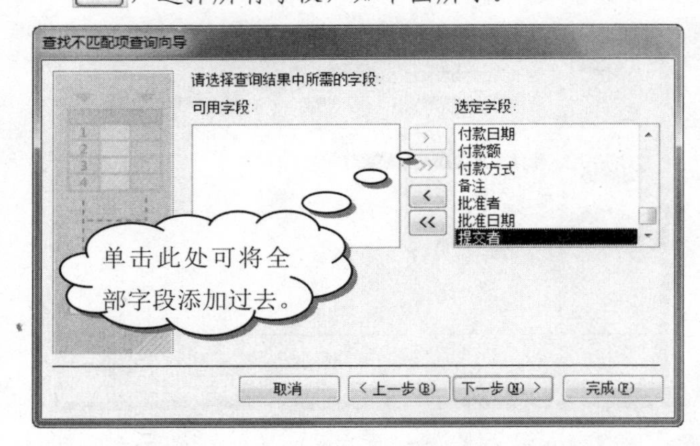

❻ 单击【下一步】按钮，弹出提示用户输入查询名称的对话框，输入查询的名称为“采购订单 与 采购订单明细 不匹配”，如下图所示。

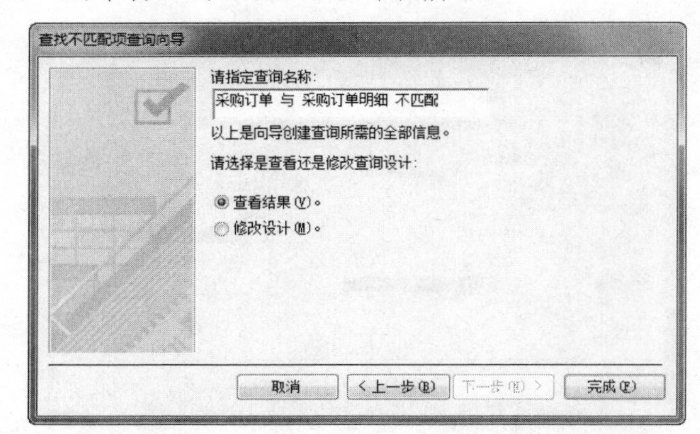

❼ 单击【完成】按钮，就建立了一个查找不匹配项的查询，如下图所示。用户可以看到那些在“采购订单”表中存在，但是在“采购订单明细”表中不存在的记录。

采购订单 与 采购订单明细 不匹配

采购订单 ID	供应商 ID	创建者	提交日期	创建日期	状态 ID
91	妙生	王 伟	2006/1/14	2006/1/22	已批准
94	德昌	王 伟	2006/1/14	2006/1/22	已批准
96	佳佳乐	赵 军	2006/1/14	2006/1/22	已批准
97	康富食品	金 士鹏	2006/1/14	2006/1/22	已批准
99	佳佳乐	李 芳	2006/1/14	2006/1/22	已批准
100	康富食品	张 雪眉	2006/1/14	2006/1/22	已批准
101	佳佳乐	王 伟	2006/1/14	2006/1/22	已批准
102	佳佳乐	张 颖	2006/3/24	2006/3/24	已批准
103	康富食品	张 颖	2006/3/24	2006/3/24	已批准
(新建)					

4.2.5 用设计视图创建查询

利用查询向导可以建立较简单的查询，但是对于有条件的查询，是无法直接利用查询向导建立的。这时就需要在设计视图中自行创建查询。

利用查询的设计视图，可以自己定义查询的条件和查询表达式，从而创建灵活的满足自己需要的查询，也

操作查询是在一个操作中更改多条记录的查询。一般而言，具体的操作查询有 4 种，即删除查询、更新查询、追加查询和生成表查询。

可以利用设计视图来修改已经创建的查询。

设计视图的上半部分是数据源表中的所有字段，下半部分是“查询设计网格”，用来指定具体的查询条件。查询设计网格中各行的含义分别如下。

- ❖ 【字段】：用于选择要进行查询的表中的字段。
- ❖ 【表】：包含选定的字段的表。
- ❖ 【排序】：选择是按升序、降序还是不进行排序显示。
- ❖ 【显示】：控制该字段是否为可显示字段，当在显示行中有小对号时，该字段可以显示，否则表示进行了查询，但不进行显示。
- ❖ 【条件】：设定查询条件，通过设定查询条件，进行详细的查询。
- ❖ 【或】：逻辑“或”，是用于查询的第二个条件。

下面仍以“查询示例”数据库为例，用“采购订单”表和“采购订单明细”表建立“采购信息”查询，说明利用查询设计视图建立查询的操作方法。

操作步骤

❶ 打开“查询示例”数据库，单击【创建】选项卡下【查询】组中的【查询设计】按钮，弹出设计视图和【显示表】对话框，如下图所示。

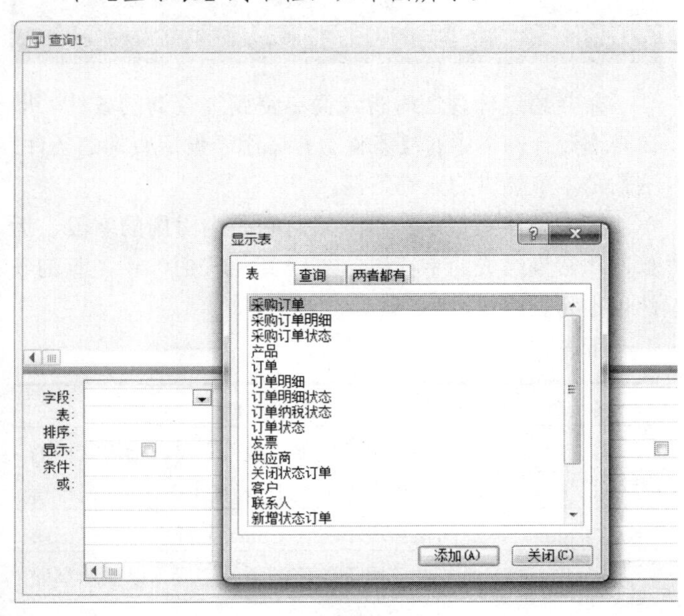

❷ 选择要作为查询数据源的表。选择“采购订单”表和“采购订单明细”表作为数据源，单击【添加】按钮，将选定的表添加在查询设计视图的上半部分，如下图所示。

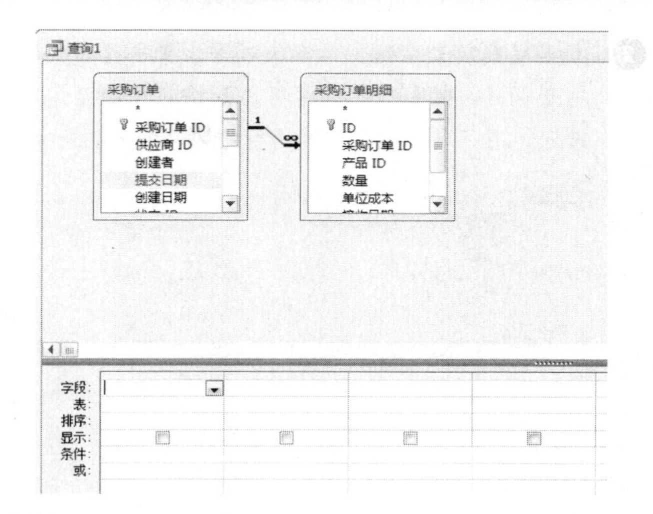

❸ 双击“采购订单”表中的“采购订单 ID”字段，或者直接将该字段拖动到【字段】行中，这样就在【表】行中显示了该表的名称“采购订单”，【字段】行中显示了该字段的名称“采购订单 ID”，如下图所示。

❹ 和第3步的操作类似，分别将“供应商 ID”“运费”“付款额”“产品 ID”“数量”和“单位成本”字段加入【字段】行中，得到的设计视图如下图所示。

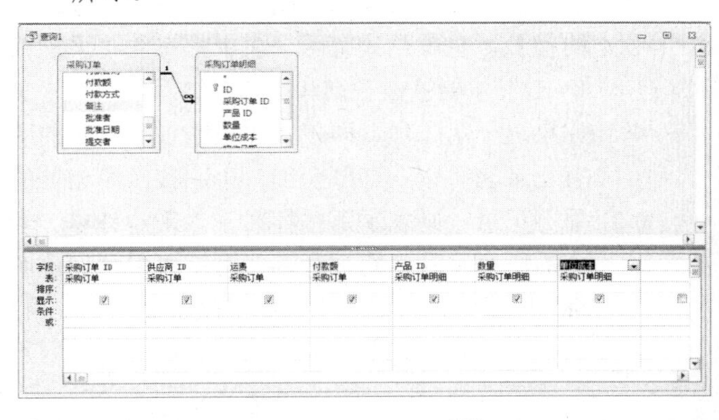

❺ 单击工具栏上的【保存】按钮，弹出【另存为】对话框，输入查询名称“采购信息”，如下图所示。

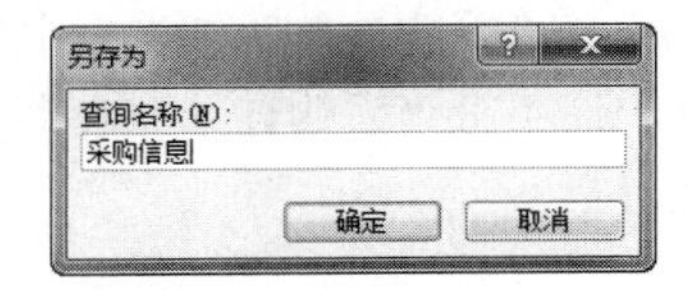

学以致用系列丛书

交叉表查询显示来源于表中某个字段的统计值(合计、计算及平均等)，并将各种记录分组，一组在数据表的左侧，一组在数据表的上部。

长见识

❻ 单击【确定】按钮，保存该查询。单击【设计】选项卡下【结果】组中的【视图】按钮或者【运行】按钮，则可以看到查询的运行结果，如下图所示。

采购信息

采购订单 ID	供应商 ID	运费	付款额	产品	数量
90	佳佳乐	¥0.00	¥0.00	啤酒	60
90	佳佳乐	¥0.00	¥0.00	柳橙汁	100
91	妙生	¥0.00	¥0.00		
93	日正	¥0.00	¥0.00	三合一麦片	100
94	德昌	¥0.00	¥0.00		
95	为全	¥0.00	¥0.00	海鲜粉	320
96	佳佳乐	¥0.00	¥0.00		
97	康富食品	¥0.00	¥0.00		
98	康富食品	¥0.00	¥0.00	茶	100
99	佳佳乐	¥0.00	¥0.00		
100	康富食品	¥0.00	¥0.00		
101	佳佳乐	¥0.00	¥0.00		
102	佳佳乐	¥0.00	¥0.00		
103	康富食品	¥0.00	¥0.00		
（新建）					

❼ 可以看到，当添加两个表到【设计视图】中时，两个表的中间会有一条连接线。双击该连接线，则将弹出如下图所示的【联接属性】对话框。

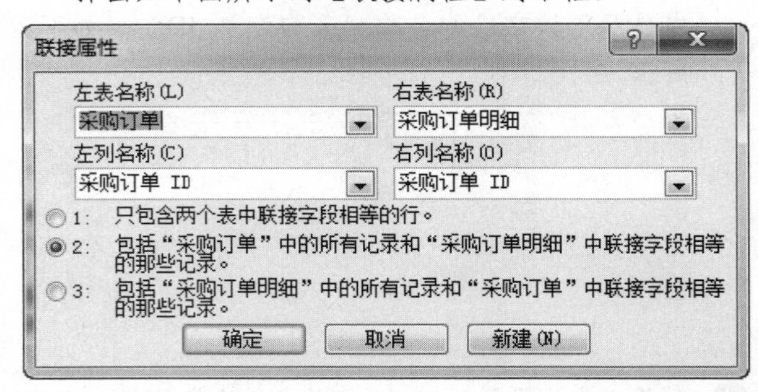

【联接属性】对话框用以设置对两个数据表的哪些记录进行查询。上面有 3 个不同的单选按钮，各个单选按钮选择的查询方式是不同的。

❖ 默认的选择为【只包含两个表中联接字段相等的行】，也就是只有两个表中都有的“采购订单 ID”才能够被查询和显示。

❖ 如果选择第二项，即包括“采购订单”中的所有记录和“采购订单明细”中联接字段相等的那些记录，则表示那些存在于“采购订单”表中的所有记录都将被查询。对于“采购订单明细”中没有的记录，相应的字段将显示为空白；而只存在于“采购订单明细”表中的记录则不能够被查询。

❖ 如果选择第三项，则结果和第二项相反，那些只存在于“采购订单”表中的记录不能够被查询。所有“采购订单明细”表中的记录都将被查询，而不管“采购订单”表中有没有相应的记录。

4.2.6 查询及字段的属性设置

利用查询的【属性表】窗格，可以改变查询的默认视图，也可以对查询的排序、筛选、显示最大记录数及子数据表的名称等进行设置。

在界面左边的导航窗格中，右击要进行设置的查询，并在弹出的快捷菜单中选择【设计视图】命令，进入查询的设计视图。然后单击【设计】选项卡下【显示/隐藏】组中的【属性表】按钮，弹出【属性表】窗格，如下图所示。

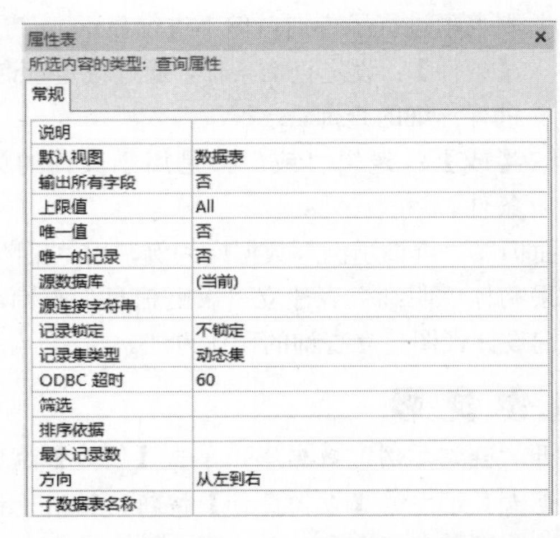

属性表

所选内容的类型：查询属性

常规

说明	
默认视图	数据表
输出所有字段	否
上限值	All
唯一值	否
唯一的记录	否
源数据库	（当前）
源连接字符串	
记录锁定	不锁定
记录集类型	动态集
ODBC 超时	60
筛选	
排序依据	
最大记录数	
方向	从左到右
子数据表名称	

4.2.7 设置查询条件

在介绍设计视图时曾经简单提到过查询的条件，即在查询设计网格中有【条件】行，用于设定查询的条件。这就是本节要讲的查询条件。

查询条件类似于一种公式，它是由引用的字段、运算符和常量组成的字符串。在 Access 2010 中，查询条件也称为表达式。

下表列举了几个查询条件。

条　件	说　明
>25 and <50	此条件适用于数字字段，它仅查询出这样的记录：该字段中大于 25 且小于 50 的记录值
Not “China”	返回该字段不包含 China 字符串的所有记录
Is Null	此条件可用于任何类型的字段，以显示字段值为 Null 的记录

从上面的例子可以看到，各种不同的数据类型字段，可以使用不同的条件。用户可以根据自己的查询要求，创建自己的查询条件。

如果要在查询中添加条件，必须先在设计视图中打开查询，然后将光标定位到要进行选择查询的字段处。

长见识　SQL 查询是用户使用 SQL 语句创建的查询。SQL 查询特殊的应用场合有联合查询、传递查询和数据定义查询等。实际上，Access 的各种查询都可以通过 SQL 查询实现。

如果没有要进行查询的字段，可以按照上面介绍过的方法，将表、字段添加到查询设计网格中。然后，在【条件】行中输入条件，即可完成查询条件的创建。

例如，设定的各个查询条件之间是“and”的关系，即将查询出既符合条件1，又符合条件2的记录。具体见下图所举的示例。

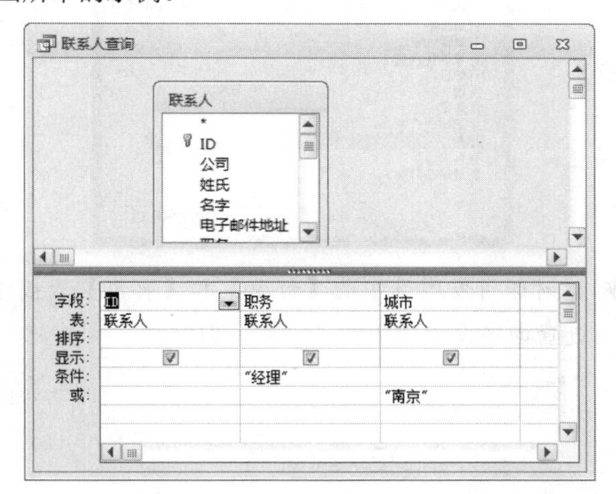

❖ “职务”和“城市”字段都包含查询条件。

❖ 只有“职务”字段的值为“经理”的记录才满足此条件。

❖ 只有“城市”字段的值为“南京”的记录才满足此条件。

❖ 该查询将返回同时满足这两个条件的记录。

那么用户也许就会问，假设我既想查询出“城市”字段的值为“南京”，又想查询出“职务”字段的值为“经理”的记录，该怎么设定呢？其实很简单，只需要将两个字段的查询设置为“or”的关系，将两个查询条件一个放在【条件】行，一个放在【或】行，就可以实现了，如下图所示。

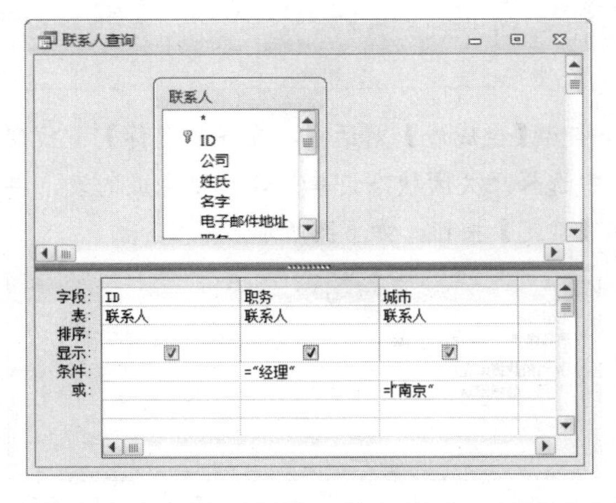

查询中含有各种运算符，既有算术运算符又有逻辑运算符等，如下面常用的各种运算符：<，>，<=，>=，<>，=，Is，In，And，Or，Not，Like。

下表是几个查询的例子，大家可以在使用时作为参考。

条 件	说 明
100	数字型字段返回数字值为100的记录，如产品的单价为￥100等
“100”	用于文本型、备注型等字段，返回包含字符串100的记录，如某人的地址为龙蟠大街100号等
<=100	返回数字小于或等于100的记录
100 or 120	返回数字为100或120的记录，如某产品的单价为￥100或￥120等
Between 100 and 120	等于“>100 and <120”，返回数字大于100而小于120的记录
Like C*	返回所有以C开头的字符串的记录，如China等
Like “China”	返回所有包含“China”字符串的记录。注意它不等于“China”条件，因为“China”条件只返回字段的值为“China”的记录
In(12,24,36)	返回字段的值为12、24或36的所有记录
#2/6/2006#	返回日期型字段中为2006年6月2日的所有记录
>#2/6/2006#	返回所有日期字段值在2006年6月2日以后的字段
Date()	返回所有日期字段值为今天的字段

提示

如果查询条件经常更改，则可以筛选查询结果，而不是频繁修改查询条件。筛选器是更改查询结果但不更改查询设计的临时条件。

如果条件字段不变，但是用户感兴趣的值频繁更改，则可以创建参数查询。参数查询会提示用户提供字段值，然后使用这些参数创建查询条件。

4.3 创建操作查询

查询的最主要作用有两个，分别如下。

❖ 分类查看数据库中的数据。

❖ 批量地对数据库中的数据进行修改。

前面用各种方法建立的查询，都有一个共同的特点，即通过各种方法对数据表中的数据进行筛选和显示，而都没有对数据表中的数据进行修改。本节主要介绍操作

Access数据库中的所有查询都是通过SQL语句实现的。用户在查询设计器中设计查询后，系统将自动将设计好的查询翻译为SQL语言，用户可以在查询的SQL视图中看到生成的SQL语句。

查询，操作查询不仅能进行数据的筛选查询，而且还能对表中的原始记录进行相应的修改，从而实现查询的第二个主要功能。

一般来说，操作查询主要包括以下几项内容。

- ❖ 更新查询。对一个或者多个表中的数据进行批量修改。
- ❖ 追加查询。将数据表中的一组记录添加到另一个或多个数据表的尾部。
- ❖ 删除查询。删除一个或者多个表中的一组数据。注意：使用删除查询将删除整条记录，而不仅是选择的字段，并且删除后的数据无法恢复。
- ❖ 生成表查询。利用查询结果中的部分或全部信息创建一个新的数据表。

4.3.1 生成表查询

生成表查询从一个或多个表中检索数据，然后将结果添加到一个新表中。用户既可以在当前数据库中创建新表，也可以在其他数据库中生成该表。

可以想象，从表中访问数据要比从查询中访问数据快得多。因此当经常需要从几个表中提取一组固定的数据时，最好的方法是利用 Access 的生成表查询，将查询结果生成一个新表。当以后需要此数据时，就可以直接通过打开数据表访问了。

下面以“查询示例”数据库中的“订单”和“客户”表作为数据源，将“订单状态”为“关闭”的订单单独保存到一个“关闭状态订单”表中，具体操作步骤如下。

操作步骤

❶ 打开“查询示例”数据库，然后在【创建】选项卡的【查询】组中，单击【查询设计】图标按钮，如下图所示。

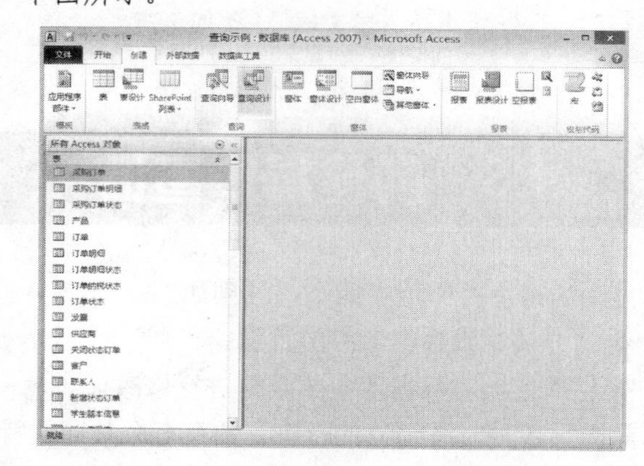

❷ 弹出【显示表】对话框，并切换到【表】选项卡，在列表框中选中“订单”和“客户”选项，再单击【添加】按钮，然后关闭【显示表】对话框，如下图所示。

❸ 这时即可发现选中的【订单】和【客户】表被添加进查询的设计视图中了，如下图所示。

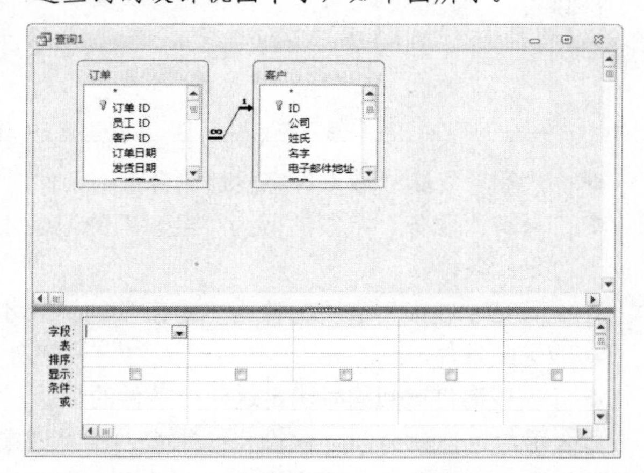

❹ 在【查询工具】下的【设计】选项卡中，单击【查询类型】组中的【生成表】图标按钮，如下图所示。

❺ 弹出【生成表】对话框，在【表名称】下拉列表框中选择“关闭状态订单”作为要生成的表，再单击【确定】按钮，如下图所示。

❻ 返回设计视图，在下面的查询设计网格中设计要生成的数据源表。本例中选择“订单”表中的“订单 ID”和“客户 ID”字段以及“客户”表中的“城市”

长见识

生成表查询是从一个或者多个表中提取部分数据创建新表。创建生成表查询与创建一般的选择查询的方法是类似的。

"地址""业务电话"和"公司"字段，如下图所示。

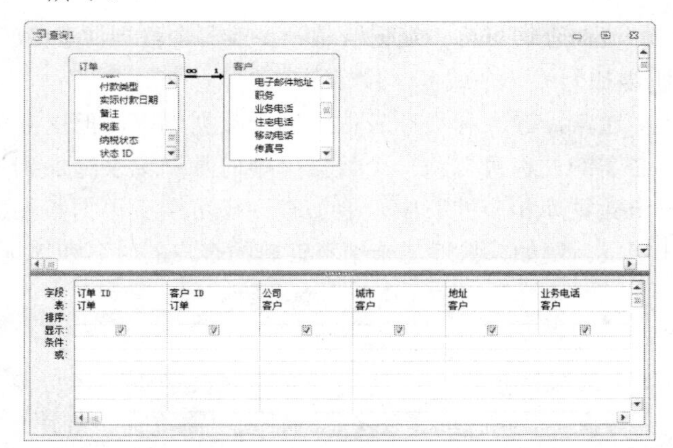

❼ 单击【结果】组中的【视图】按钮，预览要生成的数据表，如下图所示。

❽ 退出预览视图，单击【运行】按钮，运行该生成表查询。

❾ 在导航窗格中可以看到已经生成的"关闭状态订单"表，打开该表，如下图所示。

注意

不要将"生成表查询"与"更新查询"或"追加查询"混淆。当需要在个别字段中添加或更改数据时，可使用"更新查询"。当需要将记录(行)添加到现有表中时，可使用"追加查询"。

4.3.2　更新查询

更新查询就是利用查询的功能，批量地修改一组记录的值。

在数据库的使用过程中，必然要对表中的数据进行更新和修改。当需要更新的数据记录非常多时，如果用手工方法进行逐条修改，那么必然是费时费力，而且又无法保证没有遗漏。此时就需要使用"更新查询"来批量地修改数据记录。

下面以将"订单"表中"客户"字段的值为"森通"的记录改为"祥通"为例进行介绍，具体操作步骤如下。

操作步骤

❶ 打开"查询示例"数据库。单击【创建】选项卡下的【查询设计】按钮，在弹出的【显示表】对话框中选择"订单"表，单击【添加】按钮将该表添加进设计视图。

❷ 单击【查询类型】组中的【更新】图标按钮，如下图所示。

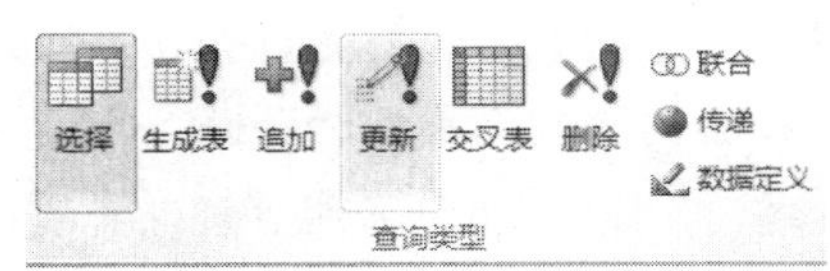

❸ 进入更新查询设计视图，其查询设计网格如下图所示。

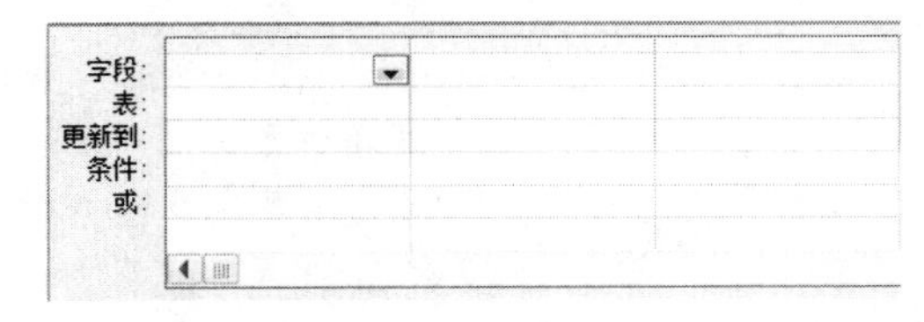

❹ 双击"客户 ID"字段，或者直接将该字段拖动到【字段】行，将"客户 ID"字段添加到查询设计网格中。

❺ 设定更新条件。打开"客户"表，可以看到"客户ID"字段为数字型，且"森通"的"客户 ID"为"6"，"祥通"的"客户 ID"为"9"，如下图所示。

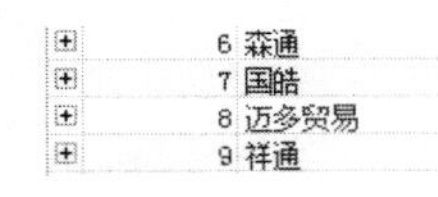

参数查询一般是作为窗体或报表的数据源，从而使窗体只显示和打印符合用户输入参数的记录。参数查询中可以有一个或者多个参数。

❻ 在设计视图的【更新到】行中输入要更新到的“客户 ID”为“9”。在【条件】行中输入需要进行更新的“客户 ID”为“6”，如下图所示。

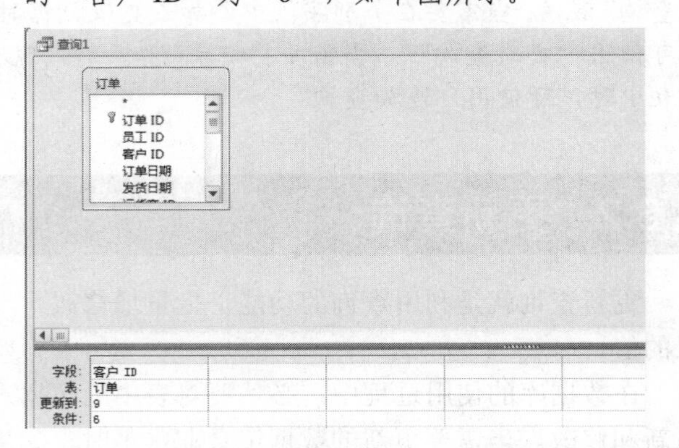

❼ 单击下图所示的【结果】组中的【视图】图标按钮，可以预览将要更新的数据，而如果单击【运行】按钮，则直接执行更新查询。

❽ 预览将要更新的记录，如下图所示。

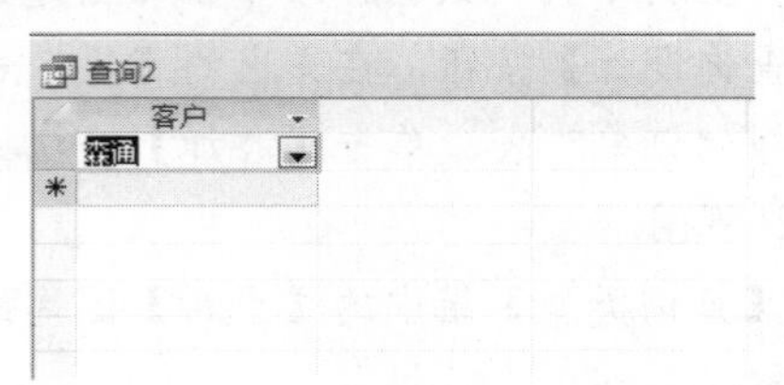

❾ 单击【运行】按钮，执行更新查询。打开“订单”表，可以看到所有记录为“森通”的记录已被替换为“祥通”。按下 Ctrl＋Z 组合键，看到更新过的记录是无法复原的。

注意

如果更新条件设置得不对，如下图所示，直接设置【更新到】为“祥通”，【条件】为=“森通”，则会提示数据类型错误。错误的原因就是因为“客户 ID”为数字型，而输入的更新条件为字符串型，也就是说，字段的类型必须一致。这个规则适用于所有的操作查询。

4.3.3　追加查询

追加查询可将一组记录从一个或多个数据源表(或查询)添加到另一个或多个目标表中。

通常，源表和目标表位于同一数据库中，但这并不是必需的。也可以将一个数据库中的数据记录追加到另一个数据库相应的表中。追加查询还可用于根据条件追加字段。例如，只追加未结算订单的客户的姓名和地址。

注意

不能使用追加查询更改现有记录的个别字段中的数据。要执行此类任务，请使用更新查询，用户只能使用追加查询来添加数据行。

下面以“查询示例”数据库中的“订单”和“客户”表作为数据源表，将“订单状态”字段值为“新增”的订单追加到“新增状态订单”表中，具体操作步骤如下。

操作步骤

❶ 打开“查询示例”数据库，单击【创建】选项卡下的【表设计】按钮，进入表的设计视图，新建一个“新增状态订单”表，各字段的设置如下图所示。

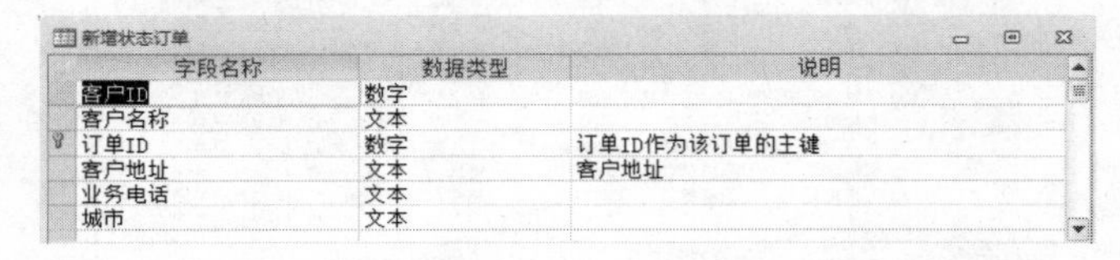

新增状态订单

字段名称	数据类型	说明
客户ID	数字	
客户名称	文本	
订单ID	数字	订单ID作为该订单的主键
客户地址	文本	客户地址
业务电话	文本	
城市	文本	

❷ 单击【创建】选项卡下的【查询设计】按钮，弹出查询的设计视图和【显示表】对话框。选择“订单”表和“客户”表，单击【添加】按钮将表添加进查询的设计视图中，如下图所示。

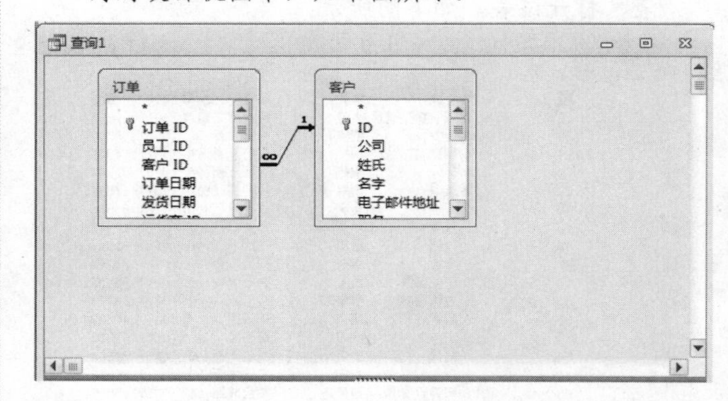

❸ 单击【查询类型】中的【追加】按钮，弹出如下图所示的【追加】对话框，在【表名称】下拉列表框中选择“新增状态订单”作为目标表。

在设计良好的数据库中，要使用窗体或报表显示的数据通常位于多个不同的表中。通过使用查询，可以在设计窗体或报表中组合要使用的数据。

❹ 单击【确定】按钮，返回查询的设计视图，在下面的查询设计网格中设置要追加的数据源表。本例中，选择“订单”表的“订单 ID”“状态 ID”和“客户 ID”字段以及“客户”表的“城市”“地址”和“业务电话”字段，如下图所示。

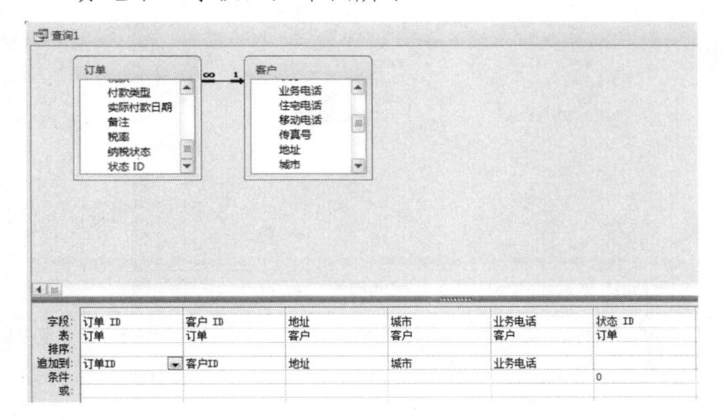

提示

最后一列的“状态 ID”字段作为判断条件，如“订单状态”表中所定义的，该字段为数字型，“新增”状态对应的数字为“0”，即只把该字段值为“0”的记录追加到查询中，如下图所示。

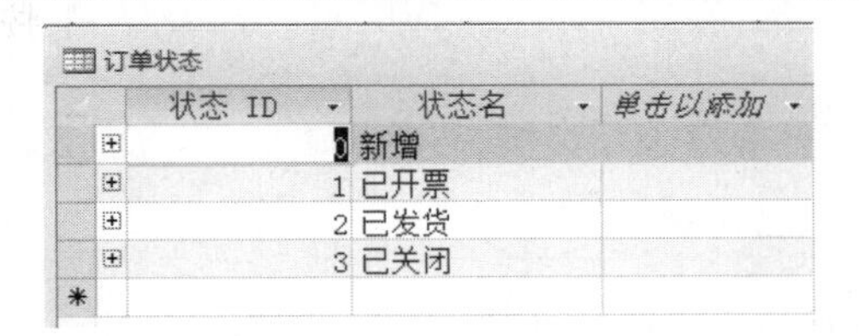
订单状态

状态 ID	状态名	单击以添加
0	新增	
1	已开票	
2	已发货	
3	已关闭	

❺ 单击如下图所示的【结果】组中【视图】图标按钮，可以预览将要追加到目标表中的记录，而如果单击【运行】按钮，则直接执行追加查询。

❻ 单击【视图】按钮，预览要追加的数据，如下图所示。

查询1

订单 ID	客户	地址	城市	业务电话
61	国顶有限公司	天府东街 30	深圳	(0571) 4555
83	森通	常保阁东 80	天津	(030) 30058
64	祥通	花园东街 90	重庆	(078) 91244
59	威航货运有限公	经七纬二路 1	大连	(061) 11355
57	文成	临江街 32 号	常州	(056) 34988
(新建)				

❼ 退出预览视图，直接单击【运行】按钮，运行该追加查询。

❽ 在导航窗格中打开“新增状态订单”表，可以看到追加查询已经把“新增”状态的订单加到了该表中，如下图所示。

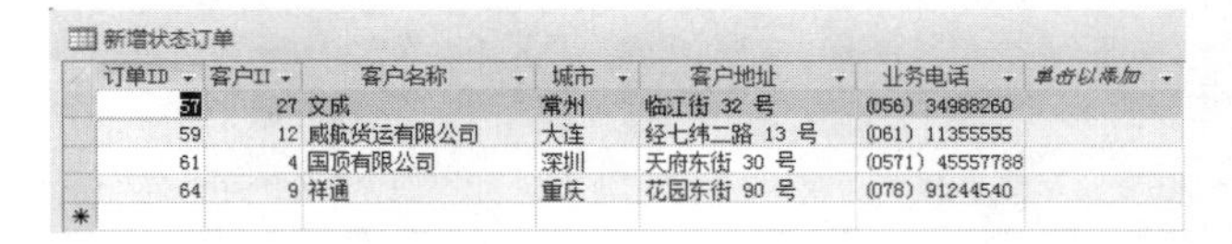
新增状态订单

订单ID	客户II	客户名称	城市	客户地址	业务电话	单击以添加
57	27	文成	常州	临江街 32 号	(056) 34988260	
59	12	威航货运有限公司	大连	经七纬二路 13 号	(061) 11355555	
61	4	国顶有限公司	深圳	天府东街 30 号	(0571) 45557788	
64	9	祥通	重庆	花园东街 90 号	(078) 91244540	

4.3.4　删除查询

删除查询就是利用查询删除一组记录。删除后的数据无法恢复。

在数据库的使用过程中，一方面是数据的增加，另一方面必然要产生大量的无用数据。对于这些数据，应该及时从数据表中删除，以便提高数据库的运行效率。利用 Access 提供的删除查询，批量地删除一组同类型的记录，可以大大提高数据库管理的效率。

删除查询根据它所涉及的表与表之间的关系，可以简单地划分为以下 3 种类型。

- 删除一个表或者一对一关系表中的记录。
- 在一对多关系的表中，通过对“一”端的删除查询，删除“多”端的记录。
- 在多对多关系的表中，通过对两端的删除查询，删除两端的记录。

下面以删除“查询示例”数据库中“订单”表中的所有关于“李芳”的记录为例，介绍从单个表或一对一关系表中如何建立删除查询。

操作步骤

❶ 打开“查询示例”数据库，单击【创建】选项卡下的【查询设计】按钮，弹出设计视图和【显示表】对话框，如下图所示。

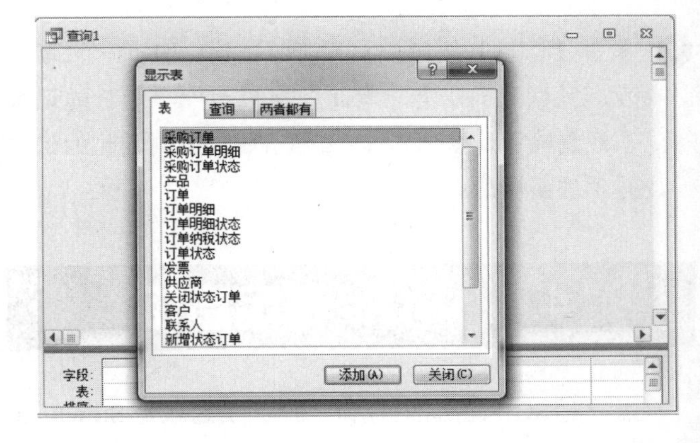

❷ 选择“订单”表，并单击【添加】按钮将该表添加进设计视图中。

❸ 单击【查询类型】组中的【删除】图标按钮，进入删除查询设计视图，可以看到，该视图和上面的交叉表设计视图有一点区别，如下图所示。

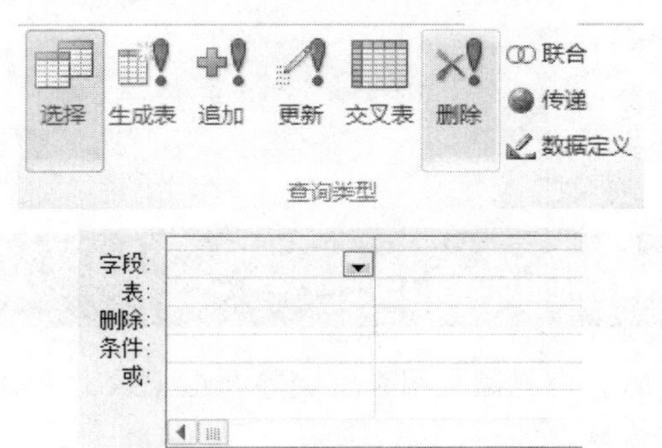

❹ 双击“订单”表中的“员工 ID”字段，或者直接将该字段拖动到【字段】行中，将“员工 ID”字段添加到查询设计网格中，用同样的方法将“订单”表中的星号“*”添加到网格中。

❺ 设定删除条件。在【条件】行中输入要进行删除查询的条件。由于“员工 ID”字段为数字型，并且李芳的员工 ID 为“3”，因此在本例中输入删除条件为“=3”，如下图所示。

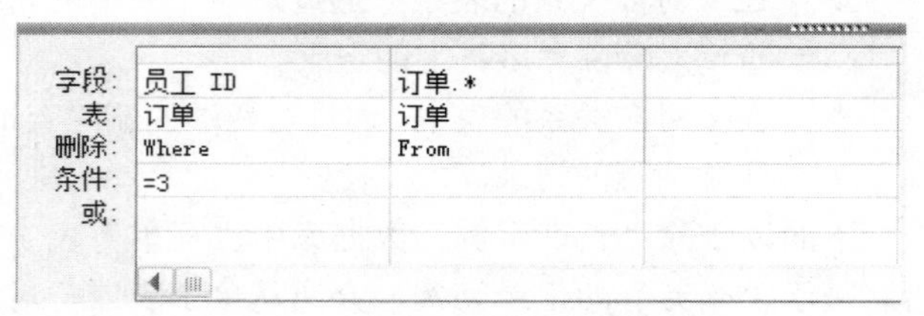

❻ 单击【结果】组中的【视图】图标按钮，预览要删除的记录，结果如下图所示。

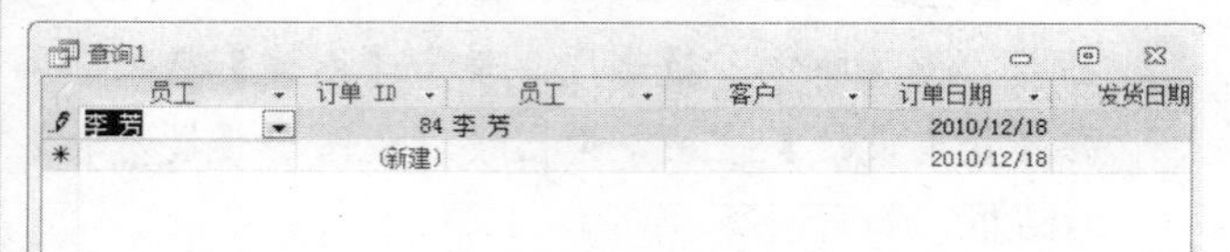

❼ 单击【运行】按钮，执行删除查询。打开“订单”表，可以看到所有“员工”字段为“李芳”的记录已经删除了。按下 Ctrl + Z 组合键，看到删除的记录是无法复原的。

4.4 SQL 特定查询

用户对 SQL 想必都有所耳闻，其实它就是 Structured Query Language 的缩写。SQL 的中文意思为“结构化查询语言”，它是操作数据库的标准语言。

前面曾经讲过的各种查询操作，其实是系统自动地将操作命令转换为 SQL 语句。只要单击进入 SQL 视图，就可以看到系统生成的SQL代码。如4.3.3 节中创建的“追加查询-新增状态订单”，在该查询的设计视图中右击，在弹出的快捷菜单中选择【SQL 视图】命令，如下图所示。

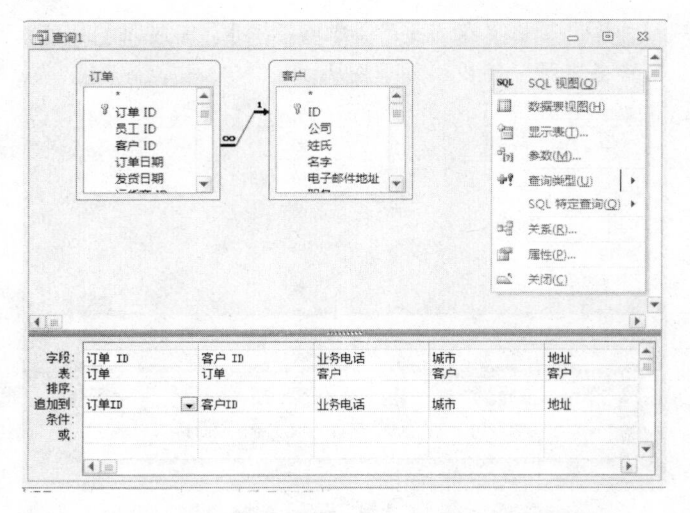

这样就可以进入查询的 SQL 视图，如下图所示。

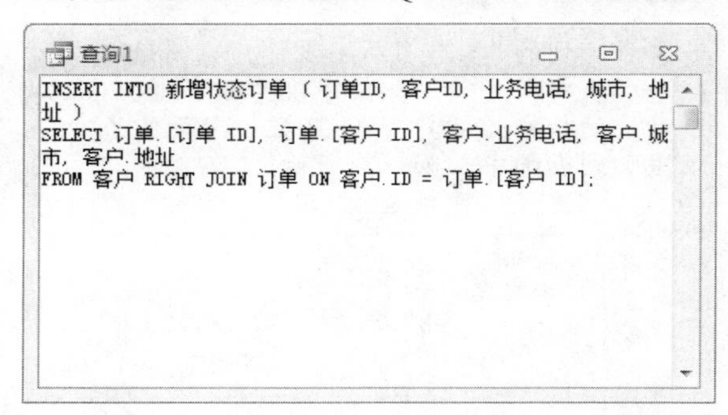

用户也可以在 SQL 视图中直接添加 SQL 查询语句，完成用户需要的查询功能。

Access 有 3 个不能用查询设计网格实现的查询，建立这些查询需要在 SQL 视图中直接输入合适的 SQL 代码，这称为 SQL 特定查询。这 3 个 SQL 特定查询分别如下。

- 联合查询：将多个表或查询的字段结合为一个记录。
- 传递查询：用于直接向 ODBC 数据库服务器发送命令。通过使用传递查询，可以直接使用服务器上的表，而不用让 Microsoft Jet 数据库引擎处理数据。
- 数据定义查询：能够直接创建、修改数据表或

使用 SQL 时，必须使用正确语法。语法是一组规则，按这组规则将语言元素正确地组合起来。

在数据库中创建索引。

这 3 个查询可以在【查询类型】组中选择，如下图所示。

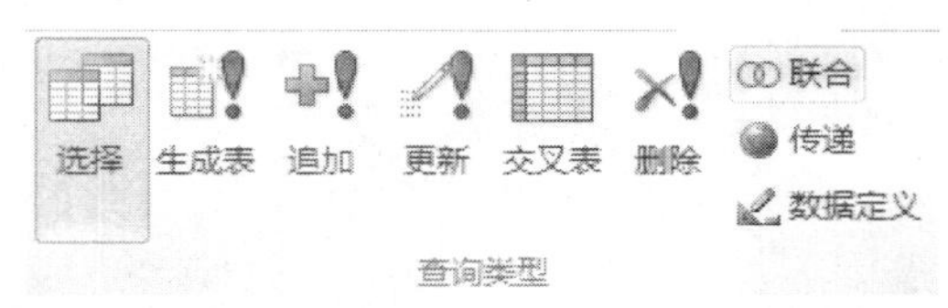

在介绍 SQL 特定查询之前，首先对 SQL 语言的语法进行简单介绍。

4.4.1 SQL 概述

SQL 语言是一门较复杂的语言，如果用户想对 SQL 有进一步的了解，可以查阅专门的 SQL 书籍。本节简要介绍 SQL 的一些基础知识。

(1) SQL 基本语句主要有以下几种。

① Select 语句：用于按照一定的规则选择记录。

② Insert 语句：用于在数据表中插入记录。

③ Delete 语句：用于删除数据表中的记录。

④ Create Table 语句：用于建立一个新的数据表。

⑤ Create Form 语句：用于建立一个新的窗体。

⑥ Create Index 语句：用于建立一个索引。

⑦ Drop 语句：用于撤销 Create 语句建立的对象。

(2) SQL 常用的函数主要有以下几个。

① Count(*)：计算元组的个数。

② Sum：计算数值型数据的总和。

③ Avg：计算数值型数据的算术平均值。

④ Max：筛选出数据的最大值。

⑤ Min：筛选出数据的最小值。

⑥ Stdev：计算标准差。

⑦ Stdevp：计算标准差的估计值。

⑧ Var：计算方差。

⑨ Varp：计算方差的估计值。

提示

SQL 语言对字母的大小写没有特殊限制。即不管在 SQL 语句中出现的是“Select”还是“select”，意义都是一样的。读者不必在意这一点。

下面以实例来讲述经常用到的 Select 语句和 Insert into 语句的用法。

1. Select 语句

Select 命令是让 Microsoft Access 数据库引擎以一组记录的形式从数据库返回信息，如下面的 Select 语句：

“**Select** 学号，姓名，班级，电话 **from** 学生信息表”

分析如下：

上面的例子具有很好的可读性。这条语句的作用是从数据库的“学生信息表”中选出“学号”“姓名”“班级”和“电话”字段。由这个例子可以总结出最简单的 Select 语句的语法。

Select 的语法如下：

“Select 字段 from 表”

下面来分析以下几个示例。

- “Select * from 学生信息表”：从“学生信息表”中筛选出所有的记录。
- “Select top5* from 学生信息表”：从“学生信息表”中筛选出前 5 个记录。
- “Select * from 学生信息表 where 班级="0503303"：从“学生信息表”筛选出 0503303 班的信息。
- “Select * from 学生信息表 where 姓名="王坤"”：从“学生信息表”中筛选出“王坤”的所有信息。
- “Select * from 学生信息表 order by 学号 ASC”：显示表中所有记录信息，并将信息按“学号”升序排列。ASC(Ascending)表示各列按升序排列，而当需要按降序排列时(如学生成绩、销售额)，只要用 DESC(Descending)代替 ASC 就可以了。

2. Insert 语句

要向数据表中添加记录时，Insert 语句是必不可少的。下面通过例子来介绍 Insert 语句的语法。

示例如下：

```
Insert into 学生信息表(学号，姓名，班级，电
话)Values("050330303"，"罗夕林"，"0503303"，
"84890829")
```

分析如下：

从上面的例子可以看出，这条语句是将“050330303，罗夕林，0503303，84890829”分别插入到“学生信息表”的“学号”“姓名”“班级”和“电话”字段中。由这个例子可以总结出 Insert 语句的语法。

用于从表中检索数据或进行计算的查询称为选择查询。用于添加、更改或删除数据的查询称为操作查询。

语法如下：

```
Insert 表(字段 1，字段 2，…)Values(字段 1 值，字段 2 值，…)
```

Insert into 语句的语法结构比较简单，最常用的就是上面介绍的结构。下面的例子就是将一款产品的信息插入数据库中的 SQL 语句。

```
Insert into 产品信息表(编号，名称，产地，等级，价格)Values("ZP23"，"诺基亚 5200"，" 北京"，"正品"，"1099")
```

4.4.2 SELECT 查询

SELECT 查询是最基本的 SQL 查询，下面以在“查询示例”数据库中建立一个基于“学生基本信息”表的 SELECT 查询为例进行介绍，具体操作步骤如下。

操作步骤

❶ 打开“查询示例”数据库。单击【创建】选项卡下的【查询设计】按钮，弹出设计视图和【显示表】对话框，如下图所示。

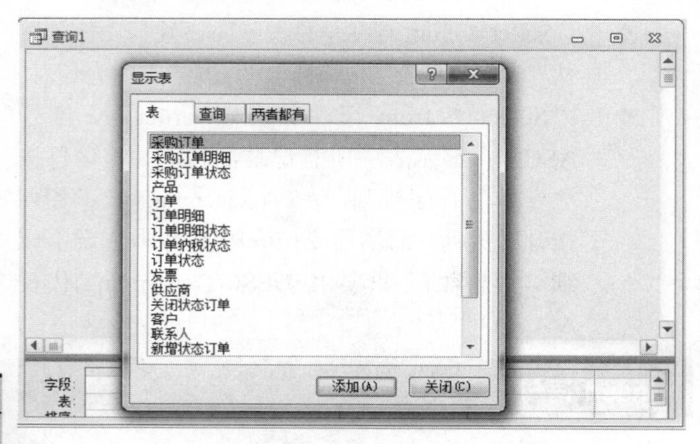

❷ 选择“学生信息表”，并单击【添加】按钮将该表添加进设计视图中。

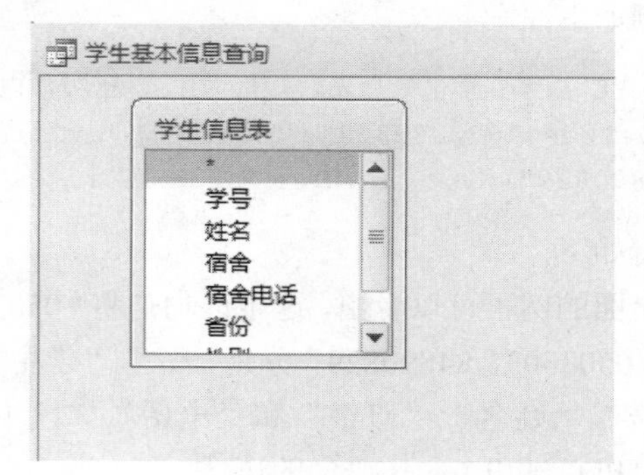

❸ 在该查询的设计视图中右击，在弹出的快捷菜单中选择【SQL 视图】命令，如下图所示。

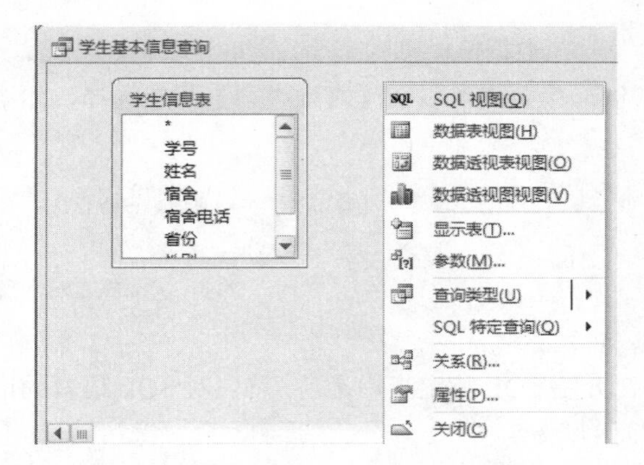

❹ 即可进入该查询的 SQL 视图，如下图所示。

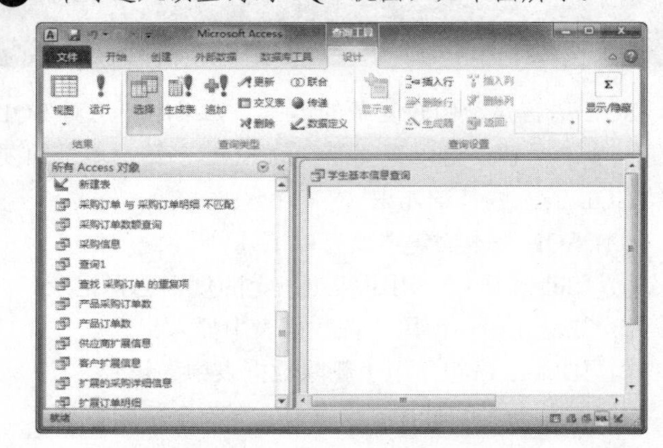

❺ 在视图的空白区域输入如下图所示的 SQL 代码。

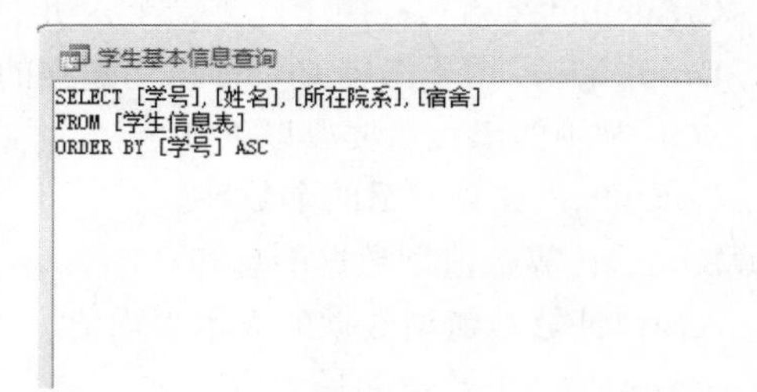

```
SELECT [学号],[姓名],[所在院系],[宿舍]
FROM [学生信息表]
ORDER BY [学号] ASC
```

❻ 保存该查询，并双击执行该查询，查询结果如下图所示。

学号	姓名	所在院系	宿舍
050310101	邓丽蓉	机械工程及自动化	10-403-01
050310102	王飞彪	机械工程及自动化	10-403-01
050310103	陈柳芸	机械工程及自动化	10-403-01
050310104	王文华	机械工程及自动化	4-429
050310106	张巍	机械工程及自动化	4-429
050310107	张剑剑	机械工程及自动化	4-429
050310108	胡涛	机械工程及自动化	4-427
050310109	方达	机械工程及自动化	4-427
050310110	蒋益军	机械工程及自动化	4-427
050310111	黄国亮	机械工程及自动化	4-427
050310112	谷君	机械工程及自动化	4-425
050310113	潘东青	机械工程及自动化	4-533
050310114	吴伟	机械工程及自动化	4-425
050310115	张暐冬	机械工程及自动化	4-425
050310116	刘剑	工业设计系	4-620
050310117	项钦军	机械工程及自动化	4-423
050310118	李峰	航空宇航制造工程	4-613
050310119	秦数棋	机械工程及自动化	4-625

记录：第 1 项(共 422 项)

长见识：Access 会忽略 SQL 语句中的换行符。考虑让每个子句占用一行有助于提高 SQL 语句的可读性。

4.4.3 数据定义查询

数据定义查询能够创建或删除索引，或者创建、更改、删除数据表。其实，能够用数据定义查询完成的工作也能够用 Access 的设计工具完成，对于数据定义查询，以下的 SQL 语句非常有用。

- ❖ Create Table：创建数据表。
- ❖ Alter Table：修改数据表。
- ❖ Drop Table：删除数据表。
- ❖ Create Index：创建索引。
- ❖ Drop Index：删除索引。

创建数据定义查询的步骤和创建联合查询的步骤类似。下面以在“查询示例”数据库中用数据定义查询建立一个“学生基本信息”表为例进行介绍，具体操作步骤如下。

操作步骤

❶ 打开“查询示例”数据库，单击【创建】选项卡下的【查询设计】按钮。

❷ 在弹出的【显示表】对话框中不选择任何表，进入空白的查询设计视图。

❸ 单击【查询类型】组中的【数据定义】按钮，进入查询的 SQL 视图，如下图所示。

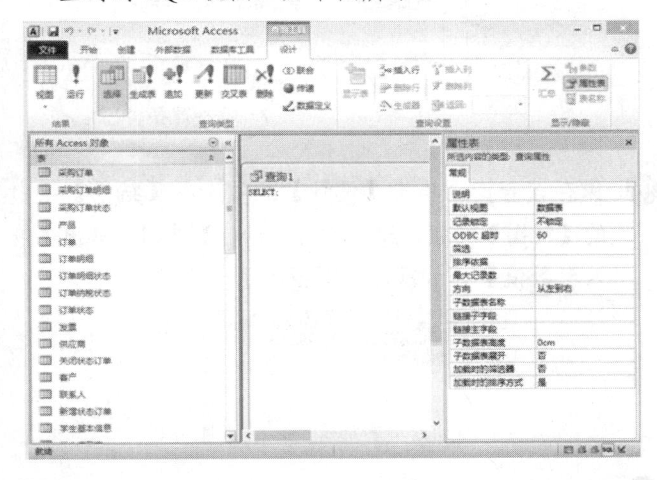

❹ 在 SQL 视图的空白区域输入以下 SQL 代码。

```
Create Table 学生基本信息
(学号 char(10),姓名 char(10), 联系电话 char(10),
所在院系 char(10))
```

此时的 SQL 视图如下图所示。

```
查询1
Create Table 学生基本信息
(学号 char(10),姓名 char(10), 联系电话 char(10), 所在院系 char(10))
```

❺ 这是要创建一个“学生基本信息”数据表，保存该数据定义查询，并将该查询命名为“新建表”。单击【结果】组中的【运行】按钮，得到的运行结果如下图所示。

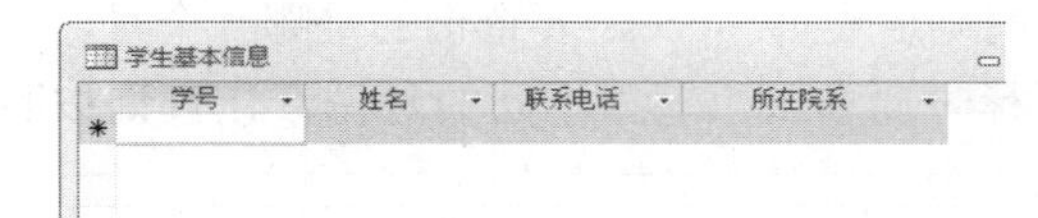

❻ 创建一个新的数据定义查询，在 SQL 视图中输入如下所示的代码。

```
Insert into 学生基本信息(学号,姓名,联系电话,所在院系)
Values('050330303','罗夕林','84890829','航空宇
航制造工程系')
```

此时的 SQL 视图如下图所示。

❼ 给刚才建立的“学生基本信息”表插入数据记录，保存该数据定义查询名称为“插入记录”。单击【结果】组中的【运行】按钮，得到的运行结果如下图所示。

学生基本信息

学号	姓名	联系电话	所在院系
050330303	罗夕林	84890829	航空宇航制造工程系
*			

4.5 创建高级查询

除了以上所介绍的一般查询以外，Access 还可以创建一些复杂的查询，如参数查询、交叉表查询等，利用它们可以实现一些更高级的查询功能。下面就对这些高级的查询方法进行介绍。

4.5.1 参数查询

参数查询，顾名思义就是在查询时要求有一定的查询参数，来实现对于相同的数据表字段，不同参数对应不同结果的查询。

上面的定义可能有些抽象，具体来说，参数查询就是每一次运行时都要求用户输入一些可以控制查询结果的信息(即参数)，以得到不同的结果，满足不同用户的需要。

传递查询就是将查询命令直接传递给 SQL 数据库服务器，如 Microsoft SQL Server，使服务器能够接受命令。可以使用传递查询来检索或更改服务器中的数据。

举个例子，销售经理想得到业务员某一个月的销售业绩，那么利用上面的方法，可以想到建立 12 个查询，分别为 12 个月的销售业绩服务。这种方法虽然理论上可行，但毋庸置疑是个很笨的办法。其实可以在设计查询时，不明确地告诉 Access 要查询的是哪一个月，而是在每次运行时要求用户输入不同的月份，让查询按照输入的月份查询。这就是参数查询。

下面以在“查询示例”数据库的“学生信息表”中建立一个参数查询为例，要求通过输入某一个同学的姓名，查询出他的学号、性别、宿舍号、宿舍电话和所在院系等信息，具体操作步骤如下。

操作步骤

1. 打开“查询示例”数据库。单击【创建】选项卡下【查询】组中的【查询设计】按钮，弹出设计视图和【显示表】对话框，如下图所示。

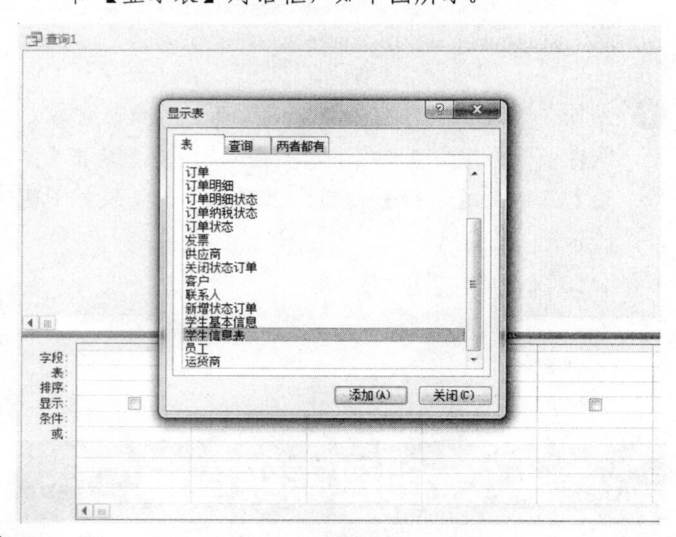

2. 选择 “学生信息表”，单击【添加】按钮，将该表添加到设计视图的上半部分，如下图所示。

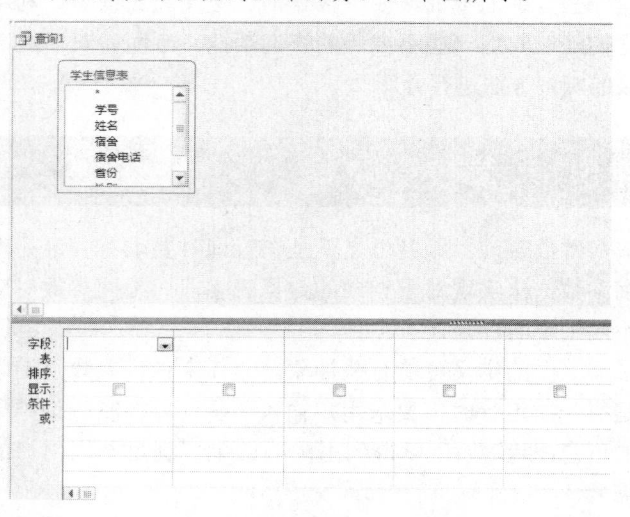

3. 双击“学生信息表”中的“姓名”字段，或者直接将该字段拖动到【字段】行中，这样【表】行中就显示了该表的名称“学生信息表”，【字段】行中显示该字段的名称“姓名”。

4. 和第 3 步的操作类似，分别将“学号”“性别”“宿舍”“联系电话”和“所在院系”字段添加到【字段】行中，得到的设计视图如下图所示。

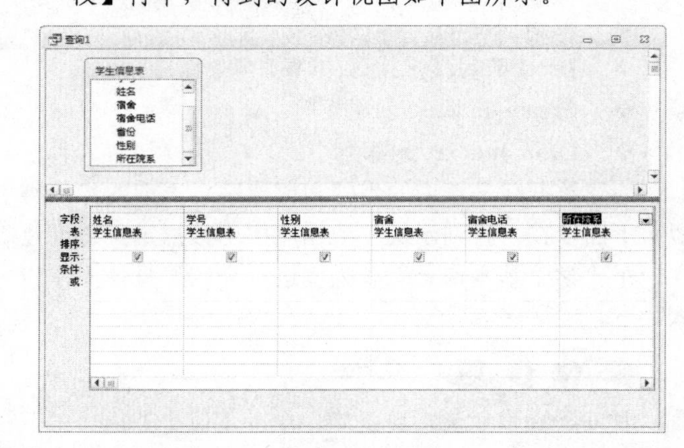

5. 在“姓名”字段的【条件】行中，输入一个带方括号的文本“[请输入学生姓名：]”作为参数查询的提示信息，如下图所示。

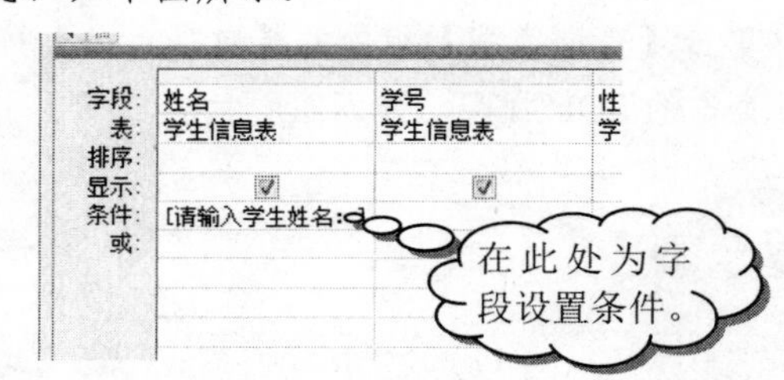

6. 保存该查询。单击【设计】选项卡下【结果】组中的【视图】按钮，或者单击【运行】按钮，弹出【输入参数值】对话框，如下图所示。

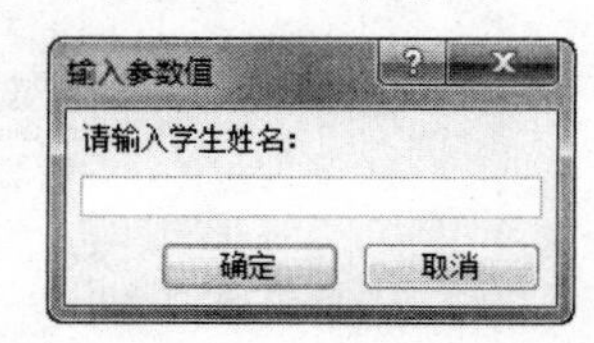

7. 输入要查询的学生姓名，如输入“张三”，并单击【确定】按钮，得到的查询结果如下图所示。

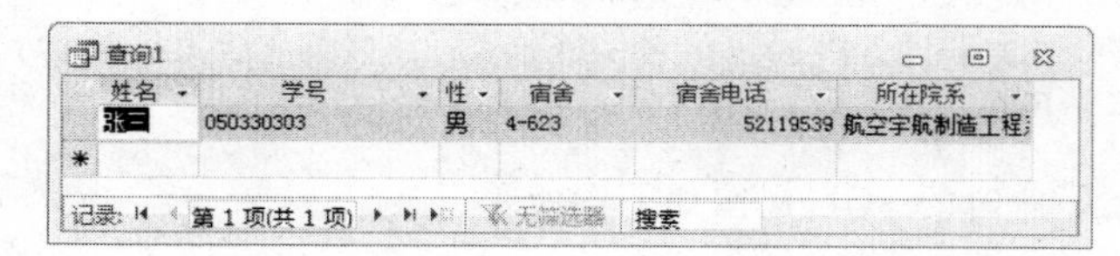

这样就实现了预定的查询目的。每一次运行这个查询时，会出现要求用户输入学生姓名的对话框，输入要查询的学生姓名，即可得到查询结果。

SQL 查询可以完成任意的 Access 查询，不过编写 SQL 代码比较烦琐，又比较容易出错，所以大多数用户还是习惯用 Access 的【查询设计器】设计查询。

如果要设置两个或者多个查询参数，则在两个或多个字段对应的【条件】行中，输入带方括号的文本作为提示信息即可。

4.5.2 交叉表查询

在4.2.2节已经初步介绍了交叉表查询的概念等。交叉表查询就是对某个表中的字段进行分组，计算两组数据交叉处的统计值。

建立交叉表查询主要有两种方法，即利用交叉表查询向导或者利用设计视图。由于交叉表查询是一种应用很广泛、相当实用的查询，因此在这里分别介绍上述两种建立交叉表查询的方法。

1. 利用查询向导建立交叉表查询

使用交叉表查询向导建立查询时，所选择的字段必须在同一张表或者查询中，如果所需要的字段不在同一张表中，则应该先建立一个查询，把它们放在一起。

下面以在“查询示例”数据库中建立交叉表查询为例，要求可以统计每一个员工的销售情况，交叉表的左侧显示员工的姓名，上面显示各个月份，行列交叉处显示员工在各个月份的销售情况，具体操作步骤如下。

操作步骤

❶ 打开“查询示例”数据库，单击【创建】选项卡下【查询】组中的【查询向导】按钮，在弹出的【新建查询】对话框中选择【交叉表查询向导】选项，如下图所示。

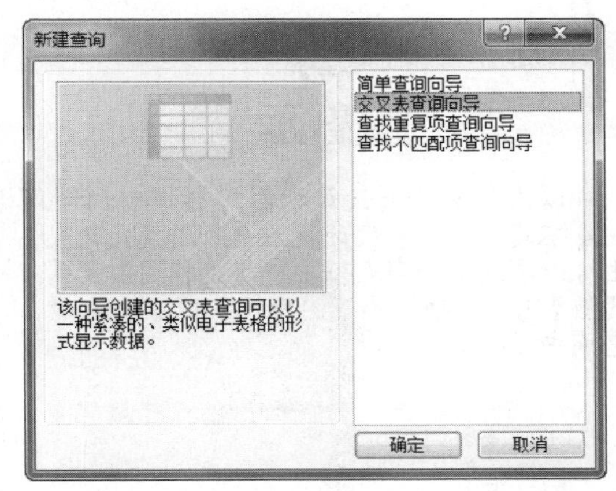

❷ 单击【确定】按钮，弹出【交叉表查询向导】对话框。在该对话框中选择一个表或者一个查询作为交叉表查询的数据源。这里选择“销售分析”查询作为数据源，如下图所示。

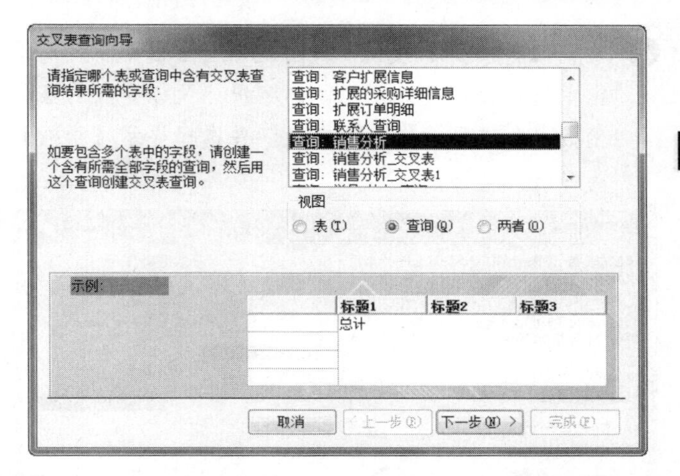

❸ 单击【下一步】按钮，弹出提示选择行标题对话框。在该对话框中选择作为行标题的字段，行标题最多可以选择3个。如选择“员工”字段，并将其添加到【选定字段】列表框中，作为行标题，如下图所示。

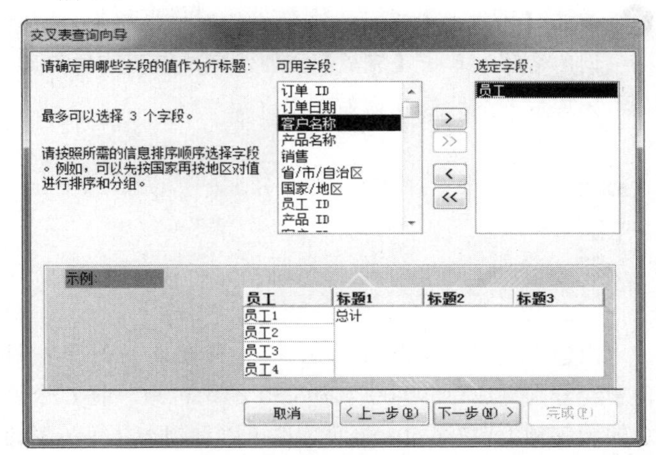

❹ 单击【下一步】按钮，在弹出的对话框中选择作为列标题的字段，该字段将显示在查询的顶端，该字段只能选择一个，如选择【月份名】作为列标题，如下图所示。

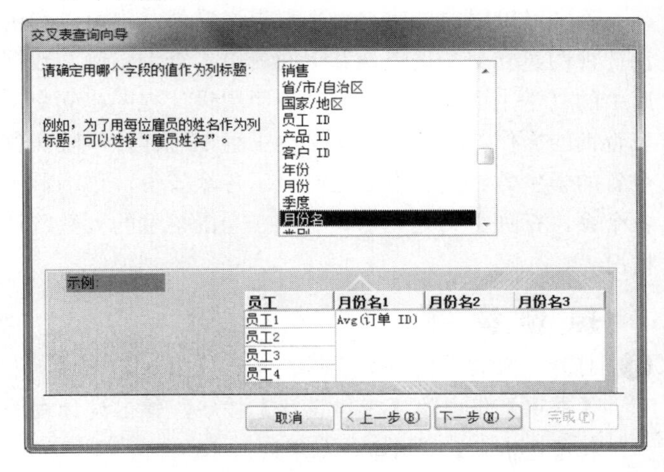

Access 2010在原来版本的基础上，继续提供了查询向导，用以帮助用户创建查询。在查询向导中，用户只要根据提示，选择相应的字段和显示方式等，即可创建查询。

长见识

5 单击【下一步】按钮，弹出选择对话框，在此对话框中选择要在交叉点显示的字段，及该字段的显示函数。如选择“销售”字段，并选择显示【函数】为 Sum，如下图所示。

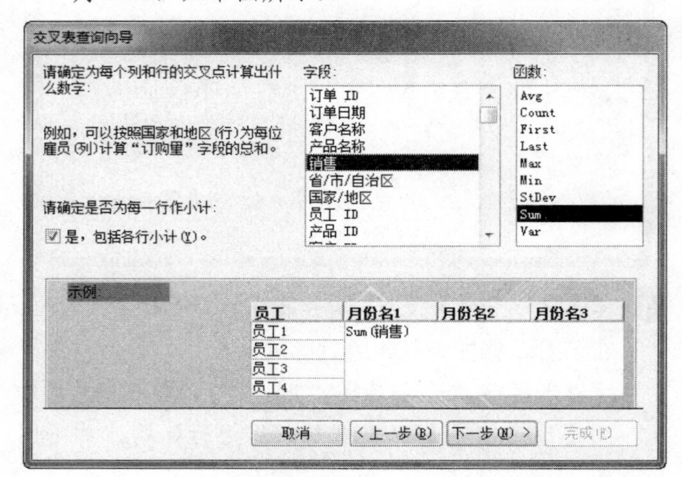

6 单击【下一步】按钮，在弹出的对话框中输入该查询的名称，单击【完成】按钮，完成该查询的创建。完成后的交叉表查询如下图所示。

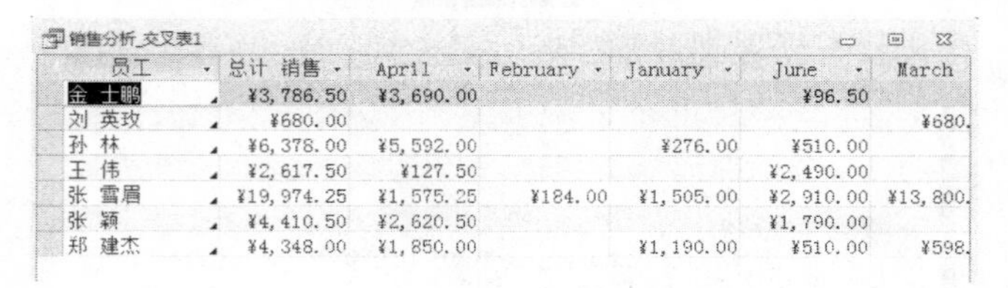

销售分析_交叉表1

员工	总计 销售	April	February	January	June	March
金 士鹏	¥3,786.50	¥3,690.00			¥96.50	
刘 英玫	¥680.00					¥680.
孙 林	¥6,378.00	¥5,592.00		¥276.00	¥510.00	
王 伟	¥2,617.50	¥127.50			¥2,490.00	
张 雪眉	¥19,974.25	¥1,575.25	¥184.00	¥1,505.00	¥2,910.00	¥13,800.
张 颖	¥4,410.50	¥2,620.50			¥1,790.00	
郑 建杰	¥4,348.00	¥1,850.00		¥1,190.00	¥510.00	¥598.

由建立的交叉表查询可知，金士鹏在 4 月份和 6 月份曾经分别完成¥3690.00 和¥96.50 的销售额，前 6 个月总的销售额为¥3786.50；同理，也可以看到孙林等员工的销售额，并且可以得知张雪眉的销售额最多。这样就很方便地知道了每个员工的工作业绩。

2. 利用设计视图建立交叉表查询

除了可以用向导建立交叉表查询以外，也可以利用设计视图建立交叉表查询。下面就以“查询示例”数据库中的“学生信息表”为例，说明用设计视图建立交叉表查询的操作。要求：在交叉表中可以统计该学院在各个省的学生数。交叉表的左侧显示各个省份，顶端显示各个系，行列交叉处显示各专业在全国招生的人数统计情况。

操作步骤

1 打开“查询示例”数据库。单击【创建】选项卡下【查询】组中的【查询设计】按钮，弹出设计视图和【显示表】对话框，如下图所示。

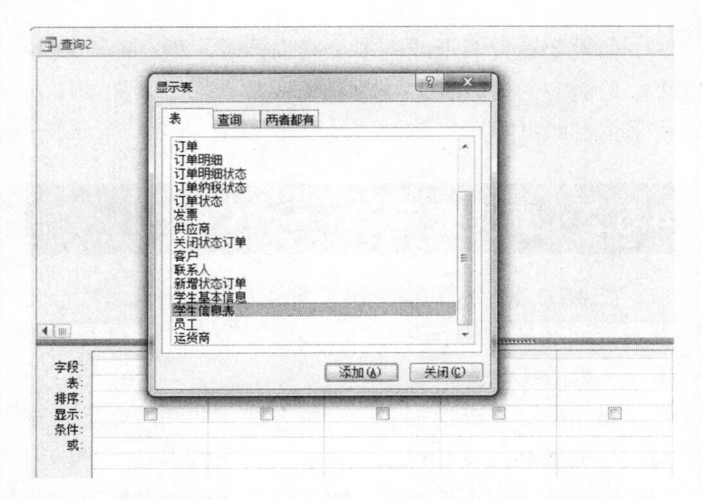

2 选择“学生信息表”，单击【添加】按钮，将该表添加到设计视图的上半部分，关闭【显示表】对话框。此时进入查询的设计视图，但是默认的设计视图是选择查询的，单击【查询类型】组中的【交叉表】图标按钮，进入交叉表设计视图，如下图所示。

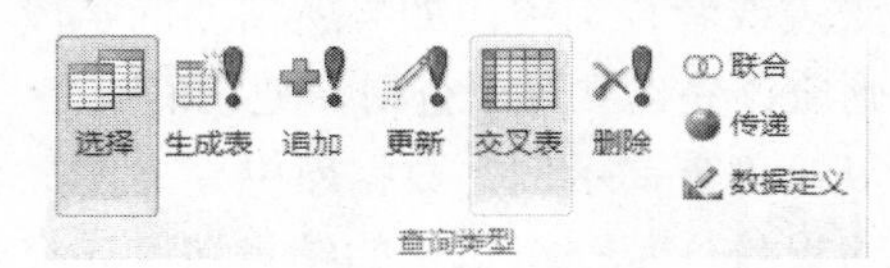

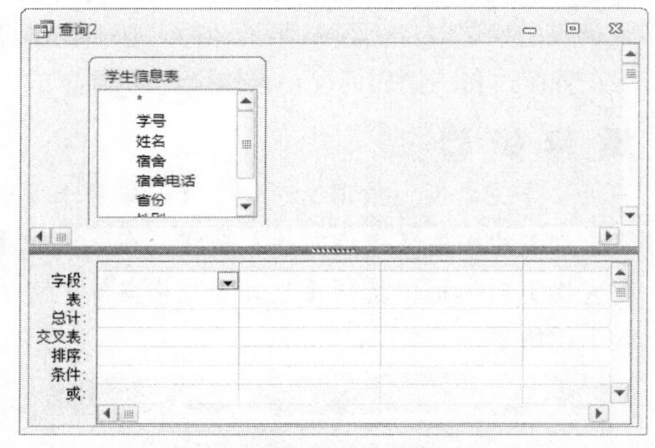

提示

可以看到交叉表设计视图和选择查询设计视图有一点不同。交叉表设计视图中多了【交叉表】行，单击可以看到下拉列表框中有【行标题】【列标题】和【值】3 个选项，如下图所示。这 3 个选项在交叉表查询中是必备的。

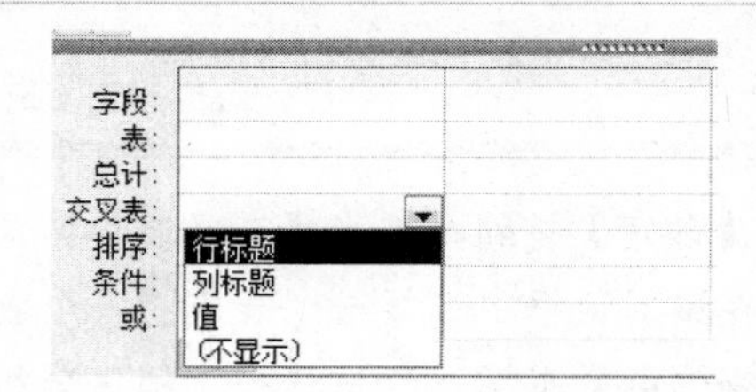

3 直接拖动“省份”字段到设计视图下半部分的设计网格中的【字段】行中，并在【交叉表】行中选择

学以致用系列丛书

长见识

相对于查询向导而言，查询的【设计视图】(即查询设计器)提供了更加灵活的查询设计方法。用户可以在查询设计器中创建带有参数的参数查询、条件查询等。

【行标题】选项，这样就选定了交叉表的行标题，如下图所示。

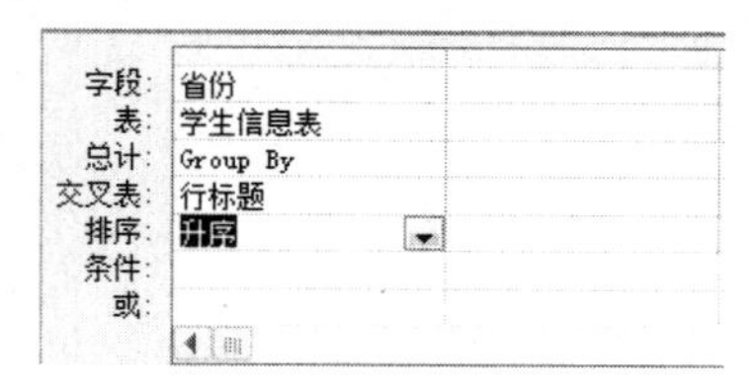

❹ 按照同样的方法，将“所在院系”和“姓名”字段添加到设计网格中，并分别设定为“列标题”和“值”。为了统计各省的总人数，添加一项“人数总计”列，并选定为“行标题”，最终的设计效果如下图所示。

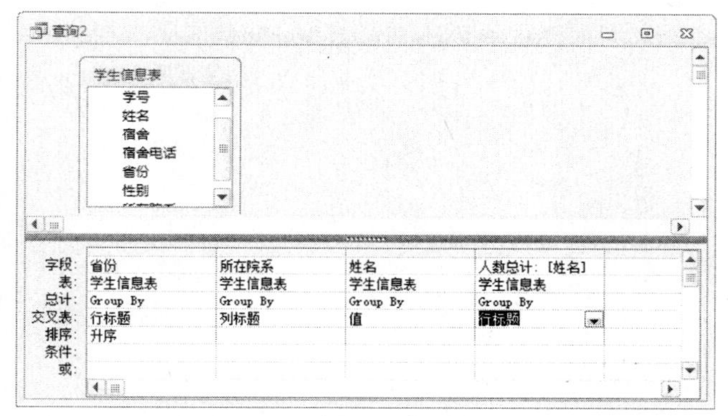

提示

在“人数总计”列中，字符是手动输入的。这个格式是固定的，即按照“行名: [统计字段名]”的格式输入。

❺ 保存该查询，单击【设计】选项卡下的【运行】按钮，弹出交叉表查询的运行结果，如下图所示。

学生信息交叉表

省份	人数总计	工业设计系	航空宇航制造	机械工程及自
安徽	19	3	6	10
北京	8		3	5
福建	10	2	4	4
甘肃	1			1
广东	2	2		
广西	5	2		3
贵州	7		4	3
河北	12	4	4	4
河南	13		4	9
黑龙江	9	2	4	3
湖北	14	2	5	7
湖南	14	3	3	8
吉林	6		4	2
江苏	168	26	13	129

记录: 第 1 项(共 28 项　无筛选器　搜索

曾经说过运用向导建立交叉表查询的时候，所选择的字段必须在同一个表或同一个查询中。但是当运用设计视图创建查询时，就可以对分布于不同表中的字段创建查询了。只要从【显示表】对话框中选择多个数据表作为查询的数据源，再进行和上面相似的操作即可。

4.6　思考与练习

选择题

1. 下列查询中，不属于操作查询的是________。

A. 交叉表查询　　B. 生成表查询
C. 删除查询　　D. 追加查询

2. 利用查询向导，用户可以完成多种查询的创建，下面不能用查询向导创建的查询是________。

A. 普通选择查询　　B. 交叉表查询
C. 查找重复项查询　　D. 参数查询

3. 如果用户想建立一个根据姓名查询个人信息的查询，那么建立的查询最好是________。

A. 参数查询　　B. 交叉表查询
C. 选择查询　　D. 追加查询

4. 如果用户想要批量更改数据表中的某个值，那么可以使用的查询是________。

A. 更新查询　　B. 追加查询
C. 选择查询　　D. 参数查询

5. 下面的4个表达式中，可以查询出“龙蟠中路100号”记录的查询条件是_______。

A. 100　　B. =100
C. “100”　　D. 100 or 200

操作题

1. 什么是操作查询？操作查询可以分为几类？请用户自行建立一个能够删除记录中“姓名”字段为“罗夕林”的删除查询。

2. 写出性别为“男”，并且院系为“工业设计”的条件表达式。

3. 写出查找所有英语和数学成绩均为80分以上的学生的查询条件。

4. 要查询出上面一题中所述的学生，可以有几种实现方法？在查询设计器中该如何设计查询？在SQL视图中又该如何设计代码？

5. 利用上面所述的知识，对学生成绩进行总评，总评规则是期中成绩占30%，期末成绩占50%，平时成绩占20%。

在数据表中，通常使用筛选临时查看或者编辑数据记录中的子集，而当用户需要经常查看某一组数据时，就可以创建一个查询。因此也可以这样说，查询就是固定化的筛选。

第5章 窗体

本章微课

窗体是Access中的第三大数据库对象。它作为数据库和用户的交互界面，在数据库的设计中有着相当重要的作用。各种类型的窗体，使Access在数据库的显示方面技高一筹。

学习要点

- 窗体的作用
- 创建窗体的各种方法
- 窗体向导的使用
- 数据透视表和数据透视图的创建
- 主/次窗体的各种创建方法
- 窗体控件的使用
- 窗体属性的设置
- 控件属性的设置

学习目标

通过本章学习，用户应该掌握窗体作为数据库第三大对象的作用和功能，能够掌握窗体的各种创建方法。尤其是Access 2010强大的自动创建窗体功能，用户更要认真体会何时使用，才能提高工作效率。

用户还应着重学习各种窗体控件的使用和设置方法。利用窗体控件可以创建出功能非常强大的窗体。

5.1 初识窗体

窗体是一种数据库对象，可用于输入、显示数据库中的数据。虽然以前已经介绍过“数据表”“查询”等数据库对象，利用它们来进行过对数据的管理。但是“数据表”和“查询”等对象在显示数据时，界面缺乏友好性。这对于不是太熟悉数据库的用户而言，不是特别方便。因此，Access 提供了窗体功能，让不熟悉 Access 的用户也能方便操作。

5.1.1 窗体概述

简单来说，窗体就是一个交互界面、一个窗口，用户可以通过窗体查看和访问数据库，也可以很方便地进行数据信息的输入、运算等。

应用窗体的效果如下图所示。

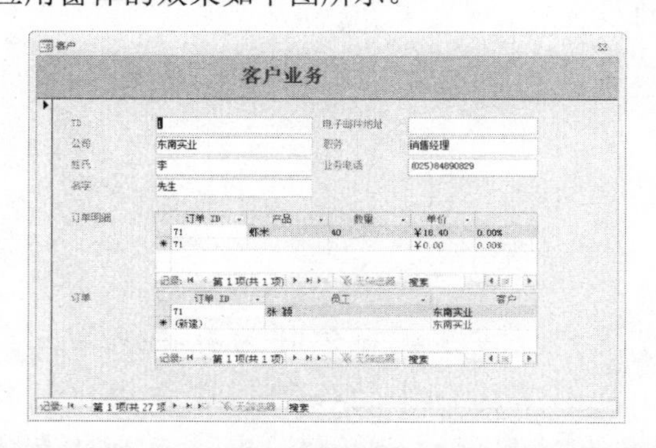

5.1.2 窗体的功能

窗体主要有以下几个基本功能。

❖ 显示、修改和输入数据记录。运用窗体可以非常清晰和直观地显示一个表或者多个表中的数据记录，可对其进行编辑，并且还可以根据需要灵活地将窗体设置为“纵栏式”“表格式”和“数据表式”。下图所示是一个显示订单的窗体。

❖ 创建数据透视窗体图表，增强数据的可分析性。利用窗体建立的数据透视图和数据透视表可以让数据以直观的方式表达出来，如下图所示。

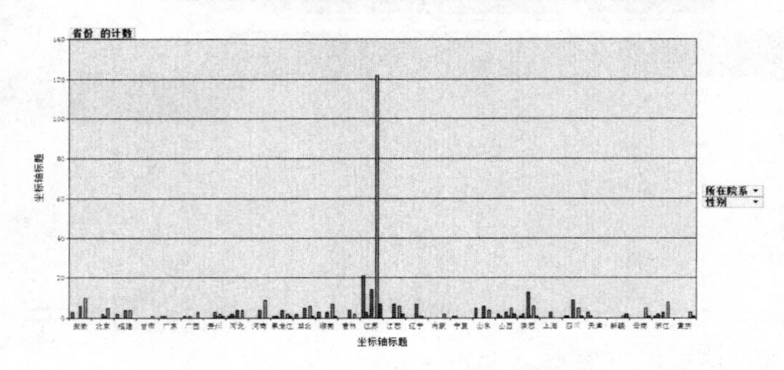

❖ 作为程序的导航面板，可提供程序导航功能。用户只需要单击窗体上的按钮，就可以进入不同的程序模块，调用不同的程序。下图是一个窗体作为导航面板的例子。

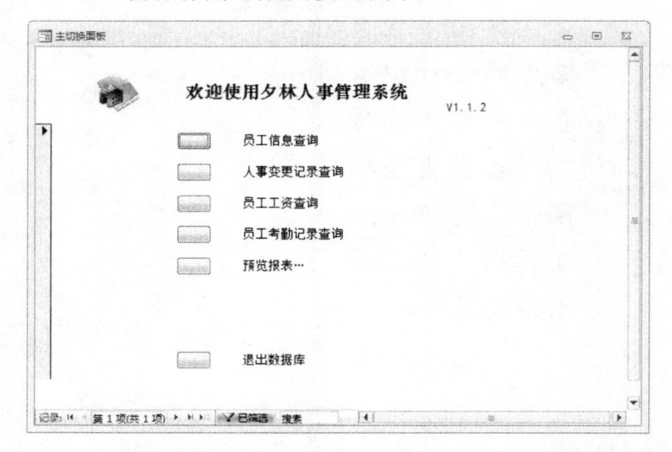

总之，窗体是数据库和用户直接交流的界面，创建具有良好人机界面的窗体，可以大大增强数据的可读性，提高管理数据的效率。

5.1.3 窗体的视图与类型

在创建窗体前，首先简要介绍窗体的各个视图。打开任一窗体，然后单击界面左上角的【视图】按钮，可以弹出视图选择菜单。和表一样，Access 也提供了多种视图查看方式，如下图所示。

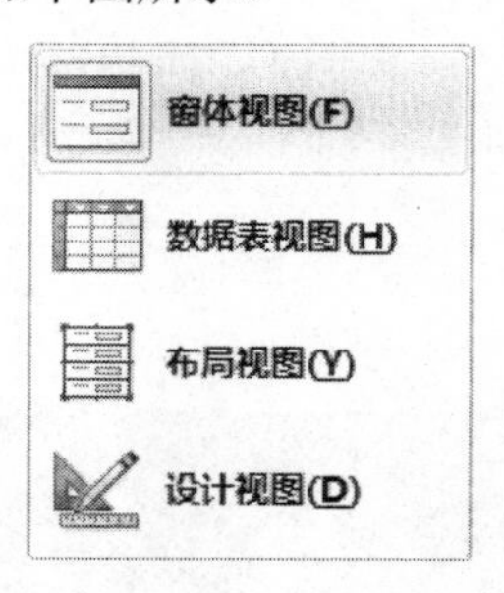

 长见识 窗体是一个数据库对象，可用于为数据库应用程序创建用户界面。

下面对各个视图进行简单介绍。

❖ 【窗体视图】：窗体的工作视图，该视图用来显示数据表中的记录。用户可以通过它来查看、添加和修改数据，也可以设计美观且人性化的用户界面，如下图所示。

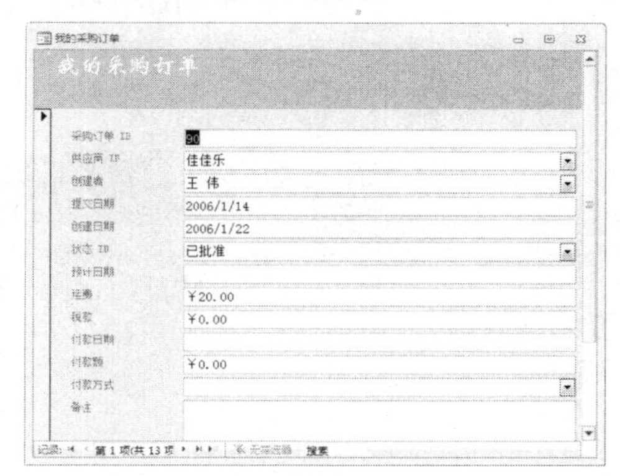

❖ 【数据表视图】：和 Excel 电子表格类似，它以简单的行列格式显示数据表中的多条记录。该视图和【窗体视图】一样，多用于添加和修改数据，如下图所示。

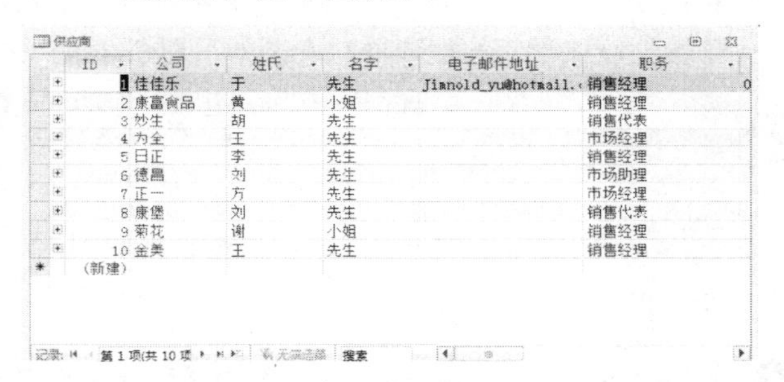

❖ 【布局视图】：其界面和【窗体视图】几乎一样，区别是里面各个控件的位置可以移动，可以对现有的控件进行重新布局。但不能像【设计视图】一样添加控件。

❖ 【设计视图】：多用来设计和修改窗体的结构及美化窗体等。可以利用下面右图所示的【属性表】窗格，设置该窗体和窗体中控件的各种属性，如下图所示。

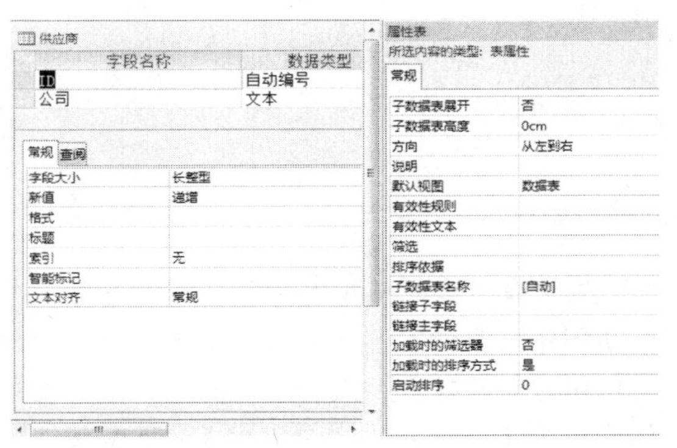

窗体有数据输入、显示、分析和导航等多种作用。因此，可以把各种功能的窗体分为以下几种类型。

❖ 全屏式窗体：最常见的窗体，主要用于数据输入和显示、导航、对话框等。

❖ 数据表窗体：和 Excel 电子表格类似，主要用于数据输入和显示。

❖ 主/次窗体：包含主次关系的数据窗体。

❖ 数据透视表窗体：以行、列和交叉点统计分析数据的交叉表格。

❖ 数据透视图窗体：以图形方式统计显示数据的窗体，主要有饼图、柱形图和折线图等。

5.2　创建普通窗体

在窗体的建立方式上，Access 2010 提供了比低版本 Access 功能更加强大而又简便的创建方式。原来只可以通过 Access 内置的【窗体向导】对话框或在【设计视图】中以手动的方式建立窗体，而在 Access 2010 中提供了更多智能化的自动创建窗体的方式。

在 Access 2010 的【创建】选项卡下的【窗体】组中，可以看到创建窗体的多种方法，如下图所示。

创建窗体的方法有以下几种。

❖ 【窗体】：利用当前打开(或选定)的数据表或查询自动创建一个窗体。

❖ 【窗体向导】：运用【窗体向导】帮助用户创建一个窗体。

❖ 【空白窗体】：建立一个空白窗体，通过将选定的数据表字段添加进该空白窗体中建立窗体。

❖ 【窗体设计】：进入窗体的【设计视图】，通过各种窗体控件设计完成一个窗体。

❖ 【多个项目】：利用当前打开(或选定)的数据表或查询自动创建一个包含多个项目的窗体。

❖ 【数据表】：利用当前打开(或选定)的数据表或查询自动创建一个数据表窗体。

❖ 【分割窗体】：利用当前打开(或选定)的数据表或查询自动创建一个分割窗体。

❖ 【模式对话框】：创建一个带有命令按钮的浮

窗体是 Access 2010 中用来和用户进行交互的主要数据库对象。通过窗体，用户可以向数据库中输入数据，也可以查看数据库中的数据记录，还可以用于程序功能的导航。

动对话框。

❖ 【数据透视图】：一种高级窗体，以图形的方式显示统计数据，增强数据的可读性。

❖ 【数据透视表】：一种高级窗体，通过表的行、列、交叉点来表现数据的统计信息。

综上所述，Access 提供了多种不同的创建窗体的方法，以帮助用户建立功能强大的窗体。用户可以在实际应用时灵活选用。下面就对这几种方法分别进行介绍。

5.2.1 使用“窗体”工具创建窗体

下面以“窗体示例”数据库中的任意数据表作为数据源，体验在 Access 2010 中如何使用“窗体”工具创建窗体，具体操作步骤如下。

操作步骤

❶ 启动 Access 2010，选择【样本模板】选项，选择“罗斯文”示例数据库，如下图所示。

❷ 输入数据库名称为“窗体示例”，设置好保存路径，单击【创建】按钮，Access 2010 自动创建该示例数据库。系统弹出登录窗口，单击【确定】按钮，登录后界面如下图所示。

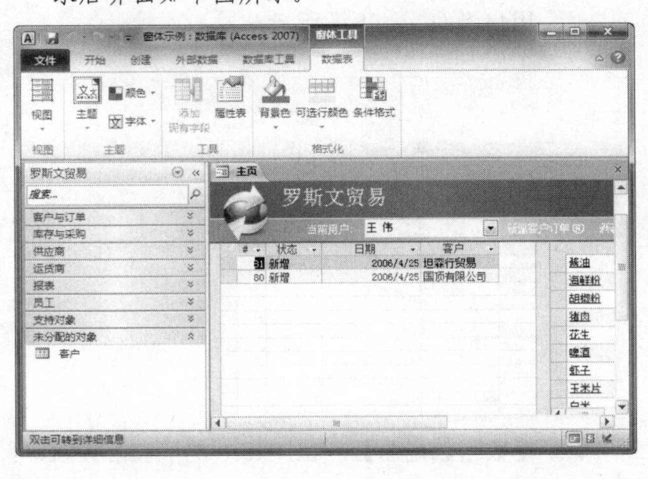

❸ 任意打开一个表。界面左侧的导航窗格显示了该数据库中的所有表、查询、窗体等对象。在该数据库中，所有表都在【支持对象】栏下。打开任意表，如打开“采购订单”表，如下图所示。

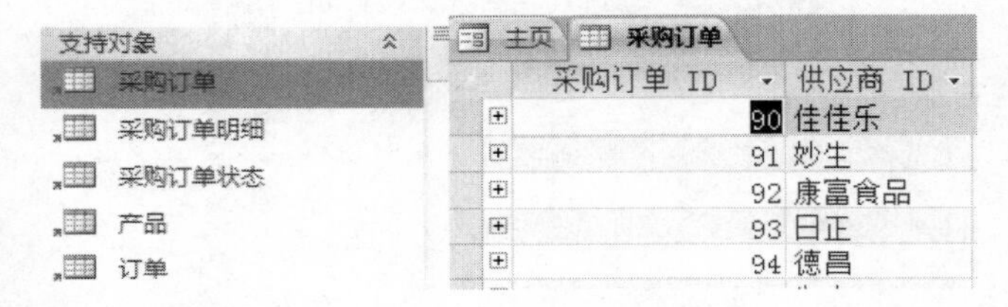

❹ 使用“窗体”工具创建窗体。单击【创建】选项卡下【窗体】组中的【窗体】按钮，即可创建如下图所示的窗体。

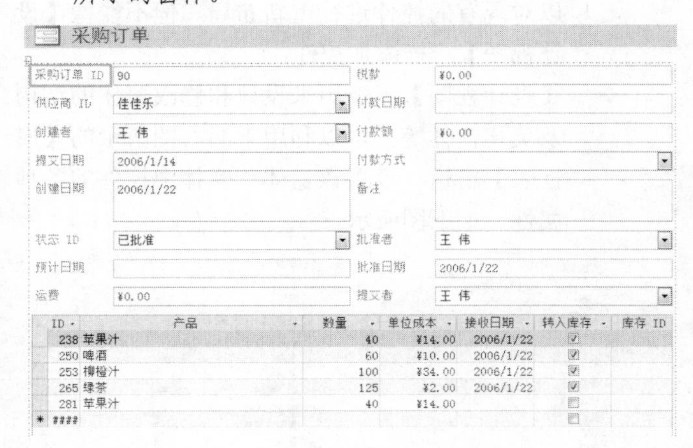

❺ 将此窗体命名为“AutoWin1”，保存备用。

自动创建的窗体，实际上就是窗体的布局视图，在这里可以进行删除控件、改变字体颜色、改变背景颜色等操作。单击【排列】选项卡下的【属性】按钮，在弹

Access 2010 大大增强了自动创建窗体的功能。在该版本的 Access 中，系统可以自动创建窗体、分割窗体、多个项目窗体、空白窗体等。

出的【属性表】窗格中可以设置各种属性。也可以在窗体中直接右击，在弹出的快捷菜单中选择【属性】命令。

5.2.2 使用“分割窗体”工具创建分割窗体

分割窗体可以在窗体中同时提供数据表的两种视图：“窗体视图”和“数据表视图”。

下面以数据库中的任意数据表作为数据源，介绍使用“分割窗体”工具创建分割窗体的操作步骤。

操作步骤

1. 打开新建的“窗体示例”数据库。
2. 在界面左侧的导航窗格中，打开任意表。在本例中，打开“采购订单”表，如下图所示。

采购订单

采购订单 ID	供应商 ID	创建者	提交日期	创建日期
90	佳佳乐	王 伟	2006/1/14	20
91	妙生	王 伟	2006/1/14	20
92	康富食品	王 伟	2006/1/14	20
93	日正	王 伟	2006/1/14	20
94	德昌	王 伟	2006/1/14	20
95	为全	王 伟	2006/1/14	20
96	佳佳乐	赵 军	2006/1/14	20
97	康富食品	金 士鹏	2006/1/14	20
98	康富食品	郑 建杰	2006/1/14	20
99	佳佳乐	李 芳	2006/1/14	20
100	康富食品	张 雪眉	2006/1/14	20
101	佳佳乐	王 伟	2006/1/14	20
102	佳佳乐	张 颖	2006/3/24	20
103	康富食品	张 颖	2006/3/24	20
104	康富食品	张 颖	2006/3/24	20
105	日正	金 士鹏	2006/3/24	20
106	德昌	金 士鹏	2006/3/24	20
107	佳佳乐	孙 林	2006/3/24	20

记录：第 1 项(共 28 项 无筛选器 搜索

3. 单击【创建】选项卡下的【窗体】组中的【其他窗体】旁的下拉按钮，在弹出的下拉列表中选择【分割窗体】选项，如下图所示。

4. 结果如下图所示，将此窗体命名为“AutoWin2”，保存备用。

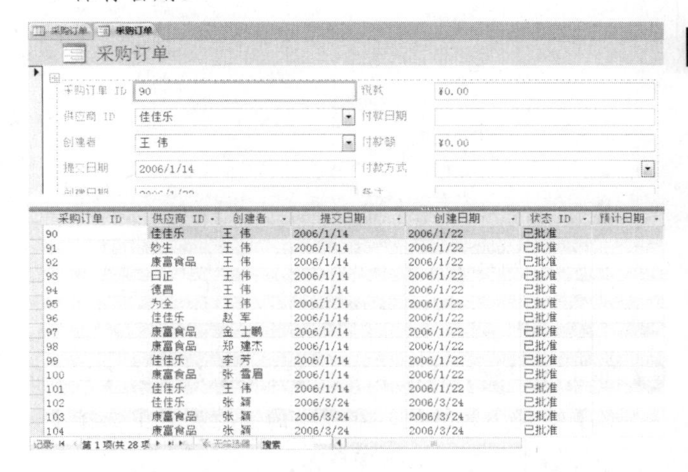

采购订单 ID	供应商 ID	创建者	提交日期	创建日期	状态 ID	预计日期
90	佳佳乐	王 伟	2006/1/14	2006/1/22	已批准	
91	妙生	王 伟	2006/1/14	2006/1/22	已批准	
92	康富食品	王 伟	2006/1/14	2006/1/22	已批准	
93	日正	王 伟	2006/1/14	2006/1/22	已批准	
94	德昌	王 伟	2006/1/14	2006/1/22	已批准	
95	为全	王 伟	2006/1/14	2006/1/22	已批准	
96	佳佳乐	赵 军	2006/1/14	2006/1/22	已批准	
97	康富食品	金 士鹏	2006/1/14	2006/1/22	已批准	
98	康富食品	郑 建杰	2006/1/14	2006/1/22	已批准	
99	佳佳乐	李 芳	2006/1/14	2006/1/22	已批准	
100	康富食品	张 雪眉	2006/1/14	2006/1/22	已批准	
101	佳佳乐	王 伟	2006/1/14	2006/1/22	已批准	
102	佳佳乐	张 颖	2006/3/24	2006/3/24	已批准	
103	康富食品	张 颖	2006/3/24	2006/3/24	已批准	
104	康富食品	张 颖	2006/3/24	2006/3/24	已批准	

记录：第 1 项(共 28 项 无筛选器 搜索

分割窗体的上半部分是窗体视图，显示一条记录的详细信息，下半部分是原来的数据表视图，显示数据表中的记录。这两种视图连接到同一数据源，并且总是保持同步。如果在窗体的一部分中选择了一个字段，则会在窗体的另一部分中选择相同的字段。用户可以从任一视图中添加、编辑或删除数据。

使用分割窗体可以在一个窗体中同时利用两种窗体类型的优势。例如，可以使用窗体的数据表部分快速定位记录，然后使用窗体部分查看或编辑记录。

5.2.3 使用“多项目”工具创建显示多个记录窗体

使用“窗体”工具创建的普通窗体，只能一次显示一条记录。如果需要一次显示多条记录，自定义性又需要比数据表强时，可以创建多个项目窗体。

使用多项目工具创建的窗体在结构上类似于数据表，数据排列成行、列的形式，一次可以查看多个记录。但是，多项目窗体提供了比数据表更多的自定义选项，如添加图形元素、按钮和其他控件的功能。

下面以数据库中的任意数据表作为数据源，介绍使用“多项目”工具创建显示多个记录窗体的操作步骤如下。

操作步骤

1. 打开数据库模板中的“罗斯文 2010”示例数据库。
2. 在界面左侧的导航窗格中，打开任意表。在本例中，打开“采购订单”表，如下图所示。

窗体是由节组成的。一般而言，一个完整的窗体由主体节、窗体页眉、页面页眉、页面页脚、窗体页脚5个节组成。通过设置各个节的属性，用户可以自己设计窗体的外观。

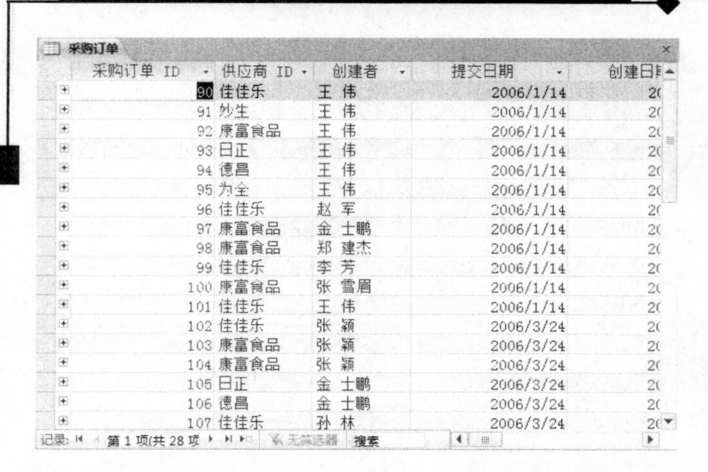

采购订单 ID	供应商 ID	创建者	提交日期	创建日期
90	佳佳乐	王 伟	2006/1/14	20
91	妙生	王 伟	2006/1/14	20
92	康富食品	王 伟	2006/1/14	20
93	日正	王 伟	2006/1/14	20
94	德昌	王 伟	2006/1/14	20
95	为全	王 伟	2006/1/14	20
96	佳佳乐	赵 军	2006/1/14	20
97	康富食品	金 士鹏	2006/1/14	20
98	康富食品	郑 建杰	2006/1/14	20
99	佳佳乐	李 芳	2006/1/14	20
100	康富食品	张 雪眉	2006/1/14	20
101	佳佳乐	王 伟	2006/1/14	20
102	佳佳乐	张 颖	2006/3/24	20
103	康富食品	张 颖	2006/3/24	20
104	康富食品	张 颖	2006/3/24	20
105	日正	金 士鹏	2006/3/24	20
106	德昌	金 士鹏	2006/3/24	20
107	佳佳乐	孙 林	2006/3/24	20

记录: 第 1 项(共 28 项) 无筛选器 搜索

③ 单击【创建】选项卡下的【窗体】组中的【其他窗体】旁的下拉按钮，在弹出的下拉列表中选择【多个项目】选项，如下图所示。

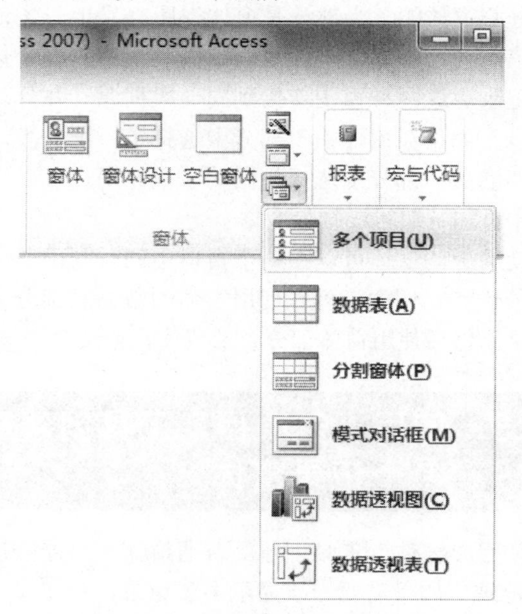

④ 结果如下图所示，将此窗体命名为“AutoWin3”，保存备用。

可见，Access 2010 有着强大的自动创建窗体的功能。一般情况下，可以先用它来自动创建窗体，然后再修改自动创建的窗体，使之符合要求。

5.2.4 使用“窗体向导”创建窗体

利用【窗体向导】也可以创建窗体，按照向导的提示，输入窗体的相关信息，一步一步地完成窗体的设计工作。

1. 创建基于单表的窗体

下面仍以“窗体示例”数据库中的“采购订单”表为数据源，介绍如何利用窗体向导建立窗体。

操作步骤

① 打开已经建立的“窗体示例”数据库，打开任意表。本例中打开“采购订单”表。

② 单击【创建】选项卡下的【窗体】组中的【窗体向导】图标按钮，如下图所示。

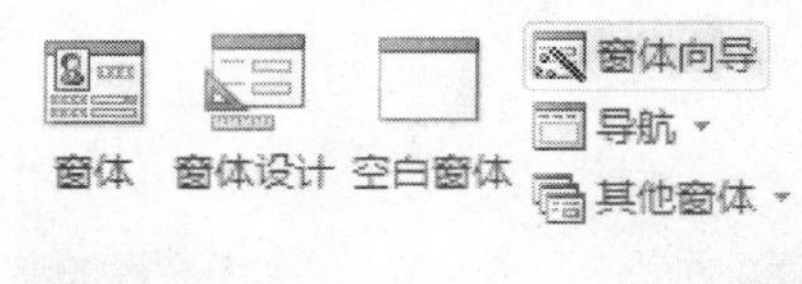

③ 系统将弹出【窗体向导】对话框，如下图所示。

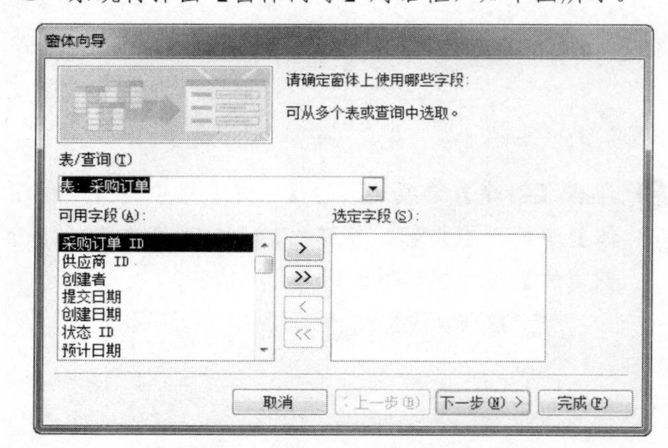

④ 打开【窗体向导】对话框中的【表/查询】下拉列表框，可以看到该数据库中的所有有效的表和查询数据源。这里选择“表：采购订单”作为该窗体的数据源，在【可用字段】列表框中列出了“采购订单”表中的所有可用字段。

⑤ 在【可用字段】列表框中选择要显示的字段，单击 > 按钮将所选字段添加到【选定字段】列表框中，或者直接单击 >> 按钮，选中所有字段。如选择“采购订单”表中的所有字段，如下图所示。

长见识：布局视图是用于修改窗体最直观的视图，在 Access 中可用于对窗体进行几乎所有需要的更改。

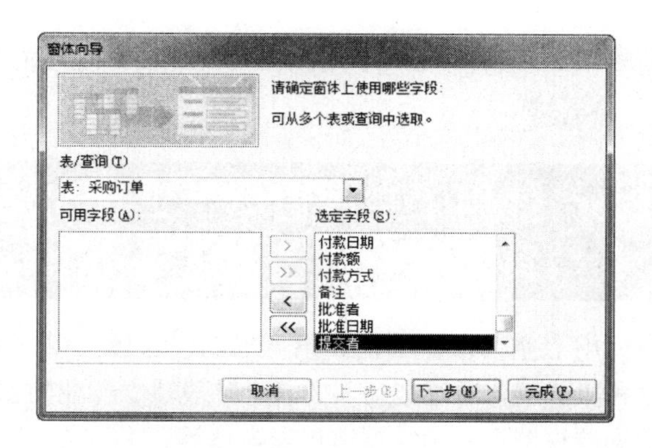

技巧

单击【<】或【<<】按钮，也可以将【选定字段】列表框中的字段移回到【可用字段】列表框中。

6. 单击【下一步】按钮，弹出选择窗体布局的对话框。这里提供了 4 种布局方式：【纵栏表】【表格】【数据表】和【两端对齐】。在本例中，选择【纵栏表】布局，如下图所示。

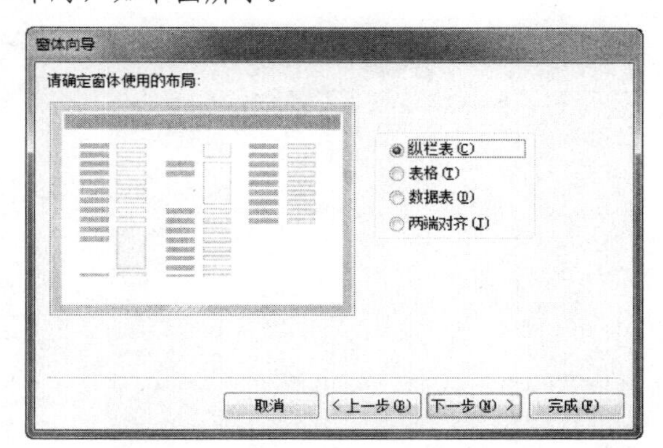

7. 单击【下一步】按钮，弹出为窗体定义名称的对话框。输入窗体名称为“采购订单”，然后可以选择是查看窗体还是在设计视图中修改窗体。
   在本例中，选中【打开窗体查看或输入信息】单选按钮，如下图所示。

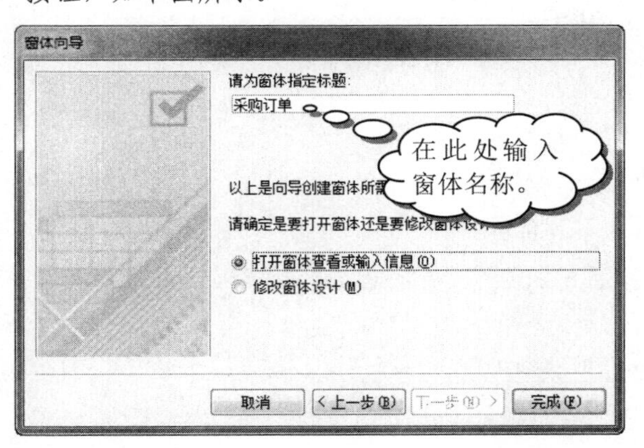

8. 单击【完成】按钮，即可完成此窗体的创建。创建的窗体效果如下图所示。

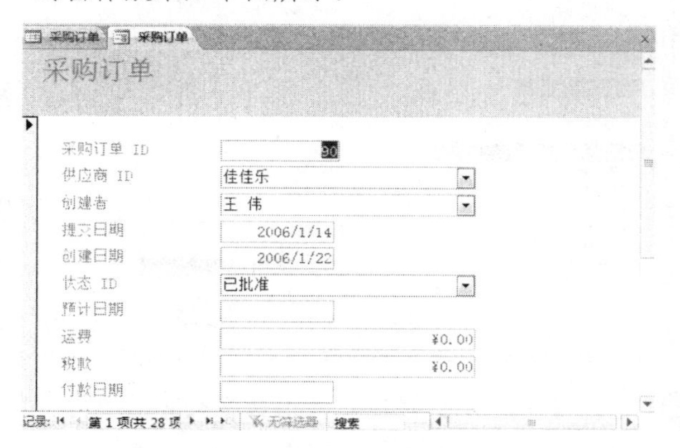

这样就完成了基于“采购订单”表的窗体的创建，该窗体以纵栏表的形式显示数据，和用窗体工具自动创建的窗体相比，它采用了统一的 Northwind 样式，但是没有“采购订单明细”子窗体。

2. 创建基于多表的主窗体和次窗体

上面创建的窗体仅仅采用了“采购订单”表作为数据源，是基于单表的窗体。利用窗体向导，也可以创建基于多表或多个查询的窗体。

创建单表窗体和多表窗体有一些操作是不一致的。下面以“窗体示例”数据库中的“采购订单”表和“采购订单明细”表为数据源，介绍建立基于多表窗体的方法。

操作步骤

1. 打开“窗体示例”数据库。单击【创建】选项卡下的【窗体】组中的【窗体向导】按钮。
2. 在弹出的【窗体向导】对话框中单击【表/查询】下拉列表框中的下拉按钮，选择“表：采购订单”作为该窗体的一个数据源，单击【>】按钮将所选字段移到【选定字段】列表框中。
3. 重新选择“表：采购订单明细”作为另一个数据源，单击【>】按钮将所选字段移到【选定字段】列表框中。在本例中，选择的字段如下图所示。

注意

在这里用到的表，必须是建立了关系的。根据关系是“一对一”还是“一对多”关系，系统将有不同的提示对话框。由于“采购订单”和“采购订单明细”之间是一对多的关系，因此在下一步中将弹出创建单窗体还是子窗体的选择按钮。

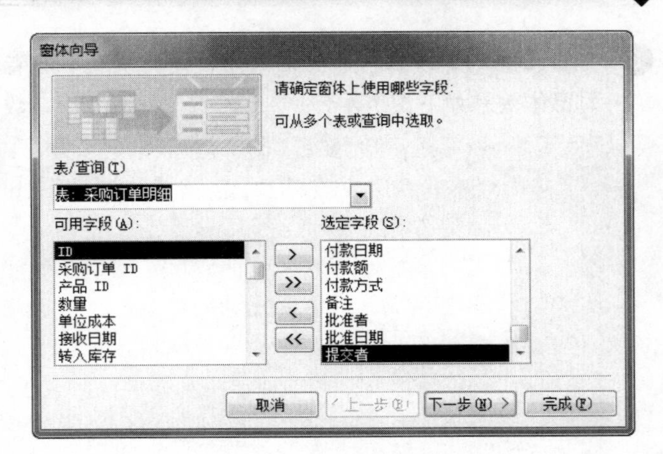

❹ 单击【下一步】按钮，弹出选择数据查看方式的对话框。由于数据来源于两个表，因此有“通过采购订单”和“通过采购订单明细”两种查看方式。要创建单个窗体，应该选择“通过采购订单明细”方式查看，如下图所示。

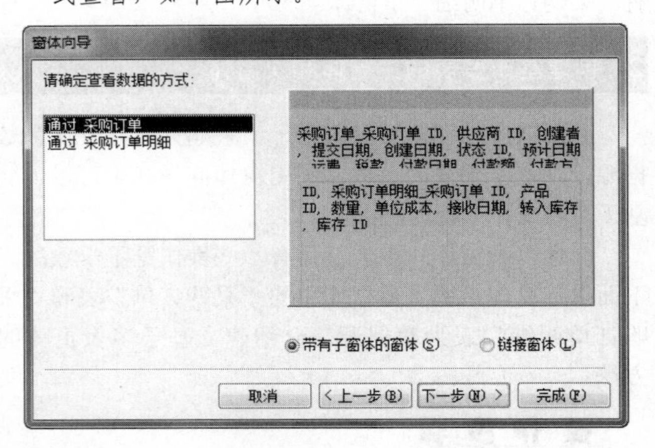

❺ 单击【下一步】按钮，弹出选择布局的对话框，再下一步选择显示样式，这里选择“纵览表布局”。

❻ 单击【下一步】按钮，输入窗体的名称为“采购订单明细_多表窗体”，单击【完成】按钮完成创建。完成的窗体如下图所示。

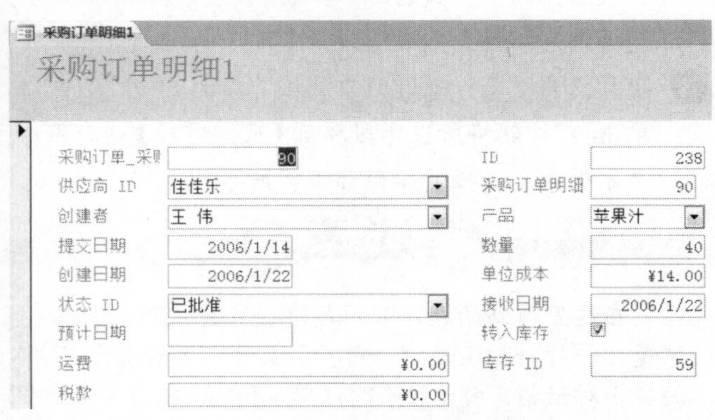

从最终的界面上是看不出基于表的个数的。这也恰恰是关系型数据库的优点，即数据表按不同主题分类存储信息，然后在应用中综合调用。上面的窗体就完美地体现了这一优点。

5.2.5 使用“空白窗体”工具创建窗体

使用“空白窗体”工具也可以创建窗体。用户可以在这种模式下，通过拖动表的各个字段建立专业的窗体，如数据透视图窗体和数据透视表窗体等。

下面以“窗体示例”数据库为例，介绍如何使用“空白窗体”工具创建窗体。

操作步骤

❶ 打开“窗体示例”数据库。在导航窗格中，打开任意表。本例中打开“采购订单”表。

❷ 单击【创建】选项卡下的【窗体】组中的【空白窗体】按钮，创建一个空白窗体，如下图所示。

❸ 在窗口右边的【字段列表】窗格中，显示了“采购订单”表中的所有字段，也显示了所有与该表相关联的表中的字段，以及其他表中的字段。直接双击要编辑的字段，或者拖动该字段到空白窗体，建立的窗体如下图所示。

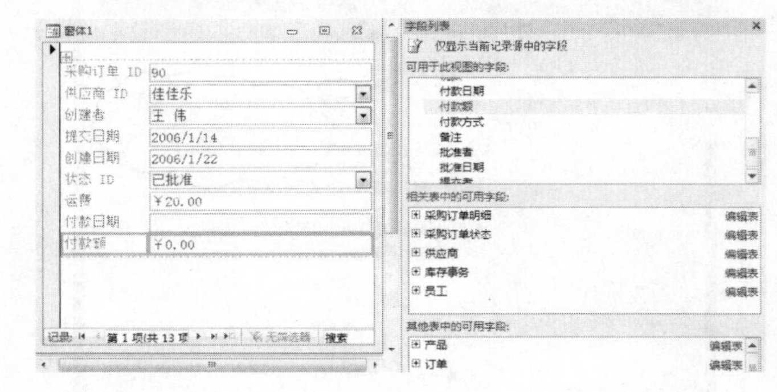

长见识 Access 根据窗体的功能和用途，可分为 3 种类型：数据输入窗体、程序导航窗体和弹出式窗体，这 3 种窗体都有各自不同的用途。

❹ 使用【窗体布局工具】选项卡下的各种工具可以向窗体添加徽标、标题、页码及日期和时间等，如下图所示。

❺ 保存建立的窗体，将窗体命名为“采购订单简明信息”，这样就利用空白窗体功能新建了一个窗体。

提示

使用“空白窗体”工具创建窗体是没有任何优势可言的，费时费力。但是当用户计划只在窗体上放置很少字段时，这种方法却是很快捷的。

5.3 创建高级窗体

前面详细介绍了普通窗体的创建方法，窗体中还有两个非常重要的内容没有介绍，即数据透视表窗体和数据透视图窗体，如下图所示。

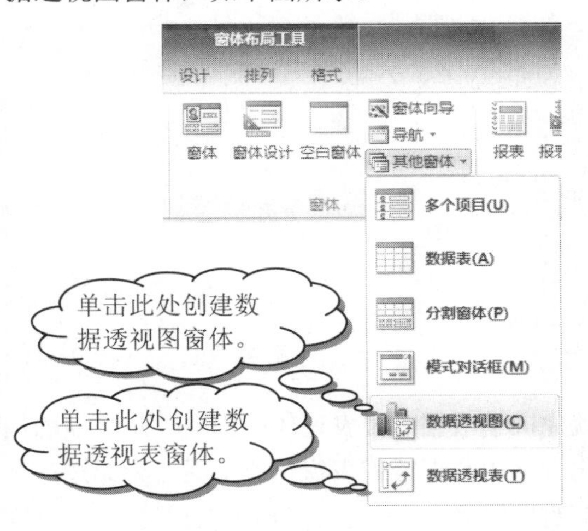

这两个窗体以图表的形式，形象地表现了数据的统计结果，大大提高了数据的直观性，增强了数据的分析功能。

在下面各个小节中，将介绍数据透视表窗体和数据透视图窗体的创建步骤。

5.3.1 创建数据透视表窗体

下面先来了解数据透视表的概念。

数据透视表是一种交互式的表，可以按设定的方式进行计算，如求和、计数等。数据透视表可以水平或者垂直显示字段的值，然后对每一行或者列进行合计。数据透视表也可以将字段值作为行号或者列标，在每一个行列的交汇处计算出各自的数量，然后计算小计和总计。

例如，如果人力资源部门要统计雇员薪酬构成的详细情况，可以将各项福利的名称作为列标题放在数据透视表的顶端，而将雇员名作为行标题放在数据透视表的左端，然后就可以统计雇员各项薪酬福利的详细构成了。

下面以“学生信息简表”数据库中的“学生信息表”为数据源，建立一个数据透视表窗体，在表中能够分类显示各专业学生在全国各省的分布情况。

操作步骤

❶ 启动 Access 2010，打开“学生信息简表”数据库。

❷ 在界面左边的导航窗格中打开“学生信息表”，表中各字段的名称如下图所示。

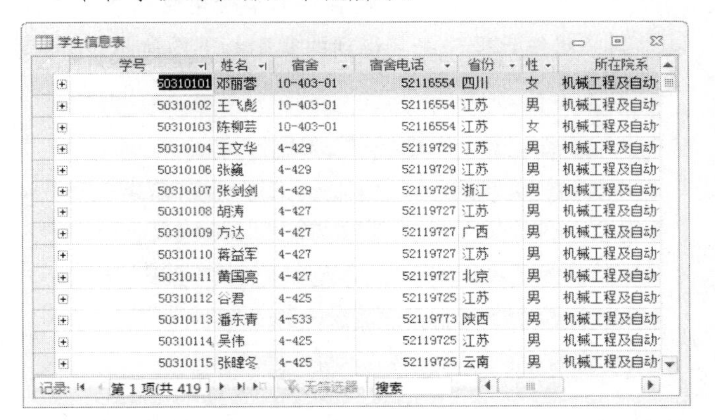

学号	姓名	宿舍	宿舍电话	省份	性	所在院系
50310101	邓丽蓉	10-403-01	52116554	四川	女	机械工程及自动
50310102	王飞彪	10-403-01	52116554	江苏	男	机械工程及自动
50310103	陈柳芸	10-403-01	52116554	江苏	女	机械工程及自动
50310104	王文华	4-429	52119729	江苏	男	机械工程及自动
50310106	张巍	4-429	52119729	江苏	男	机械工程及自动
50310107	张剑剑	4-429	52119729	浙江	男	机械工程及自动
50310108	胡涛	4-427	52119727	江苏	男	机械工程及自动
50310109	方达	4-427	52119727	广西	男	机械工程及自动
50310110	蒋益军	4-427	52119727	江苏	男	机械工程及自动
50310111	黄国亮	4-427	52119727	北京	男	机械工程及自动
50310112	谷君	4-425	52119725	江苏	男	机械工程及自动
50310113	潘东青	4-533	52119773	陕西	男	机械工程及自动
50310114	吴伟	4-425	52119725	江苏	男	机械工程及自动
50310115	张睦冬	4-425	52119725	云南	男	机械工程及自动

❸ 单击【创建】选项卡下的【窗体】组中【其他窗体】按钮，在弹出的下拉列表中选择【数据透视表】选项，进入数据透视表的设计视图，如下图所示。

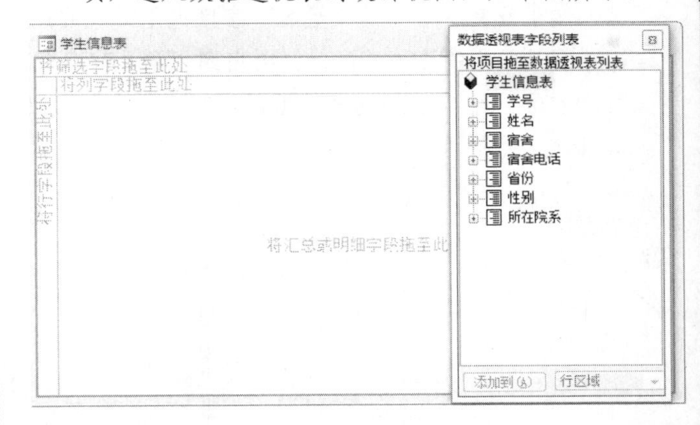

❹ 在【数据透视表字段列表】窗格中，选择要作为透视表行、列的字段。本例要在透视表的左边列中显示全国各个省份，上边行中显示各个专业的名称，

学以致用系列丛书

窗体也提供了各种不同的视图，在不同的视图中有不同的操作。窗体具有的视图方式主要有设计视图、窗体视图、布局视图等。

长见识

中间显示学生的学号、姓名和宿舍电话等信息。因此相应的操作过程为：选择“省份”字段，再选择下拉列表框中的【行区域】，然后单击【添加到】按钮，将“省份”添加到数据透视表中；或者直接将“省份”字段拖动到“行区域”，如下图所示。

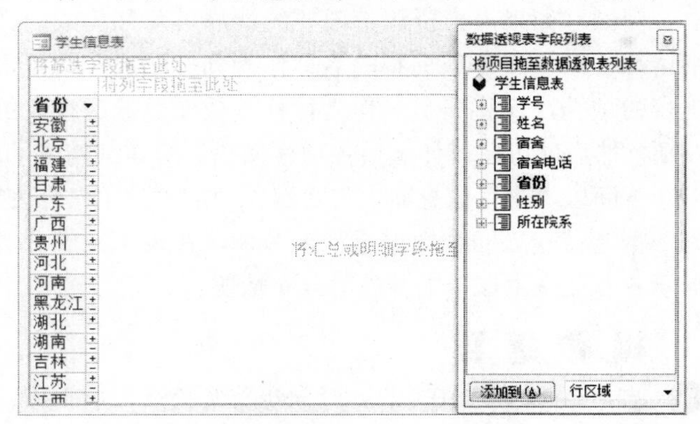

❺ 用同样的方法，将“所在院系”字段添加到“列区域”，将“学号”“姓名”“宿舍电话”字段添加到“明细数据”中，得到的视图如下图所示。

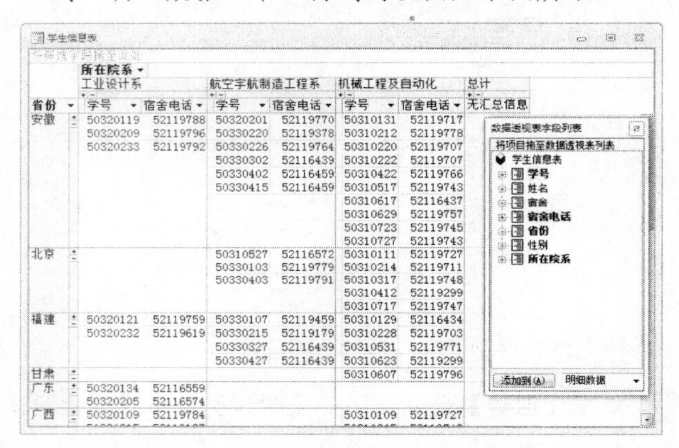

❻ 在“学生信息表”中，只有“学号”字段是唯一的(当然，学生没有重名时，“姓名”字段也是唯一的)，因此统计学生的汇总信息时，要用到“学号”字段。将“学号”字段添加到“数据区域”，得到的统计信息如下图所示。

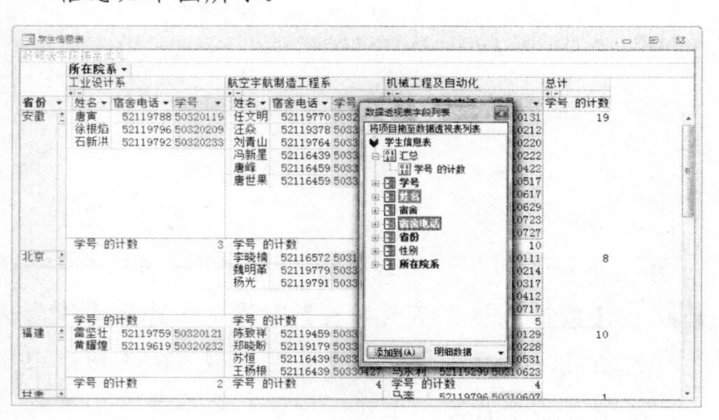

❼ Access 中提供了【显示/隐藏】组来控制各种信息的显示。例如，在组中单击 隐藏详细信息按钮，可以隐藏字段的明细数据，效果如下图所示。

学生信息表

省份	工业设计系 学号 的计数	航空宇航制造工程系 学号 的计数	机械工程及自动化 学号 的计数	总计 学号 的计数
安徽	3	6	10	19
北京		3	5	8
福建	2	4	4	10
甘肃			1	1
广东	2			2
广西	2		3	5
贵州		4	3	7
河北	4	4	4	12
河南		4	9	13
黑龙江	2	4	3	9
湖北	2	5	7	14
湖南	3	3	7	13
吉林		4	2	6
江苏	25	14	129	168
江西		7	8	15
辽宁		8	1	9
内蒙			2	2
宁夏	2			2
山东	5	6	4	15
山西				

❽ 单击字段旁的“-”号，也可隐藏该透视表的明细数据，隐藏明细数据后显示的视图如下图所示。单击“+”号即可显示明细数据。

学生信息表

省份	工业设计系 姓名	宿舍电话	学号	航空宇航制造工程系 学号 的计数	机械工程及自动化 学号 的计数	总计 学号 的计数
安徽	唐寅	52119788	50320119	6	10	1
	徐根焰	52119796	50320209			
	石新洪	52119792	50320233			
	学号 的计数		3			
北京	学号 的计数			3	5	
福建	雷坚壮	52119759	50320121	4	4	1
	黄耀煌	52119619	50320232			
	学号 的计数		2			
甘肃	学号 的计数				1	
广东	骆乐	52116559	50320134			
	邢白夕	52116574	50320205			
	学号 的计数		2			
广西	邹俊	52119784	50320109		3	
	赵偲	52119137	50320215			
	学号 的计数		2			
贵州	学号 的计数			4	3	
河北	张瑞龙	52119792	50320127	4	4	1
	陈吉利	52119798	50320210			
	赵振海	52119137	50320217			
	李惠娟	52116558	50320221			

这样就完成了数据透视表窗体的创建。从上面的例子可以看出，运用数据透视表窗体比前面曾介绍过的交叉表查询有明显的优势——它可以显示数据的明细记录，功能更加强大，操作更加简便。

修改数据表中的记录以后，必须单击【刷新数据透视表】按钮，刷新数据透视表中的数据。

用户可以将生成的数据透视表窗体导出到 Excel 电子表格中，使该窗体数据成为 Excel 数据，增强数据的共享性。导出的数据自动存放在两张表中，一张存放统计信息，另一张存放详细信息，如下图所示。

长见识：在 Access 的窗体视图中可以执行的操作有：添加或删除记录；筛选、排序或者查找记录；编辑、检查或者打印记录；直接定位到所需记录等。

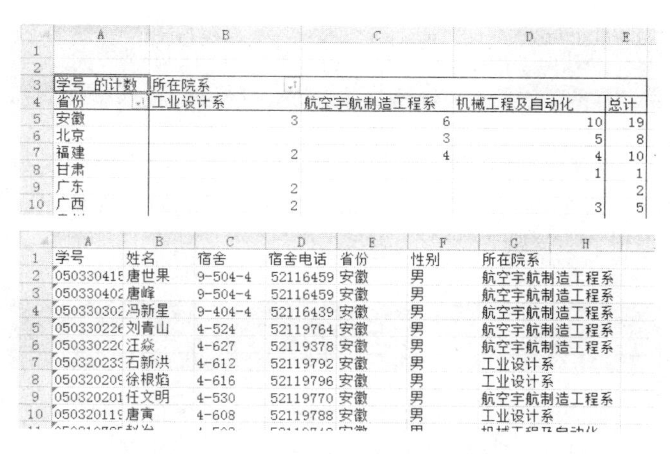

	A	B	C	D	E
1					
2					
3	学号 的计数	所在院系			
4	省份	工业设计系	航空宇航制造工程系	机械工程及自动化	总计
5	安徽	3	6	10	19
6	北京		3	5	8
7	福建	2	4	4	10
8	甘肃			1	1
9	广东	2			2
10	广西	2		3	5

	A	B	C	D	E	F	G	H
1	学号	姓名	宿舍	宿舍电话	省份	性别	所在院系	
2	050330415	唐世果	9-504-4	52116459	安徽	男	航空宇航制造工程系	
3	050330402	唐峰	9-504-4	52116459	安徽	男	航空宇航制造工程系	
4	050330302	冯新星	9-404-4	52116439	安徽	男	航空宇航制造工程系	
5	050330226	刘青山	4-524	52119764	安徽	男	航空宇航制造工程系	
6	050330220	汪焱	4-627	52119378	安徽	男	航空宇航制造工程系	
7	050320233	石新洪	4-612	52119792	安徽	男	工业设计系	
8	050320209	徐根焰	4-616	52119796	安徽	男	工业设计系	
9	050320201	任文明	4-530	52119770	安徽	男	航空宇航制造工程系	
10	050320119	唐寅	4-608	52119788	安徽	男	工业设计系	

用户可以单击【数据】组中的【导出到 Excel】按钮，将数据导出。具体的操作步骤请用户自行试验，这里不再详细介绍。

5.3.2 创建数据透视图窗体

数据透视图窗体，在以前的 Access 版本中称为作图表窗体，它是以图形的方式，显示数据的统计信息，使数据更加具有直观性，如常见的柱状图、饼图等都是数据透视图的具体形式。

在本节中，同样以“学生信息简表”数据库中的“学生信息表”为数据源，建立一个数据透视图窗体，以分布直方图的形式统计全国的招生情况。本例要在透视图的下方显示全国各个省份，统计的信息为学生人数。

操作步骤

1. 打开“学生信息简表”数据库，打开“学生信息表”。
2. 单击【创建】选项卡下的【窗体】组中的【其他窗体】按钮，在弹出的下拉列表中选择【数据透视图】选项，进入数据透视图的设计视图，如下图所示。

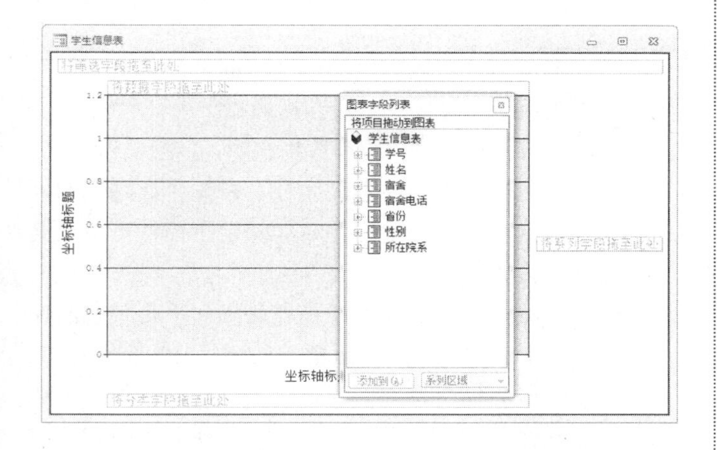

3. 在弹出的【图表字段列表】窗格中，选择要作为透视图分类的字段。选择“省份”字段，选择下面下拉列表框中的“省份”，单击【添加到】按钮，将“省份”添加到数据透视图中；或者直接将“省份”字段拖动到“分类区域”中，如下图所示。

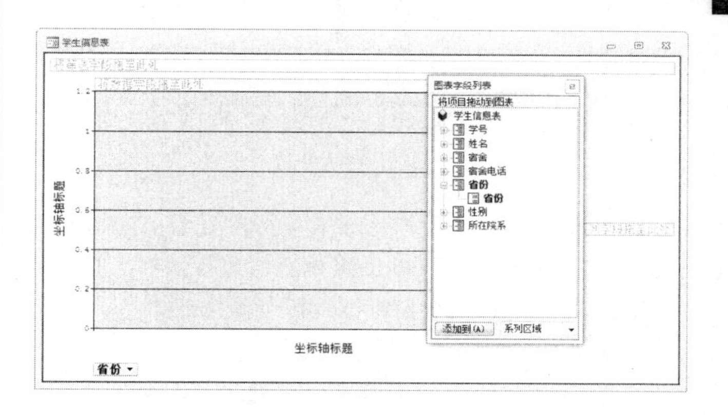

4. 用同样的方法，将“学号”字段添加到“数据区域”中，得到的视图如下图所示。

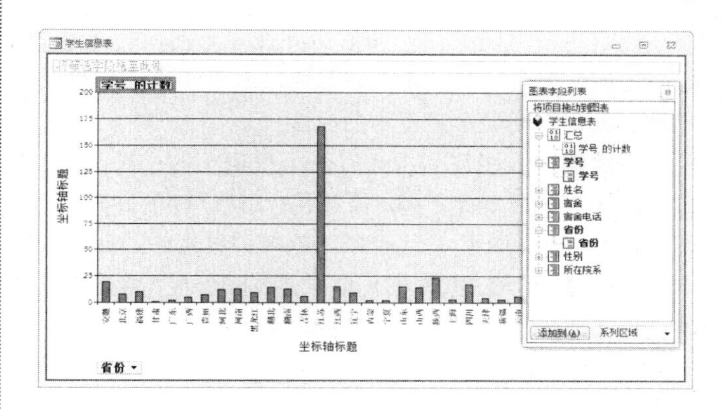

5. 这样就显示了统计内容。在统计数据中，直观地显示了学生在全国的分布情况。还可以将“所在院系”字段添加到右边的“系列区域”中，分类统计各个院系学生的分布情况，如下图所示。

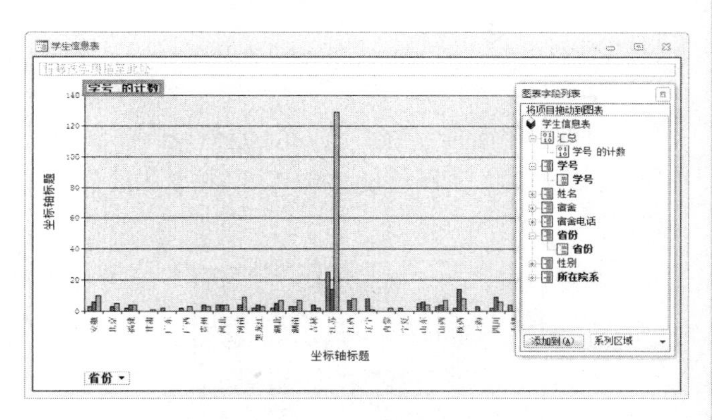

6. 关闭【图表字段列表】窗格，单击【拖放区域】按钮隐藏拖放区域，得到完整的统计视图。

当窗体中具有多个窗体控件时，用窗体的设计视图创建窗体的工作量较大。此时，用户可以使用窗体向导，创建一个具有多个结合型空间的窗体。

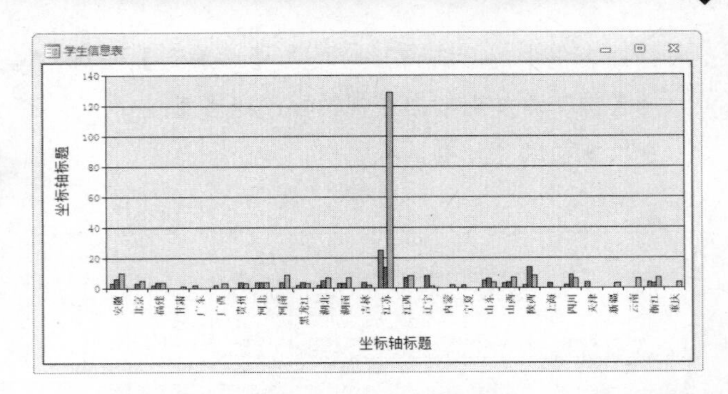

这样，就可以按照院系来查看学生在各省的分布情况了。除此以外，还可以按照直方图进行排序、按横坐标字段排序等，请用户自行试验各个操作。

当选择一个直方图设置颜色的时候，更改的只是一个直方图的颜色，若想更改某个系列全部的颜色，该怎么办呢？其实只要双击某个直方图，系统就会自动选定所有相同系列的直方图，这样就可以一次设定所有的颜色了。

还有更简单的方法，即右击并在弹出的快捷菜单中选择【属性】命令，在【常规】选项卡中任意选择对象，每种对象均自动显示其不同的属性。

在数据透视图窗体中还有一个很重要的选项没有介绍，即图表的“类型”选项，系统默认创建的是直方图图表，而实际上，用户还可以创建多种类型的图表。

单击【设计】选项卡下的【更改图表类型】按钮，将弹出【属性】对话框，如下图所示。

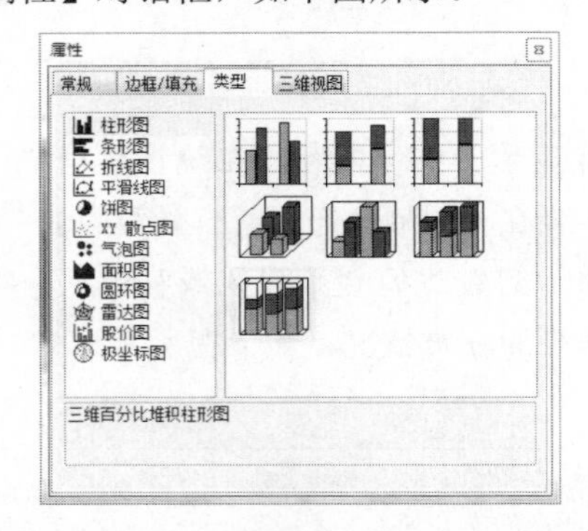

可以创建平面直方图(柱状图)、立体柱状图、条形图、折线图、饼图等，下图就是上例中立体柱状图的视图。

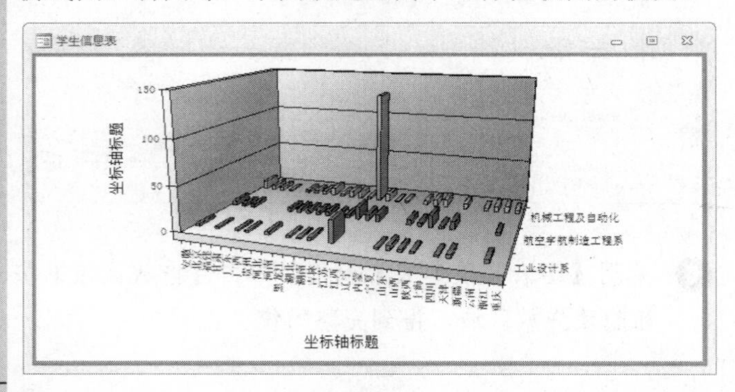

5.4 使用窗体控件

利用控件，可以查看和处理数据库应用程序中的数据。最常用的控件是文本框，其他控件还有命令按钮、标签、复选框和子窗体/子报表。

5.4.1 控件概述

如果想在窗体的设计视图中创建属于自己的窗体，就需要掌握窗体的基本构成元素——控件。窗体是由窗体主体和各种控件组合而成的，在窗体的设计视图中，可以对这些控件进行创建，并设置其各种属性，创建出功能强大的窗体。

简单来说，控件就是各种用于显示、修改数据，执行操作和修饰窗体的各种对象，它是构成用户界面的主要元素。

可以简单地把控件理解为窗体中的各种对象，比如标签、文本框等。在窗体的设计视图中，可以看到窗体的各种类型的控件，如下图所示。

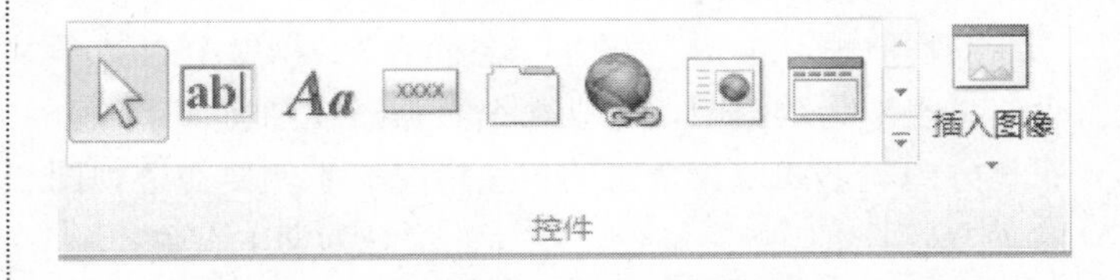

5.4.2 控件类型

控件通常分为绑定型、非绑定型和计算型3类。

- 绑定型控件：以表或者查询作为数据源，用于显示、输入及更新数据表中的字段。很显然，当表中记录改变时，控件内容也随之改变，如窗体中显示雇员姓氏的文本框可以从“雇员”表中的“姓氏”字段获得数据。
- 非绑定型控件：没有数据来源，包括显示信息、线条和图像控件等，如显示窗体“标题”的标签就是非绑定型控件。非绑定型控件可用于美化窗体。
- 计算型控件：数据源是表达式而不是字段的控件。表达式可以是运算符(如=、+)、控件名称、字段名称、返回单个值的函数等。例如：表达式“=[单价]*0.75”即为用“单价”字段的值乘以常量值“0.75”来计算折扣率为25%的商品价格。表达式所使用的数据可以来自窗体的数

长见识　窗体的【设计视图】是创建和修改窗体的强有力工具。通过窗体的设计视图可以创建和修改任何类型的窗体，当在该视图中创建窗体以后，用户即可在窗体视图中查看创建的窗体。

据源表或查询中的字段，也可以来自窗体上的其他控件。

在下面各个节中，将着重介绍如何添加和使用最常见的控件。

5.4.3 使用窗体控件

本节将详细介绍各种控件的使用方法。

1. 使用标签控件

标签控件用于在窗体、报表中显示一些描述性的文本，如标题或者说明等。

标签控件可以分为两种：一种是可以附加到其他类型控件上，和其他控件一起创建结合型控件的标签控件；另一种是利用标签工具人为创建的标签。在结合型控件中，标签的文字内容可以随意更改，但是用于显示字段值的文本框中的内容是不能随意更改的，否则将不能与数据源表中的字段对应，不能显示正确的数据。

使用【控件】组中的标签工具创建的标签是典型的非绑定型控件，它只能单向地向用户传达信息，即只读。标签控件是可以独立存在的，如窗体中的“标题”就是一个典型的标签控件。下面以在“窗体示例”数据库中为 AutoWin1 窗体修改标题，并添加标签控件为例进行介绍，具体操作步骤如下。

操作步骤

1. 打开“窗体示例”数据库，打开 AutoWin1 窗体，并进入窗体的设计视图。
2. 在【窗体页眉】中，修改标题“采购订单”为“我的采购订单”，并设置标题的格式，如下图所示。

3. 单击【控件】组中的【标签】按钮，在【窗体页眉】区域中按下鼠标左键，拖动鼠标绘制一个方框，放开鼠标，在方框中输入“罗斯文贸易公司”文本，设置文本格式如下图所示。

4. 设置窗体其余各个字段名称的字号、字体和颜色，最终设置效果如下图所示。

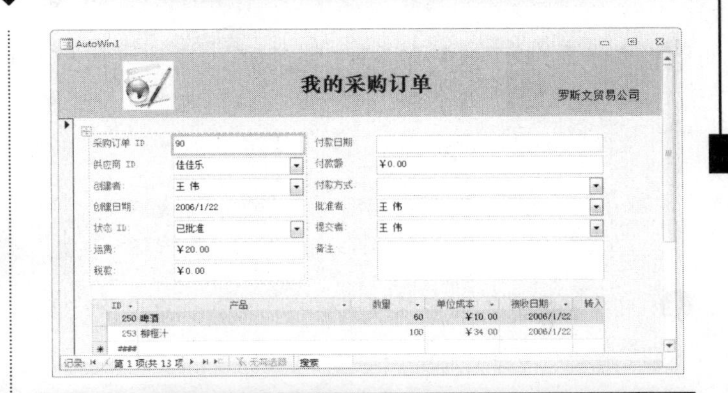

2. 使用文本框控件

文本框控件用于显示数据，也可让用户输入或者编辑信息，它是最常用的控件。文本框既可以是绑定型和非绑定型的，也可以是计算型的。如果文本框用于显示某个表或者查询的数据源记录，那么文本框是绑定型的；如果用于接收用户输入或者显示计算结果等，那么该文本框是非绑定型的，非绑定型文本框中的数据将不被保存。

下面以在“窗体示例”数据库中为 AutoWin1 窗体添加用于显示供应商联系人信息的绑定型文本框为例进行介绍，具体操作步骤如下。

提示

绑定型文本框显示表或查询中的字段内的数据。在 Access 中创建绑定型文本框最快速的方法是将字段从【字段列表】窗格拖动到窗体或报表上。

操作步骤

1. 打开“窗体示例”数据库，并打开 AutoWin1 窗体，进入窗体的设计视图。
2. 在页面的下面添加标签控件，标签文字为“联系人信息”。
3. 单击【工具】组中的【添加现有字段】按钮，弹出【字段列表】窗格，如下图所示。

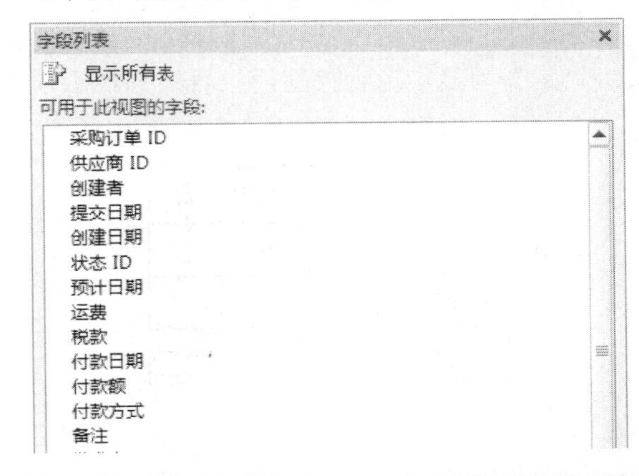

数据透视表是一种交互式的表，它可以按照选定的方式进行计算。例如，数据透视表可以水平或者垂直显示字段值，然后计算每一行或列的合计值。

❹ 单击【字段列表】窗格中“供应商”表前的“+”号，拖动“姓氏”“名字”“业务电话”和“电子邮件地址”字段到该窗体中，如下图所示。

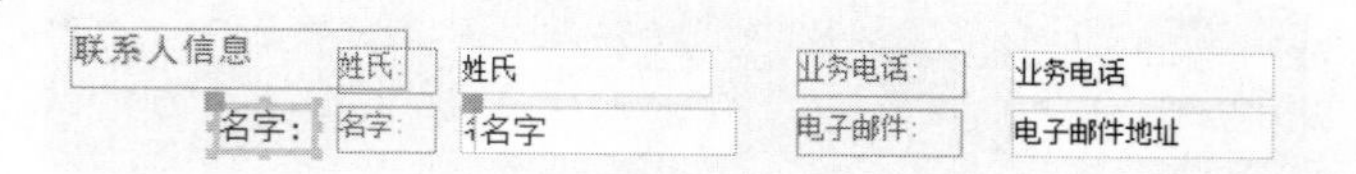

❺ 这样就完成了绑定型文本框的创建和设置，最终效果如下图所示。

3. 使用复选框、单选按钮和切换按钮

在 Access 2010 中，“是/否”字段只存储两个值：“是”或“否”。如果使用文本框显示“是/否”字段，则该值显示“-1”表示“是”，显示“0”表示“否”。这些值对大多数用户而言没有什么意义，因此 Access 2010 提供了复选框、选项按钮和切换按钮，用户可以用它们来显示和输入“是/否”值。这些控件提供了“是/否”值的图形化表示，以便于使用和阅读。

在大多数情况下，复选框是表示“是/否”值的最佳控件。这也是在窗体或报表中添加“是/否”字段时创建的默认控件类型。相比之下，选项按钮和切换按钮通常用作选项组的一部分。

下表显示了这 3 个控件以及它们表示“是/否”值的方式。“是”列显示选定控件，“否”列显示未选定控件。

控件	是	否
复选框	☑	☐
单选按钮	⊙	○
切换按钮	▭	▭

复选框、单选按钮和切换按钮也可以分为绑定型和非绑定型。和创建绑定型文本框一样，直接将字段中的“是/否”数据类型字段拖动到窗体中，是建立绑定型复选框最快捷的方法。

如果需要，可以将复选框控件更改为选项按钮或切换按钮。要执行此操作，可以右击复选框，选择快捷菜单中的【更改为】子菜单，然后选择【切换按钮】或【选项按钮】命令，如下图所示。

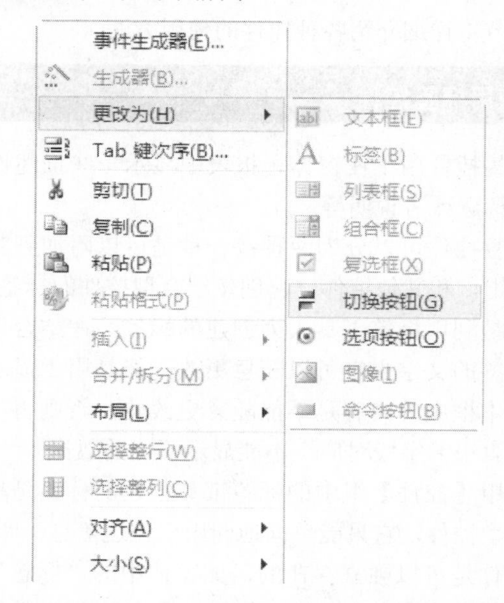

当然也可以创建未绑定型复选框、单选按钮或切换按钮等来接收用户的输入，并根据输入内容执行相应的操作。

在后面的选项组控件中还将使用复选框、单选按钮等，因此具体的创建步骤将在后面介绍。

4. 使用选项组

选项组可以包含多个切换按钮、单选按钮或复选框。当这些控件位于同一个选项组中时，它们一起工作，而不是独立工作，但是在同一时刻，只能选中其中一个。这类似于平时所说的“单项选择题”。

通常情况下，只有在选项的数目小于 4 个时，才使用选项组，大于或等于 4 个时推荐使用组合框(即下拉式列表框)控件，因为当选项大于或等于 4 个时，使用选项组控件会占用太多的界面面积。

如果将选项组绑定到字段，则只是将组合框本身绑定到该字段，而框内包含的控件并没有绑定到该字段。不要为选项组中的每个控件设置【控件来源】属性，而是将每个控件的【选项值】属性设置为对组框所绑定到的字段有意义的数字。

长见识 程序导航窗体是一种特殊的窗体，主要用于各种数据库对象和功能之间的切换。在 Access 2010 中，用户可以直接在窗体的设计视图中设计导航窗体。

技巧

一般而言，使用复选框表示“是/否”字段，使用单选按钮或切换按钮表示选项组，这是最标准的做法。

下面以在“窗体示例”数据库中建立“选项组控件示例”窗体为例进行介绍，要求在其中添加各种选项控件。

操作步骤

1. 打开“窗体示例”数据库，单击【创建】选项卡下的【空白窗体】按钮，新建一个空白窗体。
2. 右击，在弹出的快捷菜单中选择【设计视图】命令，进入该窗体的设计视图。
3. 单击【控件】组中的【选项组】按钮，在窗体空白处单击，弹出【选项组向导】对话框，如下图所示。

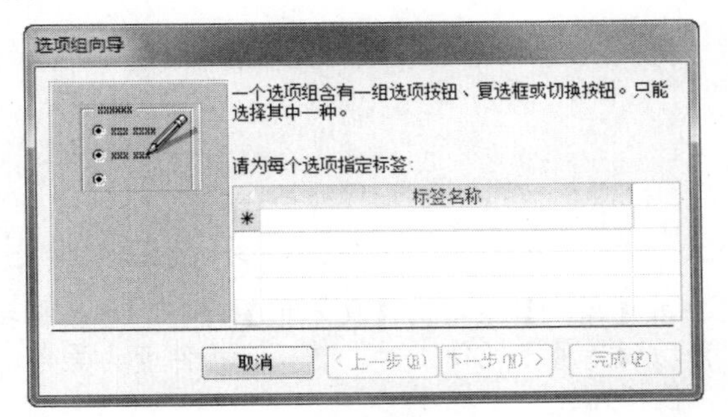

4. 在【标签名称】下面输入各个选项的名称，如在本例中输入各种职业，如下图所示。

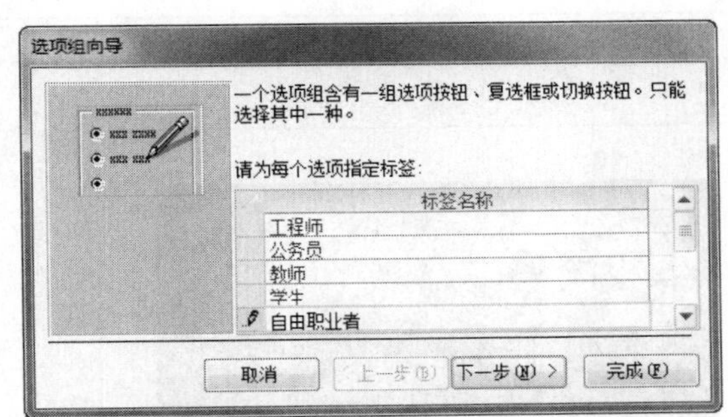

5. 单击【下一步】按钮，选择某一项作为该选项组的默认选项，如下图所示。

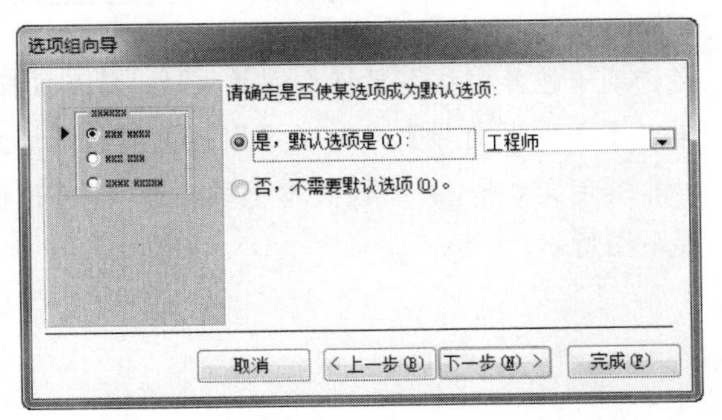

6. 单击【下一步】按钮，设置各个选项对应的数值，将选项组的值设置成指定的选项值，如下图所示。

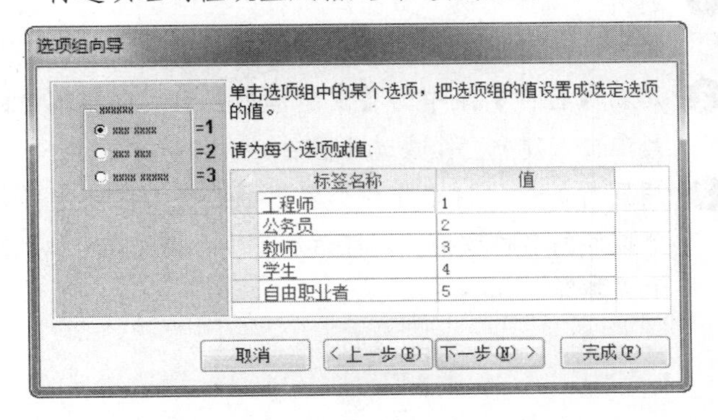

7. 单击【下一步】按钮，在选项组中选择使用的选项控件，并设定所使用的样式，如下图所示。

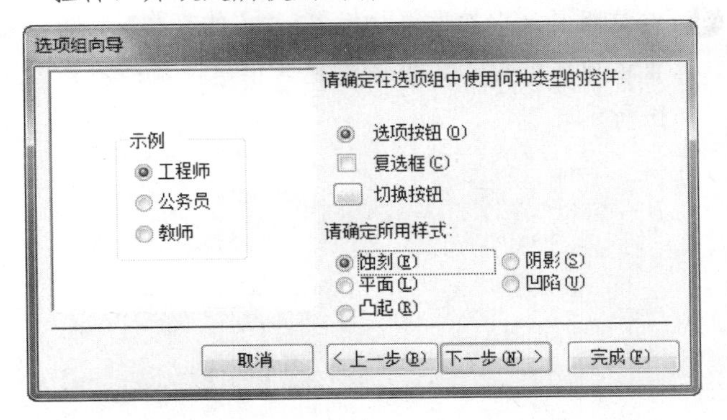

8. 单击【下一步】按钮，输入该选项组的名称为“您的职业”，如下图所示。单击【完成】按钮，完成该选项组的创建。

这样就利用【选项组向导】创建了一个选项组。用户也许要问，如果想在创建好的选项组中添加选项，该怎么办呢？其实这个问题很简单，只需要单击该选项按钮控件，然后在选项组区域中单击即可添加一个选项。

下面再为此窗体加上“您的兴趣”调查。由于选项组控件返回的只能是一个值，即只能是单选，而一个人的兴趣可能有多项，因此在这里使用复选框控件来实现此调查，具体操作步骤如下。

创建的弹出式窗体可以是模式的，也可以是非模式的。弹出式模式窗体浮动在所有其他窗体之上，并且操作该窗体以前，不能操作其他窗体中的对象。

操作步骤

1. 打开“窗体示例”数据库，打开上例建立的“选项组控件示例”窗体，并进入该窗体的设计视图。
2. 单击【控件】组中的【复选框】按钮，在窗体空白处单击，建立一个复选框控件。
3. 用同样的方法再建立两个复选框控件，并依次将各个控件的名称改为“体育活动”“艺术欣赏”和“其他兴趣”，如下图所示。

体育活动

艺术欣赏

其他兴趣

4. 给这组复选框控件添加标签 “您的兴趣”。另外设置该窗体的标题、背景颜色等信息，最终界面如下图所示。

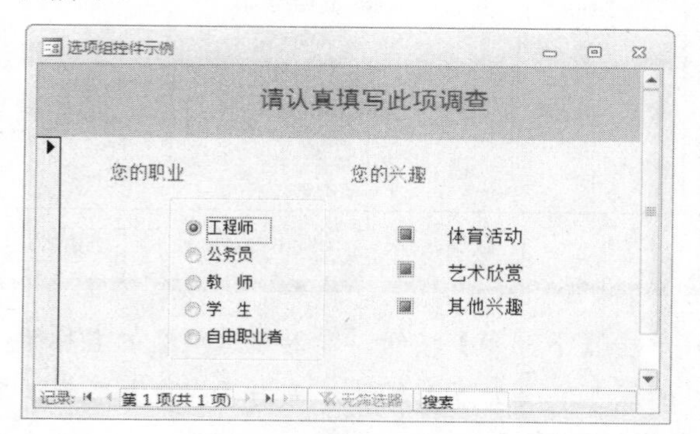

这样就利用各种选项控件完成了一个调查问卷窗体的设计。

5. 使用选项卡控件

选项卡控件也是重要的选项控件之一，它可以在一个窗体中呈现多页分类数据。例如：下图是一个最简单的 Windows 选项卡的例子。

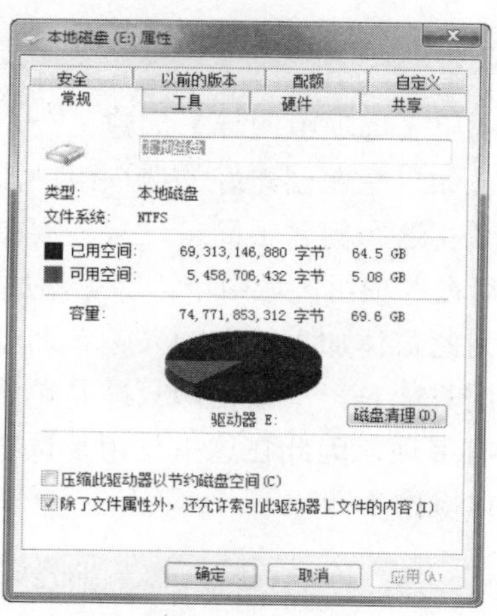

选项卡就是通过对相似数据的分组，在一个比较小的区域中显示多个数据界面。下面说明选项卡控件的用法。

操作步骤

1. 打开“窗体示例”数据库，新建一个“选项卡控件示例”空白窗体，并进入窗体的设计视图。
2. 单击【控件】组中的【选项卡控件】按钮，在【主体】区域中单击，建立一个选项卡控件，如下图所示。

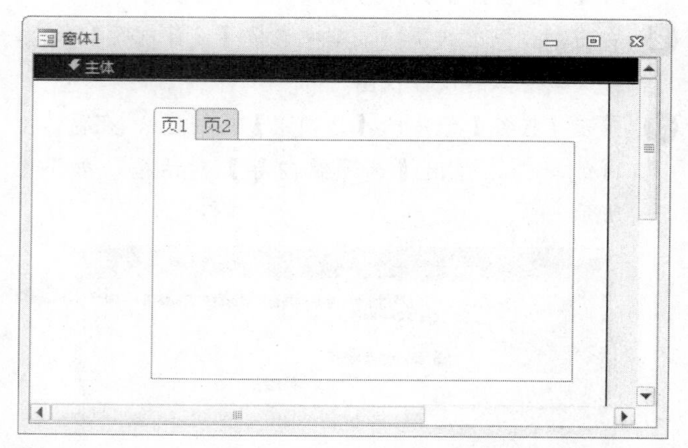

3. 单击【控件】组中的【文本框】按钮，当鼠标指针移动到选项卡控件上时，选项卡控件变为黑色，如下图所示。

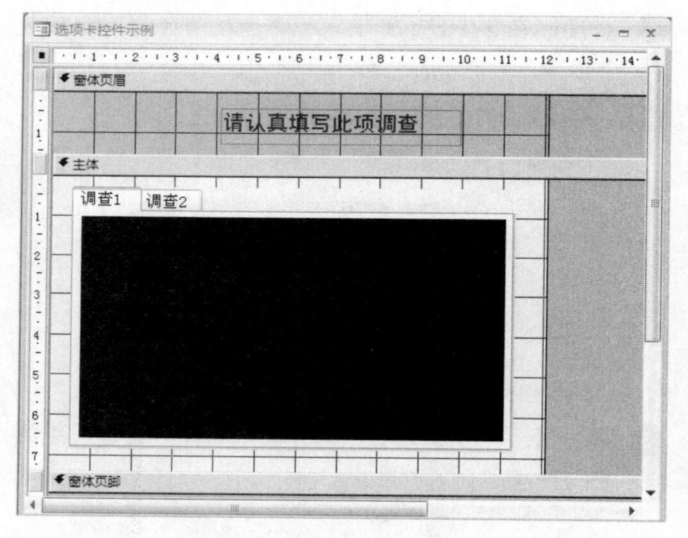

4. 在选项卡控件中按下鼠标左键并拖动。放开鼠标后，弹出【文本框向导】，单击【取消】按钮，添加一个非绑定文本框，并将该文本框命名为“您的建议”，如下图所示。

长见识

列表框和组合框是常用的两种控件。这两者均可实现用户选择的功能，用户只要在选择项中选择相应的字段值即可，而不需要利用文本框进行输入。

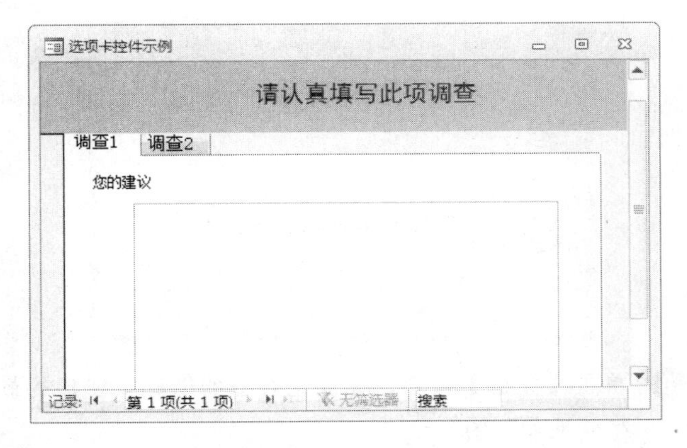

❺ 用上一小节讲述的方法，在【调查 2】选项卡中添加调查问卷，如下图所示。

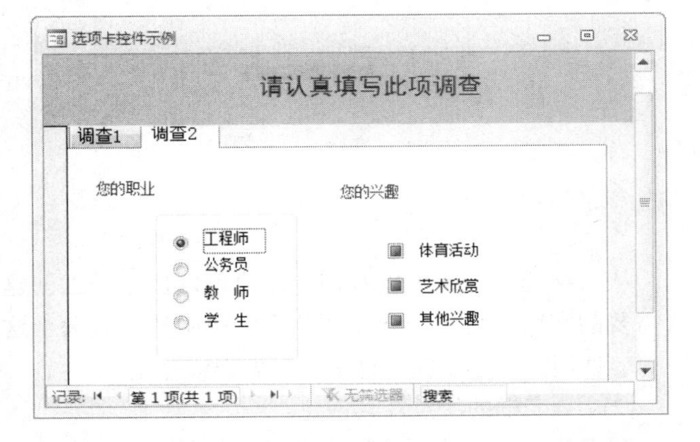

可以看到，选项卡控件最初只显示两个选项卡页面。在窗体的设计视图中选择每个选项卡时会显示不同的页，每个页上都可以显示放置的控件。

在选项卡上右击，然后在弹出的快捷菜单中选择【插入页】命令，可在选中的页面之前插入新页；也可以选择【删除页】命令，删除此页面，如下图所示。

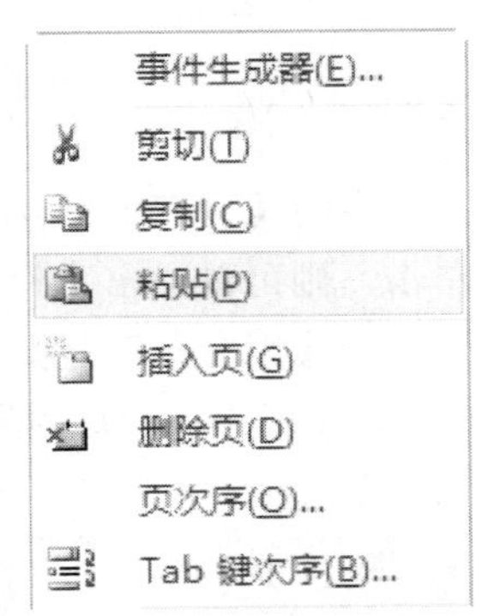

可以调整控件的大小，但是不能调整选项卡页面的大小，一个单独的页面没有外观属性，只有选项卡本身才有属性。

6.　使用列表框和组合框

组合框最初显示为一个带有箭头的单独行，即平常所说的下拉列表框。列表框控件像下拉式菜单一样在界面上显示一列数据。相信大多数用户以前都接触过，列表框几乎可以显示任意数目的字段，调整列表框的大小即可显示更多或者更少的记录。

(1)　组合框的特点及其创建。

组合框提供的选项有很多，但是它所占用的空间却很少，这是组合框最大的优点之一。另外，组合框允许输入非列表中的值，这也是与列表框最大的区别之一。

下面以在“窗体示例”数据库中创建一个“组合框和列表框控件示例”窗体为例进行介绍，具体操作步骤如下。

操作步骤

❶ 打开“窗体示例”数据库，新建一个空白窗体，并进入窗体的设计视图。

❷ 单击【控件】组中的【组合框控件】按钮，并在窗体的【主体】区域单击，弹出【组合框向导】对话框，如下图所示，选中【使用组合框获取其他表或查询中的值】单选按钮，将表中的记录作为选项。

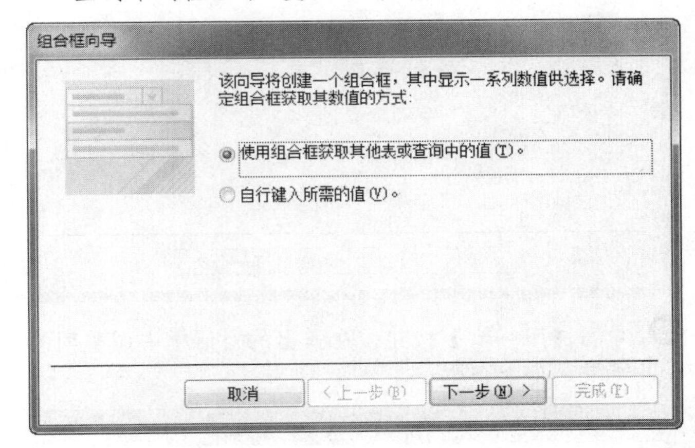

❸ 单击【下一步】按钮，弹出选择表来源的对话框，选择“表：供应商”作为提供数据的表，如下图所示。

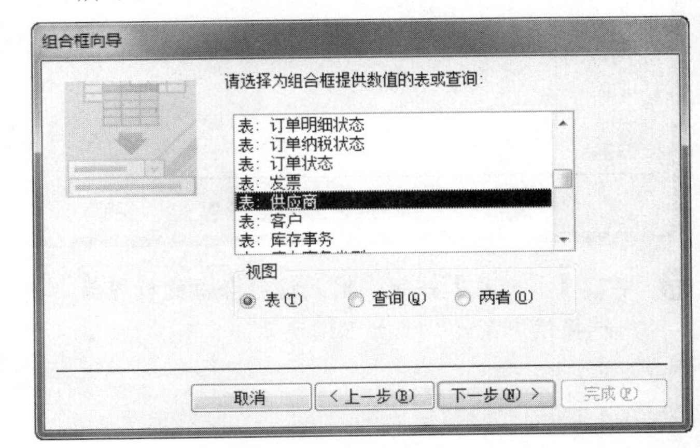

学以致用系列丛书

组合框的优点是：列表在打开后才能显示内容，所以该控件在窗体中占用的空间较少。用户也可以设定在列表中是否可以输入列表以外的值。

长见识

4 单击【下一步】按钮，弹出选择字段列表的对话框，选择“公司”字段，作为组合框中选项的数据来源，如下图所示。

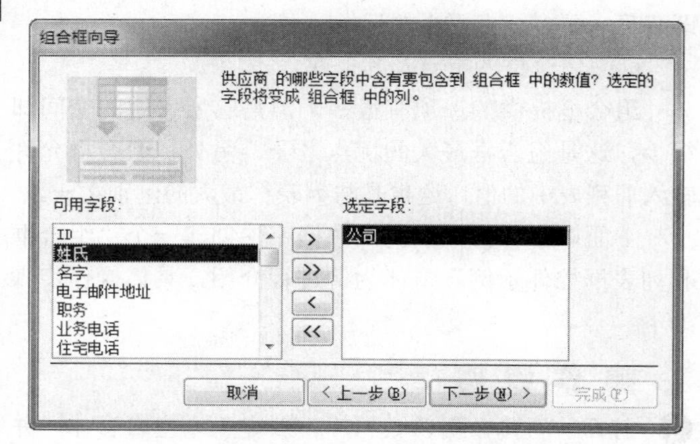

5 单击【下一步】按钮，选择数据的排序方式，如下图所示。

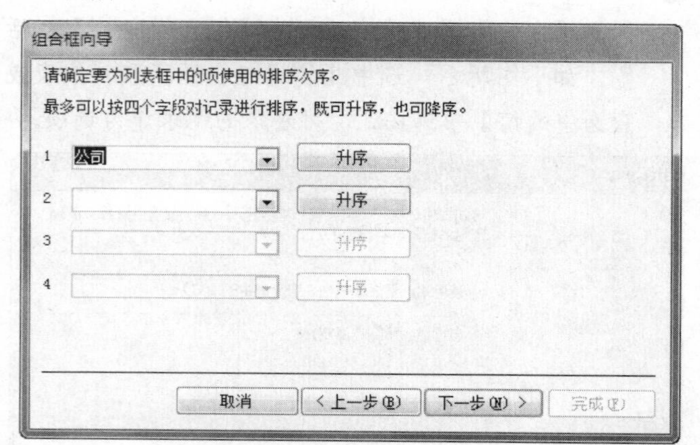

6 单击【下一步】按钮，在弹出的对话框中调整列的宽度，如下图所示。

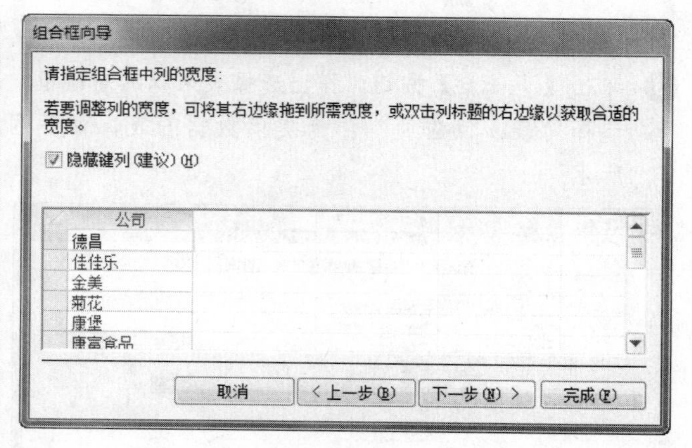

7 单击【下一步】按钮，输入该组合框的标签为“请您选择供应商：”，如下图所示。

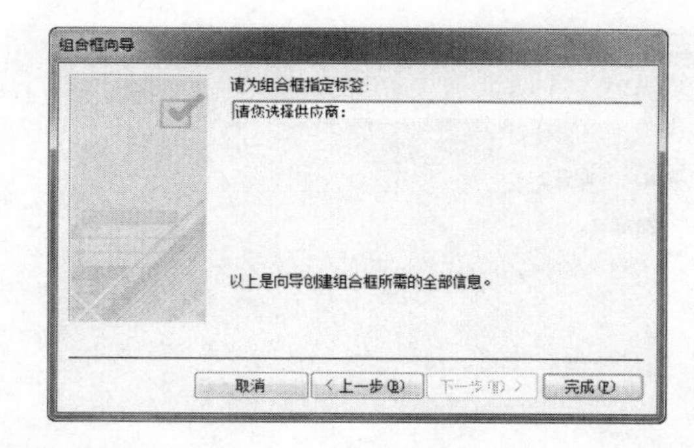

8 单击【完成】按钮，完成组合框的创建。创建的最终效果如下图所示。

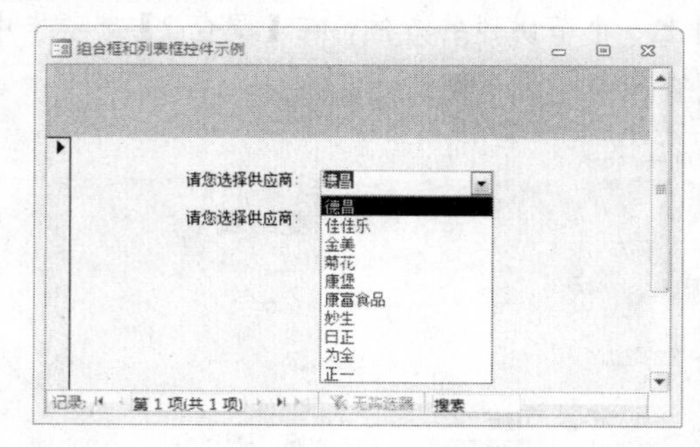

从向导的第一步可以看到，用户可以自己手工创建所需要的字段，而不一定非要从表字段中选取。关于这一内容请用户自己试验，这里不再做详细介绍。

(2) 列表框的特点及其创建。

列表框一般以选项的形式出现，如果选项过多，则会在列表框的右侧出现滚动条。列表框一般用于页面空间比较大，并需要对可选择的内容一目了然的场合。下图就是一个典型的列表框的例子。

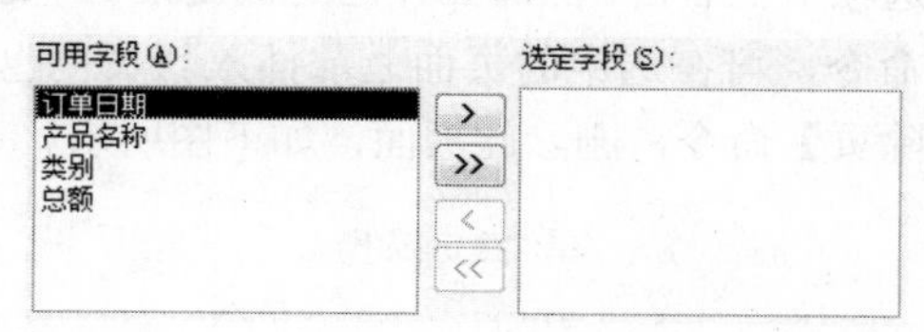

单击【控件】组中的【列表框控件】按钮，在窗体的【主体】区域单击，则可以弹出【列表框向导】对话框。该对话框和上面的【组合框向导】内容集合完全一样，请用户自行试验，下图是完成后的最终效果。

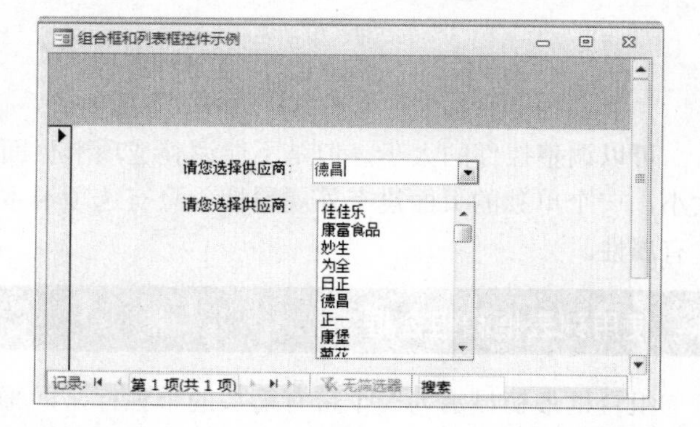

长见识 列表框的优点是：列表随时可见，并且控件的值限制在列表中的可选项目中，用户不能添加列表中没有的值。

7. 使用命令按钮

命令按钮主要用来控制应用程序的流程或者执行某个操作(如关闭当前窗体)，平常所用的【确定】、【取消】等按钮都是命令按钮。

下面就以为建立的“组合框和列表框控件示例”窗体添加命令按钮为例进行介绍，操作步骤如下。

操作步骤

1. 打开“窗体示例”数据库，打开前面建立的“组合框和列表框控件示例”窗体，并进入窗体的设计视图。
2. 单击【控件】组中的【按钮控件】按钮，并在窗体的【主体】区域单击，弹出【命令按钮向导】对话框，然后在【类别】列表框中选择【记录操作】选项，接着在右边的【操作】列表框中选择【保存记录】选项，如下图所示。

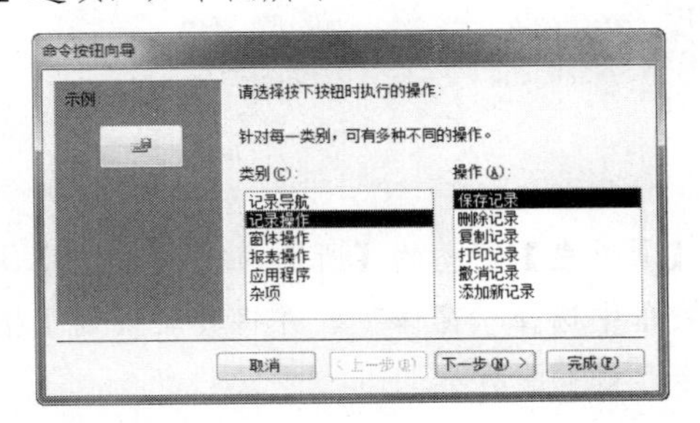

3. 单击【下一步】按钮，在弹出的对话框中设置命令按钮的文本或图片，如下图所示。

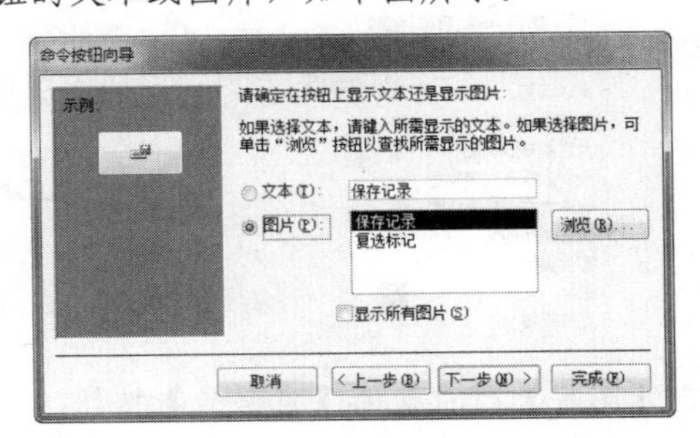

4. 单击【下一步】按钮，将该按钮命名为“OK”，如下图所示。

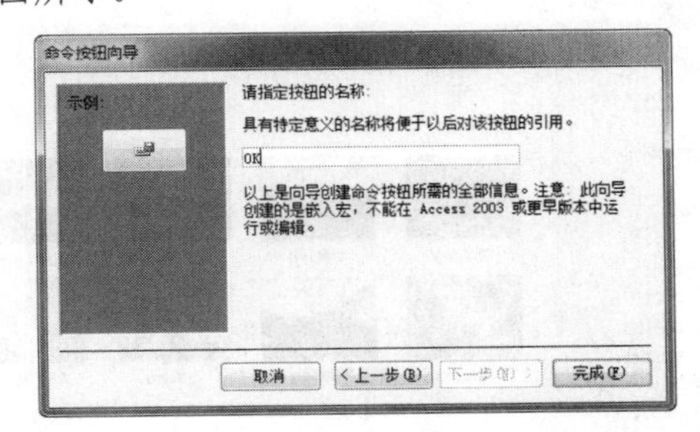

5. 单击【完成】按钮，完成该命令按钮的创建。

用相同的操作向导，为该窗体添加一个【关闭】按钮，当用户单击它时，可以关闭该窗体。最终完成的效果如下图所示。

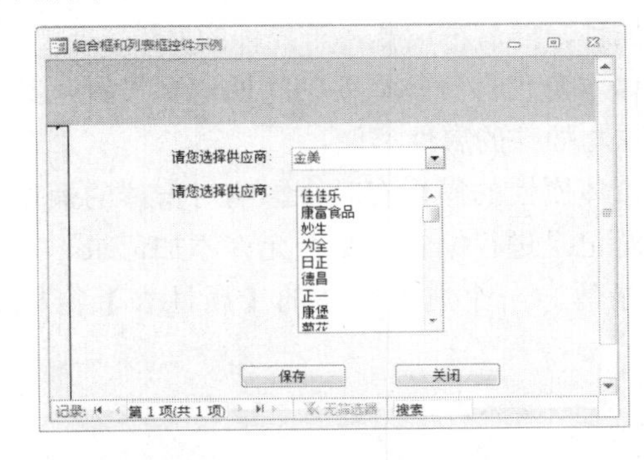

在上面的向导中，为每个按钮选择了相应的操作，这种操作的实现很简单。当选择相应的操作时，系统自动创建相应的宏，利用宏来实现选定的操作。

了解了各种按钮的工作原理，就可以按照自己的需要创建宏程序或者 VBA 事件过程来执行相应的操作了。关于这部分知识，在后面的宏和 VBA 章节中会详细介绍。

8. 使用图像控件

利用图像控件，可以在窗体中插入图片，以显示必要的信息(如“联系人”中的照片)或者美化窗体。

使用图像控件和使用徽标控件的方法类似。只要单击该控件，然后在窗体中插入图片的位置处单击，在弹出的对话框中选择相应的图片，即可完成插入图片的操作。

5.4.4 设置窗体和控件的属性

上面介绍了各个窗体控件的类型与用法。从上面演示的例子中可以看出，多数情况下只有为控件设置正确的属性才能发挥相应的功能。当窗体设计好以后，必须对窗体和控件进行必要的设置。

设置窗体或控件属性的具体操作方法虽然千差万别，但是总的操作步骤是相同的，介绍如下。

(1) 单击进行设置的窗体区域或控件。

(2) 单击【工具】组中的【属性表】按钮，弹出【属性表】窗格。

(3) 在【属性表】窗格中为控件设置相应的属性。

(4) 保存窗体，完成设置。

1. 设置窗体属性

窗体属性用于对窗体进行全局设置，包括窗体的标

命令按钮是窗体经常使用的控件之一，多用于执行某一个操作。例如，用户可以创建一个按钮，当单击该按钮时打开另一个窗体。

题、名称，窗体数据的来源，窗体的各种事件等。一般情况下，在窗体的设计视图中创建窗体时，都要先设置窗体的属性，然后再设置各个控件的属性。

窗体本身也有一些重要的属性需要设置，其设置类型和方法与控件的属性类似。

对窗体属性的操作有时会影响对窗体的操作，如是否允许对记录进行编辑、是否允许添加记录、是否允许删除记录等。一个典型窗体的【属性表】窗格如下图所示。

可以看到，在窗体的【属性表】窗格中，有 5 个选项卡，其各自的主要内容如下。

- 【格式】：该选项卡主要控制一些与显示有关的属性，比如控件的大小、背景色、文本颜色等。
- 【数据】：该选项卡控制数据来源、有效性规则等，但对于非绑定型控件，该选项卡为空。
- 【事件】：该选项卡包含控件的事件操作，包含单击、双击、鼠标按下、鼠标释放等。选择事件后，在随后的文本框中输入操作名或者宏名就可以在发生此事件时进行相应的操作。
- 【其他】：该选项卡包含控件的名称等属性。
- 【全部】：该选项卡包含上述 4 个选项卡中的所有属性内容。

(1) 【格式】选项卡。

【格式】选项卡主要用来设置窗体的格式属性，如窗体的标题、名称、默认视图、是否在下方显示导航按钮等。这些内容对窗体的美化十分重要。

下面以给数据库中的“供应商”窗体添加背景图片，并设置相应的格式为例进行介绍。

操作步骤

❶ 启动 Access 2010，打开“窗体示例”数据库。

❷ 在左边的导航窗格中打开“供应商”窗体，下图为该窗体设置背景图片视图。

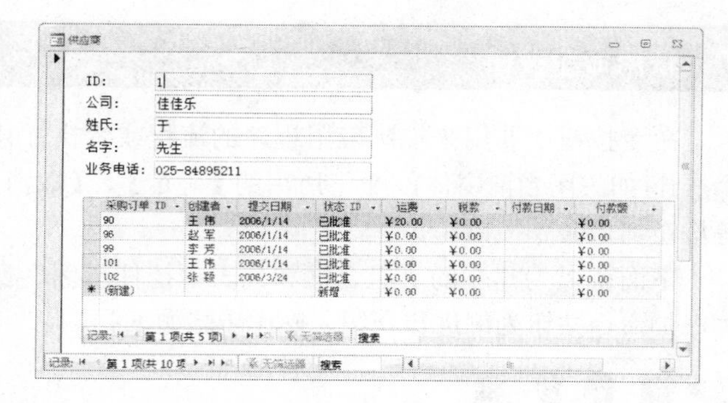

❸ 进入该窗体的设计视图，并单击【工具】组中的【属性表】按钮，弹出【属性表】窗格，如下图所示。

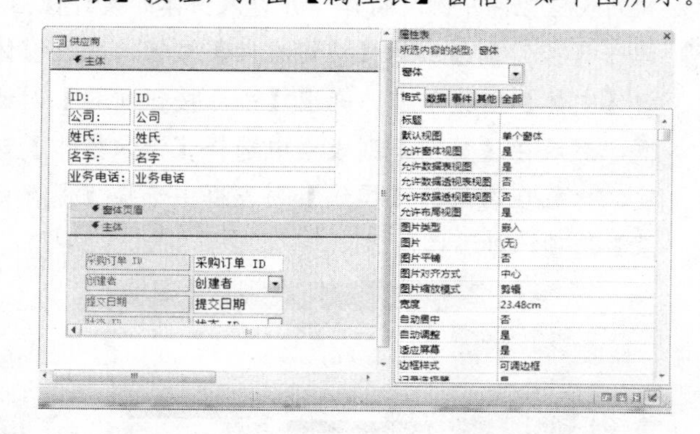

❹ 在【属性表】窗格的【所选内容的类型:窗体】下拉列表框中选择“窗体”，并将其切换到【格式】选项卡，如下图所示。

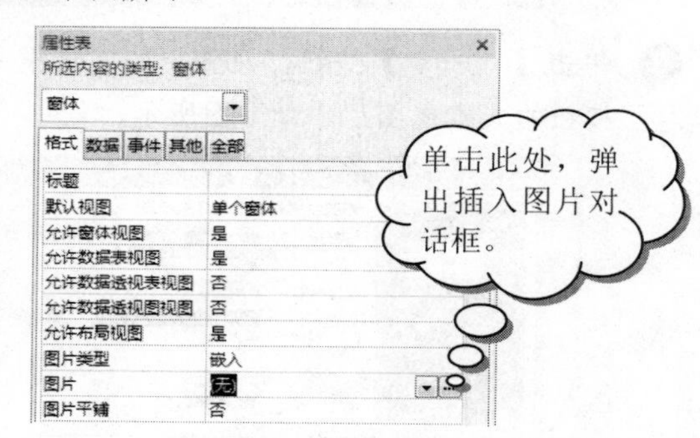

❺ 单击【图片】行右边的【省略号】按钮，弹出【插入图片】对话框，如下图所示。

 长见识 窗体是 Access 数据库最常用的数据库对象之一，它的运行性能直接关系到整个数据库系统的工作效率。

提示

默认的【插入图片】对话框可以打开的图片格式为 .wmf、.bmp、.emf、.dib、.ico，通过在下拉列表框中选择【所有文件】，即可插入 .jpg 等格式的图片。

6 在对话框中选择合适的图片，单击【确定】按钮，即可将图片插入窗体中作为窗体的背景，如下图所示。

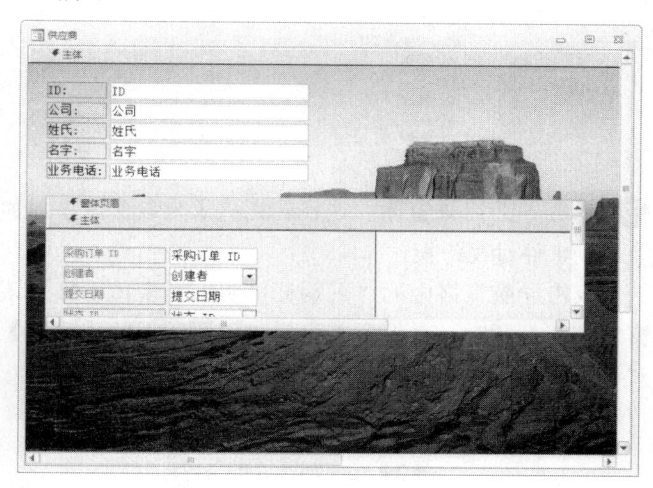

7 还可以在【图片缩放模式】属性中选择图片的缩放形式。Access 提供了 5 种形式，如下图所示。

用户还可以看到，【图片类型】默认为“嵌入”，它指的是将图片直接嵌入建立的数据库中，这种方式很方便，但是缺点就是文件较大。另一种方式就是“链接”，这种方式就是将图片链接到该数据库中。

上面以为窗体插入背景图片为例，说明了设置窗体格式的操作，用户可以自行设置其他选项，观察各个属性的设置效果。

(2)　【数据】选项卡。

【数据】选项卡主要用来设置窗体的数据源等。如果窗体的设计目标是用来查看数据，那么肯定会设置数据源，只不过在更多的情况下，系统已经根据所创建的选项，自动添加了数据源。

【数据】选项卡中的主要内容如下图所示。

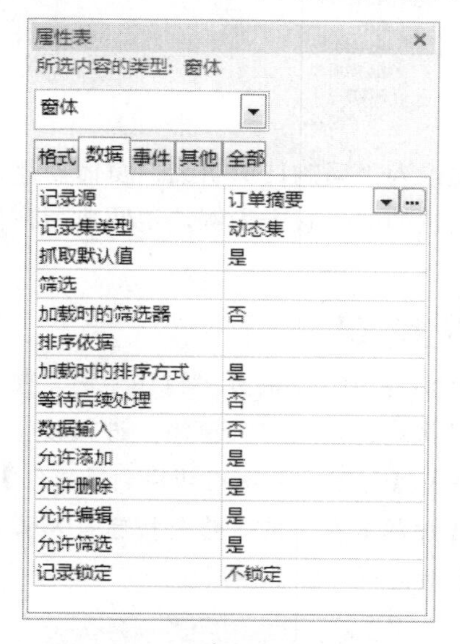

在【数据】选项卡中，可以在【记录源】下拉列表框中选择要作为数据源的表或者查询。单击该属性右边的省略号按钮，可弹出查询设计器，如下图所示。

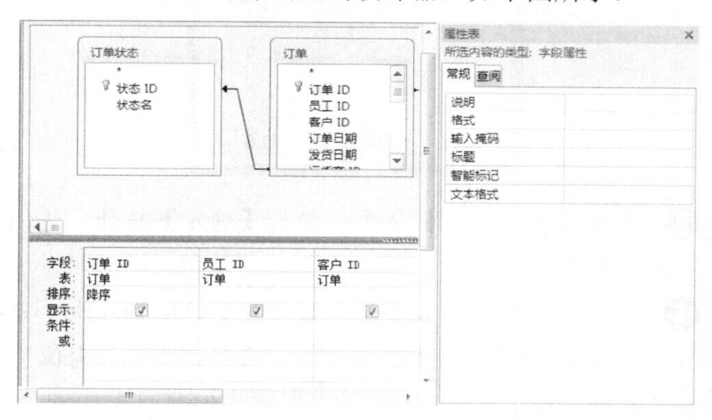

同时，在【数据】选项卡中，有【允许添加】、【允许删除】、【允许编辑】等选项，用户可以根据设计该窗体的目的进行合适的设置。

(3)　【事件】选项卡。

【事件】选项卡主要用来设置窗体的宏操作或 VBA 程序。即可以通过该选项卡创建事件过程和嵌入式宏，也可以通过该选项卡将独立宏绑定到窗体中。

【事件】选项卡中的主要内容如下图所示。

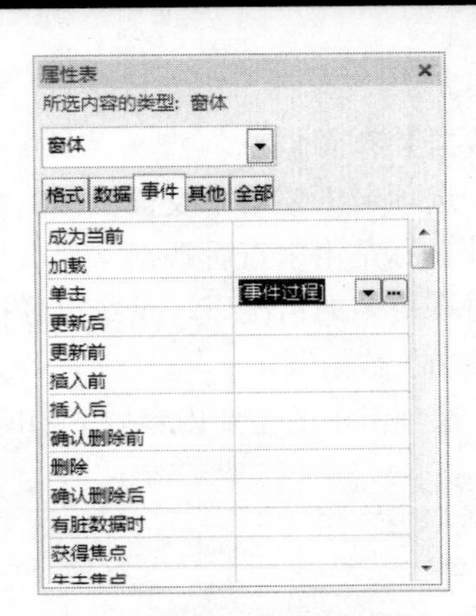

下面就以为“采购订单明细”窗体创建一个能够显示欢迎对话框的嵌入式宏为例，说明典型窗体事件属性的操作。

操作步骤

1. 启动 Access 2010，打开“窗体示例”数据库。
2. 打开“采购订单明细”窗体，进入该窗体的设计视图，并将【属性表】窗格切换到【事件】选项卡。
3. 单击【加载】右边的省略号按钮[...]，弹出【选择生成器】对话框，如下图所示。

4. 选择【宏生成器】选项并单击【确定】按钮，进入宏生成器。
5. 在宏生成器中添加操作。添加一个 MessageBox 命令，提示信息为“欢迎您进入该采购订单查询窗体”，如下图所示。

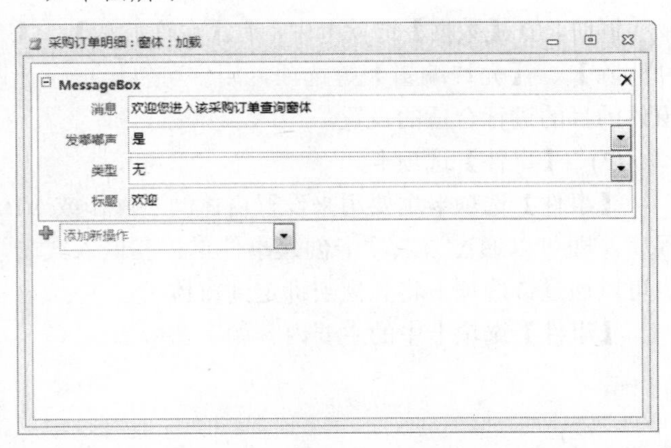

6. 保存该宏，关闭宏生成器，进入窗体的设计视图，可以看到在【加载】下拉列表框中出现“嵌入的宏”字样，如下图所示，表明嵌入宏已经创建完成。

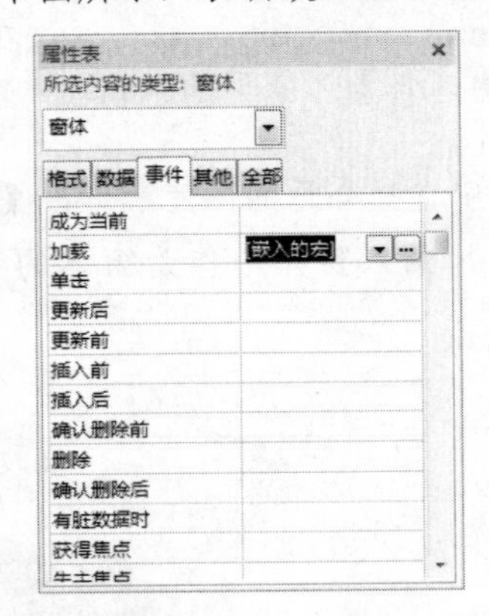

7. 保存并关闭该窗体，这样就完成了为该窗体添加加载事件过程的操作。

双击导航窗格中的“采购订单明细”窗体，打开该窗体。在打开时，系统会首先弹出下图所示的【欢迎】对话框。

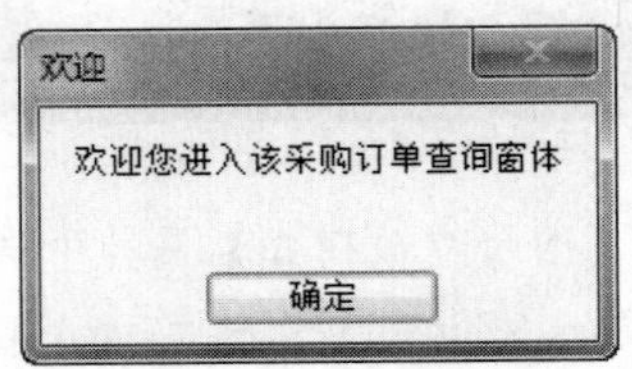

用户可以用完全相同的方法给窗体加上其他响应，也可以给窗体加上其他事件过程。关于宏命令和 VBA 事件过程的知识，将在以后的章节中专门介绍。

(4)【其他】选项卡。

【其他】选项卡主要用来对窗体进行系统的设置，比如是否为模式对话框、是否启用右键快捷菜单等。

【其他】选项卡中的主要内容如下图所示。

属性表
所选内容的类型：窗体

弹出方式	否
模式	否
循环	所有记录
功能区名称	
工具栏	
快捷菜单	是
菜单栏	
快捷菜单栏	
帮助文件	
帮助上下文 ID	0
内含模块	否
使用默认纸张大小	否

该选项卡的操作设置方法和上面几个选项卡类似，值得说明的有下面几个选项。

长见识：弹出式窗体主要用于显示信息和提示用户输入数据。即使其他窗体处于活动状态，弹出式窗体也会始终显示在已经打开的窗体之上。

❖ 【弹出方式】：默认为“否”。如果选择“是”，则窗体变为弹出式窗体。它可以浮在界面的上方，移动到任何区域。

❖ 【模式】：默认为“否”。如果选择“是”，则窗体变为模式窗体。只能在窗体中进行操作，不能操作当前窗体以外的界面区域。

❖ 【快捷菜单】：默认为“是”。如果选择“否”，则会禁用系统的右键快捷菜单。

(5)【全部】选项卡。

该选项卡中包含前 4 个选项卡中的全部内容，这样非常方便用户进行各种属性的查看和修改，并且该选项卡下的属性选项并不是简单地对前 4 个选项卡的内容进行汇总，而是按照用户使用的习惯和各个属性的使用频率重新进行了排列，如下图所示。

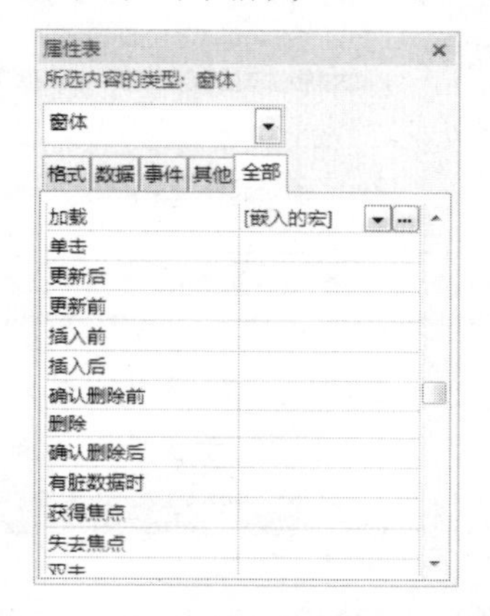

上面介绍了窗体的各种属性设置。其实单击【设计视图】中的不同区域，也可以对各种不同区域进行设置，比如【主体】区域、【窗体页眉】区域等，操作方式和对窗体的设置是相似的，请用户自行练习。

2. 设置控件的属性

前面介绍了各种窗体控件，利用它们可以随心所欲地创建各种窗体。

但是创建的各种控件往往只有经过设置以后，才能正常发挥作用。通常，设置控件有两种方法：一种是在创建控件时弹出的【控件向导】中设置；另一种就是在控件的【属性表】窗格中设置。关于第一种方式，在介绍各种控件时已经介绍过，在这里只简单介绍在【属性表】窗格中设置控件属性的方法。

通过设置控件的属性，可以改变控件的大小、颜色、透明度、特殊效果、边框、文本外观等。所以控件的属性，对于控件的显示效果起着重要的作用。创建控件时弹出的向导，就是协助用户设置【属性表】窗格中的属性的。

在【属性表】窗格中设置控件的各种属性和设置窗体属性的基本操作一致。控件的【属性表】窗格也可以分为 5 个选项卡，如下图所示。

5.5 创建主/次窗体

次窗体，又名子窗体，就是窗体中的窗体。基本窗体称为主窗体，窗体中的窗体称为次窗体。主/次窗体也被称为阶梯式窗体、主/子窗体。在显示具有一对多关系的数据表或者查询时，次窗体显得特别有用。

创建主/次窗体有多种方法，分别介绍如下。

❖ 利用【窗体向导】来创建主/次窗体。

❖ 利用子窗体控件来创建子窗体。

❖ 利用直接拖动数据表、查询或窗体的方法建立主/次窗体。

在下面的各节中，将依次介绍创建主/次窗体的各种方法。

5.5.1 利用向导创建主/次窗体

上面介绍创建一般窗体的各种方法时，利用【窗体向导】创建了一个基于多表的主/次窗体，即【采购订单】窗体，如下图所示。

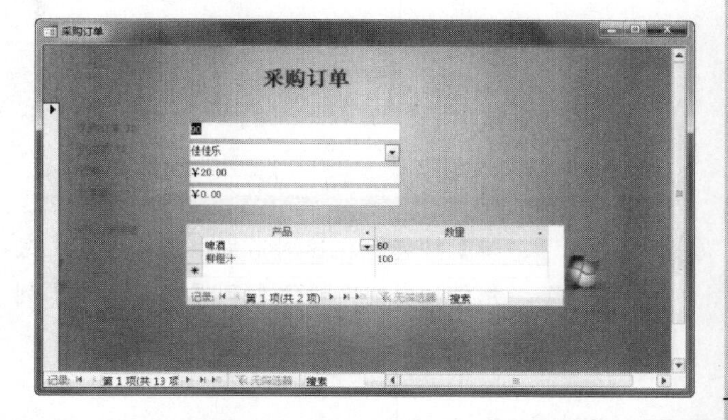

命令按钮的名称是命令按钮的唯一标识，命令按钮必须通过按钮的名称来引用。命令按钮上的文本是按钮的标题，它是为了方便用户正确使用按钮而设置的。

用户可以自行参考该窗体的创建过程，在这里不再重复介绍。

5.5.2 利用子窗体控件创建主/次窗体

利用窗体提供的子窗体控件，用户可以轻松地创建子窗体。下面以建立一个“供应商”窗体为例，要求在该窗体中显示供应商的主要信息和各个供应订单，具体操作步骤如下。

操作步骤

❶ 打开“窗体示例”数据库，新建一个空白窗体，并进入窗体的设计视图。

❷ 单击【工具】组中的【添加现有字段】按钮，显示【字段列表】窗格。将窗格中“供应商”表的特定字段拖动到空白窗体中，如下图所示。

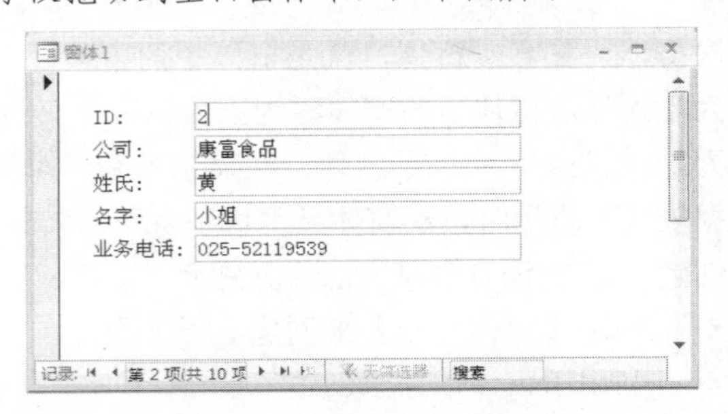

❸ 单击【控件】组中的【子窗体/子报表】控件，并在窗体的【主体】区域中单击，弹出【子窗体向导】对话框，选中【使用现有的表和查询】单选按钮，如下图所示。

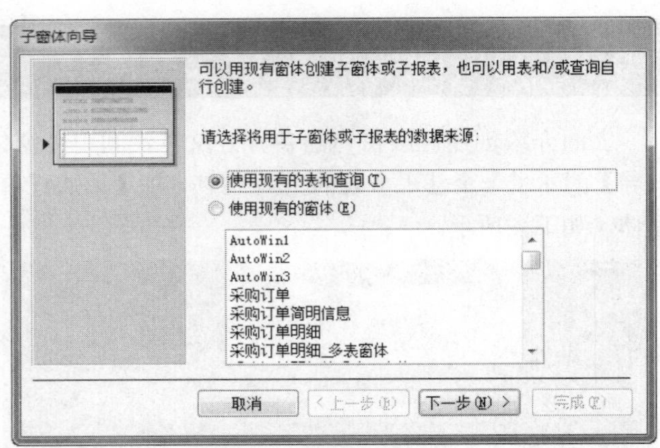

❹ 单击【下一步】按钮，在该对话框中选择“表：采购订单”，并将表中的字段添加到【选定字段】列表框中，如下图所示。

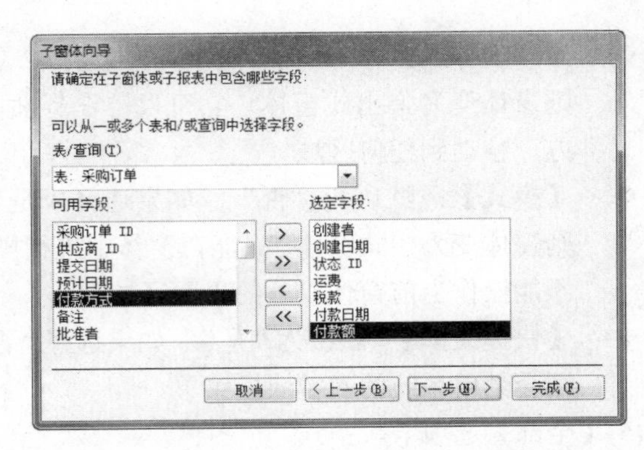

❺ 单击【下一步】按钮，选择将子窗体链接到主窗体的字段，如下图所示。

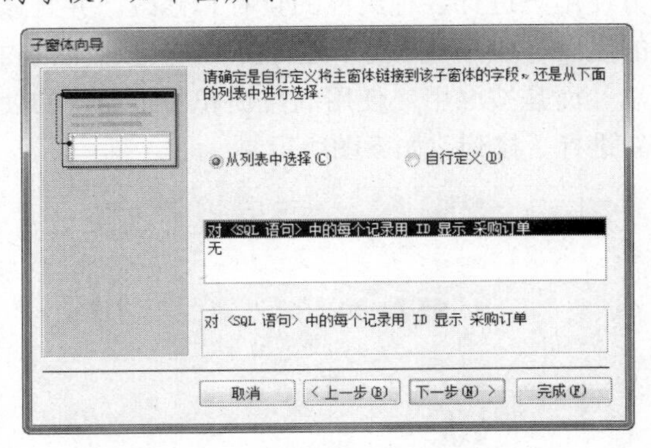

❻ 单击【下一步】按钮，在弹出的对话框中输入该子窗体的名称为“供应商_子窗体”，如下图所示。

❼ 这样就完成了一个子窗体的创建。调整窗体的布局后，效果如下图所示。

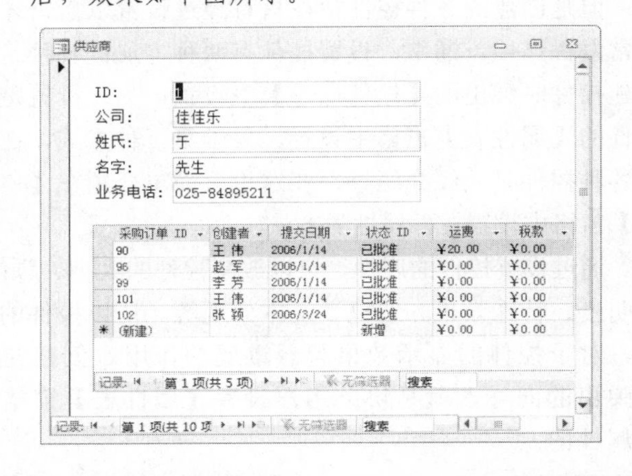

学以致用系列丛书

长见识 数据输入窗体是Access 2010中最常见的窗体，该类窗体一般设计为绑定型窗体，里面的各种控件一般都是绑定型的控件。控件的数据源为窗体所基于的表的相应字段。

5.5.3　用鼠标拖动建立主/次窗体

创建主/次窗体还有更简单的方法，甚至简单到只需要拖动鼠标就可以创建。其前提就是已经拥有了两个现成的窗体，并希望将一个窗体用作另一个窗体的子窗体。

下面将数据库中的“采购订单简明信息”窗体作为主窗体，以“采购订单明细”作为次窗体，建立一个主/次窗体，具体操作步骤如下。

操作步骤

❶ 在“窗体示例”数据库中打开“采购订单简明信息”窗体，并进入窗体的设计视图，如下图所示。

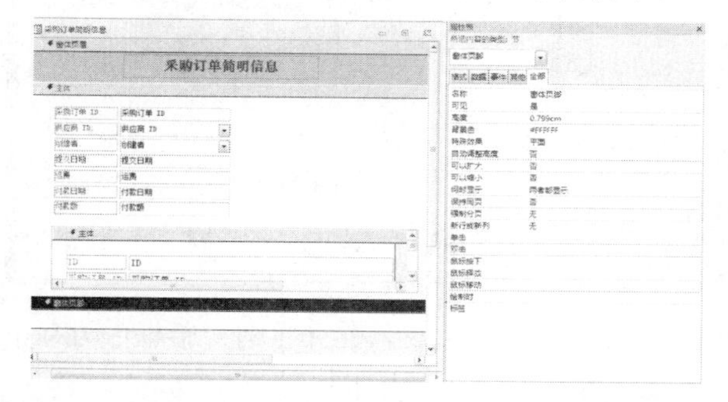

❷ 在导航窗格中选择“采购订单明细”窗体，并按住鼠标左键，将其拖动到“采购订单简明信息”窗体上，如下图所示。

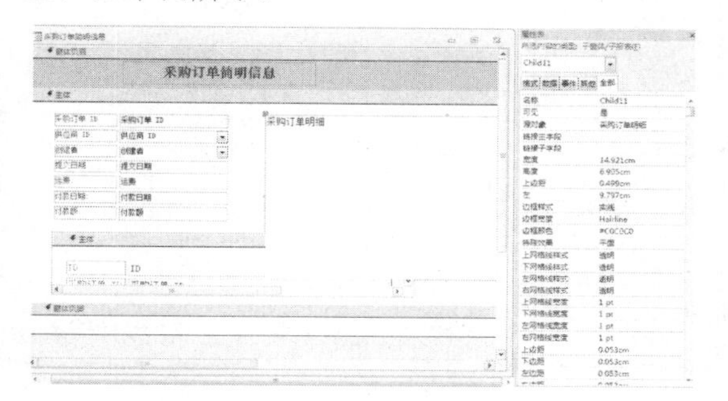

❸ Access 将在主窗体中添加子窗体控件，并将该控件绑定到从导航窗格拖出的窗体上。进入窗体的窗体视图，可以看到显示了子窗体的所有数据记录，如下图所示。

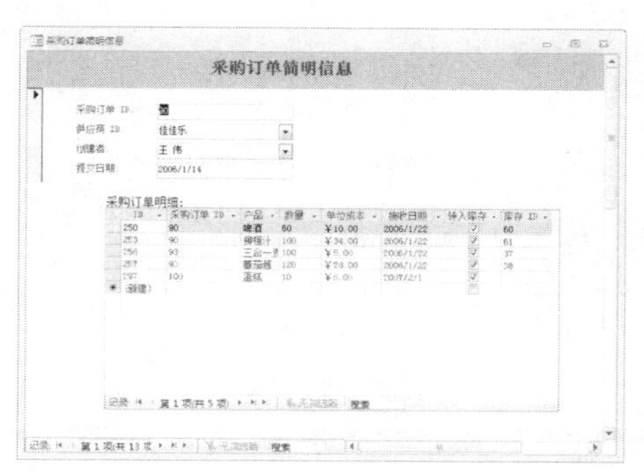

❹ 此时，子窗体控件的【链接子字段】和【链接主字段】属性为空白，用户必须进行手动设置。进入窗体的设计视图，选中子窗体，将【属性表】窗格切换到【数据】选项卡下，可以看到子窗体的【链接子字段】和【链接主字段】属性，如下图所示。

属性表

所选内容的类型：子窗体/子报表(F)

采购订单明细

格式 | 数据 | 事件 | 其他 | 全部

属性	值
源对象	采购订单明细
链接主字段	
链接子字段	
空母版上的筛选器	是
可用	是
是否锁定	否

❺ 单击【链接子字段】属性右边的省略号按钮[...]，系统弹出【子窗体字段链接器】对话框，如下图所示。

子窗体字段链接器

主字段：采购订单 ID

子字段：采购订单 ID

确定　取消　建议(S)...

结果：对 <SQL 语句> 中的每个记录用 采购订单 ID 显示 采购订单明细

❻ 在该对话框中选定【主字段】和【子字段】，单击【确定】按钮，完成字段设置。此时，子窗体的【属性表】如下图所示。

属性表

所选内容的类型：子窗体/子报表(F)

采购订单明细

格式 | 数据 | 事件 | 其他 | 全部

属性	值
源对象	采购订单明细
链接主字段	采购订单 ID
链接子字段	采购订单 ID
空母版上的筛选器	是
可用	是
是否锁定	否

❼ 返回窗体的窗体视图，可以看到主/次窗体已经建立，如下图所示。

在窗体中使用超链接，可以跳到同一个或者另一个 Access 数据库对象上，或者跳到用 Microsoft Word 等软件创建的文档上，甚至可以跳到 Internet 的文档上。

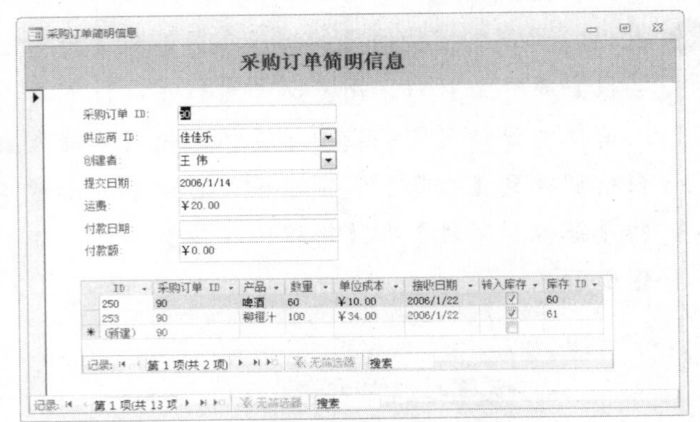

注意

如果要在设计视图中对子窗体的设计进行更改，可以在子窗体中进行操作，然后单击【设计】选项卡下【工具】组中的【新窗口中的子窗体】按钮。

5.5.4　创建两级子窗体的窗体

运用本节中的内容，可以创建具有以下特征的窗体。

- ❖ 主窗体和一级子窗体之间是一对多关系。
- ❖ 一级子窗体和二级子窗体之间也是一对多关系。
- ❖ 主窗体中包含这两个子窗体。

在创建此类窗体之前，必须保证上述的表关系已经设置好。

下面以“客户”表、“订单”表和“订单明细”表为数据源，建立一个含有两级子窗体的主/次窗体。

操作步骤

❶ 打开“窗体示例”数据库，单击【创建】选项卡中的【窗体向导】按钮。

❷ 在弹出对话框的【表/查询】下拉列表框中选择“客户表”，添加选定的字段；然后再选择“订单”表，在【选定字段】列表框中添加选定字段；最后选择“订单明细”表，添加选定字段，如下图所示。

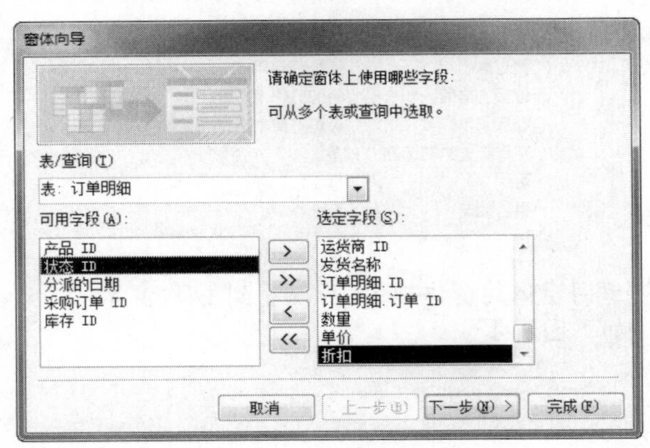

提示

其实只要思考一下就可以知道，在该步中各表和各字段的选择顺序是无关紧要的。

❸ 单击【下一步】按钮，弹出选择数据查看方式对话框。这次选择“通过客户”查看，并选中【带有子窗体的窗体】单选按钮，如下图所示。

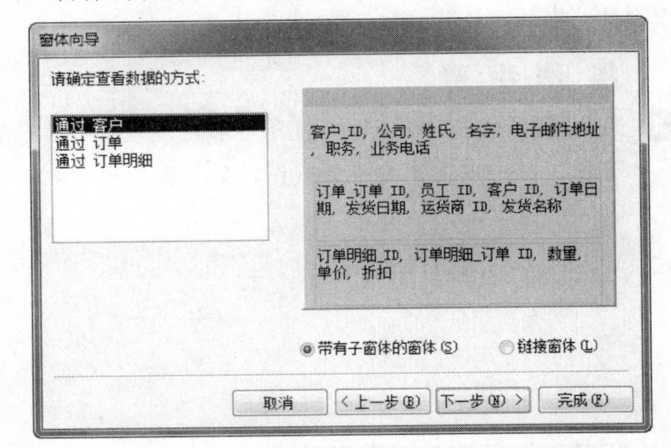

❹ 单击【下一步】按钮，在弹出的对话框中为每个子窗体选定布局方式，如下图所示。

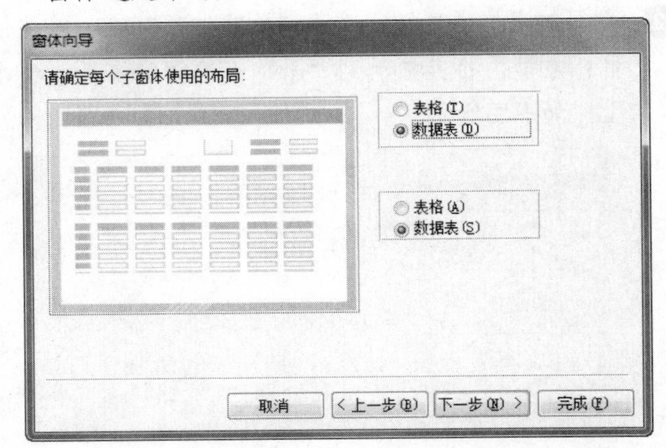

❺ 单击【下一步】按钮，在弹出的对话框中输入每个窗体的标题，如下图所示。

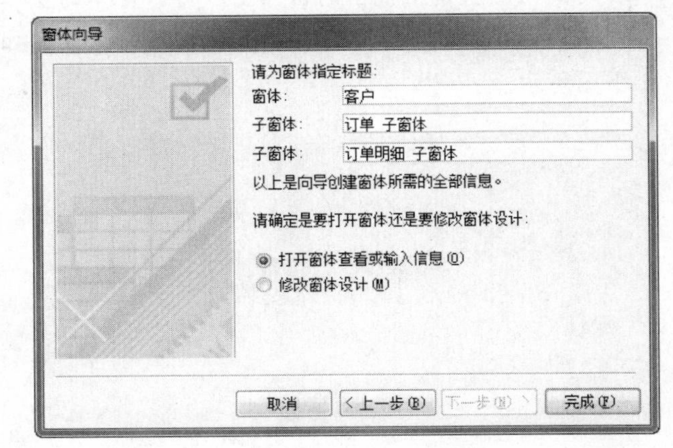

 长见识　不要将 Access 窗体和 Access 报表相混淆。窗体用于处理数据库中的数据，报表用于打印和分发数据库中的信息。

❻ 单击【完成】按钮，完成窗体的创建。进入该窗体的布局视图，对窗体的格式进行重新布局。该窗体的最终视图如下图所示。

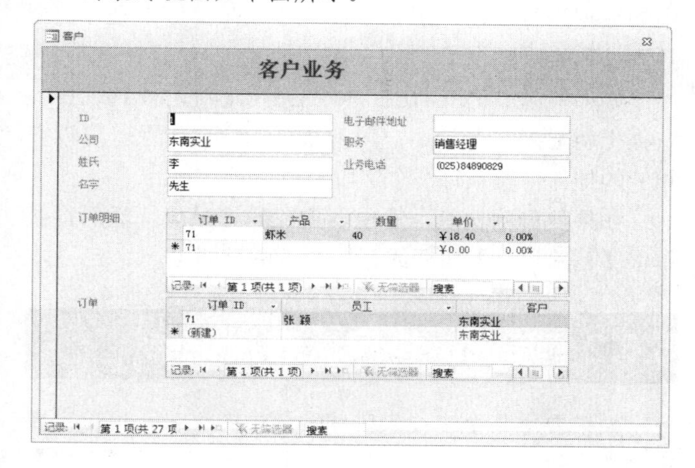

5.5.5 创建包含嵌套子窗体的窗体

运用本节中的内容，可以创建具有以下特征的窗体。

❖ 主窗体与第一个子窗体具有一对多关系。

❖ 第一个子窗体与第二个子窗体具有一对多关系。

❖ 第一个子窗体包含第二个子窗体。

创建这种嵌套子窗体的方法也很简单，就是将上面创建子窗体的方法运用两遍。先创建一个带有子窗体的主窗体和一个二级子窗体，然后再将二级子窗体直接拖动到一级子窗体中，最后在各个子窗体的【属性表】窗格中对【链接主字段】和【链接子字段】进行设置，即可完成该窗体的创建。

在创建这类窗体前，必须保证上述的表关系已经设置好。下面以上面的“客户”表、“订单”表、“订单明细”表作为数据源，创建包含嵌套子窗体的“客户 2”窗体。

操作步骤

❶ 启动 Access 2010，打开“窗体示例”数据库。

❷ 运用【窗体向导】，以“客户”表和“订单”表为数据源，创建一个主/次窗体。主窗体和次窗体分别命名为“客户 2”和“订单 子窗体 2”，该主/次窗体的窗体视图如下图所示。

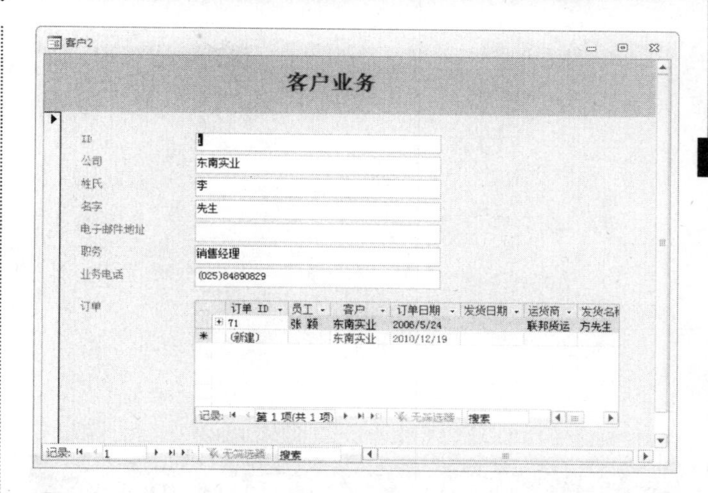

❸ 以“订单明细”表为数据源，创建一个【订单明细 子窗体】数据表窗体，如下图所示。

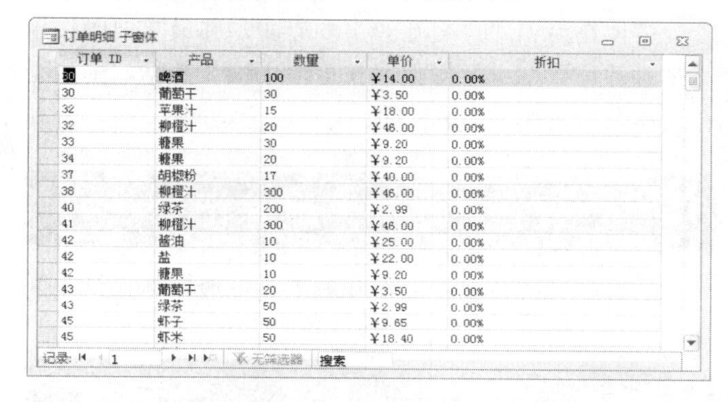

订单 ID	产品	数量	单价	折扣
30	啤酒	100	¥14.00	0.00%
30	葡萄干	30	¥3.50	0.00%
32	苹果汁	15	¥18.00	0.00%
32	柳橙汁	20	¥46.00	0.00%
33	糖果	30	¥9.20	0.00%
34	糖果	20	¥9.20	0.00%
37	胡椒粉	17	¥40.00	0.00%
38	柳橙汁	300	¥46.00	0.00%
40	绿茶	200	¥2.99	0.00%
41	柳橙汁	300	¥46.00	0.00%
42	酱油	10	¥25.00	0.00%
42	盐	10	¥22.00	0.00%
42	糖果	10	¥9.20	0.00%
43	葡萄干	20	¥3.50	0.00%
43	绿茶	50	¥2.99	0.00%
45	虾子	50	¥9.65	0.00%
45	虾米	50	¥18.40	0.00%

❹ 进入窗体的设计视图，将导航窗格中的【订单明细 子窗体】窗体直接拖动到【订单 子窗体 2】子窗体中，如下图所示。

❺ 进入窗体的窗体视图，对窗体的布局和样式进行重新设置，可以看到在【订单 子窗体 2】中出现了一个小加号，单击该加号即可显示二级子窗体，如下图所示。

学以致用系列丛书

如果用户想显示简短的消息，可以使用名称为消息框的预定义对话框。显示消息框的一个方法就是编写一个简短的宏，在宏中添加 MessageBox 函数。

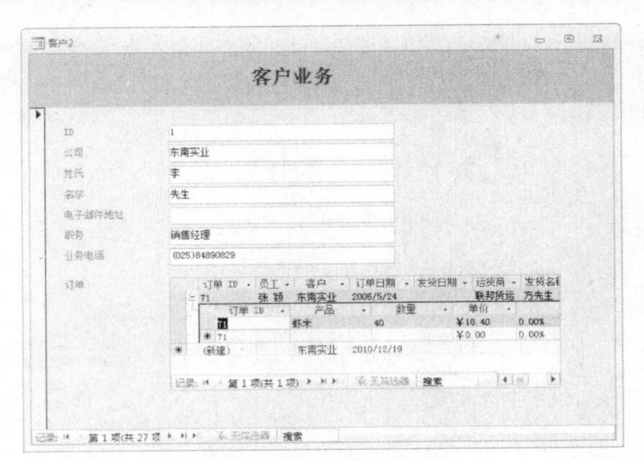

5.6 使用窗体操作数据

窗体作为和用户交互的主要界面，其最重要的作用就是对各种数据进行操作。在窗体中操作数据，一般是在窗体的窗体视图中进行的。

5.6.1 查看、添加、删除记录

对数据进行查看、添加和删除是一般窗体最常用的功能。

1. 查看窗体数据

打开窗体，即可对窗体中的数据进行查看。一般根据不同的要求，可以创建不同的窗体来查看数据记录，如用户可以创建普通窗体、模式对话框窗体或者数据表窗体等。

对数据进行查看时，可以借助系统提供的导航栏。利用导航栏可以查看上一条数据、下一条数据等，如下图所示。

记录: ⏮ ◀ 第 1 项(共 5 项) ▶ ⏭ ▶* 无筛选器 搜索

在窗体的【属性表】窗格中可以设置是否显示该导航栏，如下图所示。

2. 添加、删除窗体数据

如果在窗体的【属性表】窗格中，设置可以对窗体中的数据进行编辑，那么用户就可以在窗体中进行数据的添加和删除操作了。

如果要添加记录，在工具栏上单击【新记录】按钮▶*，窗体上将显示一个让用户填入数据的空白记录，可以在相应的控件中输入每一个字段的值。

如果要删除记录，选中要删除的记录值，然后直接单击【删除记录】按钮或者按 Delete 键即可。

5.6.2 筛选、排序、查找记录

如果要用某个字段来排序窗体中的记录，可单击要排序的字段，然后单击【排序和筛选】组中的【升序】按钮或【降序】按钮。用户也可以通过【查找】和【替换】命令分别查找和替换某个字段的值，前面已经详述操作方法，这里不再赘述。

如果要查找特定的记录，可以设置数据筛选。其实，在窗体中，利用右键快捷菜单就可以完成很多的筛选功能。例如：下面的例子，在窗体的某一个文本框中右击，可在弹出的快捷菜单中选择相应的筛选命令，如下图所示。

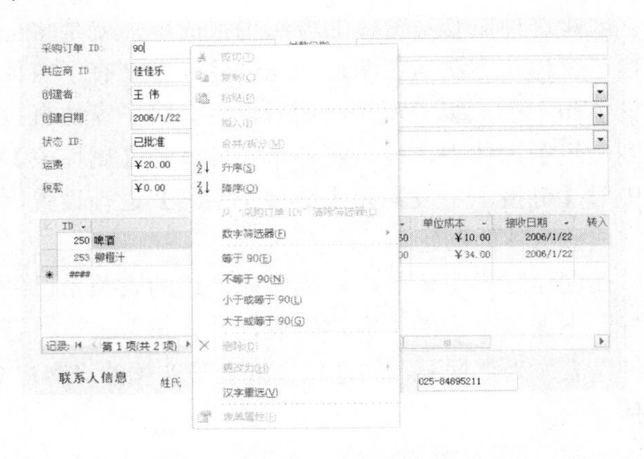

5.7 思考与练习

选择题

1. 在窗体的视图中，既能够预览显示结果，又能够对控件进行调整的视图是________。

A. 设计视图　　B. 窗体视图

C. 布局视图　　D. 数据表视图

运用多个窗体的相互嵌套，可以增加窗体的表达能力。例如，在应用中可以设计一个窗体为骨架，一个窗体显示内容。这种模块化的设计方法可以大大提高设计软件的效率。

2. 浮动于其他窗体之上，并且在对该窗体中的对象做出选择之前，用户不能够操作其他窗体。这种窗体是________。

A. 模式对话框　　B. 数据透视图窗体
C. 数据透视表窗体　　D. 导航窗体

3. 在窗体控件中，用于显示数据表中数据的最常用控件是________。

A. 标签控件　　B. 复选框控件
C. 文本框控件　　D. 选项组控件

4. 下面建立窗体的方法中，不能用于建立主/次窗体的是________。

A. 窗体向导　　B. 子窗体控件
C. 鼠标拖动　　D. 字段模板

5. 在下面的4个选项中，不可以作为窗体控件的响应程序的是________。

A. 嵌入式宏　　B. 独立宏
C. 类模块　　D. SQL 语句

操作题

1. Access 2010 窗体按照不同的显示特性可以分为几类？各种类型窗体又有哪些功能？

2. 子窗体有什么功能？用本章介绍的3种方法，建立主/次窗体，实现在主窗体中显示学生信息，次窗体中显示学生成绩的功能。

3. 窗体的【控件】组中各有哪些控件？各种控件又有怎样的作用？

4. 利用各种窗体控件，建立一个显示学生信息的窗体。

5. 在一般情况下，窗体对象中的绑定型文本框对象的哪几个属性是必须设置的？标签对象呢？

在一次查询操作中，拥有相同提示文本内容的对话框会被 Access 认为是同一个对话框。

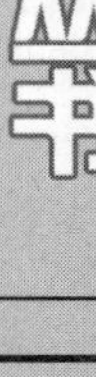

第6章 报表

报表是Access数据库的第四大数据库对象。报表对象是为数据的显示和打印而存在的，因此具有专业的显示和打印功能。设计合理的报表，可以大大提高用户管理数据的效率。

学习要点

- ❖ 报表的作用
- ❖ 创建报表的方式
- ❖ 报表向导的使用
- ❖ 报表设计视图的使用
- ❖ 报表控件的使用
- ❖ 报表的外观设计
- ❖ 主/次报表的创建方法
- ❖ 交叉报表的创建方法
- ❖ 报表的打印设置

学习目标

通过本章学习，用户应该了解报表作为 Access 数据库的第四大数据库对象的主要用途，了解报表能够完成的任务。用户应该掌握报表的各种创建方法，知道各种创建方法的使用条件，特别是报表设计视图的使用方法，用户要重点掌握。

此外，还要掌握主/次报表、交叉报表等高级报表的创建，还要掌握关于打印设置的一些知识。

6.1 初识报表

在前面章节中，已经系统地介绍了 Access 数据库中表、查询、窗体的概念、创建方法和使用。本章将主要介绍另一个十分重要的数据库对象——报表。

简单地说，表用于数据存储，查询用于数据筛选，窗体用于数据查看，而报表用于数据打印。Access 中的报表(Report)概念来源于经常提到的各种报表，比如财务报表、年度总结报表等。

报表提供了查看和打印摘要数据信息的灵活方法，报表可以按所希望的详细程度显示数据，并按不同的格式查看和打印信息，也可以给报表添加多级汇总、统计以及图片、图表等。

下图是一个典型的报表。

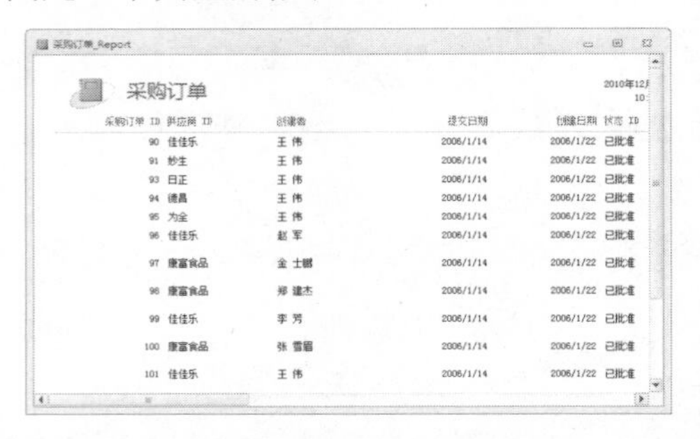

6.1.1 报表的功能

报表是为将数据或信息输出到屏幕或者打印设备上而建立的一种对象。由于报表就是为了打印而诞生的，因此它提供了其他数据库对象无法比拟的数据视图和分类能力。在报表中，数据可以被分组和排序，然后以分组次序显示数据，也可以把数值相加的汇总、计算的平均值或其他统计信息显示和打印出来。

具体来说，报表主要有以下基本功能。

❖ 从多个数据表中提取数据进行比较、汇总和小计，如下图所示。

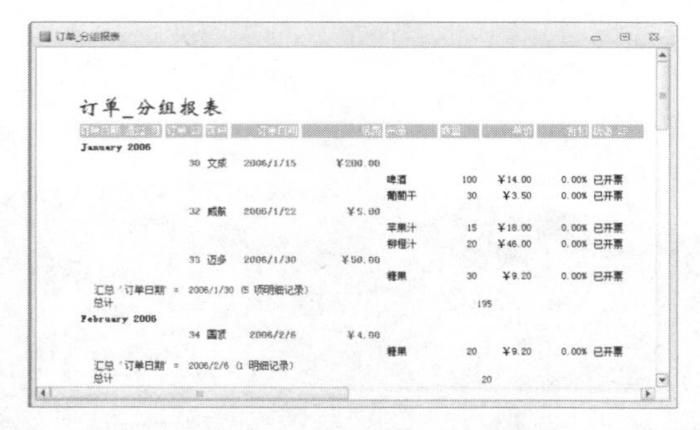

❖ 生成如下图所示的带有数据透视图或数据透视表的报表，增强数据的可读性。

按员工产品销售量

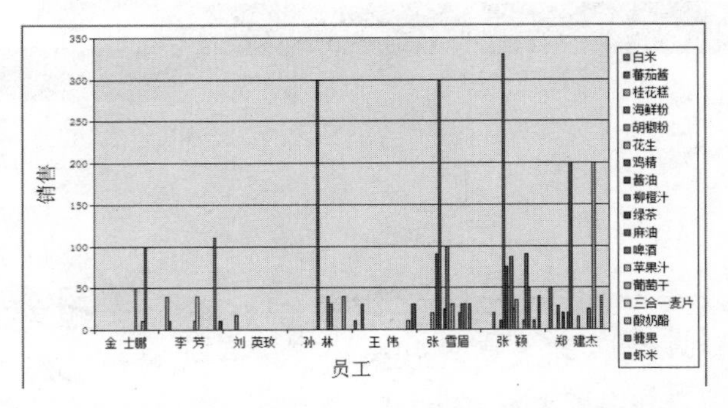

❖ 可分组生成数据清单，制作数据标签，如下图所示。

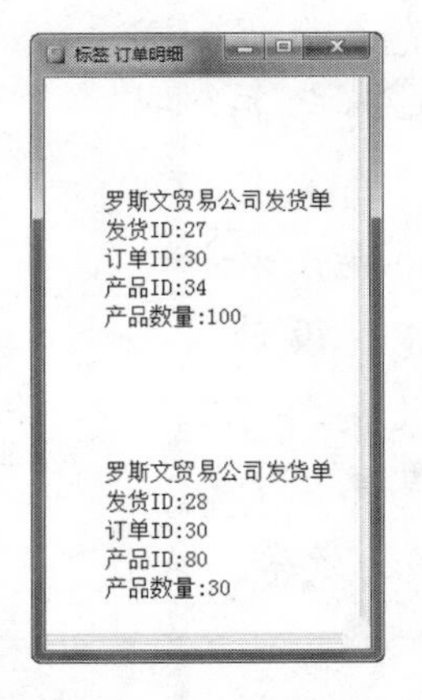

以上介绍了报表的基本功能。总之，报表是为显示和打印而创建的，是和用户直接交流的对象。创建思路清晰、内容丰富的报表，可以大大提高数据分析的效率。

6.1.2 报表的视图与分类

同窗体一样，在介绍报表的各种创建方法前，首先简单介绍报表的各种视图。

打开任一报表，然后单击界面左上角的【视图】按钮下的小箭头，可以弹出视图选择菜单。和窗体一样，在 Access 中为报表提供了多种视图查看方式，如下图所示。

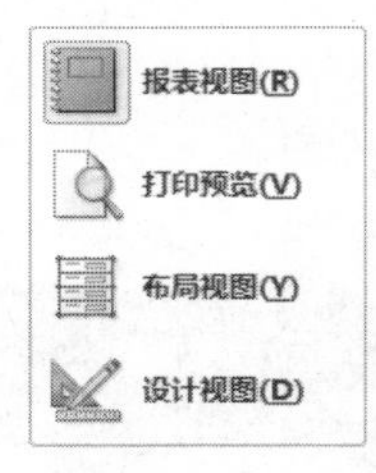

报表以打印格式显示数据，可以说报表就是为打印而存在的一种数据库对象。用户可以在报表中控制每个对象的大小和显示方式，并能按照所需要的方式显示相应的内容。

下面就对各种视图查看方式进行简单介绍。

❖ 报表视图：报表的显示视图，在里面执行各种数据的筛选和查看方式，如下图所示。

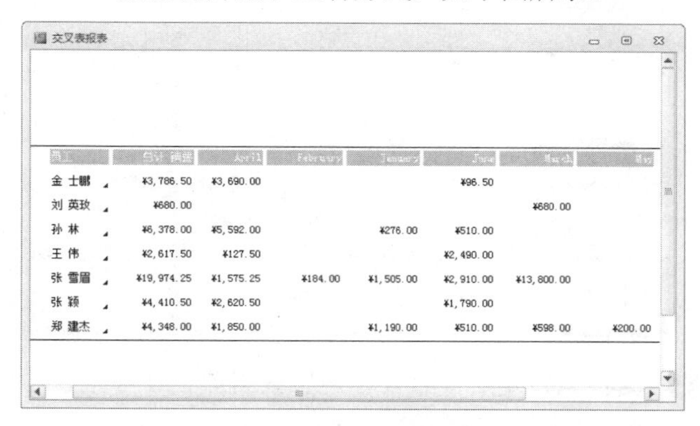

❖ 打印预览：该视图可以提前让用户观察报表的打印效果，如果打印效果不理想，可以随时更改设置，如下图所示。

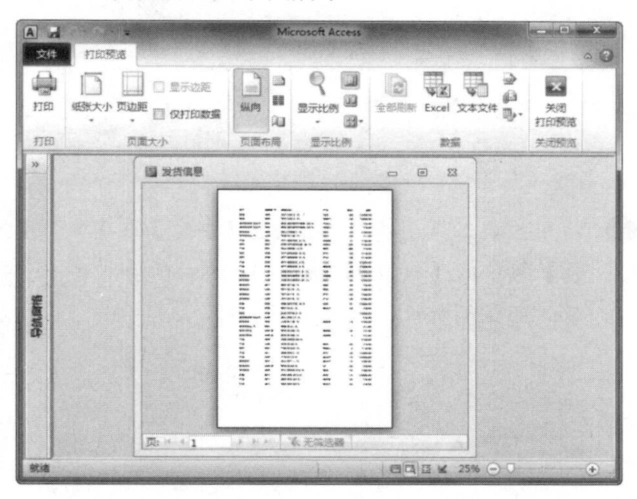

❖ 布局视图：界面和报表视图几乎一样，但是该视图中控件的位置可以移动，用户可以重新布局各种控件，删除不需要的控件，设置各个控件的属性等，但是不能像设计视图一样添加各种控件，如下图所示。

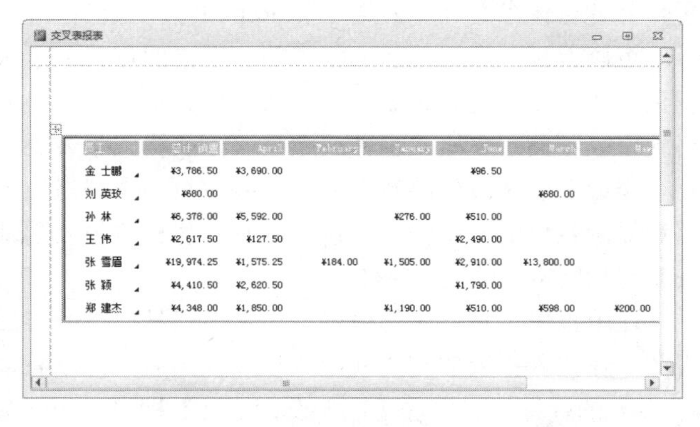

❖ 设计视图：用来设计和修改报表的结构，添加控件和表达式，设置控件的各种属性，美化报表等，如下图所示。

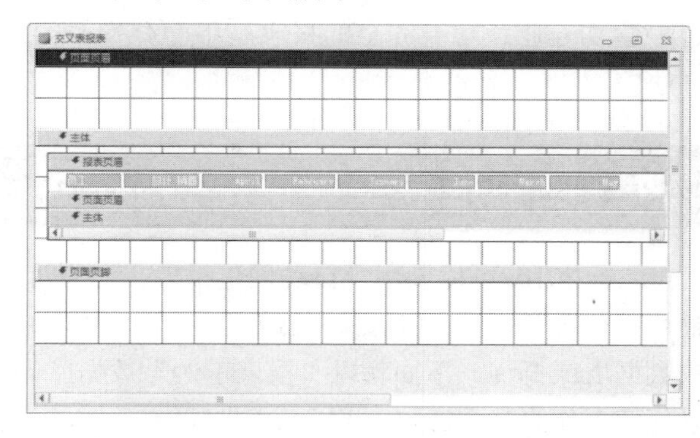

Access 几乎能够创建用户所能想到的任何形式的报表。一般来说，商业报表主要有以下几种类型。

❖ 表格型报表：和表格型窗体、数据表类似，以行、列的形式列出数据记录。

❖ 图表型报表：以图形或图表的方式显示数据的各种统计方式。

❖ 标签型报表：将特定字段中的数据提取出来，打印成一个个小的标签，以粘贴标识物品。

6.2 创建报表

在报表的建立方法上，Access 2010 继承了 Access 2007 灵活简便的风格， Access 2010 中的【创建】选项卡下的【报表】组和 Access 2007 的基本相同，只是将按钮的位置做了进一步的调整。可以看到，创建报表的几种方法如下图所示。

❖ 【报表】：利用当前打开的数据表或查询自动创建一个报表。

❖ 【标签】：运用标签向导创建一组邮寄标签报表。

❖ 【空报表】：创建一个空白报表，通过将选定的数据表字段添加进报表中建立报表。

❖ 【报表向导】：借助报表向导的提示，创建一个报表。

❖ 【报表设计】：进入报表的设计视图，通过添加各种控件建立一个报表。

一般而言，创建报表的步骤都可以分为两步，即先

报表不仅可以提供各种数据的详细信息，而且更重要的是可以提供各种总计信息等。通过这些信息，决策者可以获得本单位的综合情况。

选择报表记录源，然后再利用报表工具建立报表。

总之，Access 提供了强大的报表建立功能，可以帮助用户建立专业、功能齐全的报表。下面分别介绍这几种方法。

6.2.1 使用报表工具创建报表

Access 2010 可以为用户自动创建报表，这是创建报表最快速的方法。用户需要做的是选定一个要作为数据源的数据表或查询。下面就以“报表示例”数据库为例，并以任意表作为数据源，介绍自动创建报表的方法。

操作步骤

❶ 打开 Access 2010，打开前面建立的“查询示例”数据库，如下图所示。

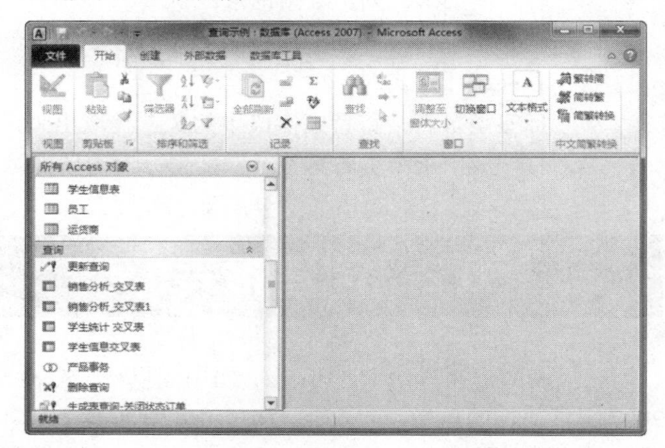

❷ 单击窗口左上角的【文件】菜单，在弹出的下拉菜单中选择【数据库另存为】命令，如下图所示。

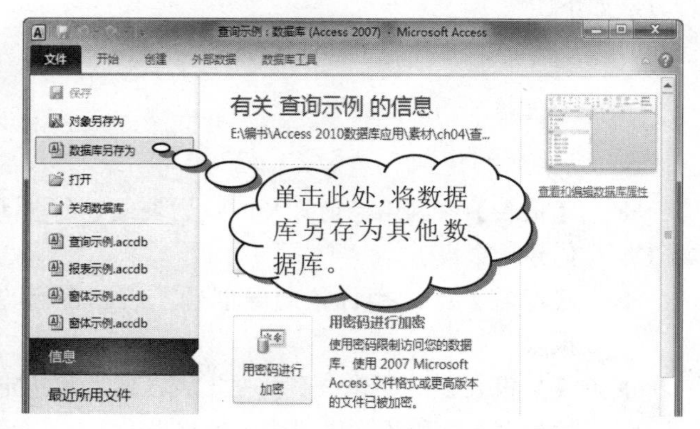

❸ 在弹出的【另存为】对话框中输入该数据库的名称为“报表示例”，如下图所示。

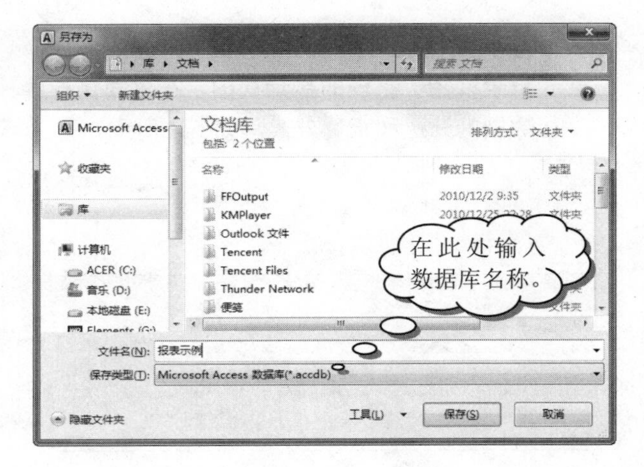

❹ 这样就创建了“报表示例”数据库。在导航窗格中双击打开“采购订单”表，如下图所示。

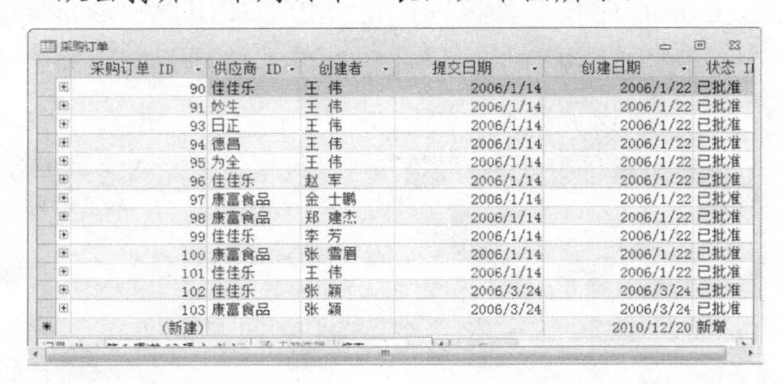

❺ 使用报表工具创建报表。单击【创建】选项卡下【报表】组中的【报表】按钮，Access 自动创建一个报表，如下图所示。

❻ 将此窗体命名为“采购订单_Report”，保存备用。

可以看到，自动创建的报表是按表格的形式显示数据记录的，因此这种报表亦被称为表格式报表。但是表格式报表不同于表格式窗体或数据表，表格式报表通常用一个或多个字段值将数据分组，并在每一个分组中计算和显示数值的小结信息和统计信息。表格式报表通常在对比相同字段的数据时使用。

使用报表工具创建的报表，实际上就是窗体的布局视图。在进入报表的布局视图或设计视图后，可以看到 Access 的标签栏上出现【报表设计工具】标签，如下图所示。

Access 2010 数据库提供了多种创建报表的方法：自动创建报表、报表向导、报表设计、空白报表等。用户可以灵活地创建所需要的报表。

在报表的布局视图中，用户可以利用上图中的这些工具来删除控件、改变字体颜色、改变背景颜色等。关于报表布局或设计的各种工具，将在以后的各节中做详细介绍。

提示

使用报表工具创建报表后，用户一般还要在布局视图或设计视图中修改，这是建立个性化窗体最简便的方法。

6.2.2 使用报表向导创建报表

用户可以使用报表向导来创建报表。在向导中，可以选择在报表上显示的字段，还可以指定数据的分组和排序方式。并且，如果用户事先指定了表与查询之间的关系，那么还可以使用来自多个表或查询的字段。

所谓分组，就是以数据表中的某一字段作为分类和汇总的依据，把数据表中的数据信息按照这个字段进行分类显示。打印报表时，通常需要按特定顺序组织记录。例如，在打印供应商列表时，可能希望按公司名称的字母顺序对记录进行排序。

对于很多报表来说，仅对记录进行排序还不够，可能还需要将它们划分为组。组是记录的集合，并且包含与记录一起显示的介绍性内容和汇总信息(如页眉)。

通过分组，可以直观地区分各组记录，并显示每个组的介绍性内容和汇总数据。

下面以“报表示例”数据库中的“订单”表和“订单明细”表作为数据源，创建以“订单日期”字段作为分组依据的报表，具体操作如下。

操作步骤

1. 打开上一节建立的“报表示例”数据库。
2. 单击【创建】选项卡下【报表】组中的【报表向导】按钮，弹出【报表向导】对话框，如下图所示。

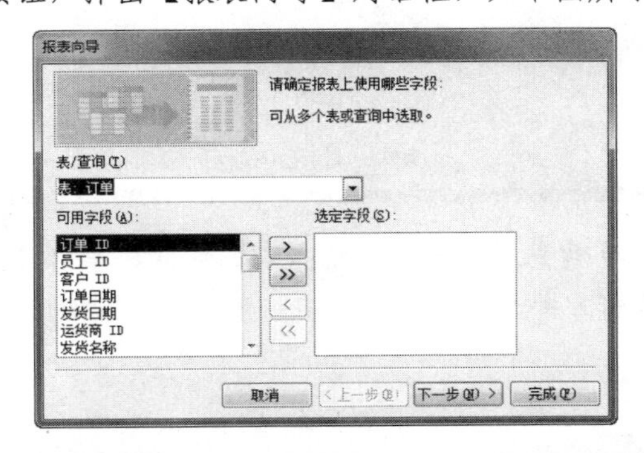

3. 在【表/查询】下拉列表框中选择“订单”表，将该表的“订单 ID”“客户 ID”“订单日期”和“运费”字段添加到右边的【选定字段】列表框中。
4. 在【表/查询】下拉列表框中选择“订单明细”表，将该表的“产品 ID”“数量”“单价”和“折扣”等字段添加到右边的【选定字段】列表框中，如下图所示。

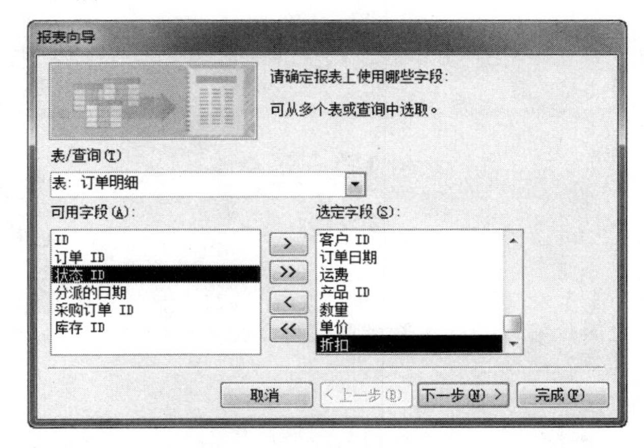

5. 单击【下一步】按钮，弹出设置数据查看方式的对话框。由于要建立的报表是基于两个数据表的，因此该对话框提供了“通过订单”和“通过订单明细”两种查看方式。

   这里选择“通过订单”方式查看数据，如下图所示。

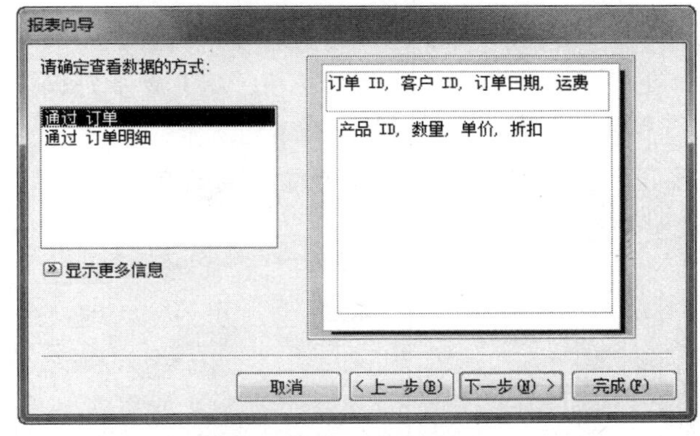

注意

由于“订单”表和“订单明细”表之间是一对多的关系，因此当用户选择“通过订单”方式查看数据时，会在右边的预览框中显示子窗口界面。

6. 单击【下一步】按钮，弹出设置是否添加分组级别对话框，在左边列表框中选择“订单日期”作为分组依据，如下图所示。

学以致用系列丛书

报表和窗体一样，也是由若干节组成的。在报表的设计视图中，节代表着不同的带区，而且报表所包含的每一节只能被指定一次。

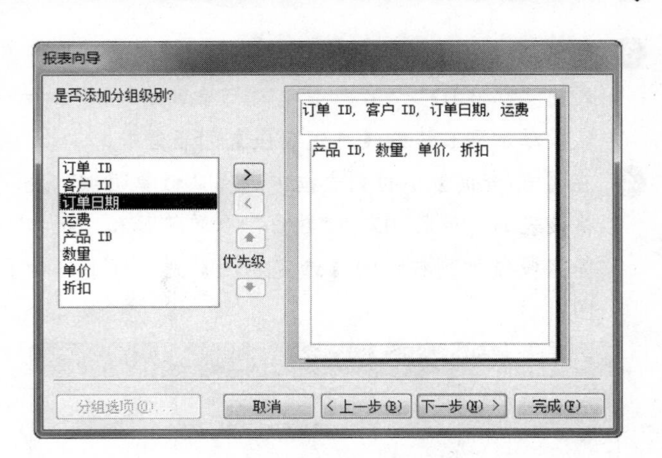

提示

可以看到，默认通过“订单日期”的“月”来进行分组，可以更改这个分组依据。方法是单击【报表向导】对话框中的【分组选项】按钮，在弹出的【分组间隔】对话框中选择要作为分组依据的时间单位，如下图所示。

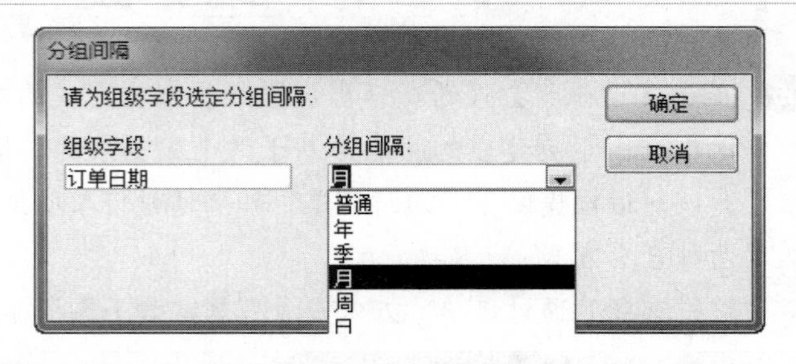

7. 单击【报表向导】对话框中的【下一步】按钮，弹出设置数据排序次序的对话框。用户最多可以按 4 个字段对记录进行排序，如下图所示。

提示

单击该对话框上的【汇总选项】按钮，弹出【汇总选项】对话框，如下图所示。用户可以对选定字段中的数字型、货币型的字段设置汇总选项。

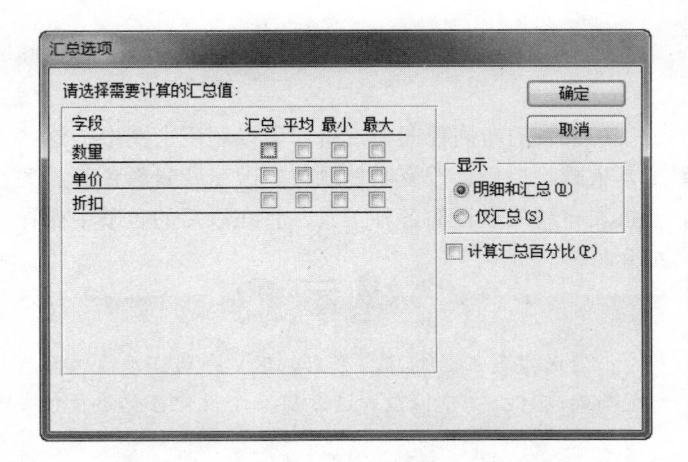

8. 单击【下一步】按钮，弹出设置报表布局方式对话框，在这里有 3 种布局方式供用户选择，即【递阶】【块】【大纲】，【方向】为报表打印的方式，如下图所示。

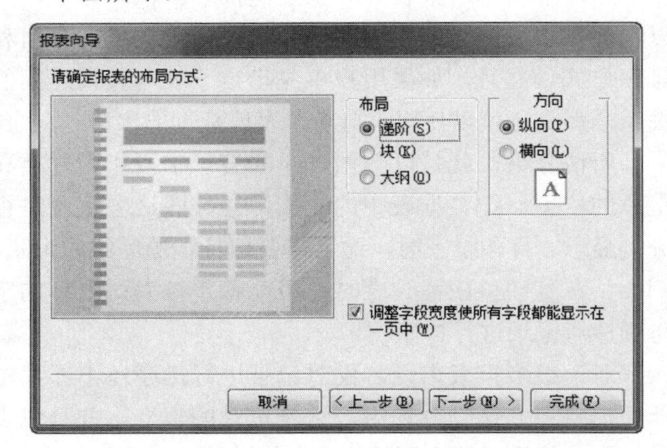

9. 单击【下一步】按钮，弹出设置报表名称的对话框，输入该报表的名称为“订单_分组报表”，如下图所示。

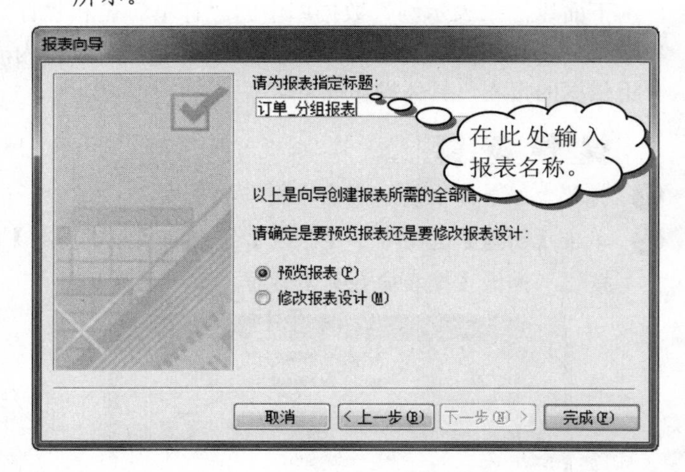

10. 这样就完成了一个分组报表的创建，单击【完成】按钮，进入报表的打印预览视图，如下图所示。

学以致用系列丛书

长见识 使用报表工具创建报表是创建报表最快捷的方式，它直接将报表的基础表或查询中的全部字段的结合型控件以默认的格式和属性放置在报表上。

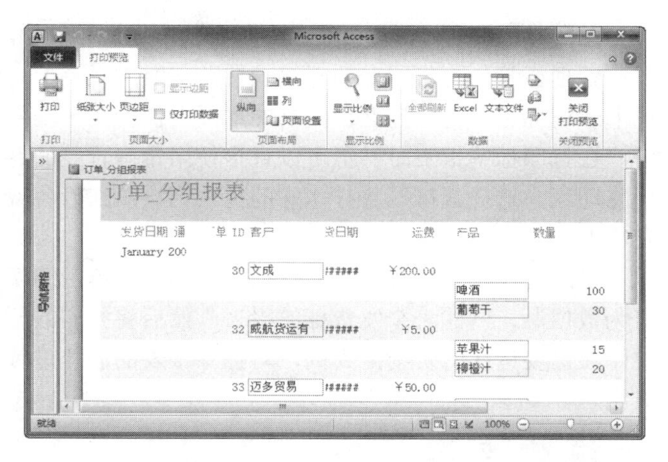

如果对创建的报表布局等不满意，可以进入报表的布局视图进行修改。下图是上面报表的报表视图，用户可以理解分组的含义。

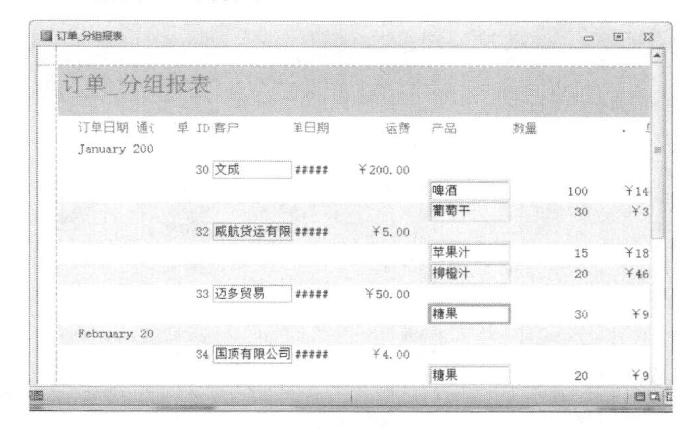

在上面的报表中，数据信息按“订单日期”的“月”进行了分组，每组信息都是以“订单日期”开头，在下方显示了该月所有的订单信息。用户可以直接打印该报表。

6.2.3　使用空白报表工具创建报表

当然，空白报表绝不是创建的目的，只是通过空白报表创建一个报表。和前面介绍的创建表、窗体等一样，直接拖动字段是创建绑定字段的快捷方法。在报表的创建过程中，用户通过拖动数据表字段，可以快捷地建立一个功能完备的报表。

下面就以“报表示例”数据库中的“订单”表、“订单明细”表为数据源，建立“发货信息”报表，说明利用空白报表创建报表的具体操作步骤。

操作步骤

1. 启动 Access 2010，打开“报表示例”数据库。
2. 单击【创建】选项卡下【报表】组中的【空报表】按钮，弹出一个空白报表，并在屏幕右边自动显示【字段列表】窗格，如下图所示。

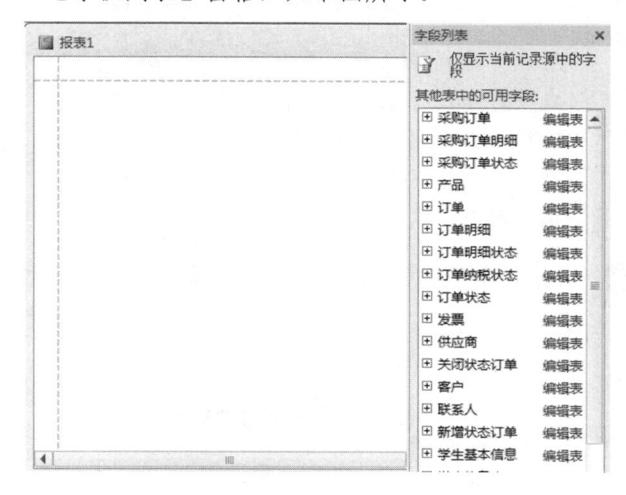

可以看到，建立的空白报表直接进入了报表的布局视图。

3. 在右边的【字段列表】窗格中，单击“订单”表左边的“+”号，展开字段列表，双击“客户”“发货城市”“发货地址”“运费”字段，将这 4 个字段添加到报表中，如下图所示。

4. 再在【字段列表】窗格中选择“订单明细”表，双击“产品”“数量”字段，将这两个字段添加到报表中。在报表布局视图中拖动这两个字段到“运费”字段的前面，关闭【字段列表】窗格，最终效果如下图所示。

客户	发货城市	发货地址	产品	数量	运费
文成	南京	南开北路 3 号	啤酒	100	¥200.00
文成	南京	南开北路 3 号	葡萄干	30	¥200.00
威航货运有限公司	青岛	黄岛区新技术开发区 65 号	苹果汁	15	¥5.00
威航货运有限公司	青岛	黄岛区新技术开发区 65 号	柳橙汁	20	¥5.00
迈多贸易	南京	江北开发区 7 号	糖果	30	¥50.00
国顶有限公司	上海	陕西路 423 号	糖果	20	¥4.00
祥通	烟台	市中区绮丽路 54 号	胡椒粉	17	¥12.00
康浦	烟台	新技术开发工业区 32 号	柳橙汁	300	¥10.00
广通	深圳	曙光路东区 45 号	绿茶	200	¥9.00
康浦	济南	历下区浪潮路 97 号	虾子	50	¥40.00
康浦	济南	历下区浪潮路 97 号	虾米	50	¥40.00
祥通	济南	历下区浪潮路 2 号	小米	100	¥100.00
祥通	济南	历下区浪潮路 2 号	酸奶酪	50	¥100.00
祥通	北京	西城区新开胡同 54 号	啤酒	300	¥300.00
迈多贸易	北京	海淀区明成大街 29 号	胡椒粉	25	¥50.00
迈多贸易	北京	海淀区明成大街 29 号	糖果	25	¥50.00
友恒信托	厦门	城东路 762 号	花生	20	¥5.00

学以致用系列丛书

利用空白报表建立报表是 Access 2010 的新增功能。新建的空白报表，实际上是报表的布局视图，在布局视图中直接将字段拖动到报表中，即可快捷地创建一个报表。

长见识

提示

用户可以直接双击字段将字段添加到报表中，也可以直接将字段拖进报表中。

用户还可以在报表的【属性表】窗格的【数据】选项卡中设置报表的数据来源。但是这种设置方法过于复杂，使用不方便。

5. 单击工具栏上的【保存】按钮或按 Ctrl+S 组合键保存该报表为“发货信息”，如下图所示。这样就完成了“发货信息”报表的创建。

单击鼠标右键，在弹出的快捷菜单中选择【报表视图】命令，进入报表视图，如下图所示。

发货信息

客户	发货城市	发货地址	产品	数量	运费
文成	南京	南开北路 3 号	啤酒	100	￥200.00
文成	南京	南开北路 3 号	葡萄干	30	￥200.00
威航货运有限公司	青岛	黄岛区新技术开发区 65 号	苹果汁	15	￥5.00
威航货运有限公司	青岛	黄岛区新技术开发区 65 号	柳橙汁	20	￥5.00
迈多贸易	南京	江北开发区 7 号	糖果	30	￥50.00
国顶有限公司	上海	陕西路 423 号	糖果	20	￥4.00
祥通	烟台	市中区绮丽路 54 号	胡椒粉	17	￥12.00
康浦	烟台	新技术开发工业区 32 号	柳橙汁	300	￥10.00
广通	深圳	曙光路东区 45 号	绿茶	200	￥9.00
康浦	济南	历下区浪潮路 97 号	虾子	50	￥40.00
康浦	济南	历下区浪潮路 97 号	虾米	50	￥40.00
祥通	济南	历下区浪潮路 2 号	小米	100	￥100.00
祥通	济南	历下区浪潮路 2 号	酸奶酪	50	￥100.00
祥通	北京	西城区新开胡同 54 号	啤酒	300	￥300.00
迈多贸易	北京	海淀区明成大街 29 号	胡椒粉	25	￥50.00
迈多贸易	北京	海淀区明成大街 29 号	糖果	25	￥50.00
友恒信托	厦门	城东路 762 号	花生	20	￥5.00

注意

查看报表之后，可以保存报表，然后关闭报表以及作为记录源的基础表或查询。下次打开报表时，Access 将显示记录源中最新的数据。

6.2.4 创建标签类型报表

所谓标签报表，就是利用向导提取数据库表或查询中某些字段数据，制作成一个个小标签，以便打印出来进行粘贴。

Access 2010 提供了若干选项来创建数据标签，其中最简单的方法就是使用 Access 中的标签向导，从创建的报表中创建和打印标签。此外，可以将其他数据源(如 Microsoft Office Excel 2010 工作簿或 Microsoft Office Outlook 2010 联系人列表)的数据导入 Access 中，利用 Access 创建报表后再打印标签。

在实际工作中，标签报表具有很强的实用性。例如，财产管理标签，将打印好的标签直接贴在财产设备上；图书管理标签，将标签贴在图书的扉页上作为图书编号等。在打印标签报表时甚至可以直接使用带有背胶的专用打印纸，这样就可以将打印好的报表直接贴在设备或货物上。

下面通过以“报表示例”数据库中的“订单明细”表为数据源，创建一个发货标签报表，然后将打印的标签贴在需要运送的货物上为例，对标签报表的创建进行介绍。

操作步骤

1. 打开“报表示例”数据库。在左边的导航窗格中选择“订单明细”表，双击打开该表，如下图所示。

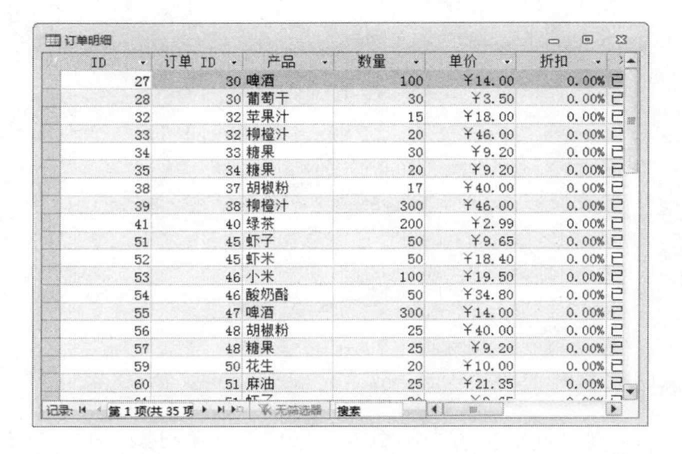

订单明细

ID	订单 ID	产品	数量	单价	折扣	
27	30	啤酒	100	￥14.00	0.00%	已
28	30	葡萄干	30	￥3.50	0.00%	已
32	32	苹果汁	15	￥18.00	0.00%	已
33	32	柳橙汁	20	￥46.00	0.00%	已
34	33	糖果	30	￥9.20	0.00%	已
35	34	糖果	20	￥9.20	0.00%	已
38	37	胡椒粉	17	￥40.00	0.00%	已
39	38	柳橙汁	300	￥46.00	0.00%	已
41	40	绿茶	200	￥2.99	0.00%	已
51	45	虾子	50	￥9.65	0.00%	已
52	45	虾米	50	￥18.40	0.00%	已
53	46	小米	100	￥19.50	0.00%	已
54	46	酸奶酪	50	￥34.80	0.00%	已
55	47	啤酒	300	￥14.00	0.00%	已
56	48	胡椒粉	25	￥40.00	0.00%	已
57	48	糖果	25	￥9.20	0.00%	已
59	50	花生	20	￥10.00	0.00%	已
60	51	麻油	25	￥21.35	0.00%	已

记录: 第 1 项(共 35 项 无筛选器 搜索

2. 单击【创建】选项卡下【报表】组中的【标签】按钮，弹出【标签向导】对话框，如下图所示。

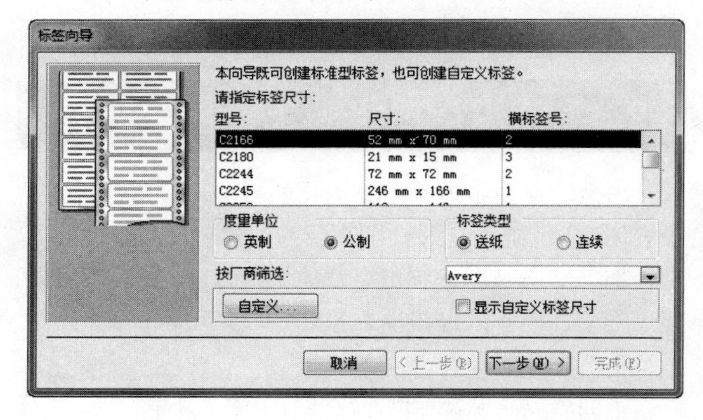

在【标签向导】对话框中选择标签的【型号】，默认选择 Avery 厂商的 C2166 型，这种标签的尺寸为 52mm×70mm，一行显示两个。

3. 单击【下一步】按钮，弹出设置文本对话框，如下图所示。

报表的设计视图和窗体的设计视图类似，用户需要在报表的设计视图中利用各个控件，逐步设计各个报表，并设置控件的显示属性，从而创建一个完整的报表。

设置文本字体为“宋体”，字号为“16”等。

❹ 单击【下一步】按钮，弹出设置标签显示内容对话框，如下图所示。用户既可以从左边的【可用字段】列表框中选择要显示的字段，也可以直接输入所需的文字。

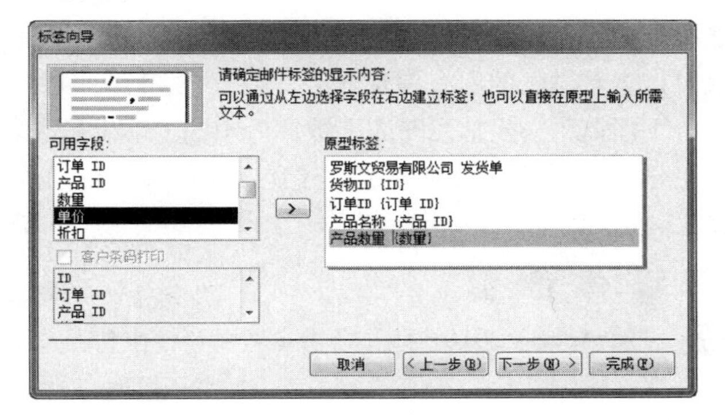

这一步是标签向导中非常重要的一步。用户需要在这一步中设置标签要显示的内容。

注意

使用标签向导只能添加下列数据类型的字段：“文本”“数字”“日期/时间”“货币”“是/否”或“附件”。

❺ 单击【下一步】按钮，在弹出的对话框中选择排序依据的字段，如下图所示。此处选择 ID 字段作为报表打印时的排序依据字段。

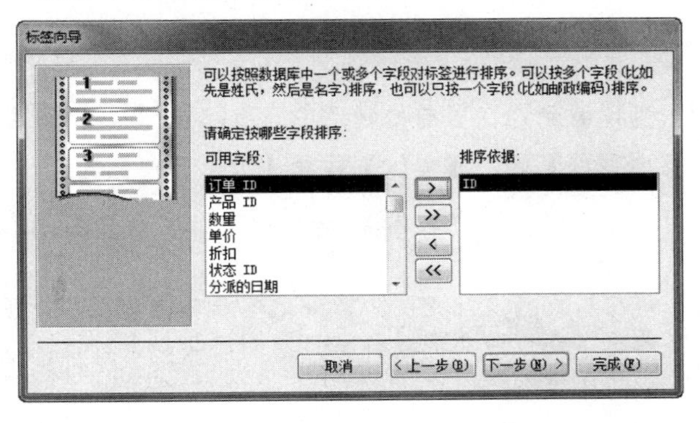

❻ 单击【下一步】按钮，弹出设置报表名称的对话框，在该对话框中输入该报表的名称“标签 订单明细”，在下面选中【查看标签的打印预览】单选按钮，如下图所示。

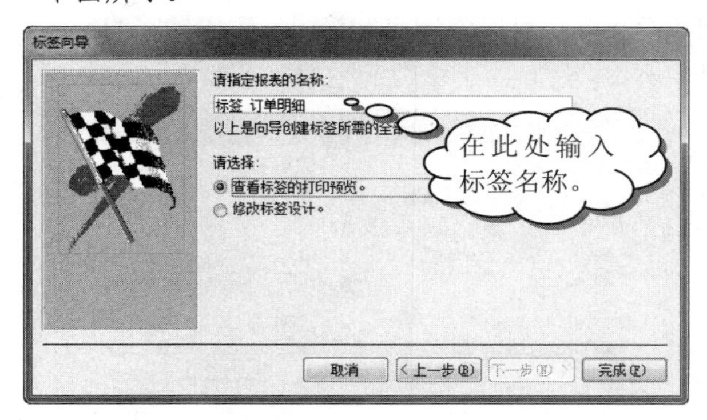

❼ 单击【完成】按钮，完成标签报表的创建，进入报表的打印预览视图，如下图所示。

罗斯文贸易有限公司 发货单
货物ID 27
订单ID 30
产品名称 34
产品数量 100

罗斯文贸易有限公司 发货单
货物ID 28
订单ID 30
产品名称 80
产品数量 30

罗斯文贸易有限公司 发货单
货物ID 32
订单ID 32
产品名称 1
产品数量 15

罗斯文贸易有限公司 发货单
货物ID 33
订单ID 32
产品名称 43
产品数量 20

注意

【打印预览】是唯一可以看到多个列的视图，其他视图将数据显示在单个列中。

这样就完成了标签报表的制作。在【打印预览】视图中可以看到，创建的标签整齐地排列在纸张中，只是制作完成的标签不是特别美观，可以进入报表的设计视图进行修改。修改以后就可以将该标签打印出来，并粘贴到即将发送的货物上了。

在创建标签报表的第 2 步，选择的厂商标准标签是“Avery”，可以在对话框中看到一个【自定义】按钮，单击该按钮，弹出【新建标签尺寸】对话框，在该对话框中用户可以自己设置标签的尺寸，如下图所示。

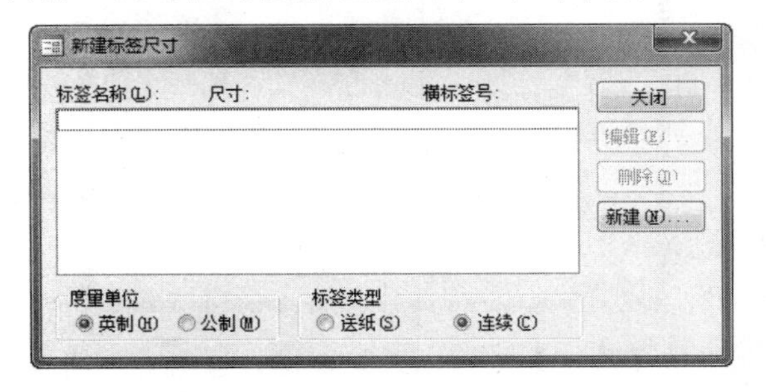

长见识：报表是一种数据库对象，它可以用来显示和汇总数据。报表提供了一种分发或存档数据快照的方法，可以将它打印出来、转换为 PDF 或 XPS 文件或导出为其他文件格式。

单击【新建标签尺寸】对话框中的【新建】按钮，弹出【新建标签】对话框，通过该对话框新建一个标签。

将标签命名为“My Label”，并设置标签在打印纸中的各个尺寸，单击【确定】按钮，完成标签的创建，如下图所示。

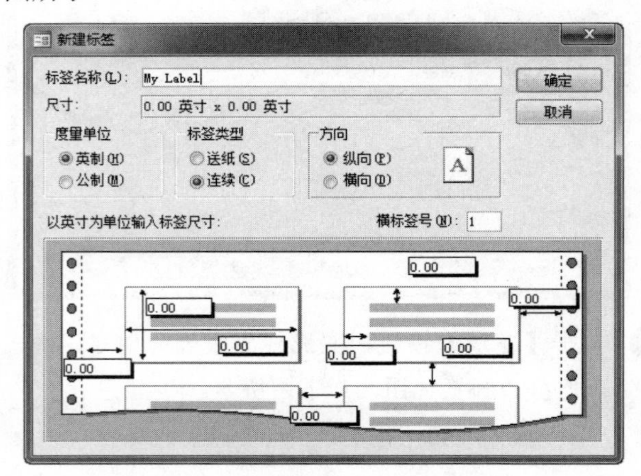

单击【新建标签尺寸】对话框中的【关闭】按钮，返回【标签向导】对话框，可以看到标签尺寸变为自己设置的尺寸，如下图所示。

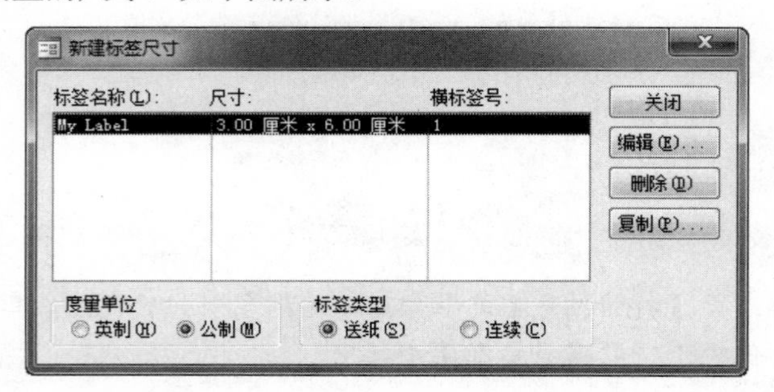

创建标签以后，可以重新设置标签的打印方式，进入报表的打印预览视图，单击【页面布局】组中的【列】按钮，可以弹出【页面设置】对话框。例如，在上面的例子中设置的是一张纸中打印两列，在此将【列数】更改为“3”，并重新设置行间距和列间距，如下图所示。

单击【确定】按钮，系统根据设置内容重新排列标签列数和间距，如下图所示。

罗斯文贸易有限公司 发货单 货物ID 27 订单ID 30 产品名称 34 产品数量 100	罗斯文贸易有限公司 发货单 货物ID 28 订单ID 30 产品名称 80 产品数量 30	罗斯文贸易有限公司 发货单 货物ID 32 订单ID 32 产品名称 1 产品数量 15
罗斯文贸易有限公司 发货单 货物ID 33 订单ID 32 产品名称 43 产品数量 20	罗斯文贸易有限公司 发货单 货物ID 34 订单ID 33 产品名称 19 产品数量 30	罗斯文贸易有限公司 发货单 货物ID 35 订单ID 34 产品名称 19 产品数量 20

6.2.5 通过报表设计创建报表

报表是按照指定的方式将数据表中的数据进行排列或汇总的。运用报表的设计视图可以给报表增加查询条件，使报表具有交互功能。

参数查询通过用户输入查询参数实现特定的查询，在报表中也可以实现同样的功能。例如，输入“学号”，就可以查看学生的所有信息。

下面以“学生信息简表”数据库中的“学生信息表”和“学生就业表”为数据源，建立带有班级查询功能的报表。

操作步骤

1. 启动 Access 2010，打开已准备好的“学生信息简表”数据库。
2. 单击【创建】选项卡下【报表】组中的【报表设计】按钮，进入报表的设计视图，如下图所示。

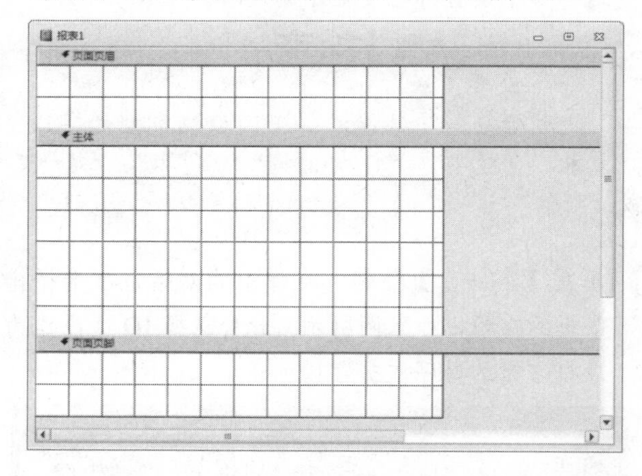

可以看到，在当前的视图中只有 3 个区域，即【页面页眉】区、【主体】区和【页面页脚】区。

提示

在报表的设计视图中，将光标准确地放在各个区域的交界处，当鼠标指针变为双向箭头时，可以拖动区域的边缘来改变大小。

报表向导相对于自动创建报表而言有了较大的灵活性。它允许创建者选择出现在报表上的字段，以及如何对报表进行分组等。

❸ 在报表右边的蓝色空白区域右击，在弹出的快捷菜单中选择【属性】命令，弹出报表的【属性表】窗格，如下图所示。

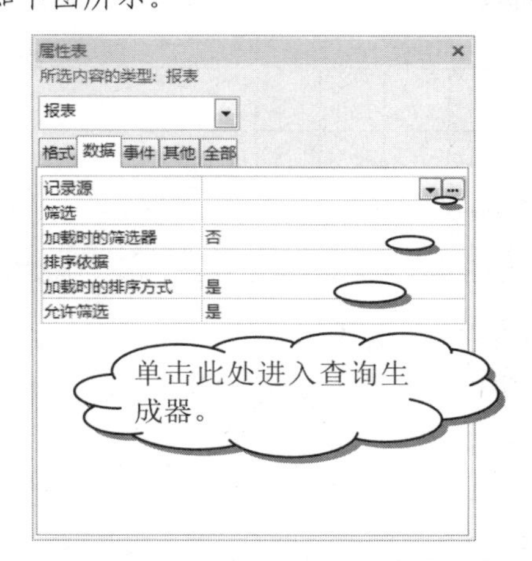

❹ 在【属性表】窗格中切换到【数据】选项卡，单击【记录源】行右侧的省略号按钮…，打开查询生成器，如下图所示。

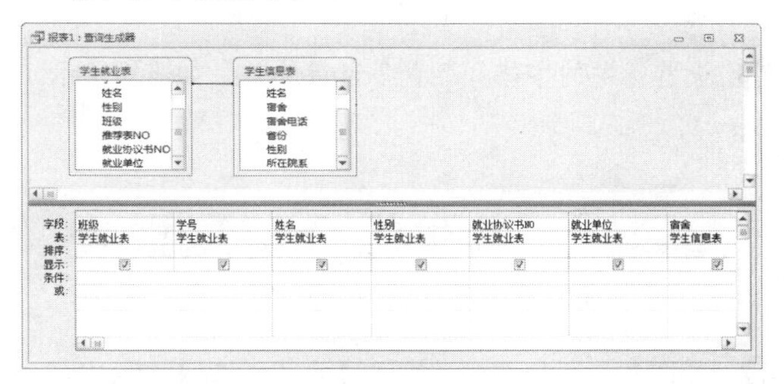

在查询生成器中，将【学生就业表】和【学生信息表】添加进查询设计网格中，并将【学生就业表】中的“班级”“学号”“姓名”“性别”“就业协议书 NO”“就业单位”字段添加到查询设计网格中；将【学生信息表】中的“宿舍”“宿舍电话”“所在院系”字段添加到查询设计网格中。

由于是要建立以“班级”为查询字段的参数报表，因此在“班级”字段的【条件】行中输入查询条件：“[请输入学生所在班级：]”，如下图所示。

❺ 单击【关闭】组中的【另存为】按钮，弹出【另存为】对话框，将该查询保存为“报表参数查询”，如下图所示，单击【确定】按钮，关闭查询生成器。

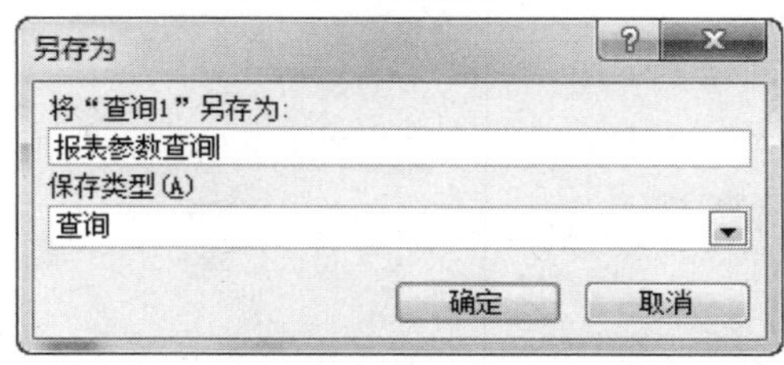

❻ 完成对报表的数据源设置以后，关闭【属性表】窗格，返回报表的设计视图。单击【工具】组中的【添加现有字段】按钮，弹出【字段列表】窗格，如下图所示。

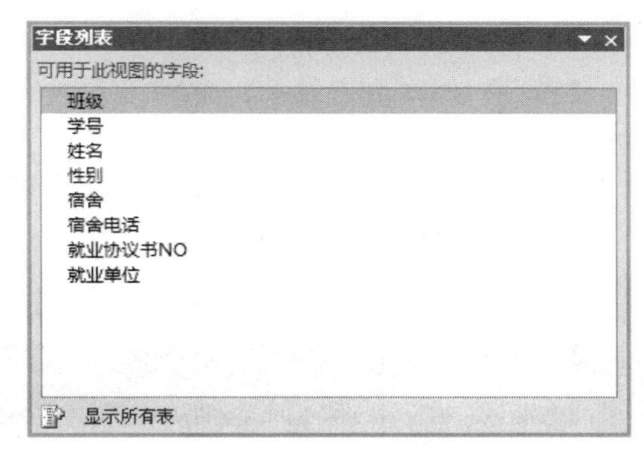

❼ 拖动“班级”字段到报表的【页面页眉】中，将“学号”“姓名”“性别”“宿舍”“就业协议书 NO”“就业单位”字段添加到报表的【主体】中，并排列各个字段，如下图所示。

❽ 将建立的报表切换到报表视图，弹出【输入参数值】对话框，如下图所示。

所谓分组报表，是指报表中打印的记录依据某个字段进行了分组，同组记录所依据的字段或表达式具有相同的值，或者在同一范围内。

❾ 输入查询学生班级为“0503303”，单击【确定】按钮，返回参数报表结果，如下图所示。

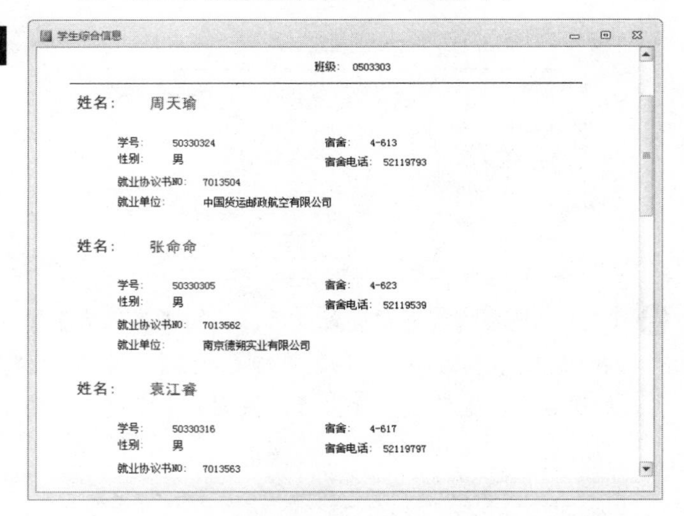

❿ 单击【保存】按钮，保存该报表为“学生综合信息”。

这样就制作完成了带有交互功能的参数报表。如果更换要查看的班级时，只要按下F5键对报表进行刷新，即可弹出让用户重新输入班级的对话框。

与此类似，用户可以建立各种交互参数报表。

6.2.6 建立专业参数报表

上面建立了一个参数报表，但是可以看到，这个报表虽然完成了一定的功能，但是很多功能还不完备。本节将利用各种控件，对上一节建立的报表进行修改，以制作专业的参数报表。

操作步骤

❶ 启动Access 2010，打开“学生综合信息”报表，并进入报表的设计视图，如下图所示。

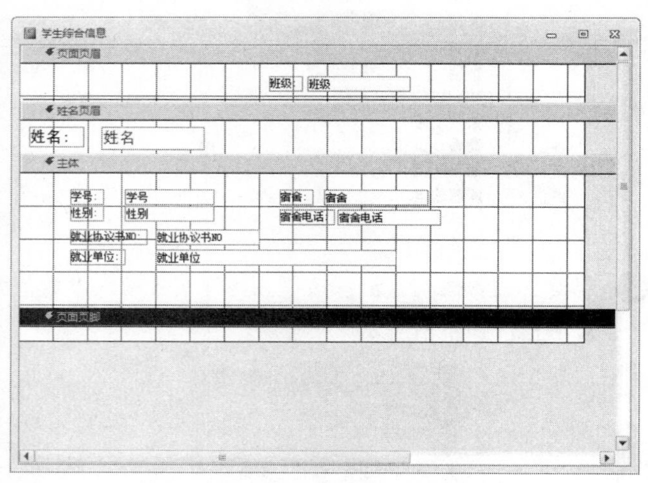

❷ 在报表中添加徽标。单击【页眉/页脚】组中的【徽标】按钮，弹出【插入图片】对话框，浏览找到存储徽标文件的文件夹，然后双击该文件，将徽标图片添加到【报表页眉】区域，如下图所示。

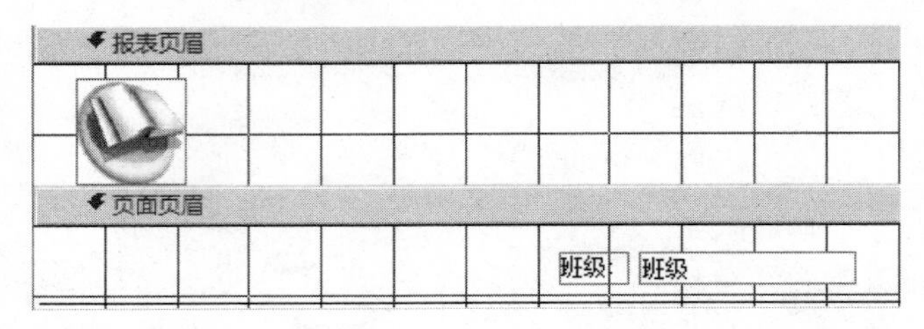

❸ 在报表中添加标题。单击【页眉/页脚】组中的【标题】按钮，报表页眉上会添加新标签，报表的名称显示为标题，如下图所示。

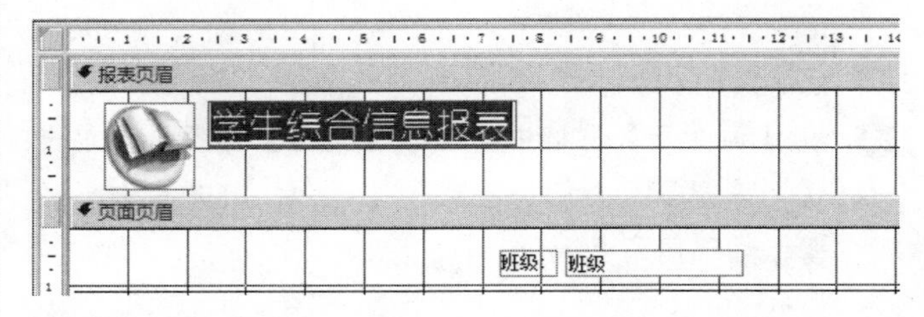

❹ 设置标题的字体和颜色等，最终效果如下图所示。

学生综合信息报表

❺ 在报表中添加页码。单击【页眉/页脚】组中的【页码】按钮，将弹出【页码】对话框，如下图所示。在【格式】组中选中【第N页，共M页】单选按钮，再在【位置】组中选中【页面底端(页脚)】单选按钮。

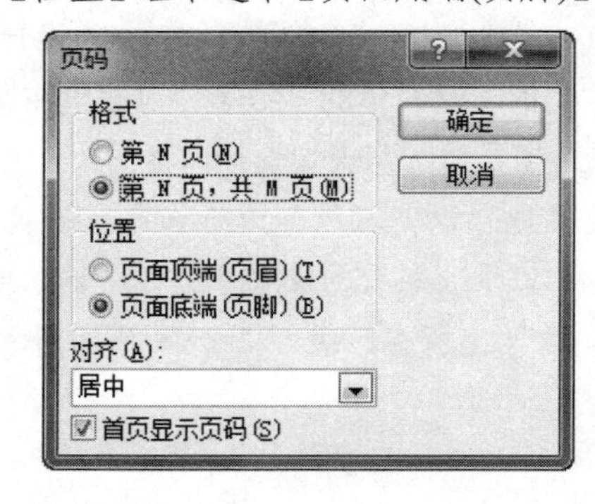

❻ 单击【确定】按钮，插入页码，可以看到在【页面页脚】中出现了计算页码的文本框，如下图所示。

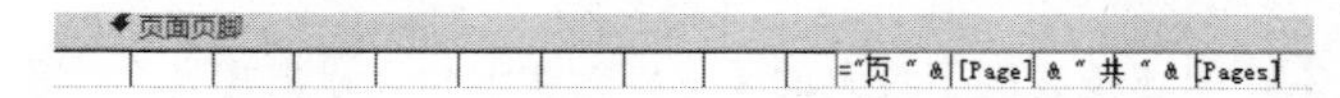

❼ 在报表中添加当前日期。单击【页眉/页脚】组中的【日期和时间】按钮，将弹出【日期和时间】对

长见识 在Access报表中可以实现在分组范围内和报表范围内对记录的计数。当在分组范围内进行编号和计数时，如果当前分组结束，进入更高级别的分组中，Access将自动重新开始编号和计数。

话框，如下图所示。

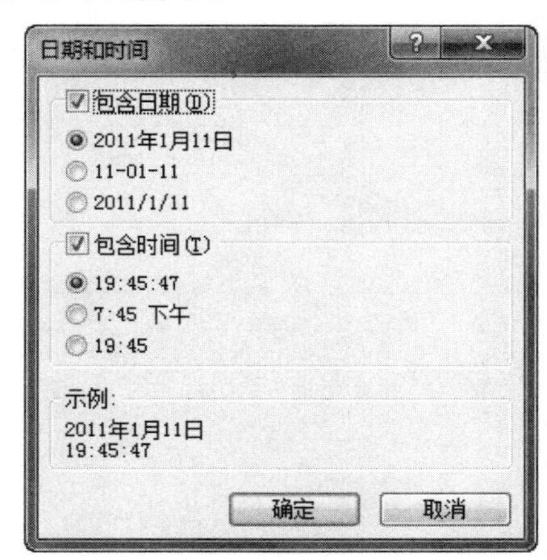

在该对话框中选中【包含日期】复选框，并选择第1种日期格式，不显示时间。

8 单击【确定】按钮，插入日期，可以看到在【报表页眉】中出现了时间函数，将该函数剪切到【报表页脚】区域，并在前面创建一个标签控件，在控件中输入“创建时间：”，如下图所示。

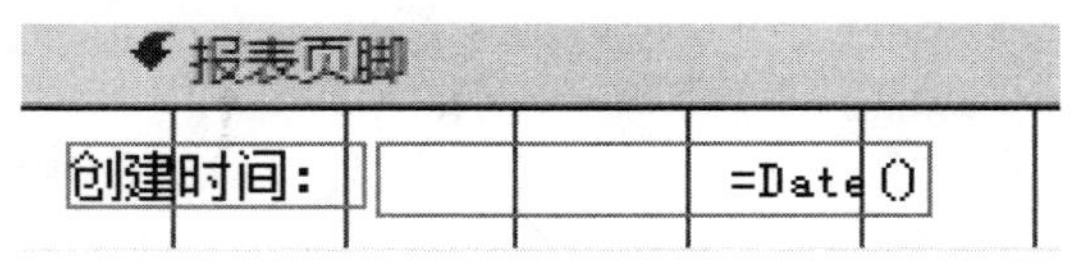

9 在报表中添加分割线。单击【控件】组中的【分隔线】按钮，在【页面页眉】和【主体】之间划一条分割线。

这样就完成了报表的设置，此时报表的设计视图如下图所示。

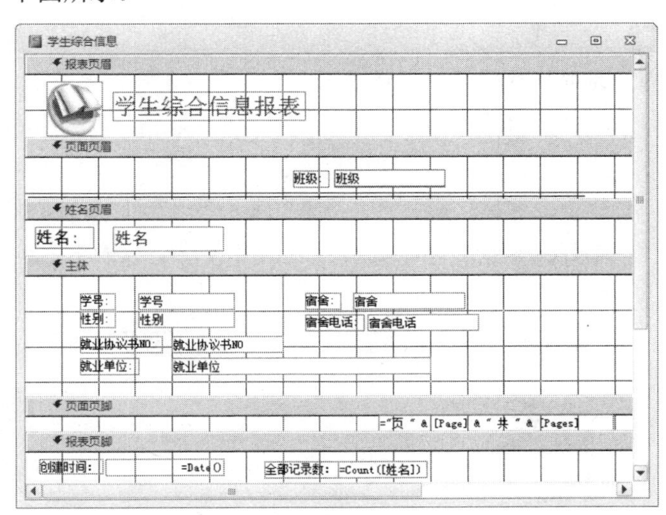

单击【视图】按钮，进入报表的报表视图，输入查询参数为“0503302”，得到的报表如下图所示。

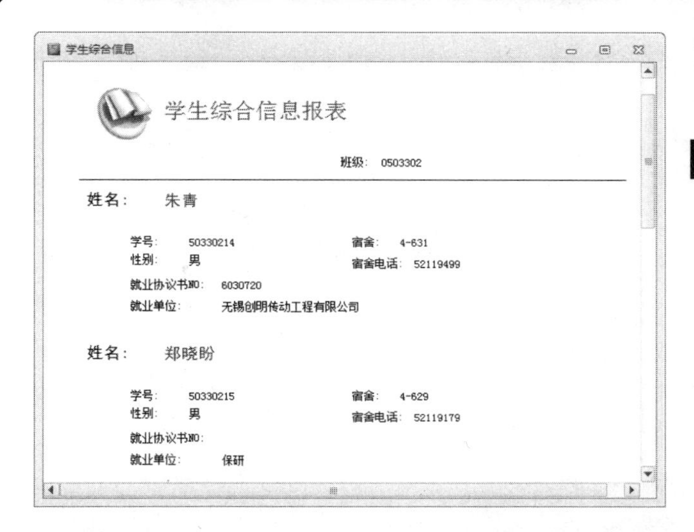

这样就完成了带有交互功能的专业报表的创建。用户在这里主要学习了各种控件工具的使用，以及如何美化报表。修改报表后，就可以直接进行打印输出了。

6.3 报表的简单美化

在使用报表时，为了使其更加具备个性化与美观性，可以在Access 2010中使用工具对报表进行美化操作。

下面以“学生综合信息”报表为例，介绍如何对报表进行简单的美化。

操作步骤

1 启动Access 2010，打开 “学生综合信息”报表，并进入报表的设计视图，如下图所示。

2 在【报表格式工具】选项卡的【格式】下的【字体】组中，对标题的字体和颜色进行设置，这里将字体设置为宋体，并将字体颜色设置为红色，结果如下图所示。

用户可以利用Access 2010创建一个标签报表。标签在本质上仍然是报表，但是它和普通的报表又有一点区别，即标签上只有主体节，而不包含其他节。

长见识

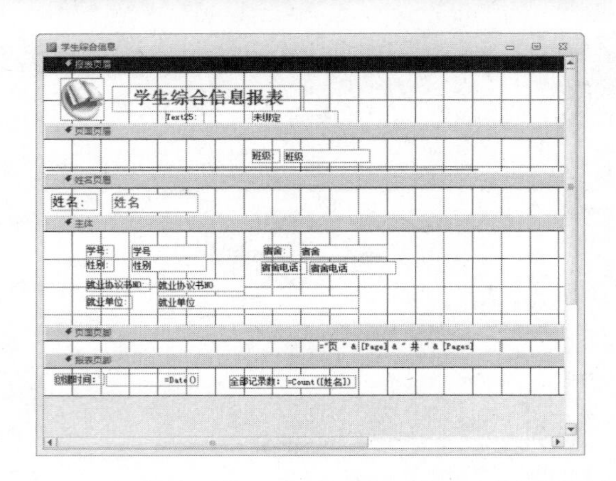

6.4 创建高级报表

和创建高级窗体一样，用于显示和打印的报表也可以利用各种控件，建立各种专业的高级报表，完成各种复杂的功能。

这里所讲的高级报表主要有主/次报表、交叉报表、弹出式报表和图形报表。

6.4.1 创建主/次报表

子报表是指插入在其他报表中的报表。在合并报表时，一个报表作为主报表，其他报表作为次报表。其中主报表可以不基于数据表。

创建子报表的方法主要有以下两种。

❖ 在已有的报表中创建子报表。

❖ 将已有报表作为子报表添加到另一个报表中。

下面就以“报表示例”数据库为例，说明在已有的报表中创建子报表的方法。

操作步骤

❶ 启动 Access 2010，打开“报表示例”数据库，打开“前 10 个最大订单”报表，如下图所示。

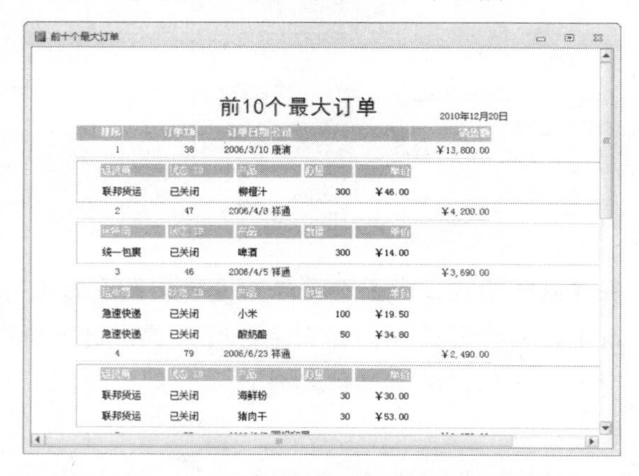

❷ 单击鼠标右键，在弹出的快捷菜单中选择【设计视图】命令，进入报表的设计视图，如下图所示。

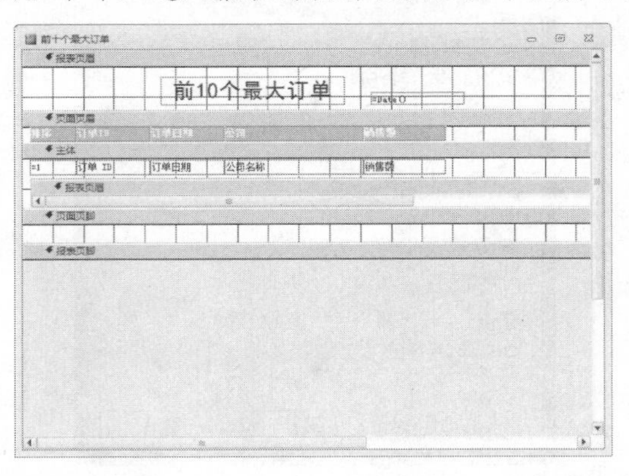

❸ 将鼠标指针移动到报表的【主体】节下方，当鼠标指针变为双向箭头时按下鼠标左键并拖动，增大【主体】节的高度。

❹ 单击【控件】组中的【子报表】按钮，然后在【主体】节中单击，弹出【子报表向导】对话框，选中【使用现有的表和查询】单选按钮，如下图所示。

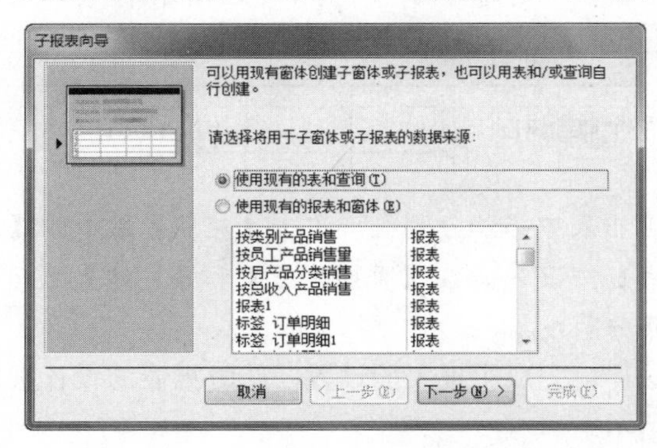

❺ 单击【下一步】按钮，在弹出的对话框中选择要作为数据源的表或查询。单击【表/查询】下拉列表框，选择“订单明细”表，并将表中的“订单 ID”“运货商 ID”“状态 ID”字段添加进【选定字段】列表框中；再次选择“订单明细”表，将“产品 ID”“数量”“单价”字段添加进【选定字段】列表框中，如下图所示。

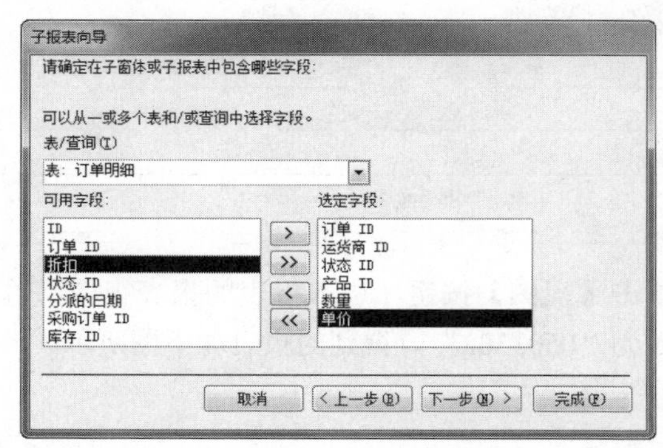

长见识　报表的设计视图是自定义报表的工具，通过报表的设计视图，可以改变报表的外观，添加字段或者控件，移动控件、调整控件大小或对齐控件，更改排序或分组顺序等。

6 单击【下一步】按钮，在弹出的对话框中选择主次窗体的链接方式。接受默认设置，如下图所示。

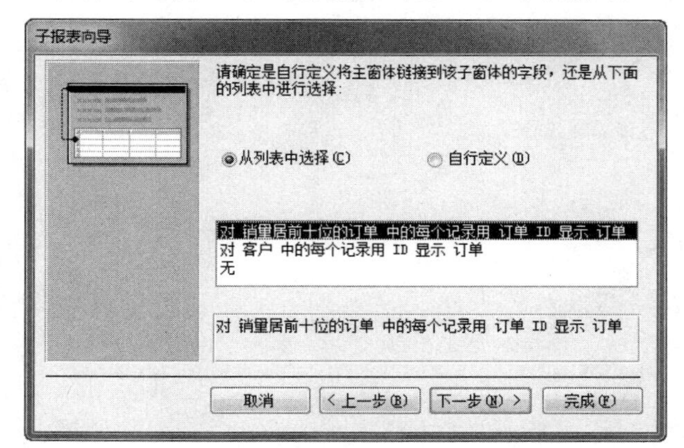

7 单击【下一步】按钮，在弹出的对话框中输入该子报表的名称为“前十个最大订单-子报表”，单击【完成】按钮，完成子报表的创建。

建立的主/次报表如下图所示。

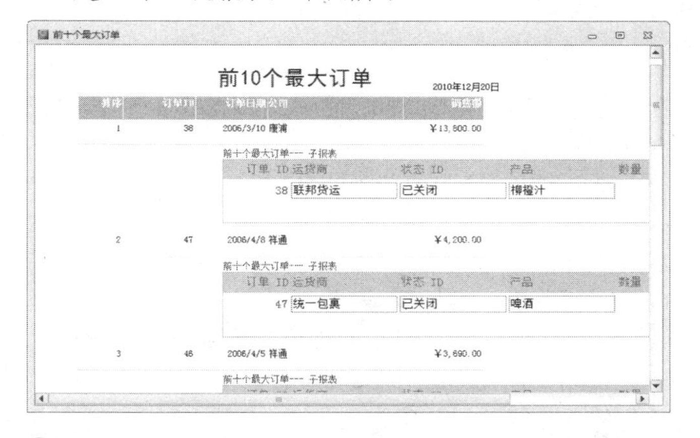

8 新建立的主/次报表还不是特别美观，进入该主/次报表的设计视图，对报表的各字段进行微调，并设置各个字段的属性，如下图所示。

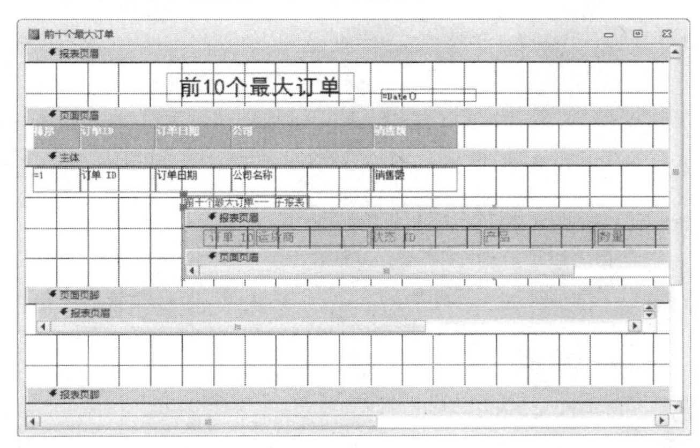

9 在屏幕左边的导航窗格中，打开“前十个最大订单-子报表”报表，如下图所示。

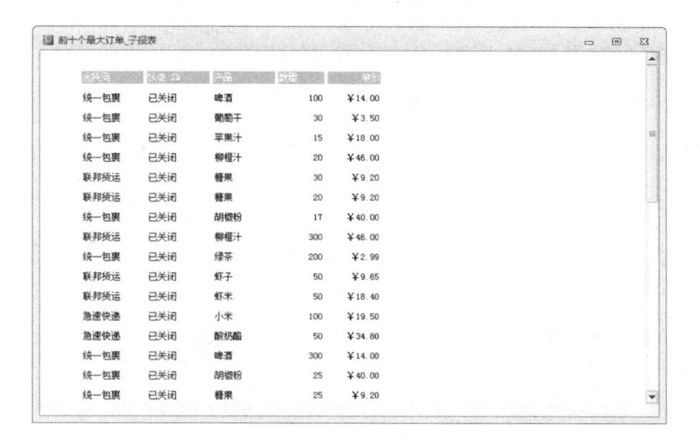

前十个最大订单_子报表

[illegible]	[illegible]	[illegible]	[illegible]	[illegible]
统一包裹	已关闭	啤酒	100	¥14.00
统一包裹	已关闭	葡萄干	30	¥3.50
统一包裹	已关闭	苹果汁	15	¥18.00
统一包裹	已关闭	柳橙汁	20	¥46.00
联邦货运	已关闭	糖果	30	¥9.20
联邦货运	已关闭	糖果	20	¥9.20
统一包裹	已关闭	胡椒粉	17	¥40.00
联邦货运	已关闭	柳橙汁	300	¥46.00
统一包裹	已关闭	绿茶	200	¥2.99
联邦货运	已关闭	虾子	50	¥9.65
联邦货运	已关闭	虾米	50	¥18.40
急速快递	已关闭	小米	100	¥19.50
急速快递	已关闭	酸奶酪	50	¥34.80
统一包裹	已关闭	啤酒	300	¥14.00
统一包裹	已关闭	胡椒粉	25	¥40.00
统一包裹	已关闭	糖果	25	¥9.20

这样就完成了一个主/次报表的创建。同时注意到，【子报表向导】的第一步是让用户选择用于创建子报表的数据源。系统提供了数据表(查询)和窗体(报表)两个选项，在上例中选择的数据源是数据表。很明显，如果选择数据源为窗体(报表)，就意味着是将一个已有的窗体或报表作为子报表插入到当前报表中。

6.4.2 创建交叉报表

报表中的数据可以源于交叉查询建立的数据表，但是交叉查询生成的表是查询的静态结果，当源数据表中的数据发生变化时，必须重新运行查询，否则报表中的数据将不能反映源数据的变动。

为了能及时更新报表中的数据，可以直接将报表建立在交叉查询上，这样就可以在报表中随时反映数据的变化。这种建立在交叉查询之上的报表就是交叉报表。

下面以 “查询示例”数据库中的“销售分析_交叉表”交叉查询为数据源，建立交叉报表，具体操作步骤如下。

操作步骤

1 启动 Access 2010，打开“报表示例”数据库。

2 单击【创建】选项卡下【报表】组中的【报表设计】按钮，新建一个空报表，如下图所示。

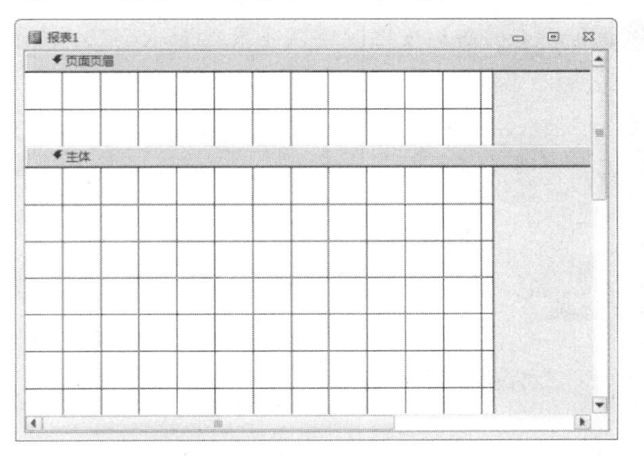

在未用向导创建窗体或报表时，Access 将使用模板来定义窗体或报表上的默认值。

❸ 在屏幕左边的导航窗格中选择“销售分析_交叉表”查询。

❹ 将“销售分析_交叉表”查询拖到设计视图的【主体】节中，弹出【子报表向导】对话框，在该对话框中输入子报表名称为“销售分析_交叉表 子报表”，如下图所示。

❺ 单击【完成】按钮，建立一个以“销售分析_交叉表”查询为数据源的子报表，即建立了一个主/次报表。主报表是一个空报表，没有数据源；次报表是一个交叉报表，如下图所示。

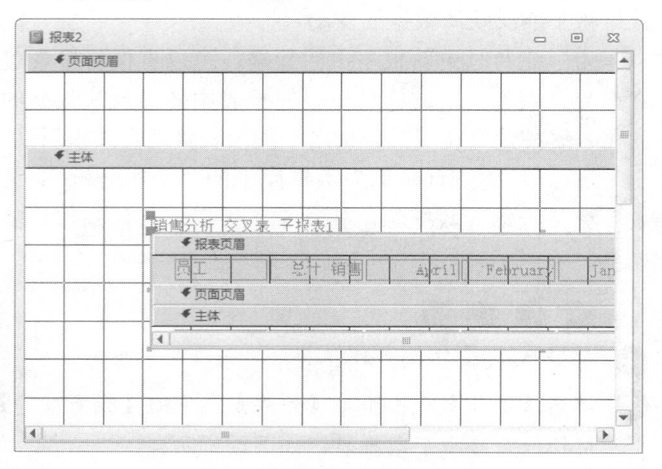

❻ 单击【视图】按钮，进入报表的报表视图，如下图所示。

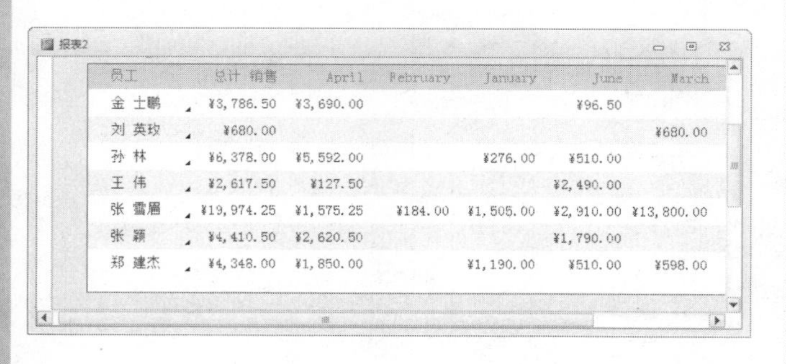

员工	总计 销售	April	February	January	June	March
金 士鹏	¥3,786.50	¥3,690.00			¥96.50	
刘 英玫	¥680.00					¥680.00
孙 林	¥6,378.00	¥5,592.00		¥276.00	¥510.00	
王 伟	¥2,617.50	¥127.50			¥2,490.00	
张 雪眉	¥19,974.25	¥1,575.25	¥184.00	¥1,505.00	¥2,910.00	¥13,800.00
张 颖	¥4,410.50	¥2,620.50			¥1,790.00	
郑 建杰	¥4,348.00	¥1,850.00		¥1,190.00	¥510.00	¥598.00

❼ 给创建的交叉报表添加标题等信息，最终效果如下图所示。

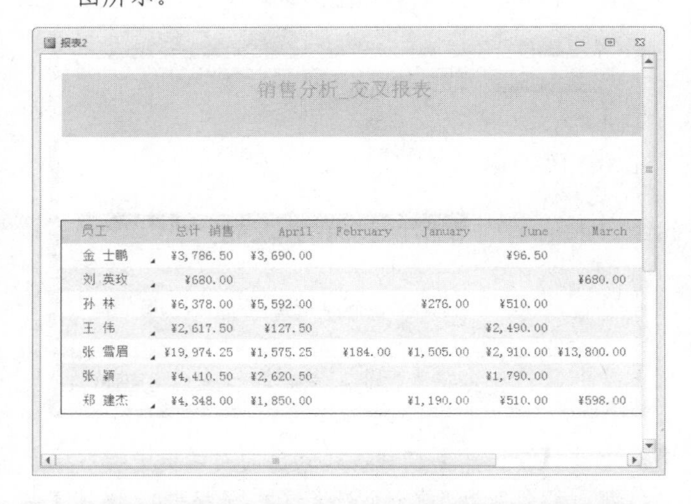

员工	总计 销售	April	February	January	June	March
金 士鹏	¥3,786.50	¥3,690.00			¥96.50	
刘 英玫	¥680.00					¥680.00
孙 林	¥6,378.00	¥5,592.00		¥276.00	¥510.00	
王 伟	¥2,617.50	¥127.50			¥2,490.00	
张 雪眉	¥19,974.25	¥1,575.25	¥184.00	¥1,505.00	¥2,910.00	¥13,800.00
张 颖	¥4,410.50	¥2,620.50			¥1,790.00	
郑 建杰	¥4,348.00	¥1,850.00		¥1,190.00	¥510.00	¥598.00

6.4.3 创建弹出式报表

如同曾经讲述过的模式对话框，也可以创建模式报表等。所谓模式，就是在完成既定操作以前，不能进行其他操作。具有模式的报表为模式报表，具有模式的窗体为模式窗体。

模式窗体最常见的应用就是各种登录界面，用户在登录以前，是不能完成其他操作的。下图就是“罗斯文 2010.accdb”数据库的登录界面。

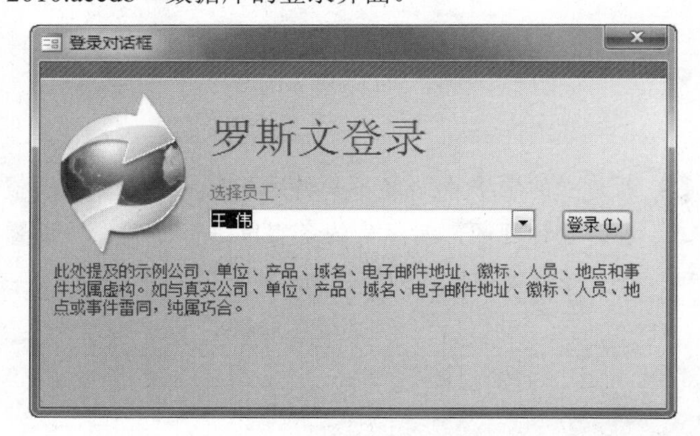

弹出式报表或弹出式窗体始终显示在其他数据库对象的上方，而不管其他对象是否处于活动状态。

下面以在“报表示例”数据库中建立“销售分析_交叉报表”为例，说明创建弹出式模式报表的操作步骤。

操作步骤

❶ 启动 Access 2010，打开“报表示例”数据库。

❷ 在界面左边的导航窗格中右击“销售分析_交叉报表”，在弹出的快捷菜单中选择【设计视图】命令，进入报表的设计视图，如下图所示。

在设计、预览和打印报表时，用户都应考虑报表的页面设置问题，如为报表指定的纸张大小、四周边距等，这些都将影响报表数据的显示和打印。

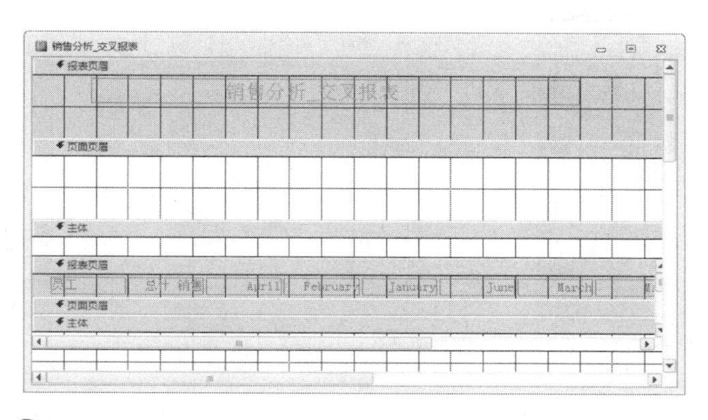

❸ 单击【设计】选项卡下【工具】组中的【属性表】按钮，如下图所示，或者直接双击报表上空白的蓝色区域，以显示【属性表】窗格。

❹ 将【属性表】窗格切换到【其他】选项卡，将【弹出方式】行中默认的“否”改为“是”，如下图所示。

❺ 保存该报表，将报表切换到报表视图，可以看到，原来只能在右边视图中活动的报表可以移动到屏幕的任何地方，即建立了一个弹出式报表。

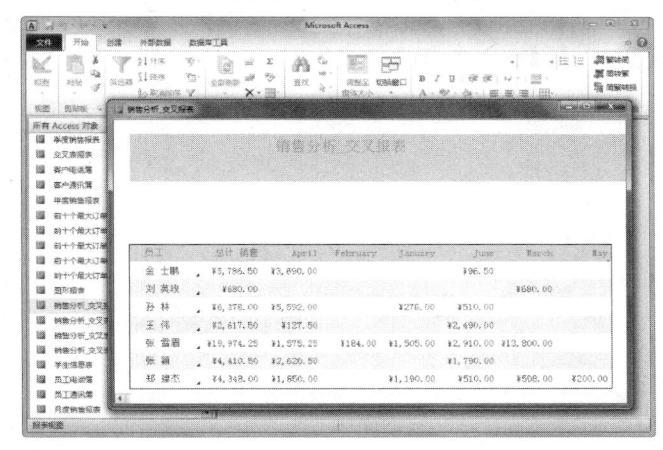

❻ 重新进入报表的设计视图，在【属性表】窗格的【其他】选项卡下，将【模式】行中默认的“否”改为“是”，如下图所示。

❼ 保存该报表，并再次将报表切换到报表视图中，可以看到，报表可以移动到屏幕的任何地方，并且只能操作报表中的内容，其余的内容是不能操作的，如下图所示。

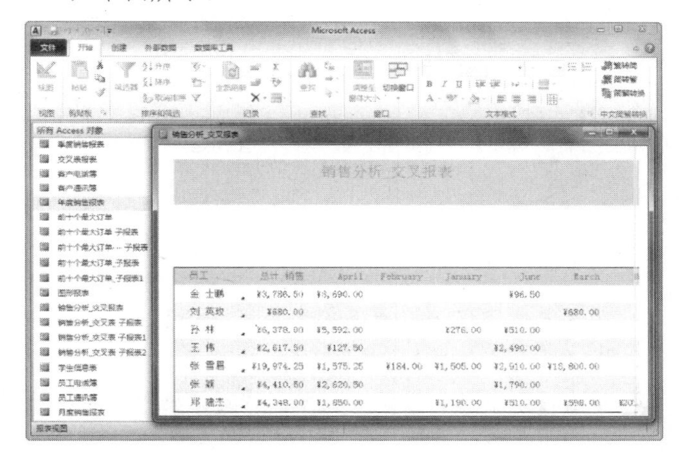

这样就建立了一个弹出式模式报表。灵活利用模式报表可以减少错误的发生，增强数据的保密性等。

6.4.4 创建图形报表

在报表中还可以使用图表来表现数据，给人一种更加直观和耳目一新的感觉。

下面以在“报表示例”数据库中创建各院系学生人数统计的柱形图报表为例，说明创建图形报表的操作步骤。

操作步骤

❶ 启动 Access 2010，打开“报表示例”数据库。

❷ 在【创建】选项卡下，单击【报表】组下的【报表设计】按钮，进入该报表的设计视图，如下图所示。

报表可提供有关各个记录的详细信息和/或许多记录的汇总信息，还可使用 Access 报表来创建标签以用于邮寄或其他目的。

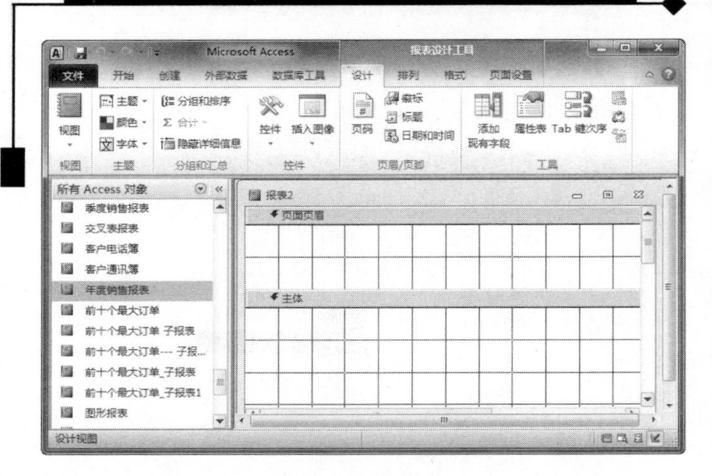

❸ 选择【设计】选项卡下的【控件】组中的【图表】控件，在报表的主体部分画一个矩形框，弹出【图表向导】对话框，如下图所示。

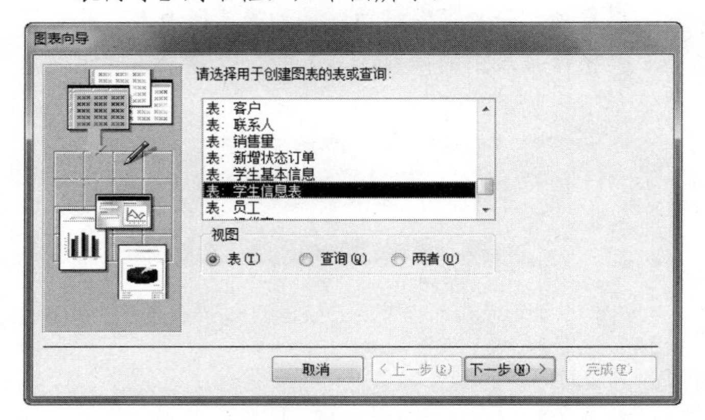

在【请选择用于创建图表的表或查询】列表框中选择【学生信息表】。

❹ 单击【下一步】按钮，在弹出的对话框中选择用于图表的字段，选择“学号”和“所在院系”作为字段，如下图所示。

❺ 单击【下一步】按钮，弹出图表类型选择对话框，这里选择“柱形图”，如下图所示。

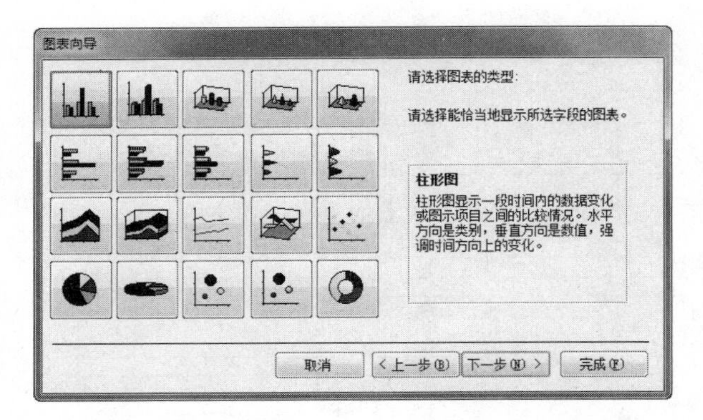

❻ 单击【下一步】按钮，弹出预览图表对话框，如下图所示。

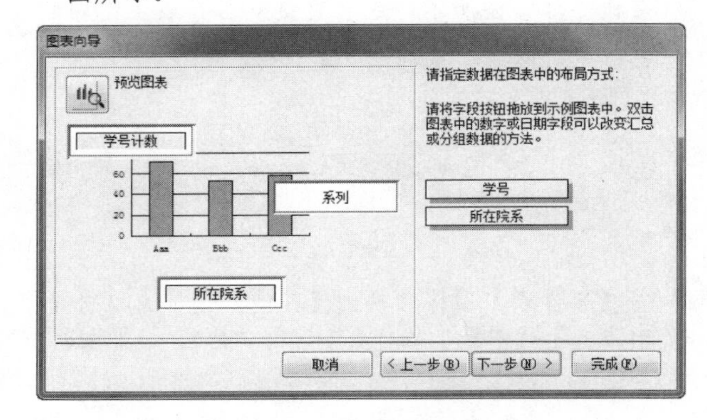

❼ 单击【下一步】按钮，指定图表的标题为“各学生人数统计报表”，如下图所示。

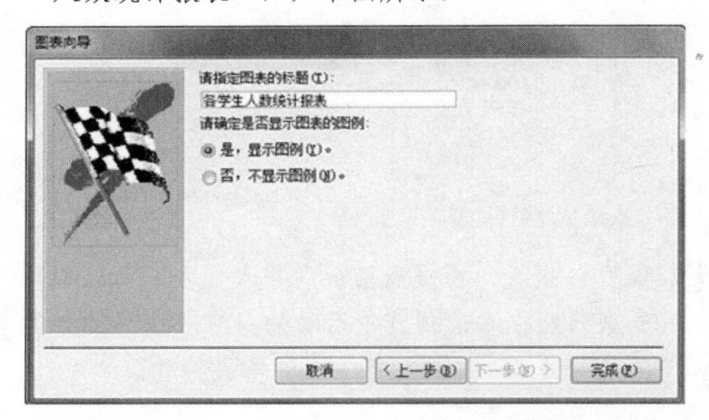

❽ 单击【完成】按钮，进入报表视图下查看该报表，如下图所示。

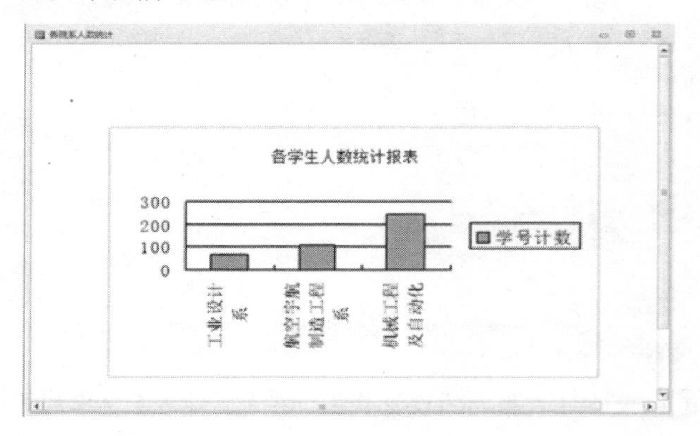

长见识

【页眉】和【页脚】两节只能作为一对同时添加。如果在报表中不需要【页眉】和【页脚】，可以将该节的【可见性】属性设置为“否”，或者删除该节中的所有控件，然后将节的大小或高度设置为零。

这样就完成了一个图表报表的创建。

6.5　打印报表

报表可以对数据表的各种数据进行分组、汇总等，创建后除了用于数据的查看以外，还要用于数据的打印输出。

对报表进行打印，一般要做 3 项准备工作，具体如下。

(1)　进入报表的打印预览视图，预览报表。

(2)　设置报表的【页面设置】选项。

(3)　设置打印时的各种选项。

下面将着重介绍有关报表打印的一些知识。

6.5.1　报表的页面设置

前面已经介绍过报表的各种视图，知道打印预览视图是为了让用户提前观察打印效果而设置的，其实打印预览视图的功能还远不止这些。

单击【视图】按钮下的小箭头，在弹出的下拉菜单中选择【打印预览】命令，进入报表的打印预览视图，如下图所示。

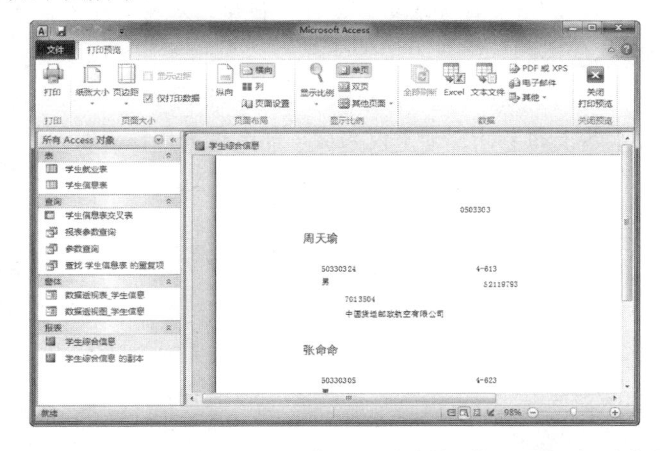

可以看到，在 Access 的上方专门提供了【打印预览】选项卡用于对报表页面进行各种设置，主要的工具如下图所示。

❖　【纸张大小】：用于选择各种打印纸张，单击该按钮，弹出纸张选择下拉列表框，在该下拉列表框中选择将用于打印的纸张类型，如下图所示。

❖　【纵向】：选择报表的打印方式为纵向打印，此为打印的默认选项。

❖　【横向】：选择报表的打印方式为横向打印。

❖　【页边距】：设置打印内容在打印纸上的位置。单击该按钮，弹出页面设置菜单，在该菜单中可选择页边距，如下图所示。

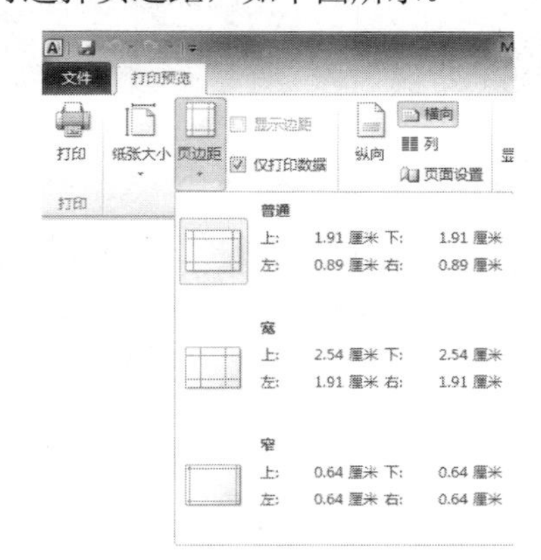

❖　【页面设置】：单击该按钮，将弹出【页面设置】对话框。在该对话框中可设置报表的页面布局，如下图所示。

窗体又分主/次窗体，同样报表也分主/次报表。子报表就是插在其他报表中的报表。主报表可以包含子报表，同样也可以包含子窗体，而且能够根据需要无限量地包含子窗体和子报表。

在【页面设置】对话框中有 3 个选项卡，即【打印选项】【页】和【列】。可以在各个选项卡中设置页边距、选择纸张、设置打印方向、设置打印列数等。

6.5.2 打印报表

设置好页面布局以后，就可以单击【打印】按钮，在弹出的【打印】对话框中设置打印机、打印范围和打印份数，单击【确定】按钮，即可进行打印，如下图所示。

6.6 思考与练习

选择题

1. 在报表的视图中，既能够预览显示结果，也能够对控件进行调整的视图是________。

   A. 设计视图　　B. 报表视图

   C. 布局视图　　D. 打印视图

2. 如果要设计一个报表，该报表将用于标识公司的物资资产，那么可以将该报表设计为________。

   A. 分类报表　　B. 标签报表

   C. 交叉报表　　D. 数据透视图报表

3. 完成标签报表的创建以后，用户是不能在报表视图中预览最终效果的，必须在下面的________视图中才能看到最终的效果。

   A. 设计视图　　B. 预览视图

   C. 布局视图　　D. 报表视图

4. 下面不属于高级报表应用的是________。

   A. 主/次报表　　B. 数据交叉报表

   C. 数据透视图报表　　D. 标签报表

操作题

1. 在 Access 2010 报表中，如何使用报表的 5 个节？一个实际报表中，“标题”“表头”“表体”“表尾”和“表脚标”分别对应报表对象中的哪一节？

2. 如何为报表对象指定数据源？如果想让系统自动添加数据源，那么可以用哪一种方法建立报表？

3. 分组报表的作用是什么？自行建立一个分组报表，体会分组报表的作用。

4. 利用各种窗体报表控件，建立一个显示学生信息的报表。

5. 在一般情况下，报表中的文本框对象能否响应发生于其上的事件？如果能响应，那么该如何设置？

 长见识

报表是一种将数据打印到纸张上的数据库对象，以便人们以传统纸媒的方式查看数据。

第7章 宏

宏是 Access 的第五大数据库对象。作为一种简化了的编程方法，宏可以在不编写任何代码的情况下，自动帮助用户完成一些任务。灵活地运用宏命令，可以使系统功能变得十分强大。

学习要点

- ❖ 宏的作用和功能
- ❖ 宏的分类与创建
- ❖ 独立宏、嵌入宏、条件宏的创建
- ❖ 宏生成器的用法
- ❖ 运行宏的方法
- ❖ 调试宏的方法
- ❖ 常用宏和高级宏的创建方法
- ❖ 宏的安全性设置

学习目标

通过学习本章，用户应该掌握宏作为数据库第五大对象的作用和主要用途，了解宏的主要分类，了解独立宏、嵌入宏和条件宏各自的特点和创建方法，了解宏生成器的用法，了解运行和调试宏的方法等。

另外，用户还应当对【Access 选项】对话框有更进一步的认识，了解 VBA 宏的安全性设置。

7.1 初识宏

简单地说，“宏”就是一些操作的集合。将一定的操作排列成顺序，就构成了“宏”。利用“宏”可以自动完成一些任务，并向窗体、报表和控件中添加功能，而无需编写程序。

7.1.1 宏生成器介绍

Access 中的宏是在宏生成器中完成的，因此，下面介绍宏生成器的基础知识。

单击【创建】选项卡下【宏与代码】组中的【宏】按钮，即可进入宏生成器窗格，如下图所示。

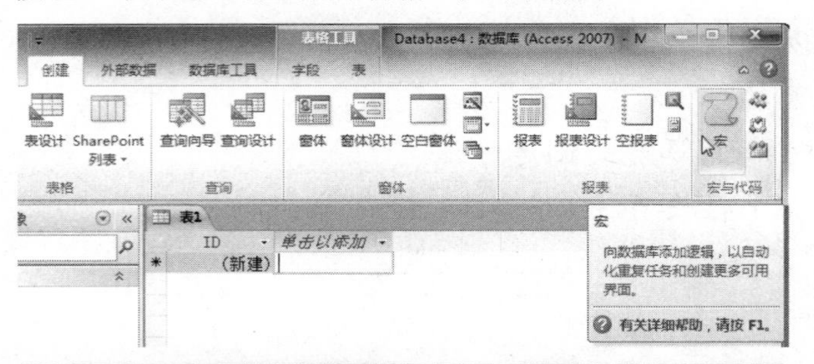

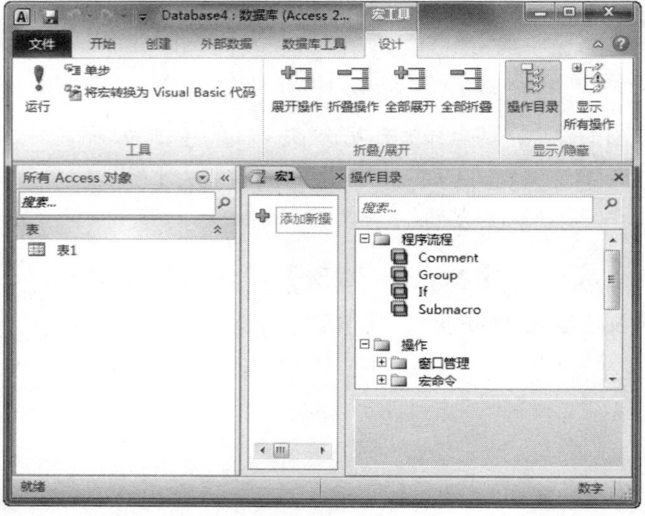

创建宏，就是在宏生成器窗格中，构建运行宏时要执行的操作列表。

如上图所示，当用户首次打开宏生成器时，会显示【添加新操作】窗格和【操作目录】窗格。

单击【添加新操作】下拉列表框，就会弹出操作列表，如下图所示。当用户在下拉列表框中输入操作命令时，系统会自动出现提示，以减少错误的发生。

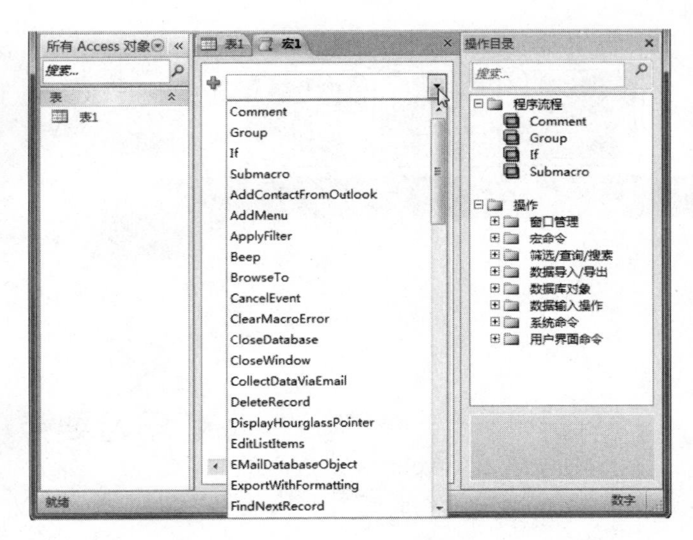

Access 提供了几十种操作命令，主要的命令介绍如下。

- AddMenu：使用该命令可以创建【加载项】选项卡下的自定义菜单，也可以创建自定义右键快捷菜单。该命令可用于窗体、报表或控件，也可用于整个数据库。
- ApplyFilter：使用该命令可以将筛选、查询应用到表、窗体或报表中，以便对表或基础表中的记录进行限制或排序。对于报表，只能在报表的 OnOpen 事件的嵌入式宏中使用此命令。
- Beep：使用该命令可以使计算机的扬声器发出“嘟嘟”声。
- CancelEvent：使用该命令可以取消一个事件。
- Close：使用该命令可以关闭指定的 Access 窗口。如果没有指定窗口，则关闭当前活动窗口。可以使用 CloseDatabase 命令来关闭当前数据库。
- EMailDatabaseObject：可以使用该命令将指定的 Access 2010 数据表、窗体、报表、模块或数据访问页包含在电子邮件中，以便在其中进行查看和转发。
- FindRecord：使用该命令，可以查找符合 Find Record 参数条件的第一个数据实例。此数据可能在当前记录中、当前记录之前或之后的记录中，也可能在第一条记录中。可以在活动数据表、查询数据表、窗体数据表或窗体中查找记录。
- FindNextRecord：使用该命令可以查找符合前一 FindRecord 命令所指定条件的下一条记录。使用 FindNext 命令可重复搜索记录。
- GoToControl：可以使用该命令将焦点移至指定

长见识

宏的创建是通过宏的设计视图来完成的。宏的设计视图又称作宏生成器，在该视图中，用户只要简单地进行一些鼠标操作，即可编制能够实现复杂功能的宏。

的字段或控件。当希望特定字段或控件获得焦点时，可以使用此命令。或者使用此命令根据某些条件在窗体中导航。例如，如果用户在个人信息窗体的“已婚”控件中输入“否”，则焦点可以自动跳过“配偶姓名”控件，并移至下一控件。

❖ GoToPage：使用该命令可以将活动窗体中的焦点移至指定页中的第一个控件。例如，你可能具有这样一个“员工”窗体：个人信息在一页上，办公室信息在另一页上，而销售信息在第三页上。可以使用 GoToPage 命令移至所需页，也可以使用选项卡控件在一个窗体上显示多页信息。

❖ GoToRecord：可以使用该命令，使打开的表、窗体或查询结果的特定记录成为当前活动记录。

❖ MaximizeWindow：使用该命令可以最大化活动窗口，以使其充满 Access 窗口。使用此命令可以在活动窗口中尽可能多地看到对象部分。

❖ MinimizeWindow：与 MaximizeWindow 命令的用法相反，使用该命令可以将活动窗口缩小为 Access 窗口底部的一个小标题栏。

❖ Messagebox：使用该命令可以显示一个包含警告或信息性消息的消息框。例如，可将 Messagebox 命令与验证宏一起使用。当某一记录不满足宏中的验证条件时，消息框将显示错误消息。

❖ OnError：使用该命令可以指定当宏出现错误时如何处理。

❖ OpenForm：可以使用该命令在【窗体视图】、【设计视图】、【打印预览】或【数据表】视图中打开一个窗体。用户可以为窗体选择数据输入和窗口模式，并可以限制窗体显示的记录。

❖ OpenQuery：可以使用该命令在【数据表】视图、【设计视图】或【打印预览】视图中打开选择查询或交叉表查询。此命令将运行动作查询。值得注意的是，只有在 Access 数据库环境(.mdb 或 .accdb)中才能使用此命令。

❖ OpenReport：可以使用该命令在【设计视图】或【打印预览】视图中打开报表，或将报表直接发送到打印机。通过设置各种参数还可以限制报表中打印的记录。

❖ OpenTable：可以使用该命令在【数据表】视图、【设计视图】或【打印预览】视图中打开表。通过设置各种参数还可以选择该表的数据输入模式。

❖ QuitAccess：可以使用该命令退出 Access 2010。还可以使用 Quit 命令指定其中一个选项，在退出 Access 前保存数据库对象。

❖ ExportWithFormatting：可以使用该命令在 Access 2010 中实现数据对象的导出操作。

❖ Requery：可以使用该命令对活动对象上指定控件的数据源进行重新查询，以此实现对该控件中数据的更新。如果没有指定控件，该命令会对对象自身的源进行重新查询。使用该命令可确保活动对象或其某个控件显示的是最新数据。

❖ RunMacro：可以使用该命令运行宏或宏组。使用该命令可以完成以下任务。

① 从其他宏中运行宏。

② 根据条件运行宏。

③ 将宏附加到自定义菜单命令。

7.1.2 宏的功能和类型

在 Access 中，可以将宏看成一种简化的编程语言，这种语言是通过选择一系列要执行的操作来编写的。编写“宏”无须记住各种语法，每一个“宏”的操作参数都显示在“宏”的设计视图中。通过使用宏，用户无需在 VBA 模块中编写代码，即可在窗体、报表和控件中添加功能。

宏以动作为单位执行用户设定的操作。每个动作在运行时由前到后按顺序执行。下面的例子说明了一个典型宏的运行过程，如下图所示。

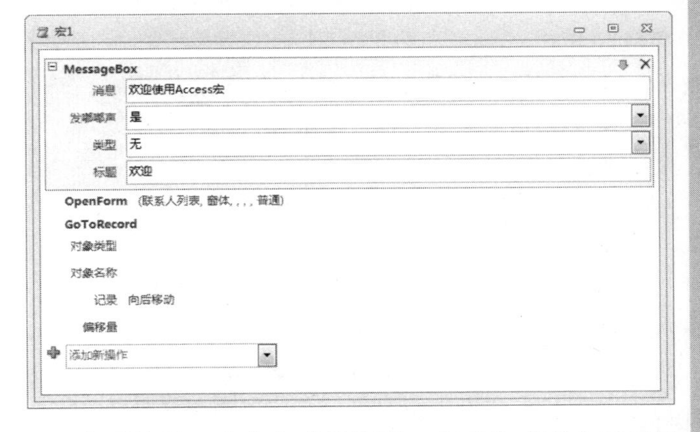

上面就是一个宏生成器视图，在宏生成器中已经设计好了一个简单的宏。

建立一个名称为“AutoExec”的宏，那么启动数据库时系统将自动执行该宏，从而为用户完全控制程序的运行提供有效的实现手段。

当用户执行该宏时，系统先执行第一个操作 Messagebox，即弹出一个提示框，下图所示就是执行结果。

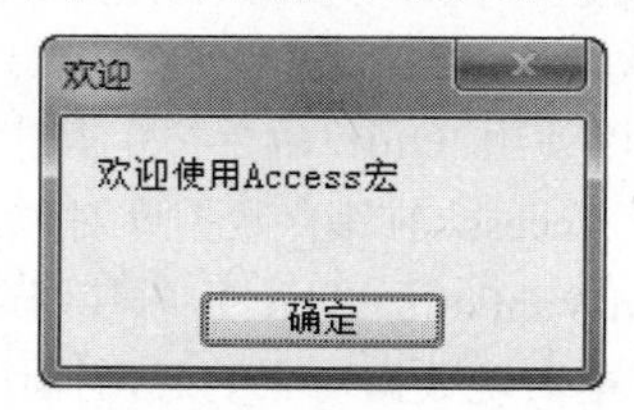

单击对话框中的【确定】按钮，关闭此对话框。此时宏执行第二个操作 OpenForm，即打开“联系人列表”窗体，执行结果如下图所示。

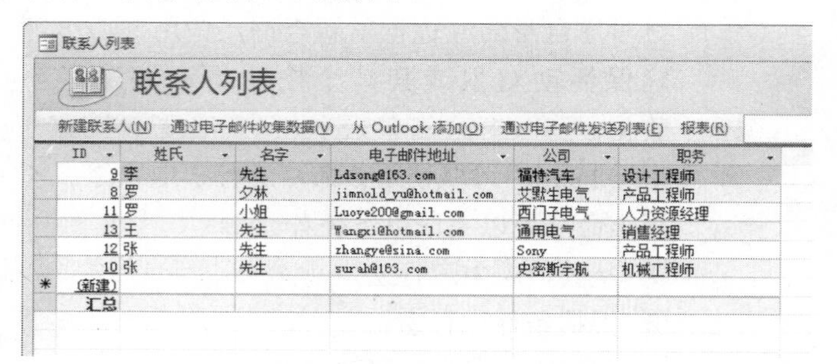

打开“联系人列表”窗体以后，系统又马上执行了第三个操作 GoToRecord，即将光标移动到下一条记录处，如下图所示。

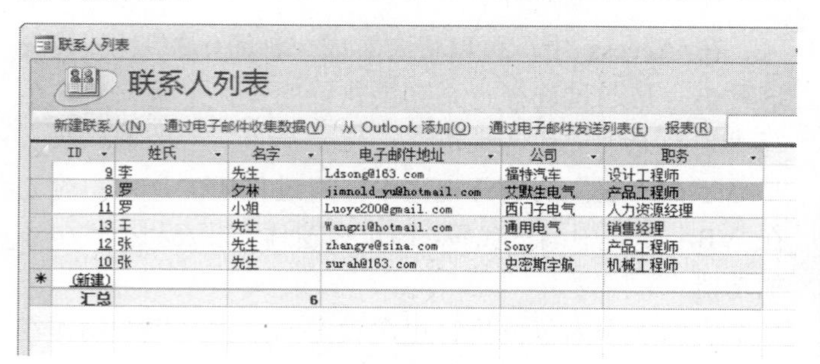

从上面的小例子可以看出 Access 中的宏能帮助完成一系列的任务。总的来说，Access 中的宏可以帮助用户完成以下工作。

- ❖ 打开/关闭数据表、窗体，打印报表和执行查询。
- ❖ 显示提示信息框，显示警告。
- ❖ 实现数据的输入和输出。
- ❖ 在数据库启动时执行操作等。
- ❖ 筛选、查找数据记录。

可以说，宏的功能几乎涉及所有的数据库操作细节。灵活地运用宏，能够让 Access 数据库系统变得功能强大。

在 Access 中，宏可以是包含操作序列的一个宏，也可以是由若干宏构成的宏组，还可以使用条件表达式来决定在什么情况下运行宏，及在运行宏时是否进行某项操作。根据以上情况可以将宏分为：操作序列、宏组和包括条件操作的宏。

7.1.3 宏设计视图

宏生成器又称为宏的设计视图，在 Access 2010 中，宏的设计视图有了很大改变，如下图所示。

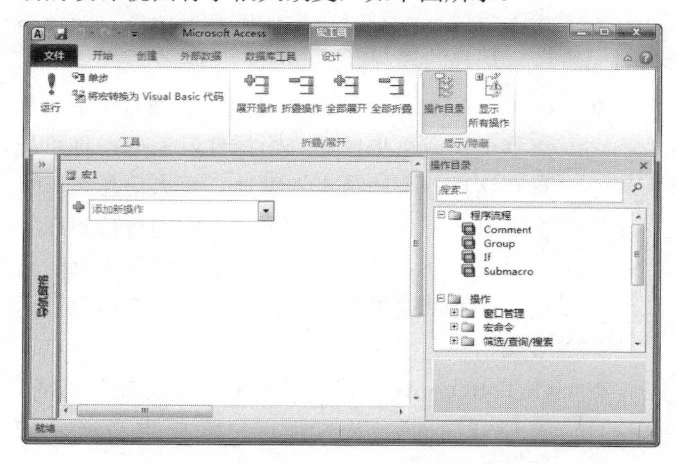

Access 2010 在【宏工具】选项卡中去掉了原来的【行】组，添加了【折叠/展开】组；在【工具】组中，用【将宏转换为 Visual Basic 代码】按钮代替了原来的【生成器】按钮；在【显示/隐藏】组下去掉了原来的【宏名】、【条件】和【参数】功能按钮，添加了【显示所有操作】功能按钮。

同时，宏生成器的界面也有较大的改进，Access 2010 的界面更加简洁和人性化，为用户的使用提供了更大的方便。

7.1.4 宏和宏组

作为 Access 的六大对象之一，宏和数据表、查询、窗体等一样，拥有自己独立的宏名。按照一个宏名下宏数目的不同，宏可以分为单个宏和宏组。

宏是一个或者多个操作的集合，其中每一个操作完成特定的功能。

下图就是一个自动打开窗体并最大化窗体的宏。

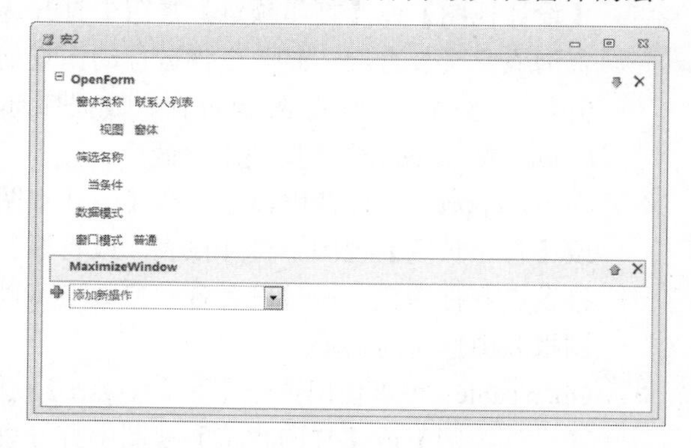

如果有许多个宏执行不同的操作，那么可以将宏建

计算机科学的宏是一种抽象(Abstraction)，它根据一系列预定义的规则替换一定的文本模式。

立为不同的宏组，以方便数据库的管理和维护。

下图就是一个简单的宏组。

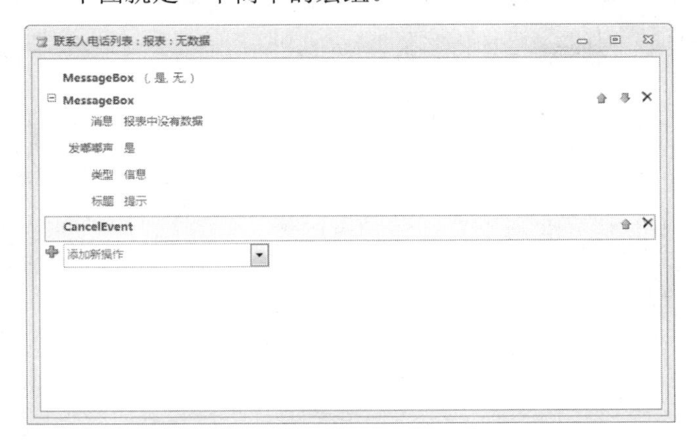

简单地说，宏和宏组的主要关系如下。

- ❖ “宏”是操作的集合，“宏组”是宏的集合。
- ❖ 一个“宏组”中可以包含一个或多个“宏”；每一个“宏”中又包含一个或多个宏操作。
- ❖ 每一个宏操作由一个宏命令完成，如 Close 命令。

7.1.5　宏的执行条件

在宏的执行过程中，还可以设定一个执行条件，只有当条件满足时才执行宏，这就是所说的条件宏。

通常用表达式判断执行条件，表达式的结果为 True/False 或“是/否”，只有当判断表达式的结果为 True(或“是”)时，宏操作才执行。

要输入宏操作的执行条件，在宏的参数列表的【当条件=】文本框中内输入一个判断表达式，用以判断条件的 True/False。

下图就是一个简单的条件宏的例子。

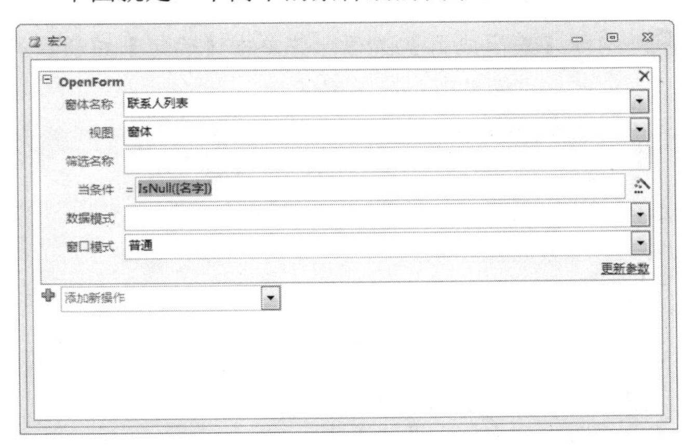

上面条件的含义是：只有“名字”字段为空时，才执行 Messagebox 命令，弹出“没有记录。”的提示框。

7.2　宏的创建与设计

通常创建宏对象是比较容易的，因为不管是创建单个宏还是创建宏组，各种宏操作都是从 Access 提供的宏操作中选取，而不是自己定义的。在这里最为关键的是要正确设置宏的各项操作参数。

7.2.1　创建与设计用户界面 (UI)宏

在 Microsoft Access 2010 中，附加到用户界面 (UI)对象(如命令按钮、文本框、窗体和报表)的宏称为用户界面宏。此名称可将它们与附加到表的数据宏区分开。使用用户界面宏可以自动完成一系列操作，如打开另一个对象、应用筛选器、启动导出操作及许多其他任务。

下面以在数据库中创建一个 UI 宏为例，说明创建独立的宏的操作方法。要求：当单击窗体中的“ID”字段时，会打开一个详细信息窗体。

操作步骤

1. 启动 Access 2010，利用数据库中的“联系人”模板，创建一个“宏示例”数据库。
2. 在导航窗格中，选择“联系人”表，然后在【创建】选项卡下的【窗体】组中的【其他窗体】下拉列表中选择【数据表】命令，如下图所示。

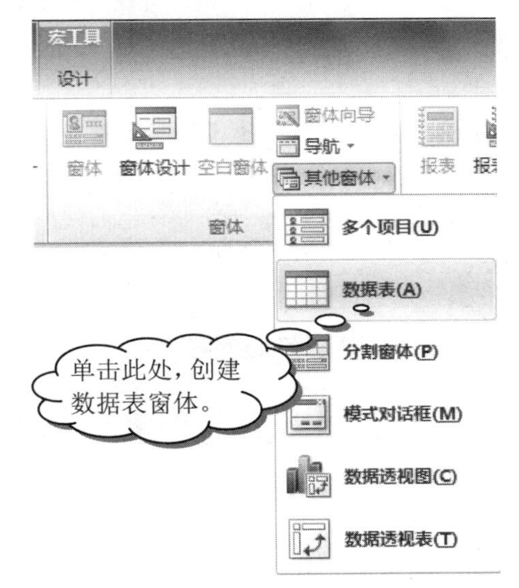

3. 单击快速访问工具栏中的【保存】按钮，在弹出的【另存为】对话框中，将数据表命名为“联系人窗体”，然后单击【确定】按钮，将新建的数据表保存，如下图所示。

在宏的设计视图中，用户可以单步执行宏，从而实现宏的调试，为编制功能复杂的宏提供了方便。

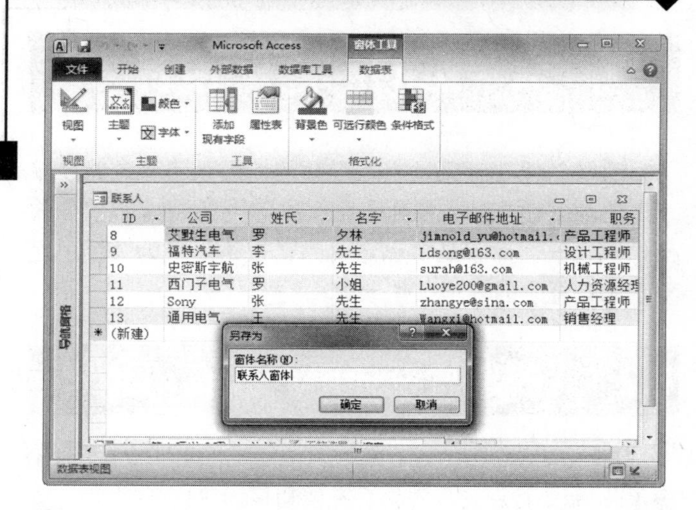

❹ 在导航窗格中，选择“联系人”表，然后在【创建】选项卡下的【窗体】组中单击【窗体】按钮，弹出联系人窗体，如下图所示。

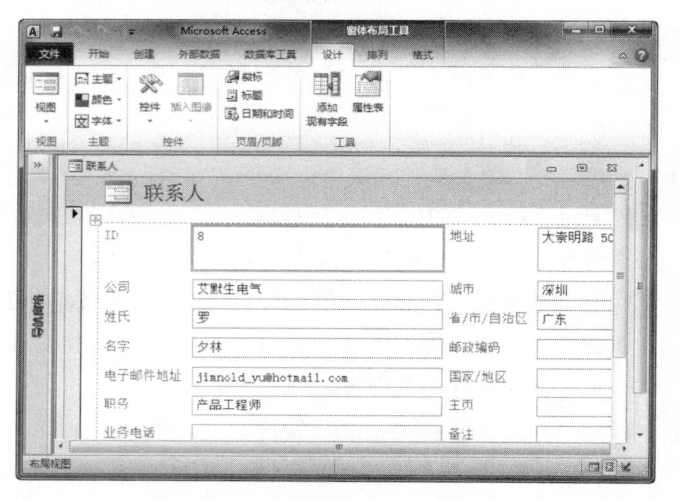

❺ 单击快速访问工具栏中的【保存】按钮，将其保存为“联系人详细信息窗体”，如下图所示。

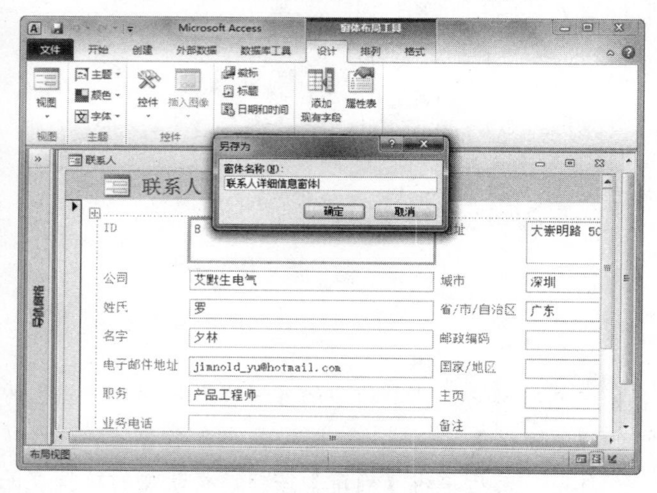

❻ 关闭“联系人详细信息窗体”，单击【工具】组下的【属性表】按钮，打开【属性表】窗格，如下图所示。

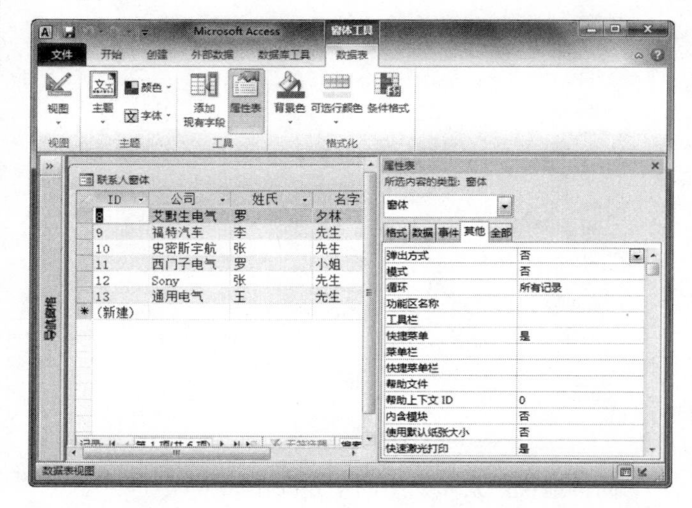

❼ 单击“ID”字段名，接着在【属性表】窗格的【事件】选项卡下，单击【单击】属性框，然后再单击右侧的【生成器】按钮，弹出【选择生成器】对话框，如下图所示。

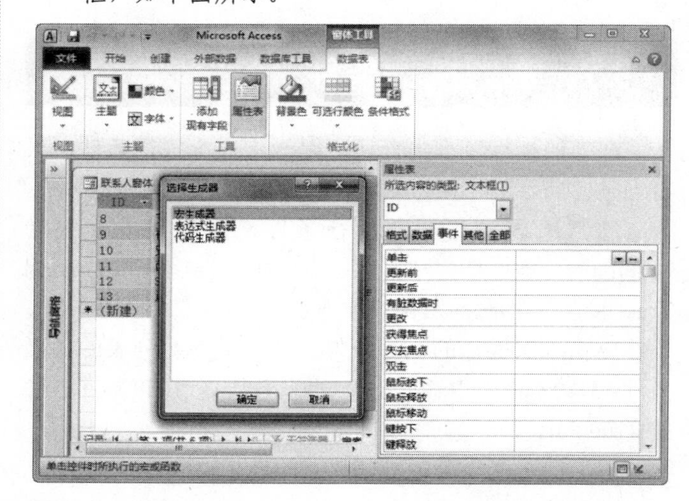

❽ 选择【宏生成器】选项，并单击【确定】按钮，进入宏生成器界面，如下图所示。

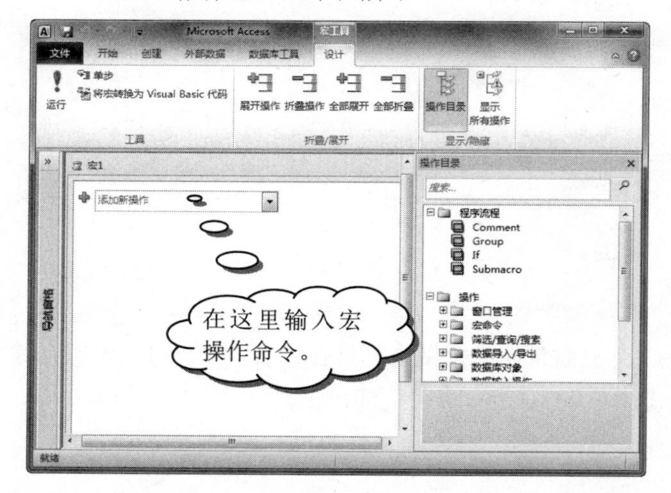

长见识 一般而言，在运用窗体向导等方法设计窗体的过程中，系统已经自动设置了【数据】选项卡中的内容。该选项卡在用户修改显示内容或调试程序时特别有用。

❾ 在【添加新操作】下拉列表框中输入“OpenForm”操作命令，然后为该宏填写各个参数，如下图所示。

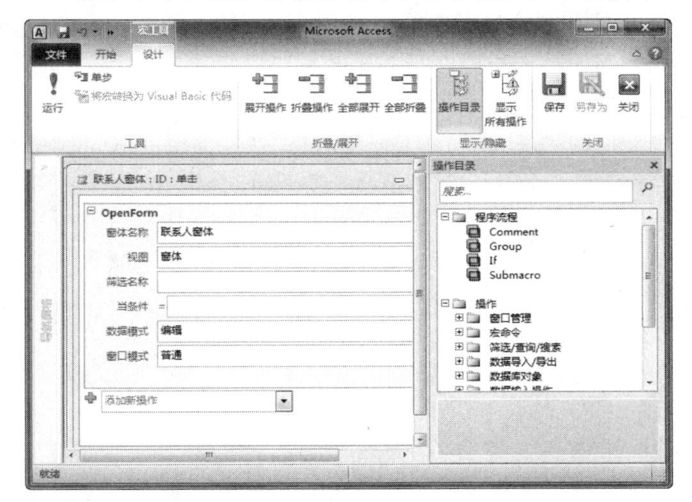

❿ 单击【保存】按钮，并关闭宏窗口，进入“联系人窗体”界面，在【属性表】窗格中将显示新嵌入的宏，如下图所示。

⓫ 单击任意 ID，即可弹出“联系人窗体”，如下图所示。

7.2.2　创建与设计独立宏

在 Access 中，宏可以分为两类：一类是独立的宏，它可以包含在一个宏对象中；另一类就是嵌入式宏，宏可以嵌入窗体、报表或控件的任何事件属性中，成为所嵌入对象或控件的一个属性。

下面以在数据库中创建一个能够自动打开的“联系人列表”，并自动将该窗体最大化的宏为例，介绍创建独立的宏的操作步骤。

操作步骤

❶ 启动 Access 2010，利用数据库中的“联系人”模板，创建一个“宏示例”数据库。

❷ 单击【创建】选项卡下【宏与代码】组中的【宏】按钮，进入 Access 的宏生成器，并自动创建一个名为“宏 1”的空白宏，如下图所示。

❸ 单击【添加新操作】下拉列表框，输入“OpenForm”操作命令，或单击下拉按钮，在下拉列表中选择该命令，然后为该宏填写各个参数，如下图所示。

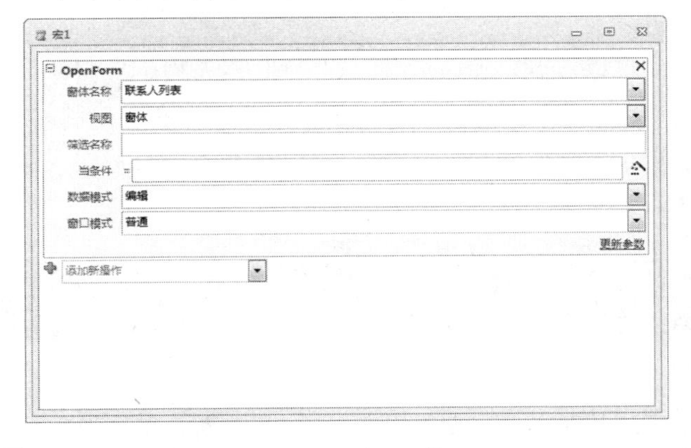

❹ 单击【添加新操作】下拉列表框，输入“MaximizeWindow”操作命令。该操作没有任何参数，如下图所示。

执行宏有多种方法：可以在导航窗格中双击执行某一个宏，也可以在宏的设计视图中单击【执行】按钮执行宏，还可以执行某个事件来触发宏。

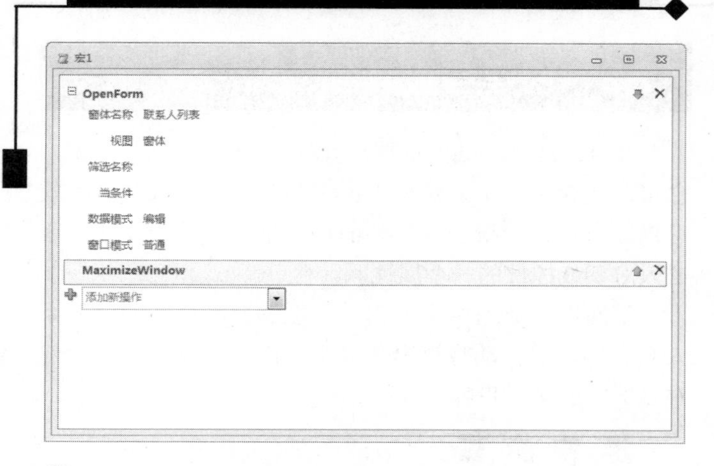

❺ 单击【保存】按钮，弹出【另存为】对话框，输入宏名为“打开联系人列表”，如下图所示。

❻ 这样就完成了一个独立宏的创建。单击【工具】组中的【运行】按钮，执行此宏，运行结果如下图所示。

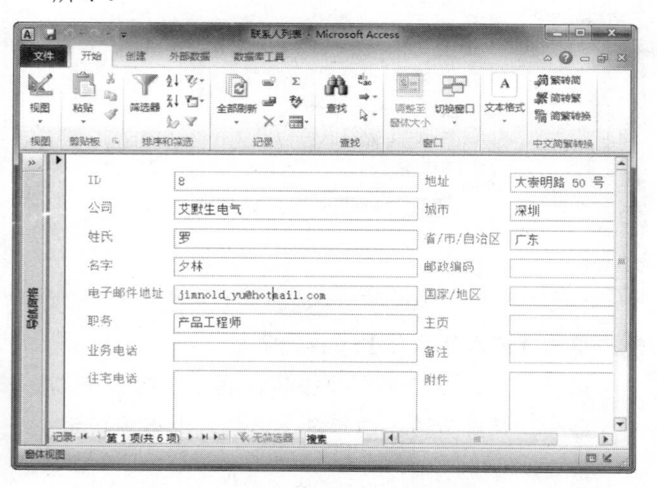

可以看到，Access 打开了“联系人列表”窗体，并自动将该窗体最大化。同时还可以看到，在导航窗格中，出现了【宏】对象，并将 “打开联系人列表”宏保存在【宏】对象下面。

7.2.3 创建与设计嵌入式宏

嵌入式宏与独立宏不同，因为嵌入式宏存储在窗体、报表或控件的事件属性中，它们不作为对象显示在导航窗格中的【宏】对象下面。

嵌入式宏可以使数据库更易于管理，因为不必跟踪包含窗体或报表的宏的各个宏对象。而且，在每次复制、导入或导出窗体或报表时，嵌入式宏像其他属性一样随附于窗体或报表中。

例如，如果要在报表无数据时阻止报表显示，则可以在报表的“无数据”事件属性中嵌入一个宏。可以使用 Messagebox 操作显示一条消息，然后使用 CancelEvent 操作取消该报表，而不是显示空白页。

下面以在“宏示例”数据库的“联系人电话列表”报表中，创建一个嵌入式宏为例进行介绍。要求：当记录为空时取消该报表。

操作步骤

❶ 启动 Access 2010，打开“宏示例”数据库。

❷ 在界面左边的导航窗格中右击“联系人电话列表”报表，并在弹出的快捷菜单中选择【设计视图】命令，进入报表的设计视图，如下图所示。

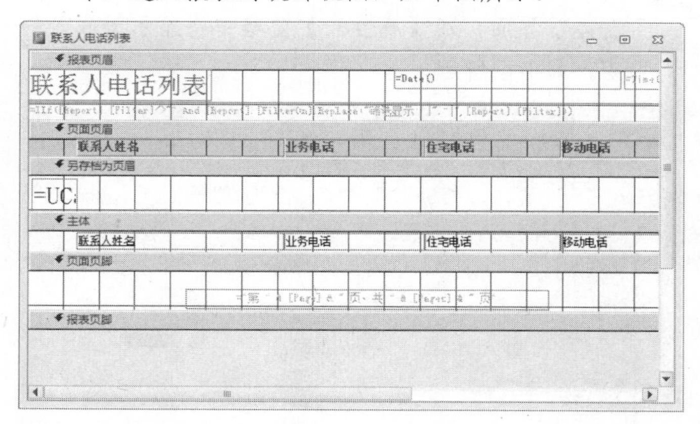

❸ 单击【工具】组中的【属性表】按钮，弹出【属性表】窗格，并将【属性表】窗格切换到【事件】选项卡，如下图所示。

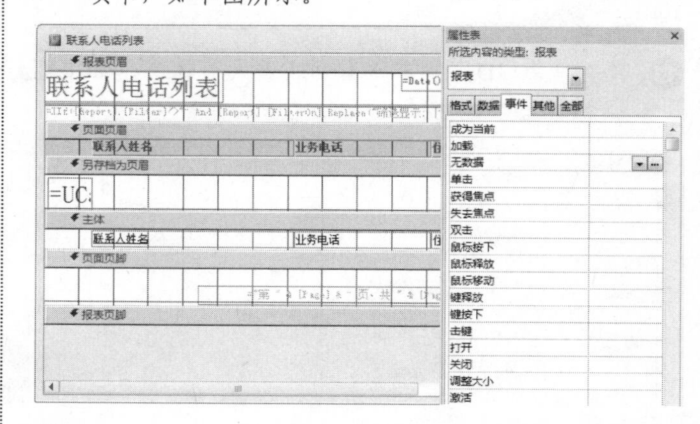

❹ 单击【无数据】右边的省略号按钮…，弹出【选择生成器】对话框，如下图所示。

长见识：将嵌入的宏（在窗体或报表对象下列出的宏）拖动到宏窗格中，可以将该宏中的操作复制到当前宏中。

5. 选择【宏生成器】选项并单击【确定】按钮，进入宏生成器。
6. 在宏生成器中添加操作。添加一个 MessageBox 命令，提示信息为“报表中没有数据”，然后再添加一个 CancelEvent 命令，如下图所示。

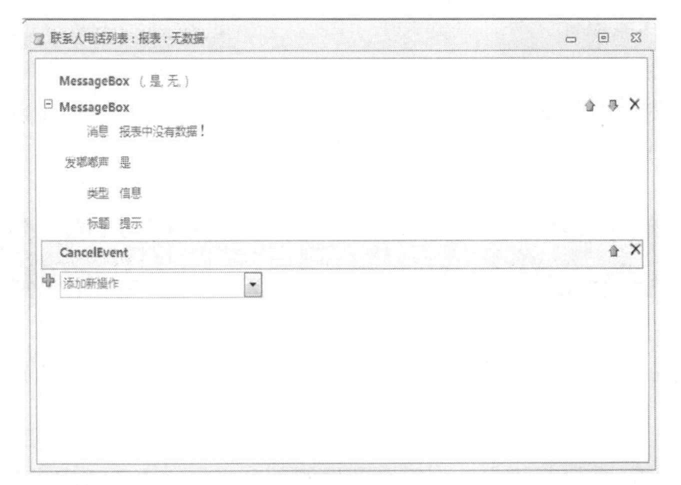

7. 关闭宏生成器，弹出保存该宏的对话框。单击【是】按钮，完成宏的创建，如下图所示。

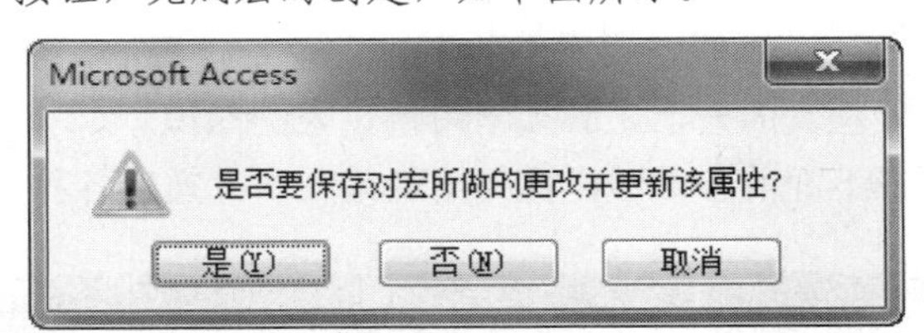

8. 进入窗体的设计视图，可以看到在【无数据】行中出现“嵌入的宏”字样，表明嵌入宏已经创建完成。

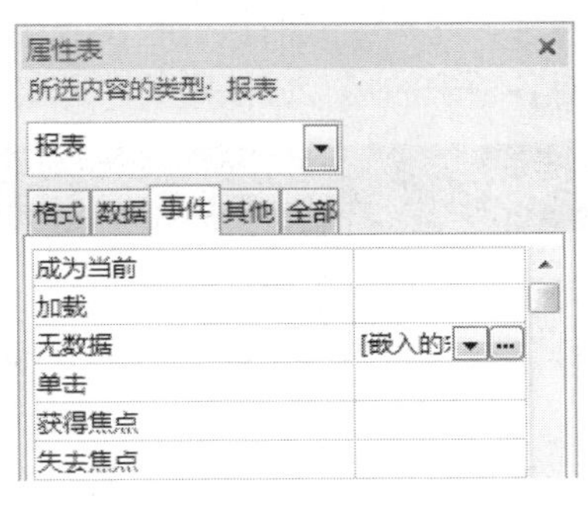

下面就来看看创建的嵌入式宏的效果。将“联系人”数据表中的所有数据暂时剪贴到另一个“Temp 数据表”中，保存“联系人”数据表。

在导航窗格中双击“联系人电话列表”报表，弹出“报表中没有数据！”提示框，如下图所示。

单击【确定】按钮，取消事件。

Access 允许用户将宏组生成为嵌入的宏，不过，当触发事件时，只有宏组中的第一个宏会运行，后面的宏会被忽略。

7.2.4 创建与设计数据宏

数据宏是 Access 2010 中新增的一项功能，它类似于 Microsoft SQL Server 中的“触发器”。数据宏允许用户在表事件(如添加、更新或删除数据等)中添加逻辑。

下面以在数据库中的“项目”表中，创建一个数据宏为例进行介绍。如果将“项目状态”字段设置为“完成”，该宏会自动将“完成百分比”设置为“100%”。

操作步骤

1. 启动 Access 2010，打开“宏示例”数据库。
2. 双击导航栏下的“项目”表，打开此表。在【表格工具】的【表】选项卡下的【后期事件】组中，单击【更新后】按钮，如下图所示。

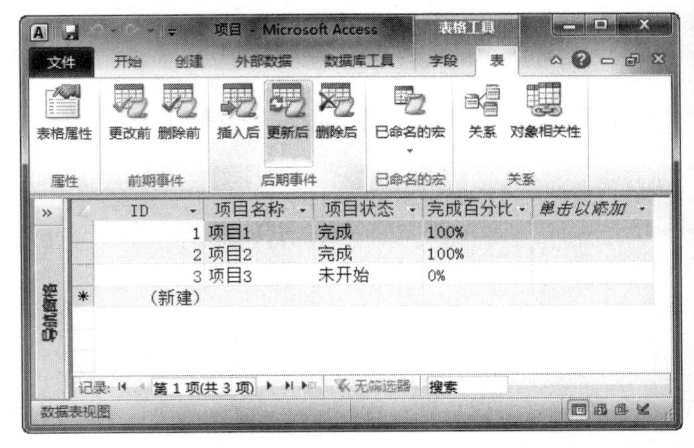

3. Access 会打开宏生成器，在操作目录双击 IF 宏，并输入参数，如下图所示。

条件宏使程序在满足特定条件时才能运行。宏的条件是一个逻辑表达式，它根据表达式逻辑判断结果的真或假，控制程序运行与否。

长见识

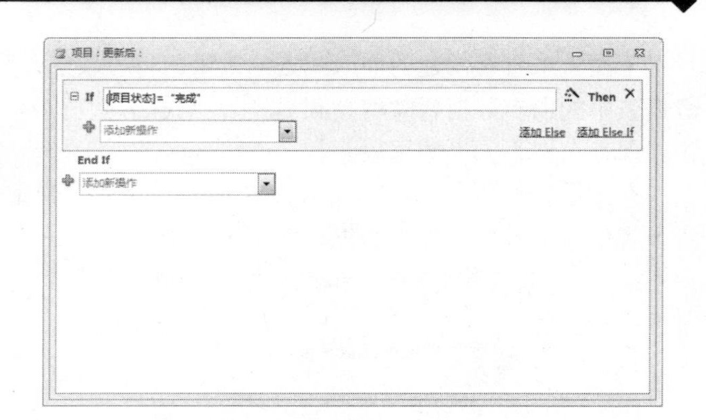

❹ 双击【操作目录】下的 EditRecord，将其添加到 if 语句中，如下图所示。

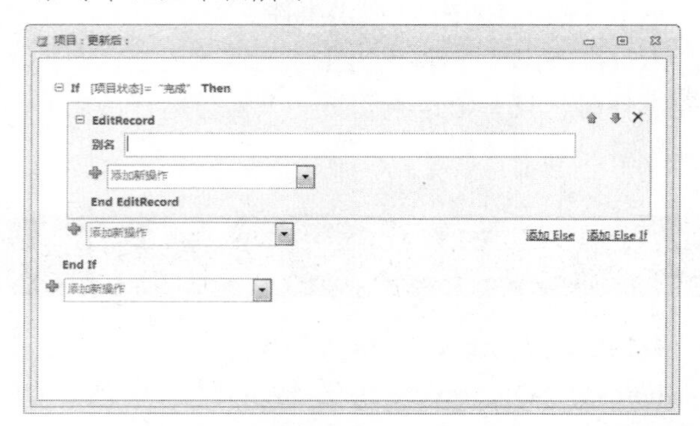

❺ 双击【操作目录】下的 SetField，将其添加到 EditRecord 块中，如下图所示。

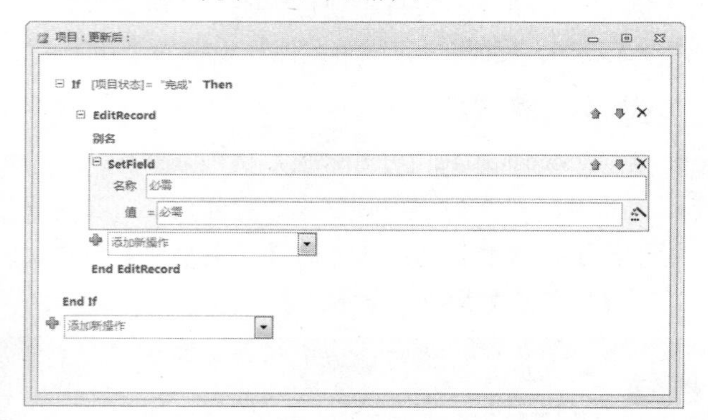

❻ 在 SetField 界面中填入如下图所示参数，保存并关闭该宏，如下图所示。

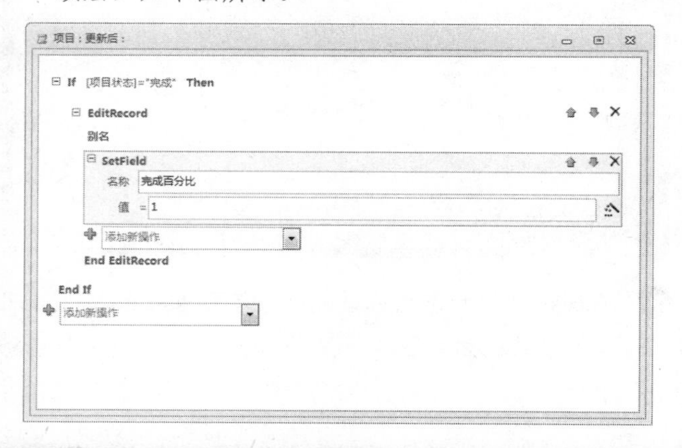

❼ 在原来的数据表中，将“进行中”字段改为“完成”，可以看到【完成百分比】栏也发生了变化，如下图所示。

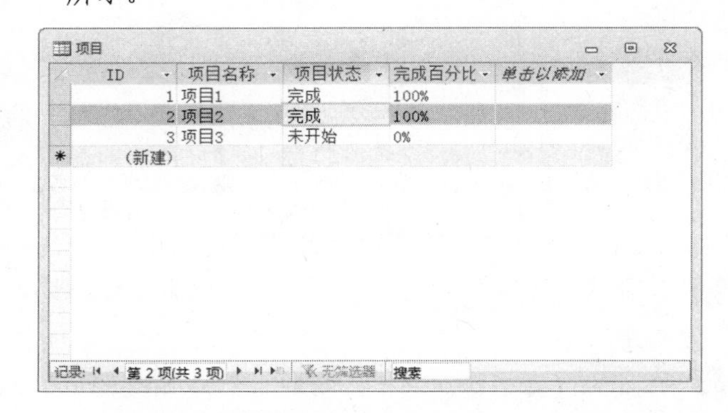

在数据表视图中查看表时，可在“表”选项卡中管理数据宏，数据宏不显示在导航窗格的“宏”下。除了其他用途之外，还可以使用数据宏验证和确保表数据的准确性。有两种主要的数据宏类型：一种是由表事件触发的数据宏(也称“事件驱动的”数据宏)；另一种是为响应按名称调用而运行的数据宏(也称“已命名的”数据宏)。

7.3 宏的运行与调试

创建宏以后就可以在需要时调用该宏。在 Access 中，运行宏和宏组的方法有很多。

在执行宏时，Microsoft Access 将从“宏”的起点启动，并执行“宏”中符合条件的所有操作，直至“宏组”中出现另一个“宏”或者该“宏”结束为止。也可以从其他“宏”或者其他事件过程中直接调用“宏”。

设计完成的宏或宏组并不一定总是正确的，要想创建功能强大的宏，还必须学习调试宏的知识。

在下面的各节中，将介绍运行和调试宏的各种方法。

7.3.1 运行宏

宏可以分为独立宏和嵌入式宏，相应地，宏的执行也可以分为两种，即独立宏的执行和嵌入式宏的执行。

下面就对各种宏的运行方法做简单介绍。

1. 独立宏的执行

独立宏可以下列任意方式运行。

(1) 直接运行宏。若要直接运行宏，执行下列操作之一。

❖ 在导航窗格中找到要运行的宏，然后双击宏名，

长见识：宏和宏组都是在宏的设计视图中完成的。宏的设计视图可以分为上、下两部分，上半部分为宏操作网格，下半部分为宏操作参数网格。这两者结合使用可以创建具有一定功能的宏操作。

如下图所示。

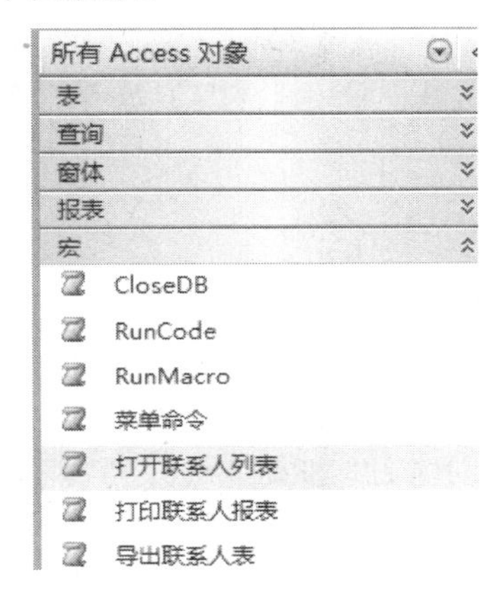

❖ 在【数据库工具】选项卡下的【宏】组中，单击【运行宏】按钮，如下图所示。

系统弹出【执行宏】对话框，在该对话框的下拉列表框中选择要执行的宏，单击【确定】按钮即可运行该宏，如下图所示。

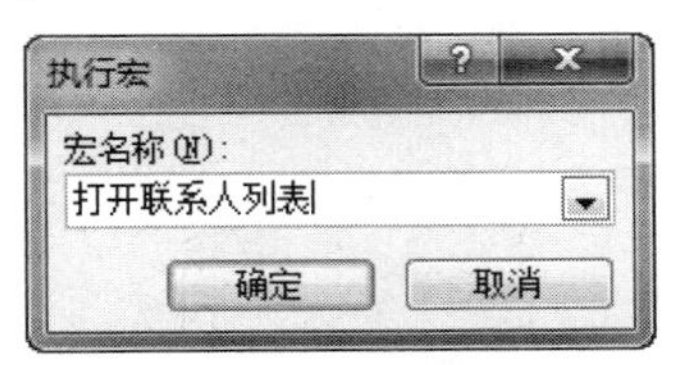

(2) 在宏组中运行宏。从宏组中运行宏的方法如下。

在【数据库工具】选项卡下的【宏】组中，单击【运行宏】按钮，在弹出的【执行宏】对话框中的列表框中选择宏名称，如下图所示。

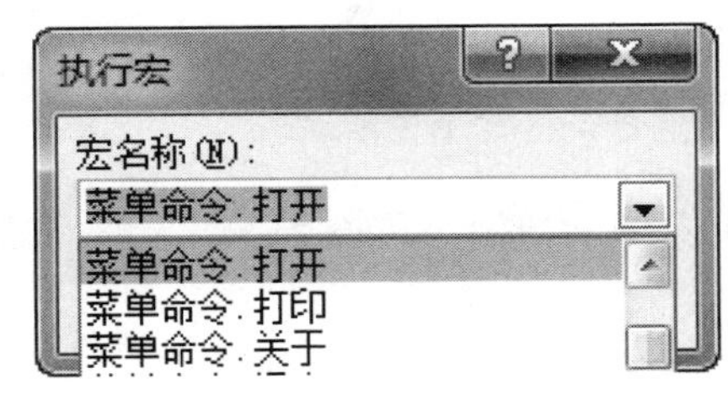

可以看到，对于宏组中的每个宏，Access 都包括一个形式为“宏组名.宏名”的条目，如“导出联系人详细信息.打开窗体”。选择该宏，单击【确定】按钮即可运行。

(3) 从另一个宏中或从 VBA 模块中运行宏。

从另一个宏中运行宏，需要先进入宏生成器，然后在操作列表中选择 RunMacro 操作命令，将“宏名称”参数设置为要运行的宏的名称，如下图所示。

在 VBA 模块中运行宏，需要将 DoCmd 对象的 RunMacro 方法添加到过程中，然后指定要运行的宏名称。下图所示为运行“打开联系人列表”宏的例子。

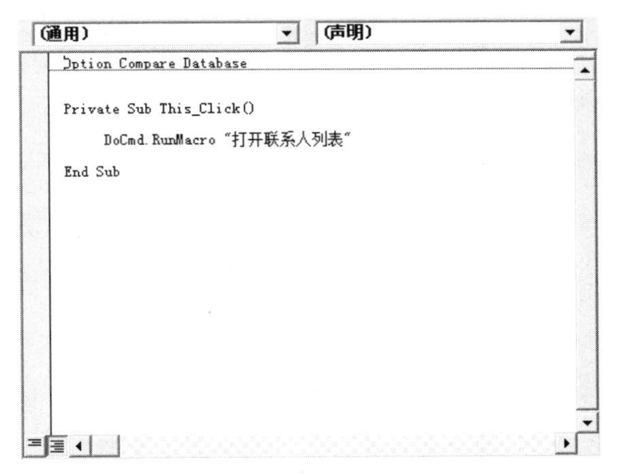

(4) 以响应窗体、报表或控件中发生的事件的形式运行宏。

尽管可以直接将宏嵌入窗体、报表和控件的事件属性中，但是用户仍然可以创建独立的宏，然后将它们绑定到事件。这是宏在早期版本的 Access 中使用的方式。绑定的方法如下。

首先创建独立的宏，然后进入窗体或报表的【设计视图】，在【属性表】窗格的【事件】选项卡中，为各个事件绑定独立宏，如下图所示。

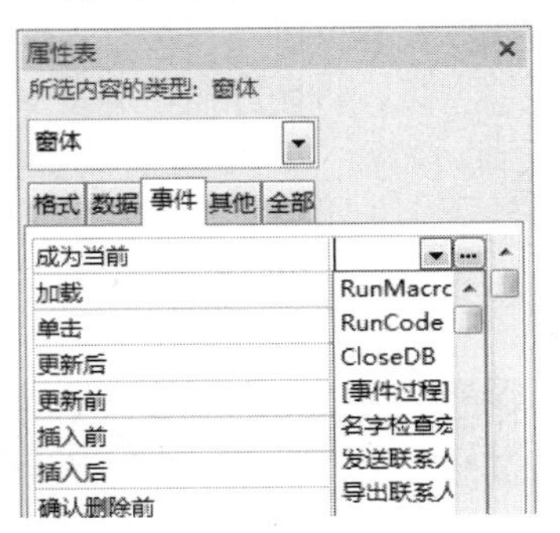

在所有控件的【属性表】窗格中都有【事件】选项卡，这个选项卡中列出了可以对控件操作的所有动作，

在每一个动作右侧的下拉列表框中都可以对已有的宏或者宏组进行选择。

提示

利用【事件】选项卡将已经存在的独立宏绑定到控件上，这是以前各个版本 Access 中的一贯做法。在 Access 2010 中，这种方式依然保留，但是用户可以直接创建该控件的嵌入式宏，使宏作为一个属性直接附加在控件上。

从【属性表】窗格中可以看到，【事件】选项卡中有许多事件名，如“单击”“更新前”“更新后”等。Access 可以识别大量的事件，常用的事件主要如下。

- OnClick：当用户单击一个对象时，执行一个操作。
- OnOpen：当一个对象被打开，并且在第一条记录显示之前执行一个操作。
- OnCurrent：当对象的当前记录被选中时，执行一个操作。
- OnClose：当对象关闭并从屏幕上清除时，执行一个操作。
- OnDblClick：当用户双击一个对象或控件时，执行一个操作。
- BeforeUpdate：用更改后的数据更新记录之前，执行一个操作。
- AfterUpdate：用更改后的数据更新记录之后，执行一个操作。

上面是几个简单的事件，在后面的 VBA 编程一章中，还会对各种事件做详细的介绍。

2. 嵌入式宏的执行

对于嵌入在窗体、报表或控件中的宏，执行方法相对而言少了些，主要可以通过以下两种方式运行。

- 当宏处于设计视图中时，单击【设计】选项卡下的【运行】按钮 ! 来运行该宏。
- 以响应窗体、报表或控件中发生的事件形式运行宏。这种方式其实就是嵌入式宏的工作方式。在窗体或报表中发生设定的事件时，如果条件满足，就会触发执行相应的宏。

7.3.2 调试宏

单步运行是 Access 数据库中用来调试宏的主要工具。采用单步运行，可以观察宏的流程和每一步的操作结果，以排除导致错误的操作命令或预期之外的操作效果。

进入宏生成器，单击【工具】组中的【单步】按钮，如下图所示。

这样每次单击【运行】按钮时，宏只会运行一个操作。下面就以创建的“打开联系人列表”宏为例，说明单步运行的调试过程。

操作步骤

1. 启动 Access 2010，打开“宏示例”数据库。
2. 在导航窗格中右击“打开联系人列表”宏，在弹出的快捷菜单中选择【设计视图】命令，进入宏生成器，如下图所示。

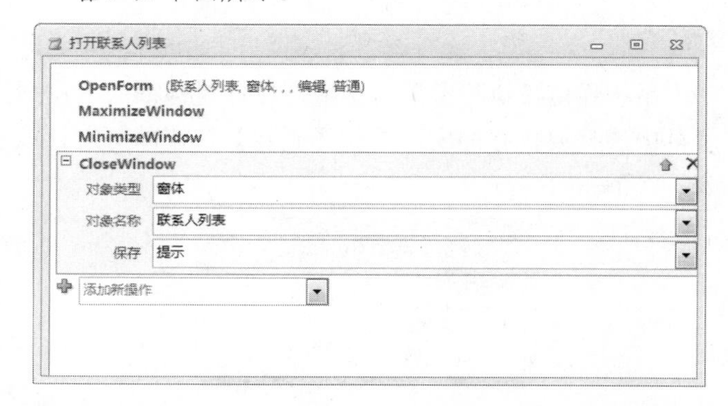

3. 单击【工具】组中的【单步】按钮，设定执行方式为单步执行。
4. 单击【工具】组中的【运行】按钮，弹出【单步执行宏】对话框。此对话框显示与宏操作有关的信息及错误号。【错误号】文本框中如果为“0”，则表示未发生错误，如下图所示。

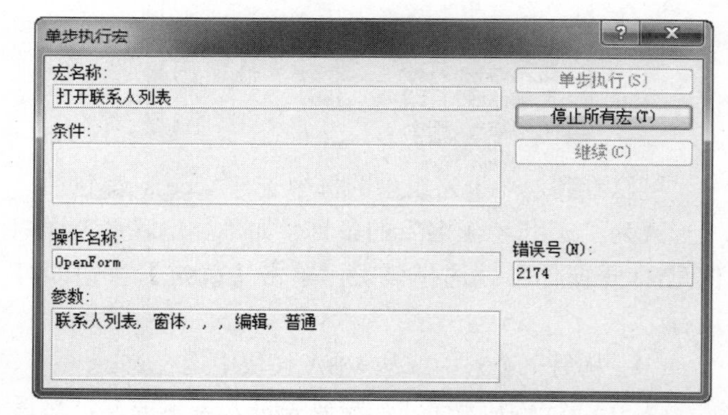

5. 单击【单步执行】按钮，可以看到单步执行的结果依次为：打开“打开联系人列表”窗体，最大化该

使用【表达式生成器】为窗体或报表创建标识符，可以加速表达式的创建过程。如果要执行的宏所包含的表达式中引用了窗体或报表，则窗体或报表必须是打开的。

窗体，最小化该窗体，关闭该窗体，均未发生错误。

在【单步执行宏】对话框中，还可以看到【停止所有宏】和【继续】两个按钮，其含义如下。

- ❖ 单击【停止所有宏】按钮，停止宏并关闭此对话框。
- ❖ 单击【继续】按钮，关闭单步执行并运行其余的宏。

7.4 宏操作

用户可以对宏进行编辑，可以在【宏生成器】的任意位置添加或更改操作。对宏进行编辑的主要操作包括添加、移动及删除等，本节将详细介绍。

7.4.1 添加操作

向宏添加操作可通过【添加新操作】下拉列表框和【操作目录】窗格完成，下面就分别介绍各种添加操作。

1. 使用【添加新操作】下拉列表框

在【添加新操作】下拉列表框中选择要添加的操作，然后再为该操作添加参数，如下图所示。

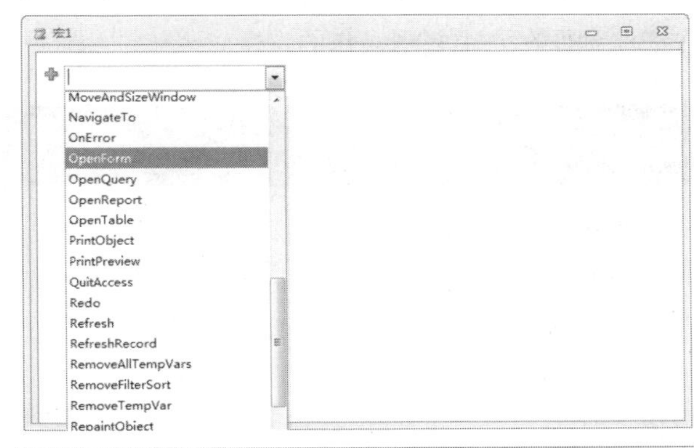

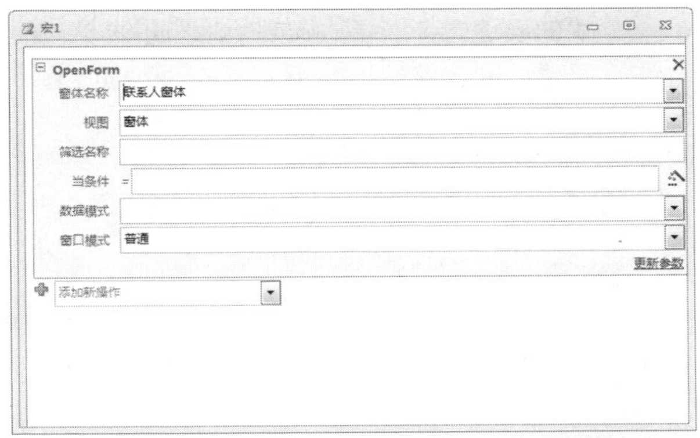

2. 使用【操作目录】窗格

在【操作目录】窗格的搜索栏内，通过搜索找到操作，可通过以下3种方法将该操作添加到宏。

- ❖ 双击操作，即可完成添加操作，如下图所示。

- ❖ 右击操作，在弹出的快捷菜单中选择【添加操作】命令，如下图所示。

- ❖ 选择操作，将其拖动到【宏生成器】窗格。

完成添加操作后，为操作添加详细的参数即可。

7.4.2 移动操作

宏中的操作是按从上到下的顺序执行的。若要在宏中上下移动操作，可以使用以下几种方法完成。

- ❖ 选择一个操作，然后上下拖动这个操作，使其到达需要的位置，如下图所示。

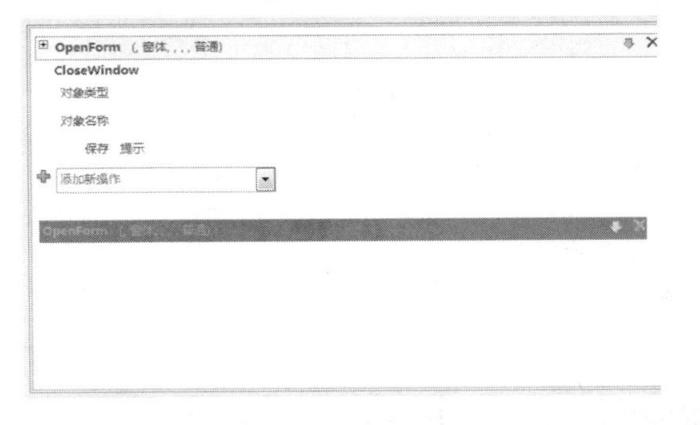

- ❖ 选择一个操作，然后按 Ctrl+上箭头组合键或Ctrl+下箭头组合键即可完成上下移动。
- ❖ 选择一个操作，然后单击宏窗格右侧的绿色“上移”或“下移”箭头完成移动，如下图所示。

Access 2010 新增了智能感知功能，在输入表达式时，会提示可能的值，让用户在其中选择一个正确的值。

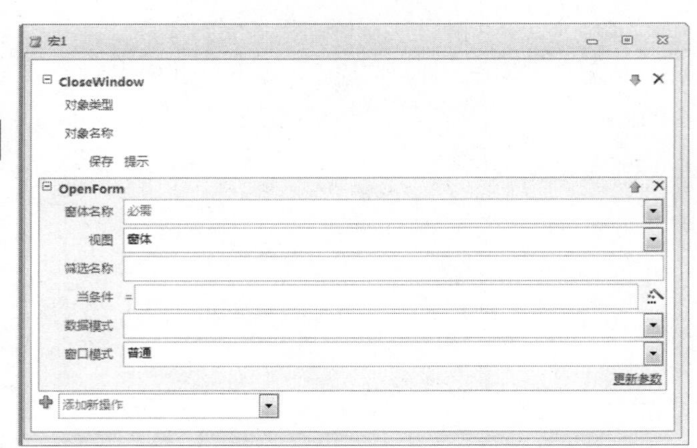

❖ 选择一个操作，单击右键，在弹出的快捷菜单中选择【上移】或【下移】命令完成移动，如下图所示。

7.4.3 删除操作

若要删除某个宏操作，可以使用以下几种方法实现。

❖ 选择一个操作，然后按 Delete 键，可完成删除操作。

❖ 选择一个操作，然后单击宏窗格右侧的删除按钮 ×，如下图所示。

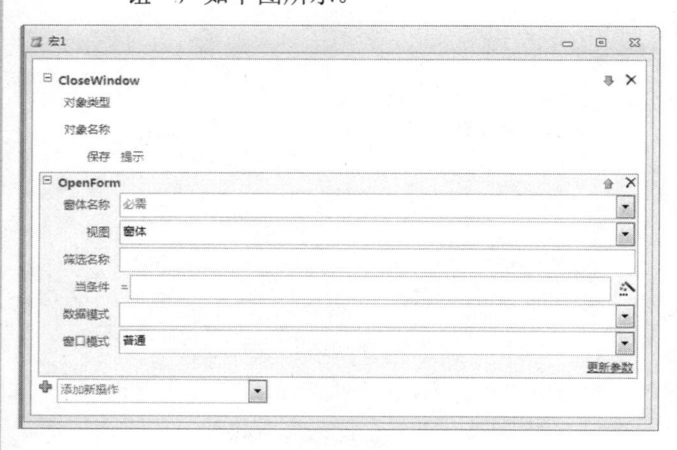

如果删除了某个操作块，如 If 块或 Group 块，则该块中的所有操作也会被删除。

7.4.4 复制和粘贴宏操作

如果需要重复已添加到宏的操作，可以复制和粘贴现有操作，即选择要复制的操作并右击，在弹出的快捷菜单中选择【复制】命令，这与在字处理程序中处理文本段落非常相似。粘贴操作时，这些操作将会插入当前选定的操作之下。如果选择了某个块，这些操作将会粘贴到该块的内部，如下图所示。

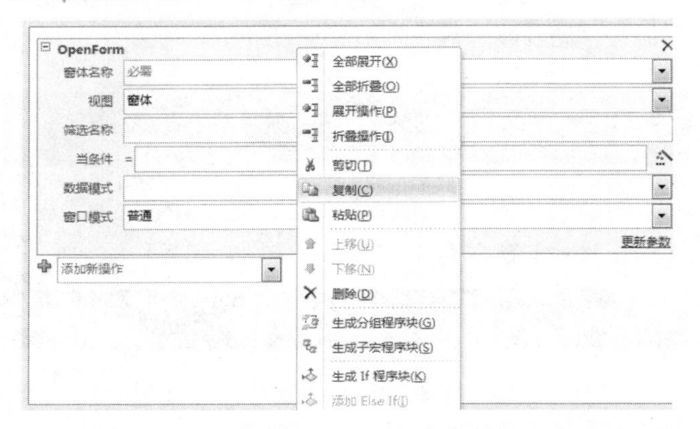

若要快速复制所选操作，可以按住 Ctrl 键，然后将操作拖动到要在宏中复制操作的位置。

7.4.5 向宏添加 If 块

若要在特定条件为 true 时执行宏操作，可使用 If 块。它可以取代早期版本的 Access 中使用的“条件”列。

❖ 从【添加新操作】下拉列表框中选择 If，或将其从【操作目录】窗格拖动到宏窗格中。

❖ 在 If 块顶部的框中，输入一个决定何时执行该块的表达式。该表达式必须为布尔表达式(也就是说，其计算结果必须为 True 或 False)。

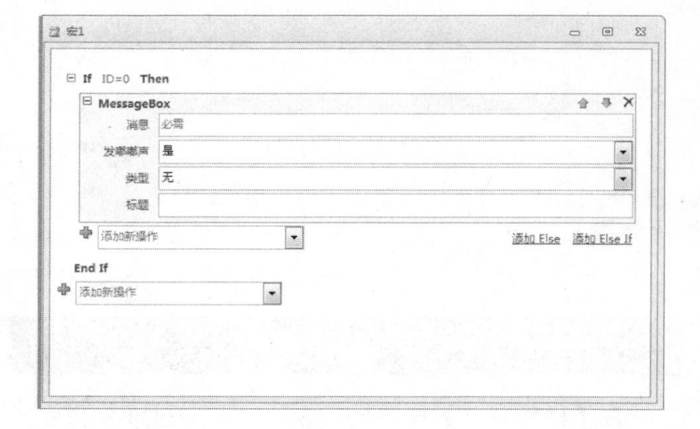

长见识 Access 2010 提供了更加复杂的逻辑执行功能，支持嵌套的 If…Else…Else If。

❖ 向 If 块添加操作，方法是在该块中的【添加新操作】下拉列表框中选择操作，或将操作从【操作目录】窗格拖动到 If 块中。

7.4.6 向 If 块添加 Else 或 Else If 块

可以使用 Else If 和 Else 块来扩展 If 块，这类似于 VBA 等其他序列编程语言。

❖ 选择 If 块，然后在该块的右下角单击“添加 Else”或“添加 Else If”。

❖ 如果要添加 Else 或 Else If 块，请输入一个决定何时执行该块的表达式。该表达式必须为布尔表达式(也就是说，其计算结果必须为 True 或 False)。

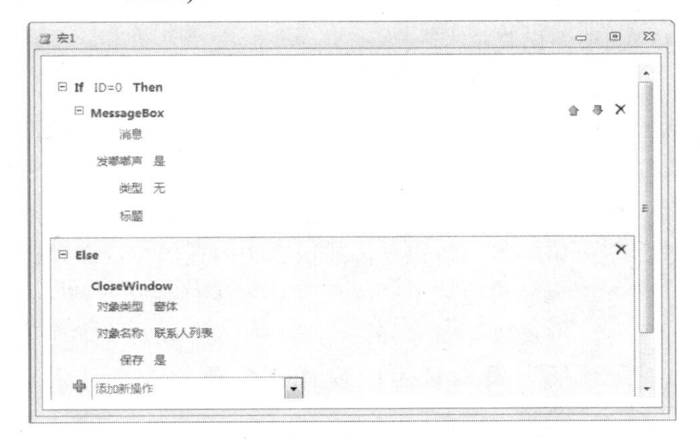

❖ 向 Else If 或 Else 块添加操作，方法是从显示在该块中的【添加新操作】下拉列表框中选择操作，或将操作从“操作目录”窗格拖动到该块中。

右键单击宏操作时，将弹出一个快捷菜单，该菜单上提供了添加 If、Else If 和 Else 块的命令。If 块最多可以嵌套 10 级。

7.4.7 为宏项目添加数字签名

在为宏添加数字签名前，先要获取用于签名的数字证书。

操作步骤

❶ 单击【开始】按钮，指向【所有程序】，依次单击 Microsoft Office、【Microsoft Office 2010 工具】和【VBA 工程的数字证书】，弹出【创建数字证书】对话框，如下图所示。

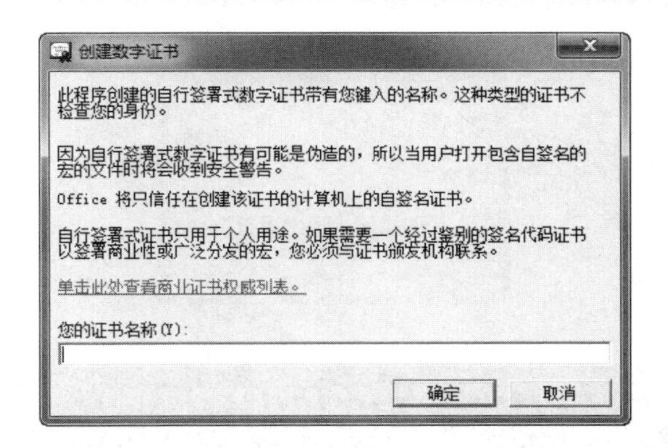

❷ 在【您的证书名称】文本框中为证书输入一个描述性名称，单击【确定】按钮，在出现【SelfCert 成功】对话框时，单击【确定】按钮，如下图所示。

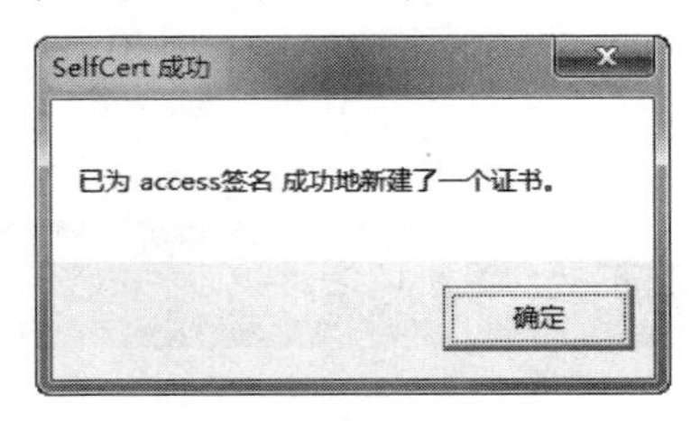

❸ 启动 Access 2010，打开“宏示例”数据库，打开包含想要签名的 VBA 项目的文件。

❹ 在【数据库工具】选项卡上的【宏】组中，单击 Visual Basic 按钮，如下图所示。

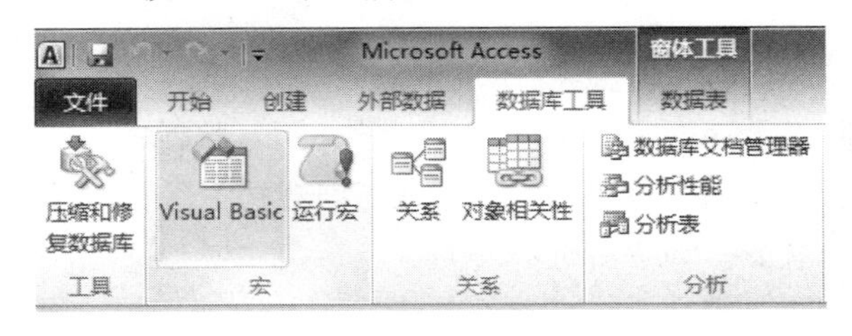

❺ 弹出 VBA 窗口，在 VBA 的菜单栏中选择【工具】|【数字签名】命令，如下图所示。

❻ 在弹出的【数字签名】对话框中，选择一个证书，然后单击【确定】按钮，即可为宏项目添加数字签名，如下图所示。

学以致用系列丛书

为宏进行数字签名时，必须获取时间戳，这样即使用于签名的证书已过期或在签名后已被吊销，其他用户也可以验证您的签名。

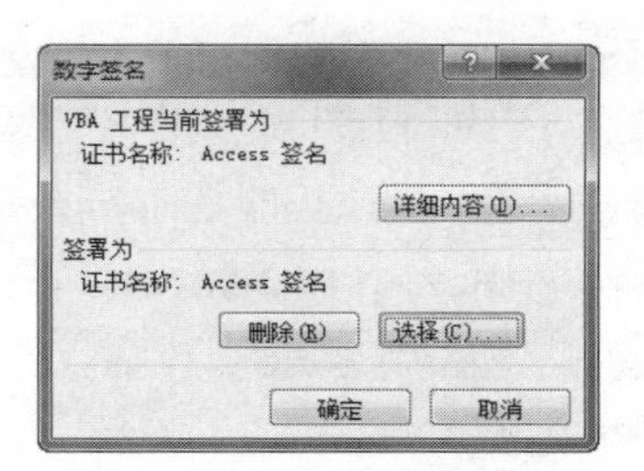

7.5 宏的应用举例

宏的最大用途是使常用的任务自动化。开发者可以使用宏来打开窗体或报表、创建菜单、执行 SQL 语句、显示提示框等。在前面介绍创建宏时曾介绍过几个宏的应用例子，本节将着重介绍几个宏的高级应用。

7.5.1 使用宏打印报表

利用宏中的 OpenReport 命令，可以打开报表的设计视图或打印预览视图，并且可以限制在报表中打印的记录数。

下面以在数据库中创建一个能够自动打印“联系人”报表的宏为例进行介绍，具体操作步骤如下。

操作步骤

1. 启动 Access 2010，打开“宏示例”数据库。
2. 单击【创建】选项卡下【宏与代码】组中的【宏】按钮，如下图所示。

3. 进入宏生成器，并自动建立一个名为“宏 1”的空白宏。
4. 单击【添加新操作】下拉列表框，在其中选择 OpenReport 操作命令(也可以直接输入 OpenReport 命令)，如下图所示。

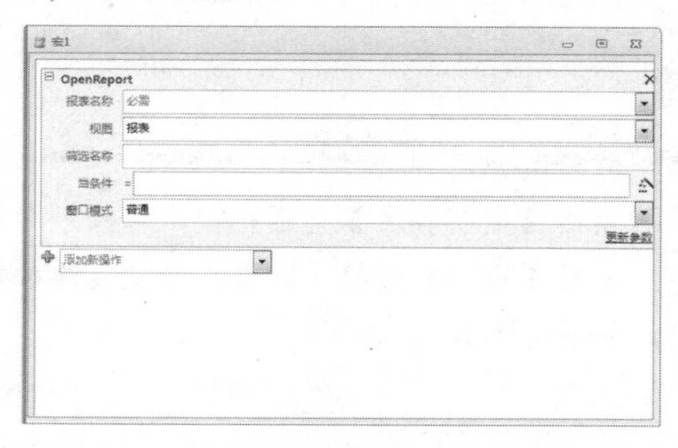

5. 在宏定义表下面的操作参数区域中设置该命令的各项操作参数。在【报表名称】下拉列表框中选择“联系人”报表，在【视图】下拉列表框选择“打印”，其余默认。
6. 单击【保存】按钮，弹出【另存为】对话框，输入宏名为“打印联系人报表”。

这样就完成了一个独立宏的创建。单击【工具】组中的【运行】按钮，执行此宏。Access 将直接启动默认的打印机，打印该报表。

7.5.2 使用宏创建菜单

在实际的应用系统中，各种功能一般都可以通过菜单的形式来完成。本节将学习如何在 Access 的宏中创建自己的个性化菜单。

前面曾介绍过 AddMenu 命令，在 Access 中，实际上就是通过此命令来创建菜单。AddMenu 命令能够完成的菜单有 3 类。

- ❖ 自定义快捷菜单(右键菜单)：使用自定义快捷菜单，可以替代窗体或报表中内置的快捷菜单。
- ❖ 全局快捷菜单：除已经添加了自定义快捷菜单的窗体等对象外，全局快捷菜单可以代替其余所有没有设定的窗体等对象中的默认右键菜单。
- ❖ 【加载项】选项卡的自定义菜单：这种自定义菜单出现在程序的【加载项】选项卡下，可用于特定窗体或报表，也可用于整个数据库。

下面以在数据库中创建一个自定义快捷菜单，并将该菜单附加到“联系人列表”窗体中为例，介绍使用宏创建菜单的操作。

操作步骤

1. 启动 Access 2010，打开“宏示例”数据库。
2. 单击【创建】选项卡下【宏与代码】组中的【宏】按钮，如下图所示。

3. 进入宏生成器，并自动建立一个名为“宏 1”的空白宏。
4. 单击【添加新操作】下拉列表框，在弹出的下拉列表中选择 Submacro 命令(或直接输入 Submacro 命令)，并将子宏命名为“打开”，如下图所示。

如果想让 Access 暂时忽略某个宏操作，可以设置该宏操作的【条件】为 False，这样就能够暂时忽略某个操作，帮助找出宏中的错误，调试宏。

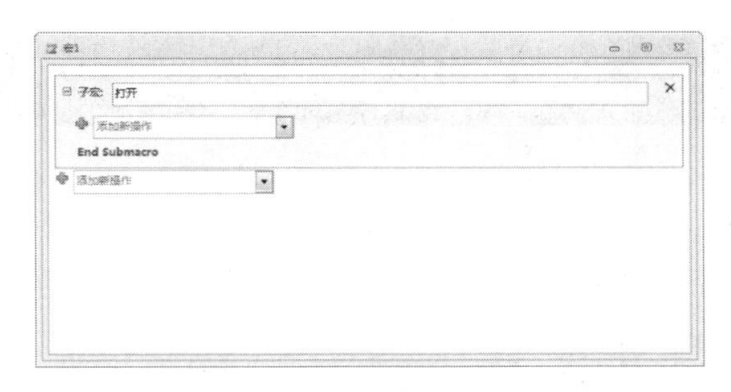

❺ 在子宏块的【添加新操作】下拉列表框中，选择OpenForm命令，以打开窗体，并设置该命令的各种参数，如下图所示。

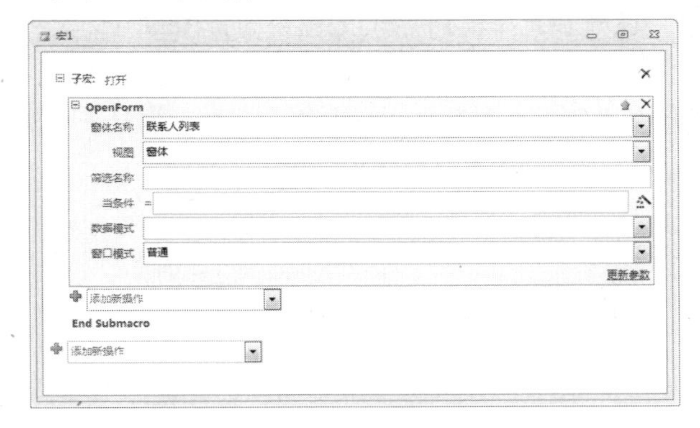

❻ 重复第4、5步的操作，为该宏组分别加上“打开”“打印”“关于”“退出”命令，如下图所示。

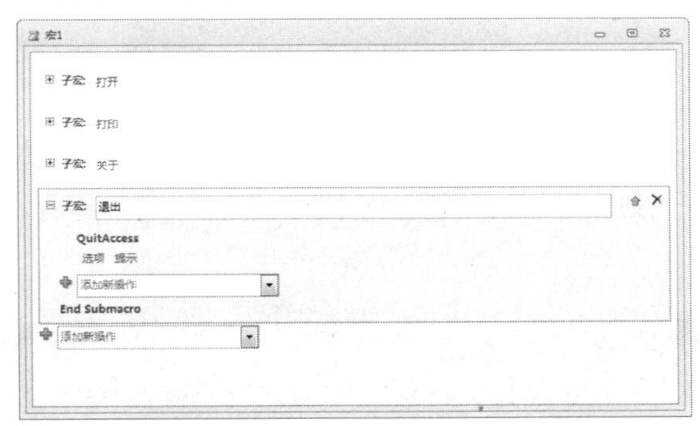

❼ 保存上面创建的宏组为“菜单命令”，关闭宏生成器，完成宏组的创建。

❽ 在导航窗格中选择建立的“菜单命令”宏，并单击【数据库工具】选项卡下的【用宏创建快捷菜单】按钮(如果用户在自己的【数据库工具】选项卡下找不到该功能，可以在【自定义功能】中添加该命令)，如下图所示。

❾ 这样就完成了快捷菜单的创建。进入要加入该菜单的窗体的设计视图，在【属性表】窗格的【其他】选项卡下，将建立的快捷菜单附加到窗体的【快捷菜单栏】属性中，如下图所示。

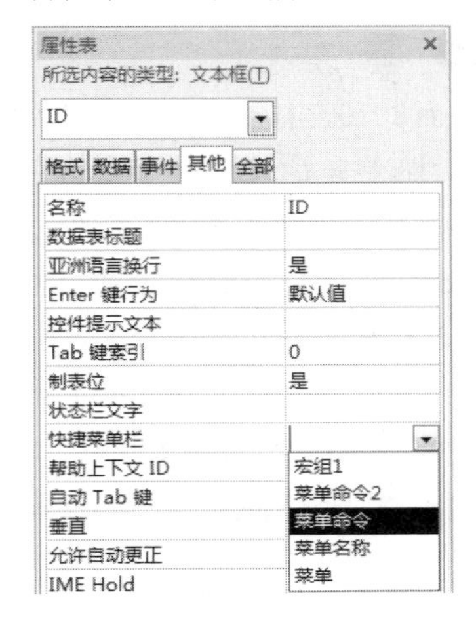

❿ 这样就为窗体附加了一个快捷菜单。进入该窗体的窗体视图，单击鼠标右键，可见快捷菜单已经发生了变化，如下图所示。

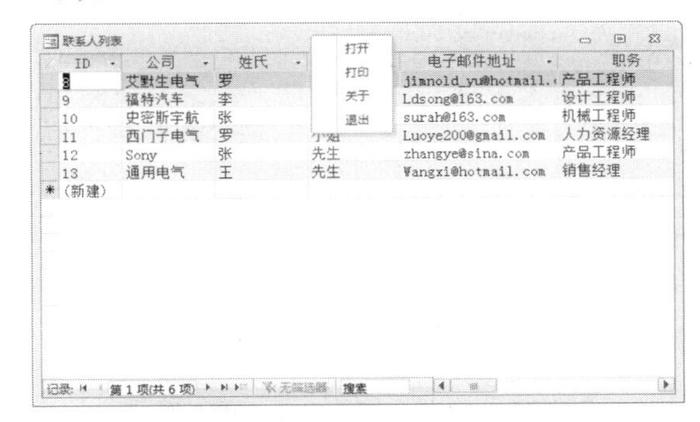

在右键快捷菜单中选择相应的命令，就可以执行所设置的操作，如打印该窗体、弹出“关于”对话框、关闭当前窗体等。如选择【打印】命令，它就会进入窗体的打印预览视图，如下图所示。

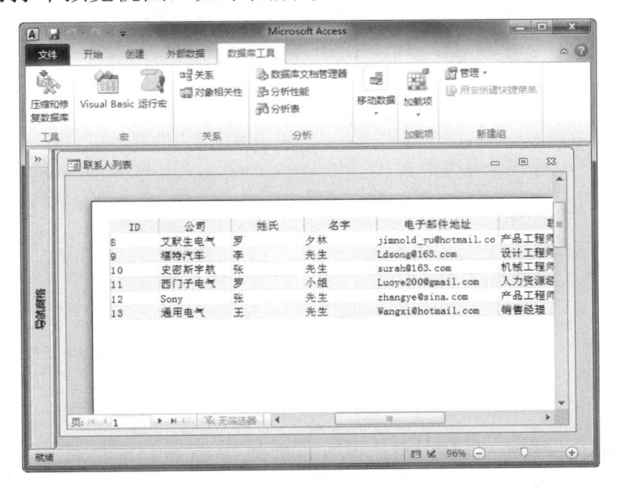

上面是给一个特定的窗体对象添加了一个右键快捷菜单。如果要给所有的对象添加菜单，该如何做呢？可

学以致用系列丛书

保存创建的宏组时，在对话框中输入的是整个宏组的名称。而当用户需要引用宏组中的宏时，应当以“宏组名.宏名”格式进行调用。

以利用全局自定义菜单来解决这个问题，即为该程序中的所有对象添加右键快捷菜单。

操作步骤

1. 启动 Access 2010，打开“宏示例”数据库。
2. 单击窗口左上角的【文件】选项卡，在打开的 Backstage 视图中选择【选项】命令。
3. 进入【Access 选项】对话框，选择该对话框中的【当前数据库】选项，并在右边的【功能区和工具栏选项】区域中设置快捷菜单栏。在【快捷菜单栏】下拉列表框中选择【菜单命令】选项，如下图所示。

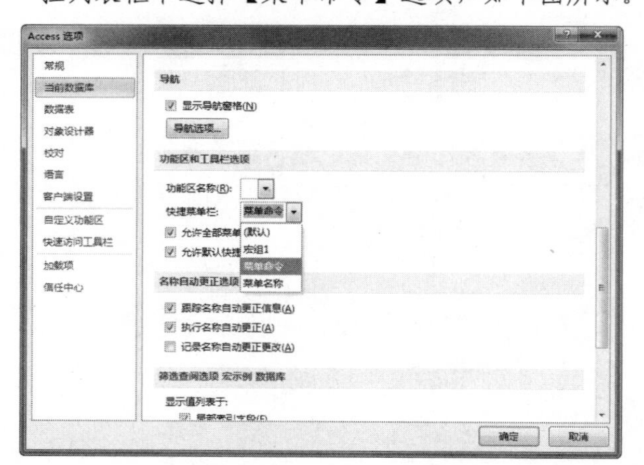

4. 单击【确定】按钮，弹出提示重新启动当前数据库的对话框，如下图所示。

5. 单击【确定】按钮，关闭对话框。重新打开数据库，打开任一数据库对象，可以看到右键快捷菜单已经发生了变化，如下图所示。

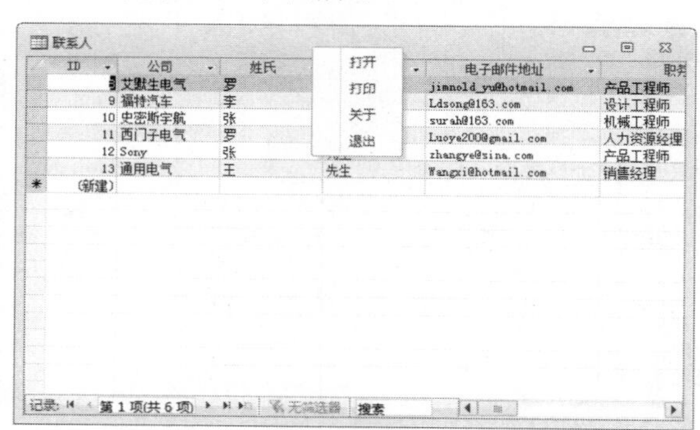

这样就为数据库中的所有对象添加了右键快捷菜单。

通过上面的操作可以发现，要添加快捷菜单，一般的步骤就是先创建宏，再将宏转变为菜单，最后将菜单附加到对象上。

7.5.3 使用宏执行 VBA 函数

利用宏中的 RunCode 命令，可以运行 Access 的 VBA 代码。下面以在数据库中创建能够执行 VBA 函数的宏为例进行说明。

操作步骤

1. 启动 Access 2010，打开“宏示例”数据库。
2. 单击【创建】选项卡下【宏与代码】组中的【宏】按钮，建立一个空白宏。
3. 在【添加新操作】下拉列表框中选择 RunCode 命令(用户也可以直接输入 RunCode 命令)。
4. 在【函数名称】文本框中输入函数，这样就创建了一个运行 VBA 函数的宏，如下图所示。

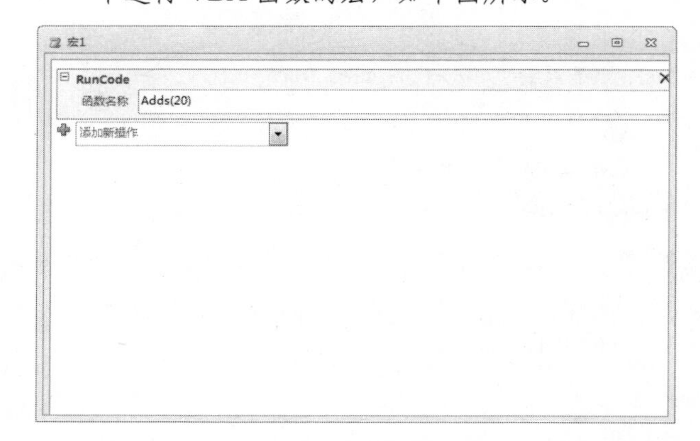

将该宏命名为 RunCode，这样在导航窗格中就增加了一个独立宏。在导航窗格中双击该宏，即可运行 Adds 函数。

7.5.4 使用宏发送 Access 对象

利用宏中的 EMailDatabaseObject 命令，可以将指定的数据表、窗体、报表或模块等数据库对象包含在电子邮件中，以便进行查看和转发。

下面以在数据库中创建一个能够自动发送数据表的宏为例进行介绍。

操作步骤

1. 启动 Access 2010，打开“宏示例”数据库。
2. 单击【创建】选项卡下【宏与代码】组中的【宏】按钮，建立一个空白宏。
3. 单击【添加新操作】下拉列表框，在弹出的下拉列表中选择 EMailDatabaseObject 命令(或直接输入 EMailDatabaseObject 命令)。

长见识：有的宏操作命令是没有参数的，如 Beep(发出“嘟嘟”声)、MaximizeWindow(窗口最大化)、MinimizeWindow(窗口最小化)及 StopMacro(停止宏的运行)等。

❹ 在操作参数区域中设置各个参数。如设置【对象类型】为“表”，【对象名称】为“联系人”、【到】为 m.o.h@163.com 等，如下图所示。

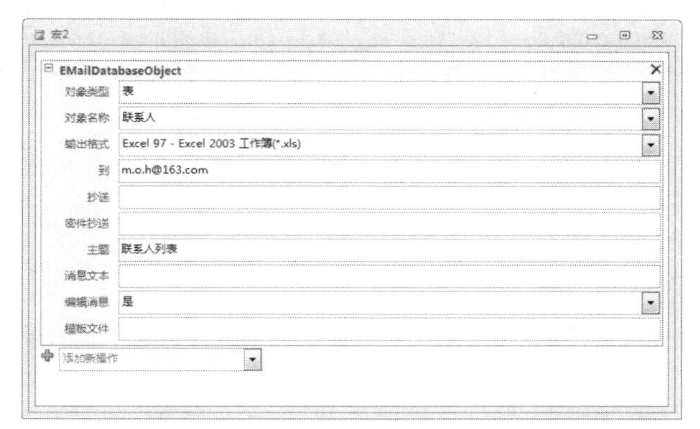

提示

【输出格式】行中可用的格式包括 Excel 97 - Excel 2003 工作簿(*.xls)、Excel 二进制工作簿(*.xlsb)，Excel 2007 工作簿(*.xlsx)、HTML(*.htm, *.html)、Microsoft Excel 5.0/95 工作簿(*.xls)、PDF 格式、RTF 格式(*.rtf)、文本文件(*.txt) 和 XPS 格式(*.xps)。

注意

数据库对象中，模块只能以文本格式发送。如果将模块参数保留为空，Access 会提示选择输出格式。

❺ 设置好参数以后，保存该宏名为“发送联系人表”。就完成了发送数据对象宏的创建。

在导航窗格中双击“发送联系人表”宏，即可启动邮件收发软件(如 Outlook Express)发送数据库对象了，如下图所示。

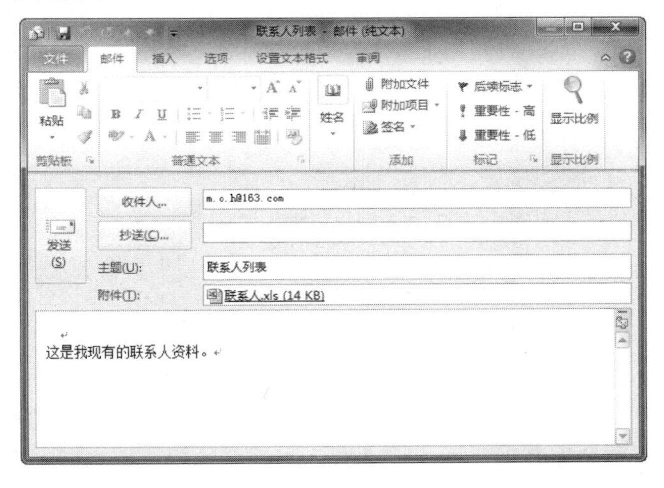

7.5.5 使用宏实现数据的导出

在 Access 2010 中，用户可以编写宏来实现数据的导入和导出操作。运用 ExportWithFormatting 命令，用户可以很简单地实现数据的导入和导出操作。

下面以在数据库中创建一个能够导出各种数据库对象的宏为例进行说明，具体操作步骤如下。

操作步骤

❶ 启动 Access 2010，打开“宏示例”数据库。

❷ 单击【创建】选项卡下【宏与代码】组中的【宏】按钮，建立一个空白宏。

❸ 单击【添加新操作】下拉列表框，在弹出的下拉列表中选择 ExportWithFormatting 命令(或直接输入 ExportWithFormatting 命令)。

❹ 在操作参数区域中，设置各个参数，如设置【对象类型】为“表”，【对象名称】为“联系人”、【输出格式】为“Excel 97 - Excel 2003 工作簿(*.xls)”等，如下图所示。

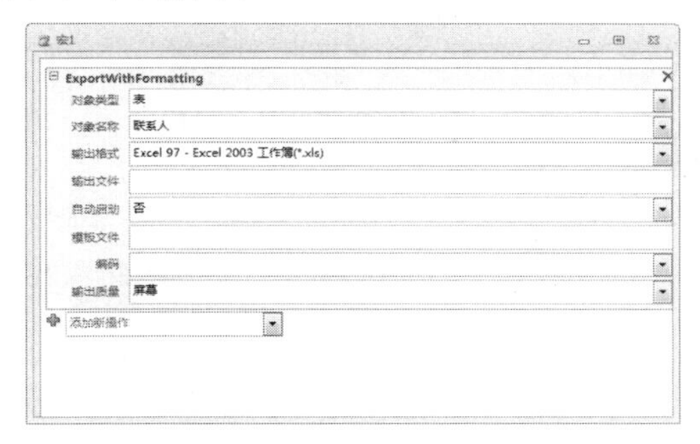

❺ 设置好参数以后，保存该宏为“导出联系人表”。这样就完成了导出“联系人”表宏的创建。

通过设置各种不同的对象类型，可以导出不同的数据。双击导航窗格中的“导出联系人表”宏，即可弹出选择存储位置的对话框，选择好存储位置后，单击【确定】按钮，即可完成导出，如下图所示。

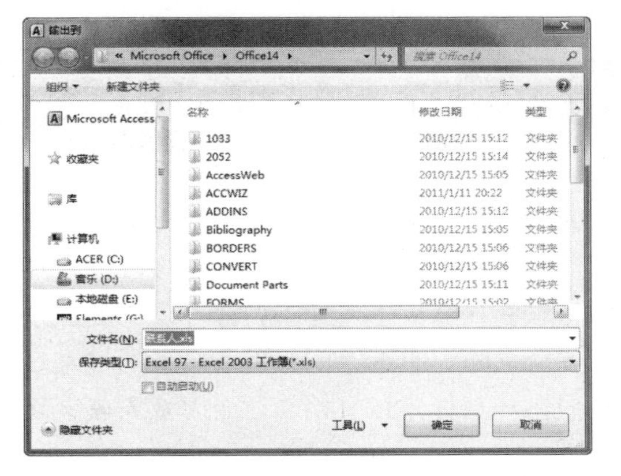

学以致用系列丛书

宏和 VBA 模块都是属于 Office 组件中的一种高级操作，使用宏和 VBA 模块编程，几乎能够实现用户在办公应用中的所有需求。

长见识

关于数据导入和导出的更多知识，会专门列出一章来讲解。

7.5.6 使用宏运行更多命令

利用宏中的 RunMenuCommand 命令，可以运行更多的 Windows 命令。下面通过在数据库中创建能够执行更多 Windows 命令的宏为例来说明，操作步骤如下。

操作步骤

1. 启动 Access 2010，打开“宏示例”数据库。
2. 单击【创建】选项卡下【宏与代码】组中的【宏】按钮，建立一个空白宏。
3. 单击【添加新操作】下拉列表框，在弹出的下拉列表中选择 RunMenuCommand 命令(也可以直接输入 RunMenuCommand 命令)。
4. 在操作参数区域中，单击【命令】右边的三角小箭头，在弹出的下拉列表中选择想要的命令。如选择 CloseDatabase 命令。

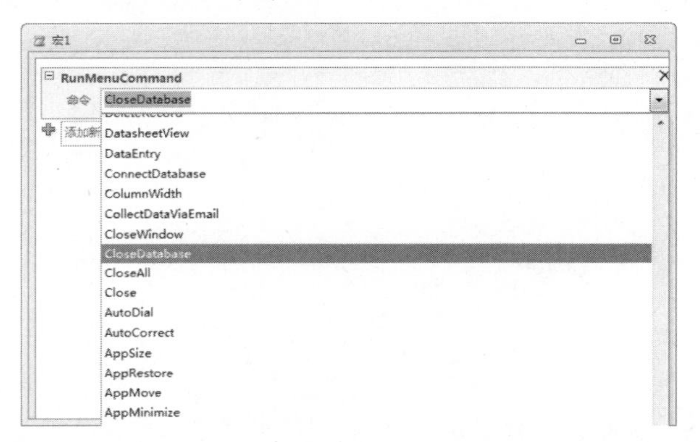

5. 保存该宏为 CloseDB，这样就完成了一个关闭数据库宏的创建。

在左边的导航窗格中双击 CloseDB 宏，即可执行该宏。可以看到执行该宏的结果就是关闭当前的数据库。

7.6 宏的安全设置

宏的最大用途是使常用的任务自动化。有经验的开发者，可以使用 VBA 代码编写出功能强大的 VBA 宏，这些宏可以在计算机上运行多条命令。因此，宏会引起潜在的安全风险。有图谋的开发者可以通过某个文档引入恶意宏，一旦打开该文档，这个恶意宏就会运行，并且可能在计算机上传播病毒或窃取用户资料等，因此，安全性是使用宏时必须要考虑的一个方面。

在 Access 中，宏的安全性是通过【信任中心】进行设置和保证的。在用户打开一个包含宏的文档时，【信任中心】首先要对以下各项进行检查，然后才会允许在文档中启用宏。

- ❖ 开发人员是否使用数字签名对这个宏进行了签名。
- ❖ 该数字签名是否有效。
- ❖ 该数字签名有没有过期。
- ❖ 与该数字签名关联的证书是否由有声望的证书颁发机构(CA)颁发。
- ❖ 对宏进行签名的开发人员是否为受信任的发布者。

只有通过上述 5 项检查的宏，才能够在文档中运行。如果【信任中心】检测到以上任何一项出现问题，默认情况下将禁用该宏。同时在 Access 窗口中将出现消息栏，通知用户存在可能不安全的宏，如下图所示。

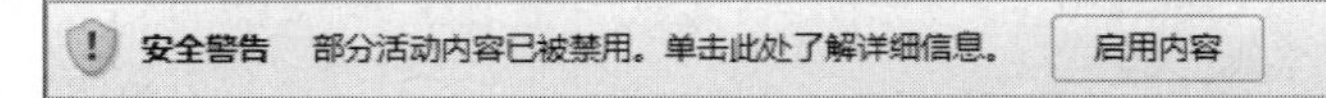

7.6.1 解除阻止的内容

当出现上图所示的安全警告时，宏是无法运行的，只有解除警告，才能够正常运行宏。

单击消息栏上的【启用内容】按钮，即可解除阻止的内容，打开数据库。

或者单击“部分活动内容已被禁用。单击此处了解详细信息”，在出现信息的界面单击【启用内容】按钮，弹出命令菜单，选择【启用所有内容】命令，可解除阻止的内容，如下图所示。

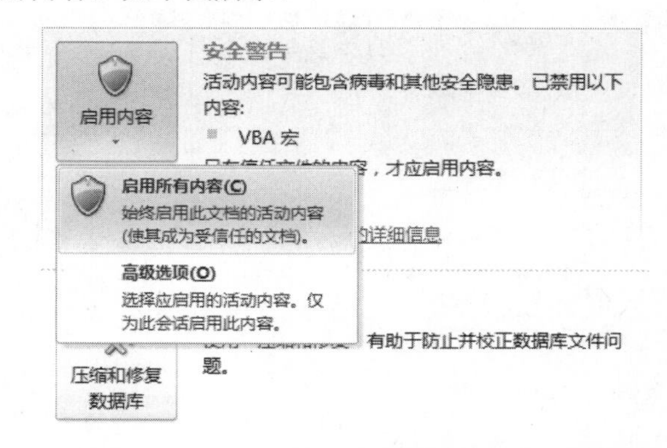

用这种方法可以启用该数据库中的宏，但是当关闭该数据库并重新打开时，Access 将继续阻止该数据库中的宏，要对数据库内容进行完全解除，还需要用户在【信

长见识：宏的创建是通过宏的设计视图来完成的。宏的设计视图又被称为宏设计器。在该视图中，用户只要简单地进行一些鼠标操作，即可编制能够实现复杂功能的宏。

任中心】进行设置。

7.6.2 信任中心设置

在【Microsoft Office 安全选项】对话框的最下面有【打开信任中心】超链接，单击该链接即可打开【信任中心】对话框，如下图所示。

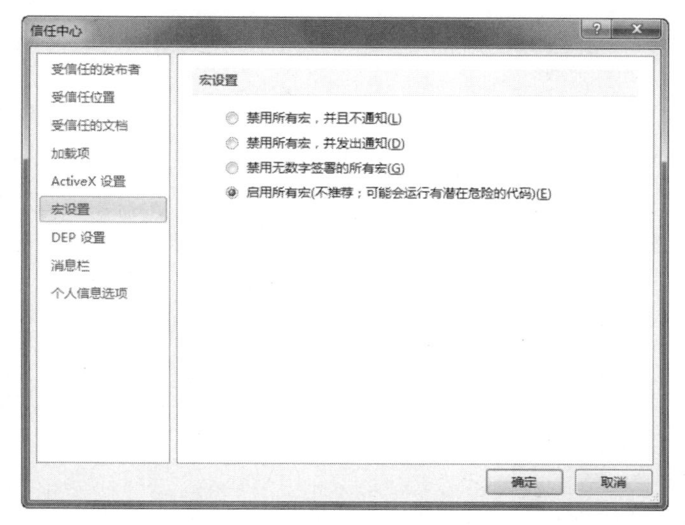

选中【启用所有宏】单选按钮，单击【确定】按钮，即可启用数据库中的所有宏。重新打开数据库，可以看到没有弹出警告消息栏。

【宏设置】里面有 4 个选项，各选项的含义如下。

❖ 【禁用所有宏，并且不通知】：如果选择此单选按钮，文档中的所有宏及有关宏的安全警报都将被禁用。

❖ 【禁用所有宏，并发出通知】：这是默认设置。如果用户希望禁用宏，但又希望存在宏时收到安全警报，可以选择此单选按钮。

❖ 【禁用无数字签署的所有宏】：除了宏由受信任的发布者进行数字签名的情况，该项设置与【禁用所有宏，并发出通知】选项相同。如果信任发布者，宏就可以运行；如果不信任该发布者，就会收到通知。

❖ 【启用所有宏(不推荐；可能会运行有潜在危险的代码)】：选择此单选按钮可允许所有宏运行。此设置容易使计算机受到潜在恶意代码的攻击。

除了可以通过【Microsoft Office 安全选项】对话框中的链接打开【信任中心】对话框外，还可以通过【选项】命令打开该对话框。

单击数据库窗口左上角的【文件】菜单，在弹出的下拉菜单中选择【选项】命令，弹出【Access 选项】对话框，选择【信任中心】选项并在右边单击【信任中心设置】按钮，如下图所示，即可打开【信任中心】对话框。

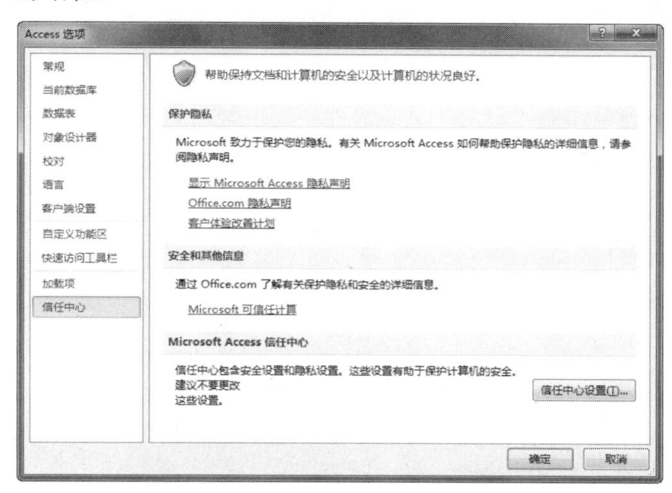

7.7 思考与练习

选择题

1. 下面不可以用宏命令来完成的操作是________。
   A. 打开窗体
   B. 发送数据库对象
   C. 弹出提示对话框
   D. 连接数据源
2. 在宏命令中，用于打开窗体的命令是________。
   A. OpenForm　　B. OpenQuery
   C. OpenReport　　D. OpenTable
3. 宏是由______构成的，而宏组是由______构成的。
   A. 宏命令　　B. 宏
   C. 条件宏　　D. 宏组
4. 宏的安全设置中，如果要解除对宏的限制，那么不可以采取的方法有_______。
   A. 设置信任目录
   B. 启用所有宏
   C. 保持默认设置
5. 宏可以分为独立宏和嵌入式宏，那么下列属性中不属于独立宏的特点是_______。
   A. 显示在导航窗格中
   B. 手工方法附加到控件中
   C. 复制窗体时，附加的宏随之复制
   D. 宏是独立存在的

学以致用系列丛书

建立一个名称为 AutoExec 的宏，那么启动数据库时系统将自动执行该宏，从而为用户完全控制程序的运行提供了有效的实现手段。

操作题

1. 对一个建立好的独立宏和嵌入式宏进行复制、删除、移动等操作，进一步体会独立宏和嵌入式宏的区别。

2. 在 Access 2010 数据库中建立一个名称为“AutoExec”的宏，重启数据库以后看看会出现什么现象？

长见识

嵌入的宏在导航窗格中不可见，它成为了创建它的窗体、报表或控件的一部分。如果为包含嵌入式宏的窗体、报表或控件创建副本，则这些宏也会存在于副本中。

第 8 章 VBA 编程语言

本章微课

VBA 模块是 Access 数据库的第六大对象。Access 作为面向对象的开放型数据库，提供了强大的个性化开发功能。用户可以借助 VBA 程序，创建出功能强大的专业数据库管理系统。

学习要点

❖ VBA 的功能
❖ VBA 的语法
❖ VBA 的程序结构
❖ VBA 生成器
❖ 创建 VBA 程序的各种方法
❖ 通用过程和事件过程的区别与应用
❖ 过程与模块
❖ VBA 程序的调试

学习目标

通过本章学习，用户应该掌握 VBA 模块作为 Access 数据库的第六大对象所具备的功能。了解 VBA 程序的语法，掌握顺序、选择和条件 3 种程序结构。通过学习，还应全面掌握创建各种 VBA 程序的方法，掌握事件过程和通用过程的区别。

用户要建立起一个概念，即程序调试工作往往能占到程序开发总工作量的一半，由此提高对程序调试重要性的认识。

8.1 认识VBA

通过前面几章的学习，用户已经能够自己创建或者利用向导创建简单的应用程序了，也可以做出漂亮的界面、标准的报表及快速的查询。但是仅利用前面介绍的这些内容，还不能随心所欲地开发所需要的各种功能，无法把程序做得足够专业。事实上，如果要想开发出功能更完全、更强大的应用程序，必须掌握VBA编程。

Access是一种面向对象的数据库，它支持面向对象的程序开发技术。Access面向对象开发技术就是通过VBA编程实现的。

在本章，将学习VBA编程的一些基础知识。只要学习过任何一种编程语言(C、C++、VB或VF)，就会发现本章介绍的语法和编程结构十分熟悉。

8.1.1 VBA概述

Microsoft公司开发的VB可视化编程软件，有着十分强大的编程功能，经过十多年的发展，它不仅具备Basic语言简单易学的特点，而且在结构化和可视化开发上面做出了明显的改进。

VB语言在实际的编程应用中得到了广泛的推崇，但是VB语言又不局限于此，Microsoft公司利用强大的资源优势，对VB进行了开发和整合，形成了两个重要的VB子集，即VBA和VBScript。VBA集成在Office办公软件中，用来开发应用程序；VBScript是一种脚本语言，在网页编程方面有着极为广泛的应用。

在Microsoft Access 2010中的VBA环境与VB有着相似的结构和开发环境，而且其他Office软件如Microsoft Excel、Microsoft Word等也都内置了相同的VBA，只是在不同的应用程序中有不同的内置对象和不同的属性方法，因此有着不同的应用。

Access VBA几乎可以执行Access菜单和工具中所有的功能。VBA程序的运行是由Microsoft Office解释执行的，VBA不能编译成扩展名为.exe的可执行程序，不能脱离Office环境而运行。

一般而言，利用Access创建的数据库管理应用程序无须编写太多代码。通过Access内置的可视界面，用户可以完成足够的程序响应事件，如执行查询、设置宏等。并且在Access中已经内置了许多计算函数，如Sum()、Count()等，它们可以执行相当复杂的运算。但是由于下面几个原因，用户需要或者更愿意使用VBA作为程序指令的一部分。

(1) 定义用户自己的函数。Access提供了许多计算函数，但是有些特殊函数Access是没有提供的，需要用户自己定义。比如用户可以定义一个函数来计算圆的面积、定义函数执行条件判断等。

(2) 编写包含条件结构或者循环结构的表达式。

(3) 想要打开两个或者两个以上的数据库。

(4) 将宏操作转换成VBA代码，就可以打印出VBA源程序，改善文档的质量。

同其他面向对象编程语言一样，VBA里也有对象、属性、方法、事件等。

- ❖ 对象：代码和数据的一个结合单元，如表、窗体、文本框都是对象。对象是由语言中的“类”来定义的。
- ❖ 属性：定义的对象特性，如大小、颜色和对象状态等。
- ❖ 方法：对象能够执行的动作，如刷新等。
- ❖ 事件：对象能够辨识的动作，如鼠标单击、双击等。

8.1.2 VBA的运行环境

在Access 2010中，可以通过下列操作进入VBA的开发环境。

(1) 直接进入VBA。

在数据库中单击【数据库工具】选项卡下的【宏】组中的Visual Basic按钮，进入VBA的编程环境，如下图所示。

(2) 新建一个模块，进入VBA。

在数据库中切换到【创建】选项卡，在【宏与代码】组中单击【模块】按钮，新建一个VBA模块，并进入VBA编程环境，如下图所示。

(3) 新建用于响应窗体、报表或控件的事件过程进入VBA。

在控件的【属性表】窗格中，切换到【事件】选项

Access数据库中的编程工具是VBA代码，各种具体的功能主要是通过模块和过程来实现的。事实上，在Access数据库程序设计中，核心的工作就是VBA模块和事件过程的编写。

卡，在任一事件的下拉列表框中选择【事件过程】选项，再单击右侧的按钮，为这个控件添加事件过程，如下图所示。

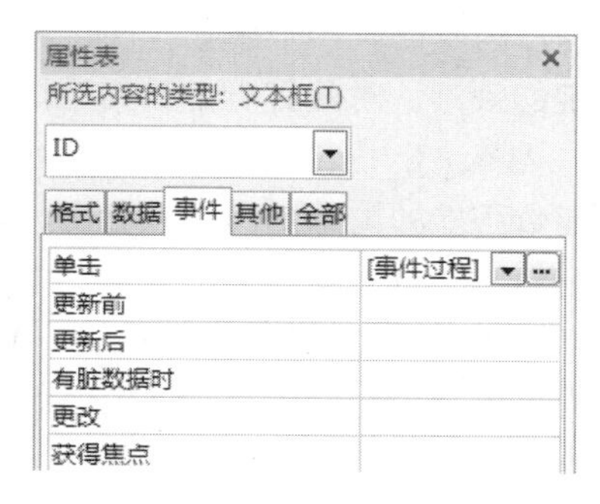

通过以上各种方法，均可进入 VBA，如下图所示。

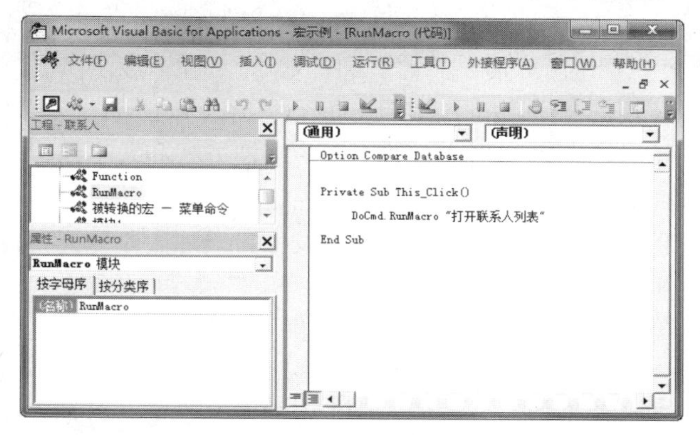

可以看到 VBA 的开发环境窗口，除了熟悉的菜单栏和工具栏以外，其余的屏幕可以分为 3 个部分，分别为【代码】窗格、【工程】窗格和【属性】窗格。

❖ 【代码】窗格：在该窗格中实现 VB 代码的输入和显示。打开【代码】窗格以后，可以对不同模块中的代码进行查看，并且可以通过鼠标右键进行代码的复制、剪切和粘贴操作。该窗格如下图所示。

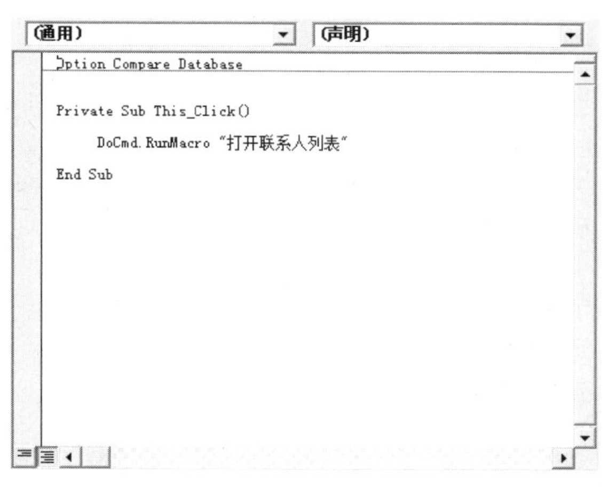

❖ 【工程】窗格：用一个分层结构列表来显示数据库中的所有工程模块，并对它们进行管理。双击【工程】窗格中的某个模块，可以立即在【代码】窗格中显示这个模块的 VBA 程序代码。该窗格如下图所示。

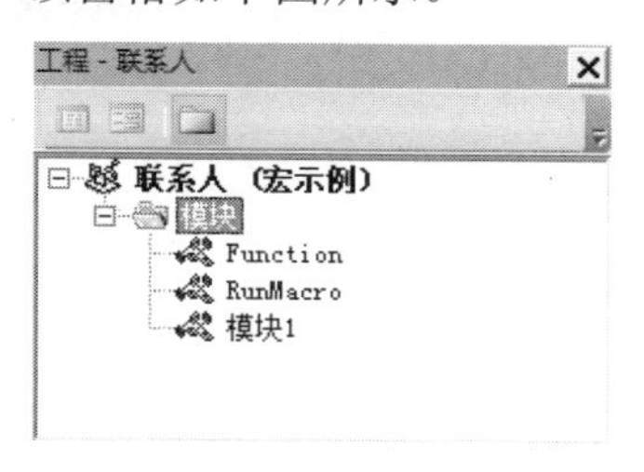

❖ 【属性】窗格：显示和设置选定的 VBA 模块的各种属性。该窗格如下图所示。

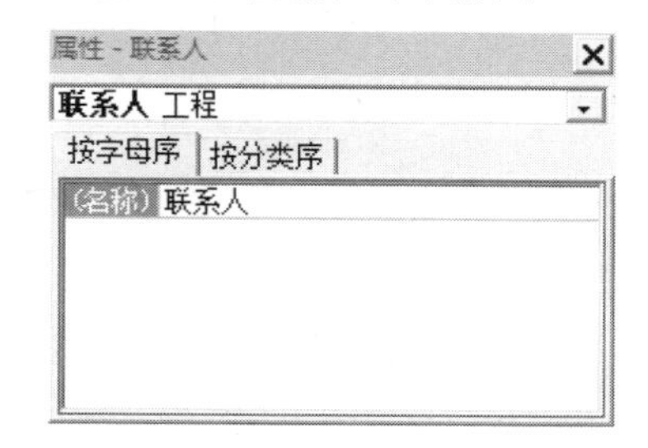

8.1.3 编写简单的 VBA 程序

不管哪一种编程语言，教科书中往往有一个经典的例子，即“Hello World！”，这里也以这个例子来说明 VBA 中过程的概念。

操作步骤

1. 启动 Access 2010，新建一个数据库，命名为“VBA 示例”。
2. 单击【数据库工具】选项卡下【宏】组中的 Visual Basic 按钮，进入 VBA 的编程环境，如下图所示。

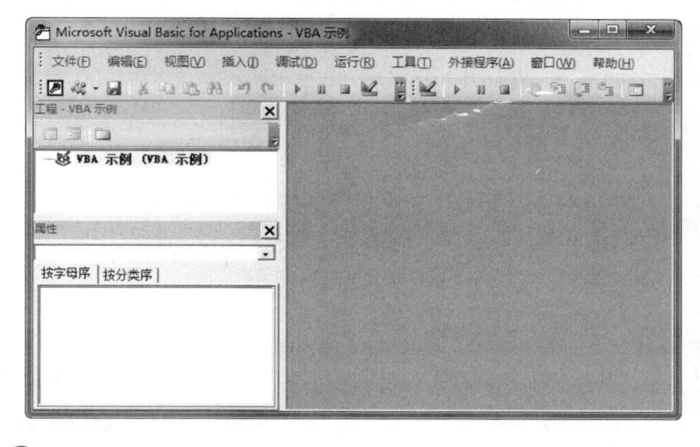

3. 在【插入】菜单中选择【模块】命令，或者单击编辑器中的【新建模块】按钮，新建一个“模块 1”。
4. 弹出“模块 1”的代码窗口，在代码窗口中输入下图所示的 VBA 代码。

在程序代码中可以直接引用数据和对象，也可以通过声明对象变量来指向数据和对象。声明变量后，就可以在程序中使用该变量。

长见识

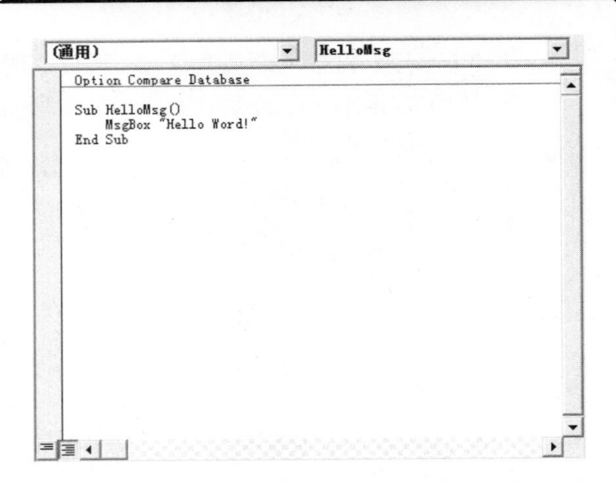

5 单击【保存】按钮，将该模块命名为 HellloWorld，如下图所示。

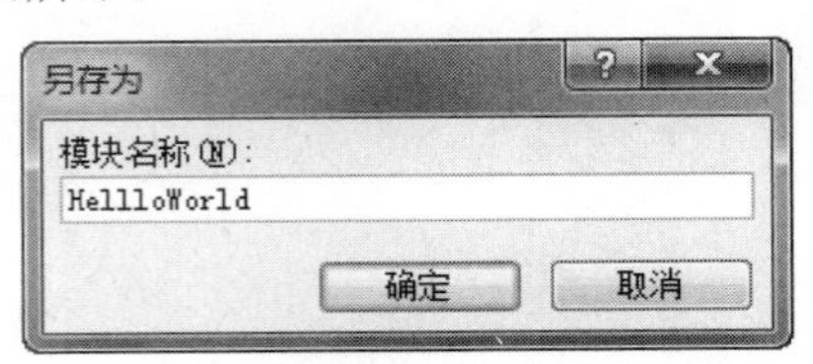

6 把鼠标指针放在模块中的任意位置，按下 F5 键运行该程序。这个程序的结果就是弹出如下图所示的提示对话框。

这样就创建了第一个 VBA 程序，下面对以上代码进行分析。

- Sub：表示这是一个 VBA 的 Sub 过程，关于“过程”的概念将在后面进行介绍。
- MsgBox：VBA 的命令语句，它的作用是弹出信息窗口。
- HelloMsg()：HelloMsg 是这个过程的名字，小括号“()”也是必需的。
- End Sub：表示该过程结束。

输入 Sub 后按 Enter 键，系统会自动加上 End Sub 语句。在编写 VBA 程序的过程中，系统会自动识别输入语句是否为系统的关键字段。若是，则自动将首字母改为大写。也就是说，用户可以用小写状态输入，系统会自动将必要的字段首字母改为大写。

8.2 VBA 语法知识

语法是程序的基础。一个函数程序，就是一段命令代码按照一定的规则，对具有一定数据结构的变量、常量进行运算，从而计算出结果。

从上面函数程序的简单定义可以看出，在一种编程语言中，必定包含一定数据类型的变量、常量，必定包含一定的运算规则，必定包含命令代码。

在下面的各节中，将对函数程序的各个部分做简单介绍。

8.2.1 数据类型

数据在计算机中以特定的形式存在，如整数、实数、字符等，不同的形式有着不同的存储方式和数据结构，因此在程序编写过程中，必须先定义好数据的类型，才能保证程序在内存中的运行不发生错误，否则数据在内存中存储混乱，极易发生错误。

在 Access VBA 中，系统提供了多种数据类型，为编程提供了方便。VBA 提供的数据类型主要有字符串型数据和数值型数据，此外还提供了字节、货币、日期、变体数据等数据类型。

1. 字符串类型

字符串就是一个字符的序列，如字母、数字、标点、汉字等都可以定义为字符串类型，简单地说，字符串就是对应的键盘输入的字符。

在 Visual Basic 中，字符串是放在双引号中的，双引号不算在字符串中。例如：

```
"Hello World! "
" 通用电气、艾默生电气、施奈德电气、霍尼韦尔"
"" (空字符串)
```

字符串数据类型又可以分为定长字符串和变长字符串。定长字符串可以包含 1000～64000 个字符，而变长字符串最多可以包含 20 亿个字符。

定义字符串型数据的方法如下：

```
Dim str1 as String
Str1="请输入您的姓名"
```

对于定长字符串的定义，可以使用 String*Size 的方式进行声明，如：

```
Dim str2 as String*20
```


 长见识 模块是将 VBA 声明和过程作为一个单元进行保存的集合。模块有两个基本类型：类模块和标准模块。

2．数值类型

数值类型数据，就是可以进行数学计算的数据。在 VBA 中，数值类型又可以分为整型、长整型、单精度浮点型和双精度浮点型。

整型数据占两个字节空间，其范围为-32768～32767。在对整型数据变量进行声明时有两种方法：一种是直接使用 Integer 关键字；另一种是直接在变量的后边附加一个百分比符号(%)，如：

```
Dim a as Integer
Dim b%
```

这样定义的 a 和 b 都是整型数据。

长整型数据的存储空间为 4 个字节共 32 位，其范围为-2147483648～2147483647。不知用户是否还记得在介绍数据表的时候，曾设置了一个“学号”字段为数字型，由于学号范围为 50330101～50330430，因此选用的是长整型。

单精度浮点型的存储空间为 4 个字节共 32 位，双精度浮点型的存储空间为 8 个字节共 64 位。

3．其他类型

(1) 货币类型(Currency)。

货币类型是为了进行钱款的储存和表示而设置的，该类型数据以 8 个字节(64 位)进行存储，并且小数点位数是固定的。

货币类型数据的定义方式如下：

```
Dim totalcost as Currency
```

(2) 变体数据类型(Variant)。

变体数据类型就是在定义数据时不直接定义数据类型，在以后的调用中可以改变为不同的数据类型，它可以表示任何值，包括上面介绍的字符、数值、货币等。

变体数据类型是一种特殊的数据类型，除了定长字符串类型和用户自定义类型之外，还可以包含任何种类的数据，甚至像 Empty、Error、Nothing 及 Null 等类型也可以包含在内。

(3) 布尔类型(Boolean)。

布尔类型是一个逻辑值，用 2 个字节存储，它的取值只有两种，即 True 或 False。

声明布尔类型的语法格式如下：

```
Dim I as Boolean
```

(4) 日期类型(Date)。

VBA 中用来存储日期、时间的数据结构为日期类型。它占用 8 个字节来表示日期和时间，是浮点型的数值形式。日期类型数据的整数部分存储为日期值，小数部分存储为时间值。

日期类型在定义时必须用“＃”号括起来，其语法格式为：

```
Dim birthday as Date
Birthday=#Jun12th, 1985#
```

值得一提的是，在 Access 中，系统提供了现成的调用系统时间的函数，用户可以直接使用 Now()函数来提取当前的日期时间，使用 Date()函数来提取当前日期，使用 Time()函数来提取当前时间。

下表是常用的数据类型。

数据类型	类型名称	存储空间/B
Byte	字节型	1
Boolean	布尔型	2
Integer	整型	2
Long	长整型	4
Single	单精度浮点型	4
Double	双精度	8
Currency	货币型	8
Decimal	十进制小数型	14
Date	日期型	8
String	字符串型	字符串长
Variant	变体数字型	16

(5) 用户自定义的数据类型。

除了上面所述系统提供的数据类型以外，VBA 还允许用户自定义数据类型，其语法格式如下：

```
Type 数据类型名
数据类型元素名 as 系统数据类型名
End Type
```

例如：

```
Type student
Stdnumber as String
Stdname as String
Stdresult as Integer
Stdgraduate as Boolean
End Type
```

上面定义了一个名称为 student 的用户数据类型，其中又包括 4 个元素，Stdnumber 定义学号为字符串型，Stdname 定义学生姓名为字符串型，Stdresult 定义学生成绩为整型，Stdgraduate 定义学生是否毕业为布尔型。

过程是包含 VB 代码的单位，它包含一系列的语句和方法，以执行操作或计算数值。在 VBA 中，过程可以分为两类，即 Sub 过程和 Function 过程。

8.2.2 变量、常量和数组

程序设计语言中一般是用常量或变量存储数值，VBA 也不例外。在程序运行过程中，变量的值是允许变化的，而常量的值则保持不变。在程序中使用变量和常量时，首先要对变量和常量进行定义。

1. 定义变量

变量的值是可以改变的，变量是程序中最重要的概念之一。

变量应该有一个名字，并在内存中占有一定的存储空间，来存储该变量的值。从本质上讲，变量仅仅是一个符号地址，程序要从变量中取值，实际上是通过变量名找到相应的内存地址，然后再从内存存储单元中读取数据。

一个变量有以下 3 个要素。

- 变量名：通过变量名来指明数据在内存中的存储位置。
- 变量类型：变量的数据类型决定了数据的存储方式和数据结构。VBA 应用程序并不要求在使用变量之前必须进行声明。如果使用一个没有明确声明的变量，系统会将它默认为Variant型。
- 变量的值：即内存中存储的变量值，它是可以改变的量，在程序中可以通过赋值语句来改变变量的值。

提示

虽然系统可以默认地将没有声明的变量定义为 Variant 类型，但也有可能因此而发生严重的错误，因此在使用前声明变量是一个很好的习惯。VBA 可以强制要求在过程中的所有变量都必须声明，方法是在模块通用节中包含一个 Option Explicit 语句。

在赋值之前声明变量会在内存中提前为该变量分配存储单元。分配的单元大小是根据定义的变量类型来确定的。

在 VBA 中，声明变量是按照以下格式进行的：

```
定义词　变量名　as　数据类型
```

在这里，定义词可以是 Dim、Static、Public 等，“as”是说明变量定义的关键词，数据类型可以是系统提供的数据类型，也可以是用户自己定义的数据类型。

Public 用于声明全局变量，Static 定义的是静态变量。Dim 是最常用的定义词，可以用来定义变量和定义数组。

例如：

```
Dim ID as Integer，把 ID 定义为 Integer 类型
Dim TotalCost as Double，把 TotalCost 定义为 Double 类型
Dim myname as String，把 myname 定义为 String 类型
```

也可以在一行中对多个变量进行定义，除定义 Variant 类型以外，每个变量定义中必须有“as”关键词，因为“as”是变量定义的关键词，否则系统将会把变量定义为 Variant 类型。例如：

```
Dim name, class as String, age as Integer
```

其中，name 由于没有明确定义，默认为 Variant 型，class 为 String 型，age 为 Integer 型。

上面的例子中，TotalCost、myname、class 等为变量名，通过定义的名字可以联想到它们所表达的含义可能是“总成本”“我的姓名”“班级”等，因此在变量的命名过程中要尽量做到“见名知意”，即用意义明确的英文单词作为变量名。除了数字计算程序以外，一般不用代数符号作为变量名，比如 a、b、x1 等，以增强程序的可读性。

定义词 Dim 的作用，就是告知 Access 现在定义的是变量。在过程中使用 Dim 语句声明变量时，只能在这个过程中使用该变量。其他的过程，即使是存储在同一个模块中，也不会认识这个变量，这就是局部变量。变量也可以在模块中进行声明，这样该模块中的所有过程都可以使用此变量，这就是全局变量。

VBA 中规定，变量名只能由字母、数字和下划线 3 种字符构成，而且第一个字符必须为字母或下划线，不能包含空格和其他字符。

2. 定义常量

在程序的运行过程中，值不能被改变的量称为常量。常量的值经过设置以后，就不能够更改或设置新值。例如，程序中经常出现的常数值或者难以记忆的数值，都可以定义为常量，以使程序代码更容易读取和维护。

在 VBA 中，常量的来源一般有两种。

第一种，就是系统内部定义的常量，如 vbOK、vbYes 等，通常由应用程序和各种控件提供。VB 中的常量都在 VBA 类型库及数据访问对象(DAO)程序库中。

第二种，就是用户使用 Const 语句自己定义的常量。

用户可以使用 Const 语句自定义常量并设定常量的值，其定义的格式如下：

```
Const 常量名= 表达式 [ as 类型名 ]
```

Sub 过程执行一个操作或者一系列的运算，但是不能返回值。用户可以自行创建 Sub 过程或者使用 Access 中的创建事件过程模板。

如下面的例子：

```
Const Price=300
Const School="Nanjing University of
Aeronautics and Astronautics"
```

第一个例子定义了 Price 为一个实数型常量。

第二个例子定义了 School 为一个字符串型常量。

定义词 Const 的含义，就是告诉 Access 在这里定义的是一个常量。

常量的命名也应尽量做到“见名知意”，比如上面 Price、School 的定义。

使用常量可以使程序段的含义更加清楚，并能够做到“一改全改”。例如，在系统中多处用到某物品的价格时，如果价格用常数表示，则在调整价格时，就需要在程序中做多处修改，若采用符号常量 Price 代表价格，则只需要改动一处即可。

3. 定义数组

数组是一批相关数据的有序集合，本质上就是一组顺序排列的同名变量，其中每一个变量的排列顺序号叫作变量的下标，而每一个带有不同顺序号的同名变量，叫作这个数组的一个元素。在定义了数组以后，可以引用整个数组，也可以引用数组中的某一个元素。

数组的声明方式和其他变量是一致的，可以用 Dim、Static、Public 语句来声明，声明的语法格式为：

```
Dim 数组名称(数组范围)as 数据类型
```

例如，在下面的例子中定义了 2 个数组：

```
Dim Array1(20)as String
Dim Array2()as String
```

从中可以看出，数组 Array1 为大小是 20 的数组，Array2 是一个动态数组。

定义数组之后，就需要对数组中的元素进行赋值等。下面就是一个为数组赋值的例子，在这个赋值语句里，用到了循环控制语句 For…Next。

```
Dim Array(20)as Integer '定义大小为 20 的数组
Dim int1 as Integer
For int1=0 to 19 '使用 For…Next 循环为数组赋值
Array(int1)=int2
Next int1
```

8.2.3 VBA 中的运算符与表达式

VBA 提供了丰富的运算符，可以构成多种表达式。下面通过对 VBA 中常用运算符的介绍，来进一步了解 VBA 中表达式的使用。

1. 算术运算符

算术运算符是常用的运算符，用来执行简单的数学运算。常用的数学运算符如下表所示。

运算符	说　明
+	加法运算符
-	减法运算符
*	乘法运算符
/	浮点除法运算符
\	整数除法运算符
Mod	求余运算符
^	求幂运算符

- ❖ 求幂运算：用来计算乘方和方根，如 2^8 表示 2 的 8 次方，而 2^(1/2)或 2^0.5 是计算 2 的平方根。
- ❖ 浮点除法：执行标准的除法运算，结果为浮点数，如 5/3 的结果为 1.6666。
- ❖ 整数除法：执行整除运算，结果为整型值，因此 3\2 的结果为 1，不四舍五入。
- ❖ 求余运算：用来求取余数，如 7 mod 4 的结果为 3。

注意

值得注意的是，整除运算和求余运算的操作数一般也是整数，当操作数带有小数时，首先被四舍五入为整数，然后再进行整除运算和求余运算。例如：

```
Result=13.37\3.28
```

在运算时相当于 Result=14\3，其运算结果为 4。

在 VBA 的编辑视图中，选择【视图】菜单中的【立即窗口】命令，在 VBA 中弹出【立即窗口】。下面就在【立即窗口】中实验上面讲到的各个例子。

在【立即窗口】中输入以下语句。

```
a=2^8
Print a
```

按下 Enter 键以后，可以看到返回的结果为“256”。按同样的方法，依次输入下面的表达式，得到各自的运算结果。

```
print 2^(1/2)
```

返回结果为“1.4142135623731”。同样，“print 5/3”

Function 过程也称为函数，它返回一个值，如运算的计算结果。Function 函数不仅能执行一定的命令，还能根据参数计算出对程序有用的数值，并且在表达式中对其进行引用。

的返回结果为“1.66666666666667”；“print 5\3”的返回结果为“1”；“print 7 mod 4”的返回结果为“3”。运行结果如下图所示。

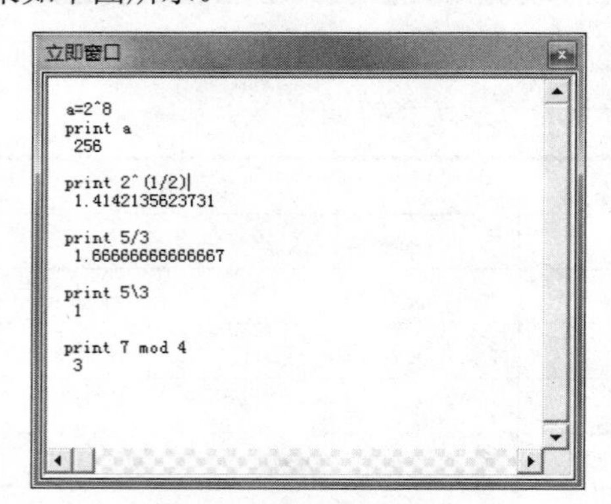

为了练习介绍过的定义常量、变量和算术运算符，下面再编写一个小程序来演示上面的运算表达式。例如：建立一个 hello()过程，如下图所示。

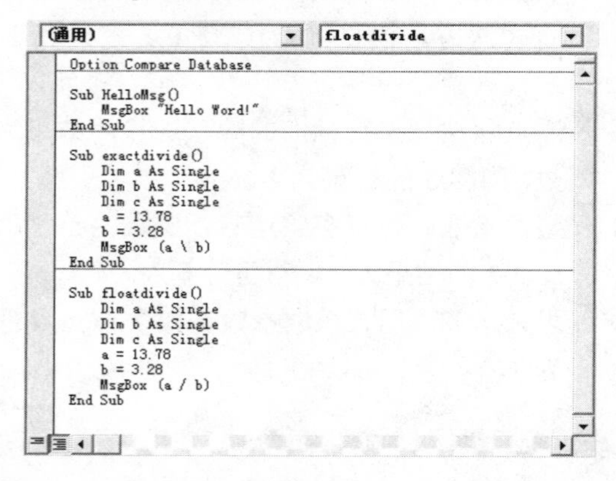

程序代码如下：

```
Sub exactdivide()
    Dim a As Single
    Dim b As Single
    Dim c As Single
    a = 13.78
    b = 3.28
    MsgBox (a \ b)
End Sub
```

单击工具栏中的【运行】按钮或者直接按 F5 键执行应用程序，弹出运行结果窗口，如下图所示。

如果把上面的整除运算符改写为浮点运算符，如上面的 floatdivide()过程，其运算结果变成如下图所示。

通过上面的例子，请用户仔细体会两种除法之间的区别。

2. 比较运算符

比较运算符也称关系运算符，用来对两个表达式的值进行比较，得到的比较结果为一个逻辑值，即 True 或 False。在 VBA 中提供了 8 种关系运算符，如下表所示。

运算符	说　明
=	等于
<>	不等于
>	大于
<	小于
>=	大于等于
<=	小于等于
Like	比较样式
Is	比较对象变量

用比较运算符连接两个算术表达式便构成了关系表达式，关系表达式的结果便是上面所讲过的逻辑值。在 VBA 中，把任何非 0 的值都认为是“真”，但是一般来说，以-1 表示“真”，以 0 表示“假”。

例如，下面的例子可以进一步说明比较运算符的运行结果。

```
Sub compare()
    Dim a As Single
    Dim b As Single
    a = 13.78
    b = 3.28
    MsgBox (a > b)
End Sub
```

运行结果如下图所示。

VBA 是基于 Visual Basic 发展而来的，与 VB 具有相似的语言结构。从语言结构上讲，VBA 是 VB 的一个子集，它们的语法结构是一样的。

也可以直接在【立即窗口】中输入下图所示的代码，返回的结果一个是对话框 True，另一个是打印出逻辑值“True”。

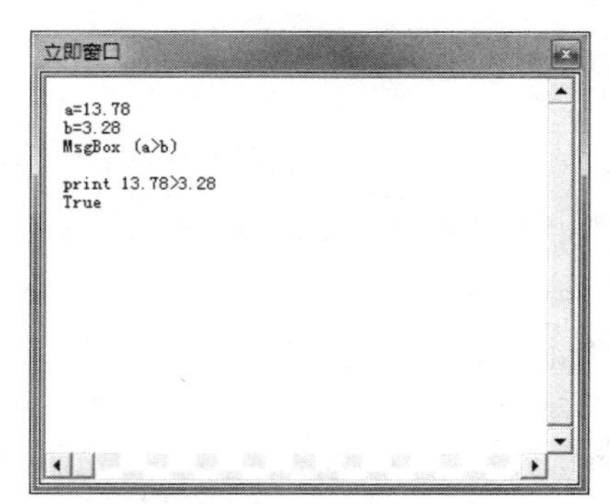

提示

在 VBA 中，【立即窗口】是用来调试程序的有力工具，在这里将它作为立即显示结果的计算工具。其实从上面的两个小例子中，读者也可以了解【立即窗口】的主要操作。

3. 逻辑运算符

逻辑运算符也称为布尔运算符，用逻辑运算符连接两个或者多个表达式，可以组成一个布尔表达式。VBA 中的主要逻辑运算符如下表所示。

运算符	说　明
Not	逻辑非
And	逻辑与
Or	逻辑或
Xor	逻辑异或
Eqv	逻辑等价(Equivalent)

❖ Not：进行“取反”运算，类似一个动词，例如：

```
12>2
```

值应该为 True，但是，

```
Not(12>2)
```

值为 False，如下图所示。

❖ And：对两个表达式进行比较，如果两个表达式的值均为 True，则表达式的结果为 True，只要有一个表达式的值不为 True，则该逻辑表达式的结果为 False。例如：

```
(12>2)And(12<3)
```

值为 False。

❖ Or：对两个表达式进行比较，只要有一个表达式的值为 True，则该逻辑表达式的结果就为 True，只有当两个表达式的值均为 False 时，逻辑表达式的结果才为 False。例如：

```
(12>2)Or(12<3)
```

值为 True，如下图所示。

❖ Xor：异或运算符，如果两个表达式的值同时为 True 或者同时为 False，则该逻辑表达式的结果为 False，否则为 True。例如：

```
(12>10)Xor(12>5)
```

值为 False。

❖ Eqv：等价运算符，如果两个表达式的值同时为 True 或者同时为 False，则该逻辑表达式的结果为 True，否则为 False。例如：

```
(12>10)Eqv(12>5)
```

值为 True，如下图所示。

如同算术“先乘除，后加减”一样，在程序设计语言中也存在着计算的先后顺序问题，即平常所说的运算优先级问题。在 VBA 中，各种运算符的优先顺序如下。

(1) 函数运算。

(2) 算术运算，算术运算又有自己的优先级，顺序为指数(^)>乘法和浮点除(*、/)>整除(\)>取余(Mod)>加减(+、-)>连接符(&)。

(3) 关系运算，即=、<、>、<>等。

(4) 逻辑运算，顺序为 Not > And > Or > Xor > Eqv。

8.2.4 常用的标准函数

函数表达的是一种自变量和因变量之间的关系。在 VBA 中，系统提供了丰富的内部函数供开发者调用，如 Sin()、Abs()等，在使用函数时要注意以下几点。

- 函数的名称：在编程语言中，每个数学函数都有固定的名称，如 Sin()函数求正弦、Sqrt()函数求平方根等。

  需要说明的是，函数名一般不区分大小写。
- 函数的参数：函数的参数相当于数学函数中的自变量，参数跟在函数名的后面，并用小括号“()”括起来，如 Sin(x)、Abs(a-b)等。当函数的参数超过一个时，各个参数之间用逗号“，”分隔。当函数没有参数或参数个数为零时，直接写上函数名即可。
- 函数参数及结果的数据类型：不同的函数要求有不同的数据类型，同样函数的结果也不相同，如 Sin(x)函数和 Now()函数有不同的结果。

在 VBA 中提供了内部函数，这些函数大体上可以分为数学函数、类型转换函数、时间处理函数、字符串处理函数和其他函数 5 大类。下面分别加以说明。

(1) 数学函数。

Abs()：Abs()函数用于计算某数的绝对值，如下例所示。

```
Dim MyNumber
MyNumber = Abs(-50.3)    ' 返回 50.3
```

Sqr()：Sqr()函数用于计算某数的平方根，如下例所示。

```
Dim MySqr
MySqr = Sqr(23)    ' 返回 4.79583152331272
```

Log()：Log()函数用于计算某数的自然对数值，如下例所示。

```
Dim MyNumber
MyNumber = Log(50)    ' 返回 50 的自然对数值
```

Cos()：Cos()函数用于计算一个角的余弦值，如下例所示。

```
Dim  MyCos
MyCos = Cos(1.5)    ' 返回弧度 1.5 的余弦值
```

Sin()：Sin()函数用于计算一个角的正弦值，和 Cos()函数的作用类似。

Int()：Int()函数用于返回某数的整数值，如下例所示。

```
Dim MyNumber
MyNumber = Int(99.8)    ' 返回 99
```

在【立即窗口】中运行各个函数，如下图所示。

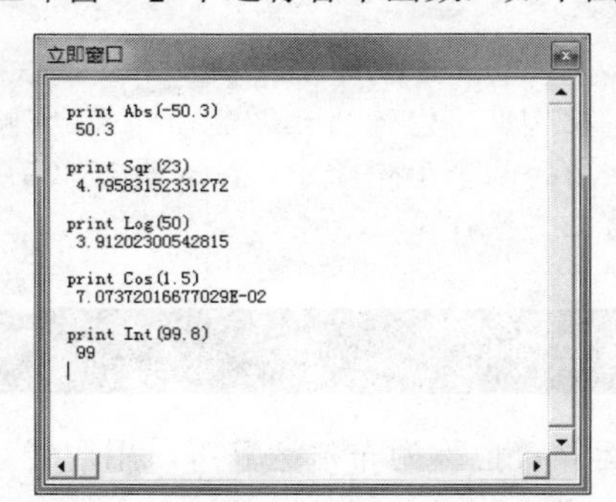

(2) 类型转换函数。

CBool()：返回任何有效的字符串或数值表达式的布尔运算值。

CDbl()：将字符串或数值转换为双精度型。

CInt()：将字符串或数值转换为整型。

CLng()：将字符串或数值转换为长整型。

CSng()：将字符串或数值转换为单精度型。

在【立即窗口】中运行各个函数，如下图所示。

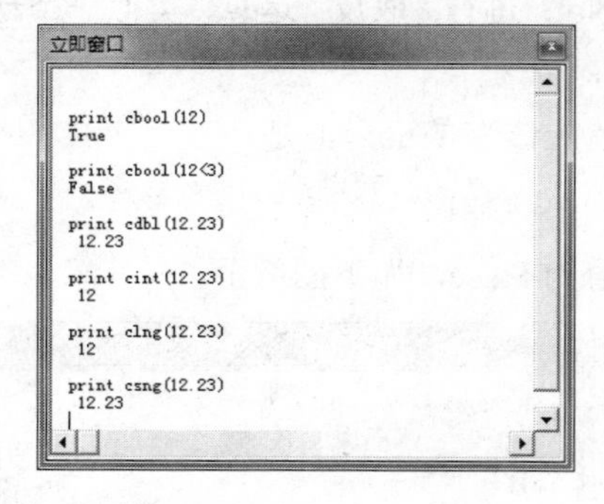

(3) 时间处理函数。

Date()：使用 Date()函数返回系统当前的日期，如下例所示。

```
Dim MyDate
MyDate = Date    ' MyDate 的值为系统当前的日期
```

Access 中的类模块主要用于各种事件过程的创建，而标准模块主要用于各种独立过程的创建。我们能够在导航窗格中看到创建的标准模块，但是类模块却作为窗体或报表的属性隐藏起来。

Time()：使用 Time()函数返回系统当前的时间，如下例所示。

```
Dim MyTime
MyTime = Time    ' 返回系统当前的时间
```

Now()：使用 Now()函数返回系统当前的日期与时间，如下例所示。

```
Dim Today
Today = Now  ' 将系统当前的日期与时间赋给变量
              Today
```

在【立即窗口】中运行各个函数，如下图所示。

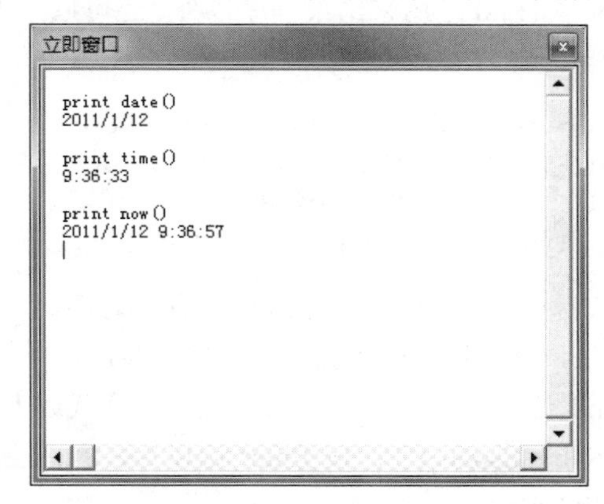

(4) 字符串处理函数。

Left()：使用 Left()函数得到某字符串从左边算起的几个字符，如下例所示。

```
Dim AnyString, MyStr
AnyString = "Hello World"  ' 定义字符串
MyStr = Left(AnyString, 1)  ' 返回 "H"
MyStr = Left(AnyString, 7)  ' 返回 "Hello W"
```

Right()：使用 Right()函数返回某字符串从右边算起的几个字符，与 Left()函数类似。

LTrim()、RTrim()、Trim()：使用 LTrim()及 RTrim()函数将某字符串开头及结尾的空格全部去除。事实上只使用 Trim()函数也可以做到将两头空格全部去除。

在【立即窗口】中运行各个函数，如下图所示。

(5) 其他函数。

MsgBox()：在对话框中显示消息，等待用户单击按钮。

Rnd()：使用 Rnd()函数随机生成一个 0～1 之间的单精度小数，如下例所示。

```
Dim MyValue
MyValue = Int((6 * Rnd) + 1)  ' 生成 1~6 之间的
随机整数
```

在【立即窗口】中运行各个函数，如下图所示。

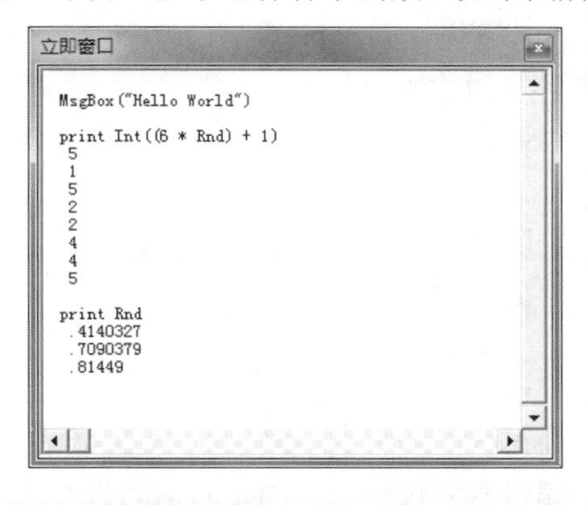

8.2.5 程序语句

用一定的程序语句，将各种变量、常量、运算符、函数等连接在一起的、能够完成特定功能的代码块，就是程序。由此可见，程序语句在整个程序中十分重要。VBA 的程序语句主要分为以下几种。

- ❖ 声明语句：用于为变量、常数或程序赋名，并指定一个数据类型。
- ❖ 赋值语句：用于指定一个值或表达式为变量或常数。
- ❖ 可执行语句：它会初始化动作，可以执行一个方法或者函数，并且可以循环执行或从代码块中执行。可执行语句中包含算术运算符或条件运算符。

在程序中由语句完成具体的功能，执行具体的操作指令。任何编程语言都要满足一定的语法要求，以下是一些基本的语法规定。

- ❖ 每个语句的最后都要按 Enter 键结束。
- ❖ 多个语句写在同一行时，各个语句之间要用“:”隔开。
- ❖ 一个语句可以写在多行，各行的末尾用下划线“_”表示续行，并且下划线至少应当和它前面的字符保留一个空格，否则便会直接将下划线当作一个字符了。

VB 中的声明包括变量声明、数组声明、常数声明。虽然 VB 并不强制要求先进行变量声明，再使用变量，但是养成先声明变量再使用变量的编程习惯，对于减少错误、提高程序的可读性是相当重要的。

❖ 语句中的命令词、函数、变量名、对象名等不必区分大小写。

VBA 具有自动的“语法联想功能”，在输入语句的过程中 VBA 将自动对输入的语句做检查联想。如果发现输入的是一个内部函数，则会自动弹出该函数的语法提示框；如果发现输入的是一个对象，则会弹出让用户选择操作命令的菜单，如下图所示。

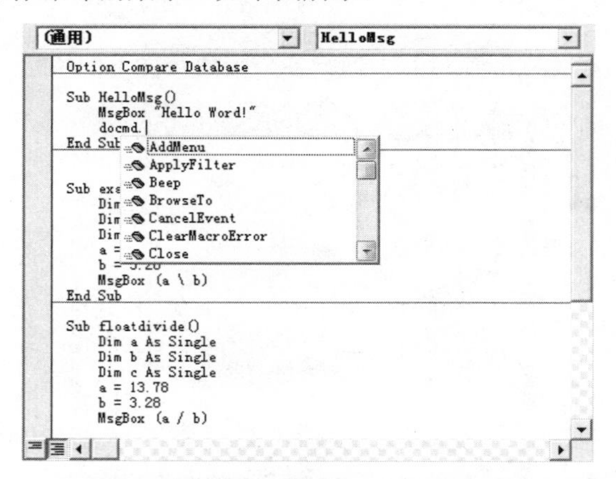

VB 编辑器将按自己的约定对语句进行简单的格式化处理。例如，自动地将命令词的第一个字母大写，运算符前后自动加空格等。因此用户在输入命令词、函数时可以不区分大小写。例如，用户在输入 MsgBox 命令时，不管用户输入的是 MsgBox、MSGBOX 还是 msgbox，按 Enter 键以后都自动地变为 MsgBox。这种做法大大方便了用户，并能够使编辑的代码格式统一，方便阅读。

关于 VBA 的声明语句，在上面介绍定义函数的常量和变量时已经介绍过。下面将着重介绍赋值语句，命令语句中的结束、输出语句等，它们是 VBA 中经常用到的语句。

1. 赋值语句

赋值语句可以将特定的值赋给某个变量或者某个对象属性，例如：

```
a=5
Mytext.text="Hello World! "
int1=int1+1
```

可以看到，在赋值语句中最重要的就是赋值运算符，赋值运算符的作用就是将运算符右边的字符或数值赋给运算符的左边。例如，上面的例子中“int1=int1+1”，这个表达式在数学中是不成立的，但是如果把符号“=”看作程序中的赋值运算符，那么它的作用就是：将原来 int1 中的值加 1 并重新赋给 int1。

2. 结束语句

结束语句只有一个命令字符，即 End。它主要用来结束一个程序的执行。例如，下面是一个最简单的结束事件过程的例子。

```
Sub this_click()
   End
End Sub
```

该过程就是用来结束程序的执行。

还可以看到，在上面的程序中有 End Sub 语句，其实，在 VBA 中，End 除用来结束程序以外，还可以结束过程、语句块等，例如：

```
End Sub      '结束一个 Sub 过程
End Function '结束一个 Function 函数
End If   '结束一个 If 语句块
End Type   '结束用户自定义类型的定义
```

应该养成运用 End 结束过程的良好习惯，以减少错误的发生，增强程序的可读性。其实在 VBA 中，系统已经将 End 语句作为约定的格式，比如在【代码】窗口中输入“Sub thisone()”，按 Enter 键以后，系统会自动加上 End Sub 语句。

3. 输入语句

在 VBA 中，根据不同的应用有不同的输入方法。在过程中，可以通过窗体或报表上的控件来输入数据，也可以通过内置函数来输入数据。关于如何将数据从窗体或报表输入，将在以后的综合应用中介绍，在这里只介绍一个最常用的输入函数：InputBox。

InputBox 函数用于输入数据。它可以产生一个对话框，这个对话框作为输入数据的界面，等待用户输入数据，并返回所输入的内容。

InputBox 函数的语法格式为：

```
InputBox(Prompt, Title, Default, Xpos, Ypos,
Helpfile, Context)
```

各个参数的具体含义如下。

❖ Prompt：必填字段。用以显示对话框中的消息。

❖ Title：可选字段。显示对话框标题栏中的字符串表达式。如果省略 Title，则把应用程序名放入标题栏中。

❖ Default：可选字段。显示文本框中的字符串表达式，在没有其他输入时作为默认值。如果省略 Default，则文本框为空。

❖ Xpos：可选字段。指定对话框的左边与屏幕左

VBA 代码写完后，可以通过调试->编译 VBA Project 按钮检查代码中是否存在一些较低级的错误。

边的水平距离。如果省略 Xpos，则对话框会在水平方向居中。

❖ Ypos：可选字段。指定对话框的上边与屏幕上边的距离。如果省略 Ypos，则对话框被放置在屏幕垂直方向距下边大约 1/3 的位置。

❖ Helpfile：可选字段。字符串表达式，用来向对话框提供上下文相关的帮助文件。如果提供了 Helpfile，则也必须提供 Context。

❖ Context：可选字段。数值表达式，由帮助文件的作者指定给适当帮助主题的帮助上下文编号。如果提供了 Context，则也必须提供 Helpfile。

下面就是一个完整的设置 MsgBox 函数各个参数的例子。过程代码如下：

```
Sub InputBoxfunction()

 Dim Message, Title, Default, MyValue
 Message = "请输入 1~10 的一个值："
                                    ' 设置提示信息
 Title = "InputBox Demo"    ' 设置标题
 Default = "1"    ' 设置缺省值
' 显示信息、标题及缺省值
 MyValue = InputBox(Message, Title, Default)
' 使用帮助文件及上下文。"帮助"按钮便会自动出现
 MyValue = InputBox(Message, Title, , , ,
"DEMO.HLP", 10)
' 在 100, 100 的位置显示对话框
 MyValue = InputBox(Message, Title, Default,
100, 100)

End Sub
```

此时的视图如下图所示。

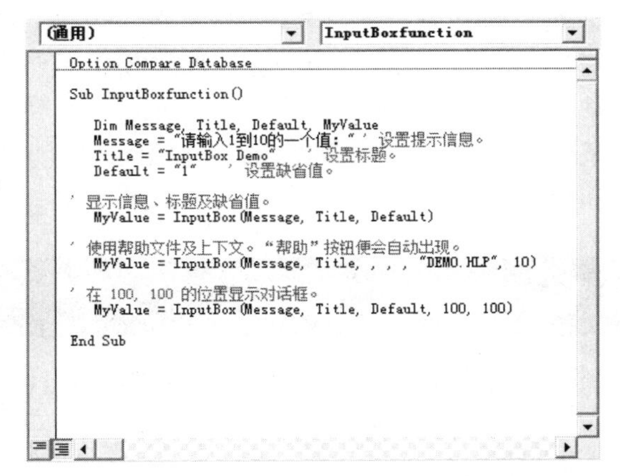

将光标定位在过程中的任意位置，按下 F5 键执行该过程，则依次弹出 3 个对话框。第一个对话框将显示信息、标题和默认值，如下图所示。

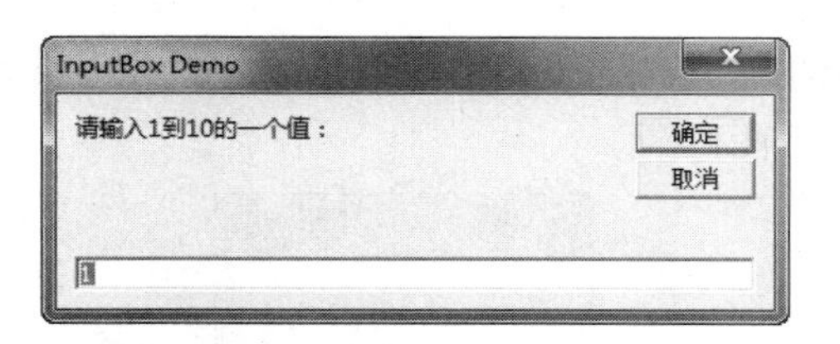

第二个对话框将显示使用帮助文件及上下文。【帮助】按钮会自动出现，如下图所示。

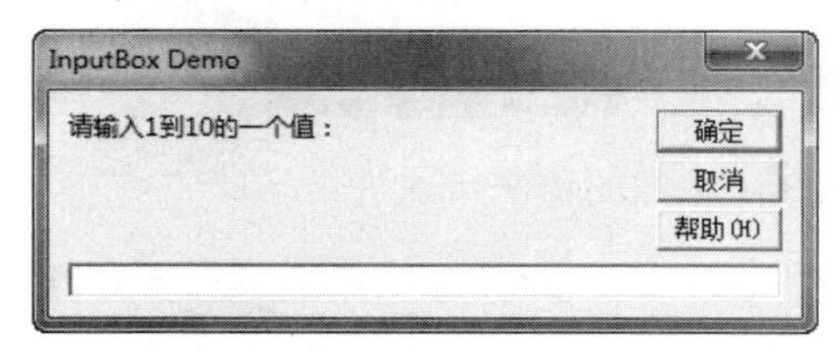

第三个对话框将在距上方和左方各 100 的位置显示，并且显示默认值。

4. 输出语句

可以将数据输出到窗体或者报表中，也可以利用 Access 的内置函数来实现数据的输出。关于将数据输出到窗体或报表中，将在以后的综合应用中介绍，在这里只介绍几个常用的输出函数。

在 8.2.3 节介绍 VBA 中的各种运算符时，曾经用【立即窗口】及 Print 语句输出过运算结果。显然，Print 语句能够在【立即窗口】中显示运算结果。在 VBA 中，【立即窗口】主要用于程序的调试，输入代码如下：

```
Debug. Print(表达式)
```

例如，曾经用到的，在【立即窗口】中输入“Print 2^(1/2)”，在【立即窗口】中会显示 2^(1/2)的值；而如果在【代码】窗口中输入“Debug.Print 2^(1/2)”，则也是在【立即窗口】中显示 2^(1/2)的值，如下图所示。

前面在介绍宏或者运算符时，用到了 MsgBox 函数以输出计算结果，很显然，MsgBox 的作用就是弹出一个对话框，用以向用户传达信息并通过用户在对话框上的选

公共变量可以用于工程中的任何过程。如果公共变量是在标准模块或者类模块中声明的，那么它可以在整个模块中发挥作用。

择，响应用户所做的操作。例如，建立的第一个 VBA 程序，如下图所示。

MsgBox 函数的语法格式为：

```
MsgBox(Prompt, Buttons, Title, Helpfile, Context)
```

各个参数的具体含义如下。

- Prompt：必填字段。用以显示对话框中的消息。
- Buttons：可选字段。用以指定显示按钮的数目、形式及使用的图标样式。如果省略，则 Buttons 的默认值为 0。
- Title：可选字段。在对话框标题栏中显示的字符串表达式。如果省略 Title，则将应用程序名放在标题栏中。
- Helpfile：可选字段。字符串表达式，用来向对话框提供上下文相关的帮助文件。如果提供了 Helpfile，则也必须提供 Context。
- Context：可选字段。数值表达式，由帮助文件的作者指定给适当帮助主题的帮助上下文编号。如果提供了 Context，则也必须提供 Helpfile。

下面就是一个完整的设置 MsgBox 函数各个参数的例子。过程代码如下：

```
Sub Msgfunction()

Dim Msg, Style, Title, Help, Ctxt, Response,
    MyString
    Msg = "Do you want to continue ?"
        ' 定义信息。
    Style = vbYesNo + vbCritical +
        vbDefaultButton2
    Title = "MsgBox Demonstration"'定义标题
    Help = "DEMO.HLP"    ' 定义帮助文件
    Ctxt = 1000    ' 定义标题
    Response = MsgBox(Msg, Style, Title, Help,
    Ctxt)
    If Response = vbYes Then   ' 用户按下“是”
        MyString = "Yes" '将 Yes 字符串赋给变量
    Else                    ' 用户按下“否”
        MyString = "No"  '将 No 字符串赋给变量
      End If

  End Sub
```

关于各个按钮对应的值及常数，用户可以查阅相关的手册。代码窗口如下图所示。

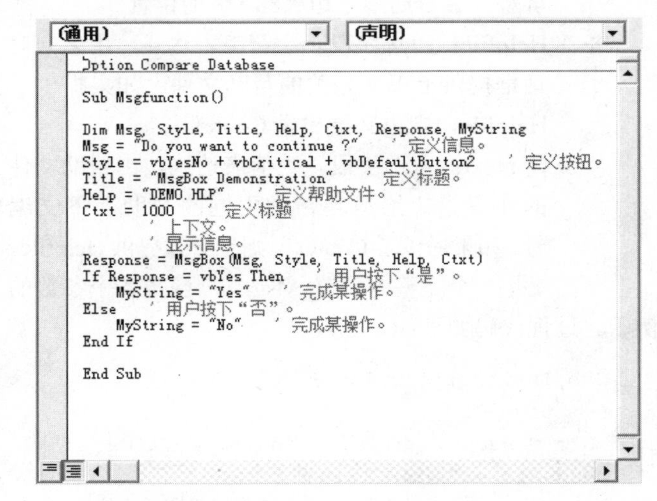

代码运行的结果如下图所示。

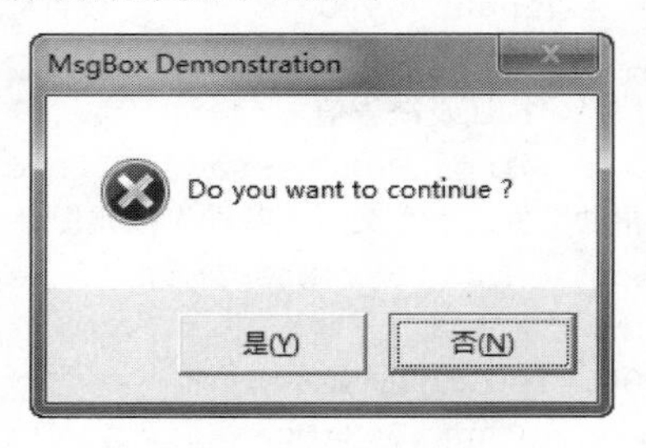

8.3 创建 VBA 程序

了解了 VBA 最基本的书写规则和基本语句后，就可以编写 VBA 程序了。程序的结构一般可以分为顺序结构、选择结构和循环结构 3 种。利用各种结构，可以实现对给定条件的分析、比较和判断。下面介绍如何创建 VBA 程序和程序的 3 种结构。

8.3.1 顺序结构程序

顺序结构是最简单的基本结构，就是在执行完一条语句之后，继续执行第二条语句。前面编写的各个小例子，几乎都是这种类型。

顺序结构的程序特点是在程序执行时，语句是按顺序执行的。下面就以在数据库中建立一个能够计算半径为 20 的圆面积的模块为例进行介绍，具体操作步骤如下。

VB 中的语句是一个完整的命令，它可以包含关键字、运算符、变量、常数及表达式等。

操作步骤

1. 启动 Access 2010，打开准备好的“VBA 示例”数据库。
2. 单击【创建】选项卡下【宏与代码】组中的【模块】按钮，如下图所示。

3. 新建了一个模块，并进入 VBA 编辑器，如下图所示。

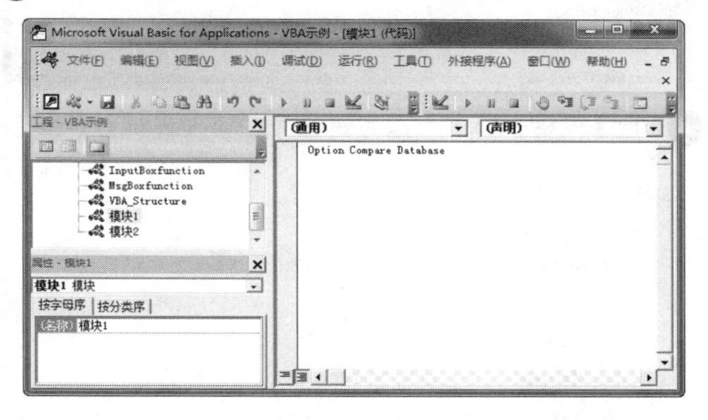

4. 在弹出的“模块 1”代码窗口中输入编写的程序，如下所示。

```
Sub sequence()
    Dim r As Single  '定义半径
    Dim square As Single   '定义存放面积的字符
    Const PI = 3.1416      '设置常数 PI
    r = 20
    square = PI * r * r    '面积计算公式
    MsgBox square      '以对话框形式显示结果
End Sub
```

此时的代码窗口如下图所示。

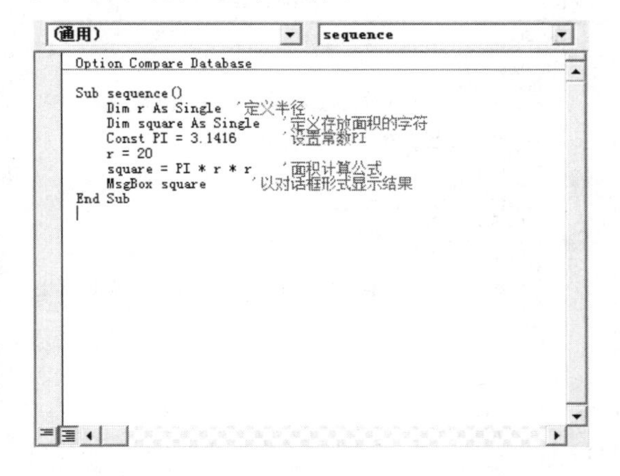

5. 将光标定位在过程中的任意位置，按下 F5 键执行该程序，得到的运算结果为 1256.64，如下图所示。

可以看到，在上面的例子中，首先定义了一个名称为 sequence()的 Sub 过程，然后对半径、面积、PI 等字段进行定义，设置半径值为 20，设置计算公式为 square=PI*r*r，最后用一个对话框输出计算结果。可见每一步都是顺序执行的，这是一个典型的顺序结构。

8.3.2 选择结构程序

选择结构，也称分支结构，该结构包含一个判断语句，根据判断是否成立选择执行命令 A 还是命令 B。

在程序中，常常要对给定的条件进行判断，并根据不同的判断结果采取不同的操作，这就是本节所要介绍的选择结构语句，选择结构也称分支结构，其内容都是一致的。

选择结构主要有两种，即常见的 If 语句和 Case 语句。If 语句又被称为条件语句，Case 语句又被称为情况语句，但两者的本质是一致的，都是根据不同的判断结果采用不同的操作。

1. If 语句

根据 If 语句的书写形式不同，If 语句结构又可以分为单行结构和块状结构，可以说两者的区别仅限于书写形式，下面就来比较一下。

(1) 单行结构的 IF 语句格式。

```
If  <条件> then <语句 1> Else <语句 2>
```

如果“条件”为 True，则执行 then 后面的“语句 1”，否则执行 Else 后面的“语句 2”。Else 在这里不是必需的，如果省略 Else，那么当条件为真时执行“语句 1”；否则直接跳过该 If 语句，执行 If 语句以后的语句。

(2) 块状结构的 If 语句格式。

```
If  <条件> then
    语句块 1
Else
    语句块 2
End If
```

块状结构 If 语句的执行过程和单行结构 If 语句的执

VB 中的每一条语句都属于下面的 3 种类型之一：声明语句、赋值语句和可执行语句。

行过程是一样的，只是前者把判断条件、各行的执行语句分开，大大提高了程序的美观性和可读性。当程序非常庞大时，这种写法的优越性是很显然的。

上面写的两种结构都只有一个条件，而当程序中有多个条件时，第一种结构就无能为力了，必须使用块状多条件选择结构，格式如下。

```
If <条件1> then
    语句块1
ElseIf <条件2> then Else If
    语句块2
…
ElseIf <条件n> then Else If
    语句块n
Else
    语句块n+1 Else If
EndIf
```

块状 If 语句的执行过程是：在执行时，先测试“条件 1”，如果“条件 1”成立，执行“语句块 1”；如果“条件 1”不成立，则测试“条件 2”，当“条件 2”为 True 时，执行“语句块 2”……直至检测到“条件 n”，当“条件 n”为 True 时，执行“语句块 n”，否则执行“语句块 n+1”。

语句块中的语句不能与前一行的 then 写在同一行中，否则 VBA 认为这是一个单行选择结构，不能执行多条件选择。

值得说明的是，格式中的条件一般都为逻辑表达式，如果条件为数值表达式，那么只有 0 值表示 False，所有的非 0 值都表示 True。

在 VBA 中，True 用-1 来表示，False 用 0 来表示。多个条件之间不是并列关系，有可能多个条件都为 True，但是程序只能执行第一个符合要求的语句块，因为 ElseIf 的执行检查顺序就是先看是否满足第一个条件，在不满足时才看是否满足下面的条件，一旦满足，程序便跳出 ElseIf，不再执行下面的检查。

综上所述，可以知道块状结构有多个优点，比如可读性好、可以进行多条件选择、有良好的灵活性、可以按照人的逻辑来设计程序、便于程序的维护和拓展等，因此在编写程序时，推荐使用块状结构编写程序。

下面以在数据库中编写一个 VBA 程序，实现对输入的分数评定等级为例，说明 If 语句的主要用法。

操作步骤

1. 启动 Access 2010，打开“VBA 示例”数据库。
2. 单击【数据库工具】选项卡下的 Visual Basic 按钮，进入 VBA 编辑环境。
3. 在编辑器左边的工程管理器中双击打开 VBA_Structure 模块，打开该模块的代码窗口，如下图所示。

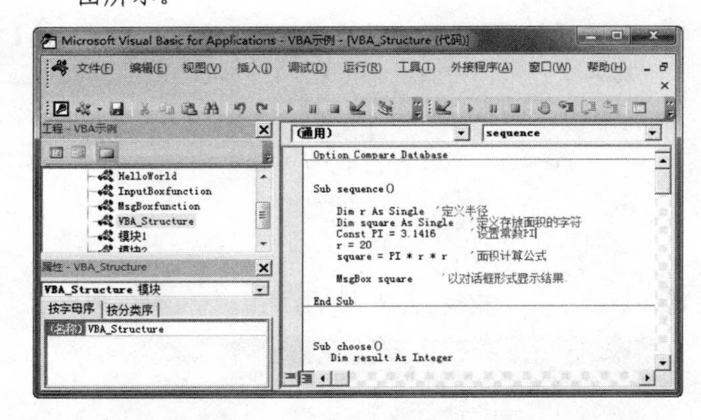

4. 在【代码】窗口中编写该程序，输入代码如下所示。

```
Sub Choose()
   Dim result As Integer
   result = InputBox("请输入分数")

   If result < 60 Then
     MsgBox "不及格"
   ElseIf result < 75 Then
     MsgBox "通过"
   ElseIf result < 85 Then
     MsgBox "良好"
   ElseIf result < 100 Then
     MsgBox "优秀"
   Else
     MsgBox "输入分数错误"
   EndIf
End Sub
```

此时的代码窗口如下图所示。

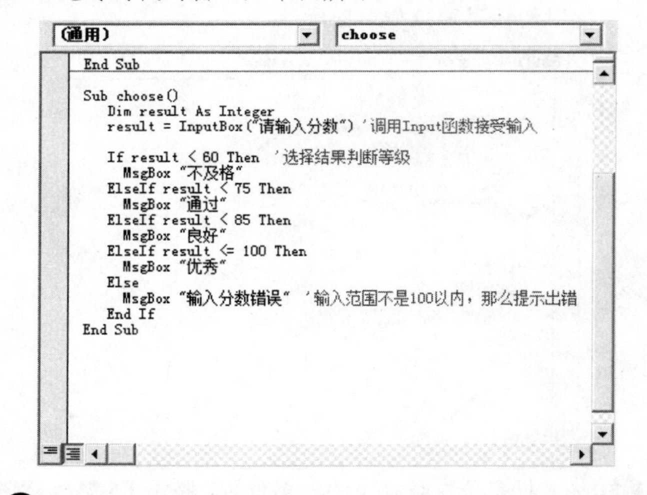

5. 将光标定位在过程中的任意位置，按下 F5 键执行该程序，弹出输入分数对话框，如下图所示。

长见识

Access 2010 作为 Office 2010 的组件之一，不仅与其他 Office 程序具有统一风格的界面、统一的编程接口，而且具有与其他 Office 软件共享信息的能力。

❻ 在对话框中输入一个整型数值，如“78”，弹出显示“良好”的对话框，如下图所示。

而如果在对话框中输入“121”，则弹出提示出错对话框，如下图所示。

从这个例子中也可以进一步明确 ElseIf 语句的工作流程，即从上到下依次检测，如果检测合适则执行，执行后跳出。

2. Case 语句

虽然利用 ElseIf 语句可以实现多种情况选择，但是当条件过多时，用这种方法建立的程序可读性差。通常，多分支结构程序可以通过情况语句来实现。

情况语句也称为 Case 语句，它是根据一个表达式的值，在一组相互独立的可选择语句序列中选择要执行的语句序列。

Case 分支结构的一般语法格式如下：

```
Select Case 表达式
Case 表达式值 1
    语句块 1
Case 表达式值 2
    语句块 2
    …
Case 表达式值 n
    语句块 n
Case else
    语句块 n+1
 End Select
```

Case 语句以 Select Case 开头，以 End Select 结尾，其主要功能就是根据“表达式”的值，从多个语句块中选择一个符合条件的语句块执行。

执行该命令时，系统从上而下依次检测每个 Case，如果满足一个条件，则执行相应的语句块，并跳过其余的 Case 语句执行 End Select 以后的语句。

下面在数据库中编写一个 VBA 程序，以实现对输入字符串的判断为例，来介绍 Case 语句的主要用法。

操作步骤

❶ 启动 Access 2010，打开准备好的“VBA 示例”数据库。

❷ 单击【数据库工具】选项卡下的 Visual Basic 按钮，进入 VBA 编辑环境。

❸ 在编辑器左边的工程管理器中双击打开 VBA_Structure 模块，该模块的代码窗口，如下图所示。

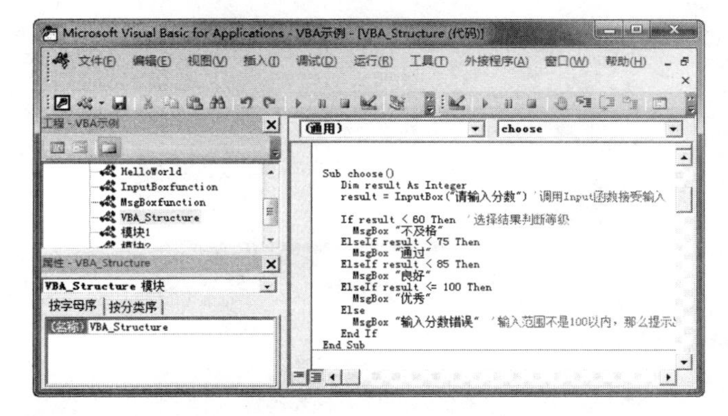

❹ 在代码窗口中编写程序，输入代码如下。

```
Sub Choose2()

    Dim Str1 As String
    Dim Str2 As String
    Str1 = InputBox("请输入您的职业：")
    Select Case Str1
    Case "学生"
        MsgBox "同学，你好！"
    Case "工人"
        MsgBox "师傅，您好！"
    Case "教师"
        MsgBox "老师，您好！"
    Case "工程师"
        Str2 = InputBox("请输入您的行业")
        If Str2 = "机械" Then
        MsgBox "您是一个机械工程师！"
        ElseIf Str2 = "IT" Then
        MsgBox "您是一个 IT 工程师！"
        ElseIf Str2 = "建筑" Then
        MsgBox "您是一个建筑工程师！"
        End If
```


Access 数据库编程是使用 Access 宏或 VBA 代码为数据库添加功能的过程。

```
    End Select

End Sub
```

此时的代码窗口如下图所示。

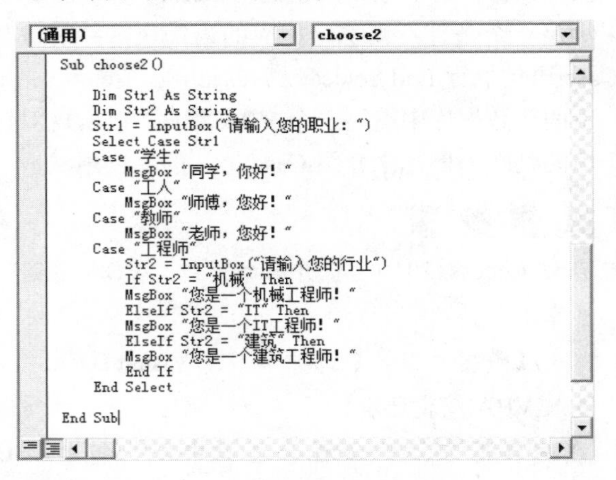

❺ 将光标定位在过程中的任意位置，按下 F5 键执行该程序，弹出要求输入职业的对话框，如下图所示。

在该对话框中输入“老师”，单击【确定】按钮，弹出对话框如下图所示。

❻ 在对话框中输入“工程师”以后，则会弹出继续让用户选择所属行业的对话框，如下图所示。

单击【确定】按钮以后，弹出对话框如下图所示。

在上面的例子中，可以看出 Case 语句的执行过程，即从上到下依次检测，如果检测合适则执行，执行后跳出。Case 中的执行语句又可以包含各种顺序结构或条件结构等。

8.3.3 循环结构语句

循环结构，也称重复结构，该结构中包含一个判断语句，根据判断是否成立选择执行重复语句还是中止执行。

在介绍各种循环结构前，先看下面的一个例子：实现求 1~n 的阶乘，输入代码如下所示。

```
Function Factorial(x As Integer) As Long
    Dim temp As Long '定义 temp 存储中间的变量
    Dim i As Integer
    temp = 1
    For i = 1 To x '此为判断表达式
    temp = temp * i '阶乘语句
    Next
    Factorial = temp '将结果赋予返回值
End Function
```

输入 Factorial 函数以后，再对该函数进行调用，编写以下所示的调用函数。

```
Sub diaoyong()
    Dim a As Integer
    Dim b As Long
    a = InputBox("请输入要计算的数值：")
    b = Factorial(a)
    MsgBox (b)
End Sub
```

此时的代码窗口如下图所示。

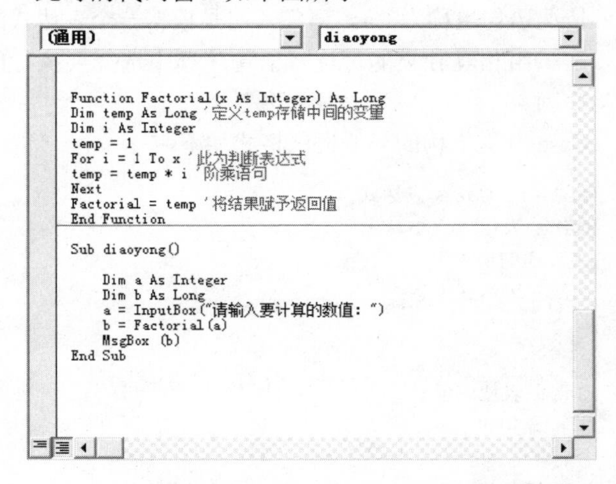

将光标定位在 diaoyong()过程的任意位置，按下 F5 键运行编写的过程，弹出要求用户输入需要求阶乘的数

许多 Microsoft Office 程序都使用术语“宏”指代 VBA 代码，因为在 Access 中，术语“宏”指的是已命名的一组宏操作，可以使用宏生成器组合它们。

值对话框，如下图所示。

在该对话框中输入要计算的数值 10，单击【确定】按钮，弹出计算结果为 3628800。

在上面的例子中，首先对函数进行了定义，定义 Factorial 函数为 Long 型，定义 temp 存储临时的计算结果，定义 i 为循环变量。执行循环时，随着 i 的不断增加，不断更新 temp 中的数值，当 i 增加到设定的值时，停止循环，将计算的结果赋给函数名，作为函数的返回值。

VBA 中提供了多种不同形式的循环结构，最常用的有两种，即计数 For Next 循环和 Do Loop 循环。For Next 循环是按规定的次数执行循环体。在上面的例子中，就是运用 For Next 循环计算 10 的阶乘，并且可以得出循环次数为 10。Do Loop 循环是在给定的条件满足时执行循环体。

1. For Next 循环

当需要对某语句段明确循环目标，即次数可以预先确定的循环时，使用 For Next 循环是最方便的，其使用的格式如下：

```
For 循环变量=初值 To 终值 [Step 步长]
[循环体]
Next [循环变量]
```

语句中各参数的作用如下。

- ❖ 循环变量：作为进行循环控制的计数器，是一个数值变量。如上例中的 i。
- ❖ 初值：循环变量的初始值，是一个数值表达式。
- ❖ 终值：循环变量的终止值，也是一个数值表达式。
- ❖ 步长：每次循环，循环变量增加的值，正负均可，但是不能为 0。在上例中，步长为 1，可以省略不写。
- ❖ 循环体：要执行的循环内容，如各种操作、赋值、计算等。
- ❖ Next：终止循环语句，在 Next 以后，循环终止，程序顺序执行剩余的语句。Next 后面的循环变量可以省略不写。

再如下面的例子，利用 For Next 语句，把 20 以内的奇数赋给下面的数组。

```
Private Function Array() As integer
    Dim array1(9) as integer
    Dim i as integer
    For i=1 to 19 step 2
    array1(i)=i
    next
End Function
```

在 VBA 中，For Next 循环遵循“先检查，后执行”的原则，即先检查循环变量是否超过终值，然后决定是否执行循环体。循环次数的计算公式为：

循环次数＝int(终值-初值)/步长+1

2. Do Loop 循环

Do Loop 循环不按照固定的次数循环，而是根据逻辑值是 True 还是 False 来判断是否继续执行循环。

Do Loop 循环的一般语法格式如下：

```
Do while < 条件>
[语句块]
Loop
```

它的执行过程为：程序顺序执行，当执行到 Do while 时，对条件进行判断，如果判断结果为 True，执行下面的语句块，当向下执行到 Loop 时，程序自动返回到 Do while 语句，进行新一轮的判断与循环。只有当判断的结果为 False，循环变量不满足判断条件时，程序跳出语句块，直接执行 Loop 后面的命令。

下面在数据库中编写一个 VBA 程序，用 Do Loop 循环来计算 1+2+3+…+n 的值，以介绍 Do Loop 循环语句的主要用法。

操作步骤

1. 启动 Access 2010，打开“VBA 示例”数据库。
2. 单击【数据库工具】选项卡下的 Visual Basic 按钮，进入 VBA 编辑环境。
3. 在编辑器左边的工程管理器中双击打开 VBA_Structure 模块，该模块的代码窗口如下图所示。

Access 宏操作仅代表 VBA 中可用命令的一个子集。宏生成器提供的界面比 VB 编辑器的界面更加结构化，从而使用户能够向控件和对象添加编程而无须学习 VBA 代码。

❹ 在代码窗口中编写程序，输入代码如下。

```
Function Adds(n as inerger) As Integer
    Dim temp As Integer
    Dim i As Integer
    temp = 0        '对 temp 和 i 赋予初值
    i = 1
    Do While i <= n  '这里是判断条件
    temp = temp + i
    i = i + 1       'i 执行一次相加以后，本身加 1
    Loop
    Adds = temp     '计算结果赋给函数名作为返回值
End Function
```

编辑好连加函数以后，就可以在模块中对函数进行引用了。编辑以下所示的引用函数。

```
Sub diaoyong2()
    Dim n As Integer
    Dim result As Integer
    n = InputBox("请输入要连加的终值：")
    result = Adds(n)
    MsgBox (result)
End Sub
```

此时的代码窗口如下图所示。

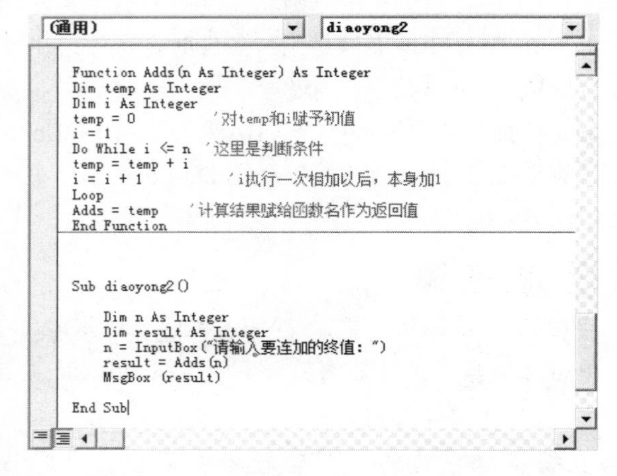

❺ 将光标定位在 diaoyong2()过程中的任意位置，按下 F5 键执行该程序，弹出要求输入连加终值的对话框，如下图所示。

在该对话框中输入 100，单击【确定】按钮，得出计算结果为 5050，如下图所示。

下面对编写的连加函数进行简单分析。

❖ 定义 Adds 函数过程，来计算连加的值。

❖ 定义 temp 变量，来存储计算的中间结果。定义 i 作为循环变量。

❖ 执行 Do Loop 循环，条件判断式为循环变量 i 是否大于 n。

❖ temp＝temp+1 为计算的主要语句，实现各数的相加，相加以后，循环变量加 1。

❖ Loop 命令，使函数返回到 Do while 入口，继续执行循环判断。只有当判断条件不满足时，程序才跳出循环。最后将临时计算结果赋予函数名，作为函数的返回值。

请用户自行练习一个例子。求：1×1+2×2+3×3+…+n×n 的值。

8.3.4　VBA 程序与宏的关系

在前面章节中，曾经介绍过宏的操作，利用宏可以完成许多任务。在实际应用中，应该使用宏还是使用 VBA 来执行任务，取决于要完成任务的性质。

对于简单操作，比如打开和关闭窗体、运行报表等，使用宏是一种很方便的方法。它可以简捷、迅速地将已经创建的数据库联系在一起，无须记住各种语法，并且每个操作的参数都显示在“宏”窗口的下半部分。

注意

首次打开数据库来执行一个或一系列的操作时，必须使用宏来完成。

在下列场合下，应该使用 VBA，而不应该使用宏。

❖ 便于数据的维护。因为宏是独立于窗体和报表

长见识　VBA 代码包含在类模块(单个窗体或报表的组成部分，通常只包含这些对象的代码)和模块(未绑定到特定对象，通常包含可在整个数据库中使用的“全局”代码)中。

的一种对象，包含太多的宏会使数据库变得难以维护。而 VBA 的事件过程是创建在窗体和报表的事件属性中。如果把窗体和报表从一个数据库移动到另一个数据库，则窗体或报表所带的事件过程也随之移动，这就大大方便了数据的维护和管理。

❖ 创建自己的函数。虽然 Access 包含大量的内置函数，但是许多函数特别是数学计算函数是需要用户自己定义的。这样用户就应该在 VBA 中创建自己的函数。

8.3.5 将宏转换为 VBA 代码

使用 Access 2010 可以自动将宏转换为 VBA 模块或类模块。用户可以转换附加到窗体或报表的宏，而不管它们是作为单独的对象存在还是作为嵌入的宏存在，还可以转换未附加到特定窗体或报表的全局宏。

1. 转换附加到窗体或报表的宏

将附加到“联系人列表”窗体的宏转换为 VBA 代码的操作步骤如下。

操作步骤

1. 启动 Access 2010，打开“宏示例”数据库。
2. 在导航窗格中，右键单击“联系人列表”，然后在弹出的快捷菜单中选择【设计视图】命令，如下图所示。

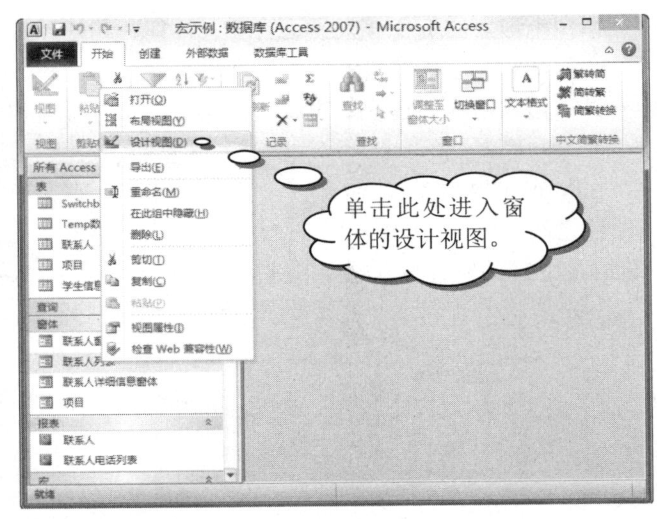

3. 在【设计】选项卡上的【工具】组中，单击【将窗体的宏转换为 Visual Basic 代码】按钮，如下图所示。

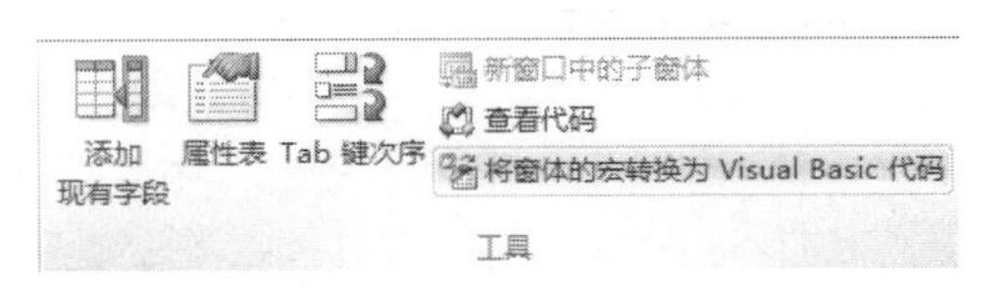

4. 弹出【转换窗体宏】对话框，该对话框中有两个选项可供选择，如下图所示。

5. 单击【转换】按钮，弹出“转换完毕”提示对话框，单击【确定】按钮，如下图所示。

6. 在【设计】选项卡上的【工具】组中，单击【查看代码】按钮，如下图所示。

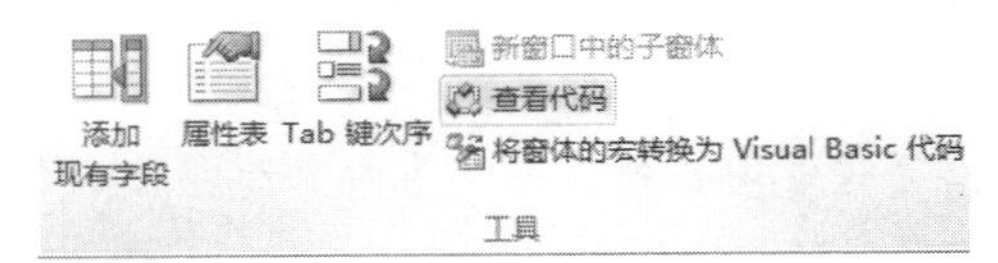

7. 即可进入 VBA 界面，可在代码窗口中查看转换后的代码，如下图所示。

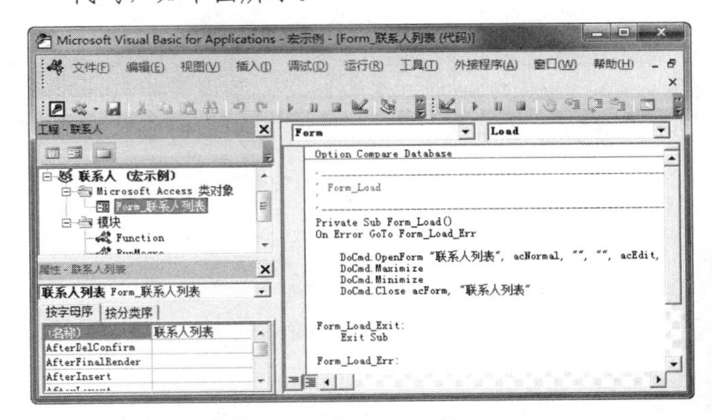

将窗体或报表(或者其中的任意控件)引用(或嵌入在其中)的任意宏转换为 VBA，并向窗体或报表的类模块中添加 VBA 代码后，该类模块将成为窗体或报表的组成部分，并且如果窗体或报表被移动或复制，它也随之移动。

2. 转换全局宏

将“菜单命令”宏转换为 VBA 代码的方法如下。

操作步骤

1. 启动 Access 2010，打开“宏示例”数据库。
2. 在导航窗格中，右键单击“菜单命令”宏，然后在

学以致用系列丛书

对象(如窗体和报表)和控件(如命令按钮和文本框)有很多事件属性。用户可以将宏或过程附加到这些事件属性。每个事件属性都与一个特定事件(如单击鼠标、打开窗体或修改文本框中的数据)相关联。

长见识

弹出的快捷菜单中选择【设计视图】命令，如下图所示。

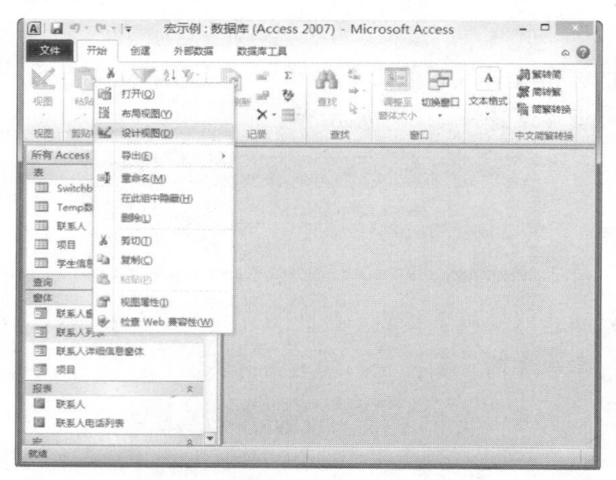

❸ 在【设计】选项卡上的【工具】组中，单击【将宏转换为 Visual Basic 代码】按钮，如下图所示。

❹ 弹出【转换宏】对话框，该对话框中有两个选项可供选择，如下图所示。

❺ 单击【转换】按钮，弹出“转换完毕”提示对话框，如下图所示。

❻ 单击【确定】按钮，进入 VBA 编程界面，如下图所示。

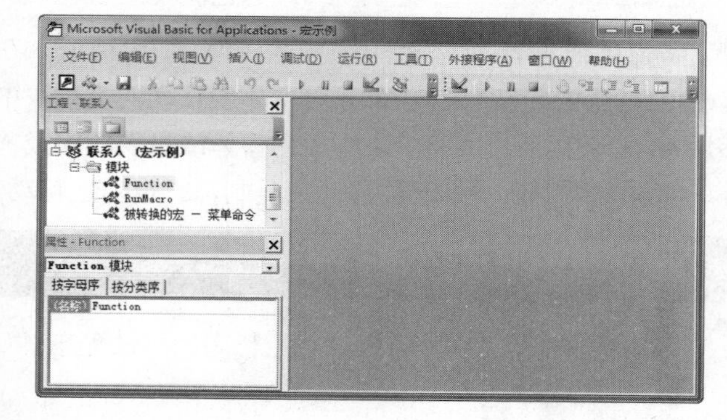

❼ 在工程管理器中双击“被转换的宏-菜单命令”，即可打开该宏的 VBA 代码，如下图所示。

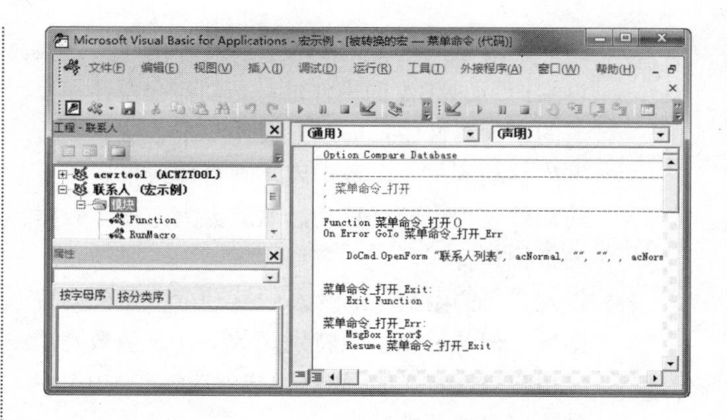

8.4 过程与模块

上面创建了多个 VBA 程序，在编程中还讲到了过程、函数和模块，那么到底什么是过程呢？什么是模块呢？它们之间又有什么关系呢？过程和模块在 VBA 乃至 Visual Basic 中扮演着什么样的角色呢？

本节将着重解决以上几个问题。

8.4.1 模块和过程概述

模块基本上是由声明、语句和过程组成的集合，它们作为一个已命名的单元存储在一起，对 Microsoft Visual Basic 代码进行组织，Microsoft Access 有两种类型的模块：标准模块和类模块。

把能够实现特定功能的程序段用特定的方式封装起来，这种程序段的最小单元就称为过程。

举一个形象的例子：人类语言中有单词、句子和篇章，它们就相当于计算机语言中的变量、语句和过程。由一系列语句组成的程序片段就是过程，多个过程就构成了完整的程序。

在 VBA 的编辑环境中，过程的识别很简单，就是两条横线之间的内容，如 Sub 与 End Sub 或 Function 与 End Function 之间的所有部分，如下图所示。

长见识

与宏一样，VBA 也允许在 Access 应用程序中添加自动化和其他功能。可以使用第三方控件来扩展 VBA 的功能，并且可以编写自己的函数和过程来满足特定需要。

上图中有 3 个过程，分别为 Factorial 过程、diaoyong 过程和 Adds 过程。Factorial、diaoyong 和 Adds 分别为每个过程的名字，每个过程的程序语句都能完成一定的功能。

8.4.2 创建过程

在 VBA 中，可以将过程分为两类，即事件过程和通用过程。通用过程根据是否返回值又可以分为 Function 过程和 Sub 过程。

本节以创建事件过程和通用过程为例，详细介绍创建过程的操作。

1. 创建事件过程

首先来讲一下什么是事件。事件通常是指用户对对象操作的结果，比如对数据的操作、键盘响应事件、鼠标响应事件、检测焦点的编号、窗口事件等。在 Access 中，系统提供了多达 40 多种事件支持，比如鼠标单击事件、数据更新前事件、鼠标双击事件等。

事件过程是指当发生某一个事件时，对该事件做出反应的程序段。例如，单击一个按钮时，可以设定单击后的程序动作，是退出程序还是执行程序。这些事件过程构成了 VBA 过程的主体。

下面就以在数据库窗体中建立一个按钮控件，并为该按钮添加事件过程为例，说明什么是一个事件过程。

操作步骤

1. 启动 Access 2010，打开 “VBA 示例” 数据库。
2. 单击【创建】选项卡下【窗体】组中的【窗体设计】按钮，进入窗体的设计视图，如下图所示。

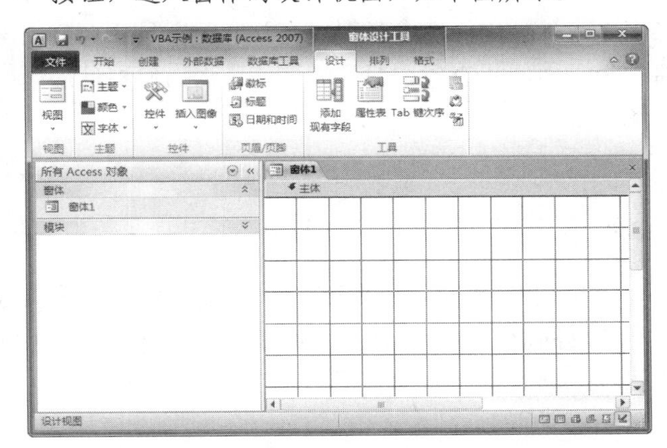

3. 单击【设计】选项卡下的【属性表】按钮，弹出【属性表】窗格。
4. 单击【控件】组中的【控件】按钮，并在窗体中单击，在弹出的【命令按钮向导】对话框中选择【取消命令】，在窗体中添加一个孤立的命令按钮，如下图所示。

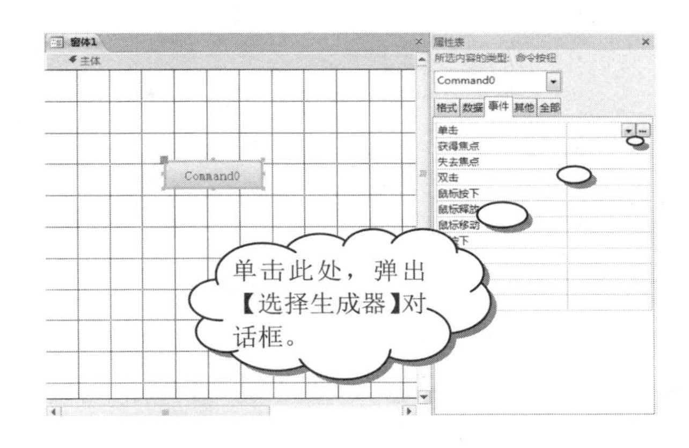

5. 单击该按钮，在【属性表】窗格切换到【事件】选项卡下，单击【单击】属性右侧的省略号按钮[...]，弹出【选择生成器】对话框，如下图所示。

6. 选择【代码生成器】选项，并单击【确定】按钮，直接进入 VBA 编辑器，并新建了一个 “Form_窗体 1” 模块，如下图所示。

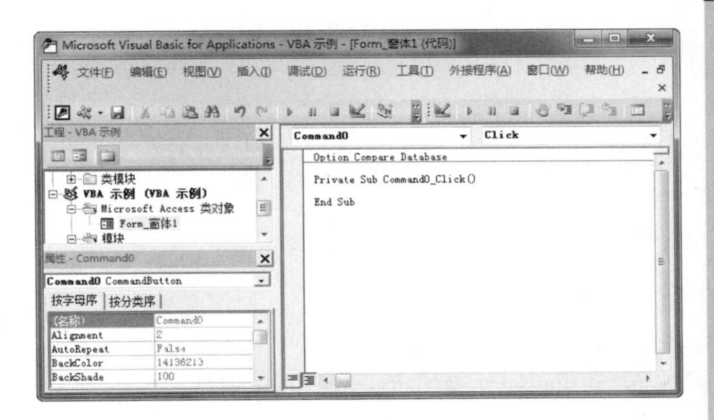

7. 在代码窗口中加入要为此按钮添加的程序段，输入以下代码。

```
Private Sub Command0_Click()
```

```
  MsgBox "这是一个按钮的单击事件过程！"
End Sub
```

保存该过程，此时代码窗口如下图所示。

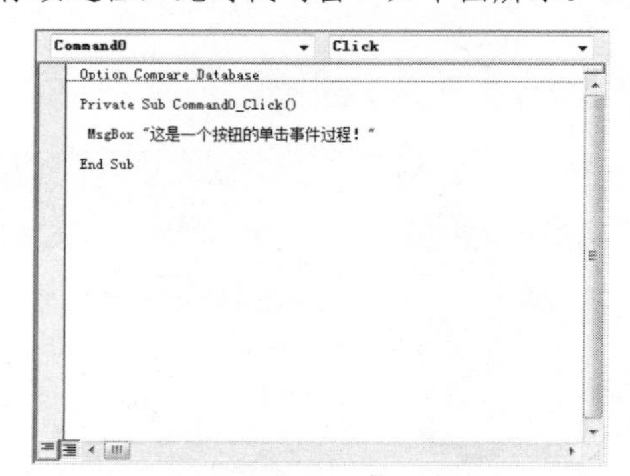

8 进入该窗体的窗体视图，单击上面添加的孤立按钮，弹出下图所示的对话框。

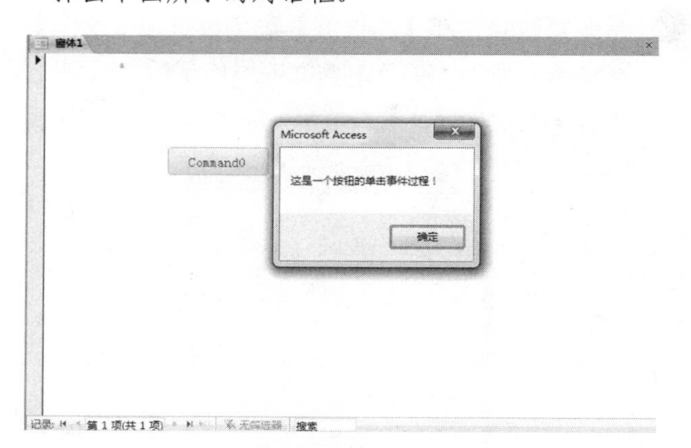

这样就给窗体中的按钮控件添加了一个事件过程，在【属性表】窗格的【事件】选项卡下，可以看到VBA能够识别多种事件，比如鼠标单击、双击等，如下图所示。

属性表	
所选内容的类型：命令按钮	
Command0	
格式 数据 事件 其他 全部	
单击	[事件过程]
获得焦点	
失去焦点	
双击	
鼠标按下	
鼠标释放	
鼠标移动	
键按下	
键释放	
击键	
进入	
退出	

可见，给控件添加事件过程的步骤是：先选定一个控件，然后在【属性表】窗格的【事件】选项卡下添加。【属性表】窗格的最上面显示的是当前选定的窗体或控件名称，比如创建的该按钮名称为Command0。创建事件过程时，建立的过程也是用这个名称来命名的，如上面的例子中，事件的名称为：

```
Command0_Click()
```

事件过程的命名规则：默认地将“控件名称+下划线+事件名称”作为该事件过程的名称。Sub与End Sub之间可以根据需要的功能添加代码。例如，上面的例子是为了实现当用户单击时，能够弹出一个对话框。如果用户希望在单击时，关闭打开的窗体，只要在Sub与End Sub之间加入DoCmd.Close即可，即

```
Private Sub Command0_Click()
    DoCmd.Close
End Sub
```

代码中的Private表示这是一个私有过程，过程中的所有声明和定义只在该过程中有效。

2. 创建通用过程

事件过程是设定的操作只从属于一个控件。这样就引出了一个问题，假设现在有很多控件或事件，都想设定执行同样的操作，该怎么办呢？该不会要给每个控件都创建一次这个操作吧！

其实解决这个问题有一个很好的办法，就是建立一个公共的过程，然后设定各个控件对这个过程进行引用。这个公共过程就是这里要讲的通用过程。

通用过程是指当多个不同的事件需要相同的反应、执行相同的代码时，就可以把这一段代码单独封装起来，供多个事件调用。

通用过程又可以分为两类，即无返回值的Sub过程(子程序过程)和有返回值的Function过程(函数过程)。

上面的例子为一个按钮建立了一个单击事件；而在8.3.3节建立的连加函数Adds则是一个通用过程，它可以供多个事件调用。两者区别很简单，用户只要观察代码窗口最上面的状态条，即可知道该过程为何种过程，如下图所示。

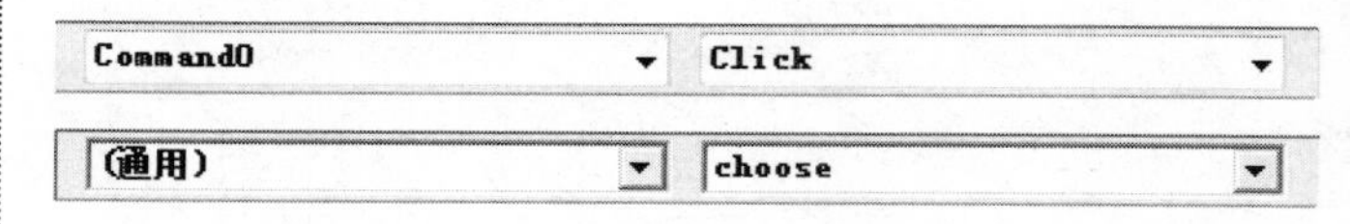

Sub过程能够执行一系列的操作或者运算，但是执行后不能返回值。如上面建立的例子，都没有执行结果的传递。

Sub过程的定义格式如下：

```
[Private] [Public] Sub 过程名(参数)
语句块
End Sub
```

长见识 事件还可以被系统事件等Access外部因素所触发或者被附加到其他事件的宏或过程所触发。

Function 过程将返回一个值，如在 8.3.3 节中建立的 Factorial 函数、Adds 函数等。另外 VBA 还有许多内置函数，如 Now()函数可以返回当前的日期与时间，Sin()函数可以返回数值的正弦值。

Function 过程的定义格式如下：

```
[Private] [Public] Function 过程名(参数) as 数据类型
函数语句
过程名=<表达式>
End Function
```

上面定义的“as 数据类型”是返回的函数值的数据类型，返回数据的值是由“过程名=<表达式>”来决定的，这一句十分重要，如果没有这一句，那么 Function 过程将返回默认的一个值，数值类型返回 0 值，字符串类型返回空字符串。在 8.3.3 节的阶乘例子中，这个赋值语句为：

```
Factorial = temp
```

在连加的例子中，赋值语句为：

```
Adds=temp
```

下面是一个计算正方体体积的 Function 过程。

```
Private Function Cube (x as single) as Single
    Dim y as Single
    y=x*x*x
    Cube=y
End Function
```

该过程定义了一个带有参数 x 的 Cube 函数，返回值为 Single 型，其代码窗口如下图所示。

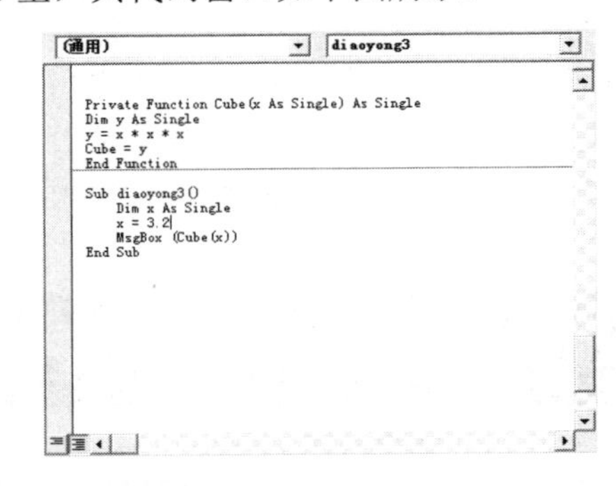

按照上图所示的方法调用该过程函数，得到 Cube(3.2)的运行结果为 32.768，如下图所示。

综上所述可知道，过程就是能够实现一定功能的代码的集合。过程分为事件过程和通用过程，通用过程又可以分为不返回函数值的 Sub 过程和返回函数值的 Function 过程。了解了过程的概念以后，也可以很容易地了解模块的概念。

8.4.3 VBA 程序模块

模块是保存的 VBA 声明和过程的集合。进入 VBA 编辑器后，如果要创建过程，第一步就是要先建立一个模块，然后在这个模块中建立过程等。

简单地说，模块是由能够完成一定功能的过程组成的；过程是由具有一定功能的代码组成的。打开一个代码窗口，这个窗口就是一个模块，窗口中横线与横线间的代码就是一个过程，如下图所示。

模块的基本类型有两种：标准模块和类模块。

1. 标准模块

简单而言，标准模块就是存放通用过程的模块。建立的标准模块，可以在导航窗格中的【模块】对象下看到，如下图所示。

创建标准模块有 3 种方法，这 3 种方法在前面都有涉及。

第一种：单击【创建】选项卡下【其他】组中【宏】按钮下的小箭头，在弹出的菜单中选择【模块】命令，如下图所示。

第二种：在 VBA 编辑器中，单击工具栏中【模块】按钮旁的小箭头，在弹出的菜单中选择【模块】命令，如下图所示。

第三种：在工程管理器中右击，在弹出的快捷菜单中选择【插入】|【模块】命令，如下图所示。

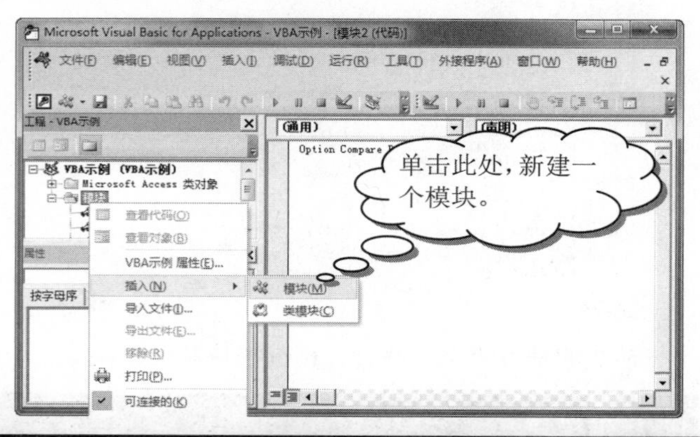

2. 类模块

类模块就是专门为窗体、报表和控件设置事件过程的模块。它的作用就是可以更加方便地创建和响应窗体和报表的各种事件。

相对于标准模块中的过程而言，类模块中的事件过程主要有以下几个优点。

(1) 类模块的所有代码全部保存在相应的窗体或者报表中，用户不必刻意记忆各个过程的存放模块等。

(2) 事件过程直接与事件相连，用户不需要进行太多的设定。

(3) 对窗体和报表进行复制、导出等操作时，事件过程作为属性一起被复制和导出。

上面创建标准模块的方法都可以用来创建类模块，只要在创建时选择【类模块】命令即可。除了上面介绍的 3 种创建类模块的方法以外，类模块还可以用第四种方法进行创建，即在【属性表】窗格的【事件】选项卡下，通过【代码生成器】来创建，如下图所示。

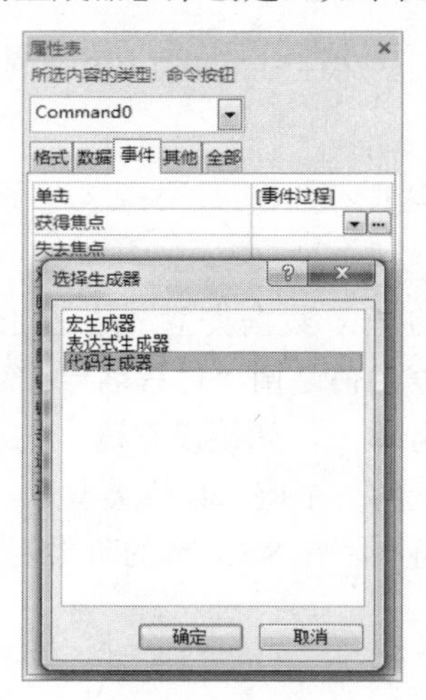

选择【代码生成器】选项以后，就可以进入 VBA 编辑器了，并自动为当前的窗体建立一个类模块。在工程管理器中，用户可以看到创建的类模块“Form_窗体 1”，如下图所示。

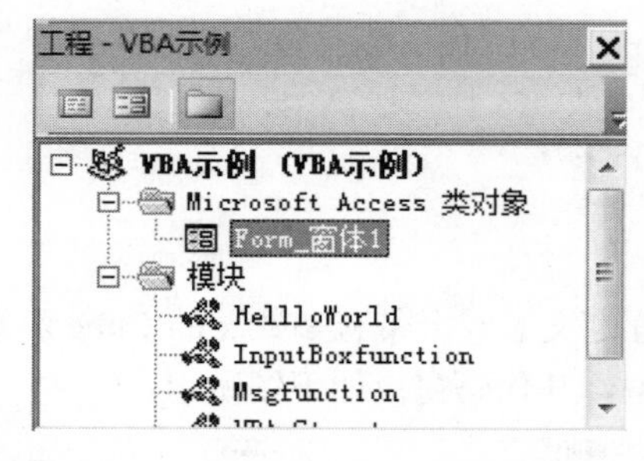

双击打开类模块的代码窗口，用户可以在该窗口中，按标准模块一样的语法规则编写过程、函数等，但是这个过程是事件过程，是对一个操作事件的响应。

8.5 调试 VBA 程序

在 VBA 中，由于在编写代码的过程中会出现各种各样的问题，所以编写的代码很难一次成功。这时就需要一个专用的调试工具，帮助快速找到程序中的问题，以便消除代码中的错误。

8.5.1 VBA 程序的调试环境和工具

VBA 的开发环境中，【调试】菜单、【调试】工具

在将 Access 2010 制作的文件发布为 Web 数据库前，必须运行兼容性检查器，以确保该数据库作为 Web 数据库是兼容的。如果兼容性检查器发现数据库中的宏存在任何兼容性问题，它将显示宏错误，用户应更正该错误，然后再将数据库发布到 Web。

栏、【立即窗口】、【本地窗口】和【监视窗口】就是专门用来调试 VBA 程序的。

在 VB 开发窗口中，可以随时利用【调试】菜单中的命令和【调试】工具栏中的按钮，来调用【立即窗口】、【本地窗口】和【监视窗口】，以实现对编写的程序进行监控和跟踪，如下图所示。

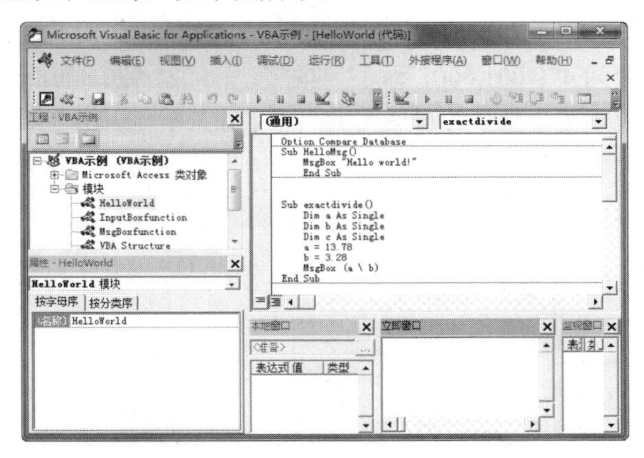

3 个调试窗口的主要作用如下。

❖ 【立即窗口】：在其中随时输入过程名和过程的参数，系统自动计算结果，根据该结果判断程序运行状况。
❖ 【本地窗口】：查看当前过程中的所有变量声明及变量值。
❖ 【监视窗口】：对调试中的程序变量或表达式的值进行追踪，以判断逻辑错误。

除了使用以上的工具栏和调试窗口以外，还有一种方法可以设置显示和调试 VBA 代码相关选项。在 VBA 编辑窗口中，执行【工具】|【选项】命令，打开【选项】对话框，在该对话框的【可连接的】选项卡下可以对代码的连接窗口进行设置。

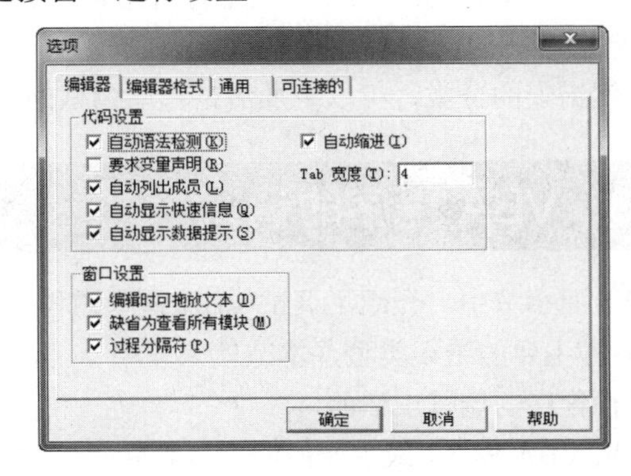

【调试】工具栏如下图所示。

如果屏幕上没有显示【调试】工具栏，可以选择【视图】|【工具栏】|【调试】命令，即可弹出【调试】工具栏。

下面就对工具栏上的各个按钮做简要介绍。

❖ ：【设计模式】按钮，用于打开或者关闭设计模式。
❖ ：【运行】按钮，如果光标在过程中，单击该按钮将运行此过程；如果用户窗体处于激活状态，单击该按钮将运行窗体。
❖ ：【中断】按钮，终止程序的执行，并切换到中断模式。
❖ ：【重新设置】按钮。
❖ ：【切换断点】按钮，在当前行设置或清除断点。所谓断点就是程序中选定的自动停止执行的行。
❖ ：【逐句执行】按钮，一次执行一句代码。
❖ ：【逐过程执行】按钮，在代码窗口中一次执行一个过程或一条语句代码。
❖ ：【跳出】按钮，执行当前执行点处过程的其余行。
❖ ：【本地窗口】按钮，单击该按钮将显示【本地窗口】。
❖ ：【立即窗口】按钮，单击该按钮将显示【立即窗口】。
❖ ：【监视窗口】按钮，单击该按钮将显示【监视窗口】。
❖ ：【快速监视】按钮，显示所选表达式当前值的【快速监视】对话框。
❖ ：【调用堆栈】按钮，显示【调用堆栈】对话框。

上面介绍的【调试】工具栏上的各按钮，这些按钮大部分都可以在【调试】下拉菜单中看到。【调试】菜单如下图所示。

在 VBA 编辑器的【运行】菜单下，可以看到各种运行按钮，这些运行按钮的功能和【调试】工具栏中的一样，如下图所示。

Access 中包括许多内置函数，如 IPmt 函数，它可以计算应付利息。用户可以使用这些内置函数执行计算，而无须创建复杂的表达式。

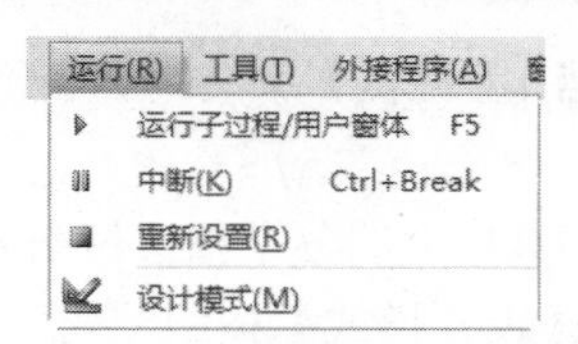

8.5.2 程序的错误分类

当程序执行代码时，会产生 3 种类型的错误：编译错误、逻辑错误和运行时错误。

1. 编译错误

该错误的产生一般是由各种语法引起的。语法错误可能是由于缺少配对、输入错误、标点丢失或是不适当地使用某些关键字造成的。

当进行编译时，系统对于此种错误会自动显示提示对话框，如下图所示。

单击【确定】按钮以后，系统会自动将光标定位在程序错误的过程或语句中，并以黄色显示，提示用户进行更正，如下图所示。

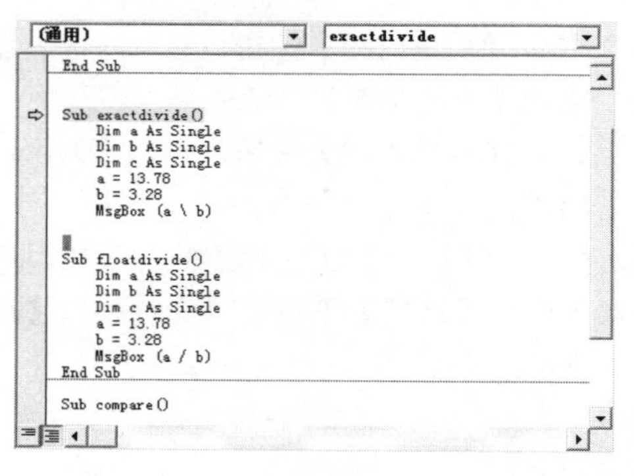

2. 逻辑错误

逻辑错误是指应用程序运行时虽然没有出现语法错误，但是没有按照既定的设计执行，生成了无效的结果。

这种错误不提示任何信息，一般是由于程序中错误的逻辑设计引起的。

3. 运行时错误

运行时错误是程序在运行过程中发生的错误，程序在一般状态下运行正常，但是遇到非法数据时会发生错误。

例如，在编写求数的阶乘的例子中，如果输入的数值过大，则有可能定义的数据类型存放不下计算结果，而出现数据溢出的错误。

定义的存放计算结果的 Temp 的数据类型为长整型，已知长整型存放的最大整数为 2 147 483 647，并且 12 的阶乘为 479 001 600，而 13 的阶乘为 6 227 020 800，这已经超出了长整型的存储范围，如果输入求 13 的阶乘，就会发生数据溢出的错误，弹出如下图所示的对话框。

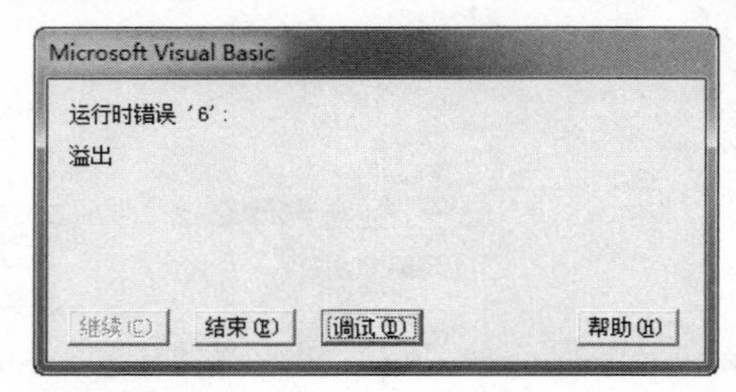

单击【调试】按钮，系统会自动定位可能存在错误的语句，如下图所示。

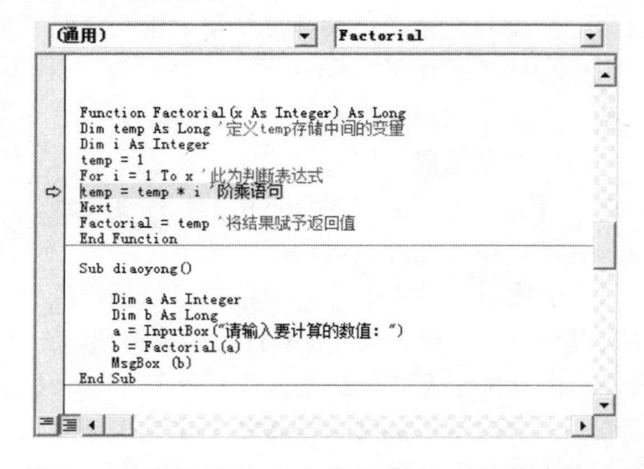

其他一些非法操作也会发生运行时错误，比如分母为 0、向不存在的文件中写入数据等。

了解错误的分类，可以更加清楚程序调试的过程。

8.5.3 VBA 程序的调试

在前面小节中，介绍了调试 VBA 程序的各个工具，以及 3 种主要的错误类型，本节就来介绍一下，究竟是如何进行程序的调试工作的。

调试 VBA 程序，最主要的两个步骤就是“切换断点”和“单步执行”。断点主要用于监视将要执行的某个特定的代码行，并在该语句处停止执行。单步执行就是每次运行一步，以检查每条语句正确与否。

断点经常用来在程序产生错误之前使其停止运行，从而在错误发生之前检查过程中所有的变量和条件。

通过使用 VBA 代码，还可以创建自己的函数来执行超出表达式能力的计算或者替代复杂的表达式。此外，还可以在表达式中使用自己创建的函数向多个对象应用公共操作。

在代码窗口中设置断点的方法如下。

操作步骤

1. 启动 Access 2010，进入 VBA 编辑窗口。
2. 打开要设置断点的代码窗口，将光标定位到窗口中的一个执行语句或者赋值语句。
3. 单击【调试】工具栏中的【切换断点】按钮，或者选择【调试】菜单中的【切换断点】命令，均可设置断点。

技巧

设置断点的一种快捷方式就是将光标定位后，直接按 F9 键，即可设置断点。

还有一种更为简单的方法，只需要在设置断点的语句行前单击鼠标即可。

4. 设置断点以后，可以看到在代码窗口中出现了“断点”效果，如下图所示。

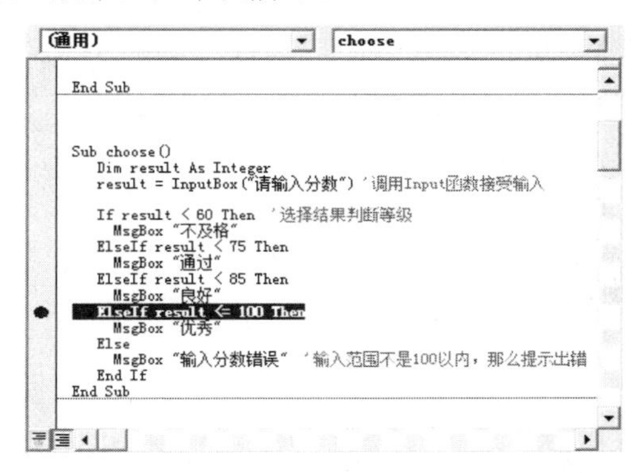

此时按下 F5 键执行该过程，就会发现程序会照样执行，但是只能执行设置的断点之前的语句。

例如，在这个例子中，执行该过程，用户输入分数，如果输入的分数小于 85，那么会正常运行，因此程序只执行到断点之前。但是如果输入的数值大于 85，那么在代码窗口中就会显示下图所示的界面，当代码行以黄色显示时，提示代码执行到此处停止。

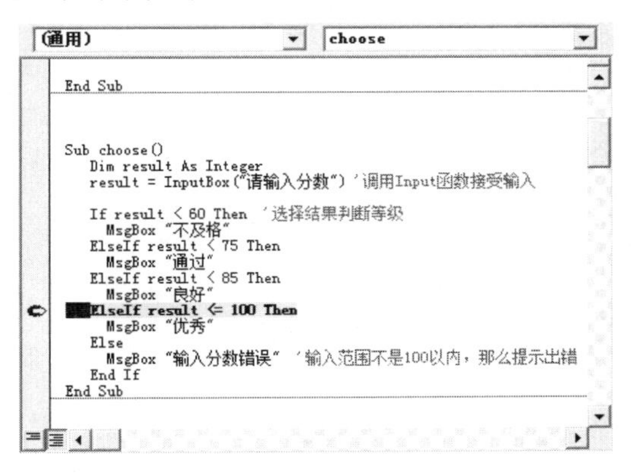

在一个过程中，可以设置多个断点。

如果要清除断点，只需要和设置断点一样，执行相同的操作即可。

除了设置断点进行程序的调试以外，用户还可以用“单步执行”调试程序，以便检查每步程序的状态，检查每条语句的执行结果等。

操作步骤

1. 启动 Access 2010，进入 VBA 编辑器。打开要进行调试的代码窗口。
2. 将光标定位到要调试的过程中的任意位置，单击【单步执行】按钮，可见过程名首先呈高亮显示，如下图所示。

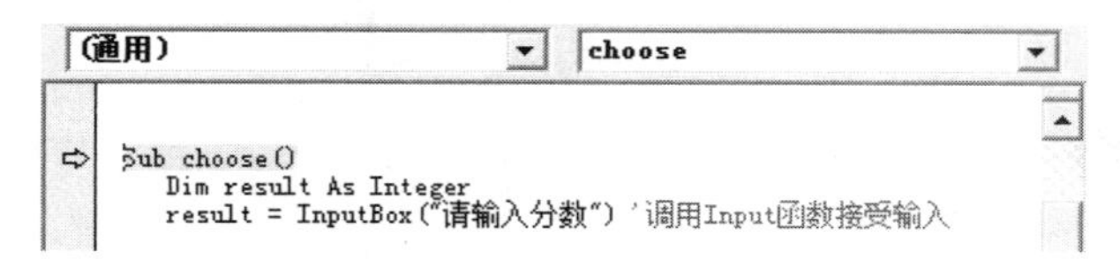

3. 再次单击【单步执行】按钮，过程跳过声明语句，运行到 InputBox 命令语句，如下图所示。

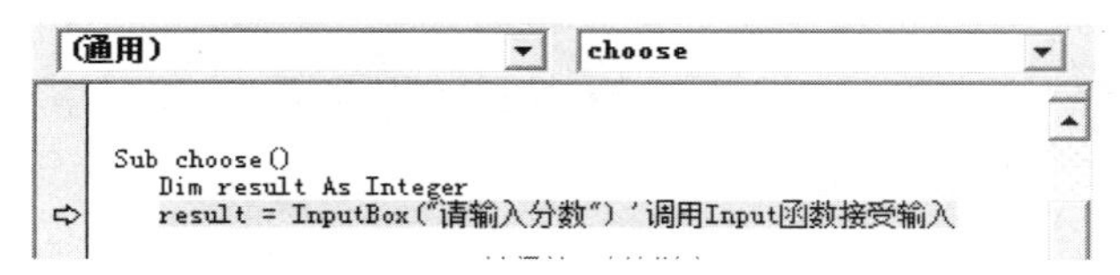

4. 再次单击【单步执行】按钮，就会执行 InputBox 命令，弹出输入对话框，如下图所示。

5. 在文本框中输入分数，单击【确定】按钮，单步执行到等级判断语句，并进行第一次比较判断，如下图所示。

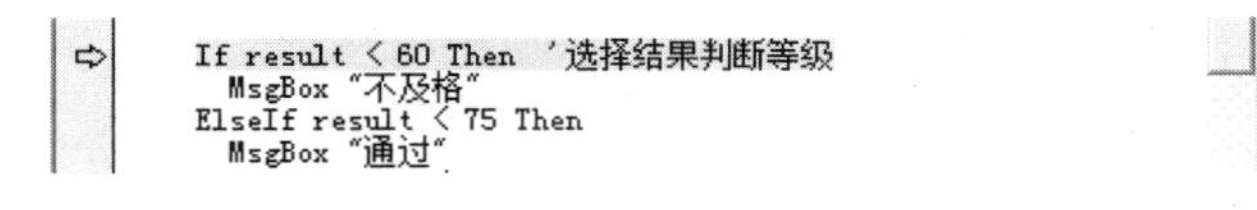

6. 再次单击【单步执行】按钮，由于上次比较结果为 False，运行第二次比较判断，如下图所示。

```
If result < 60 Then  '选择结果判断等级
  MsgBox "不及格"
ElseIf result < 75 Then
  MsgBox "通过"
ElseIf result < 85 Then
  MsgBox "良好"
```

7 再次单击【单步执行】按钮，由于上次比较结果为True，执行到 MsgBox“通过”命令行，如下图所示。

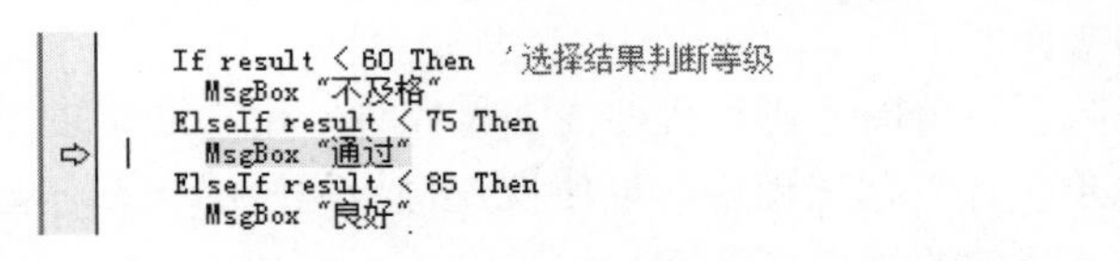

```
If result < 60 Then  '选择结果判断等级
  MsgBox "不及格"
ElseIf result < 75 Then
  MsgBox "通过"
ElseIf result < 85 Then
  MsgBox "良好"
```

8 再次单击【单步执行】按钮，系统运行该 MsgBox 命令，弹出对话框，如下图所示。

9 单击【确定】按钮，运行到 End If 命令，结束选择，如下图所示。

```
  MsgBox "优秀"
Else
  MsgBox "输入分数错误"  '输入范围不是100以内，那么提示出错
End If
End Sub
```

10 再次单击【单步执行】按钮，运行到 End Sub 命令，结束该过程，如下图所示。

```
Else
  MsgBox "输入分数错误"  '输入范围不是100以内，那么提示出错
End If
End Sub
```

上面详细演示了如何进行单步调试，请用户自行多加练习。在实际的程序开发中，程序的调试往往要占到整个开发过程的一半时间以上，开发团队中也有专门的调试工程师，因此在程序开发过程中，程序的调试是相当重要的。

8.6 思考与练习

选择题

1. 窗体启动时，将会发生的事件是________。

A. Load　　B. Getfocus

C. Open　　D. Click

2. 当窗体的大小被调整时，将会发生的事件是________。

A. Move　　B. Resize

C. Click　　D. Getfocus

3. 模块是由______构成的，而过程是由______构成的。

A. 模块　　B. 过程

C. 事件　　D. 语句

4. 当单击命令按钮时，发生的事件是_______。

A. Click　　B. Keypress

C. Enter　　D. Getfocus

5. 下列不能实现条件选择功能的语句是_______。

A. If…then…Else　　B. If…then…

C. Select Case　　D. For…Next

操作题

1. 对一个建立好的模块进行复制、删除、移动等操作，进一步体会标准模块和类模块之间的区别。

2. 编写一个 VBA 模块，以实现将窗体中的某个按钮禁用；如果只是将该按钮设置为不可见，那么又该如何编写代码？

长见识 可以使用 VBA 来逐条处理记录集，一次一条记录，并对每条记录执行操作。相反，宏将同时处理整个记录集。

第9章 SharePoint 网站

本章微课

SharePoint技术是微软公司推出以提高企业或团队工作效率为目标的一种新技术。它是企业实现知识共享和文档协作的一种工具，如同电话作为通信工具、会议作为决策工具一样。

学习要点

- ❖ SharePoint 的技术
- ❖ SharePoint 的应用
- ❖ 如何利用 SharePoint 网站
- ❖ 数据的发布
- ❖ 数据的迁移
- ❖ SharePoint 列表的导入
- ❖ 导出 Access 数据到 SharePoint

学习目标

通过本章的学习，用户应该掌握作为解决知识共享和文档协作问题而诞生的 SharePoint 技术的工作方法，及其主要功能和能解决的问题，特别是 SharePoint 技术和 Access 2010 协同工作的方式。

在 Office 2010 中，可以看到 SharePoint 技术的重要性。可以预见，在越来越注重团队协作的今天，SharePoint 技术必将备受重视。

9.1 认识 SharePoint 网站

Access 2010 停止了对数据访问页的支持，转而大大增强了网络协同开发与共享功能。通过将 Access 2010 和 Microsoft Windows SharePoint Services 3.0 结合使用，用户可利用多种方法共享和管理数据。

Windows SharePoint Services 是一个用来创建实现信息共享和文档协作的 Web 站点的引擎，从而有助于提高个人和团队的生产力。它是 Microsoft Windows Server 提供的信息工作者体系结构的重要组成部分，为 Microsoft Office System 和其他桌面应用程序提供了附加功能，并可以作为开发应用程序的平台。

SharePoint 站点将文件存储提升到了一个新的高度，从存储文件到共享信息。这些站点可以为团队协作提供社区，使用户能够在文档、任务、联系人、事件及其他信息上开展协作。

9.1.1 SharePoint 网站概述

SharePoint 网站是一种协作工具，就好像电话是一种通信工具，会议是一种决策工具一样。SharePoint 网站可帮助小组成员(无论是工作组还是社团)共享信息并协同工作。

SharePoint 网站可帮助实现以下目标。

- ❖ 协调项目、日历和日程安排。
- ❖ 讨论想法、审阅文档或提案。
- ❖ 共享信息并与他人保持联系。

SharePoint 网站是动态和交互的。网站成员可以提出自己的想法和意见，也可以针对他人的想法和意见发表评论或建议。文档或声明的发布无须经历复杂的网站发布过程。

企业需要门户(Portal)，当一个企业发展到一定规模时，如一个企业有 1500 名员工，各种类型的办公系统有近 40 个，那么这个企业若没有 Portal 将是痛苦的。企业内部文档的传送、知识的共享等，将会占用大量的时间，占用企业宝贵的资源，而 SharePoint 正是基于解决这一问题而提出的系统解决方案。

默认情况下，SharePoint 网站有一个默认的主页，其中包含的空间可以用来突出显示小组的重要信息，主页还包含一些用于存储文档、想法和信息的预定义页面，以便可以立即开展工作。sharePoint 网站还包含导航元素，它们可以帮助快速地定位和浏览。

1. 欢迎访问主页

网站主页包含【快速启动栏】及【公告】、【活动】和【链接】列表视图，还包含工作组网站的名称和说明，如下图所示。

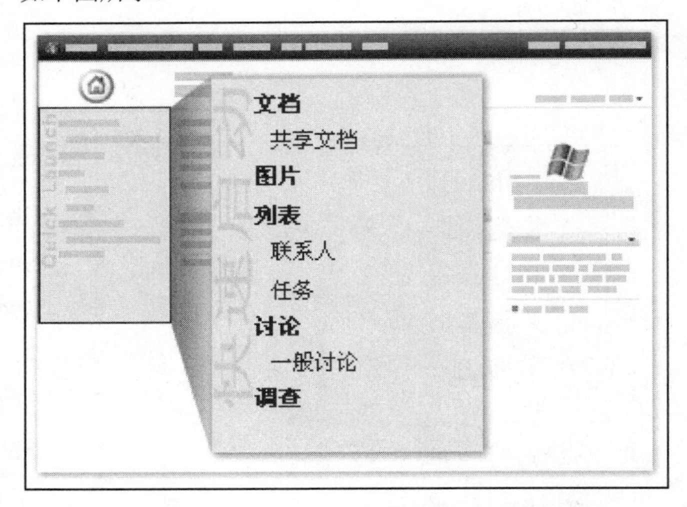

如同 Windows 操作系统的【快速启动栏】，当用户在网站中添加页面时，都可以选择在 SharePoint 网站的【快速启动栏】启动相应的功能。

- ❖ 【公告】列表是向整个工作组公布重要信息的地方，例如，宣布即将举行的专题会议或提醒大家明天聚会的时间等。默认情况下，主页上会显示【公告】列表中最新的 5 个公告。还可以单击【公告】列表的标题展开公告的完整列表。
- ❖ 【活动】列表用于交流工作组的活动信息。无论是会议、重要的截止日期还是工作日程，均属此类。创建 SharePoint 网站时，此列表是空的，可以在列表中添加工作组活动。
- ❖ 【链接】列表用于收纳指向工作组常用网页或网站(如本公司的 Internet 网站)的超链接。创建网站时，此列表是空的。

除了显示在主页上的【公告】【活动】和【链接】列表外，还可以在网站中随意加入以下标准列表。

- ❖ 【文档库】：工作组文档提供集中的存储和共享空间。用户的网站包含一个默认文档库——共享文档，可从主页上的【快速启动栏】访问该文档库。可以创建其他文档库，存储特定项目的文档，还可以在“共享文档”内为不同类型或类别的文档创建文件夹。

SharePoint 网站实际上就是运行了 SharePoint Server 的一种服务器，它为企业成员提供了一种协同工作、共享信息的快捷方法。

❖　【图片库】：提供集中的空间来存储和共享图片。它和文档库的概念类似，但提供了查看图片的特殊方式(如仅显示缩略图或以放映幻灯片的形式显示所有图片)，如下图所示。

❖　【联系人】：可存储和共享联系人信息。例如，可以使用此列表共享工作组成员的住宅电话或存储的客户信息。

❖　【任务】：可帮助管理工作组任务(工作组需要完成的工作事项)，指定任务的状态、优先级和截止日期。

❖　【问题】：可帮助管理一组问题或疑难问题，指定问题的状态、优先级和截止日期。

2. 网站导航

【顶部链接栏】包含指向网站中特定页面的超链接，可以帮助用户在网站中导航、自定义和管理网站，或在网站使用方面获得帮助，如下图所示。

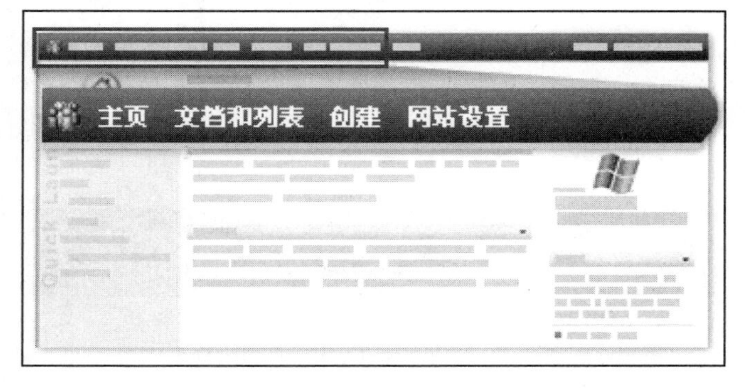

【顶部链接栏】上的超链接包括以下项目。

❖　【主页】：指向主页。

❖　【文档和列表】：指向的页面显示了网站中现有的全部文档库、图片库、列表、讨论板和调查。可以使用该页面导航到网站中的列表和文档库，也可以使用该页面上的链接查看该网站之下的所有网站、文档工作区网站或会议工作区网站。

❖　【创建】：链接到创建页面，通过使用此页面，可以为网站创建一些项目，如与任意内置列表类似的列表、基于现有电子表格的列表、文档库、讨论板、调查或新的页面。

❖　【网站设置】：在所链接的页面上，可以更改个人信息，更改 SharePoint 网站的名称和描述，更改网站内容并执行网站管理任务(例如，更改个人设置，或为 SharePoint 网站设置新的工作组成员)。只有“管理员”网站组的成员才能执行网站管理任务。

❖　【帮助】：该链接可打开一个新的浏览器窗口，其中提供了 Windows SharePoint Services 的“帮助”系统。使用【帮助】窗口可查看有关 Windows SharePoint Services 的信息和使用 SharePoint 网站的“操作”步骤。

❖　【向上至……】：此链接可帮助导航至上一层父级网站。

3. 查看网站内容

SharePoint 网站中的页面显示了工作组的数据。网站的大多数页面都是数据列表(如【公告】或【活动】列表)。在这些列表页面上，数据以行和列的形式显示，顶部有一系列命令和视图选项可供选择。

查看网站内容所用的工具包括以下几种。

❖　【工具栏】：提供的超链接指向包含表单的页面，该表单用于在列表、文档库或讨论板中添加和编辑项目，如下图所示。

新建项目 | 筛选 | 在数据表中编辑

❖　【选择视图】：默认的数据视图是通过超链接进入页面(如单击【快速启动栏】上的【任务】)时自动显示的视图。可以在【选择视图】列表中单击视图名称来查看其他视图。

❖　【操作】：该列表中包含的链接可用于修改列表设置、创建通知(列表更改时的通知)及其他操作，如下图所示。

使用文件导出功能，可以把单个的表、查询、窗体或报表导出为静态的 HTML 格式。Access 会为每个导出的报表页、数据表和窗体创建一个 Web 页。

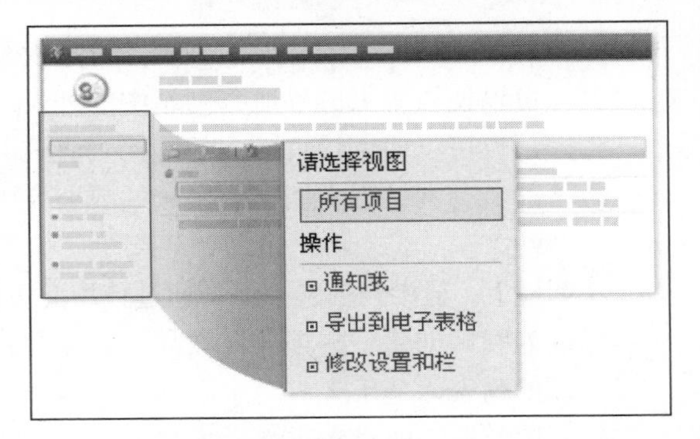

❖ 【项目和文件菜单】：可快速访问常用的命令。这些菜单上显示的内容不固定，具体取决于查看的是列表还是文档库。 如果是列表，则会显示【查看项目】、【编辑项目】、【删除项目】等命令。如果是文档库，则显示【查看属性】、【编辑属性】和【删除】等命令。此菜单还包含一个【通知我】命令，可用该命令申请在文档或项目发生更改时收到通知，如下图所示。

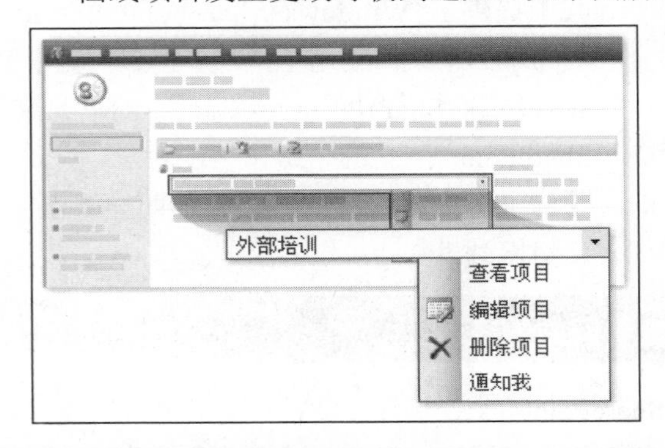

9.1.2 SharePoint 的数据使用方式

使用 Access 2010 时，可以用多种不同的方式与 SharePoint 网站实现共享、管理和更新数据。

1. 将数据迁移到 SharePoint 网站

可以利用迁移到 SharePoint 网站向导将表中的数据迁移到网站。

在将 Access 数据迁移到 SharePoint 网站之后，可以设置何人可以查看数据、跟踪版本及恢复意外删除的任何数据。Access 2010 和 SharePoint 网站之间更好的数据集成改善了性能并提高了应用程序设计水平。

❖ 管理 SharePoint 网站上的权限：可以为 SharePoint 网站上的列表和 Access 数据库分配各种级别的权限。可以为组分配只读权限或完全权限，并且可以有选择地允许或拒绝某些用户的访问。

❖ 在 SharePoint 网站上跟踪和管理版本：可在 SharePoint 网站上跟踪列表项的版本并查看版本历史记录。如果需要，可恢复某项以前的版本。如果需要了解谁更改了它，或者了解何时进行的更改，则可以查看版本历史记录。

❖ 从回收站中取回数据：可使用 SharePoint 网站上的新回收站方便地查看已删除的记录，并恢复意外删除的信息。

2. 将数据发布到 SharePoint 网站

如果正与他人协同工作，则可以在 SharePoint 服务器中存储数据库的副本，将数据发布到 SharePoint 网站。

在首次将数据库发布到服务器时，Access 将提供一个 Web 服务器列表，该列表使得寻找要发布到的位置(如文档库)更加容易。发布数据库后，Access 将记住该位置，这样当要发布更改时，就无须再次查找该服务器。在将数据库发布到 SharePoint 网站之后，有权使用该 SharePoint 网站的用户都可以使用该数据库。

❖ 从 SharePoint 网站打开 Access 窗体和报表：用户可以从 SharePoint 网站打开列表。Access 窗体、报表和数据表可以在 SharePoint 网站中与其他视图显示在一起。这样可以轻松地在 SharePoint 网站上运行功能丰富的 Access 报表，而无需先启动 Access 2010 或导航到正确的对象。

❖ 用 Access 使 SharePoint 列表脱机：使用 Access 2010，用户通过一次单击即可使 SharePoint 列表脱机。用户可以在 Access 中处理数据，然后同步所做的更改，或者以后重新与 SharePoint 网站进行连接。

❖ 导入或链接到 SharePoint 列表：通过导入或链接可将 SharePoint 列表并入 Access。导入 SharePoint 列表将在 Access 数据库中创建该列表的副本。在执行导入操作的过程中，可以指定要复制的列表，对于每个选定列表可以指定是要导入整个列表还是只导入特定视图。

9.2 迁移 Access 数据库

用户可以将 Access 2010 数据库中的数据，作为 Microsoft Windows SharePoint Services 3.0 网站上的列表，从而与工作组的其他成员进行数据的共享与交互。

用户在将数据库从 Access 2010 迁移至 SharePoint

长见识

SharePoint 网站是开放的、动态的和交互的。它允许企业成员在服务器上提出自己的意见和想法，其他用户可以对该意见或想法进行查看或补充。

网站时，将在 SharePoint 网站上创建列表，这些列表保持与数据库中表的链接关系。

与 SharePoint 列表的链接存储在 Access 数据库中，窗体、查询和报表同样保留在 Access 中。使用 Access 中的表或窗体，或者编辑 SharePoint 网站上的列表都可以输入数据。

9.2.1 迁移 Access 数据

在可能的情况下，迁移到 SharePoint 网站向导将基于 SharePoint 网站上的列表模板(如“联系人”列表)把数据迁移到列表。如果表无法与列表模板相匹配，则该表将成为 SharePoint 网站上数据表视图中的自定义列表。

根据数据库的大小、其对象的数量及系统性能，该操作可能要花费一些时间。如果在该过程中改变了主意，则可以单击【停止】按钮将其取消。

下面将介绍如何使用迁移到 SharePoint 网站向导迁移数据，具体操作步骤如下。

操作步骤

1. 启动 Access 2010，打开想要迁移数据的数据库文件。
2. 单击【数据库工具】选项卡下【移动数据】组中的 SharePoint 按钮，如下图所示。

3. 系统启动【将表导出至 SharePoint 向导】，在向导中输入 SharePoint 网站的地址、用户名和密码等信息，登录成功，如下图所示。

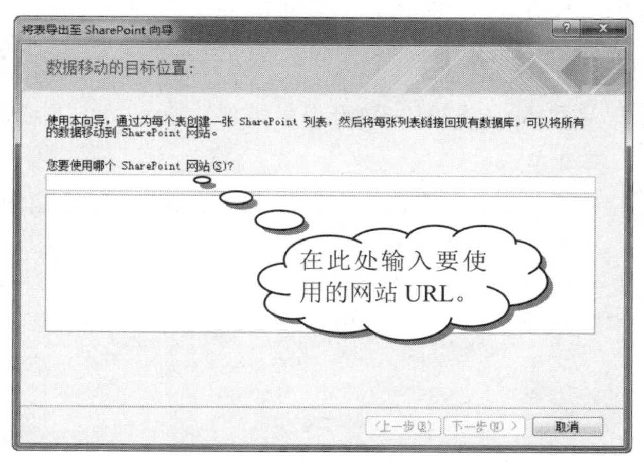

4. 根据向导的提示，用户可以创建链接到 SharePoint 网站的链接，将数据迁移到 SharePoint 网站。在向导的最后一页，选中【显示详细信息】复选框可以查看有关迁移的更多详细信息。

提示

向导的最后一页描述了哪些表已链接到列表，并提供了有关数据库的备份位置和 URL 的信息。

9.2.2 查看 SharePoint 网站上的列表

若要查看 SharePoint 网站上的列表，单击【快速启动栏】上的【列表】按钮，或单击【查看所有网站内容】选项。加速浏览效果需要在 Web 浏览器中刷新该页。若要使列表出现在 SharePoint 网站上的【快速启动栏】中，或者更改其他设置，则可以在 SharePoint 网站上更改列表设置。有关详细信息，请参阅 SharePoint 网站上的帮助。

9.2.3 发布 Access 数据库

将 Access 2010 数据库发布到 Microsoft Windows SharePoint Services 3.0 网站后，组织中的其他成员就可以使用该数据库了。

有两种方法可使用发布的数据库。如果是数据库设计者，则可以使用 SharePoint 网站中生成的数据的查询、窗体和报表。如果是数据库用户，则可以使用 Access 输入、查看和分析 SharePoint 网站中的数据。

例如，如果 SharePoint 网站包含跟踪客户服务问题并存储雇员信息的列表，则可以在 Access 中创建数据库作为这些列表的前端。用户可以构建分析这些问题的 Access 查询，及发布这些报告的报表。如果用户计算机上有 Access，则这些 Access 查询和报表将出现在 SharePoint 列表的【视图】菜单中。

注意

只有在当前的数据库文件以 Access 2010 格式保存时，才能将数据库发布到 SharePoint 网站。

在新版本的 Access 2010 中，Microsoft 公司摒弃了原来的数据访问页对象，转而大大提升 Office 的协同工作能力。SharePoint 网站就是这种增强的典型代表。

长见识

9.2.4 发布到 SharePoint 网站

发布数据库时，可以使用现有数据库，或者使用 SharePoint 网站上的列表生成数据库，具体操作步骤如下。

操作步骤

1. 启动 Access 2010，打开想要发布到 SharePoint 网站的数据库文件。
2. 单击窗口左上角的【文件】选项卡，并在打开的 Backstage 视图中选择【保存并发布】命令，然后单击【发布到 Access Services】选项，如下图所示。

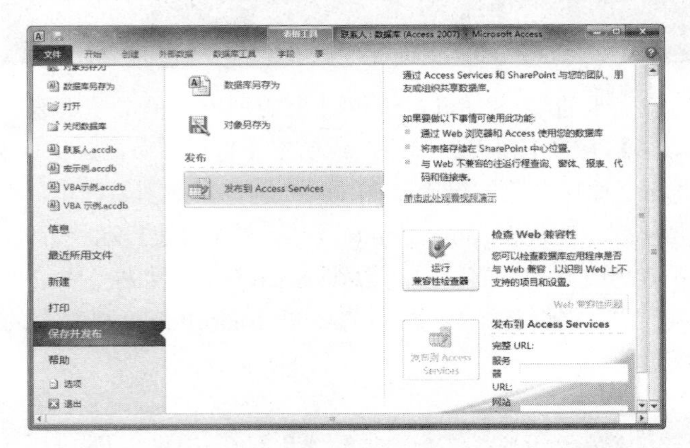

3. 在右下角的【发布到 Access Services】区域内填写服务器的 URL 和网站名称，填写完成后，单击左侧的【发布到 Access Services】选项，如下图所示。

9.3 脱机使用链接

可使用 Access 2010 脱机处理链接到 Microsoft Windows SharePoint Services 3.0 网站上列表的数据。这很有帮助，如在服务器不可用时继续进行工作。

在脱机使用 SharePoint 网站中的数据之前，必须首先创建 Access 表和 SharePoint 列表之间的链接。

然后，可以使用 Access 使列表脱机以对其进行更新或分析。当重新连接时，可同步数据，以使数据库和列表得到更新。如果数据库中含有查询和报表，则可以使用它们来分析数据，如可使用 Access 中的报表来汇总数据。

如果在脱机时更新了数据，则可以在再次连接到服务器时在服务器上进行更新并更改。如果发生冲突(例如其他人更新了服务器上的同一条记录或者此人同时也在脱机工作)，则可以在同步时解决冲突。

可使用多种方法将 Access 表链接到列表。例如，可将数据库迁移到 SharePoint 网站，这样做也会将数据库中的表链接到网站上的列表。或者，可以在 SharePoint 网站上将数据从数据表视图中的列表导出到 Access 表中。

9.3.1 使 SharePoint 列表数据脱机

若要使数据脱机，首先必须将 Access 表链接到 SharePoint 列表。

然后打开已链接到 SharePoint 列表的数据库。在【外部数据】选项卡上的【SharePoint 列表】组中，单击【脱机工作】按钮，即可实现脱机。

如果【脱机工作】按钮不可用，则表可能未链接到 SharePoint 列表，或者列表数据已经脱机。

9.3.2 脱机后工作

将数据库与 SharePoint 网站脱机以后，用户就可以单机进行 Access 2010 数据库的操作了。操作完成以后，还要用当前本地的数据更新 SharePoint 网站上的数据。

更新网站数据的方法主要有以下几种。

1. 进行联机工作

进行联机工作，是用本地数据库数据更新网站数据库的一种方式。

操作步骤

1. 启动 Access 2010，打开要链接到 SharePoint 列表的数据库文件。
2. 在【外部数据】选项卡上的【Web 链接列表】组中，单击【联机工作】按钮，如下图所示。

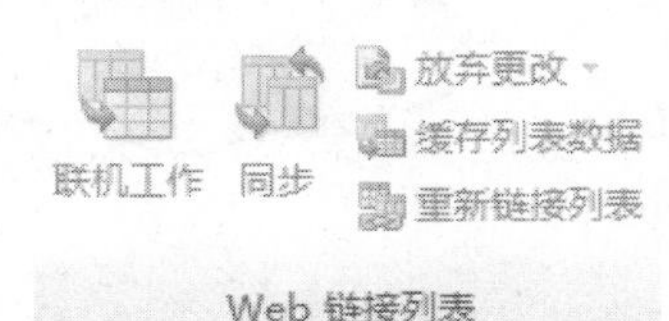

这样，即可用本地数据库文件更新网站数据库文件。

在对数据库的数据或设计进行更改之后，应该将其重新发布到 SharePoint 网站。在重新发布数据库时，Access 已经记住了位置，因此无需再次定位到该位置。

2. 进行数据同步

将数据库中的数据和网站的数据进行同步，是更新数据的另一种方式。

操作步骤

1. 启动 Access 2010，打开要链接到 SharePoint 列表的数据库文件。
2. 在【外部数据】选项卡上的【Web 链接列表】组中，单击【同步】按钮，如下图所示。

这样，即可将数据库中的数据和网站的数据进行同步。

9.4 导入/导出网站数据

本节要介绍数据库与 SharePoint 网站如何进行协同工作。用户可以借助本节中的知识，利用 SharePoint 网站上的列表数据创建 Access 数据库表，或将本地 Access 数据库中的表转移到 SharePoint 网站中。

9.4.1 导入/链接到 SharePoint 列表

导入 SharePoint 列表操作将在 Access 数据库中创建该列表的副本。在执行导入操作的过程中，用户可以指定要复制的列表，对于每个选定列表还可以指定是要导入整个列表还是只导入特定视图。

导入操作将在 Access 中创建一个表，然后将 SharePoint 列表中的列和项目作为数据表的字段和记录，从源列表复制到该表中。

在导入操作结束时，可以选择保存导入信息，即将导入操作保存为导入规格。导入规格可帮助日后重复该导入操作，而不必每次都运行导入向导。

下面就来介绍如何将 SharePoint 列表导入数据库。

操作步骤

1. 查找包含要复制的列表的 SharePoint 网站，并记下该网站的地址。

注意

有效的 SharePoint 网站地址，应当以 http:// 开头，后面跟服务器的名称，并以服务器上特定网站规定的路径结尾。例如，下面就是一个有效的地址：

http://adatum/AnalysisTeam

2. 识别要复制到数据库的列表，然后决定要复制整个列表还是只复制特定视图。可以在一个导入操作中导入多个列表，但是只能导入每个列表的一个视图。
3. 启动 Access 2010，打开要导入列表的目标数据库。
4. 在【外部数据】选项卡上的【导入并链接】组中，单击【其他】旁的下拉按钮，选择【SharePoint 列表】选项，如下图所示。

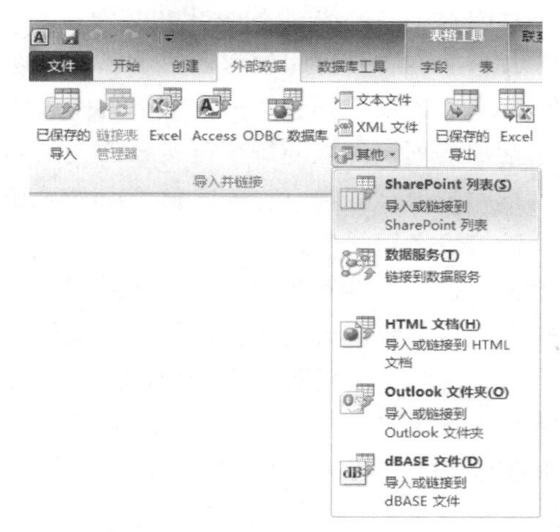

5. 弹出【获取外部数据】对话框，在该向导对话框中输入指定源网站的地址。单击【将源数据导入当前数据库的新表中】单选按钮，单击【下一步】按钮，如下图所示。

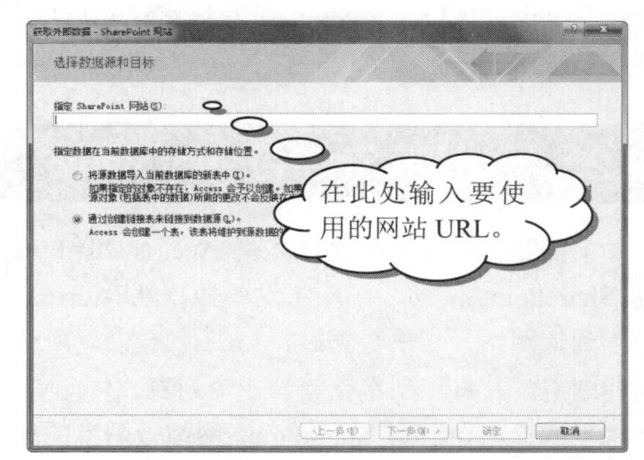

6. 向导将显示可用于导入数据库的列表，选择要导入的列表。
7. 在【要导入的项目】列中，为每个选定的列表选择所需的视图。选择【所有元素】视图可以导入整个

Access 2010 提供了将数据转移到 SharePoint 网站的向导。利用该向导，用户可以很简单地将本地的数据库对象转移到 SharePoint 服务器中，从而使团队的其他成员也可以共享该数据资源。

列表。

如果不想将 SharePoint 列表复制到 Access 数据库中，而只是想基于该列表的内容运行查询和生成报表，则应执行链接而不是导入。

当链接到 SharePoint 列表时，Access 将创建一个反映源列表的结构和内容的新表，该表通常称为链接表。与导入不同，链接操作创建的链接只指向该列表，而不是指向该列表的任何特定视图。

在以下两方面链接比导入的功能更强大。

❖ 添加和更新数据：通过浏览找到 SharePoint 网站，或者通过在 Access 内使用数据表视图或窗体视图，可以对数据进行更改。在一个位置进行的更改会在另一个位置反映出来。

❖ 查阅表：当链接到 SharePoint 列表时，Access 会自动为所有查阅列表创建链接表。如果查阅列表包含其他列表的列，则在链接操作中也包括那些列表，以便每个链接表的查阅列表在数据库中都具有对应的链接表。Access 还在这些链接表之间创建关系。

将 SharePoint 列表通过链接表导入数据库的操作和上面的操作比较类似，只要在弹出的【获取外部数据】对话框中选中【通过创建链接表来链接到数据源】单选按钮，然后单击【下一步】按钮，在显示的可用于链接的列表中选择要链接到的列表，然后单击【确定】按钮，就可完成导入。

值得注意的是，每次打开链接表或源列表时，都会看到其中显示了最新数据。但是，在链接表中不会自动反映对列表进行的结构更改。要通过应用最新的列表结构来更新链接表，方法是右击导航窗格中的表，在弹出的快捷菜单中选择【SharePoint 列表】命令，然后单击【刷新列表】按钮。

9.4.2 导出到 SharePoint 网站

如果需要临时或永久地将某些 Access 2010 数据移动到 SharePoint 网站，则应将这些数据从 Access 数据库导出到该网站。导出数据时，Access 会创建所选表或查询的副本，并将该副本存储为一个列表。

将表或查询导出到 SharePoint 网站最简单的方式是运行导出向导。运行此向导后，可以将设置保存为导出规格，这样无须再次输入，即可重复运行导出操作。

下面将本地 Access 数据导出到 SharePoint 网站，具体操作步骤如下。

操作步骤

1. 找到待导出的表或查询所在的数据库。导出查询时，查询结果中的行和列会被导出为列表项和列，不能导出窗体或报表。
2. 找出要创建列表的 SharePoint 网站，并记下该网站的地址。确保用户有在 SharePoint 网站上创建列表的必要权限。

   导出操作将创建一个与 Access 中的源对象同名的新列表。如果 SharePoint 网站已经有了一个使用该名称的列表，系统会提示为新列表指定其他名称。
3. 启动 Access 2010，打开要导出表或查询的源数据库。
4. 在【外部数据】选项卡上的【导出】组中，单击【其他】下拉按钮，选择【SharePoint 列表】选项，如下图所示。

5. 系统弹出【导出-SharePoint 网站】对话框，如下图所示。

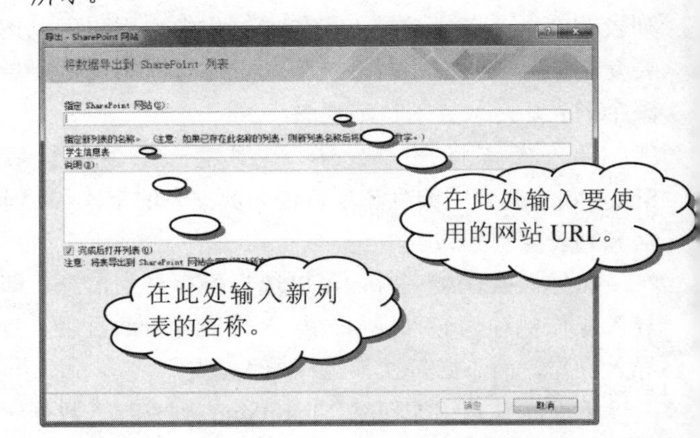

6. 在【指定 SharePoint 网站】文本框中，输入目标网站的地址。在【指定新列表的名称】文本框中，输入新列表的名称。如果数据库中的源对象具有与 SharePoint 网站上的列表相同的名称，请指定其他名

在创建 SharePoint 网站时，会自动显示一个内置公告，用户可以根据需要，编辑或删除这一公告，也可以从主页或公告页上添加自己的公告。

称。还可以选择在【说明】文本框中输入新列表说明，然后选中【完成后打开列表】复选框。

7. 单击【确定】按钮，启动导出过程。

在操作过程中，Windows SharePoint Services 还会根据对应的源字段为每列选择正确的数据类型。

9.5 思考与练习

选择题

1. 下面不是 SharePoint 网站的运行条件的是______。
   A. 有 SharePoint 服务器
   B. 有 SharePoint 技术操作系统
   C. 有联接的网络支持
   D. 安装有 Office 2010

2. 关于 SharePoint 网站技术的说法，下列说法中不正确的是________。
   A. SharePoint 技术可以提高团队的开发效率
   B. SharePoint 技术需要必要的硬件支持
   C. SharePoint 与 HTTP 服务没有区别
   D. SharePoint 技术在将来会有很大的发展

3. 下面关于链接表的说法，错误的是_______。
   A. 通过链接表导入数据，导入的不是源数据的备份
   B. 链接表相当于一个桥梁
   C. 对导入表的修改，不会反映到源表中
   D. 对源表的修改，会反映到导入表中

4. 如果要将数据和服务器上的数据实现同步，下面的实现方法中最简单的是______。
   A. 使用【同步】按钮
   B. 导入网站上的数据
   C. 复制网站上的数据
   D. 导出网站上的数据

操作题

1. 如何将数据从 SharePoint 网站导入到本地数据库中？如果用户有 SharePoint 网站等条件，请自行实验从 SharePoint 网站导入本地数据库的操作。

2. 如何将本地数据库中的数据导出到 SharePoint 网站？请自行实验。

第10章 导入与导出数据

Access 作为一种开放型数据库，支持与多种文件数据进行数据的共享和交互。运用 Access 的数据导入和导出功能，可以实现这种共享，并可以与 Office 中的其他办公软件进行协同工作。

学习要点

- ❖ 导入和导出数据的作用
- ❖ 导入数据的各种方法
- ❖ 可以导入的数据格式
- ❖ 导出数据的各种方法
- ❖ 可以导出的数据格式
- ❖ 导入数据的操作
- ❖ 导出数据的操作
- ❖ 与 Office 软件的协同工作

学习目标

通过学习本章，用户应该掌握 Access 与其他类型数据的共享与交互方法，能够熟练地导入和导出数据。并且，能够根据实际用途，选用合适的导入导出方法。

通过学习，用户还应该对 Office 软件的协同工作有基本的了解，会创建 Outlook 任务，能够利用 Word 的邮件合并向导和 Access 的联系人信息，批量创建信件，能够生成 RTF 文档进行数据的发布等。

10.1 导入/导出数据简介

Access 作为一种典型的开放型数据库，支持与其他类型的数据库文件进行数据的交换和共享，同时也支持与 Windows 程序创建的其他类型的数据文件进行交换。

当数据需要进行交换时，就需要进行数据的导入、导出等操作。Access 2010 提供了比以往任何版本更强大的导入导出功能。

和以前版本相比，Access 2010 停止了对数据访问页对象的支持，转而大幅度提高了网络协同工作的能力。利用 SharePoint 网站实现了数据的共享和交换，利用 Office 中的 Outlook 邮件收发软件，加强了开发人员的协同工作等。下面将带大家一起体会 Access 2010 强大的协同工作功能。

10.2 导入数据

一般而言，数据库获得数据的方式主要有两种，一种是在数据表或者窗体中直接输入数据，另一种是利用 Access 的数据导入功能，将外部数据导入当前数据库中。

简而言之，数据的导入就是将其他格式的数据装到 Access 中，并实现对它们的调用。可将其他格式的数据信息作为源数据，在 Access 中建立一个对源数据的备份。这个备份是以 Access 的数据结构存储的，因此备份的数据单独存在，和原来的数据是分开的。

数据的各种导入操作都是在【外部数据】选项卡的【导入并链接】组中完成的，如下图所示。

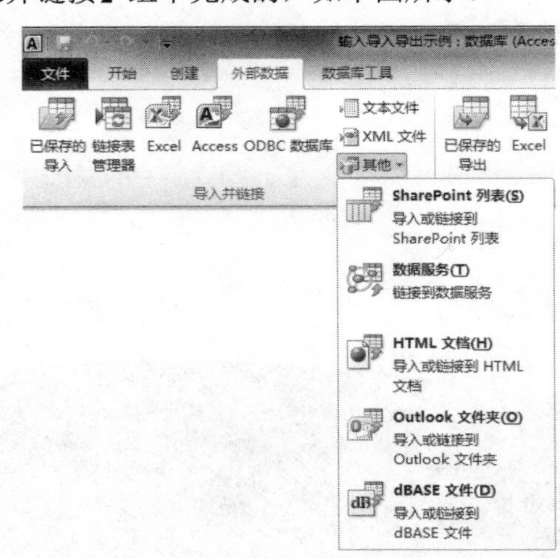

10.2.1 导入数据的类型

Access 可以导入多种数据类型的文件，例如，导入其他数据库中的数据、导入 Excel 文件、导入 TXT 文本文件、导入 XML 文件，或者从 SharePoint 列表中获得文件等。单击【其他】按钮，可以弹出更多 Access 支持的数据类型，比如 ODBC 文件、HTML 文件、dBASE 文件、Paradox 文件、Outlook 文件等。

提示

ODBC 其实不是一种数据类型，而是一种标准。在这里的意思是能够导入所有支持 ODBC(开放数据互联)标准的数据库文件。

在导入数据时，一般都是通过导入向导完成的。使用向导导入数据，可以按照提示一步一步地操作，很容易导入数据。

下面以导入 Excel 数据和 TXT 文本数据为例，介绍数据的导入。

1. 导入 Excel 数据

Excel 具有强大的数据处理功能。在使用过程中，用户可以将数据库中存储的数据导入 Excel 中，在 Excel 中处理以后，再将处理过的数据导入数据库中。

还有一种情况，就是用户在日常工作中，习惯以 Excel 表格形式存储数据，但是当数据特别多时，这种方法的弊端就显现出来了，这时可以建立一个数据库，并将 Excel 表格中的数据导入建立的数据库中。

以上分析的两个问题都涉及 Excel 数据的导入问题。作为 Microsoft Office 的两个办公软件，Excel 和 Access 数据有着良好的兼容性，在 Access 中可以很方便地导入 Excel 电子表格数据。

下面以向“数据导入导出示例”数据库中导入 Excel 电子表格数据为例，介绍导入 Excel 数据的操作步骤。

操作步骤

1. 启动 Access 2010，打开图书配套素材中的“数据导入导出示例”数据库。
2. 单击【外部数据】选项卡下【导入并链接】组中的 Excel 按钮，弹出【获取外部数据-Excel 电子表格】对话框，如下图所示。

数据库中数据的获得方式主要有两种，一种是直接输入数据，另一种是从外部导入数据。由这种分类我们可以看出数据的导入在实际应用中的重要地位。

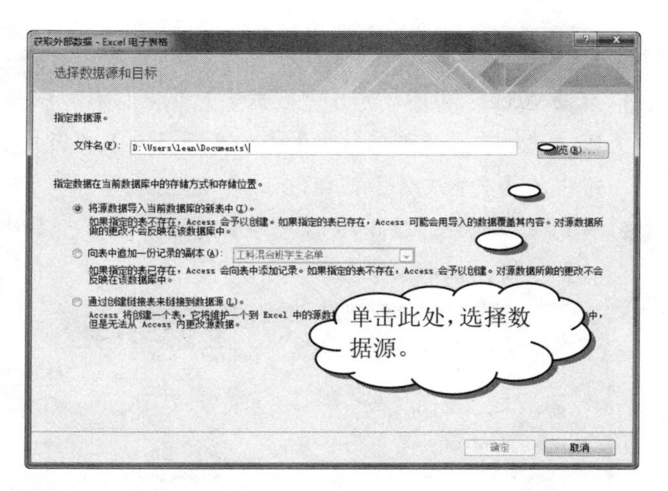

❸ 单击对话框中的【浏览】按钮，在【打开】对话框中选择“学生名单”文件，并且在下面选中【将源数据导入当前数据库的新表中】单选按钮，单击【确定】按钮，弹出【导入数据表向导】对话框，如下图所示。

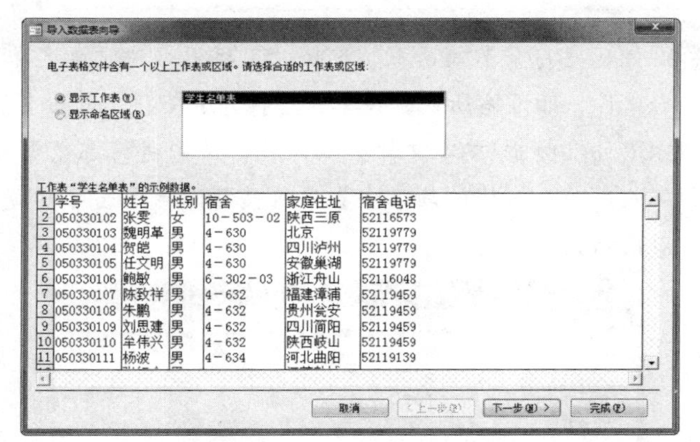

❹ 单击【显示工作表】单选按钮，单击【下一步】按钮，弹出选定字段名称的对话框，如下图所示。

❺ 选中【第一行包含列标题】复选框，单击【下一步】按钮，弹出指定字段对话框，单击下面预览窗口中的各个列，则可以在上面显示相应的字段信息，设置字段名称、数据类型等信息，如下图所示。

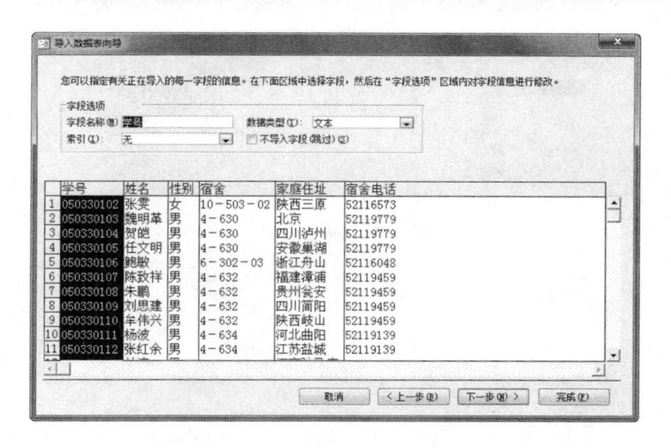

❻ 单击【下一步】按钮，弹出设置主键对话框，选中【我自己选择主键】单选按钮，并选择“学号”字段，如下图所示。

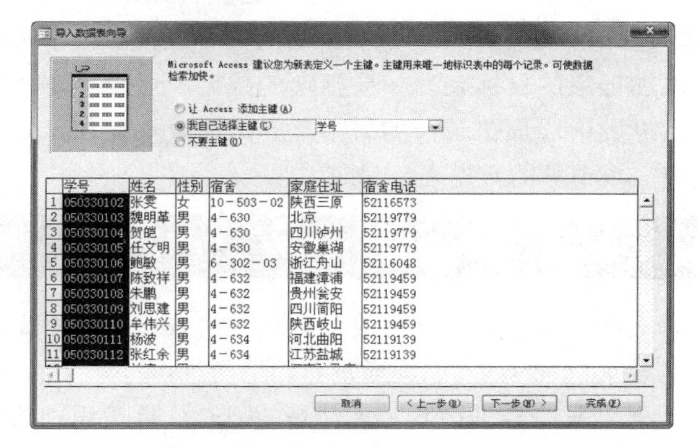

❼ 单击【下一步】按钮，在弹出的对话框中输入数据表名称为“学生名单表”，单击【完成】按钮，弹出是否要保存导入步骤的对话框，如下图所示。

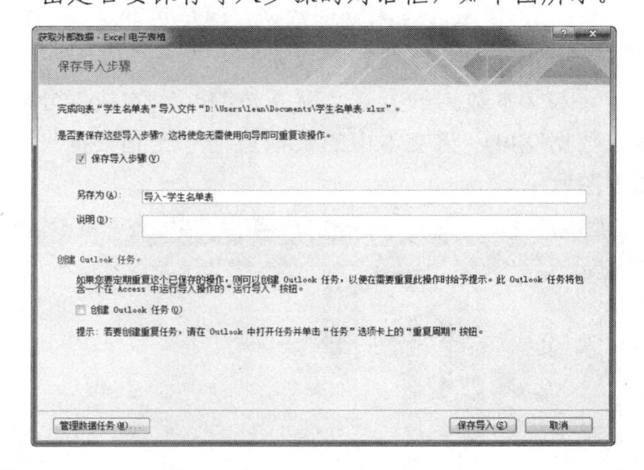

❽ 输入必要的说明信息，单击【保存导入】按钮，完成导入数据和保存导入步骤。在导航窗格中可以看到，“学生名单表”已经导入。

❾ 双击打开“学生名单表”，可以看到导入的数据表，如下图所示。这样，表中的数据已经和原来的 Excel 表完全脱离了关系，用户可以对数据表中的数据进行任意修改。

建立链接表之后，如果在数据表的设计视图中改变了字段名称，就会破坏链接，导致数据列的丢失。有些数据类型可以更改，有些无法更改。

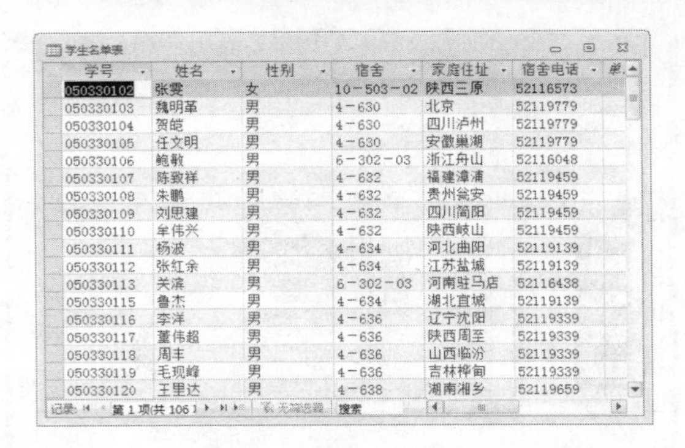

学生名单表

学号	姓名	性别	宿舍	家庭住址	宿舍电话
050330102	张雯	女	10－503－02	陕西三原	52116573
050330103	魏明革	男	4－630	北京	52119779
050330104	贺皑	男	4－630	四川泸州	52119779
050330105	任文明	男	4－630	安徽巢湖	52119779
050330106	鲍敏	男	6－302－03	浙江舟山	52116048
050330107	陈致祥	男	4－632	福建漳浦	52119459
050330108	朱鹏	男	4－632	贵州瓮安	52119459
050330109	刘思建	男	4－632	四川简阳	52119459
050330110	牟伟兴	男	4－632	陕西岐山	52119459
050330111	杨波	男	4－634	河北曲阳	52119139
050330112	张红余	男	4－634	江苏盐城	52119139
050330113	关滨	男	6－302－03	河南驻马店	52116438
050330115	鲁杰	男	4－634	湖北宜城	52119139
050330116	李洋	男	4－636	辽宁沈阳	52119339
050330117	董伟超	男	4－636	陕西周至	52119339
050330118	周丰	男	4－636	山西临汾	52119339
050330119	毛现峰	男	4－636	吉林桦甸	52119339
050330120	王里达	男	4－638	湖南湘乡	52119659

记录: 第 1 项(共 106 项) 搜索

在【获取外部数据源-Excel 电子表格】对话框中有 3 个导入选项，上例中选用了第 1 个选项，即【将源数据导入当前数据库的新表中】，那么如果选择第 2 个选项【向表中追加一份记录的副本】，会执行什么操作呢？

选择第 2 个选项，然后在右边的下拉列表框中选择要添加记录的目标表，如果指定的数据表已经存在，则向数据表中添加记录；如果指定的数据表不存在，则会创建一个单独的数据表。

2. 导入 TXT 文本数据

文本型数据也是常用的数据存储格式之一。将文本数据导入 Access 的原因通常有以下两种。

❖ 有些数据格式是无法被 Access 直接识别的，但又想在数据库中使用这些数据，可以首先将源数据导出为文本文件，然后将文本文件的内容导入 Access 表中。

❖ 使用 Access 来管理数据，但是定期从其他程序中接收文本格式的数据。

导入文本数据的方式，就是按照一定的数据分割符号或数据宽度，将文本中的数据自动分配到数据表中，如下图所示。

工科混合班学生名单.txt - 记事本

文件(F) 编辑(E) 格式(O) 查看(V) 帮助(H)

```
学号	姓名	性别	宿舍
010310309	陆	男	4-231
010310401	李娜	女	8-102-04
010310608	李荣辉	男	4-316
020310205	石燕栋	男	2-115
020310206	南向军	男	2-115
030310224	周天羽	男	21-1606-02
030310409	唐沈健	男	21-1603-01
030310410	李吉晨	男	21-1603-01
030310508	周荣	男	21-1601-01
030310538	王思维	男	21-1602-04
030310602	熊小玲	女	11-303-04
030340114	邱鑫	男	21-1706-05
040320106	徐烨	女	10-101-04
040320210	胡鹏	男	21-403-03
040320214	朱颖锋	男	21-403-04
040320309	郁超	男	21-501-01
040320412	陈蔚	男	21-504-01
040320413	刘静	男	21-504-01
```

导入 TXT 文本数据的步骤和导入 Excel 数据的步骤类似。下面以向“数据导入导出示例”数据库中导入“工科混合班学生名单”文本数据为例，介绍导入 TXT 文本数据的操作步骤。

操作步骤

❶ 启动 Access 2010，打开“数据导入导出示例”数据库，然后单击【外部数据】选项卡下【导入并链接】组中的【文本文件】按钮。

❷ 弹出【获取外部数据-文本文件】对话框，单击【浏览】按钮，如下图所示。

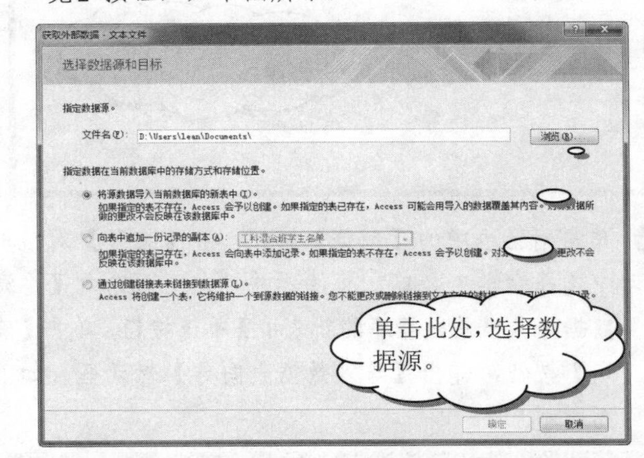

❸ 弹出【打开】对话框，选择“工科混合班学生名单”文件，如下图所示，并单击【打开】按钮，返回【获取外部数据-文本文件】对话框，选中【将源数据导入当前数据库的新表中】单选按钮，再单击【确定】按钮。

❹ 弹出【导入文本向导】对话框，可以看到数据出现乱码，如下图所示，单击【高级】按钮。

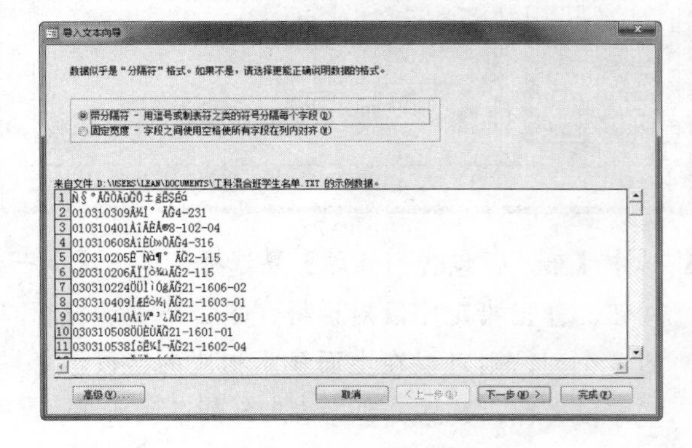

长见识 创建的“链接表”可以直接修改数据，修改后的数据会直接传递到数据源表中。同样，在数据源表中修改数据以后，数据库中的“链接表”也会自动进行更新。

❺ 弹出导入规格对话框，用户可以在该对话框中对文本的文件格式、编码类型等进行设置，如下图所示。

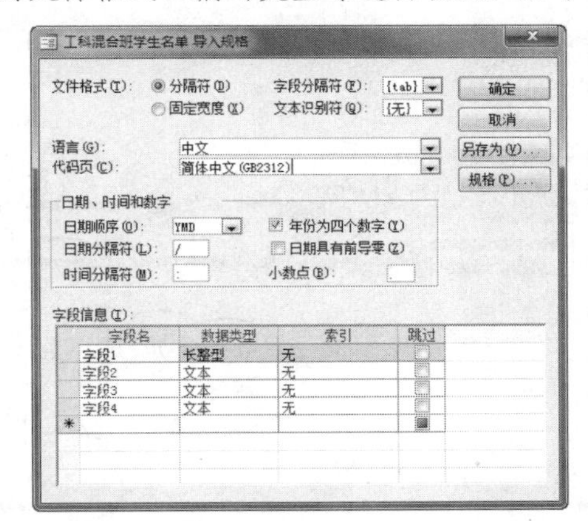

❻ 将【代码页】下拉列表框中的【土耳其文(Windows)】选项更改为【简体中文(GB2312)】，单击【确定】按钮，即可正确显示数据文件，如下图所示。

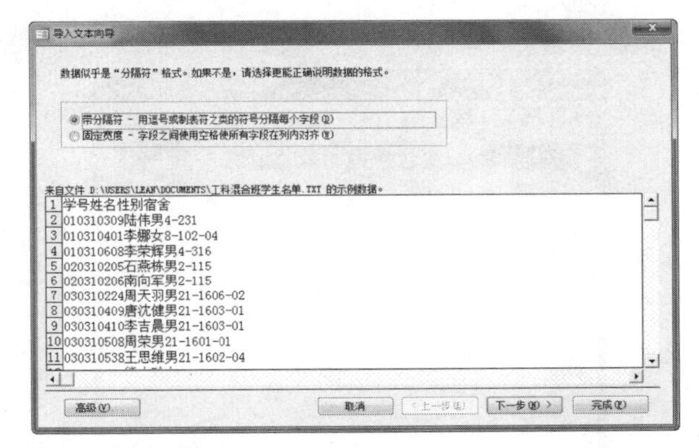

❼ 选中【带分割符】单选按钮，单击【下一步】按钮，弹出选择分割符对话框，在该对话框中选择数据的分割符，在对话框的下方是预览页面，如下图所示。

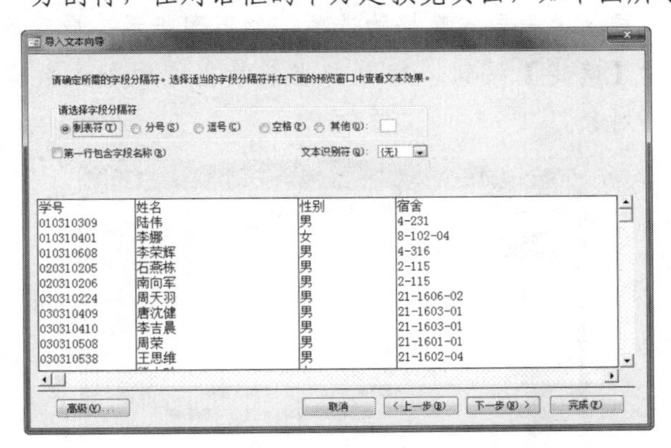

提示

如果用户选中【固定宽度】单选按钮，那么就会在下一步中弹出设定宽度的对话框。可根据设定的字符宽度来分割数据，具体操作步骤请读者自行练习。

❽ 单击【下一步】按钮，弹出设置字段对话框。用户可在对话框中设置每一列的字段名称、数据类型等，如下图所示。

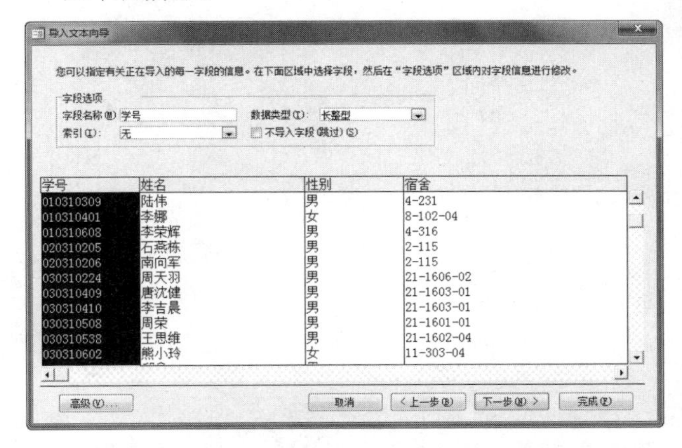

❾ 单击【下一步】按钮，弹出设置主键对话框，选中【我自己选择主键】单选按钮，并选择“学号”字段，如下图所示。

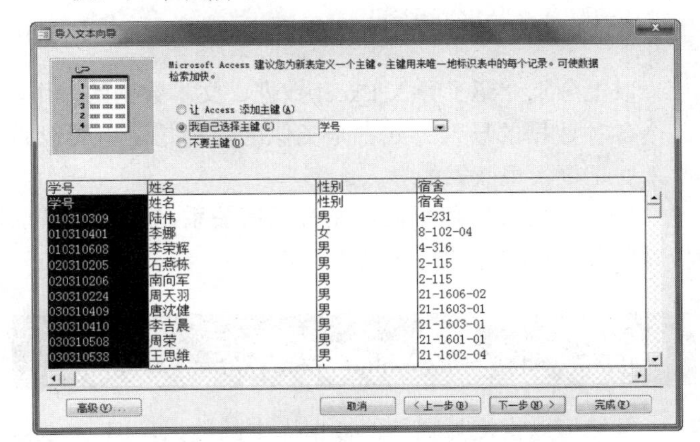

❿ 单击【下一步】按钮，在弹出的对话框中输入数据表名称为“工科混合班学生名单”，单击【完成】按钮，弹出是否要保存导入步骤的对话框，如下图所示。

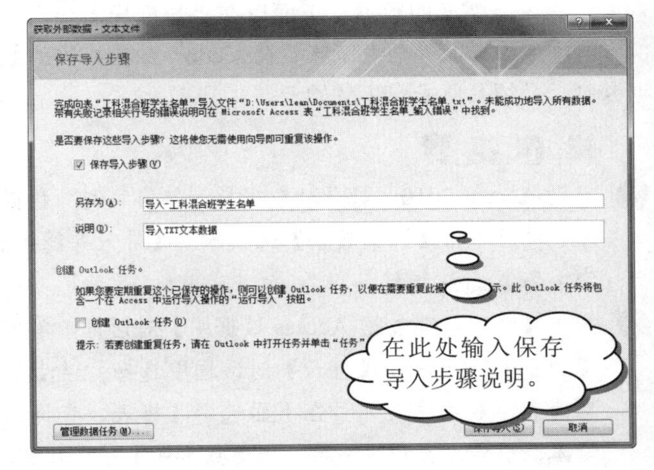

长见识：为了数据库的安全性，用户应该对数据库进行备份。备份的数据库文件名中直接包含当前的系统时间，便于今后对数据库进行查询或管理。

11 输入必要的说明信息，单击【保存导入】按钮，在导航窗格中可以看到，“工科混合班学生名单.txt”文件已经被导入。双击打开“工科混合班学生名单”数据表，可以看到导入的数据记录，如下图所示。

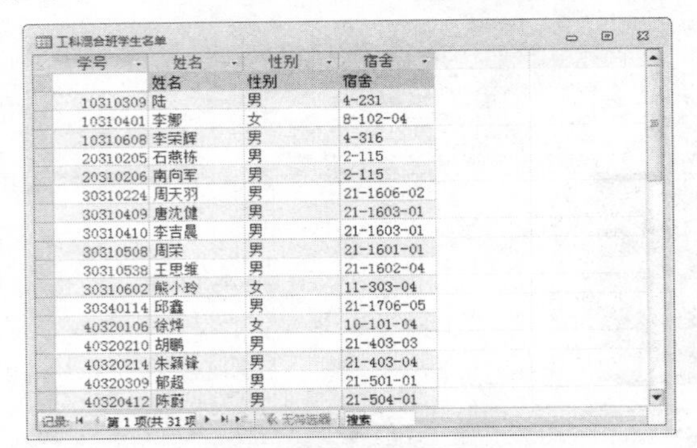

工科混合班学生名单

学号	姓名	性别	宿舍
	姓名	性别	宿舍
10310309	陆	男	4-231
10310401	李娜	女	8-102-04
10310608	李荣辉	男	4-316
20310205	石燕栋	男	2-115
20310206	南向军	男	2-115
30310224	周天羽	男	21-1606-02
30310409	唐沈健	男	21-1603-01
30310410	李吉晨	男	21-1603-01
30310508	周荣	男	21-1601-01
30310538	王思维	男	21-1602-04
30310602	熊小玲	女	11-303-04
30340114	邱鑫	男	21-1706-05
40320106	徐烨	女	10-101-04
40320210	胡鹏	男	21-403-03
40320214	朱颖锋	男	21-403-04
40320309	郁超	男	21-501-01
40320412	陈蔚	男	21-504-01

记录: 第 1 项(共 31 项 无筛选器 搜索

提示

以上是以导入 TXT 文件为例来说明导入文本文件的操作，其实导入文件还有多种，Access 支持以下面的字符为扩展名的字符文件：.txt、.csv、.asc 和 .tab。

以上分别介绍了导入 Excel 数据、文本数据的操作，其余各种数据的导入方式都是类似的，都是运用类似的导入对话框实现数据的导入。

导入后的数据和源数据没有任何关系，用户可以直接对各种数据进行调用和修改。

10.2.2 导入 Access 数据

虽然可以直接复制其他数据库中的数据，但 Access 也提供了直接导入的功能，这样就能够在不打开其他数据库的情况下导入数据。

单击【导入并链接】组中的 Access 按钮启动【获取外部数据-Access 数据库】向导，即可按照向导的要求，一步步导入所需要的数据。下面以在“数据导入导出示例”数据库中导入“学生信息简表.accdb”数据库中的数据为例，介绍具体操作步骤如下。

操作步骤

1 启动 Access 2010，打开“数据导入导出示例”数据库，然后单击【外部数据】选项卡下【导入并链接】组中的 Access 按钮。

2 弹出【获取外部数据-Access 数据库】对话框，单击【浏览】按钮，在【打开】对话框中选择“学生信息简表”数据库，并且在下面选中【将表、查询、窗体、报表、宏和模块导入当前数据库】单选按钮，单击【确定】按钮，如下图所示。

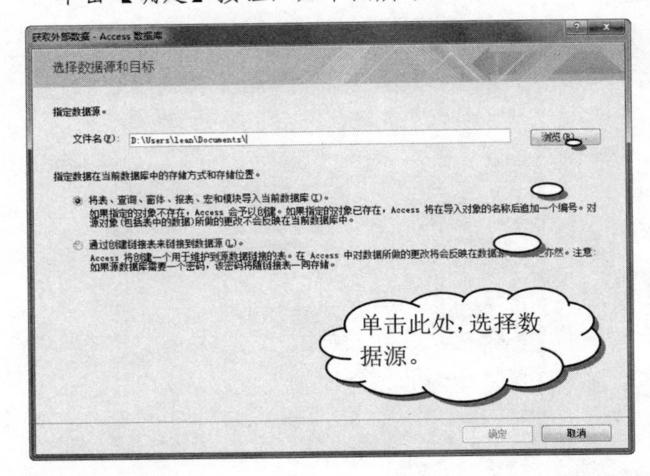

3 进入【导入对象】对话框，选择要导入的数据库对象。在本例中，我们选择“学生信息表”和“学生就业表”，如下图所示。在【窗体】选项卡下选择“数据透视图_学生信息”窗体。

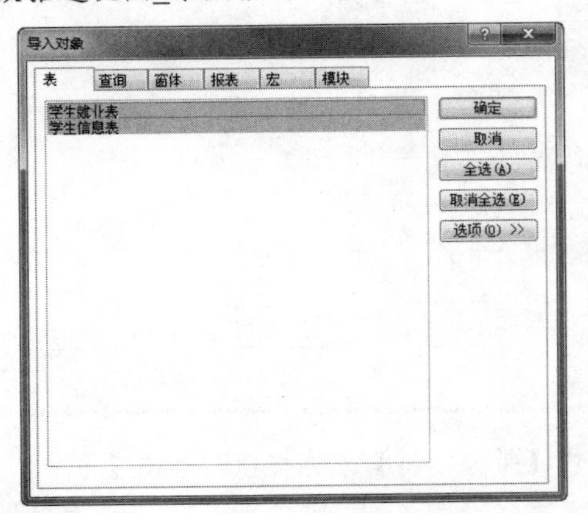

4 若单击【选项】按钮，则在【导入对象】对话框中显示关于导入数据的选项，如下图所示。最后单击【确定】按钮，即可向当前数据库中导入数据库对象。

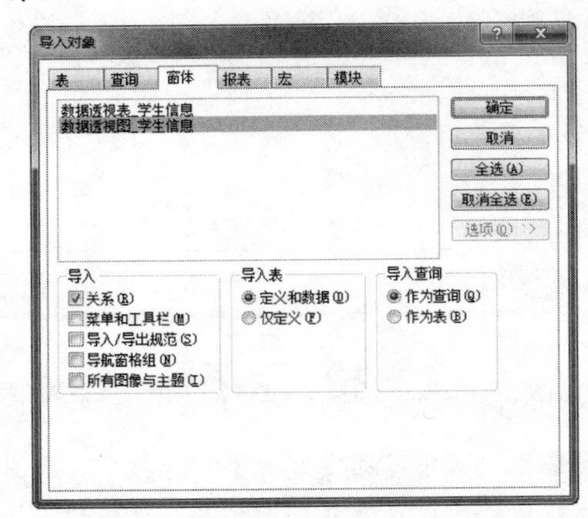

5 在导入数据以后，Access 会继续弹出【获取外部数

在大多数情况下，Access 都会启动“导出”向导。该向导可能会要求用户提供一些信息，例如，目标文件名和格式、是否包括格式和布局、要导出哪些记录等。

据】对话框，询问是否要保存该导入步骤，如下图所示。

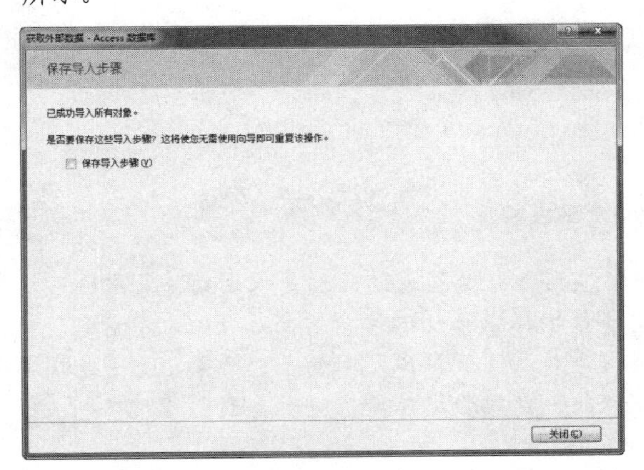

6 选中【保存导入步骤】复选框，则会显示保存导入步骤对话框，要求用户输入必要的信息，如【另存为】、【说明】等，并且在对话框的下方，会询问是否要建立一个 Outlook 任务，如下图所示。

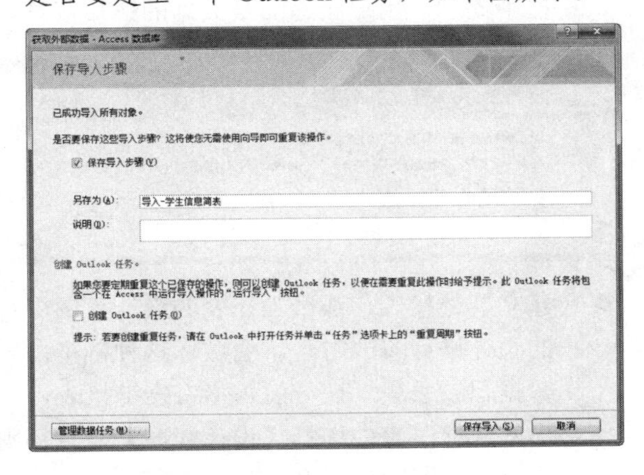

提示

保存导入步骤后，以后要想导入同样的数据文件时，就可以不运行向导，而直接运行保存的步骤。关于这部分内容，我们在下面还要详细介绍。

7 单击【保存导入】按钮，保存该导入步骤。这样就完成了从外部数据库导入数据的操作。在导航窗格中，我们可以看到已经导入的数据对象，如下图所示。

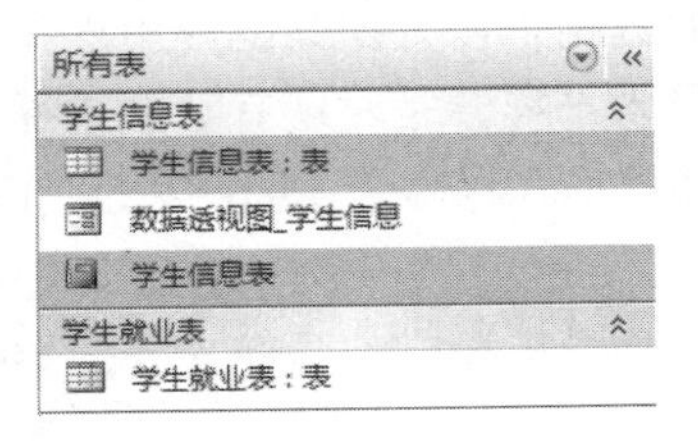

导入完成后，上面选定的各个数据对象就会成为当前数据库中的内容，与在本数据库中创建的对象完全相同，并且如果在【导入】选项组中选中了【关系】复选框，表关系也会一起导入。

但是由于以下两个原因，导入的数据也可能无法正常使用。

- 查询、窗体等数据对象导入以后，如果当前的数据库中没有它们的源数据表，将无法正常使用。
- 宏和 VBA 模块导入以后，如果没有相应的窗体、报表等对象，也可能无法正常使用。

在上面例子的第 2 步中，可以看到还有【通过创建链接表来链接到数据源】选项，那么如果选择该选项有什么不同呢？

这个问题涉及链接、链接表等一系列的问题。关于用链接表导入数据，将在下面的章节详细介绍。

10.2.3　利用链接表导入数据

所谓链接，就是在源文件和要建立的目标文件之间建立一个映射，当源文件被修改以后，修改的结果也会同步显示到目标文件中。Access 2010 提供了通过链接表导入数据的功能。通过链接表导入数据，其实只是导入源数据的一个链接，而不是真正复制一份数据。

利用链接表的这种功能，可以实现数据的共享。需要修改数据时，只要对源数据进行一次修改，就可以对所有用户使用的目标数据实现修改，并且在一定程度上，这种存储方式还可以大大减少存储空间。

下面介绍如何利用链接表向“数据导入导出示例”数据库中导入 Access 数据，具体操作步骤如下。

操作步骤

1 启动 Access 2010，打开“数据导入导出示例”数据库，然后单击【外部数据】选项卡下【导入并链接】组中的 Access 按钮。

2 弹出【获取外部数据-Access 数据库】对话框，选中【通过创建链接表来链接到数据源】单选按钮，接着单击【浏览】按钮，并在【打开】对话框中选择“宏示例”数据库，最后单击【确定】按钮，如下图所示。

Access 提供了导入向导以帮助用户导入外部数据。利用导入向导，用户可以方便地将 Access 数据库支持的数据导入到当前数据库中。

长见识

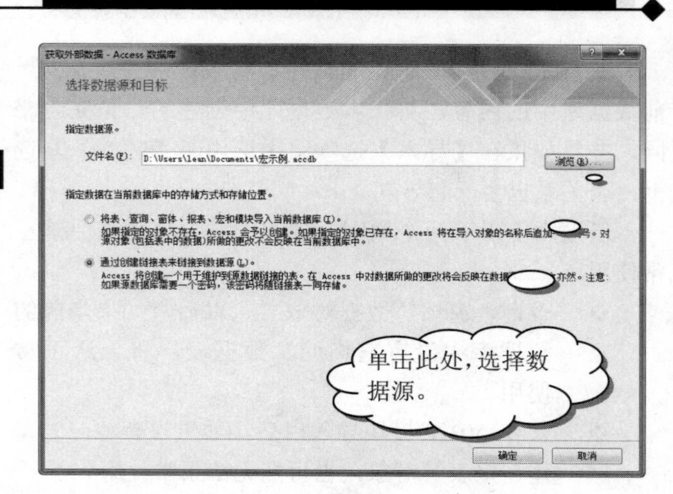

❸ 弹出【链接表】对话框，选择“联系人”表，单击【确定】按钮，开始导入数据，如下图所示。

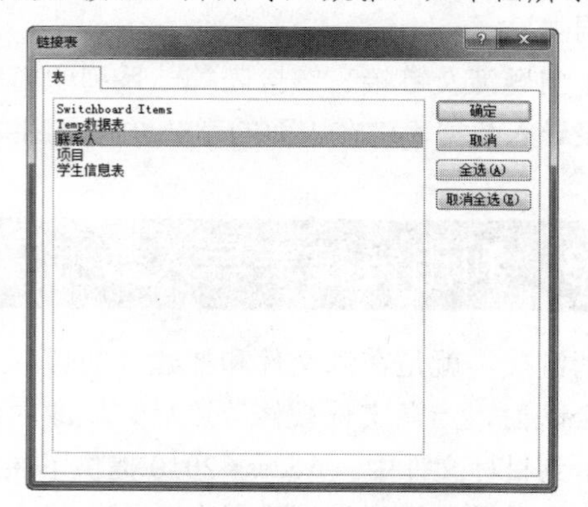

❹ 数据导入完成后，用户可以在导航窗格中看到该链接表，该表前面有一个小箭头，如下图所示。

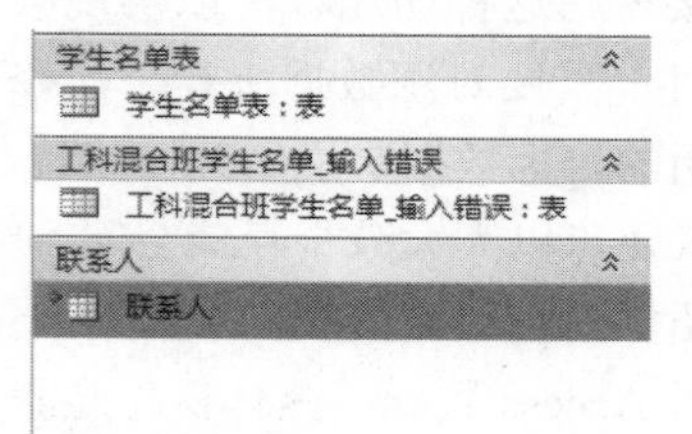

❺ 双击打开“联系人”数据表，可以看到数据表中的各条记录如下图所示。

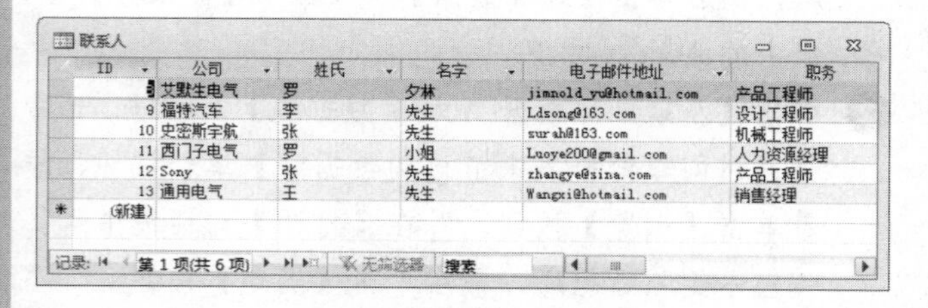

ID	公司	姓氏	名字	电子邮件地址	职务
[illegible]	艾默生电气	罗	夕林	jimnold_yu@hotmail.com	产品工程师
9	福特汽车	李	先生	Ldsong@163.com	设计工程师
10	史密斯宇航	张	先生	surah@163.com	机械工程师
11	西门子电气	罗	小姐	Luoye200@gmail.com	人力资源经理
12	Sony	张	先生	zhangye@sina.com	产品工程师
13	通用电气	王	先生	Wangxi@hotmail.com	销售经理
(新建)					

记录: 第 1 项(共 6 项)　无筛选器　搜索

❻ 当用户在“联系人”数据表中增加一条记录，重新打开“数据导入导出示例”数据库中的链接表，可以看到数据记录已经发生了变化，如下图所示。

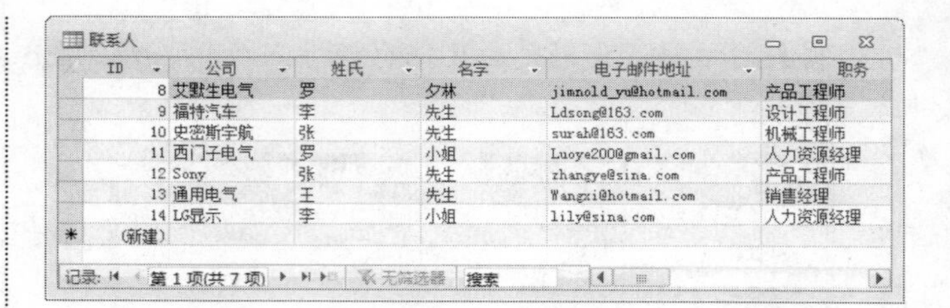

ID	公司	姓氏	名字	电子邮件地址	职务
8	艾默生电气	罗	夕林	jimnold_yu@hotmail.com	产品工程师
9	福特汽车	李	先生	Ldsong@163.com	设计工程师
10	史密斯宇航	张	先生	surah@163.com	机械工程师
11	西门子电气	罗	小姐	Luoye200@gmail.com	人力资源经理
12	Sony	张	先生	zhangye@sina.com	产品工程师
13	通用电气	王	先生	Wangxi@hotmail.com	销售经理
14	LG显示	李	小姐	lily@sina.com	人力资源经理
(新建)					

记录: 第 1 项(共 7 项)　无筛选器　搜索

提示

实际上，链接表的改动是双向的。用户也可以在当前数据库中修改记录，而在源数据表中看到变化。链接表就如同数据库之间的一座桥梁，无论在哪端进行修改，链接数据库都会同时更新。

链接表和一般的数据表还有一些不同之处，在使用时要特别注意以下两点。

- 在导航窗格中选定链接表，按下 Delete 键，系统会弹出如下图所示的确认删除对话框。对话框中提示，用户删除的是数据的链接信息，而不是数据表本身。

- 建立了链接表，那么当在表的设计视图中对表的设计进行修改时，就会破坏这种链接，导致数据记录丢失。在导航窗格右击链接表，在弹出的快捷菜单中选择【设计视图】命令，则会弹出如下图所示的提示框。

10.3　导出数据

为了数据库的安全性和数据共享，需要对数据库进行数据的导出操作。

简而言之，数据的导出就是将 Access 中的数据转换为其他格式的数据，以方便其他应用程序调用。数据导出和数据的导入一样，是对现有数据进行备份，这个备份是以其他数据形式存储的，因此和现有的 Access 数据没有直接的关系。

数据的各种导出操作都是在【外部数据】选项卡中

长见识　导入数据有两种方式，一种是直接将外部数据复制到当前数据库中，复制的文件与源文件相互独立；另一种就是通过链接表，将源数据文件链接到当前数据库中。

的【导出】组中完成的，如下图所示。

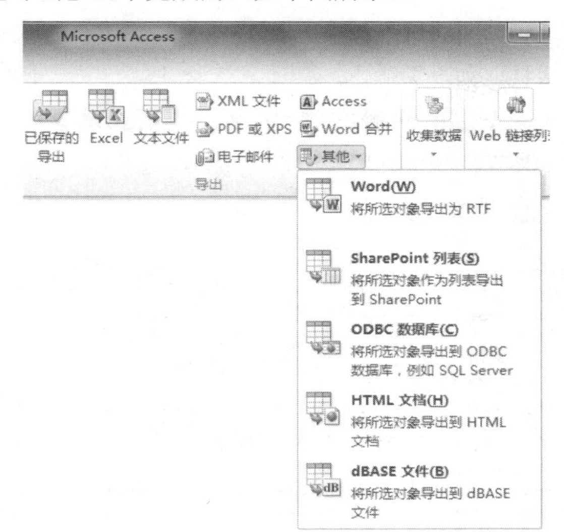

10.3.1　Access 导出的数据类型

Access 可以将现有数据导出为多种数据类型，包括 Excel 文件、SharePoint 列表、文本文件、Word 文件等。单击【其他】按钮，可以弹出更多 Access 可以导出的数据类型，比如 XML 文件、HTML 文件、dBASE 文件、Paradox 文件等。

在导出数据时，是通过 Access 的导出向导完成的，按照提示的步骤操作，可以很容易地导出数据。

由于在数据库中，数据表是存储各种数据的唯一对象，因此导出数据一般就是导出数据表和查询，不可以对数据库做整体的导出。

下面以导出 Excel 数据和 TXT 文本数据为例，介绍数据的导出。

1. 导出到 Excel 电子表格

Excel 具有强大的数据运算和分析处理功能，我们可以将数据库中存储的数据导入 Excel 中进行处理，然后再将处理过的数据导入数据库中。

能够导出到 Excel 中的数据库对象一般为数据表或者查询、窗体等。下面就以将“数据导入导出示例”数据库中的“学生信息表”导出到 Excel 中为例，介绍将 Access 数据表导出到 Excel 的操作。

操作步骤

1. 启动 Access 2010，打开“数据导入导出示例”数据库。
2. 在导航栏中选择“学生信息表”，单击【外部数据】选项卡下【导出】组中的 Excel 按钮，弹出选择操作目标的对话框，如下图所示。

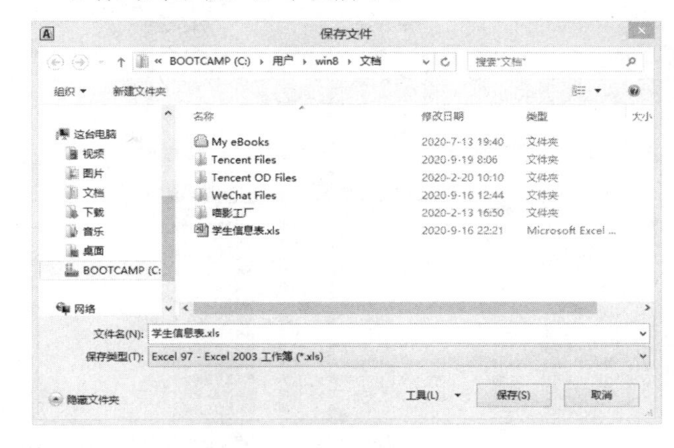

3. 单击对话框中的【浏览】按钮，在【保存文件】对话框中选择存储地址，在下面的【文件格式】下拉列表框中选择“Excel 97-Excel 2003 工作簿(.xls)”，如下图所示。

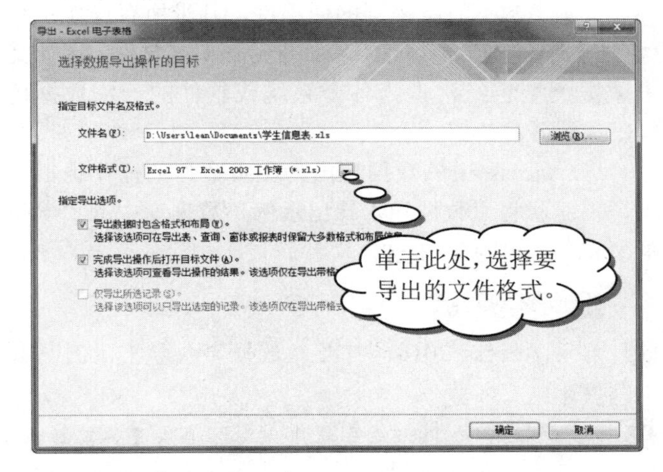

4. 单击【保存】按钮，在如下图所示的界面中，选中【导出数据时包含格式和布局】复选框和【完成导出操作后打开目标文件】复选框，如下图所示。

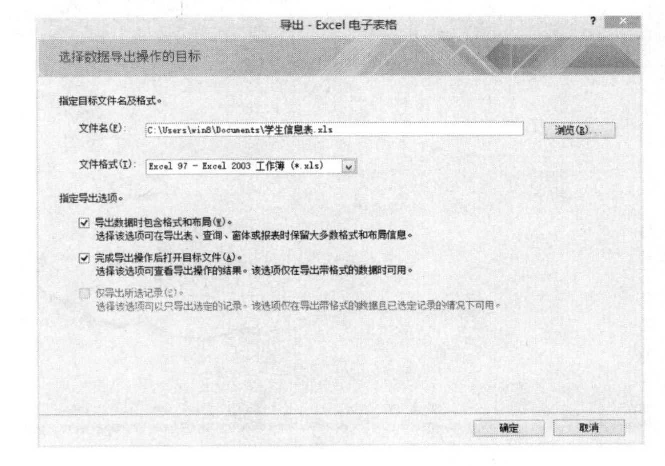

从其他 Access 数据库中导入查询、窗体或报表等数据库对象后，如果当前数据库中没有作为数据源的表，那么这些数据库对象可能无法正常使用。

长见识

5 单击【确定】按钮，即可完成导出，并自动打开 Excel 显示导出的数据，如下图所示。

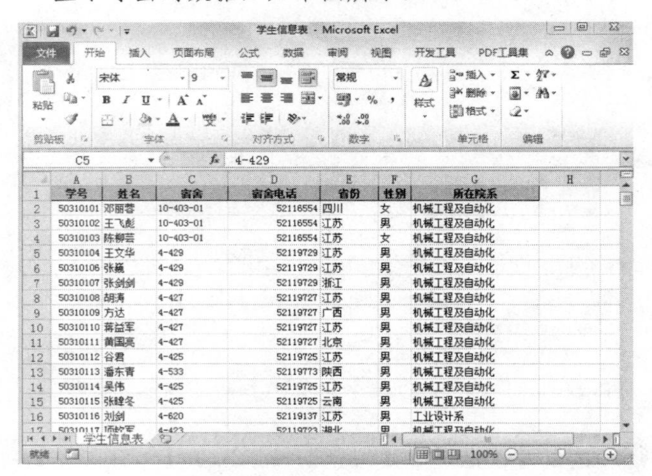

2. 导出为 TXT 文本数据

文本型数据有着极强的通用性，几乎所有操作系统(如 Windows、Linux、UNIX)都支持该格式文件，因此文本数据类型也经常作为各个系统或软件的一座数据桥梁，存储各种数据。

将 Access 中的数据导出为文本数据的操作也很简单，下面就将“数据导入导出示例”数据库中的“学生信息表”导出为 TXT 文本文件。

操作步骤

1 启动 Access 2010，打开“数据导入导出示例”数据库。

2 在导航栏中选择“学生信息表”，单击【外部数据】选项卡下【导出】组中的【文本文件】按钮，弹出选择操作目标的对话框，如下图所示。

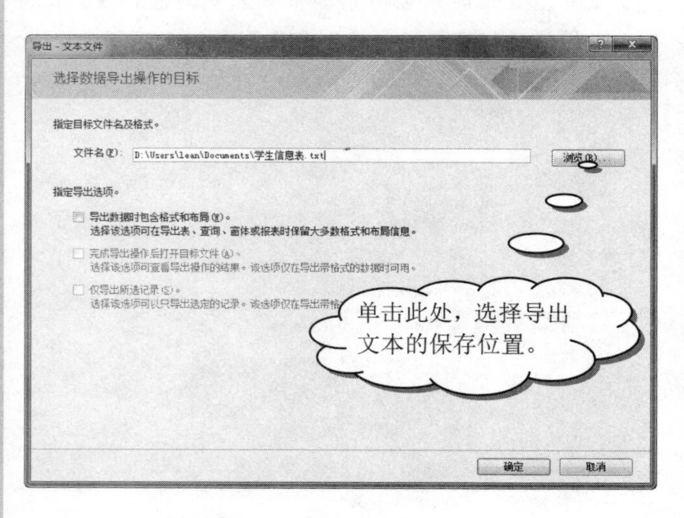

3 单击【浏览】按钮，在【打开】对话框中选择存储地址，单击【确定】按钮，弹出选择导出格式的对话框，如下图所示。

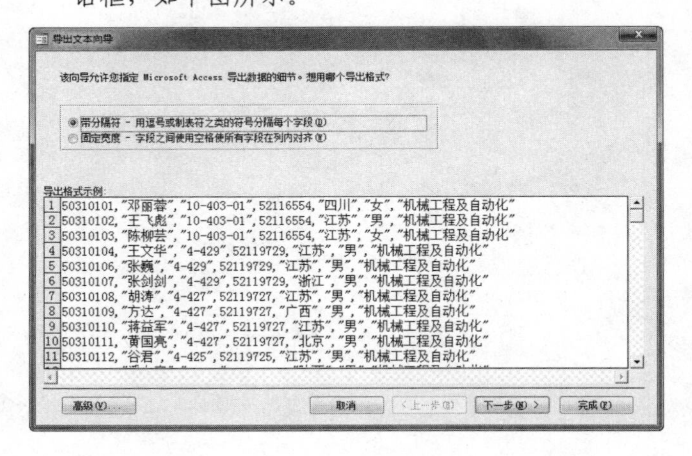

4 单击【下一步】按钮，弹出设置分割符的对话框，设置分割符为“逗号”，如下图所示。

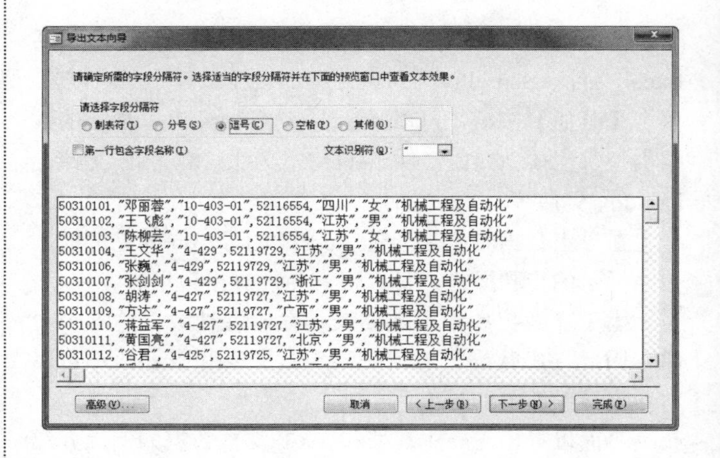

5 单击【下一步】按钮，选择好存储地址和文件名称，单击【确定】按钮，完成导出。

6 进入目标文件夹，打开该文件，可以看到数据的导出结果，如下图所示。

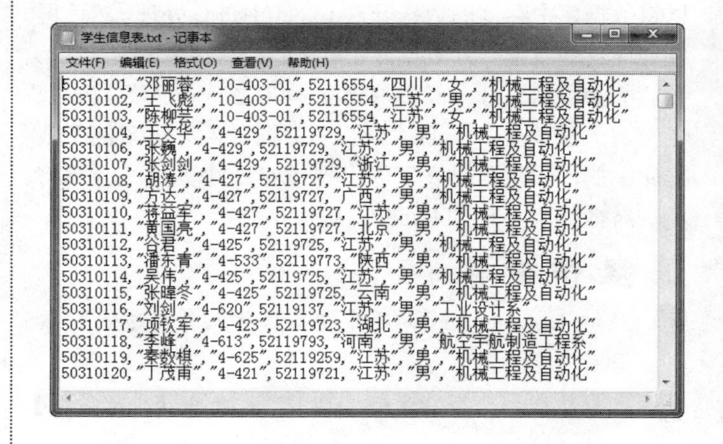

长见识：数据导出到 Excel 电子表格时，也可以选择计算机中已有的 Excel 电子文档，导出后的数据将以一张新的工作表的形式出现在工作簿中。

❼ 按照相似的方法，可以将数据表保存为 HTML 文件、XML 文件等，如下面两幅图所示。

学生信息表

50310101	邓丽蓉	10-403-01	52116554	四川	女	机械工程及自动化
50310102	王飞彪	10-403-01	52116554	江苏	男	机械工程及自动化
50310103	陈柳芸	10-403-01	52116554	江苏	女	机械工程及自动化
50310104	王文华	4-429	52119729	江苏	男	机械工程及自动化
50310106	张巍	4-429	52119729	江苏	男	机械工程及自动化
50310107	张剑剑	4-429	52119729	浙江	男	机械工程及自动化
50310108	胡涛	4-427	52119727	江苏	男	机械工程及自动化
50310109	方达	4-427	52119727	广西	男	机械工程及自动化
50310110	蒋益军	4-427	52119727	江苏	男	机械工程及自动化
50310111	黄国亮	4-427	52119727	北京	男	机械工程及自动化
50310112	谷君	4-425	52119725	江苏	男	机械工程及自动化

10.3.2　导出到其他 Access 数据库

虽然用户可以直接将数据复制到其他数据库中，但 Access 也提供了直接导出功能，这样就能够在不打开其他数据库的情况下导出数据。

下面以将“数据导入导出示例”数据库中的“学生信息表”导出到“联系人”数据库为例进行介绍，具体操作步骤如下。

操作步骤

❶ 启动 Access 2010，打开“数据导入导出示例”数据库。

❷ 在导航栏中选择“学生信息表”，单击【外部数据】选项卡下【导出】组中的 Access 按钮，弹出选择目标数据库对话框，如下图所示。

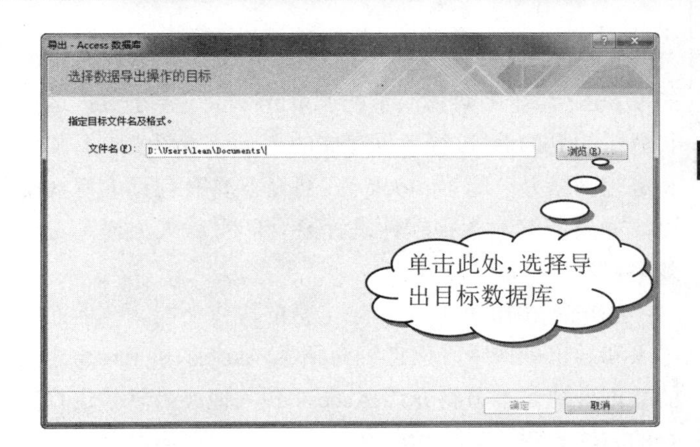

❸ 在对话框中单击【浏览】按钮，在弹出的【保存文件】对话框中选择“联系人”数据库，单击【确定】按钮，弹出【导出】对话框，如下图所示。

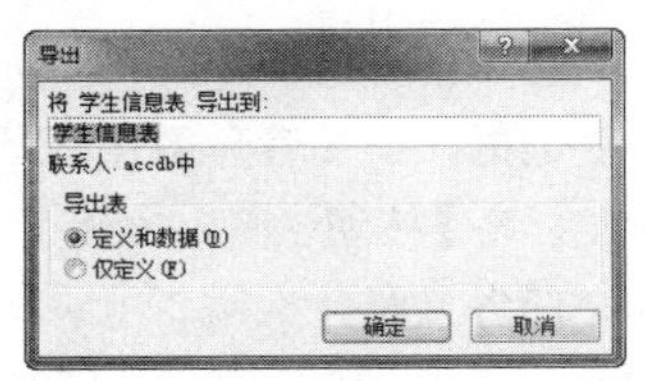

❹ 输入要导出的数据表名称，设定表的导出类型，单击【确定】按钮，即可完成数据的导出。选中【保存导出步骤】复选框，如下图所示。

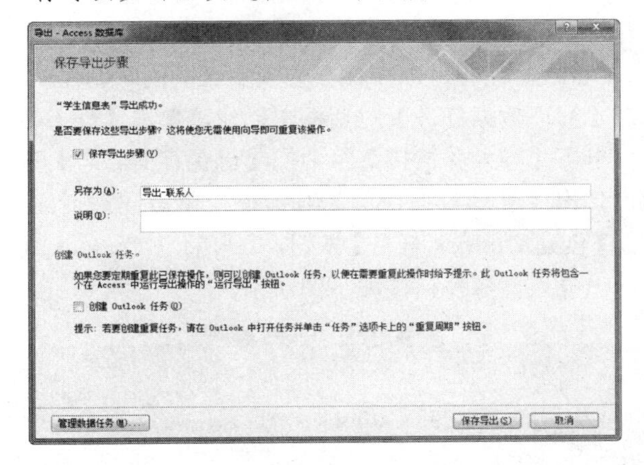

❺ 输入保存的名称和必要的说明信息，单击【保存导出】按钮，保存该导出步骤。

至此，就完成了导出数据表的各种操作，如果要导出到其他 Access 数据库，那么其他数据库对象如窗体、报表、VBA 代码、宏等都是可以导出的，并且导出步骤也很简单，这些内容请用户自己练习。

10.4　Office 软件的合作

Microsoft Office 办公软件包是 Microsoft 公司推出的

办公工具集，该软件包中，提供了用于文字处理和排版的 Word、用于多媒体演示的 PowerPoint、善于数据运算和分析的 Excel、进行数据存储的 Access、用于收发邮件和进行网络办公的 Outlook 等。各种软件有自己的专业用途，如果能够对各种软件进行整合，可以大大提高工作效率。

Office 2010 软件提供了丰富的协作功能。在前面的导入和导出操作中，已详细介绍了 Access 和 Excel 之间的数据传递。本节将介绍 Access 和其他办公软件进行整合的方法。

10.4.1 用 Outlook 建立 Access 任务

在保存导入或导出操作的对话框中有一个【创建 Outlook 任务】复选框，在【管理数据任务】对话框中也有【创建 Outlook 任务】按钮，那么为什么要创建 Outlook 任务呢？Outlook 任务又是什么呢？

创建一个 Microsoft Office Outlook 2010 任务，实际上就是在办公软件中设置一个定时提醒，提醒用户定期导入数据。并且为了便于用户操作，Microsoft Office Outlook 2010 任务提供了一个按钮，利用该按钮，无须打开 Access 数据库就可以运行设定的导入操作。

Outlook 任务可以在保存导入步骤的同时创建，也可以在【管理数据任务】对话框中创建。单击【外部数据】选项卡下【导入并链接】组中的【已保存的导入】按钮，即可弹出【管理数据任务】对话框。单击该对话框最下方的【创建 Outlook 任务】按钮，即可启动 Outlook 2010，并弹出导入任务窗口，如下图所示。

注意

如果没有安装 Outlook，Access 就会显示一条错误消息。如果 Outlook 配置不正确，“Outlook 启动向导”就会启动，用户可以按向导中的说明配置 Outlook。

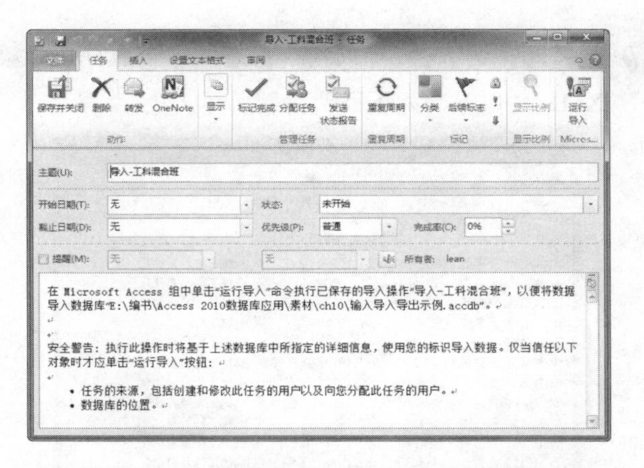

在【任务】选项卡中可设置【开始日期】【截止日期】。如果要多次提醒，可以单击【任务】选项卡下的【重复周期】按钮，弹出如下图所示的【任务周期】对话框。用户可以在对话框中设置重复提醒的信息。

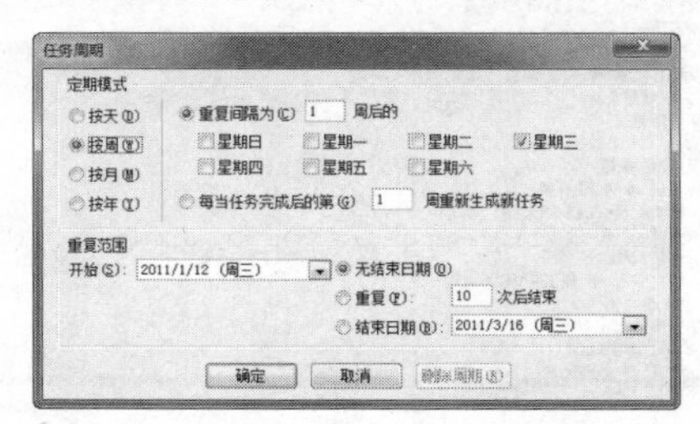

在【任务周期】对话框中设置提示的周期，单击【确定】按钮完成设置。完成设置以后，就会在 Outlook 中显示信息栏，提示任务已经设置，此时视图如下图所示。

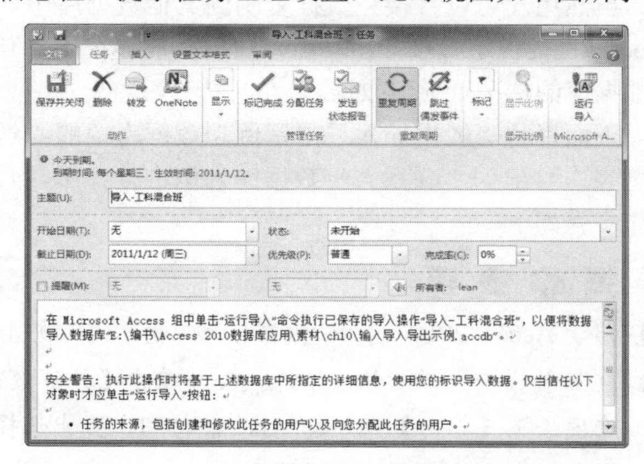

这样就完成了一个 Outlook 任务的设置，当任务到期提示时，用户只要单击【任务】选项卡下的【运行导入】按钮，即可从 Access 导入数据，而无须启动 Access。【运行导入】按钮如下图所示。

长见识：可以将数据库中的数据导出为动态 HTML 格式，使文档具有 Microsoft Active Server Page 格式(即 ASP 格式)。这些页面是在用户发送请求信息后，在程序运行时创建的，因此是动态的。

10.4.2　用 Outlook 发送数据表

在 Access 的【外部数据】选项卡下还可以看到一个【收集数据】组，如下图所示。

利用【收集数据】组中的【创建电子邮件】和【管理答复】按钮，Access 2010 能够轻松收集来自各地的数据。Access 2010 可与 Microsoft Office Outlook 2010 一起使用，帮助生成和发送包含数据输入表单的电子邮件。同时，收件人填好表单并将其发给用户后，将根据用户的指示处理答复。

例如，如果用户选择自动处理答复，则在答复到达收件箱后，会立即将表单的内容添加到数据库的相应表中。使用 Access 2010 中的“通过电子邮件收集数据”向导这一功能，用户就不必再手动输入数据，这样就节省了时间。

那么用户在何时可以使用该功能收集数据呢？一般而言，当用户在进行以下三项工作时，可以使用该功能提高数据收集的效率。

- ❖ 调查：用户希望作一个调查，并在 Access 中处理调查结果。这样，用户就可以先创建一个 Access 数据库，其中包括存储结果所必需的表，然后使用向导生成包括问题的表单，并将表单发送给参与调查的人员。参与者答复后，他们的答案会直接进入在数据库中指定的表中。
- ❖ 状态报表：不管系统开发处于一个什么样的进程中，开发者都可以给用户定期发送含有当前开发信息的电子邮件，以便让用户了解最新的进展。
- ❖ 事件管理：例如，在组织一个会议或培训时，用户可以将一个或多个表单作为电子邮件发送，以收集联系人信息、首选旅行路线和酒店等。如果选择自动处理答复，那么参与者可以在不必通知用户的情况下随时更改他们的选择，用户始终可以访问最新的数据，以便做出决策。

下面利用 Outlook 电子邮件发送数据库中的“联系人”表，要求用户完善信息并回复。

操作步骤

1. 启动 Access 2010，打开“数据导入导出示例”数据库，并在导航窗格中选择“联系人”数据表。
2. 单击【外部数据】选项卡下【收集数据】组中的【创建电子邮件】按钮，弹出【通过电子邮件收集数据】对话框，如下图所示。

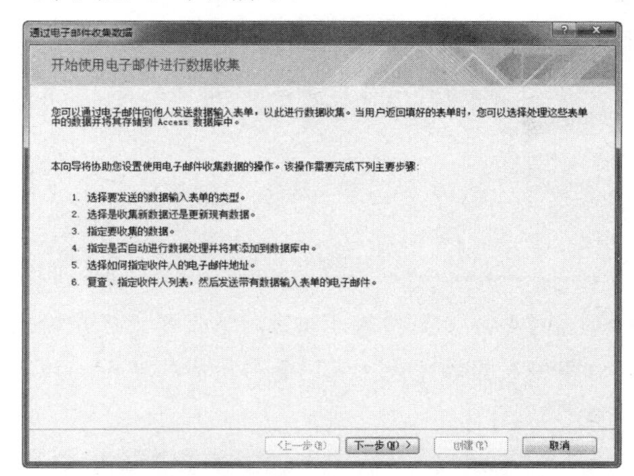

向导的第一页提供了该过程的主要步骤，一般要经过 6 个步骤。

3. 单击【下一步】按钮，弹出让用户选择表单类型的对话框。表单类型也即表单格式，Access 提供了两种格式可以选择。在这里，我们选中【HTML 表单】单选按钮，如下图所示。

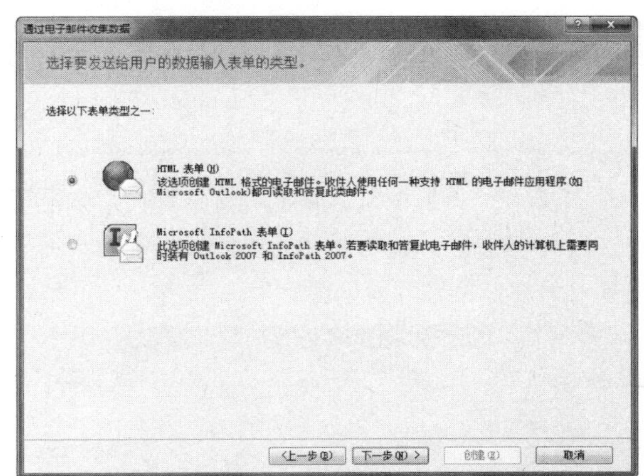

4. 单击【下一步】按钮，弹出对话框询问用户是创建新数据还是更新现有数据。我们选中【更新现有信息】单选按钮，如下图所示。

学以致用系列丛书

如果要让 Access 在生成 HTML 页面以后自动显示该页，应该选中【导出】对话框中的【自动启动】复选框。这样，在创建该页以后，系统会启动 Internet Explorer 打开 Web 页。

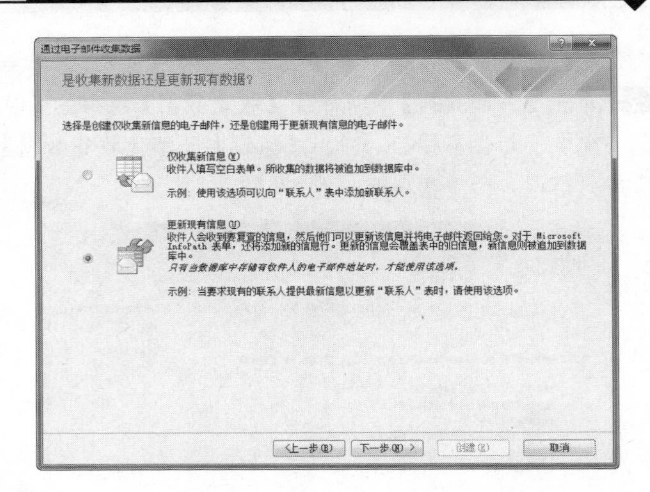

❺ 单击【下一步】按钮，弹出对话框要求用户确定要收集的数据的字段。我们选择所有的字段，如下图所示。

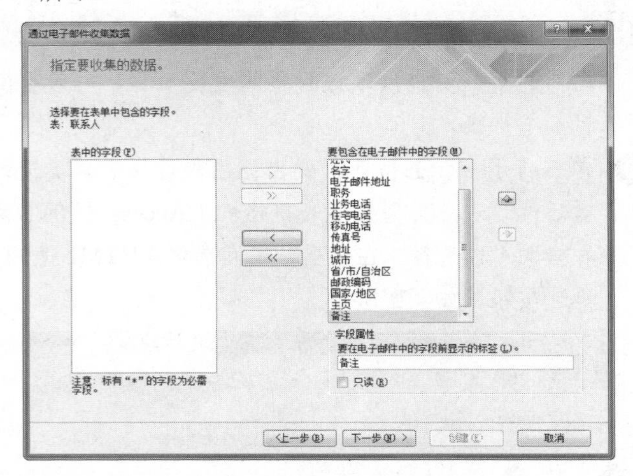

❻ 单击【下一步】按钮，弹出对话框询问用户是否要自动处理数据。选中自动处理数据复选框，并设置答复的存储位置，如下图所示。

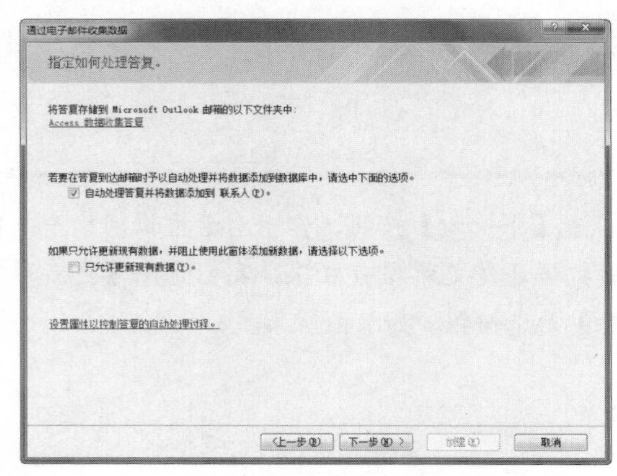

提示

如果选择自动处理答复，则在答复到达收件箱后，Outlook 和 Access 会将每个答复的表单内容导出到数据库的目标表中。

❼ 单击【下一步】按钮，在对话框中选择包含用户电子邮件地址的字段。选择“电子邮件地址”字段，如下图所示。

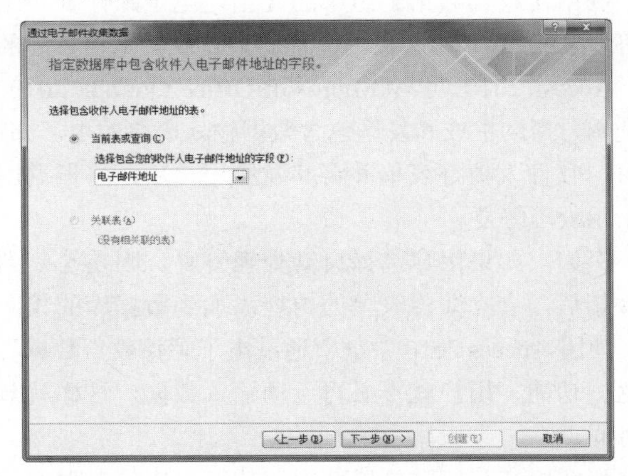

❽ 单击【下一步】按钮，在对话框中填写邮件的主题、简介等，如下图所示。

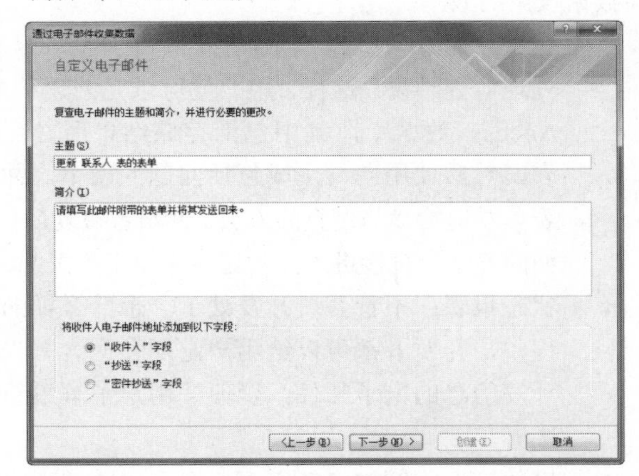

❾ 单击【下一步】按钮，弹出对话框提示用户将要创建电子邮件，如下图所示。

长见识

Access 还支持将查询导出为 HTML 格式文档。只要用户选择了要导出的查询，然后启动导出向导，即可按照向导的提示完成查询的导出。

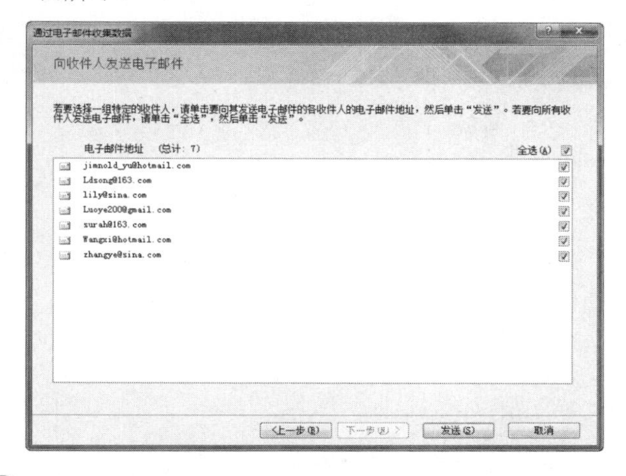

⓾ 单击【下一步】按钮，弹出选择收件人地址的对话框。在对话框中选择全部可用的 E-mail 地址，如下图所示。

⓫ 单击【发送】按钮，即可发送该电子邮件。

⓬ 进入 Access，单击【外部数据】选项卡下【收集数据】组中的【管理答复】按钮，即可进入【管理数据收集邮件】对话框，在对话框中可以看到刚才创建的邮件。用户可以重新发送该邮件、设置邮件选项、删除邮件等，如下图所示。

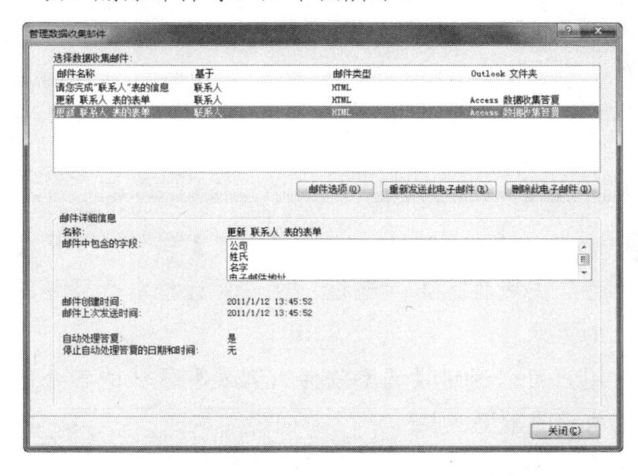

单击【邮件选项】按钮，即可弹出【使用电子邮件收集数据选项】对话框，在该对话框中，可以对回复的邮件进行导入数据设置，如下图所示。

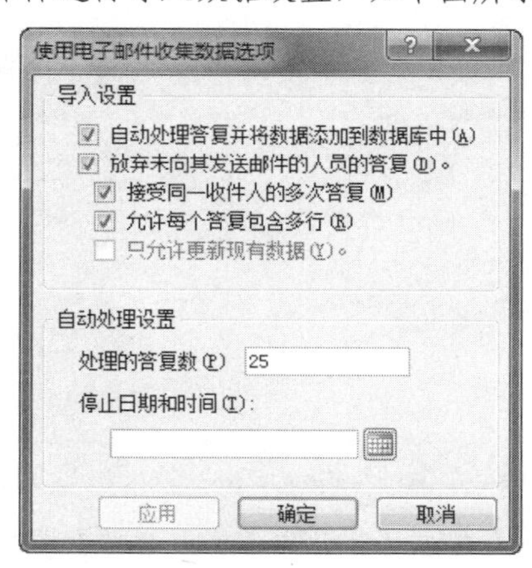

10.4.3　用 Word 创建邮件合并文档

如果想批量地创建邮件，可以使用 Word 中的邮件合并向导创建邮件，除此以外，还可以直接从 Access 2010 中使用该向导。邮件合并向导使用户可以建立一个邮件合并过程。该过程使用 Access 数据库中的表或查询作为套用信函、电子邮件、邮件标签、信封或目录的数据源。

下面以数据库中的“联系人”表为源数据表，介绍如何从 Access 中启动邮件合并向导，并建立与 Microsoft Office Word 2010 文档之间的直接链接。

操作步骤

❶ 启动 Access 2010，打开“数据导入导出示例”数据库，在导航窗格中选择“联系人”表。

❷ 单击【外部数据】选项卡下的【导出】组的【Word 合并】按钮，弹出【Microsoft Word 邮件合并向导】对话框，如下图所示。

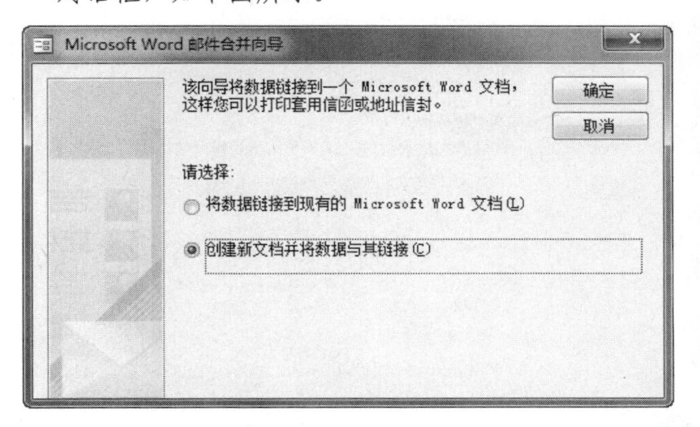

❸ 选中【创建新文档并将数据与其链接】单选按钮，单击【确定】按钮，启动 Word，如下图所示。

可以从一个 Access 数据库中将表、查询、窗体、报表、宏或模块导出到另一个 Access 数据库。导出对象时，Access 将在目标数据库中创建该对象的副本。

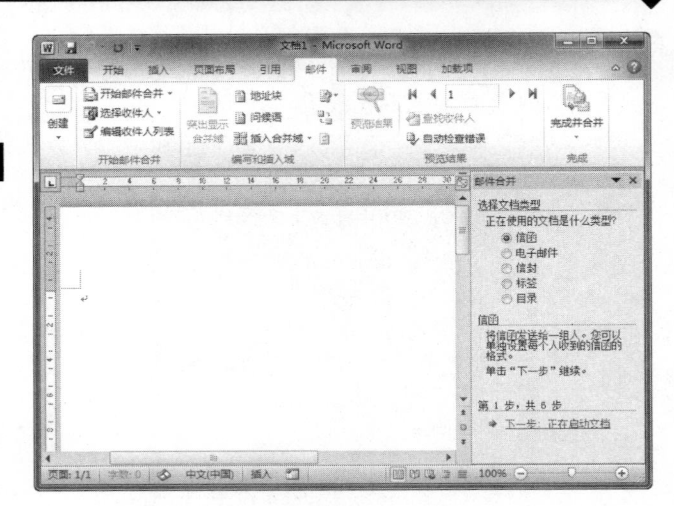

❹ 在窗口的右边可以看到【邮件合并】窗格，如下图所示。

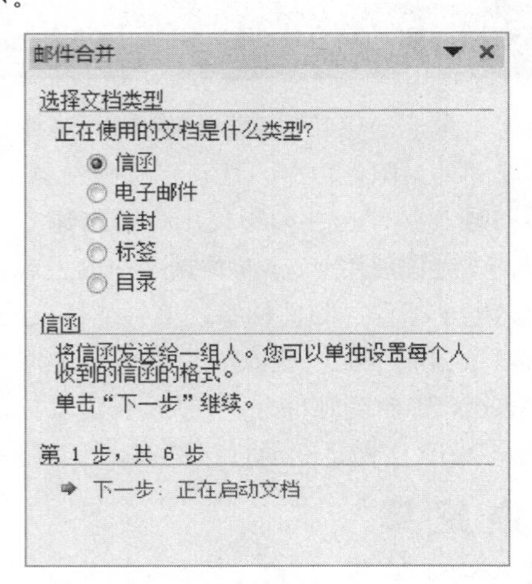

❺ 选中【信函】单选按钮，单击【下一步】按钮，进入邮件合并向导的第二步，如下图所示。

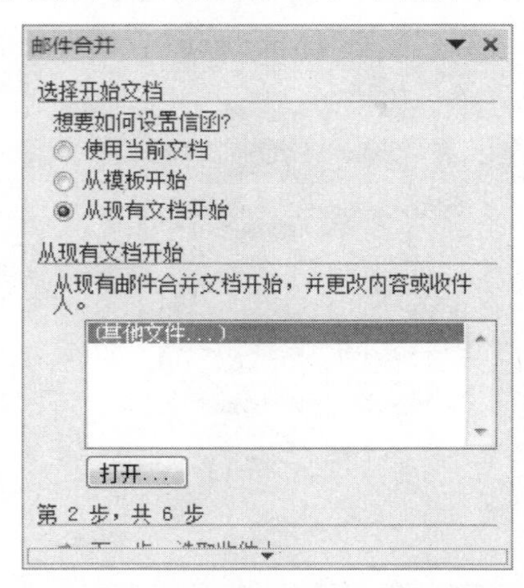

❻ 选中【从现有文档开始】单选按钮，单击【打开】按钮，弹出【打开】对话框，如下图所示。

❼ 选择一个现有的 Word 文档，单击【打开】按钮，在当前的 Word 中打开选定的文档。在向导中单击【下一步】按钮，弹出让用户选择收件人的对话框，如下图所示。

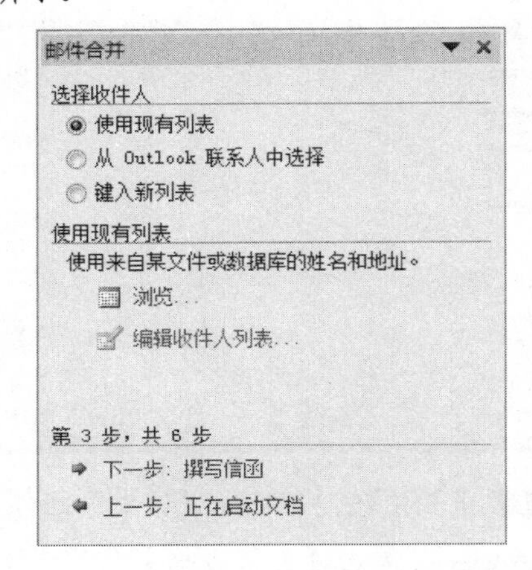

❽ 单击【浏览】按钮，在弹出的对话框中选择“联系人”，弹出如下图所示的【选择表格】对话框。

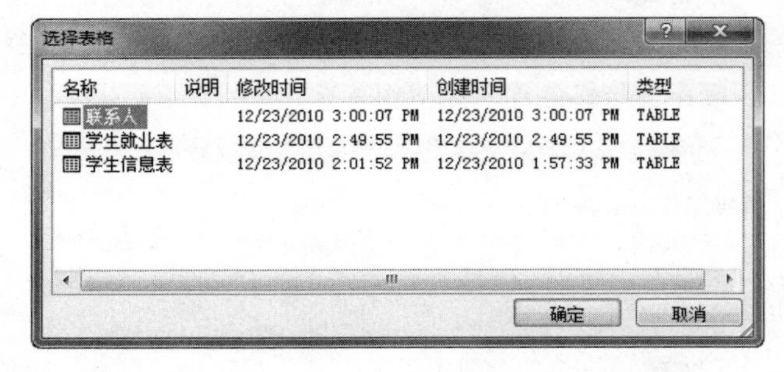

❾ 选择“联系人”表，单击【确定】按钮，弹出【邮件合并收件人】对话框，在该对话框中选择要发送的记录。

用户可以通过【调整收件人列表】区域的各个链接来筛选联系人。

选择全部联系人，单击【确定】按钮。

长见识　一次导入操作可以导入多个对象，但一次导出操作只能导出一个对象。如果要将多个对象导出到另一个数据库，更简便的方法是打开目标数据库，然后在该数据库中执行导入操作。

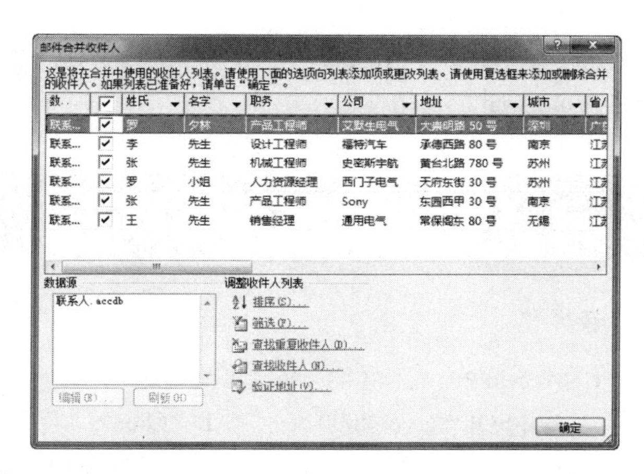

⑩ 单击【下一步】按钮，进入【撰写信函】选项组，如下图所示。

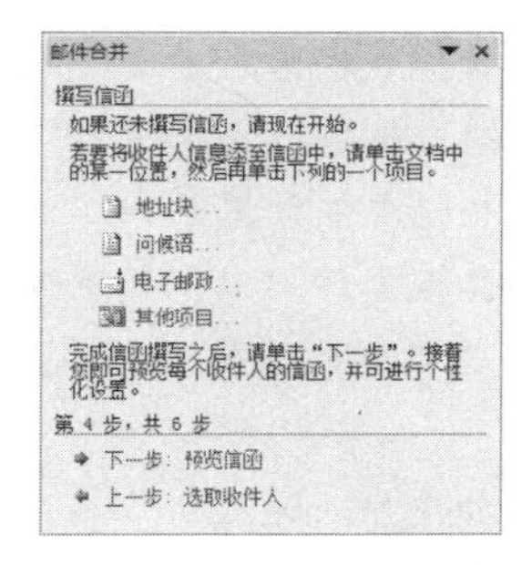

⑪ 在【撰写信函】选项组中，分别单击【地址块】按钮，弹出如下图所示的对话框。

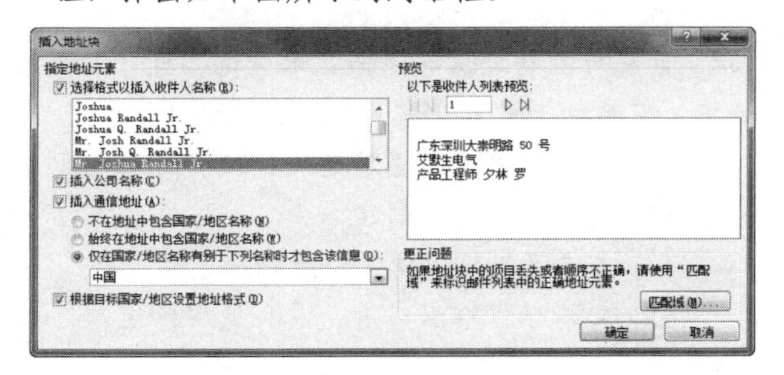

⑫ 单击【匹配域】按钮，在弹出的对话框中重新选择信封的格式，单击【确定】按钮。

⑬ 单击【下一步】按钮，进入【预览信函】选项组，用户可以对建立的信函进行重新设置等，如下图所示。

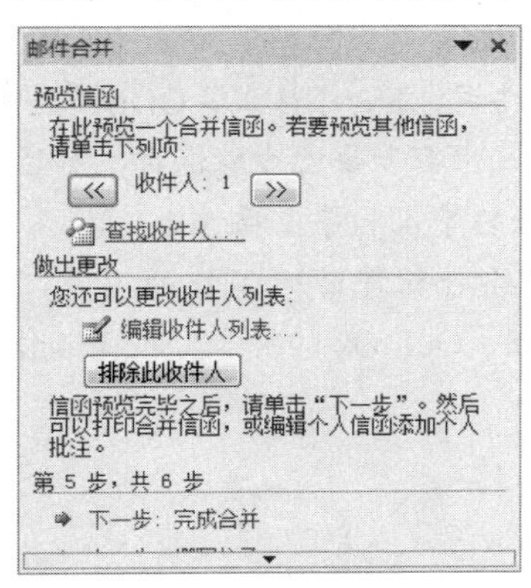

⑭ 单击【下一步】按钮，进入【完成合并】选项组，用户可以选择【打印】或者【编辑单个信函】选项等，如下图所示。

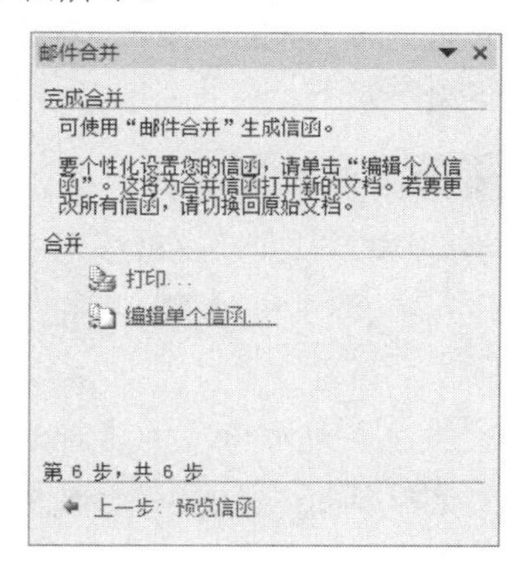

⑮ 单击【打印】选项，弹出如下图所示的【合并到打印机】对话框，设定好打印记录数。

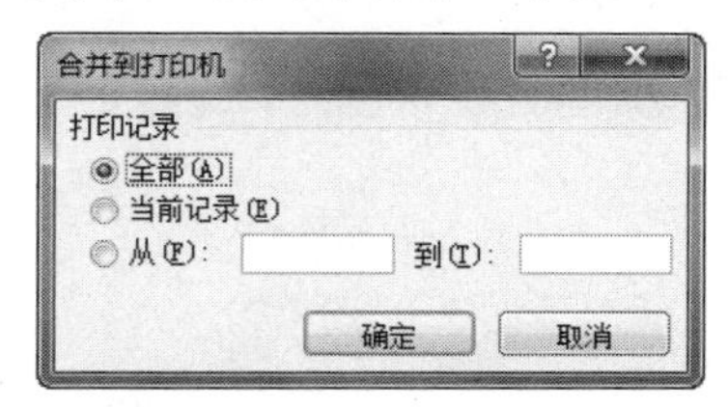

⑯ 单击【确定】按钮，即可进行打印。

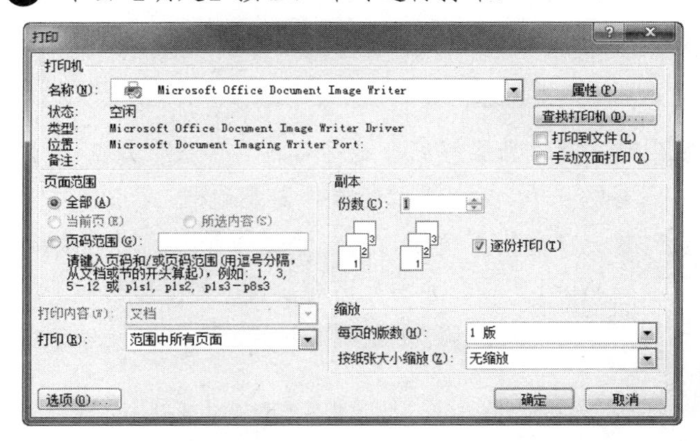

至此，运用邮件合并向导建立邮件的操作全部完成。这个操作就是用 Access 数据库数据表中的数据为源数据，利用 Word 的邮件合并向导功能完成信件的批量打印。

提示

利用 Word 的邮件合并功能，不仅可以实现数据的合并，而且可以制作信封、与 Outlook 实现协同工作等。

10.4.4　用 Word 发布数据库文档

有时需要将数据库中的文件进行发布，实现数据的

与导出数据表和查询不同，导出窗体要使用某个 HTML 模板。如果没有指定模板，那么 Access 会自动使用内部默认的格式值。

共享等。在这种情况下，使用 Word 文档是非常好的方法。Access 允许用户直接把数据表文件导出为 Word 的 RTF 文件进行发布。

下面将数据库中的“学生就业表”导出为 Word 文档进行发布，具体操作如下。

操作步骤

1. 启动 Access 2010，打开“数据导入导出示例”数据库，并在导航窗格中选择“学生就业表”数据表。
2. 单击【外部数据】选项卡下的【其他】按钮，在弹出的菜单中选择 Word 命令，弹出选择导出目标的对话框，如下图所示。

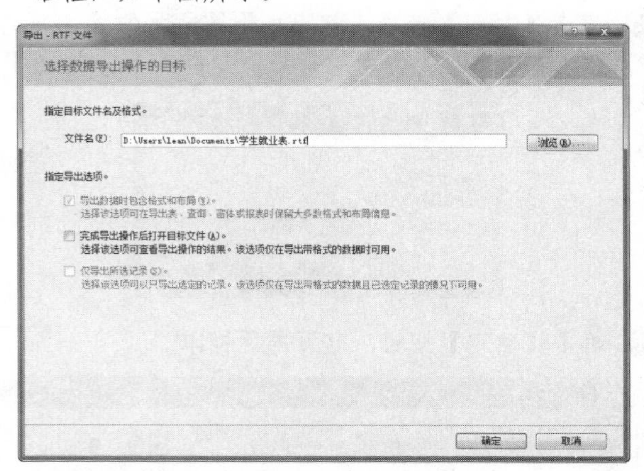

3. 单击【浏览】按钮，选择目标文件夹，并选中【完成导出操作后打开目标文件】复选框。
4. 单击【确定】按钮，完成数据的导出。同时系统启动 Word 文档，显示导出的数据，如下图所示。

5. Access 继续弹出提示是否要保存导出步骤的对话框，选中该复选框，保存导出步骤。

这样就完成了将 Access 中的数据导出到 Word 中，利用 Word 格式的通用性进行发布。

10.5 思考与练习

选择题

1. Access 2010 不能导入的数据格式是________。

   A. SQL Server 2000　　B. Oracle

   C. Excel 2000　　D. Word 2010

2. ________不是 Access 2010 数据库获得数据的方式。

   A. 导入其他数据库数据

   B. 直接输入数据

   C. 导入其他文件数据

   D. 复制其他文件粘贴到数据库中

3. 关于利用保存的步骤导入和导出数据，下面的说法不正确的是_______。

   A. 可以加快导入速度

   B. 对于重复的导入特别有用

   C. 不可以对保存的步骤进行更改

   D. 可以提高开发 Access 的效率

4. 系统可以将数据导出为文本数据，也可以导入文本数据。下面对于文本数据的叙述错误的是_______。

   A. 文本数据是很通用的一种数据存储格式

   B. 文本数据易于创建

   C. 文本数据可以跨多个数据库，跨平台

   D. 文本数据难以查看，没有使用价值

操作题

1. 试将 Access 中一个表的部分数据导入另一个表中。
2. 理解各种数据格式的特征和长处，知道在何种情况下使用哪种数据格式。将数据表中的数据导出为文本格式、Word 格式、Excel 格式、ODBC 数据库格式等。
3. 将导入步骤和导出步骤保存，然后利用保存的步骤，进行数据的导入和导出操作。
4. 练习各种软件协同工作的操作，利用 Word、Access、Excel、Outlook 的特长，提高工作效率。

利用 Access 数据库和 Word 两个软件协同工作，将数据库存储的信息合并到 Word 文件中，可以批量制作信件、设计信封等。

第11章 数据库的管理与安全

本章微课

Access 2010提供了经过改进的安全模型，该模型有助于简化将安全性应用于数据库以及打开已启用安全性的数据库的过程。通过对数据库采用安全管理的保护措施，可以保证数据库系统安全可靠地运行，帮助用户更好、更安全地使用数据库资源。

学习要点

- ❖ 数据库维护
- ❖ 数据库安全
- ❖ 创建数据库访问密码
- ❖ 设置权限保护对象安全
- ❖ 创建签名包
- ❖ 启用禁止内容
- ❖ 打包和分发数据库
- ❖ 使用信任中心
- ❖ 数据库分析及优化

学习目标

随着计算机网络和数据库技术的飞速发展，数据库网络应用已经成为数据库发展的必然趋势，这就使得数据库中的数据管理及安全保护变得尤为重要。通过本章的学习，用户应该掌握数据库维护和安全管理方面的保护措施，了解Access 2010在数据库安全性方面新增的功能，并能通过Access提供的工具确保数据库的安全。

Access 2010可以提供经过改进的数据库安全模型，不仅提高了数据库的安全性，而且增加了软件的易用性，使得用户操作起来更加方便和得心应手。

11.1 数据库的维护

Access 2010 提供了许多维护和管理数据库的方法，使用这些方法能够实现数据库的有效管理和优化。

11.1.1 数据库的备份和还原

数据库中的数据有可能丢失或遭到破坏，这就有必要对其进行备份，以便在发生意外时能利用备份进行修复还原。

1. 数据库的备份

备份是指数据库管理员定期或不定期地将数据库中的部分或全部内容复制到磁带或磁盘上保存起来的过程。

备份数据库时，Access 会保存并关闭在设计视图中打开的所有对象，然后使用指定的名称和位置保存数据库文件的副本。

操作步骤

❶ 启动 Access 2010，打开要备份的数据库，选择【文件】选项卡，选择【保存并发布】命令，然后在【数据库另存为】区域双击【备份数据库】按钮。

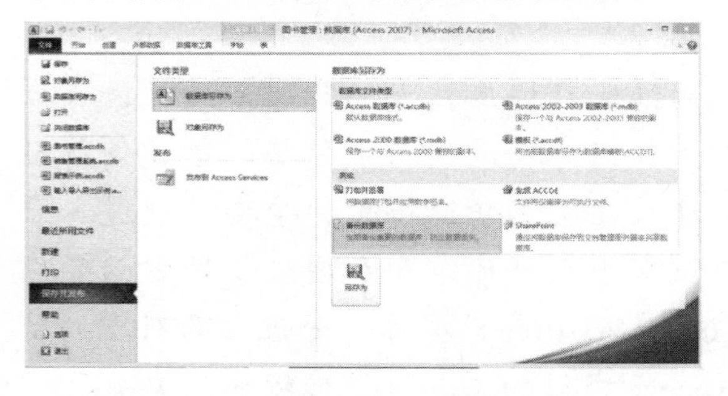

❷ 在弹出的【另存为】对话框中的【文件名】文本框中输入数据库备份的名称，默认名称是在原数据库名称后加上执行备份的日期，一般建议用默认名称。

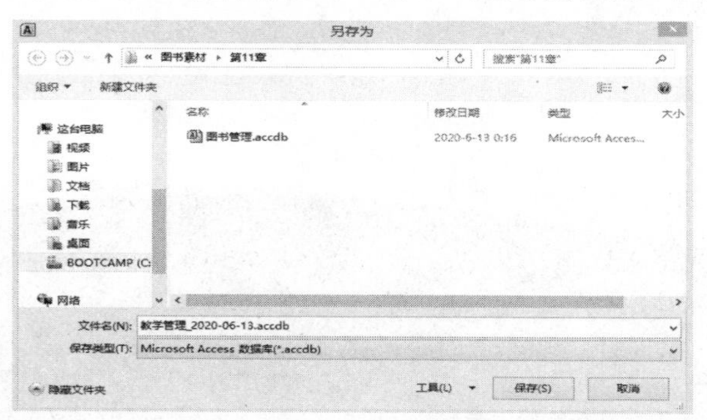

❸ 选择要保存数据库备份的位置，然后单击【保存】按钮，如下图所示。

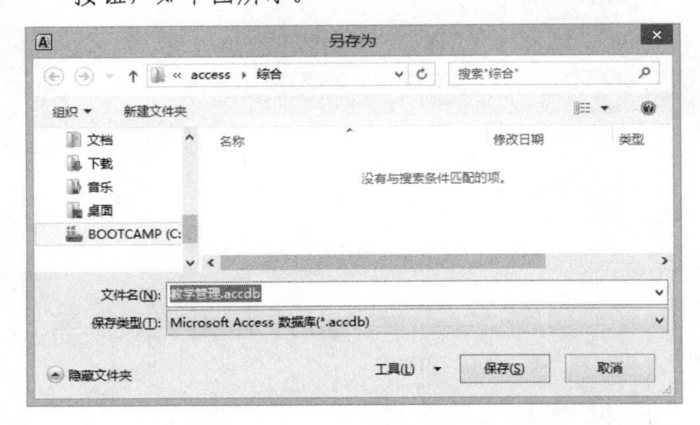

2. 数据库的还原

当数据库遭到破坏时，可以利用备份还原数据库。既可以还原整个数据库，也可以有选择地还原数据库中的部分对象。还原整个数据库时，将用整个数据库的备份替换原有的数据库文件。若要还原数据库中的某个对象，可将该对象从备份中导入，进行还原。

操作步骤

❶ 启动 Access 2010，打开要将对象还原到其中的数据库，选择【外部数据】选项卡，在【导入并链接】组中单击 Access 按钮，将弹出【获取外部数据】对话框，如下图所示。

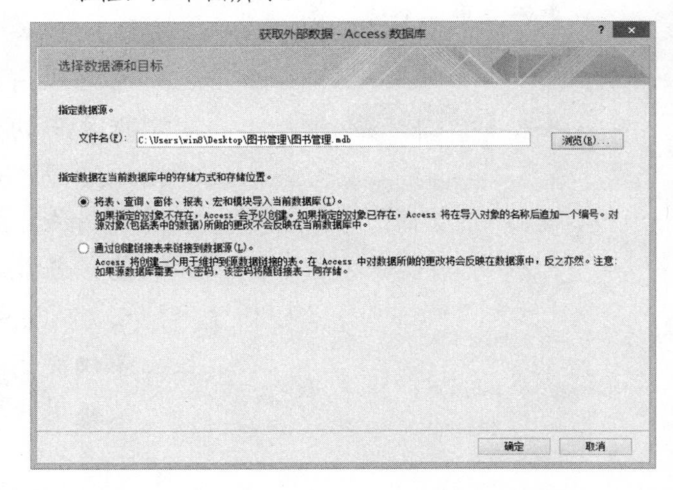

❷ 单击【浏览】按钮定位已经备份好的数据库，数据库的默认名称是在原数据库名称后加上执行备份数据库，并选中【将表、查询、窗体、报表、宏和模块导入当前数据库】单选按钮，再单击【确定】按钮，打开【导入对象】对话框，如下图所示。

长见识 数据库中的数据一般都很重要，不能丢失，因为各种原因，数据库有被损坏的可能性，所以事先制定一个合适的、可操作的备份和恢复计划至关重要。

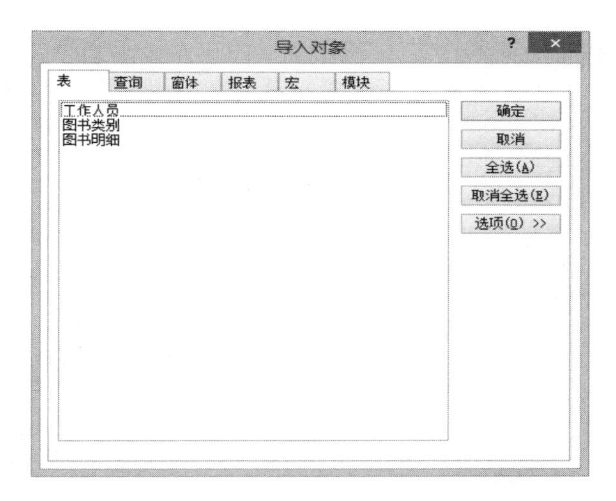

❸ 在【导入对象】对话框中，切换到与要还原的对象类型相对应的选项卡。例如，要还原【表】，则切换到【表】选项卡，然后选中该对象并单击【确定】按钮，会弹出如下图所示的对话框。

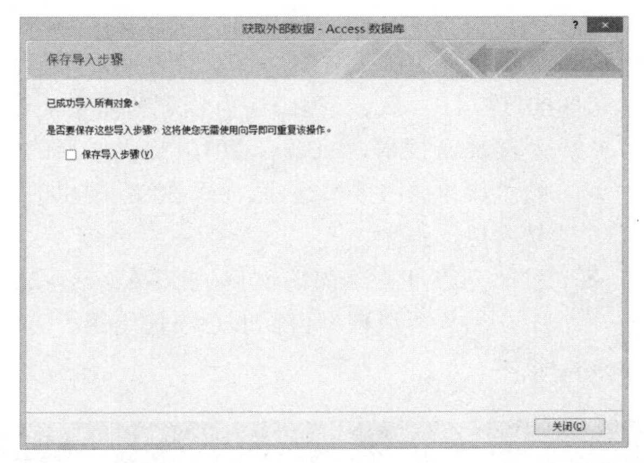

❹ 确定是否需要保存导入步骤后，单击【关闭】按钮。

11.1.2　数据库的压缩与修复

数据库文件在使用过程中可能会迅速增大，它们有时会影响性能，有时也可能被损坏。在 Microsoft Office Access 中，可以使用【压缩和修复数据库】命令来防止或修复这些问题。

随着不断添加、更新数据及更改数据库设计，数据库文件会变得越来越大。导致数据库增大的因素不仅包括新数据，还包括其他一些方面：

❖ Access 会创建临时的隐藏对象来完成各种任务。有时，Access 在不需要这些临时对象后仍将它们保留在数据库中。

❖ 删除数据库对象时，系统不会自动回收该对象所占用的磁盘空间。也就是说，尽管该对象已被删除，但数据库文件仍然使用该磁盘空间。

随着数据库文件不断被遗留的临时对象和已删除对象所填充，其性能也会逐渐降低。其症状包括：对象可能打开得更慢，查询可能比正常情况下运行的时间更长，各种典型操作通常似乎也需要使用更长时间。

在某些特定的情况下，数据库文件可能已损坏。如果数据库文件通过网络共享，且多个用户同时直接处理该文件，则该文件发生损坏的风险将较小。如果这些用户频繁编辑“备注”字段中的数据，将在一定程度上增大损坏的风险，并且该风险还会随着时间的推移而增加。可以使用【压缩和修复数据库】命令来降低此风险。

通常情况下，这种损坏是由于 VBA 模块问题导致的，并不存在丢失数据的风险。但是，这种损坏会导致数据库设计受损，如丢失 VBA 代码或无法使用窗体。

在介绍为何要对数据库进行压缩和修复后，下面举例介绍如何压缩和修复数据库。

操作步骤

❶ 启动 Access 2010，打开想要压缩和修复的数据库。

❷ 切换到【文件】选项卡，并在打开的 Backstage 视图中选择【信息】命令，接着单击右边的【压缩和修复数据库】按钮，如下图所示。

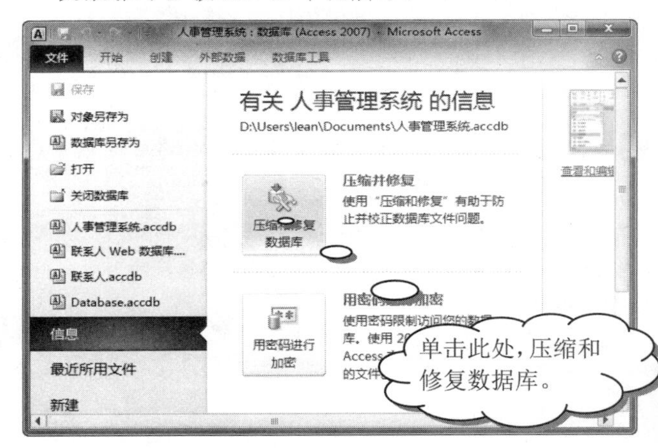

❸ 这样就完成了对数据库的压缩和修复，对比压缩前的数据库，其占用空间明显减小，如下图所示。

11.1.3　数据库的拆分

数据库拆分，就是将当前数据库拆分为后端数据库和前端数据库。后端数据库包含所有的表且存储在文件

学以致用系列丛书

在修复过程中，Access 可能会损坏表中的某些数据，因此，在修复之前最好先备份数据库。

服务器上。与后端数据库相链接的前端数据库包含所有查询、窗体、报表、宏和模块，前端数据库将分布在用户的工作站中。对数据库进行拆分，每个用户都可以拥有自己的查询、窗体、报表、宏和模块副本，这对于在网络上的多个用户共享数据库非常有用，拆分数据库可以大大提高数据库的性能，提高数据库的可用性，增强数据库的安全性，操作步骤如下。

操作步骤

1. 启动 Access 2010，打开数据库文件，切换到【数据库工具】选项卡，在【移动数据】组中单击【Access 数据库】按钮，启动数据库拆分器向导，如下图所示。

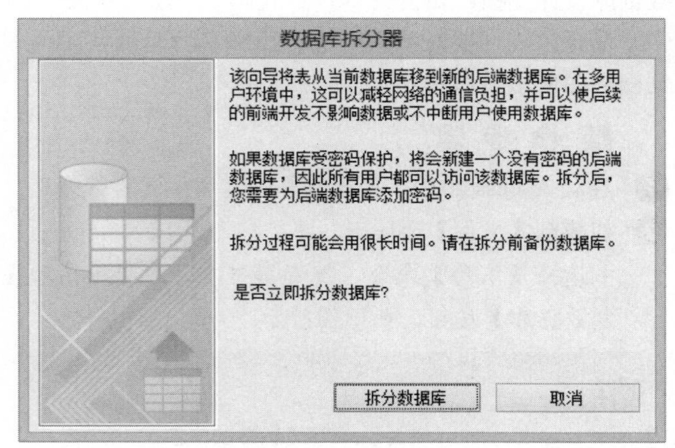

2. 单击【拆分数据库】按钮，弹出【创建后端数据库】对话框，如下图所示。

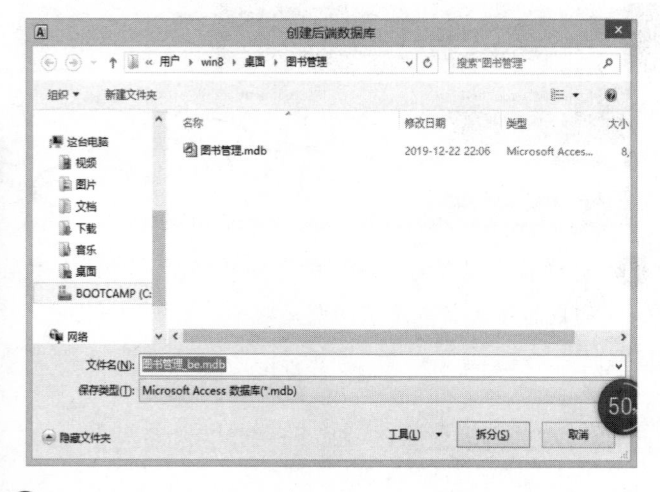

3. 指定后端数据库文件的名称、文件类型和位置，单击【拆分】按钮，如下图所示。

数据库拆分后，在浏览数据库中的数据表时，每个数据表前面会出现一个向右的箭头。

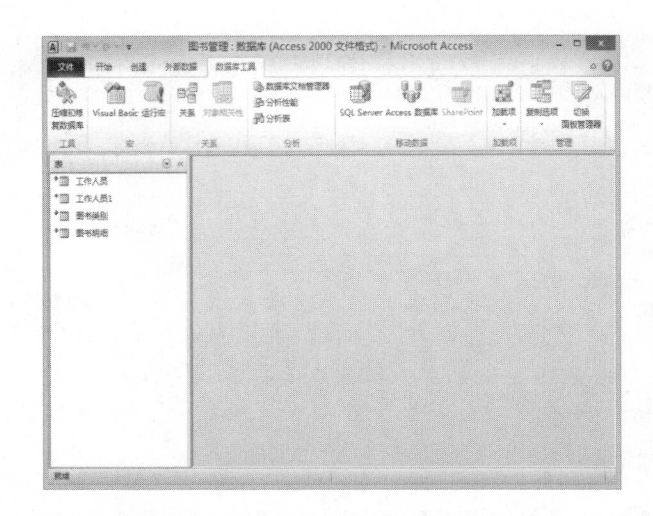

11.2 Access 2010 数据库安全

Access 2010 提供了经过改进的安全模型，该模型有助于简化将安全性应用于数据库以及打开已启用安全性的数据库的过程。在 Access 2010 中有以下新增安全功能。

- ❖ 新的加密技术，Access 2010 提供了新的加密技术，此加密技术比 Access 2007 提供的加密技术更加强大。
- ❖ 对第三方加密产品的支持。在 Access 2010 中，用户可以根据自己的意愿使用第三方加密技术。

11.2.1 基本概念

若要理解 Access 安全体系结构，需要记住的是，Access 数据库与 Excel 工作簿或 Word 文档是不同意义上的文件。Access 数据库是一组对象(表、窗体、查询、宏、报表等)，这些对象通常必须相互配合才能发挥作用。例如，当创建数据输入窗体时，如果不将窗体中的控件绑定(链接)到表，就无法用该窗体输入或存储数据。有几个 Access 组件会造成安全风险，如动作查询、宏与 VBA 代码等，因此不受信任的数据库中将禁用这些组件。

为了确保数据更加安全，每当打开数据库时，Access 和信任中心都将执行一组安全检查。

- ❖ 在打开.accdb 或.accde 文件时，Access 会将数据库的位置提交到信任中心。如果信任中心确定该位置受信任，则数据库将以完整功能运行。
- ❖ 如果信任中心禁用数据库内容，则在打开数据库时将出现提示消息栏。

在拆分数据库之前最好先备份数据库，以便使用备份副本还原原始数据库。

11.2.2 创建数据库访问密码

要想防止未经授权的人使用 Access 数据库，可以通过设置密码来加密数据库。下面将详细介绍如何为数据库创建访问密码。

操作步骤

1. 启动 Access 2010，切换到【文件】选项卡，并在打开的 Backstage 视图中选择【打开】命令。
2. 在弹出的【打开】对话框中，通过浏览找到要打开的文件，然后选择文件，如下图所示。

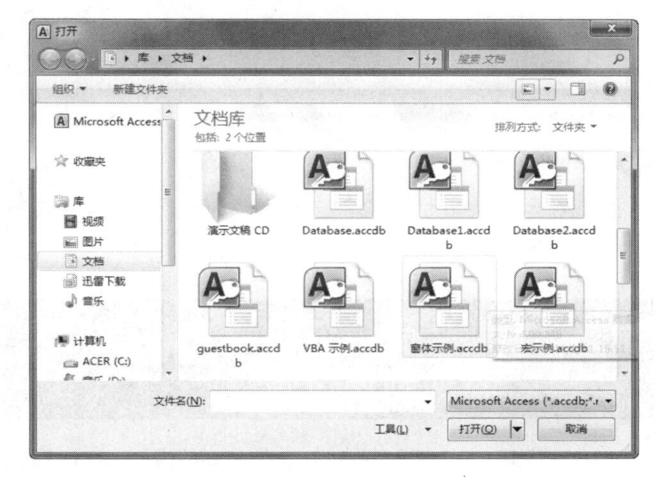

3. 单击【打开】按钮旁边的向下三角箭头，在弹出的下拉菜单中选择【以独占方式打开】命令，如下图所示。

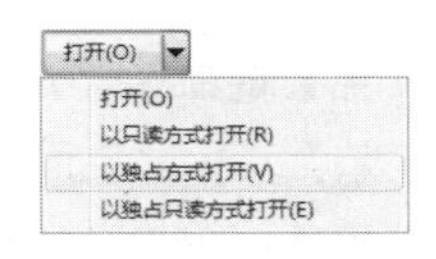

4. 打开数据库后，切换到【文件】选项卡，并在打开的 Backstage 视图中选择【信息】命令，接着在右侧窗格单击【用密码进行加密】按钮，如下图所示。

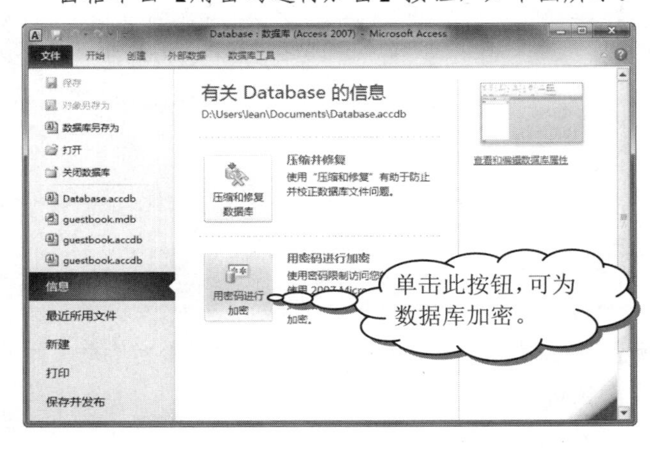

5. 弹出【设置数据库密码】对话框，在【密码】文本框中输入密码，在【验证】文本框中再次输入密码，然后单击【确定】按钮即可完成密码的创建，如下图所示。

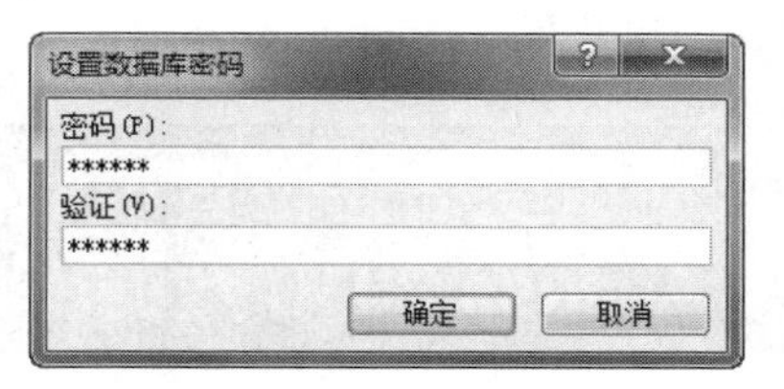

6. 以后打开此数据库时，都会弹出【要求输入密码】对话框，只有输入正确的密码，才能访问该数据库，如下图所示。

需要注意的是，设置密码后一定要记住密码，如果忘记了密码，Access 将无法打开。

11.2.3 解密数据库

当不需要密码时，可以对数据库进行解密，操作步骤如下。

操作步骤

1. 启动 Access 2010，以独占方式打开加密的数据库。
2. 选择【文件】选项卡中的【信息】命令，单击【解密数据库】按钮，弹出【撤销数据库密码】对话框，如下图所示。

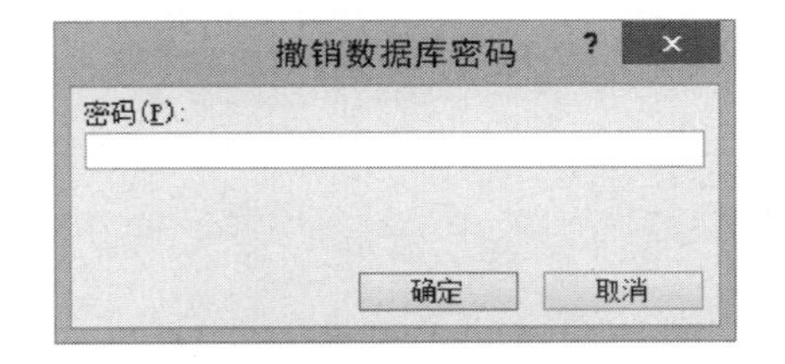

3. 输入设置的密码后单击【确定】按钮。如果输入的密码不正确，撤销操作将无效。

长见识：如果加密 Web 数据库，Access 会在数据库发布时解密数据库。因此，加密功能不能确保 Web 数据库的安全。

11.3 使用信任中心

Microsoft Access 2010 提供的【信任中心】，可以设置数据库的安全和隐私。

11.3.1 使用受信任位置中的 Access 2010 数据库

将 Access 2010 数据库放在受信任位置时，所有 VBA 代码、宏和安全表达式都会在数据库打开时运行。用户不必在数据库打开时做出信任决定。

使用受信任位置中的 Access 数据库的过程大致分为下面几个步骤。

操作步骤

1. 启动 Access 2010，切换到【文件】选项卡，在打开的 Backstage 视图中选择【选项】命令。
2. 弹出【Access 选项】对话框，单击左侧的【信任中心】选项，然后单击右侧的【信任中心设置】按钮，如下图所示。

3. 即可进入【信任中心】对话框，如下图所示。

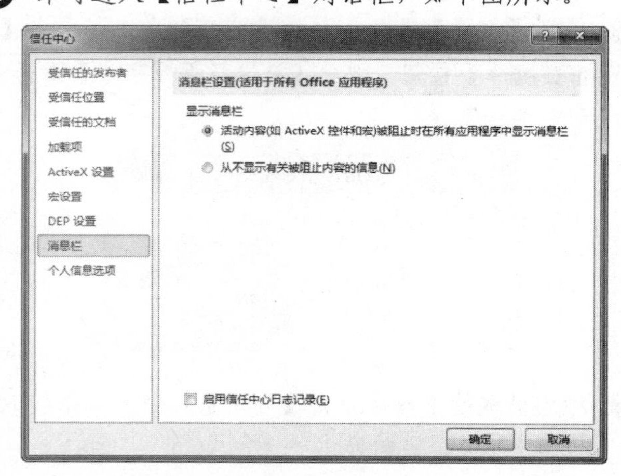

4. 单击左侧的【受信任位置】选项，记录下受信任位置的路径，如下图所示。

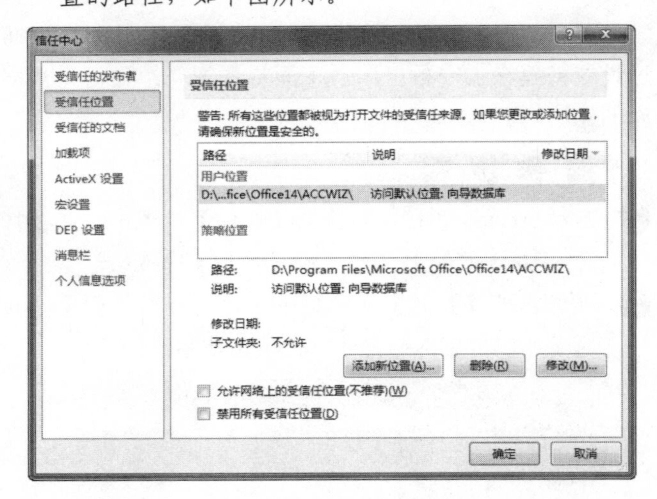

5. 将数据库文件移动或复制到受信任位置，以后打开存放在此受信任位置的数据库文件，将不必做出信任决定。

11.3.2 创建受信任位置，将数据库添加到该位置

用户还可以自己创建一个受信任的位置，并将数据库添加到该位置。

操作步骤

1. 启动 Access 2010，进入【信任中心】对话框。
2. 单击【受信任位置】选项，然后单击【添加新位置】按钮，如下图所示。

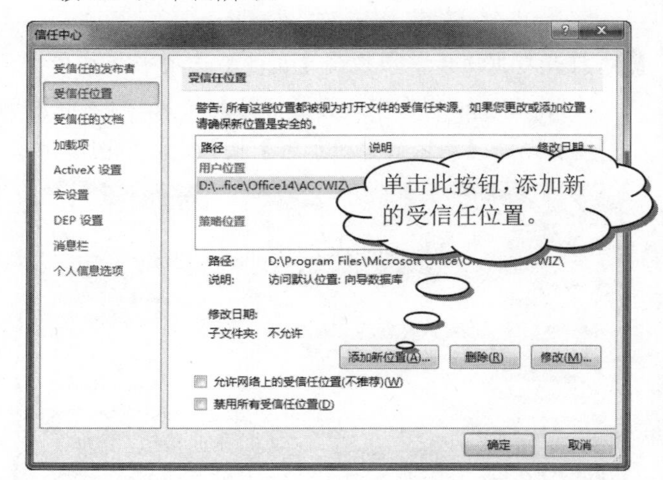

3. 弹出【Microsoft Office 受信任位置】对话框，如下图所示。

长见识：设置和删除数据库密码时，必须以独占方式打开，否则操作无法进行。

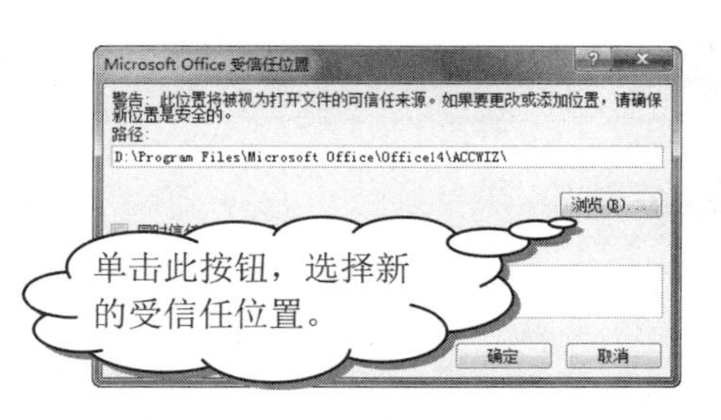

❹ 单击【浏览】按钮，在弹出的【浏览】对话框中选择新的受信任位置，并单击【确定】按钮，如下图所示。

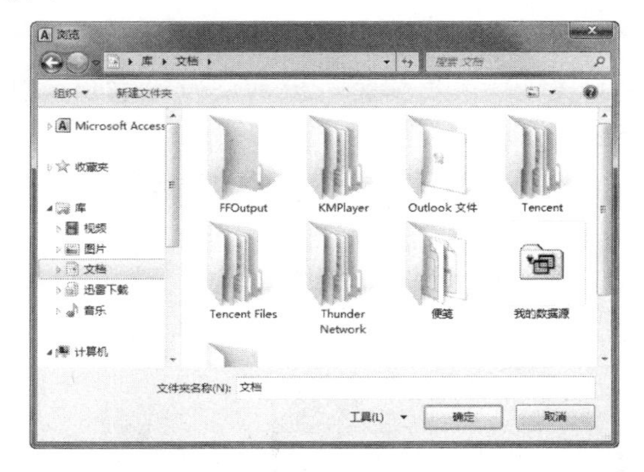

❺ 这样就完成了新的受信任位置的添加，单击【确定】按钮即可，如下图所示。

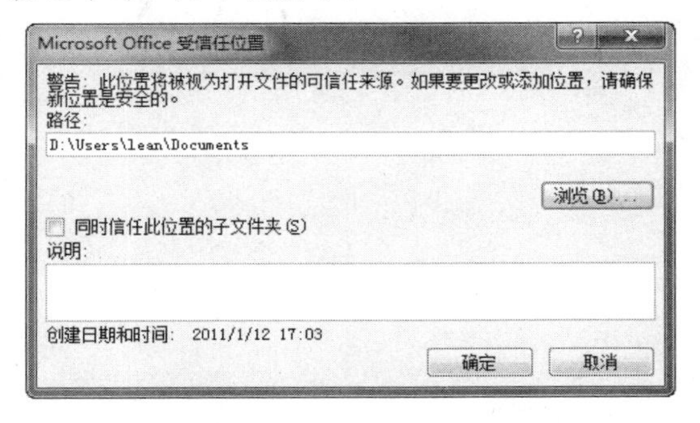

❻ 将数据库文件移动或复制到受信任位置，以后打开存放在此受信任位置的数据库文件，将不必做出信任决定。

11.3.3 打开数据库时启用禁用的内容

通过在【信任中心】的设置，可以在打开数据库时启用禁用的内容，且不弹出提示消息栏。

操作步骤

❶ 启动 Access 2010，进入【信任中心】对话框。

❷ 单击【宏设置】选项，在右侧的【宏设置】选项组下选中【启用所有宏】单选按钮，并单击【确定】按钮，如下图所示。

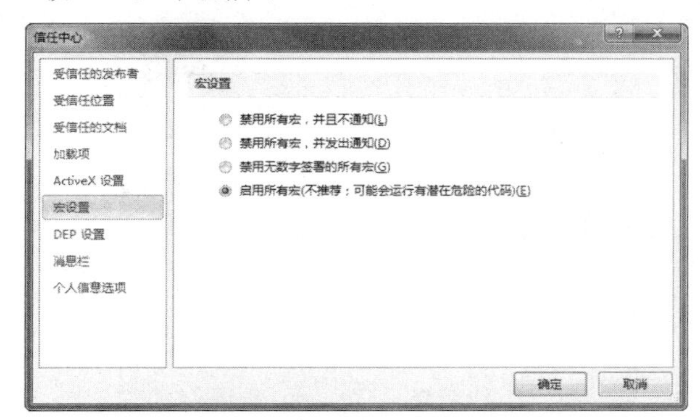

这样，即可在打开数据库时启用禁用的内容。

11.4 数据库打包、签名和分发

使用 Access 可以轻松而快速地对数据库进行签名和分发。在创建.accdb 文件或.accde 文件后，可以将该文件打包，对该包应用数字签名，然后将签名包分发给其他用户。“打包并签署”工具会将该数据库放置在 Access 部署 (.accdc) 文件中，对其进行签名，然后将签名包放在确定的位置。随后，其他用户可以从该包中提取数据库，并直接在该数据库中工作，而不是在包文件中工作。

11.4.1 创建签名包

下面以“联系人”数据库为例，介绍如何为数据库创建签名包。

操作步骤

❶ 启动 Access 2010，打开“联系人”数据库。

❷ 切换到【文件】选项卡，并在打开的 Backstage 视图中选择【保存并发布】命令，然后在右侧的【高级】选项组下选择【打包并签署】选项，如下图所示。

如果将数据库提取到一个受信任位置，则每当打开该数据库时其内容都会自动启用。但如果选择了一个不受信任的位置，则默认情况下该数据库的某些内容将被禁用。

❸ 弹出【Windows 安全】对话框，选择数字证书后单击【确定】按钮，如下图所示。

❹ 出现【创建 Microsoft Access 签名包】对话框，如下图所示。为签名的数据库包选择一个位置，在【文件名】组合框中为签名包输入名称，然后单击【创建】按钮。Access 将创建 .accdc 文件并将其放置在选择的位置。

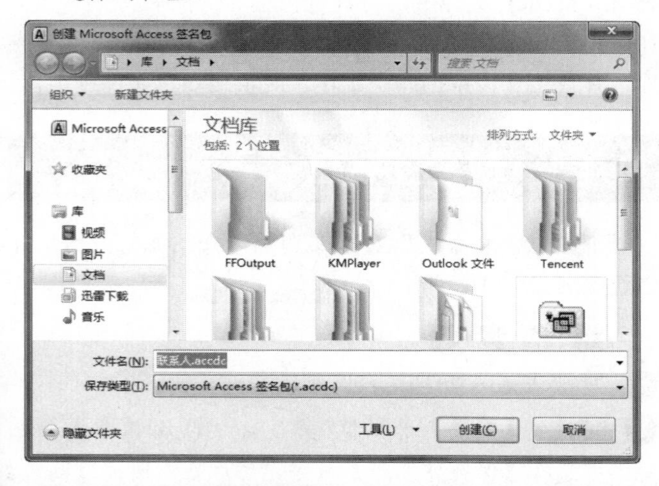

11.4.2 提取并使用签名包

下面以“联系人.accdc”签名包为例，介绍如何提取并使用签名包。

操作步骤

❶ 启动 Access 2010，切换到【文件】选项卡，并在打开的 Backstage 视图中选择【打开】命令。

❷ 弹出【打开】对话框，打开“联系人 accdc”文件，如下图所示。

❸ 弹出【Microsoft Access 安全声明】对话框，如下图所示。

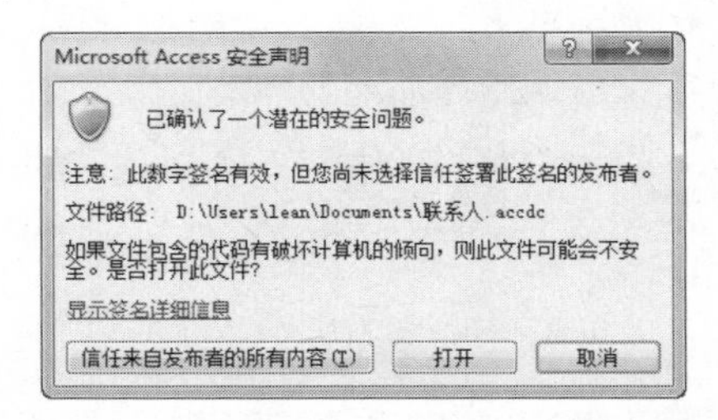

❹ 单击【信任来自发布者的所有内容】按钮，将出现【将数据库提取到】对话框，如下图所示。

❺ 为提取的数据库选择一个位置，然后在【文件名】组合框中为提取的数据库输入名称，单击【确定】按钮即可提取出数据库。

11.4.3 打开数据库时启用禁用的内容

默认情况下，如果不信任数据库且没有将数据库放在受信任的位置，Access 将禁用数据库中所有可执行内容。打开数据库时，Access 将禁用该内容，并显示消息栏，如下图所示。

如果使用自签名证书对数据库包进行签名，然后在打开该包时单击了“信任来自发布者的所有内容”，则将始终信任使用自签名证书进行签名的包。

安全警告 部分活动内容已被禁用。单击此处了解详细信息。 启用内容

如果想要启用数据库中的所有内容，单击【启用内容】按钮即可。

单击【启用内容】按钮时，Access 将启用所有禁用的内容(包括潜在的恶意代码)。如果恶意代码损坏了数据或计算机，Access 无法弥补该损失。

11.5 在 Access 2010 中打开早期版本

打开在 Access 的早期版本中创建的数据库时，任何应用于该数据库的安全功能仍然有效。例如，如果已将用户级安全应用于数据库，则该功能在 Access 2010 中仍然有效。

默认情况下，Access 在禁用模式下打开所有低版本的不受信任数据库，并使它们保持该状态。可以选择在每次打开低版本数据库时启用任何禁用内容，或可以使用受信任发布者的证书来应用数字签名，也可以将数据库放在受信任的位置。

对于使用旧文件格式的数据库，可以向该数据库中的组件应用数字签名(数字签名：宏或文档上电子的、基于加密的安全验证戳。此签名确认该宏或文档来自签发者且没有被篡改)。通过数字签名，可以确认数据库中的所有宏、代码模块及其他可执行组件都源自该签署者，并且自数据库被签名以来没有人对它进行过更改。

下面介绍如何创建自签名证书。

操作步骤

❶ 在桌面上选择【开始】|【所有程序】|Microsoft Office|【Microsoft Office 2010 工具】|【VBA 工程的数字证书】命令，弹出【创建数字证书】对话框，如下图所示。

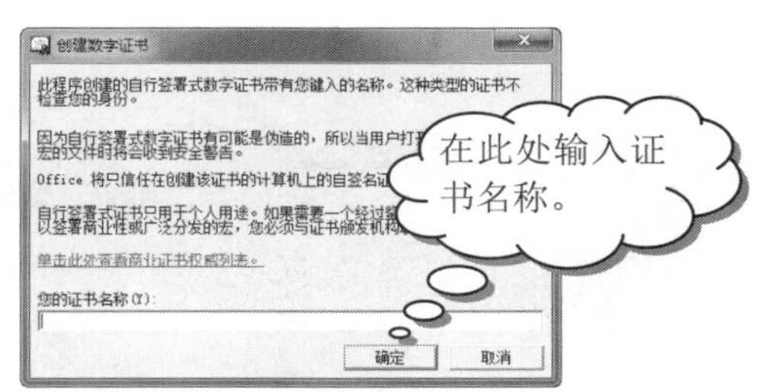

❷ 在【您的证书名称】文本框中，为证书输入一个描述性名称，单击【确定】按钮，在出现【SelfCert 成功】对话框时，单击【确定】按钮，如下图所示。

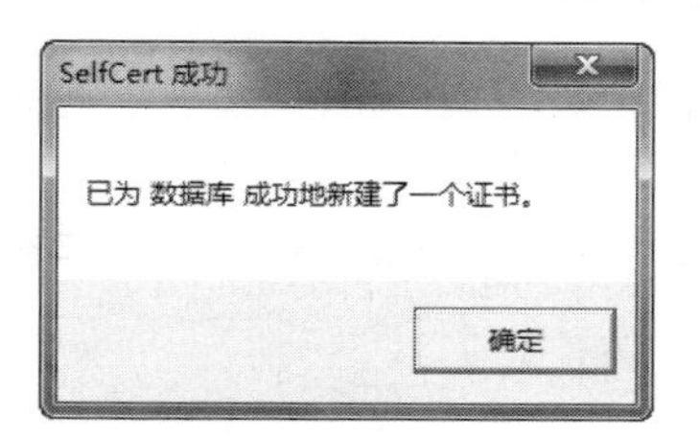

11.6 数据库的分析与优化

Access 提供了对数据库性能进行分析和优化的功能，通过对性能分析结果进行优化，能够让数据库运行得更好，数据库的整体性能也能得到提升。

11.6.1 性能分析器

使用“性能分析器”不但可以查看数据库的一个或者全部对象，还可以提出改善应用性能的建议和方法。用户可以对其进行优化，从而提高数据库的性能，操作步骤如下。

操作步骤

❶ 启动 Access 2010，打开要进行性能分析的数据库。切换到【数据库工具】选项卡，再在【分析】组中单击【分析性能】按钮，弹出【性能分析器】对话框，如下图所示。

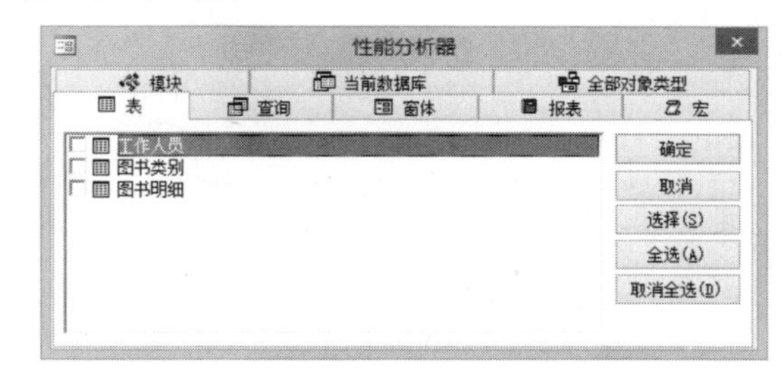

❷ 单击需要进行性能优化的对象，也可以切换到【全部对象类型】选项卡，再单击【全选】按钮选中全部对象，对全部对象进行分析，如下图所示。

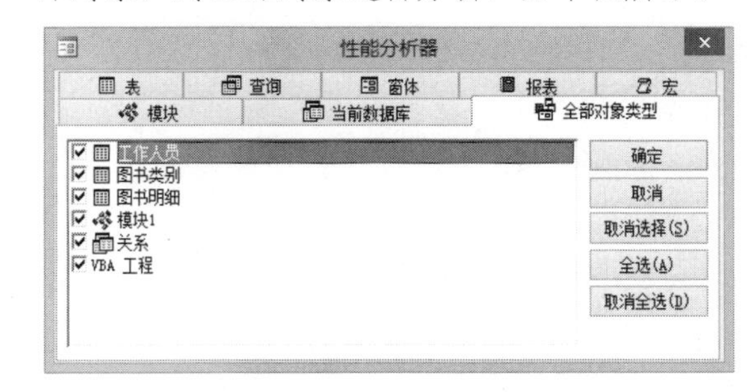

❸ 单击【确定】按钮，系统开始对数据库进行分析并

学以致用系列丛书

受信任位置是指计算机上用来放置来自可靠来源的受信任文件的文件夹。对于受信任位置文件夹中的文件，不执行文件验证。

显示包含推荐、建议、意见和更正的分析结果对话框，如下图所示。

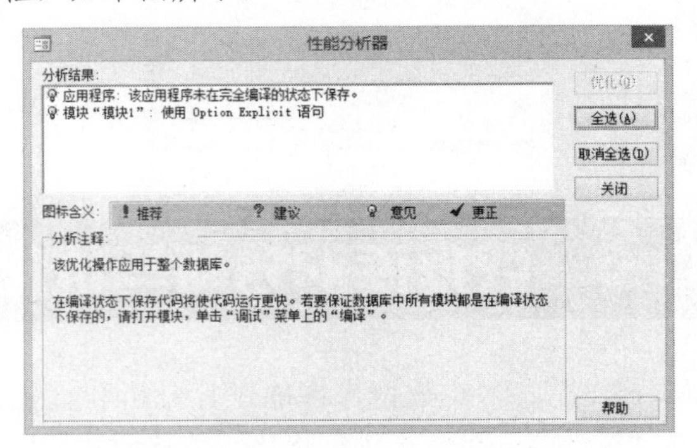

通过性能分析器对数据库的性能进行分析后，可以选中要优化的项，然后单击【优化】按钮，系统即可对选中的选项进行优化。

11.6.2 数据库文档管理器

使用“数据库文档管理器”不但可以查看和设置数据库中表的文档，还可以将文档管理结果打印出来，操作步骤如下。

操作步骤

❶ 启动 Access 2010，打开要处理的数据库，切换到【数据库工具】选项卡，再在【分析】组中单击【数据库文档管理器】按钮，弹出【文档管理器】对话框，如下图所示。

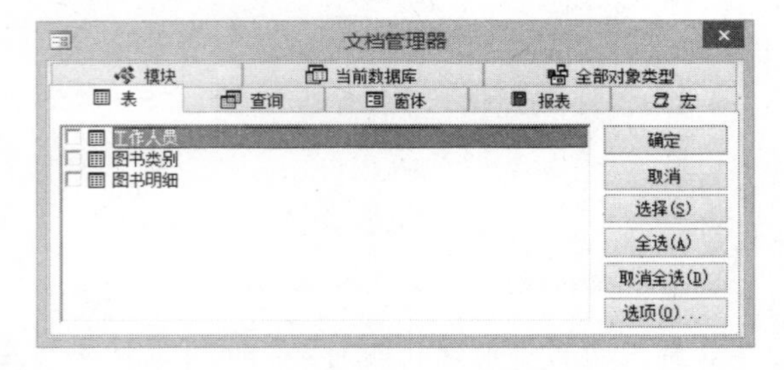

❷ 单击对话框右下角的【选项】按钮，弹出【打印表定义】对话框，如下图所示。

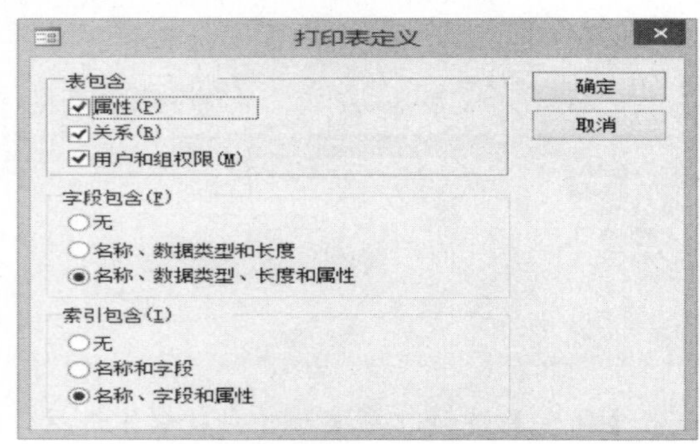

❸ 在该对话框中可以对表进行相关设置，设置好后，单击【确定】按钮，系统显示文档管理结果，用户可以对文档进行设置，如页面大小、页面布局等，如下图所示。

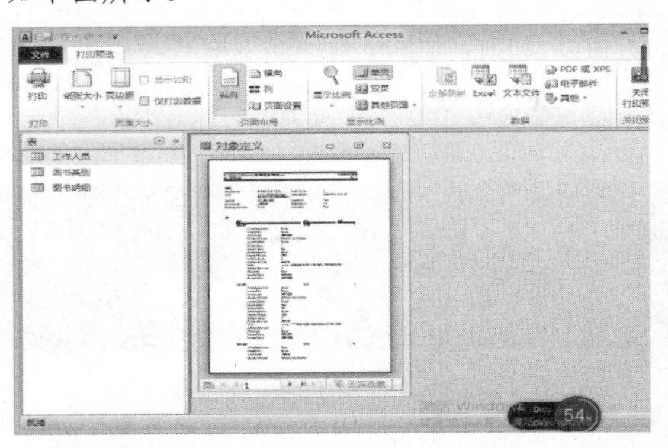

11.6.3 表分析器向导

使用“表分析器向导”不但可以检查数据分布，还能减少数据冗余，提出额外的优化建议，操作步骤如下。

操作步骤

❶ 启动 Access 2010，打开要处理的数据库，切换到【数据库工具】选项卡，再在【分析】组中单击【分析表】按钮，弹出【表分析器向导】对话框，如下图所示。

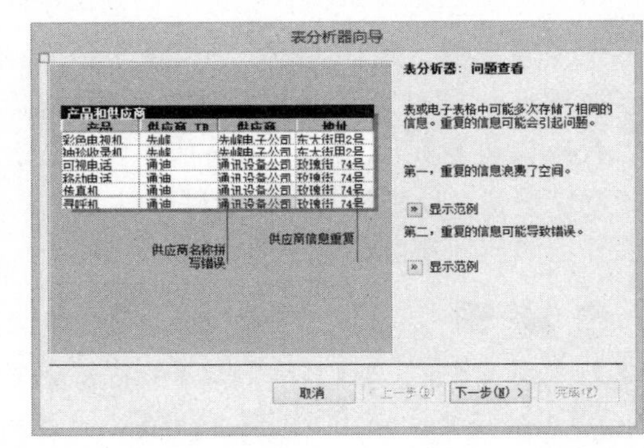

❷ 在该对话框中可以对问题进行查看，单击【下一步】按钮，弹出【表分析器：问题解决】界面，如下图所示。

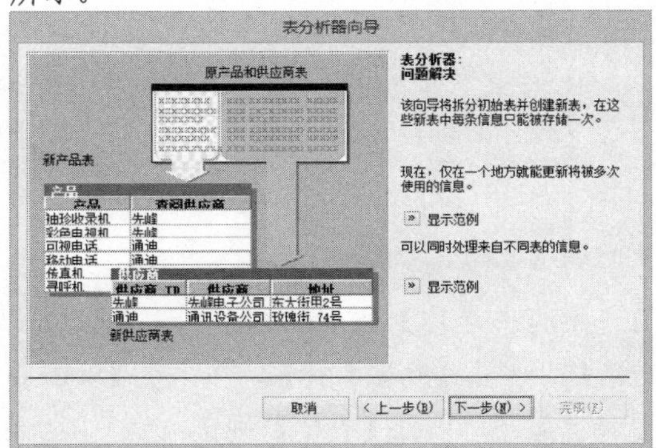

长见识 表分析器向导可以帮助用户从一组数据中创建关系数据库，但在使用“表分析器向导”时，无须了解关系数据库设计原则。

❸ 单击【下一步】按钮，在弹出的对话框中需要用户确定哪张表中含有在许多记录中有重复值的字段，如下图所示。

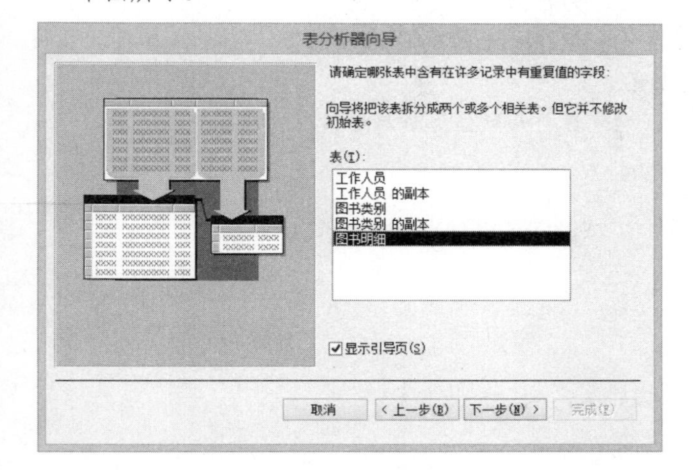

❹ 单击【下一步】按钮，在弹出的对话框中需要用户确定是否由向导来决定哪些字段放入哪些表中，如下图所示。

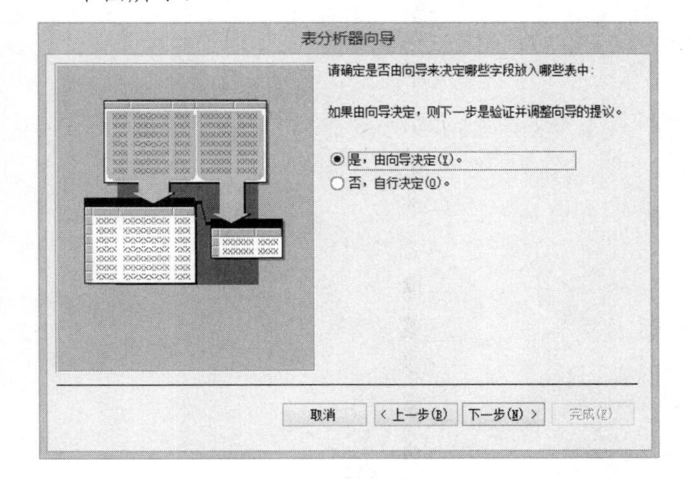

❺ 默认选中【是，由向导决定】单选按钮，单击【下一步】按钮，在弹出的对话框中，让用户确定向导对信息的分组是否正确，如下图所示。

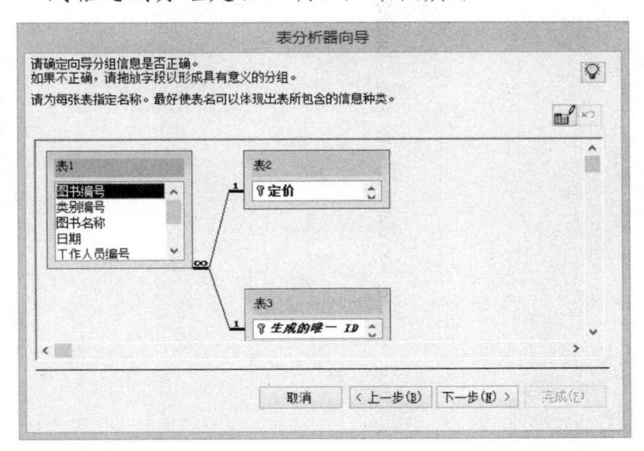

❻ 在打开的对话框中选择要改名的表，单击【重命名按钮】，在【表名称】文本框中输入新的表名，如下图所示。

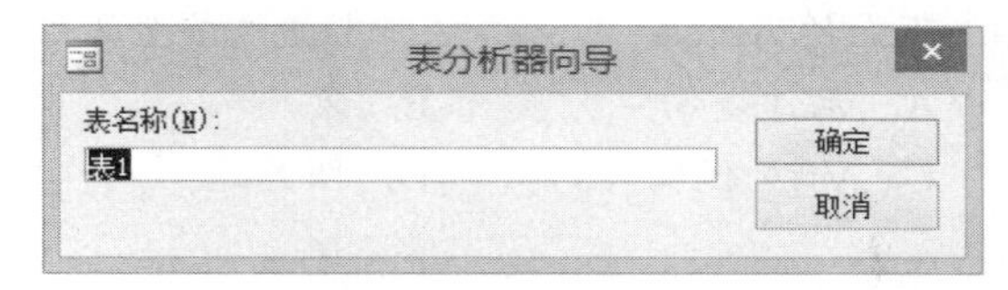

❼ 单击【确定】按钮，返回表分析器向导对话框，再单击【下一步】按钮，弹出确定主键表分析器对话框，如下图所示。

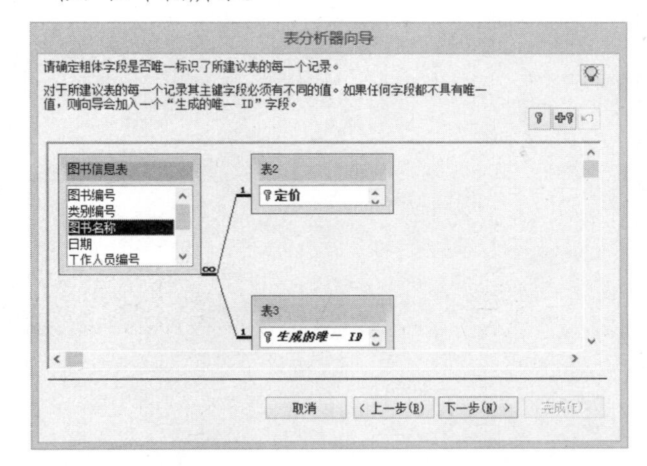

❽ 设置完主键后，单击【下一步】按钮，在打开的表分析完成界面中，保持系统默认，单击【完成】按钮，完成对表的分析过程。

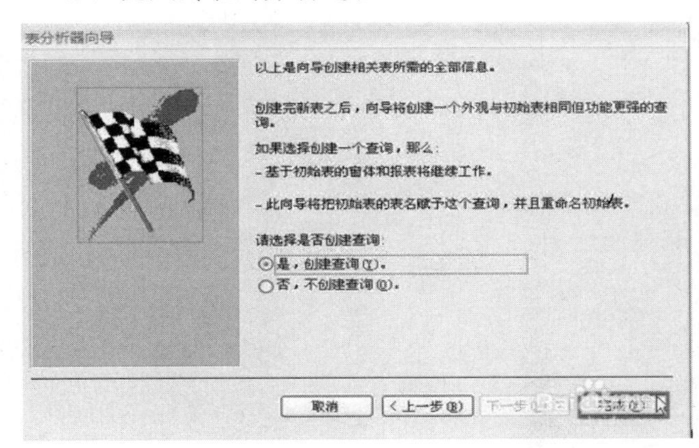

11.7 思考与练习

选择题

1. ________是 Access 2010 中新增的功能。

   A. 信任中心　　B. 新的加密技术

   C. 更高的易用性　　D. 更少的警告信息

表分析器向导在设置主键时，一般保持默认值不做变动，如果用户在创建表时不是最优化的，则会提示用户做进一步修改。

2. ________是签名包的格式后缀。

A. .accdb　　B. .accde

C. .accdc　　D. .accdt

3. 下面的 Access ________组件会造成安全风险。

A. 动作查询　　B. 宏

C. VBA 代码　　D. 图片

操作题

1. 为数据库创建访问密码。

2. 为数据库创建签名包，并提取和使用签名包。

3. 创建一个新的受信任位置，将数据库存放在该位置。

4. 在打开数据库时启用禁用的内容。

长见识 使用表分析器向导对数据库中的表进行分析时，用户可以根据需要确定是否创建查询。

第12章 数据库网络开发技术

本章微课

随着计算机技术的发展，数据库在网络上的应用方兴未艾。本章就来初步认识数据库或者Access在网络开发中的作用，及它们与网络之间的关系。

学习要点

- ❖ 静态网页标记
- ❖ 动态网站的工作方式
- ❖ 常用的网络开发语言
- ❖ ASP语言
- ❖ ASP运行环境的配置
- ❖ ASP程序开发工具
- ❖ ASP读取数据库
- ❖ ASP程序的浏览方式

学习目标

通过本章学习，用户应该掌握目前主要的网络开发语言的分类，掌握静态标准HTML网页的主要构成元素，能够读懂一般的HTML代码。此外，用户还应该理解动态网站的工作方式，以及动态和静态网站的主要区别。

另外，本章以ASP语言为例，介绍数据库在网络开发中的应用，因此用ASP程序读取、存储、删除、修改数据库的知识也应当掌握，用户还应掌握ASP程序的开发方法等。

12.1 Internet 技术

我们经常在网上冲浪，享受着网络带给我们的便捷。用户是否想过当今铺天盖地的各种类型的网络到底是如何工作的呢？网络乃至网站又是如何建立的呢？

本章将着重解决这两个基本问题。

下面来假设一个情景，如果现在有一个新闻类的网站，该网站的主要工作方式就是随时发布当前发生的新闻，那么实现该工作方式可以有两种方法，一种就是为每一条新闻建立一个静态的网页，当用户向服务器发送浏览请求时，服务器向用户传递该网页，提供信息。实现的第二种方法就是建立一个新闻查看的标准模板，在该模板中新闻的内容是可以更新的，而模板中的其他信息如排版、字体等都是固定的，当用户向服务器发送浏览请求时，服务器向用户传递该模板和用户想要查看的新闻信息。

那么用户就可以想象，当传递的内容有限，建立的页面仅仅有几个时，利用第一种方法传递信息是相当简便的。但是当查看的内容相当多，例如上面的新闻网站，需要建立的网页特别多时，如果用第一种方法就显得相当麻烦。此时用户就可以选择第二种方法来建立新闻网站。

以上两种工作方式就代表了两种网站建设技术，第一种就是静态网页网站，设计者建立好以后就存放到服务器上，供用户访问。第二种是动态交互网站，设计者设计好网站程序以后，不仅要将程序上传到服务器，而且还要把数据库也上传到服务器。网络程序将存放于数据库中的信息提取出来，显示在页面上提供给访问者。

一般而言，Web 浏览器的工作方式如下图所示。

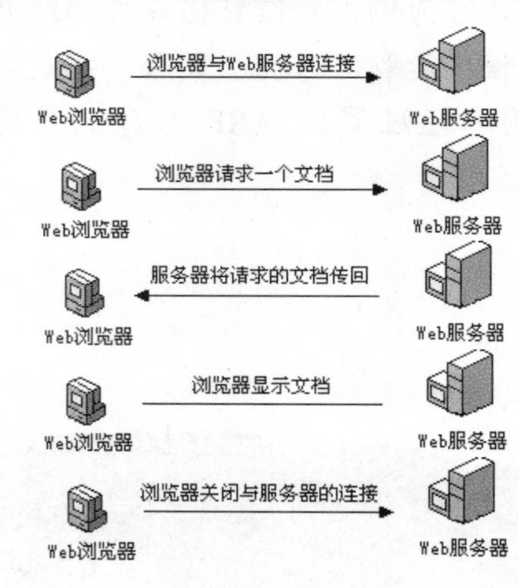

12.1.1 静态网页

最初的 Internet 网页一般都是静态网页，它提供了一些静态信息，如单位简介、学习资料等。静态网页一般使用超文本标记语言 HTML 来实现，人们可以通过在静态网页上放置各种 HTML 元素来实现文本、图像、超链接、表格等内容。

例如，下图就是一个典型的 HTML 网页。

网页是保存在本地硬盘后打开的 HTML 网页，可以看到该网页以.html 为后缀名，网页的名称为“html 静态网页模板下载”。

用户可以在网页中右击，在弹出的快捷菜单中选择【查看源文件】命令，如下图所示。

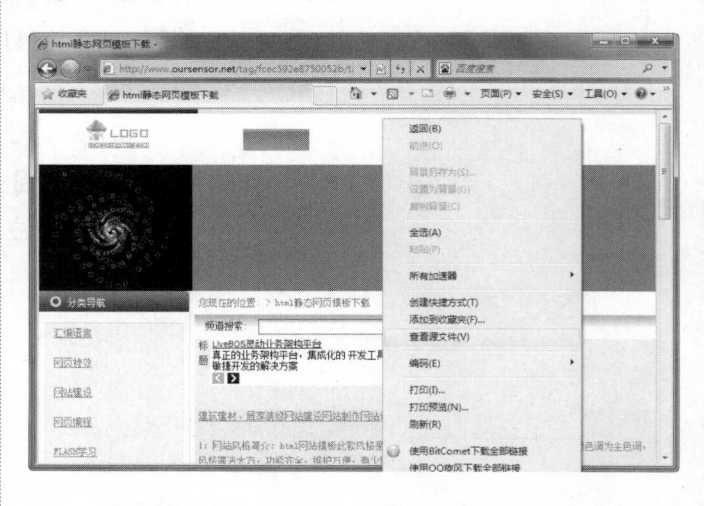

这样就可以查看该 HTML 文件的源文件了。系统将启动记事本程序打开该 HTML 文档，打开后的视图如下图所示。

长见识

在窗体的设计视图中，系统提供了建立窗体的各种控件。在【设计】选项卡下的【控件】组中，用户可以看到各种窗体/报表控件，这些控件可以帮助用户创建几乎所有的窗体。

记事本中的各种代码就是 HTML 文档的各种元素。在这里将对 HTML 做简单的介绍。希望对 HTML 有更多了解的用户请查阅专门介绍 HTML 的书籍，在这里不再对各种元素做详尽介绍。

1. HTML 的结构与组成元素

HTML(超文本标记语言)是一种描述文档结构的标注语言，它使用一些约定的标记对 WWW 上的各种信息进行标注。当用户浏览 WWW 上的信息时，浏览器会自动解释这些标记的含义，并按照一定的格式在屏幕上显示这些被标记的文件。

下面就是一个较简单的 HTML 文件，用户可以在任意一种文本编辑软件(如 EditPlus、UltraEdit、记事本)中编写以下代码，并以.htm 为后缀名保存该文件。

```
<HTML>
  <HEAD>
    <TITLE>Internet 介绍</TITLE>
  </HEAD>
  <BODY   bgcolor= yellow>
<FONT SIZE="4" COLOR="#FF0000">Internet 是当今世界上最大的计算机信息网络，它由一些使用公用语言互相通信的计算机连接而成。</FONT>
<BR>
<FONT SIZE="2" COLOR="#000000">从网络通信技术的观点来看，Internet 是一个以 TCP/IP(传输控制协议/网际协议，协议是通信双方在通信时共同遵守的约定)通信协议为基础，连接各个国家、各个部门、各个机构计算机网络的数据通信网。</FONT>
<BR>
  </BODY>
</HTML>
```

用 Internet Explorer 打开该文件的效果如下图所示。

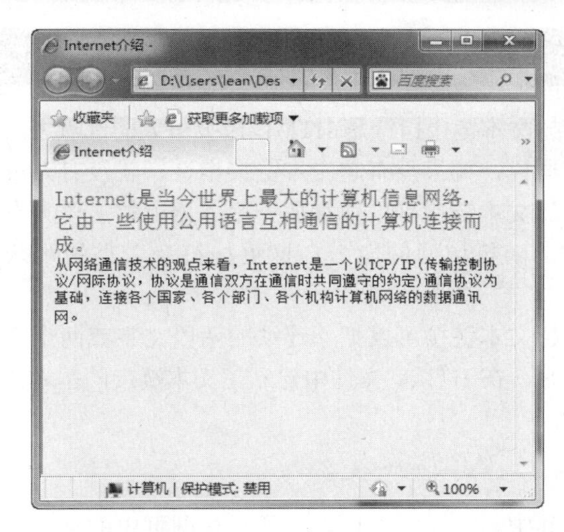

- <HEAD>标记：该标记用于表示该区域为网页的头区域，在头区域中可以包含标题、链接等多种属性。在上面的例子中，该区域只包含 title 标题属性。
- <TITLE>标记：<TITLE>标记用来给网页命名，网页的名称写在<TITLE>与</TITLE>标记之间，显示在浏览器的标题栏中。
- <BODY>标记：该标记用来表示该区域是网页的主体区域。和头区域一样，该区域中也有多种属性，可以设置网页的背景色和文字的颜色。
- <FONT>标记：该标记用来修改字体、大小和颜色。其中 Font 属性指定文字的字体，Size 属性指定文字的大小，Color 属性指定文字的颜色，颜色可以用 6 位十六进制代码表示。例如，可以将上例中的<Font>标记改为<Font Face= “隶书” Size=4 Color= #000000>，表示该文字的字体为隶书，大小为 4 号，字体颜色为黑色。常用颜色的十六进制代码见下表。

颜　色	RGB	颜　色	RGB
黑色(Black)	000000	橄榄色(Olive)	808000
红色(Red)	FF0000	水鸭色(Teal)	008080
绿色(Green)	008000	灰色(Gray)	808080
蓝色(Blue)	0000FF	深蓝色(Navy)	000080
白色(White)	FFFFFF	浅绿色(Lime)	00FF00
黄色(Yellow)	FFFF00	紫红色(Fuchsia)	FF00FF
银色(Silver)	C0C0C0	紫色(Purple)	800080
浅色(Aqua)	00FFFF	茶色(Maroon)	800000

-
标记：该标记用于强制换行。在一段话后添加该标记，那么下面的内容将另起一段。

在网站设计中，纯粹的 HTML 格式的网页通常被称为“静态网页”，早期的网站一般都是用静态网页制作的。

2. 超文本链接指针

超文本链接指针是 HTML 最吸引人的优点之一，可以这样说，如果没有超文本链接指针，就没有万维网。使用超文本链接可以使存放于服务器上的文件具有一定程度的随机访问的能力，这更加符合人类的跳跃思维方式。

超文本链接可以把不连续的两段文字或两个文件联系起来。在 HTML 文件中建立超文本链接的基本语法格式为：

```
<a href = "…">文字</a>
```

其中，“文字”可以是显示在网页中的文字或者图片。当用户单击它时，浏览器就会显示由 href 属性中的统一资源定位器(URL)所指向的目标。例如，如果在 HTML 文件中添加以下超链接：

```
<a href = "www.sina.com">新浪</a>
```

那么当用户单击 HTML 文件中的“新浪”文本时，浏览器就会自动转到统一资源定位符 www.sina.com 所定义的网站，并打开该网站的默认主页。

其实，上面的“文字”和“新浪”在 HTML 文件中只是充当了指针的角色，它一般显示为蓝色。

上面介绍了链接到 Internet 的方法，其实在网络设计中，用得最多的还是链接到本地文件的链接。链接到本地文件的格式和上面的格式是一样的，都是：

```
<a href = "…">文字</a>
```

但是，在链接到本地文件时，链接到的应该就是本地的一个文件，而不是统一资源定位符。例如：

```
<a href = "images/logo.gif">徽标</a>
```

上面就是链接到一个本地图片的例子。当用户单击“徽标”文字时，浏览器就会自动打开“徽标”文字所指向的 images 文件夹下的 logo.gif 图片。

将上面的例子添加到 HTML 文档中，代码如下。

```
<HTML>
<HEAD>
<TITLE> 超链接示例 </TITLE>
</HEAD>
<BODY>
<A HREF="www.sina.com">新浪</A>
<A HREF="images/logo.gif">徽标</A>
</BODY>
</HTML>
```

该文件的显示效果如下图所示。

单击上面的“新浪”文字，即可打开 www.sina.com 网站，而如果单击“徽标”文字，即可打开 logo.gif 图片，如下图所示。

3. 在 HTML 文件中使用图像

HTML 是一种多媒体文件格式，因此在 HTML 网页中使用图片是理所当然的事情。

在浏览器上显示的图像必须有特定的格式。目前使用的浏览器通常支持 GIF 和 JPEG 格式的图像，因此这两种格式在网络设计中的应用也最为普遍。

在 HTML 网页中添加图像是通过<IMG>标记来实现的，例如：

```
<HTML>
<HEAD>
<TITLE> 图片示例 </TITLE>
</HEAD>
<BODY>
<IMG SRC="images/IMG_3432.jpg" WIDTH="600"
HEIGHT="400" BORDER="0" ALT="" >
</BODY>
</HTML>
```

静态网页是相对于动态网页而言的，是指没有后台数据库、不含程序和不可交互的网页。

如上面的例子，<IMG>标记有以下几个较为重要的属性。

- ❖ SRC 属性：指明图形的 URL 地址，如上面的例子，表示要显示的图片是位于 images 文件夹下的 IMG_3432.jpg。
- ❖ HEIGHT 属性：该属性决定图形的高度，默认的单位是像素 pix。
- ❖ WIDTH 属性：该属性决定图形的宽度，单位也是像素。
- ❖ BORDER 属性：该属性决定边框线的宽度，上例中宽度设置为 0，表示该图片无边框。
- ❖ ALT 属性：指明图像显示的备用文本。当图片由于某种原因不能显示时，将显示该文本。

该例子的显示效果如下图所示。

4. 在 HTML 文件中使用表单

HTML 提供的表单是用来将用户数据从浏览器传递给 Web 服务器的。例如，可以利用表单建立一个录入界面，也可以利用表单对数据库进行查询。

表单是为 Internet 网络用户在浏览器上建立一个交互接口，使 Internet 网络用户可以通过这个接口输入自己的信息，然后单击【提交】按钮，将 Internet 网络用户的输入信息传送给 Web 服务器。最常见的就是经常使用的注册界面。

在 HTML 中，<FORM>标记专门提供了表单功能，由表单开始标记<FORM>和表单结束标记</FORM>组成。表单中可以设置文本框、按钮或下拉菜单，它们也是通过标记完成的。

<FORM>表单的语法格式如下：

```
< FORM  ACTION ="…"  METHOD="…" >
……
</FORM>
```

在表单的开始标记中带有两个属性：ACTION 和 METHOD，其作用如下。

- ❖ ACTION 属性用来指出当这个 FORM 提交后需要执行保存在 Web 服务器上的哪一个程序。一旦 Internet 网络用户提交输入信息后，服务器便激活这个程序，完成某种任务。例如：

  ```
  <FORM ACTION="login.asp" METHOD =POST >
  …
  </FORM>
  ```

  当用户单击【提交】按钮以后，Web 服务器上的 login.asp 将接收用户输入的信息，以登记用户信息。
- ❖ METHOD 属性用来说明从客户端浏览器将 Internet 网络用户输入的信息传送给 Web 服务器时所使用的方式。具体有两种方式，即 POST 和 GET，默认的方式是 GET。这两者的区别是在使用 POST 时，表单中所有的变量及其值都按一定的规律放入报文中，而不是附加在 ACTION 所设定的 URL 之后。在使用 GET 时将 FORM 的输入信息作为字符串附加在 ACTION 所设定的 URL 的后面，中间用“？”隔开，即在客户端浏览器的地址栏中可以直接看见这些内容。

HTML 中的 INPUT 标记是表单中最常用的标记。在网页上所见到的文本框、按钮等都是由这个标记引出的。下面是 INPUT 标记的标准格式：

```
<INPUT  TYPE="…" VALUE ="…">
```

其中，TYPE 属性用来说明提供给用户进行信息输入的类型是什么，如是文本框、单选按钮还是多选按钮，它的取值如下。

- ❖ TEXT：表示在表单中使用单行文本框。
- ❖ PASSWORD：表示在表单中为用户提供密码输入框。
- ❖ RADIO：表示在表单中使用单选按钮。
- ❖ CHECKBOX：表示在表单中使用多选按钮。
- ❖ SUBMIT：表示在表单中使用提交按钮。
- ❖ RESET：表示在表单中使用重置按钮。

```
<HTML>
<HEAD>
<TITLE>这是个测试页</TITLE>
</HEAD>
```


静态网页的网址形式通常为 www.example.com/eg/eg.htm，也就是以.htm、.html、.shtml、.xml 等为后缀。在 HTML 格式的网页上，也可以出现各种动态的效果，如.GIF 格式的动画、Flash、滚动字母等，这些“动态效果”只是视觉上的。

```
<BODY>
<FORM ACTION="REG.ASP" METHOD=POST>
请输入您的真实姓名:<INPUT TYPE=TEXT NAME=姓名>
<BR>
您的性别:
<INPUT type=radio name=性别 value="女">女
<INPUT type=radio name=性别 checked value="男
">男
<BR>
您的主页的网址:
<INPUT TYPE=TEXT NAME=网址 VALUE=HTTP://>
<BR>
密码:
<INPUT TYPE=PASSWORD NAME=密码>
<BR>
<INPUT TYPE=SUBMIT VALUE="发送">
<INPUT TYPE=RESET VALUE="重设">
</FORM>
</BODY>
</HTML>
```

该 HTML 代码的显示效果如下图所示。

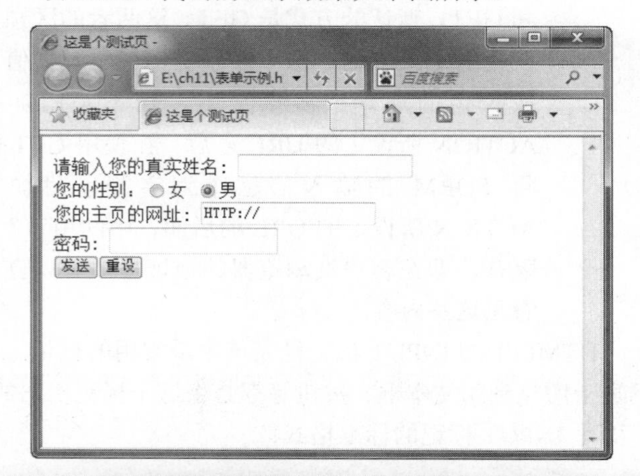

5. 在 HTML 文件中使用表格

表格有一个标题(Caption)，说明表格的主要内容，并且一般位于表格的上方；表格中由行和列分割成的单元叫作“表元”(Cell)，它又分为表头(用 TH 标记来表示)和表数据(用 TD 标记来表示)；表格中分割表元的行列线称为“框线”(Border)。

一般而言，在 HTML 文件中使用表格的语法格式如下：

```
<TABLE  WIDTH=75%  BORDER=1 CELLSPACING=1
CELLPADDING=1>
    <CAPTION>表格标题</CAPTION>
    <TR>
        <TD></TD>
        <TD></TD>
        <TD></TD>
    </TR>
</TABLE>
```

❖ <TABLE>标记：一个表格至少有一个 TABLE 标记，由它来决定一个表格的开始和结束，而且 TABLE 标记可以嵌套。TABLE 标记有以下 5 种属性。

① BORDER 属性，指定围绕表格框的宽度。

② CELLSPACING 属性，指定框线的宽度。

③ CELLPADDING 属性，用于设置表元内容与边框线之间的间距。

④ ALIGN 属性，用来控制表格本身在页面上的对齐方式。其取值可为 LEFT(左对齐)、CENTER(居中对齐)、RIGHT(右对齐)。

⑤ WIDTH 属性，用来设置表格的宽度，可以以像素为单位，也可以用占浏览器窗口的百分比来定义。

❖ <CAPTION>标记：用来标注表格标题。CAPTION 标记必须紧接在 TABLE 开始标记之后，放在第一个 TR 标记之前。通过该标记所定义的表格标题一般显示在表格的上方，而且其水平方向是居中对齐。另外，如需要对表格的标题突出显示，可以在 CAPTION 标记之间加入其他对字体进行加重显示的标记。

❖ <TR>标记：该标记用于定义表格的一行。TR 标记中有两个属性，一个是 ALIGN 属性，用来设置表行中的每个表元在水平方向的对齐方式，其取值可以是 LEFT(左对齐)、CENTER(居中对齐)、RIGHT(右对齐)；另一个是 VALIGN 属性，用来设置表行中的每个表元在垂直方向的对齐方式，其取值可以是 TOP(向上对齐)、CENTER(居中对齐)、BOTTOM(向下对齐)。例如，要使表行中各单元的内容水平方向右对齐、垂直方向居中对齐，可使用以下源代码：

```
<TR  ALIGN=RIGHT  VALIGH=CENTER>
```

❖ <TD>标记：该标记用来表示一个表行中的各个列单元。TD 标记内几乎可以包含所有的 HTML 标记，甚至还可以嵌套表格。该标记与 TD 标记同样具有 ALIGN 和 VALIGN 属性，如果在 TD 标记和 TR 标记中都设置了 ALIGN 和 VALIGN 属性，而且它们所设置的属性值不相同，那么以 TD 标记所设置的属性值为准。另外，TD 标记还有两个属性，一个是 WIDTH 属性，用来设置表元的宽度；另一个是 HEIGHT

网页内容一经发布到网站服务器上，无论是否有用户访问，每个静态网页的内容都是保存在网站服务器上的，也就是说，静态网页是实实在在保存在服务器上的文件，每个网页都是一个独立的文件。

属性，用来设置表元的高度。这两个属性的取值单位都是像素。在同一行中将多个表元设置为不同高度，或者在同一列中将多个表元设置为不同宽度，都有可能导致不可预料的结果。

下面利用上面介绍的知识，给出一个比较复杂的 HTML 文件。在这个实例中，通过制作一个登记表格来说明如何制作一个比较复杂的表格。在表格中经常会出现跨多行、多列的表元，这就要用到 TD 标记的另外两个属性，即 COLSPAN 和 ROWSPAN 属性。例如，<TD COLSPAN=3> 登记照</TD >：表示这个表项标题将横跨 3 个表项的位置；<TD ROWSPAN=3> 登记照</TD>：表示这个表项标题将纵跨 3 个表项的位置。

还可以在表格中插入超链接或在表格中插入图片，如果能对这个例子举一反三，那么仅需制作一个无框线的表格，就可以把各种数据按照自己所希望的形式在页面上进行布置。

程序的源代码如下。

```
<HTML>
<HEAD>
<TITLE>表格综合实例</TITLE>
</HEAD>
<BODY>
<TABLE border=1 cellPadding=1 cellSpacing=1
width="75%">
<caption>大奖赛登记表</caption>
<TR>
<TD bgcolor=LightGoldenrodYellow
width=20%> 报名号</TD>
<TD width=20% >757</TD>
<TD bgcolor=LightYellow width=20% >性别</TD>
<TD width=20% >男</TD>
<TD rowspan=2 align=center width=20% ><IMG
SRC="images/photo.jpg" WIDTH="100"
HEIGHT="130" BORDER="0" ALT=""></TD>
</TR>
<TR>
<TD bgcolor=FloralWhite>姓名</TD>
<TD colspan=3><A
href="http://www.jimnold.com">罗夕林
</A></TD>
</TR>
<TR>
<TD bgcolor=Cornsilk>推荐单位</TD>
<TD colspan=4>宇宙公司</TD>
</TR>
</TABLE>
</BODY>
</HTML>
```

该 HTML 代码的显示效果如下图所示。

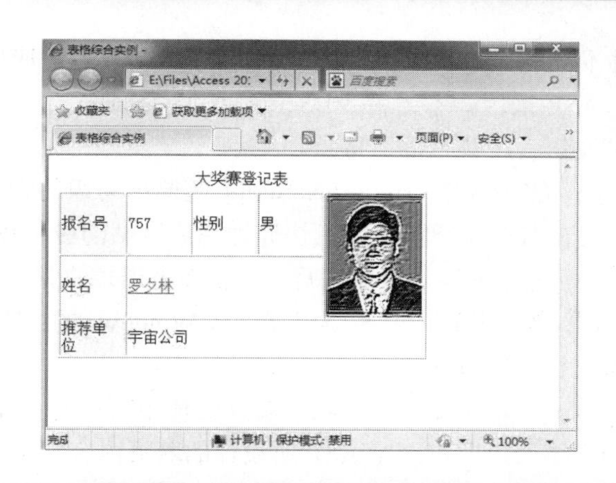

12.1.2 动态网页

在 12.1.1 节的开始介绍了两种网页的实现方法，第二种就是通过编写服务器端的程序，动态地实现网站的访问。

所谓动态网站，是指网页文件中不仅包含 HTML 标记，而且含有程序代码。动态网站能够根据不同的时间、不同的访问者显示不同的内容，最常见的如注册页面、购物系统等都是动态网站的应用。

当用户在浏览器中输入一个动态网站的地址并按下 Enter 键时，就向服务器发送了一个浏览请求。服务器在收到浏览请求以后，首先会找到用户输入的动态网页文件，然后执行网页文件中的程序代码，并将含有程序代码的动态网页转换为标准的静态网页，然后将静态网页发送回浏览器。

1. 主要的网络程序设计语言

目前，主要的网络程序设计语言有 ASP、PHP 和 JSP 等。总的来说，ASP、PHP 和 JSP 是把脚本语言嵌入 HTML 文档中。

ASP、PHP、JSP 都是面向 Web 服务器的技术，客户端浏览器不需要任何附加的软件支持。

这 3 种语言具有各自的优点。

❖ ASP 语言学习简单，使用方便。
❖ PHP 软件免费，运行成本低。
❖ JSP 支持多平台，转换方便。

2. ASP 语言概述

ASP(Active Server Pages)是 Microsoft 公司推出的用以取代 CGI(Common Gateway Interface)的动态服务器网页技术。

ASP 是一个 Web 服务器端的开发环境，利用它可以产生和执行动态的、互动的、高性能的 Web 服务应用程序。ASP 采用脚本语言 VBScript 或 JavaScript 作为自己的开发语言，具有以下特点。

(1) 使用 VBScript、JavaScript 等简单易懂的脚本语言，结合 HTML 代码，即可快速地完成网站的应用程序。

(2) 无须编译，容易编写，可在服务器端直接执行。

(3) 使用普通的文本编辑器，如 Windows 的记事本，即可进行编辑设计。

(4) 与浏览器无关，客户端只要使用可执行 HTML 码的浏览器，即可浏览 ASP 所设计的网页内容。ASP 所使用的脚本语言均在 Web 服务器端执行，客户端的浏览器不需要执行这些脚本语言。

(5) ASP 能与任何 ActiveX Scripting 语言兼容，还能通过 plug-in 的方式，使用由第三方提供的其他脚本语言，如 REXX、Per、Tel 等。

(6) 可使用服务器端的脚本来产生客户端的脚本。

(7) ActiveX 服务器组件具有可扩充性。可以使用 Visual Basic、Java、Visual C++、COBOL 等程序设计语言来编写需要的 ActiveX 服务器组件。ASP 是 Microsoft 开发的动态网页语言，继承了微软产品的一贯传统，只能在微软的服务器产品 IIS(Internet Information Server)和 PWS(Personal Web Server)上运行；UNIX 下也有 ChiliSoft 的组件来支持 ASP，但是 ASP 本身的功能有限，必须通过 ASP+COM 的群组合来扩充，UNIX 下的 COM 实现起来非常困难。

ASP 程序的主要缺点包括以下内容。

(1) 运行速度比 HTML 程序慢。当用户在客户端发送一个浏览请求时，服务器端都会将 ASP 程序从头到尾重读一遍，并加以编译执行，最后将执行后生成的标准 HTML 文件发送给客户端，从而影响了运行速度。

(2) 有的网络操作系统不支持 ASP，这样用 ASP 系统开发的 Web 系统一般来说最好选用 Windows 操作系统。

下图所示的就是一个典型的 ASP 文件。

```
1  <!--#include file="setup.asp" -->
2  <html>
3  <head>
4  <meta http-equiv="Content-Type" content="text/html; charset=gb2312">
5  <title><%=web_name%>网站首页</title>
6  <link href="inc/style.css" rel="stylesheet" type="text/css">
7  </head>
8
9  <body leftmargin="0" topmargin="0">
10 <!--#include file="index_logo.asp" -->
11 <table width="762" height="1" border="1" align="center" cellpadding="0"
   cellspacing="0" bgcolor="f5f5f5" class="tablelinenotop">
12 </table>
13 <table width="762" height="400" border="0" align="center"
   cellpadding="0" cellspacing="0" bgcolor="#FFFFFF"
   class="tablelinenotop">
14   <tr>
15     <td width="170" valign="top" >
16       <div align="center">
17         <table width="101%" border="0" cellpadding="0" cellspacing="1">
18           <tr>
19             <td height="1" bgcolor="#CCCCCC"></td>
20           </tr>
21         </table>
22         <table width="100%" height="41" border="0" cellpadding="0"
           cellspacing="0">
```

3. PHP 语言概述

PHP(Personal Home Pages)是由 Rasmus Lerdorf 于 1994 年提出的，它开始是一个用 Perl 语言编写的简单程序，作为一个简单的个人工具，仅提供了留言本、计数器等简单功能。后来，几经完善最终形成了今天流行的 PHP3 雏形。

PHP 程序可以在 UNIX、Linux 或者 Windows 操作系统下运行，对客户端浏览器也没有特殊要求，只不过它的运行环境安装比较复杂。一般而言，PHP、MySQL 数据库和 Apache Web 服务器是很好的组合。

PHP 语言也是将脚本语言嵌入 HTML 文件中。它大量采用了 C、Java 和 Perl 语言的语法，并加入了 PHP 自己的特征。它也是在服务器端执行的，这一点和 ASP 比较相似。

PHP 程序的主要优点包括以下内容。

(1) PHP 是免费的，这对于要考虑运行成本的商业网站来说是相当重要的。

(2) 开放源码。PHP 文件的所有源码和文档都可以免费复制、编译和传播。正是由于它的开放性，才有很多的爱好者不断地发展它，使它具备了旺盛的活力。

(3) 多平台支持。PHP 程序可以运行在 UNIX、Linux 或 Windows 操作系统下。

(4) 由于 PHP 文件是在服务器端运行的，因此它也是将程序编译为标准的 HTML 文件，然后发送到浏览器中。

(5) 运行效率高。与 ASP 程序相比，PHP 程序占用的资源较少，执行的速度比较快。

PHP 程序的主要缺点包括以下内容。

(1) 因为 PHP 没有专门公司的支持，因此缺少固定的技术保障。

(2) 运行环境的安装相对而言比较复杂。

(3) 相对于 ASP 程序而言，学习起来可能更困难。

4. JSP 语言概述

JSP(Java Server Page)是由美国的 Sun 公司提出，多家公司合作开发建立的一种动态网页技术。开发该技术的目的是整合已经存在的 Java 编程环境，结果产生了一种全新的网络编程语言。

JSP 最大的优点就是具有开放的、跨平台的结构。它几乎可以运行在所有的服务器上，包括 Windows、UNIX、Linux 等。当然，在配置 JSP 运行环境时，必须先安装服务器引擎软件。Sun 公司提供了免费的 JDK、JSDK 和 JSWDK 供 Windows 和 Linux 系统使用。

可以选择将数据库中的数据导出为动态的 HTML 格式，使文档具有 Microsoft Active Server Page 格式(即 ASP 格式)。这些页面是在用户发送请求信息后，在程序运行时创建的，因此是动态的。

JSP 程序也是在服务器端运行的，因此对浏览器的要求也比较低。JSP 其实就是将 Java 程序段和 JSP 标记嵌入普通的 HTML 文档中，当用户在客户端访问一个 JSP 网页时，将执行其中的程序片段，然后返回给客户端标准的 HTML 文档。

和 ASP 不同的是，在 ASP 中每次访问一个 ASP 文件，服务器都将该文件执行一遍，然后将标准的 HTML 文件发送到客户端。但是在 JSP 环境下，当用户第一次请求 JSP 文件时，该文件被编译成 Servlet 并由 Java 虚拟机执行，以后就不用再编译了。编译后运行，能够大大提高执行的效率，这是它的另一大特点。

JSP 程序的主要优点包括以下内容。

(1) 多平台支持，它可以运行于几乎所有的服务器中，无论在哪里都可以迅速转换使用。

(2) 编译后运行，能够大大提高程序执行的效率。

(3) JSP 采用了 Java 技术，而 Java 作为一个成熟的跨平台的程序设计语言，几乎可以实现想实现的任何功能。

JSP 程序的主要缺点包括以下内容。

(1) 开发和运行环境相对于 ASP 来说，稍显复杂。

(2) 相对于 ASP 的 VBScript 脚本语言来说，Java 语言稍显复杂。

本书将以 ASP 语言为例，介绍数据库在网络开发中的应用。之所以选择 ASP 语言，有以下几个原因。

首先，ASP 是 Microsoft 公司的产品，与目前普遍使用的 Windows 操作系统和 Internet Explorer 兼容性最好。

其次，ASP 所使用的 VBScript 脚本语言直接来源于 VB，而 VB 本身就是一种比较容易学习的语言。并且在前面的章节中，已经详细介绍了 VB 的一个分支——VBA 的语法，用户学习起来比较简便。

再次，目前 ASP 发展得最成熟，网上的各种资源也最多，这些资源可以帮助用户快速地掌握 ASP 和数据库网络开发技术。

12.2 ASP 介绍

ASP 程序在服务器端工作，并且通过服务器端的编译，动态地送出 HTML 文件给客户端。它负责处理 HTML 文件与运行在服务器端的程序之间的数据交换。当用户输入信息(这个信息可以是查询条件，也可以是传送给服务器的某些内容)并提交给服务器后，便激活了一个 ASP 程序。该 ASP 程序又可以调用操作系统下的其他程序(如数据库管理系统)完成用户的查询任务，当操作系统下的程序完成查询之后，便把查询结果传给 ASP，通过 ASP 传给 Web 服务器。由此可以看出，ASP 程序在用户与服务器之间进行交互查询时起到了重要作用。

12.2.1 ASP 运行环境

前面曾讲过 ASP 是在服务器端运行的。所以，在编写 ASP 程序之前，必须先搭建 ASP 的运行环境。

IIS(Internet Information Server)是 Microsoft 所提供的 Internet 信息服务系统。它允许在公共 Intranet 或 Internet 的 Web 服务器上发布信息。IIS 使用超文本传输协议(HTTP)传输信息，可配置 IIS 以提供 FTP(文件传输协议)服务和 SMTP(简单邮件传输协议)服务。

要搭建 ASP 的运行环境，需要对运行的服务器端和客户端分别进行配置。

服务器端运行的环境可选择以下任意一种安装。

- Windows 7/10 + IIS。
- Windows Server 2010。

客户端只要能够正常启动浏览器即可，如正常打开 Internet Explorer。

在编写和调试 ASP 程序时，最方便的方法就是开发者先在本地计算机编写和调试 ASP 程序，在调试成功以后，再将 ASP 程序上传到专门的 ASP 服务器。

为了实现此功能，Microsoft 公司在其操作系统中提供了 IIS(Internet Information Server)，Windows 7 旗舰版自带 IIS，默认情况下没有开启，在控制面板内开启此功能即可，具体操作步骤如下。

操作步骤

1. 单击【开始】按钮，在弹出的菜单中选择【控制面板】选项，打开【控制面板】窗口。
2. 进入【程序和功能】界面，单击左侧的 【打开或关闭 Windows 功能】，弹出【Windows 功能】对话框，如下图所示。

静态网页是网站建设的基础，静态网页和动态网页可以结合使用，为了网站适应搜索引擎检索的需要，即使采用动态网页技术，也可以将网页内容转化为静态网页发布。

❸ 选中【Internet 信息服务】复选框，单击【确定】按钮，即可打开此功能。

❹ 再次进入【控制面板】，选择【管理工具】，双击【Internet(IIS)管理器】选项，进入 IIS 设置面板，如下图所示。

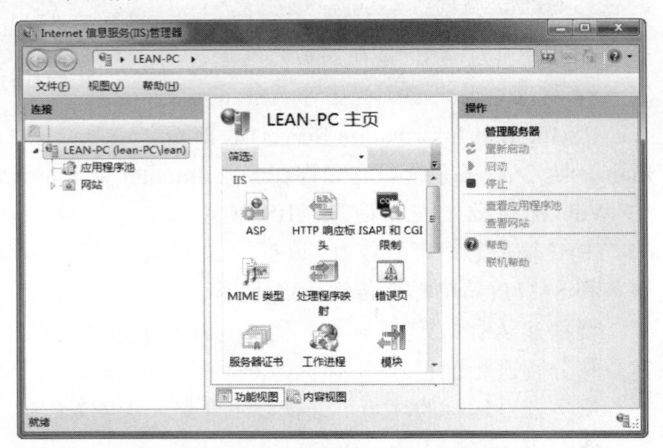

❺ 选择 Default Web Site，并双击 ASP 选项，IIS 7 中的 ASP 父路径是没有启用的，要开启父路径，设置为 True，如下图所示。

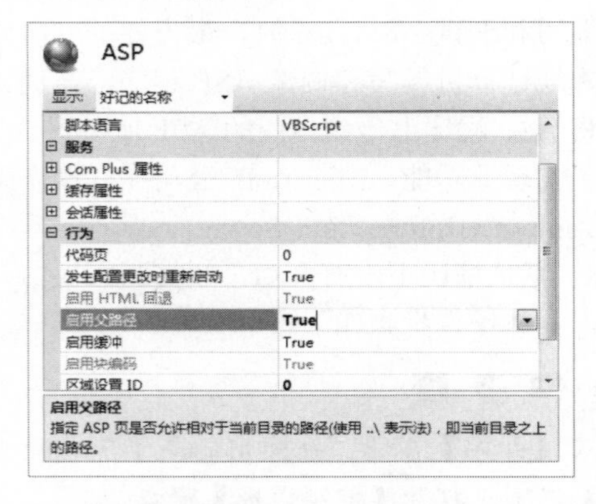

❻ 单击右侧的【高级设置】选项，在弹出的【高级设置】对话框中设置新的服务器目录路径为“E\www”，如下图所示。

至此，便完成了对 IIS 的启动和配置。

12.2.2 查看 ASP 文件

其实在上面的内容中，已经顺带介绍了浏览 ASP 文件的方法。具体总结一下，浏览 ASP 文件的方法主要有下面几种。

1. 在 IIS 中选择文件浏览

在【Internet 信息服务管理器】窗口中右击想要浏览的文件，在弹出的快捷菜单中选择【浏览】命令，如下图所示。

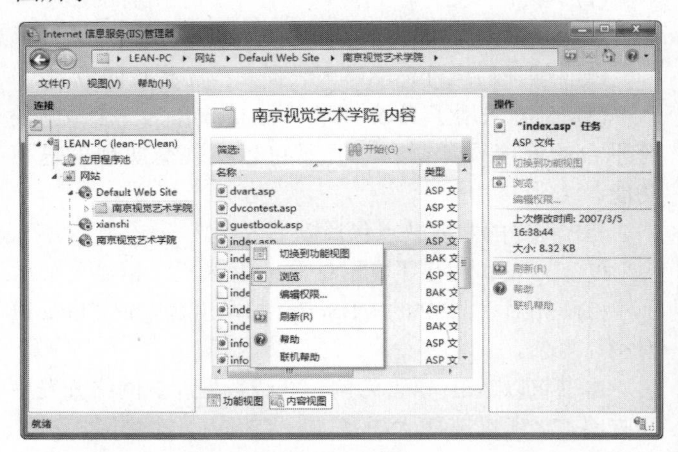

系统启动默认的浏览器打开 ASP 文件，上例的运行效果如下图所示。

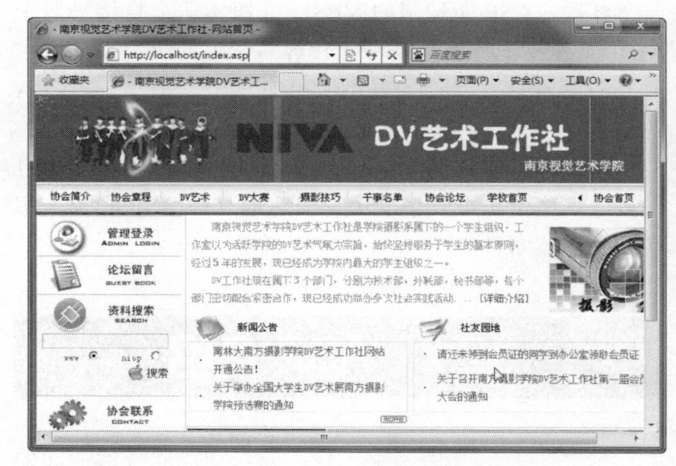

2. 在 IIS 中通过默认文档浏览

在 IIS 的【功能视图】下，双击进入【默认文档】，单击【添加】按钮，在弹出的【添加默认文档】对话框中输入要添加的默认文档为“index.asp”，如下图所示。

长见识 ASP 是微软公司开发的代替 CGI 脚本程序的一种应用，它可以与数据库和其他程序进行交互，是一种简单、方便的编程工具。

接下来介绍如何通过设置的默认文档浏览 ASP 文件。

在【Internet 信息服务(IIS)管理器】窗口的【内容视图】下，选择要浏览的网站，在弹出的菜单中选择【浏览】命令。如下面的例子中，要想浏览“南京视觉艺术学院”的网站，就选择该网站，在右侧的【操作】目录下单击【浏览】命令，如下图所示。

系统将自动按照设定的默认文档的顺序，搜索网站中的文件，并在 Internet 信息服务中打开该文件，如下图所示。

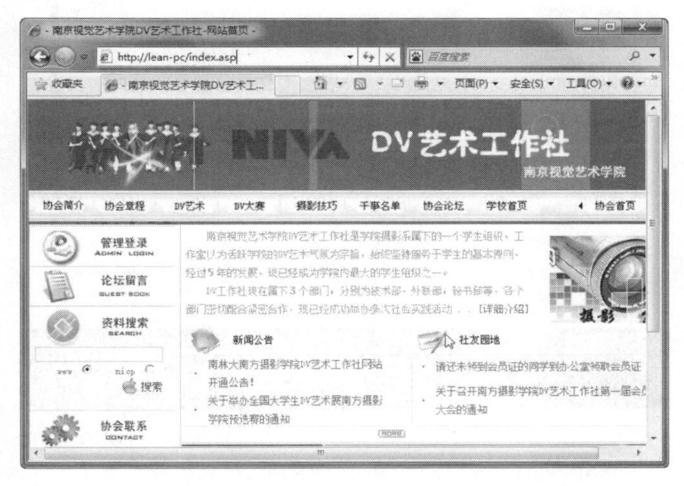

用户可以用这种方法来测试设置的默认文档是否发挥作用。一般而言，用这种方法显示的网站页面直接显示在 Internet 信息服务窗口中，因此掩盖了各个网站的文件，在平常的开发中使用得不是很多。但是这种方法的优点也是很明显的，那就是可以快速地查看网站的主页。

3. 直接在浏览器中输入地址浏览

上面介绍的两种方法都是在【Internet 信息服务(IIS)管理器】窗口中直接选择文件浏览，其实在安装 IIS 并启动以后，用户完全可以直接在浏览器中输入文件地址来浏览。

在浏览器中输入的地址如下：

http://127.0.0.1/index.asp

http://localhost/index.asp

http://您的计算机名/index.asp

http://您的计算机 IP 地址/index.asp

其中前 3 种方法一般用于用户在自己的计算机上访问 ASP 文件，而第四种方法指的是别人通过 Internet 或局域网访问你的 ASP 文件，前提就是你的计算机已经接入 Internet 或者局域网，并且别人知道你的 IP 地址。

在浏览器中输入地址浏览，浏览效果如下图所示。

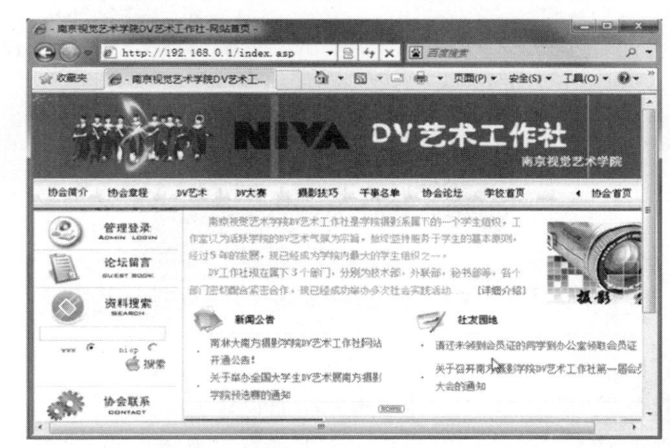

通过计算机名来访问，如下图所示。

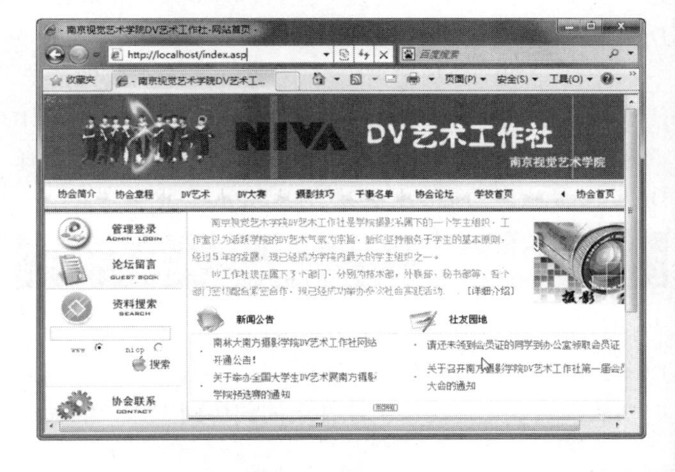

ASP 是一种服务器端脚本编写环境，可以用来创建和运行动态网页或 Web 应用程序。

长见识

12.2.3 ASP 程序的开发工具

工欲善其事，必先利其器。选择一个高效率的程序开发工具对程序的开发有着非常大的影响。本节将介绍 ASP 程序开发的一般过程，及各个过程中所使用的开发工具。

1. ASP 网站的开发过程

一般而言，开发一个完整的网站分为 3 步，也就是有 3 种不同的工作。通常，这 3 种工作由不同的开发者来完成。

开发 ASP 网站的第一步就是要进行网页的页面设计，也就是经常说的主页设计。设计主页经常用的软件有 Photoshop、Fireworks 等。在这一步中，包含页面各个区域图片的设计及 Flash 设计等。下图所示就是一个网站的主页，它是用 Photoshop 设计的一个 JPG 格式的图片。

开发 ASP 网站的第二步就是将设计完成的主页图片转变成 HTML 格式，并对建立的 HTML 格式文件进行必要的修改，设计出符合自己需要的标准静态网页。完成这一步要用到的软件工具主要有 Photoshop、Fireworks、Dreamweaver 等。

开发 ASP 网站的第三步就是在设计完成的静态 HTML 文件中加入 ASP 代码，使网站能够实现自己设计的各种功能。在这个过程中使用的软件工具主要有 Dreamweaver、Visual InterDev、EditPlus、记事本等。

2. ASP 网站的常用设计工具

在网站设计领域，Macromedia 公司推出的 Flash、Dreamweaver 和 Fireworks 三个软件，不仅各自具有强大的功能，而且通过这三个软件之间的协同工作，能够明显提高程序开发的效率。因此这三个软件也被人们称为“网页三剑客”。

Microsoft 公司集成在编程软件包中的 Visual InterDev 软件，是一款非常优秀的 ASP 文件编写工具。它不仅可以编写 ASP 程序，而且可以随时对编写的程序进行调试，并且支持多人合作开发，因此在开发大型网站时多使用该软件。

不过对于初学者来说，用户可以采用记事本文本编辑软件，编写 ASP 文件，只要将文件的后缀名改为.asp 即可。

本书推荐使用 EditPlus 软件进行 ASP 程序的设计。它可以将 ASP 脚本文件和 HTML 文件用不同的颜色分开，并且利用里面的各种工具，帮助快速地插入表格、插入图片、设置文本等，帮助编写复杂的 HTML 语句。

下图就是 EditPlus 软件的一个界面。

执行【文件】|【新建】|【HTML 网页】菜单命令，即可新建一个 HTML 文件，如下图所示。

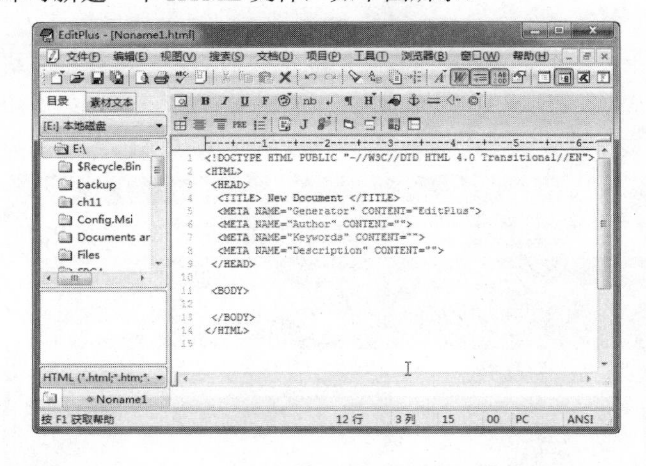

12.3 ASP 程序开发

ASP 文件是以 .asp 为扩展名的文本文件，这个文本文件可以包括文本、HTML 标记和 ASP 脚本命令的任意

长见识：ASP 网页可以包含 HTML 标记、普通文本、脚本命令及 COM 组件等。利用 ASP 可以在网页中添加交互式内容（如在线表单），也可以创建使用 HTML 网页作为用户界面的 Web 应用程序。

组合。

关于 ASP 开发的详细介绍，请用户自行查阅其他书籍。本节将主要介绍 ASP 的组成部分，并简单介绍 ASP 的语法和开发过程中的知识。

12.3.1 创建简单的 ASP 程序

下面将利用 EditPlus 新建一个 ASP 程序，借以体会创建一个完整的 ASP 文件的过程。该例子的主要作用就是判断当前的系统时间，并根据系统的时间返回不同的问候。

操作步骤

1. 启动 EditPlus，执行【文件】|【新建】|【HTML 网页】菜单命令新建一个 HTML 文件，如下图所示。

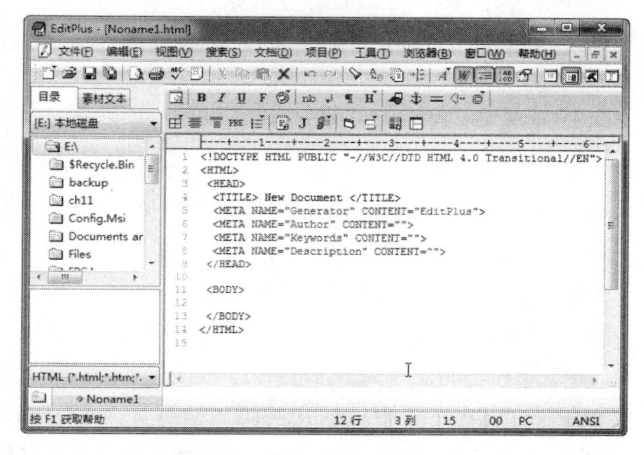

2. 在该文件中输入 HTML 标记和 ASP 代码。设置该文件的标题为“简单的 ASP 程序”，删除头区域中的<META>标记，并在<BODY>区域中加入 ASP 代码，如下所示。

```
<HTML>
<HEAD>
<TITLE> 简单的ASP程序 </TITLE>
</HEAD>
<BODY>
<CENTER> Now is <%= Now %></CENTER>
<BR>
<% If Time >= #12:00:00 AM# And Time
< #12:00:00 PM# Then %>
<CENTER> Good Morning! </CENTER>
<% Else %>
<CENTER> Hello! </CENTER>
<% End If %>
</BODY>
</HTML>
```

此时的代码窗口如下图所示。

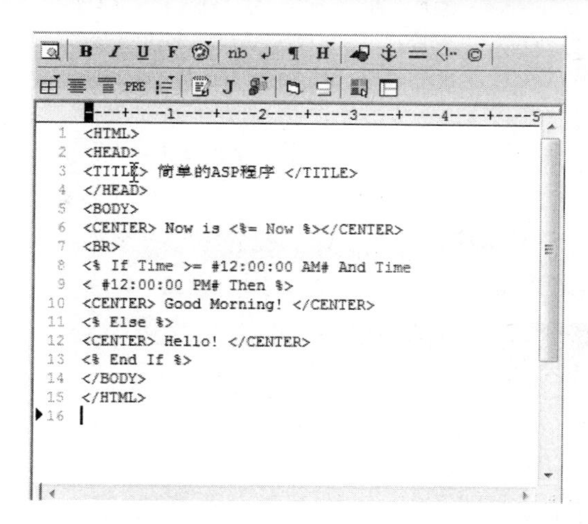

3. 执行【文件】|【保存】菜单命令，系统弹出【另存为】对话框。在该对话框中选择存储的位置为 E:根目录，并将文件命名为“简单的 ASP 程序”，如下图所示。

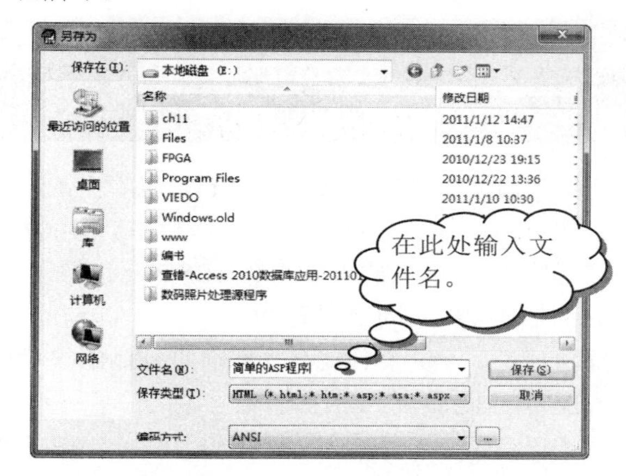

4. 单击【保存】按钮，这样就完成了第一个 ASP 文件的创建。

5. 在【Internet 信息服务管理器】窗口中右击“示例”节点下的“简单的 ASP 程序.asp”，在右键快捷菜单中选择【浏览】命令，以浏览该文件。该 ASP 文件的执行效果如下图所示。

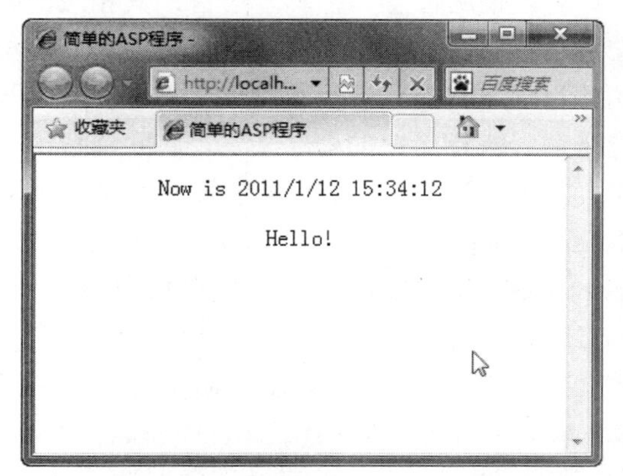

6. 在 Internet Explorer 中右击，在弹出的快捷菜单中选

如果要让命令按钮执行某个事件，可以编写相应的宏或者 VBA 程序，并将它们附加到命令按钮的“单击”事件属性中。这样，当用户单击该按钮时，即可触发执行该事件。

择【查看源文件】命令，出现如下图所示的源代码。可以看出，发送到客户端的文件是经过解释执行的文件。和上面创建的 ASP 程序相比，它已经成为标准的 HTML 文件。

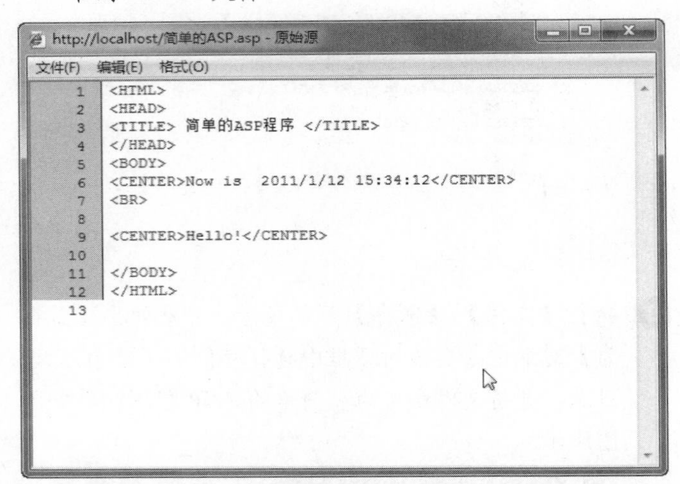

12.3.2 ASP 语法介绍

通过上面创建的第一个 ASP 文件可以看出，ASP 文件就是在 HTML 页面中嵌入 VBScript 代码后形成的，而“<%”和“%>”之间的内容就是 VBScript 代码。Now()和 Time()都是 VBScript 中的函数。

简单地说，ASP 文件就是在标准的 HTML 文件中嵌入了 VBScript 或 JavaScript 脚本语言。

脚本语言是介于 HTML 和 Java、C++、VB 之类编程语言之间的语言。HTML 通常用于格式化文本和链接网页，而编程语言通常用于向计算机发送一系列复杂的指令。脚本语言也可用来向计算机发送指令，但它们的语法和规则没有可编译的编程语言那样严格和复杂。脚本语言主要用于格式化文本和使用编程语言编写并编译好的组件。

用户可以使用任意一种脚本语言，其相应的脚本引擎已安装在 Web 服务器上。脚本引擎是一种计算机编程语言的解释器，它是处理用某种语言书写的命令程序，其功能是解释执行用户的程序文本，将它译成计算机能执行的机器代码。ASP 自带两个脚本引擎：Microsoft Visual Basic Scripting Edition (VBScript) 和 Microsoft JavaScript，因此在 ASP 文件中可以使用 VBScript 或 JavaScript 脚本语言。

通过上面的例子还可以发现，创建 ASP 文件其实非常容易，只要在创建的 HTML 文件中添加脚本，然后将文件的扩展名.htm 或.html 改成 .asp 就可以了。

ASP 使用定界符“<%”和“%>”插入脚本命令。用户可以在定界符中插入任何命令，只要这些命令对正在使用的脚本语言有效。例如，上面的例子还可以用下面的代码来产生。

```
<%
If Time >= #12:00:00 AM# And Time < #12:00:00
PM# Then
Response.Write "Good Morning!"
Else
Response.Write "Hello!"
End If
%>
```

Response.Write 将跟随的文本发送到浏览器。要动态构造返回浏览器的文本，请在语句中使用 Response.Write 命令。

综上，ASP 文件的基本组成主要有以下几种。

- ❖ 普通的 HTML 文件，也就是普通的 Web 页面内容。
- ❖ 服务器的 Script 脚本语言，它们位于页面中的“<%”和“%>”中。
- ❖ 客户端的 Script 脚本语言，它们位于页面中的<Script>与 </Script>中。

ASP 文件的主要规定有以下几点。

- ❖ 所有的 Script 程序代码都要包含在“<%”和“%>”符号之间。
- ❖ 在 ASP 文件中，默认的脚本语言是 VBScript，如果要在 ASP 文件中使用其他脚本语言，可以用下面的方法切换。

  `<%@ LANGUAGE=VBScript %>`：声明脚本语言为 VBScript。

  `<%@ LANGUAGE=JavaScript %>`：声明脚本语言为 JavaScript。

12.3.3 VBScript 脚本语言

前面在介绍 VBA 时就已经介绍过 VB 有两大子集：一个是 VBA，主要用于 Office 办公软件的模块编程；另一个就是 VBScript，主要用于网络编程开发。

在前面的 VBA 模块章节中，已经详细介绍了 VBA 的各种语法。其实 VBScript 的语法和 VBA 的语法基本一致。它们具有相同的变量、常量定义方法，具有相同的过程控制方法，因此在这里只介绍 VBScript 脚本语言的格式，关于详细的语法，用户可查看前面的 VBA 模块章节，也可以参考其他书籍。

利用 ASP 可以突破静态网页的一些功能限制，实现动态网页技术，ASP 文件是包含在 HTML 代码所组成的文件中的，易于修改和测试。

在服务器端通过 ASP 使用 VBScript 时，两个 VBScript 特征将失效。由于 ASP 脚本是在服务器端执行的，表示用户接口元素的 VBScript 语句 InputBox 和 MessageBox 将不被支持。另外，在服务器端的脚本中，不要使用 VBScript 函数 Create Object 和 Get Object，而要使用 Server.Create Object，这样 ASP 就可以跟踪对象实例了。

VBScript 不区分大小写。例如，可以用 Request 或 request 来引用 ASP Request 对象。不区分大小写的后果是不能用大小写来区分变量名。例如，不能创建两个名为 Color 和 color 的单独变量。

JavaScript 区分大小写。要在脚本中使用 JavaScript 关键字，就必须按参考页中所示的大小写来书写。例如，用 date 来代替 Date 将导致错误。在 JavaScript 中，对象名必须大写；方法名和属性名可大写也可小写。

12.4 ASP 的内部对象

前面已经讲过了对象的含义，其实更进一步说，用户也可以这样理解，所谓对象，就是把一些功能都封装好，用户只要会用就行了。至于它的内部是如何工作的，用户没有必要考虑。

对象一般都有属性、方法和事件。举一个简单的例子，一辆汽车就是一个对象，那么汽车的颜色就是它的一个属性；汽车可以用来运送货物或者人，这就是它的一个方法；如果汽车发生了碰撞，发生损坏，这就是事件。关于对象更复杂的理论，请用户参考其他专门书籍。

ASP 之所以简单实用，就是因为它提供了强大的内部对象和内部组件，其中常用的五大内部对象包括 Application、Session、Request、Response 和 Server，分别简单说明如下。

- ❖ Application 对象：可以使用 Application 对象使应用程序的所有用户共享信息。
- ❖ Session 对象：可以使用 Session 对象存储特定的用户会话所需的信息。当用户在应用程序的页之间跳转时，存储在 Session 对象中的变量不会清除；而用户在应用程序中访问页时，这些变量也始终存在。
- ❖ Request 对象：该对象主要用于从客户端获取信息。用户可以使用 Request 对象访问任何用 HTTP 请求传递的信息，包括从 HTML 表格用 POST 方法或 GET 方法传递的参数、cookie 和用户认证。
- ❖ Response 对象：可以使用 Response 对象控制发送给用户的信息，包括直接发送信息给浏览器、重定向浏览器到另一个 URL 或设置 cookie 的值。
- ❖ Server 对象：Server 对象提供对服务器上的方法和属性进行访问的方法。最常用的方法是创建 ActiveX 组件的实例(Server.CreateObject)。其他方法包括将 URL 或 HTML 编码成字符串，将虚拟路径映射到物理路径及设置脚本的超时期限。

12.5 使用 ASP 访问数据库

前面曾对 ASP 网络编程语言进行了简单介绍，并介绍了 ASP 的基本语法，其实真正的目的并不是介绍 ASP 这门编程语言，而是要借助 ASP 这门网络编程语言，来介绍 Access 数据库在网络开发中的应用。

本节将介绍如何利用 ASP 技术实现数据库的连接以及数据的访问。在启动数据库之前，先来建立一个名为 guestbook 的 Access 数据库。

操作步骤

1. 启动 Access 2010，单击【空白数据库】选项，然后在窗口的右下方输入文件名为“guestbook”，单击【创建】按钮，完成数据库的创建，如下图所示。

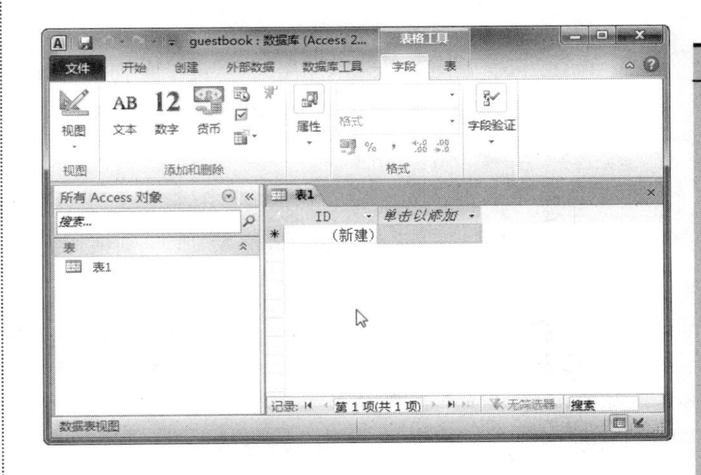

2. 进入表的设计视图，设计表的字段如下图所示，创建名为 guestbook 的数据表。

服务器上的 ASP 解释程序会在服务器端执行 ASP 程序，并将结果以 HTML 格式传送到客户端浏览器，因此使用各种浏览器都可以正常浏览 ASP 所产生的网页。

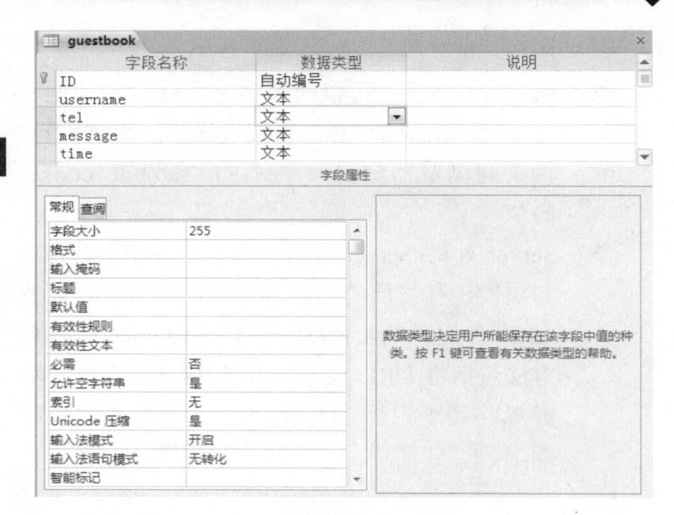

❸ 进入表的数据表视图，在数据表中输入几条数据，以方便链接和查看，输入数据以后的视图如下图所示。

guestbook

ID	username	tel	message	time
1	罗夕林	025-5211953	您好！	2010-12-23
2	于金彬	025-8480082	欢迎光临！	2010-12-23
(新建)				

将数据库保存到“示例”文件夹下，这样就完成了数据库的创建。

12.5.1 链接数据库

在 ASP 中内置了数据库存取组件，该组件使用 ADO (ActiveX Data Objects)技术，它使得用户可以编写紧凑简明的脚本，连接到符合 ODBC(Open DataBase Connectivity)标准的数据库。

要想让 ASP 与 Access 2010 进行数据交换，需安装 Access Database Engine 软件，旧版本的.mdb 数据库不能直接与 ASP 交换数据。

ADO 技术使得开发者可以轻松地存取数据，并可以在客户端实现更新显示。这样用户就不必每次打开 HTML 源文件修改，只要在线维护就可以了。更令人振奋的是，ADO 技术已经可以兼容大部分数据库，如 Access、SQL、Oracle 等。

尽管 ADO 技术使得开发工作变得比较容易，但是 ADO 本身还是比较复杂的，它包括 Connection、Command 和 Recordset 这 3 个主要对象。

这里先不对其做进一步的介绍，先看下面的代码。

```
<%
Dim conn
Set
conn=server.CreateObject("adodb.connection")
conn.provider="microsoft.ACE.oledb.12.0"
conn.open server.mappath("guestbook.accdb")
%>
```

下面再来对上面的代码进行分析。

❖ 第一句定义了一个实例变量。

❖ 第二句利用 Server 对象的 CreateObject 方法，建立一个数据库存取组件的 Connection 对象实例 conn。

可以看到，在后面其实是两项，第一项是数据库的类型和驱动程序，第二项是数据库文件的物理路径。

这样，反过来看第一个。其实第一个的最终目标也是创建和上面一样的字符串，该字符串中包含两部分。只不过在第一个中，用到了 Server 对象的 Mappath 方法。利用该方法，系统可以将虚拟路径转换为上面的物理路径。如果数据库文件和 ASP 文件在一个文件夹下，那么可以直接写文件名；否则，要根据 Windows 相对路径的知识，书写路径名称。比如要返回上一级可以使用“...”，在哪个文件夹就要写上哪个文件夹的名称，如下面的例子。

```
server.mappath("…\data\example.accdb")
```

上面的例子就表示数据库在当前 ASP 文件的上一级文件夹 data 下。

这种写法有一个很大的好处，就是当程序从一个服务器转移到另一个服务器时，既不需要设置数据源，也不需要修改数据库的物理路径。

12.5.2 读取/写入数据库

要把数据库中的记录显示在页面上，就需要用到 SQL 语言的 Select 语句。

所谓记录集，就是类似于数据库中的一个表，它由若干行和列组成，可以看作是一个虚拟的表。ASP 文件可以依次读取记录集中的每一行，然后显示在表上。

要从数据库中检索数据，关键的代码语句如下。

```
<%
exec="select * from guestbook"
set rs=server.createobject
("adodb.recordset")
rs.open exec,conn,1,1
%>
```

❖ 第一句是设置查询数据库的命令，select 后面加的是字段，如果想要查询出数据表中的所有字

ASP 提供了一些内置对象，使用这些对象可以使服务器端脚本功能更强。例如，可以从 Web 浏览器中获取用户通过 HTML 表单提交的信息，并在脚本中对这些信息进行处理，然后向 Web 浏览器发送信息。

段就用“*”，from 后面加上表的名字，这里就是前面建立的 guestbook 表。

❖ 第二句定义了一个记录集组件，所有搜索到的记录都放在这里。

❖ 第三句是打开这个记录集，exec 就是前面定义的查询命令，conn 就是前面定义的数据库连接组件，后面的参数“1,1”表示这是读取数据。

接下来要建立一个表格，用于显示从数据库中读取的记录。

```
<table width="100%" border="0" cellspacing=
"0" cellpadding="0">
<% do while not rs.eof %>
<tr>
<td><%=rs("username")%></td>
<td><%=rs("tel")%></td>
<td><%=rs("message")%></td>
<td><%=rs("time")%></td>
</tr><%
rs.movenext
loop
%>
</table>
```

在这个表格中，用 4 列分别显示表中的 4 个字段，用 do 循环来显示数据。not rs.eof 的意思是“条件为没有读到记录集的最后”，rs.movenext 的意思是“显示完一条转到下面一条记录”，<%=%>就等于<%response.write%>，用于在 HTML 代码中插入 ASP 代码，主要用于显示变量。

在 EditPlus 中新建一个“显示信息.asp”文件，在该 ASP 文件中输入上面所示的语句，如下图所示。

```
1  <HTML>
2  <HEAD>
3  <TITLE> New Document </TITLE>
4  </HEAD>
5  <BODY>
6  <%
7  Set conn=server.CreateObject("adodb.connection")
8  conn.provider="microsoft.ACE.oledb.12.0"
9  conn.open server.mappath("guestbook.accdb")
10 %>
11 <%
12 exec="select * from guestbook "
13 set rs=server.createobject("adodb.recordset")
14 rs.open exec,conn,1,1
15 %>
16 <table width="100%" border="0" cellspacing="0" cellpadding="0" >
17 <% do while not rs.eof %>
18 <tr height="2">
19 <td><%=rs("username")%></td>
20 <td><%=rs("tel")%></td>
21 <td><%=rs("message")%></td>
22 <td><%=rs("time")%></td>
23 </tr>
24 <%
25 rs.movenext
26 loop
```

在浏览器中输入该 ASP 文件的地址为 http://127.0.0.1/显示信息.asp，程序运行的结果如下图所示。

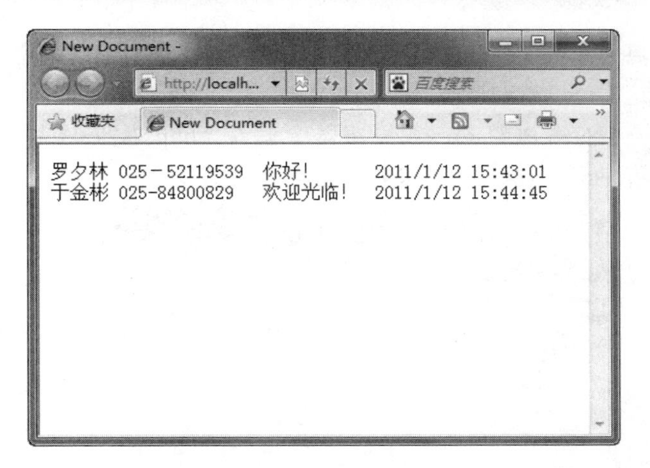

数据库的基本操作包括查询记录、写入记录、删除记录、修改记录等。本节介绍如何写入数据库记录。

首先编写以下代码，并将该代码命名为“留言.asp”。

```
<form name="form1" method="post" action=
"addmsg.asp">
您的姓名：<input type="text" name="name"><br>
您的电话：<input type="text" name="tel"><br>
您的留言：<input type="text" name="message"
value=""><br>
<input type="submit" name="Submit" value="提交">
<input type="reset" name="Submit2" value="重置">
</form>
```

表单提交到 addmsg.asp，下面是该 ASP 程序的主要代码。

```
<%
Set
conn=server.CreateObject("adodb.connection")
conn.provider="microsoft.ACE.oledb.12.0"
conn.open server.mappath("guestbook.accdb")
name=request.form("name")
tel=request.form("tel")
message=request.form("message")
exec="insert into guestbook(username,
tel,message)values('"+name+"','"+tel+"','"+mes
sage+"')"
conn.execute exec
conn.close
set conn=nothing
response.write "记录添加成功!"
%>
```

在前面的章节中曾介绍过关于 SQL 结构化查询语句的一些知识，很容易理解，insert into 后面加的是表的名字，后面的括号用来放置需要添加的字段，若不需要添加字段或者字段内容为默认值，则可以省略。

values 后面加的是传送过来的变量。exec 是一个字符串，接下来的 conn.execute 就是执行这个 exec 命令，最

ASP 可以使用服务器端 ActiveX 组件执行各种各样的任务，如存取数据库、发送 E-mail 或访问文件系统等。

后别忘记把打开的数据库关闭，把定义的组件设置为空，这样可以返回资源。

打开浏览器，在浏览器中输入“http://127.0.0.1/留言.asp”，执行的结果如下图所示。

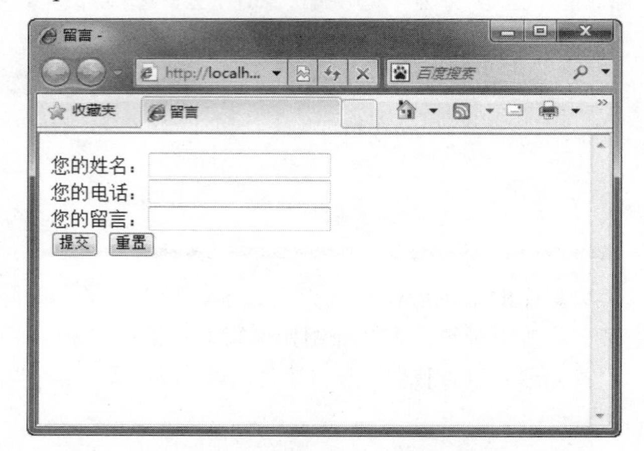

数据输入完成以后，单击【提交】按钮，即可完成用户资料的提交。打开“显示消息.asp”文件，可以看到数据库中多了一条记录，如下图所示。

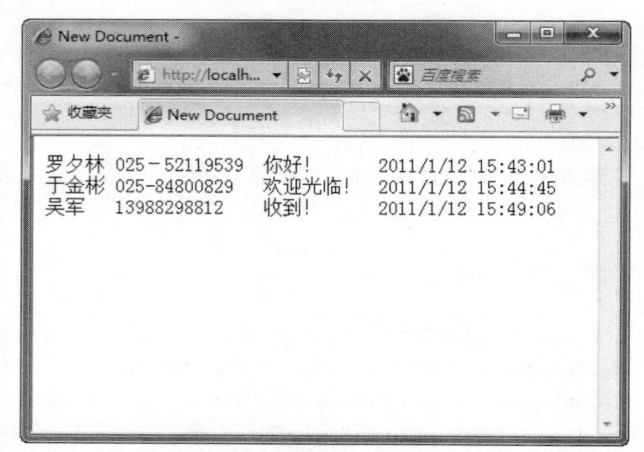

12.5.3 搜索记录

在12.5.2节中曾经介绍了读取数据库中记录的方法，但是要修改记录时不可能是修改所有记录，所以要学习检索合适的记录。

先看下面的代码：

```
a="罗夕林"
b=025-84890829
exec="select * from guestbook where
username='"+a+"' or tel="+b
```

where后面加上的是条件，“与”是and，“或”是or。这句话的意思就是搜索guestbook数据库中username是“罗夕林”，或者电话是“025-84890829”的记录。

这里的a、b是常量，大家可以让a、b变为由表单提交过来的变量，这样就可以实现一个搜索了。

在EditPlus中建立一个InputSearch.asp文件，用以接收用户的搜索输入，程序代码如下。

```
<form name="form1" method="post" action=
"search.asp">
搜索：<br>
姓名：
<input type="text" name="name">
或<BR>
电话：
<input type="text" name="tel">
<br>
<input type="submit" name="Submit" value=
"提交">
<input type="reset" name="Submit2" value=
"重置">
</form>
```

在EditPlus中建立另一个Search.asp文件，用以按照用户输入的搜索条件进行搜索，程序代码如下。

```
<%
name=request.form("name")
tel=request.form("tel")
Set
conn=server.CreateObject("adodb.connection")
conn.provider="microsoft.ACE.oledb.12.0"
conn.open server.mappath("guestbook.accdb")
exec="select * from guestbook where
username='"+name+"' and tel='"+tel"'"
set rs=server.createobject
("adodb.recordset")
rs.open exec,conn,1,1
%>
<html>
<head>
<title>搜索结果</title>
<meta http-equiv="Content-Type" content=
"text/html; charset=gb2312">
</head>
<body bgcolor="#FFFFFF" text="#000000">
<table width="100%" border="0" cellspacing=
"0" cellpadding="0">
<%
do while not rs.eof
%><tr>
<td><%=rs("username")%></td>
<td><%=rs("tel")%></td>
<td><%=rs("message")%></td>
<td><%=rs("time")%></td>
```


长见识：在Access中利用查询数据库对象，可以查看、更改及分析数据库中的数据，也可以将查询作为窗体或者报表的数据源。

```
</tr>
<%
rs.movenext
loop
%>
</table>
</body>
</html>
```

打开浏览器，在浏览器的地址栏中输入“http://127.0.0.1/InputSearch.asp”，执行的结果如下图所示。

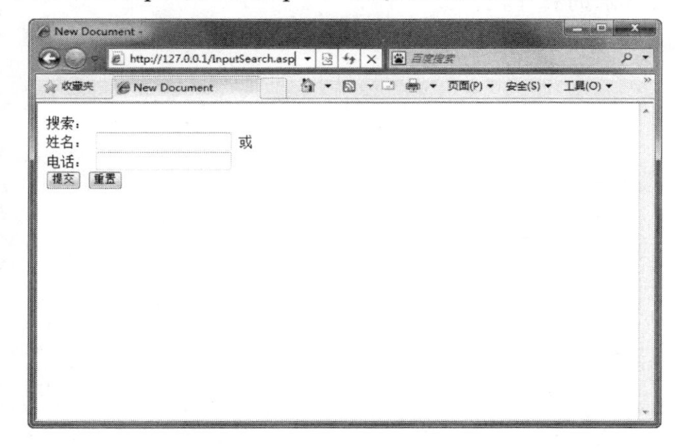

输入【姓名】为“吴军”，单击【提交】按钮，即可完成搜索条件的提交。系统打开 Search.asp，按照查询条件进行查询，查询结果如下图所示。

12.5.4 删除记录

看下面的程序。

```
exec="delete * from guestbook where
id="&request.form("id")
```

这句话完成了删除记录的操作，不过锁定记录用了记录唯一的标识 id，id 字段就是在前面建立数据库时定义的主键。

在 EditPlus 中建立一个 Inputdelete.asp 文件，用以接收用户的搜索输入，程序代码如下。

```
<form name="form1" method="post" action=
"delete.asp">
删除的记录 ID:
<input type="text" name="id">
<input type="submit" name="Submit" value=
"提交">
</form>
```

在 EditPlus 中建立另一个 Delete.asp 文件，用以删除指定的记录，程序代码如下。

```
<%
Set
conn=server.CreateObject("adodb.connection")
conn.provider="microsoft.ACE.oledb.12.0"
conn.open server.mappath("guestbook.accdb")
exec="delete * from guestbook where id
="&request.form("id")
conn.execute exec
%>
```

打开浏览器，在浏览器的地址栏中输入“http://127.0.0.1 /Inputdelete.asp”，执行的结果如下图所示。

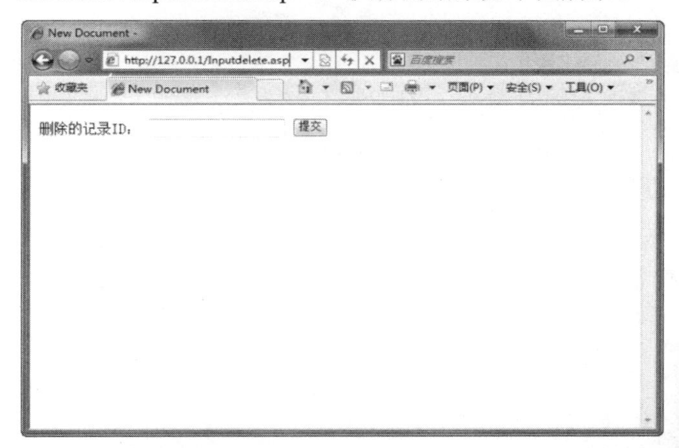

输入【删除的记录 ID】为“2”，单击【提交】按钮，即可调用 Delete.asp，删除 id 为 2 的记录。

12.6 思考与练习

选择题

1. 下面 4 个代码选项中，用于新建一行的是_______，用于新建一列的是_______。

A. TR　　B. TD

C. BR　　D. P

ASP 也不仅仅局限于与 HTML 结合制作 Web 网站，而且还可以与 XHTML 和 WML 语言结合制作 WAP 手机网站，其原理是一样的。

2. <INPUT TYPE=TEXT NAME=网址 VALUE=HTTP://>这句代码中，实现的功能是______。

A. 创建一个输入文本框

B. 创建一个单选框

C. 创建一个字符串“Http://”

D. 创建一个表单

3. 关于“select * from guestbook”代码的描述，下面说法错误的是_______。

A. 从 guestbook 表中检索所有记录

B. 在 guestbook 表中插入记录

C. Select 语句表示是检索操作

D. 编写代码以后，还必须执行才能检索出记录

操作题

1. 利用 EditPlus 新建一个静态的网页，练习静态网页各个元素的用法。

2. 练习配置 ASP 运行环境的操作，在自己的计算机上配置 ASP 运行环境，并实现用浏览器访问 ASP 文件的不同方法。

3. 建立一个数据表，并编写代码连接数据库。

4. 编写能够检索数据记录、插入数据记录、删除数据记录的程序段。

长见识

由于服务器是将 ASP 程序执行的结果以 HTML 格式传回客户端浏览器，因此使用者不会看到 ASP 所编写的原始程序代码，可防止 ASP 程序代码被窃取。

第13章 Access在网络开发中的应用

本章微课

本章将和用户一起开发一个完整的 ASP 网络系统。通过开发该系统，复习数据库在网络编程中的应用，学习一个完整的网站系统的设计方法，熟悉数据库的连接、读取和写入方法。

学习要点

- ❖ 系统的功能设计
- ❖ 系统的模块设计
- ❖ 数据表的设计
- ❖ 主页的设计
- ❖ 数据库的连接
- ❖ ASP 代码的编写
- ❖ 系统的调试
- ❖ 系统的运行与应用

学习目标

通过本章的学习，用户应该初步掌握设计数据库网络程序的基本方法和基本步骤，对系统中关于网络编程的基本信息，比如用户登录、用户留言、信息查看、信息输入、静态网页等基本的认识。

通过本章的学习，用户还应对 ASP 编程有直观的认识。用户如果对 ASP 网络编程有兴趣，可以参阅其他专门介绍 ASP 编程的书籍。

13.1 实例导航

本章要设计一个完整的网络程序，让用户对网络程序开发的过程有个完整了解。

本章以“南京视觉艺术学院 DV 工作社”网站为例，来介绍网络程序开发的过程。该网站所能完成的功能包括以下内容。

❖ 首页设计：网站的首页设计如下图所示。在该首页中，提供了一个导航条、一个工具区、一个学院简介区、一个新闻公告区和一个社友园地区，如下图所示。

❖ 网络导航：首页和其他页面中的导航条能够实现对各个功能区域的导航。当用户单击某个区域时，系统就自动打开所链接的页面。该区域如下图所示。

协会简介　协会章程　DV艺术　DV大赛　摄影技巧　干事名单　协会论坛

❖ 新闻公告：该区域提供工作社的新闻信息。直接在首页上单击新闻即可查看，如下图所示。

返回

关于举办全国大学生DV艺术展南方摄影学院预选赛的通知

关于举办全国大学生DV展摄影学院预选赛的通知

第2届全国大学生DV艺术展将在9月份在全国展开，为了切实的准备好这次比赛，选出更优秀的作品代表摄影学院参赛，特在全院范围内征集DV作品。参赛作品必须为原创，并且未在其他类似比赛中获奖，有兴趣的同学可将作品刻成光盘，于30号之前送往DV艺术工作室，工作室将组织专业人士对作品评奖，并将获奖作品报送全国大学生DV展筹委会。

DV艺术

如果单击首页上的 more 按钮，即可弹出如下图所示更多的公告，用户也可以单击每个公告进行查看。

公告列表

关于举办全国大学生DV艺术展南方摄影学院预选赛的通知 [2010/4/27]

南林大南方摄影学院DV艺术工作社网站开通公告！ [2010/4/27]

❖ 社友园地：在首页上单击相应的链接，即可打开类似于下图所示的通知和参与页面。在该页面中可以查看通知，并且可以留言，表达自己的意见。

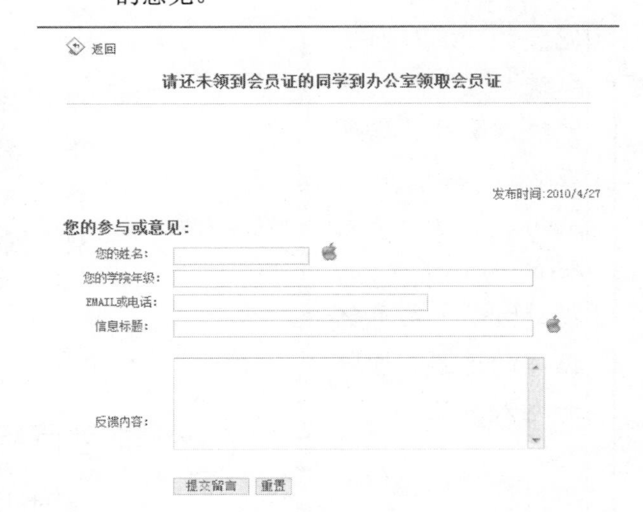

下面对该网站系统进行功能分析和设计，明确具体的设计目标。

13.1.1 系统功能目标

对于该网络程序系统，用户可以实现的功能如下。

❖ 首页显示资料：在系统的首页中，应当可以显示 DV 工作社的简介、新闻和公告的链接、社友园地链接等，并能够对系统进行导航。

❖ 动态显示：该网站的一个基本功能就是能够动态显示新闻公告和通知等。管理者在后台数据库中输入新闻公告信息，然后在前台的浏览器中输出。

❖ 信息传递：通过该功能，浏览者可以浏览关于该工作社的相关信息，比如工作社的简介、章程、人员组织等。

❖ 论坛讨论：可以在该工作社网站中放置一个论坛程序，实现访问者的在线讨论等。

长见识　Access 2010 提供了一种将数据库应用程序作为 Web 数据库部署到 SharePoint 服务器的新方法。这样，用户之间就能在 Web 浏览器中使用此数据库，或者通过使用 Access 2010 从 SharePoint 网站上打开它。

13.1.2　模块设计

了解系统的功能目标后，就可以详细设计系统的各个模块了。在该系统中，根据要实现的功能，可以大致分为以下几个模块。

- 首页模块：在系统的首页中，应当可以显示 DV 工作社的简介、新闻和公告的链接、社友园地链接等，并能够对系统进行导航。该模块的文件为 index.asp、index_logo.asp 和 index_down.asp。
- 系统管理模块：该模块在动态网站程序中是必需的，用户在该模块中实现对新闻公告的更新、系统使用者的管理等。
- 数据库连接模块：该模块是动态交互式网站的必有模块。通过该模块，实现服务器程序和数据库的连接。该模块的文件为 conn.asp。
- 新闻公告模块：在该模块中，用户可以查看动态更新的新闻和公告等。该模块是动态的，即新闻信息来自于数据库，用户也可以随时在后台管理程序中向数据库添加新闻公告。实现该模块的文件为 news.asp 和 news_view.asp。
- 社友园地模块：该模块也是动态的。在该模块中，用户可以查看动态更新的通知等。通过一个留言系统，用户可以留言发表自己的意见等。实现该模块的文件为 info.asp、info_view.asp 和 guestbook.asp。
- 协会简介：通过该功能，可以对工作社进行简单的介绍。实现该模块的文件为 intro.asp。
- 协会章程：在该模块中，对工作社的管理章程进行公布和介绍，供访问者查看。实现该模块的文件为 chapter.asp。
- DV 艺术、DV 大赛、摄影技巧、干事名单、协会联系模块：这些模块的功能正如模块名称中所述的，主要是建立一个静态的网页，对各种信息进行公布。实现这些模块最好的方法是设计成动态显示，只是在这里篇幅有限，只简单介绍静态的实现。关于动态网站的实现方法，请用户参阅上面的新闻公告模块。实现这些模块的文件分别为 dvart.asp、dvcontest.asp、photo.asp、worker.asp 和 contact.asp。
- 其他模块：该模块主要用来实现公共信息的引用等。实现该模块的文件主要有 web_info.asp 和 setup.asp。

13.2　数据库的主页设计

明确功能目标后，首先需要设计合理的数据库。数据库的设计最重要的就是数据表结构的设计。数据表作为存储网站程序数据的对象，表结构设计的好坏直接影响系统的性能，也直接影响整个系统设计的复杂程度。因此设计既满足需求，又具有良好结构的数据表在系统开发过程中是相当重要的。

主页设计是网站设计中比较重要的一步。设计一个整体风格统一、美观大方的网站主页对网站来说有着相当重要的意义。

设计网站主页，一般都是用图形设计软件先设计出主页的样式，然后再利用图形设计软件中的分割工具等将图形进行分割，并保存为静态的 HTML 格式。

13.2.1　数据表结构设计

表就是特定主题的数据集合，它将具有相同性质的数据存储在一起。按照这一原则，根据各个模块所要求的具体功能来设计各个数据表。

在该网络程序中，初步设计 4 张数据表，各张表存储的信息如下。

- admin 表：该表中主要存放系统管理员信息，比如管理员用户名、登录密码等。
- guestbook 表：该表中主要存放用户留言信息。
- job_info 表：该表中主要存放网站公告信息等。
- news_info 表：该表中主要存储工作社的新闻公告信息。

13.2.2　构造空数据库系统

明确了各个数据表的主要功能以后，就可以进行数据表字段的详细设计了。在设计数据表之前，需要先建立一个空白数据库，并将其命名为“Database.accdb”。

操作步骤

1. 启动 Access 2010，选择可用模板下的【空数据库】。
2. 在视图右下方的【文件名】文本框中输入数据库的名称，如下图所示。

Access 数据库最擅长的工作就是数据的存储和管理，而 Excel 电子表格最擅长的工作就是数据的分析和计算。利用数据库的导入和导出功能，可以发挥两者的长处，进行软件的协同工作。

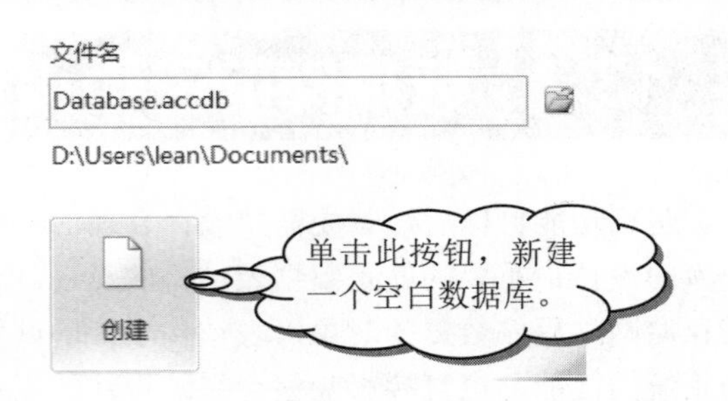

❸ 单击【创建】按钮，新建一个空数据库，系统自动创建一个空数据表，如下图所示。

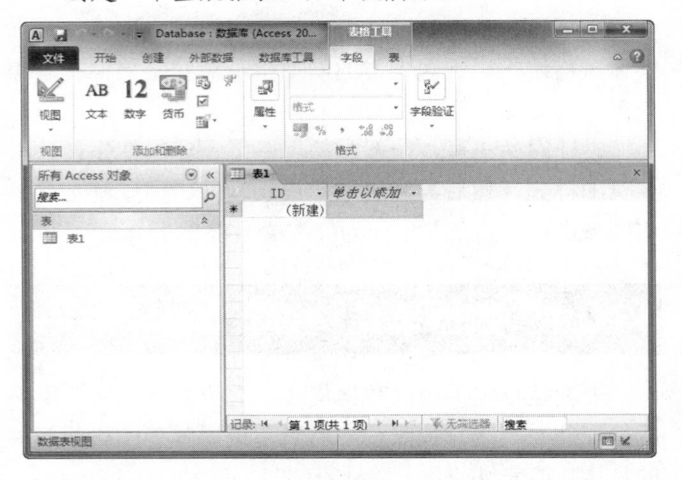

这样就创建了一个空白数据库，在下一节中要进行数据表字段的详细设计。

13.2.3 数据表字段设计

创建数据库以后，就可以设计数据表了。

1. admin 表

下面将在 Database.accdb 数据库中创建 admin 表，该表用于存放系统管理员信息，比如管理员用户名、登录密码等。

操作步骤

❶ 创建的 Database.accdb 数据库自动创建了“表 1”数据表，单击【数据表】选项卡下的【视图】按钮，如下图所示。

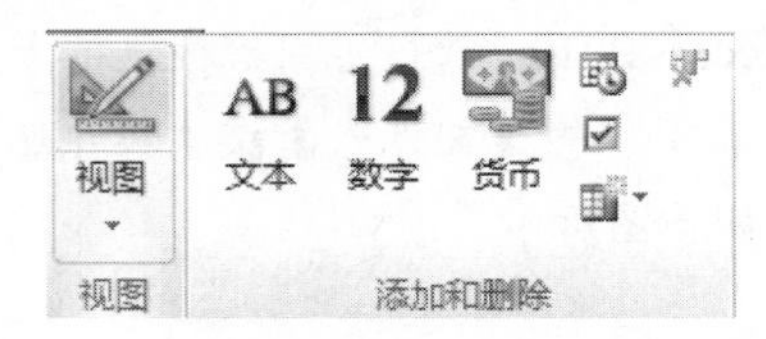

❷ 在弹出的【另存为】对话框的【表名称】文本框中输入“admin”，如下图所示。

❸ 单击【确定】按钮，进入表的设计视图，如下图所示。

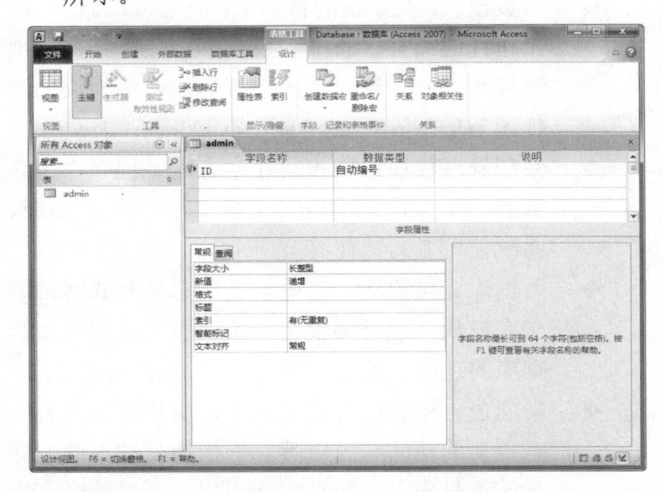

❹ 在 admin 表的设计视图中进行表字段的设计。各个字段的名称、数据类型等如下表所示。

列　名	数据类型	字段宽度	主　键
id	自动编号	长整型	是
user_id	文本	50	否
user_pwd	文本	50	否
lev	数字	长整型	否
datetime	日期/时间		否

❺ 输入并设置各个字段以后，表的设计视图如下图所示。

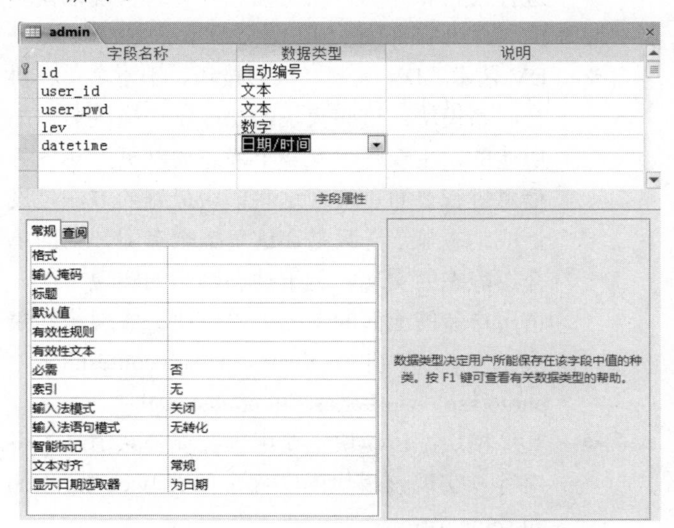

❻ 单击窗口左上角的【保存】按钮，保存该表。单击

对于普通的数据库使用者而言，SharePoint 网站可能用到的地方不是特别多，但是对于建立了 SharePoint 服务器的企业用户而言，Access 2010 的这种改变将大大提高企业的工作效率。

【视图】按钮，进入表的数据表视图。

这样就完成了 admin 表的字段设计。用和以上操作类似的方法，创建以下各表。

2. guestbook 表

该表中主要存放用户留言信息。

guestbook 表的字段结构如下表所示。

字 段 名	数据类型	字段宽度	是否主键
id	自动编号	长整型	是
Title	文本	50	否
Email	文本	50	否
Name	文本	50	否
Addr	文本	50	否
Content	备注		否
Datetime	日期/时间		否

3. job_info 表

该表中主要存放网站公告信息等。

job_info 表的字段结构如下表所示。

字 段 名	数据类型	字段宽度	是否主键
id	自动编号	长整型	是
Title	文本	50	否
Content	备注		否
Datetime	日期/时间		否
Type	数字	长整型	否

4. news_info 表

该表主要存储工作社的新闻公告信息。

news_info 表的字段结构如下表所示。

字 段 名	数据类型	字段宽度	是否主键
id	自动编号	长整型	是
Title	文本	50	否
Content	备注		否
Datetime	日期/时间		否
Type	数字	长整型	否

13.2.4　主页图形设计

设计主页的图形文件“主页.jpg”，请用户自行查阅其他的关于介绍图形软件的书籍，这里不详细介绍设计主页的过程。常用的设计主页的图形设计软件有 Photoshop、Fireworks 等。

设计的效果如下图所示。

13.2.5　将主页转换为 HTML 文件

本节将介绍如何利用 Photoshop 软件，把设计的“主页.jpg”图形转换为“主页.html”文件，具体操作步骤如下。

操作步骤

1. 启动 Photoshop CS5，执行【文件】|【打开】菜单命令，打开 13.2.4 节中建立的“主页.jpg”文件，如下图所示。

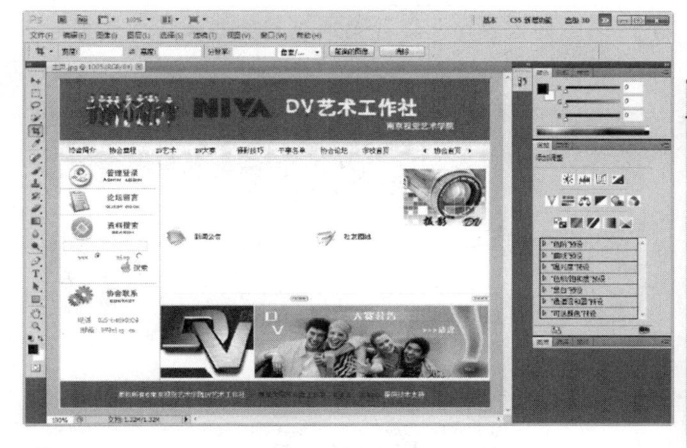

2. 在工具箱中右击【裁剪工具】按钮，在弹出的下拉列表中选择【切片工具】，如下图所示。

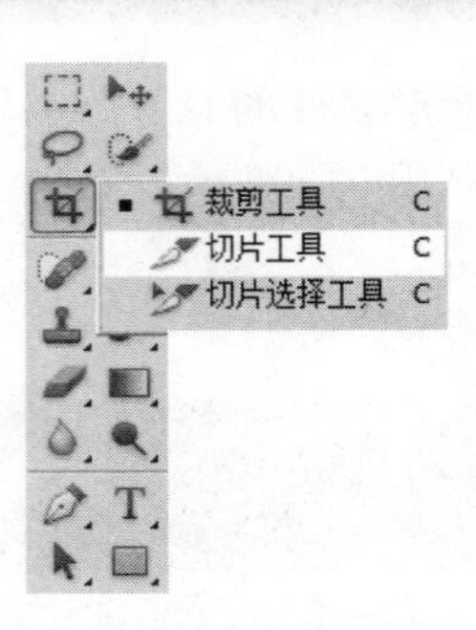

❸ 用【切片工具】画出第一个矩形，该矩形要完整并和图片的分界线重合。完成以后，矩形框的左上角出现蓝色的序号，用以标识该矩形的编号，如下图所示。

❹ 选择矩形框的一个角点，按下鼠标左键拖动出第二个矩形，如下图所示。

❺ 用同样的方法，完成整个页面的切片，完成后的页面如下图所示。

❻ 执行【文件】|【存储为 Web 和设备所用格式】菜单命令，如下图所示。

❼ 系统弹出【存储为 Web 和设备所用格式】对话框，在该对话框中设置要保存的图片格式、图片质量等，如下图所示。

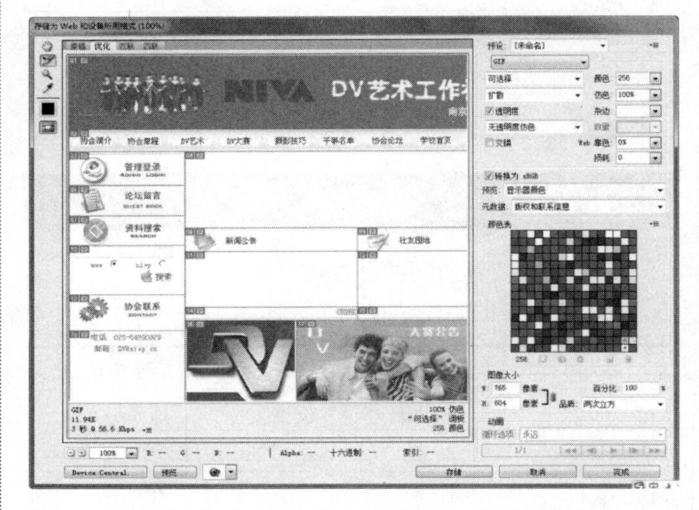

❽ 单击【存储】按钮，弹出【将优化结果存储为】对话框。在该对话框中设置【保存类型】为“HTML 和图像”，并设置保存路径，如下图所示。

❾ 单击【保存】按钮，这样就完成了将图形文件保存为 HTML 文件的操作，用浏览器打开“主页.html”，

数据宏与 Microsoft SQL Server 中的“触发器”相似，使用户能够在更改表中的数据时执行编程任务，将宏直接附加到特定事件，例如，“插入后”“更新后”或“修改后”，也可以创建通过事件调用的独立数据宏。

如下图所示。

提示

在保存 HTML 文件的时候，系统自动创建了一个 images 文件夹，里面有用【切片工具】创建的各种小图片，如下图所示。

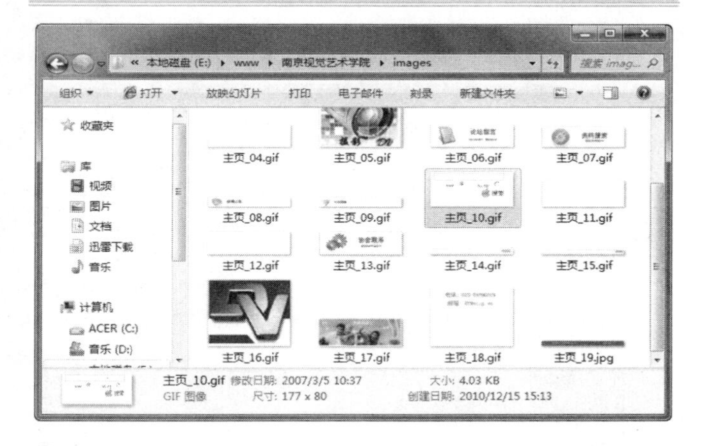

⑩ 在 Internet Explorer 中执行【查看】|【源文件】菜单命令，即可查看生成的“主页.html”文件的源代码，如下图所示。

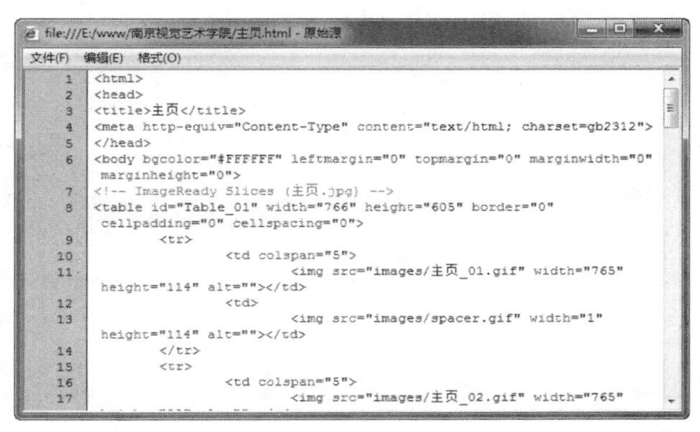

13.2.6　调整转换的 HTML 文件

上面创建的 HTML 文件并不能直接添加 ASP 代码，因为各个区域都是图形，而不是能够显示数据内容的表格、文字等，并且上面建立的图形有很多是没有必要的，比如页面最下面有下图所示的图形。

版权所有©南京视觉艺术学院DV艺术工作社　……　提供技术支持

这是一个完整的图形文件，而实际上要实现这样的效果，完全可以采用另一种方法，那就是建立一个表格，设置表格的背景颜色为上面的深灰色，然后在表格中输入上面出现的文字，最后设置文字的颜色、大小等属性。

用表格与文字的方法实现该效果的好处是显而易见的。因为如果用图形，那么用户访问时服务器发给浏览器的是一个大的图片，而如果使用表格与文字，那么服务器发给浏览器的就是几个汉字字符和 HTML 标记，两者的访问速度是截然不同的。

因此，开发者要对自动生成的 HTML 文件进行手动调整。调整使用的软件一般为 Dreamweaver、FrontPage、EditPlus 等。

在设计时就已经知道，该网站在以后要设计协会简介、DV 大赛等多个子模块。这些模块页面的顶部都是一个主页图片和一个导航条，底部都是版权声明等。为了避免重复开发，可以建立单独的首页上部文件、首页下部文件等。下面就以 EditPlus 软件为工具，介绍建立首页下部文件的操作。其实建立该下部文件的过程也就是 HTML 文件的调整过程。

下面将生成的“主页.html”文件划分为多个文件，以便在其他文件中进行引用，具体操作步骤如下。

操作步骤

❶ 启动 EditPlus，打开自动生成的“主页.html”文件，如下图所示。

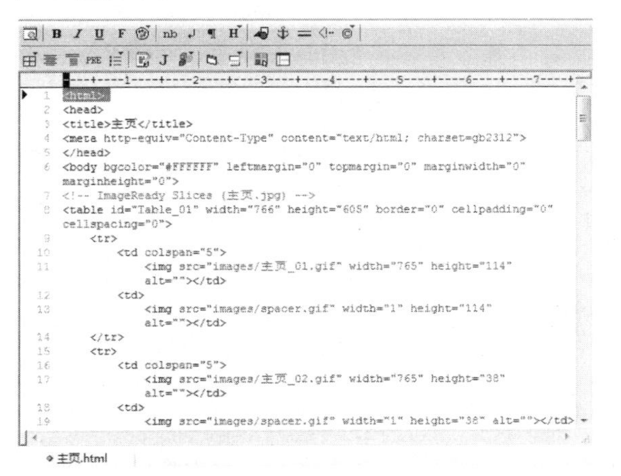

Access 2010 包含对 Business Connectivity Services (BCS) 的支持。BCS 针对 Windows SharePoint Services 2007 创建，使用户可以与位于面向服务的企业体系结构 (SOA) 环境中的 Web 服务数据源通信。

❷ 在文件夹中查看首页下部图形的名称(主页_19.jpg)，然后在主页代码中找到该名称的标记区域。

❸ 执行【文件】|【新建】|【HTML 网页】菜单命令，新建一个网页，并按照 HTML 的语法规则从“主页.html”中复制相应的区域到新建的文件中，并修改复制后的代码如下。

```
<table width="763" height="50" border="0"
align="center" cellpadding="0"
cellspacing="0" bgcolor="#FFFFFF"
class="tablelinenotop">
  <tr>
      <td width="42%" bgcolor="#646464">
       <FONT COLOR="#FFFFCC"> 版权所有&copy;南
京视觉艺术学院 DV 艺术工作社   
       <font color="#ff0000" >南航大图形创意工作
社  M.O.H , Aobien </font>
       <FONT COLOR="#FFFFCC">提供技术支持
</FONT></font>  
      </td>
  </tr>
</table>
```

❹ 执行【文件】|【保存】菜单命令，将该文件保存为“index_down.asp”。启动浏览器，浏览的效果如下图所示。

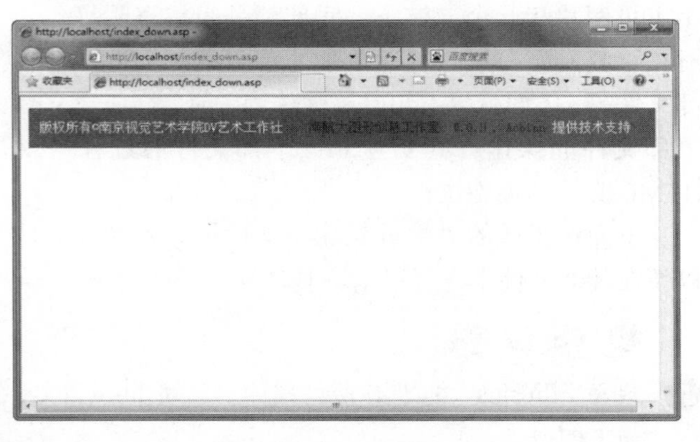

❺ 用完全相同的方法，创建 index_logo.asp 文件，在该文件中插入装饰用的 Flash 动画，并给导航条添加导航区域块，其代码如下。

```
<table width="762" height="150" border="0"
align="center" cellpadding="0" cellspacing=
"0" background="image/banner.jpg" >
 <tr>
   <td width="427">
      <div align="right">
       <object classid="clsid:D27CDB6E-AE6D-11cf-
         96B8-444553540000" codebase="http://
         download. macromedia.com/pub/shockwave/
         cabs/flash/swflash. cab#version =6,0,
         29,0" width="762" height="108">
        <param name="movie" value="image/
         PICK.swf">
        <param name="quality" value="high">
        <param name="wmode"
         value="transparent">
        <embed quality="high" pluginspage=
        "http://www.macromedia.com/go/
        getflashplayer" type="application/x-
        shockwave-flash" width="762" height="98">
       </embed>
       </object>
      </div>
 </td>
   <TR>
     <TD width=762 height=34>
 <map name="FPMap0">
       <area href="http://www.niva.cn" shape=
       "rect" coords="530,7,589,31"target="_blank">
       <area href="chapter.asp" shape="rect"
        coords="81,7,144,33">
       <area href="intro.asp"
        coords="8,7,71,35" shape="rect">
       <area href="dvart.asp" shape="rect"
        coords="154,7,219,34">
       <area href="dvcontest.asp" shape="rect"
        coords="231,7,288,32">
       <area href="photo.asp" shape="rect"
        coords="308,6,361,34">
       <area href="worker.asp" shape="rect"
        coords="377,7,443,33">
       <area href="#" shape="rect"
        coords="457,6,518,30"target="_blank">
       <area href="index.asp" shape="rect"
        coords="657,7,724,31">
     </map>
     <img border="0" src="main.gif" width="762"
       height="37" usemap="#FPMap0">
     </TD>
   </TR>
 </tr>
 </table>
```

❻ 执行【文件】|【保存】菜单命令，将该文件保存为“index_logo.asp”。启动浏览器，浏览效果如下图所示。

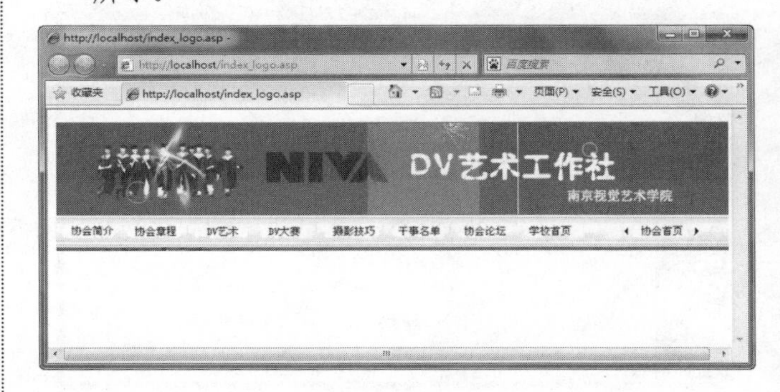

长见识 Access 2010 提供了一个新的导航控件，使得用户能够向数据库应用程序快速添加基本导航功能，如果要创建 Web 数据库，此控件非常有用。

13.3 数据库连接

上面创建了两个用于被引用的 ASP 文件，本节将介绍创建网站程序和数据库之间的连接以及关于 ASP 文件引用的一些知识。

13.3.1 连接数据库

第 12 章介绍了 ASP 中内置的数据库存取组件，该组件使得用户可以编写紧凑、简明的脚本，以便连接到符合 ODBC (Open Database Connectivity) 标准的数据库。

在前面还创建了该网站系统的数据库 Database.accdb。本节编写一个简单的连接程序，以连接到创建的 Database.accdb 数据库中。

启动 EditPlus，新建一个 ASP 文件，并在该文件中输入以下代码。

```
<%
Set
conn=server.CreateObject("adodb.connection")
conn.provider="microsoft.ACE.oledb.12.0"
conn.open
server.mappath("data\database.accdb")%>
```

将该文件保存为 conn.asp，存放在主目录的 inc 文件夹下。此时的代码窗口如下图所示。

```
1 <%
2 Set conn=server.CreateObject("adodb.connection")
3 conn.provider="microsoft.ACE.oledb.12.0"
4 conn.open server.mappath("data\database.accdb")
5 %>
```

13.3.2 创建网站的公用信息

可以专门建立一个文件，用于存储整个文件系统中的公用信息。当使用该信息时，设计者直接引用就可以了，而不需要重复地添加。特别是当要对文件中的信息进行修改时，设计者只要修改一次公用信息文件中的内容就可以了，而不需要修改每个文件中的信息。

启动 EditPlus，新建一个 ASP 文件，并在该文件中输入如下代码。

```
<%
company="南京视觉艺术学院 DV 艺术工作社"'出现在版权信息'
  web_name="- 南京视觉艺术学院 DV 艺术工作社-"  '网页顶部标题
web_url="http://www.nivadv.cn"
%>
```

此时的代码窗口如下图所示。

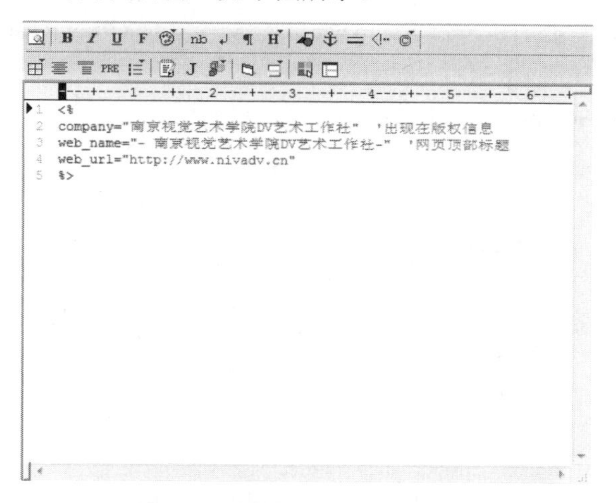

13.3.3 文件引用

上面建立了供其他文件调用的两个文件，那么如何才能实现调用呢？

要在 ASP 文件中使用其他 ASP 文件，需使用以下语法格式：

```
< !--#Include file="filename"-->
```

filename 就是用户想要包含的文件名，file 表示要包含的文件在当前文件相关的目录内。例如，在 13.2.6 节中建立的 index_logo.asp 和 index_down.asp 两个文件，如果要在其他文件中引用，那么应该按下面的格式引用。

```
<!--#include file="index_logo.asp" -->
<!--#include file="index_down.asp" -->
```

上面的写法是假设要引用的文件和当前文件在同一文件夹下采用的。如果要引用的文件和当前的 ASP 文件不在一个文件夹下，那么就不能直接写文件名了，而应当根据 Windows 相对路径的知识，书写路径名称。比如要返回上一级目录可以使用“...\”，在哪个文件夹就要写上哪个文件夹的名称，如下面的例子。

```
<!--#include file="...\index_down.asp" -->
```

表示引用上一级文件夹中的 index_down.asp 文件。

为了综合设计上的方便，把连接数据库的 ASP 文件

Access 2010 实现了较新的加密类型，还支持非 Microsoft 产品对 Access 文件加密，这有助于为 Access 中存储的数据提供更多保护。

和公用信息文件等放在主目录的 inc (include)文件夹下，该文件夹中的文件主要用于被其他文件引用。把所有的图片放在 image 和 pic 文件夹下，数据库文件放在 data 文件夹下。

由于在一般情况下，连接数据库的 conn.asp 文件和 web_info.asp 文件是同时被其他 ASP 文件引用的，因此在这里建立包含两个文件的 Setup.asp 文件。以后在使用时，用户只要引用一次 Setup.asp 文件即可实现对 conn.asp 和 web_info.asp 文件的引用。

Setup.asp 文件的代码如下。

```
<!--#include file="inc/web_info.asp" -->
<!--#include file="inc/conn.asp" -->
```

该文件的代码窗口如下图所示。

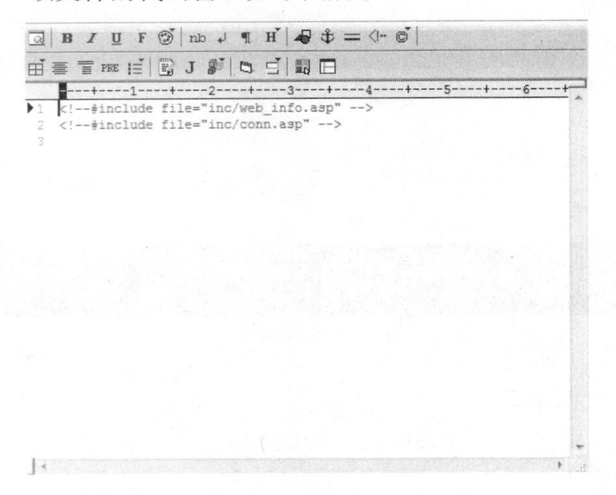

13.4 主页模块及代码

前面介绍了各种关于数据库连接和文件引用的知识，本节设计第一个完整的页面。在首页 index.asp 文件中，应该包含 index_logo.asp、Setup.asp 和 index_down.asp 这 3 个 ASP 文件，应该包括页面左边的功能导航区域，以及协会简介区域、新闻公告区域、社友园地区域等。

13.4.1 首页区域

在该区域中，主要实现对 Setup.asp 文件的引用以及对 CSS 样式表和公共信息的引用，该区域的代码如下。

```
<!--#include file="setup.asp" -->
<html>
<head>
<meta http-equiv="Content-Type"
content="text/html; charset=gb2312">
<title><%=web_name%>网站首页</title>
<link href="inc/style.css" rel="stylesheet"
type="text/css">
</head>
```

13.4.2 新闻公告区域及程序代码

该区域主要用来显示协会的新闻公告等。用户单击新闻标题就可以打开相应的 news_view.asp 文件查看新闻。

1. 新闻公告区域

主页上的新闻公告区域主要由两部分组成：一部分是 news.asp 文件，该文件中按时间的顺序显示所有的新闻标题；另一部分是 news_view.asp 文件，该文件主要用于查看每一条新闻的内容。

新闻公告区域的代码如下。

```
<table width="98%" height="87" border="0"
align="center" cellpadding="0" cellspacing
="1" bgcolor="eeeeee">
<tr>
<td bgcolor="#FFFFFF">
<marquee behavior="slide" direction="up"
height="82" loop="1" >
<table width="100%" height="82" border="0"
cellpadding="0" cellspacing="0">
<%
strsql="select top 4 id,title,datetime from
news_info order by id desc"
set rs =
Server.CreateObject("ADODB.Recordset")
rs.Open strsql, conn, 1, 1
while not rs.eof
%>
<tr>
<td width="26"><div align="center"><font
color="#0066CC">·</div>
</td>
<td width="210" class="font">
<a href="news_view.asp?id=<%= rs("id") %>"
target="_blank">
<%= left(rs("title"),30) %></a>
</td>
</tr>
<%
rs.movenext
wend
rs.close
%>
</table>
</marquee>
```


长见识 客户端数据库是存储在本地硬盘、文件共享或文档库中的传统 Access 数据库文件。其中包含的表尚未设计为与“发布到 Access Services”功能兼容，因此它需要 Access 程序才能运行。

```
</td>
</tr>
</table>
```

2. 新闻列表程序代码

新闻列表程序代码，其实就是上面的 news.asp 程序代码。该文件按时间顺序显示新闻的标题，如果用户对某一条新闻感兴趣，直接单击新闻标题即可浏览。

当用户建立了 index.asp 文件后，以后所有的文件都可以通过复制该文件来制作。我们复制一份 index.asp 文件，然后将其修改得到 news.asp 文件。

news.asp 文件的程序代码如下。

```
<!--#include file="setup.asp" -->
<html>
<head>
<meta http-equiv="Content-Type" content=
"text/html; charset=gb2312">
<title><%=web_name%>新闻公告</title>
<link href="inc/style.css" rel="stylesheet"
type="text/css">
</head>

<body leftmargin="0" topmargin="0">
<!--#include file="index_logo.asp" -->
<table width="762" height="400" border="0"
align="center" cellpadding="0" cellspacing="0"
bgcolor="#FFFFFF" class="tablelinenotop">
<tr>
<td width="170" valign="top">
<div align="center">
<table width="101%" border="0"
cellpadding="0" cellspacing="1">
<tr>
<td height="4" bgcolor="#CCCCCC"></td>
</tr>
</table>
<table width="100%" height="41" border="0"
cellpadding="0" cellspacing="0">
<tr>
<td>
<a href="data/adminlist.asp"><img src
="image/admin login.gif" width="170" height="47"
border="0"></a>
</td>
</tr>
</table>

<table width="100%" border="0"
cellspacing="0" cellpadding="0"><!--实现添加一条横
线-->
<tr>
<td height="1" bgcolor="#CCCCCC"></td>
</tr>
</table>

<table width="100%" height="41" border="0"
cellpadding="0" cellspacing="0">
<tr>
<td>
<a href="bbs\index.asp"><img src
="image/guestbook.gif" width="170" height="47"
border="0"></a>
</td>
</tr>
</table>

<table width="100%" border="0"
cellspacing="0" cellpadding="0">
<tr>
<td height="1" bgcolor="#CCCCCC"></td>
</tr>
</table>

<table width="100%" height="70" border="0"
cellpadding="0" cellspacing="0">
<tr>
<td width="6%"> </td>
<td width="94%" class="news">
<table width="90%" height="70" border="0"
align="center" cellpadding="0" cellspacing="0">
<form name="form1" method="post"
action="http://www.google.com.cn/search">
<tr>
<td class="input" valign="top"><img border ="0"
src="image/search.gif" width="170" height="47">
</td>
</tr>
<tr>
<td >
<input name="keyword" type="text"
id="keyword" size="20">
</td>
</tr>
<tr>
<td>
<div align="center">www
<input name="search_type" type="radio"
class="unnamed1" value="" checked>
   niop
<input name="search_type" type="radio"
class="unnamed1" value="http://www.niop.edu.cn">
</div>
</td>
</tr>
<tr>
```

学以致用系列丛书

```
    <td>
    <div align="right">
    <a href="http://www.google.com.cn/search" >
<img src="image/searchbtn.gif" width="70"
height="21" border="0" >
    </div>
    </td>
    </tr>
    </form>
    </table>
    </td>
    </tr>
    </table>
    <br>

    <table width="100%" border="0" cellspacing="0"
cellpadding="0"><!--实现添加一条横线-->
    <tr>
    <td height="1" bgcolor="#CCCCCC"></td>
    </tr>
    </table>

    <table width="100%" height="62" border="0"
cellpadding="0" cellspacing="0">
    <tr>
    <td>
    <table width="91%" height="95" border="0"
align="center" cellpadding="0" cellspacing="0">
    <tr>
    <td class="input"  valign="top">
    <a href="contact.asp"><img border="0" src
="image/lx.gif" width="170" height="47"></td>
    </tr>
    <tr>
    <td align="center">电话: 025-84890829</td>
    </tr>
    <tr>
    <td align="center">邮箱:
<a href="mailto:DV@niop.com"> DV@niop.cn</a></td>
    </tr>
    </table></td>
    </tr>
    </table>
    <table width="100%" height="100%" border="0"
cellpadding="0" cellspacing="0">
    <tr>
    <td
background="image/l_back.gif"> </td>
    </tr>
    </table>
    </div></td>
    <td width="1" bgcolor="#cccccc"></td>
    <td width="583" valign="top"><table width=
"96%" height="44" border="0" align="center"
cellpadding="0" cellspacing="0">
    <tr>
    <td><img src="image/news_1.gif" width="200"
height="40">
    </td>
    </tr>
    </table>
    <table width="90%" height="1" border="0"
align="center" cellpadding="0" cellspacing="0">
    <tr>
    <td bgcolor="#CCCCCC"></td>
    </tr>
    </table>

    <%
    strsql="select id,title,datetime from
news_info"
    set rs =
Server.CreateObject("ADODB.Recordset")
    rs.Open strsql, conn, 1, 1
    totalRecs = rs.RecordCount
    %>

    <table width="99%" border="0" cellpadding="0"
cellspacing="0">
    <% while not rs.eof %>
    <tr class="font">
    <td width="12%">
    <div align="right"><img src
="image/best_zoom.gif" width="19" height="18">
 </div></td>
    <td width="88%" height="30">
<a href="news_view.asp?id=<%= rs("id") %>">
    <% =rs("title") %>
    </a> [<%= rs("datetime") %>]</td>
    </tr>
    <%
    rs.movenext
    wend
    %>
    <tr>
    <td><div align="center"></div></td>
    <td> </td>
    </tr>
    </table>

    </td>
    </tr>
    </table>
    <!--#include file="index_down.asp" -->
    </body>
    </html>
```

在浏览器中输入程序名称“news.asp”，运行的效果

长见识 Web 数据库中的表结构与发布功能兼容，并且无法在设计视图中打开，但是仍可以在数据表视图中修改其结构。

如下图所示。

13.4.3 新闻内容区域及程序代码

新闻内容区域主要用来显示新闻内容。其程序就是上面用于查看新闻内容的程序。当用户从首页中或者新闻列表页中单击新闻标题时，就会启动该新闻内容程序news_view.asp。程序的运行效果如下图所示。

该文件可以由 news.asp 文件修改而来，用户要修改的就是里面的数据库连接和显示部分。

news_view.asp 文件的代码如下。

```
<!--#include file="setup.asp" -->
<html>
<head>
<meta http-equiv="Content-Type"
content="text/html; charset=gb2312">
<title><%=web_name%>新闻公告</title>
<link href="inc/style.css" rel="stylesheet"
type="text/css">
</head>

<body leftmargin="0" topmargin="0">
<!--#include file="index_logo.asp" -->
<table width="762" height="400" border="0"
align="center" cellpadding="0" cellspacing="0"
bgcolor="#FFFFFF" class="tablelinenotop">
<tr>
<td width="170" valign="top">
<div align="center">
<table width="101%" border="0"
cellpadding="0" cellspacing="1">
<tr>
<td height="4" bgcolor="#CCCCCC"></td>
</tr>
</table>
<table width="100%" height="41" border="0"
cellpadding="0" cellspacing="0">
<tr>
<td>
<a href="data/adminlist.asp"><img src
="image/admin login.gif" width="170" height="47"
border="0"></a>
</td>
</tr>
</table>

<table width="100%" border="0" cellspacing=
"0" cellpadding="0"><!--实现添加一条横线-->
<tr>
<td height="1" bgcolor="#CCCCCC"></td>
</tr>
</table>

<table width="100%" height="41" border="0"
cellpadding="0" cellspacing="0">
<tr>
<td>
<a href="bbs\index.asp"><img src
="image/guestbook.gif" width="170" height="47"
border="0"></a>
</td>
</tr>
</table>

<table width="100%" border="0"
cellspacing="0" cellpadding="0">
<tr>
<td height="1" bgcolor="#CCCCCC"></td>
</tr>
</table>

<table width="100%" height="70" border="0"
cellpadding="0" cellspacing="0">
```

```
    <tr>
    <td width="6%"> </td>
    <td width="94%" class="news">
    <table width="90%" height="70" border="0"
align="center" cellpadding="0" cellspacing="0">
    <form name="form1" method="post"
action="http://www.google.com.cn/search">
    <tr>
    <td class="input" valign="top">
<img border="0" src="image/search.gif"
width="170" height="47">
    </td>
    </tr>
    <tr>
    <td >
    <input name="keyword" type="text"
id="keyword" size="20">
    </td>
    </tr>
    <tr>
    <td>
    <div align="center">www
    <input name="search_type" type="radio"
class="unnamed1" value="" checked>
   niop
    <input name="search_type" type="radio"
class="unnamed1" value="http://www.niop.edu.cn">
    </div>
    </td>
    </tr>
    <tr>
    <td>
    <div align="right">
    <a href="http://www.google.com.cn/search">
 <IMG SRC="image/searchbtn.gif" WIDTH="70"
HEIGHT="21" border="0" >
    </div>
    </td>
    </tr>
    </form>
    </table>
    </td>
    </tr>
    </table>
    <br>

    <table width="100%" border="0" cellspacing=
"0" cellpadding="0"><!--实现添加一条横线-->
    <tr>
    <td height="1" bgcolor="#CCCCCC"></td>
    </tr>
    </table>
    <table width="100%" height="62" border="0"
cellpadding="0" cellspacing="0">
    <tr>
    <td>
    <table width="91%" height="95" border="0"
align="center" cellpadding="0" cellspacing="0">
    <tr>
    <td class="input"   valign="top">
    <a href="contact.asp"><img border="0" src=
"image/lx.gif" width="170" height="47"  ></td>
    </tr>
    <tr>
    <td align="center">电话: 025-84890829</td>
    </tr>
    <tr>
    <td align="center">邮箱:
<a href="mailto:DV@niop.com"> DV@niop.cn</a></td>
    </tr>
    </table></td>
    </tr>
    </table>
    <table width="100%" height="100%" border="0"
cellpadding="0" cellspacing="0">
    <tr>
    <td background="image/l_back.gif"> </td>
    </tr>
    </table>
    </div></td>
    <td width="1" bgcolor="#cccccc"></td>
    <td width="583" valign="top"><table width=
"96%" height="44" border="0" align="center"
cellpadding="0" cellspacing="0">
    <tr>
    <td><img src="image/news_1.gif" width="200"
height="40">
    </td>
    </tr>
    </table>
    <table width="90%" height="1" border="0"
align="center" cellpadding="0" cellspacing="0">
    <tr>
    <td bgcolor="#CCCCCC"></td>
    </tr>
    </table>

    <%
    strsql="select * from news_info where id=
"&request("id")
    set rs =
Server.CreateObject("ADODB.Recordset")
    rs.Open strsql, conn, 1, 1
    %>
```


长见识 Access 数据库可以包含使用相同版本或早期 Access 版本创建的其他 Access 数据库中的表的链接。但是，Access 数据库不能包含使用更高 Access 版本创建的数据库中的表的链接。

```
    <table width="108" height="34" border="0"
cellpadding="0" cellspacing="0">
    <tr>
    <td valign="bottom"><div align="center"><a
href="" onClick="history.back()">
<img src="image/back.gif" width="62" height
="24" border="0"></a></div>
    </td>
    </tr>
    </table>

    <table width="96%" height="44" border="0"
align="center" cellpadding="0" cellspacing="0">
    <tr>
    <td><div align="center"><span class="style1">
<img src="image/whiteapple.gif" width="20"
height="20" bordeR="0" > <%=
rs("title") %></span></div></td>
    </tr>
    </table>

    <table width="90%" height="1" border="0"
align="center" cellpadding="0" cellspacing="0">
    <tr>
    <td bgcolor="#CCCCCC"></td>
    </tr>
    </table>

    <table width="200" border="0" cellspacing="0"
cellpadding="0">
    <tr>
    <td> </td>
    </tr>
    </table>
    <table width="95%" height="59" border="0"
align="center" cellpadding="0" cellspacing="0">
    <tr>
    <td class="font">  <%= rs("content") %>
    </td>
    </tr>
    </table>

    <table width="544" height="42" border="0"
align="center" cellpadding="0" cellspacing="0">
    <tr>
    <td><div align="right">发布时间:
<%=rs("datetime")%></div>
    </td>
    </tr>
    </table>

    </td>
    </tr>
    </table>
    <!--#include file="index_down.asp" -->
    </body>
    </html>
```

13.4.4 社友园地区域及程序代码

该区域主要用于显示协会的最新通知。用户单击通知标题就可以打开相应的 info_view.asp 文件查看通知。该区域的代码如下。

```
    <table width="98%" height="87" border="0"
align="center" cellpadding="0" cellspacing="1"
bgcolor="eeeeee">
    <tr>
    <td bgcolor="#FFFFFF"> <table width="100%"
height="82" border="0" cellpadding="0"
cellspacing="0">
    <%
    line=0
    strsql="select top 2 * from job_info order by
id desc"
    rs.Open strsql, conn, 1, 1
    while not rs.eof
    %>
    <tr>
    <td width="26"><div align="center">
    <font color="#0066CC">·</font>
    </div>
    </td>

    <td width="263" class="font">
    <a href="info_view.asp?id=<%=
rs("id") %>&type=1"  target="_blank"> <%=
left(rs("title"), 30) %></a>
    </td>
    </tr>
    <%
    rs.movenext
    wend
    rs.close
    %>
    </table>
```

这样就完成了该页面所有区域的分析与建立。注意，该页面是在“主页.html”文件的基础上修改的，并不是从零开始建立的。完成修改以后，将该文件保存为“index.asp”。

打开浏览器，输入该 ASP 文件的地址进行浏览，程序的运行效果如下图所示。

程序导航窗体是一种特殊的窗体，它主要用于各种数据库对象和功能之间的切换。在 Access 2010 中，用户可以直接在窗体的设计视图中设计导航窗体。

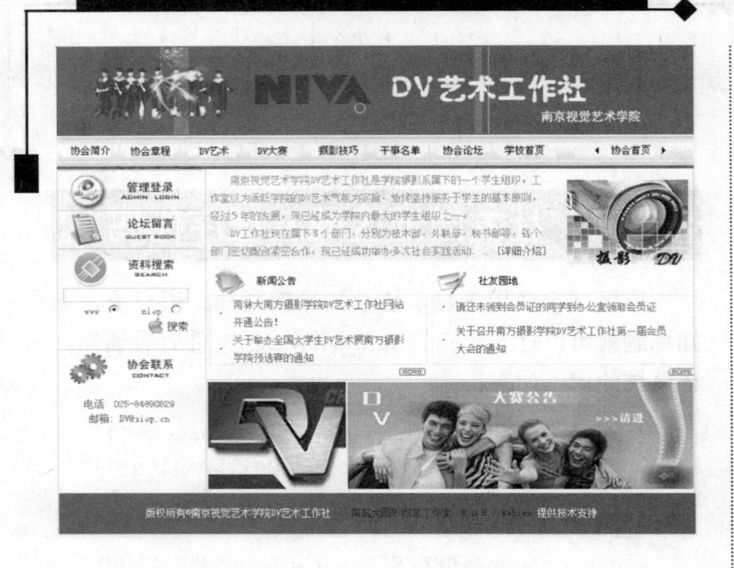

13.5 社友园地模块

社友园地模块和新闻公告模块非常类似，用户只要开发完成了新闻公告模块，即可将新闻模块复制为info.asp和info_view.asp，修改后即实现社友园地模块的功能。

13.5.1 通知列表程序代码

通知列表程序代码，其实也就是上面的“info.asp”程序代码。该文件按时间顺序显示了通知的标题，如果用户要查看某一通知，直接单击通知标题即可打开通知进行查看。

info.asp文件的程序代码如下。

```
<!--#include file="setup.asp" -->

<%
stype=request("type")
if stype="" or stype=0 then
stype=1
end if
%>

<html>
<head>
<meta http-equiv="Content-Type"
content="text/html; charset=gb2312">
<title><%=web_name%>新闻公告</title>
<link href="inc/style.css" rel="stylesheet"
type="text/css">
</head>
<body leftmargin="0" topmargin="0">
<!--#include file="index_logo.asp" -->
<table width="762" height="400" border="0"
align="center" cellpadding="0" cellspacing="0"
bgcolor="#FFFFFF" class="tablelinenotop">
<tr>
<td width="170" valign="top">
<div align="center">
<table width="101%" border="0"
cellpadding="0" cellspacing="1">
<tr>
<td height="4" bgcolor="#CCCCCC"></td>
</tr>
</table>
<table width="100%" height="41" border="0"
cellpadding="0" cellspacing="0">
<tr>
<td>
<a href="data/adminlist.asp"><img
src="image/admin login.gif" width="170"
height="47" border="0"></a>
</td>
</tr>
</table>

<table width="100%" border="0" cellspacing=
"0" cellpadding="0"><!--实现添加一条横线-->
<tr>
<td height="1" bgcolor="#CCCCCC"></td>
</tr>
</table>

<table width="100%" height="41" border="0"
cellpadding="0" cellspacing="0">
<tr>
<td>
<a href="bbs\index.asp"><img src="image/
guestbook.gif" width="170" height="47" border="0"></a>
</td>
</tr>
</table>

"<table width="100%" border="0"
cellspacing="0" cellpadding="0">
<tr>
<td height="1" bgcolor="#CCCCCC"></td>
</tr>
</table>

<table width="100%" height="70" border="0"
cellpadding="0" cellspacing="0">
<tr>
<td width="6%"> </td>
<td width="94%" class="news">
```


长见识 SQL是一种用于处理多组事实和事实之间关系的计算机语言。Microsoft Office Access等关系数据库程序使用SQL来处理数据。

```
    <table width="90%" height="70" border="0"
align="center" cellpadding="0" cellspacing="0">
    <form name="form1" method="post" action=
"http://www.google.com.cn/search">
    <tr>
    <td class="input" valign="top"><img
border="0" src="image/search.gif" width="170"
height="47">
    </td>
    </tr>
    <tr>
    <td >
    <input name="keyword" type="text" id="keyword"
size="20">
    </td>
    </tr>
    <tr>
    <td>
    <div align="center">www
    <input name="search_type" type="radio"
class="unnamed1" value="" checked>
   niop
    <input name="search_type" type="radio"
class="unnamed1" value="http://www.niop.edu.cn">
    </div>
    </td>
    </tr>
    <tr>
    <td>
    <div align="right">
    <a href="http://www.google.com.cn/search">
<IMG SRC="image/searchbtn.gif" WIDTH="70"
HEIGHT="21" border="0" >
    </div>
    </td>
    </tr>
    </form>
    </table>
    </td>
    </tr>
    </table>
    <br>

    <table width="100%" border="0" cellspacing=
"0" cellpadding="0"><!--实现添加一条横线-->
    <tr>
    <td height="1" bgcolor="#CCCCCC"></td>
    </tr>
    </table>

    <table width="100%" height="62" border="0"
cellpadding="0" cellspacing="0">
    <tr>
    <td>
    <table width="91%" height="95" border="0"
align="center" cellpadding="0" cellspacing="0">
    <tr>
    <td class="input"  valign="top">
    <a href="contact.asp"><img border="0"
src="image/lx.gif" width="170" height="47"  >
</td>
    </tr>
    <tr>
    <td align="center">电话: 025-84890829</td>
    </tr>
    <tr>
    <td align="center">邮箱:
<a href="mailto:DV@niop.com"> DV@niop.cn</a></td>
    </tr>
    </table></td>
    </tr>
    </table>
    <table width="100%" height="100%" border="0"
cellpadding="0" cellspacing="0">
    <tr>
    <td
background="image/l_back.gif"> </td>
    </tr>
    </table>
    </div></td>

    <td width="1" bgcolor="#cccccc"></td>
    <td width="583" valign="top">
<table width="96%" height="44" border="0"
align="center" cellpadding="0" cellspacing="0">
    <tr>
    <td><img src="image/news_1.gif" width="200"
height="40">
    </td>
    </tr>
    </table>
    <table width="90%" height="1" border="0"
align="center" cellpadding="0" cellspacing="0">
    <tr>
    <td bgcolor="#CCCCCC"></td>
    </tr>
    </table>

    <table width="99%" border="0" cellpadding="0"
cellspacing="0">
    <%
    set rs =
Server.CreateObject("ADODB.Recordset")
    if stype=1 then
    strsql="select * from job_info"
    rs.Open strsql, conn, 1, 1
    while not rs.eof
    %>
```

窗体是 Access 2010 中用来和用户进行交互的主要数据库对象。通过窗体可以向数据库中输入数据，也可以查看数据库中的数据记录，还可以用于程序功能的导航。

长见识

```
    <tr class="font">
    <td width="12%" height="25">
    <div align="right"><img
src="image/bullet_arrow.gif" width="8"
height="6">  </div>
    </td>
    <td width="88%" height="25"><font color=
"#FF3300"></font> 
<a href="info_view.asp?id=<%= rs("id") %>"><font
color="#FF3300"><%= rs("title") %></font></a>
(<%= rs("datetime") %>)
    </td>
    </tr>
    <%
    rs.movenext
    wend
    rs.close
    end if
    if stype=2 then
    strsql="select * from gqxx_info"
    rs.Open strsql, conn, 1, 1
    while not rs.eof
    if rs("type") =1 then
    info_type=""
    else
    info_type=""
    end if
    %>

    <tr class="font">
    <td width="12%" height="25">
    <div align="right">
<img src="image/bullet_arrow.gif" width="8"
height="6"> </div>
    </td>
    <td width="88%" height="25"> [<font color=
"#<%= info_col %>"><%= info_type %></font>] 
<a href="info_view.asp?id=<%= rs("id") %>&type=
2"><font color="<%= info_col %>"><%= rs
("title") %></font></a> (<%= rs("datetime") %>)
    </td>
    </tr>
    <%
    rs.movenext
    wend
    rs.close
    set rs=nothing
    end if
    %>
    </table>

    </td>
    </tr>
    </table>
    <!--#include file="index_down.asp" -->
    </body>
    </html>
```

在浏览器中输入程序名称“info.asp”，运行的效果如下图所示。

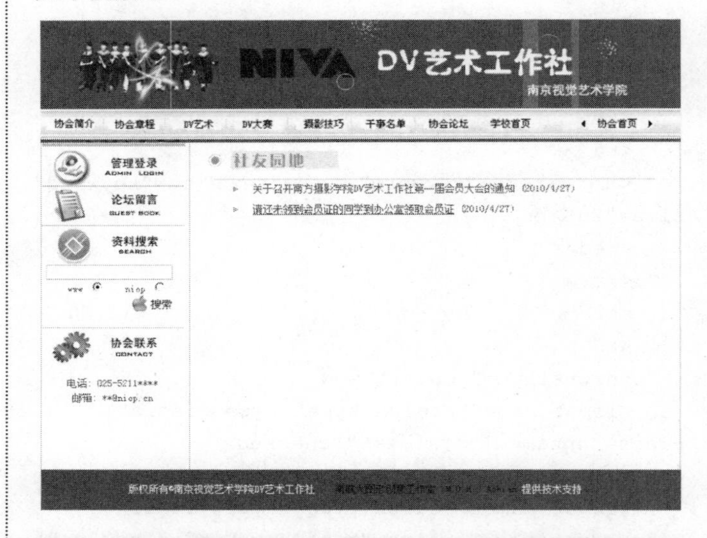

13.5.2 通知内容程序代码

该程序主要用于查看通知的内容，并且除了查看新闻以外，用户还可以在下面的页面中发表自己的意见和看法。因此除了要设计显示通知的代码外，还要设计一个简单的留言本。该程序可以由上面完成的news_view.asp文件修改得来，命名为“info_view.asp”，程序的运行效果如下图所示。

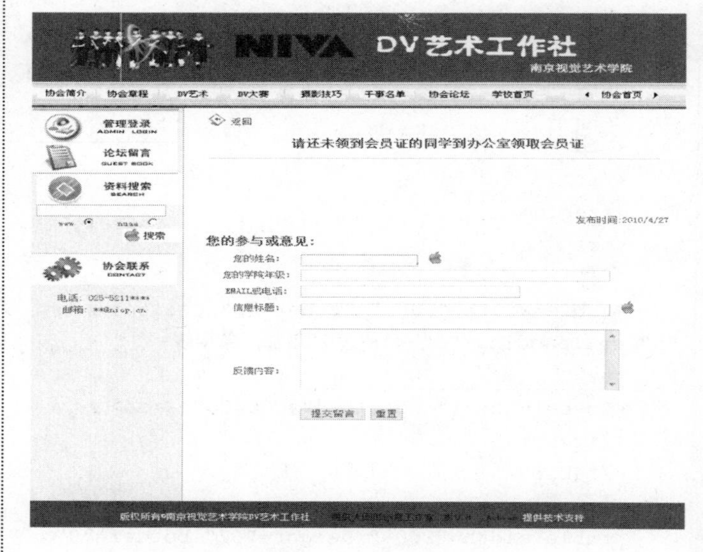

info_view.asp 文件的代码如下。

```
<!--#include file="setup.asp" -->
<html>
```

长见识

Visual InterDev是一个应用系统，是微软可视工具家族中的最新成员，它使得站点应用开发人员能够快速地建立全交互、全动态的站点。由于具有可视化的开发特色和强大的数据库工具，Visual InterDev可以向开发人员提供最全面的、技术最先进的开发Intranet和Internet应用的系统。

```
<head>
<meta http-equiv="Content-Type" content=
"text/html; charset=gb2312">
<title><%=web_name%>新闻公告</title>
<link href="inc/style.css" rel="stylesheet"
type="text/css">
<style type="text/css">
<!--
.style1 {
  color: #0066CC;
  font-weight: bold;
  text-transform: capitalize;
  font-size: 16px;
}
.style2 {
  color: #FF0000;
  font-weight: bold;
  text-transform: capitalize;
  font-size: 16px;
}
-->
</style>
</head>

<body leftmargin="0" topmargin="0">
<!--#include file="index_logo.asp" -->
<table width="762" height="400" border="0"
align="center" cellpadding="0" cellspacing="0"
bgcolor="#FFFFFF" class="tablelinenotop">
<tr>
<td width="170" valign="top">
<div align="center">
<table width="101%" border="0" cellpadding=
"0" cellspacing="1">
<tr>
<td height="4" bgcolor="#CCCCCC"></td>
</tr>
</table>
<table width="100%" height="41" border="0"
cellpadding="0" cellspacing="0">
<tr>
<td>
<a href="data/adminlist.asp">
<img src="image/admin login.gif" width="170"
height="47" border="0"></a>
</td>
</tr>
</table>

<table width="100%" border="0" cellspacing=
"0" cellpadding="0"><!--实现添加一条横线-->
<tr>
<td height="1" bgcolor="#CCCCCC"></td>
</tr>
</table>
<table width="100%" height="41" border="0"
cellpadding="0" cellspacing="0">
<tr>
<td>
<a href="bbs\index.asp">
<img src="image/guestbook.gif" width="170"
height="47" border="0"></a>
</td>
</tr>
</table>

<table width="100%" border="0" cellspacing=
"0" cellpadding="0">
<tr>
<td height="1" bgcolor="#CCCCCC"></td>
</tr>
</table>

<table width="100%" height="70" border="0"
cellpadding="0" cellspacing="0">
<tr>
<td width="6%"> </td>
<td width="94%" class="news">
<table width="90%" height="70" border="0"
align="center" cellpadding="0" cellspacing="0">
<form name="form1" method="post"
action="http://www.google.com.cn/search">
<tr>
<td class="input" valign="top"><img border=
"0" src="image/search.gif" width="170" height="47">
</td>
</tr>
<tr>
<td >
<input name="keyword" type="text"
id="keyword" size="20">
</td>
</tr>
<tr>
<td>
<div align="center">www
<input name="search_type" type="radio" class=
"unnamed1" value="" checked>
   niop
<input name="search_type" type="radio" class=
"unnamed1" value="http://www.niop.edu.cn">
</div>
</td>
</tr>
<tr>
<td>
<div align="right">
```


SQL 不仅可以操纵数据，而且可以创建和更改数据库对象（如表）的设计。用于创建和更改数据库对象的那部分SQL 叫作数据定义语言 (DDL)。

长见识

```
    <a href="http://www.google.com.cn/search">
<IMG SRC="image/searchbtn.gif" WIDTH="70" HEIGHT=
"21" border="0" >
    </div>
    </td>
    </tr>
    </form>
    </table>
    </td>
    </tr>
    </table>
    <br>

    <table width="100%" border="0" cellspacing=
"0" cellpadding="0"><!--实现添加一条横线-->
    <tr>
    <td height="1" bgcolor="#CCCCCC"></td>
    </tr>
    </table>

    <table width="100%" height="62" border="0"
cellpadding="0" cellspacing="0">
    <tr>
    <td>
    <table width="91%" height="95" border="0"
align="center" cellpadding="0" cellspacing="0">
    <tr>
    <td class="input"  valign="top">
    <a href="contact.asp"><img border="0" src=
"image/lx.gif" width="170" height="47"  >
</td>
    </tr>
    <tr>
    <td align="center">电话: 025-84890829</td>
    </tr>
    <tr>
    <td align="center">邮箱:
<a href="mailto:DV@niop.com"> DV@niop.cn</a></td>
    </tr>
    </table></td>
    </tr>
    </table>
    <table width="100%" height="100%" border="0"
cellpadding="0" cellspacing="0">
    <tr>
    <td background="image/l_back.gif"> </td>
    </tr>
    </table>
    </div></td>
    <td width="1" bgcolor="#cccccc"></td>
    <td width="583" valign="top"><table width=
"96%" height="44" border="0" align="center"
cellpadding="0" cellspacing="0">
    <tr>
    <td><img src="image/news_1.gif" width="200"
height="40">
    </td>
    </tr>
    </table>
    <table width="90%" height="1" border="0"
align="center" cellpadding="0" cellspacing="0">
    <tr>
    <td bgcolor="#CCCCCC"></td>
    </tr>
    </table>

    <%
    if request("type") =2 then
    strsql="select * from gqxx_info where id=
"&request("id")
    else
    strsql="select * from job_info where id=
"&request("id")
    end if
    set rs = Server.CreateObject("ADODB.Recordset")
    rs.Open strsql, conn, 1, 1
    %>

    <table width="108" height="34" border="0"
cellpadding="0" cellspacing="0">
    <tr>
    <td valign="bottom"><div align="center"><a
href="#" onClick="history.back()">
<img src="image/back.gif" width="62" height="24"
border="0"></a>
    </div>
    </td>
    </tr>
    </table>

    <table width="96%" height="44" border="0"
align="center" cellpadding="0" cellspacing="0">
    <tr>
    <td><div align="center"> <span
class="style1"><%= rs("title") %></span></div>
    </td>
    </tr>
    </table>
    <table width="90%" height="1" border="0"
align="center" cellpadding="0" cellspacing="0">
    <tr>
    <td bgcolor="#CCCCCC"></td>
    </tr>
    </table>

    <table width="200" border="0" cellspacing="0"
cellpadding="0">
    <tr>
    <td> </td>
    </tr>
```


 长见识

在 SELECT 子句中，可以使用方括号将字段名称括起来。如果名称中没有空格或特殊字符（如标点符号），则方括号是可选的；如果名称中包含空格或特殊字符，则必须使用方括号。

```
    </table>

    <table width="95%" height="59" border="0"
align="center" cellpadding="0" cellspacing="0">
    <tr>
    <td class="font">  <%=
rs("content") %></td>
    </tr>
    </table>
    <table width="544" height="42" border="0"
align="center" cellpadding="0" cellspacing="0">
    <tr>
    <td><div align="right">发布时间:
<%=rs("datetime")%></div>
    </td>
    </tr>
    </table>

    <table width="91%" height="415" border="0"
align="center" cellpadding="0" cellspacing="0">
    <tr>
    <td height="415" valign="top">
<table width="100%" height="26" border="0"
cellpadding="0" cellspacing="0">
    <tr>
    <td class="style1">您的参与或意见:</td>
    </tr>
    </table>

    <form name="form1" method="post"
action="guestbook.asp" >
    <table width="95%" border="0" align="center"
cellpadding="0" cellspacing="0">
    <tr>
    <td width="19%" height="25">
<palign="center" class="unnamed2">您的姓名：</p></td>
    <td width="81%" height="25">
<input name="name" type="text" class="in" id=
"name" size="18">
     <img src="image/blueapple.gif" width=
"17" height="19" border="0" >
    </td>
    </tr>
    <tr>
    <td width="19%" height="25">
<div align="center">您的学院年级：</div>
    </td>
    <td height="25"><input name="company" type=
"text" class="in" id="company" size="50"></td>
    </tr>
    <tr>
    <td height="25"><div align="center">EMAIL 或电
话：</div></td>
    <td height="25"><input name="mail" type=
"text" class="in" id="mail" size="35">
    </td>
    </tr>
    <tr>
    <td height="25"><div align="center">信息标题:
</div></td>
    <td height="25"><input name="title" type=
"text" class="in" id="title" size="50">
     <IMG SRC="image/blueapple.gif" WIDTH=
"17" HEIGHT="19" BORDER="0">
    </td>
    </tr>
    <tr>
    <td height="170" rowspan="2">
<div align="center">反馈内容：</div>
    </td>
    <td>
    <textarea name="content" cols="50" rows="6"
class="in" id="content"></textarea>
    </td>
    </tr>
    <tr>
    <td height="28"><input name="post" type=
"submit" class="in" id="post" value="提交留言">
    <input name="Submit2" type="reset" class="in"
value="重置">
    <input name="stype" type="hidden" id="stype"
value="<%=stype%>">
    </td>
    </tr>
    </table>
    <p> </p>
    </form>
    </td>
    </tr>
    </table>

    </td>
    </tr>
    </table>
    <!--#include file="index_down.asp" -->
    </body>
    </html>
```

上面的 info_view.asp 文件中设置了用户留言的表单，用户填写完毕以后，单击【提交留言】按钮，即可将留言传送到 guestbook.asp 文件去处理。

在该处理文件中，要用 VBScript 对留言进行验证。

如果 SQL 语句中有两个或更多个同名字段，则必须将每个字段的数据源名称添加到 SELECT 子句内的字段名称中。用于数据源的名称与在 FROM 子句中使用的名称相同。

长见识

```
<!--#include file="setup.asp" -->
<meta http-equiv="Content-Type"
content="text/html; charset=gb2312">
<%
warning="您有带星号的必填项目未填写!!!"
if len(request("title"))=0 or
len(request("content"))=0 or
len(request("name"))=0 then
back(waring)
Response.end
end if

name1=request("name")
title=request("title")
content=request("content")

select case request("stype")
case 1
stype="[消息类别-招聘反馈] "
case 2
stype="[消息类别-供应反馈] "
case 3
stype="[消息类别-需求反馈] "
case 4
stype="[消息类别-网站留言] "
case else
stype="[消息类别-网站留言] "
end select

if len(request("company"))=0 then
com="未填"
else
com=request("company")
end if

if len(request("mail"))=0 then
mail="未填"
else
mail=request("mail")
end if

strsql = "SELECT * FROM [guestbook] WHERE 0 = 1"
set rs = Server.CreateObject
("ADODB.Recordset")
rs.Open strsql, conn, 1, 2
rs.AddNew

rs("title") = stype&title
rs("email") = mail
rs("name") = name1
rs("work") = com
rs("addr") = "空"
rs("content") = content
rs.Update
rs.Close
Set rs = Nothing
conn.Close
Set conn = Nothing
word="谢谢您给我们留言\n 请按确定返回"
url="index.asp"

Response.Write("<script>")
Response.Write("alert('"&word&"');")
Response.Write("self.location='"&url&"';")
Response.Write("</script>")
Response.end
%>
```

13.6 其他模块简介

介绍完新闻模块和社友园地模块，本节将介绍其他静态管理模块及系统管理模块的应用。

13.6.1 其他静态模块

上面以 info.asp 文件为例，介绍了简单的静态模块的设计，并给出了代码。用户可以按照完全相同的方法，设计其余的 chapter.asp、dvart.asp、dvcontest.asp、photo.asp、worker.asp 和 contact.asp 文件。

各个文件具体的代码不在这里重复给出，用户可以查看本书配套资料中相应的文件代码。下面只给出相关模块的最终视图。

与协会章程对应的 chapter.asp 文件的执行效果如下图所示。

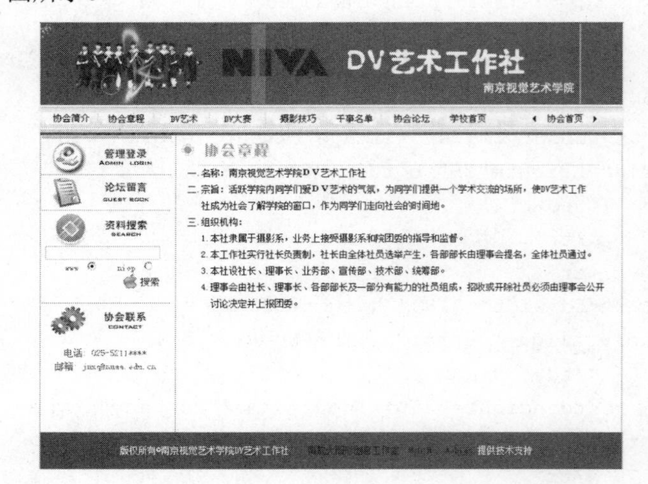

与 DV 艺术对应的 dvart.asp 文件的执行效果如下图所示。

在 SELECT 语句中，FROM 子句指定包含 SELECT 子句将要使用的数据表或查询。

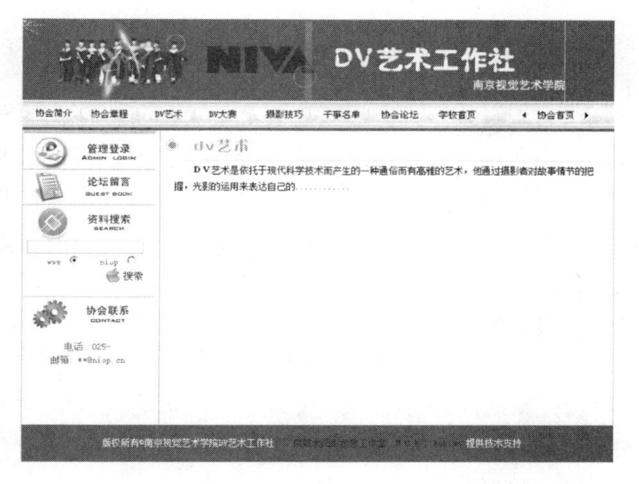

与联系方式对应的 contact.asp 文件的执行效果如下图所示。

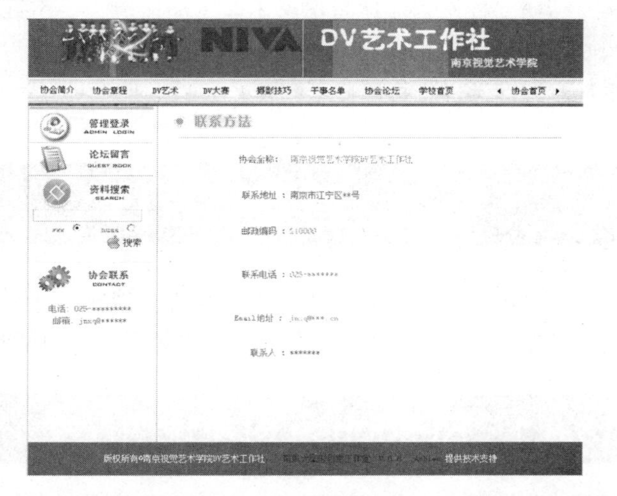

13.6.2 系统管理模块

系统管理模块也是整个网站系统中相当重要的一部分，在这里由于篇幅的关系不再详细介绍，只给出相关的示例图片，请用户对照配套的源文件，自行查看学习该模块的设计。

在浏览器中输入登录地址“http://127.0.0.1/南京视觉艺术学院 DV 工作社/data/login.asp”，可以弹出系统登录界面，如下图所示。

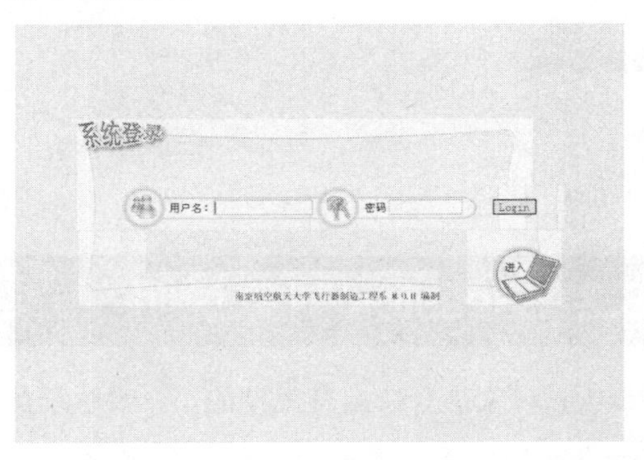

输入用户名“admin”和密码后，单击 Login 按钮，登录管理系统，如下图所示。

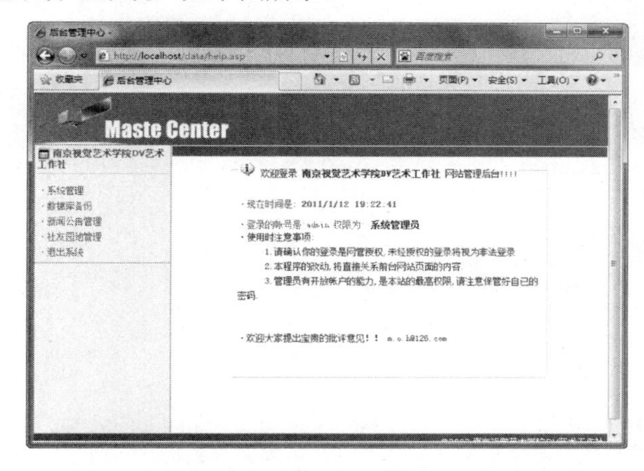

可以看到窗口的左边有功能导航区域。在该区域中，用户可以选择相应的功能，如下图所示。

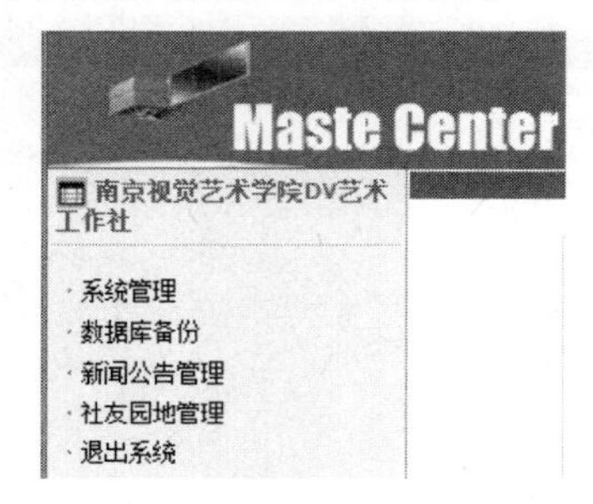

窗口的右边是操作和显示区域，用户在该区域中进行具体的操作。如当用户登录时，会显示下图所示的欢迎与提示界面。

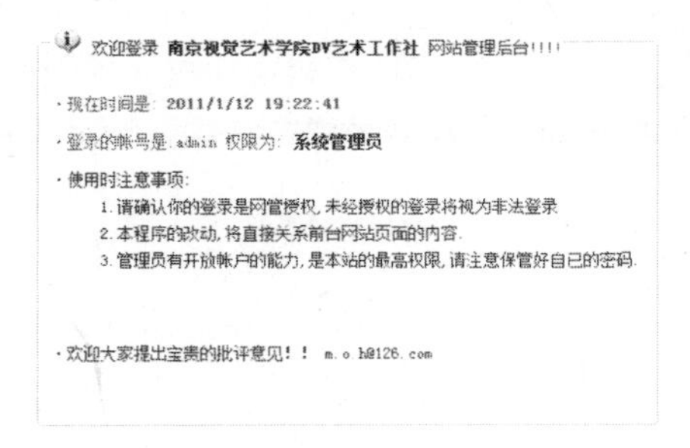

在导航区域中选择【系统管理】选项，在显示区域就可以显示下图所示的系统用户设置窗口。

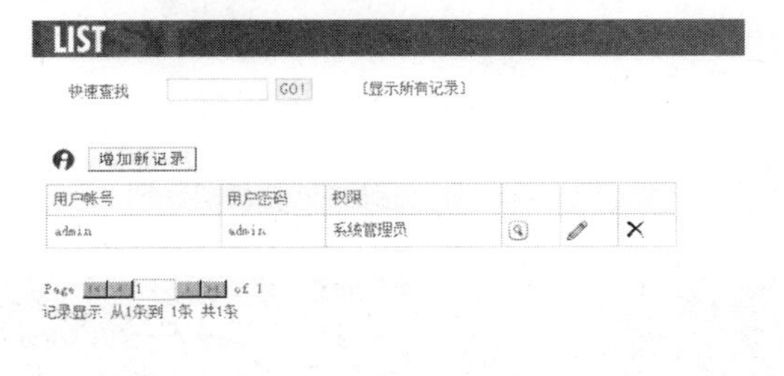

通过在 FROM 子句中使用表别名，可以在 SELECT 语句中用不同的名称来引用数据源。

单击【增加新记录】按钮，即可显示下图所示的添加新用户窗口。在该窗口中输入用户名称，单击 ADD 按钮，即可完成用户的添加。

在导航区域中选择【新闻公告管理】选项，在显示区域就可以显示下图所示的新闻公告管理窗口。

单击【增加新记录】按钮，即可显示下图所示的添加新闻窗口。在该窗口中输入新闻的标题和名称，并设置文本的格式，单击 ADD 按钮，即可完成新闻的添加。

13.7 实例总结

本章介绍了数据库网络程序设计的基本应用，然后以“南京视觉艺术学院 DV 工作社”网站为例，详细介绍了数据库网络编程的方法和步骤。

该系统包括数据库网络编程的基本信息，比如用户登录、用户留言、信息查看、信息输入、静态网页等各种信息，用户可以详细阅读这些程序代码。如果有的代码看不懂，可以参考上一章或者其他专门介绍 ASP 开发的书籍。

通过该实例，可以掌握以下知识和技巧。

(1) 网络程序开发的一般步骤。

(2) Microsoft Access 数据库作为后台并支持的网站系统的数据库连接方法。

(3) 数据读取和写入方法。

(4) ASP 编程语言的初步认识和应用。

当然，这个系统还有很多不完善的地方，一个真正的商业网站也不可能这么简单。用户可以根据这些方法自行对该网站进行扩展或者完善。

13.8 答疑与技巧

在本系统的设计过程中，大家也许会遇到一些操作上的问题。下面就可能遇到的几个典型问题做简单解答。

13.8.1 Response 对象说明

Response.write 可以用来输出字符串和变量，并且还可以输出 HTML 元素。在输出 HTML 元素的时候，如果不注意，可能会出现错误。例如，下面的写法就出现了错误：

```
<% Response.write " <a href='<% =URL%>' >超链接</a>" %>
```

这句话的本意是想输出一个超链接，单击该链接则转到 URL 所代表的网址。可是上面的语句却犯了<%和%>不能嵌套使用的错误，下面是两种正确的写法：

```
<% Response.write "<a href=' "&URL&" '%>' >超链接</a> " %>
```

或

```
<a href="<%=URL%>" >超链接</a>
```

13.8.2 Session 对象说明

Session 对象是有特定有效期的，一般系统默认为 20

在 ASP 中一般使用 SQL Server 或者 Access 数据库。SQL Server 运行稳定、效率高、速度快，但是配置起来比较困难，移植也比较复杂，一般适合大型网站使用；Access 配置简单，移植方便，一般适合中小型网站使用。

分钟，如果到有效期截止前，客户没有和服务器端进行交互，则 Session 就失效了。

13.8.3　关于路径的说明

大家一定要对相对路径、绝对路径、虚拟路径和物理路径有清楚的认识。

凡是以“\”开头的路径都是绝对路径，表示从设定的根目录开始。如下面的例子：

```
<a href="\data\show.asp">显示</a>
```

设定的根目录就是存放 ASP 文件的目录，安装 IIS 后，系统默认的根目录是“C:\inetpub\wwwroot”。

没有以“\”开头的路径就是相对路径，表示从当前的目录开始，如下面的例子：

```
<a href="data\show.asp">显示</a>
```

上面两种写法实现的功能是一致的，但是相对路径相对而言要优于绝对路径，因为相对路径的程序移植比较方便。

物理路径就是文件在服务器上的实实在在的路径，比如下面的例子：

```
C:\inetpub\wwwroot\data\show.asp
```

虚拟路径有时是为了保密等要求，或者为了增强程序的可移植性而使用的，比如上面的绝对路径和相对路径都可以看作是虚拟路径。

13.9　拓展与提高

通过上面的介绍，大家对 ASP 程序的基本语法与功能、静态网页的组成部分、动态网站的运行方式和 ASP 连接数据库的方式有了一定的了解。下面再介绍几个常用的小技巧，以期进一步提高大家对 ASP 和 Access 数据库的认识。

13.9.1　五大对象说明

虽然在本章中，关于 ASP 的 5 个内部对象介绍得比较简略，但是绝不表示它们不重要。恰恰相反，ASP 程序设计在某种程度上就可以说是这 5 个对象的程序设计。由于本书不是专门介绍 ASP 程序，因此介绍得比较简略，关于这 5 个对象的详细介绍，请用户自行参阅其他书籍。

13.9.2　SQL 字符串

很多时候，存取数据库的错误就是因为 SQL 字符串，要注意为所有字符串的两边加上引号，日期型的两边加上“#”号。

13.9.3　出错说明

数据库不能添加、修改或删除除记录，文件存取组件不能创建新文件或者文件夹，用户不能上传文件，这些问题都有可能出现。用户先要确保文件或文件夹不是处于只读状态，对于 Windows 2000 或者 Windows XP 来说，如果安装时采用了 NTFS 文件系统，还需要将文件或文件夹设置为 Everyone 才可以完全控制文件。

13.9.4　数据库选择说明

在 ASP 中一般使用 SQL Server 或者 Access 数据库。SQL Server 运行稳定、效率高、速度快，但是配置起来比较困难，移植也比较复杂，一般适合大型网站使用；Access 配置简单，移植方便，一般适合中小型网站。

长见识：在实际使用中，很多开发者都是先使用 Access 进行开发，然后再将其转换为 SQL Server 数据库。

第14章 Access在人事管理中的应用

在本章中，我们将和用户一起开发一个数据库管理系统。通过创建该人事管理系统，我们来复习各个数据库对象，体会一个完整系统的开发步骤，大致了解人事管理系统的开发模块。

学习要点

- ❖ 系统的功能设计
- ❖ 系统的模块设计
- ❖ 表的字段设计
- ❖ 表关系的建立
- ❖ 查询的设计
- ❖ 窗体的创建
- ❖ 报表的创建
- ❖ 宏命令和 VBA 代码的创建
- ❖ 系统的调试
- ❖ 系统的运行与应用

学习目标

通过本章学习，用户应该初步掌握数据库系统开发的一般步骤，了解人事管理系统的一般功能组成。用户还要进一步学习表、查询、窗体、报表等数据库对象在数据库程序中的作用。

14.1 实例导航

本章要设计一个简单的人事管理系统，该系统应满足以下几个要求。

- ❖ 当有新员工加入公司时能够方便地将该员工的个人详细信息添加到数据库中；添加以后，还可以对员工的记录进行修改。设计的最终效果如下图所示。

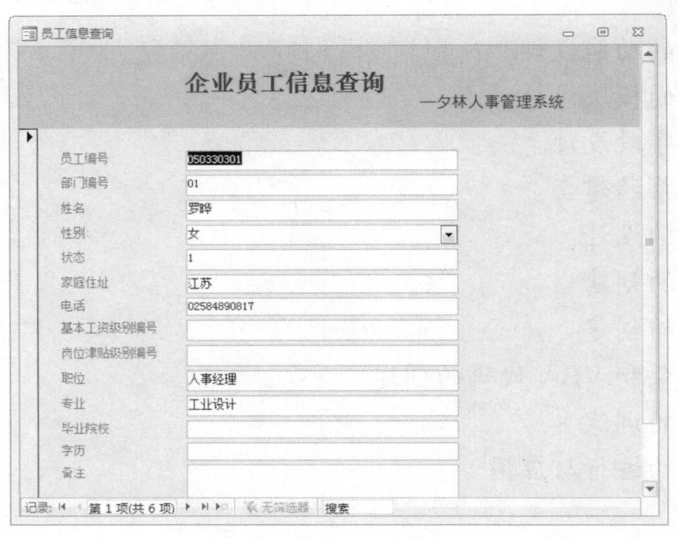

- ❖ 用户应能够方便地通过该系统来记录公司内部的人事调动情况。
- ❖ 该系统还应该能够实现员工考勤记录查询和员工工资查询，能够将查询的结果打印成报表，以方便发放工资条。该功能的创建效果如下图所示。

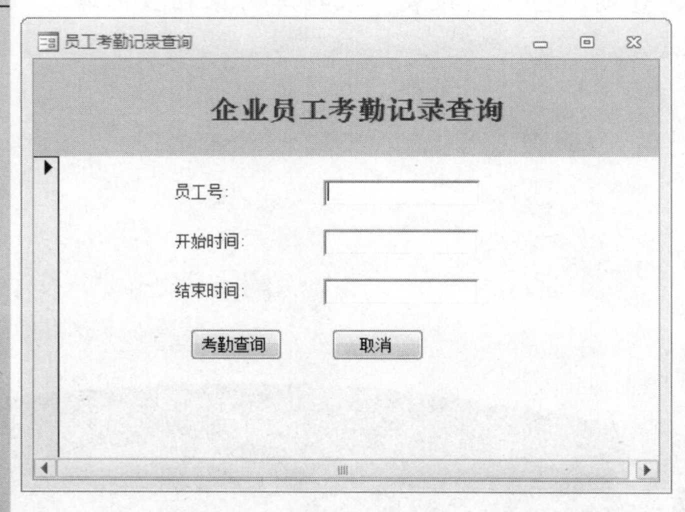

- ❖ 该系统还应能够生成所有的考勤记录报表和工资发放记录报表。创建的最终效果如下图所示。

企业员工工资发放记录报表

—夕林人事管理系统

日期	员工编号	姓名	记录编号	基本工资	岗位津贴	加班补贴	出差补贴	违纪扣除	实发数额
2006/12/7	060310330	朱伟进	2	1900	1000	1000	500	0	4400
2006/12/7	050330303	罗夕林	1	1900	1000	1000	500	0	4400
2007/1/7	060310330	朱伟进	3	1900	1000	1000	0	0	3900
2007/2/7	060310330	朱伟进	4	1900	1000	1200	0	0	4100

2010年12月26日　　页 1 共 1

下面对该数据库进行功能分析和设计，明确具体的设计目标。

14.1.1 系统功能目标

通过该人事管理系统，人事管理职员可以对员工的人事信息进行记录和分析，能够对员工的考勤和工资发放情况进行查询等。

该系统有以下主要功能。

- ❖ 新员工登记和员工资料的修改。包括新员工个人资料的详细输入、员工号的分配和相关人事信息的保存，以及对现有员工的工作资料进行创建和修改。
- ❖ 人事变更记录。通过该功能，实现对员工工作职位变化的跟踪和记录等。
- ❖ 员工薪资情况查询。通过该功能，实现对员工薪金发放情况的查询，并且能够按照各种福利薪金的类别打印出个人薪资报表。
- ❖ 员工考勤情况查询。通过该功能，实现对员工考勤情况的查询，从而为薪金的计算提供参考依据。
- ❖ 报表管理。通过该功能，实现报表的生成和查看。报表又分为两部分，一部分是对员工工资发放情况进行记录，另一部分是对员工的考勤情况进行记录。
- ❖ 其他统计查询。允许管理者按各个部门、级别、员工类型、学历、职位、性别等员工信息进行统计，从而帮助人事部(或人力资源部门)进行人事结构分析、年龄工龄结构分析等。

  所有统计信息的结果都可以通过对应的报表生成，而且可以打印提交给人事部和公司管理者。

14.1.2 开发要点

理解数据表的结构，掌握数据表之间的关系，熟悉查询和窗体的设计，比较清楚地了解人事管理流程，从而开发出完整的人事管理系统。本章的主要目的，就是

长见识：用户需要为数据库备份副本，以便在发生系统故障的情况下还原整个数据库，或者在“撤销”命令不足以修复错误的情况下还原对象。

通过建立一个完整的人事管理系统，介绍完整的数据库管理系统开发的一般流程。

14.2 系统需求分析与设计

随着市场竞争的日趋激烈，人才成为实现企业自身战略目标的一个非常关键的因素。企业员工对工作的投入在很大程度上决定了该企业的兴衰与成败。如何保持本企业员工的工作责任感，激励他们的工作热情，减少人才流失，已成为困扰企业主管和人事经理的一个日益尖锐的问题。

在企业的人事管理中，一个良好的人事管理系统可有效地帮助人事管理部门进行日常的工作。通过该系统，可以适时调整员工的工作职责，提高员工的工作技能，从而提高员工的积极性和工作效率。

因为高效的人事管理系统对于企业不断提高自身竞争力和快速达成各种目标起着至关重要的作用，所以它不仅应当涉及日常的职位管理、变更管理，还应当涉及招聘流程的管理等。

14.2.1 需求分析

一个企业到底需要什么样的人事管理系统呢？每一个企业都有自己的不同需求，即使有同样的需求也很可能有不同的工作习惯。因此在开发程序之前，和企业进行充分的沟通和交流，了解需求是十分重要的。

本例是以假设的需求来开发人事管理系统的。假设的需求主要有以下几点。

- ❖ 人事管理系统应该能够对企业当前的人事状况进行记录，包括企业和员工的劳动关系、员工的就职部门、主要工作职责、上级经理等。
- ❖ 系统应该能够对企业员工的人事变更情况进行记录，并据此可以灵活修改工作职责等各种人事状况信息。
- ❖ 系统应该能够根据需要进行各种统计和查询，比如查询员工的年龄、学历等，以便给人力管理部门进行决策提供参考。
- ❖ 系统还应该对求职者信息进行相应的管理，能够挖掘到合适的人才。

14.2.2 模块设计

了解了企业的人才管理需求以后，就要明确系统的具体功能目标，设计好各个功能模块。模块化的设计思想，是当今程序设计中最重要的思想之一。

企业人事管理系统功能模块可以由 6 个部分组成，每一部分根据实际应用又包含不同的功能。

- ❖ 系统登录模块。在数据库系统中设置系统登录模块，是维持系统安全性最简单的方法。在任何一个数据库系统中，该模块都是必需的。
- ❖ 员工人事登记模块。通过该模块，实现对新员工记录的输入和现有员工记录的修改。
- ❖ 员工人事记录模块。通过该模块，实现对员工人事变动的记录和查看管理。
- ❖ 统计查询模块。通过该模块，对企业当前员工的人事信息进行查询，比如薪资查询、考勤情况查询、学历查询和年龄查询等。
- ❖ 报表生成模块。通过该模块，根据用户的需求和查询结果产生相应的报表。
- ❖ 招聘管理模块。通过该模块，主要对求职者的信息进行保存和查询，以方便招聘活动的进行，发掘企业的有用之材。

14.3 数据库的结构设计

明确功能目标以后，就要设计合理的数据库。数据库的设计最重要的就是数据表的设计。数据表作为数据库中其他对象的数据源，表结构设计的好坏直接影响数据库的性能，也直接影响整个系统设计的复杂程度，因此设计既要满足需求，又要具有良好的结构。设计具有良好表关系的数据表在系统开发过程中是相当重要的。

14.3.1 数据表结构需求分析

表就是特定主题的数据集合，它将具有相同性质的数据存储在一起。按照这一原则，可根据各个模块所要求的各种具体功能，来设计各个数据表。

在该人事管理系统中，初步设计 17 张数据表，各表存储的信息如下。

- ❖ Switchboard Items 表：主要存放主切换面板和报表面板的显示信息。
- ❖ “管理员”表：存放系统管理人员(一般是企业的人事部人员)的登记信息等。
- ❖ “员工信息”表：存储现有员工的个人基本信息，比如姓名、性别、出生日期、所属级别等。
- ❖ “部门信息”表：主要存储公司各个部门的信息，比如部门编号、名称、部门经理等。
- ❖ “人事变更记录”表：存储员工职位变更信息，记录员工的原职位和现职位。
- ❖ “班次配置”表：记录员工的上班班次信息。
- ❖ “出勤记录”表：记录所有员工每天的出勤记录。
- ❖ “出勤配置”表：记录员工的出勤信息。
- ❖ “级别工资配置”表：记录员工所处工资级别的具体信息。
- ❖ “加班记录”表：记录员工的加班记录，用于工资的核算。
- ❖ “企业工资发放记录”表：企业的工资财务记录，保存已经核发工资的员工具体内容。
- ❖ “企业工资计算规则”表：保存企业内部工资计算规则。
- ❖ “职位津贴配置”表：保存企业内部关于津贴的具体信息。
- ❖ “缺勤记录”表：记录所有员工的缺勤信息。
- ❖ “月度出勤汇总”表：保存企业员工每月的出勤信息汇总。
- ❖ “签到记录”表：记录员工的签到信息。
- ❖ “签出记录”表：如果员工需要签出时，使用该表登记在册。

14.3.2 构造空数据库系统

明确了各个数据表的主要功能以后，下面进行数据表字段的详细设计。在设计数据表之前，需要先建立一个数据库，然后在数据库中创建表、窗体、查询等数据库对象。

下面新建一个名称为“人事管理系统”的空白数据库，具体操作步骤如下。

操作步骤

❶ 启动 Access 2010，在【可用模板】中选择【空数据库】选项。

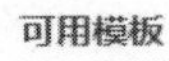

❷ 在窗口右下方的【文件名】文本框中输入“人事管理系统”，如下图所示。

❸ 单击【创建】按钮，完成新建一个空白数据库，系统自动创建一个空白数据表，如下图所示。

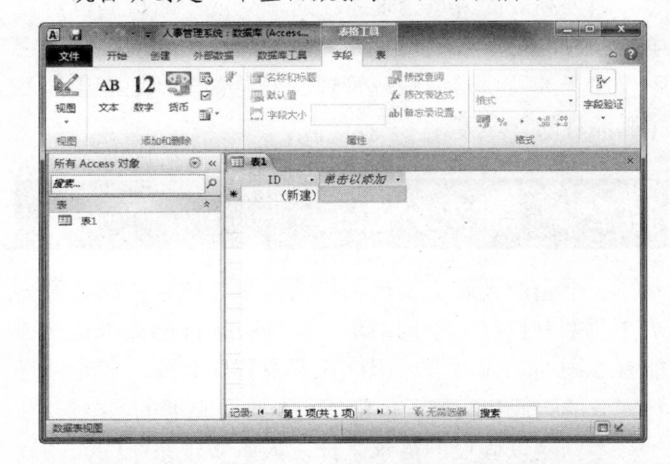

14.3.3 数据表字段结构设计

创建数据库以后，就可以设计数据表了。数据表是整个系统中存储数据的唯一对象，它是所有其他对象的数据源，表结构的设计直接关系着数据库的性能。

下面就来设计系统中用到的数据表。

1. Switchboard Items 表

先在“人事管理系统”数据库中创建 Switchboard Items 表，用来存放系统主切换面板和其上所有导航按钮的信息。

操作步骤

❶ 创建的“人事管理系统”数据库中自动创建了“表 1”数据表，单击【视图】下拉按钮，在弹出的选项列

如果有多个用户在更新数据库，那么定期创建备份就很重要。没有备份副本，将无法还原损坏或丢失的对象，也无法还原对数据库设计所做的任何更改。

表中选择【设计视图】选项，如下图所示。

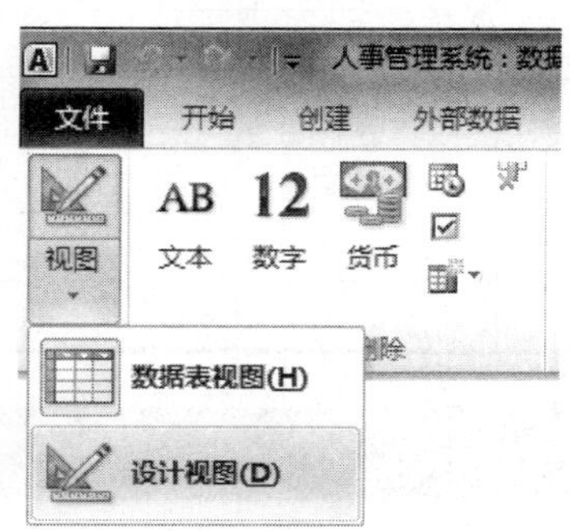

❷ 在弹出的【另存为】对话框的【表名称】文本框中输入“Switchboard Items”，如下图所示。

单击【确定】按钮，进入表的设计视图，如下图所示。

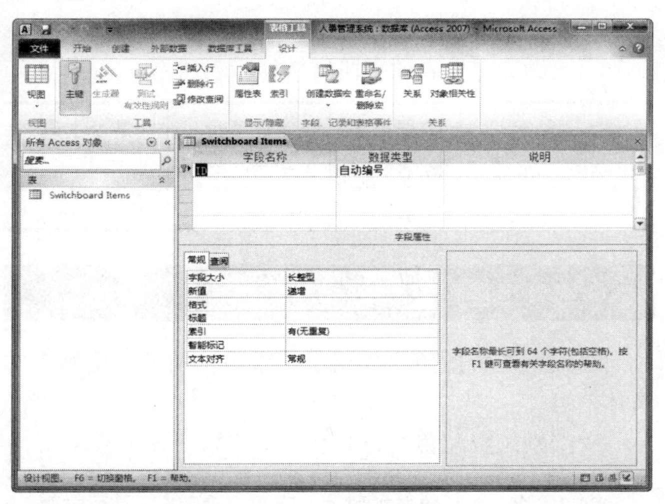

❸ 在Switchboard Items表的设计视图中进行表字段的设计。各个字段的名称、数据类型等如下表所示。

字段名	数据类型	字段宽度	主　键
SwitchboardID	数字	长整型	是
ItemNumber	数字	长整型	是
ItemText	文本	255	否
Command	数字	长整型	否
Argument	文本	255	否

❹ 输入并设置各个字段以后，表的设计视图如下图所示。

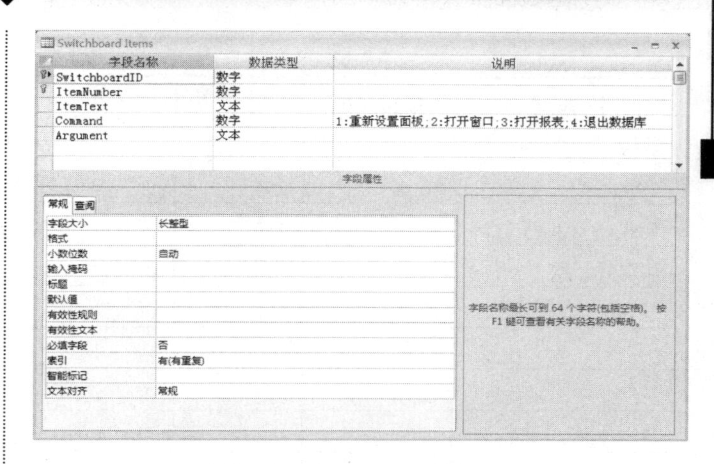

提示

在一个数据表中创建两个主键的方法是：同时选中两个字段，然后单击【主键】按钮，或在鼠标右键菜单中选择【主键】命令。

❺ 单击窗口左上角的【保存】按钮，保存该表。这样就完成了Switchboard Items表的字段设计。

用和以上操作类似的方法，创建以下各表。

2. “管理员”表

“管理员”表中存放系统管理人员的信息。一般人事部门员工可作为系统的管理者，他们可以在数据库中添加和修改员工信息、维护企业职位变更、记录出勤情况等。

“管理员”表的字段结构如下表所示。

字 段 名	数据类型	字段宽度	是否主键
员工编号	文本	9	是
用户名	文本	18	否
密码	文本	18	否

3. “员工信息”表

“员工信息”表中存储企业员工的个人信息，比如员工编号、姓名、性别等。

“员工信息”表的字段结构如下表所示。

字 段 名	数据类型	字段宽度	是否主键
员工编号	文本	9	是
姓名	文本	18	否
性别	文本	是/否	否
部门编号	文本	2	否
职位	文本	18	否

在运行任何动作查询之前，都应考虑创建备份，尤其是在查询将更改或删除大量数据时。

续表

字 段 名	数据类型	字段宽度	是否主键
学历	文本	6	否
毕业院校	文本	255	否
专业	文本	255	否
家庭住址	文本	255	否
电话	文本	18	否
状态	文本	1	否
备注	文本	255	否
基本工资级别编号	文本	6	否
岗位津贴级别编号	文本	6	否

4. “部门信息”表

“部门信息”表存储公司各个部门的信息，比如部门编号、名称、部门经理等。

“部门信息”表的字段结构如下表所示。

字 段 名	数据类型	字段宽度	是否主键
编号	文本	2	是
名称	文本	18	否
经理	文体	9	否
备注	文本	255	否

5. “人事变更记录”表

“人事变更记录”表存储员工职位变更信息，它记录了员工的原职位和现职位。

“人事变更记录”表的字段结构如下表所示。

字 段 名	数据类型	字段宽度	是否主键
记录编号	自动编号		是
员工编号	文本	9	否
原职位	文本	18	否
现职位	文本	18	否
登记时间	日期/时间		否
备注	文本	255	否

6. “班次配置”表

“班次配置”表用于记录员工的上班班次信息。如“上午班”的“班次开始时间”“班次结束时间”等。

“班次配置”表的字段结构如下表所示。

字 段 名	数据类型	字段宽度	是否主键
班次编号	文本	2	是
名称	文本	18	否
班次开始时间	日期/时间		否
班次结束时间	日期/时间		否
备注	文本	255	

7. “出勤记录”表

“出勤记录”表用于记录所有员工每天的出勤情况。

“出勤记录”表的字段结构如下表所示。

字 段 名	数据类型	字段宽度	是否主键
记录号	自动编号		是
日期	日期/时间		否
员工编号	文本	9	否
出勤配置编号	数字	长整型	否

8. “出勤配置”表

“出勤配置”表用于记录员工的出勤信息。

“出勤配置”表的字段结构如下表所示。

字 段 名	数据类型	字段宽度	是否主键
出勤配置编号	数字	长整型	是
出勤说明	文本	255	否

9. “级别工资配置”表

“级别工资配置”表用于记录员工所处工资级别的具体信息。

“级别工资配置”表的字段结构如下表所示。

字 段 名	数据类型	字段宽度	是否主键
级别工资编号	文本	6	是
名称	文本	18	否
金额	数字	单精度型	否
备注	文本	255	否

10. “加班记录”表

“加班记录”表用于记录员工的加班记录，以便进行工资的核算。

“加班记录”表的字段结构如下表所示。

如果数据库有多名用户，则在执行备份之前，必须确保所有用户都关闭了该数据库，这样才能保存所有数据更改。

字段名	数据类型	字段宽度	是否主键
加班日期	日期/时间		是
员工编号	文本	9	是
加班开始时间	日期/时间		否
加班结束时间	日期/时间		否
持续时间	数字	长整型	否

11. “企业工资发放记录”表

“企业工资发放记录”表是企业的工资财务记录，保存已经核发工资的员工具体内容，其字段结构设计如下表所示。

字段名	数据类型	字段宽度	是否主键
记录编号	自动编号		是
年份	数字	长整型	否
月份	数字	长整型	否
日期	日期/时间		否
员工编号	文本	9	否
基本工资数额	数字	单精度型	否
岗位津贴数额	数字	单精度型	否
加班补贴数额	数字	单精度型	否
出差补贴数额	数字	单精度型	否
违纪扣除数额	数字	单精度型	否
实际应发数额	数字	单精度型	否
备注	文本	255	否

12. “企业工资计算规则”表

“企业工资计算规则”表保存企业内部的工资计算规则，其字段结构设计如下表所示。

字段名	数据类型	字段宽度	是否主键
加班补贴	数字	单精度型	否
出差补贴	数字	单精度型	否
迟到/早退扣除	数字	单精度型	否
缺席扣除	数字	单精度型	否

13. “签出记录”表

如果员工需要签出时，则使用该表登记在册，其字段结构设计如下表所示。

续表

字段名	数据类型	字段宽度	是否主键
日期	日期/时间	单精度型	是
员工编号	文本	9	是
班次编号	文本	2	否
签出时间	日期/时间		否
备注	文本	255	否

14. “签到记录”表

签到时，使用“签到记录”表登记，其字段结构设计如下表所示。

字段名	数据类型	字段宽度	是否主键
日期	日期/时间	单精度型	是
员工编号	文本	9	是
班次编号	文本	2	否
签到时间	日期/时间		否
备注	文本	255	否

15. “缺勤记录”表

“缺勤记录”表记录所有员工的缺勤信息，其字段结构设计如下表所示。

字段名	数据类型	字段宽度	是否主键
日期	日期/时间	单精度型	是
员工编号	文本	9	是
缺勤原因	文本	255	否
缺勤天数	数字	长整型	否
缺勤开始时间	日期/时间		否
缺勤结束时间	日期/时间		否
备注	文本	255	否

16. “月度出勤汇总”表

“月度出勤汇总”表保存企业员工每月的出勤信息汇总，其字段结构设计如下表所示。

字段名	数据类型	字段宽度	是否主键
员工编号	文本	9	是
签到次数	数字	长整型	否
签出次数	数字	长整型	否
迟到次数	数字	长整型	否
早退次数	数字	长整型	否
出差天数	数字	长整型	否
请假天数	数字	长整型	否
休假天数	数字	长整型	否
加班时间汇总	数字	长整型	否

长见识：如果数据库是存档数据库，或者只用于引用而很少更改，那么只需在每次设计或数据发生更改时执行备份即可。

17. “职位津贴配置”表

“职位津贴配置”表保存企业内部关于津贴的具体信息，其字段结构设计如下表所示。

字 段 名	数据类型	字段宽度	是否主键
职位津贴编号	文本	6	是
名称	文本	18	否
数额	数字	单精度型	否
备注	文本	255	否

14.3.4 数据表的表关系设计

数据表中按主题存放了各种数据记录。在使用时，用户从各个数据表中提取出一些字段进行操作。这其实也就是关系型数据的工作方式。

从各个数据表中提取数据时，应当先设定数据表关系。Access 作为关系型数据库，支持灵活的关系建立方式。

用户在“人事管理系统”数据库中完成数据表字段设计后，就需要再建立各表之间的表关系，具体操作步骤如下。

操作步骤

❶ 启动 Access 2010，打开“人事管理系统”数据库，并切换到【数据库工具】选项卡，如下图所示。

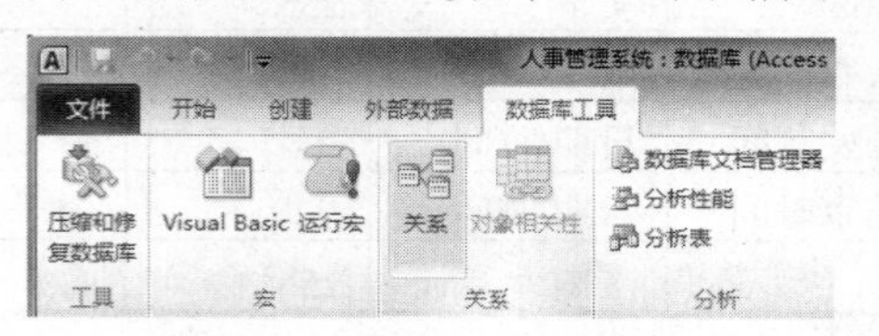

❷ 单击【数据库工具】选项卡下【关系】组中的【关系】按钮，即可进入该数据库【关系】视图，如下图所示。

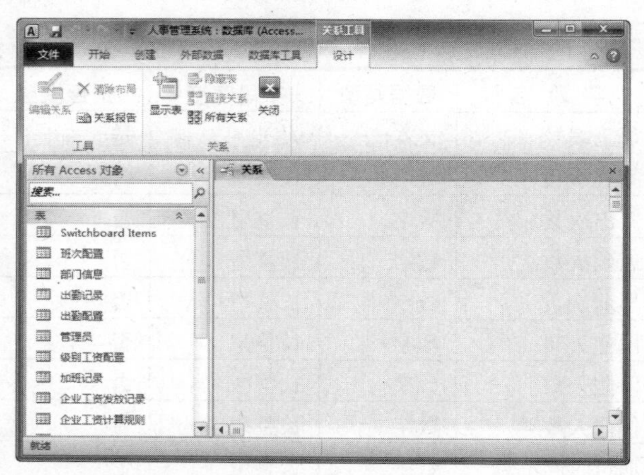

❸ 在【关系】视图中右击，在弹出的快捷菜单中选择【显示表】命令；或者直接单击【关系】组中的【显示表】按钮，如下图所示。

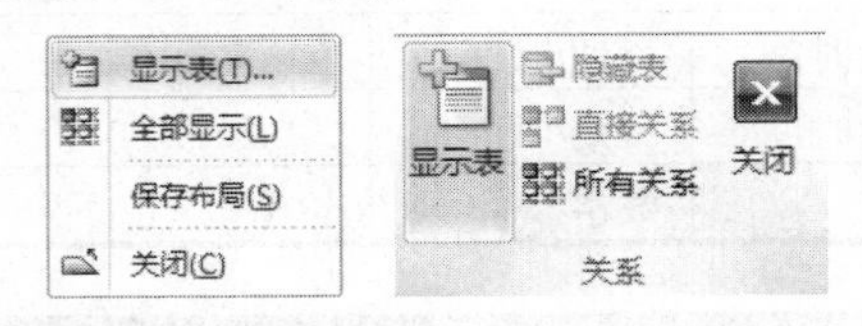

❹ 系统弹出【显示表】对话框，如下图所示。

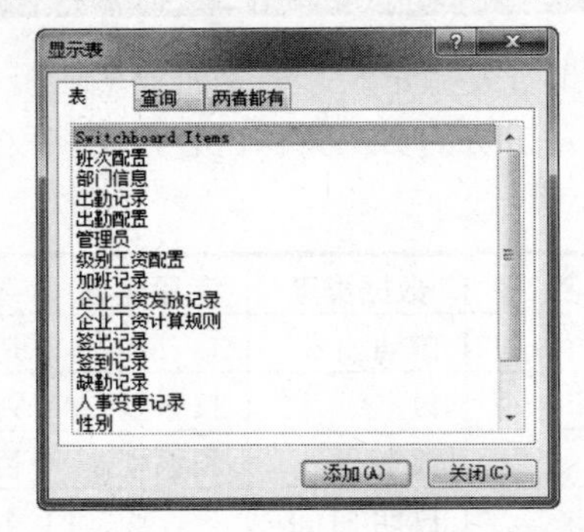

❺ 在【显示表】对话框中依次选择所有的数据表，单击【添加】按钮，将所有数据表添加进【关系】视图，如下图所示。

❻ 选择“员工信息”表中的“员工编号”字段，按下鼠标左键不放将其拖动到“管理员”表中的“员工编号”字段上，释放鼠标左键，系统显示【编辑关系】对话框，如下图所示。

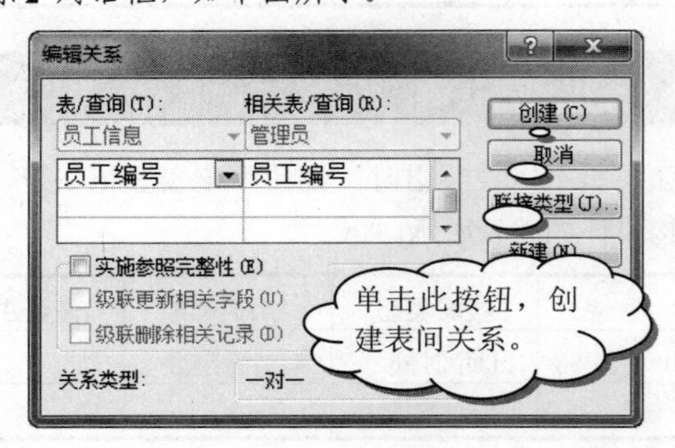

长见识 如果数据库是活动数据库，且数据会经常更改，则应创建一个计划以便定期备份数据库。

❼ 选中【实施参照完整性】复选框，以保证在“管理员”表中登记的“员工编号”都是在“员工信息”表中记录的“员工编号”。单击【创建】按钮，创建一个表关系，如下图所示。

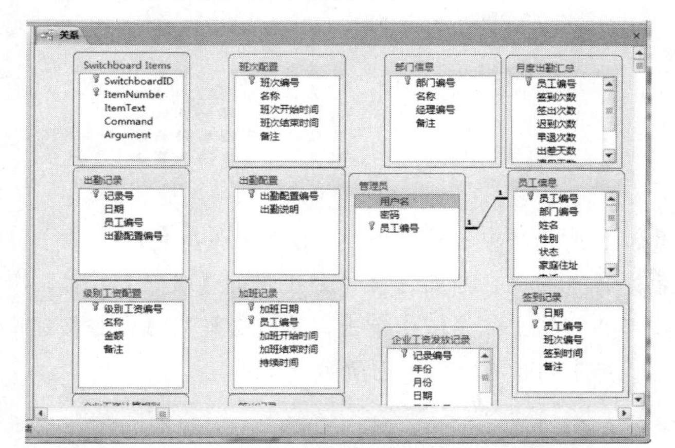

这样就完成了第一个表关系的创建。重复以上步骤中的第 6 步和第 7 步，建立其余各表间的表关系，如下表所示。

表　名	字 段 名	相关表名	字 段 名
员工信息	员工编号	管理员	员工编号
员工信息	员工编号	人事变更信息	员工编号
员工信息	员工编号	出勤记录	员工编号
员工信息	员工编号	企业工资发放记录	员工编号
员工信息	员工编号	签到记录	员工编号
员工信息	员工编号	签出记录	员工编号
员工信息	员工编号	月度出勤汇总	员工编号
员工信息	员工编号	缺勤记录	员工编号
员工信息	员工编号	加班记录	员工编号
员工信息	员工编号	部门信息	经理编号
部门信息	部门编号	员工信息	部门编号
级别工资配置	级别工资编号	员工信息	基本工资级别编号
岗位津贴配置	岗位津贴编号	员工信息	岗位津贴级别编号
出勤配置	出勤配置编号	出勤记录	出勤配置编号
班次配置	班次编号	签出记录	班次编号
班次配置	班次编号	签到记录	班次编号

❽ 建立这些关系后可以在【关系】视图中预览所有的关联关系，如下图所示。

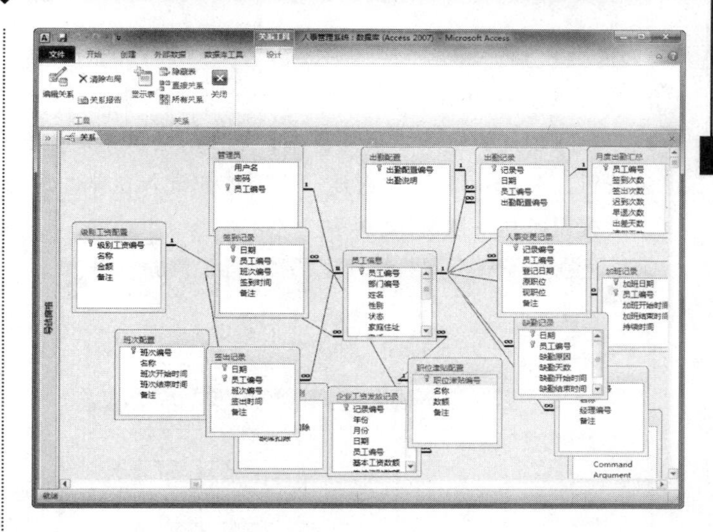

❾ 单击【关闭】按钮，系统弹出提示保存布局的对话框，单击【是】按钮，保存【关系】视图的更改，如下图所示。

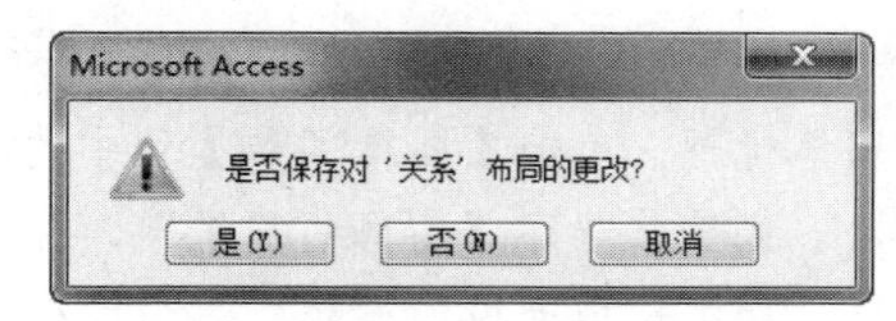

这样就完成了“人事管理系统”中设计数据表、建立表关系的操作。在下一节中，将介绍与用户直接交流的各种窗体的建立方法。

14.4 窗体的实现

窗体对象是直接与用户交流的数据库对象。窗体作为一个交互平台、一个窗口，用户可以通过它查看和访问数据库，实现数据的输入等。

在“人事管理系统”中，根据设计目标，需要建立多个不同的窗体，比如要实现功能导航的“主切换面板”窗体、员工信息查询窗体等。在下面各个小节中将逐一介绍各个窗体的设计。

14.4.1 “主切换面板”窗体的设计

“主切换面板”窗体是整个“人事管理系统”的入口，它主要起功能导航的作用。系统中的各个功能模块在该导航窗体中都建立了链接，当用户单击该窗体中的按钮时，即可进入相应的功能模块。

下面就来介绍“主切换面板”窗体的设计方法，具体操作步骤如下。

操作步骤

1. 启动 Access 2010，打开“人事管理系统”数据库。
2. 单击【创建】选项卡下【窗体】组中的【窗体设计】按钮，Access 即可新创建一个窗体并进入窗体的设计视图，如下图所示。

3. 添加窗体标题。单击【页眉/页脚】组中的【标题】按钮，则窗体显示【窗体页眉】节，并在页眉区域中显示“主切换面板”标题。将窗体标题更改为“欢迎使用夕林人事管理系统”，并设置标题格式，如下图所示。

欢迎使用夕林人事管理系统

V1.1.2

“标题”的各个属性如下图所示。

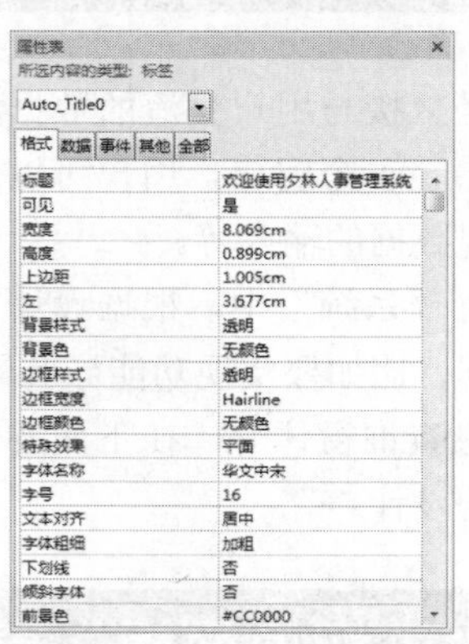

4. 添加系统徽标。单击【徽标】按钮，弹出选择徽标的对话框。选择一个 Bmp 图片作为徽标，并将【图片类型】设置为“嵌入”，最终结果如下图所示。

欢迎使用夕林人事管理系统

V1.1.2

5. 设置主体背景颜色。在主体区域中右击，在弹出的快捷菜单中选择【填充/背景色】命令，弹出如下图所示的选项。

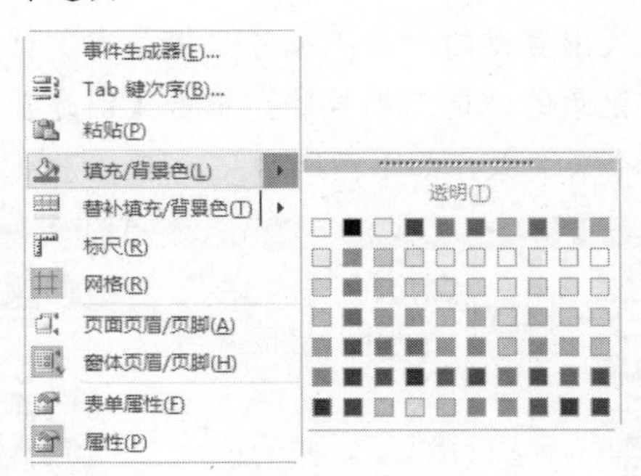

6. 在颜色块中选择一种颜色作为背景颜色。
7. 添加按钮。单击【控件】组中的【按钮】控件，并在窗体主体区域中单击，系统会弹出【命令按钮向导】对话框，如下图所示。

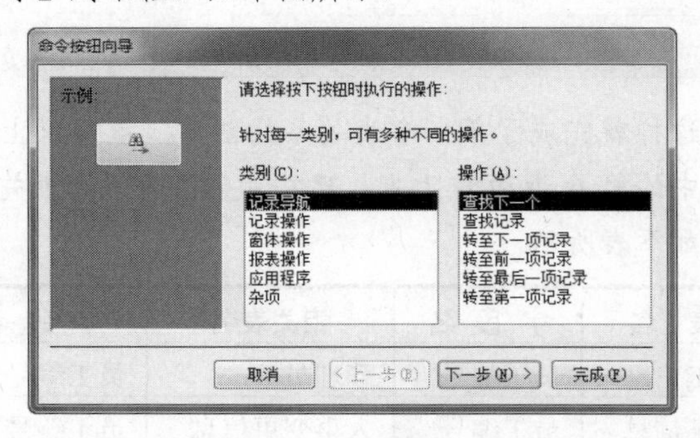

8. 单击【取消】按钮，取消该向导。单击按钮窗体，并在【属性表】窗格中设置按钮的【名称】为“btn1”，删除【标题】属性中的信息。
9. 在 btn1 按钮控件右方添加一个“标签”窗体控件，将【名称】属性改为 lbl1，【标题】属性改为“1”。
10. 单击 lbl1 标签控件，在 lbl1 标签控件左边出现控件关联图标。单击该图标，系统弹出一个快捷菜单，如下图所示。

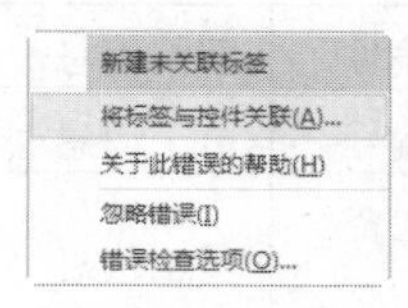

11. 选择【将标签与控件关联】命令，系统弹出【关联标签】对话框，如下图所示。

12. 选择 btn1 选项，并单击【确定】按钮。这样 btn1 按

学以致用系列丛书

长见识 对于链接表中的数据，请使用包含链接表的程序中的任何可用备份功能来创建备份。

钮控件就与lbl1标签控件建立了关联。

⑬ 重复以上步骤，在btn1按钮控件下方添加其余7个按钮窗体控件和标签窗体控件，如下图所示。

⑭ 修改每个控件的属性，如下表所示。

类 型	名 称	标 题
标签	lbl1	1
标签	lbl2	2
标签	lbl3	3
标签	lbl4	4
标签	lbl5	5
标签	lbl6	6
标签	lbl7	7
标签	lbl8	8
按钮	btn1	
按钮	btn2	
按钮	btn3	
按钮	btn4	
按钮	btn5	
按钮	btn6	
按钮	btn7	
按钮	btn8	

⑮ 单击【保存】按钮，系统弹出【另存为】对话框，输入窗体名“主切换面板”，如下图所示。

⑯ 单击【确定】按钮，则新创建了一个“主切换面板”窗体。注意，在这里创建的仅仅是一个空白窗体。该窗体的窗体视图如下图所示。

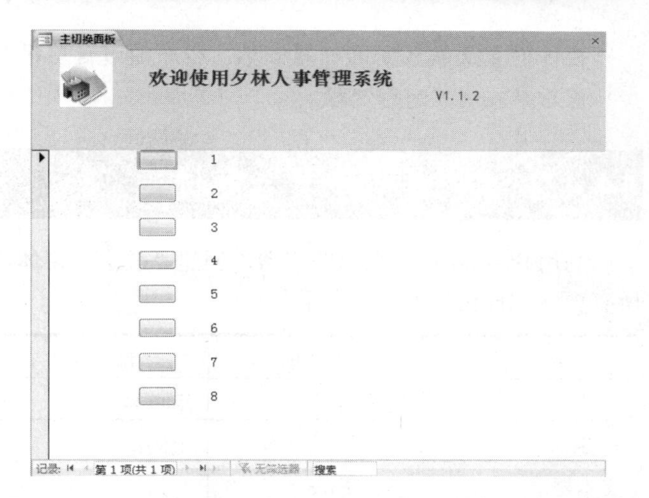

⑰ 在Switchboard Items表中添加相应的记录，如下表所示。

Switch boardID	Item Number	ItemText	Comand	Argument
1	0	主切换面板	0	默认
1	1	员工信息查询编辑	2	员工信息查询编辑
1	2	人事变更记录查询编辑	2	人事变更记录查询编辑
1	3	员工工资查询	2	员工工资查询
1	4	员工考勤记录查询	2	员工考勤记录查询
1	5	预览报表...	2	2
1	8	退出数据库	4	
2	0	报表切换面板	0	
2	1	企业工资发放记录报表	3	企业工资发放记录报表
2	2	企业员工出勤记录报表	3	企业员工出勤记录报表
2	8	返回主面板	1	1

这个表记录着“主切换面板”上的按钮控件和标签

还原整个数据库时，将会使用数据库的备份副本替换已经损坏、存在数据问题或完全丢失的数据库文件。

控件的数量和显示的标题信息。程序通过这些记录信息来控制其运行流程。

14.4.2 设计“登录”窗体

利用和 14.4.1 节相似的步骤，创建“登录”窗体，所有窗体控件信息如下表所示。

类　型	名　称	标　题
标签	用户名	用户名：
标签	密码	密码：
文本框	UserName	
文本框	Password	
按钮	OK	确定
按钮	Cancel	取消

创建的窗体视图如下图所示。

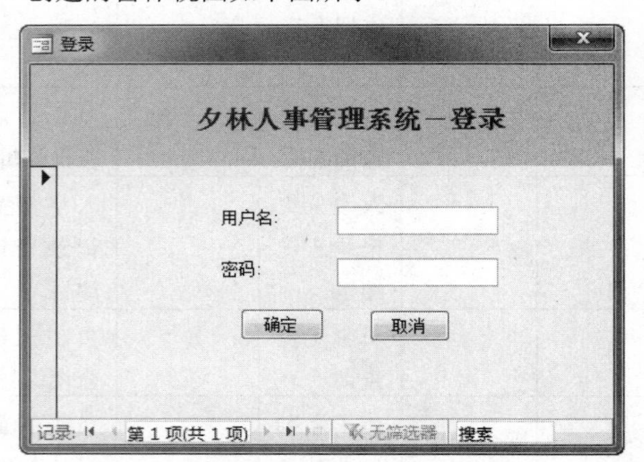

提示

为了使用户在登录之前不能进行其他操作，可以设置该对话框为弹出模式对话框。具体的设置方法就是在窗体的【属性表】窗格的【其他】选项卡下设置，如下图所示。

14.4.3 创建“员工信息查询”窗体

上面利用窗体的设计视图创建了“主切换面板”窗体和“登录”窗体，本节将使用窗体向导来创建“员工信息查询”窗体。

操作步骤

1. 启动 Access 2010，打开“人事管理系统”数据库。
2. 单击【创建】选项卡下的【窗体】组中的【窗体向导】按钮，如下图所示。

3. 弹出【窗体向导】对话框，在【表/查询】下拉列表框中选择“表：员工信息”选项，将【可用字段】列表框中的所有字段添加到【选定字段】列表框中，如下图所示。

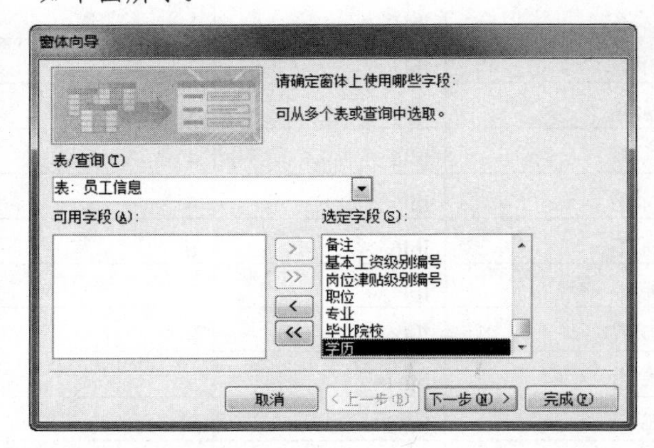

4. 单击【下一步】按钮，弹出要求用户选择布局的对话框。选中【纵栏表】单选按钮，如下图所示。

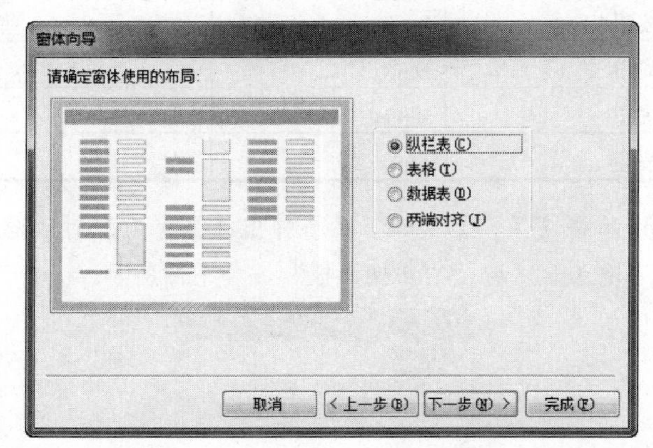

5. 单击【下一步】按钮，输入窗体标题为“员工信息查询”，再选中【打开窗体查看或输入信息】单选按钮，如下图所示。

长见识：备份是指数据库文件的“已知正确副本”，也就是说，可以充分相信该副本的数据完整性和设计。应该使用 Access 中的【备份数据库】命令创建备份，且可以使用任何已知正确副本来还原数据库。

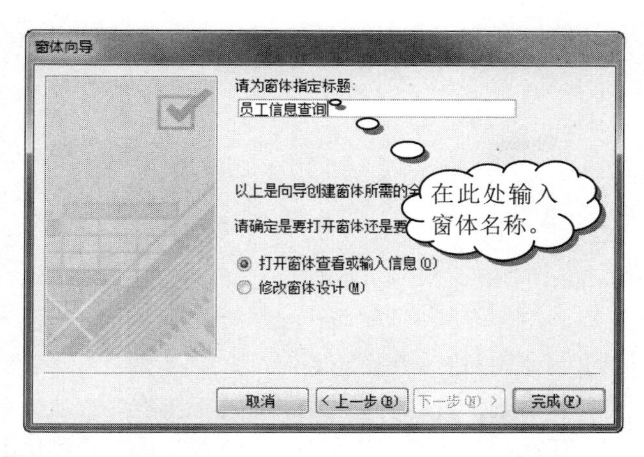

❻ 单击【完成】按钮，这样就完成了利用窗体向导创建“员工信息查询”窗体的操作，窗体界面如下图所示。

❼ 在窗体中右击，在弹出的快捷菜单中选择【设计视图】命令，进入该窗体的设计视图，如下图所示。

❽ 在设计视图中对自动生成的窗体做进一步的修改。设置【窗体页眉】区域中的背景颜色、标题信息等，然后重新调整各个文本框的宽度、高度等。最终效果如下图所示。

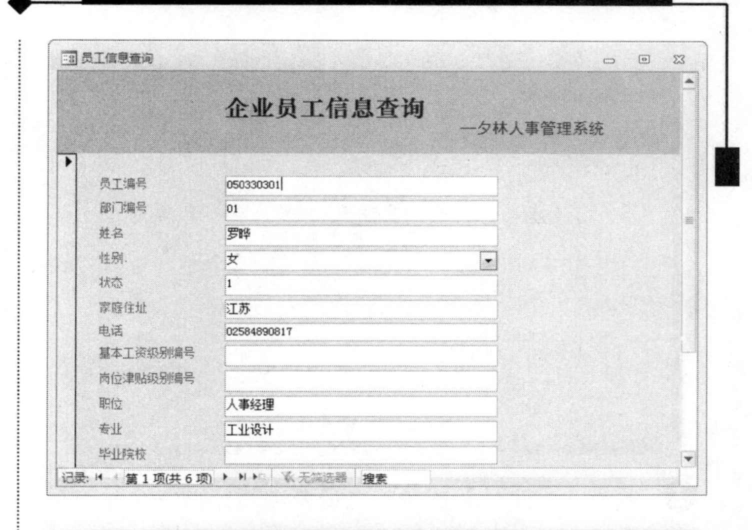

14.4.4　创建“员工人事变更记录”窗体

和 14.4.3 节所述步骤一样，本节使用窗体向导创建“员工人事变更记录”窗体。

操作步骤

❶ 启动 Access 2010，打开“人事管理系统”数据库。

❷ 单击【创建】选项卡下的【窗体向导】按钮，弹出【窗体向导】对话框。

❸ 在向【选定字段】列表框输入字段，为创建窗体，先选择“员工信息”表中的“姓名”，然后再将“人事变更记录”表中的所有字段选为【选定字段】，如下图所示。

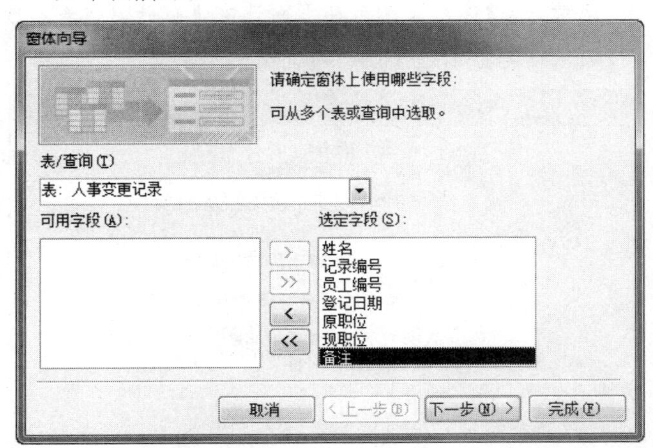

❹ 单击【下一步】按钮，选择“通过员工信息”选项，再选中【带有子窗体的窗体】单选按钮，如下图所示。

如果只需要还原数据库中的一个或多个对象，请将这些对象从数据库的备份副本导入包含(或丢失)要还原的对象的数据库中。

长见识

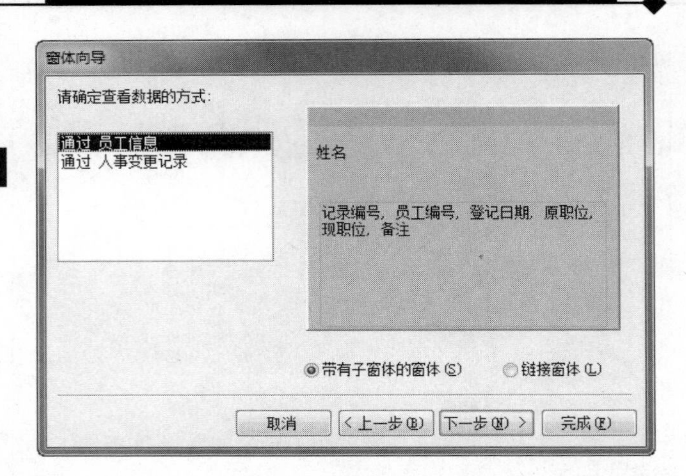

❺ 单击【下一步】按钮，弹出要求选择窗体布局的对话框，选中【数据表】单选按钮，如下图所示。

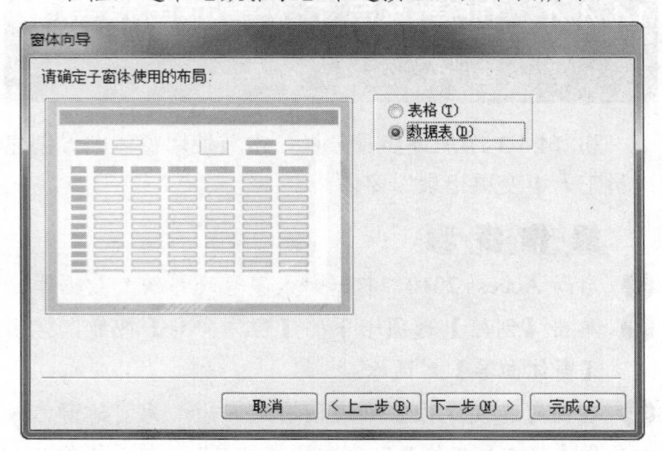

❻ 单击【下一步】按钮，输入【窗体】标题为“员工人事变更记录”和【子窗体】标题“员工人事变更记录_子窗体”，然后在下面选中【打开窗体查看或输入信息】单选按钮，如下图所示。

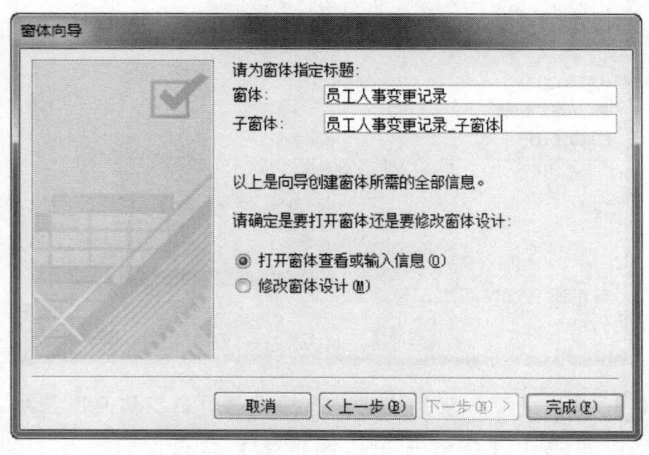

❼ 单击【完成】按钮，这样就完成了用窗体向导建立“员工人事变更记录”窗体的操作，效果如下图所示。

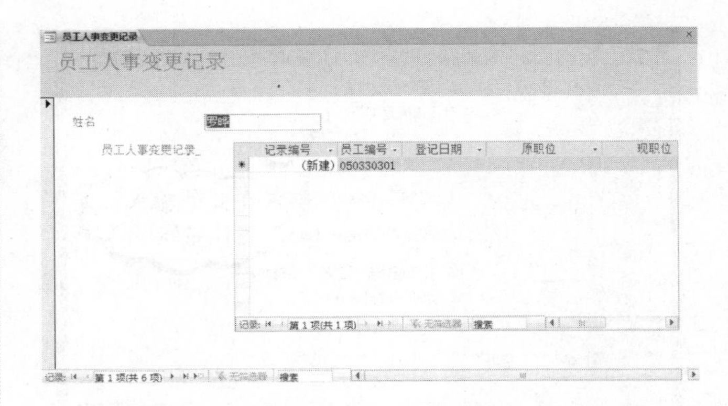

可以看到，自动创建的窗体在布局上有些混乱。需要进行手工修改。在窗体中右击，在弹出的快捷菜单中选择【设计视图】命令，进入该窗体的设计视图，如下图所示。

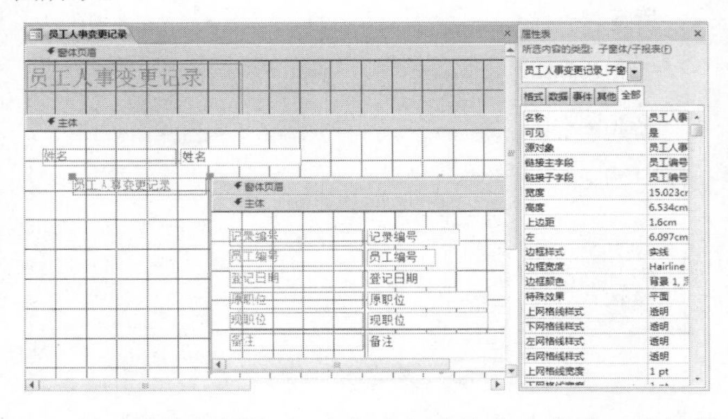

在【设计视图】中对自动生成的窗体做进一步的修改。设置【窗体页眉】区域中的背景颜色、标题信息，调整子窗体的位置，调整各个文本框的宽度、高度等。最终效果如下图所示。

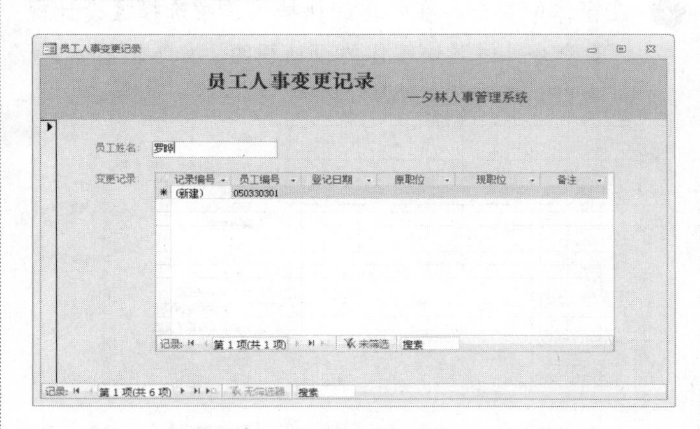

14.4.5 创建“员工考勤记录查询”窗体

在本节中，将在窗体的设计视图中建立一个接收用户输入参数的“员工考勤记录查询”窗体，以实现查询。

首先设计好窗体中各个控件的属性，如下表所示。

如果其他数据库或程序中有链接指向要还原的数据库中的对象，以便找到并运行数据库；否则，指向这些数据库对象的链接将失效，必须更新。

类 型	名 称	标 题
标签	员工号标签	员工号:
标签	开始时间标签	开始时间:
标签	结束时间标签	结束时间:
文本框	员工号	
文本框	开始时间	
文本框	结束时间	
按钮	考勤查询	
按钮	取消	

操作步骤

1. 启动 Access 2010，打开“人事管理系统”数据库。
2. 切换到【创建】选项卡，然后单击【窗体】组中的【窗体设计】按钮，进入窗体的设计视图，如下图所示。

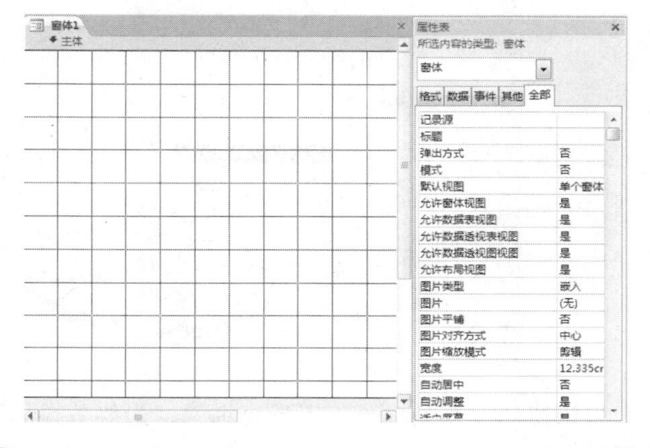

3. 单击【页眉/页脚】组中的【标题】控件，则在设计视图中显示【窗体页眉】区域，并在页眉区域中显示窗体标题。重新输入窗体标题，如下图所示。

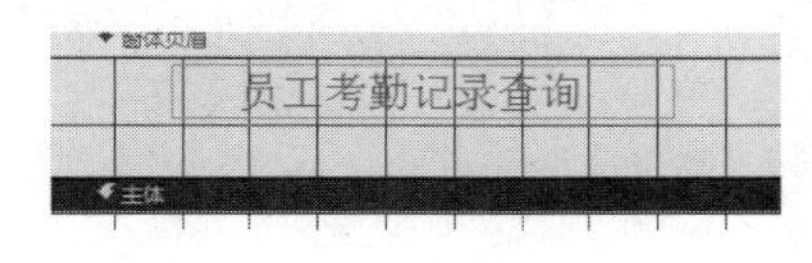

4. 单击【控件】组中的“文本框”控件，并在窗体的【主体】区域中单击，弹出【文本框向导】对话框，如下图所示。

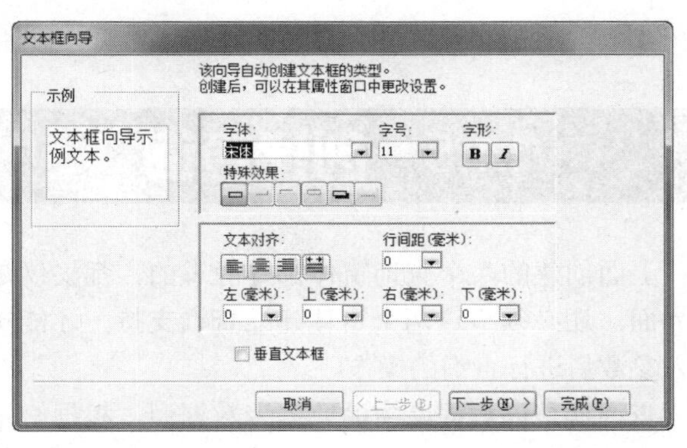

5. 按照【文本框向导】的提示，完成该文本框的属性设置，并将该文本框命名为“员工号”。
6. 用同样的方法添加另外两个文本框，并分别命名为“开始时间”和“结束时间”，如下图所示。

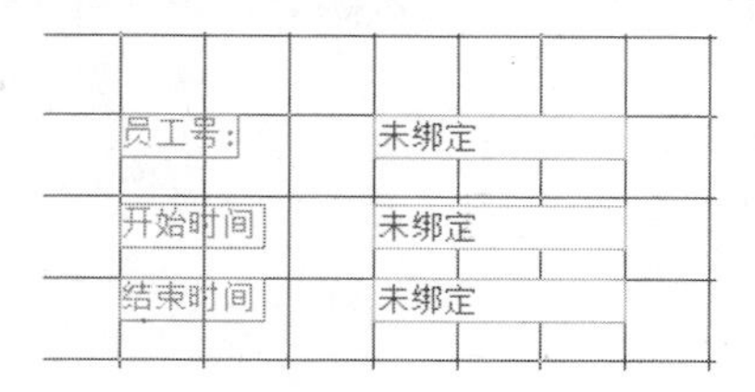

设置“开始时间”和“结束时间”文本框控件的格式。切换到【属性表】窗格中的【格式】选项卡，然后在【格式】下拉列表框中选择【常规日期】选项，这样即可在程序中通过时间控件来输入时间信息，如下图所示。

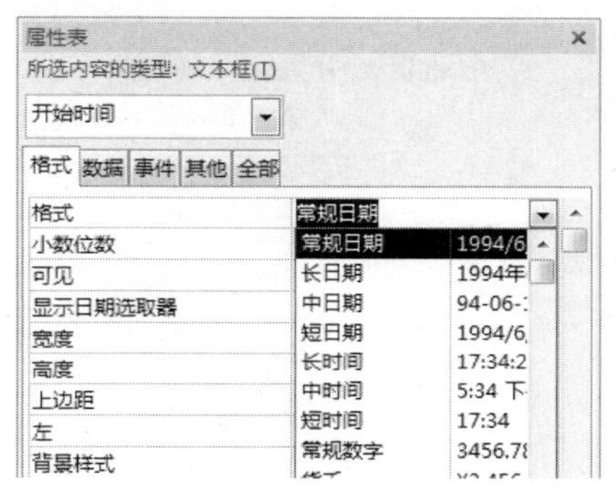

7. 单击【控件】组中的【按钮】控件，并在窗体的【主体】区域中单击，弹出【命令按钮向导】对话框，单击【取消】按钮。
8. 在【属性表】窗格中，设置该按钮的标题和名称均为“考勤查询”，如下图所示。

9. 用同样的方法添加另一个按钮，标题和名称均为“取消”。
10. 单击【保存】按钮，保存该按钮为“员工考勤记录

长见识：创建导航窗体的另一种方法就是利用系统自带的“切换面板管理器”，在【数据库工具】选项卡下的【数据库工具】组中，启动该管理器创建导航窗体。

查询”。这样就完成了“员工考勤记录查询”窗体的设计，如下图所示。

⑪ 设计完成以后，设置窗体的背景颜色、字体和字号等属性，最终效果如下图所示。

14.4.6 创建“员工工资查询”窗体

用和 14.4.5 节同样的方法，在设计视图中创建“员工工资查询”窗体，所有窗体控件信息如下表所示。

类　型	名　称	标　题
标签	员工号标签	员工号
标签	开始月份标签	开始月份
标签	结束月份标签	结束月份
文本框	员工号	
组合框	开始月份	
组合框	结束月份	
按钮	工资查询	工资查询
按钮	取消	取消

其中，在创建窗体的组合框控件“开始月份”和“结束月份”时，效果如下图所示。

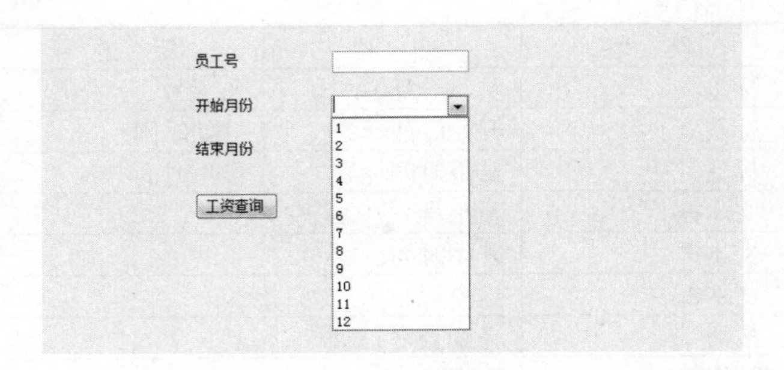

这样的组合框可以在【属性表】窗格中设置。选择“开始月份”组合框，然后将【属性表】切换到【数据】选项卡，在【行来源类型】中选择【值列表】选项，然后在【行来源】中输入想要在列表框中出现的选项。例如，在本例中要实现 12 个月的选择，因此可以输入“1;2;3;4;5;6;7;8;9;10;11;12”，如下图所示。

将该窗体保存为“员工工资查询”，最终效果如下图所示。

14.5 创建查询

上面创建的两个查询窗体都是静态的，都仅仅是一个界面。还必须给这两个窗体建立查询支持，才能实现输入参数后进行查询的操作。

查询就是以数据库中的数据为数据源，根据给定的条件从指定的表或查询中检索出用户要求的数据，形成

长见识　Access 2010 可以对数据库附加图像，然后在多个对象中使用该图像。如果更新单个图像，在整个数据库中使用该图像的所有位置都会进行更新。

一个新的数据集合。

在这一节中，将为建立的两个窗体设计相应的查询。

14.5.1 创建“员工考勤记录”查询

建立“员工考勤记录”查询的目的是查询企业内员工的考勤信息，然后再通过窗体或报表显示出来。下面就一起来建立该查询。

操作步骤

1. 启动 Access 2010，打开“人事管理系统”数据库。
2. 切换到【创建】选项卡，然后单击【查询】组中的【查询设计】按钮，如下图所示。

3. 系统进入查询的设计视图，并弹出【显示表】对话框，如下图所示。

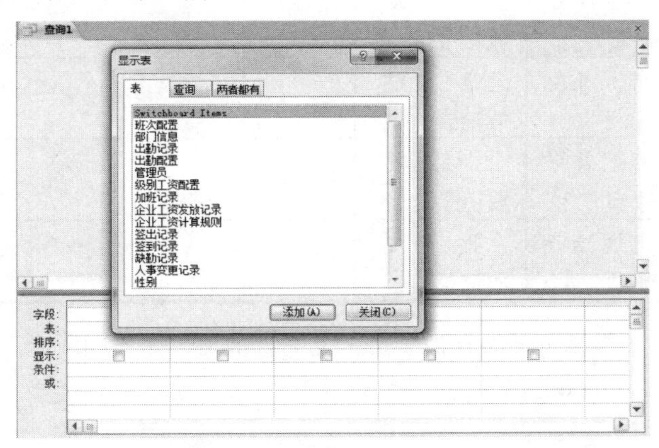

4. 在【显示表】对话框中选择“员工信息”表，单击【添加】按钮，将该表添加到查询的设计视图中。用同样的方法，将“出勤配置”表和“出勤记录”表也添加进设计视图中，如下图所示。

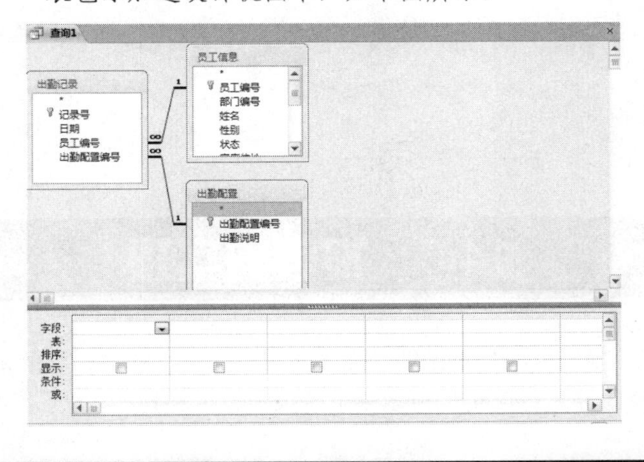

5. 向查询设计网格中添加字段。选择【出勤记录】表中的“员工编号”字段，并按下鼠标左键将其拖动到下面的第一个查询设计网格中。
6. 在网格的【条件】中输入查询的条件为“[Forms]![员工考勤记录查询]![员工编号]”。
7. 用同样的方法，依次向网格中添加如下表所示的字段信息。

字　段	表	排　序	条　件
员工编号	出勤记录	无	[Forms]![员工考勤记录查询]![员工编号]
姓名	员工信息	无	
日期	出勤记录	升序	Between [Forms]![员工考勤记录查询]![开始日期] And [Forms]![员工考勤记录查询]![结束日期]
出勤说明	出勤配置	无	

设置好以后的视图如下图所示。

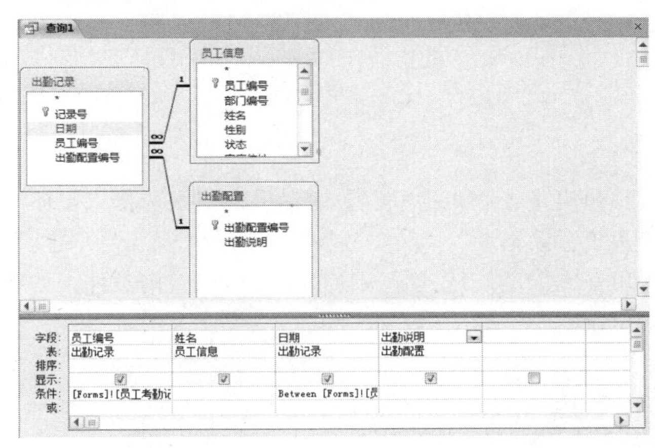

8. 单击【保存】按钮，把此查询保存为“员工考勤记录查询”。在导航窗格中双击执行该查询，可以弹出要求用户输入参数值的对话框，如下图所示。

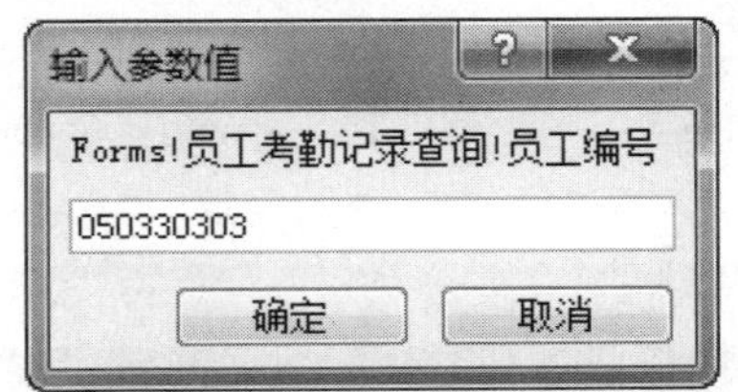

9. 输入员工编号，单击【确定】按钮，在弹出的对话框中输入开始日期和结束日期，如下图所示。

Access 2010 可以使用标准 Microsoft Office 主题一次性地对所有 Access 窗体和报表应用由专业人士设计的字体和颜色集。

长见识

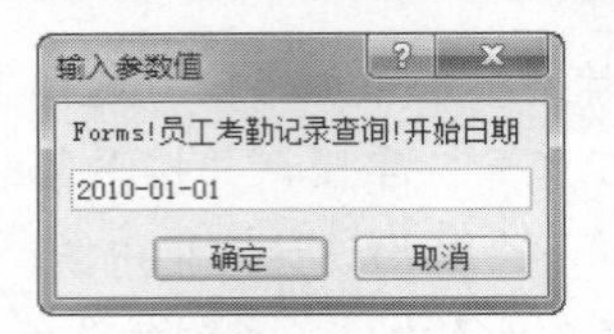

❿ 这样即可实现员工的考勤情况查询，查询结果如下图所示。

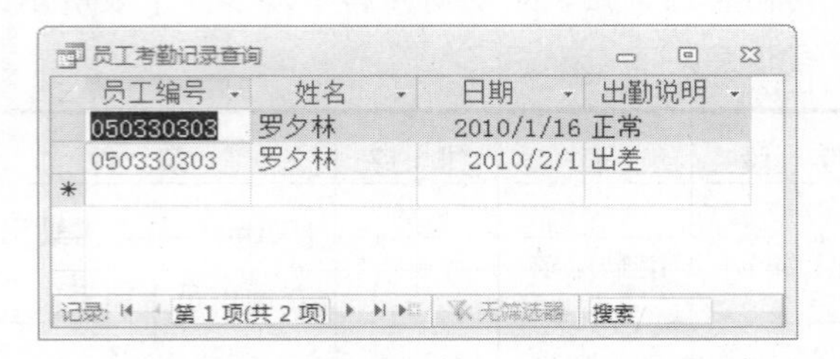

在创建该查询的过程中，最难以确定的就是各种查询条件。为了方便用户输入查询条件，Access 提供了“表达式生成器”，用户可以在生成器中创建自己的查询条件。

在查询设计网格的【条件】行中右击，在弹出的快捷菜单中选择【生成器】命令，如下图所示。

弹出【表达式生成器】对话框，依次选择“窗体”“员工考勤记录”“员工号”，并双击“员工号”字段，即可在上面的表达式输入窗口中显示该查询条件，如下图所示。

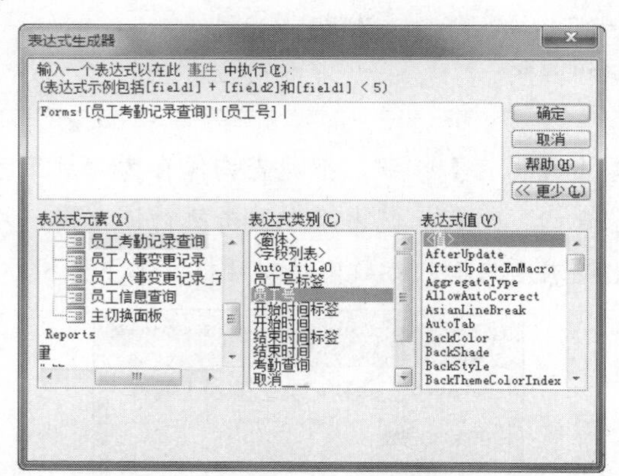

14.5.2 创建“员工工资”查询

与 14.5.1 节步骤相似，再来创建“员工工资”查询。其相关表为“部门信息”表、“员工信息”表和“企业工资发放记录”表 3 个表，其字段信息如下表所示。

字 段	表	排 序	条 件
部门名称	部门信息	无	
员工编号	企业工资发放记录	无	[Forms]![员工工资查询]![员工号]
姓名	员工信息	无	
月份	企业工资发放记录	升序	Between [Forms]![员工工资查询]![开始月份] And [Forms]![员工工资查询]![结束月份]
年份	企业工资发放记录	升序	
实际应发数额	企业工资发放记录	无	
基本工资数额	企业工资发放记录	无	
岗位津贴数额	企业工资发放记录	无	
加班补贴数额	企业工资发放记录	无	
出差补贴数额	企业工资发放记录	无	
违规扣除数额	企业工资发放记录	无	

将该查询保存为“员工工资查询”，如下图所示。

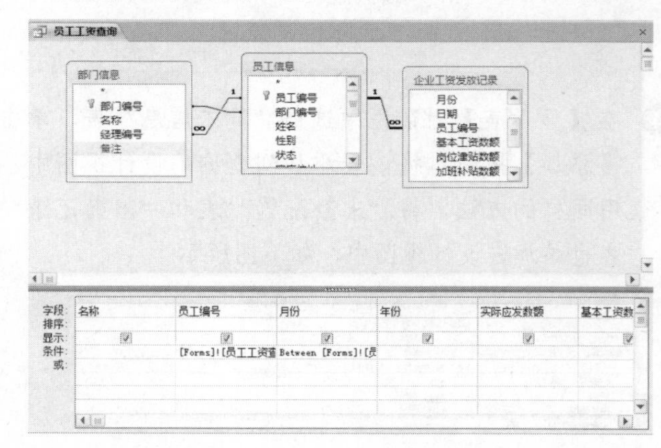

14.6 报表的实现

Access 2010 提供了强大的报表功能，通过系统的报表向导，可以实现很多复杂的报表显示和打印。

长见识：Access 2010 包括用于在报表上突出显示数据的更强大的工具。最多可为每个控件或控件组添加 50 个条件格式规则，在客户端报表中，可添加数据栏以比较各记录中的数据。

在这一节中将建立 4 个报表，分别为员工考勤记录、员工工资查询记录、企业工资发放记录、企业员工出勤记录。

14.6.1　“员工考勤记录查询”报表

该查询记录报表的主要功能就是对员工的考勤记录进行查询和打印。

操作步骤

1. 启动 Access 2010，打开“人事管理系统”数据库。
2. 切换到【创建】选项卡，在【报表】组中单击【报表向导】按钮，如下图所示。

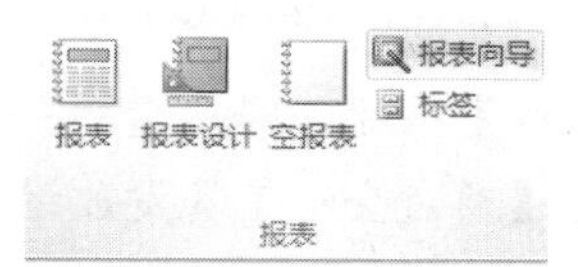

3. 系统弹出【报表向导】对话框，在【表/查询】下拉列表框中选择【查询：员工考勤记录查询】，然后把所有字段作为选定字段，如下图所示。

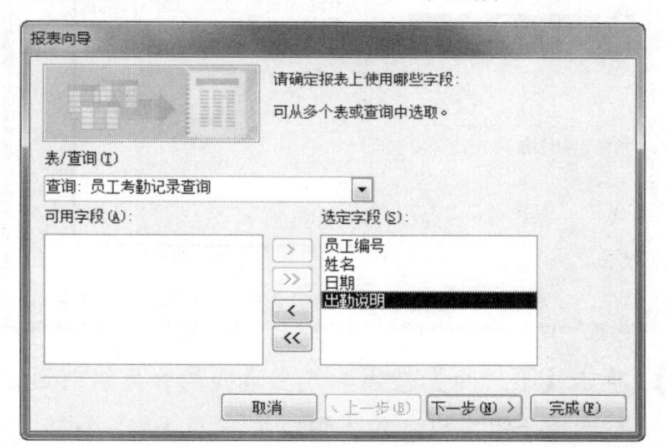

4. 单击【下一步】按钮，弹出选择数据查看方式对话框。选择【通过出勤记录】选项，如下图所示。

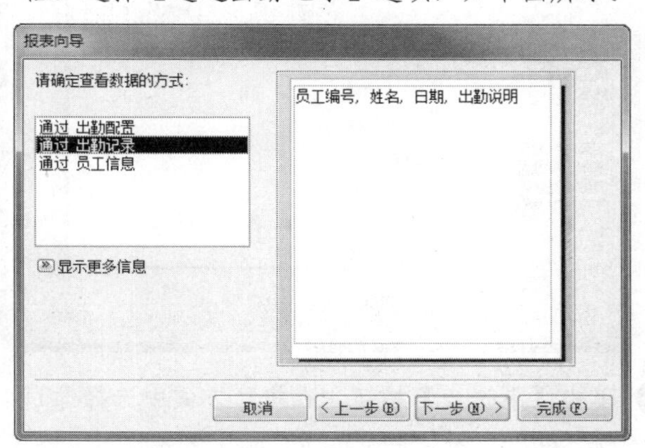

5. 单击【下一步】按钮，弹出添加分组级别对话框。不选择分组字段，如下图所示。

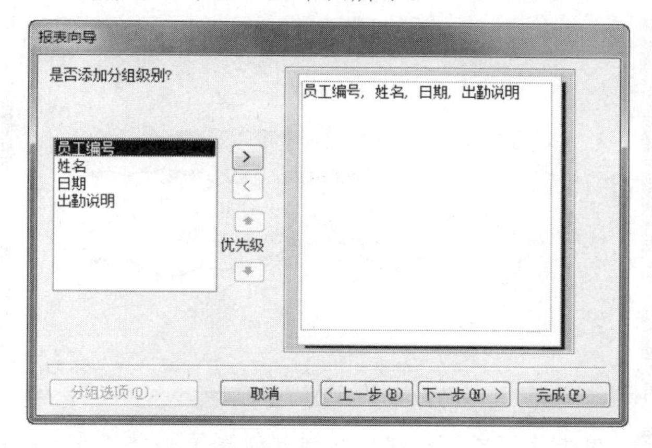

6. 单击【下一步】按钮，弹出选择排序字段的对话框。选择通过“日期”排序，排序方式为“升序”，如下图所示。

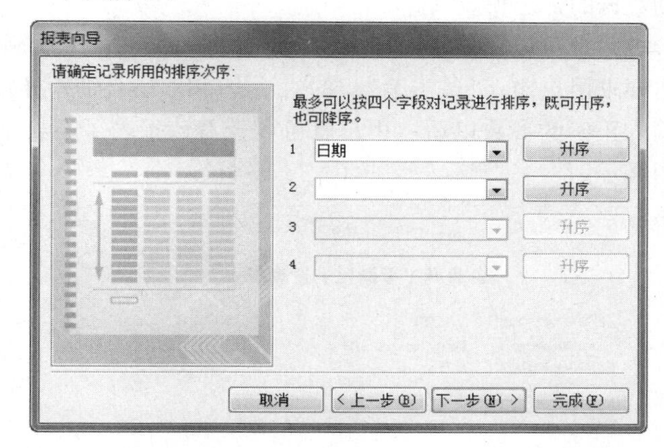

7. 单击【下一步】按钮，弹出选择布局方式对话框。选中【表格】单选按钮，方向为【纵向】，如下图所示。

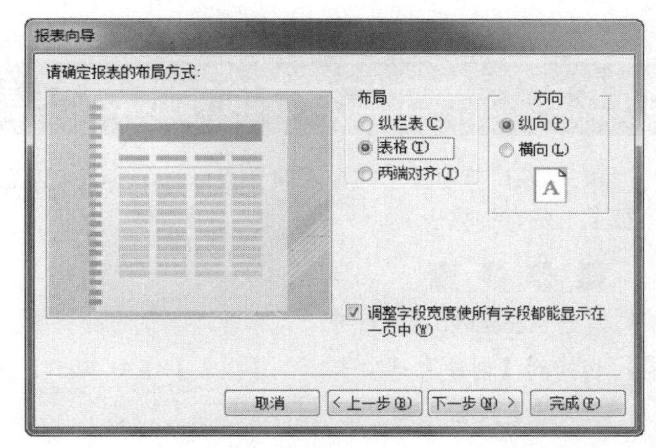

8. 单击【下一步】按钮，输入标题为“员工考勤记录查询报表”，并选中【预览报表】单选按钮，如下图所示。

学以致用系列丛书

Access 2010 报表的默认设计方法是使用布局放置控件。这些网格可以帮助用户轻松对齐控件并调整它们的大小，它们对于要在浏览器中呈现的所有报表都是必需的。

长见识

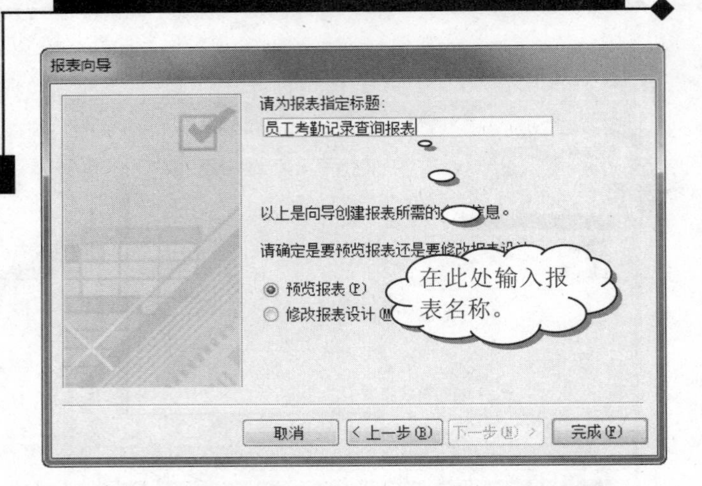

❾ 单击【完成】按钮，这样就创建了一个“员工考勤记录查询报表”。

该报表以“员工考勤记录查询”为数据源，进行考勤数据的筛选和查询。

用户可以在导航窗格中看到该报表，双击报表，弹出要求用户输入“员工编号”的对话框(和双击查询一样)。输入正确的参数以后，用户就可以查看该报表了，如下图所示。

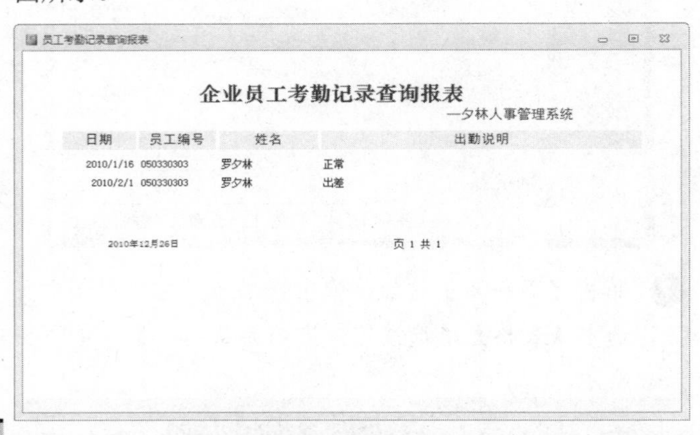

14.6.2 “员工工资查询”报表

和 14.6.1 节中使用的报表向导类似，在本节来创建“员工工资查询报表”。

操作步骤

❶ 启动 Access 2010，打开“人事管理系统”数据库。

❷ 切换到【创建】选项卡，在【报表】组中单击【报表向导】按钮，如下图所示。

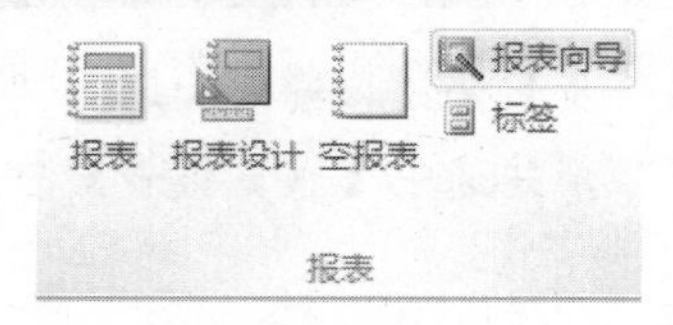

❸ 弹出【报表向导】对话框，在【表/查询】下拉列表框中选择【查询：员工工资查询】，然后把所有字段作为选定字段，如下图所示。

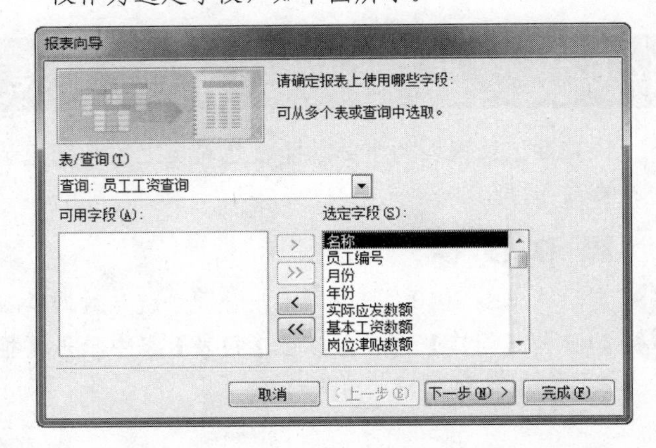

❹ 单击【下一步】按钮，弹出选择数据查看方式的对话框。选择【通过企业工资发放记录】选项，如下图所示。

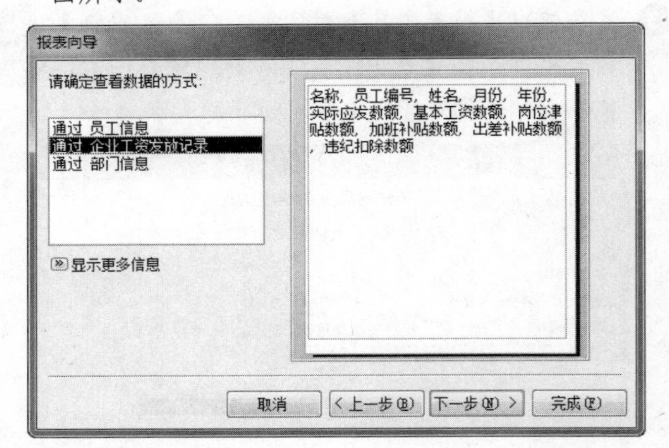

❺ 单击【下一步】按钮，弹出选择是否分组对话框。不选择分组字段，如下图所示。

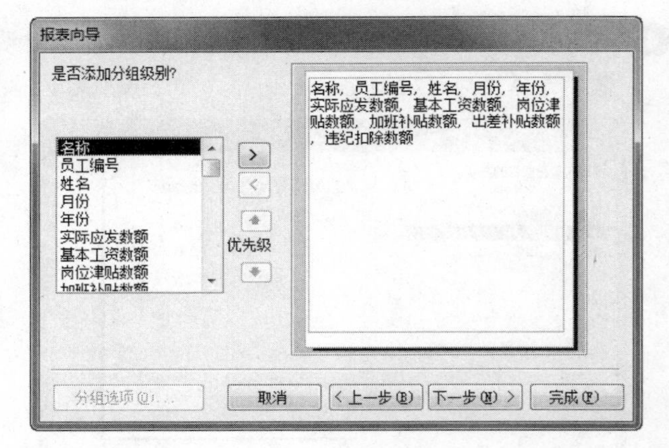

❻ 单击【下一步】按钮，在排序方式中选择通过“年份”和“月份”进行排序，排序方式均为“升序”，如下图所示。

每个字段都具有某些基本特征。例如，用于在表中唯一标识字段的名称、定义数据特性的数据类型、可对数据执行的操作及可为每个值留出的存储空间。

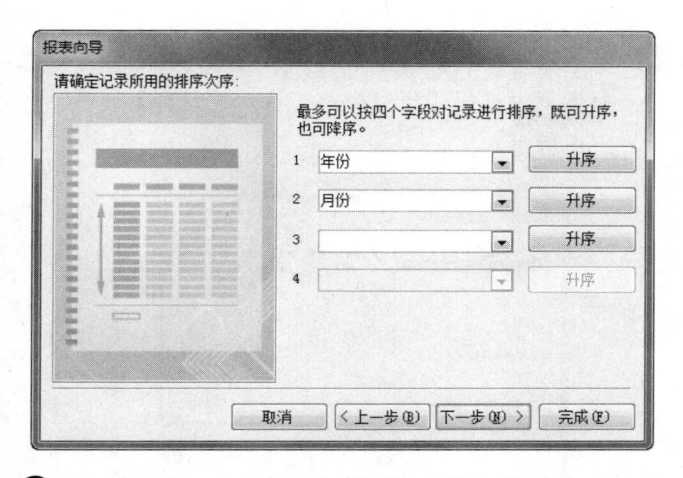

❼ 单击【下一步】按钮，在弹出的对话框中设置布局方式。布局选中【表格】单选按钮，方向选择【横向】，如下图所示。

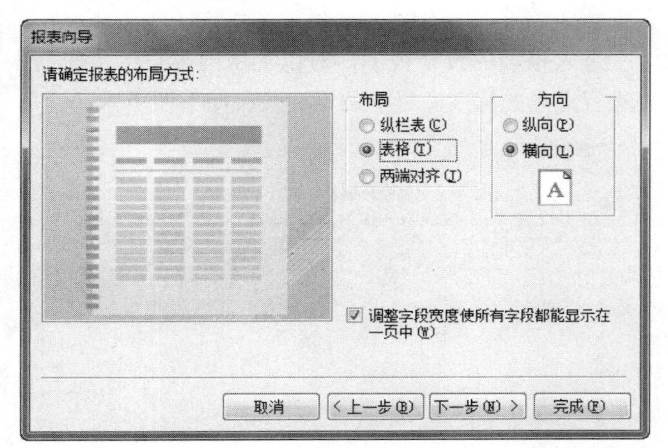

❽ 单击【下一步】按钮，输入标题为“员工工资查询报表”，选中【预览报表】单选按钮，如下图所示。

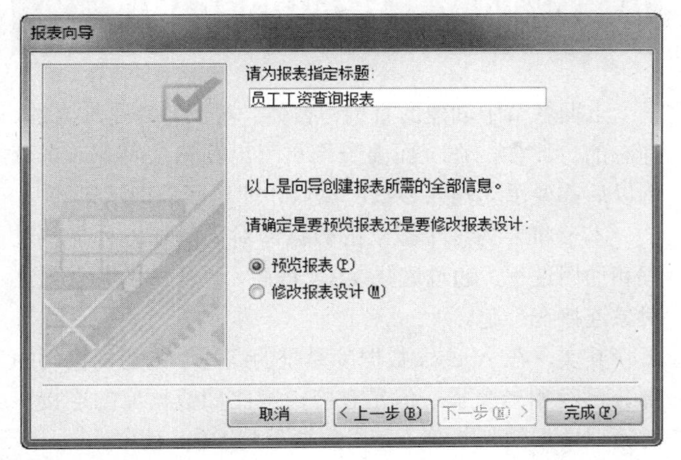

❾ 单击【完成】按钮，这样就创建了一个“员工工资查询报表”。

该报表以“员工工资查询”表为数据源，进行员工已发薪金的筛选和查询。

用户可以在导航窗格中看到该报表，双击报表，弹出要求用户输入员工编号的对话框(和双击查询一样)。输入正确的参数以后，用户就可以查看该报表了，如下图所示。

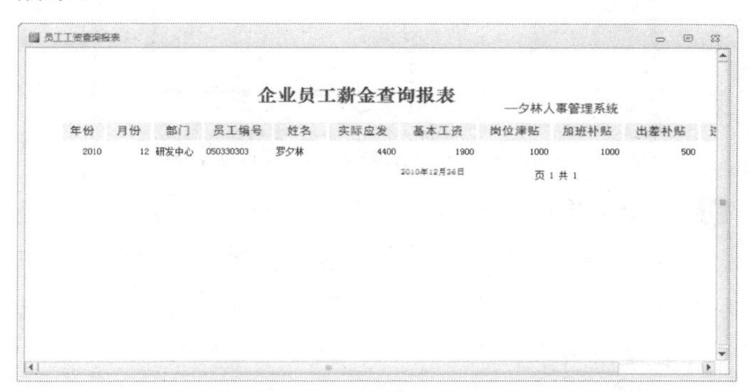

14.6.3 “员工出勤记录”报表

本节利用报表向导，创建“员工出勤记录报表”。当人事管理人员需要了解所有员工最近一段时间的出勤记录时，这个报表就发挥巨大作用了。

操作步骤

❶ 启动 Access 2010，打开“人事管理系统”数据库。

❷ 切换到【创建】选项卡，在【报表】组中单击【报表向导】按钮。

❸ 弹出【报表向导】对话框，在该对话框中将“表：出勤记录”中的“记录号”“日期”“员工编号”字段，“表：员工信息”中的“姓名”字段和“表：出勤配置”中的“出勤说明”字段添加到【选定字段】列表框中，如下图所示。

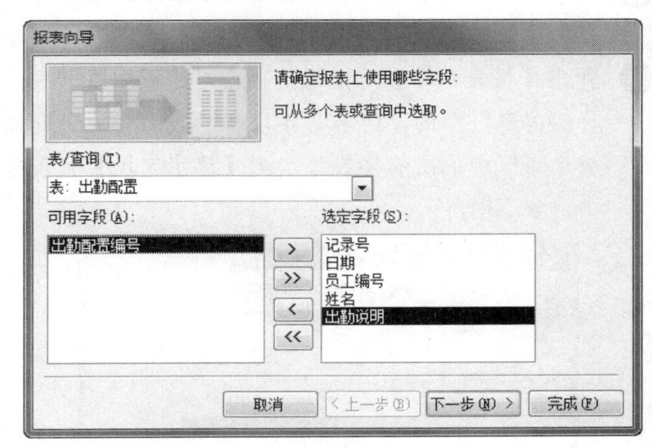

❹ 单击【下一步】按钮，在弹出的选择数据查看方式对话框中选择【通过出勤记录】选项，如下图所示。

学以致用系列丛书

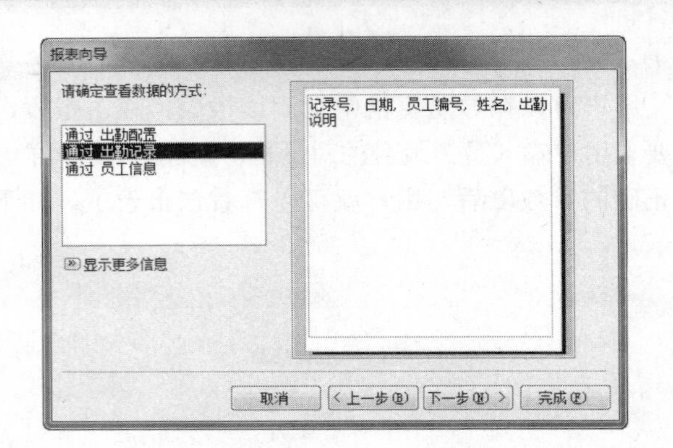

❺ 其余各操作步骤与 14.6.2 节中的一样，保存该报表为“企业员工出勤记录报表”，如下图所示。用户还可以进入报表的设计视图，对自动生成的报表进行适当的修改。

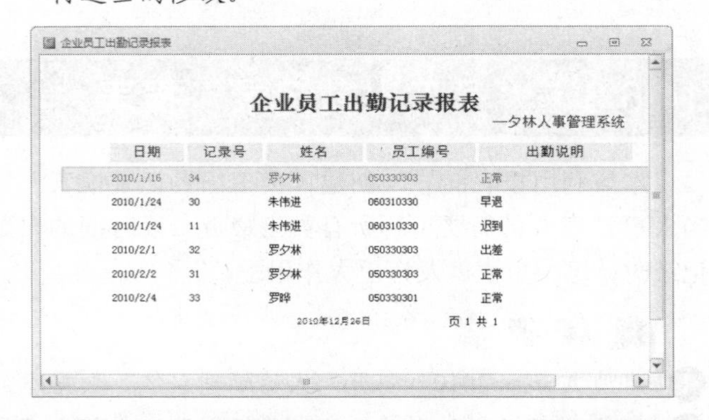

14.6.4 “企业工资发放记录”报表

用同样的方式创建“企业工资发放记录报表”。

操作步骤

❶ 启动 Access 2010，打开“人事管理系统”数据库。

❷ 切换到【创建】选项卡，在【报表】组中单击【报表向导】按钮。

❸ 弹出【报表向导】对话框，在该对话框中将“表：员工信息”中的“姓名”字段和“表：企业工资发放记录”中的所有字段添加到【选定字段】列表框中，如下图所示。

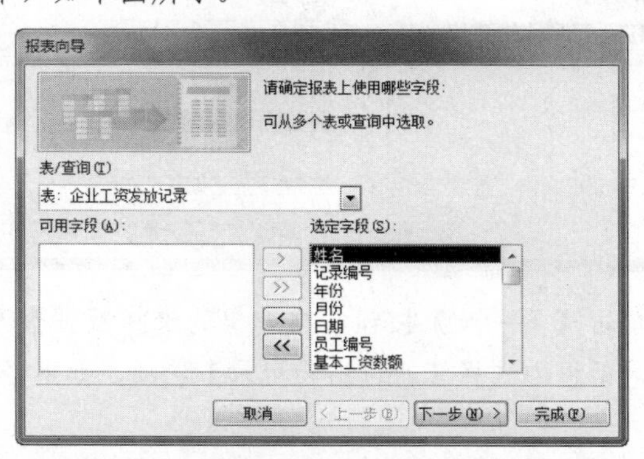

❹ 单击【下一步】按钮，在弹出的选择数据查看方式对话框中选择【通过企业工资发放记录】选项，如下图所示。

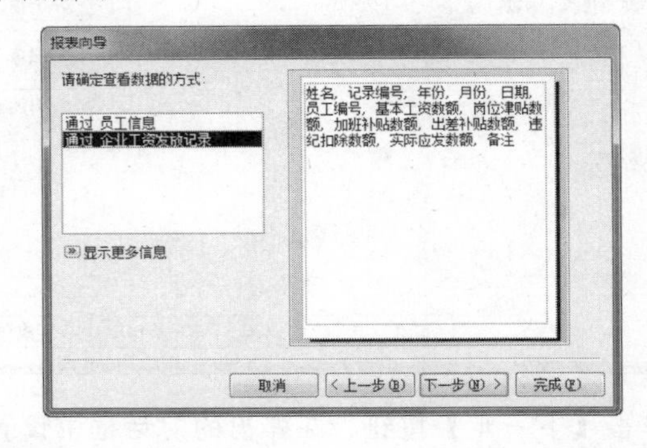

❺ 其余各操作步骤与 14.6.2 节中的一样，保存该报表为“企业员工工资发放记录报表”，这样就创建成功了。

进入报表的设计视图，对以上用向导自动生成的报表进行适当的修改。最终的设计效果如下图所示。

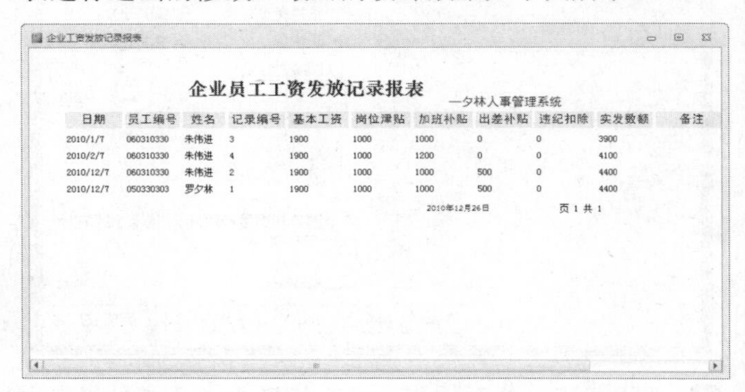

14.7 编码的实现

上面各节中创建的查询、窗体、报表等都是孤立的、静态的。比如，在上面要查询员工出勤记录时，双击查询以后都要手动输入参数，然后才能返回查询结果。

本节将要为各个孤立的数据库对象添加各种事件过程和通用过程，通过这些 VBA 程序，使程序的各个孤立对象连接在一起。

其实，在 Access 数据库系统的编写中，需要编码的部分已经相当少了，但是有些内容比如数据库的连接、对话框数据的判断等还是必须要用到 VBA 程序。

14.7.1 公用模块

在 Access 的开发过程中，用得最多的还是各种事件过程，也即为各种控件等建立的响应程序等。本节要建

Access 模板是一个在打开时会创建完整数据库应用程序的文件。数据库将立即可用，并包含开始工作所需的所有表、窗体、报表、查询、宏和关系。

立该系统中的一个通用模块，此通用模块的作用就是建立数据库的连接和用户登录等，具体操作步骤如下。

操作步骤

1. 启动Access 2010，打开“人事管理系统”数据库。
2. 切换到【创建】选项卡，单击【宏与代码】组中的【模块】按钮，如下图所示。

3. 系统新建一模块，并进入VBA编辑器，如下图所示。

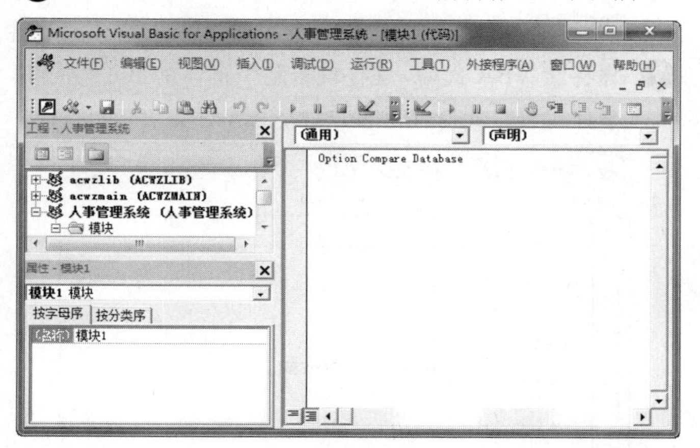

4. 在代码窗口中输入以下代码：

```
Option Compare Database
Option Explicit
Public check As Boolean
'通过字符串 StrQuery 所引用的 SQL 语句返回一个
'ADO.Recordset 对象
Public Function GetRs(ByVal StrQuery As String)
As ADODB.Recordset
    Dim rs As New ADODB.Recordset
    Dim conn As New ADODB.Connection
    On Error GoTo GetRS_Error
    Set conn = CurrentProject.Connection
    rs.Open StrQuery, conn, adOpenKeyset,
    adLockOptimistic
    Set GetRs = rs
GetRS_Exit:
    Set rs = Nothing
    Set conn = Nothing
    Exit Function
GetRS_Error:
    MsgBox (Err.Description)
    Resume GetRS_Exit
End Function
```

提示

GetRS函数通过一条SQL语句实现，返回一个ADODB.Recordset对象实例。在该函数中用到的两个重要的对象如下。

- ADODB.Recordset.open方法：用于建立一个数据库连接，并返回数据库指针，用以指向数据库中的数据表、查询、窗体等对象。
- adLockOptimistic：提供程序使用开放式锁定，即仅在调用Update方法时锁定记录。

5. 单击【保存】按钮，输入模块名“公共模块”，单击【确定】按钮即可。

注意

上面定义的全局布尔变量check，是用来表示系统登录状态的，用户在以后就可以看到定义该变量的用处。

14.7.2 “登录”窗体代码

在现代商业活动中，保密工作越来越重要。登录模块几乎成为所有系统或程序的基本模块。本节将为该系统加上登录模块代码，以实现用户登录的功能。

创建“登录”窗体后，增加登录代码的设计其实就是给窗体中的各个控件加上事件过程，使用户操作窗体中的控件时，程序能够对用户的操作做出响应。上面建立的“登录”窗体界面如下图所示。

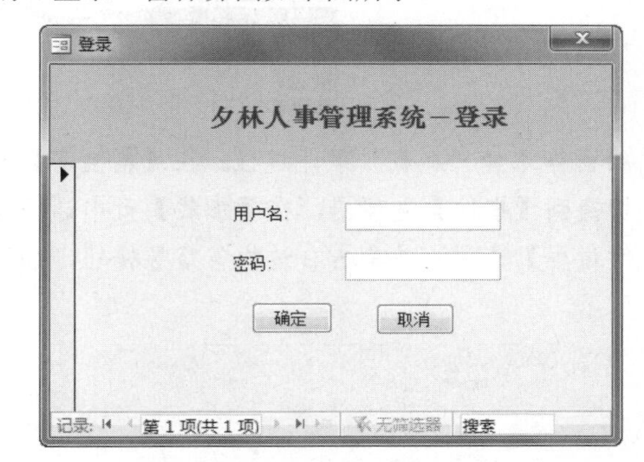

窗体中各个控件的名称和参数如下表所示。

类　型	名　称	标　题
标签	用户名	用户名：
标签	密码	密码：
文本框	UserName	

由于模板已设计为完整的端到端数据库解决方案，所以使用它们可以节省时间和工作量，并使得用户能够立即开始使用数据库。

续表

类 型	名 称	标 题
文本框	Password	
按钮	OK	确定
按钮	Cancel	取消

在建立控件的事件过程之前，必须详细了解各个控件的名称和参数，这是正确编制程序的基础。

1. 为“登录”窗体添加“加载”事件过程

操作步骤

1. 启动 Access 2010，打开“人事管理系统”数据库。
2. 在导航窗格中单击“登录”窗体，在弹出的快捷菜单中选择【设计视图】命令，进入窗体的设计视图。
3. 设置窗体的记录源。在窗体的【属性表】窗格中，单击【所选内容的类型：窗体】下拉列表框，选择【窗体】选项。切换到【数据】选项卡，在【记录源】下拉列表框中选择“管理员”表，如下图所示。

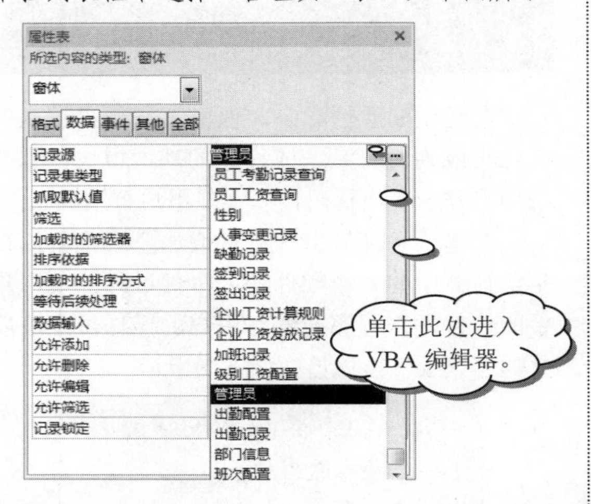

4. 给窗体添加“加载”事件过程。在【属性表】窗格切换到【事件】选项卡，在【加载】行中选择【事件过程】选项，并单击右边的省略号按钮，如下图所示。

5. 系统进入 VBA 编辑器，并自动新建一个名称为 Form_Load()的 Sub 过程。
6. 在代码窗口中输入以下 VBA 代码，给窗体添加“加载”事件过程。

```
Private Sub Form_Load()
' 最小化数据库窗体并初始化该窗体
On Error GoTo Form_Open_Err
   DoCmd.SelectObject acForm, "切换面板", True
   DoCmd.Minimize
   check = False
 Form_Open_Exit:
   Exit Sub
Form_Open_Err:
    MsgBox Err.Description
    Resume Form_Open_Exit
End Sub
```

7. 保存该 VBA 代码，这样就给整个窗体加上了“加载”事件过程。此时代码窗口如下图所示。

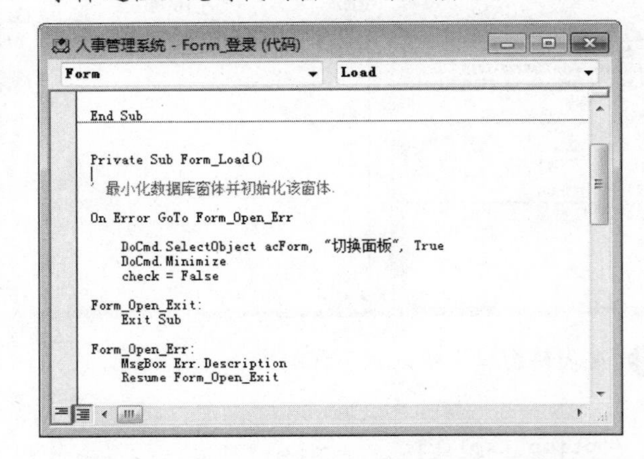

该“加载”事件过程的作用，就是要实现当用户登录系统，打开该窗体时，最小化系统中的“切换面板”窗体。

2. 为 OK 按钮添加事件过程

操作步骤

1. 在“登录”窗体的【设计视图】中单击【确定】按钮，以选择 OK 按钮控件。

提示

在这里，“确定”是显示在按钮上的文字，这是该按钮的标题属性；而 OK 是该按钮本身的名字。通过按钮的名字识别按钮，而不是通过按钮上的文字识别按钮。

2. 给 OK 按钮控件添加“单击”事件过程。在【属性表】窗格切换到【事件】选项卡，在【单击】行中选择【事件过程】选项，并单击右边的省略号按钮，如下图所示。

❸ 系统进入 VBA 编辑器，并自动新建一个名称为 OK_Click()的 Sub 过程。

❹ 在代码窗口中输入以下 VBA 代码，给按钮控件添加“单击”事件过程。

```
Private Sub OK_Click()
  On Error GoTo Err_OK_Click
  Dim strSQL As String
  Dim rs As New ADODB.Recordset
If IsNull(Me.UserName) Or Me.UserName = ""
Then
  DoCmd.Beep
  MsgBox ("请输入用户名称！")
ElseIf IsNull(Me.Password) Or Me.Password = ""
Then
      DoCmd.Beep
      MsgBox ("请输入密码！")
    Else
      strSQL = "SELECT * FROM 管理员 WHERE 用
      户名='" & Me.UserName & "' and 密码='"
      & Me.Password & "'"
       Set rs = GetRs(strSQL)
       If rs.EOF Then
           DoCmd.Beep
           MsgBox ("用户名或密码错误！")
           Me.UserName = ""
           Me.Password = ""
           Me.UserName.SetFocus
           Exit Sub
       Else
           DoCmd.Close
           check = True
           DoCmd.OpenForm ("主切换面板")
       End If
    End If
    Set rs = Nothing
Exit_OK_Click:
    Exit Sub
Err_OK_Click:
    MsgBox (Err.Description)
    Debug.Print Err.Description
    Resume Exit_OK_Click
End Sub
```

❺ 保存该 VBA 代码，这样就给 OK 按钮控件加上了“单击”事件过程。此时的代码窗口如下图所示。

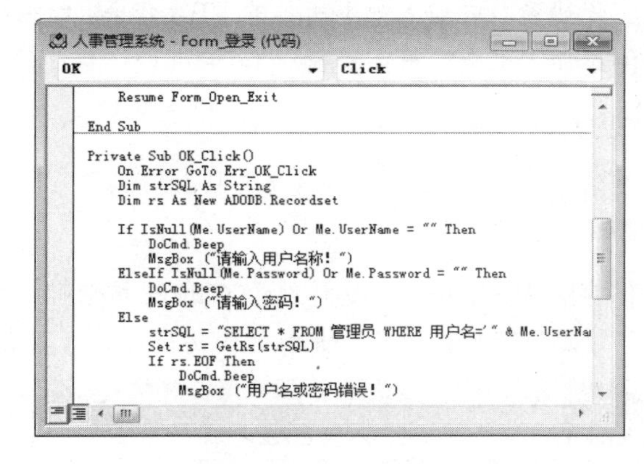

该“单击”事件过程的作用，就是当用户单击【确定】按钮时，系统自动检查 UserName 文本框和 Password 文本框中的值，并将该值和“管理员”表中的值进行比较。如果该用户名和密码都存在，那么设置 Check 布尔值为 True，返回“主切换面板”窗体；如果用户名和密码存在错误，则弹出对话框，提示登录过程出错。

提示

Check 布尔值就是用户在公用模块中定义的全局变量，它是布尔数据类型，用以标识用户的登录状态。如果 Check 值为 True，则表示用户已经登录；如果 Check 值为 False，则表示用户没有登录。

3. 为 Cancel 按钮添加事件过程

操作步骤

❶ 在“登录”窗体的设计视图中单击【取消】按钮，以选择 Cancel 按钮控件。

❷ 给 Cancel 按钮控件添加“单击”事件过程。在【属性表】窗格切换到【事件】选项卡，在【单击】行中选择【事件过程】选项，并单击右边的省略号按钮，如下图所示。

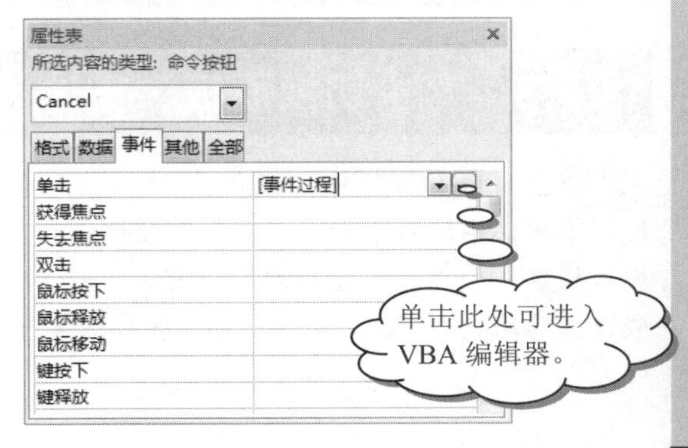

学以致用系列丛书

❸ 系统进入 VBA 编辑器，并自动新建一个名称为 Cancel_Click()的 Sub 过程。

❹ 在代码窗口中输入如下所示的 VBA 代码，给按钮控件添加“单击”事件过程。

```
Private Sub Cancel_Click()
    check = False
    DoCmd.Close
End Sub
```

❺ 保存该 VBA 代码，这样就给 Cancel 按钮控件加上了“单击”事件过程。此时的代码窗口如下图所示。

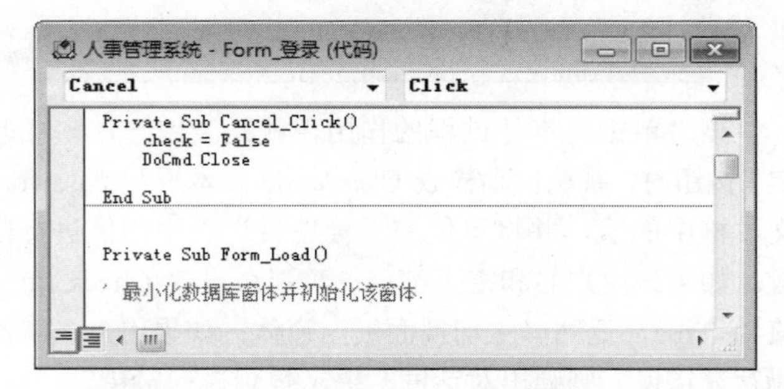

该“单击”事件过程的作用，就是当用户单击【取消】按钮时，系统设置 Check 的布尔值为 False，并关闭“登录”窗体。

这样就完成了整个用户登录模块的创建工作，在导航窗格中双击“登录”窗体，在窗体中输入用户名和密码，单击【确定】按钮，即可登录，如下图所示。

14.7.3 “主切换面板”窗体代码

在上面的 14.4 节中，建立了主切换面板的窗体，并设置了窗体中的各个控件，但是该窗体没有任何事件过程，只是一个界面，还必须为该窗体加上代码，才能完成设计的功能。下面介绍如何加入各种事件过程。

1. 为“主切换面板”窗体上的 Btn1 按钮控件添加“单击”事件过程

操作步骤

❶ 启动 Access 2010，打开“人事管理系统”数据库。

❷ 在导航窗格中右击“主切换面板”窗体，在弹出的快捷菜单中选择【设计视图】命令，进入窗体的设计视图。

❸ 调出【属性表】窗格，并将其切换到【数据】选项卡。单击【记录源】行的小箭头，在弹出的下拉列表框中选择 Switchboard Items 表，如下图所示。

注意

请确保【属性表】窗格中【所选择的类型：窗体】下拉列表框中为【窗体】选项，而不是其他控件。用户选择哪一个控件，【属性表】窗格中就显示哪一个控件的属性信息。

❹ 单击 btn1 按钮，在【属性表】窗格切换到【事件】选项卡。在【单击】行的属性框中输入“=HandleButtonClick(1)”，添加 btn1 按钮“单击事件”的响应程序，如下图所示。

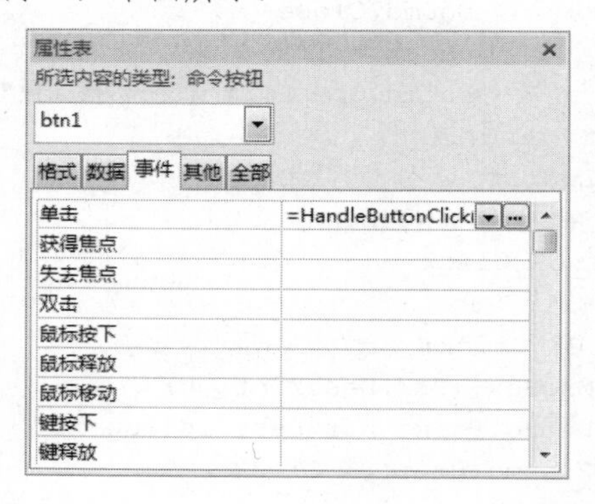

HandleButtonClick 实际上就是响应单击按钮操作的一个函数，该函数还没有定义，稍后编写该函数。小括号中的整型数据 1，实际上就是要传递给 HandleButtonClick 函数的参数。

5 重复第 2 步，给其余 7 个按钮控件添加单击消息事件响应程序，各控件的响应程序参数如下表所示。

控　件	事　件	事件过程
btn1	单击	=HandleButtonClick(1)
btn2	单击	=HandleButtonClick(2)
btn3	单击	=HandleButtonClick(3)
btn4	单击	=HandleButtonClick(4)
btn5	单击	=HandleButtonClick(5)
btn6	单击	=HandleButtonClick(6)
btn7	单击	=HandleButtonClick(7)
btn8	单击	=HandleButtonClick(8)

6 在窗口设计视图的任意位置右击，弹出右键快捷菜单，如下图所示。

7 选择【事件生成器】命令，弹出【选择生成器】对话框，如下图所示。

8 选择【代码生成器】选项，并单击【确定】按钮，打开 VBA 程序编辑器，如下图所示。

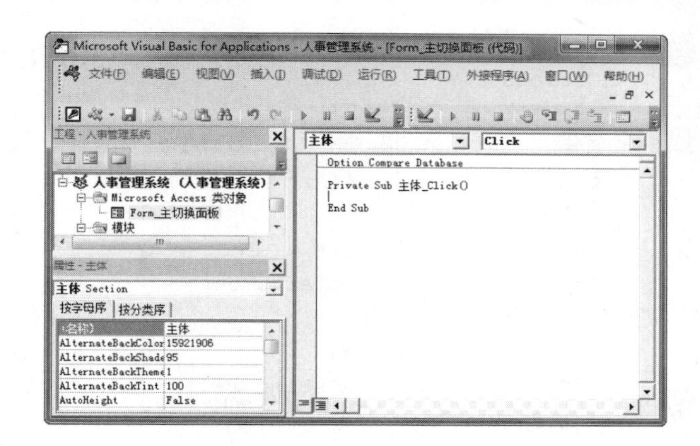

9 删除系统自动生成的“主体_Click()”过程代码，新建一个 Function 函数 HandleButtonClick，代码如下。

```
Private Function HandleButtonClick(intbtn As
Integer)
' 处理按钮 click 事件
    Const conCmdGotoSwitchboard = 1
    Const conCmdNewForm = 2
    Const conCmdOpenReport = 3
    Const conCmdExitApplication = 4
    Const conCmdRunMacro = 8
    Const conCmdRunCode = 9
    Const conCmdOpenPage = 10
    Const conErrDoCmdCancelled = 2501
    Dim rs As ADODB.Recordset
    Dim strSQL As String
    On Error GoTo HandleButtonClick_Err
  Set rs = CreateObject("ADODB.Recordset")
  strSQL="SELECT * FROM [Switchboard Items]"
  strSQL = strSQL & "WHERE [SwitchboardID]="
& Me![SwitchboardID] & " AND [ItemNumber]=" &
intbtn
  Set rs = GetRs(strSQL)
  If (rs.EOF) Then
    MsgBox"读取 Switchboard Items 表时出错。"
    rs.Close
    Set rs = Nothing
    Exit Function
  End If

  Select Case rs![Command] ' 进入另一个切换面板
    Case conCmdGotoSwitchboard
    Me.Filter = "[ItemNumber] = 0 AND
[SwitchboardID]=" & rs![Argument]
    ' 打开一个新窗体
    Case conCmdNewForm
    DoCmd.OpenForm rs![Argument]
    ' 打开报表
    Case conCmdOpenReport
    DoCmd.OpenReport rs![Argument], acPreview
    ' 退出应用程序
```

在一次查询操作中，拥有相同提示文本内容的对话框会被 Access 认为是同一个对话框。

```
    Case conCmdExitApplication
    CloseCurrentDatabase
    ' 运行宏
    Case conCmdRunMacro
    DoCmd.RunMacro rs![Argument]
    ' 运行代码
    Case conCmdRunCode
    Application.Run rs![Argument]
   ' 打开一个数据存取页面
    Case conCmdOpenPage
    DoCmd.OpenDataAccessPage rs![Argument]
    ' 未定义的选项
    Case Else
    MsgBox "未知选项"
    End Select
   ' Close the recordset and the database.
    rs.Close
HandleButtonClick_Exit:
    On Error Resume Next
    Set rs = Nothing
    Exit Function
HandleButtonClick_Err:
    If (Err = conErrDoCmdCancelled) Then
        Resume Next
    Else
        MsgBox "执行命令时出错。", vbCritical
        Resume HandleButtonClick_Exit
    End If
End Function
```

输入上述代码后，单击【保存】按钮保存代码。函数 HandleButtonClick 用来处理“主切换面板”上“按钮”控件的“单击”消息事件。这样就完成了在控制面板上显示功能项目的目标。

2. 为“主切换面板”窗体添加“成为当前”事件过程

单击【成为当前】行的向下三角小箭头，在弹出的下拉列表框中选择【事件过程】选项，如下图所示。

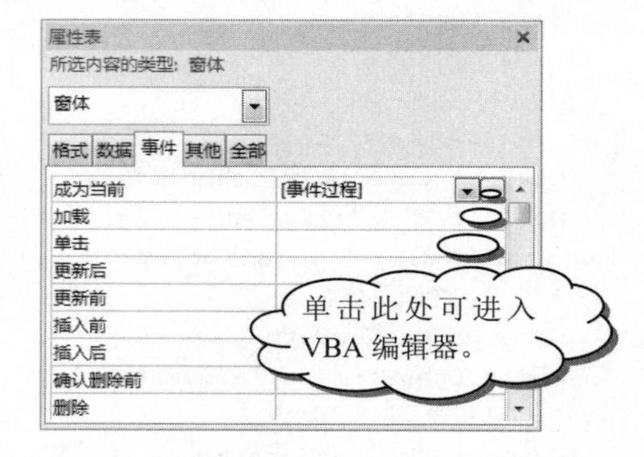

单击右边的省略号按钮，进入 VBA 编辑器，系统自动建立一个 Form_Current()过程，在该过程中加入如下代码。

```
Private Sub Form_Current()
    ' 更新标题并显示列表
    Me.Caption = Nz(Me![ItemText], "")
    Fillbtns
End Sub
```

此时的代码窗口如下图所示。

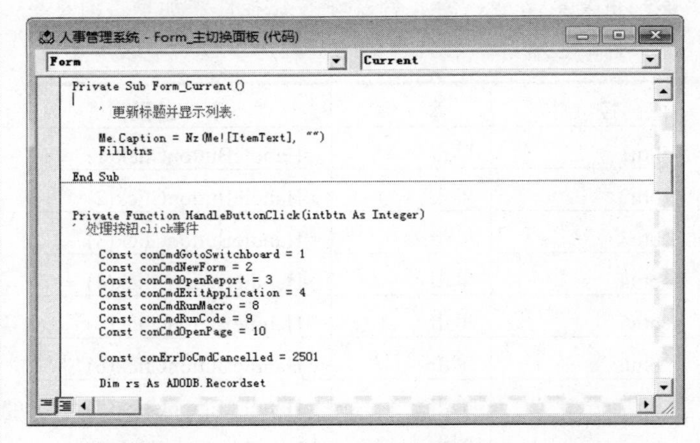

上面过程中的 Fillbtns 为另外一个能够实现报表选择功能的过程，Fillbtns 过程的代码如下。

```
Private Sub Fillbtns()
    ' 显示切换框中的列表
    ' 按钮数量
    Const conNumButtons As Integer = 8
    Dim rs As New ADODB.Recordset
    Dim strSQL As String
    Dim intbtn As Integer
    Me![btn1].SetFocus
    For intbtn = 2 To conNumButtons
        Me("btn" & intbtn).Visible = False
        Me("lbl" & intbtn).Visible = False
    Next intbtn
    ' 打开表 Switchboard Items
    strSQL = "SELECT * FROM [Switchboard
Items]"
    strSQL = strSQL & " WHERE [ItemNumber] >
0 AND [SwitchboardID]=" & Me!
[SwitchboardID]
    strSQL = strSQL & " ORDER BY
[ItemNumber];"
Set rs = GetRs(strSQL)
 If (rs.EOF) Then
   Me![lbl1].Caption="此切换面板页上无项目。"
 Else
   While (Not (rs.EOF))
   Me("btn" & rs![ItemNumber]).Visible = True
   Me("lbl" & rs![ItemNumber]).Visible = True
   Me("lbl" & rs![ItemNumber]).Caption =
rs![ItemText]
```

学以致用系列丛书

使用嵌入的宏就可以不必编写代码。嵌入的宏存储在属性中，是它所属对象的一部分。

```
      rs.MoveNext
        Wend
   End If
      ' 关闭数据集合和数据库
      rs.Close
      Set rs = Nothing
   End Sub
```

其中，Fillbtns()过程显示“主切换面板”上的控件数量和控件标题等信息。

此时 Fillbtns()过程的视图如下图所示。

3. 为“主切换面板”窗体添加“加载”事件过程

单击【加载】行的向下三角小箭头，在弹出的下拉列表框中选择【事件过程】选项，如下图所示。

单击右边的省略号按钮，进入 VBA 编辑器，系统自动建立一个 Form_Load()过程，在该过程中加入以下代码。

```
Private Sub Form_Load()
  If Not check Then
        MsgBox ("请先登录！")
        DoCmd.Close
        DoCmd.OpenForm ("登录")
    End If
End Sub
```

这几句代码的作用，就是当用户打开窗体时，系统先检查全局布尔变量 Check 的值。如果 Check 的值为 False，则弹出提示用户先登录的对话框。这样可以确保用户在打开该切换面板前已经登录。

此时代码窗口如下图所示。

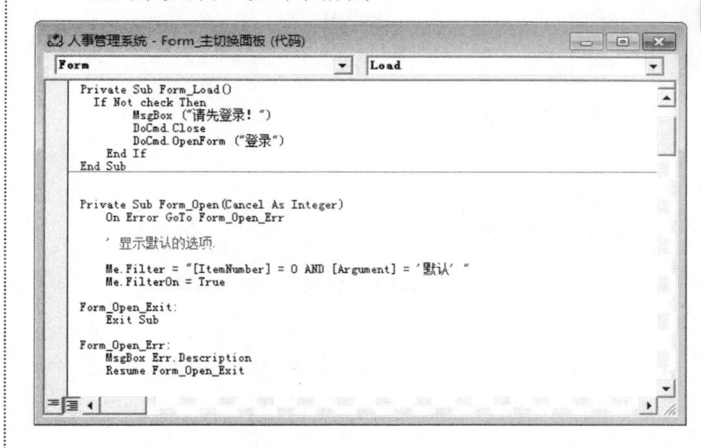

4. 为“主切换面板”窗体添加“打开”事件过程

单击【打开】行的向下三角小箭头，在弹出的下拉列表框中选择【事件过程】选项，如下图所示。

单击右边的省略号按钮，进入 VBA 编辑器，系统自动建立一个 Form_Open()过程，在该过程中加入以下代码。

```
Private Sub Form_Open(Cancel As Integer)
    On Error GoTo Form_Open_Err
    ' 显示默认的选项
     Me.Filter = "[ItemNumber] = 0 AND 
[Argument] = '默认' "
    Me.FilterOn = True
    Form_Open_Exit:
    Exit Sub
Form_Open_Err:
    MsgBox Err.Description
    Resume Form_Open_Exit
End Sub
```

这组代码的含义就是使用户在打开主切换面板时，有默认的选择值。此时的代码窗口如下图所示。

学以致用系列丛书

罗斯文是 Access 自带的示例数据库，用于和实现创建管理客户、员工、订单明细和库存的订单跟踪系统。

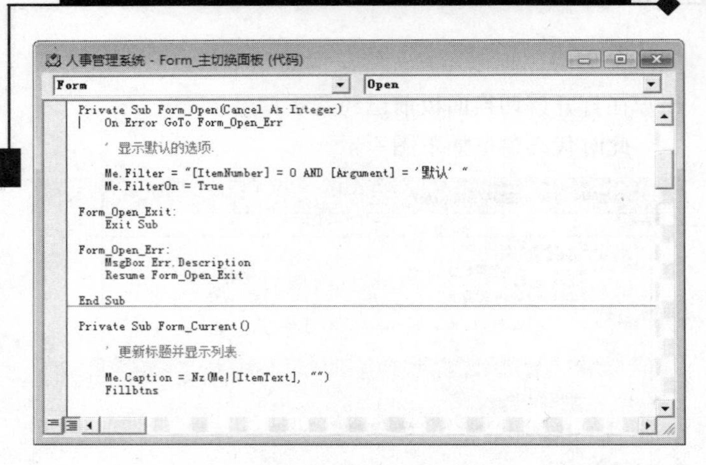

这样就完成了主导航面板的设计工作，双击导航窗格中的“主切换面板”窗体，如果用户还没有登录，则会弹出用户还没有登录的提示对话框，如下图所示。

单击【确定】按钮后，自动打开“登录窗体”进行登录。登录以后，即可打开“主切换面板”窗体，如下图所示。

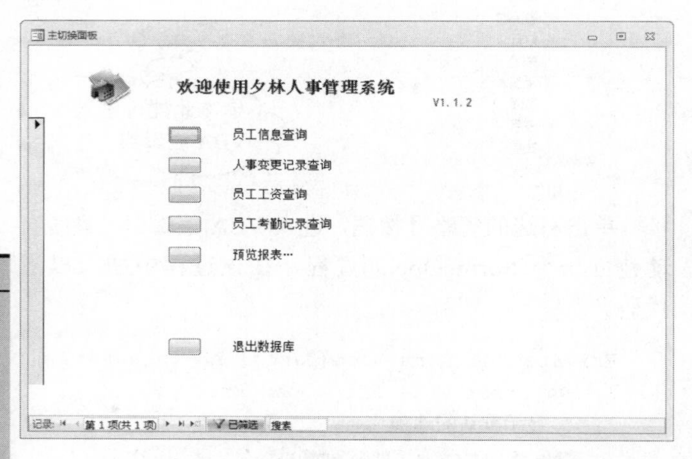

单击切换面板中的相应按钮，即可进入相应的功能模块。

14.7.4 “员工考勤记录查询”窗体代码

上面建立了一个“员工考勤记录查询”，并基于该查询建立了“员工考勤记录查询报表”，在上面的查询或报表中进行调试时，都要手工在弹出的参数对话框中输入各种查询参数，如下图所示。

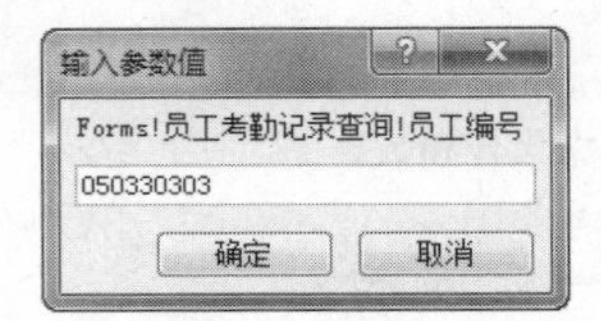

本节将利用建立的“员工考勤记录查询”窗体，代替上面的各个参数值对话框，实现考勤记录的查询功能。

已知“员工考勤记录查询”窗体中各种控件的名称等属性如下表所示。

类　型	名　称	标　题
标签	员工号标签	员工号：
标签	开始时间标签	开始时间：
标签	结束时间标签	结束时间：
文本框	员工号	
文本框	开始时间	
文本框	结束时间	
按钮	考勤查询	考勤查询
按钮	取消	取消

1. 向“员工考勤记录查询”窗体添加“加载”事件过程

“加载”事件过程的作用，就是当用户打开该窗体时，系统先检查全局的 Check 的布尔值。如果 Check 为 True，则可以打开该窗体；如果 Check 为 False，则弹出对话框提示用户登录，并自动打开“登录”窗体。

操作步骤

1. 启动 Access 2010，打开“人事管理系统”数据库。
2. 打开其中的“员工考勤记录查询”窗体，并进入该窗体的设计视图，如下图所示。

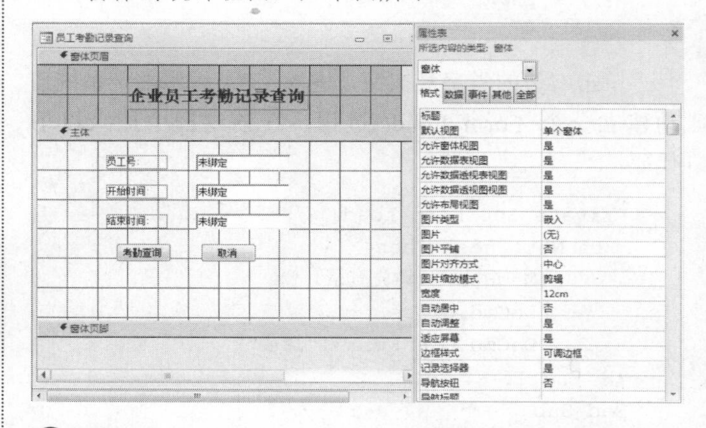

3. 设置窗体的记录源。在窗体的【属性表】窗格中，单击【所选内容的类型：窗体】下拉列表框，选择

长见识

软件开发人员和数据架构师可以使用 Microsoft Access 开发应用软件，“高级用户”可以使用它来构建软件应用程序。和其他办公应用程序一样，Access 支持 Visual Basic 宏语言，它是一个面向对象的编程语言，可以引用各种对象，包括 DAO(数据访问对象)、ActiveX 数据对象以及许多其他的 ActiveX 组件。

【窗体】选项。切换到【数据】选项卡，在【记录源】下拉列表框中选择【员工考勤记录查询】选项，如下图所示。

❹ 给窗体添加“加载”事件过程。在【属性表】窗格切换到【事件】选项卡，在【加载】行中选择【事件过程】选项，并单击右边的省略号按钮，如下图所示。

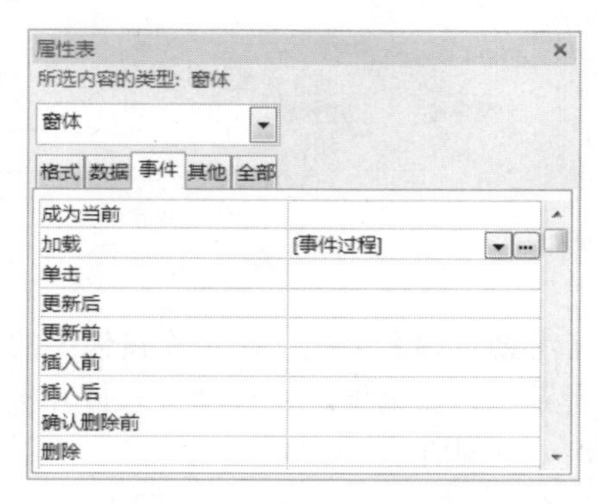

❺ 系统进入 VBA 编辑器，并自动新建一个名称为 Form_Load()的 Sub 过程。

❻ 在代码窗口中输入以下 VBA 代码，给窗体添加“加载”事件过程。

```
Private Sub Form_Load()
    If Not check Then
        MsgBox ("请先登录！")
        DoCmd.Close
        DoCmd.OpenForm ("登录")
    End If
End Sub
```

❼ 保存该 VBA 代码，这样就给整个窗体加上了“加载”事件过程。此时的代码窗口如下图所示。

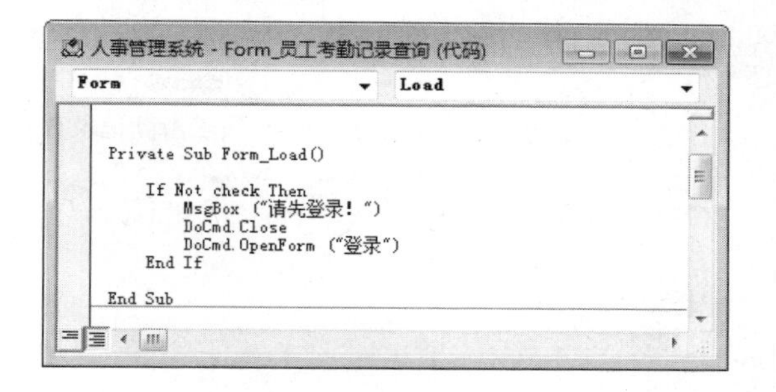

2. 为“考勤查询”按钮添加“单击”事件过程

该“单击”事件过程的作用，就是当用户单击【考勤查询】按钮时，系统自动检查“员工号”“开始时间”“结束时间”文本框中的值，并自动对比“开始时间”和“结束时间”的大小。如果开始时间大于结束时间，则提示出错。如果没有错误，则继续执行，打开“员工考勤记录查询报表”。

操作步骤

❶ 在“员工考勤记录查询”窗体的设计视图中单击“考勤查询”按钮。

❷ 给“考勤查询”按钮控件添加“单击”事件过程。在【属性表】窗格切换到【事件】选项卡，在【单击】行中选择【事件过程】选项，并单击右边的省略号按钮，如下图所示。

❸ 系统进入 VBA 编辑器，并自动新建一个名称为“考勤查询_Click()”的 Sub 过程。

❹ 在代码窗口中输入以下 VBA 代码，给按钮控件添加“单击”事件过程。

```
Private Sub 考勤查询_Click()
 If IsNull([员工号]) Or IsNull([开始时间]) Or
IsNull([结束时间]) Then
       MsgBox "您必须输入员工号、开始时间和结束时间。"
       DoCmd.GoToControl "开始时间"
    Else
       If [开始时间] > [结束时间] Then
          MsgBox "结束时间必须大于开始时间。"
```

学以致用系列丛书

```
            DoCmd.GoToControl "开始时间"
        Else
            DoCmd.OpenReport "员工考勤记录查询
            报表", acViewPreview, , ,
            acWindowNormal
            Me.Visible = False
        End If
    End If
End Sub
```

5 保存该 VBA 代码，这样就给“考勤查询”按钮控件加上了“单击”事件过程。此时的代码窗口如下图所示。

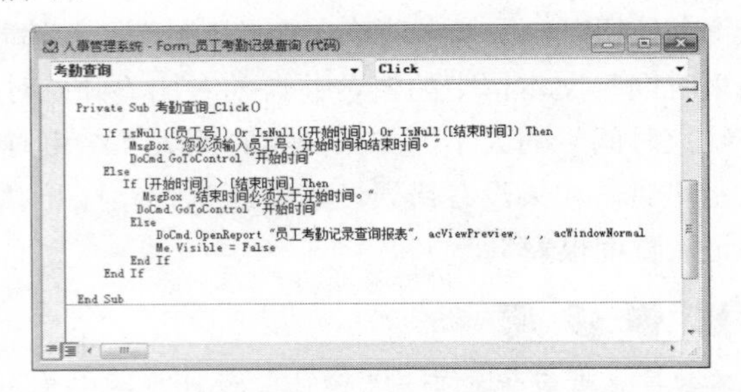

3. 为“取消”按钮添加“单击”事件过程

操作步骤

1 在“员工考勤记录查询”窗体的设计视图中单击【取消】按钮。

2 给“取消”按钮控件添加“单击”事件过程。在【属性表】窗格切换到【事件】选项卡，在【单击】下拉列表框中选择【事件过程】选项，并单击右边的省略号按钮，如下图所示。

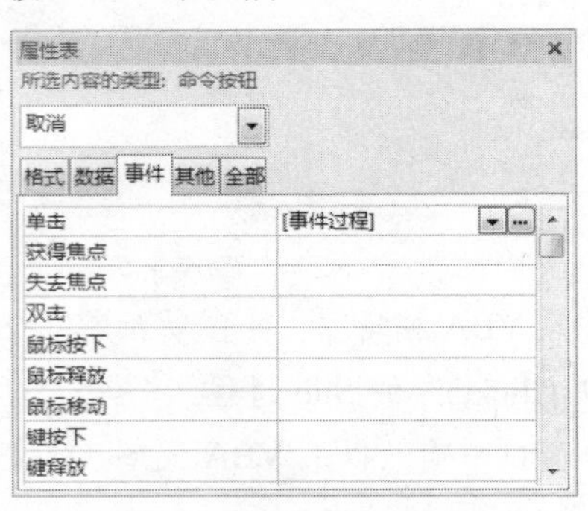

3 系统进入 VBA 编辑器，并自动新建一个名称为“取消_Click()”的 Sub 过程。

4 在代码窗口中输入以下 VBA 代码，给按钮控件添加“单击”事件过程。

```
Private Sub 取消_Click()
    DoCmd.Close
End Sub
```

5 保存该 VBA 代码，这样就给“取消”按钮控件加上了“单击”事件过程。此时的代码窗口如下图所示。

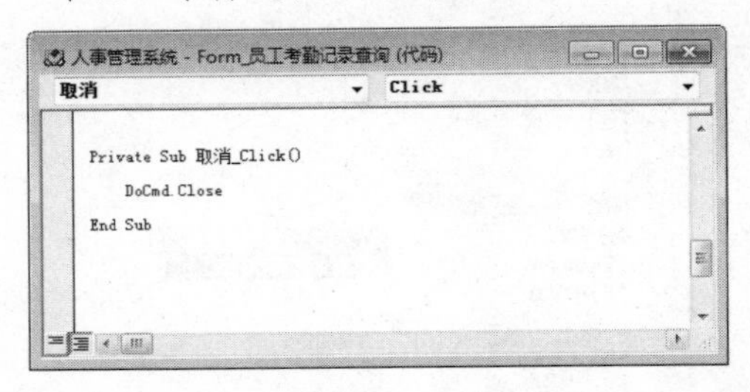

该“单击”事件过程的作用，就是当用户单击【取消】按钮时，系统关闭“登录”窗体。

这样就完成了考勤查询模块的全部设计工作，双击导航窗格中的“员工考勤记录查询”窗体，打开该窗体，在窗体中输入要查询的参数，如下图所示。

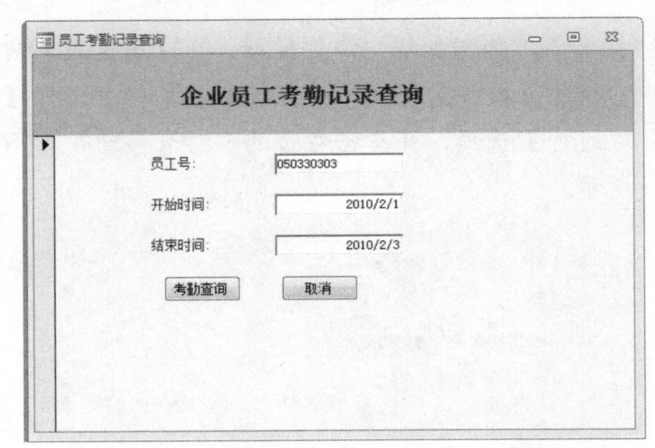

单击【考勤查询】按钮，即可将窗体中的参数传递给“员工考勤记录查询”，并自动进入打开报表的打印预览视图，如下图所示。

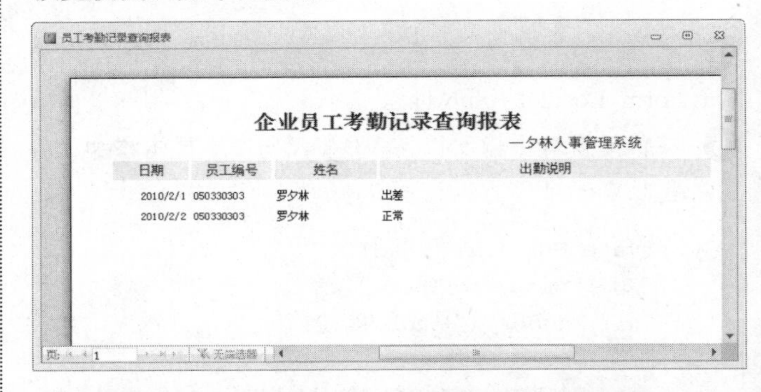

14.7.5　“员工工资查询”窗体代码

给“员工工资查询”窗体添加的代码和 14.7.4 节中的代码相似，为窗体设置数据源、添加窗体的“加载”事件代码、添加“工资查询”按钮控件的“单击”事件代码、添加“取消”按钮控件的“单击”事件代码。

各个代码的具体添加步骤与“员工考勤记录查询”

长见识 只需键入需要跟踪的内容，Access 便会使用表格模板提供能够完成相关任务的应用程序。

窗体完全类似，这里不再赘述。下面只给出各个控件的代码，请用户参考。

窗体的“加载”事件代码如下。

```
Private Sub Form_Load()
    If Not check Then
        MsgBox ("请先登录！")
        DoCmd.Close
        DoCmd.OpenForm ("登录")
    End If
End Sub
```

“工资查询”按钮控件的“单击”事件过程代码如下。

```
Private Sub 工资查询_Click()
    If IsNull([员工号]) Then
        MsgBox "您必须输入员工号。"
        DoCmd.GoToControl "员工号"
    Else
        If [开始月份] > [结束月份] Then
          MsgBox "结束月份必须大于开始月份。"
          DoCmd.GoToControl "开始月份"
        Else
          DoCmd.OpenReport "员工薪金查询报表",
          acViewPreview, , , acWindowNormal
          Me.Visible = False
        End If
    End If
End Sub
```

“取消”按钮控件的“单击”事件过程代码如下。

```
Private Sub 取消_Click()
   DoCmd.Close
End Sub
```

这样就完成了工资管理模块的全部设计工作，双击打开导航窗格中的“员工工薪查询”窗体，在窗体中输入要查询的参数，如下图所示。

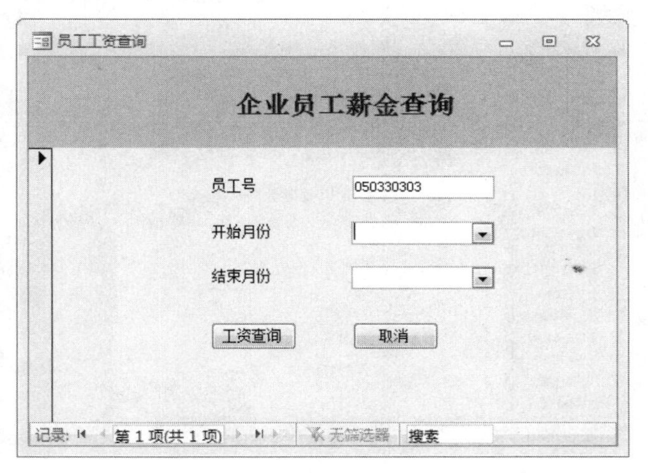

单击【工资查询】按钮，即可将窗体中的参数传递给“员工工资查询”，并自动进入打开报表的打印预览视图，如下图所示。

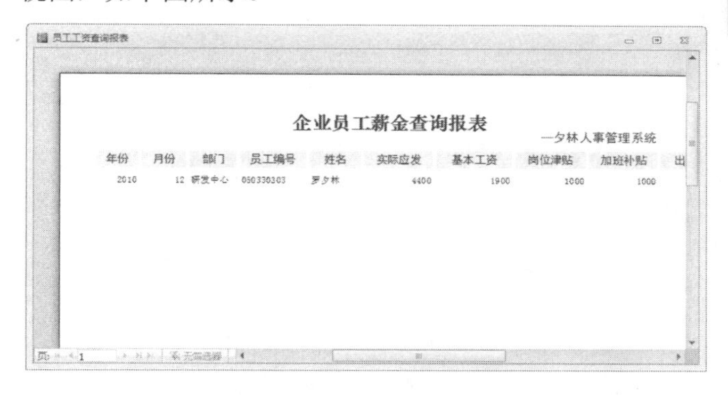

14.8 程序的系统设置

经过上面的各步，已经建立了人事管理系统。建立完成以后，还可以对系统进行一些设置。通过这些设置，可以使设计的系统更加人性化、更加安全等。由于在程序使用过程中要进行 Access 2010 的重装、变更等，还要了解关于系统设置的一些知识。

在这一节中，主要介绍【Access 选项】对话框中【当前数据库】选项中的各种设置，以及如何进一步增强系统的安全性等内容。

14.8.1 自动启动“登录”窗体

当用户双击打开创建的程序时，有时为了使用方便，需要直接进入某个窗体中；或者有时为了系统的安全性，强制用户必须通过某个窗体等。这时，自动启动窗体就显得相当有用了。

在 Access 2010 中设置自动启动窗体主要有两种方式，即通过 Access 设置和通过 AutoExec 宏，下面将对这两种方法分别加以介绍。

1. 通过 Access 设置自动启动窗体

Access 允许用户设置自动启动的窗体。下面就来介绍如何对建立的程序进行启动设置，具体操作步骤如下。

操作步骤

1. 启动 Access 2010，打开“人事管理系统”数据库。
2. 单击窗口左上角的【文件】菜单，在弹出的下拉菜单中选择【选项】命令。

建立了链接表后，如果在数据表的设计视图中改变字段名称，就会破坏链接，导致数据列丢失。有些数据类型可以更改，有些无法更改。

❸ 系统弹出【Access 选项】对话框。单击左边的【当前数据库】选项，对当前的数据库进行设置。各种设置如下图所示。

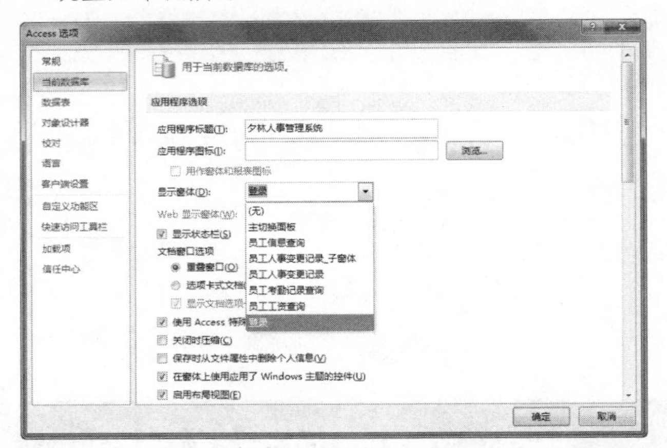

在【应用程序标题】文本框中输入该系统的名称为“夕林人事管理系统”，在这里设置的标题将显示在系统标题栏中。

在【显示窗体】下拉列表框中选择想要在启动数据库时启动的窗体，如在本例中选择“登录”窗体作为自动启动的窗体，如上图所示。

❹ 单击【确定】按钮，系统弹出提示重新启动数据库的对话框，如下图所示。重新启动数据库后即可完成设置。

这样就完成了系统的启动设置，当用户启动数据库时，系统会自动运行该设置，如下图所示。

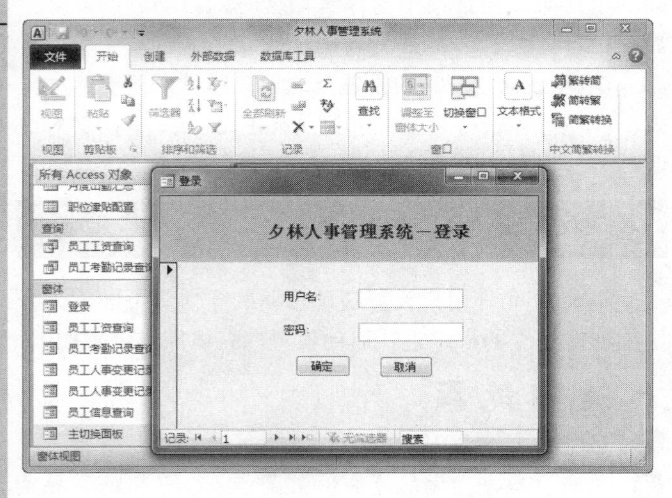

可以看到，用户设置的对话框为弹出模式对话框，用户不能对其他对象进行操作。

2. 通过 AutoExec 宏自动启动窗体

通过编写一个自动打开窗体的宏，也可以打开设定的窗体，并且可以利用宏中的各种选项，完善设置。

AutoExec 宏是 Access 中保留的一个宏名。当用户建立该宏以后，在启动时 Access 就会自动执行。由于 AutoExec 宏的这种特性，常用该宏来自动打开特定的窗体。例如，通过建立一个 AutoExec 宏自动启动“登录”窗体，具体操作步骤如下。

操作步骤

❶ 启动 Access 2010，打开“人事管理系统”数据库。

❷ 单击【创建】选项卡下【宏与代码】组中的【宏】按钮，新建一个宏，如下图所示。

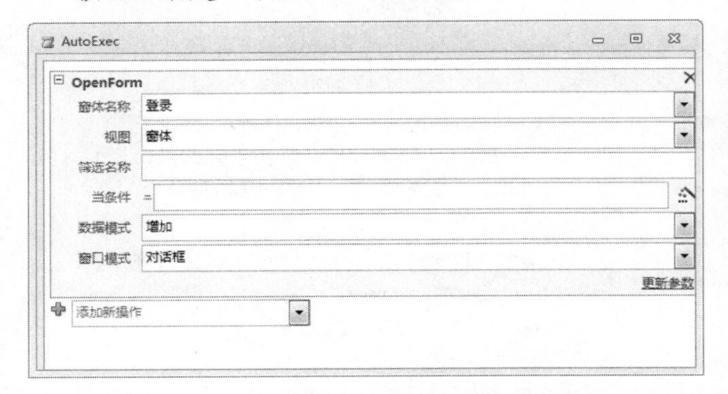

注意

在【数据模式】下拉列表框中选择【增加】，在【窗口模式】下拉列表框中选择【对话框】，保存该宏为“AutoExec”。

这样，当重新启动数据库时，就可以自动运行该宏，自动打开“登录”窗体，如下图所示。

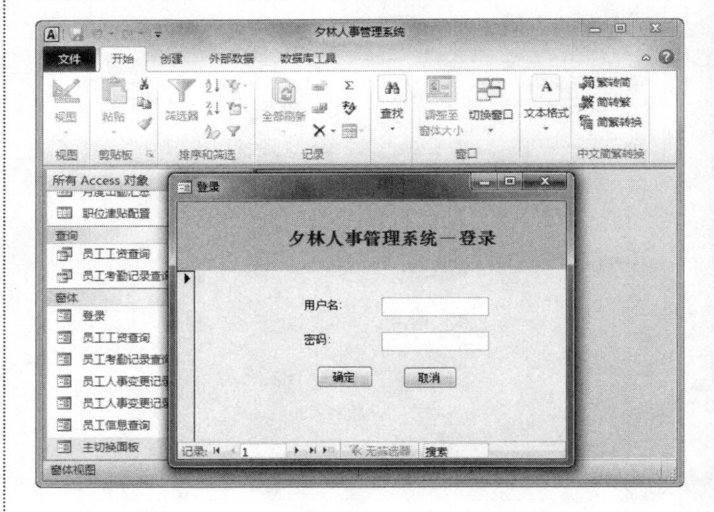

长见识：利用控件，可以查看和处理数据库应用程序中的数据。最常用的控件是文本框，其他控件包括命令按钮、标签、复选框和子窗体/子报表控件。

用户可以选择上面的任意一种方法，来设置程序的启动窗体。在本例中，采用 AutoExec 宏的方法来启动“登录”窗体。

14.8.2 解除各种运行限制

在新安装的 Access 2010 中，若所有的设置都是系统的默认设置，有时是无法直接运行该程序的，用户必须自己对系统进行简单的设置。设置主要包括两个方面：一是解除对 VBA 宏的限制；二是选择对 Microsoft ActiveX Data Objects 2.1 Library OLE 类型库的引用。下面来分别介绍。

1. 解除对 VBA 宏的限制

关于这部分内容，其实在第 12 章中已有详细的介绍。系统的默认设置是对 VBA 代码和宏禁止的，只是在遇到有 VBA 代码或宏的数据库时才会弹出提示，如下图所示。

安全警告　部分活动内容已被禁用。单击此处了解详细信息。　启用内容

单击消息栏上的【启用内容】按钮，即可启用该数据库中的宏。

2. 选择对 OLE 类型库的引用

本程序使用 Microsoft ActiveX Data Objects 2.1 Library OLE 类型库，在使用该程序之前，要先确认 VBA 编译器已引用此类型库，确认的方法如下。

操作步骤

1. 单击【数据库工具】选项卡下的 Visual Basic 按钮，进入 VBA 编辑器，并在编辑器的【工具】菜单中选择【引用】命令，如下图所示。

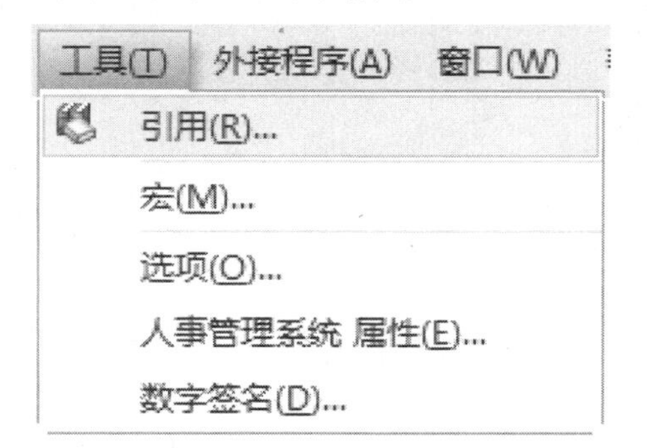

2. 弹出【引用－人事管理系统】对话框。在该对话框的【可使用的引用】列表框中，选择 Microsoft ActiveX Data Objects 2.1 Library OLE 类型库，如下图所示，最后单击【确定】按钮，完成该程序的引用设置。

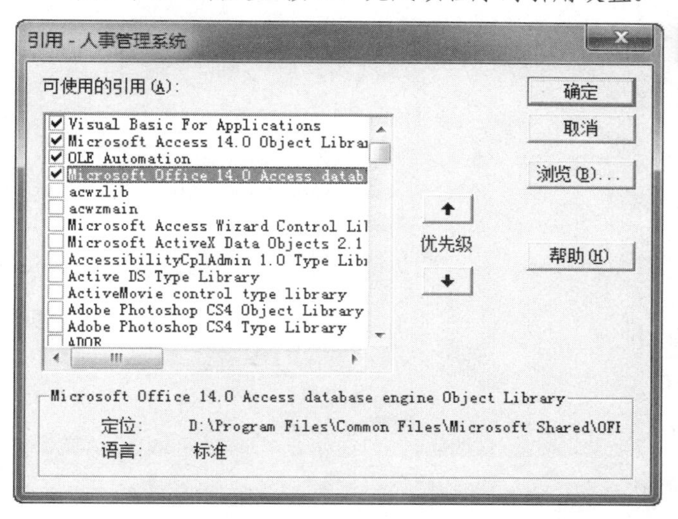

14.9 系统的运行

至此，已经完成了系统的所有设置。在这一节中，将介绍关于维持系统正常运行的一些知识，并带领大家参观最终成果。下面先来运行“人事管理系统”，具体操作步骤如下。

操作步骤

1. 启动 Access 2010，打开“人事管理系统”数据库。
2. 系统弹出【登录】对话框，如下图所示。

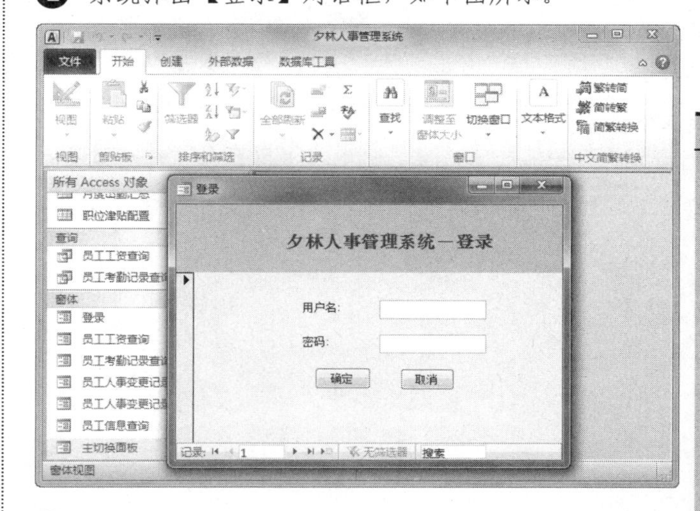

3. 在【用户名】文本框中输入“admin”，在【密码】文本框中输入“admin”，系统弹出“主切换面板”窗体，如下图所示。

数据源是表或查询中的字段的控件称为绑定控件。使用绑定控件可以显示数据库中字段的值。值可以是文本、日期、数字、是/否值、图片或图形。

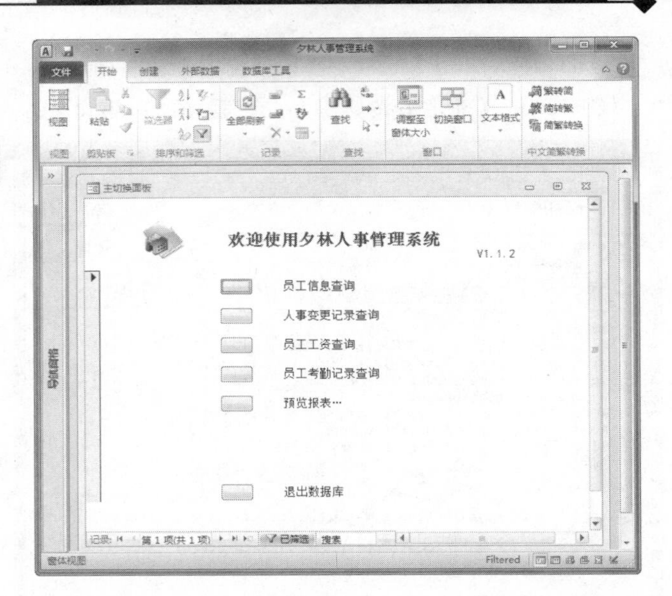

❹ 单击切换面板中的第一项，进入“企业员工信息查询”模块，用户可以在该窗体中查看、添加和修改用户的个人信息，如下图所示。

❺ 关闭该模块，单击切换面板的第二项，进入“员工人事变更记录”模块，用户可以在该模块中查看、添加和修改用户的人事变更记录，如下图所示。

❻ 关闭该模块，单击切换面板的第三项，进入“企业员工薪金查询”模块，用户可以在该模块中查看某位员工的薪金记录，如下图所示。

❼ 输入查询参数，单击【工资查询】按钮，即可进行查询，并自动打开“企业员工薪金查询报表”，如下图所示。

❽ 关闭该模块，单击切换面板的第四项，进入“企业员工考勤记录查询”模块，用户可以在该模块中查看某位员工的考勤记录，如下图所示。

❾ 输入查询参数，单击【考勤查询】按钮，即可进行查询，并自动打开“企业员工考勤记录查询报表”，如下图所示。

不具有数据源(如字段或表达式)的控件称为未绑定控件。可以使用未绑定控件显示信息、图片、线条或矩形。

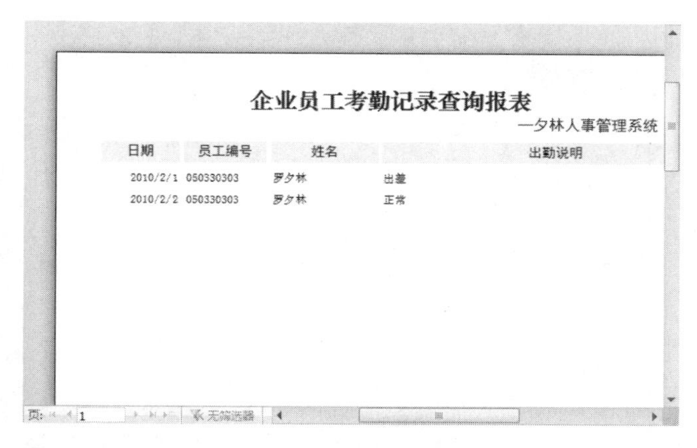

⑩ 关闭该模块，单击切换面板的第五项，进入“报表预览”切换面板，如下图所示。

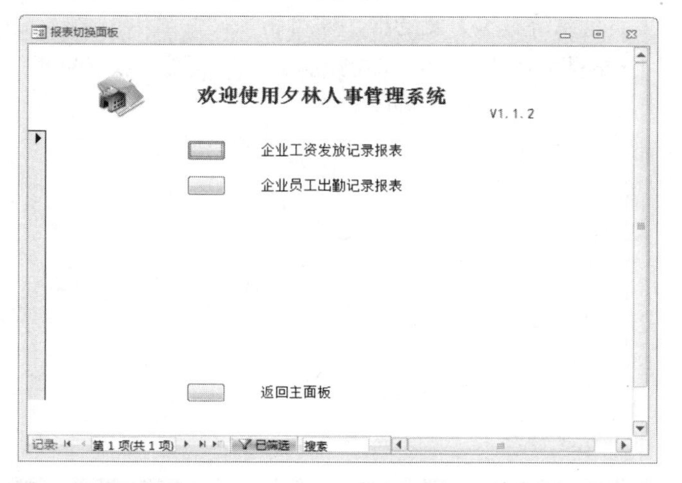

⑪ 单击该面板的第一项，打开“企业员工工资发放记录报表”，用户可以查看所有员工的工资报表，如下图所示。

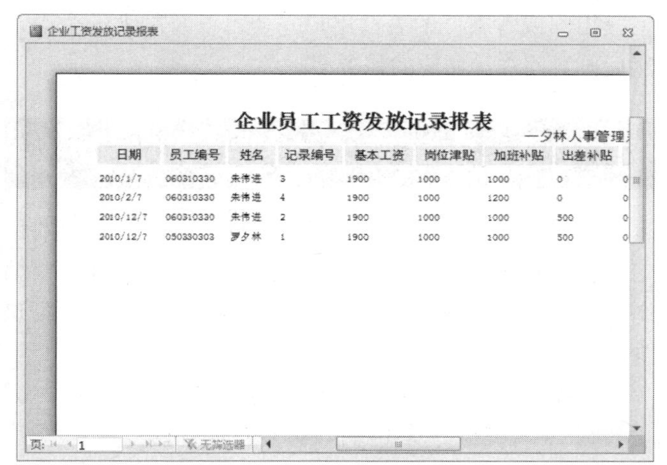

⑫ 关闭该报表，单击该面板的第二项，打开“企业员工出勤记录报表”，用户可以查看所有员工的考勤报表，如下图所示。

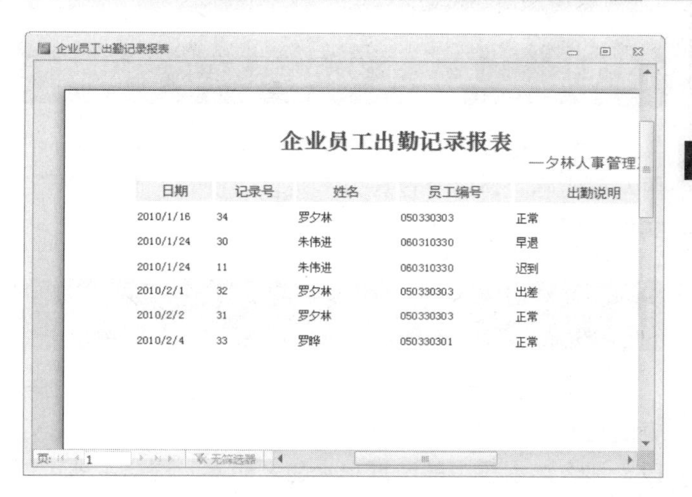

⑬ 关闭该报表，单击面板的最后一项，返回主切换面板。单击主切换面板的最后一项，退出数据库系统。

14.10　实例总结

本章介绍了人事管理系统的基本概念，然后详细讲解了利用 Access 2010 开发一个人事管理系统的过程。

该系统包括人事管理系统的基本管理、员工信息、部门信息、员工调动信息、奖惩信息等，本章对每个部分都做了讲解。

通过该实例，可以掌握以下知识和技巧。

(1) 人事管理系统的需求。

(2) Microsoft Access 的窗体与向导相结合来完成数据库应用程序界面的开发。

(3) 利用 VBA 设计器，完成简单的 VBA 程序的编写。

(4) 能对系统进行简单设置，解决一些基本的 Access 问题。

当然，该程序也存在很多可以进一步完善的地方，一个真正的人事管理系统也不可能这么简单，限于篇幅，这里不再一一讲述，用户可以根据这些方法自行完成人事管理系统的其他功能。

14.11　答疑与技巧

在本范例的制作过程中，大家也许会遇到一些操作方面的问题。下面就可能遇到的几个典型问题做简单解答。

数据源是表达式(而非字段)的控件称为计算控件。可以通过定义表达式来指定要用作控件的数据源的值。表达式可以是运算符(如 = 和 +)、控件名称、字段名称、返回单个值的函数及常数值的组合。

14.11.1 关于最初的系统方案设计

最初进行方案设计，看似对程序设计没有直接的作用，但实际上，这个设计方案是以后设计工作的指导性文件，可以大大提高程序开发的效率。

14.11.2 关于表设计

表中存储了数据库中的数据，因此在设计好表以后，表的结构一般就不要随意更改了。因为一旦删除某一字段，那么该字段中的数据也会随之删除。这样，就可能造成意外的损失。

14.11.3 尽量少修改数据表

在设计过程中，尽量在设计窗体之前就设计好表的字段，而不要在窗体设计完成以后再修改表。这样可以大大节省因为表的修改而增加的窗体返工的工作量。

14.11.4 字段格式和窗体控件的关系

在表的设计视图中，若预先指定字段的格式、默认值和查阅显示的控件类型，那么在后面创建窗体时，由字段创建的窗体控件会自动继承这些格式和默认值，将自动按照所指定的类型创建控件。这样，不但可以大大提高编程的效率，而且可以避免错误。

14.12 拓展与提高

通过该系统的设计，应当对 Access 2010 有更进一步的理解，下面是在设计过程中可以采取的几个方法。

14.12.1 创建系统对象

如果保存的表以“usys”开头，那么该表就会自动变为一个系统对象。这样，在数据库的导航窗格中这个表就会被隐藏，在某种程度上，这种方法可以起到保护数据的作用。比如，设计者可以使用这种方法，将“用户表”或“管理员表”隐藏。如果用户想显示该系统对象表，那么可以在【Access 选项】对话框中，单击【导航选项】按钮，如下图所示。

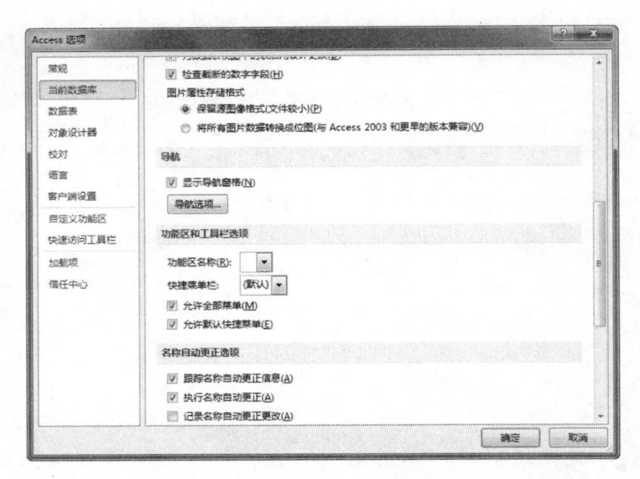

系统弹出【导航选项】对话框，在该对话框中选中【显示系统对象】复选框，即可将该文件显示出来。

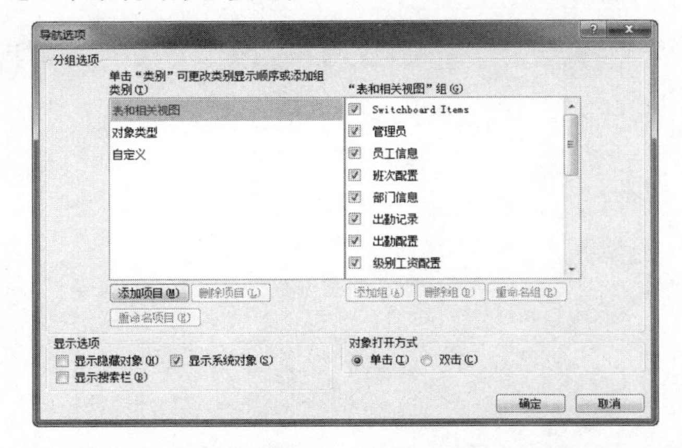

14.12.2 复制修改表

在表的设计过程中，为了提高设计效率，对于两个字段相同或者类似的表，用户完全可以复制上一个表，然后再对其进行相应的修改。

14.12.3 完善开发文档

为了保证软件的成功开发和实施，并保障系统的稳定和便于系统维护，在开发工作的每个阶段，都需要编制一些文档。这些文档是一个完整的软件项目中不可缺少的组成部分。

按照国际标准，在一项软件项目的开发过程中，应该编制 14 种文档。这 14 种文档包括如下内容。

(1) 可行性研究报告。

(2) 项目开发计划。

(3) 软件需求说明书。

(4) 数据要求说明书。

(5) 概要设计说明书。

在数据库中，通配符%代表后面可以匹配任意个字符，包含零个或更多字符的任意字符串，如在查找时用 mm%，可以查找出以 mm 开头的字段。

(6)　详细设计说明书。

(7)　数据库设计说明书。

(8)　用户手册。

(9)　操作手册。

(10) 模块开发卷宗。

(11) 测试计划。

(12) 测试分析报告。

(13) 开发进度月报。

(14) 项目开发总结报告。

文档的编制是一个不断进行的过程，是一个需要反复检查和修改的过程，直到程序和文档正式交付使用为止。

表达式可以使用来自窗体或报表的基础表或查询中的字段的数据，也可以使用来自窗体或报表中的另一个控件的数据。

长见识

第15章 Access在进销存管理中的应用

本章微课

在本章中，我们将和用户一起开发第二个数据库管理系统——进销存管理系统。该系统是工业、商业活动中的重要环节，它的主要工作目的就在于协调各个部门的工作，提高货物的流通速度。

学习要点

- ❖ 了解进销存系统的概念
- ❖ 系统的功能设计
- ❖ 系统的模块设计
- ❖ 表和表关系的设计
- ❖ 查询的设计
- ❖ 窗体的创建
- ❖ 报表的创建
- ❖ 宏命令和 VBA 代码的创建
- ❖ 系统的运行与应用

学习目标

通过本章学习，用户应该掌握进销存管理系统的设计过程和基本组成，能够在本章示例的基础上扩充其他功能。

同时，用户应该进一步体会完整的数据库系统开发的步骤，了解进销存管理系统的一般功能组成。用户还要进一步学习表、查询、窗体、报表等数据库对象在数据库程序中的作用。

15.1 实例导航

本章要设计一个简单的进销存管理系统，该系统应满足以下几个条件。

❖ 接收客户的订单信息，可以对订单信息进行修改和查询，效果如下图所示。

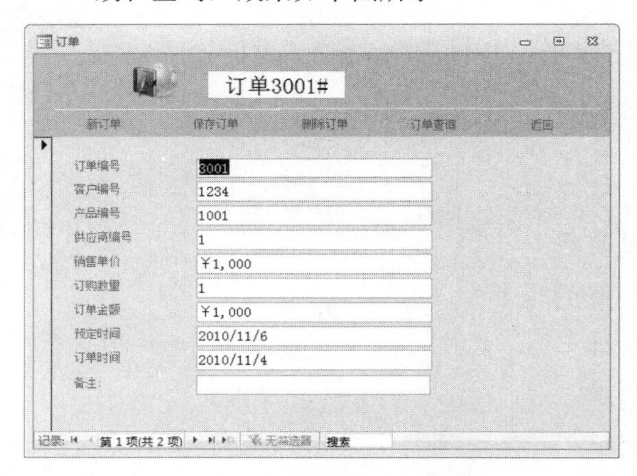

❖ 能够对物资的进出库情况进行查询，了解库存情况和业绩信息，结果以报表形式给出。

❖ 能够对供应商的信息管理及销售情况进行查询，结果以报表形式给出。

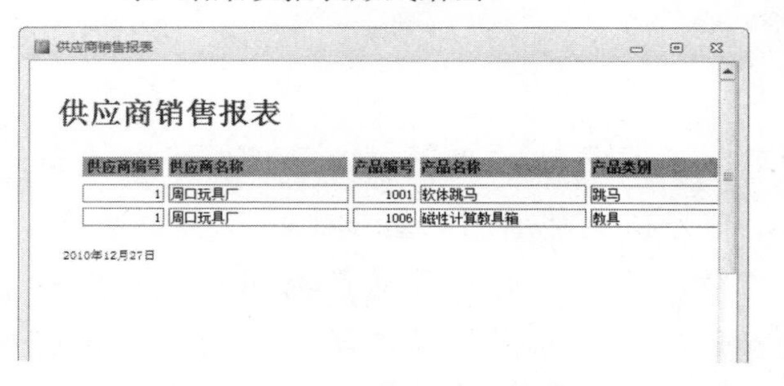

❖ 能够对商品的基本信息、客户的信息进行管理，包括修改和查询。

❖ 能够对产品的进货信息进行综合查询，本章中的查询窗口如下图所示。

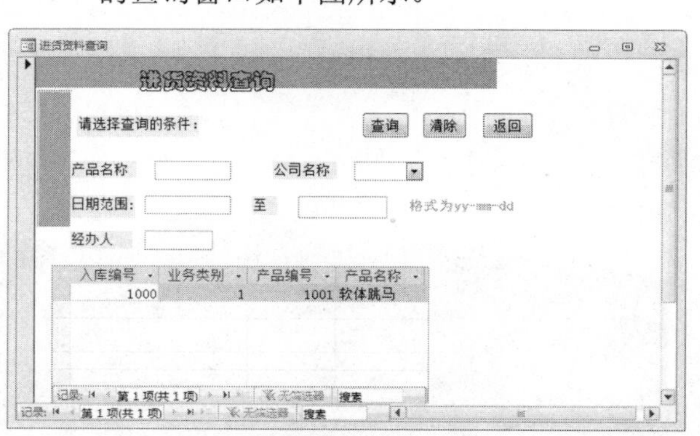

❖ 对用户密码的修改。

下面对数据库进行功能分析和设计，明确具体的设计目标。

15.1.1 系统功能

本章将以一个儿童玩具销售公司为例，对产品的各项相关信息，诸如，客户的订单、进库信息、产品信息、供应商信息、库存信息等进行管理和查询。

这里所设计的进销存管理系统的主要功能包括以下内容。

❖ 商品基本信息的管理：用来处理进出库的商品信息，包括新建、修改、删除和查询等。

❖ 订单信息的处理：是整个系统工作流程的起点，包括订单的增减、查询，及订单在处理过程中(如发货确认等)状态的改变。

❖ 产品入库出库管理：完成产品记录，修改商品入出库信息，并有库存报表功能。

❖ 查询功能：允许管理员按编号、日期对进货商的销售信息进行查询；对入库的产品信息进行详细的查询，包括编号、名称、入库时间等。

15.1.2 开发要点

理解数据表的结构，掌握各表之间关系的建立原理，熟悉查询和窗体的设计，对进销存管理系统有比较清楚的了解，从而开发出完整的进销存管理系统。

在现代的商业活动中，产品进销存管理变得越来越重要。准确的产品进货、库存和出货管理，能够使公司清晰地掌握自己的经营状况，建立良好的客户关系、良好的企业信誉等。

本章要设计一个一般商业公司的进销存管理信息系统，通过对公司的供应商、客户、商品、进货、销售等信息的管理，从而达到进货、销售和库存的全面信息管理。

15.2 系统需求分析设计

在信息技术的催化之下，世界经济的变革已经进入了加速状态。世界经济一体化、企业经营全球化，及高度竞争造成的高度个性化与迅速改变的客户需求，令企业与顾客、企业与供方的关系变得更加密切和复杂。强

长见识

Access 2010 可将信息组织到表中，表是由行和列组成的，与会计人员的便笺簿或电子表格类似。在简单的数据库中，可能仅包含一个表。对于大多数数据库，可能需要多个表。

化管理，规范业务流程，提高透明度，加快商品资金周转，为流通领域信息管理全面网络化打下基础，是家电销售公司乃至众多商业企业梦寐以求的愿望。

随着技术的发展，计算机操作及管理日趋简化，计算机知识日益普及，同时市场经济快速发展，竞争激烈，因此企业采用计算机管理进货、库存、销售等诸多环节已成为趋势及必然。

进销存管理系统是一个典型的数据库应用程序，是根据企业的需求，为解决企业账目混乱，库存不准，信息反馈不及时等问题，采用先进的计算机技术而开发的，集进货、销售、存储多个环节于一体的信息系统。

15.2.1 需求分析

进销存管理系统的意义在于使用户方便地查找和管理各种业务信息，大大提高企业的经营效率和管理水平。

用户的需求主要有以下内容。

- ❖ 将订单、商品、供应商、客户、商品、进货、销售等信息录入管理系统，提供修改和查询。
- ❖ 能够对各类信息提供查询。
- ❖ 能够统计进出库的各类信息，对进库、销售、库存进行汇总，协调各部门的相互工作。

分析进销存管理系统的基本需求，得到本系统的数据工作流程。

15.2.2 模块设计

按照前面的需求分析，设计的进销存管理系统分为以下几个模块。

- ❖ 系统的基本配置模块：包括产品、供应商、客户的基本资料的录入。
- ❖ 产品进出库处理模块：主要包括对订单信息的处理和采购单的处理，一般产品入出库的处理。
- ❖ 查询模块：对系统中的各类信息，如供应商资料、出入库详细资料等进行查询，支持多个条件的复合查询。
- ❖ 报表显示模块：根据用户的需要和查询结果生成报表。

以上几个模块构成了要设计的进销存管理系统，其具备了最基本的功能。

15.3 数据库结构的设计

完成需求分析以后，下一步的工作是进行数据库的设计。

数据库的设计最重要的就是数据表结构的设计。数据表作为数据库中其他对象的数据源，表的结构设计得好坏直接影响数据库的性能，也直接影响整个系统设计的复杂程度，因此表的设计既要满足需求，又要具有良好的结构。设计具有良好表关系的数据表在系统开发过程中是相当重要的。

15.3.1 数据表结构需求分析

数据表把具有相同性质的数据存储在一起。按照这一原则，根据各个模块所要求的具体功能来设计数据表。

本系统中设计了10张数据表，各表存储的信息如下。

- ❖ “管理员”表：存放系统管理人员信息，一般是企业管理人员的用户名和密码。
- ❖ “产品信息”表：存储产品的基本信息，如产品编号、产品名称、规格型号、计量单位、供应商编号、产品类别等。
- ❖ “供应商”表：存放产品供应商的相关信息，比如供应商编号、供应商名称、联系人姓名、联系人职务、业务电话、电子邮件等。
- ❖ “客户”表：记录客户的基本信息，比如客户编号、客户姓名、客户地址、联系电话、电子邮件、备注等。
- ❖ “订单”表：记录订单的基本信息，如订单编号、客户编号、产品编号、供应商编号、销售单价、订购数量、订单金额、预订时间、订单时间等基本预订信息。
- ❖ “订单处理明细”表：除了订单基本信息外，还要增加付款信息和发货信息，如付款方式、付款时间、发货地址、发货时间、发货人等。
- ❖ “入库记录”表：存放产品入库的信息。
- ❖ “出库记录”表：存放产品出库的信息。
- ❖ “业务类别”表：记录进出库的业务类型。
- ❖ “库存”表：记录产品的库存信息。

当然，用户还可以在此基础上增加其他表，如采购表、员工表等，以进一步完善功能。

每一行称为“记录”，而每一列称为“字段”。记录是一种用来组合某事项的相关信息的有效且一致的方法。字段是单个信息项，即出现在每条记录中的项类型。

15.3.2 建立空数据库系统

下面先来建立一个空数据库。

操作步骤

1 打开 Access 2010，单击【可用模板】区域中的【空数据库】按钮，如下图所示。

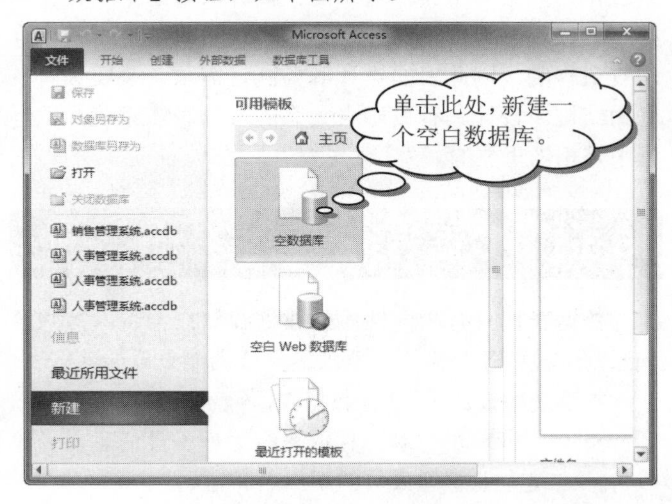

2 在右下角的【文件名】组合框中输入数据库名称为“销售管理系统”，并选择合适的路径。

3 单击【创建】按钮，完成该数据库的创建。系统自动建立了一个名为“表1”的数据表。

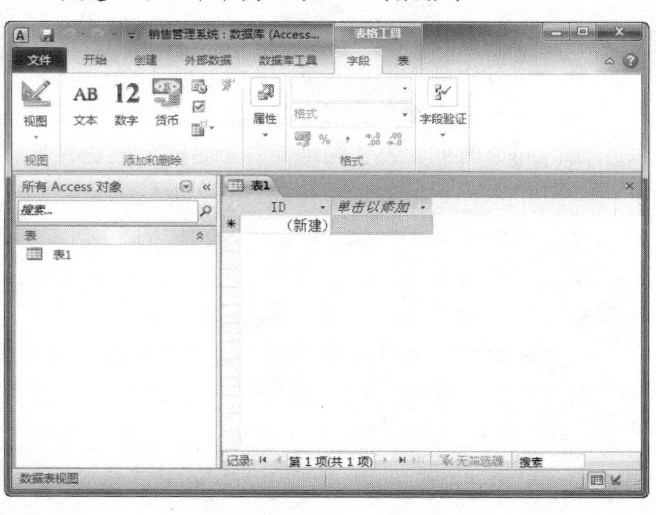

15.3.3 创建数据表

创建数据库以后，就要设计数据表了。表是整个系统中存储数据的唯一对象，是所有其他对象的数据源，表结构的设计直接关系着数据库的性能。

下面就来设计系统中用到的数据表，在设计的进销存管理系统中，一共用到了10张表，下面逐一介绍它们的设计。

1. “管理员”表

管理员是整个进销存管理系统的使用者，他负责管理和维护整个系统，包括产品的处理和信息的查询等。“管理员”表的字段结构如下表所示。

字段名	数据类型	字段宽度	是否主键
用户名	文本	18	否
密码	文本	18	否

2. “产品信息”表

“产品信息”表存储产品自身的一些属性，具体的字段结构如下表所示。

字段名	数据类型	字段宽度	是否主键
产品编号	数字	9	是
产品名称	文本	18	否
规格型号	文本	255	否
计量单位	文本	20	否
供应商编号	数字	9	否
产品类别	文本	18	否

3. “供应商”表

“供应商”表存储供应商的详细信息，该表的字段结构如下表所示。

字段名	数据类型	字段宽度	是否主键
供应商编号	数字	9	是
供应商名称	文本	18	否
联系人姓名	文本	18	否
联系人职务	文本	18	否
业务电话	文本	20	否
电子邮件	文本	40	否

长见识：每个表应包含一个列或一组列，用于对存储在该表中的每个行进行唯一标识。这通常是唯一的标识号，如雇员 ID 号或序列号。在数据库术语中，此信息称为表的主键。

4. “客户”表

“客户”表存储客户的基本信息。

“客户”表的字段结构如下表所示。

字 段 名	数据类型	字段宽度	是否主键
客户编号	数字	9	是
客户姓名	文本	18	否
客户地址	文本	255	否
联系电话	文本	20	否
电子邮件	文本	40	否
备注	文本	255	否

5. “订单”表

客户在订购产品时，要用到“订单”表，它记录了预订的基本信息。

“订单”表的字段结构如下表所示。

字 段 名	数据类型	字段宽度	是否主键
订单编号	数字	9	是
客户编号	数字	9	否
产品编号	数字	9	否
供应商编号	数字	9	否
销售单价	货币		否
订购数量	数字	10	否
订单金额	货币		否
预订时间	日期/时间		否
订单时间	日期/时间		否
备注	文本	20	否

6. “订单处理明细”表

该表主要存放对订单的全部处理信息，包括预订信息、付款信息和发货信息。

“订单处理明细”表的字段结构如下表所示。

字 段 名	数据类型	字段宽度	是否主键
订单编号	数字	9	是
客户编号	数字	9	否
产品编号	数字	9	
供应商编号	数字	9	否
预订时间	日期/时间		否
发货时间	日期/时间		
销售单价	货币		否
订购数量	数字	10	否
订单金额	货币		否
付款方式	文本	8	否
付款时间	日期/时间		否
发货地址	文本	255	否
发货人	文本	18	否
状态	文本	40	否

7. “入库记录”表

“入库记录”表记录产品入库的基本信息，其字段结构如下表所示。

字 段 名	数据类型	字段宽度	是否主键
入库编号	数字	20	是
业务类别	数字	2	否
产品编号	数字	9	否
供应商编号	数字	9	否
入库时间	日期/时间		否
入库单价	货币		否
入库数量	数字	10	否
入库金额	货币		否
经办人	文本	18	否

8. “出库记录”表

“出库记录”表记录产品出库的基本信息，其字段结构如下表所示。

字 段 名	数据类型	字段宽度	是否主键
出库编号	数字	20	是
业务类别	数字	2	否
产品编号	数字	9	否
供应商编号	数字	9	否
出库时间	日期/时间		否
出库单价	货币		否
出库数量	数字	10	否
出库金额	货币		否
经办人	文本	18	否

9. “业务类别”表

“业务类别”表存放企业内部产品进出的几种业务

如果字段中存储不用于计算的数字或者文本与数字的组合，并且字符长度不是特别长时，用户可以将该字段设置为文本型，然后设置该字段所占用的空间。

类型，其字段结构如下表所示。

字 段 名	数据类型	字段宽度	是否主键
业务类别	数字	9	是
业务名称	文本	20	否
收发标志	是/否		否

10. “库存”表

“库存”表记录产品的库存信息，其字段结构如下表所示。

字 段 名	数据类型	字段宽度	是否主键
产品编号	数字	9	是
供应商编号	数字	9	是
库存量	数字	10	否

15.3.4 定义数据表之间的关系

数据表中按主题存放了各种数据记录。在使用时，用户从各个数据表中提取出一定的字段进行操作。这其实也就是关系型数据的工作方式。

要保证数据库里各表之间的一致性和相关性，就必须建立表之间的关系。

用户在“进销存管理系统”数据库中完成数据表字段设计后，就需要建立各表之间的关系。

提示

在建立表的关系之前，要先为表建立主键。表关系的建立实际上是一张表的主键和另一张相关表之间的联系。

下面以建立“产品信息”表和“出库记录”表之间的表关系为例，说明建立表关系的主要操作步骤。

操作步骤

1. 启动 Access 2010，打开“进销存管理系统”数据库。
2. 切换到【数据库工具】选项卡，单击【关系】组中的【关系】按钮，如下图所示。

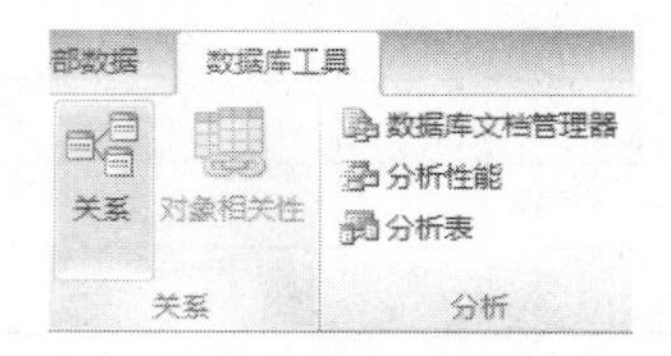

3. 单击右键，在弹出的快捷菜单中选择【显示表】命令，按住 Ctrl 键，单击选择所有的表，然后单击【添加】按钮，把所有的表都添加上去，如下图所示。

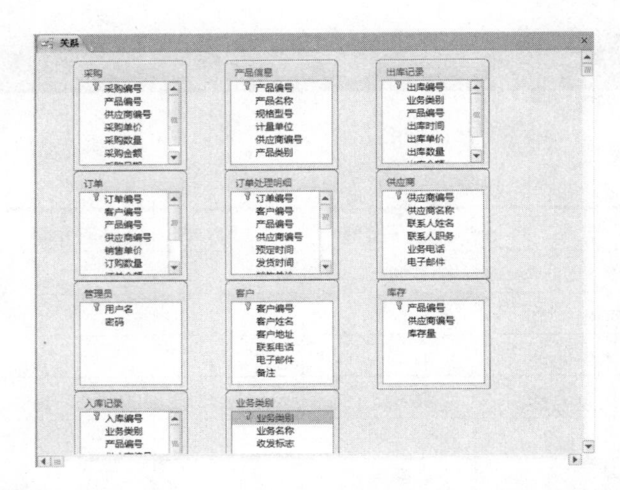

4. 设置表的参照完整性。这里以“产品信息”表中的“产品编号”字段与“出库记录”表中的“产品编号”字段为例。按下鼠标左键拖动“产品信息”表中的“产品编号”字段到“出库记录”表中的“产品编号”字段上，释放鼠标左键，系统弹出【编辑关系】对话框，如下图所示。

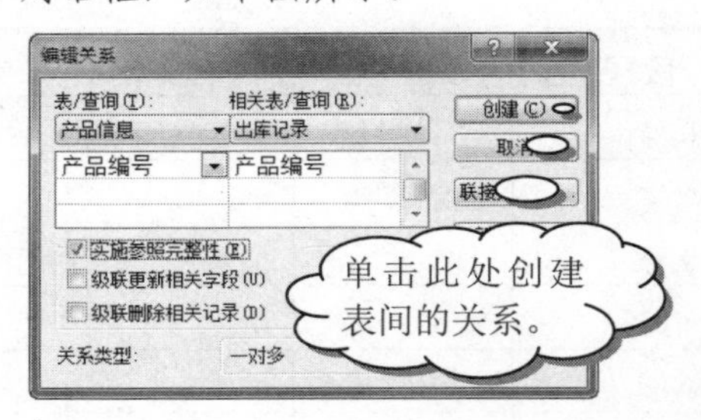

5. 选中【实施参照完整性】复选框，这样就建立了表间的一对多关系，如下图所示。

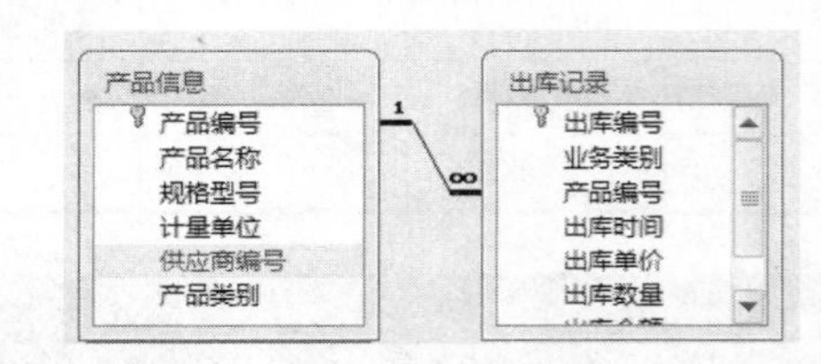

按照同样的步骤，可以建立起其他表间的关系。最终建立了如下图所示的关系图。

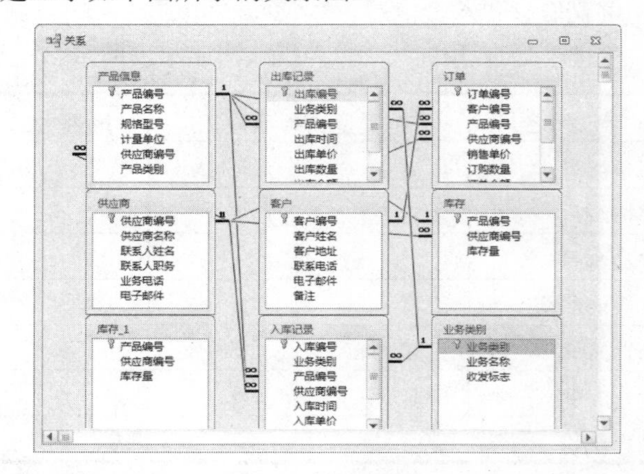

长见识 主键中不能有重复的值。例如，不要使用人名作为主键，因为姓名不是唯一的，很容易在同一个表中出现两个同名的人。

在设计的数据库表中，各种表关系如下表所示。

表　名	字段名称	相关表名	字段名称
供应商	供应商编号	产品信息	供应商编号
供应商	供应商编号	入库记录	供应商编号
供应商	供应商编号	出库记录	供应商编号
供应商	供应商编号	库存	供应商编号
供应商	供应商编号	订单	供应商编号
供应商	供应商编号	订单处理明细	供应商编号
产品信息	产品编号	订单	产品编号
产品信息	产品编号	订单处理明细	产品编号
产品信息	产品编号	入库记录	产品编号
产品信息	产品编号	出库记录	产品编号
产品信息	产品编号	库存	产品编号
业务类别	业务类别	入库记录	业务类别
业务类别	业务类别	出库记录	业务类别

保存该设置，就完成了建立表关系的全部操作。

15.4　窗体的实现

在前面的内容中，已经建立了数据库后端的数据表，并设计了它们之间的关系。

而直接与用户接触的前端对象窗体，是一个访问的平台，用户通过它查看和访问数据库，实现数据的输入等。

下面逐一讲解如何建立系统的所有窗体。

15.4.1　“登录”窗体

“登录”窗体是用户使用的第一个窗体，它保证了系统的安全性。接下来讲解“登录”窗体的制作过程。

操作步骤

1. 启动 Access 2010，打开“销售管理系统”数据库。
2. 切换到【创建】选项卡，选择【窗体】组中【其他窗体】下拉列表框中的【模式对话框】命令，如下图所示。

3. 出现一张空白窗体，并且已有两个按钮：【确定】和【取消】，如下图所示。

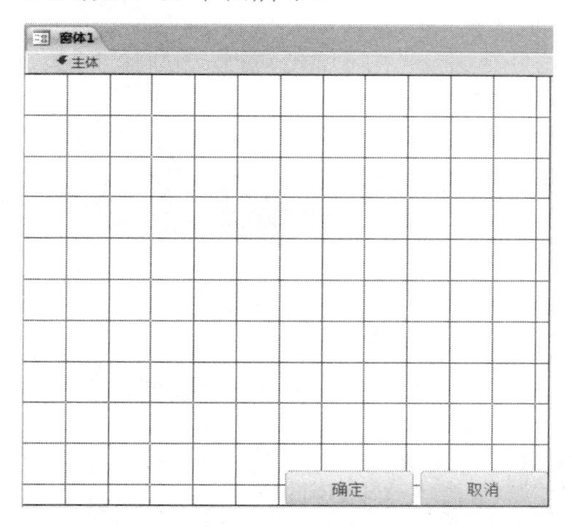

提示

在模式对话框窗体中，也可以不使用系统生成的命令按钮，而是自己添加两个按钮。

4. 调整窗体布局，在窗体上添加几个控件，属性值的设置如下表所示。

控件名称	属　性	属 性 值
Label1	标题	进销存管理登录
Label2	标题	用户名：
Label3	标题	密码：
Txt_name		
txtpwd	输入掩码	密码
Btn_ok		
Btn_cancel		

5. 设置主体背景颜色。在主体区域右击，在弹出的快捷菜单中选择【填充/背景色】命令，弹出如下图所示的选项。

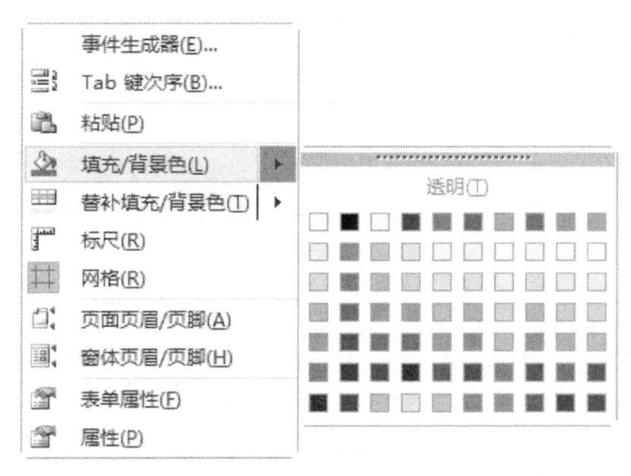

6. 调整窗体布局，完成后的【登录】窗体如下图所示。

主键必须始终具有值。如果某列的值可以在某个时间变成未分配或未知（缺少值），则该值不能作为主键的组成部分。 长见识

15.4.2 “切换面板”窗体

切换面板是整个销售管理系统的入口点，可以进行多种功能的操作。下面将运用窗体的设计视图，设计本系统的“切换面板”窗体。

操作步骤

1. 启动 Access 2010，打开“销售管理系统”数据库。
2. 切换到【创建】选项卡，单击【窗体】组中的【窗体设计】按钮，出现一张空白窗体。

3. 调整窗体布局。添加一个“矩形”控件，“背景”属性设置为“#9DBB61”。添加标题控件，并将标题设置为“销售管理系统示例”。添加一个徽标控件，图片为“罗斯文.png”，创建的效果如下图所示。

4. 利用命令按钮控件和标签控件，为窗体添加几个按钮和标签，来处理管理员的操作。各个控件的属性设置如下表所示。

控件名称	属　性	属 性 值
Image2	图片	儿童.jpg
Label1	标题	销售管理系统示例
Label2	标题	订单处理
Label3	标题	产品入库
Label4	标题	发货确认
Label5	标题	供应商资料查询
Label6	标题	进货资料查询
Label7	标题	修改密码
Option1	标题	
Option2	标题	
Option3	标题	
Option4	标题	
Option5	标题	
Option6	标题	
Btn_retrun	标题	退出系统

续表

5. 这样就完成了【切换面板】窗体的创建，最终结果如下图所示。

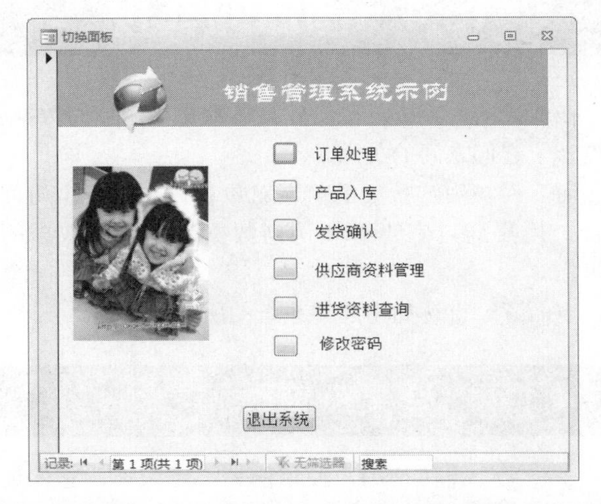

15.4.3 “订单处理”窗体

接收订单是进销存管理系统运行的起点，所以“订单处理”模块要有新增、修改、删除及查看订单的功能。下面使用窗体向导设计本系统的“订单处理”窗体，具体操作步骤如下。

操作步骤

1. 启动 Access 2010，打开“销售管理系统”数据库。
2. 切换到【创建】选项卡，单击【窗体】组中的【窗体向导】按钮，如下图所示。

应该始终选择其值不会更改的主键。在使用多个表的数据库中，可将一个表的主键作为引用在其他表中使用。如果主键发生更改，还必须将此更改应用到其他任何引用该键的位置。

❸ 按照前面章节介绍的步骤，在【表/查询】下拉列表框中选择“表：订单”，将【可选字段】列表框中的所有字段加入【选定字段】列表框中，然后依次确定即可。系统自动生成的窗体如下图所示。

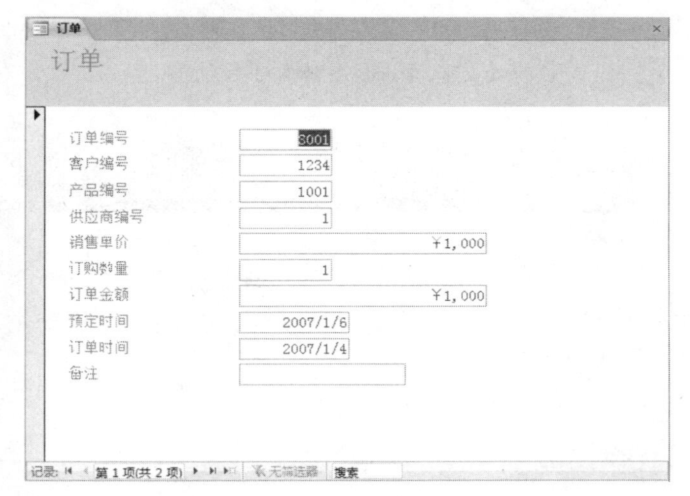

❹ 若要加上按钮控件，首先进入该窗体的设计视图，切换到【窗体设计工具】选项卡，单击【控件】组下的【使用控件向导】选项，则所有添加控件的操作都会在向导模式下进行。

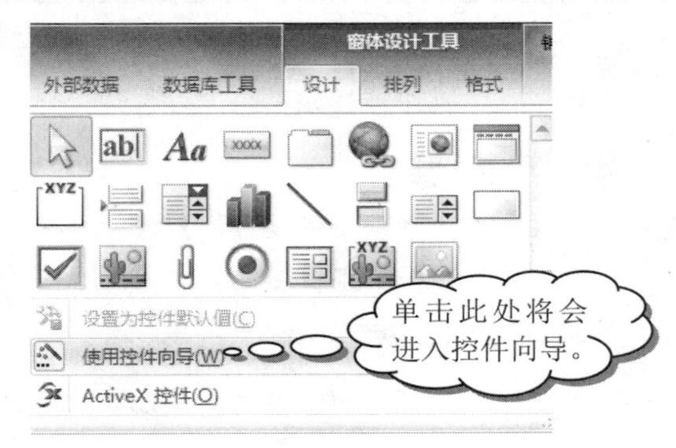

❺ 单击【按钮】按钮，出现下图所示的【命令按钮向导】对话框，以“保存记录”为例加以说明。

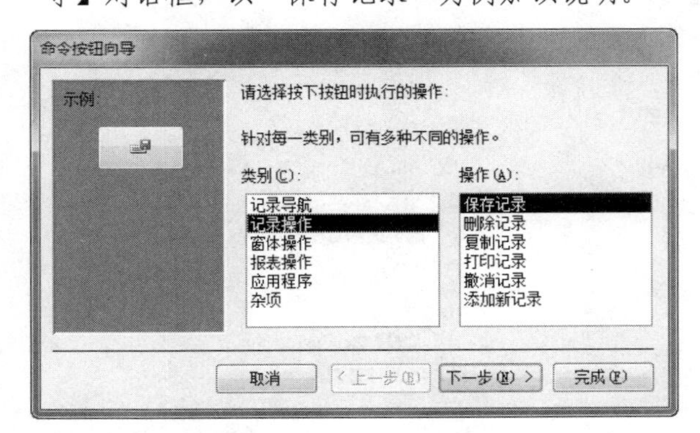

❻ 单击【下一步】按钮，为按钮添加合适的图标或者文字，如下图所示。

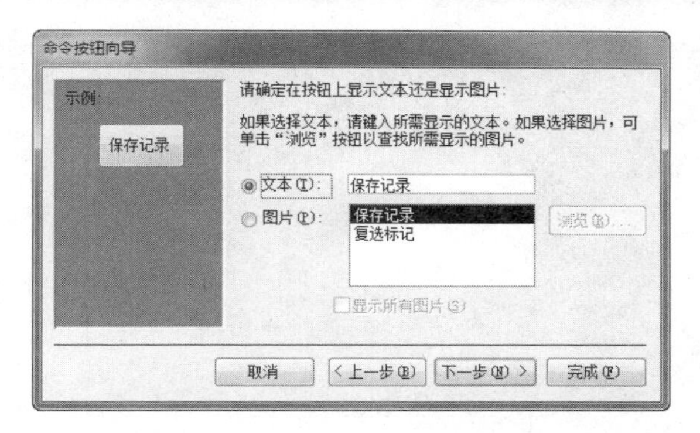

❼ 单击【下一步】按钮，在弹出的指定按钮名称对话框中输入该按钮的名称，如下图所示。

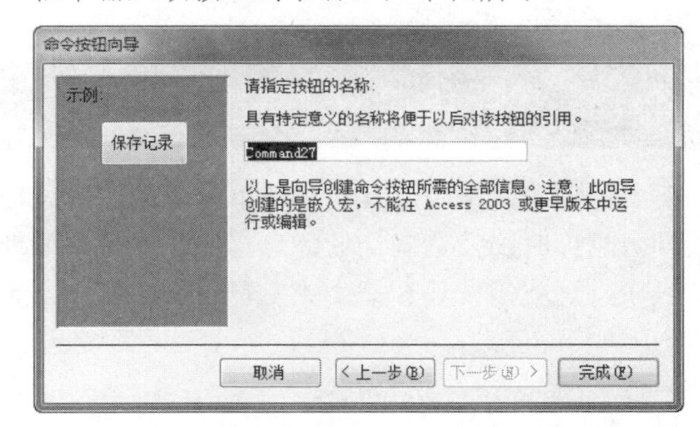

提示

在这里设置名称与在【属性表】窗格中设置名称的效果是一样的。

❽ 修改下表所示主要控件的属性，设置窗体的页眉和页脚。

控件名称	属　性	属 性 值
Image1	图片	罗斯文.png
Text1	控件来源	=Replace("订单 #|","|", Nz([订单编号],"(新)"))
Btn_add	背景样式	透明
Btn_save	背景样式	透明
Btn_del	背景样式	透明
Btn_query	背景样式	透明
Btn_return	背景样式	透明
Label7	背景样式	透明
Option1~Option6	标题	
Btn_retrun	标题	退出系统

❾ 这样就完成了“订单处理”窗体的创建过程，完成后的界面如下图所示。

通常将任意唯一数字作为主键使用。例如，可能会为每个订单分配一个唯一的订单号。订单号的唯一用途是对订单进行标识。分配后，订单号永远不可更改。

长见识

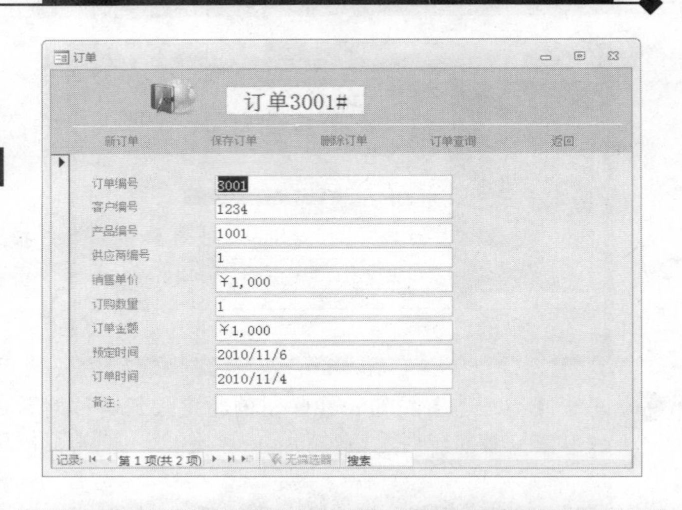

15.4.4 “发货确认”窗体

所要处理的发货确认其实是订单处理的后续过程。在设计数据库时把发货确认的信息存储在“订单处理明细”表中，这就需要设计一个“发货确认”窗体，具体操作步骤如下。

操作步骤

1. 单击右键，在弹出的快捷菜单中选择【窗体页眉/页脚】命令，设置窗体页眉。步骤和前面一样，这里不再赘述。
2. 在窗体上添加控件，属性如下表所示。

控件名称	属性	属性值
Label2	标题	请查看下面的订单信息:
Txt_no	所有属性	默认
Label_type	标题	支付方式
Combo1	行来源	“支票”“信用卡”“现金”
Label_date	标题	付款日期
Txt_paydate	所有属性	默认
Label_address	标题	送货地址
Txt_address	所有属性	默认
Label_name	标题	送货人
Txt_name	所有属性	默认
Label_date2	标题	送货日期
Txt_date	所有属性	默认
Btn_ok	标题	确认
Btn_cancel	标题	取消
Btn_return	标题	返回

提示

这里设定了组合框中值的来源。读者可以在【属性表】窗格中【数据】选项卡下的【行来源】属性中进行设置。

3. 完成后的【发货确认】窗体如下图所示。

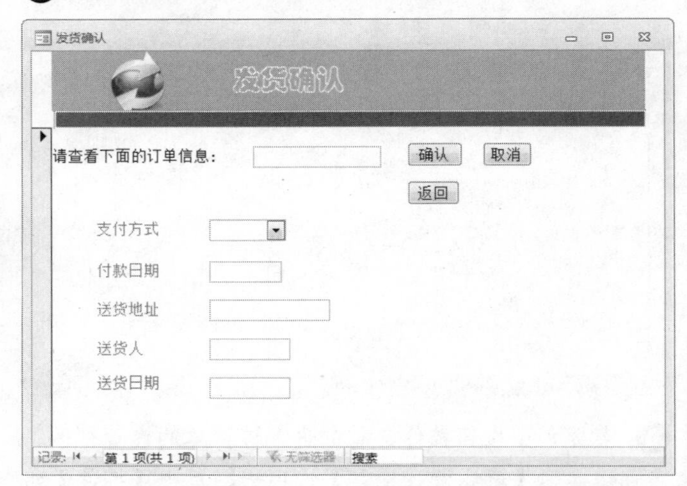

15.4.5 “产品进库”窗体

这一节主要研究用窗体的设计视图来创建“产品进库”窗体，具体操作步骤如下。

操作步骤

1. 单击【创建】选项卡中【窗体】组中的【窗体设计】按钮，会出现一个空白窗体。

2. 为窗体设计一个窗体页眉，单击右键，弹出如下图所示的快捷菜单。

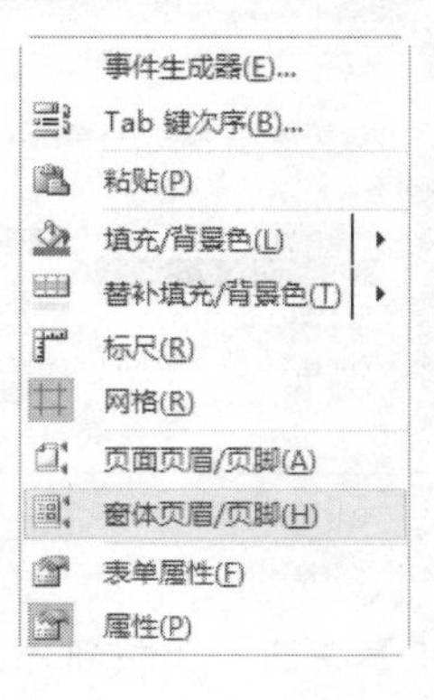

❸ 选择【窗体页眉/页脚】命令，窗体中出现【窗体页眉】区域，如下图所示。

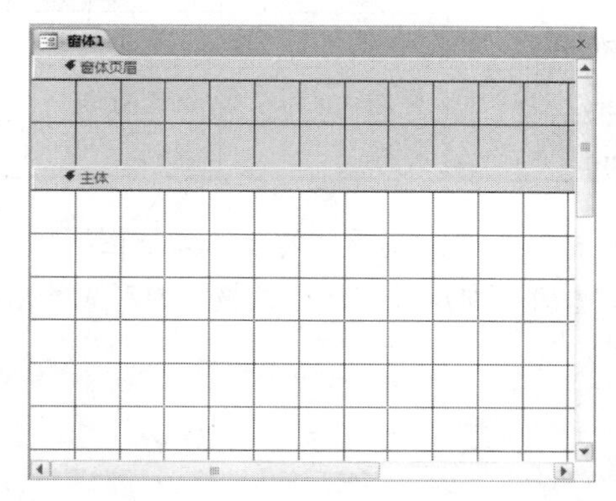

❹ 设置标签标题为“产品进库信息”；设置徽标是为了将图片插入窗体、报表或表单，进而达到实现丰富界面效果的目的。

❺ 为窗体添加表中的字段。单击【主体】区域，单击【设计】选项卡下的【添加现有字段】按钮，弹出【字段列表】窗格，如下图所示。

❻ 将“入库记录”表的所有字段添加到窗体上，并排列整齐。

❼ 为窗体增加4个导航按钮，分别实现“转至第一项记录”“转至前一项记录”“转至最后一项记录”和“转至最后一项记录”功能。添加的方法是利用【命令按钮向导】对话框，如下图所示。

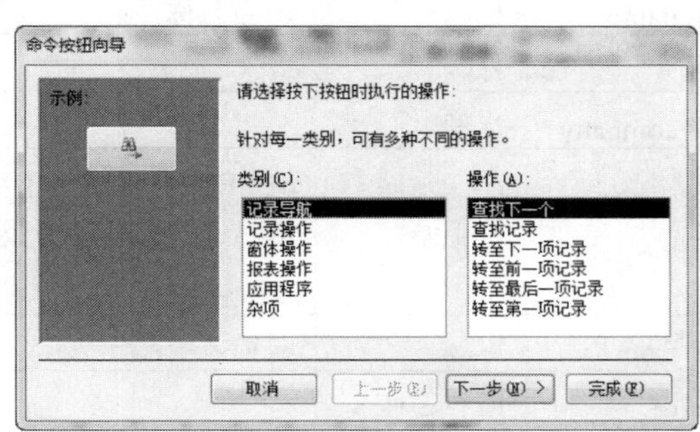

❽ 如果需要还可以为窗体加上其他几个功能按钮，例如：“添加记录”“保存记录”“删除记录”“进货查询”“库存查询”“返回”等，具体按钮代码可以在配套素材中自行取用。

❾ 如果要查看数据表格式的入库记录，可以在窗体上添加一个子窗体。

❿ 单击【控件】组中的【子窗体/子报表】按钮，并拖放到窗体中，出现【子窗体向导】对话框，如下图所示。

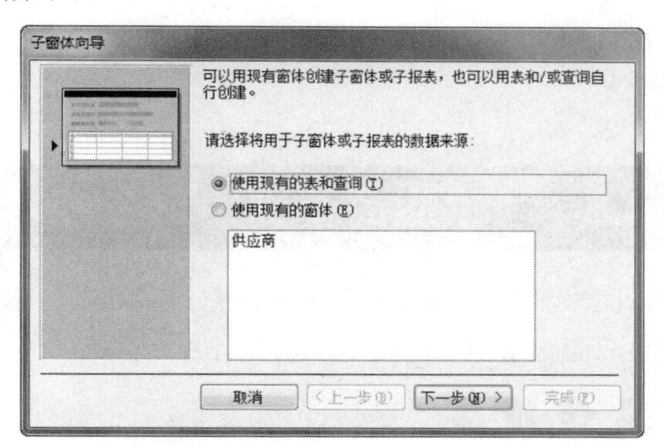

⓫ 选中【使用现有的表和查询】单选按钮，单击【下一步】按钮，弹出选择字段的对话框。在该对话框的【表/查询】下拉列表框中选择【表：入库记录表：入库记录】选项，并把【入库记录】表的全部字段加入【选定字段】列表框中，如下图所示。

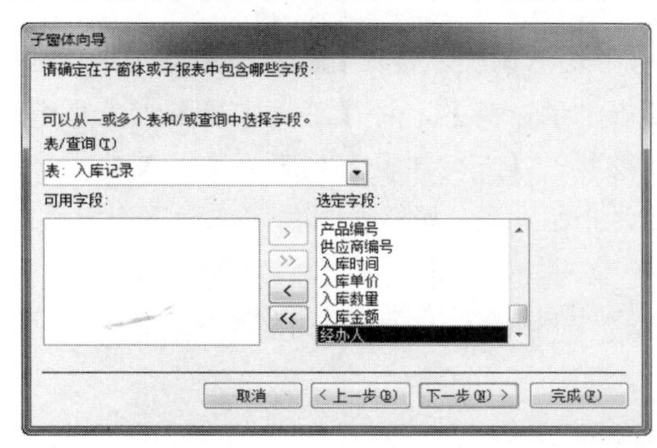

⓬ 单击【下一步】按钮，在弹出的对话框中输入子窗体的名称，如下图所示。

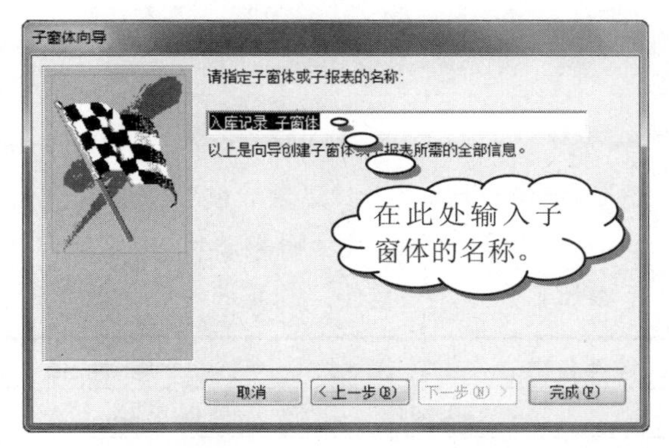

⓭ 调整窗体的布局，这样就完成了【产品进库信息】窗体的创建。最终的创建效果如下图所示。

学以致用系列丛书

使用“自动编号”数据类型时，Access将自动分配一个值。这样的标识符不包含事实数据，即不包含描述它所表示的行的事实信息。

长见识

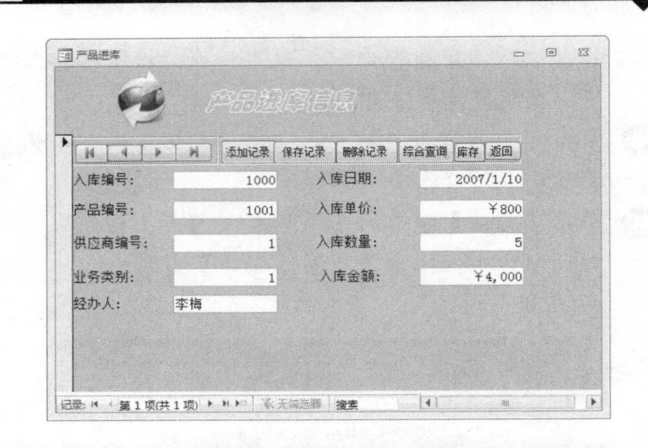

15.4.6 “供应商查询编辑”窗体

下面来制作“供应商”窗体，它具有增加、修改、删除供应商记录信息的功能，还具有查询供应商的功能。

操作步骤

1. 切换到【创建】选项卡，单击【窗体】组下的【窗体向导】按钮，如下图所示。

2. 按照向导的提示，在【表/查询】下拉列表框中选择【表：供应商】，将【可选字段】列表框中的所有字段加入【选定字段】列表框中。其他内容按照前面的介绍设置，最后生成的窗体如下图所示。

3. 还要为这个窗体加上“记录导航”按钮和“记录操作”按钮，注意使用控件向导添加。

4. 还添加了另外几个控件，其属性设置如下表所示。

控件名称	属　性	属 性 值
Image1	图片	罗斯文.png
Label1	标题	供应商管理查询
Txt_date1		

续表

控件名称	属　性	属 性 值
Txt_date2		
Btn_query	标题	销售查询
Btn_return	标题	返回

5. 调整窗体布局，完成后的窗体如下图所示。对于这个窗体的查询结果，将会以报表的形式给出。

15.4.7 “进货资料查询”窗体

这里所设计的“进货资料查询”窗体主要用于查询进货的详细信息，包括产品名称、供应商名称、入库日期等。在这里将用子窗口的方式来显示查询结果。

操作步骤

1. 切换到【创建】选项卡，单击【窗体】组中的【窗体设计】按钮。

2. 添加若干控件，并设置它们的属性值，具体情况如下表所示。

控件名称	属　性	属 性 值
Label1	标题	进货资料查询
Label2	标题	请选择查询的条件：
Label_name	标题	产品名称
txt_wuzi	标题	
Label_company	标题	公司名称
Combo1	行来源	SELECT 供应商名称 FROM 供应商 ORDER BY 供应商名称;
Label_from	标题	日期范围：
txt_date1	所有属性	
Labet_to	标题	至
txt_date2	所有属性	

长见识

不包含事实数据的标识符非常适合作为主键使用，因为它们不会更改。包含有关某一行的事实数据的主键(如电话号码或客户名称)很有可能会改变，因为事实信息本身可能会更改。

续表

控件名称	属　性	属 性 值
Label_rule	标题	格式为 yy-mm-dd
Label_person	标题	经办人
进货资料查询子窗体	源对象	查询.进货资料查询
Txt_person	所有属性	默认
Btn_query	标题	查询
Btn_cancel	标题	清除
Btn_return	标题	返回

❸ 调整窗体布局，完成“进货资料查询”窗体的创建，最终效果如下图所示。

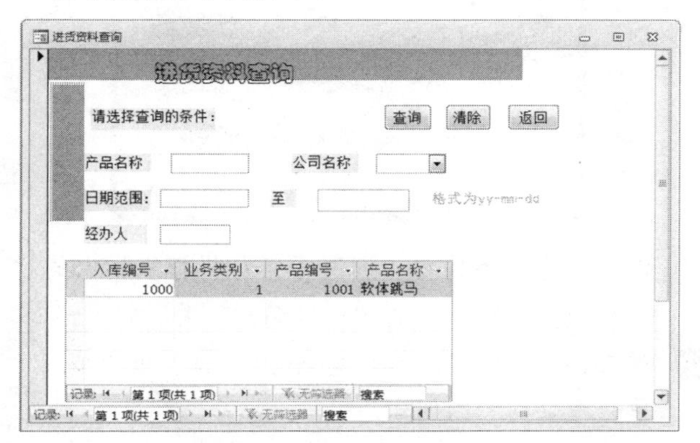

提示

在加入“进货资料查询”子窗体时，不使用向导方式，而是直接指定“源对象”，结果和用向导生成子窗体的效果一样。要关闭“控件向导”，方法是单击它，使之变成灰色。

15.4.8 “密码管理”窗体

这里还设计了密码管理窗体，便于管理员增加、修改和删除用户。为了记录修改的密码，还设计了窗体“新密码”，用来记录用户的新密码。

“密码管理”窗体控件如下表所示。

控件名称	属性	属性值
Btn_add	标题	增加
Btn_xiugai	标题	修改
Btn_del	标题	删除
Btn_return	标题	返回
Label_name	标题	用户名：
Label_pwd	标题	密码：

续表

控件名称	属性	属性值
Label_pwd2	标题	确认密码：
Txt_name		
Txt_pwd1		
Txt_pwd2		

完成后的“密码管理”窗体如下图所示。

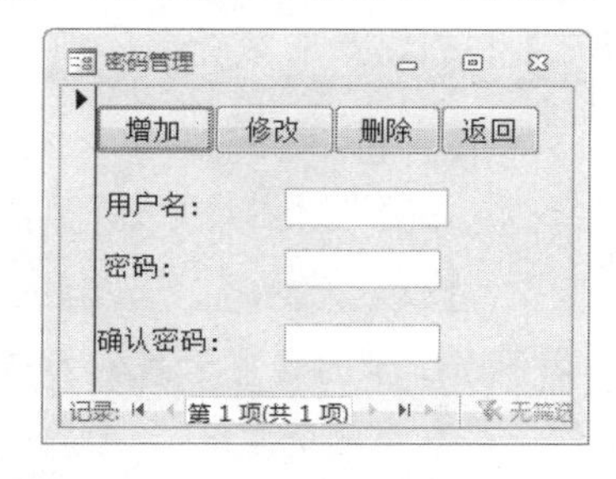

“新密码”窗体控件如下表所示。

控件名称	属　性	属 性 值
Label_pwd1	标题	请输入新密码：
Label_pwd2	标题	请再次输入：
New_pwd1		
New_pwd2		
Command1	标题	确定
Command0	标题	取消

完成后的“新密码”窗体如下图所示。至此，我们已经完成了所有的窗体制作。

15.5 查询的实现

前面基本完成了进销存管理系统窗体的设计。但是建立的窗体都是一些静态的页面，还必须通过建立相应的查询和编码，使系统能够实现交互。

下面详细讲述查询部分的实现方法。

创建表有多种不同的方法，用户可以根据自己的习惯和工作的难易程度选择合适的创建方法。直接输入、表模板、表的设计视图是最常用的创建表的方法。

15.5.1 “订单处理查询”的设计

“订单处理查询”是在“订单”窗口中提供的一个功能。用户通过输入订单号，来查询订单处理的明细情况。下面使用“查询向导”来创建该查询。

操作步骤

1. 切换到【创建】选项卡，然后单击【查询】组中的【查询设计】按钮，如下图所示。

2. 系统弹出如下图所示的【显示表】对话框，提示加入所需要的表，如下图所示。

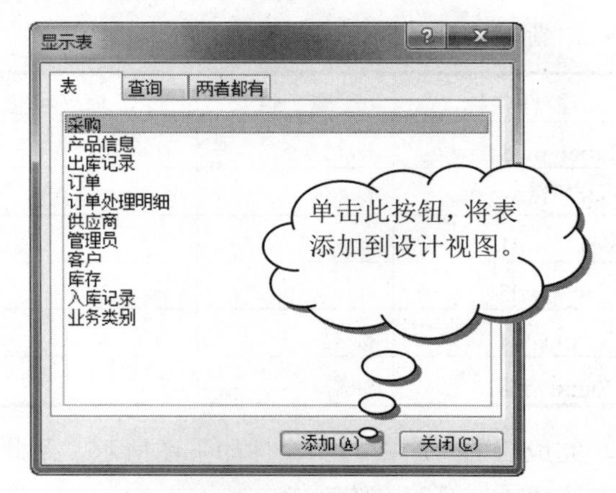

3. 选择“订单处理明细”表，单击【添加】按钮，将该表添加到查询的设计视图中。
4. 依次选择该表中的全部字段，将其添加到查询的设计网格中，如下图所示。

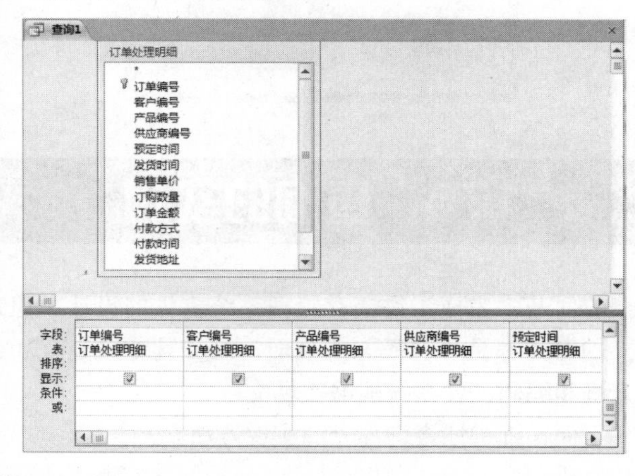

5. 为字段添加查询条件。右击【订单编号】字段查询网格的【条件】行，在弹出的快捷菜单中选择【生成器】命令，如下图所示。

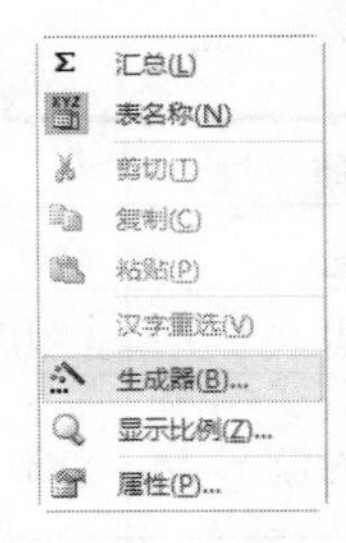

6. 系统弹出【表达式生成器】对话框，从中为查询的字段设置条件，将它和窗体上的控件值联系到一起，如下图所示。

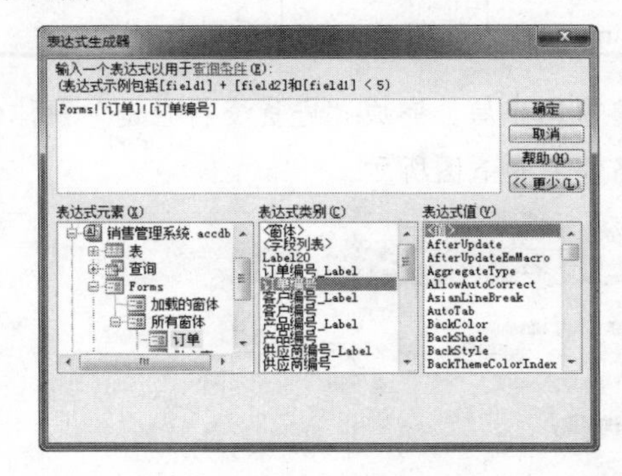

输入的查询条件如上图所示，这样把查询中的“订单编号”和窗体上的“订单编号”关联起来。

7. 保存该查询为“订单处理查询”。这样就完成了“订单处理查询”的创建。

15.5.2 “供应商销售查询”的设计

对于供应商资料的查询，主要考虑通过客户的订单信息来查询供应商的销售信息，然后通过窗体显示查询结果。其操作步骤如下。

操作步骤

1. 切换到【创建】选项卡，然后单击【查询】组中的【查询设计】按钮。
2. 在弹出的【显示表】对话框中，依次把“供应商”表、“订单”表和“产品信息”表添加到查询的设计视图中，然后关闭该对话框，如下图所示。

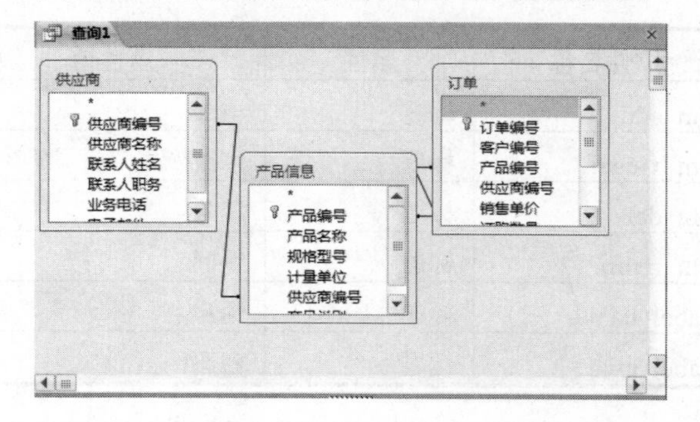

长见识 数据库就是一个容器，存储各种数据库对象。具有不同功能的数据库对象相互联系，构成了一个完整的数据库系统。

❸ 选择要进行查询的字段。双击选择的字段，即可将字段加入下面的查询设计网格中，最终结果如下图所示。

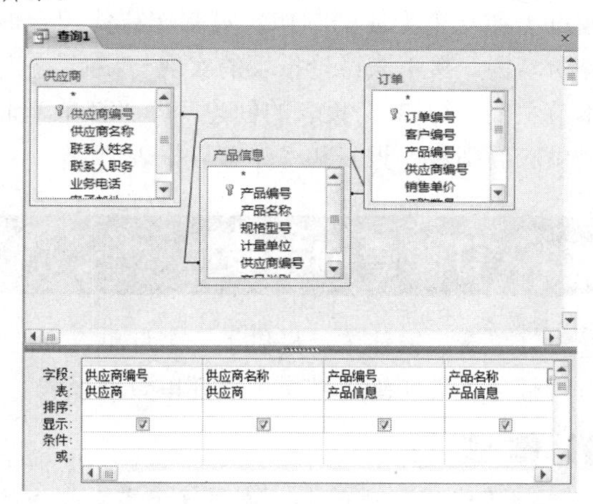

❹ 为字段添加查询条件。右击【供应商编号】字段查询网格中的【条件】行，在弹出的快捷菜单中选择【生成器】命令，如下图所示。

❺ 在弹出的【表达式生成器】对话框中，为“供应商编号”字段设置查询条件，如下图所示。

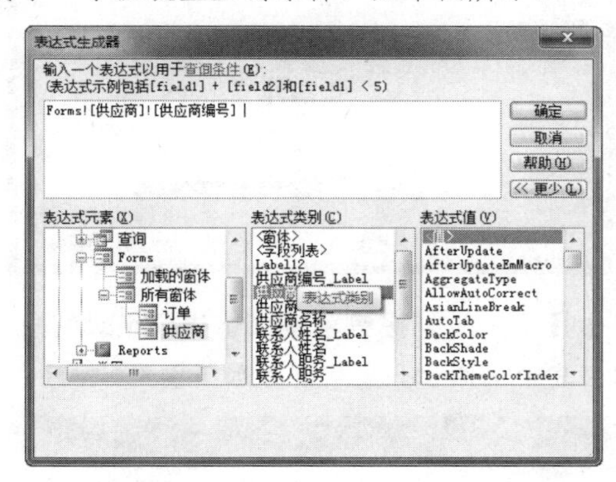

❻ 按照同样的步骤，设置字段的查询条件。整个查询条件设置如下表所示。

续表

字　段	表	排序	条　件
供应商编号	供应商	无	[Forms]![供应商]![供应商编号]
供应商名称	供应商	无	
产品编号	产品信息	升序	
产品名称	产品信息	无	
产品类别	产品信息	无	
订购数量	订单	无	
预订时间	订单	无	Between [Forms]![供应商]![txt_date1] And [Forms]![供应商]![txt_date2]

❼ 保存该查询为“供应商销售查询”，这样就完成了该查询的创建。

15.5.3 “进货资料查询”的设计

和前面两节的步骤类似，下面来创建“进货资料查询”。其相关表为“入库记录”表、“产品信息”表和“供应商”表。

建立的字段信息如下表所示。

字　段	表	排　序	条　件
入库编号	入库记录	无	
业务类别	入库记录	无	
产品编号	产品信息	无	
产品名称	产品信息	无	
产品类别	产品信息	无	
供应商编号	供应商	无	
供应商名称	供应商	无	
入库时间	入库记录	升序	
入库单价	入库记录	无	
入库数量	入库记录	无	
入库金额	入库记录	无	
经办人	入库记录	无	

提示

在这里没有设置获取字段的条件，是因为设计这个窗体的时候，直接用窗体的过滤设置来获得查询结果。

该查询的设计视图如下图所示。

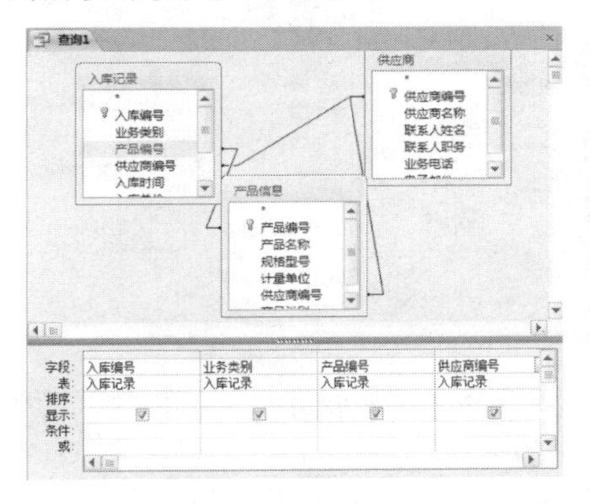

学以致用系列丛书

设计表，实际上就是设计表的各个字段，包括字段的数据类型、字段属性等。如果用表模板，各种字段和字段属性都已经设置好，用户直接修改使用即可。

长见识

设计完成以后，保存该查询为“进货资料查询”，完成该查询的创建。

15.5.4 “库存查询”的设计

和前面几节一样，下面来设计“库存查询”。

操作步骤

❶ 切换到【创建】选项卡，然后单击【查询】组中的【查询设计】按钮，如下图所示。

❷ 在弹出的【显示表】对话框中，将【库存】表和【产品信息】表添加到查询的设计视图中，将该表中的所有字段添加到查询设计网格中，如下图所示。

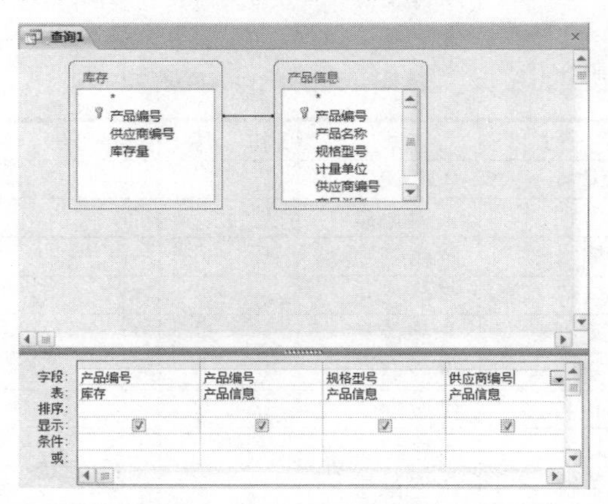

❸ 为字段添加条件。右击【产品编号】字段的【条件】行，在弹出的快捷菜单中选择【生成器】命令。

❹ 系统弹出【表达式生成器】对话框，在该对话框中为查询的字段设置条件，将它和窗体上的控件值联系到一起。设置的查询条件如下图所示。

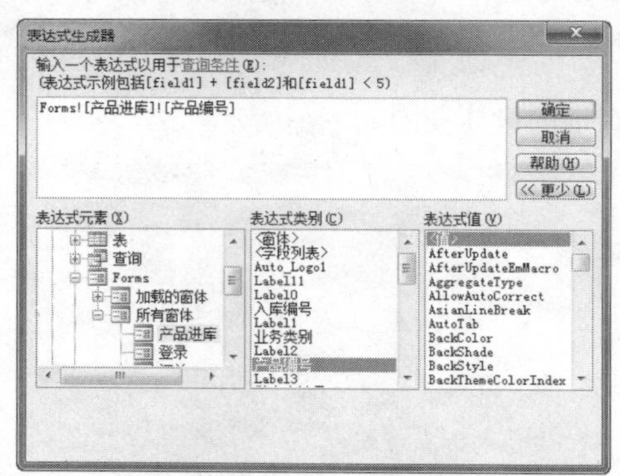

❺ 保存该查询为“库存查询”，这样就完成了“库存查询”的创建。

15.6 报表的实现

通过上面几个窗体的制作，对制作窗体和查询应该已经有所掌握。接下来讨论报表的实现与显示。

本节主要介绍 3 个报表的创建，即“订单查询”报表、“供应商销售”报表和“库存”报表。

15.6.1 订单查询报表

在“订单表”窗体中，提供了一个订单查询的功能，用来查询订单处理明细，结果用“订单查询报表”显示。

操作步骤

❶ 切换到【创建】选项卡，单击【报表】组中的【报表向导】按钮，如下图所示。

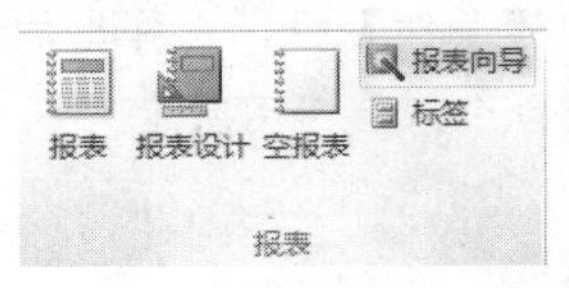

❷ 系统弹出【报表向导】对话框，在【表/查询】下拉列表框中选择【查询：订单查询】选项，然后把所有字段作为选定字段，如下图所示。

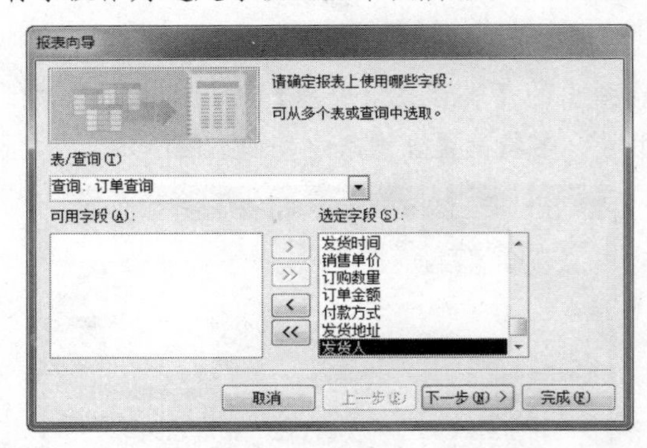

❸ 单击【下一步】按钮，弹出选择分组级别对话框。本报表中不添加分组级别，如下图所示。

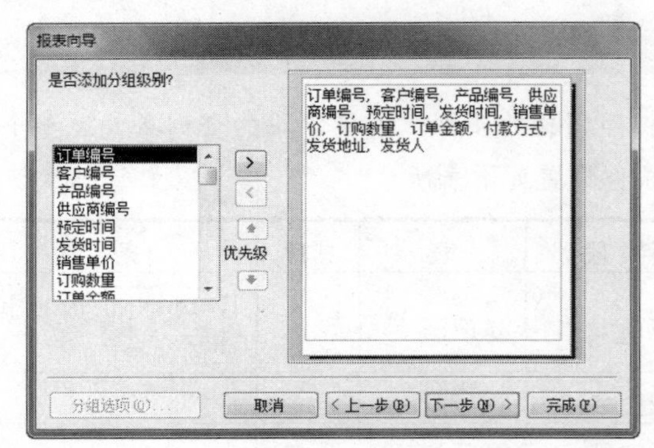

 长见识

设计字段数据类型，所遵循的基本原则就是既要保证能够存储下数据，又要尽可能减少占用的存储空间。

❹ 单击【下一步】按钮，在弹出的对话框中选择“订单编号”作为排序字段，按升序排序，如下图所示。

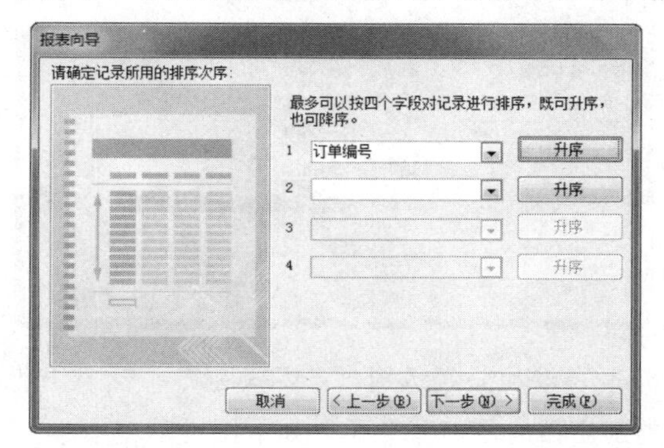

❺ 单击【下一步】按钮，在弹出的对话框中选择布局方式为【表格】，布局方向为【纵向】，如下图所示。

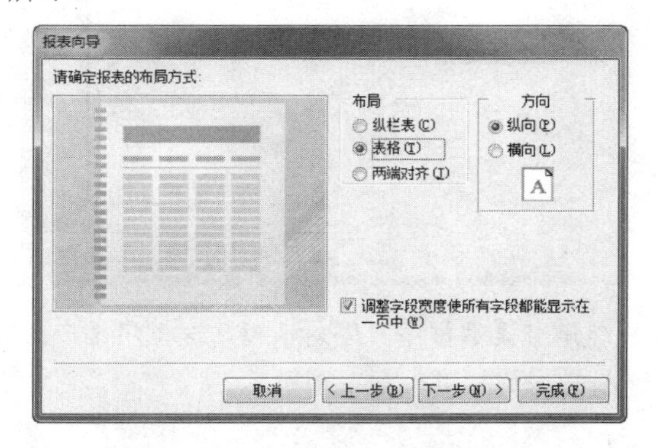

❻ 单击【下一步】按钮，输入该报表的名称为“订单查询报表”，如下图所示。

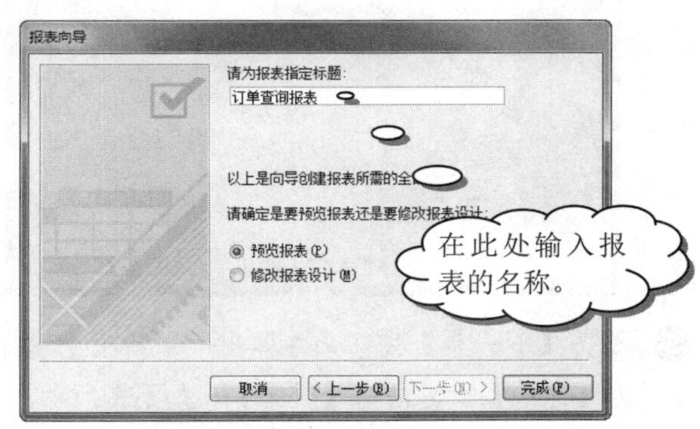

❼ 单击【完成】按钮，完成“订单查询报表”的创建。此时该报表的设计视图如下图所示。

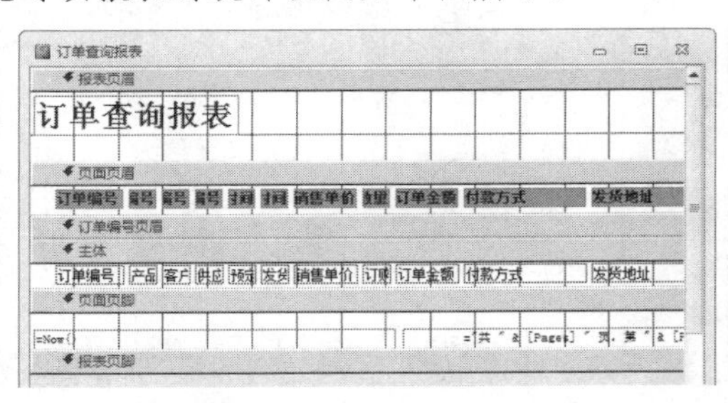

15.6.2　供应商销售报表

与 15.6.1 节类似，下面建立“供应商销售”报表，作为供应商销售查询的输出结果。

操作步骤

❶ 切换到【创建】选项卡，单击【报表】组中的【报表向导】按钮，如下图所示。

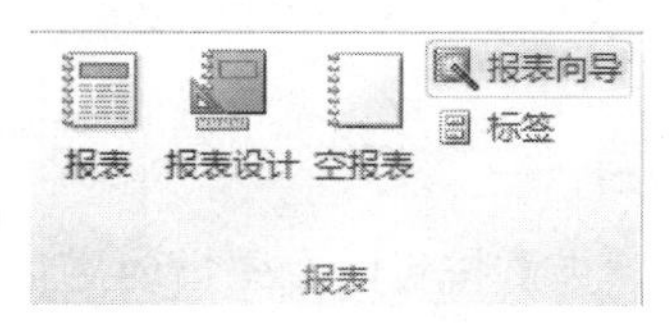

❷ 在弹出的【报表向导】对话框中，选择报表的数据源为【查询：供应商销售查询】选项，然后把查询中的所有字段作为选定字段，如下图所示。

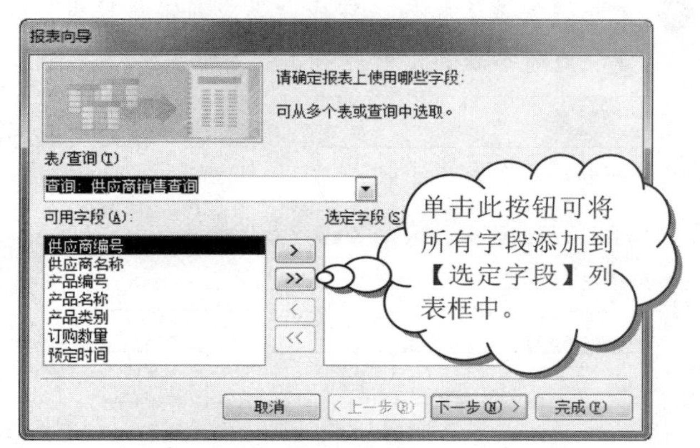

❸ 单击【下一步】按钮，在弹出的对话框中选择数据的查看方式。这里选择【通过供应商】选项，如下图所示。

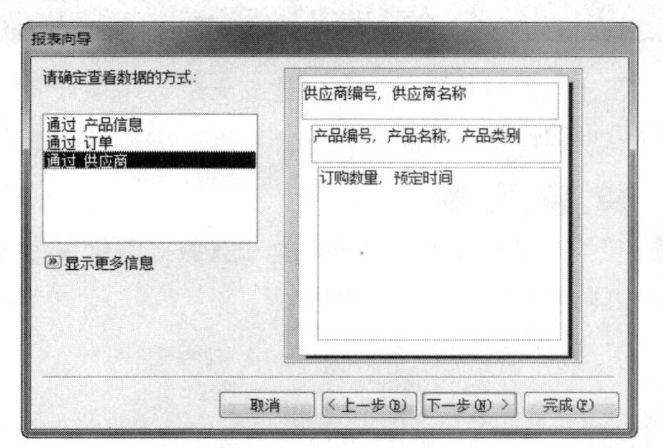

❹ 单击【下一步】按钮，在弹出的对话框中不选择分组级别。

❺ 单击【下一步】按钮，在排序方式中选择通过“预定时间”和“订购数量”进行排序，排序方式分别为“升序”和“降序”，如下图所示。

数字签名是电子邮件、宏或电子文档等数字信息上的一种经过加密的电子身份验证戳。签名用于确认宏或文档来自签名人且未经更改。

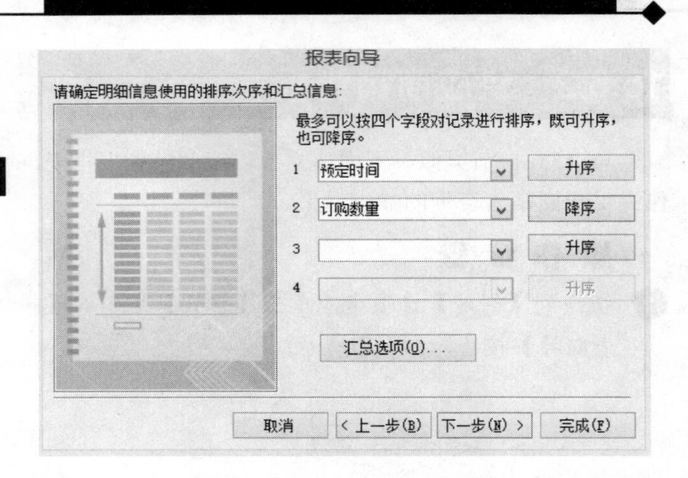

6. 单击【下一步】按钮，在弹出的对话框中选择报表的样式为“办公室”。
7. 单击【下一步】按钮，输入报表标题为“供应商销售报表”，选中【预览报表】单选按钮。
8. 单击【完成】按钮，完成“供应商销售报表”的创建。此时报表的设计视图如下图所示。

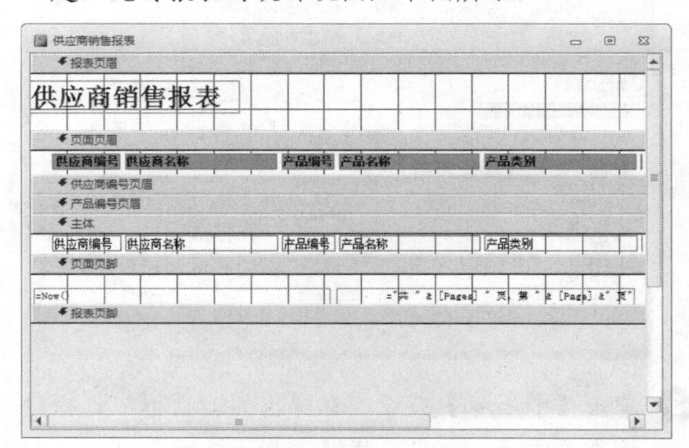

15.6.3 库存查询报表

在建立库存报表前，需要建立一个“库存查询”，建立查询的操作步骤如下。

操作步骤

1. 切换到【创建】选项卡，单击【报表】组中的【报表向导】按钮，如下图所示。

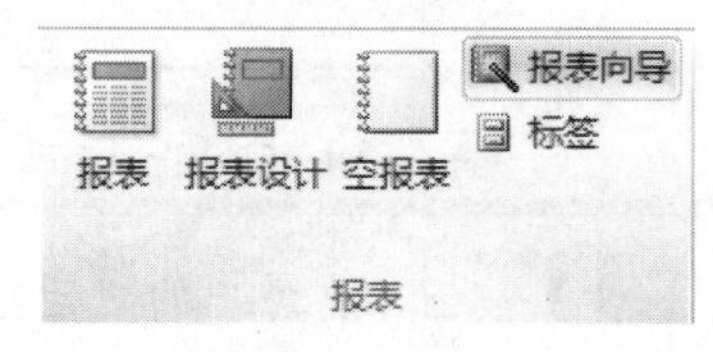

2. 在弹出的【报表向导】对话框中，选择报表的数据源为【查询：库存查询】选项，然后把查询中的所有字段作为选定字段，如下图所示。

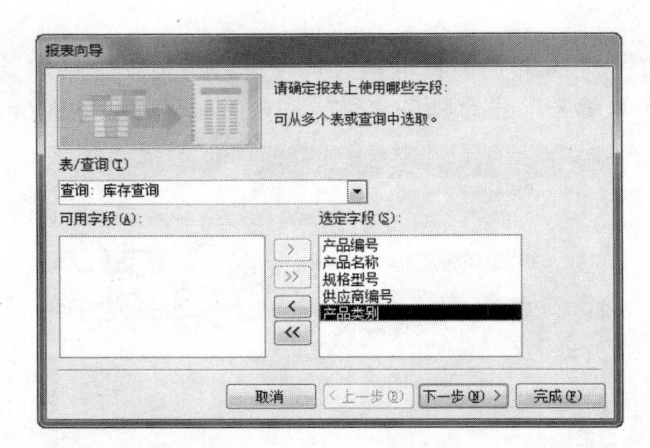

3. 为报表添加分组级别“产品类别”，这样就把不同类别产品的信息分开了，如下图所示。

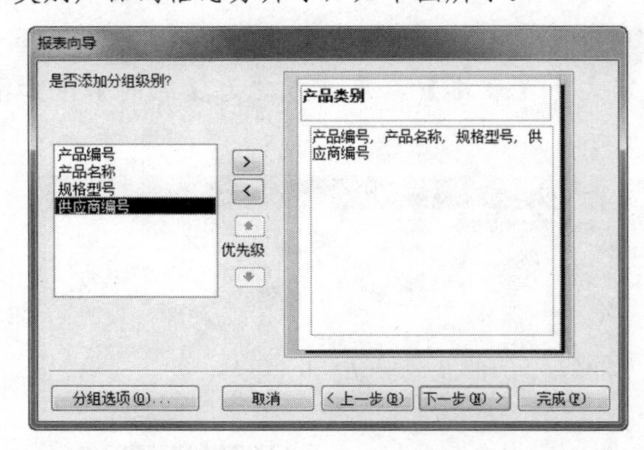

4. 系统弹出提示排序次序对话框，这里用【产品编号】作为排序的标准，如下图所示。

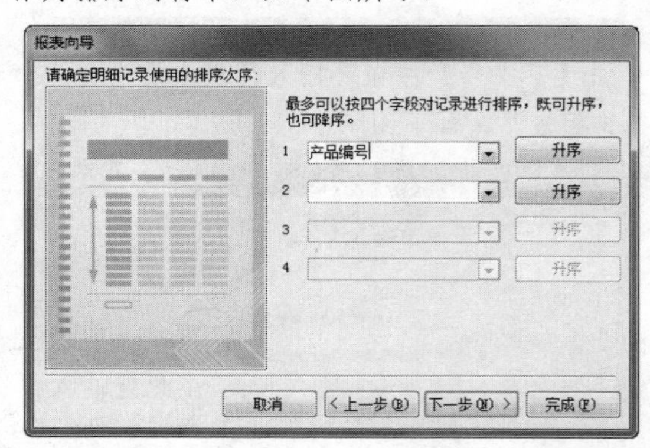

5. 单击【下一步】按钮，在弹出的对话框中选择布局为【递阶】，方向为【纵向】，如下图所示。

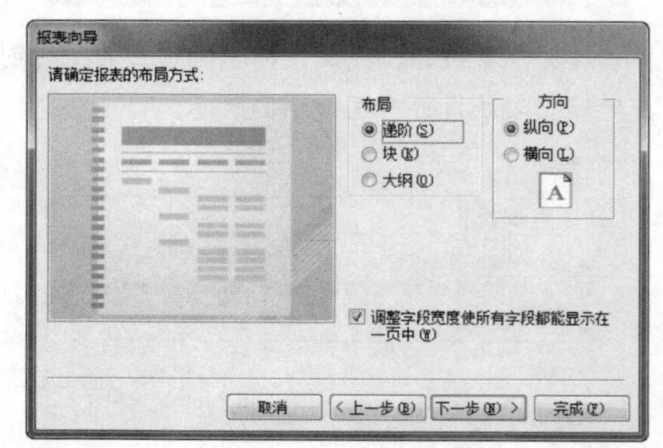

长见识：在 Access 以前的版本中曾经提供了表向导功能，用户借助表向导，回答向导提出的各种问题，即可创建一个表。而在 Access 2010 中，取消了这种创建表的方法。

❻ 单击【下一步】按钮，输入报表标题为“库存查询”，选中【预览报表】单选按钮。

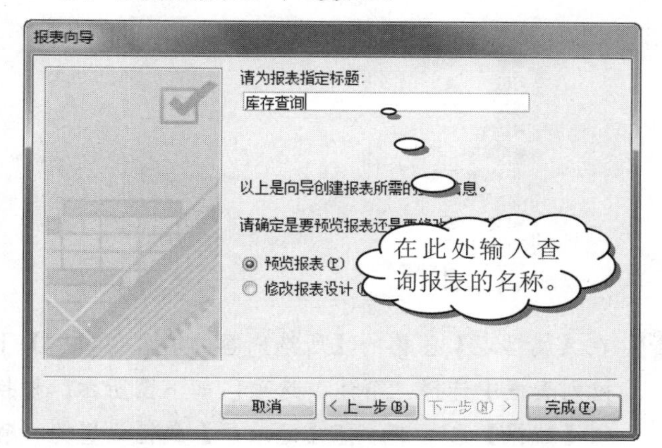

❼ 单击【完成】按钮，完成了报表的设计。此时，报表的设计视图如下图所示。

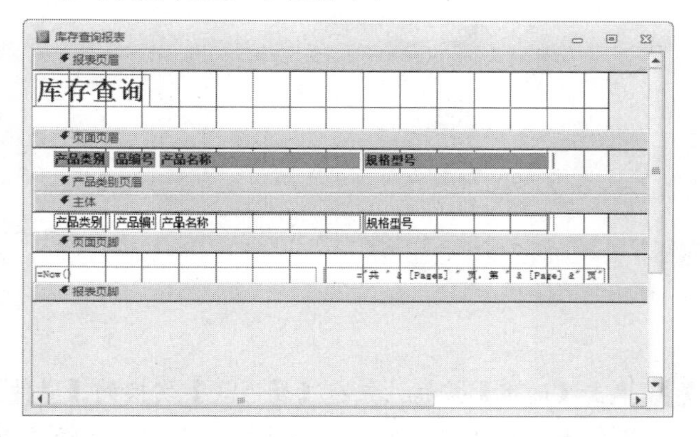

15.7 编码的实现

前面已经介绍了窗体和查询的实现，下面就来研究代码的实现。

15.7.1 公用模块

公用模块，主要是指一些用于全局被调用的函数和变量，在系统中的任何地方都可以调用公用模块里的函数和变量，有利于系统的维护。由于在系统中会经常用到访问数据库的操作，所以在公用模块里定义它们可以减少重复编码。

操作步骤

❶ 新建一个“模块”。单击【数据库工具】选项卡下的 Visual Basic 按钮，进入 VBA 编辑器，如下图所示。

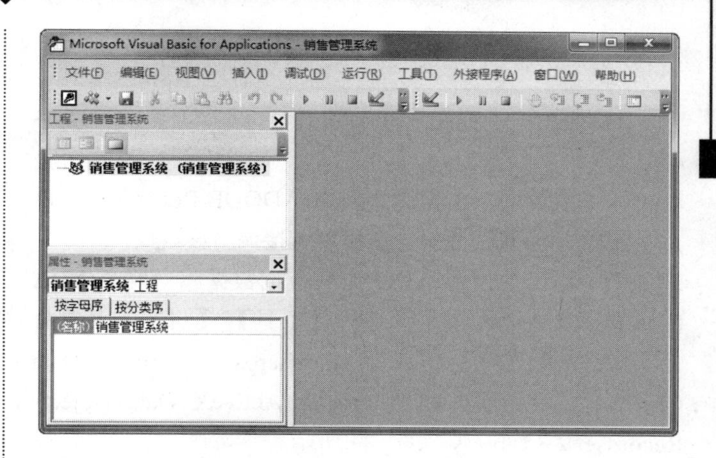

❷ 选择【插入】菜单中的【模块】命令，即可增加一个新模块，如下图所示。

❸ 新建模块以后，VBA 编辑器界面如下图所示。

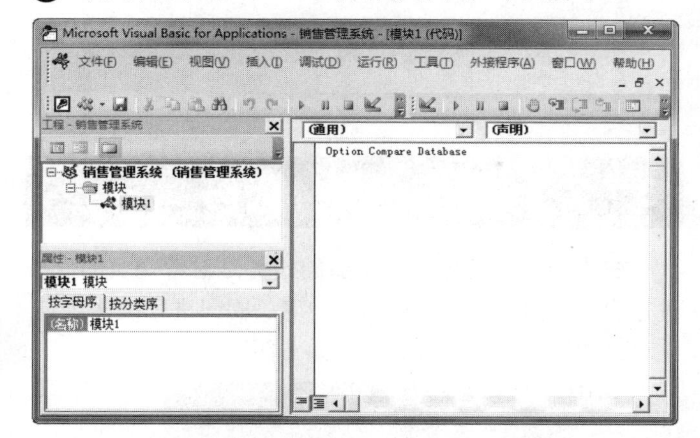

❹ 在新增加的模块里，增加以下代码。

```
Option Compare Database
Option Explicit
'txtSQL 为执行查询时所需要的 SQL 语句
Public Function ExeSQL(ByVal txtSQL As String)
As ADODB.Recordset
On Error GoTo ExeSQL_Error '错误处理
Dim rs As New ADODB.Recordset
rs.Open txtSQL, CurrentProject.Connection,
adOpenKeyset, adLockOptimistic
'返回记录集对象
Set ExeSQL = rs '返回值为 ExeSQL
ExeSQL_Exit:
Set rs = Nothing
Exit Function
ExeSQL_Error:
  Dim msgstring As String
```

```
    msgstring = "查询错误" & Err.Description
    MsgBox msgstring, vbCritical
    Resume ExeSQL_Exit
End Function
```

该函数返回一个记录集对象(ADODB.Recordset)，以后只需要为 txtSQL 赋值，就可以直接调用该函数。

为了正确地使用 ADO 方式查询数据库，要在 VBA 编辑器下加入两个引用。选择【工具】|【引用】菜单命令，在弹出的对话框中加入 Microsoft ActiveX Data Objects 2.8 Library 和 Microsoft ActiveX Data Objects Recordset 2.8 Library，如下图所示。

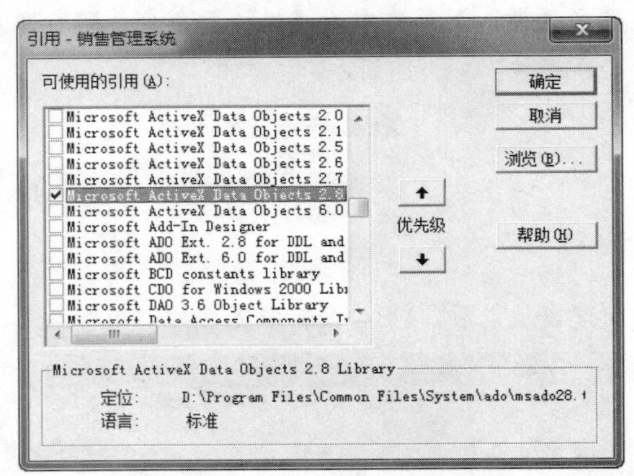

15.7.2 “登录”窗体代码

在“登录”窗体中，主要的任务是对管理员的身份进行确认，即对用户输入的用户名、密码进行确认。

已知设计的【登录】窗体如下图所示。

操作步骤

1. 打开【登录】窗体的设计视图并右击，在弹出的快捷菜单中选择【属性表】命令，弹出【属性表】窗格，如下图所示。

2. 在【属性表】窗格的【所选内容的类型：窗体】下拉列表框中选择“窗体”选项，如下图所示。切换到【数据】选项卡，把【记录源】属性设置为“管理员”表。

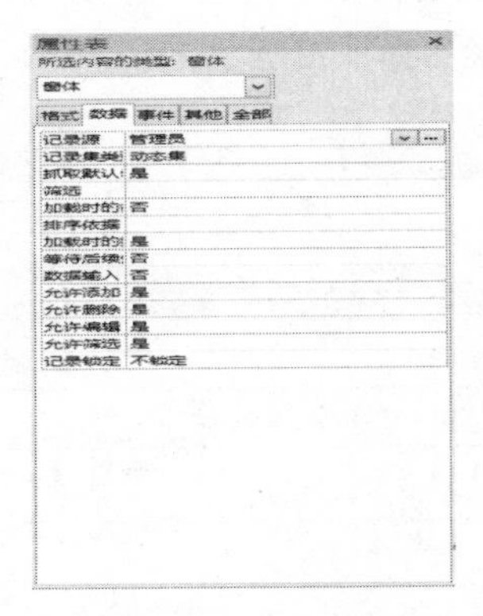

3. 单击【确定】按钮，并将【属性表】切换到【事件】选项卡，在【单击】属性的下拉列表框中选择【事件过程】选项，如下图所示。

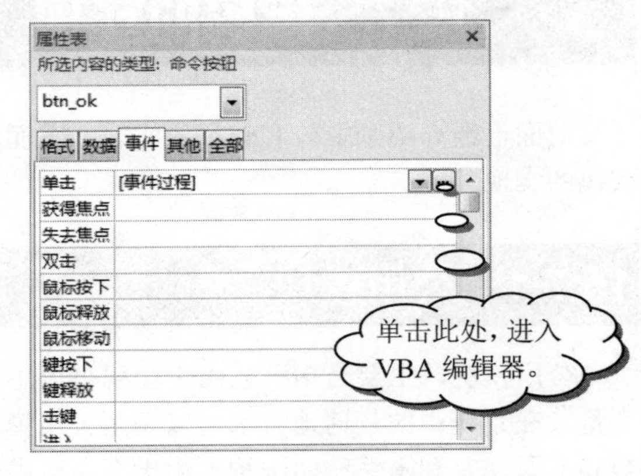

4. 单击右边的省略号按钮，进入 VBA 编辑器，添加“确定”按钮的代码如下。

```
Option Compare Database
Option Explicit
Dim mrc As ADODB.Recordset
Dim txtSQL As String
Dim i As Integer   '记录错误次数
'确定按钮的代码
Private Sub btn_ok_Click()
```


长见识　证书由证书颁发机构颁发，与驾驶执照类似，也可以被吊销。证书的有效期通常为一年，超过此时间，签名人必须续订或获取新的签名证书才能确认身份。

```
On Error GoTo Err_btn_ok_Click '错误处理
'判断用户名是否为空
If IsNull(txt_name) Then
MsgBox "请输入用户名!", vbCritical, "提示"
  txt_name.SetFocus
Else
  txtSQL = "SELECT * from 管理员 where 用户名='"
& txt_name & "'"
 Set mrc = ExeSQL(txtSQL)
   If mrc.EOF Then
     MsgBox "没有此用户名称!", vbCritical, "提示"
   Else
     If (mrc(1) = Txtpwd) Then
     mrc.Close
     Set mrc = Nothing
     Me.Visible = False
      '打开切换面板
     DoCmd.OpenForm "切换面板"
   Else
        i = i + 1
        If (i < 3) Then
        MsgBox "您输入的密码不正确", vbOKOnly +
vbExclamation, "提示"
        Else
         MsgBox "你已经连续 3 次错误输入密码, 系统马
上关闭! ", vbOKOnly + vbExclamation,"警告"
                Exit Sub
                DoCmd.Close acForm, Me.Name
                DoCmd.Quit
       End If
     Txtpwd.SetFocus
     Txtpwd.Text = ""
    End If
  End If
 End If
Exit_btn_ok_Click: '错误处理
    Exit Sub
Err_btn_ok_Click:
    MsgBox (Err.Description)
    Resume Exit_btn_ok_Click
End Sub
```

此时的代码窗口如下图所示。

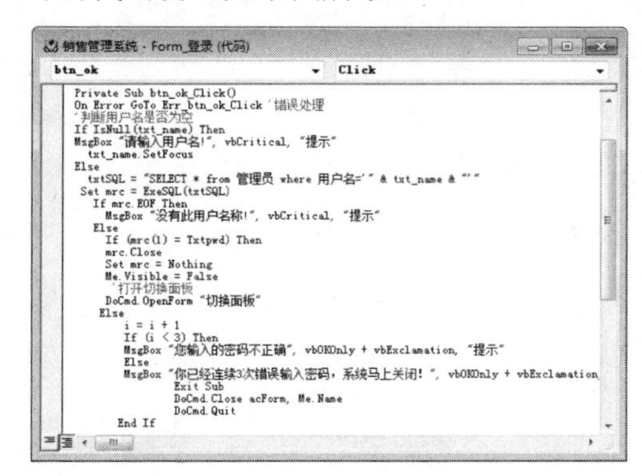

用同样的方法，为“取消”按钮添加以下 VBA 代码。

```
'取消按钮的代码
Private Sub btn_cancel_Click()
If (MsgBox("确实要退出吗？", vbQuestion +
vbYesNo, "确认") = vbYes) Then
DoCmd.Quit acQuitSaveNone
End If
End Sub
```

此时的代码窗口如下图所示。

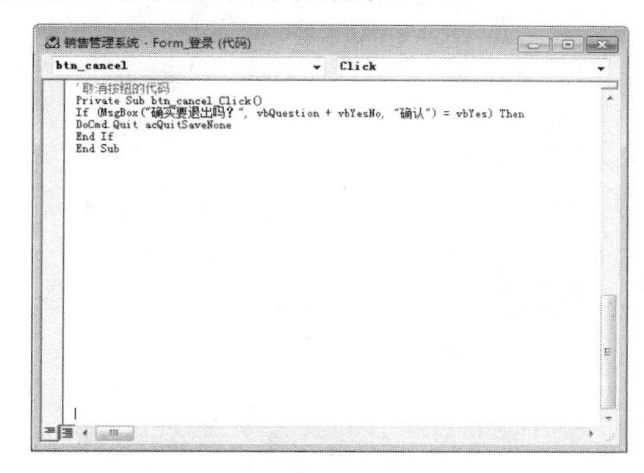

15.7.3 “切换面板”代码

在“切换面板”中，主要的任务是对用户的选择进行判断。当用户单击某个 Option 按钮时，系统打开相应的窗体，以完成相应的功能。

已知设计的“切换面板”窗体如下图所示。接下来为“切换面板”窗体添加 VBA 代码。

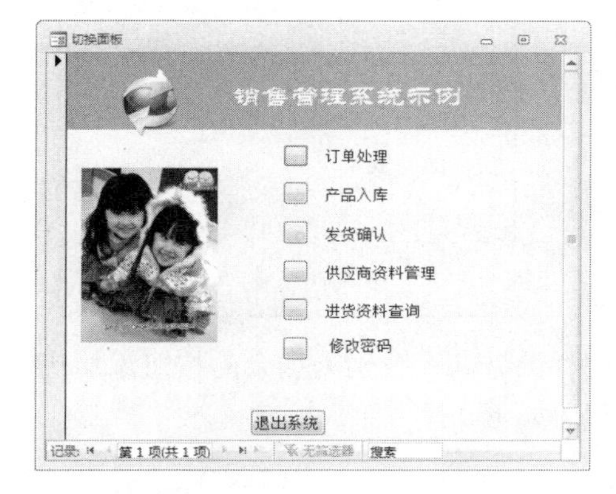

操作步骤

1. 打开“切换面板”窗体的设计视图，单击【工具】组中的【属性表】按钮，弹出该窗体的【属性表】窗格，如下图所示。

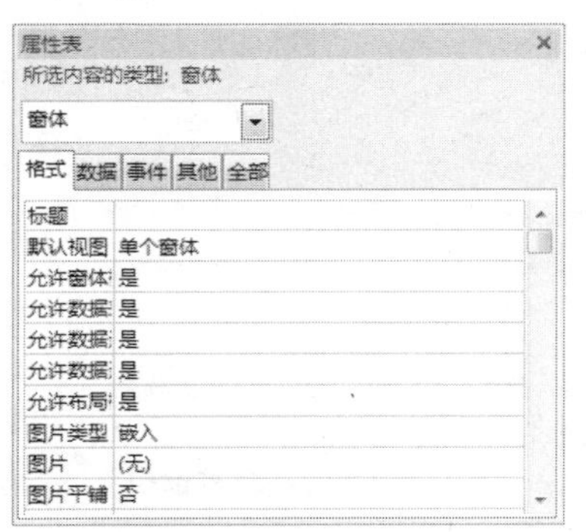

2. 单击 Option1 按钮，并在【事件】选项卡下的【单击】事件中选择【事件过程】选项，如下图所示。

表和其他数据库对象一样，有不同的视图。例如，用户可以在表的数据表视图中查看和输入数据记录，在表的设计视图中设计字段属性等。

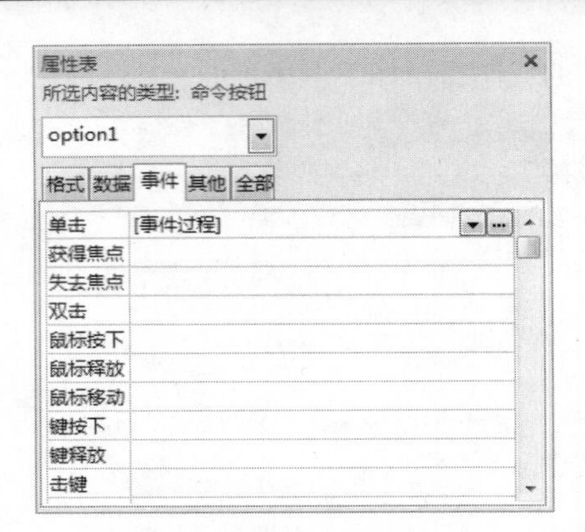

❸ 单击右边的省略号按钮，进入 VBA 编辑器，添加 Option1 按钮的代码如下。

```
Private Sub option1_Click()
Me.Visible = False
DoCmd.OpenForm "订单"
End Sub
```

此时的代码窗口如下图所示。

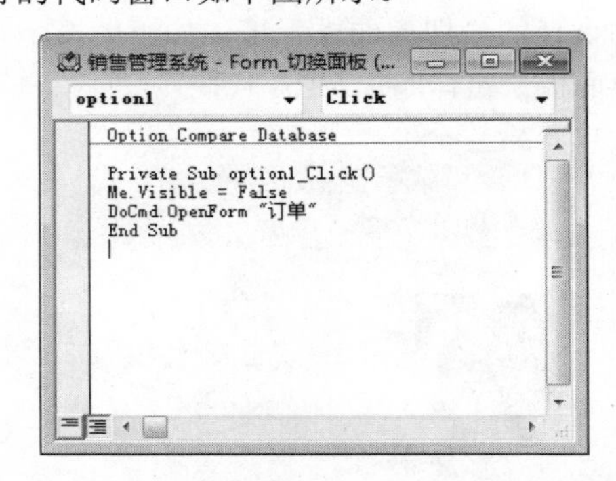

用同样的方法，分别为剩余的按钮添加代码，各个按钮的代码如下。

```
Private Sub option2_Click()
Me.Visible = False
DoCmd.OpenForm "产品进库"
End Sub

Private Sub option3_Click()
Me.Visible = False
DoCmd.OpenForm "发货确认"
End Sub

Private Sub option4_Click()
Me.Visible = False
DoCmd.OpenForm "供应商"
End Sub

Private Sub option5_Click()
Me.Visible = False
DoCmd.OpenForm "进货资料查询"
End Sub

Private Sub option6_Click()
Me.Visible = False
DoCmd.OpenForm "密码管理"
End Sub
```

添加代码后的最终视图如下图所示。

15.7.4 “产品进库”窗体代码

由于窗体都采用控件向导方式生成，所以代码比较少。“综合查询”“库存”“返回”需要代码，由于“增加记录”“删除记录”按钮涉及库存的变化，所以也需要代码。以下简单介绍，具体代码可参考素材。

已知设计的【产品进库】窗体如下图所示。

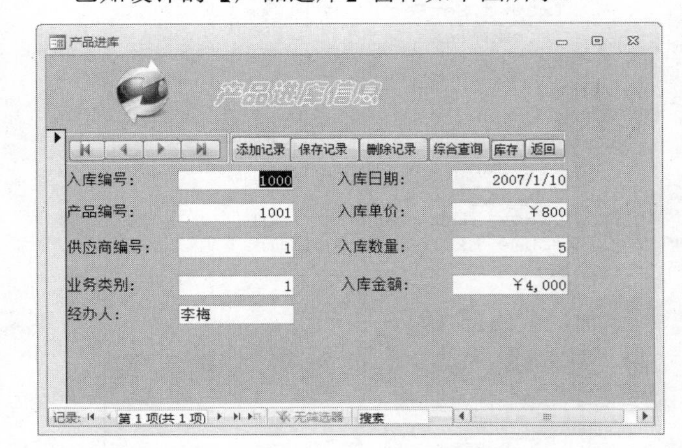

操作步骤

❶ 进入【产品进库】窗体的设计视图，右击【库存】按钮，在弹出的快捷菜单中选择【事件生成器】命令，如下图所示。

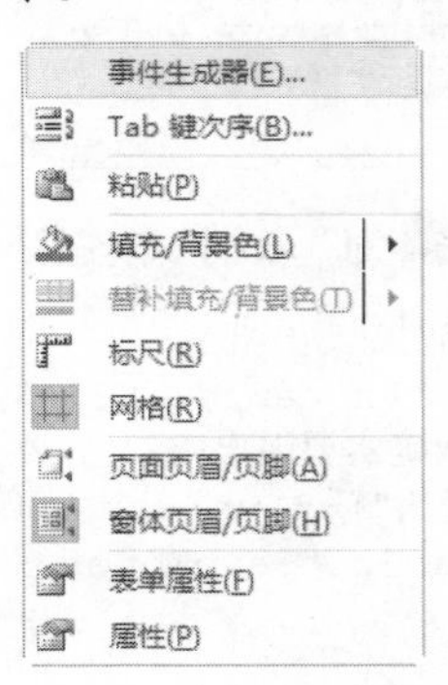

长见识 证书颁发机构是一个类似公证人的实体。它可以颁发数字证书，对证书进行签名以验证其有效性，以及跟踪已吊销或过期的证书。

❷ 在弹出的【选择生成器】对话框中选择“代码生成器”选项，如下图所示。

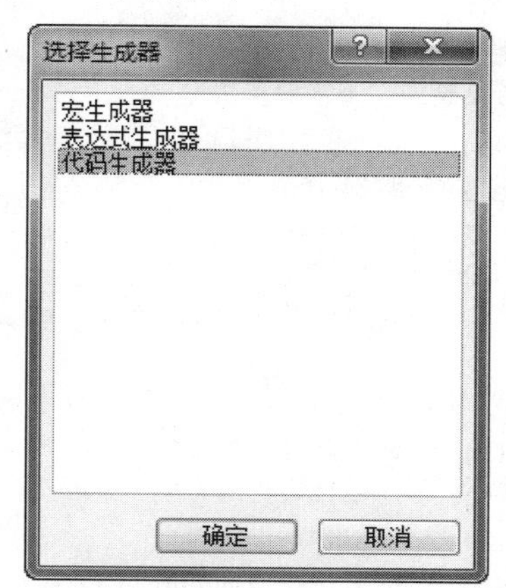

❸ 单击【确定】按钮，进入VBA编辑器，在编辑器中为各按钮添加事件过程。该过程的代码如下。

➢ 库存按钮

```
'打开库存查询报表
Private Sub btn_house_Click()
If IsNull(产品编号) Then
MsgBox "您必须输入产品编号", vbCritical, "提示"
End If
DoCmd.OpenReport "库存报表", acViewPreview, , ,
acWindowNormal
End Sub
```

用同样的方法，为其他按钮添加事件过程。各个按钮的事件过程代码如下：

➢ 保存记录按钮

```
'保存记录后，要更新库存数量
Private Sub btn_save_Click()
DoCmd.RunCommand acCmdSaveRecord
Dim rs As New ADODB.Recordset
Dim str_temp As String
str_temp = "select * from 库存 Where 产品编号 ="
& 产品编号 & ""
rs.Open str_temp, CurrentProject.Connection,
adOpenDynamic, adLockOptimistic
If Not IsNull(rs) Then
rs("库存量") = rs("库存量") - 入库数量
  If rs("库存量") > 0 Then
  rs.Update
  Else
  MsgBox "删除记录出错", vbCritical
  End If
End Ifrs.Close
Set rs = Nothing
End Sub
```

➢ 删除记录按钮

```
'删除记录后，要更新库存数量
Private Sub btn_del_Click()
Dim rs As New ADODB.Recordset
Dim str_temp As String
str_temp = "select * from 库存 Where 产品编号
='" & 产品编号 & "'"
rs.Open str_temp, CurrentProject.Connection,
adOpenDynamic, adLockOptimistic
If Not IsNull(rs) Then
rs("库存量") = rs("库存量") - 入库数量
rs.Update
End If
rs.Close
Set rs = Nothing
DoCmd.RunCommand acCmdDeleteRecord
End Sub
```

➢ 综合查询按钮

```
Private Sub btn_query_Click()
DoCmd.OpenForm "进货资料查询"
Me.Visible = False
End Sub
```

➢ 返回按钮

```
Private Sub btn_return_Click()
Me.Visible = False
DoCmd.OpenForm "切换面板"
    End Sub
```

添加事件过程后的代码窗口如下图所示。

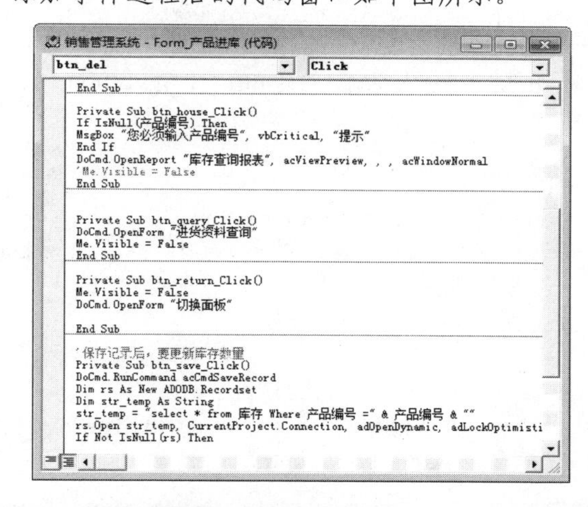

15.7.5 “发货确认”窗体代码

“发货确认”窗体的主要功能是对已有的订单进行确认，确认订单的付款信息和发货信息，并将这些信息填入“订单处理明细”表。

已知设计的【发货确认】窗体如下图所示。接下来为【发货确认】窗体添加事件过程。

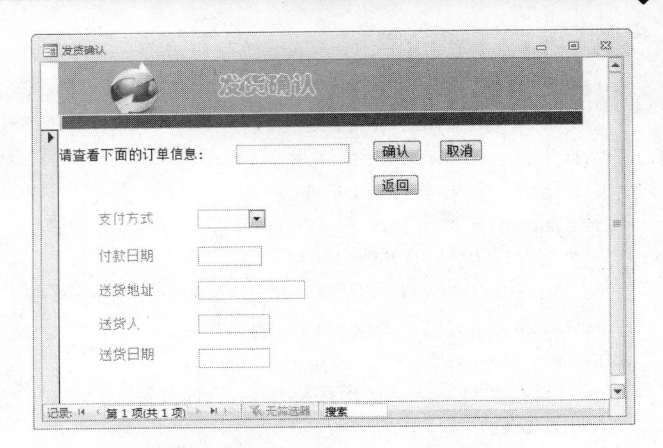

操作步骤

1. 打开【发货确认】窗体的设计视图，右击【确认】按钮，在弹出的快捷菜单中选择【事件生成器】命令，在弹出的【选择生成器】对话框中选择【代码生成器】选项，单击【确定】按钮，打开 VBA 程序编辑器，输入“确认”按钮的代码。
2. 重复前面的步骤，为“返回”按钮关联“单击事件”过程。相关代码如下。

```
Option Compare Database
'确认按钮代码
Private Sub brn_ok_Click()
On Error GoTo Err_btn_ok_Click
'用这个数组 str(10)来保存订单记录中的数据
Dim str(10) As String
Dim mrc As New ADODB.Recordset
If IsNull(txt_no) Then
 MsgBox "请输入要确认的订单编号!", vbCritical, "
提示"
 txt_no.SetFocus
End If
If IsNull(Combo1) Then
  MsgBox "请输入支付方式!", vbCritical, "提示"
  Combo1.SetFocus
  Combo1.Dropdown
End If
If IsNull(txt_paydate) Then
   MsgBox "请输入支付日期!", vbCritical, "提示"
   txt_paydate.SetFocus
End If
If IsNull(txt_address) Then
   MsgBox "请输入送货地址!", vbCritical, "提示"
   txt_address.SetFocus
End If
If IsNull(txt_name) Then
   MsgBox "请输入送货人!", vbCritical, "提示"
   txt_name.SetFocus
End If
If IsNull(txt_date) Then
   MsgBox "请输入送货日期!", vbCritical, "提示"
   txt_date.SetFocus
End If
Dim str_temp As String
'订单编号是整型，不需要单引号
str_temp = "select * from 订单 where 订单编号
=" & txt_no & ""
Set mrc = ExeSQL(str_temp)
If mrc.EOF Then
  MsgBox "没有该订单!", vbCritical, "提示"
Else
'记录查找到的订单信息
    str(0) = mrc("订单编号")
    str(1) = mrc("客户编号")
    str(2) = mrc("产品编号")
    str(3) = mrc("供应商编号")
    str(4) = mrc("销售单价")
    str(5) = mrc("订购数量")
    str(6) = mrc("订单金额")
    str(7) = mrc("预定时间")
    str(8) = mrc("订单时间")
  mrc.Close
  Set mrc = Nothing
End If
Dim rs As New ADODB.Recordset
  rs.Open "订单处理明细",
CurrentProject.Connection, adOpenDynamic,
adLockOptimistic
  rs.AddNew
  rs("订单编号") = str(0)
  rs("客户编号") = str(1)
  rs("产品编号") = str(2)
  rs("供应商编号") = str(3)
  rs("预定时间") = str(7)
  rs("发货时间") = txt_date
  rs("销售单价") = str(4)
  rs("订购数量") = str(5)
  rs("订单金额") = str(6)
  rs("付款方式") = Combo1
  rs("付款时间") = txt_paydate
  rs("发货地址") = txt_address
  rs("发货人") = txt_name
  rs("状态") = "已处理"
  rs.Update
  rs.Close
  Set rs = Nothing
  MsgBox "成功添加了该信息!"

'更新库存表中的数量
Dim rs2 As New ADODB.Recordset
'查找库存表中的记录
str_temp = "select * from 库存 Where 产品编号 ="
& str(2) & ""
```

如果创建向宏项目中添加代码的加载项，则代码应确定该项目是否已经过数字签名，并在用户继续操作之前告知用户更改已签名项目的后果。

```
rs2.Open str_temp, CurrentProject.Connection,
adOpenDynamic, adLockOptimistic
If Not rs2.EOF Then
rs2("库存量") = rs2("库存量") - str(5)
rs2.Update
End If
rs2.Close
Set rs2 = Nothing
 MsgBox "成功更新了库存!"

'错误处理
Exit_btn_ok_Click:
  Exit Sub
Err_btn_ok_Click:
  Exit Sub
  Resume Exit_btn_ok_Click
End Sub

Private Sub btn_cancel_Click()
 Dim ctl As Control
   For Each ctl In Me.Controls
     Select Case ctl.ControlType
            Case acTextBox
                If ctl.Locked = False Then
ctl.Value = Null
            Case acComboBox
                ctl.Value = Null
        End Select
    Next
Me.txt_no.SetFocus
End Sub

Private Sub btn_return_Click()
Me.Visible = False
DoCmd.OpenForm "切换面板", acNormal
End Sub
```

添加完代码后的代码窗体如下图所示。

在这里用到了 3 个记录集，先通过【发货确认】窗体中的“订单编号”，找到它在“订单”表中的记录信息，然后再根据当前输入的处理信息，把这些信息保存在“订单处理明细”表中。

另外，再通过产品编号，找到“库存”报表，将该库存数量相应地减少。

15.7.6 “供应商”窗体代码

为【供应商】窗体添加代码的步骤和前面的一致。已知设计的【供应商】窗体如下图所示。

【销售查询】按钮的代码如下。

```
Private Sub btn_query_Click()
If IsNull(供应商编号) Or IsNull(txt_date1) Or
IsNull(txt_date2) Then
MsgBox "您必须输入供应商编号、开始时间和截止时间。"
        txt_date1.SetFocus
    Else
        If (txt_date1 > txt_date2) Then
        MsgBox "结束时间必须大于开始时间。"
          '焦点移到第一个时间上
            txt_date1.SetFocus
        Else
      '打开供应商销售的报表
            DoCmd.OpenReport "供应商报表",
acViewPreview, , , acWindowNormal
        End If
    End If
End Sub
```

【返回】按钮的代码如下。

```
Private Sub btn_return_Click()
    DoCmd.Close
    docmd.OpenForm "切换面板"
End Sub
```

添加代码后的代码窗体如下图所示。

对宏进行数字签名时，必须获取时间戳，这样即使用于签名的证书已过期或在签名后已被吊销，其他用户也可以验证您的签名。

其中“销售查询”按钮的鼠标单击事件 btn_query_Click 子过程处理用户的输入数据，然后传输到“供应商查询”，再通过“供应商报表”显示出来。

15.7.7 “进货资料查询”窗体代码

为该窗体添加 VBA 代码和前面添加代码的方式相同。已知设计的【进货资料查询】窗体如下图所示。

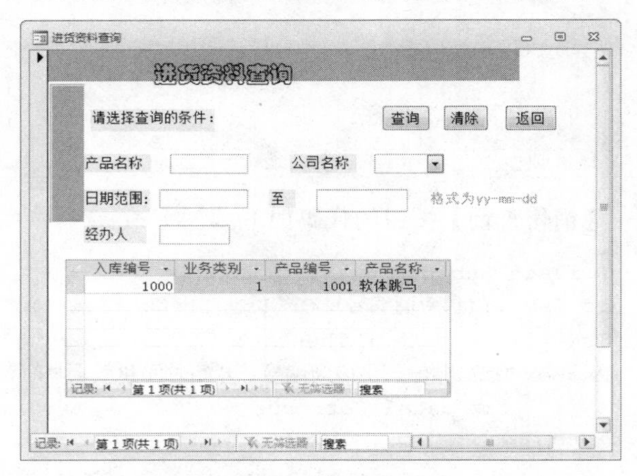

【清除】按钮的代码如下。

```
Option Compare Database
Private Sub btn_clear_Click()
  On Error GoTo Err_btn_clear_Click

   Dim ctl As Control
   For Each ctl In Me.Controls

     Select Case ctl.ControlType
         Case acTextBox
           If ctl.Locked = False Then ctl.Value
= Null
         Case acComboBox
             ctl.Value = Null
        End Select
    Next
    '取消子窗体查询和统计总数
Me.进货资料查询子窗体.Form.Filter = ""
Me.进货资料查询子窗体.Form.FilterOn = False
Exit_btn_clear_Click:
  Exit Sub
Err_btn_clear_Click:
  Exit Sub
  Resume Exit_btn_clear_Click
End Sub
```

【查询】按钮的代码如下。

```
Private Sub btn_query_Click()
 On Error GoTo Err_btn_query_Click
 Dim str As String
  '判断是否为空,建立查询条件
 If Not IsNull(Me.Combo1) Then
    str = str & "([供应商名称] like '*" &
Me.Combo1 & "*') AND "
 End If
 If Not IsNull(Me.txt_wuzi) Then
   str = str & "([产品名称] like '*" &
Me.txt_wuzi & "*') AND "
 End If
 If Not IsNull(Me.txt_jinbanren) Then
   str = str & "([经办人] like '*" &
Me.txt_jinbanren & "*') AND "
 End If

 If Not IsNull(Me.date1) Then
   str = str & "[入库日期] >= #" &
Format(Me.date1, "yyyy-mm-dd") & "#) AND "
 End If
 If Not IsNull(Me.date2) Then
   str = str & "[入库日期] <= #" &
Format(Me.date2, "yyyy-mm-dd") & "#) AND "
 End If

   If Len(str) > 0 Then
     str = Left(str, Len(str) - 5)
   End If
  '子窗体查询和统计，设置过滤条件
Me.进货资料查询子窗体.Form.Filter = str
Me.进货资料查询子窗体.Form.FilterOn = True
'错误处理
Exit_btn_query_Click:
  Exit Sub
Err_btn_query_Click:
  Exit Sub
  Resume Exit_btn_query_Click
End Sub
```

【返回】按钮的代码如下。

```
Private Sub btn_return_Click()
Me.Visible = False
```

长见识 如果对宏进行签名时未使用时间戳，则签名只在证书的有效期内保持有效。

```
DoCmd.OpenForm "产品进库"
End Sub
```

代码添加完成以后，代码窗体如下图所示。

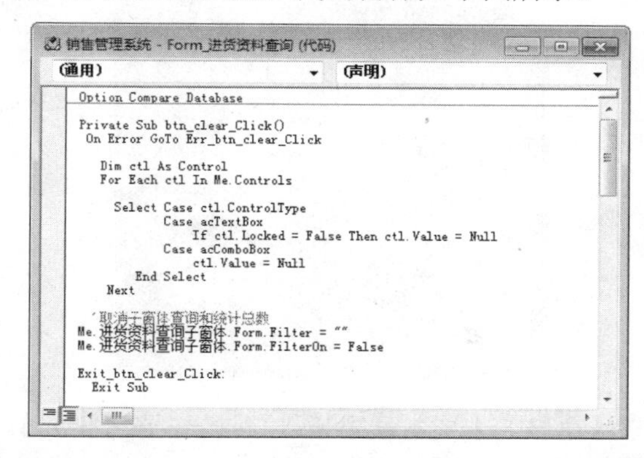

15.7.8 “密码管理”窗体代码

添加代码的步骤和前面的一致。已知设计的【密码管理】窗体如下图所示。

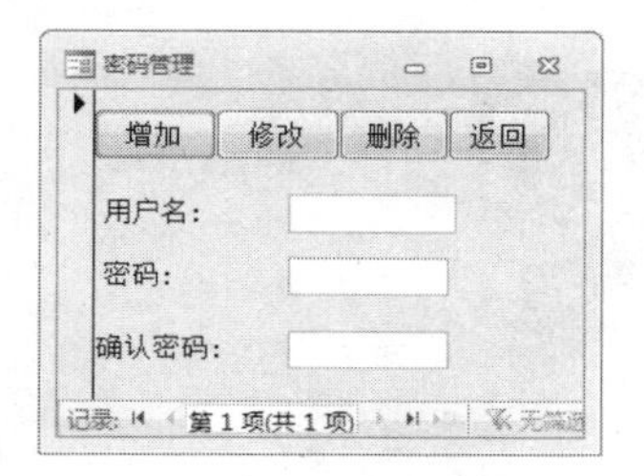

【密码管理】窗体的代码如下。

```
'声明变量
Option Compare Database
Dim rs As New ADODB.Recordset
Dim flag As Boolean
'公用的判断为空的函数
Sub common()
If IsNull(txt_name) Then
MsgBox "请输入用户名!", vbCritical, "提示"
  txt_name.SetFocus
  flag = False
End If

If IsNull(txt_pwd1) Then
MsgBox "请输入密码!", vbCritical, "提示"
  txt_pwd1.SetFocus
   flag = False
End If

  If IsNull(txt_pwd2) Then
MsgBox "请输入确认密码!", vbCritical, "提示"
  txt_pwd2.SetFocus
   flag = False
  End If
  If txt_pwd1 <> txt_pwd2 Then
  MsgBox "密码确认不正确!",vbCritical, "提示"
  txt_pwd1.SetFocus
  txt_pwd1 = ""
  txt_pwd2 = ""
   flag = False
  End If
End Sub
```

【增加】按钮的代码如下。

```
Private Sub btn_add_Click()
  flag = True
  common  '调用公用函数 common
  If flag = True Then
  rs.Open "管理员", CurrentProject.Connection,
adOpenDynamic, adLockOptimistic
  rs.AddNew
  rs("用户名") = txt_name
  rs("密码") = txt_pwd1
  rs.Update
  rs.Close
  Set rs = Nothing
  MsgBox "您成功地添加了新用户!"
End If
End Sub
```

【删除】按钮的代码如下。

```
Private Sub btn_del_Click()
  flag = True
  common
  If flag = True Then
  Dim str As String
  Dim rs As New ADODB.Recordset
  str = "delete from 管理员 where 用户名='" &
txt_name & "' and  密码='" & txt_pwd1 & "'"
  DoCmd.RunSQL str
 MsgBox "您成功地删除了该用户!"
End If
End Sub
```

【返回】按钮的代码如下。

```
Private Sub btn_return_Click()
Me.Visible = False
DoCmd.OpenForm "切换面板"
End Sub
```

【修改】按钮的代码如下。

```
Private Sub btn_xiugai_Click()
  flag = True
  common
  If flag = True Then
  Dim str As String
```


Access 提供了自动编号数据类型，以创建在输入记录以后自动输入编号的字段。生成编号以后，编号不可更改，除非删除或更改记录。

```
  str = "select * from 管理员 where 用户名='" &
txt_name & "' and 密码='" & txt_pwd1 & "'"
 Set rs = ExeSQL(str)
 If Not rs.EOF Then
  user = txt_name
  DoCmd.OpenForm "新密码"
Else
  MsgBox "找不到该用户！"
End If
End If
End Sub
```

【新密码】窗体的部分代码如下。

```
Private Sub Command1_Click()
If IsNull(new_pwd1) Then
MsgBox "请输入新密码", vbCritical, "提示"
End If
If IsNull(new_pwd2) Then
MsgBox "请再次输入新密码", vbCritical, "提示"
End If
If new_pwd1 <> new_pwd2 Then
MsgBox "两次输入不一致", vbCritical, "错误"
new_pwd1.SetFocus
new_pwd1 = ""
new_pwd2 = ""
End If
Dim rs As New ADODB.Recordset
Dim str As String
str = "select * from 管理员 where 用户名='" &
user & "'"
Set rs = ExeSQL(str)
If Not rs.EOF Then
rs("用户名") = user
rs("密码") = new_pwd1
rs.Update
rs.Close
Set rs = Nothing
MsgBox "您成功地修改了该用户！"
Else
MsgBox "wrong"
End If
Me.Visible = False
End Sub
```

完成系统的设置以后，演示系统的运行过程，具体操作步骤如下。

操作步骤

1. 启动 Access 2010 程序，打开“进销存管理系统”数据库。
2. 系统弹出【登录】窗体，如下图所示。

3. 在【用户名】文本框中输入“sa”，在【密码】文本框中输入“1234”，系统弹出【切换面板】窗体，如下图所示。

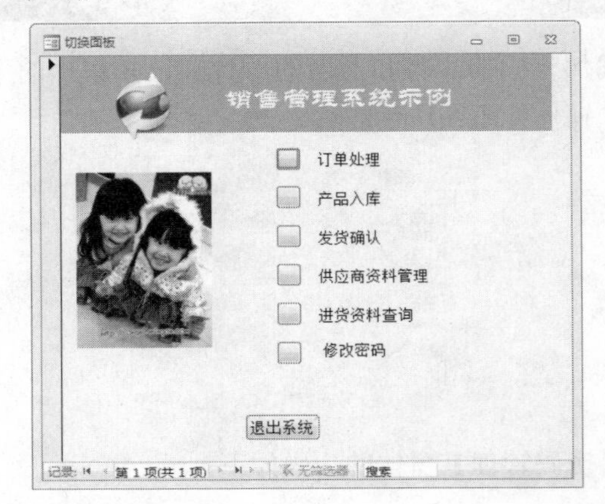

4. 单击【切换面板】中的第一项，进入【订单处理】模块，用户可以在该窗体中查看、添加和修改订单和查询信息，如下图所示。

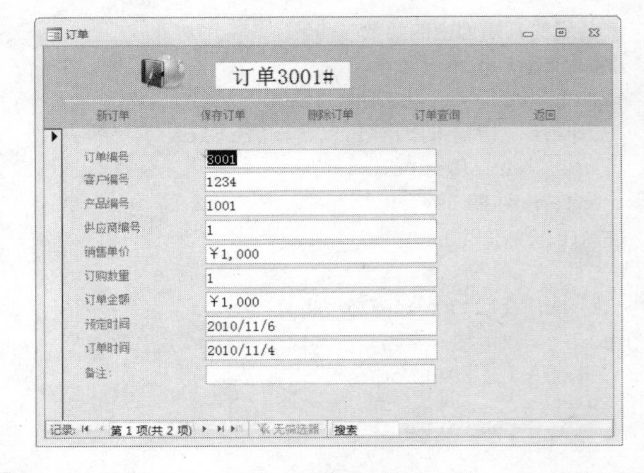

5. 关闭该模块，单击【切换面板】的第二项，进入【产品入库】模块，用户可以在该模块中查看、添加和修改产品入库记录，还可以进行入库信息的综合查询和打开库存报表，如下图所示。

 若要防止解决方案的用户因意外更改宏项目而使签名失效，可以在对宏项目进行签名之前将其锁定。

❻ 单击【综合查询】按钮，进入【进货资料查询】模块，切换到步骤 11 所示的界面。

❼ 单击【库存】按钮，可以打开【库存查询】报表，如下图所示。

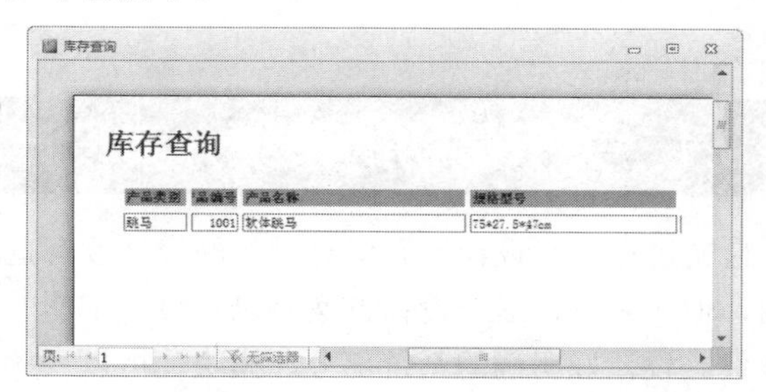

❽ 返回到【切换面板】窗体，单击【切换面板】中的第三项，进入【发货确认】模块，如下图所示。

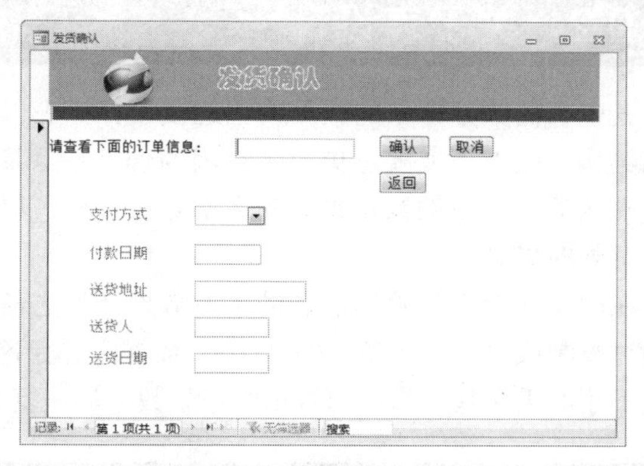

❾ 输入发货的具体信息，这些信息将会记录在“订单处理明细”表中，如下图所示。

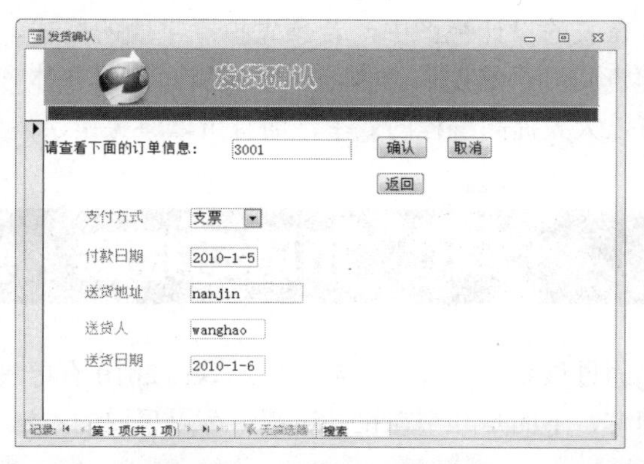

可以查看在“订单处理明细”表中增加了该记录，同时在“库存”表中的记录也相应地减少了，如下图所示。

订单编号	客户编号	产品编号	供应商编号	预定时间	发货时间	销售单价
3001	1234	1001	1	2010/11/6	2010/11/6	￥1,000

❿ 返回到【切换面板】窗体，单击【切换面板】中的第四项，进入【供应商管理查询】模块，如下图所示。

该模块也能够完成基本的记录导航和操作，同时输入两个时间参数，可以进行销售查询，打开这段时间的销售情况，以销售报表的形式给出结果，如下图所示。

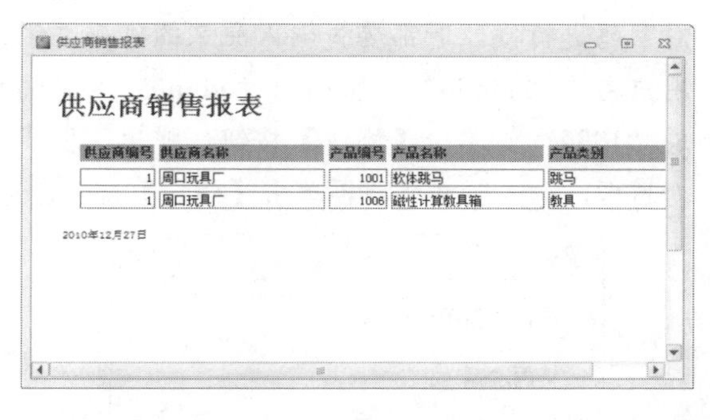

⓫ 返回到【切换面板】窗体，单击【切换面板】中的第五项，可以直接进入【进货资料查询】模块，如下图所示。

学以致用系列丛书

如果字段中存储的数据将要用于数值计算，那么用户应当将该字段设置为数字型或者货币型，然后设置该字段所占用的空间。

⑫ 设置查询的条件，然后单击【查询】按钮，即可得到查询结果，如下图所示。

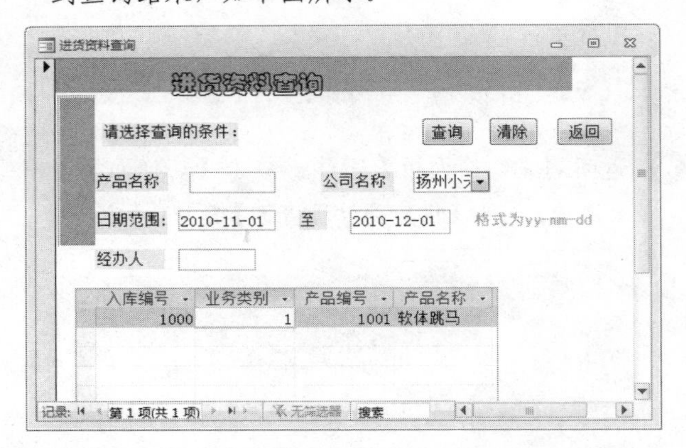

⑬ 返回到【切换面板】窗体，单击【切换面板】中的第六项，进入【密码管理】模块，如下图所示。

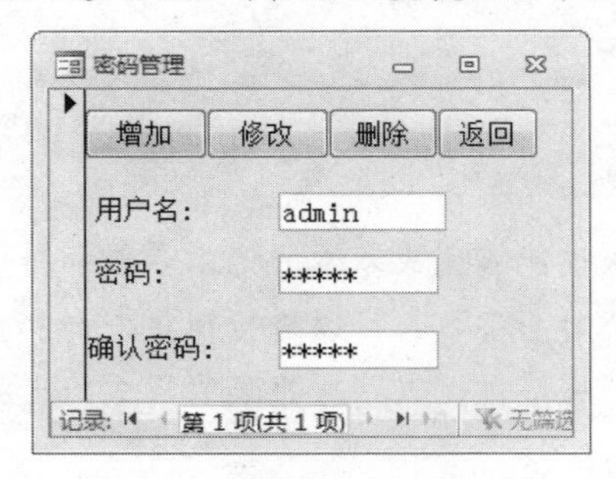

对密码进行修改时都要先输入原来的密码。假设把用户名为“admin”、密码为“admin”的密码修改成“1234”，单击【修改】按钮，弹出下图所示的对话框，输入新密码，再单击【确定】按钮即可。

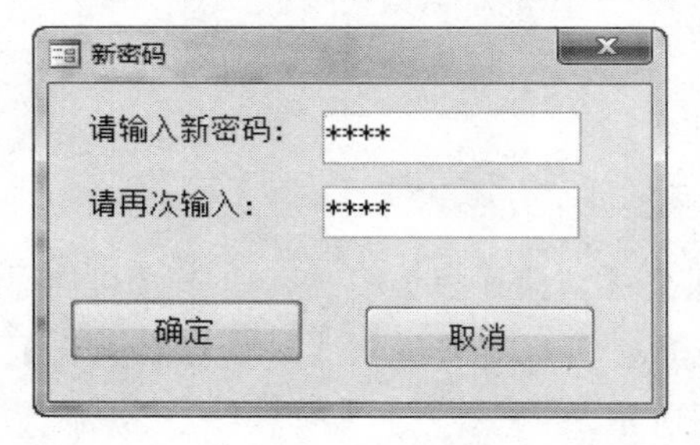

15.8 实例总结

本章介绍了进销存管理系统的概念，讲述了进销存管理系统的设计，包括需求分析、数据库设计、窗体设计和代码的实现。

本系统主要包括基本信息管理和查询，如产品信息、供应商信息、客户信息、订单信息及进出库信息。

通过该例子，应该掌握以下知识。

(1) 分析进销存管理系统的需求。

(2) 学会窗体、报表和查询的制作，及完成数据库应用程序的开发。

(3) 利用 Microsoft Access 编写进销存管理系统。

当然，本章编写的进销存管理系统只是一个示例，很多地方有待改善。用户可以根据这些方法自行完成进销存管理系统的其他功能。

15.9 答疑与技巧

在本范例的制作过程中，大家也许会遇到一些操作方面的问题。下面就几个可能遇到的典型问题做简单解答。

15.9.1 关于最初的系统方案设计

最初进行方案设计，看似对程序的设计没有直接的作用，但实际上，这个设计方案是以后设计工作的指导性文件。设计好明确的系统部分、模块，可以大大提高开发程序的效率。

15.9.2 关于表设计

表中存储数据库中的数据，因此在设计好表以后，表的结构一般就不要随意更改了。因为一旦删除某个字段，那么该字段中的数据也会随之删除。这样，就可能造成意外的损失。

在改变包含大量数据的表的字段数据类型之前，要先通过复制或者导出到备份的 Access 数据库进行备份，以便不小心丢失数据库中的数据时用于数据的恢复。

15.9.3 字段格式和窗体控件的关系

在表的设计视图中，若预先指定字段的格式、默认值和查阅显示的控件类型，那么在后面创建窗体时，不但可以大大提高编程的效率，而且可以避免错误。

15.10 拓展与提高

通过该系统的设计，应当对 Access 2010 有更进一步的理解，下面是几个在设计过程中可以采取的方法。

长见识　已签名的宏项目中的代码若发生任何更改，它的数字签名就会被删除。但如果计算机上有以前对项目进行签名的有效数字证书，则会在保存宏项目时自动对其重新签名。

15.10.1　数据库设计的规则

在程序的设计过程中，数据库的设计是至关重要的，它直接关系到整个系统架构的合理性，同时对系统的执行效率及后面的程序开发都会有直接的影响。在数据库的详细设计过程中，应该注意的事项包括以下内容。

(1) 遵守数据库设计的 3 个范式。

(2) 选择合适的字段数据类型和字段大小。

(3) 建立好表关系及参照完整性。

(4) 设置好有效性规则。

(5) 必须有详细的设计文档，对数据库进行清晰而详尽的描述。

(6) 着手开发以后，尽量不要更改数据库的设计。

15.10.2　复制修改表

在表的设计过程中，为了提高设计效率，对于两个字段相同或者类似的表，用户完全可以由复制上一个表得来，然后再对其进行相应的修改。

在 Access 数据库中，备注、超链接和 OLE 数据类型的字段不能进行排序或创建索引操作。

第16章 Access在客户管理中的应用

本章微课

在本章中，我们将和用户一起开发第三个数据库管理系统——客户管理系统。通过该系统，再次复习各个数据库对象，进一步体会系统开发的一般步骤，大致了解客户管理系统的开发模块。

学习要点

- ❖ 系统的功能设计
- ❖ 系统的模块设计
- ❖ 表的字段设计
- ❖ 表关系的建立
- ❖ 查询的设计
- ❖ 窗体的创建
- ❖ 报表的创建
- ❖ 宏命令和 VBA 代码的创建
- ❖ 系统的调试
- ❖ 系统的运行与应用

学习目标

通过本章学习，进一步体会完整的开发数据库系统的步骤，了解客户管理系统的一般功能组成，掌握表、查询、窗体、报表等数据库对象在数据库程序中的作用。

16.1 实例导航

在本例中，要创建一个简单的客户管理系统。该系统主要由导航主页、客户资料管理、订单管理等部分组成。在 Access 2010 中，自带的“罗斯文”其实就是一个功能相当完备的客户管理系统，但是这个系统对于初学者可能有些难度。在这里，将以“罗斯文”客户管理系统作为参考，介绍如何创建一个自己的客户管理系统。

该客户管理系统中，【主页】导航窗体的界面如下图所示。

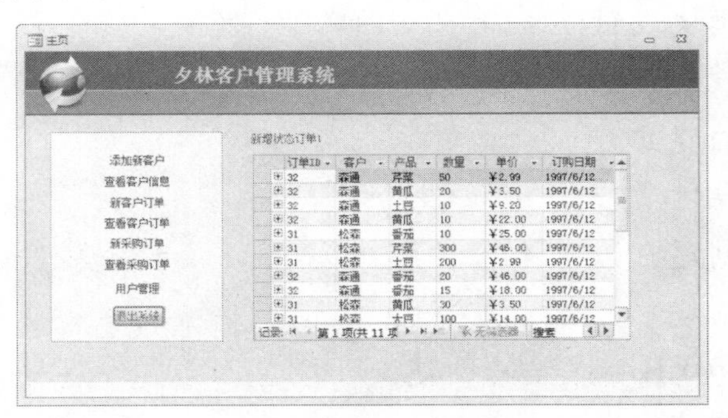

在系统的【客户详细信息】窗体中查看客户信息，如下图所示。

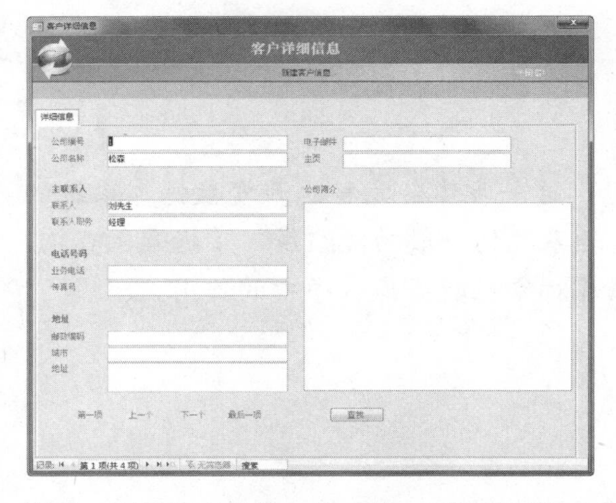

当然，系统还有其他一些功能，下面就对这个系统的功能进行详细设计。

16.1.1 系统功能

本章主要介绍基于 Access 数据库开发的企业客户管理系统。通过该系统，公司可以对客户进行管理，记录各个客户的订单信息、产品信息等。

具体来说，该系统应该具备以下主要功能。

- 用户登录：只有经过身份认证的用户，才可以登录该系统，并进行资料的查看和更新。
- 客户资料的管理：可以利用该功能，实现对客户信息的查看、添加和删除等操作。
- 客户订单的管理：可以利用该功能，实现对客户订单的管理。可以在该功能模块中查看客户订单，同时可以添加新的客户订单、删除订单等。
- 运货商的管理：在接受客户订单以后，公司必须及时将货物发送给客户，运货商在这个过程中发挥着重要的作用，因此还必须对各个运货商进行管理。
- 采购订单管理：用户可以利用该功能对产品的买入进行管理，进行产品采购订单的查看、添加、删除等操作。

16.1.2 开发要点

理解数据表的结构，掌握各数据表之间的关系，熟悉查询和窗体的设计，对客户管理系统有清楚的了解，从而开发出完整的客户管理系统。在本章中，建立一个完整的客户管理系统，介绍完整的数据库管理系统开发的一般流程。

16.2 系统需求分析与设计

在现代的商业活动中，客户资料的管理正在变得越来越重要。一个公司赖以生存和发展的基础就是要有客户资源。通过准确的客户资料管理，能够使公司清晰地掌握各种客户当前的需求信息，建立良好的客户关系，树立良好的企业信誉等。

客户管理系统，将所有的客户信息和客户订单信息电子化，使得企业从原来烦琐的客户关系管理工作中解脱出来，提高了企业的响应速度，从而大大降低企业的运行成本。

16.2.1 需求分析

一个企业需要什么样的客户管理系统呢？每个企业都有自己不同的需求，即使有同样的需求也很可能有不同的工作习惯，因此在开发程序之前，和企业进行充分的沟通和交流，了解需求是十分重要的。

长见识

交叉表查询是一种选择查询(选择查询是就表中存储的数据提出问题，然后在不更改数据的情况下以数据表的形式返回一个结果集)。在运行交叉表查询时，结果显示在一个数据表中，该数据表的结构不同于其他类型的数据表。

在这里以假设的需求开发客户管理系统。假设的需求主要有以下几点。

- ❖ 客户管理系统能够对企业当前的客户状况进行记录，包括客户资料、供应商资料、客户订单、采购订单等。
- ❖ 系统应该能够对企业员工的客户变更情况进行查询。
- ❖ 系统能够根据设定的查询条件，对客户订单、采购订单等进行查询。
- ❖ 系统应当实现对订单、采购订单等的动态管理，比如将“新增”状态的订单变为“已发货”状态等。

16.2.2 模块设计

了解了企业的客户管理需求以后，就可以设计程序的功能目标了。只有明确系统的具体功能目标，设计好各个功能模块，才能在以后的程序开发过程中事半功倍。

根据上面的系统功能分析，可以将该系统的功能分为多个功能模块，每个模块根据实际情况又可以包含不同的功能。

- ❖ 用户登录模块：在该模块中，通过登录窗口，实现对用户身份的认证。只有合法的用户才能对系统中的各种客户信息和订单信息进行查看和修改。
- ❖ 客户资料管理模块：客户资料是客户管理系统的核心功能之一，通过将各种客户资料电子化，方便用户快速地查找各种客户信息。在该模块中，可以实现对客户资料的查看、编辑和修改等。
- ❖ 客户订单管理模块：客户订单是企业生存的关键。在该模块中，可以对企业的各种订单进行记录，将各种订单规范化，从而方便管理和查询，并将新增的订单尽快处理和发货，确保企业的信誉。
- ❖ 运货商管理：该模块比较简单，就是能够对各个订单的运货商进行管理，实现对订单的追踪。
- ❖ 采购订单模块：产品的采购管理也是相当重要的一部分。不管是生产型企业还是销售型企业，都涉及上游供应商对企业的供货。通过采购订单管理模块，可以随时查看数据库中采购订单的状态、数量，对采购订单进行添加、删除等操作。

16.3 数据库的结构设计

明确功能目标以后，首先要设计合理的数据库。数据库的设计最重要的就是数据表结构的设计。数据表作为数据库中其他对象的数据源，表结构设计得好坏直接影响数据库的性能，也直接影响整个系统设计的复杂程度，因此设计既要满足需求，又要具有良好的结构。设计具有良好的表关系的数据表是相当重要的。

16.3.1 数据表结构需求分析

表就是特定主题数据的集合，它将具有相同性质的数据存储在一起。按照这一原则，根据各个模块所要求的具体功能，来设计各个数据表。

在该“客户管理系统”中，初步设计 11 张表，各表存储的信息如下。

- ❖ “采购订单”表：该表中主要存放采购订单的记录，比如采购订单 ID、采购时间、货物的运费等。
- ❖ “采购订单明细”表：该表中主要存储采购订单的产品信息。因为一个采购订单中可以有多个产品，因此建立此明细表记录各个订单采购的产品、数量、单价等。
- ❖ “采购订单状态”表：该表中存放采购订单的状态信息，用来标识该采购订单是新增的、已批准的还是已经完成并关闭的。
- ❖ “产品”表：用以记录公司经营的产品，比如产品的名称、简介、单位、单价等。
- ❖ “订单”表：该表中主要存放各订单的订货记录，比如订单 ID、订购日期、承运商等。
- ❖ “订单明细”表：该表中主要存放关于特定订单的产品信息。因为一个订单中可以有多个产品，因此建立此明细表记录各个订单的产品、数量、单价等信息。
- ❖ “订单状态”表：该表记录各个订单的状态，用以表示该订单是新增的、已发货的还是已经完成并关闭的。
- ❖ “供应商”表：该表中存放公司上游的供应商信息，比如公司的联系人姓名、电话、公司简介等。
- ❖ “客户”表：该表中存放公司的客户信息，是实现客户资料管理的关键表。表中记录的内容有客户联系人姓名、电话、公司简介等。

交叉表查询显示来源于表中某个字段的总结值(合计、计算及平均等)，并将各种记录分组，一组在数据表的左侧，另一组在数据表的顶端。

❖ “用户密码”表：该表主要存放系统的管理员或系统用户的信息，是实现用户登录模块的后台数据源。

❖ “运货商”表：该表主要存放为该公司承担货物运送任务的各个物流商的信息，比如公司名称、联系人等。

16.3.2 构造空数据库系统

明确了各个数据表的主要功能以后，就要进行数据表字段的详细设计了。在设计数据表之前，需要先建立一个数据库，然后在数据库中创建表、窗体、查询等数据库对象。数据库相当于一个对象容器，用来集中管理数据库中的对象。

下面新建一个名称为“客户管理系统”的空数据库。

操作步骤

❶ 启动 Access 2010，单击【可用模板】区域中的【空数据库】按钮，如下图所示。

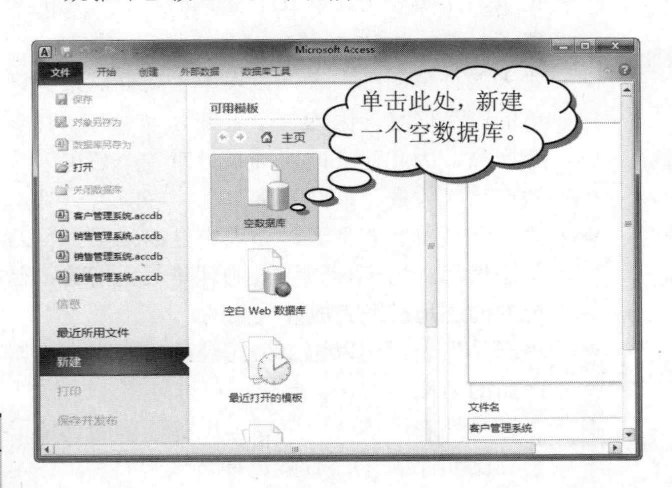

❷ 在窗口右下方的【文件名】文本框中输入“客户管理系统”，如下图所示。

❸ 单击【创建】按钮，新建一个空数据库，系统自动创建一个名为“表 1”的空白数据表，如下图所示。

16.3.3 数据表字段结构设计

创建数据库以后，就可以设计数据表了。数据表是整个系统中存储数据的唯一对象，是所有其他对象的数据源。表结构的设计直接关系着数据库的性能。

下面就来设计系统中用到的数据表。

1. “采购订单”表

该表主要存放各个采购订单的记录，比如采购订单 ID、采购时间、货物的运费等。

下面在“客户管理系统”数据库中创建“采购订单”表，具体操作步骤如下。

操作步骤

❶ 创建“客户管理系统”数据库时会自动创建“表 1”数据表。单击【数据表】选项卡的【视图】下拉按钮，在弹出的下拉列表中选择【设计视图】选项，如下图所示。

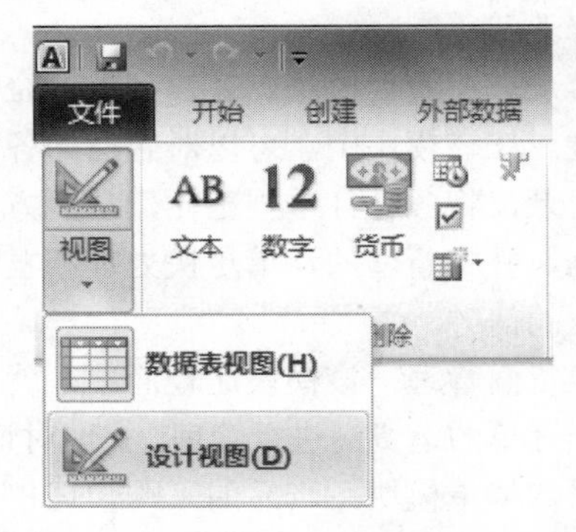

❷ 在弹出的【另存为】对话框中输入“采购订单”，如下图所示。

操作查询是在一个操作中更改多条记录的查询。一般而言，具体的操作查询有 4 种，即删除查询、更新查询、追加查询和生成表查询。

单击【确定】按钮，进入表的设计视图，如下图所示。

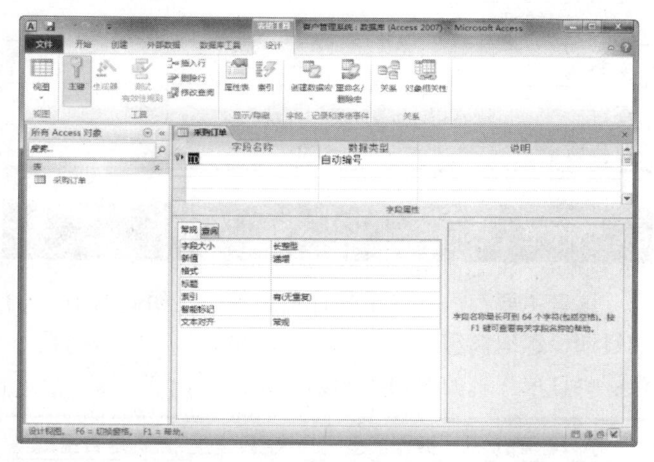

❸ 在“采购订单”表的设计视图中进行表字段的设计。各个字段的名称、数据类型等如下表所示。

字 段 名	数据类型	字段宽度	是否主键
采购订单 ID	自动编号	长整型	是
供应商 ID	数字	长整型	否
提交日期	日期/时间	短日期	否
创建日期	日期/时间	短日期	否
状态 ID	数字	长整型	否
运费	货币	自动	否
税款	货币	自动	否
付款日期	日期/时间	短日期	否
付款额	货币	自动	否
付款方式	文本	50	否
备注	备注	无	否

❹ 设置各个字段以后，表的设计视图如下图所示。

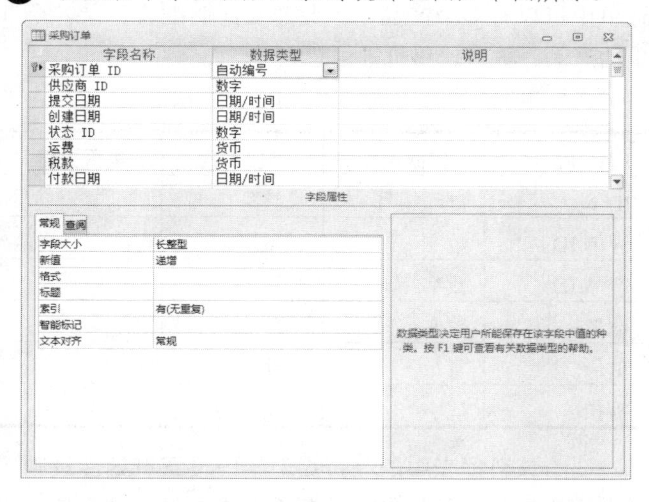

为了保证记录输入正确，可以给表中的日期/时间类型的字段加上有效性规则。例如，给【创建日期】字段创建如下图所示的有效性规则，并设置记录默认值。

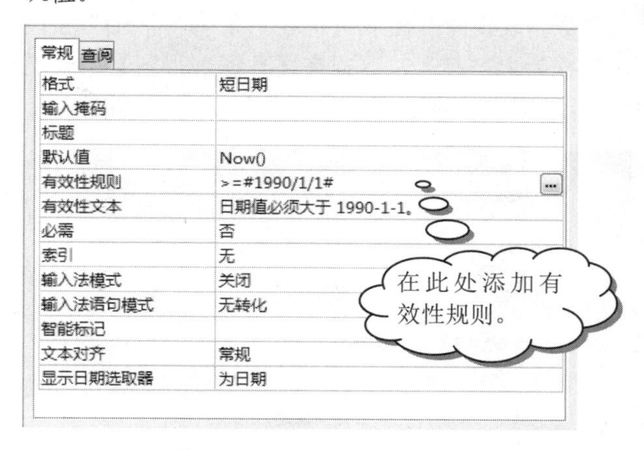

设置这样的有效性规则和有效性文本，有助于保证用户输入的【创建日期】字段值在“1990-01-01”之后。同样，也给【提交日期】和【付款日期】字段加上有效性规则。

❺ 单击【保存】按钮，保存该表。单击【视图】按钮，进入表的数据表视图，如下图所示。

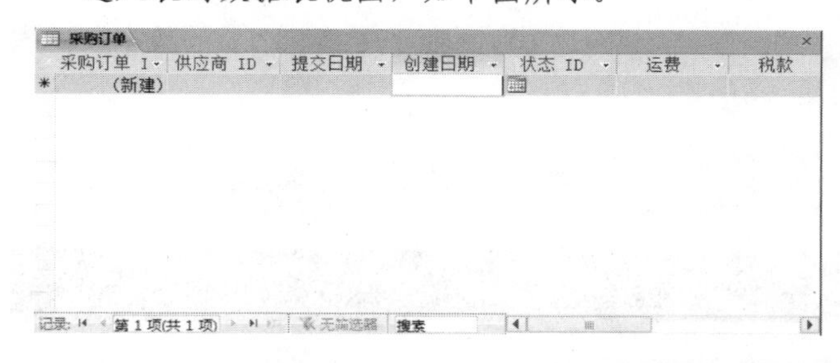

这样就完成了【采购订单】表的字段设计。用和以上操作类似的方法，创建以下各表。

2. “采购订单明细”表

该表主要存储关于采购订单的产品信息。因为一个采购订单中可以有多个产品，因此建立此明细表记录各个订单采购的产品、数量、单价等。

“采购订单明细”表的字段结构如下表所示。

字 段 名	数据类型	字段宽度	是否主键
ID	自动编号	长整型	是
采购订单 ID	数字	长整型	否
产品 ID	数字	长整型	否
数量	数字	小数	否
单位成本	货币	自动	否
接收日期	日期/时间	短日期	否

在该表的设计过程中，要确立一个概念，即平常创建的表，设计视图中的字段名将成为数据表视图中的列名，而通过【字段属性】网格中的【标题】行，可以设置在数据表视图中显示的列名。将“产品 ID”字段的标题设置为“产品”，这样在【数据表视图】中就能显示“产品”，而不是“产品 ID”了，如下图所示。

常规 查阅

字段大小	长整型
格式	
小数位数	自动
输入掩码	
标题	产品
默认值	
有效性规则	
有效性文本	
必需	否
索引	有(有重复)
智能标记	
文本对齐	常规

设置“产品 ID”标题之前的数据表视图如下图所示。

设置“产品 ID”标题为“产品”之后的数据表视图如下图所示。

3. “采购订单状态”表

该表存放采购订单的状态信息，用来标识采购订单是新增的、已批准的还是已经完成并关闭的。

“采购订单状态”表的字段结构如下表所示。

字 段 名	数据类型	字段宽度	是否主键
状态 ID	数字	长整型	是
状态	文本	50	否

4. “产品”表

此表用以记录公司经营的产品信息，比如产品的名称、简介、单位、单价等。

“产品”表的字段结构如下表所示。

字 段 名	数据类型	字段宽度	是否主键
ID	自动编号	长整型	是
产品代码	文本	25	否

续表

字 段 名	数据类型	字段宽度	是否主键
产品名称	文本	50	否
说明	备注	无	否
单价	货币	自动	否
单位数量	文本	50	否

5. “订单”表

该表主要存放各订单的订货记录，比如订单 ID、订购日期、承运商等。

“订单”表的字段结构如下表所示。

字 段 名	数据类型	字段宽度	是否主键
订单 ID	自动编号	长整型	是
客户 ID	数字	长整型	否
订购日期	日期/时间	短日期	否
到货日期	日期/时间	短日期	否
发货日期	日期/时间	短日期	否
运货商 ID	数字	长整型	否
运货费	货币	自动	否
付款日期	日期/时间	短日期	否
付款额	货币	自动	否
付款方式	文本	50	否
状态 ID	数字	长整型	否
备注	备注	无	否

6. “订单明细”表

该表主要存放关于特定订单的产品信息。因为一个订单中可以有多个产品，因此建立此明细表记录各个订单的产品、数量、单价等信息。

“订单明细”表的字段结构如下表所示。

字 段 名	数据类型	字段宽度	是否主键
ID	自动编号	长整型	是
订单 ID	数字	长整型	否
产品 ID	数字	长整型	否
数量	数字	小数	否
单价	货币	自动	否
折扣	数字	双精度型	否

要给该数据表中的“折扣”字段设置有效性规则，以保证设置的折扣值在有效范围之内。设置的有效性规则如下图所示。

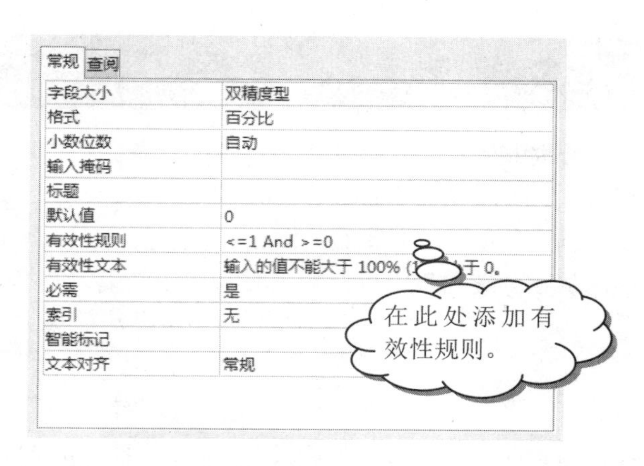

7. “订单状态”表

该表记录各个订单的状态，用以表示该订单是新增的、已发货的还是已经完成并关闭的。

“订单状态”表的字段结构如下表所示。

字 段 名	数据类型	字段宽度	是否主键
状态 ID	数字	长整型	是
状态名	文本	50	否

8. “供应商”表

该表存放公司上游的供应商信息，比如公司的联系人姓名、电话、公司简介等。

“供应商”表的字段结构如下表所示。

字 段 名	数据类型	字段宽度	是否主键
ID	自动编号	长整型	是
公司	文本	50	否
联系人	文本	50	否
职务	文本	50	否
电子邮件地址	文本	50	否
业务电话	文本	25	否
住宅电话	文本	25	否
移动电话	文本	25	否
传真号	文本	25	否
地址	备注	无	否
城市	文本	50	否
省/市/自治区	文本	50	否
邮政编码	文本	15	否
国家/地区	文本	50	否
主页	超链接	无	否

续表

字 段 名	数据类型	字段宽度	是否主键
备注	备注	无	否
附件	附件	无	否

9. “客户”表

该表存放公司的客户信息，它是实现客户资料管理的关键表。表中记录的内容有客户联系人姓名、电话、公司简介等。

“客户”表的字段结构如下表所示。

字 段 名	数据类型	字段宽度	是否主键
ID	自动编号	长整型	是
公司	文本	50	否
联系人	文本	50	否
职务	文本	50	否
电子邮件地址	文本	50	否
业务电话	文本	25	否
住宅电话	文本	25	否
移动电话	文本	25	否
传真号	文本	25	否
地址	备注	无	否
城市	文本	50	否
省/市/自治区	文本	50	否
邮政编码	文本	15	否
国家/地区	文本	50	否
主页	超链接	无	否
备注	备注	无	否
附件	附件	无	否

10. “用户密码”表

该表主要存放系统管理员或系统用户的信息，它是实现用户登录模块的后台数据源。

“用户密码”表的字段结构如下表所示。

字 段 名	数据类型	字段宽度	是否主键
用户 ID	自动编号	长整型	是
用户名	文本	20	否
密码	文本	20	否

为了保密性的需要，可以给“密码”字段中的值添加掩码。在“密码”字段的【字段属性】区域中单击【掩码】属性行右边的省略号按钮，即可弹出【输入掩码向导】对话框，如下图所示。

在 Access 中利用查询数据库对象，可以查看、更改及分析数据库中的数据，也可以将查询作为窗体或者报表的数据源。

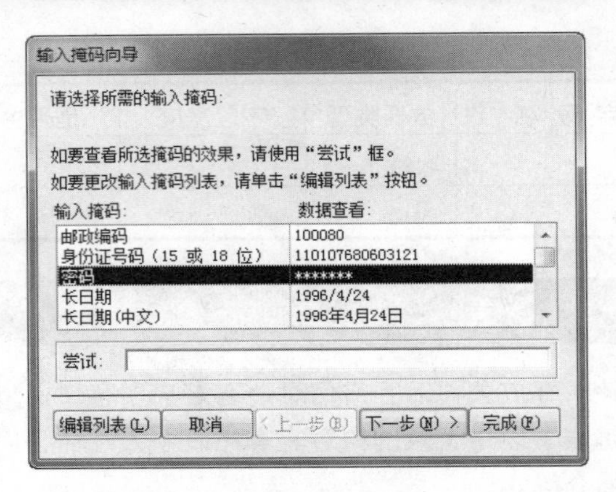

设置掩码后，可以看到"密码"字段中的值已经被掩码所覆盖，如下图所示。

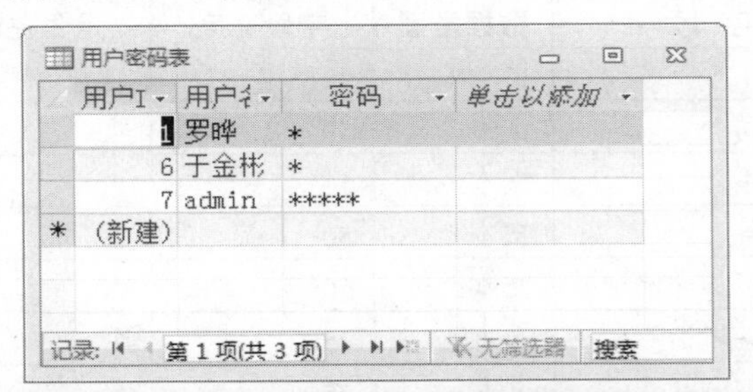

11. "运货商"表

该表主要存放为该公司承担货物运送任务的各个物流商的信息，比如公司名称、联系人等，如下表所示。

字 段 名	数据类型	字段宽度	是否主键
ID	自动编号	长整型	是
公司	文本	50	否
联系人	文本	50	否
职务	文本	50	否
电子邮件地址	文本	50	否
业务电话	文本	25	否
住宅电话	文本	25	否
移动电话	文本	25	否
传真号	文本	25	否
地址	备注	无	否
城市	文本	50	否
省/市/自治区	文本	50	否
邮政编码	文本	15	否
国家/地区	文本	50	否
主页	超链接	无	否
备注	备注	无	否
附件	附件	无	否

16.3.4 数据表的表关系设计

数据表中按主题存放了各种数据记录。在使用时，可以从各个数据表中提取出一定的字段进行操作。这其实也就是关系型数据库的工作方式。

从各个数据表中提取数据时，应当先设定数据表关系。Access 作为关系型数据库，支持灵活的关系建立方式。

在"客户管理系统"数据库中完成数据表字段设计后，需要建立各表之间的表关系。下面给建立的 11 个数据表设置表关系，具体操作步骤如下。

操作步骤

1. 启动 Access 2010，打开"客户管理系统"数据库，并切换到【数据库工具】选项卡，如下图所示。

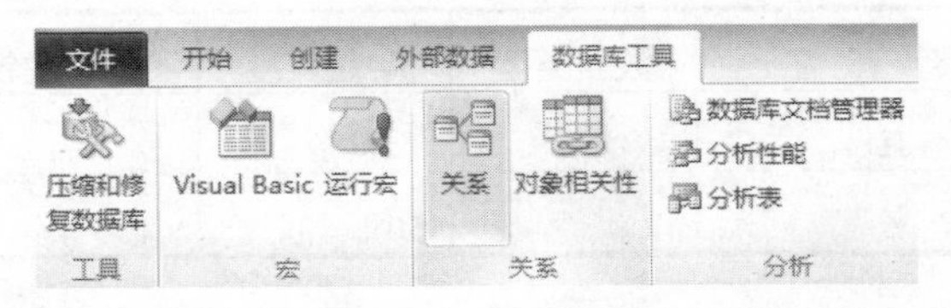

2. 单击【数据库工具】选项卡下【关系】组中的【关系】按钮，即可进入该数据库的【关系】视图，如下图所示。

由于是第一次进入"表关系设计器"，进入时自动弹出【显示表】对话框。如果没有显示，则可以按照下面的步骤调出对话框。

3. 在表的【关系】视图中右击，在弹出的快捷菜单中选择【显示表】命令；或者直接单击【关系】组中的【显示表】按钮，如下图所示。

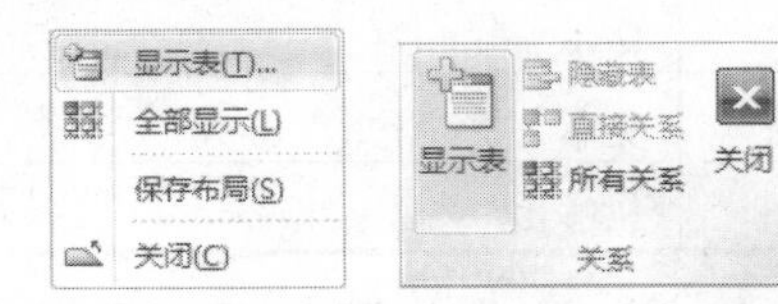

学以致用系列丛书

长见识 Access 还支持将查询导出为 HTML 格式文档。只要选择了要导出的查询，启动导出向导，即可按照向导的提示完成查询的导出。

❹ 系统弹出【显示表】对话框，如下图所示。

❺ 在【显示表】对话框中依次选择所有的数据表，单击【添加】按钮，将所有数据表添加进【关系】视图，如下图所示。

❻ 选择“采购订单”表中的“采购订单 ID”字段，按下鼠标左键不放并将其拖动到“采购订单明细”表中的“采购订单 ID”字段上，释放鼠标左键，系统弹出【编辑关系】对话框，如下图所示。

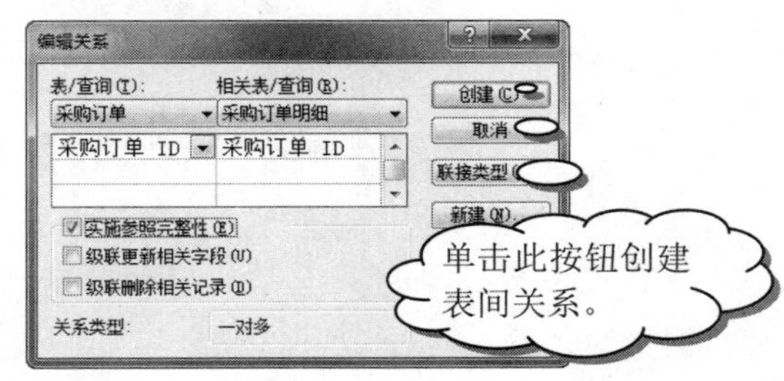

❼ 选中【实施参照完整性】复选框，以保证在“采购订单明细”表中登记的“采购订单 ID”记录都存在于“采购订单”表中。单击【创建】按钮，创建一个一对多表关系，如下图所示。

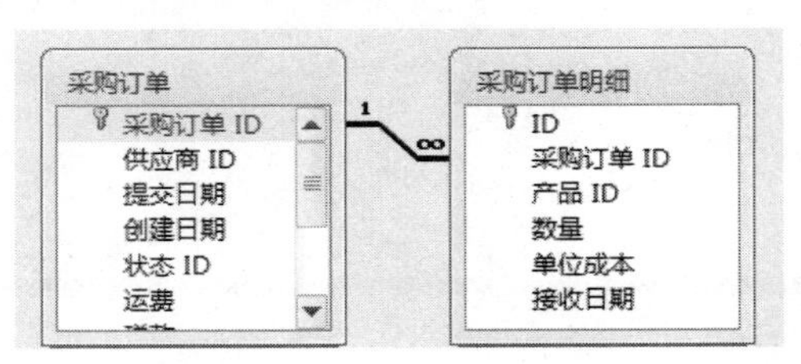

这样就完成了第一个表关系的创建。重复以上步骤中的第 6 步和第 7 步，建立其余各表间的表关系，如下表所示。

表　名	字段名	相关表名	字 段 名
采购订单状态	状态 ID	采购订单	状态 ID
产品	ID	采购订单明细	产品 ID
订单	订单 ID	订单明细	订单 ID
订单状态	状态 ID	订单	状态 ID
供应商	ID	采购订单	供应商 ID
客户	ID	订单	客户 ID
运货商	ID	订单	运货商 ID

❽ 用户可以在表的【关系】视图中看到所有的关联关系，如下图所示。

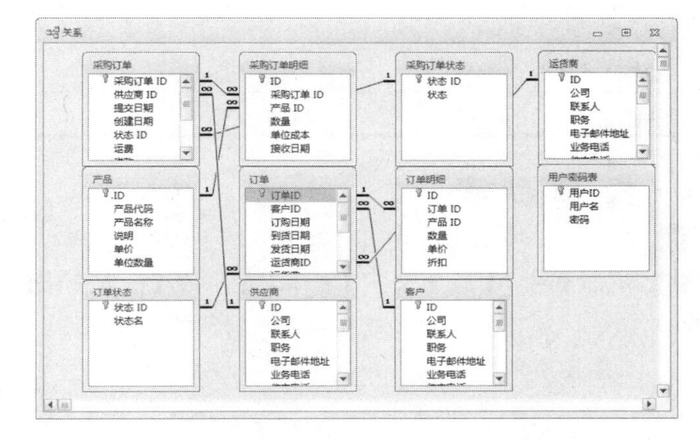

❾ 单击【关闭】按钮，系统弹出询问是否保存关系布局对话框，单击【是】按钮，保存【关系】视图的更改，如下图所示。

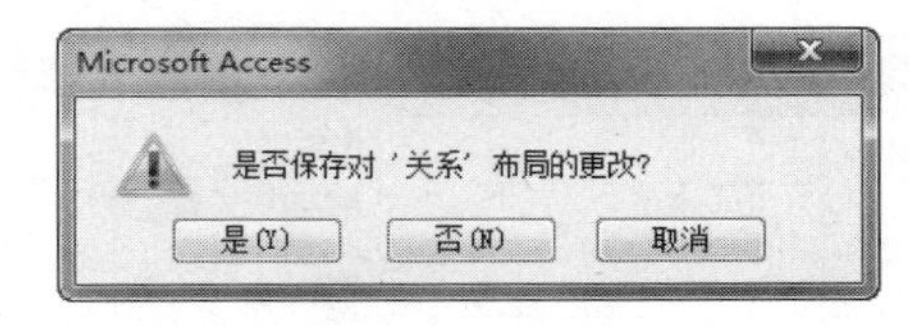

这样就完成了“客户管理系统”数据库中设计数据表、建立表关系的操作。

16.4　窗体的实现

窗体作为一个交互平台、一个窗口，在与用户的交互过程中发挥着重要作用。用户可以通过窗体查看和访问数据库，实现数据的输入等。

在该系统中，根据设计目标，需要建立多个不同的窗体，比如要实现功能导航和提醒的“主页”窗体，以及用户登录的“登录”窗体等。在下面各节中，逐一介绍各个窗体的设计。

16.4.1 设计“登录”窗体

“登录”窗体是“登录”模块的重要组成部分。设计一个既具有安全性又美观大方的“登录”窗体，也是非常必要的。

在本节中，将在窗体的设计视图设计“登录”窗体。各个窗体空间的名称、标题属性如下表所示。

类 型	名 称	标 题
标签	用户名	用户名：
标签	密码	密码：
文本框	UserName	
文本框	Password	
按钮	OK	确定
按钮	Cancel	取消

操作步骤

1. 启动 Access 2010，打开“客户管理系统”数据库。
2. 单击【创建】选项卡下【窗体】组中的【窗体设计】按钮，创建一个窗体并自动进入窗体的设计视图，如下图所示。

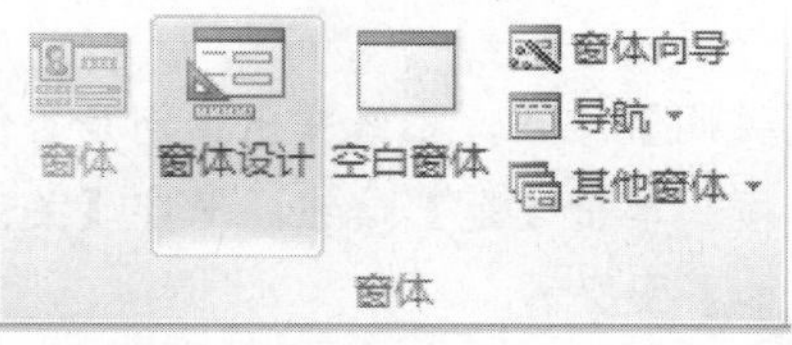

3. 设置窗体的大小。在右边的【属性表】窗格的【格式】选项卡下，设置窗体的宽度为“12cm”，选中“主体”区域，设置【主体】的高度为“7cm”，如下图所示。

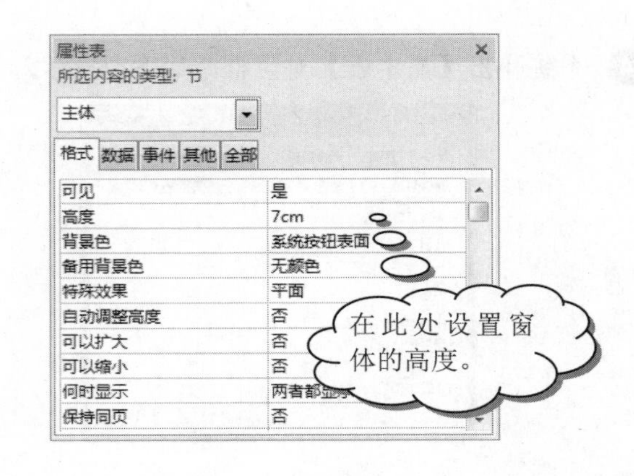

4. 添加矩形框。在【控件】组中单击矩形框控件按钮，然后按下鼠标左键，从【主体】的左上角向右下方画一个矩形，然后在【属性表】窗格中设置该矩形的【宽度】为“12.012cm”和【背景色】属性，如下图所示。

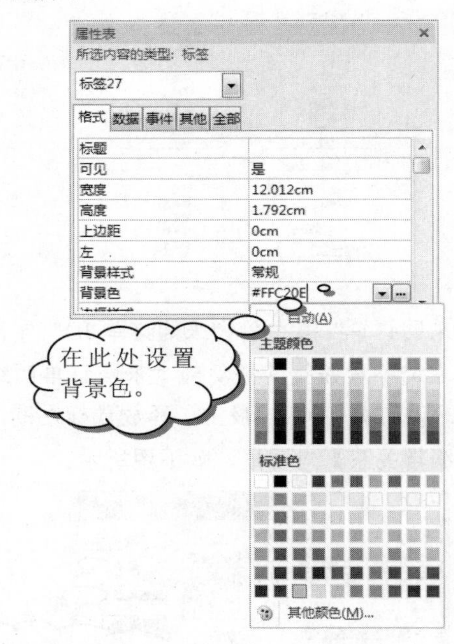

设置完成后，“用户登录”窗体的窗体视图如下图所示。

长见识 创建交叉表查询时，在指定列标题和要汇总的值时，其中每个列标题只能使用一个字段。在指定行标题时，最多可使用 3 个字段。

5 设置主体背景颜色。在【主体】区域中右击，在弹出的快捷菜单中选择【填充/背景色】命令，在弹出的颜色块中选择一个颜色作为背景颜色，如下图所示。

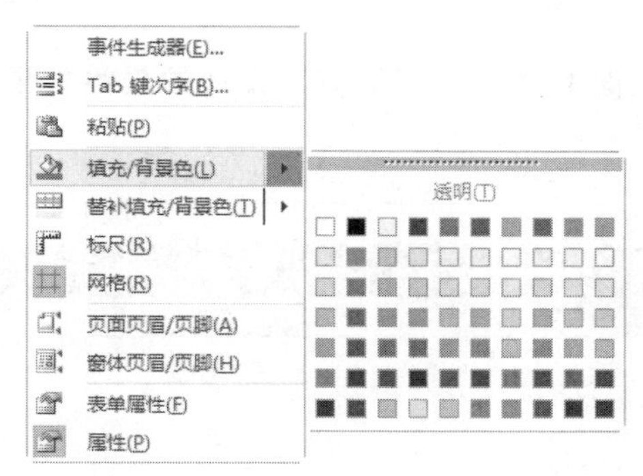

6 添加组合框。在登录窗口采用组合框的形式，让用户从下拉列表框中选择用户名。

单击【控件】组中的组合框控件按钮，在【主体】区域单击，弹出【组合框向导】对话框，如下图所示。

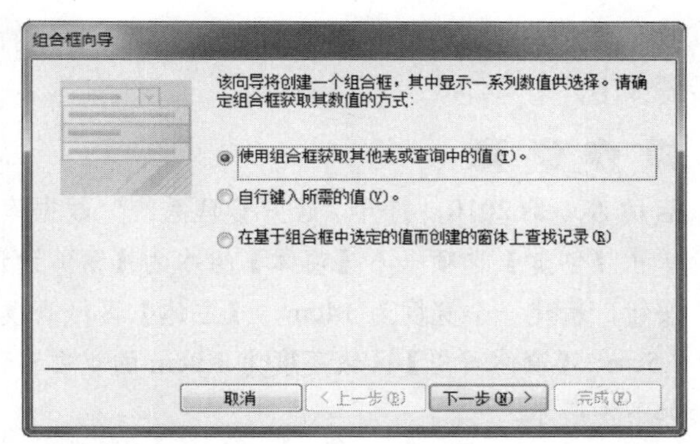

7 按照【组合框向导】对话框提示的步骤，选择“用户密码”表作为数据源，并选定该数据表中的“用户ID”字段和“用户名”字段，如下图所示。

8 在【属性表】窗格中设置该列表框的【边框颜色】，如下图所示。

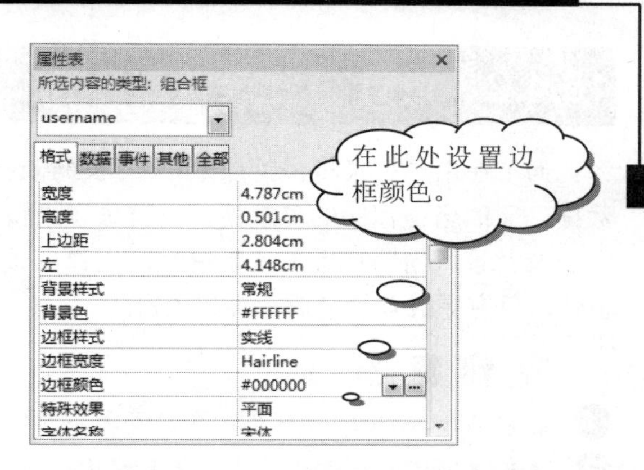

9 调整该列表框的布局，设置列表框中文本的字号为“9”号，最终效果如下图所示。

10 用类似的方法添加文本框控件和两个按钮控件，相关的属性如下表所示。

类　型	名　称	标　题
标签	lbl1	用户名：
标签	lbl2	密码：
标签	lbl3	夕林企业管理系统－登录
列表框	Username	
文本框	Password	
按钮	OK	确定
按钮	Cancel	取消
矩形框	Box1	

11 单击【保存】按钮，保存设计的窗体。

这样就完成了【用户登录】窗体的创建。创建的最终效果如下图所示。

16.4.2 设计“登录背景”窗体

为了在用户登录时，既能阻止用户看到数据库中的数据，又能增强程序的美观性，要给该登录窗口添加一个登录背景。当用户进入该系统时，先弹出该登录背景窗体。只有完成登录之后才关闭该窗体。

操作步骤

❶ 启动 Access 2010，打开“客户管理系统”数据库。

❷ 单击【创建】选项卡下【窗体】组中的【窗体设计】按钮，新建一个宽度为 25cm、【主体】区域高度为 16cm 的窗体，如下图所示。

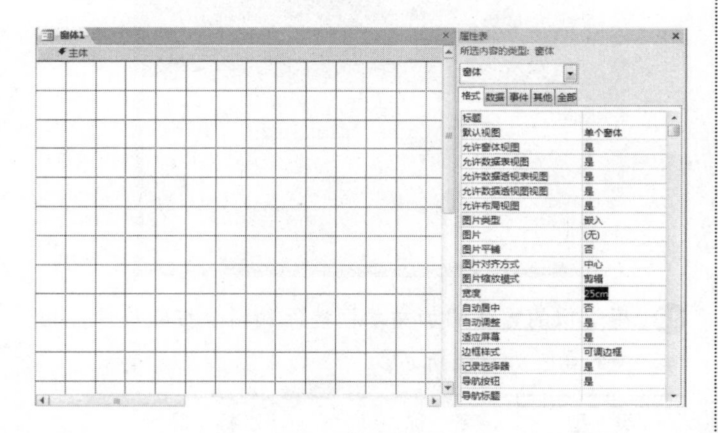

❸ 设置窗体背景颜色。在【属性表】窗格中设置窗体的【背景色】为“#000000”，即黑色，如下图所示。

16.4.3 设计“主页”窗体

“主页”窗体是整个客户管理系统的入口，它主要起功能导航的作用。系统中的各个功能模块在该导航窗体中都建立了链接，当用户单击该窗体中的链接时，即可进入相应的功能模块。

在该企业管理系统的主页导航窗体中，采用简单的按钮式导航，即通过在窗体上放置各个导航按钮实现功能导航。

和上面的操作过程类似，设计的最终效果如下图所示。

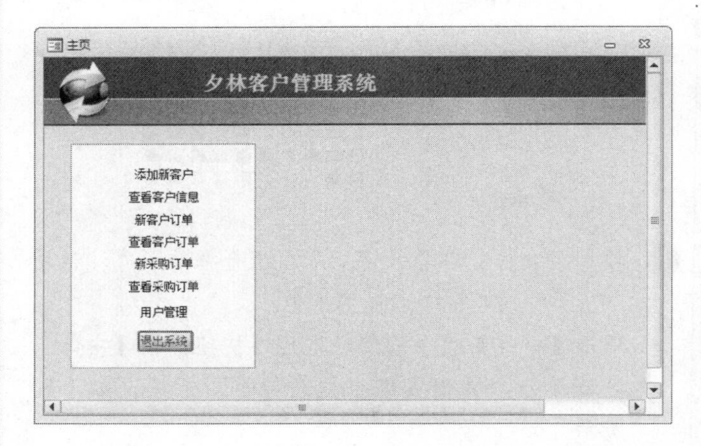

在“客户管理系统”中建立“主页”导航窗体的操作步骤如下。

操作步骤

❶ 启动 Access 2010，打开“客户管理系统”数据库。

❷ 单击【创建】选项卡下【窗体】组中的【窗体设计】按钮，新建一个宽度为 14cm、【主体】区域高度为 7.5cm、【窗体页眉】区域高度为 1.9cm 的空白窗体，如下图所示。

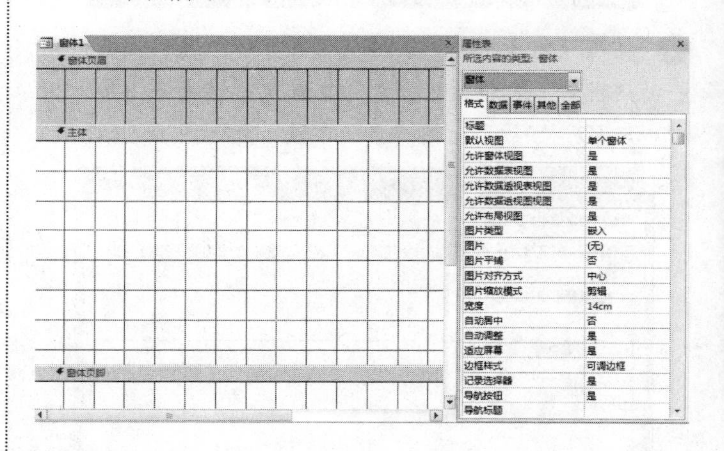

❸ 设置页眉区域。添加窗体的标题为“夕林客户管理系统”，并为【窗体页眉】区域添加背景图片和徽标，设置【主体】区域的【背景色】，如下图所示。

长见识 可以使用交叉表查询向导创建所需的基本交叉表查询，然后使用设计视图精确调整该查询的设计。

属性表	
所选内容的类型：节	
主体	
格式 数据 事件 其他 全部	
可见	是
高度	7.998cm
背景色	#E7E7E2
备用背景色	#E7E7E2
特殊效果	平面
自动调整高度	否
可以扩大	是
可以缩小	否
何时显示	两者都显示
保持同页	否
强制分页	无

设置以后的窗体如下图所示。

❹ 添加矩形框 box1，作为放置导航按钮的区域。该矩形按钮的大小由用户自己决定，背景颜色为白色，如下图所示。

❺ 添加命令按钮。向矩形框中添加命令按钮，以实现各个功能的导航作用，设置的按钮如下图所示。

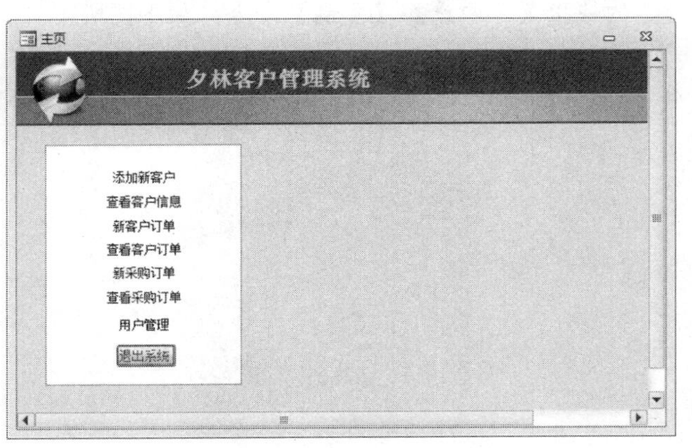

设置【背景样式】为“透明”，设置按钮标题样式如下图所示。

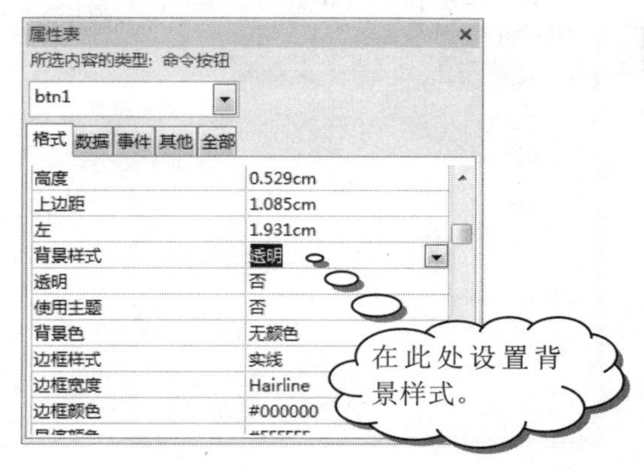

这样就完成了导航页面的创建。创建该导航页面的关键，就是要熟练掌握按钮控件、徽标控件和窗体属性的设置方法。

16.4.4 创建“添加客户信息”窗体

本节以“客户”表为数据源，建立“添加客户信息”窗体，并将该窗体设置为弹出式窗体。

操作步骤

❶ 启动 Access 2010，打开“客户管理系统”数据库。

❷ 切换到【创建】选项卡，单击【窗体】组中的【窗体向导】命令按钮，如下图所示。

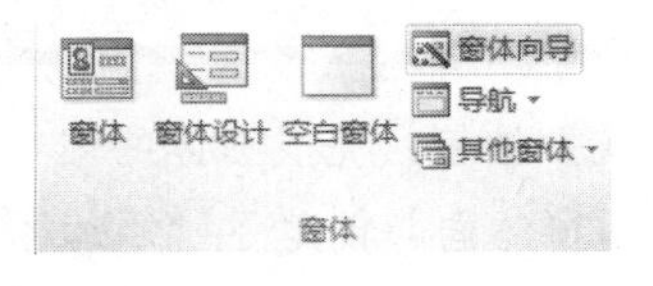

❸ 弹出【窗体向导】对话框。在【表/查询】下拉列表框中选择【表：客户】选项，将【可用字段】列表框中的所有字段添加到【选定字段】列表框中，如下图所示。

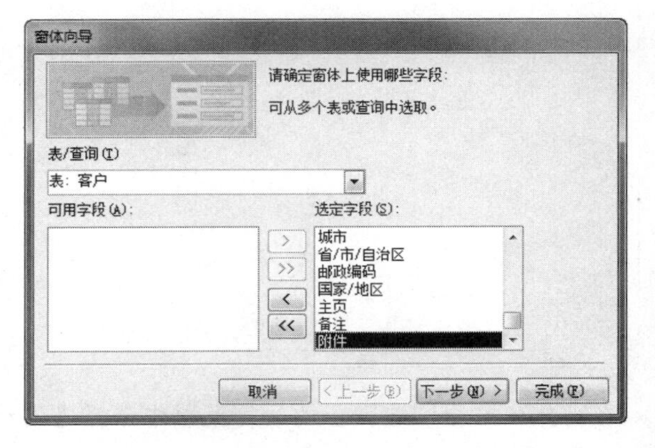

❹ 单击【下一步】按钮，弹出要求用户选择布局的对

话框。这里选中【纵栏表】单选按钮，如下图所示。

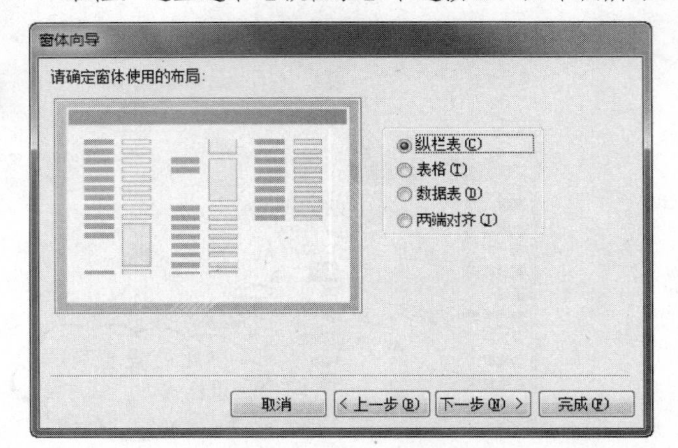

❺ 单击【下一步】按钮，输入窗体标题为“添加客户信息”，再选中【打开窗体查看或输入信息】单选按钮，如下图所示。

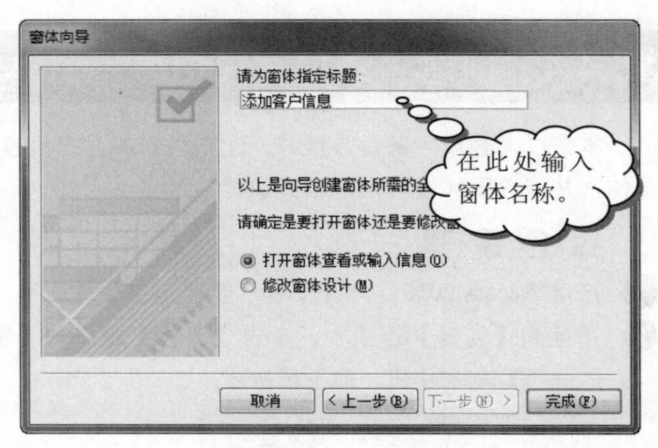

❻ 单击【完成】按钮，完成窗体的创建。

这样就利用窗体向导创建了“添加客户信息”窗体，其界面如下图所示。

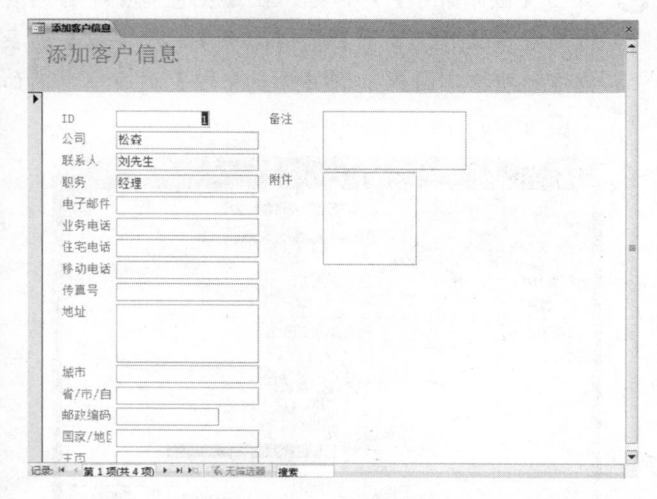

在窗体中右击，在弹出的快捷菜单中选择【设计视图】命令，进入该窗体的设计视图，如下图所示。

在设计视图中对自动生成的窗体做进一步修改。设置【窗体页眉】区域中的背景图片、标题信息等，然后重新调整各个文本框的宽度、高度和布局等。最终效果如下图所示。

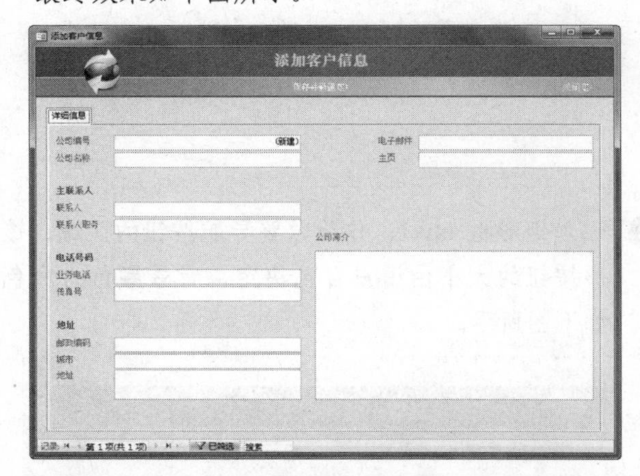

16.4.5 创建“客户详细信息”窗体

本节要设计的“客户详细信息”窗体和 “添加客户信息”窗体的样式是一样的，只是前者主要用于查看信息，而后者主要用于添加信息。

操作步骤

❶ 在导航窗格中右击“添加客户信息”窗体，在弹出的快捷菜单中选择【复制】命令，如下图所示。

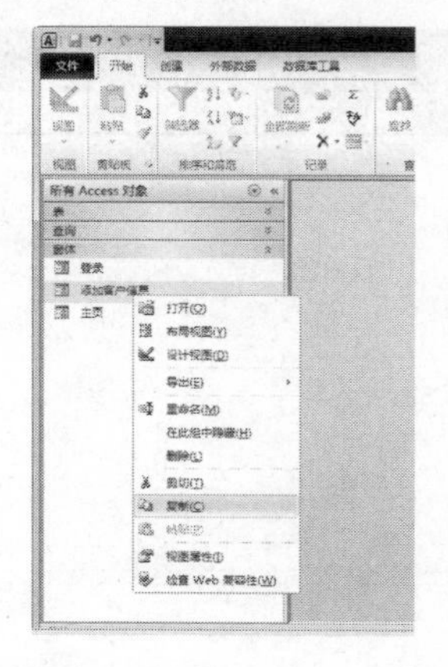

 使用设计视图创建交叉表查询时，可以根据需要使用任意多个记录源（表和查询）。

❷ 在导航窗格空白处右击，在弹出的快捷菜单中选择【粘贴】命令，这样就可以完成复制。在弹出的【粘贴为】对话框中将窗体另存为“客户详细信息”，单击【确定】按钮，如下图所示。

这样就完成了该窗体的创建。为了方便用户使用，可以添加一组导航按钮。当然利用窗体自带的导航条也可以实现导航作用。

❸ 进入“客户详细信息”窗体的设计视图，在窗体的下方添加导航按钮，如下图所示。

❹ 上图中的【第一项】、【上一个】、【下一个】、【最后一项】4 个选项均为命令按钮，用户可以直接利用按钮控件的【命令按钮向导】来创建，如下图所示。

❺ 分别建立 4 个窗体后，选择这 4 个导航按钮，并在右边的【属性表】窗格中将命令按钮的【背景样式】属性设置为“透明”，如下图所示。

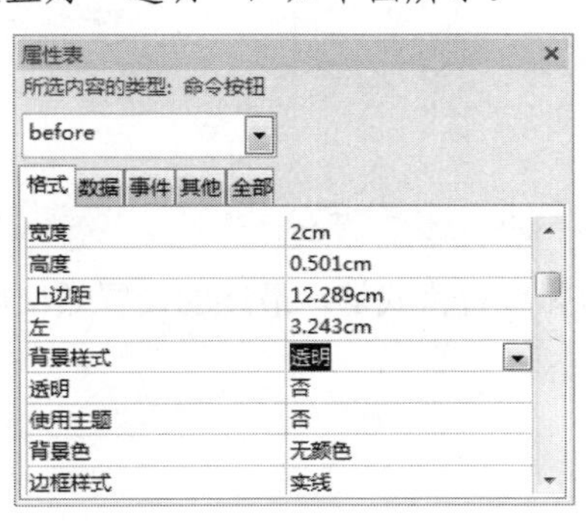

16.4.6　创建“客户列表”窗体

上面创建的“客户详细信息”窗体有一个很大的缺点，就是在这种窗体中只能查看一个客户信息，不能同时查看多个记录。因此还可以建立一个“客户列表”窗体，用以在一个页面中查看多个客户信息。

利用数据库的自动创建窗体的功能创建一个分割窗体。在该窗体的下部，以数据表窗体的形式显示各个客户的记录；在该窗体的上部，以普通窗体的形式显示窗体的重要信息。再在该“客户列表”窗体中添加一个命令按钮，如果用户单击该按钮，则会弹出“客户详细信息”窗体，以查看客户数据。

操作步骤

❶ 启动 Access 2010，打开“客户管理系统”数据库。

❷ 在导航窗格中双击打开“客户”表，如下图所示。

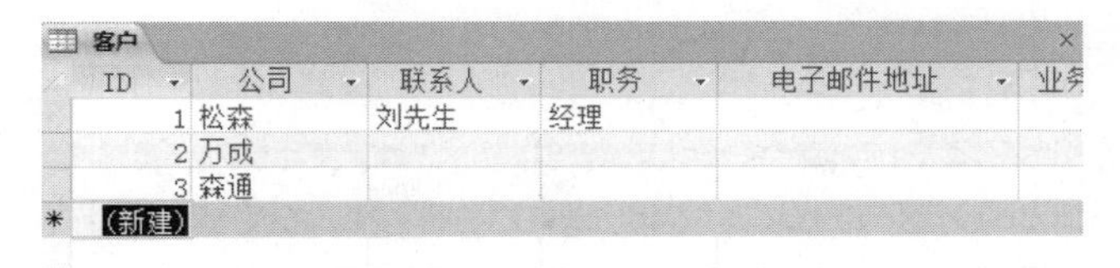

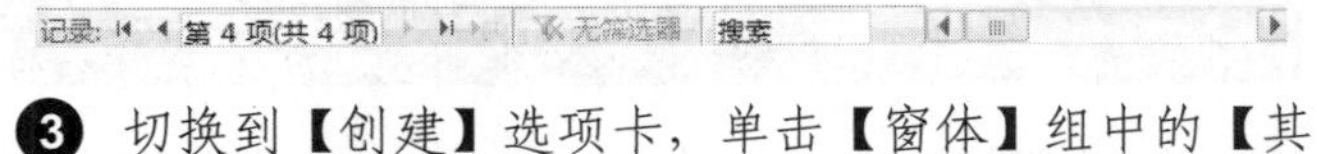

❸ 切换到【创建】选项卡，单击【窗体】组中的【其他窗体】旁的下拉按钮，在弹出的菜单中选择【分割窗体】命令，如下图所示。

❹ 系统自动根据“客户”表，创建一个“客户”分割窗体，如下图所示。

当在【设计视图】中生成交叉表查询时，使用设计网格中的“总计”和“交叉表”行指定哪个字段的值将成为列标题，哪个字段的值将成为行标题，哪个字段的值将用于计算总计、平均值、计数或其他计算。

长见识

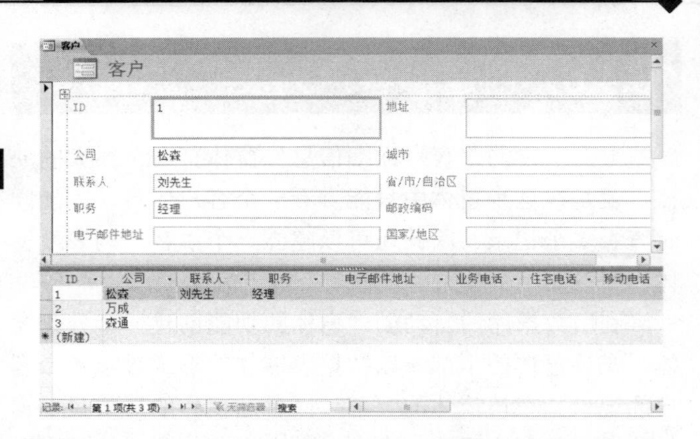

❺ 单击【视图】按钮，进入窗体的设计视图，对该窗体重新进行布局与设计，删除上面窗体中的一部分字段，如下图所示。

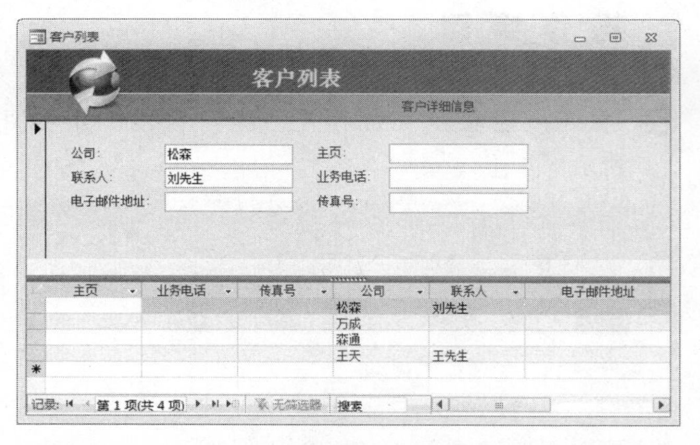

16.4.7 创建“添加客户订单”窗体

本节将创建用于接收添加订单的窗体，即利用Access 2010中的自动创建窗体功能，以“订单”表为数据源，在Access中自动创建一个窗体。

操作步骤

❶ 启动Access 2010，打开“客户管理系统”数据库。

❷ 在导航窗格中双击打开“订单”表，如下图所示。

❸ 单击【创建】选项卡下的【窗体】组中的【窗体】按钮，Access自动为用户创建一个包含子数据表的窗体，如下图所示。

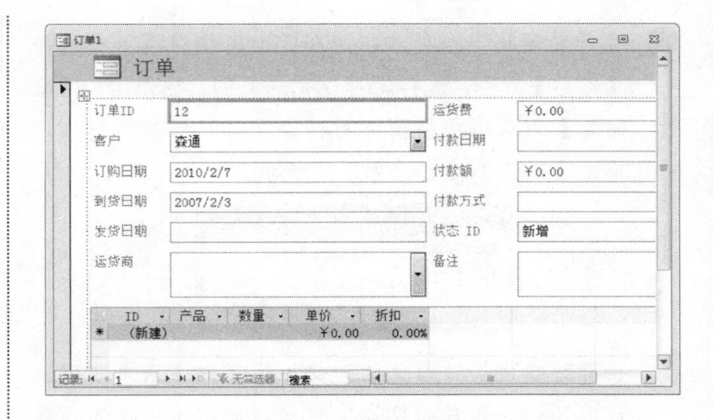

❹ 在视图中选择设计视图，窗口由布局视图切换到设计视图，对自动生成的窗体进行格式设置，最终的设计效果如下图所示。

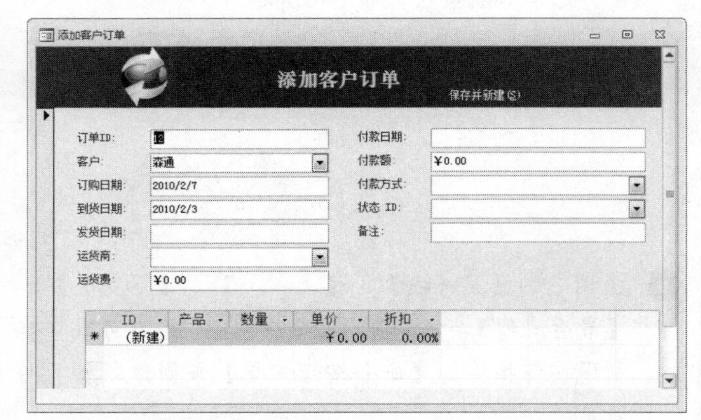

16.4.8 创建“添加采购订单”窗体

用与16.4.7节中完全相同的方法，创建“添加采购订单”窗体，如下图所示。

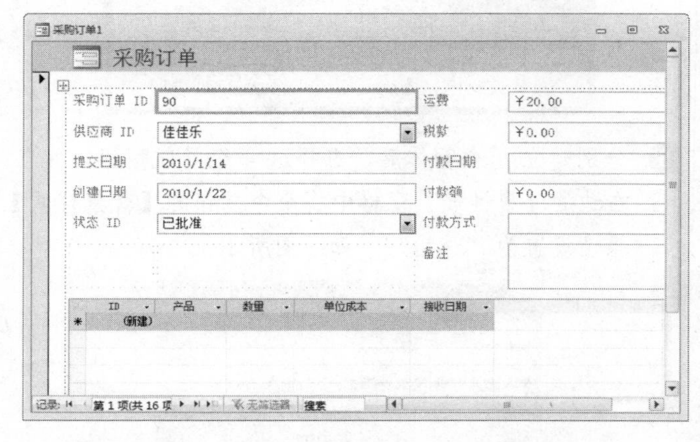

对该窗体设置格式等，最终的设置效果如下图所示。

长见识

表达式由函数、运算符、常量和标识符(如字段、表、窗体和查询的名称)组成。利用表达式生成器，可以轻松查找并插入这些要素，进而更加快速和准确地输入表达式。

16.4.9 创建数据表窗体

本节需要在“客户管理系统”中创建“订单”“采购订单”“订单明细”和“采购订单明细”4 个数据表窗体，以作为其他窗体的子窗体。创建这些窗体的操作步骤相似，下面以建立“订单”数据表窗体为例进行介绍，具体操作步骤如下。

操作步骤

1. 启动 Access 2010，打开“客户管理系统”数据库。
2. 在导航窗格中打开“订单”表，然后单击【创建】选项卡下【窗体】组中的【其他窗体】下拉按钮，在弹出的下拉菜单中选择【数据表】命令，创建一个数据表窗体，如下图所示。

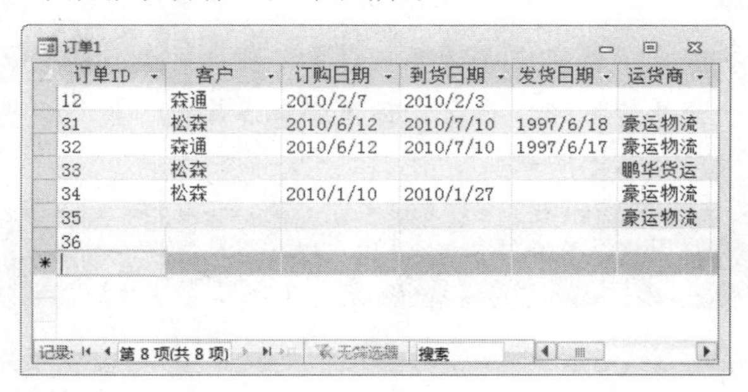

订单1

订单ID	客户	订购日期	到货日期	发货日期	运货商
12	森通	2010/2/7	2010/2/3		
31	松森	2010/6/12	2010/7/10	1997/6/18	豪运物流
32	森通	2010/6/12	2010/7/10	1997/6/17	豪运物流
33	松森				鹏华货运
34	松森	2010/1/10	2010/1/27		豪运物流
35					豪运物流
36					

记录: 第 8 项(共 8 项) 无筛选器 搜索

3. 用上述操作步骤同样的方法，创建“采购订单”数据表窗体，如下图所示。

采购订单1

采购订单 I	供应商 ID	提交日期	创建日期	状态 ID	运费
90	佳佳乐	2010/1/14	2010/1/22	已批准	######
91	妙生	2010/1/14	2010/1/22	已批准	¥0.00
93	日正	2010/1/14	2010/1/22	已批准	¥0.00
94	德昌	2010/1/14	2010/1/22	已批准	¥0.00
95	为全	2010/1/14	2010/1/22	已批准	¥0.00
96	佳佳乐	2010/1/14	2010/1/22	已批准	¥0.00
97	康富食品	2010/1/14	2010/1/22	已批准	¥0.00
98	康富食品	2010/1/14	2010/1/22	已批准	¥0.00
99	佳佳乐	2010/1/14	2010/1/22	已批准	¥0.00
100	康富食品	2010/1/14	2010/1/22	已批准	¥0.00
101	佳佳乐	2010/1/14	2010/1/22	已批准	¥0.00

记录: 第 11 项(共 16 项) 无筛选器 搜索

4. 用同样方法创建“订单明细”和“采购订单明细”数据表窗体，如下图所示。

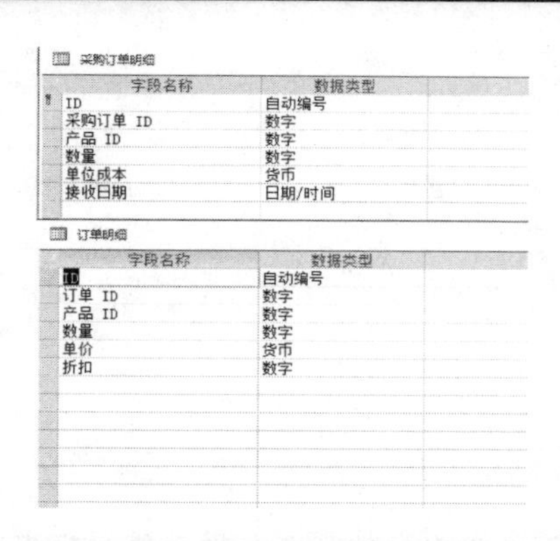

采购订单明细

字段名称	数据类型
ID	自动编号
采购订单 ID	数字
产品 ID	数字
数量	数字
单位成本	货币
接收日期	日期/时间

订单明细

字段名称	数据类型
ID	自动编号
订单 ID	数字
产品 ID	数字
数量	数字
单价	货币
折扣	数字

16.4.10 创建“客户订单”窗体

本节将利用拖动窗体和字段的方法，建立“客户订单”窗体。该窗体主要用来查看客户的主要信息及相关订单。

操作步骤

1. 启动 Access 2010，打开“客户管理系统”数据库。
2. 单击【创建】选项卡下【窗体】组中的【空白窗体】按钮，建立一个空白窗体，如下图所示。

3. 单击【设计】选项卡下的【添加现有字段】按钮，弹出【字段列表】窗格，如下图所示。

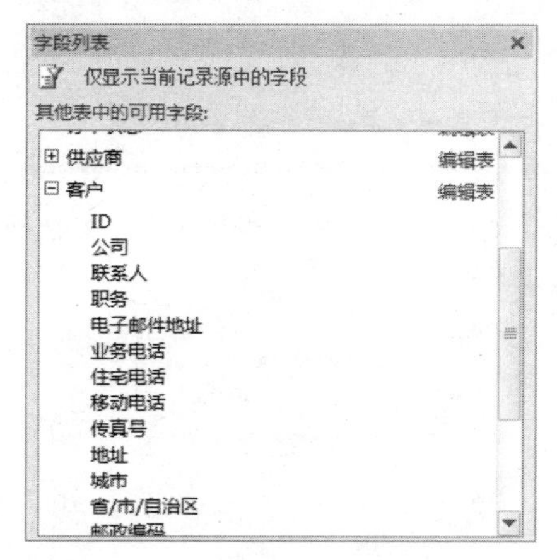

4. 将【字段列表】窗格中“客户”表中的选定字段拖动到空白窗体中，建立如下图所示的窗体。

表达式生成器有助于确定哪些要素适合在其中输入表达式的上下文。如果构建 Web 数据库时仅有某些特定的函数可用，这一功能尤其有用。

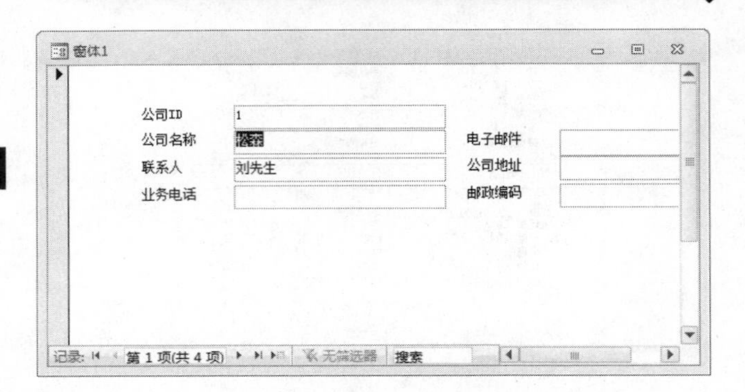

5 进入该窗体的设计视图，将导航窗格中的“订单”窗体拖动到该窗体中，为该窗体添加子窗体。调整布局后的视图如下图所示。

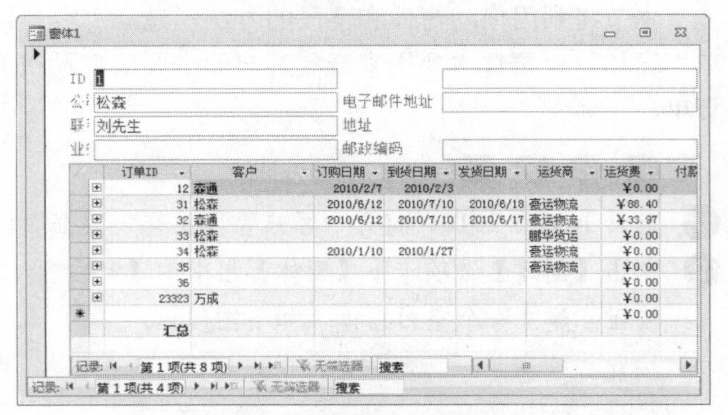

提示

由于这里只是简单地添加了子窗体，而没有设置“主链接字段”和“子链接字段”，因此在子窗体中只是简单地显示了全部的记录，而没有进行筛选。

6 选定子窗体，在【属性表】窗格的【数据】选项卡下，单击【链接主字段】行右边的省略号，弹出【子窗体字段链接器】对话框，如下图所示。

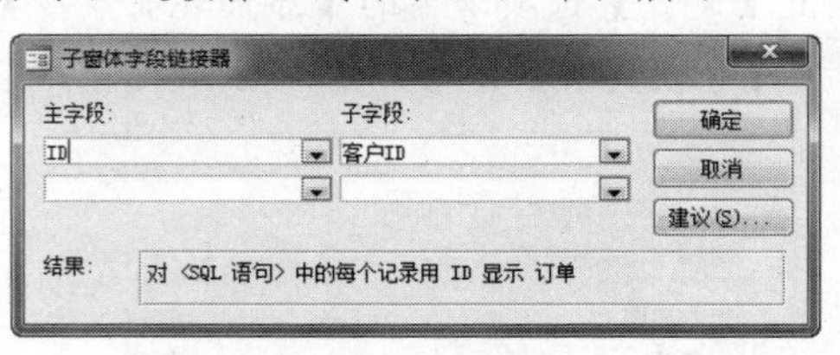

设置好链接字段以后，单击【确定】按钮，完成设置，如下图所示。

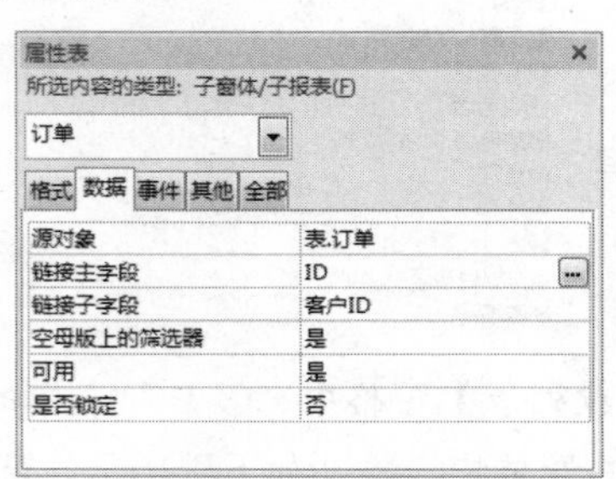

7 设置好链接主/次字段以后，就建立了完整的子窗体，如下图所示。

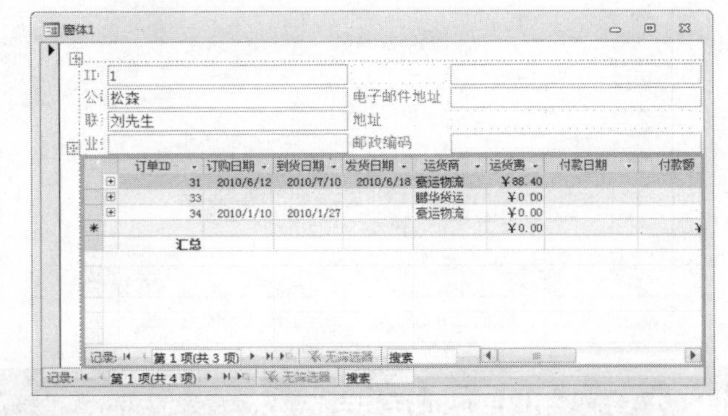

8 下面来添加嵌入子窗体的二级子窗体“订单明细”。将导航窗格中的“订单明细”窗体拖动到“订单”子窗体中，并用相同的方法设置链接主/次字段，最终设置效果如下图所示。

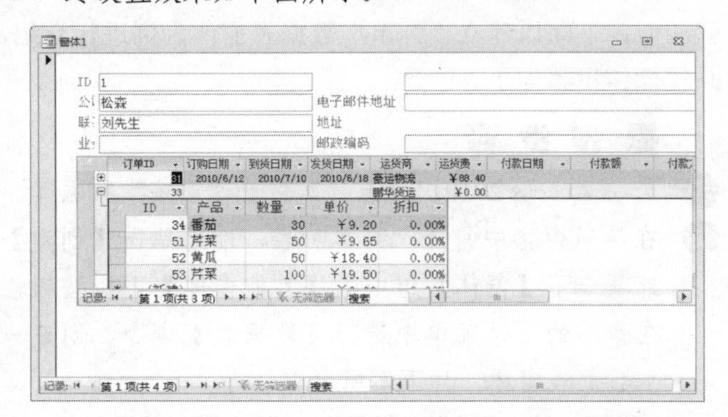

这样，就完成了“客户订单”窗体的设计。设置该窗体的标题、布局、背景颜色等属性，最终设置效果如下图所示。

16.4.11 创建“企业采购订单”窗体

用和上节相似的方法，创建“企业采购订单”窗体。主窗体以“供应商”表作为数据源，将“采购订单”作

长见识 表达式生成器的上半部分包含一个框，用户可以在其中构造表达式。也可以使用 IntelliSense 中的其他工具在该框中手动输入表达式。

为一级子窗体，将“采购订单明细”作为二级子窗体。设置窗体的格式，创建的最终效果如下图所示。

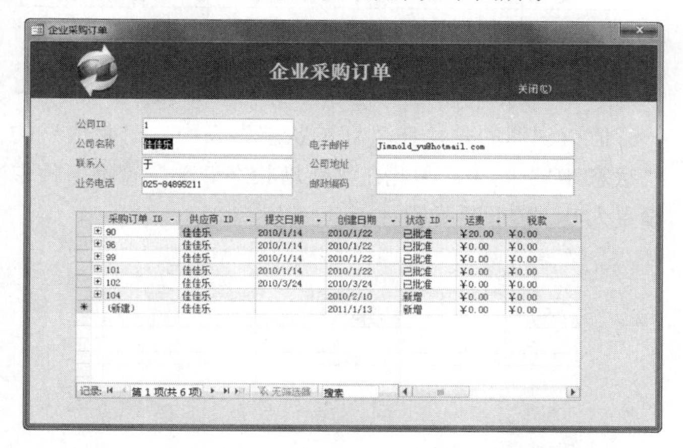

16.5 创建查询

为方便用户工作，还要设计两种查询，以实现输入参数后进行查询的操作。

查询就是以数据库中的数据作为数据源，根据给定的条件从指定的表或查询中检索出用户要求的数据，形成一个新的数据集合。

在本节中要设计按时间段进行查询的“客户订单”查询，同时还要设计一种按照订单状态查询的“新增状态订单”查询。

16.5.1 “客户订单”查询

通过设置“客户订单”查询，可以查询某时间段内的客户订单情况，具体操作步骤如下。

操作步骤

1. 启动 Access 2010，打开“客户管理系统”数据库。
2. 切换到【创建】选项卡，然后单击【查询】组中的【查询设计】按钮，如下图所示。

3. 系统进入查询的设计视图，并弹出【显示表】对话框，如下图所示。

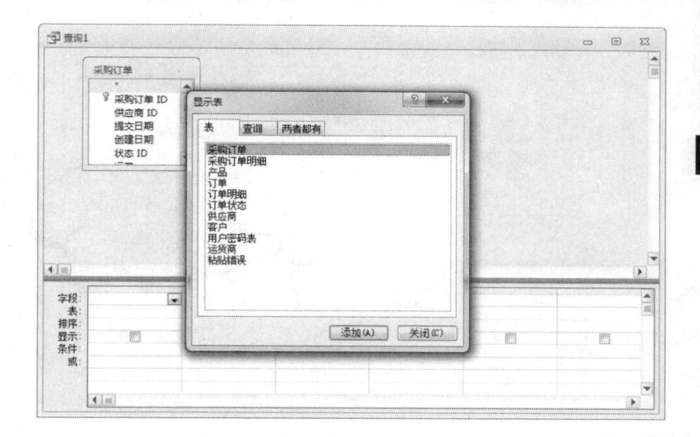

4. 在【显示表】对话框中选择“订单”表，单击【添加】按钮，将该表添加到查询设计视图中。用同样的方法，将“订单明细”表也添加进设计视图中，如下图所示。

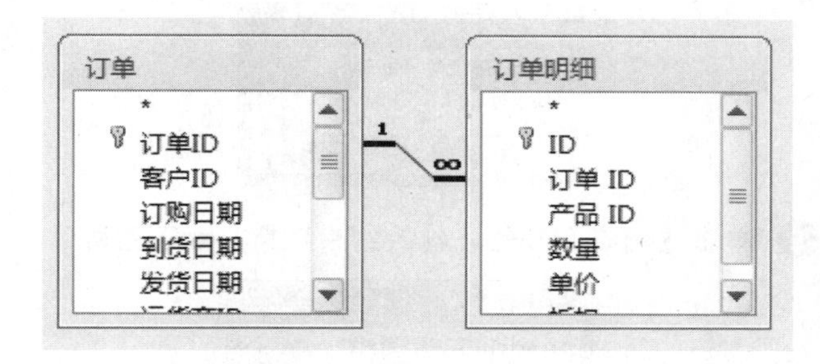

5. 向查询设计网格中添加字段。将“订单”表中的“订单 ID”“订购日期”等字段添加到下面的【字段】行中。
6. 在“订购日期”的【条件】行中输入查询的条件为“Between [Forms]![订单查询]![开始日期] And [Forms]![订单查询]![结束日期]”。
7. 用同样的方法，依次向网格中添加下表所示的字段信息。

字 段	表	排序	条 件
订单 ID	订单	无	
客户 ID	订单	无	
产品 ID	订单明细	无	
订购日期	订单	升序	Between [Forms]![订单查询]![开始日期] And [Forms]![订单查询]![结束日期]
发货日期	订单	无	
状态 ID	订单	无	

设置好以后的视图如下图所示。

列表框和组合框是常用的两种控件，这两者均可实现用户选择的功能，只要在选择项中选择相应的字段值即可，而不需要用户利用文本框进行输入。

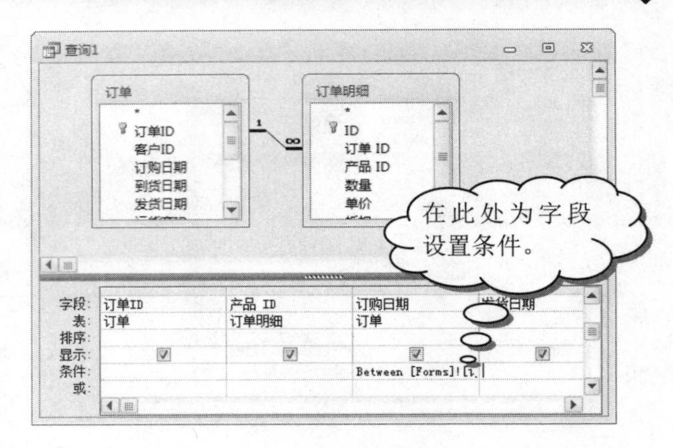

❽ 单击【保存】按钮，把此查询保存为“客户订单”。这样就完成了能够查询员工订单信息的一个查询，在导航窗格中双击执行该查询，可以弹出【输入参数值】对话框，如下图所示。

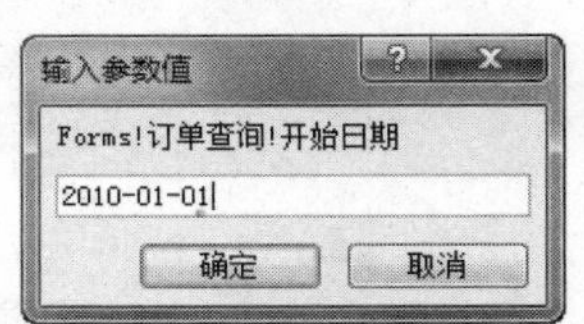

❾ 单击【确定】按钮，输入结束日期，如下图所示。

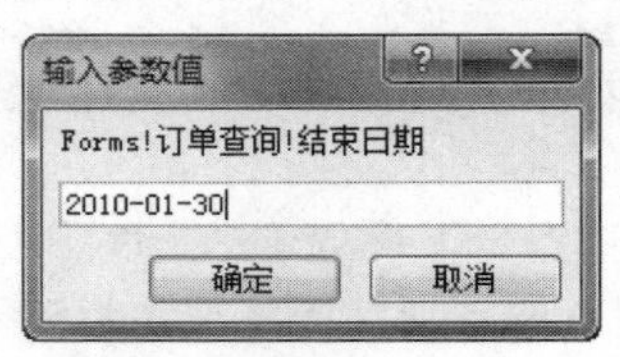

❿ 单击【确定】按钮，即可实现客户订单情况查询，查询结果如下图所示。

订单ID	客户	产品	订购日期	发货日期	状态 ID
34	松森	芹菜	2010/1/10		已关闭
34	松森	芹菜	2010/1/10		已关闭
34	松森	黄瓜	2010/1/10		已关闭
34	松森	黄瓜	2010/1/10		已关闭

16.5.2 “新增状态订单”查询

与 16.5.1 节步骤相似，再来创建“新增状态订单”查询。其相关表为“订单”表和“订单明细”表，其字段信息如下表所示。

字 段	表	排 序	条 件
订单 ID	订单	无	
客户 ID	订单	无	
产品 ID	订单明细	无	
数量	订单明细	无	
单价	订单明细	无	

续表

字 段	表	排 序	条 件
订购日期	订单	升序	
状态 ID	订单	无	0

值得说明的是，在“订单状态”表中，“新增”的“状态 ID”为 0，因此在“新增状态订单”查询条件中设置为 0，如下图所示。

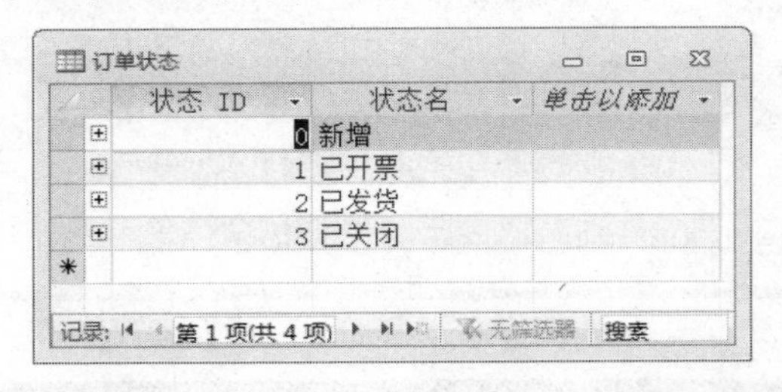

状态 ID	状态名
0	新增
1	已开票
2	已发货
3	已关闭

将该查询保存为“新增状态订单”，最终的设计视图如下图所示。

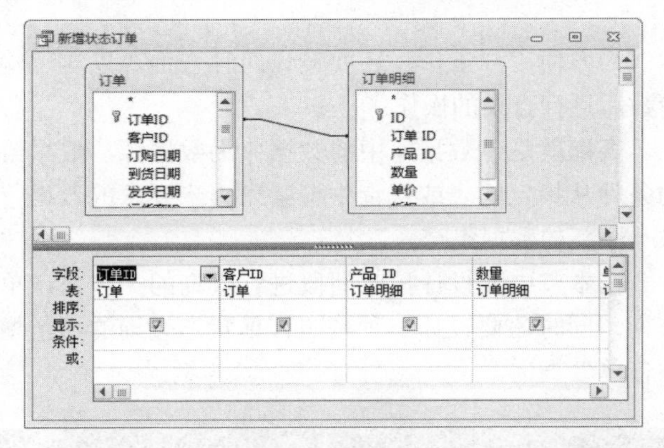

在导航窗格中双击执行该查询，可以得到该查询的执行结果，如下图所示。

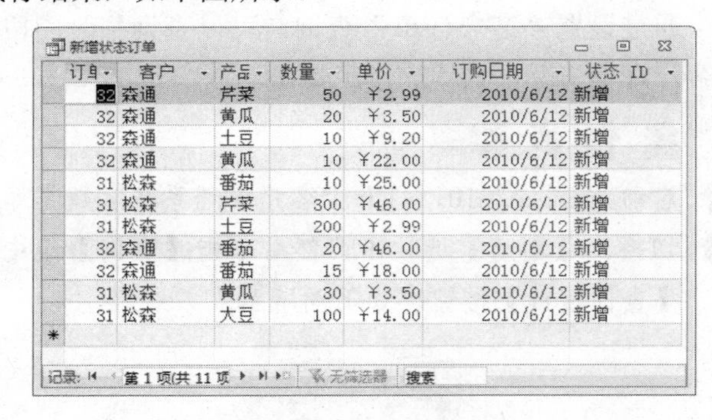

订单	客户	产品	数量	单价	订购日期	状态 ID
32	森通	芹菜	50	￥2.99	2010/6/12	新增
32	森通	黄瓜	20	￥3.50	2010/6/12	新增
32	森通	土豆	10	￥9.20	2010/6/12	新增
32	森通	黄瓜	10	￥22.00	2010/6/12	新增
31	松森	番茄	10	￥25.00	2010/6/12	新增
31	松森	芹菜	300	￥46.00	2010/6/12	新增
31	松森	土豆	200	￥2.99	2010/6/12	新增
32	森通	番茄	20	￥46.00	2010/6/12	新增
32	森通	番茄	15	￥18.00	2010/6/12	新增
31	松森	黄瓜	30	￥3.50	2010/6/12	新增
31	松森	大豆	100	￥14.00	2010/6/12	新增

上面创建了两个查询，用户可以依照上面的例子自行创建关于采购订单的两个查询。

16.5.3 “主页”窗体绑定查询

在本节中，将把 16.5.2 节创建的“新增状态订单”添加到【主页】窗体中。这样，在每次登录该系统时，

长见识：在 Microsoft Access 2010 中，可以生成 Web 数据库并将它们发布到 SharePoint 网站。

都能看到处于新增状态的订单，以方便用户快速对该状态的订单进行处理。

进入【主页】窗体的设计视图，将导航窗格中的【新增状态订单】查询直接拖动到该窗体中，系统自动为【主页】窗体创建子窗体，并弹出【子窗体向导】对话框，如下图所示。

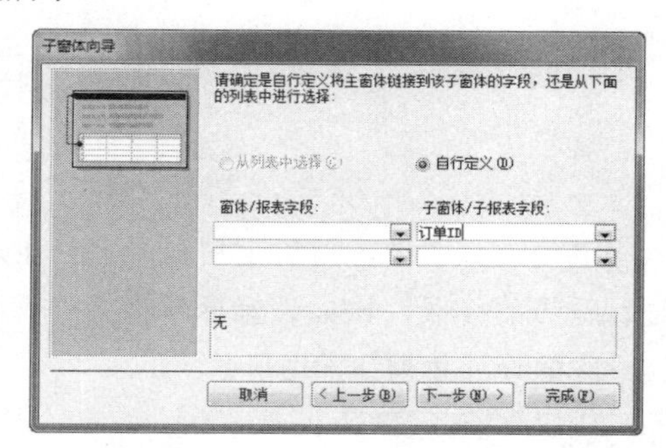

将【窗体/报表字段】下拉列表框留空，在【子窗体/子报表字段】下拉列表框中选择“订单 ID”。单击【下一步】按钮，在弹出的对话框中设置子窗体的名称为“新增状态订单”，如下图所示。

再将导航窗格中的“订单明细”数据表窗体拖动到【新增状态订单】子窗体上，系统自动检测链接主/次字段。

单击【完成】按钮，重新调整子窗体布局，最终的效果如下图所示。

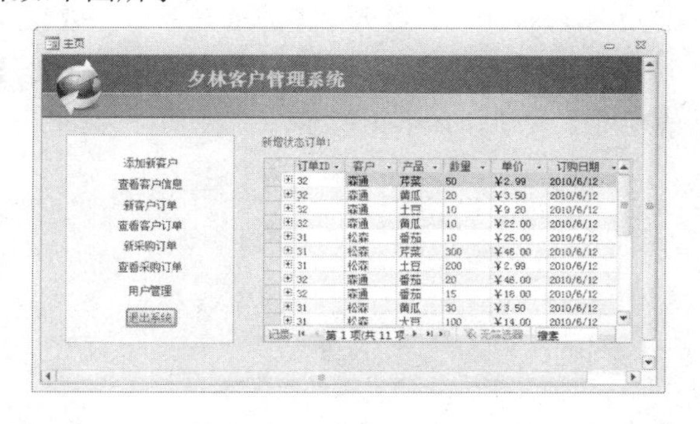

16.6 报表的实现

Access 2010 提供了强大的报表功能，通过系统的报表向导，可以实现很多复杂报表的显示和打印。

本节将建立两个报表，即“客户资料”和“客户订单”。

16.6.1 客户资料报表

该查询记录报表的主要功能是对员工的订单记录进行查询和打印。

操作步骤

1. 启动 Access 2010，打开“客户管理系统”数据库。
2. 切换到【创建】选项卡，在【报表】组中单击【报表向导】按钮，如下图所示。

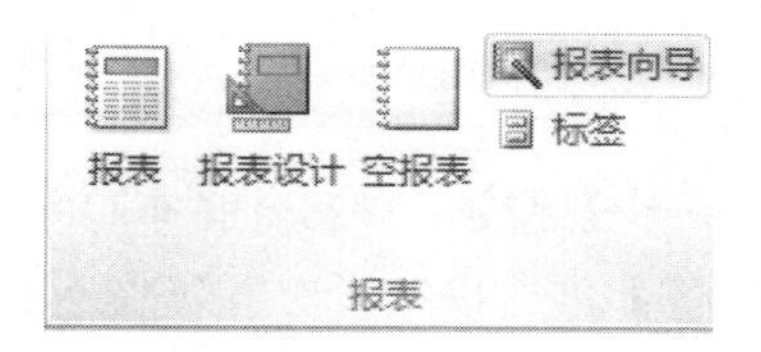

3. 系统弹出【报表向导】对话框，在【表/查询】下拉列表框中选择【表：客户】选项，然后将下图所示的字段添加到【选定字段】列表框中。

4. 单击【下一步】按钮，弹出添加分组级别的对话框。选择“公司”作为分组字段，如下图所示。

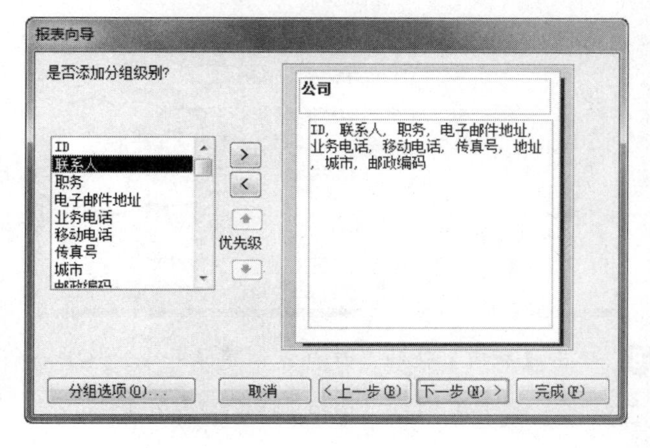

SharePoint 访问者可以在 Web 浏览器中使用数据库应用程序，并使用 SharePoint 权限来确定哪些用户可以看到哪些内容。

❺ 单击【下一步】按钮，弹出选择排序字段的对话框。选择通过“ID”排序，排序方式为“升序”，如下图所示。

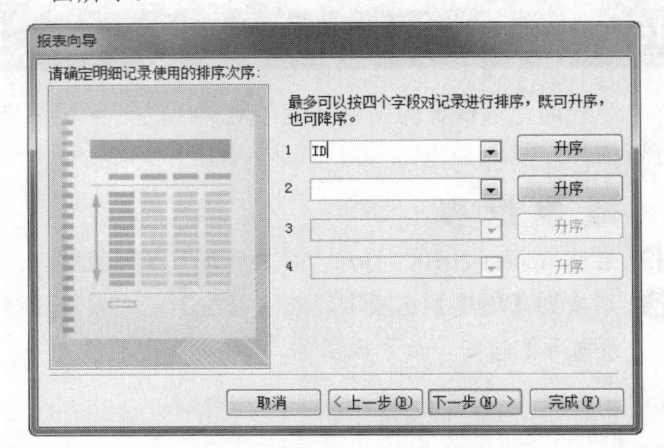

❻ 单击【下一步】按钮，弹出选择布局方式的对话框。选中【递阶】单选按钮，设置方向为【横向】，如下图所示。

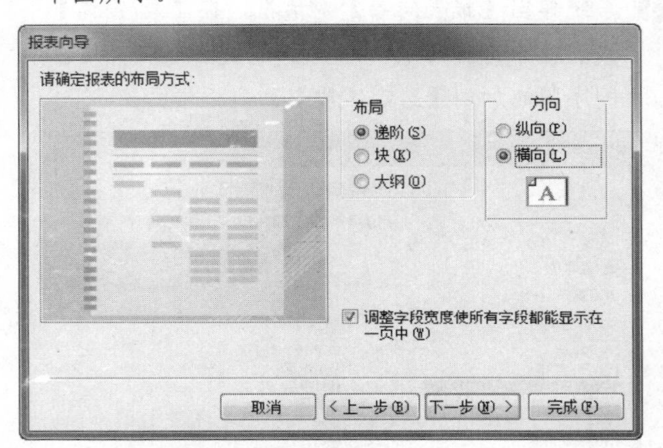

❼ 单击【下一步】按钮，输入标题为“客户资料报表”，并选中【预览报表】单选按钮，如下图所示。

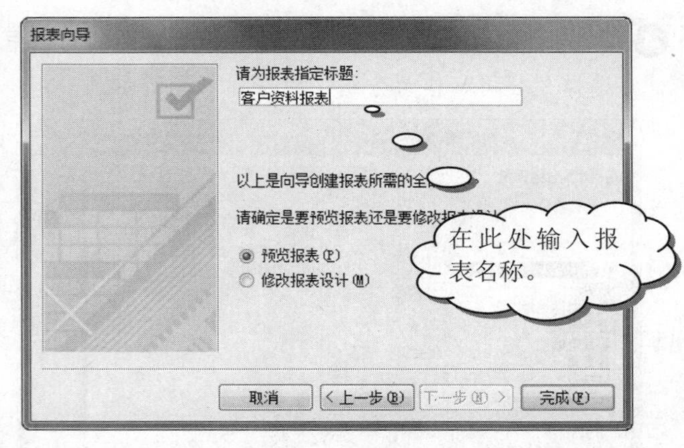

❽ 单击【完成】按钮，这样就创建了一个“客户资料报表”。报表的打印预览视图如下图所示。

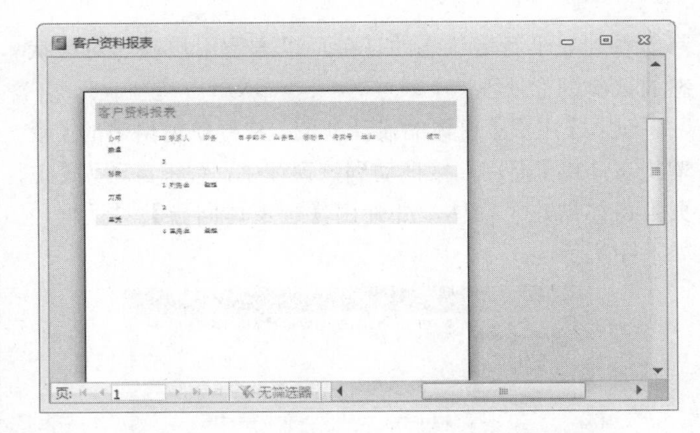

进入报表的设计视图，对以上用向导自动生成的报表进行适当的修改，比如设置标题格式、页脚内容等。最终的设计效果如下图所示。

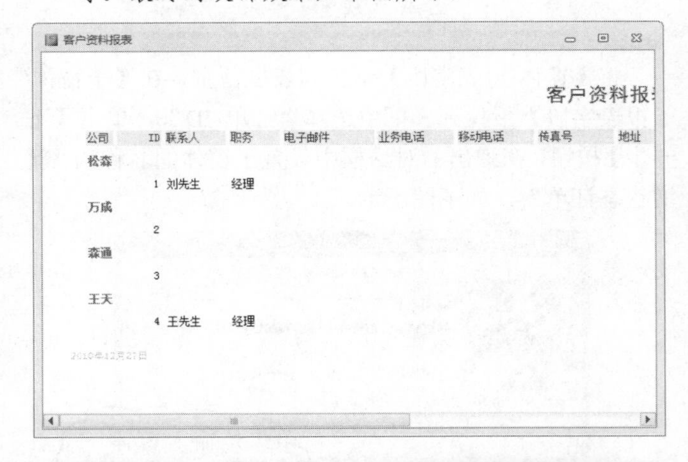

16.6.2 客户订单报表

和 16.6.1 节中使用的报表向导类似，本节将创建“客户订单”报表。

操作步骤

❶ 启动 Access 2010，打开“客户管理系统”数据库。

❷ 切换到【创建】选项卡，在【报表】组中单击【报表向导】按钮，如下图所示。

❸ 弹出【报表向导】对话框。在【表/查询】下拉列表框中依次选择【表：订单】和【表：订单明细】选项，然后选择如下图所示的字段添加到【选定字段】列表框中。

长见识

通过使用集成化的 SQL 询问式设计工具、HTML 数据格式向导、Active Data Object 以及多种多样的可编程部件，可以将用户的应用站点与基于 ODBC 的数据库连接起来。

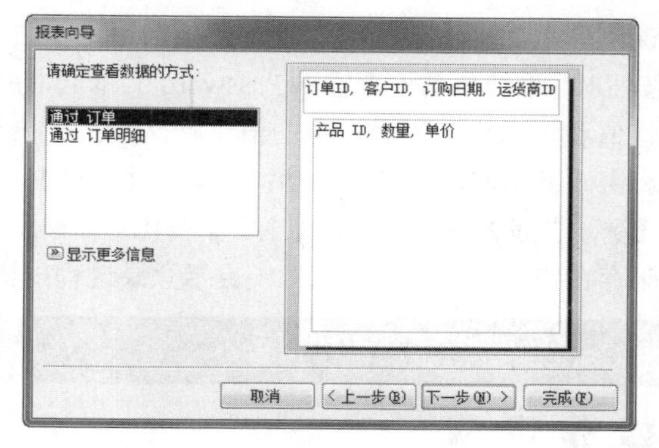

❹ 单击【下一步】按钮，弹出选择数据查看方式的对话框。这里选择“通过订单”选项，如下图所示。

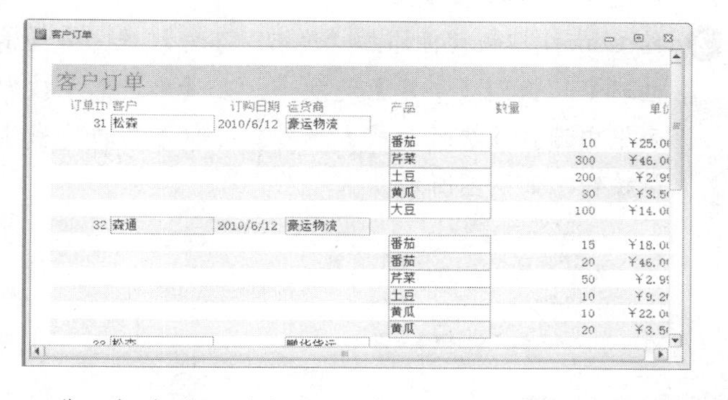

❺ 其余设置和 16.6.1 节中的选择类似，用户自行设置各个参数，最终生成的报表如下图所示。

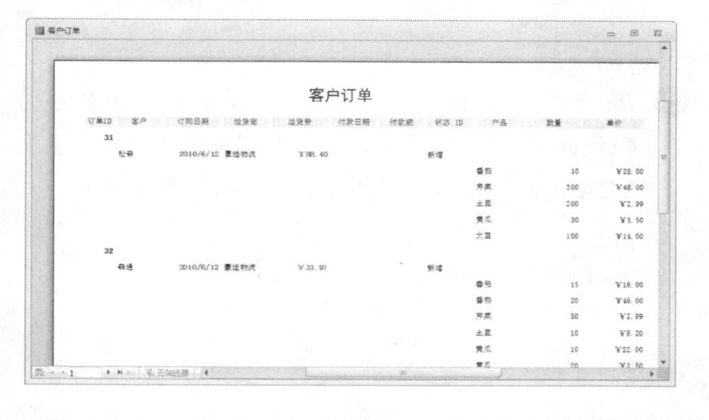

进入报表的设计视图，对以上用向导自动生成的报表进行适当的修改，比如设置标题格式、页脚内容等。最终的设计效果如下图所示。

用户可以仿照上面的例子，自行设计企业采购订单报表，这里不再详细介绍。

16.7　编码的实现

上面各节中创建的查询、窗体、报表等都是孤立的、静态的。本节将为各个窗体和查询建立链接，从而实现各自的查询等。

16.7.1　“登录”窗体代码

“登录”模块几乎已经成为所有系统或程序的基本模块。本节将为该系统加上登录模块代码，以实现用户登录的功能。

前面已经创建了“用户登录”窗体，增加登录代码的设计其实就是给窗体中的各个控件加上事件过程，使用户操作窗体中的控件时，程序能够对用户的操作做出响应。前面建立的【用户登录】窗体界面如下图所示。

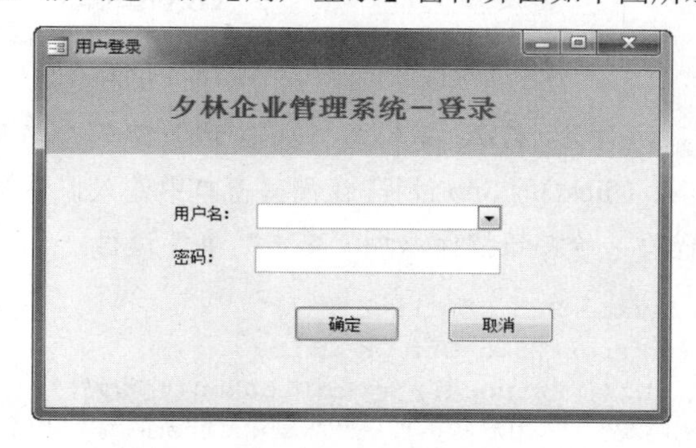

窗体中各个控件的名称和参数如下表所示。

类　型	名　称	标　题
标签	用户名	用户名：
标签	密码	密码：
文本框	UserName	
文本框	Password	
按钮	OK	确定
按钮	Cancel	取消

在建立控件的事件过程之前，必须详细了解各个控件的名称和参数，这是正确编制程序的基础。

1. 为 OK 按钮控件添加“单击”事件过程

操作步骤

❶ 启动 Access 2010，打开“客户管理系统”数据库。

追加查询是从一个或者多个表中将一组记录追加到一个或者多个表的尾部。执行追加查询以后，Access 就会将选定的字段追加到选定的数据表的尾部。

长见识

❷ 在导航窗格中右击【登录】窗体，在弹出的快捷菜单中选择【设计视图】命令，进入窗体的设计视图。

❸ 单击【确定】按钮，以选择 OK 按钮控件。

提示

在这里，“确定“是显示在按钮之上的文字，这是该按钮的标题属性；而 OK 是该按钮本身的名字。可以通过按钮的名字识别按钮，而不是通过按钮上的文字。

❹ 给 OK 按钮控件添加“单击”事件过程。将【属性表】切换到【事件】选项卡，在【单击】下拉列表框中选择【事件过程】选项，并单击右边的省略号按钮，如下图所示。

❺ 系统进入 VBA 编辑器，并自动新建一个名称为 OK_Click()的 Sub 过程。在代码窗口中输入以下 VBA 代码，给按钮控件添加“单击”事件过程。

```
Private Sub OK_Click()
On Error GoTo Err_OK_Click
If Nz([password]) = Nz(DLookup("[密码]", "用户密码表", "[用户名]=" & "'" & username & "'")) And
Me.username <> "" Then
        Me.Visible = False '隐藏窗体
        DoCmd.Close acForm, "登录背景",
acSaveYes  '关闭前景
        DoCmd.OpenForm "主页"
Else
MsgBox "输入密码有误,请您重新输入!", , "出错"
   Me.username.SetFocus
End If

Exit_OK_Click:
    Exit Sub

Err_OK_Click:
    MsgBox Err.Description
    Resume Exit_OK_Click
End Sub
```

❻ 保存该 VBA 代码，这样就给 OK 按钮控件加上了“单击”事件过程。此时的代码窗口如下图所示。

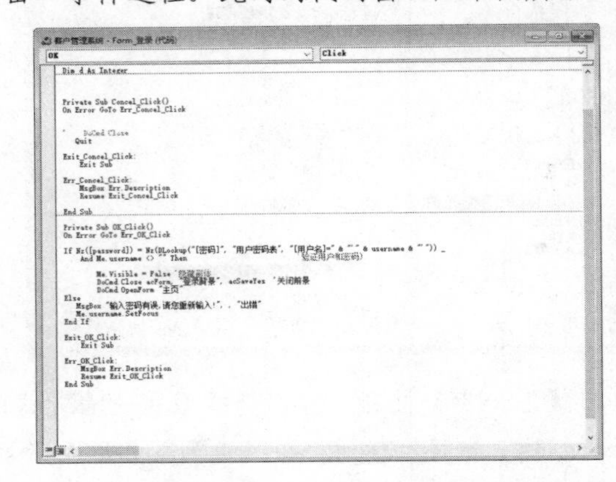

该“单击”事件过程的作用，就是当用户单击【确定】按钮时，系统自动检查输入 Password 文本框中的值，并将该值和“用户密码表”中的值进行比较。如果该用户名和密码都存在，则登录成功，隐藏该【登录】窗体，关闭【登录背景】窗体，打开【主页】窗体；如果用户名或密码存在错误，则弹出对话框，提示登录过程出错。

2. 为 Cancel 按钮添加事件过程

操作步骤

❶ 在【登录】窗体的设计视图中单击【取消】按钮，以选择 Cancel 按钮控件。

❷ 给 Cancel 按钮控件添加“单击”事件过程。将【属性表】切换到【事件】选项卡，在【单击】下拉列表框中选择【事件过程】选项，并单击右边的省略号按钮，如下图所示。

❸ 系统进入 VBA 编辑器，并自动新建一个名称为 Cancel_Click()的 Sub 过程。在代码窗口中输入以下 VBA 代码，给按钮控件添加“单击”事件过程。

```
Private Sub Cancel_Click()
On Error GoTo Err_Cancel_Click
   DoCmd.Close  '关闭窗体
   Quit         '退出数据库
Exit_Cancel_Click:
```

Access 2010 附带 5 个模板：“联系人”“资产”“项目”“事件”和“慈善捐赠”。在发布任何模板之前或之后，都可以对其进行修改。

```
    Exit Sub

Err_Cancel_Click:
    MsgBox Err.Description
    Resume Exit_Cancel_Click
End Sub
```

4 保存该 VBA 代码，这样就给 Cancel 按钮控件加上了“单击”事件过程。此时的代码窗口如下图所示。

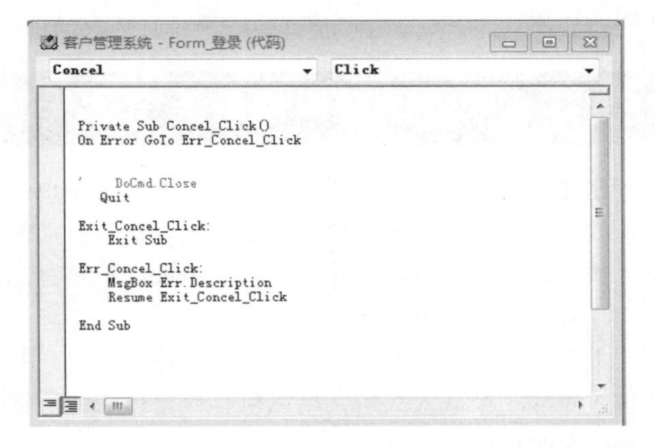

该“单击”事件过程的作用，就是在用户单击【取消】按钮时，系统关闭【登录】窗体，并退出数据库。

这样就完成了整个用户登录模块的创建工作，在导航窗格中双击【登录】窗体，在窗体中输入用户名和密码，单击【确定】按钮即可登录，如下图所示。

16.7.2 “登录背景”窗体代码

下面为“登录背景”窗体编写代码，因为登录背景的主要功能就是在用户登录之前保护数据，因此只要添加一行代码，将该窗体在打开时最大化就可以了。

打开并进入该窗体的设计视图，在【属性表】窗格的【事件】选项卡下选择【加载】行中的【事件过程】，如下图所示。

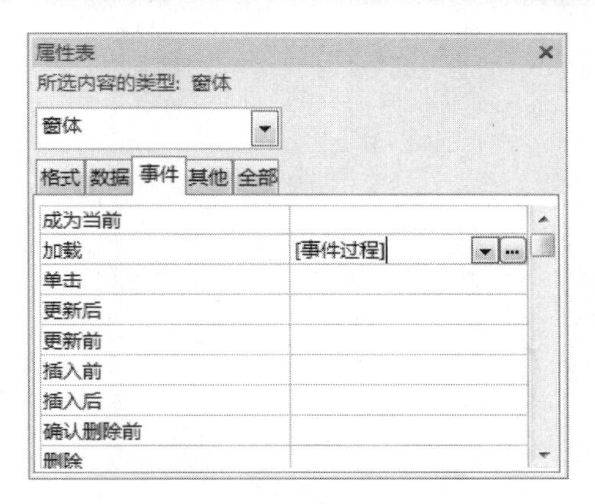

弹出 VBA 编辑器，在编辑器的代码窗口中输入下面的代码。

```
Private Sub Form_Load()
    DoCmd.Maximize
End Sub
```

此时的代码窗口如下图所示。

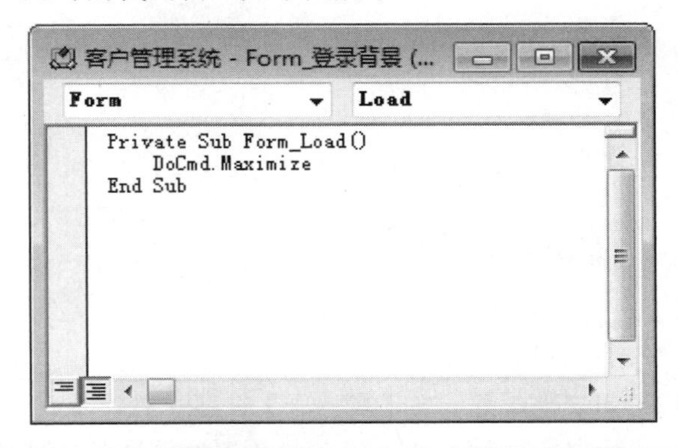

16.7.3 “主页”窗体代码

前面建立了主切换面板的窗体，并设置了窗体中的各个控件，但是该窗体没有任何事件过程，只是一个界面，所以必须为该窗体加上代码，才能完成设计的功能。

在该系统的导航面板中，采用 Access 2010 新增的嵌入式宏命令，为面板添加各种按钮事件，如为“主页”窗体加上各种事件过程，具体操作步骤如下。

操作步骤

1 启动 Access 2010，打开“客户管理系统”数据库。

2 在导航窗格中右击【主页】窗体，在弹出的快捷菜单中选择【设计视图】命令，进入窗体的设计视图。

3 单击设计视图中的“添加新客户”按钮，并在【属性表】的【事件】选项卡下，单击【单击】行右边的省略号按钮，弹出【选择生成器】对话框，如下图所示。

表达式生成器具有智能感知功能，因此可以在输入时看到需要的选项。在【表达式生成器】窗口中还有与当前选择的表达式值相关的帮助。

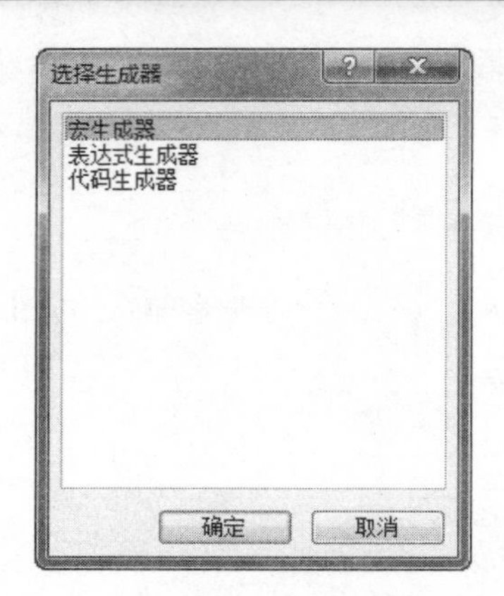

❹ 选择【宏生成器】选项，然后单击【确定】按钮，即可进入宏生成器，如下图所示。

❺ 在宏生成器的第一行操作栏中选择 OpenForm，在操作参数区域选择要打开的窗体为“添加客户信息”，设置【当条件】为“1 = 0”，如下图所示。

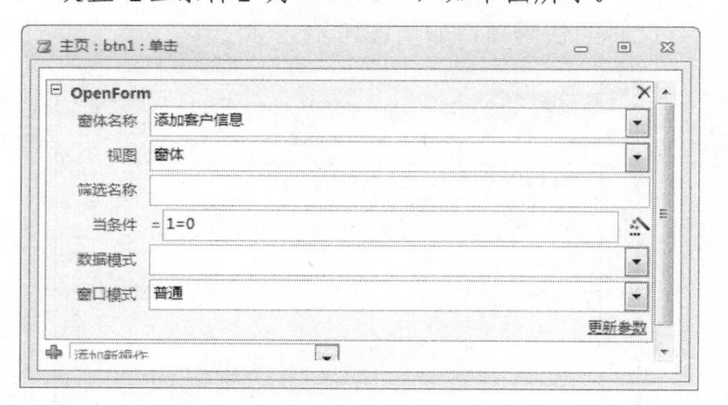

❻ 关闭宏生成器，在【属性表】窗格中可以看到 “嵌入的宏”字样，这表明已经给该按钮添加了嵌入式宏，如下图所示。

返回【主页】的窗体视图，单击“添加新客户”按钮，即可弹出相应的窗体。

用类似的方法，可为【主页】窗体中的其他按钮添加“嵌入的宏”，用以分别打开相应的窗体。注意在新添加的窗体中，要设置条件为“1=0”。

提示

在这里设置“1 = 0”条件，作用就是该表达式返回一个 False 值，使记录自动指向最后一条空白记录，以添加新记录。

这样，单击【主页】窗体中的相应按钮，即可进入相应的模块。

16.7.4　“添加客户信息”窗体代码

在【添加客户信息】窗体中，用户输入了客户的信息，就要进行保存。虽然在输入过程中，数据自动保存到了数据表，但是如果新用户不了解 Access 的这种工作流程，就很容易不知所措。

本节为该窗体添加一个“保存并新建”按钮，并为该按钮添加一个嵌入式宏，用以保存该窗体中的数据，并接收新的客户资料输入。

打开【添加客户信息】窗体，并进入该窗体的设计视图，利用【控件】组中的命令按钮控件，为该窗体添加一个命令按钮，标题为“保存并新建”，设置该按钮的格式，最终效果如下图所示。

选择该按钮控件，并进入宏设计器，为该按钮添加一个“单击”事件嵌入式宏。按钮的宏代码如下图所示。

该宏中有 3 条宏命令，分别如下。

❖ RunMenuCommand：运行 SaveRecord 命令，设置的条件为“[form].[dirty]”，即当检测到当前窗体中存在数据时，运行 SaveRecord 命令，将

长见识：参数查询一般作为窗体或报表的数据源，从而使窗体或报表只显示和打印符合用户输入参数的记录。参数查询中可以有一个或者多个参数。

数据存储到数据表中。

❖ GoToRecord：该命令的参数如上图所示，设置为“新记录”，即当用户执行上一句命令后，在该命令中，将光标移动到“新记录”行中，以方便接收新的数据输入。

❖ GoToControl：执行该语句后，系统将光标移动到 Company 字段，以便从头开始输入。

用完全相同的方法，为“添加客户订单”窗体和“添加采购订单”窗体设置 “添加并新建”按钮。也可以直接将设置好的按钮复制到另外两个窗体中，嵌入式宏也会作为按钮属性一起复制。复制以后，只需根据实际情况，将 GoToControl 命令中的 Company 改为相应的名称就可以了。

16.7.5 “订单查询”窗体代码

在前面建立了一个“订单查询”窗体，并建立了“客户订单”查询。本节将为该窗体控件添加代码，从而实现窗体和查询之间的交互功能。

已知“订单查询”窗体中各种控件的名称等属性如下表所示。

类　型	名　称	标　题
标签	开始时间标签	开始时间:
标签	结束时间标签	结束时间:
文本框	开始时间	
文本框	结束时间	
按钮	订单查询	订单查询
按钮	取消	取消

1. 为“订单查询”按钮添加事件过程

操作步骤

❶ 在“订单查询”窗体的设计视图中单击“订单查询”按钮。

❷ 给“订单查询”按钮控件添加“单击”事件过程。将【属性表】切换到【事件】选项卡，在【单击】下拉列表框中选择【事件过程】选项，并单击右边的省略号按钮，如下图所示。

❸ 系统进入 VBA 编辑器，并自动新建了一个名称为“订单查询_Click()”的 Sub 过程。在代码窗口中输入以下 VBA 代码，给按钮控件添加“单击”事件过程。

```
Private Sub 订单查询_Click()
       If [开始时间] > [结束时间] Then
          MsgBox "结束时间必须大于开始时间。"
         DoCmd.GoToControl "开始时间"
        Else
            DoCmd.OpenQuery "客户订单"
            Me.Visible = False
       End If
End Sub
```

❹ 保存该 VBA 代码，这样就给“订单查询”按钮控件加上了“单击”事件过程。此时的代码窗口如下图所示。

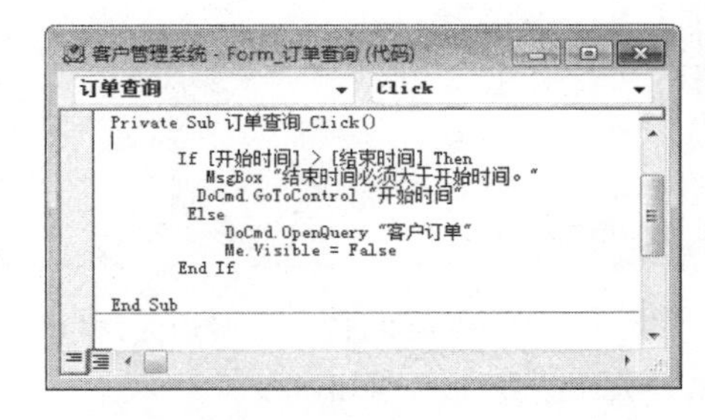

该“单击”事件过程的作用，就是在单击“订单查询”按钮时，系统自动检查“开始时间”“结束时间”文本框中的值，并自动对比“开始时间”和“结束时间”的大小。如果“开始时间”大于“结束时间”，则提示出错。如果没有错误，则继续执行，打开“客户订单”查询。

2. 为“取消”按钮添加事件过程

操作步骤

❶ 在“订单查询”窗体的设计视图中单击“取消”按钮。

❷ 给“取消”按钮控件添加“单击”事件过程。将【属性表】切换到【事件】选项卡，在【单击】下拉列表框中选择【事件过程】选项，并单击右边的省略号

联合查询就是将来自一个或者多个表、查询的字段组合为查询结果中的一个字段或列。例如，如果有 10 名专业学生向教务处提交选课信息，则可以使用联合查询将这些信息合并为一个结果集。

号按钮，如下图所示。

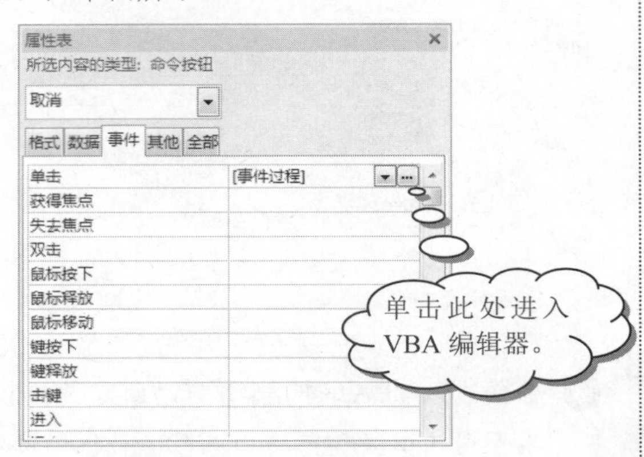

3 系统进入 VBA 编辑器，并自动新建一个名称为“取消_Click()”的 Sub 过程。在代码窗口中输入以下 VBA 代码，给按钮控件添加“单击”事件过程。

```
Private Sub 取消_Click()
   DoCmd.Close
End Sub
```

4 保存该 VBA 代码，这样就给“取消”按钮控件加上了“单击”事件过程。此时的代码窗口如下图所示。

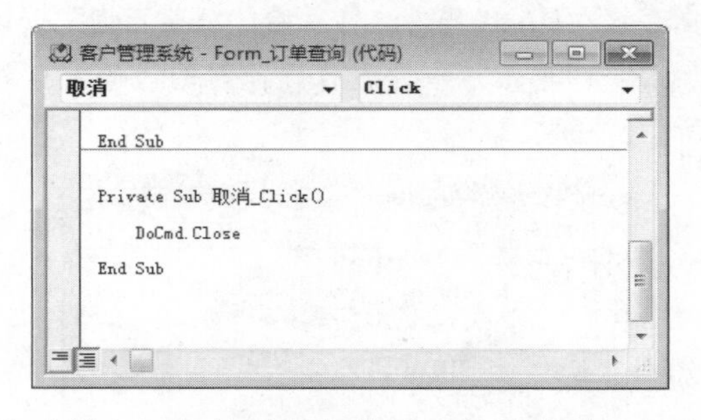

该“单击”事件过程的作用，就是在单击“取消”按钮时系统关闭“登录”窗体。

这样就完成了订单查询模块的全部设计工作，双击导航窗格中的【订单查询】窗体，打开该窗体，在窗体中输入要查询的参数，如下图所示。

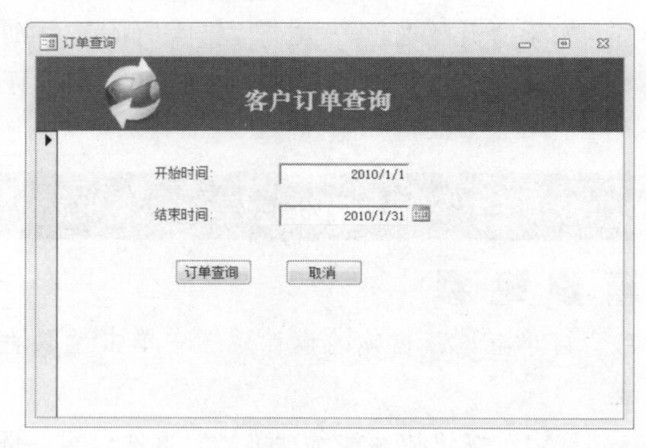

单击【订单查询】按钮，即可将窗体中的参数传递给【客户订单】查询，并打开该查询，如下图所示。

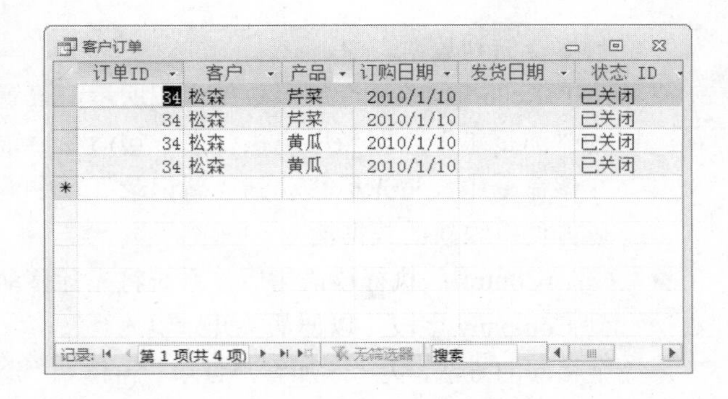

16.8 启动“登录”窗体

当双击打开程序时，有时为了使用方便，需要直接进入某个窗体；或者有时为了系统的安全性，强制用户必须通过某个窗体等。这时，自动启动窗体就显得相当有用了。

本节编写一个 AutoExec 宏，以实现自动启动“登录背景”窗体和“登录”窗体。

AutoExec 宏是 Access 中保留的一个宏名。当用户建立该宏以后，Access 在启动时就会自动执行该宏。AutoExec 宏的这种特性，常用来自动打开特定的窗体。

操作步骤

1 启动 Access 2010，打开“客户管理系统”数据库。

2 单击【创建】选项卡下【宏与代码】组中的【宏】按钮，新建一个宏，如下图所示。

值得注意的是，在操作参数区域中设置时，要在【数据模式】下拉列表框中选择【增加】选项，在【窗口模式】下拉列表框中选择【普通】选项，保存该宏为“AutoExec”。

这样，当重新启动数据库时，就可以自动运行该宏，自动打开“登录背景”窗体和“登录”窗体，如下图所示。

长见识：在 Access 2010 中，对布局进行了增强，允许更加灵活地在窗体和报表上放置控件。可以水平或垂直拆分或合并单元格，从而使用户能够轻松地重排字段、列或行。

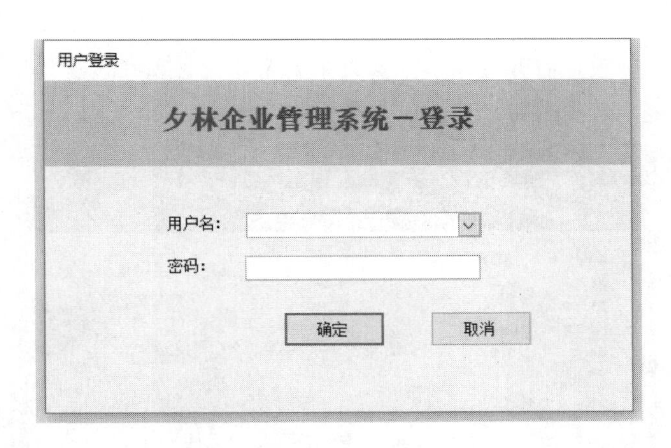

16.9 系统的运行

至此，已经完成了系统的所有创建。下面来运行“客户管理系统”数据库。

操作步骤

1. 启动 Access 2010，打开“客户管理系统”数据库。
2. 系统弹出【用户登录】对话框，如下图所示。

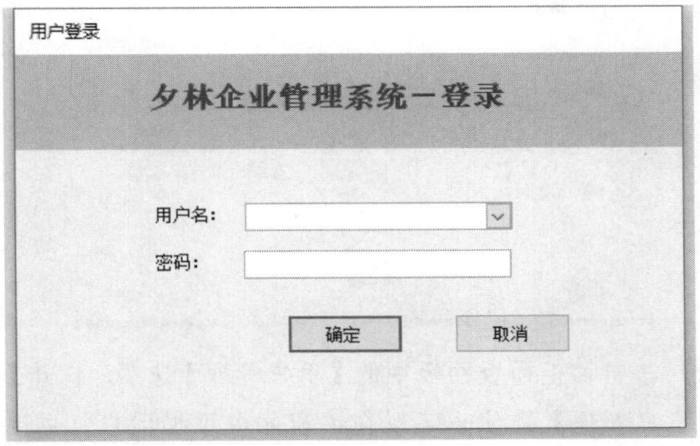

用户登录

夕林企业管理系统－登录

用户名:

密码:

确定　取消

3. 在【用户名】文本框中输入“admin”，在【密码】文本框中输入“admin”，单击【确定】按钮，弹出【主页】窗体，如下图所示。

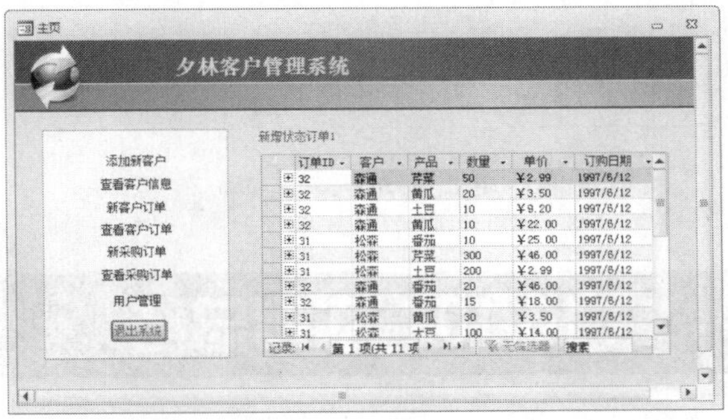

主页

夕林客户管理系统

添加新客户
查看客户信息
新客户订单
查看客户订单
新采购订单
查看采购订单
用户管理
退出系统

新增状态订单1

订单ID	客户	产品	数量	单价	订购日期
32	森通	芹菜	50	¥2.99	1997/6/12
32	森通	黄瓜	20	¥3.50	1997/6/12
32	森通	土豆	10	¥9.20	1997/6/12
32	森通	黄瓜	10	¥22.00	1997/6/12
31	松森	番茄	10	¥25.00	1997/6/12
31	松森	芹菜	300	¥46.00	1997/6/12
31	松森	土豆	200	¥2.99	1997/6/12
32	森通	番茄	20	¥46.00	1997/6/12
32	森通	番茄	15	¥18.00	1997/6/12
31	松森	黄瓜	30	¥3.50	1997/6/12
31	松森	大豆	100	¥14.00	1997/6/12

记录: 第 1 项(共 11 项)　无筛选器　搜索

4. 可以在【主页】窗体中看到各种导航按钮，以及处于新增状态的订单。单击切换面板中的【添加新客户】选项，系统将弹出【添加客户信息】窗体，如下图所示。

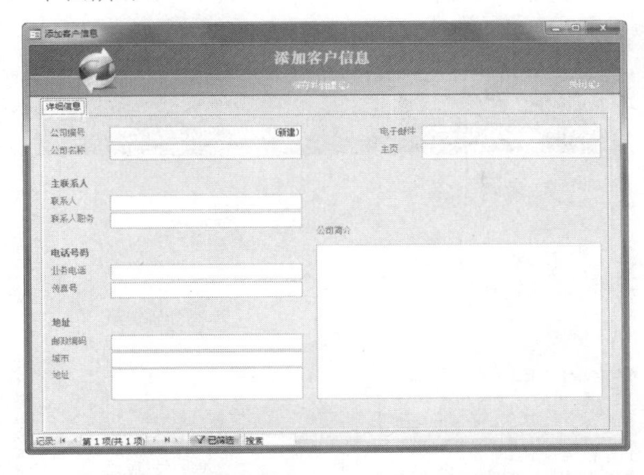

5. 输入新的客户信息，然后单击窗体中的【保存并新建】按钮，即可将资料保存，并清空窗体再次接收用户输入。
6. 关闭该窗体，单击切换面板中的【查看客户信息】选项，打开【客户列表】窗体，可以在该窗体中查看、添加和修改客户信息，如下图所示。

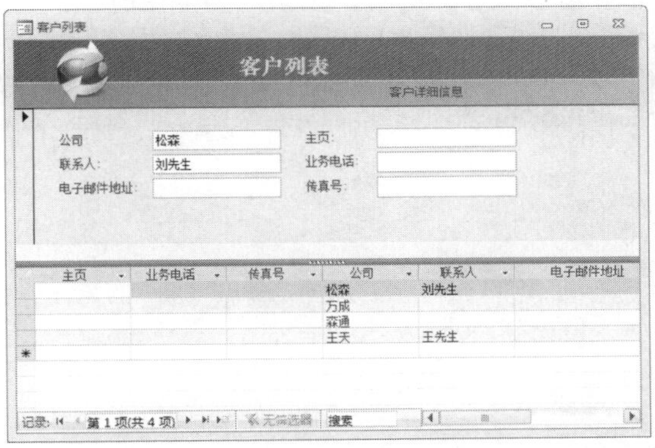

客户列表

客户详细信息

公司: 松森　主页:

联系人: 刘先生　业务电话:

电子邮件地址:　传真号:

主页	业务电话	传真号	公司	联系人	电子邮件地址
			松森	刘先生	
			万成		
			森通		
			王天	王先生	

记录: 第 1 项(共 4 项)　无筛选器　搜索

7. 单击该窗体中的【客户详细信息】按钮，即可启动【客户详细信息】窗体，如下图所示。

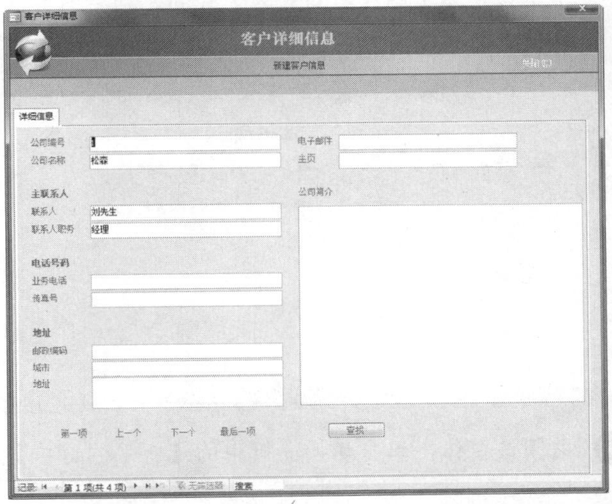

客户详细信息

客户详细信息

新建客户信息

详细信息

公司编号: 1　电子邮件:

公司名称: 松森　主页:

主联系人

联系人: 刘先生

联系人职务: 经理

公司简介

电话号码

业务电话

传真号

地址

邮政编码

城市

地址

第一项　上一个　下一个　最后一项　查找

记录: 第 1 项(共 4 项)　无筛选器　搜索

Access 2010 中新增的 Backstage 视图包含应用于整个数据库的命令，如压缩和修复或打开新数据库。命令排列在屏幕左侧的选项卡上，并且每个选项卡都包含一组相关命令或链接。

长见识

8 关闭该窗体，单击切换面板中的【新客户订单】选项，进入【添加客户订单】窗体，在该窗体中添加新的客户订单，如下图所示。

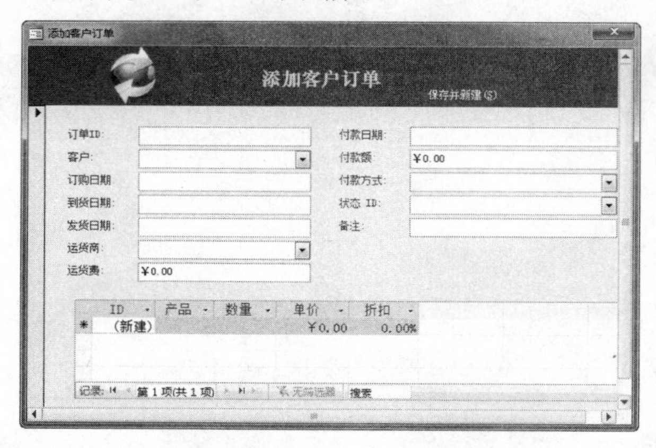

9 输入新的客户订单，然后单击窗体中的【保存并新建】按钮，即可将资料保存，并清空窗体再次接收用户输入。

10 关闭该窗体，单击切换面板中的【查看客户订单】选项，打开【客户订单】窗体。用户可以在该窗体中查看各个客户的订单记录，如下图所示。

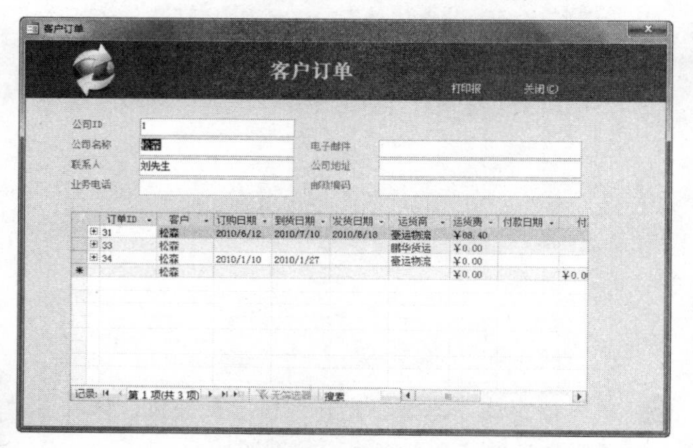

单击该窗体上的【打印报表】按钮，即可打开【客户订单】报表，如下图所示。

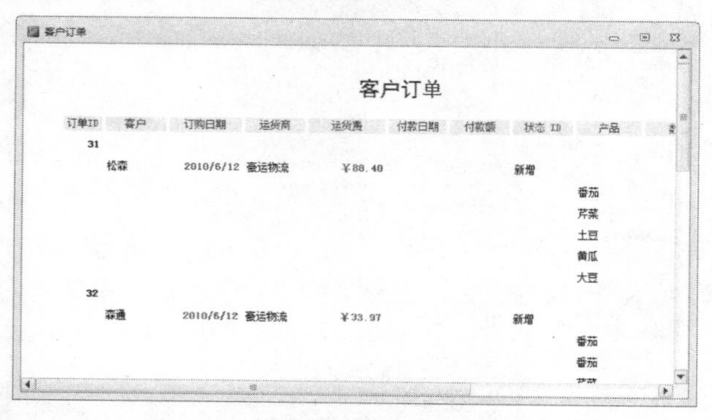

11 关闭该窗体，单击切换面板中的【新采购订单】选项，打开【添加采购订单】窗体。可以在该窗体中增加采购订单，如下图所示。

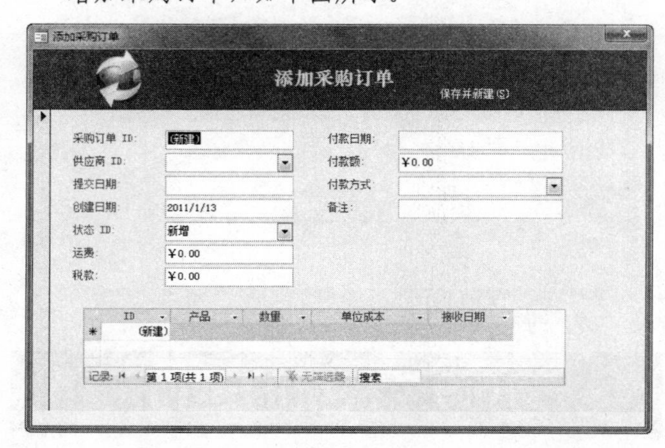

12 关闭该模块，单击切换面板中的【查看采购订单】选项，打开【企业采购订单】窗体。可以在该窗体中查看各个采购订单的信息，如下图所示。

13 单击切换面板面板中的【用户管理】选项，打开【用户管理】窗体。可以在该窗体中添加用户、更改用户密码等，如下图所示。

14 关闭该窗体，退出该系统。

16.10 实例总结

本章介绍了客户管理系统的基本概念，详细讲解了利用 Access 2010 开发客户管理系统的过程。

该系统包括客户管理系统的客户资料管理、客户订

功能区是包含按特征和功能组织的命令组的选项卡集合。功能区取代了 Access 早期版本中分层的菜单和工具栏。

单管理、采购订单管理等，本章对每个部分作了讲解。

通过该实例，可以掌握以下知识和技巧。

(1) 客户管理系统的需求。

(2) Microsoft Access 的窗体与向导相结合来完成数据库应用程序界面的开发。

(3) 利用 VBA 编辑器，完成简单的 VBA 程序的编写。

(4) 能对系统进行简单设置，解决其中一些基本的 Access 问题。

当然，该程序也存在很多可以进一步完善的地方，一个真正的客户管理系统也不可能这么简单，限于篇幅，这里不再一一讲述，用户可以根据这些方法自行完成客户管理系统的其他功能。

16.11 答疑与技巧

在本范例的制作过程中，大家也许会遇到一些操作方面的问题。下面就可能遇到的几个典型问题做简单解答。

16.11.1 关于客户管理系统

客户管理系统是对公司下游和上游的所有客户进行关系管理，因此在设计客户管理系统之前，必须对公司的客户关系有一个比较清楚的了解。只有在这样的基础上，才能建立起符合实际使用要求的数据库系统。

16.11.2 关于表设计

表中存储了数据库中的数据，因此在设计好表以后，表的结构一般就不要随意更改了。因为一旦删除了某一字段，那么该字段中的数据也随之删除。这样，就可能造成意外的损失。

在改变包含有大量数据的表字段数据类型之前，要先通过复制或者导出到备份的 Access 数据库进行备份，以便不小心丢失数据库中的数据时，能恢复数据。

16.11.3 关于窗体设计

在窗体的设计过程中，应当根据要实现的功能，灵活地选择窗体的设计方式。窗体向导、窗体模块、自动窗体、分割窗体、窗体设计等各种方法要灵活掌握。在都能够完成功能要求时，首选能高效率地完成创建的创建方法。

16.12 拓展与提高

通过该系统的设计，应当对 Access 2010 有更进一步的理解，下面是几个在设计过程中可以采取的方法。

16.12.1 数据库设计的原则

在程序的设计过程中，数据库的设计是至关重要的，它直接关系到整个系统架构的合理性，同时对系统的执行效率以及后面的程序开发都会有直接的影响。在数据库的详细设计过程中，应该注意的事项包括以下内容。

(1) 遵守数据库设计的3个范式。

(2) 选择合适的字段数据类型和字段大小。

(3) 建立好表关系及参照完整性。

(4) 设置好有效性规则。

(5) 必须有详细的设计文档，对数据库进行清晰而详尽的描述。

(6) 着手开发以后，尽量不要更改数据库的设计。

16.12.2 关于主键的设置

在一个表中，可能有多个字段都具有不重复的特性，一般只需要挑选其中的一个作为主键就可以了(也可以选择多个字段作为主键)。应尽量选择占用空间较小的字段作为主键，因为这样选择可以加快排序、查找的速度。

主键最好在没有数据输入时设置，如果已经有了数据再设置主键，有时系统是不允许的。

16.12.3 关于报表的排序与分组

报表能够对大量的数据进行排序和分组，并能够进行汇总和统计。分组是把大量的数据，按照某种特性进行分类，比如可以对学生按班级分组。排序是按照某种顺序组织数据，比如可以对学生按学号排序。数据经过排序和分组以后，显得更加有条理，有利于进行观察和作进一步的处理。

传递查询就是将查询命令直接传递给 ODBC 数据库，如 Microsoft SQL Server，使服务器能够接受命令。可以使用传递查询来检索或更改服务器中的数据。

第17章 基于Excel+Access+Weka的数据挖掘分析

本章微课

数据挖掘(Data Mining)，又称为数据库中的知识发现(Knowledge Discover in Database, KDD)。其实早期的数据挖掘工作就是从数据库开始的，甚至很多科研人员的学术论文都借助了数据库的很多技术。

学习要点

- ❖ Weka 的下载与安装
- ❖ Weka 的常见操作
- ❖ Weka 中实现的数据挖掘算法
- ❖ Weka 中处理数据的格式
- ❖ Weka 数据挖掘的过程
- ❖ Weka 数据挖掘的参数
- ❖ Weka 数据挖掘的特点
- ❖ 如何实现 Access 与 Weka 的联合
- ❖ Weka 数据挖掘的结果分析
- ❖ Weka 数据挖掘的结果分析的可视化

学习目标

本章的主要内容是在大数据、人工智能技术如此火热的当下，为数据库技术的学习者搭起数据库与数据挖掘之间的桥梁，希望能够抛砖引玉，为用户将来在数据挖掘方面的学习和研究奠定基础。通过本章的学习，让用户明白数据库潜在的价值、数据挖掘的基本概念、作为数据挖掘和机器学习最为得力的可视化科研实验工具 Weka 的常见操作以及如何通过 Access 和 Excel 配合 Weka 实现简单的数据挖掘操作。

17.1 Weka简介

数据挖掘，是指从大量数据中揭示出隐含的、先前未知的并有潜在价值的信息的非平凡过程。数据挖掘是一种决策支持过程，主要基于人工智能、机器学习、模式识别、统计学、数据库和可视化技术等，它能够高度自动化地分析企业的数据，做出归纳性的推理，从中挖掘出潜在的模式，帮助决策者调整市场策略，减少风险，做出正确的决策。对于普通的数据库或者数据挖掘技术的学习者，要想寻找一个能够实现以上功能的软件尝试“挖掘”的真实乐趣似乎是比较难的，而Weka的出现打破了这个局面，可以说是“草民”的数据挖掘工具。

Weka的全名是怀卡托智能分析环境(Waikato Environment for Knowledge Analysis)，是一款免费、非商业化(与之对应的是SPSS公司商业数据挖掘产品##Clementine)的，基于Java环境下开源的机器学习(Machine Learning)以及数据挖掘(Data Mining)软件。它和它的源代码可在其官方网站下载。有趣的是，该软件的缩写Weka也是新西兰独有的一种鸟名(新西兰秧鸡)，而Weka的主要开发者同时恰好来自新西兰的怀卡托大学(The University of Waikato)。

17.1.1 Weka的主要操作

随着机器学习以及数据挖掘等技术的不断发展，一个可以进行可视化操作，具备一定科研功能同时可以进行一些常见数据挖掘算法实验的软件成为迫切需求，而Weka就是在这样的背景下应运而生的。Weka使用Java开发，而其中数据挖掘的算法也是通过Java实现，在当时Java如日中天的状态下，Weka可以说是占据了天时地利，再加上Weka软件本身填补了一个空缺，同时功能非常强大和完善，因此开发这款软件的科研小组——Waikato University’s Computer Science Machine Learning Group，因为这项卓越的贡献获得2005年SIGKDD的最高服务奖(Data Mining and Knowledge Discovery Service Award)，该软件被誉为数据挖掘和机器学习历史上的里程碑，也是目前最为简单易用和功能强大的数据挖掘软件。

1. 软件安装

在任何搜索引擎中输入“Weka”字样都可以找到Weka软件的网站，也可以在https://www.cs.waikato.ac.nz/ml/weka/的链接上找到这个网站，网站如下图所示。

网站提供了Weka的学习书籍——*Data Mining - Practical Machine Learning Tools and Techniques*的相关信息，甚至提供了该书的授课课件，该书的中文版本《数据挖掘：实用机器学习工具与技术》在各大网站上也有销售，该网站提供的书籍信息如下图所示。

网站甚至还提供了科研小组的课程视频，如下图所示。

单击首页上的Download and Install按钮，可以找到Weka软件的下载安装链接，如下图所示。

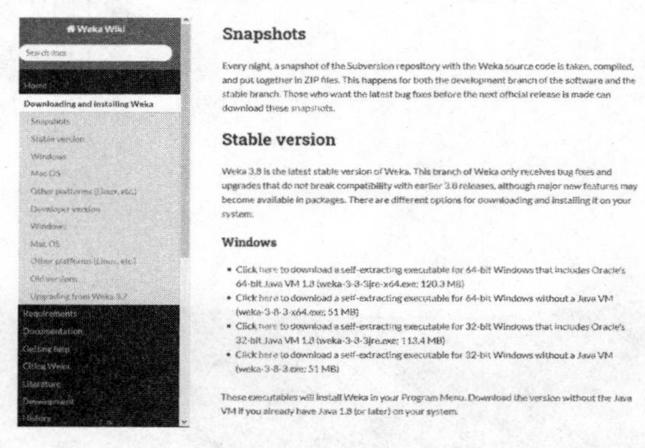

长见识

Weka网站的课程视频来自YouTube网站，所以有时可以在优酷等国内网站上寻找课程视频。

如果是 Windows 操作系统，单击选择图中 Windows 下面的第一行 Click here 并单击，可以下载自带 Java 虚拟机(Java Virtual Machine)的版本，网站会自动跳到下载页面，如下图所示。

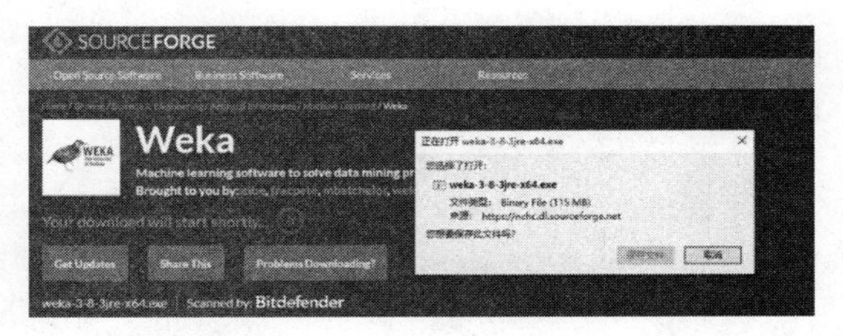

如果此处下载速度过慢，单击 Problems Downloadding?按钮，里面会有直接下载的链接，把链接复制到下载工具中进行下载。

下载好的安装文件，大概是 117.4MB，如下图所示。

接下来开始进行 Weka 的安装，操作步骤如下。

❶ 单击 Next 按钮，安装过程如下图所示。

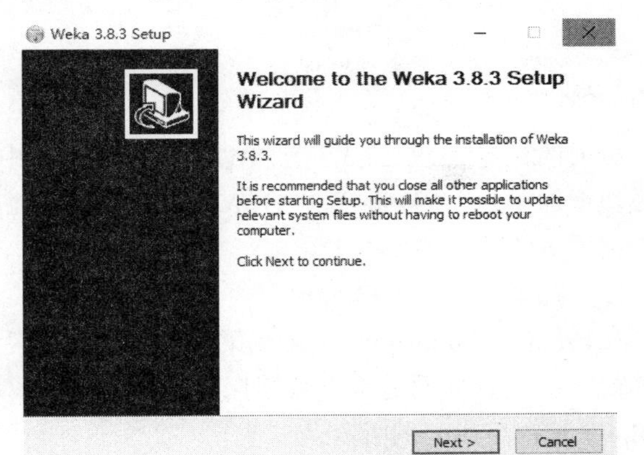

❷ 单击 I Agree 按钮，如下图所示。

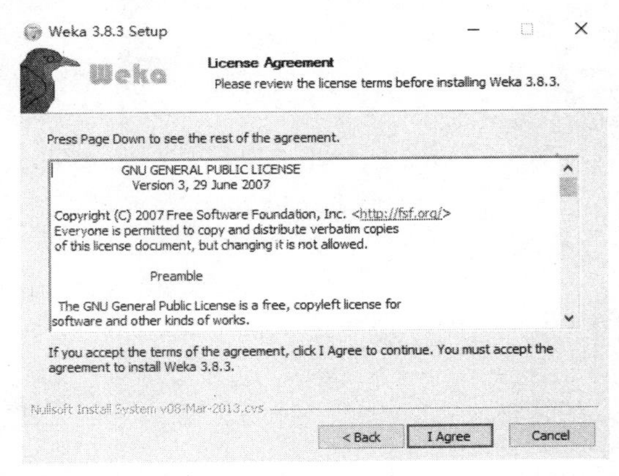

❸ 单击 Next 按钮，如下图所示。

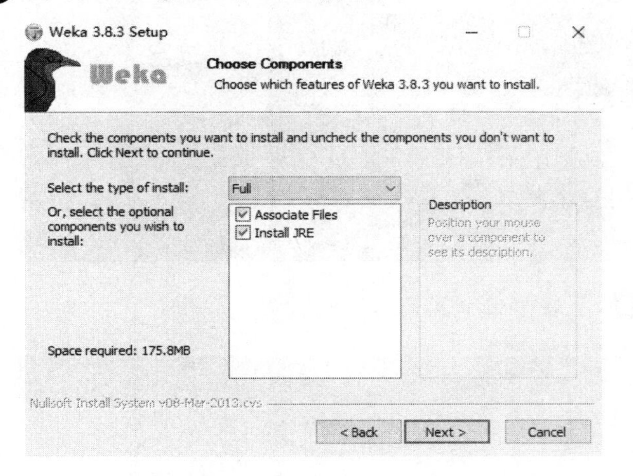

❹ 选择安装的位置，并记住位置，因为后面做实验选择数据时需要用到，单击 Next 按钮，如下图所示。

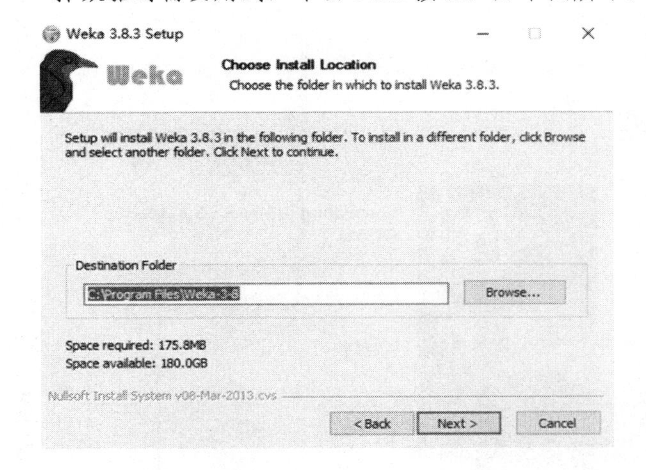

❺ 单击 Install 按钮，如下图所示。

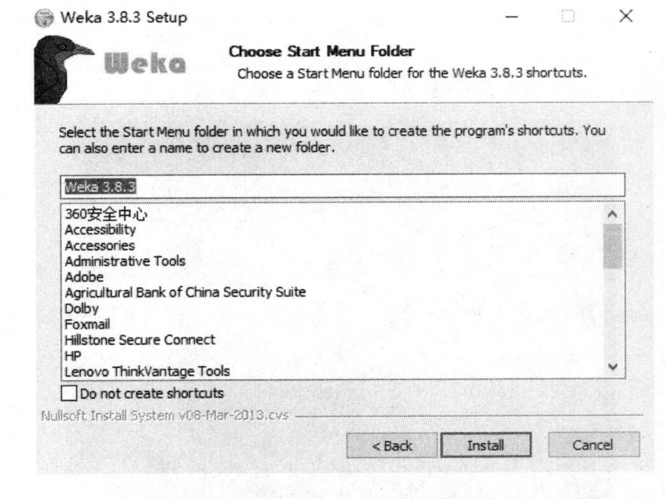

由于自带 Java 虚拟机，所以安装过程中需要进行 JavaVM 的加载安装，如下图所示。

Weka 文件在下载时的速度并不快，所以可以利用下载工具，加快下载速度。

❻ 直接单击“安装”按钮，如下图所示。

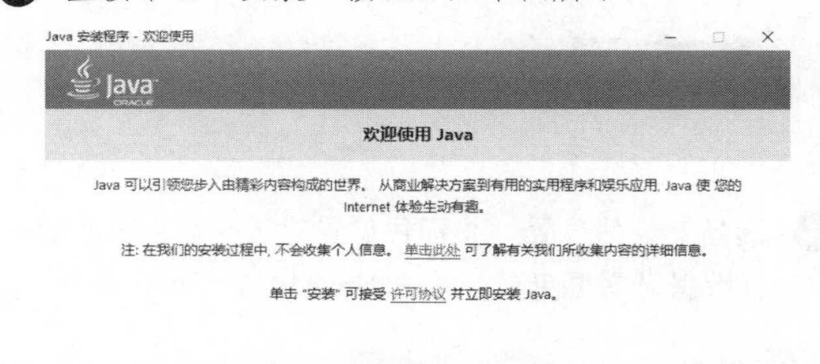

❼ 安装完成，单击 Finish 按钮。

此时，在【开始】菜单中可以找到 Weka，如下图所示。

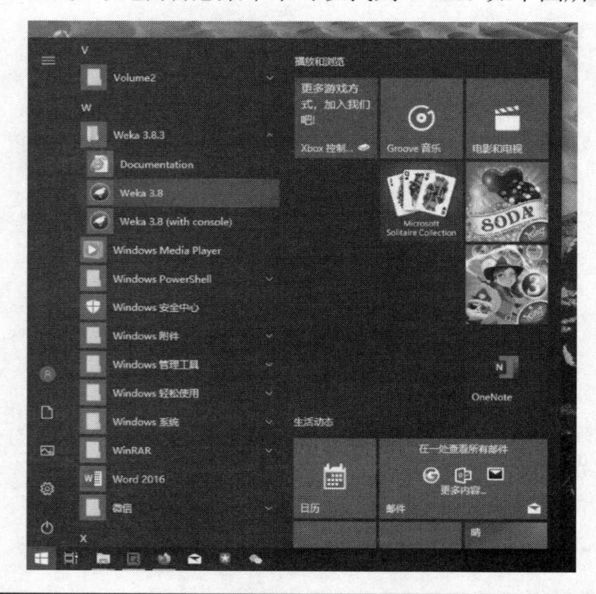

2. Weka 软件的操作

选择 Weka 3.8 命令就可以打开软件，如下图所示。

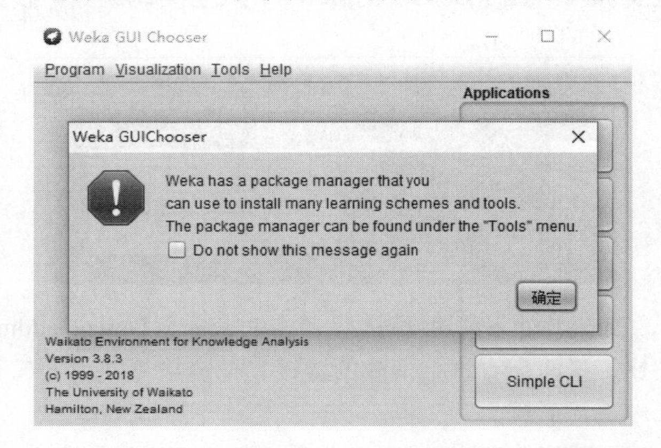

软件会提示安装一些包，如果仅仅做一些简单实验，可以直接单击“确定”按钮，进入软件的功能界面。

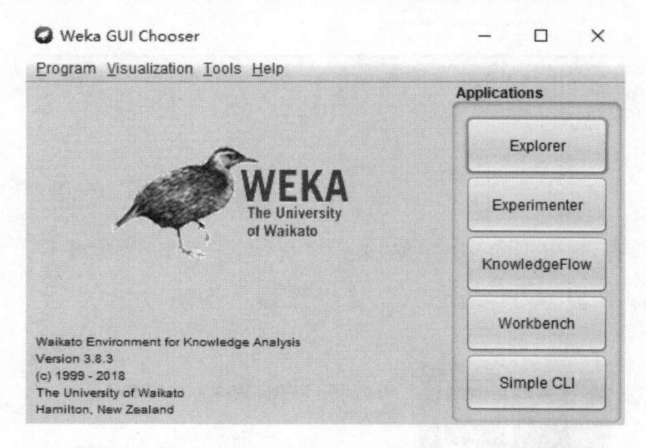

目前的稳定版 Weka(3.8 版本)以及之后的版本中，功能模块增加了一个 Weka 工作台(Workbench)，其他功能与之前旧版的功能相差不大。

(1) 探索者界面(Explorer)。

在功能区 Applications 中排在第一个的就是探索者环境功能，探索者界面是用于数据探索的软件环境，单击 Explorer 按钮后如下图所示。

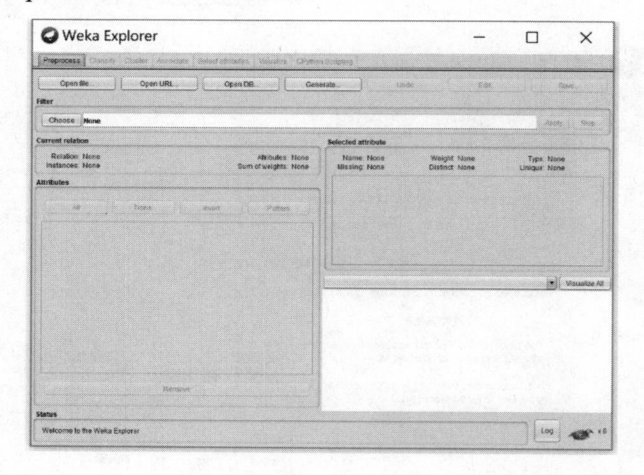

长见识 Weka 的安装文件最好使用包含 Java 虚拟机的打包好的文件，可以省去自己下载的步骤，且能够跟 Weka 一起自动安装。

单击Open file按钮，打开选择文件的界面，如下图所示。

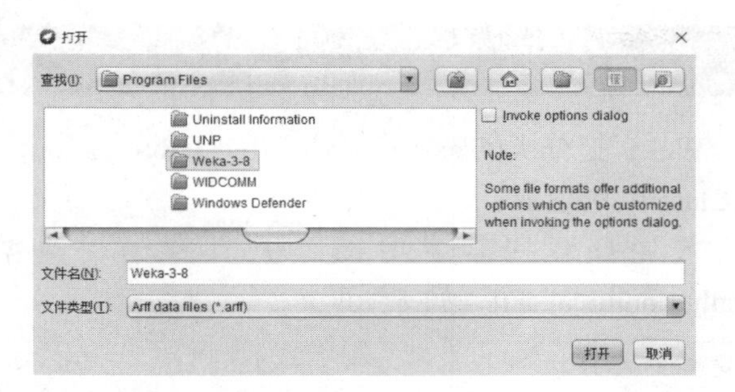

根据前文安装时需要记住的安装路径，找到Weka的安装文件夹，此处是Weka-3-8，打开后找到data文件夹，如下图所示。

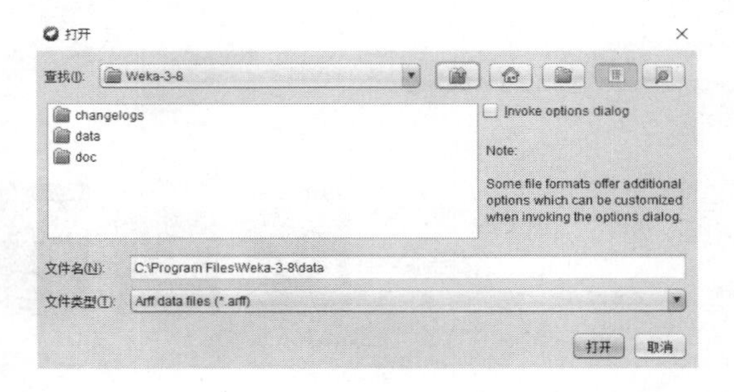

打开data文件夹，里面会有Weka软件自带的实验数据素材，如下图所示。

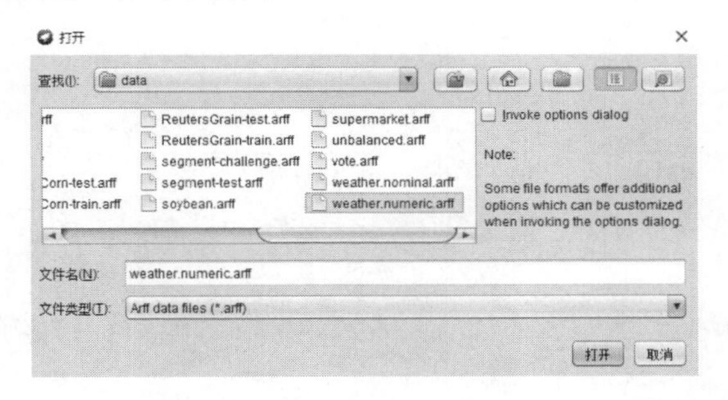

可以清晰地发现，Weka自带的数据文件的格式是arff，这也是Weka软件所特有的数据文件格式。假设选中weather.numeric.arff文件，打开后就可以看到数据的大概情况和相应的操作功能，如下图所示。

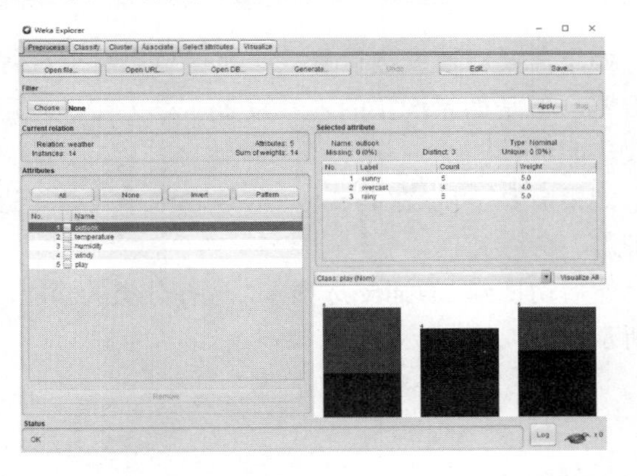

(2) 实验者界面(Experimenter)。

在探索者界面的下面是实验者界面，这个环境可以针对不同的机器学习方法进行实验和统计测试，这个环境可以帮助用户解答实际应用中遇到的一个基本问题，即对于一个已知问题——哪种方法及参数值能够取得最佳效果？尽管探索者界面也能通过交互完成这样的功能，但通过实验者环境界面，用户可以使得处理过程实现自动化，实验者环境界面更加容易使用不同参数去设置分类器和过滤器，使之运行在一组数据集中，收集性能统计数据，实现重要的测试实验，如下图所示。实验者界面具有允许使用多种算法对多个数据集进行操作以及支持分布式计算两大特点：

❶ 允许使用多种算法对多个数据集进行操作。

❷ 支持分布式计算。

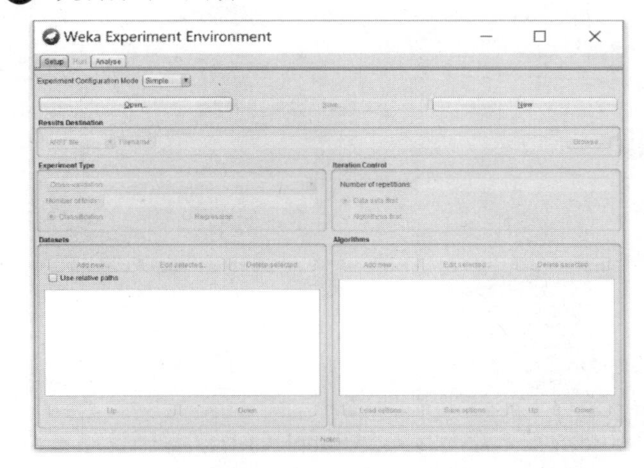

(3) 知识流界面(KnowledgeFlow)。

知识流界面的功能和探索者界面Explorer类似，但是使用拖曳的方式进行操作，同时它还支持增量学习。探索者环境简单易用，但有一个缺点：它将样本数据全部加载到内存中，所以样本的大小受限于内存的大小，而知识流环境正好弥补了这一缺陷。知识流界面的主体是一个设计画布。用户从工具条中选择Weka组件，并将其置于设计画布上，连接成一个处理和分析数据的具有方向性的流程图。例如，用户可以先使用属性选择组件找出样本中重要的属性，然后再使用分类器，基于重要的属性进行挖掘。因而用户可以使用基于增量的算法来处理大型数据集，可以定制处理数据流的方式和顺序，按照一定顺序将代表数据源、预处理工具、学习算法、评估手段和可视化模块的各种构件组合在一起，形成数据流。知识流环境如下图所示。

Weka自带的数据集有很多名称相似，其实这些数据集的主要区别是数据的类型，有的数据集描述的是同样的事实，但是使用的数据却不相同，比如同样是天气数据，温度的值可以是像25℃这样具体的数值，也可以用“冷”、“热”和“温暖”这样的词语来描述，所以才用了相似的名字来区别。

长见识

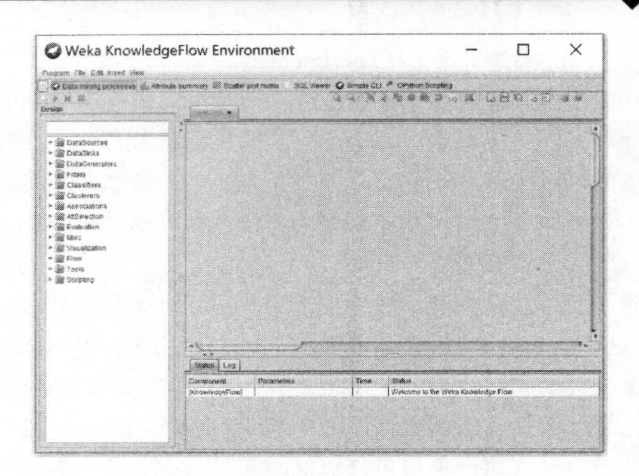

(4) 工作台界面(Workbench)。

这个环境包含其他界面的组合，如下图所示。

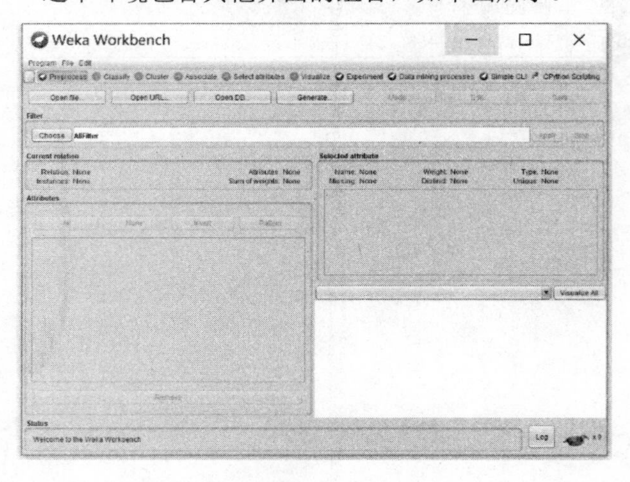

(5) 简单命令行界面(SimpleCLI)。

该界面是 Weka 提供的一个简易的命令行接口，可以在不支持命令行的操作系统中直接调用 Weka 命令，如下图所示。

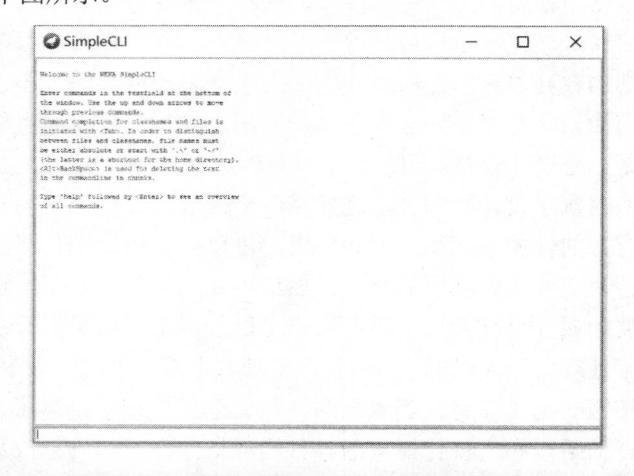

17.1.2 Weka 的常见算法

作为一个数据库的学习者，目前使用 Weka 的探索者界面其实已经足够用，因此下面对 Weka 中常见数据挖掘算法的介绍都在探索者界面下完成。

1. 分类算法

Weka 把分类(Classification)和回归(Regression)都放在 Classify 选项卡中。

首先打开探索者界面，并打开一个数据集 weather.nominal.arff，如下图所示。

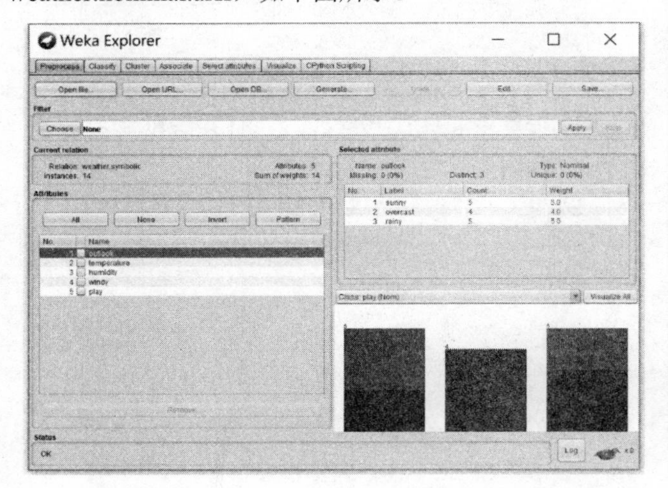

单击 Edit 按钮，可以看到数据集的大致情况，如下图所示。

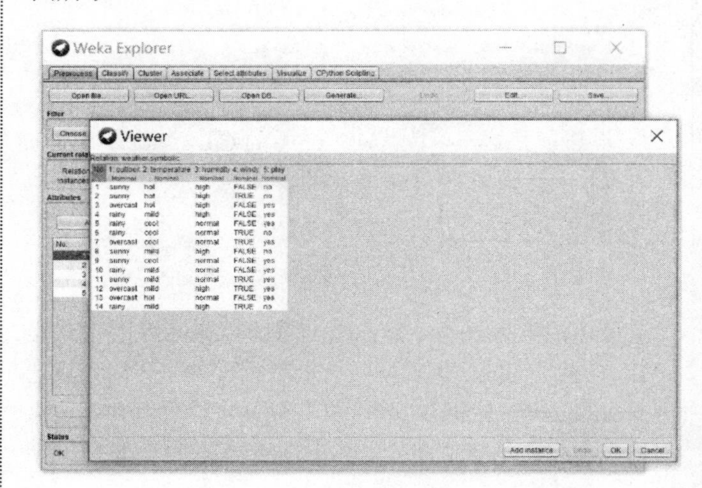

如果需要对数据进行修改，在这里也可以进行简单的调整，但是如果调整的内容较多，对于初学者还是不建议在此进行。

如果需要，可以在 Preprocess 选项卡中对数据进行预处理。

然后切换到 Classify 选项卡，选择分类的功能，如下图所示。

长见识 Weka 虽然可以使用图形界面查看结果和设置参数，并且非常方便，但是最直接、灵活的建模及应用的办法仍是使用命令行。

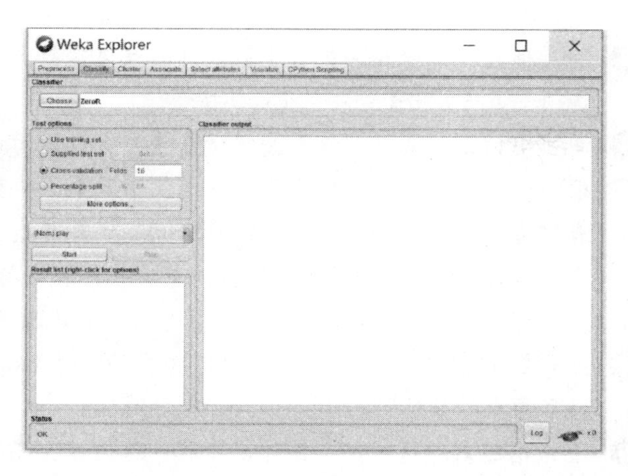

单击 Chose 按钮，就可以看到常见的分类算法，如下图所示。

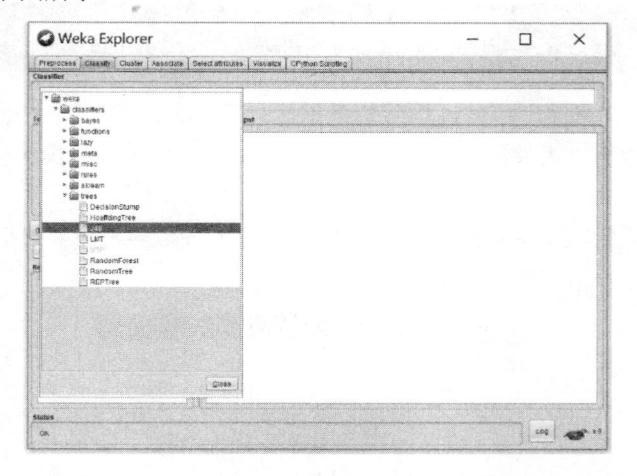

上图中，左侧就是各种分类算法的树形结构视图，C4.5 算法就在这里，因为 Weka 中的 C4.5 算法是用 Java 实现的，因此改名为 J48。

当然还可以看到其他著名算法，如朴素贝叶斯(Naive Bayes)，在这里的名称就是 Naive Bayes。

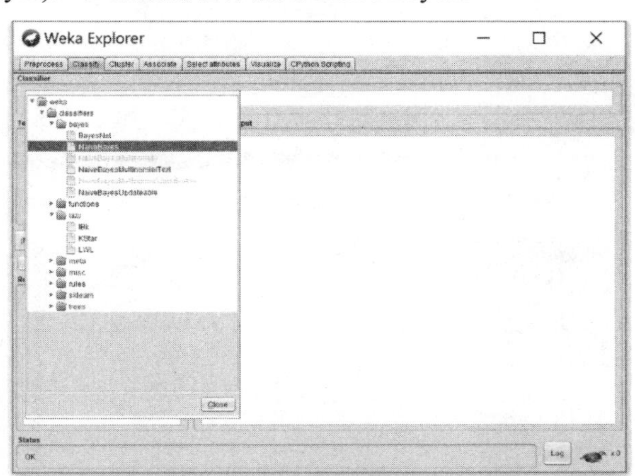

Weka 中的分类算法涵盖很广，常见的分类算法都包含在其中，具体如下。

- BayesNet，贝叶斯信念网络、Naive Bayesian，朴素贝叶斯网络。
- MultilayerPerceptron，多层前馈人工神经网络、SMO，支持向量机(采用顺序最优化学习方法)。
- IB1，1-最近邻分类器、Ibk，k-最近邻分类器。
- AdaBoostM1，AdaBoost M1 方法、Bagging，袋装方法。
- Jrip，直接方法－Ripper 算法、Part，间接方法(从 J48 产生的决策树抽取规则)。
- Id3，ID3 决策树学习算法(不支持连续属性)、J48，C4.5 决策树学习算法(第 8 版本)、REPTree，使用降低错误剪枝的决策树学习算法、RandomTree，基于决策树的组合方法。

2. 聚类算法

聚类分析是把对象分配给各个簇，使同簇中的对象相似，而不同簇间的对象相异。

Weka 在 Explorer 界面的 Cluster 中提供了聚类分析工具，如下图所示。

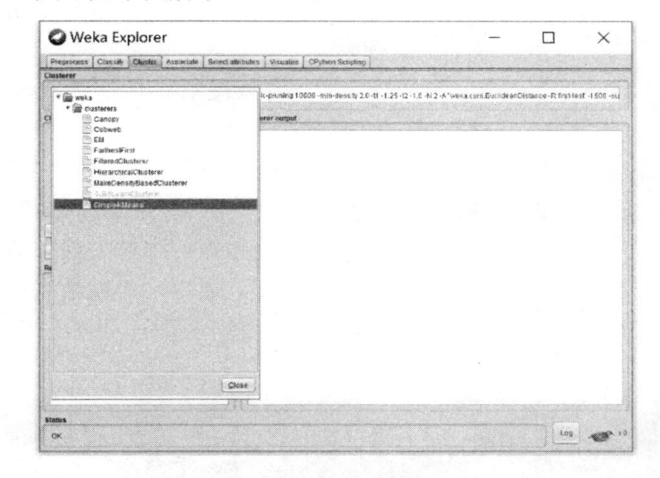

Weka 中主要的聚类算法包括：

- SimpleKMeans，支持分类属性的 K 均值算法。
- DBScan，支持分类属性的基于密度的算法。
- EM，基于混合模型的聚类算法。
- FathestFirst，K 中心点算法。
- OPTICS，基于密度的另一个算法。
- Cobweb，概念聚类算法。
- sIB，基于信息论的聚类算法，不支持分类属性。
- XMeans，能自动确定簇个数的扩展 K 均值算法，不支持分类属性。

3. 关联规则算法

关联规则学习能够发现属性组之间的依赖关系，单

贝叶斯方法结合先验概率和后验概率，即避免了只使用先验概率的主观偏见，也避免了单独使用样本信息的过拟合现象，贝叶斯分类算法在数据集较大的情况下表现出较高准确率，同时算法本身较简单。

击 Assosiate 选项，如下图所示。

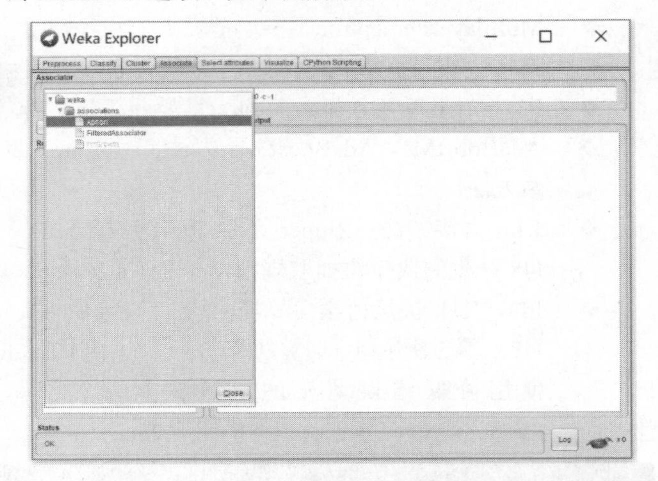

Weka 数据挖掘平台上的关联规则挖掘的主要算法有以下几种。

- ❖ Apriori，能够得出满足最小支持度和最小置信度的所有关联规则。
- ❖ PredictiveApriori，将置信度和支持度合并为预测精度而成为单一度测量法，找出经过预测精度排序的关联规则。
- ❖ Terius，根据确认度来寻找规则，它与 Apriori 一样寻找其结论中含有多重条件的规则，但不同的是，这些条件相互间是“或”，而不是“与”的关系。

以上三个算法均不支持数值型数据。当然，绝大部分的关联规则算法均不支持数值型。所以必须将数据进行处理，将数据按区段进行划分，进行离散化分箱处理。

17.2 数据挖掘的简单实现

数据挖掘是一门综合性非常强的数据分析科学，涉及许多门类知识的综合应用。在前面章节只是进行简单的介绍，接下来就以 Weka 的探索者界面和本书中的 Access 以及同样来自微软的 Excel 为例，介绍数据挖掘是如何实现的。

17.2.1 Access 数据导出到 Excel

在前面第 10 章，已经介绍过如何将 Access 中的数据导出到 Excel 中，为了能够完整地体现将 Access 中的数据导出进行挖掘分析的过程，此处将此过程再赘述一遍。

❶ 启动 Access 2010，打开“数据导入导出示例”数据库。

❷ 在导航栏中选择相应的数据表，单击【外部数据】选项卡下【导出】组中的 Excel 按钮。

❸ 单击对话框中的【浏览】按钮，在【另存为】对话框中选择存储地址，在下面的【文件格式】下拉列表框中选择“Excel 2003 工作簿(.xls)”或者其他版本的 XLS 文件，选中【导出数据时包含格式和布局】复选框和【完成导出操作后打开目标文件】复选框。

❹ 单击【确定】按钮，即可完成导出，并自动打开 Excel 显示导出的数据。

❺ 在弹出的对话框中保存该导出步骤，这样就完成了将 Access 数据表导出到 Excel 电子表格的操作了。

17.2.2 Excel 导出为 CSV 格式

在得到 Excel 格式的数据后，用 Excel 打开该表格的文件，并将其导出为 CSV 格式的数据文件，具体操作步骤如下。

❶ 启动 Excel 2010，打开刚才从 Access 导出的数据文件，如下图所示。

	A	B	C	D	E
1	outlook	temperatur	humidity	windy	play
2	sunny	hot	high	FALSE	no
3	sunny	hot	high	TRUE	no
4	overcast	hot	high	FALSE	yes
5	rainy	mild	high	FALSE	yes
6	rainy	cool	normal	FALSE	yes
7	rainy	cool	normal	TRUE	no
8	overcast	cool	normal	TRUE	yes
9	sunny	mild	high	FALSE	no
10	sunny	cool	normal	FALSE	yes
11	rainy	mild	normal	FALSE	yes
12	sunny	mild	normal	TRUE	yes
13	overcast	mild	high	TRUE	yes
14	overcast	hot	normal	FALSE	yes
15	rainy	mild	high	TRUE	no

❷ 将文件另存，同时选择类型为 CSV，如下图所示。

Weka 中的数据挖掘算法，在命名时总会做一些改变，并没有完全按照算法原来的名称设置，但是一般熟悉数据挖掘算法的人还是很容易看出来的。

❸ 单击“保存”按钮即可得到该数据文件的 CSV 版本。

17.2.3 Weka 数据挖掘分析

之所以需要进行以上操作，是因为 Weka 软件主要支持的数据格式是自身特有的版本 arff。为了能够使用 Weka 对来自 Access 中的数据进行数据挖掘分析，需要把来自 Access 中的数据转化为 XLS 版，甚至最好能够转化为 CSV 版本，这样 Weka 就可以方便地打开数据，进而转化为 arff 格式。当然最新版本的 Weka 已经支持 XLS 格式文件，但是考虑到挖掘分析的效率等问题，为了尽可能地满足 Weka 对数据格式的偏好，还是建议经过以上两步，将数据转化为 CSV 格式，然后就可以使用 Weka 打开该数据了，具体操作步骤如下。

操作步骤

❶ 启动 Weka 软件，单击 Open file 按钮，如下图所示。

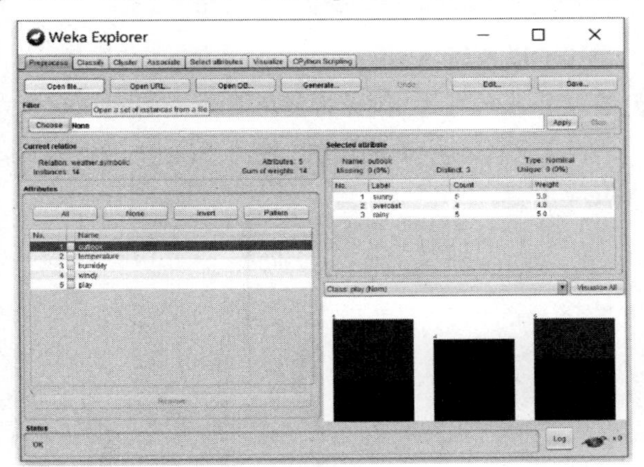

❷ 找到刚才保存的 CSV 文件所在的文件夹，但此时看不到该文件，如下图所示。

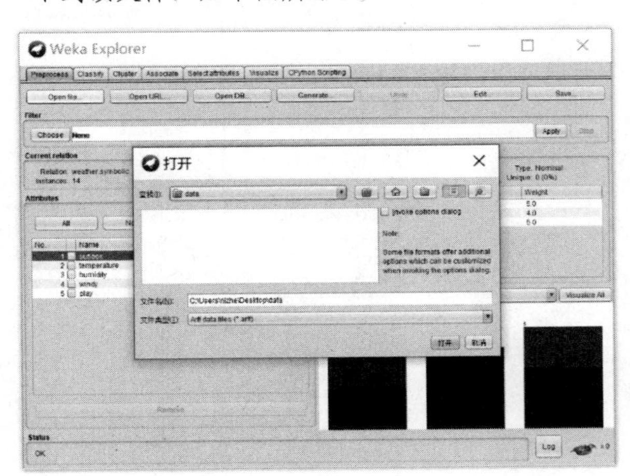

❸ 选择文件类型为 CSV 格式，此时可以看到保存的文件，如下图所示。

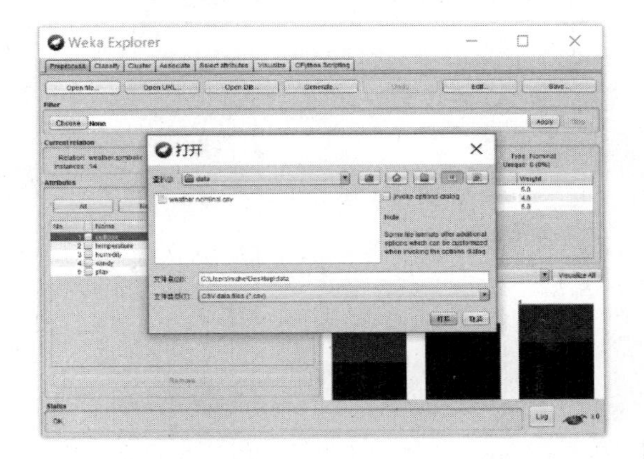

❹ 选择该文件，并打开，如下图所示。

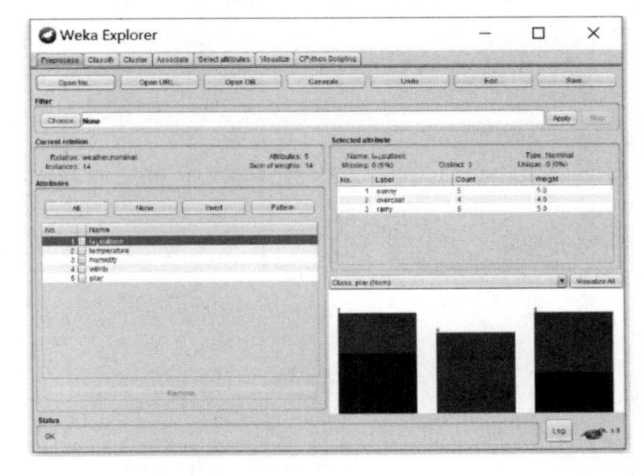

当然，此时也可以进行挖掘分析，但是为了更加贴合 Weka 的需要，还需要将其转化为 arff 格式。

❺ 单击 Save 按钮，出现保存界面，如下图所示。

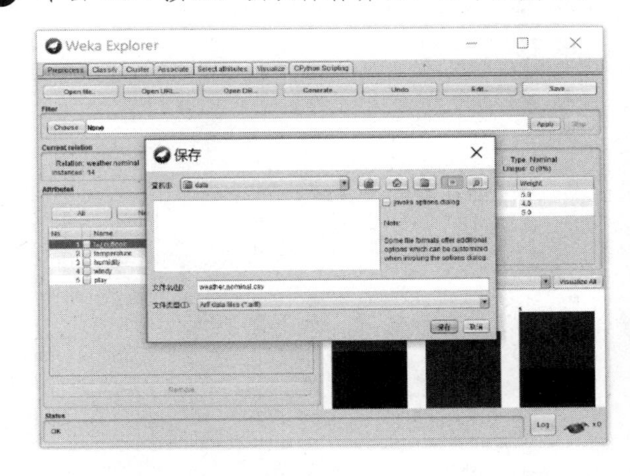

❻ 将文件保存，此时便得到了 Weka 自身特有的 arff 格式的数据。

下面将对该数据进行简单的挖掘分析。笔者采用 J48(C4.5)分类算法，对刚才转换好的数据进行初步的分析，具体操作步骤如下。

操作步骤

❶ 选择 Classify 选项，如下图所示。

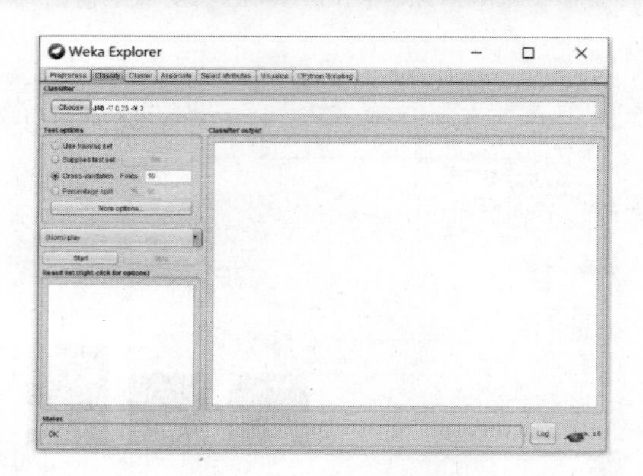

❷ 单击 Choose 按钮，打开算法的选择界面，从左侧的算法树中找到 trees 下面的 J48，如下图所示。

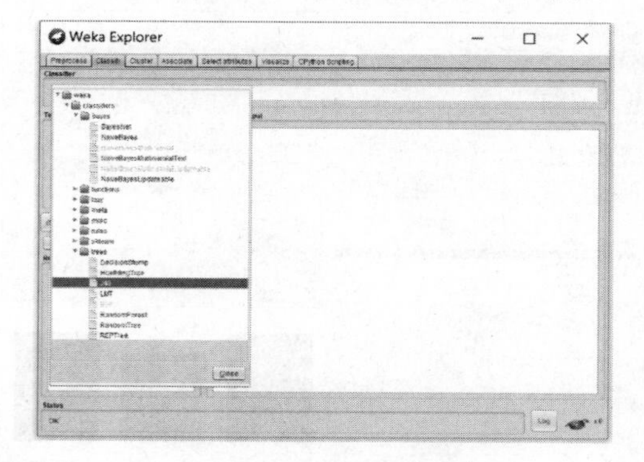

❸ 在选好的算法上单击鼠标左键，如下图所示。

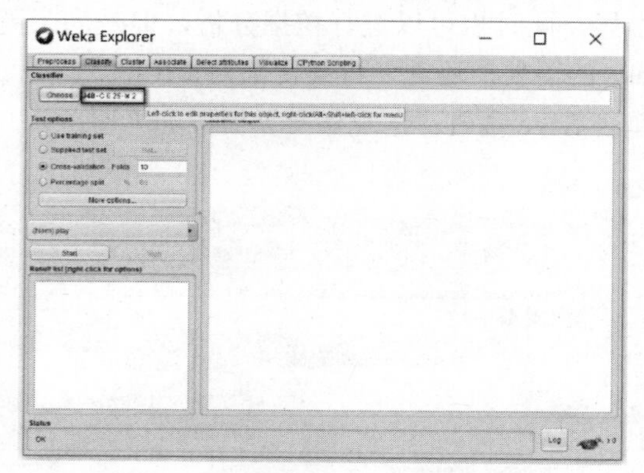

❹ 出现算法的参数选项，如下图所示。

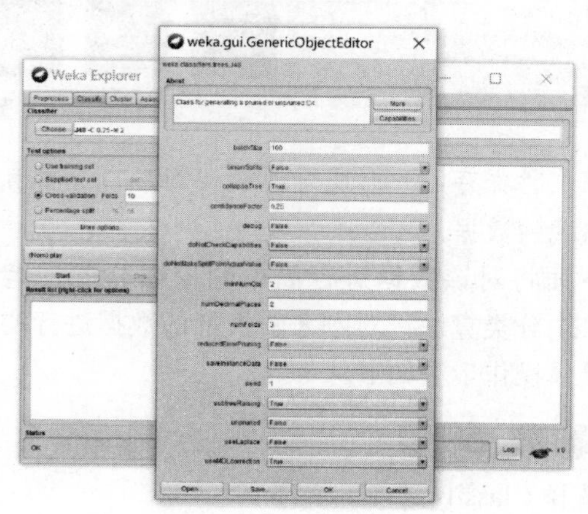

❺ 将其中的 saveInstanceData 改为 True，如下图所示。

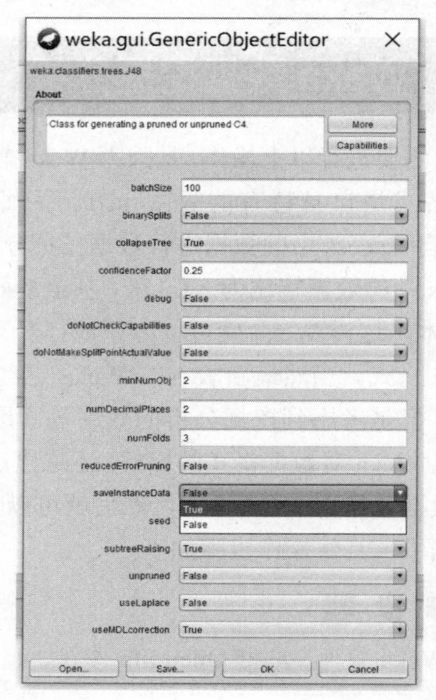

单击 OK 按钮。

❻ 在接下来的界面中，保持使用 Cross-validation 模式，并单击 More options 选项，如下图所示。

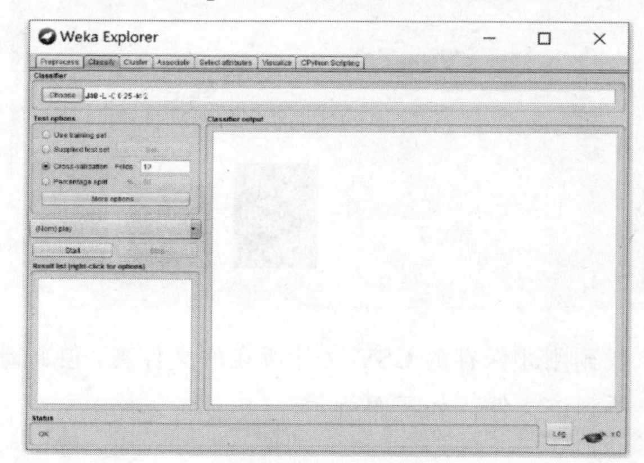

而后会出现更多的选项，如下图所示。

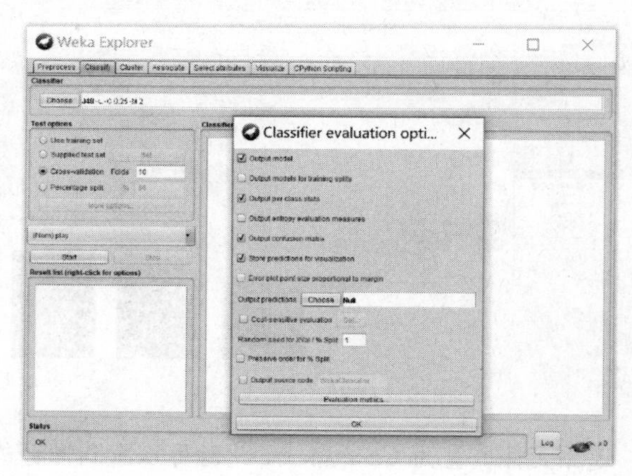

❼ 选择 Output source code 选项，可以输出相关算法的

数据挖掘是从大量的数据中通过算法搜索隐藏于其中信息的过程，数据挖掘通常与计算机科学有关，并通过统计、在线分析处理、情报检索、机器学习、专家系统(依靠过去的经验法则)和模式识别等诸多方法实现上述目标。

源代码，如下图所示。

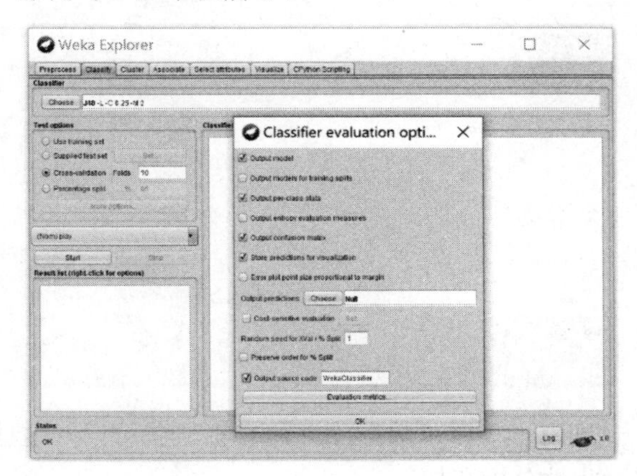

❽ 在要预测的结果选项中，选择(Nom)play，并单击 Start 按钮，如下图所示。

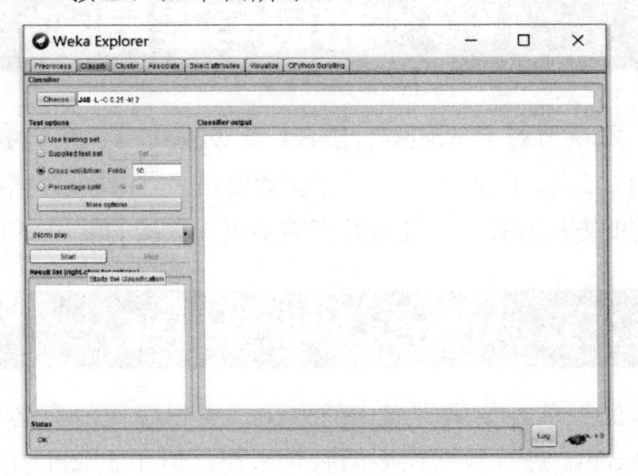

而后会出现分类结果，如下图所示。

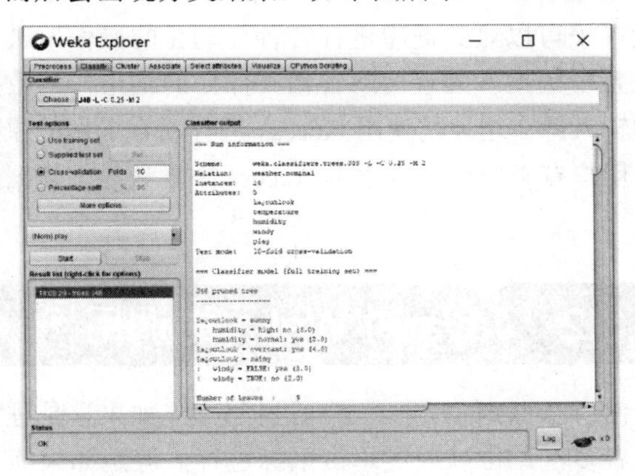

在右侧的方框中会出现分类的结果，如下图所示。

在挖掘分析的结果中，可以看到一共有 14 条记录，其中正确划分的有 7 条，因此该分类模型在这个数据集上，正确的概率是 50%，同时最后也能看到混淆矩阵(Confusion Matrix)的情况：

❖ TP(True Positive)：将正类预测为正类数，值为 2。

❖ FN(False Negative)：将正类预测为负类数，值为 3。

❖ FP(False Positive)：将负类预测为正类数，值为 4。

❖ TN(True Negative)：将负类预测为负类数，值为 5。

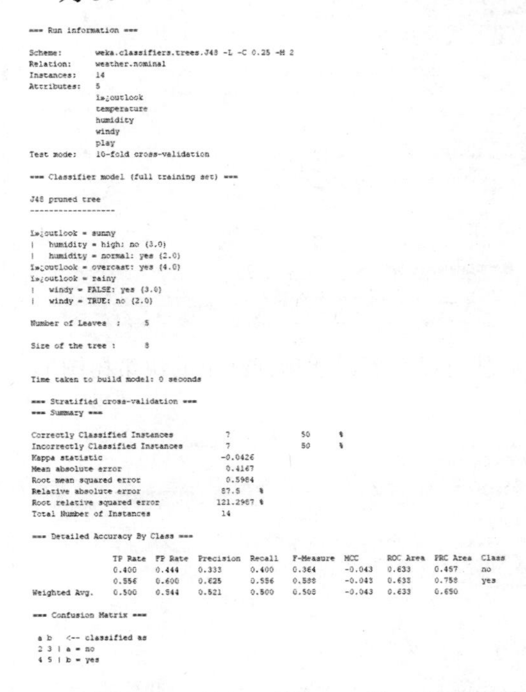

```
=== Run information ===

Scheme:       weka.classifiers.trees.J48 -L -C 0.25 -M 2
Relation:     weather.nominal
Instances:    14
Attributes:   5
              i»¿outlook
              temperature
              humidity
              windy
              play
Test mode:    10-fold cross-validation

=== Classifier model (full training set) ===

J48 pruned tree
------------------

i»¿outlook = sunny
|   humidity = high: no (3.0)
|   humidity = normal: yes (2.0)
i»¿outlook = overcast: yes (4.0)
i»¿outlook = rainy
|   windy = FALSE: yes (3.0)
|   windy = TRUE: no (2.0)

Number of Leaves  :     5

Size of the tree :      8


Time taken to build model: 0 seconds

=== Stratified cross-validation ===
=== Summary ===

Correctly Classified Instances           7               50      %
Incorrectly Classified Instances         7               50      %
Kappa statistic                         -0.0426
Mean absolute error                      0.4167
Root mean squared error                  0.5984
Relative absolute error                 87.5    %
Root relative squared error            121.2987 %
Total Number of Instances               14

=== Detailed Accuracy By Class ===

                 TP Rate  FP Rate  Precision  Recall   F-Measure  MCC      ROC Area  PRC Area  Class
                 0.400    0.444    0.333      0.400    0.364      -0.043   0.633     0.457     no
                 0.556    0.600    0.625      0.556    0.588      -0.043   0.633     0.758     yes
Weighted Avg.    0.500    0.544    0.521      0.500    0.508      -0.043   0.633     0.650

=== Confusion Matrix ===

 a b   <-- classified as
 2 3 | a = no
 4 5 | b = yes
```

由于刚才选择了输出源代码，所以在结果的后面还有此分类算法的源代码，部分源代码如下图所示。

```
=== Source code ===

// Generated with Weka 3.9.3
//
// This code is public domain and comes with no warranty.
//
// Timestamp: Sat Dec 21 18:08:29 CST 2019

package weka.classifiers;

import weka.core.Attribute;
import weka.core.Capabilities;
import weka.core.Capabilities.Capability;
import weka.core.Instance;
import weka.core.Instances;
import weka.core.RevisionUtils;
import weka.classifiers.Classifier;
import weka.classifiers.AbstractClassifier;

public class WekaWrapper
  extends AbstractClassifier {

  /**
   * Returns only the toString() method.
   *
   * @return a string describing the classifier
   */
  public String globalInfo() {
    return toString();
  }

  /**
   * Returns the capabilities of this classifier.
   *
   * @return the capabilities
   */
  public Capabilities getCapabilities() {
    weka.core.Capabilities result = new weka.core.Capabilities(this);

    result.enable(weka.core.Capabilities.Capability.NOMINAL_ATTRIBUTES);
    result.enable(weka.core.Capabilities.Capability.NUMERIC_ATTRIBUTES);
    result.enable(weka.core.Capabilities.Capability.DATE_ATTRIBUTES);
    result.enable(weka.core.Capabilities.Capability.MISSING_VALUES);
    result.enable(weka.core.Capabilities.Capability.NOMINAL_CLASS);
    result.enable(weka.core.Capabilities.Capability.MISSING_CLASS_VALUES);


    result.setMinimumNumberInstances(0);

    return result;
  }
```


当数据集较大或者算法运行较慢时，Weka 右下角的“小鸟”就会来回晃动脑袋，仿佛它在思考问题。

长见识

❾ 在此次分类的结果上单击鼠标右键，选择 Visualize tree 命令，如下图所示。

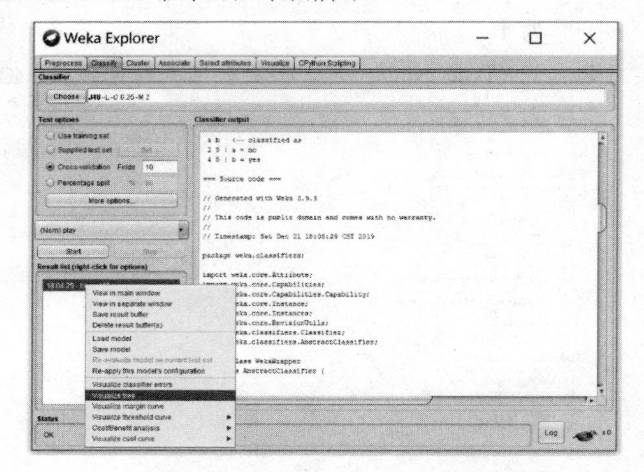

然后就可以看到此次运行结果的决策树图形，如下图所示。

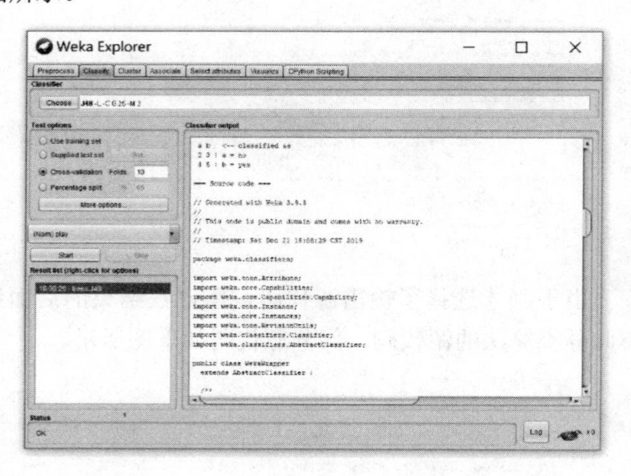

❿ 在决策树的节点上单击右键会出现 Visualize The Node 功能，如下图所示。

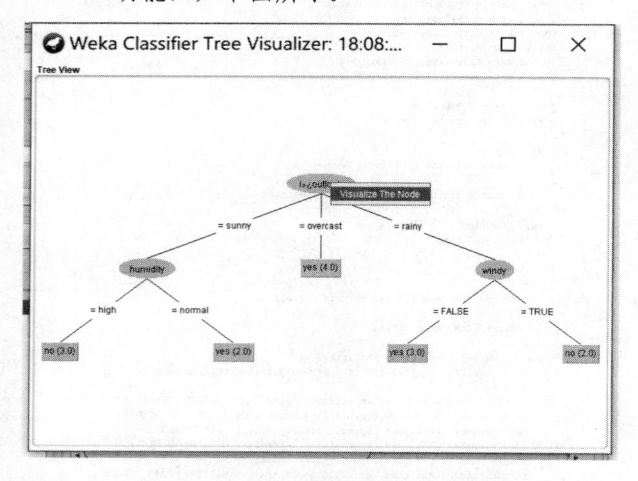

单击此功能后，可以看到该节点的图形化情况，如下图所示。

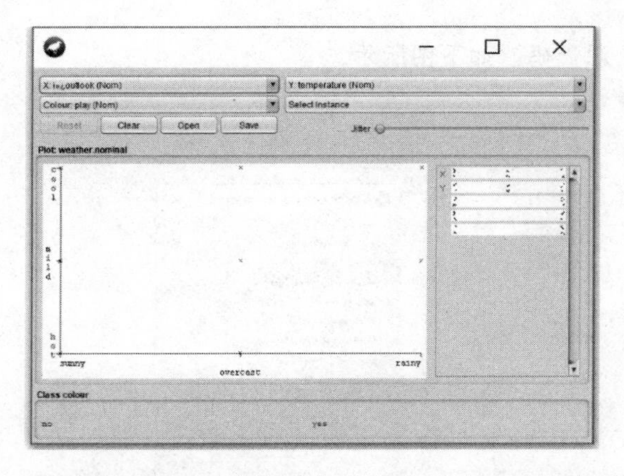

一旦用户掌握了数据挖掘的知识，就可以对这些结果进一步地分析和加工。

17.3 拓展与提高

本章节对于 Access、Excel 和 Weka 三种软件的结合使用，进行了简单介绍。初学者要进一步掌握数据挖掘分析的方法和技巧，还有几点需要更深层次的学习和推敲。

17.3.1 Access 的批量导出

如果单纯使用文章中的方法，显得好像没有必要使用 Access 进行数据挖掘的联合工作，似乎 Excel 就已足够，但是笔者介绍的是最简单的情形，殊不知 Access 的强大在于可以对数据库进行各种自动化的操作，甚至可以把整个数据库的查询或者相关操作的结果作为数据挖掘的输入源，这才是使用 Access 进行联合工作的原因，因此用户有必要进一步学习 Access 中批量导出数据的一些技巧。

17.3.2 Java 对 Weka 的调用

使用 Weka 的探索者界面进行分类，如果只是进行一次或者多次，可以通过单击鼠标进行，但是如果需要重复实验 100 次，人工操作就会比较麻烦，也不具有实用性，所以可以使用 Java 代码调用 Weka 自带的 weka.jar 来实现之前的方法。

因为这里涉及编程的过程，所以笔者简单地介绍一下，操作步骤如下。

操作步骤

❶ 在 Weka 安装目录(如 C:\Program Files\Weka-3-6)找

长见识 Weka 的可视化功能较强，虽然展现的形式有点原始，但是对于懂行的人其实已经足够用了。

到 weka.jar 和 weka-src.jar 这两个 jar 包，以供后面使用，如下图所示。

本地磁盘 (C:) > Program Files (x86) > Weka-3-6

名称	修改日期	类型	大小
changelogs	2018/12/10 19:10	文件夹	
data	2018/12/10 19:10	文件夹	
doc	2018/12/10 19:10	文件夹	
COPYING	2016/4/14 6:48	文件	18 KB
documentation.css	2016/4/14 6:48	层叠样式表文档	1 KB
documentation.html	2016/4/14 6:48	HTML 文档	2 KB
README	2016/4/14 6:48	文件	15 KB
remoteExperimentServer.jar	2016/4/14 6:48	Executable Jar File	33 KB
RunWeka.bat	2016/4/14 6:48	Windows 批处理文件	1 KB
RunWeka.class	2016/4/14 6:48	CLASS 文件	5 KB
RunWeka.ini	2016/4/14 6:48	配置设置	3 KB
uninstall.exe	2018/12/10 19:12	应用程序	56 KB
Weka 3.6 (with console)	2018/12/10 19:10	快捷方式	2 KB
Weka 3.6	2018/12/10 19:10	快捷方式	2 KB
weka.gif	2016/4/14 6:48	GIF 文件	30 KB
weka.ico	2016/4/14 6:48	图标	351 KB
weka.jar	2016/4/14 6:48	Executable Jar File	6,430 KB
wekaexamples.zip	2016/4/14 6:48	WinRAR ZIP 压缩文件	1,380 KB
WekaManual.pdf	2016/4/14 6:48	Adobe Acrobat Do...	4,274 KB
weka-src.jar	2016/4/14 6:48	Executable Jar File	6,632 KB

❷ 在 Eclipse 中新建一个工程，并新建 class。

❸ 在新建的工程中 Build Path(创建路径)，把上面两个 jar 包导入。

❹ 编写程序代码。

利用传统数据库软件结合数据挖掘工具进行数据挖掘的技巧还有很多，这里只是蜻蜓点水，希望能给读者带来一点启发和思考。

可以选择不同的参数，进行多次挖掘分析，Weka 会把每次分析的结果列在左下角的白色小框内供用户对照比较。

附录A 窗体及控件常用属性

多数情况下，用户只有为控件设置正确的属性，控件才能发挥相应的功能。当窗体设计好以后，必须对窗体和控件进行必要的设置。进入窗体的设计视图，单击【工具】组中的【属性表】按钮，即可弹出【属性表】窗格，用户在该窗格中完成窗体或控件的属性设置。

在【属性表】窗格中，可以看到有【格式】、【数据】、【事件】、【其他】和【全部】5个选项卡，各个选项卡中的具体属性如下。

A.1 格 式

【格式】选项卡主要控制一些与显示有关的属性，比如控件的大小、背景色、文本颜色等。【格式】选项卡如下图所示。

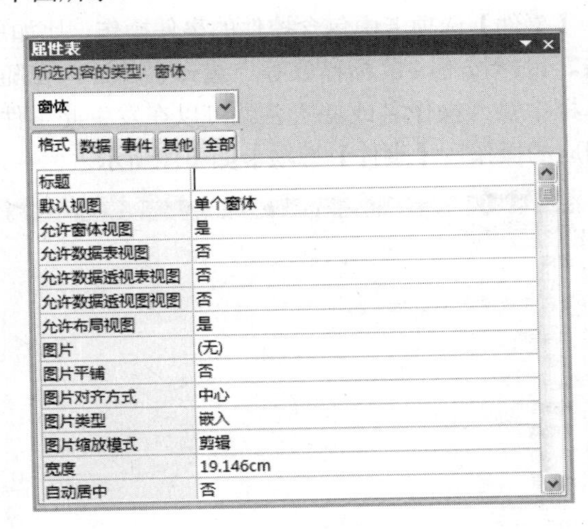

【格式】选项卡中的主要属性如下。

(1) 【标题】：在该属性中设置窗体或控件上要显示的标题。

(2) 【默认视图】：该属性设置双击打开窗体时要显示的视图，里面有“单个窗体”“连续窗体”“数据表”“数据透视表”“数据透视图”“分割窗体”6个选项。默认的是“单个窗体”，即双击打开窗体视图。

(3) 【允许数据表视图】：如果修改该属性为“是”，则在窗体的【视图】选项中将增加【数据表视图】选项。

(4) 【图片】：用于为窗体添加背景图片。

(5) 【图片平铺】：用于设置图片是否要平铺整个窗体。

(6) 【图片对齐方式】：用于设置背景图片的对齐方式，默认为“中心”对齐，用户可以设置图片的对齐方式为“左上”“右上”等。

(7) 【图片类型】：用于设置背景图片是“嵌入”型还是“链接”型。很明显，“嵌入”型就是将图片直接嵌入数据库中。

(8) 【图片缩放模式】：用于设置图片大小和窗体大小之间的匹配方式，有“剪辑”“拉伸”“缩放”“水平拉伸”“垂直拉伸”5个选项。

(9) 【宽度】：用于设置窗体的宽度值。

(10) 【自动居中】：用于设置窗体的对齐状态。

(11) 【自动调整】：用于设置是否自动调整窗体，以显示一条完整的记录。

(12) 【适应屏幕】：用于设置是否自动减少屏幕宽度以适应屏幕。

(13) 【边框样式】：用于设置边框的样式，主要有“无边框”“细边框”“可调边框”“对话框边框”4个选项。

(14) 【导航按钮】：用于设置是否要显示窗体下方的导航条。

(15) 【导航标题】：用于设置在导航条中显示的标题。

(16) 【分割线】：用于设置是否在窗体中显示记录间的分隔线。

(17) 【滚动条】：用于设置是否在窗体中显示滚动条。

(18) 【控制框】：用于设置是否显示控制菜单。

(19) 【关闭按钮】：用于设置是否在窗体中显示关闭按钮。

(20) 【最大最小化按钮】：用于设置是否在窗体中显示最大化和最小化按钮。

(21)【可移动的】：用于设置窗体是否为可以移动的。

(22)【分割窗体大小】：该属性和下面关于分割窗体的几个属性都是用于分割窗体设置的。

(23)【子数据表展开】：用于设置打开窗体时，子数据表是否展开显示。

(24)【子数据表高度】：用于设置子数据表的高度。

(25)【网格线 X 坐标】：网格中每一个度量单位中 X 方向的分割数。

(26)【网格线 Y 坐标】：网格中每一个度量单位中 Y 方向的分割数。

(27)【打印布局】：用于设置是否使用打印机字体。

(28)【方向】：用于设置窗体或窗体控件的显示布局。

(29)【调色板来源】：用于设置要用作调色板的图形文件的路径或文件名。

A.2 数　据

【数据】选项卡中的属性用于控制窗体数据的来源、有效性规则等。对于非绑定型控件，该选项卡为空。【数据】选项卡如下图所示。

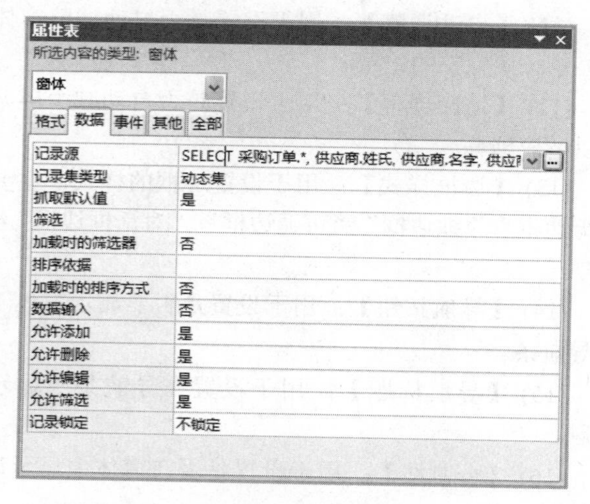

【数据】选项卡中的主要属性如下。

(1)　【记录源】：用于设置窗体或报表所基于的数据表或查询，也可以是 SQL 代码。单击该属性右边的省略号按钮，即可进入查询设计器，设计窗体的记录源。

(2)　【记录集类型】：用于确定哪些表可以进行编辑。

(3)　【抓取默认值】：用于设置是否检索默认值。

(4)　【筛选】：用于设置与窗体一起加载的筛选。

(5)　【加载时的筛选器】：用于设置在窗体打开时，是否应用筛选。

(6)　【排序依据】：用于设置与窗体一起加载时的排序依据。

(7)　【加载时的排序方式】：用于设置在窗体打开时，是否应用排序。

(8)　【数据输入】：用于设置窗体是否是数据录入窗体。只有“允许添加”设置为“是”时，本属性设置为“是”才起作用，这时窗体只能进行新记录录入。

(9)　【允许添加】：用于设置是否在窗体中添加记录。

(10)【允许删除】：用于设置是否在窗体中删除记录。

(11)【允许编辑】：用于设置是否在窗体中编辑记录。

(12)【允许筛选】：用于设置是否在窗体中应用筛选。

(13)【记录锁定】：用于设置是否以及如何锁定窗体数据表或查询中的记录。

A.3 事　件

【事件】选项卡中包含控件的事件操作，比如单击、双击、鼠标按下、鼠标释放等。选择事件后，在随后的文本框中输入操作名或者宏名就可以在发生此事件时进行相应的操作。【事件】选项卡如下图所示。

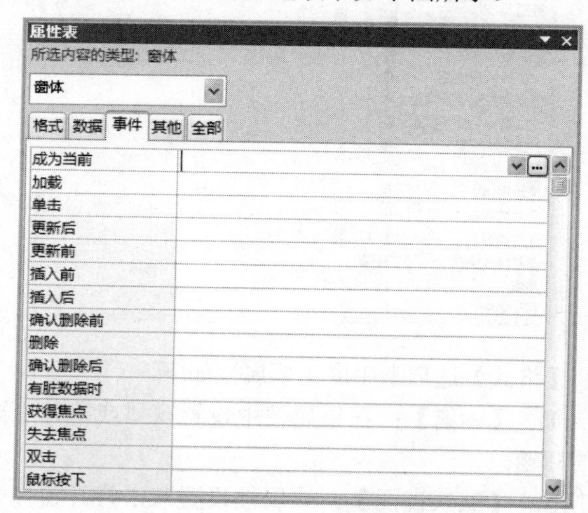

【事件】选项卡中的主要属性如下。

(1)　【成为当前】：用于设置焦点从一个记录移动到另一个记录上时所执行的宏或函数。

(2)　【加载】：用于设置窗体或报表加载时所执行

的宏或函数。

(3) 【单击】：用于设置单击控件时所执行的宏或函数。

(4) 【更新后】：用于设置字段或记录被更新后所执行的宏或函数。

(5) 【更新前】：用于设置字段或记录被更新前所执行的宏或函数。

(6) 【插入前】：用于设置新记录的第一个字符被输入时所执行的宏或函数。

(7) 【插入后】：用于设置新记录输入后所执行的宏或函数。

(8) 【确认删除前】：用于设置在确认删除前执行的宏或函数。

(9) 【删除】：用于设置在记录被删除时所执行的宏或函数。

(10) 【确认删除后】：用于设置在确认删除后执行的宏或函数。

(11) 【有脏数据时】：用于设置在修改记录前所执行的宏或函数。

(12) 【获得焦点】：用于设置当窗体或控件获得焦点时执行的宏或函数。

(13) 【失去焦点】：用于设置当窗体或控件失去焦点时执行的宏或函数。

(14) 【双击】：用于设置双击窗体或控件时所执行的宏或函数。

(15) 【鼠标按下】：用于设置按下鼠标时所执行的宏或函数。

(16) 【释放鼠标】：用于设置释放鼠标时执行的宏或函数。

(17) 【打开】：用于设置打开窗体前所执行的宏或函数。

(18) 【关闭】：用于设置关闭窗体前所执行的宏或函数。

(19) 【调整大小】：用于设置调整窗体大小时所执行的宏或函数。

(20) 【激活】：用于设置激活窗体时执行的宏或函数。

(21) 【出错】：用于设置窗体或报表运行出错时执行的宏或函数。

(22) 【鼠标滚动时】：用于设置鼠标轮滚动时执行的宏或函数。

(23) 【筛选】：用于设置当筛选被编辑时执行的宏或函数。

(24) 【应用筛选】：用于设置当筛选应用或移除时执行的宏或函数。

A.4 其　　他

【其他】选项卡中包含控件的名称等属性。【其他】选项卡如下图所示。

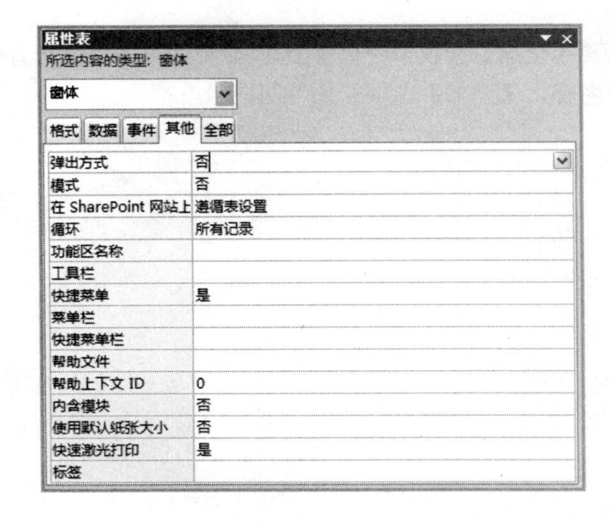

【其他】选项卡中的主要属性如下。

(1) 【弹出方式】：用于设置该窗体在打开时是否浮动于其他窗体的上方。

(2) 【模式】：用于将一个窗体设置为模式对话框。

(3) 【在 SharePoint 网站上显示】：用于设置该窗体是否在 SharePoint 网站上显示。

(4) 【循环】：用于指定 Tab 键的循环方式。

(5) 【功能区名称】：用于设置打开窗体时加载的功能区名称。

(6) 【工具栏】：用于设置打开时显示的工具栏。

(7) 【快捷菜单】：用于设置是否显示右键快捷菜单。

(8) 【菜单栏】：用于设置是否显示自定义菜单栏。

(9) 【快捷菜单栏】：用于设置是否显示自定义快捷菜单栏。

(10) 【帮助文件】：用于设置该窗体自定义帮助文件的名称。

(11) 【帮助上下文 ID】：用于设置帮助文件的主题标识号。

(12) 【内含模块】：用于设置窗体是内含代码还是作为类模块来使用。

(13) 【使用默认纸张大小】：用于设置打印时纸张

选择方式。

(14)【快速激光打印】：用于设置是否在激光打印机上使用快速打印。

(15)【标签】：用于设置与该对象一起保存的额外数据。

A.5 全　部

【全部】选项卡中包含上述 4 个选项卡中的所有属性内容。【全部】选项卡如下图所示。

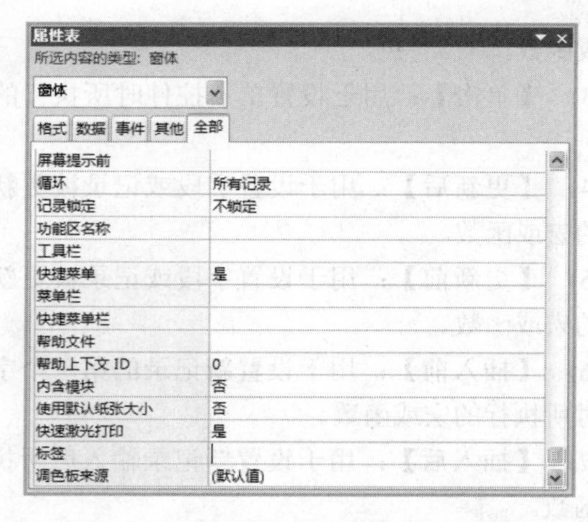

该选项卡中的所有属性就是将上面介绍的各个选项卡中的属性，按照开发者使用的次数、先后顺序等重新排列组合在一起。各种属性在上面已经介绍过了，这里不再重复介绍。

附录B　Access 2010 中的常用函数

Microsoft Office Access 2010 提供了丰富的内置函数，这些函数在VBA模块或者宏的编写过程中经常用到。在本附录中，将对 Access 2010 提供的主要函数做简单介绍。

B.1　ActiveX 函数

(1) CreateObject 函数：用于创建和返回对 ActiveX 对象的引用。

语法格式如下：

```
CreateObject(class [, servername] )
```

CreateObject 函数的语法包含以下参数。

class：必选参数，此参数为要创建对象的应用程序名称和类。

servername：可选参数，此参数为要创建对象的网络服务器的名称。如果 servername 为空字符串("")，则使用本地计算机。

如下面的例子：

```
Dim ExcelSheet As Object
Set ExcelSheet = CreateObject("Excel.Sheet")
```

(2) GetObject 函数：返回对 ActiveX 组件所提供的对象的引用。

语法格式如下：

```
GetObject([pathname ] [ , class ] )
```

GetObject 函数的语法包含以下参数。

pathname：可选参数，包含待检索对象的文件所具有的完整路径和名称。如果省略 pathname，则 class 为必选。

class：可选参数，表示对象的类的字符串。

如下面的例子：

```
Dim CADObject As Object
Set CADObject =
GetObject("C:\CAD\SCHEMA.CAD")
```

B.2　应用程序函数

(1) Command 函数：可以使用 Command 函数返回用来启动 Microsoft Office Access 2010 命令行的参数部分。

(2) Shell 函数：运行一个可执行程序，如果成功，则返回一个表示程序的任务 ID 的 Variant (Double)值；否则返回零。

B.3　数组函数

(1) Array 函数：返回包含数组的 Variant 类型的值。

语法格式如下：

```
Array(arglist)
```

arglist：必选参数，该参数是以逗号分隔的值列表，这些值被分配给 Variant 类型中包含的数组的元素。如果没有指定参数，则创建长度为零的数组，如下面的例子。

```
Dim A As Variant
A = Array(10,20,30)
```

(2) Join 函数：返回字符串，该字符串是通过连接数组中包含的多个子字符串而创建的。

(3) Split 函数：返回一个从零开始的一维数组，其中包含指定数量的子字符串。

语法格式如下：

```
Split(expression [, delimiter ] [, limit ]
[, compare ] )
```

Split 函数的语法中包含以下参数。

- expression：必选参数，其值为包含子字符串和分隔符的字符串表达式。如果 expression 为零长度字符串 („")，Split 将返回空数组，即没有任何元素和数据的数组。
- delimiter：可选参数，其值为用于标识子字符串分隔位置的 String 字符。如果省略该参数，则将假定分隔符为空格字符 (" ")。如果 delimiter 为一个零长度字符串，则将返回包含整个 expression 字符串的单元素数组。

- limit：可选参数，其值为要返回的子字符串的数量；-1 表示返回所有子字符串。
- compare：可选参数，数字值，表示在计算子字符串时所采用的比较类型。

B.4 转换函数

(1) Asc 函数：返回 Integer 类型的值，该值表示对应于字符串中第一个字母的字符代码。

语法格式如下：

```
Asc(string)
```

string：必选参数，它可以是任何有效的字符串表达式。如果 string 不包含字符，则运行时会产生错误。

(2) Chr 函数：返回 String 类型的值，该值包含与指定的字符代码关联的字符。

语法格式如下：

```
Chr(charcode)
```

charcode：必选参数，该参数是用于标识字符的 Long 类型的值。

(3) 类型转换函数：每个函数都可以将表达式强制转换为特定的数据类型。各个函数的名称和返回的数据类型如下表所示。

函　数	返回类型	expression 参数的范围
CBool	Boolean	任何有效的字符串或数值表达式
CByte	Byte	0～255
CCur	Currency	-922 337 203 685 477.5808～922 337 203 685 477.5807
CDate	Date	任何有效的日期表达式
CInt	Integer	-32 768～32 767；小数部分被四舍五入
CLng	Long	-2 147 483 648～2 147 483 647；小数部分被四舍五入
CSng	Single	对于负值，-3.402823E38～-1.401298E-45；对于正值，1.401298E-45
CStr	String	CStr 的返回值取决于 expression
CVar	Variant	对于数字，与双精度型的值域范围相同。对于非数字值，与 String 的值域范围相同

B.5 日期/时间函数

(1) Date 函数：返回包含当前系统日期的变量(日期型)。

语法格式如下：

```
Date()
```

(2) DateAdd 函数：返回变量型(日期型)，其中包含已添加了指定时间间隔的日期。

语法格式如下：

```
DateAdd(interval, number, date)
```

例如，下面的例子：

```
DateAdd("m", 1, "31-Jan-95")
```

(3) Hour 函数：返回变量型(整型)，该值指定 0~23 之间(包括 0 和 23)的整数(表示一天中某个小时)。

语法格式如下：

```
Hour(time)
```

(4) Minute 函数：返回一个 Variant (Integer) 值，指定一个介于 0~59 之间(包括 0 和 59)的整数，表示小时的分钟数。

语法格式如下：

```
Minute(time)
```

必选的 time 参数是可以表示时间的任何 Variant 类型的值、数值表达式、字符串表达式或这 3 项的任意组合。如果 time 包含 Null，则返回 Null。

(5) Month 函数：返回一个 Variant (Integer) 值，指定介于 1~12 之间(包括 1 和 12)的整数，表示一年中的某一月份。

语法格式如下：

```
Month(date)
```

必选的 date 参数是可以表示时间的任何 Variant 类型的值、数值表达式、字符串表达式或这 3 项的任意组合。如果 date 包含 Null，则返回 Null。

(6) Now 函数：返回一个 Variant (Date) 值，根据计算机的系统日期和时间指定当前的日期和时间。

语法格式如下：

```
Now()
```

(7) Time 函数：返回一个 Variant (Date) 值，指示当前的系统时间。

语法格式如下：

```
Time()
```

(8) Year 函数：返回一个 Variant (Integer) 值，其中包含表示年份的整数。

语法格式如下：

```
Year(date)
```

必选的 date 参数是可以表示时间的任何 Variant 类型的值、数值表达式、字符串表达式或这 3 项的任意组合。如果 date 包含 Null，则返回 Null。

B.6 错误处理函数

Error 函数：返回对应于给定的错误号的错误消息。

错误号是 0～65 535 范围内的整数，与 Err 对象的 Number 属性设置相对应。该数字与 Err 对象的 Description 属性设置结合，表示特定的错误消息。

语法格式如下：

```
Error [ (errornumber) ]
```

errornumber：可选参数，该参数可以是任何有效的错误号。如果 errornumber 是有效的错误号，但是未进行定义，则 Error 将返回字符串“Application-defined or object-defined error”；如果 errornumber 无效，则发生错误；如果省略了 errornumber，则返回与最近的运行时错误相对应的消息；如果没有发生运行时错误，或者 errornumber 为 0，则 Error 返回长度为零的字符串("")。

B.7 文件输入/输出函数

(1) EOF 函数：当到达随机或连续输入访问而打开的文件末尾时，将返回一个包含布尔值 True 的 Integer 类型的值。

语法格式如下：

```
EOF(filenumber)
```

filenumber：必选参数，该参数可以是包含任何有效文件号的 Integer 类型的值。

(2) Input 函数：返回 String 类型的值，其中包含以输入或二进制模式打开的文件中的字符。

语法格式如下：

```
Input(number, [# ] filenumber)
```

Input 函数的语法包含以下参数。

- ❖ number：必选参数，可以是任何有效的数值表达式，用于指定返回的字符数。
- ❖ filenumber：必选参数，该参数为任何有效的文件号。

B.8 数学函数

(1) Abs 函数：返回传递给它的相同类型的值，用于指定数字的绝对值。

语法格式如下：

```
Abs(number)
```

number：必选参数，该参数可以是任何有效的数值表达式。如果 number 包含 Null，则返回 Null；如果它是未初始化的变量，则返回零。

(2) Cos 函数：返回双精度型，该值指定角度的余弦。

语法格式如下：

```
Cos(number)
```

必选的 number 参数是 Double 类型的值或任何有效的数值表达式，表示以弧度为单位的角度。

(3) Exp 函数：返回双精度型，该值指定 e(自然对数的底)的幂。

语法格式如下：

```
Exp(number)
```

(4) Log 函数：返回一个双精度型值，指定数值的自然对数。

语法格式如下：

```
Log(number)
```

(5) Sin 函数：返回一个双精度型值，指定角的正弦值。

语法格式如下：

```
Sin(number)
```

(6) Sqr 函数：返回一个双精度型值，指定数字的平方根。

语法格式如下：

```
Sqr(number)
```

(7) Rnd 函数：返回一个包含随机数字的 Single 值。语法格式如下：

```
Rnd[(number)]
```

部分参考答案

第 1 章

1．AC　2．C　3．B　4．B

第 2 章

1．A　2．C　3．C

第 3 章

1．C　2．D　3．C　4．C

第 4 章

1．A　2．D　3．C　4．A　5.C

第 5 章

1．C　2．A　3．C　4．D　5.D

第 6 章

1．C　2．B　3．B　4．D

第 7 章

1．D　2．A　3．AB　4．C　5．C

第 8 章

1．A　2．B　3．BD　4．A　5.D

第 9 章

1．D　2．C　3．C　4．A

第 10 章

1．B　2．D　3．C　4．D

第 11 章

1．B　2．C　3．D

第 12 章

1．AB　2．A　3．B